大岳品鉴

——武当山道教建筑鉴赏

宋晶 著

中国建筑工业出版社

图书在版编目（CIP）数据

大岳品鉴：武当山道教建筑鉴赏 / 宋晶著. -- 北京：
中国建筑工业出版社，2020.2
ISBN 978-7-112-24692-2

Ⅰ.①大… Ⅱ.①宋… Ⅲ.①武当山 - 道教 - 宗教建筑 -
建筑艺术 - 鉴赏 Ⅳ.① TU-098.3

中国版本图书馆 CIP 数据核字（2020）第 022470 号

责任编辑：张幼平　张　晶
责任校对：赵　菲　焦　乐

大岳品鉴——武当山道教建筑鉴赏
宋晶　著
*
中国建筑工业出版社出版、发行（北京海淀三里河路9号）
各地新华书店、建筑书店经销
北京光大印艺文化发展有限公司制版
北京市密东印刷有限公司印刷
*
开本：787毫米×1092毫米 1/16　印张：47　插页：1　字数：742千字
2020年12月第一版　2020年12月第一次印刷
定价：180.00元
ISBN 978-7-112-24692-2
（35170）

目 录
CONTENTS

引论

道教建筑是道教徒祭神祈福、炼性修心之所，是在传承中国传统宫殿、神庙、祭坛等建筑的基础上所形成的道教庙宇。道教庙宇称谓繁多，如宫、观、庵、庙、堂、祠等。其中，"宫"是祭祀神灵之所，多为帝王敕封的大型神宇；"观"，亦称"楼观"，为迎候天神之所。宫观是道教高等级庙宇的通称。武当山道教建筑是武当山历代道教徒修道、传道和举行斋醮科仪的重要场所，是以信奉玄天上帝（以下简称"玄帝"）为主的道教宫阙庙宇。

纵观我国四大道教名山，位列其首的安徽齐云山为皖南道教名山，以道教全真派为主，清乾隆帝盛赞其"天下无双胜景，江南第一名山"，列入国家 AAAA 级旅游景区；四川青城山为天师道祖山，素有"青城天下幽"的美誉，与都江堰共同申报而列入世界文化遗产名录；江西龙虎山为道教正一派祖庭，是中国道教发祥地，因丹霞地貌而列入世界自然遗产名录；只有湖北武当山纯粹因道教文化而列入世界文化遗产名录。

武当山获此殊荣主要源于其古建筑群。虽然国内各大名山不乏古建筑，亦各具特点，各有历史价值和艺术价值，甚至某些建筑比现存的武当山道教建筑历史更为悠久，但这些名山的建筑年代往往不尽相同，尤其在总体布局设计上都略逊武当山一筹。明代敕建武当山道教建筑群始于永乐十年（1412年）七月十一日（《黄榜》发布日），竣工于永乐二十二年（1424年）七月十九日（《金箓大醮意》所载宫观告成日），共计十三年。明成祖动用军民夫匠大修武当山道教建筑之时，"永乐十年军夫二十七万"[1]，每日上工，十三年一气呵成，在中国大地上写就了大气磅礴的建筑史诗。武当山道教建筑是以全山作为一个大面积建筑单元，从大型宫观庵庙等主体性建筑到小型亭台楼阁等点缀性建筑，再到连接它们的桥梁、神道等附属性建筑，把山下到山上作为一个整体进行构思设计，每一组建筑群落风格独特且保持着建筑间的互有联系，在峰、峦、坡、坨、崖、涧最合适的位置进行选址，巧妙地利用自然山水，在规制大小以及间距疏密度等方面，都把握得恰如其分，从而达至"中国建筑宏观设计的顶峰"[2]。既高贵庄严，规模庞大，又不失主题突出，井然有序；既顺遂自然，幽爽疏朗，又不失繁缛巧丽，精雕细琢。1993年，中国文物专家、古建专家单士元、罗哲文、郑孝燮、刘毅诸先生实地勘察后认为，武当山古建筑群是我国保存最完整、规模最宏大、等级最高绝的明代道教建筑群，在世界上像这样的建筑群十分罕见，因而具有突出的、普遍的价值。1994年，联合国教科文组织专家到武当山进行严谨的考察，对武当山古建筑群以典型的道教建筑与奇异的自然风光完善地结合在一起的特色给予高度评价。世界遗产委员会认为："武当山古建筑中的宫阙庙宇集中体现了中国元、明、清三代世俗和宗教建筑的建筑学和艺术成就。古建筑群坐落在沟壑纵横、风景如画的湖北省武当山麓，在明代期间逐渐形成规模，其中的道教建筑可以追溯到公元7世纪，这些建筑代表了近千年的中国艺术和建筑的最高水平。"[3]武当山道教建筑是湖北的，也是中国的，更是世界的。

然而，武当山以玄帝而名，依道教而显，因建筑而盛，却缺少专门为鉴别和欣赏武当山道教建筑而进行研究探讨、论证分析的规范性学术专著。武当山以道教建筑而列入世界文化遗产名录，对武当山道教建筑的文化阐释、审美品鉴之不足与其价值地位极不相称。在武当山道教建筑的认识上，多理论、多学科交叉共鸣，从不同视角、不同侧面向道教建筑鉴赏中心追寻，这是目前武当山道教研究中的空白领域，也正是本书用力之处。

对武当山道教建筑进行鉴赏是本书的重心所在。拙著将沿武当山神道上建筑布局的先后顺序，选取最具代表性的宫观等道教建筑类型，分十三个专题，围绕名称释义、堪舆选址、布局规制、审美鉴赏进行品鉴，以领略武当山道教建筑的庞大规模、雄伟气势、皇家规格，体会道教建筑所传递的道法自然、天人合一的理念，感受道教建筑融合神灵信仰所造就的特质，体味中国建筑宏观设计手法的恢宏。而首要的鉴赏是从整体布局上把握武当山道教建筑的文化特征，获得大视野，以此作为正文的引论。

一、北方玄武——杰出的堪舆选址

在中国大地上，论海拔之高、山体之大、山势之险、景观之美，武当山都无法鳌头独占。但武当山酷似"玄武"的造型，逐渐演变成真武祖师修真道场，却吸引了无数慕道者如云委川赴，负笈往游，正所谓"有仙则名"。本来武当山与五岳难分伯仲，然而武当山独立自存，至明代大显而一跃为"大岳"，便超乎群山之上。这一切的根本前提在于我们的祖先选择了武当山的自然地理环境，并从文化上把它逐渐建构成一座圣山。武当山道教建筑是风水堪舆应用的典范之作，也是天才创造力规划和建筑的杰出之作，更是道家道教思想融会贯通的精品之作，既体现了祖先同自然相处的卓越智慧，也彰显了对武当山的高超认知。

武当山，古称太和山。南朝道士陶弘景的《玉匮记》、北朝诗人庾信的《仙山》一诗夹注及南北朝郦道元的《水经注》，均使用了"太和山"一词。由此推测，该命名出现于南北朝之前。"太和"意味着至高至极的和谐，源自《周易·乾卦》的"乾道变化，各正性命，保合太和，乃利贞"[4]。把统一物分成两个对立面，以阴阳二元论的思想认识事物的运动变化，最终形成统一的宇宙观，是中国传统文化内在的、一以贯之的基本精神，太和山因这一思想而得名。古代保留下来的武当山诗文显示：唐宋普遍使用"太和山"，元代则极少使用，明清时"太和山"常与其他山名混用，这是山岳命名执守太和思想的集中体现。武当山道教崇拜太和之气，认为山川冲和之气是宇宙生成的太和之气，乃化育自然的元始祖气，视之为"道"。伴随着历史的演进，武当山还被加诸许多别称与封号，如因山势而名的崟上山、崟上[5]、崟山、仙室山，因道士而名的谢罗山，因地位而名的太岳、大岳、玄岳、元岳[6]，因叠加而名的大岳太和山、太岳太和山、玄岳太和山、太和太岳山、元岳太和山等。此外，还有因民俗而名的老爷山、玄帝山，因方位而名的均州山、北山（均陵地处古三苗之北）、南顶山、西顶山，因价值而名的中岳佐命之山[7]、石阶山[8]、华岳地肺、肺山、西岳佐命、五总山、女思山[9]、第九福地、武当福地，以及因夸饰而名的天中山、莲岳[10]、灵岳、天下第一名山、天下第一仙山、终南第一名山、第一山、神岳、仙岳、灵山、神山等，足见武当山在中国山岳中的非凡意义。

元至元辛卯年（1291年），武当高道刘道明著《武当福地总真集》（以下简称《总真集》）卷下载："后改太和之名，曰武当山"[11]，可见太和山之名早于武当山。东晋陶渊明的《搜神后记》载："谢允从武当山还，在桓宣武座，有言及左元放为曹公致鲈鱼者，允便云：'此可得尔'。求大瓮盛水，朱书符投水中，俄有一鲤鱼鼓鬐水中。"[12]该书虽为变怪之谈，多言神仙，有伪托或后人增益之嫌，却是目前发现最早完整使用"武当山"作为山名的一部典籍。东汉史学家、文学家班固《汉书》记载的"武当"，是沿用秦制所置的"武当县"，为南阳郡下辖三十六县之一。南朝宋范晔撰《后汉书》注为"武当县，属南阳郡，有武当山。今均州县也"[13]。宋祝穆《方舆胜览》载其建置沿革："《禹贡》：豫雍之域，秦韩之交，角、亢、氐、东井、舆鬼之分野。春秋属麋。战国属韩及楚。秦汉属南阳、汉中二郡地……唐复置均州。皇朝升为武当节度。今领县二，治武当。"[14]肯定了县名因山而起，而"武当"是武当山的一种约定俗称。从武当山之名东晋时期已经出现及西周时期汉江文明佐证，大胆推测太和山之名可能出现在更早的先秦时期。

那么，古人为何要用"武当山"来取代"太和山"呢？有两种代表性的观点。一是《总真集》记载："传记云，武当山……应翼、轸、角、亢分野，在均州之南……乾兑发源，盘亘万里，回旋若地轴、天关之象，地势雄伟，非玄武不足以当，因之名曰'武当'。"[15]二是清乾隆九年（1744年）王概等纂修的《大岳太和山纪略》（以下简称《王概志》）记载："夫山之奉元武者多矣，此何独以武当名？意者荆南火方也，楚王祝融火神也；武当度分在翼，翼于南方七宿为翼火蛇，又天之火宿也；于九星为廉贞，于五星为独火，于天机为燥火；考山图也，孤峰烟起，群峭攒空，象亦火也，惟奉北宫真武之水精以镇之，乃有水火既济之功。武当之名，太和之义，或寓于此。"[16] 上述解释均围绕堪舆意义而展开，反映了中国传统堪舆之术在命名武当山时的影响力，亦不乏阴阳二元论思想所展现的太和精神。

（一）天道：武当山的星宿分野

堪舆即风水。汉淮南王刘安《淮南子》一书认为："堪舆徐行雄以音知雌。"[17] 东汉许慎注释"堪"为"地突也"[18]。《汉书》颜师古注引张晏曰："堪舆，天地总名也。"[19] 堪即天，指观察天；舆即地，指勘察地。堪舆学是天地之学，即研究天地运行的学问。堪天道、舆地道的山水之术实际是地理学、天文学、景观学、生态学等综合的自然科学。

中国古人仰观天象时，以哲学宇宙观的范畴把握天地关系的外化，形成了天道，即"堪"。《周易·贲卦·象传》有"观乎天文，以察时变"[20]。占星家用天象变化占卜人间吉凶祸福，将天上的星空区域与天神居所、地上国州相互对应，从而产生分野问题。这种思维范式在历代武当山志书中均有体现，如上述第一种观点中出现的"翼"，指二十八宿中南方朱雀七宿（井水犴、鬼金羊、柳土獐、星日马、张月鹿、翼火蛇、轸水蚓）之一的"翼火蛇"，上对天界的太安皇崖天、显定极风天，这种星宿之说侧重于"四神"的意象，反映了汉民族对威武而有灵性的动物神的崇拜。而第二种观点所言"于九星为廉贞，于五星为独火，于天机为燥火"侧重于"五行"学说，则提供了概括宇宙万象的另一视角，是中国古代道教哲学系统观的反映。古人对星体特别熟悉，认为"廉贞星"由北斗七星再配上另外两星组成，因见其尖峰卓立如红旗，又飞扬如枪，纵横有威力，象征着高高的火焰而称之为"曜气"。"五星"由金、木、水、火、土星组成，火星作为独立的一颗火红之星极为引人注目，因时明时暗，荧荧如火，似乎位置不断移动而令人迷惑，故有"荧惑"之名。武当山火神庙旧时即称"荧惑宫"，敬光明之神火德真君，为火星之自然崇拜。唐代邱延瀚在《天机素书》中说燥火有戈矛之象，五行属火。天柱峰在整体形似火焰的群峰中显得出类拔萃，远观山尖仿佛直刺天空的矛。以五行来观察天道的机窍，等于拿到了打开自然之门的钥匙。

（二）地道：武当山的天关地轴之象

中国古人俯察地理时，运用堪舆理论与相地之术来把握山水关系，表现为地道，即"舆"，如第一种观点中的"回旋若地轴、天关之象，地势雄伟，非玄武不足以当"之句。天关、地轴乃堪舆学专用术语，"天关"亦称玄关，是水流入的地方，以通畅开阔为吉；"地轴"亦称地户，是水流出的地方，以多山关拦为吉。天关、地轴均称"水口"。描述武当山天关、地轴之象等于强调识水与辨山，宏观地把握山水关系，认识大地龙脉与大地血脉对立统一的趋势和状态。

1. 识水：武当山关拦的汉江

中国第一部区域地理著作《尚书·禹贡》对汉江的渊源及流向记载为"嶓冢导漾，东流为汉；又东，为沧浪之水；过三澨，至于大别，南入于江"[21]。汉代班固所撰《汉书·志·地理志》除把"导漾"记为"道漾"[22]外，其他同《尚书》。作为长江支流的汉江，发源于华夏神山嶓冢，即秦岭南麓陕西省汉中市宁强县大安镇汉王山。《水经注》云："汉中记：嶓冢以东水皆东流，嶓冢以西水皆西流，即其地势，源流所归，故俗以嶓冢为分水岭。"[23] 东流的汉江因江段不同而各取其名，如北源沮水、中源漾水、南源玉带河，三大源头之水汇流经过沔县（今陕西勉县）称沔水，东流至汉中始称汉水，自安康至丹江口段古称沧浪水，襄阳以下别名襄水。汉江中游汇聚的较大支流为发源于秦岭南坡的沮水、褒河、湑水河等北岸支流，发源于大巴山北坡的玉带河、漾家河、冷水河、南沙河等南岸支流，与发源于陕西商洛西北部秦岭南麓的丹江以及武当山大小溪涧河流，共同汇入汉江，形成了与武当山周密缠护，又浩渺无垠的辽阔之势，由此向东南浩荡奔去，汇入长江。

丹江，古称丹水、丹渊、粉青河等，俗称丹河。在陕西境，名州河；在河南淅川境，名淅江；在湖北均州境，名均水。武当山水系复杂，若以方圆八百里而论，主要有官山河、浪河、涧河（亦称剑河）、青羊涧、水磨河、瓦房河等河流。

官山河，发源于官房交界处的天马峰，尤其是房县境内的马蹄山、清凉寺山，沿途接纳众多小溪，诸如磨针涧、西河（亦称吕家河），发源于武当山南神道豆腐沟的九道河汇入西河，还有太极观、松树沟、骡马沟流出的小溪也汇入了官山河，长约169公里，成为武当山汇入汉江第一大河，流域面积最大；浪河，发源于盐池河，长约140公里，仅次于官山河；剑河，发源于天柱峰，流经九渡涧（《总真集》记为"九度涧"，明以后武当山志均称为"九渡涧"），汇诸涧而出九渡涧逍遥谷、玉虚宫梅溪涧，在石家庄村附近与官山河汇合，长约40公里；青羊涧，上游为南岩水库，中游经五龙宫右侧峡谷，下游从金沙坪凝虚观流出，在蒿口与官山河汇合，继续东北向顺流与剑河汇合。官山河、剑河、青羊涧总汇而称淄河。淄河再与流经遇真宫门前的水磨河、流经青徽铺的瓦房河等河流汇合于均县石板滩。此外，还汇有武当山几乎各山头流出的大大小小溪涧，合称为曾河（亦称曾水，此名与方国曾国有关，全长163公里。宋《太平御览·卷四三·地部八》征引《山海经》所记"祭水"）。除浪河单独汇入汉江外，其他河流与曾河相汇继续北流，抵达均州后注入汉江。

武当山天柱峰被视为离天最近的地方，天一生水，为剑河和青羊涧的源头所在。剑河源头仿佛是金殿前屋檐滴下的水，青羊涧仿佛是金殿后屋檐滴下的水，天上的水落到金殿上，一前一后，一东一西聚集成溪，最终孕育了武当山最重要的两条河流。武当山两条主要官方神道及沿途道教建筑，基本上就是围绕这两条河流而于水的两岸展开的修建。

汉江流域流量最大的支流是跨经陕西镇坪、平利和湖北竹溪、竹山、房县、郧阳、十堰等地的渚河。除燕赵之地的河北邯郸有渚河外，古属秦国的陕西安康、楚国附庸国上庸的竹山也有渚河。竹山县境的渚河长达百里，主河道呈蛇形蜿蜒，流向郧县李家山村和辽瓦村之间的渚河口而汇入汉江，《大元一统志》称之"渚口"。《楚辞·九歌》"湘君"篇有"夕弭节兮北渚"[24]，"湘夫人"篇有"帝子降兮北渚"[25]，"河伯"篇有"乘白鼋兮逐文鱼，与女游兮河之渚"[26]，多次提及的"渚"和"北渚"均指北面的小洲，可能与屈原流放在楚国汉北有关。武当山环抱其东北，地势高亢，有观点认为，古人依山形地貌特征将符合"者"字笔画造型结构的河流称为"渚河"或"渚水"，有古代部落在水边燃烧篝火煮食、聚火而谈的"者"字意境。汉江流域最长的支流是流经陕、豫、鄂三省的丹江，其汇入汉江的水口称丹江口，古称均口（今湖北均县），汉江此处河段古称"沧浪水"，它迂回曲行，似与山脉走向垂直的角度拥抱着武当山。《方舆胜览》卷三十三称汉水在武当县北四十里，中有沧浪洲，为渔父棹歌处。《汉书·地理志》载："丹水，水出上雒冢领山，东至析入钧。"[27]钧水即均水、丹水，东来折入沧浪水，东南至錫入沔。宋代《均州图经·序》载："其山武当，其浸沧浪。东连襄沔，西彻梁洋。南通荆衡，北抵襄邓。"[28]武当山地形、地势等地貌对汉江流域、流向、流速、流量等影响很大，符合吉地对水的一切要求，因而有了后世的兴旺，自西周时代汉江流域就出现了一批追随周武王伐纣的"牧誓"小国，有了人口的聚居和文明的进步。

2. 辨山：武当山自然天成的山势与山形

民国36年（1947年），白衣道人王理学的《武当风景记》（以下简称《风景记》）对武当山的地理骨架描述道："昆仑祖脉，发源乾兑，由嶓冢历巴梁东下，势如万马奔腾，潮涌而来，生炁到此一聚，结成天柱灵峰。"[29]溪涧河流是大地的血脉，山岭谷地是大地的龙脉。武当山是与众山之源的昆仑山相连的山脉，地理大势尤其绝妙。

（1）从中国山脉大格局看武当山的山势

武当山发端于祖山昆仑山，少祖山为昆仑山支脉大巴山脉，回望来龙节节高耸宏大。东为汉江平原，地势开阔，东北有南阳盆地。砂山对峙夹照：青龙砂为西北部秦岭山脉支脉，重峦叠嶂；白虎砂为西南部大巴山脉东端主峰大神农架，巍峨雄伟；二者左辅右弼，护卫侍奉武当山。向北眺望，千里汉江碧波荡漾；向南遥望，万里长江浩浩荡荡。远望东部，大别山、武夷山为望山。民国11年（1922年），襄阳道尹熊宾督修、赵夔总纂的《续修大岳太和山志》（以下简称《熊宾志》）宏观地概括了武当山优越的地理位置："太和居荆与梁（即四川大巴山一带）、豫之交，下蟠地轴，上贯天枢，左夹岷山（即大巴山），长江南绕；右分嶓冢（即秦岭西段），汉水北回。其层峰叠嶂，标奇孕秀，作镇西南，礼诚尊矣。称曰'大岳'，而与五岳比，灵也。"[30]这种大格局，其视角是将均水入汉水的均口、汉水（自沔阳以下古称夏水）入长江的汉口（古称夏口）看作武当山由近及远的两个水口。

古代堪舆家在法天象地时，俯察地理大势也要把握天关、地轴，因为"舆"之关键是强调山与水的贯通及二者联结之点的水口。他们发现巍然矗立在汉江水口的武当山就是一座当之无愧的镇山——玄武之山，汉水如裙带环绕着武当山，武当山与汉江相互依存。《水经注》提及武当县城东的曾水口有摩崖石刻"武当"等字样，证明古人对水口山的性质已有明确认识，通过强调水口山一夫当关的气势而把握武当山。汉江与长江交汇处，龟山、蛇山隔江夹峙也象合成玄武之山，不过其水口山的理念明代才得以更名形成，迟于武当山之后。元代江西龙兴路临川云山隐士、武当山采樵道人、诗人罗霆震（生卒年不详）"步九层霄阅太和，盘旋八百里山河"之后十分感慨，吟出了"千章锦绣诗难尽，一幅丹青画了么"[31]。宋代乐史撰《太平寰宇记》转引《武当山记》载"天柱峰"："区域周回四五百里，中央有一峰，名曰蓥岭，高二十余里，望之秀绝，出于云表。清朗之日，然后见峰。一月之中，不过四五。清霄盖其上，白云带其前。旦必西行，夕而东返，则惟其常谓之'朝山'，盖以众山朝揖之主也。"[32]天柱峰若隐若现，仿佛"神仙窟宅"，古人关注了它的山气，朦胧氤氲，云雾蒸腾，冉冉薄雾曼妙，袅袅香炉紫烟，浮云在群山之间飘忽变幻，更注意了它的峻秀挺拔，高出云表，清霄白云朝夕旦暮朝拱流动而成为云气出入的必由之地、吉祥之地，于是，自然本身成为敬畏、崇拜和朝揖的偶像。

（2）从山峰造型看武当山的山形

天柱峰一柱擎天，七十二峰朝大顶，景象奇妙。天柱峰位居火焰状山形的中央，"群峰趋向有情，如跪如拜，又如众星拱月之状，此堪舆峦头家所谓万山来朝太祖峰之形也。山脉现形之真，无出其右。虽太华之仙人掌、雁荡之观音峰，称为奇绝，亦难与此峰争尊"[33]，故有"考山图也，孤峰烟起，群峭攒空，象亦火也"之句，进一步延伸出四个层面：祝融火神——翼火蛇；火宿——火星；（五星）独火——山形似火；（天机）燥火——山形似火。《王概志》通过大胆联想再把握其内在联系抽象为：神灵崇拜——星宿崇拜——天象崇拜——山岳崇拜。这些原始的宗教崇拜代表着中国古人对武当山神韵的深刻诠释，四个层面无一不与火有关，且把对火的认知推向了极致，将武当山酷似熊熊燃烧的火焰状山形视为"火蛇"，以象征"圣蛇"。

天柱峰与其西边山峰合体组成了活灵活现神奇大龟的山形状貌，在古人的眼中被视为"圣龟"。元泰定二年（1325年）十二月，泰定帝字儿只斤·也孙铁木儿连发两封圣旨，专门对圣龟、圣蛇赐以封号："惟尔火神，原于道家之说，或著天关之名……二气良能，以志诚而有感；面神受职，宜定功以行封，可封'灵耀将军'""惟尔水神，原于道家之说，于昭地轴之名……靡神不举，用追迹于先王，依人而行，尚眷怀于下土，可封'灵济将军'。"[34] 封号将道家阴阳二气的自然力人神化，并与天关、地轴文化理念结合，塑造出"玄武"。

将武当山整体山形看作天然"玄武"的造型绝对是天才的发现。古代堪舆家在没有飞行器的时代能独具慧眼达至俯瞰的水准，并能提炼出"非玄武不足以当"的结论，实在令人惊叹，所以王概用"惟奉北宫真武之水精以镇之，乃有水火既济之功"来回答"何独以武当名之"的设问。若"北宫真武之水精"单指"圣龟"，没有"圣蛇"与之合体，就没有阴阳二元而构成"玄武"，天然宇宙中的这座大山便丧失生生不息的和谐之道，便不能自我完满地达致以水克火。因此，只有二元合体的伟力才真正称为水火既济之功。"圣龟"形象不难触及人的视角，但是，"圣蛇"形象无法描摹。如果缺乏宏阔的视野、智慧的想象、堪舆的学识、文化的积淀、原始崇拜的基础乃至武当山道教的信仰等人文铺垫，没有行遍武当山八百里，没有无数次的攀爬体验，怎会对火焰状的山峰群具有高屋建瓴的认识能力，又怎能概括出"圣蛇"的观念？！

古人克服千难万险，怀揣向往走向这座大山，找到这样的清幽之地，静享孤独的境界是何等让人仰止！事实上，先秦时代已具备了一定的认识基础。一方面，已把玄武作为二十八宿中北方七宿的总称。周代吕望《六韬》从音律上识别玄武。战国时《楚辞·远游》有"时暧曃其曠莽兮，召玄武而奔属"[35]，玄武观念已然牢固。汉代的"北宫玄武，虚、危"[36]，玄武被视为玄武神、北方之神。道教产生后，对舆地之道的地轴、天关还给予了宗教式的认知，认为地轴水精神龟、天关火精圣蛇。元代玄武神进一步被升格为玄帝加以祭祀崇拜。《总真集》载有虚宿天卿星君、危宿天钱星君，"二星君皆天一之象，龟蛇水火之形，玄帝之所统理"[37]。卷下吕师顺的"跋"写道："七十二峰擅其奇，三十六岩专其秀，涧溪潭洞之清幽，草木禽兽之珍异，殊庭仙迹粲然，靡所不载，盖名山中之雄伟杰特者。由是观之，微此山不足以称玄帝之居，微玄帝不能以彰此山之胜，以武当易太和，盖取诸此。"[38] 作者要为道教玄帝信仰张目，而他敏锐地意识到武当之名与玄武的直接联系是难能可贵的。元代武当道士、地理学家朱思本登上武当绝顶，从天关、地轴的层面描述了武当山大貌："四望豁然，汉水环均若衣带，其余数百里间山川城郭仿佛可辨。俯视群山，尽鳞比在山足"[39]，为"非玄武不足以当"作了极妙的注解。另一方面，中华文化讲究辩证思维。《易经·系辞上》云："是故《易》有太极，是生两仪。两仪生四象，四象生八卦。"[40] 作为龟蛇合体的玄武，关系到阴阳、水火等辩证范畴、水克火等五行学说。因此，理解武当山之名，核心在于对"非玄武不足以当"的认知。明初史学家兼小说家、雪航道人赵㧑谦撰写《武当嘉庆图》"序"释为："武当为天下名山。龙汉之始，初名太和。自玄帝由净乐国修炼于此，又有太岳仙室之名。及帝飞升之后，自谓山之灵秀清绝，非玄武不足以当，故更名曰'武当'。"[41]《方舆胜览》卷三十三"均州"引《荆州记》："在县南二百里，一名仙室，一名大和，斯山乃嵩高之参佐，五岳之流辈"。《武当记》云："周回四五百里，中有一峰，名曰'参岭'，高二十余里，望之秀绝垂于云表。"[42] 蒋廷锡编纂的《武当山部汇考》"武当山部杂录"云："《太和山志》：太和峻绝云表，自外言之，脉隆陇蜀岷嶓，既艺江汉攸分，屹乎皇崖、极风作镇于中，莫与京焉。沧浪泓澄乎其左，滟濒澎湃乎其右，至大别以东，汉乃合江。而大岳太和始酝酿结聚于此，造化特设，以地轴、天关二象扃其外户，非巍巍然元帝之山，钟灵直达兹地软。大岳迢遞，江汉辅之，此则五岳之所不能班，而太和擅而有之者也。"[43] 这正是武当山虽偏处十三朝古都洛阳西南，远离中华最早的黄河文明，却能地位尊崇，备受礼遇的根本所在。

通过对山水、水火、龟蛇、天关地轴等关系范畴的考察，再对照中国其他的山川大岳，不论是山水态势上的自然天成，还是山形本身的自然造化，就武当山山水地理磅礴之势而言，可谓无出其右者，唯有"玄武"才配担当这座神山的大名。"玄武"就是武当山区别于其他山岳的规定性，有些同称的山名不过是慕名的模仿。因此，这座神山之名非"玄武"莫属，"玄武"就是武当山的本质内涵。如果不用"非玄武不足以当"认识这些宏大的自然天成，又有什么更好的解释呢？而我们在惊叹人化自然伟力之时，天地玄黄，宇宙洪荒，"玄武"卓然而立，天然自然，客观的自然界如此独立的存在更为我们所敬畏。如果在武当山绝顶之上不敬北方玄武神，岂不辜负了它的神功圣德！

我们的祖先基于对武当山这一理想地理空间格局的选择，必然重视天柱峰天造地设的奇伟，把它作为武当山杰构的至高点，道法自然，天人合一的思想必然成为武当山大兴的逻辑起点。武当山道教建筑的整体布局，选择在天柱峰构筑金殿作为统领全山道教建筑的灵魂和核心，其他各类建筑伴随着官道、神道向四周辐射，形成了北至响水河旁石牌坊80公里、南至盐池河佑圣观25公里、西至白浪黑龙庙50公里、东至界山寺35公里的八百里武当山。武当山不仅高且大，而且高且奇，其宫观伟丽，天下罕见，栋宇之盛，旷古未有。金殿坐西朝东，指向最前方汉江与长江的交汇处——汉口，使展布于八百里武当山的建筑形散而神不散，从而构成武当山道教建筑统一的、完美的整体。

当然，武当山的范围不同时代的典籍所载不一，最早由皇帝正式划定的武当山四至边界见明成化二十年（1484年）宪宗朱见深的《敕谕官员军民诸色人等》，圣旨称"形胜蟠蜛八百余里，东至冠子山，西至鸦鹕寨，南至麦场凹，北至白庙儿"。但按照《剑桥中国明代史》的一里相当于今天491米的说法换算，成化皇帝仅钦封了以天柱峰为中心的武当山核心管辖山场，仅为八百余里的三分之一，故称之为"官山"。

二、九宫八观——卓越的整体规划

中国古代十分讲究祭祀礼仪。祭天，在山焚柴燔祀；祭川，在水用牲沉水；祭土，在地用玉瘗埋。伴随历史的演进，于屋宇内设坛祭神逐渐演变成宫殿建筑祭祀。武当山道教建筑作为奉祀神灵的庄严道场，发展到明成祖时代宫殿建筑达到鼎盛，帝神赫赫，山灵巍巍，即使五岳的煌煌庙宇也罕有其匹。不过，明代武当山道教建筑的辉煌并非一蹴而就，既有历史的承继与积淀，也有时代的弘扬与变迁，而高度凝练出"九宫八观"的普适性设计理念，正是建筑规模、建筑规格、建筑类型、建筑功能的反映。

元延祐元年（1314年），武当高道张守清及弟子编纂的《玄天上帝启圣录》（以下简称《启圣录》）卷一"紫霄禹迹"载："按《九丘经纬天地历》云：禹平水土之后，分治九州，拜立五岳，定封四渎范围，坤厚名山大川，悉以神灵主之。乃考翼轸之下，有山名曰太和，七十二峰凌耸九霄，气吞太华，应七十二候。上古所传云是玄武得道飞升之地。观是山也，雄丽当阳，九宫皆备，非玄武当之，孰可享邪。遂更太和之名，曰武当山。"[44]该书提及的《九丘经纬天地历》是一部夏代实物地理志书。西汉孔安国《尚书序》云："九州之志，谓之《九丘》，聚也。"[45]大禹分天下为九州，《吕氏春秋·有始》记为豫、冀、兖、青、徐、扬、荆、雍、幽，影响了武当山"九宫皆备"的建筑总体设计理念。"经纬天地"指天有九宫、地有九州，如此天地相应。清代湖广均州知州党居易的《清微宫有引》云："按道经，天上有九宫，昔人肇造帝宫以象天。"[46]中国古人将天宫用"井"字划分出"乾宫、坎宫、艮宫、震宫、中宫、巽宫、离宫、坤宫、兑宫"九等份，以观天之七曜与星宿移动，从而辨明方向和季节。奇门遁甲又将后天八卦、洛书、二十四节气相配构成多维格局，以九宫八卦占测宇宙的时间、方位及万物流变的规律，作为抉择时间和动向的依据。因此，"九宫八观"当仿照九宫八卦之结果，是奇门遁甲等中国神秘文化的表征。"九"为纯阳之数，"渊源于强龙和大禹，九象征着帝王和高贵，九表达长久、高寿、繁多、极度之意"[47]。中国古人把八的三倍（8×3=24）"二十四"，九的四倍（9×4=36）"三十六"，以及八和九的乘积（8×9=72）"七十二"等数字，视为达成天地交感、万物化生的神秘数字，但偏爱奇数甚于偶数，以奇数之最对应偶数之最，逐渐寻找二者的平衡美，于是"九宫八观"就有了阴阳合璧、生发圆满、吉祥美好的象征性寓意。

考察武当山道教建筑整体规划上的思路和设想，需要具体探讨其宫观在历史上数量的变化。

（一）明代以前的武当山道教建筑

武当山道教建筑起自汉代。东晋道教学者、炼丹家、医药学家葛洪的《神仙传》记载尹轨"后到南阳太和山升仙去矣"[48]。南朝陶弘景《真诰》记载尹轨"入太和山，去领杜阳宫太和真人"[49]。尹轨，字公度，周代文始真人尹喜的弟子，汉代归隐武当山杜阳宫，修为"仙真"。《汉武帝外传》在尹轨传中称其"晋元熙元年（419年）入南阳太和山中，以诸要事授其弟子河内山世远"[50]。北朝诗人庾信的《仙山二首》记载尹轨"能销铅为银，销锡为金。后到太和山中仙去"，入山后的外丹修炼达至"石软如香饭，铅消似熟银。蓬莱暂近别，海水遂成尘"[51]。2008年，湖北省丹江口市官山镇田畈村发现的《均州亲恩碑记》（通高1.16米，宽0.57米，厚0.10米）载："北京河间府吏卿□军□□，□□行都司均州守御千户。所舍，见在武当山花果山，此山杜阳宫故之地。葬墓。"[52]这通明代千户沈鸿（正五品）的墓碑，其碑刻文字是明代均州守御千户所曾建于杜阳宫基址之上和尹轨归隐修炼于此的佐证。杜阳宫可能只是一般意义上的修道者居所，还谈不上道教"宫"的建制，但碑南一条宽3.8米、长60米的古街道，屋顶清一色板凳挑，巷道铺设平整片石，却在武当山地区极为罕见。

南朝刘宋郭仲产的《南雍州记》云："武当山，广圆三四百里，山高垄峻，若博山香炉。茗亭峻极，于霄出雾，学道者常数百，相继不绝。若有于此山学者，心有隆替，辄为百兽所逐。"[53]南朝上清派道士陶弘景《玉匮记》亦云："太和山形，南北长高，大有神灵，栖凭之者甚多。太和山虽在南阳界，而去洛阳甚近，度轩辕南阳界而北，趋鲁阳，便得至焉。"[54]在魏晋南北朝时期，神仙卜栖者为数众多。隐仙者聚集于武当山，在巨蛇猛兽等强大的自然力面前，修仙学道者可能会建筑一些简陋的庵庙栖身，但尚无宫观建树。

唐代是敕建武当山道教建筑的开端。"唐贞观中，均守姚简祷雨是山，五龙见，即其地建五龙祠。"[55]明宣德六年（1431年）太常寺丞、武当高道任自垣编纂的《敕建大岳太和山志》（以下简称《任志》）载刘三吾所撰《武当山五龙灵应宫碑》（明万历六年贾缘刻本称为《重建武当山五龙灵应宫碑记》）称："简具以闻太宗，敕于中山别创五龙观，以旌灵异。"[56]唐太宗敕建"五龙观"的说法与史实相违，多为误写，因为北宋真宗时才"升祠五龙观，赐额曰'五龙灵应之观'"[57]，宋孝宗淳熙九年（1182年）均州知州王德显"奏降敕牒，赐'灵应观'为额"[58]。姚简在祷雨之地修建的应是五龙祠，等级规制较之宫、观低，已属官修建筑。至元十六年（1279年）玄教宗师、江淮总摄真人张留孙（1248—1321年）改升宫号，"至元廿三年（1286年），诏改其观为'五龙灵应宫'"。元仁宗延祐元年（1314年）赐额"大五龙灵应万寿宫"[59]。伴随着宋元真武经典的刊布，五龙神话与玄帝升真相融合，但五龙祠演变成崇奉五龙神灵的道教庙宇却在武当山道教建筑史上具有开创之功。

宋代武当山道教建筑有所发展。除五龙观外，因姚简消除蝗灾、解救旱患灵显昭著，被尊为"均州守土镇山之神"，封为"忠智威烈王"，以至宋初在紫霄宫东敕建威烈祠，以表姚简"生世精严志慕玄，叨恩准敕护灵山。寂无形响杳冥际，雷电风霆目睫间"[60]。元代的威烈祠即威烈王庙，改称威烈观是明代的事。宋初，武当山道教建筑很简陋，高道陈抟（871—985年）从武当山九室岩来到五龙观一带，常在片石枕头、蓑庆铺地的条件下修习睡功。北宋仁宗天圣九年（1031年），"高士任道清、王道兴，用工开凿岩龛，砑成太上尊像，岩前创建殿宇"[61]，即太上观。该殿宇始建于唐代，经宋代两位高道扩建，殿宇与太上岩连为一体。岩窟顶部题刻有"老君岩"字样，亦称玉清岩、太清岩或老君洞。北宋宣和年间（1119—1125年）创建紫霄宫，宋徽宗给敕匾额及相关文据，为武当山道教建筑史上第一座专为崇奉玄帝香火的敕建道宫。《天柱峰歌》是宋代唯一一首描写武当山道教建筑的诗歌，高本宗（生卒年不详）对天柱峰大顶御天风跨鸾凤、入碧海擎鲸鳌的山峰气势十分赞叹："丹梯贯铁锁，十二楼五城。压穿鲸鳌背，幻出龙凤形……神君端居面东瀛，黄金铸屋玉作楹"[62]，他的充满想象的诗句透露出大顶有道教建筑的信息，与《总真集》卷上"砌石为殿，安奉玄帝圣容……至顶，有铜亭一座，亭内香炉一座、玄帝一尊"[63] 相应。元代至元戊寅（1278年），道士赵守节率徒众在宋代基址上重建了佑圣观；至元癸巳（1293年），玄教大宗师孙真人"重给（云霞）观额"；太上岩之东的三茅观亦建于宋，《总真集》卷下载："膺观妙之号，领住山之职"[64]，说明三茅观的命名与宋代武当道士曹观妙（？—1236年）的号有关。"大司命茅真君，定录二茅真君，保命小茅真君，乃玄帝圣友也。宋曹观妙于五龙宫北亲遇见焉。"[65] 故曹观妙被武当山道教誉称"三茅真君"。此外，宋代还有在汉代马明生修炼神仙之地修建的自然庵，以及宋代祝穆《方舆胜览》称为"三石门"的三天门。《任志》楼观部第七篇卷八开列宋代武当山道教宫观：（宫）紫虚宫、紫极宫、延长宫；（观）玉仙观、紫霞观。山志将它们归结为"名胜古迹"范畴，惜记述不详，不易鉴定兴修时间、地点。武当山第一部诗体志书、元代中期结集的罗霆震《武当纪胜集》，辑有《紫虚宫》："建楚灵坛阐化初，祠庭想见大规模。空中楼阁空遗迹，安得如天复圣图"。《延长宫》："金鼎丹空龙虎寒，虬松虚老冷仙坛。何时再敞蓬莱殿，望五云东祝寿安。"[66] 从诗文表达的渴望再次重建灵坛、仙坛的心情判断，此二宫建于宋代且元代进行过重建。其余宫观假设也建于宋代，那么《总真集》会在"宫观本末"专门列出以记载其基址尚存或旧基重建，然而刘道明只字未提，由此推论，其他宫观建于元代。

另明嘉靖十五年（1536年）方升等编纂的《大岳志略》（以下简称《方志》）卷三"宫观图述略"所列宫观有四类。一是"废而莫举者"：（宫）王母宫、琼台宫；（观）三清观、三茅观、明真观、云霞观、佑圣观、真常观（或为常真观）；（行宫）清微行宫。二是"迷而莫考者"：（宫）紫虚宫、紫极宫、延长宫；（观）玉仙观、紫霞观。三是"中更他变者"：太常观。四是"中改他属者"：（行宫）五龙行宫（"均州城南，近并于州"[67]）。《方志》分类很细，但也留下了兴修时间不详的遗憾。如何理解"废而莫举"和"迷而莫考"？前者指明永乐时期已毁掉的宋代或元代废墟建筑，未得到重修。如王母宫，"昔善胜太后访真于此，因名焉"[68]，并非指善胜太后访真于宋，因王母宫是元代建筑，明代夷为废墟。宋代许览《舜子井》有"一千二百余年外，万火销磨不可寻。舜子井泉有谁记，随人闾巷只如今"[69] 之句。宋代武当山下均州浪河尧祖铺建有舜庙、舜井。虽然《总真集》记载佑圣观、云霞观建于宋代，但并不意味琼台宫、三清观、三茅观、明真观、常真观也一定为宋代所建，在无其他证据支撑情况下，将它们归并到元代的"九宫八观"里更合理。而《方志》中它们在嘉靖时代已迷失建筑所在，无法考辨，谓之"迷而莫考"。那么，多久的时光让这些宫观消失在武当修道者的记忆中而无从查考呢？宋元明都有可能性，而元代肯定存在，故归并为元代建筑。

综上所述，宋代确考的武当山道教建筑有舜子井、威烈祠、太上观、紫霄宫、大顶石殿、大顶铜亭、佑圣观、云霞观、三茅观、自然庵、三石门、九室岩庙、五龙观、紫虚宫、延长宫，整体规模建制尚无章法。

元代武当山道教建筑则具备了相当的规模。至正十四年（1344年）十一月王喆撰《白浪双峪黑龙洞记碑》，概括其规模："山列九宫八观，而五龙居先"[70]。

"九宫"居先者的五龙宫,建于五龙峰之东灵应峰。《五龙灵应宫传记》最早记载于《总真集》卷中"宫观本末"。卷下"古今明达"记述了"神仙房长须"在五龙宫后山植杉、培植灌溉靡有暇刻的事迹。元代五龙宫称为"大五龙灵应万寿宫"。其次是紫霄宫,元中期被罗霆震称为"紫霄仁圣宫"[71],《任志》则记为"紫霄元圣宫"[72]。再次是真庆宫,建于南岩。《启圣录》卷一"紫霄圆道"记南岩即紫霄岩,为玄帝"成道之所,今天一真庆宫是也"[73]。该宫始建于至元二十二年(1285年),初名"太和紫霄",后改为"天一真庆宫"。另外,玄帝神话中"玉陛朝参""真庆仙都"分别提及玄帝成仙后的住所为"天一真庆宫"。元诏诰:皇庆二年(1313年),元仁宗赐额"天一真庆万寿宫";延祐元年(1314年)冬十月,加赐宫额"大天一真庆万寿宫"[74]。《总真集》还有天乙真庆万寿宫、天乙真庆宫、天乙紫微真庆宫等提法。明代和溪《游南岩宫》诗有"南岩境界世称奇,真庆宫遗旧日基"[75],真庆宫当是简称。王母宫载于《总真集》"观"的部分,但记述文字没有否认"宫"的建筑规制。不过,该书卷上解释"大明峰"时却有"学道者多卜居之,中有一庵,名曰'王母宫'"[76],《任志》也有"大明峰下中有一庵,名曰'王母宫'"[77],估计规模不大。

天柱峰大顶的宫名是值得推敲的。在明成祖敕建金殿并赐名"大岳太和宫"之前,正史没有宫名的明确记载。罗霆震《飞升台》云:"宝山绝顶有天宫,炉鼎层成小华嵩。"[78]《总真集》卷上"大顶天柱峰"引用传说"玄帝冲举于此,乘辇上朝天阙"[79],把大顶当成绝顶、看成飞升天阙之地,如《九渡涧》的"溪流岂隔慈闱路,待到天宫面圣颜"[80],《明真殿》的"天宫内展家庭礼,上界双亲帝后尊"[81]。诗中所言"天宫"均符合"冲举""朝天阙"之义,可作为绝顶铜殿宫名的推断依据。大顶铜殿建于元成宗大德十一年(1307年),由南岩天一真庆宫道士米道兴、王道一募缘、设计。《任志》卷十二《九渡涧天津桥记碑》提到"太和宫",而九渡崖的涧口处有一通碑刻,内容与志书碑记同,区别在于碑额横行楷书为"太和宫天津桥记碑"。上述变化晚《总真集》约二十年,因作者刘道明拜手书序为元至元辛卯(1291年)中元日,而吕师顺题跋为大德辛丑(1301年)花朝节。从这个意义上看,"天宫"至少在泰定甲子（1324年）已改称"太和宫"，且管领范围不小。

紫虚宫、延长宫在元代山志无载，却以罗霆震诗题取自宫名而得存。《任志》楼观部第七篇卷第九载其名，并提及紫极宫和琼台宫。清微行宫、五龙行宫虽带"宫"字，但不够大宫规格，仅属大宫别馆性质。

"八观"当指王喆撰写《白浪双峪黑龙洞记碑》时那些建筑完好且尚在使用的"观"。《任志》纂修于宣德六年（1431年），距元朝覆灭仅六十多年，所记明初之"观"分写于楼观部第七篇的卷八和卷九，开列出十九座观。

一是不称"观"制者：太玄观（"古之老君岩之山门庵也"）、元和观（"旧有祠宇，弗称瞻崇"）、威烈观（"旧有祠宇，称为威烈祠"）[82]；二是不存者：复真观（"旧有祠宇"）、回龙观（"旧有祠宇"）、仁威观（"旧有故址"）、龙泉观（"旧有故址"）、三茅观（"元末兵火，祠庭弗有"）[83]、八仙观（"祠宇仙室，俱已虚矣，旧规古迹，赖有存焉"）、三清观（"《总真集》有三清岩，而不知宫观古迹止于何处"）[84]；三是尚存者：太常观（"旧有故址尚存"）、修真观（"故址旧碑尚存"。在金花树村古官道西侧，殿房20多间，占地约1500平方米）、明真观（"故址尚存"）、云霞观（"故址尚存"）、佑圣观（"故址存焉"）、真常观（"故址尚存"）、玉仙观（"名胜古迹"）、紫霞观（"名胜古迹"。在草店草房街山坳古官道西侧，殿房4间，占地约700平方米）。

经过上述条分缕析，元末《白浪双峪黑龙洞记碑》所提到的"九宫八观"便清晰起来。"九宫"指五龙宫、紫霄宫、真庆宫、王母宫、太和宫、紫虚宫、延长宫、紫极宫、琼台宫；"八观"指太常观、修真观、明真观、云霞观、佑圣观、真常观、玉仙观、紫霞观。

不过，元代武当山道教建筑的宫与观远非"九宫八观"概括得全，如均州大土湾村的元佑观、土桥南小炮山垭的兴隆观，那些"不存者"在元代也曾一度殿宇非凡，像设庄严。《任志》载"太上观"："有全真曾闻善岩栖屋树，火种刀耕一十余年，兹来际遇重兴，香火隆盛，是亦有缘者矣"[85]，推算其兴建于明洪熙年间。元代太极观虽带有"观"字，却为五龙宫下院，下属的"观"不够平行列入"八观"规格，因其本身不属"观"的系列。总之，武当山道教建筑发展到了元代形成了"九宫八观"的规模，建筑种类逐步增多，有了书院、精舍、道域、雨寸等新建筑类型。

（二）明代的武当山道教建筑

武当山道教建筑史上大规模的营建在明代。永乐年间明成祖创建宫观，起自永乐十年（1412年）七月十一日颁布《黄榜》晓谕天下之时，至"永乐二十二年（1424年）七月十九日为始，至二十五日圆满"[86]，建金箓大醮七昼夜止，创建工期长达十三年。明代礼部尚书李维桢从敕封"大岳"时开始统计为"文祖初封岳，经营十二年"[87]。据永乐二十一年（1423年）八月十九日礼部左侍郎胡濙的奏报："敕建大岳太和山宫观，大小三十三处，殿堂房宇一千八百余间。"[88]《任志》"诰副墨·大明诏诰"记载，永乐十一年（1413年）八月二十五日，成祖首次为武当山四座道宫赐名：玄天玉虚宫、太玄紫霄宫、兴圣五龙宫、大圣南岩宫。同年九月十一日，敕隆平侯张信、驸马都尉沐昕圣旨："各处宫名，只依此敕为定用"[89]，强调赐名为定用宫名，这些表述方式直至明成化年间才陆续简化。永乐十五年（1417年）二月初六日，明成祖又下旨赐额："大顶金殿，名大岳太和宫。"[90]同年，敕建遇真宫。永乐十七年（1419年），敕建并"赐'静乐宫'为额"[91]。清微宫、朝天宫旧有祠宇，"八观"为永乐十年（1412年）重新敕建。至此，明成祖共敕建九座宫并为其中的六座赐额。另外，五龙行宫、清微行宫未赐六品印，行宫规制较宫略低，不属宫之列。这时，太常观、太上观、三清观、三茅观又陆续重建，王母宫、琼台宫、紫虚宫、紫极宫、延长宫、修真观、明真观、云霞观、佑圣观、真常观、玉仙观、紫霞观，或故址尚存，或遗址尚在，但不属明成祖敕建范围。

综上所述，明成祖创建工程浩大，但敕建的宫与观却依然保持着"九宫八观"的建筑规模。具体而言，"九宫"指玄天玉虚宫、大岳太和宫、兴圣五龙宫、太玄紫霄宫、大圣南岩宫、遇真宫、静乐宫、清微宫、朝天宫，"八观"指太玄观、元和观、复真观、回龙观、仁威观、威烈观、八仙观、龙泉观。

元代文学家、史学家揭傒斯曾对武当山神宫仙馆记述道："其大者有三，曰五龙、紫霄、真庆，而五龙居其首。"[92]明成祖为武当山颁发过三十七道命令和文告，反复提及"玄天玉虚宫"，使元代以五龙宫为首的大宫退居其次。八百里武当山山川流崎，宫观严密，明成祖北建故宫，南修武当，给予武当山道教建筑特殊的礼遇，使之陟升为明代的皇室家庙，从而确立了玄帝祖庭的宗教地位，武当山因而也获得了崇高的政治地位，成为超越于五岳之上的大岳，在实现道教化与皇权化的高度融合上，武当山道教宫观发挥了极其重大的作用。

嘉靖十五年（1536年），江西婺源人方升奉命提调武当山，他在《方志》中记载了介于明成祖创修宫观和明世宗重修宫观之间的武当山道教建筑，"为正宫者八，为小宫者三……正宫皆朝廷所赐名"[93]。他首次配图拟出山川与宫观概貌，让矗立起来的宫观为武当山川增色，所列"八宫"为太和宫、南岩宫、紫霄宫、五龙宫、玉虚宫、遇真宫、迎恩宫、净乐宫。其中，迎恩宫是提督大岳太和山内官监太监韦贵新增于成化十七年（1481年）的建筑。韦贵自备己财，在迎恩桥以东、关王庙以南修建了一处小观。明宪宗朱见深以五道圣旨嘉许此举，提及"与做'迎恩观'"。成化十九年（1483年）十一月初五日颁赐圣旨："兹又允贵请，改为'迎恩宫'，添设提点住持于内，领众焚修，仍降敕护持之。"[94] 正统十四年（1449年），在北京正阳门外以东新增崇真观并给赐额，在襄阳府城之北建真武观。清微宫、朝天宫、五龙行宫因管领隶属归为"小宫"。故永乐大修后、嘉靖重修前的武当山道教宫观数目概括为"八宫十观"。"十观"指太玄观、复真观、龙泉观、威烈观、仁威观、回龙观、八仙观、元和观、修真观、真武观。

嘉靖三十一年（1552年），明世宗进行了为期两年的重修宫观，以楹而计总二千四百，达到了却故致新、以坚易腐的效果。比之明成祖创修宫观，嘉靖重修后的武当山道教建筑在宫观上有了明显变化。

其一，完成了道教建筑的新举与改易。除《方志》新增的迎恩宫、北京崇真观、襄阳真武观外，对毁废的桥梁道路等进行了常规修葺。嘉靖丙辰（1556年）提督大岳太和山兼分守湖广行都司内官监太监王佐等编纂的《大岳太和山志》（以下简称《王志》），在《方志》基础上反映了嘉靖重修宫观后的变化情况，新增如下：重修了遇真宫的修真观；补充了一批建筑新概念，如真仙殿、山门、廊庑、东西方丈、斋堂、道房、仓库、浴堂；入山初道鼎建"治世玄岳"石坊，明世宗赐额"治世玄岳"；玉虚宫山门外的真灵祠、天地坛、太山庙，分别改称真官祠、真武坛、泰山庙；玉虚宫内与永乐圣旨碑并列树立起两通赑屃驮御碑及碑亭；静乐宫改称"净乐宫"，宫内新增三官庙、龙王庙、公用厂、备用厂，神惠仓改称神惠厂。

其二，明确了宫观管领和隶属关系。太和宫管领清微宫、朝天宫；南岩宫管领太玄观；紫霄宫管领复真观、龙泉观、威烈观；五龙宫管领五龙行宫、仁威观；玉虚宫管领回龙观、八仙观、太上观；遇真宫管领元和观、修真观；迎恩宫因续创无所隶属；静乐宫管领真武观。唯独新增了太上观，在宫观方面再无建树，故嘉靖重修宫观后的数目实际概括为"八宫十一观"。

其三，严格了宫观分类和层级管理。将"宫"分为正宫和小宫二类，依其正副、大小进行管理。上述"八宫"为正宫，"正宫皆朝廷所赐名"[95]，设置提点一至四人不等的住持，阶正六品，给印一颗，管领隶属的宫、观、庙等。清微宫、朝天宫、五龙行宫仍属小宫，在皇室内降类斋送安奉或修葺庙宇香资配额时有一定影响。

总体而言，明代帝王都非常重视武当山，从宫观创建、遣官致祭、就修斋醮，到奉安像器、赉送道经，再到颁布圣旨免除均州千户所正军及军余杂役，令其专一洒扫修理山场，维修宫观不辍，使得武当山道教建筑更为坚固完美，足以经久，永远香火。明末岭南诗家区大相云："辛丑岁，予以使事，取道谒岳。礼成，遂遍观于八宫。"[96]"树杪沧江三楚落，云间紫气八宫多。"[97]"参上八宫犹未遍，隆中三使亦何勤。"[98] 万历进士马人龙云："文皇以数藩财力治武当，十有年成，为建中使诸道官领以藩臣，领屡朝敕诰赉予充牣八宫，天柱尤隆。"[99] 明末文学家、布衣诗人何白云："朝罢依然下八宫，年年修醮昭神功。"[100] 可见，嘉靖前后直至明末长期保持着"八宫"的建筑格局。不过，各种道教建筑如宫、观、庵、庙、堂、祠、馆、坛、殿、院、亭、桥、井、门、台、楼、阁、府、墓塔、洞穴岩庙、石室神路等，已种类齐备，一如万历进士洪翼圣《武当山道中杂咏》所言"五里一庵十里宫，丹墙翠瓦望玲珑。楼台隐映金银气，林岫回环画镜中"[101]。

（三）明代以后的武当山道教建筑

清代武当山道教大宫数目说法不一，管领的观也大有不同，流行的观点有：

1．九宫说

康熙十二年（1673年），湖广均州知州党居易编修的《均州志》（以下简称《党志》）卷一"山集·山川"，列出了永乐年间丕建"九宫"的简称，但他淘汰朝天宫而增补的迎恩宫却建于成化十七年（1481年），故永乐年间丕建的提法有误。其卷二"海集·八宫"列出带管情况，实则概括出"九宫七观"：玉虚宫（带管太上崖、关帝庙、八仙观、玉虚崖、回龙观、磨针井，但记载后四者"久缺"，即无常住道士）、太和宫（带管朝天宫、黑虎庙）、净乐宫、紫霄宫（带管复真观、威烈观）、南岩宫（带管乌鸦庙）、五龙宫（带管仁威观、五龙行宫、明真庵）、遇真宫（带管元和观、修真观）、迎恩宫、清微宫。他特意将清微宫从太和宫管领下单列出来，并附在八宫之内而合成"九宫"。党居易《清微宫有引》一文再次强调清微宫的重要地位，他说："余望太岳绝顶，躬睹太和宫为第一，而清微宫次之，盖合南岩、紫霄、五龙、玉虚、遇真、迎恩、净乐，而为九宫也"[102]。康熙年间的湖北均州学正王钦命在《参山八宫咏》中颂赞"九宫"为净乐宫、迎恩宫、遇真宫、玉虚宫、紫霄宫、南崖宫、五龙宫、太和宫、朝天宫，不同于党居易提法的地方在于将清微宫改为朝天宫。民国时期亦有九宫之说，如1947年纪乘之的《武当纪游》记载："原来武当山上有所谓的九宫二观三十六庵，九宫之名是净乐宫、迎恩宫、遇真宫、老营宫、五龙宫、紫霄宫、南岩宫、太和宫和清微宫"[103]。

2．八宫说

清康熙年间，湖北安襄郧道鲁之裕《武当篇》记有"八宫二观遍游历，三十六庵群送迎"[104]。雍正四年（1726年），《古今图书集成》方舆汇编山川典第一百五十六卷，为清代前期户部尚书、宫廷画家蒋廷锡编纂的《武当山部汇考》，其第二十九卷"宫殿考"开列"八宫十观"建置，即净乐宫（领真武观）、迎恩宫、遇真宫（领元和观、修真观）、玉虚宫（领关帝庙、回龙观、八仙观）、五龙宫（领五龙行宫、仁威观、老姥祠、自然庵）、紫霄宫（领福地殿、威烈观、龙泉观、复真观）、南岩宫（领太元观、乌鸦庙、棚梅祠）、太和宫（领清微宫、朝天宫、黑虎庙）、金殿。只是太和宫正殿为朝圣殿，将金殿与太和宫平等同列。

这种划分与《王概志》卷三"宫殿"记述完全一致。"本朝鼎建不改其旧，间有毁废，仍录旧制，用壮名山之色"[105]是王概编纂"宫殿"的总原则。雍正进士王沄《楚游纪略》载："在山中曰太和、曰南岩、曰紫霄、曰五龙，在山麓曰玉虚、曰遇真，在均州曰净乐，其他小宫观分领于七宫。成化间，以中官言，改迎恩观为宫，统称八宫云。"[106]乾隆年间的旅行家、文学家张开东在《太岳行记》中说八宫各有诗，他题诗的宫有净乐宫、迎恩宫、遇真宫、玉虚宫、紫霄宫、南岩宫、太和宫、朝天宫。道光年间，均州人钟岳灵《太和山记》载："（明）敕建之宫有八、观有二，所以崇祀典也。"[107]作者虽未明示二观，但并非不详，而是指始建于元代的仁威观、元和观，为永乐年间修建复真观之前一直使用的大观。清人绘制的《武当八宫二观、七十二岩、二十四庵、七十二峰、廾（按：廿）十四涧、周方八百里全图》标明的宫观仅为迎恩宫、遇真宫、老营宫、紫霄宫、太和宫；元和观、回龙观、中观、下观，虽有"八宫二观"提法，但标识不全，绘图人及具体时间不详。明末至中华人民共和国成立初期，"八宫二观"说一直流行，"二观"概指复真观、元和观，朝山进香路道也由西神道转向东神道。

康熙五年（1666年）万甲、李绍贤编纂的《大岳太和山志》已佚。康熙二十年（1681年），王民皞、卢维兹编纂的《大岳太和山志》（以下简称《王民皞志》）绘有"八宫"图，即净乐宫、迎恩宫、遇真宫、玉虚宫、五龙宫、紫霄宫、南岩宫、太和宫。清代唯一新增"宫"类建筑是康熙年间所建的纯阳宫，即磨针井。据党居易《太和山磨针井鼎修纯阳宫记》载，磨针井源于"铁杵磨针"的神话，井上有亭。因抚台林公夜梦吕祖点化而皈依道教，与道台、知府、郡伯等人喜舍资财，在磨针井修建了纯阳宫，为武当山唯一不是皇家敕建赐额的道宫，虽有丰富真武祖师道场的意义，但以奉祀三元上帝敕命传教祖师、警化孚佑帝臣吕真人为主。清代文人雅士诗文涉及较多的"宫"是紫霄宫、南岩宫、玉虚宫、太和宫，"观"是复真观、琼台观、元和观、元佑观、玄都观、紫阳观、悟真观、龙泉观。1994年版《武当山志》附《武当山古建筑遗址一览表》，记载了毁于清代的"观"，有元建琼台上观，明建仙桃观、太玄观，以及清康熙年间小观山新建的凌波观。"（明）隆万以后，诸藩邸争于山下各建茶庵，若周若晋若楚若襄若庆若潞若瑞，凡七。"[108]清代几乎皆废，仅存周府庵为规制最壮者。据该志统计,"自宋迄清在武当山创建的宫23座,其中现存10座,遗址4座,已淹没6座。另外不知所在的3座"[109]。总之,清代武当山道教宫观没有根本改变明代"九宫八观"的皇家建置,少量新增宫观级别也不高,宫观数目的调整源于带管制度的改变、清代道教的式微和年久失修造成的毁废。

受清代影响,加之战乱使武当山道教建筑毁废严重,民国时期不约而同地采取了"八宫二观"之说,当时的游记及山志可以佐证,如王冠吾的《武当纪游》载:"山之最大建筑,计有八宫:一、净乐宫,二、迎恩宫,三、五龙宫,四、遇真宫,五、南岩宫,六、紫霄宫,七、玉虚宫,八、太和宫……武当八宫,现只紫霄、太和、南岩三宫完整,其余不因失修,即毁兵火,徒留遗迹而已。"[110]秦学圣的《武当琐话》载:"有八宫二观、二十四庵、七十二岩、二十四涧、七十二峰。由山脚至金顶约六十里。"[111]《熊宾志》卷一绘"八宫图"(含净乐宫、迎恩宫、玉虚宫、遇真宫、五龙宫、紫霄宫、南岩宫、太和宫)。而《风景记》最为详尽,列出"十宫十四观","十宫"指静乐宫、迎恩宫、遇真宫、玉虚宫、五龙宫、紫霄宫、南岩宫、太和宫、清微宫、朝天宫,又进一步解释朝天宫为太和宫所领,"按天上九宫之义,清微宫亦九宫之一也",实际上是"九宫"的设置。"十四观"指紫阳观、悟真观、玉清观、太清观、元和观、修真观、回龙观、八仙观、复真观、龙泉观、威烈观、太上观、琼台中观、琼台下观。此外,王理学还记载了五庵十三院。

中华人民共和国成立初期依然延续"八宫二观"的说法。作家碧野1963年游记写道:"武当山八宫二观三十六庵堂,这些明代建筑在烟霭中,就像云乡霞村似的。"[112]退居台湾的国民党军官、湖北武当山人蒲光宇在游记中讲述,明代"请来全国第一流的斲工巧匠,由成祖亲临监行,费时三年始完成了全国亘古未有的伟大而宏敞的宫观庙宇与庵堂,计八宫二观,七十二庵堂。这八宫二观与七十二庵堂为武当山荦荦大者,其他较小的庙宇尚未计列"[113]。不过,对明代武当山道教建筑如此概括也有失偏颇。1994年版《武当山志》卷四"现存古建筑"中"宫"记载为太和宫,南岩宫,紫霄宫,朝天宫,纯阳宫,玉虚宫,五龙宫,遇真宫,清微宫;"观"为复真观,太常观,威烈观,元和观,回龙观,八仙观,琼台上、中、下观。

追溯武当山道教建筑的历史，自汉迄今有将近一千六百年的时光积淀，悠悠岁月铸就了灿烂辉煌的道教建筑，人类的智慧完美了天造玄武的山水意境。"九宫八观"作为武当山道教建筑具有象征意义的整体规划设计，使建筑规模趋于相对稳定的状态。但是，"九宫八观"也并非唯一格局，因兴废和辖管、建筑名称和建筑数量随着历史变迁而处于相对变动之中。

三、修真神话——巧妙的选点布局

武当山道教建筑最为独特的文化特征莫过于道教建筑的选址布设与玄帝修道的神话典故的巧妙结合，这在中国道教名山建筑中别具一格。

作为道教神仙体系中威灵显赫的天界尊神，由最早的中国原始宗教的星辰崇拜逐渐演化为北宫玄武，又由北宫玄武演化为真武，最后正式演化成玄帝。"北极'玄天上帝'起于星宿崇拜的自然神……是'道格神'的位格。"[114]玄帝，即玄天上帝，繁多的名号即使在庞大的道教神灵系统中也颇为罕见，其神名依时间、空间的不同进行着演化，形成了新的内涵。作为武当山道教主神，其形象塑造依靠道家思想、道教神学等理论体系的支撑，由道经、山志、绘画、雕塑等的制造在民间传扬，历经元、明、清至民国漫长的演绎过程，玄帝神话的系统化才逐渐臻于完善。玄帝信仰犹如一根红线贯穿于武当山道教建筑的选点布局之中。

（一）武当道教经典与武当山道教建筑

宋代一系列真武经典使真武—玄帝神格地位相对成熟，客观上完成了塑造武当山道教大神的部分使命，如《太上说玄天大圣真武本传神咒妙经》（以下简称《神咒妙经》）、《元始天尊说北方真武妙经》等，它们着重叙述了北方大神将真武的出身事迹、下凡除魔、应化之由的神话。

《总真集》最早将玄帝修炼传说融入武当山水胜迹之中，使玄帝修道故事与武当山水形胜全面对接，巧妙融合，赋予仙禽神兽、奇草灵木以神力，部分玄帝神迹在武当山能够找到实景、实存，让整个武当山弥漫着玄帝崇拜的气息，基本上完成了道化武当的宗教使命。《启圣录》卷一叙述了玄帝出身、修行、降魔以及受玉皇册封等事迹，对南宋以前有关真武的传说作了系统整理，是继《玄帝实录》之后将玄帝神话系统化的最佳范本，对武当山道教建筑影响深远。

1.《玄天上帝启圣录》的建筑语言

（1）先天本体——先天始炁，太极别体，五灵玄老，天帝变身

金阙化身：《三宝大有金书》称玄帝为"先天始炁，五灵玄老，太阴天一之化"；《混洞赤文》称"玄帝乃先天始炁，太极别体"。

建筑语言：玄帝先天之地——金殿

（2）后天修道——托胎静乐，入道武当，五龙捧圣，冲举圆道

王宫诞圣："上三皇时，下降为太始真人。中三皇时，下降为太初真人。下三皇时，下降为太素真人。黄帝时，下降符太阳之精，托胎于静乐国善胜皇后，孕秀一十四月，则太上八十二化也。净乐国，乃奎娄之下，海外之国，上应龙变梵度天也。"[115]开皇年，初劫下世，三月初三日甲寅庚午时，玄帝产母左胁。紫云弥覆，异香芬然。

经书默会：太子生而神灵。年及七岁，经书一览，靡所不通，潜心念道，志契太虚。

辞亲慕道：太子长而勇猛，不统王位，惟务修行。愿事上帝，誓断天下妖魔，普福兆民，救护群品。十五岁辞别父母，寻幽谷内炼元真。

建筑语言：玄帝诞降之地——紫云亭、静乐宫

元君授道：太子念道专一，师父玉清圣祖紫元君传授无极上道："子可越海东游，历于翼轸之下，有山自乾兑起迹，盘旋五万里，水出震宫……上应显定极风、太安皇崖二天……择众峰之中，冲高紫霄者居之。当契太和，升举之后五百岁当上天。龙汉二劫中，披发跣足，蹑坎离之真精，归根复位。上为三境辅臣，下作十方大圣，方得显名亿劫，与天地日月齐并，是其果满也"[116]，为静乐国太子成就玄帝大业勾勒出修行方向。

天帝锡剑：太子越海东游感受了丰乾大天帝教诲，并被授予降伏邪道、收斩妖魔的北方黑驰裘角断魔雄剑。太子见武当山山藏水没与元君所言无二，于是入山渡涧，择地隐居，内修上道。

涧阻群臣：父王思慕太子不能弃舍，派遣五百校尉入山根寻太子回

大岳品鉴——武当山道教建筑鉴赏

朝。兵士正欲渡涧，忽然涧水大涨，反复涉险九次方得诞登彼岸。当面见太子传达国王使命时，即刻僵仆不能抬举，齐呼愿随太子学道后便跬步如故。他们决心归隐武当，伴随太子升真证道。

童真内炼：太子首登武当山便有乌鸦引路、黑虎巡山，栖隐太子岩修真时有乌鸦报晓、黑虎卫岩。乌鸦秉北方黑色，能预报吉凶，验其慈厉；黑虎为北方天一所化，正直威显，为护教守山卫岩之灵，二灵禽亦证大神。

建筑语言：玄帝首息之地 —— 紫霄宫、赐剑台、福地殿、天津桥、玉虚岩庙、太子洞岩庙、黑虎桥、黑虎庙

悟杵成针：太子修炼多年没能契合天地万物本源的道，有倦怠之意。出山行至涧边，见老姥拿铁棒在石上磨砺，十分诧异，老姥启示功到自成使太子顿悟，即返回仙侣岩精修至道。

折梅寄榔：太子复隐途中折梅枝插寄榔树，发誓"予若道成，花开果结"[117]。

建筑语言：玄帝返修之地——磨针井、老姥祠、复真观、榔梅祠

蓬莱仙侣：太子返岩修炼，有蓬莱九师往来惑试其道心："予辈蓬莱仙侣，特来试之。功行着已，宜加精进，克日冲举"[118]。太子内心暗识，敬重有礼。

建筑语言：玄帝炼真之地——仙侣岩庙

紫霄圆道：玄帝阅览山水景致，发现紫霄峰、紫霄岩上耸紫霄，当阳虚寂，常有群鸦鼓噪，仙禽唤语，符合玉清圣祖紫元君所指修炼之地，故择此地修行。

五龙捧圣：玄帝在南岩潜虚玄一、默会万真达四十二年，大得上道。黄帝五十七年岁次庚子九月丙戌初九日丙寅清晨，忽然祥云天花自空而下，弥满山谷，林峦震响，步虚仙乐，岩谷蔓妙，地神呈瑞，山禽追慕。玄帝头顶九炁玉冠，身披松萝之服，跣足拱手立于紫霄峰上。飞升成道时，玄帝在更衣台脱掉松萝，身着福庭灵裔之天衣，戴冠袍帔，上至飞升台，接奉天诏，舍身证道。忽然五炁龙君捧拥玄帝驾云上升到天柱峰，五真（始老、真老、皇老、玄老、元老）偕同群仙下降，奉天帝诏书，作为前导为玄帝启途驻辇。

建筑语言：玄帝成道之地——南岩宫、圆光殿、乌鸦庙、甘露井、五龙宫、更衣台、飞升台、真源殿

三天诏命：玄帝稽首迎拜于天柱峰，五真宣诏特拜"太玄元帅"，领元和迁校府公事。赐冠服，命其上赴九清。

白日上升：玄帝拜受天诏。午时，五真启途，玄帝乘丹舆绿辇，浮空上升。

建筑语言：玄帝冲举之地——太和宫、朝天宫、朝天门

（3）返回先天——朝参玉帝，面见天尊，下界伏魔，归根复位

玉陛朝参：玄帝升至金阙朝参玉帝，被任命往镇北方统摄玄武之位，剪断天下邪魔，奉旨居天一真庆宫。

真庆仙都：宫在紫微北上太素秀乐禁上天、太虚无上常融天之间，宫殿巍峨，自然妙炁所结，琳琅玉树，灵风自鸣，宫商之韵，红光紫云，玉虚无色界。

建筑语言：玄帝朝参之地——金殿、南岩宫、天一真庆宫石殿

玉清演法：《元洞玉历》载，五帝时代，上天龙汉二劫下世，洪水方息，人民始耕。殷纣主世，淫心失道，六天魔王引鬼众伤害群生，黑毒恶炁上冲太空。此时元始天尊正与诸天上帝说法于玉清圣境八景天宫，天门震辟，天尊任命真武"玄天之性，以正摧邪，降伏妖魔，归于正道"[119]。阳以周武王伐纣平治社稷，阴以玄帝收魔间分人鬼。

朝觐天颜：玄帝面见元始天尊，长跪致礼。元始天尊命令玄帝去下界收断妖魔，剪伐邪鬼。

建筑语言：玄帝奉诏之地——清微宫

降魔洞阴：玄帝敬奉教勅，披发跣足，金甲玄袍，皂纛玄旗，率六丁六甲、五雷神兵、毒龙猛兽下降凡界，与六天魔王战于洞阴之野。魔王以坎离二炁化苍龟巨蛇，变化方成，被玄帝摄于足下。

分判人鬼：玄帝下界七日尽收妖魔，锁鬼众于酆都大洞，所镇之地人鬼分离，国土清平。

建筑语言：玄帝降魔之地——金锁峰"仙关"、佑圣观

凯还清都：玄帝凯还清都上元天宫朝见元始天尊。太初先天之前，玄帝本北方五灵玄老，太阴天一始炁之化，乃万象之根。今经二千五百年合还本方，归根复位。天尊令玉皇宣降玉册，金阙翰林玉

华院负责撰写，侍经司玄学士大丹真人玺书，将玄帝在天界职司写入玉册："可特拜镇天玄武大将军，三元都总管，九天游奕使，北极左天罡，三界大都督，神仙鬼神公事，判玄都佑胜府事，依前太玄元帅，判元和迁校府事。"

建筑语言：玄帝凯还之地——元和观、三元岩庙、皇经堂、玄都宫、太玄观

复位坎宫：玉皇令玄帝"位镇坎宫，天称元帅，世号福神。每月下降，操扶社稷，普福生灵，亿劫不怠，辉光日新"[120]。玄帝变为主教宗师，位居金阙之贵，分身降世，上为辅臣，总统枢机，陶铸群品，佐天罡大圣真君，调理四时，运推阴阳，造化万物，莫极崇高；下作大圣，以道德开化，天地湛然，念众生，怜下土，济物度人，无边无量，大慈大悲，普救无上法王。

建筑语言：玄帝坐镇之所——金殿

玉京较功：上天真化三年五月初五日，三清上帝在玄都玉京山（大罗天，即金阙之地，有玉京金阙。鸿钧老祖敕令诸天六圣离开洪荒世界，元始天尊及弟子各自在洪荒开辟洞府延传阐扬道法，将昆仑山迁移至大罗天）九霄梵炁之上，玉清圣境清微天中玉辰殿内召开盛会，万灵聚集，考较诸劫功过。元始取出万天素威功过玉历，勅金阙侍中司马、司命、司录、司功（九天采访真君）、司过，开历考较诸天真宰自升真得道位居金阙以来的功过大小。太虚开化玄帝诞降后，所有保天佑地之功已当五十万劫，当亚天帝之位。玄帝玉册："太景开判，玄元化生。妙蕴枢机，万天尊仰。惟太玄元帅，镇天玄武大将军，三元都总管，九天游奕使，左天罡北极，右员三界大都督，领元和迁校府公事，判玄都佑胜府事，太上紫皇天一真君，灵通太妙，上开混沌之玄。道备郁明，下统虚危之宿。"玄帝分身下降，普福乾坤，利施于民，积圣德编在玉历，按遵简录，"特拜：玉虚师相、玄天上帝，领九天采访使"[121]，上辅大道，劫劫长存。

建筑语言：玄帝考功之地——太和宫、玉虚宫、鸿钧洞岩庙

琼台受册：玄帝与三官于上元日并受帝号。昊天至尊于七宝琼台之上亲行典仪，上赐帝琼旌宝节，九龙玉辇。冠通天十二旒，衮袍施有日月山龙，圭以玄玉，履以红乌，升玄朝礼。

天宫家庆：玄帝拜受尊号后，崇封圣父（静乐天君明真大帝）、圣母（善胜天后琼真上仙），下荫天关、地轴（太玄火精含阴将军赤灵尊神、太玄水精育阳将军黑灵尊神），并居天一真庆宫，三界仰称玄帝。

建筑语言：玄帝受册之地——琼台观、南岩宫

武当发愿：玄帝以真武之义降临武当山，寄寓人间修行四十二年，立发愿文："众生善恶，与我齐身。我登证果，亦同其因"。精进修炼正果，成无上正真之道。

建筑语言：玄帝发愿之地——太常观、老君堂、榔梅祠

明清武当山志仿《总真集》将玄帝修真武当事迹融入了山川形胜和宫观图述之中。收藏于北京中国国家图书馆的明宣德七年（1432年）刻本《大岳太和山启圣实录》和《新刊足本类编全相启圣实录》，刻有玄帝神话版画，图文并茂。中国社会科学院教授王育成在《〈大岳太和山启圣实录〉初探》一文中认为："很可能（《大岳太和山启圣实录》）即是直接源自《文渊阁书目》的《启圣实录》一部一册，或直接出自《汲古阁珍藏秘本书目》的元版《武当全相启圣实录》，较多地保存了元代版本《启圣实录》的面貌。"[122]《启圣录》卷一有文无图，将"净乐仙国"条变为"金阙化身"的尾注，但玄帝神话的总体内容源自《大岳太和山启圣实录》，文字演绎更为细腻。

2.《武当风景记》的建筑语言

该书按神仙通鉴而述，考察群书而得，在对全山风景多加吟咏的基础上，更注重突出真武简史。经与以往山志比对发现，该书是一部补充较为完备的专本，价值不容小觑。王理学在前人的基础上，对武当山自然山川和道教建筑进行了分类归并，分为七十九峰、四十四岩、二十七涧、十二洞、三潭、九泉、十四池、九井、七石、九台、十二亭、三十九桥、四水、八景、十宫、十四观、五庵、十三院、三十六古之胜，对真武神话给予了更大程度的充实，树立起更为可感的、非凡的真武形象。梳理有关建筑内容如下（括号内文字引自《风景记》，注释略）。

清微宫：七星峰（乃北极星象真武之本宫也）

全龙观、道房：松萝峰（昔真武修真时常服松萝衣）

五龙宫外真源殿：五龙峰（五炁龙神所寓，真武上升时五老奉诏启途驻辇于此）

王母宫：大明峰（圣母寻真武于此）

九卿岩下羽流宿处：九卿峰（众真校录之所，义取真武曾膺玉虚师相封号，三公九卿比接班联）

佑圣观：伏魔峰（真武收魔诘问闻奏俟命之地，盐池为伏魔处）

待定：把针峰（真武顿悟后元君飞铁杵于此）

白云桥、石壁有玉门金锁之象、峰东岩庙群：金锁峰（真武收摄妖魔，悉锁于其下，指山下洞水以誓之）

黑虎大神之祠、天马台：系马峰（真武现真容乘白天马立其上）

南岩宫石殿：紫霄岩（真武面壁故址）

南岩宫山门外穹窿如屋：云雾岩（真武修炼于此，岩将崩以足抵之，有遗迹）

黄龙亭：皇后岩（圣母善圣皇后曾寻真武经此）

道房：升真岩（升真者或因五老翼真武上升而名）

天津桥：九渡涧（真武修道后，圣父净乐国君遣五百校尉入山，踪迹所在，行至此处，山水涨发，试险九次始得诞登彼岸）

鸿钧洞石香炉、石庙：飞升台（元炁未判之先谓之洪钧）

朝阳洞及洞外楼室（辽东千华山青云观游士王至公建，奉真武童年金像，接待天下缁黄，扩为道院）：石板滩（真武初步入山第一修真处）

龙池：五龙峰窔奥处（五炁之神所寓）

复真观滴泪池：太子坡（圣母寻真武未遇，于此水边痛哭而去）

甘露井：紫霄岩（甘露即金丹，为真武炼丹时汲水之处）

老姥祠、磨针涧桥：磨针涧（真武修道时久未契，欲出山，老姆铁杵磨针令真武大悟处）

二天门：试剑石（玄帝试剑处）

琼台：天柱峰岳顶（有台址，署字"仙迹流风"）（真武受册之处）

飞升台：舍身岩（真武舍身证道飞升处）

更衣台：梳妆台（真武更松萝衣，服天衣处）

礼斗台：南岩外两小石柱（真武修真拜礼北斗七星处）

榔梅祠：五龙宫北山（真武返山折梅寄榔）

赐剑台：紫霄宫西山（丰乾大天帝赐真武北方黑驰裘角断魔雄剑处）

紫云亭：均州城（真武诞世纪念地，有紫云弥覆）

静乐宫：均州城（净乐治麇，农黄时代净乐国君建都之地）

迎恩宫：均州城南（成化二年大水，他桥皆崩，惟此桥独完，谓真武实相之，建桥以昭神功）

玉虚宫：展旗峰北（真武曾受玉虚师相封号）

五龙宫：天柱峰西北（五龙显灵，甘霖立降）

紫霄宫：展旗峰南（冲举紫霄）

复真观：太子坡（真武第二步入山修真处）

黑虎庙：紫霄宫东七里（真武修真时黑虎有卫岩之功）

太子洞：紫霄宫后（真武第三步入山炼丹故地）

读书亭：独阳岩皇经堂处（内奉真武童年读书之像）

天乙真庆宫石殿：独阳岩（真武面壁成真处，内奉真武衣冠金容、五百铜灵官之像）

风月双清亭：独阳岩（真武童年卧像，头枕龙床，太子梦黄粱处）

乌鸦庙：南岩宫南天门下（真武修真时乌鸦曾有报晓之功）

小武当无量寿佛石庙：七星树村西小孤山顶（按无量寿佛乃佛界称颂真武之神号，此系真武修真策源地）

由此可知，真武经典及武当山志等典籍对于建构玄帝修真武当神话均起了重要作用，山川胜景处处有真武的神迹，反观玄帝神话，道教建筑则以其特有的建筑语言阐释玄帝信仰。

（二）玄帝修真绘画与武当山道教建筑

绘制玄帝神话图画，图文并茂，弥漫着浓厚的道教色彩，是用故事和建筑诠释武当山道教玄帝信仰的大手笔。以往许多宫殿的壁画，都绘有巨幅彩绘玄帝题材的图画，如紫霄宫玄帝殿内两侧墙壁（已漫漶）的绘画场景很大。元代中期武当高道张守清和弟子编绘刊印了《启圣嘉庆图》三卷，与真武典籍《玄天上帝启圣录》互相印证，该纸质画卷使道教教义中玄帝崇奉的理念趋于完善。当代保存的玄帝修真绘画作品主要有《敕建大岳太和山玄帝修真全图行》《真武修真图》，与《风景记》一样，均属道教经典的集中表达形式。差别在于：

前者画者及创作时间不详，为纸质黑白图画，绘制玄帝从出生、修道到飞升的故事，其36幅图画内容如下：

梦吞日月；金盆沐浴；乳哺三年；圣父圣母；太子功书；对天明誓。

辞别群臣；元君授道；指名武当；访入武当；金星赐剑；山断成河。

水阻群臣；六贼现形；老母磨针；观音点化；插梅寄棚；洞内修真。

乌鸦引路；黑虎巡山；裴封观花；祖师圆光；开山由道；五龙捧圣。

三清演法；一天诏命；祈祷上雨；碎破鬼王；收伏龟蛇；分别人鬼。

玉帝赐书；玉京见功；仙台受诏；奉旨功曹；真人天宫；九天坐凤。

该内容总体符合《启圣录》卷一所述玄帝神话故事，变化之处也是显而易见的，如新增金盆沐浴、乳哺三年、六贼现形、裴封观花、开山由道、九天坐凤等情节，故事的叙述方式更加生动化、生活化，如王宫诞降分作七个画面，表达细腻。其中，"裴封观花"属于《启圣录》卷一"童真内炼"的形象化表达；"九天坐凤"采用了中华文化元素"凤"，用传说中的鸟王——"凤"象征祥瑞；全图画面尤为突出一个"明"字，如"梦吞日月"，静乐国太子修成天界大神坐镇的金殿庑殿顶两侧分别有"日""月"字样，暗示玄帝是明朝的开国家神，但这也等于对玄帝本原的颠覆性改变，因为"梦吞日月"不符合《启圣录》的解释："黄帝时，下降符太阳之精，托胎于静乐国善胜皇后，孕秀一十四月，则太上八十二化也"[123]，故玄帝神话在后期的发展过程中带有一定的政治倾向。另外，"年十五，辞父母而寻幽谷，内炼元真"变成了"辞别群臣"；玄帝圆道的画法做了一位美人惑试帝心的发挥，为玄帝举剑怒视追杀状，脱离了《启圣录》的本意。《王概志》载真武在武当山依岩修真，有九美人对玄帝说："予辈蓬莱仙侣，特来试之。功行已著，宜加精进，克日冲举。语毕，跨鹤而升"[124]。蓬莱本是神话三神山（蓬莱、方丈、瀛洲）之一，在此特指武当仙境，如雪航道人赵弼的《"王宫诞圣"赞》："阳光午夜孕仙胎，天地储祥景象开。一自开皇生圣质，万年功行冠蓬莱"[125]。可见，"蓬莱"是对太和仙山、武当仙境的概括，那里所居仙人有着结伴而行的情缘，故谓之"仙侣"。她们不仅姿容姣美，而且相貌端严，仪矩殊异，不同凡响，而非低俗，她们与玄帝的奇缘是对玄帝道心的修真程度进行探测，亦师亦友。仙侣岩因之而名。道派也有三丰祖师蓬莱派。元代五龙宫为纪念九仙——蓬莱九师，特建蓬莱殿。罗霆震《延长宫》一诗提及蓬莱殿，尊奉蓬莱九仙和紫虚元君为真师十圣，《会仙坡》则提及蓬莱十四圣，天人相聚谒神真。如果远离蓬莱仙侣神仙境界所制造出来的雅与美而故意取悦时俗，反将玄帝形象庸俗化则不可取。个别情节也超乎想象，如元君幻化为男性，手持拂尘为太子指点迷津，此时太子却已身佩挂剑，赐剑者变成金星而非丰乾大天帝。此画作展示了均州城墙的高大、静乐宫的繁盛、南天门的庄重、琼台的象征寓意、真人天宫即"天乙真庆宫"的神妙、金殿悬挂"金光妙相"匾额的崇高威严，佐证了玄帝修道神话与武当山道教宫观布局的相互契合。

后者或原创于清康熙年间（1662—1722年），或重新绘制于清咸丰二年（1852年），画者不详，为武当山纯阳宫（磨针井）祖师殿南壁、北壁满绘的8幅大型壁画。绘画线条古拙雅致，色彩陈淡苍然，建筑错落有致，人物栩栩如生，再现了真武修道的全过程，此不赘述。

武当山民间收藏民国时期的一幅画作，内容包括：初出皇宫；观音点化；云迹武当；玉帝赐剑；乌鸦引路；黑虎巡山；南岩修行；猿猴献果；麋鹿衔花（配诗：仙花摇上紫金宫，瑞气傍返在念庭。王人交接端的处，玄山真武有感名）；收伏龟蛇；五龙捧圣（配诗：祖师修行在南岩，观音点化梳妆台。手抚宝剑只一跳，五龙捧出圣人来）；道成武当；万福来朝（配诗：四十二年大道成，万福来朝紫金宫。千人□□露妙相，异日灵霄端九重）。虽然画法粗糙，但真武修道故事与《启圣录》大同小异，反映出武当山道教文化在玄帝神话系统化方面的成熟完善。

（三）雕塑艺术与武当山道教建筑

大英博物馆收藏有一尊玄帝修真武当山铜铸雕塑，部分残损，正立面分两个层次，由下至上分别表达为：

五龙捧圣：五龙为龙首人身像，立云朵之上。

修真武当：元君指路、天帝赐剑、铁杵磨针、黑虎巡山、楜梅呈瑞、猕猴送果、麋鹿献芝、诱惑帝心；真武身着铠甲，脚踏龟蛇，手持宝剑，升举金阙。

该雕塑作品里唯一出现的建筑是金殿。

武当山博物馆展示南岩宫旧藏一尊明万历四十四年（1616年）四月铸造的雕塑——"铜铸鎏金玄帝修真模型"（通高128厘米，宽63厘米），该作品由山西平府绛州（今山西运城）在城会道信士、香头、香客信士等铸造。在虎爪云纹底座之上，雕塑分三个表现层次，按金殿朝向从下至上分为：

五龙捧圣：五位龙首人身的儒士身着阔袍，奋力托举武当山。

修真武当：几条山间云路和神道缠绕山体，神道原有石栏围护，惜已佚。神道上下分布玄帝修真武当神话故事。

四个侧立面主题如下：

背立面：太子辞别圣母，上书"报恩位"，左猕猴献祥，右凤凰呈瑞。左立面："□仙传道"（紫炁元君和静乐国太子打坐像），上方建有石台阶的自在庵，庵左猛虎下山，庵右猿猴献果；铁杵磨针，"老母"启示"老爷"，二只美兔乖巧活泼或驻足岩穴，或蹿跳而出。右立面："玉皇"指点"老爷"，下书"廷捍"（龙衮之位），有葫芦、龟蛇符号；上书"猿猴献果"，另有梅鹿衔枝、立雕幡龙、九渡涧、樵夫入山。正立面：从右至左有朝天门；上为玄帝岩阿埋首修炼，一猴跪地扰惑；一美女试惑帝心，太子披发跣足，踩踏生云，上书"太子冲霄"；战神真武铠甲戎装，蹂踏龟蛇；三座天门均为歇山顶，迂回曲折的神道为有护栏的台阶，有朝拜者行于途中。

金阙圣殿：台基饰花卉，护栏围杆，单体踏步，金阙正立面四根立柱，单檐歇山顶有正吻吞脊、滴水。四壁刻有铭文，背面刻有山西平府绛州在城会道信士、香头等人名及全真道众铸造时间。

历史上，登临武当之巅者不计其数，他们仰望浩瀚苍穹，俯瞰广袤山川，推求玄帝由来，追问先天境界的有无，沉思后天如何进入先天。各种答案差距可能大到不可思议，但作为道教的玄帝信仰，则认为"道"八十一化为老子，八十二化为玄帝。考源玄帝，乃先天为炁、为道的本体，金阙化身，到后天为人、为道的托胎王子，为务修行，再返回先天的为神、为道，返本归根，是"道"的化身紫炁元君高瞻远瞩地勾勒全程。作为道教信徒则承认先天境界实存，世界有神灵，人经过外炼、内修，掌握天地阴阳变化规律，谙熟呼吸吐纳养生，保全精气神，融合体内的阴阳真力，水火互补，刚柔相济，就能修真得道为真君、真人、真仙，无限接近修道的最高境界。玄帝所以能返本归根，完全仰仗武当山这片广阔天地的母体，四十二年在这个母亲的怀抱中体道、悟道、修道，终将水火、阴阳贯通如一，达至望尘莫及的先天境界。因此，武当山是真武祖师修真道场最终成就上帝功业的圣地。无论是真武出生，还是真武修道、显化、飞升而为玄帝,这一过程始终没有离开武当山这片神奇的沃土。

当武当山名震世界后,太和之名便不再显扬。离开对玄帝观念性的认识,是没有能力认识武当山的。宋元时代大量的真武道经及元明清直至民国时期的数部武当山志书完成了道教理论建构,树立了玄帝的猎猎皂纛大旗,成为历代武当高道以道教神灵观去把握世界的基本方式,武当山的绘画与雕塑作品是对这一理论建构的复写。

文物专家单士元先生指出:"故宫集聚了中华建筑的精华,武当山是将这些精华与自然协调的绝世之作。一个是汇聚,一个是融入,将中国古建筑巧妙地分布于八百里武当中。"这片神圣的土地用无与伦比的大手笔尽情挥洒着道教建筑,其选址的阔大格局与构建的宏丽壮美,很好地兼顾了武当山峰、岩、洞、壑的山水形胜及文化命名,让道教建筑的象征意义发挥到极致,打造出处处顾"道",时时寻"道"的意境,让每一位登临武当者用眼睛寻觅外在之"道",用脚步丈量心中之"道",用心灵体悟玄妙之"道"。道教建筑关照了人的精神探索,启发了人对意义的思考,它们可视可触,是自为存在的人化自然,能让登山观览成为一场寻道的精神之旅,在对玄帝等武当山道教众多神灵膜拜的同时也弘扬了人类的自我精神。如果说经典和山志等理论的建构使武当山满布仙迹而成圣境,那么玄帝神迹与武当山的偶然对接,使得武当山幸运地承担起天下第一仙山,超越于五岳之上大岳的重任,从而成就这部用建筑语言诠释道教玄帝信仰的人类世界的不朽巨制。

注释：

[1] 武当山七星树对面采石场摩崖石刻。

[2] 张良皋：《中国建筑宏观设计的顶峰——武当山道教建筑群》，《中国道教》1994 年增刊（武当山中国道教文化研讨会论文集），第 187 页。

[3] 世界遗产委员会对武当山道教建筑评语。

[4][20][40] 杨天才、张善文译注：《周易》，北京：中华书局，2011 年，第 6 页、第 590 页、第 595 页。

[5][6][96][明] 区大相：《区太史诗集》卷之一，南昌大学存诗学轩校刊本，第 12 页、第 12 页、第 43 页。

[7][11][15][37][38][49][58][63][64][68][74][75][76][77][79][88][89][90][93] 中国武当文化全书编纂委员会：《武当山历代志书集注（一）》，武汉：湖北科学技术出版社，2003 年，第 201 页、第 44 页、第 5 页、第 57 页、第 68 页、第 60 页、第 27 页、第 6 页、第 65 页、第 29 页、第 304 页、第 635 页、第 12 页、第 211 页、第 6 页、第 111 页、第 102 页、第 104 页、第 92 页。

[8][9][32][宋] 乐史：《太平寰宇记》第 34 册，第 143 卷，商务印书馆影印本，第 4 页、第 4 页、第 3 页。

[10][明] 郑汝璧、邦章甫：《由庚堂集》卷九，1605 年焦闳刊刻本，第 1 页。

[12][107][清] 马应龙、汤炳堃主修，贾洪诏总纂：《续辑均州志》，萧培新主编，武汉：长江出版社，2011 年，卷之十六第 545 页、卷之十五第 468 页。

[13][南朝宋] 范晔撰，[唐] 李贤等注：《后汉书》第一册卷一（上）"光武帝纪第一上"，北京：中华书局，1965 年，第 36 页。

[14][42][宋] 祝穆撰：《新编方舆胜览》（中）卷之三十三，祝洙增订，施金和点校，北京：中华书局，2003 年，第 593 页、第 594 页。

[16][62][105][124][清] 王概等纂修：《大岳太和山纪略》，湖北省图书馆藏乾隆九年下荆南道署藏板，卷一"星野"第 1 页、卷七"纪胜附"第 33 页、卷三"宫殿"第 8 页、"圣纪"第 5 页。

[17] 汤一介主编：《道学精华（上）·淮南子（卷三天文训）》，北京：北京出版社，1996 年，第 462 页。

[18][东汉] 许慎撰：《说文解字新订》，臧克和、王平校订，北京：中华书局，2002 年，第 902 页。

[19][22][27][汉] 班固撰，[唐] 颜师古注：《汉书》，北京：中华书局，1962 年，"杨雄传"第十一册卷八十七上第 36 页、"地理志"第六册卷二十八上第 1534 页、"地理志"第六册卷二十八上第 1548 页。

[21][春秋] 孔子编：《尚书》，呼和浩特：内蒙古人民出版社，2008 年，第 61 页。

[23][北魏] 郦道元著,[清] 王先谦校：《水经注》，成都：巴蜀书社，1985 年，第 349 页。

[24][25][26][35] 马茂远主编：《楚辞注释》，武汉：湖北人民出版社，1999 年，第109 页、第 113 页、第 138 页、第 369 页。

[28][南宋] 王象之：《舆地纪胜》卷第八十五，第 2 页。

[29] 王理学：《武当风景记》，湖北图书馆手钞原本，1948 年，"总说"。

[30] 熊宾监修，赵夔编纂：《续修大岳太和山志》，大同石印馆影印本，1922 年，卷二"山水"第 1 页。

[31][44][50][60][66][71][73][78][80][81][115][116][117][118][119][120][121][123] 张继禹主编：《中华道藏》，北京：华夏出版社，2004 年，第 48 册《武当纪胜集》第 589 页，第 30 册第 642 页、第 46 册第 177 页、第 677 页、第 677 页、第 676 页、第 30 册第638 页、第 675 页、第 677 页、第 670 页、第 636 页、第 636 页、第 637 页、第 638 页、第 639 页、第 640 页、第 641 页、第 636 页。

[33] 郭顺王：《试论〈武当风景记〉的道教文学价值》，《郧阳师范高等专科学校学报》2003 年 8 月，第 23 卷第 4 期，第 18 页。

[34][55][56][57][59][61][65][67][70][72][82][83][84][85][86][91][92][94][95] 陶真典、范学锋点注：《武当山明代志书集注》，北京：中国地图出版社，2006 年，第 10—11 页、第 111 页、第 240 页、第 111 页、第 112 页、第 74 页、第 103 页、第234 页、第 126 页、第 99 页、第 101 页、第 103 页、第 102 页、第 103 页、第 24 页、第 100 页、第 236 页、第 475 页、第 202 页。

[36][汉] 司马迁：《史记》卷二十七"天官书第五"，北京：线装书局，2008 年，第 113 页。

[39][元] 朱思本：《贞一斋诗文稿》卷一，《续修四库全书》编纂委员会：《续修四库全书》第 1323 册，上海：上海古籍出版社，2002 年，第 586 页。

[41][125][明] 赵弼重刊《武当嘉庆图》，宣德七年，"序"、"'王宫诞圣'赞"。

[43][清] 蒋廷锡编纂：《武当山部汇考一》，钦定古今图书集成方舆汇编"山川典"第 158 卷武当山部，第 195 册第 57 页。

[45][西汉] 孔安国：《尚书》"尚书序"，四部丛刊经部上海涵芬楼影印本，第 2 页。

[46][102][清] 党居易编纂，萧培新主编：《均州志》卷四，武汉：长江出版社，2011 年，第 529 页、第 151 页。

[47] 吴慧颖：《中国数文化》，长沙：岳麓书社，1995 年，第 102 页。

[48][晋] 葛洪：《神仙传》，钦定四库全书子部十四，道家类卷九，第 6 页。

[51][南北朝] 庾信撰：《庾子山集》（中）卷之四，倪璠注，上海：商务印书馆，第 259 页。

[52] 秦楚论坛：《武当山游记——杜阳宫》2013 年 10 月 16 日。

[53][南朝] 郭仲产：《南雍州记》，引自东晋习凿齿撰、黄惠贤校补《校补襄阳耆旧记》，北京：中华书局，2018 年，第 158 页。

[54][宋] 乐史：《太平寰宇记》卷之一百四十三"山南东道二：均州、房州"，引陶弘景：《玉匮记》，杭州古旧书店，第 4 页。

[69]武当山碑刻诗,见张华鹏编《武当山金石录》第一册第六卷,第 238 页。

[87][清] 钱谦益编选:《列朝诗集》,北京大学存绛云楼本(39)丁集卷之六,第 26 页。

[97][98][明] 吴国伦:《甔甀洞续稿》卷八,姑苏徐普书影印本,第 3 页、第 14 页。

[99][明] 龚黄:《六岳登临志》卷六"玄之艺文"诗,执虚堂影印本。

[100][明] 何白撰:《何白集》(温州文献丛书)卷九,沈洪保点校,上海:上海社会科学院出版社,2006 年,第 166 页。

[101][清] 王民皞、卢维兹编纂:《大岳太和武当山志》卷十九艺文四"诗",清康熙二十年版孤本,第 47 页。

[103][111] 陈光甫创办《旅行杂志》,第二十一卷三月号(1947 年)第 21 页、第十八卷第三期(1944 年)第 87 页。

[104][清] 鲁之裕:《式馨堂诗后集》五卷,第 10 页。

[106][108] 王沄:《楚游纪略》,载于张成德等主编:《中国游记散文大系》湖北卷,2003 年,第 139 页、第 140 页。

[109] 武当山志编纂委员会:《武当山志》,北京:新华出版社,1994 年,第 125 页。

[110][113] 台湾战地政务班湖北同学联谊会刊《湖北文献》,王冠吾《武当纪游》五十一期(1966 年)第 58 页、蒲光宇《武当山峻秀绝尘寰》第五期(1966 年)第 58 页。

[112] 碧野:《碧野文集》(卷三),武汉:长江文艺出版社,1963 年,第 205 页。

[114][122] 中华道教玄天上帝弘道协会、执行主编黄发保:《玄天上帝信仰文化艺术国际学术研讨会论文集》,台湾宜兰冬山乡,2009 年,第 317 页、第 34 页。

第一章

武当山

静乐宫建筑鉴赏

　　武当山作为道教的神圣灵山，为向道者乐而往之。如果开启武当山道教建筑之旅，那么道宫之首非静乐宫莫属。明万历进士、刑部尚书、学者王在晋在《游太和山记》中写道："谒太和，例当先谒净乐宫行香。"[1] 坐落在武当山脚下均州城内的静乐宫，是时人心目中的九宫之首，大神起始之地，如此而论，静乐宫不仅为均州城的精神中心、朝山进香神路历程的开端，而且一定意义上也是中国道教的开端。虽然静乐宫早已淹没于水下，成了名副其实的"净水之宫"，但对它的好奇依然让人们不断地思索"静乐"的真正意蕴，剖析明成祖修建静乐宫的真实动因，探求静乐宫迁建前后的差异，寻找静乐宫让人心灵震撼的魅力。

第一节　静乐宫文化背景

静乐宫是一座充满传奇色彩的道教大宫，既蕴涵着春秋早期封国——麇国跌宕起伏的历史演变，也包含着明成祖大修文治不寻常的精彩故事，还隐藏着一些美妙的神话传说和颇具审美意味的道教信仰。

一、麇国族源及图腾

鄂西北汉江中上游古部落方国的早期文明，已为考古所证实，麇国实有，毋庸置疑。据《史记·楚世家》记载："楚之先祖出自帝颛顼高阳。高阳者，黄帝之孙，昌意之子也。高阳生称，称生卷章，卷章生重黎。重黎为帝喾高辛居火正，甚有功，能光融天下，帝喾命曰'祝融'。共工氏作乱，帝喾使重黎诛之而不尽。帝乃以庚寅日诛重黎，而以其弟吴回为重黎后复居火正，为祝融。"[2]"吴回生陆终。陆终生子六人，坼剖而产焉。其长一曰昆吾；二曰参胡；三曰彭祖；四曰会人；五曰曹姓；六曰季连，芈姓，楚其后也。"[3]历史学家范文澜认为："按照传说，黄帝后裔有下列诸帝：少皞、颛顼、帝喾，以上三帝（帝字本义是祖先），彼此年代相隔，有颇大的距离，并不是前后继承帝位。"[4]汉以前相信轩辕黄帝、颛顼、帝喾三人为华族祖先，上古时期的三皇五帝是华夏民族的共同人文始祖，芈姓季连与黄帝、颛顼、帝喾一脉相承，是黄帝的后裔，为春秋时期楚国祖先的族姓，被楚国王族尊为始祖。

麇国是出现于春秋三传中的古方国，立国时间不详。《左氏春秋传》《春秋穀梁传》记载为"麇"国，或"麏""麇"国。《春秋公羊传》记载为"圈"国，上述四字春秋时期通用。《尚书·牧誓》载周武王十一年（前1066年）以戎车三百两、虎贲三百人，与庸（今湖北竹山）、蜀（今湖北郧西蜀水）、羌（今四川茂汶、汶川、松潘）、髳（今湖北丹江口北）、微（即眉、鄦、湄，今山西潞城，王国维《散氏盘考释》认为今陕西郿县）、卢（今湖北南漳、保康）、彭（今湖北房县朋水）、濮（今湖北远安）

等族伐纣,会诸侯于孟津(今河南洛阳)之上[5]。楚史专家何光岳《楚灭国考·麇子国考》认为,"微"部落起源于薇草,"而麋鹿最喜食薇,因而麇字的音,与微相同。麋是鹿的一种,故常连称为麋鹿""麇、麋、眉,古代音义皆通,而微与麋,同是一字……因麋嗜食薇,故二物名与音相同"[6]。麋鹿即麋,符合古人指物象以为号的特点。"微"即"麋",为芈姓季连后裔,最初居住于山东梁山以北运河入黄河一带。周武王姬发会盟各路诸侯,利用庸、蜀等部落联合讨伐商纣王,群雄逐鹿战于商郊牧野(今河南汲县),麋人是随武王伐纣的主力军之一。

历史上,微多次迁徙,夏中原"祝融八姓"(即己、董、彭、秃、妘、曹、斟、芈八部落)激烈争斗对其构成威胁。商日益强大,情势紧迫,微部落迫于威慑,季连后裔中的一支在夏或商前期开始翻越太行山西行。商、周部族此消彼长,斗争残酷,季连的后裔继续迁徙到山西潞城。商王文丁时代,微的强盛对商朝都城殷造成了威胁,商王廪辛派遣小臣垟伐微,俘获其首领,迫使微的一支过黄河迁徙至渭水中游南岸(今陕西眉县)称微、眉,依附西周。然而,西周恐其日趋强盛,于是征眉微,眉微至,献帛。微的一支被迫翻越秦岭南迁至汉江中上游的锡(同"锡")穴(今湖北郧县五峰乡东峰村和肖家河村一带),称麋、麇,逐渐形成了较为独立的诸侯政权——麇国,今郧县的锡穴山(亦称五丰观山)与五峰山并立。清同治丙寅修《郧县志》记载:"周,古麇地,《左传》楚潘崇复伐麇,至于锡穴,事在鲁文公十一年(前616年)。杜注:锡穴,麇地,在今郧县境内。"[7]汉水流域分布着大小16个方国,即巴、庸、麇、绞、若、谷、邓、卢、鄢、罗、唐、厉、曾、贰、郧、轸。其中,庸、麇、绞三个古部落方国由西向东依次分布于汉江中上游。"麇人率百濮聚于选,将伐楚。"[8]"麇是百濮的盟主,这时麇人与百濮已有融合,可见麇国当时势力还很强盛。楚国受到了严重的威胁,一度还计划迁都以避。以后楚国致力于消除北面的麇、庸势力,随即联合秦国、巴国,从北面、西面和南面,三面进攻,灭亡了庸国,麇国可能也在这个时候被灭亡。"[9]"百濮"在先秦文献中统称为"濮",其地望散居于江、汉之南,当在楚的东南(今湖北枝江),与百濮关系密切的麇之地望在随枣走廊西口外(滚河西入唐白河后的下游西北岸地)。彭、濮是麇国属地,从属于麇。麇国部族众多,是部落中实力强大的方国,春秋早期成为封国较早的国家，其疆域主要在鄂西北境内汉水上游北岸，包括湖北十堰市主要下辖市县及陕西白河县辖境。方国指夏商周时期与中央王朝相对立的早期国家，是独立于王朝之外不够成熟又带有部族性质的松散国家。《中国古今地名大辞典》称"麋"为"周国名，祁姓，一作嬴姓。子爵，春秋时灭于楚，今湖北郧县治即其国"[10]。周武王灭商后即封麋为子爵之国，都城锡穴，具有诸侯国性质。

"西周时期，楚受周王室的威胁，已经由原来的都城丹阳（今河南淅川）逐渐南迁到荆山、汉水流域，至郢都一带活动。楚武王、楚文王时期，楚国都郢（今湖北江陵）。"[11]麋国覆灭于春秋时期楚人的攻打。早期楚人在汉北发展，首领鬻熊定都丹阳，麋楚属同姓之国，有亲属关系，毗邻而居，唇齿相依，后楚都南迁至郢，两国关系日渐疏远。春秋晚期，楚国生产力水平远超麋、庸，麋楚关系从厥貉会盟可见一斑。《左传》载文公十年（前617年）"陈侯、郑伯会楚子（楚穆王）于息（今河南息县）。冬，遂及蔡侯次于厥貉（今河南项城），将以伐宋……厥貉之会，麋子逃归"[12]，这一举动表明麋国虽为楚国举足轻重的盟国，却相当于楚国带去的随从附庸国。于是麋子半途脱逃，直接引来灭国之祸。次年，楚穆王恼怒之下讨伐麋国，但未能攻灭。"十一年春（前616年），楚子伐麋。成大心败麋师于防渚（今湖北房县）。（楚）潘崇复伐麋，至于锡穴。"[13]春秋晚期，楚国遭遇饥荒，饿殍遍野，鄂西山夷戎人即臣服于楚的庸、麋，对楚的统治压迫极为不满，乘机率百濮伐楚。此时申地、息地的北门不再开启，百濮军队先伐楚之西南至房县阜山。楚庄王只好亲征鄂西，楚师屯兵大林（今湖北荆门），出兵驱散了组织松散的百濮军队，然后联络秦巴之师击破了百濮各部落联盟，灭庸后的麋国孤掌难鸣。公元前611年，历史上持续了近两千年的麋国灭亡，这是春秋时期的一件大事。

"麋，是楚国立足于汉水以西、建立襄宜平原核心地之后，在其西北边缘区活动的一个方国，立国时间不详，至春秋中期被兼并入楚。"[14]对于麋覆灭之因，朱培高《古麋子国辨考》引用《路史·后纪八》分析认为："濮、罗、归、越、寘、蘑、麋、羋、蛮，皆羋分也，楚子取蘑（麋）、麋以其国庶，已而取之。"[15]据此推测，郧县五峰乡的安城铜矿、盐池河（今湖北丹江口）的盐、麋国的麋鹿、香獐等富庶的自然资源可能是争夺斗争的关键，为麇覆灭之理由。

楚人入主，在麇国都邑锡穴之地设置锡县，秦至南北朝一直沿用，此建制至少存在 1100 多年。唐李吉甫的地理总志《元和郡县志》载："本汉锡穴。锡音羊。古麇国之地也，左氏传曰'楚潘崇伐麇至于锡穴'是也。汉锡县属汉中郡。晋武帝改锡县为郧乡县。隋初属均州，后隶房州。贞观又改属均州。"[16]548 年，南朝梁侯景之乱后，北朝西魏趁机占领汉江流域，一方面撤并锡县归入丰州郧乡县，另一方面令麇人远迁岳阳（今湖南岳阳东 30 里有麇城遗址），防渚一支麇国遗民不愿降楚，翻越大巴山远避四川（今四川眉山），称眉；远避云南（今云南大姚），称微。综上，楚、麇共同始祖是芈姓季连，麇国起源于微、眉，正式形成在商朝，为春秋早期封国较早之方国，在秦、楚、巴、庸部落中实力较强，疆域以都邑锡穴为中心，横跨汉江流域，终灭于楚国攻伐。

在崇尚图腾的上古时代，麇、麋化为鹿属动物的图腾标志，图腾相同必属同一部落，"麇"作为国名与此原始的动物崇拜相关。按训诂原则，麋指麋鹿，通"眉""麇"；麇指獐子，则通"群"。麇与麋古通，字义上都是"麐"（今为"獐"），即獐麋的通称。《说文解字》有："麇，鹿属。从鹿米声。"[17]《经籍纂诂》有："麋，麐也。广雅释兽，兽名释鹿也。鹿属。"[18] 在汉江中上游山地丘陵，森林密布，水草丰茂，繁衍过许多哺乳纲鹿科动物，如獐（又称土麝、香獐）、麋、麋鹿等动物。獐、麋体型较小，獐体毛棕黄浓密粗长，无额腺，眶下腺小，耳大尾短，无角，而麋腿细而有力，善跳跃，有角。《辞海》注"麋鹿"："一般认为它角似鹿非鹿，头似马非马，身似驴非驴，蹄似牛非牛，故名'四不像'。"[19] 朱熹《楚辞集注》："白鹿麐麖兮，或腾或倚。状貌崆峂兮峨峨，凄凄兮淒淒。"[20]麐，音君，即麕、麇，"峨峨"形容头角高貌。《方志》解释"麇"："君音，旧志作麋麖，音麋麇，字相近，传写之误也。"[21] 麋鹿体高身长，仅雄性角头高昂，故为微族、麇子国图腾，象征威武雄壮，包含着传奇的自然密码。

明代道士陆西星在《封神演义》中把姜子牙的坐骑描写成"四不像"，姜子牙崇拜麋鹿角头图腾。据《姜太公本传》载，姜太公生于泰山南部东吕乡，因其先人伯夷封国于吕，以国为氏而称吕尚。《史记》载："申、吕肖矣，尚父侧微。"[22] 姜子牙与微同祖，是麇人的先祖，麇国因参与周武王伐纣得以封侯，而周武王加封麇子国是一种褒义。古文字学家、考古学家陈梦家《商地理小记》认为，甲骨文的"兀"象形麇鹿角头，是麇、微的图腾。图腾为麇鹿角头的山是麇人最开始生活的泰山南域（今山东梁山）。《诗经·国风·召南》有《野有死麇》："野有死麇，白茅包之。有女怀春，吉士诱之。林有朴樕，野有死鹿。"[23] 麇是爱情的信物，古人以獐、鹿作为求亲时必备的礼聘之物，以鹿皮作为送亲的礼物。麇指小獐、鹿一类的兽。因为獐子、麝香、麇鹿、青铜等是庸、麇等附庸国向楚国进贡的贡品，很可能自然地将锡子国称为麇子国。

二、麇国的改名易称

南宋王象之《舆地纪胜》卷八十五《武当山志》已佚。关于麇国的风土人情只能从元代刘道明的《总真集》一窥端倪。

"序"载："太极肇分，二仪始判。水火化生于一画，风雷鼓舞于两间。大块结形，钟为海岳。气通山泽，品物流形。野处穴居，人民淳朴。指物象以为号，纪云鸟以为官。故有有熊之称、有巢之氏。武当并玄帝事实，有自来矣。玄帝圣踪，备具《仙传》。是山，先名太和。中古之时，天地定位，应翼、轸、角、亢分野，玄帝升真之后，故曰：'非玄武不足以当之'，因名焉。考之《图经》，即上古麇地。谓人民朴野，安静乐善，虽曰麇鹿，犹可安居。黄帝生于有熊之国等矣，三皇而次，浲水襄陵。禹平水土，封山肇州……隋改为均州，又为浙阳郡、武当郡。泉甘土肥，风物美秀，地灵人杰，神仙攸居。"[24]

"宋封圣号"载："《静乐国传记》：龙变梵度天之下。《灵宝大法诸大秘文》云：龙变梵度天，北方之天，四种民天之一，在无色界之上，其色赤，太虚之景，灵宝之宫，下应西方娄宿。又《武当图记》：五龙顶一峰，上应龙变梵度天，北方五气龙君居之。今均州之南三十里有村，名曰'乐都'。传云此古静乐国。村之东山下，古陵数冢，耆旧相传云：静乐国王之茔。又《风土记》：均州上古之时，即有麇之国，谓人民朴野，安静乐善，虽曰麇鹿，犹可安居。又《仙传》称：黄帝降生于有熊之国，赤帝降生于厉山氏之国，玄帝降生于静乐之国。盖为玄帝神功圣德，万物悉资润泽发生，不欲以有麋之国称之，而取其人民安居乐善，易之曰：'静乐'，可知矣。切观均州风土，太和之水湾环百曲，神仙窟宅。考之古史仙传，静乐国即均州无疑矣。"[25]

刘道明不惜笔墨，引经据典，诸如《仙传》《图经》《静乐国传记》《灵宝大法诸大秘文》《武当图记》《风土记》《太玄经》《玄帝传记》《太极隐文》，引用了那个时代最有说服力的九条证据，又询耇旧兼采民间传说来描述麋国的风土人情。麋国即文中所提"麋子国""有麋之国""麋地"，其自然风貌是香獐遍地，野鹿成群，森林茂盛，水沣土肥，百姓质朴淳厚，自然随性，安逸静笃，乐善祥和，是适宜百姓憩居之地。在此基础上，对麋国的存在时空给予了界定，且论证了玄帝诞降的神圣性和由来的合理性，阐明麋国改名易称为静乐国的缘由。

"上古麋地"确定麋国的存在时间为"上古"时期，上古乃三古之一，但具体所指依然模糊。古人所处时代不同，所指时期亦不一，如《周易·系辞下》曰："《易》之兴也，其于中古乎？""伏羲氏为上古，以文王之世为中古，孔子为下古。"[26]唐孔颖达注疏《礼记·礼运》有伏羲为上古、神农为中古、五帝为下古的分类。元李治《敬斋古今黈》云："前人论三古各别者，从所见者言之，故不同。然以吾身从今日观之，则洪荒太极也，不得以古今命名。大抵自羲、农至尧、舜，为上古；三代之世，为中古；自战国至于今日以前，皆下古也。"[27]刘道明所言"中古"，除了指以武当山取代太和山之名的大致时期，还暗含麋国所处空间位置在武当山地区。

如果考察"武当山"这一概念的逻辑结构，玄武之山就是其本质特有属性的总和，外延包括太和之山——武当山、太和之水——沧浪水，刘道明合称"均州风土"。武当山、均州与麋国互为依托，其历史可上溯到四千年前大禹治水时期。在西周至两汉的史料里，大禹最初的形象是一位了不起的创世神祇，西周中期的青铜盨金文铭刻有万物之初的情形：洪水滔天，苍穹之下没有大地，禹受天帝之命，布土造地，平定九州。《史记·夏本纪》以神话学向历史学视角的转换来看大禹治水，因鲧治水未成，而禹手持规矩、准绳修治水路开发九州，尧舜时代的创世神话即被上古历史传说所替代。作为半人半兽的天选之人，禹的神话不断历史化，渐次演变成夏代的圣王。历代史著、口耳相传大禹疏导汉水抵武当山，以紫霄宫、均州沧浪禹迹流传最盛，如紫霄宫有禹迹池、禹迹桥、禹迹亭、禹王宫（均州龙山宝塔下禹王庙），均州浪河有尧祖铺、舜庙、舜井，都是明代均州先民纪念大禹治水而造。"禹迹桥边步渐危，后旗前灶两峰宜。"[28]"宝篆轩辕纪，清流禹迹亭。"[29]"禹迹当年知几经，嶓冢导出沧浪脉。"[30]"导定山川感禹恩，功高万古震乾坤。"[31]借此圣迹，为汉民族的道教圣地找到正统时代的历史渊源。《韩非子》云："中古之世，天下大水，而鲧、禹决渎。"[32]禹父是鲧，鲧父是黄帝孙颛顼，舜把帝位禅让给了禹，战国末期禹被安放在神圣世系，他的德行类似天帝贤君而被万古传颂。

春秋时期，麇国在汉江中上游建都锡穴，后为郧阳府辖地；隋为郧乡县；唐为均州管辖；宋属武当军节度；元改郧乡县为郧县，隶属襄阳府均州；明设立郧阳府，成化十二年（1476年）筑城。明嘉靖元年（1522年）、清同治六年（1867年）两度复修定制用砖都刻有"麇城"字样。均州远古属三苗之地，西周为豫州所辖，春秋属麇，战国称均陵（"均"为制陶工具转轮，"陵"指土山，为制陶原料泥土，二者合称，为以地理实体之命名，是西周以前三苗部落居地定名）属楚地。秦昭王九年（前298年），大将白起率兵攻取均陵置武当县，属南阳郡。汉光武帝四年（28年）废均州土城。南北朝元嘉末（452年）武当县治移至延岑城。隋开皇五年（585年）改丰州为均州。唐显庆四年（659年）武当县移至梅溪庄（今玉虚宫），隶属均州。"至洪武初，省武当县入均州，属襄阳府。民国2年（1913年）改县。"[33]洪武五年（1372年），千户李春始筑均州城，历时十一年，城墙坚固，被誉为"铁打的均州"。从隋唐建制的均州保持着"麇"的谐音看，均州之名蕴涵着对麇国历史的一种怀念，均州继承了麇国的古朴遗风。虽然均州与锡穴在地点上有一定出入，但两地相距不足百里，都属楚地，行政建制隶属关系是均州管辖郧乡县，属麇国范围。

大禹道统虽崇，但刘道明志不在此，将宋代以来真武经典里的玄帝诞降、修真得道等神话故事与武当山玄武之山的特征吻合起来，形成麇国—静乐国—均州乐都—太子诞降的思维范式才是目的。玄帝由静乐国太子修道四十二年而成大神，需要人神化的形象塑造，这需要依托家国、父母、环境等条件。《总真集》云："今均州之南三十里有村，名曰'乐都'。传云此古静乐国。村之东山下，古陵数冢，耆旧相传云：静乐国王之茔。"[34] 曾河东岸的乐都村即乐都庵，俗称横山庙，今为湖北丹江口市横山湾，供奉主神静乐国太子玄元和圣父圣母。静乐治麇被亦真亦幻地制造出来，旧时祠宇香火以道士焚修，在真实性上增加了静乐国太子降生地在均州的可信度，玄帝的神性特征也在想象中具有了神秘性，为人神转化作了先期铺垫。《熊宾志》云："净乐宫在均州城内，相传帝之先曾为净乐国王，净乐治麇，而均即麇地，故因以名宫焉。"[35] 因州城即玄帝降生之地，后以其地作州治，在州署上创建静乐宫，用以象征静乐治麇。又敕重建紫云亭，专门纪念玄帝诞降之地。

为何麇国又改名易称为静乐国呢？根本原因在于玄帝的神力。"万物润泽发生""人民安居乐善"是"玄帝神功圣德"的反映，体现在玄帝作为水神和作为生殖之神的神性职司上。"水善利万物而不争，处众人之所恶，故几于道。"[36] 道是善利万物的，水是道的外化、物化，水善利万物、繁衍万物的功德使万物得以润泽发生，标志繁衍。玄帝德被生灵，使麇国民风俗朴而人醇，百姓能迁善改过，安逸静笃，乐善祥和，故"静乐"连用表达安静乐善，即安逸静笃、祥乐和善之义，"麇子国"易名"静乐国"就名副其实了。

元代之前的文献多有静乐、静乐国的记载，但麇国改名易称的静乐国却从未实际出现在行政建制中，静乐国几乎就是一个传说，可谓集道教思想、想象、虚构甚至附会、杜撰等复杂思维成分于一身。而作为布道者，刘道明却通过"玄帝神功圣德"的信仰，赋予静乐国太子诞降于皇宫的神性以及超越性，完成了人间"麇子国"变成道界"静乐国"的道教理论建构，功莫大焉！

三、静乐的道教释义

刘道明的内蕴旨意在于申明"静乐"的道教寓意是天人合一的象征，"静"便有了一种思想的高度，用"静乐"更符合古麇风习，而"净乐"则失其原意。但从明刻本开始，"静乐"一词就出现了"静乐"与"净乐"混用的现象。如明代南京刑部尚书、文学家、史学家、文坛"后七子"领袖王世贞（1526—1590 年）诗云："神农昔抚世，净乐已名都。"[37]

明代地理学家、旅行家、文学家徐霞客（1586—1641 年）游记云："循汉东行，抵均州。静乐宫当州之中，踞城之半，规制宏整。"[38] 后世使用者相沿成习，可能与中国汉字演变中的随意性和复杂性有关。那么，从道教的视角看"静"和"净"究竟使用哪个字更恰切呢？

《修道五十关》"静道"谈到"静"云："夫静者，定也，寂也，不动也，内安也，无念也，无欲也。无念无欲，安静不动，宥密洁净。邪风不入，尘埃不生。"[39] "静"的思想源于老子，是道之本根的变相："至虚极，守静笃。""夫物芸芸，各复归其根，归根曰静，静曰复命。"[40] 修养静定的功夫才可收超凡脱俗、登极神化之功，才能明道、见道、证道、了道，乃至达到神秘的境界。道教的静功修习强调："盖真静者，一意不诚，一念不起。言不苟造，身不妄动，事前不想，事后不计，人短不知，已长不觉，时时顾道，处处返照，不以饥渴害心，不以衣食败道，生死顺命，人我无别，非礼勿视，非礼勿听，非礼勿言，非礼勿动，境遇不昧，幽明不欺，妄念去而真念生，道心现而人心灭，是谓真静。"[41] 在静乐宫西御碑亭《圣旨》碑（通高 7.92 米。碑帽高 1.66 米，宽 2.66 米，厚 0.85 米；碑身高 4.15 米，宽 2.36 米，厚 0.65 米。重 102 吨）中，明成祖严肃地规定了武当道教徒应修习静功。兹录碑文如下：

> 大岳太和山各宫观有修炼之士，怡神葆真，抱一守素，外远身形，屏绝人事，习静之功，顷刻无间。一应往来，浮浪之人，并不许生事喧聒，扰其静功，妨其办道，违者治以重罪。有至诚之士，慕蹑玄关，思超凡质，实心参真，问道者不在禁例。若道士有不务本教，生事害群，伤坏祖风者，轻则即时谴责，逐出下山，重则具奏来闻，治以重罪。永乐十一年十月十八日

显然，碑文的思想源于《道德经》"绝圣弃智，民利百倍。绝仁弃义，民复孝慈。绝巧弃利，盗贼无有。此三者，以为文不足，故令有所属。见素抱朴，少私寡欲"[42]。"怡神葆真"同"少私寡欲"，"抱一守素"同"见素抱朴"，"屏绝人事"同"绝圣""绝仁""绝巧"。如果明成祖对道教没有深刻的认识，又如何能做到言简意赅直指修习静功之要领呢？！"静乐"应是符合修宫建碑本意的一种提法。

静功是道教"神室八法"之一。武当高道张三丰（生卒年尚难确

考）在《道言浅近说》中讲："心静则息自调，静久则心自定。"[43]入静就是使精、气、神内三宝不因身心与外界参与而游散，也使耳、目、口三宝不因外界染着而从精、气、神中提出，呼吸绵绵细细，能深入丹田这一生命呼吸的动力根源之处。将心潜藏到幽谷般的虚空境界，不再使心神有任何游荡不安。修道之人的心静是修为的结果，是自觉、自主、自为的，是收藏和消化了后天智慧以充实先天空白心灵的过程。自古以来，武当道士多有修习静功者，借静坐以静止一切散乱的思想杂念，透过一种特殊智慧领悟境界使精神与天地宇宙精神相接，由忘我的境界而进入无我的境界，从而进入我与天地万物合一的最高境界。"玄帝，禀天一之精，惟务静，应不乐南面，志复本根。"[44]静乐国太子升为玄帝就是静修的典范。将道教静修与玄帝的亘古起源关联起来再次为道教神其说。静乐国太子"志复本根"，即回复到本来的道或静的混沌上去。为什么玄帝有如此高的道行呢？因为玄帝是"禀天一之精"的天界大神。"天一"之"一"意为从无形的道派生出来的混沌之气，思想渊源于老子"道生一，一生二，二生三，三生万物"[45]。玄帝的精神境界具有道教哲学本体论的高度，故明成祖赐额"静乐宫"，使用"静"字有一定道理。

然而，"净乐"之说载于志书也是积久成习的。"净"有清净喜乐、洁净之意，与"清净"相通。道教也常用"净"，如净室、净坛等，汉代五斗米道、太平道设"靖室""净室""静庐"。"作为一种宗教建筑，是信仰者进行宗教活动的媒介性场所，通过它，信仰者与神界相交通。在早期道教中，'靖室'显然具有崇高化和神圣化的宗教功能。"[46]张宇初《道门十规》一书对选择宗教生活的人提出"学道之士以清净为本。睹诸邪道如睹仇雠，远诸爱欲如避臭秽，除苦恼根，断亲爱缘，是故出家之后，离情割爱，舍妄归真，必当以究明心地"[47]。用"净"解释静乐国时虽也具有思想性，但疏忽了"静乐"一词所产生的时代背景。值得注意的是，《总真集》作为最早的武当山志使用的是"静乐"。静乐宫"所承载的宗教含义用'净乐'是无法自圆其说的。若以尊重宗教感情的观点来认识这一字之差，如今选用'静'字更为合达和严肃，更能准确地反映出武当道教建筑的丰富内涵和象征意义"[48]，故"静乐"更符合其文化历史渊源与宗教理想。

总之，刘道明运用地理图经、道教经典及玄帝神话传说，考证耆旧相传，对麇国风土人情、玄帝诞降之地、神功职司进行了充分的演绎，阐明了麇国更名为静乐国的充分缘由，从现实走向神秘，又将神秘论证为可考的事实，双向转化，在融合了神格化、人格化的"天"的境界后神人合一，充分表达了中国古代"天人合一"的哲学观。刘道明等善信羽流以道教思想神其说，目的是把麇国、静乐国、玄帝诞降之地内在地联系起来，以抬高本山地位，完善玄帝信仰体系，强化道教的力量，从意识形态上对本土文化进行创造，在历史的长河中世世代代以此思维方式整体认同玄帝，从而形成独特的玄帝文化体系。玄帝神话是古人寻求世界本原的精神本性的反映，虽不乏道教想象和虚构的思维成分，却使玄帝信仰得以强化。中国社会科学院教授卢国龙认为："理性追求真实，信仰向往圆满，二者都是人类所特禀的灵性和意志的生发动用，缺一不可。"[49]信仰是心灵的产物，是人的意识行为，是超验的、超脱现实的。神灵诞生有了依托，人化为神，神又幻化为自然山水则是深厚文化影响的结果。没有真实性，则不可信；没有神性，则不可仰。从这个意义上讲，只有回归到历史文化和道教信仰的层面来认识静乐宫，才能把握观赏对象的全部意义。

四、明成祖的修建缘由

永乐十七年（1419 年）四月二十九日，明成祖下旨《敕隆平侯张信、驸马都尉沐昕》云："静乐国之东，有紫云亭，乃玄帝降生之福地……务要弘壮坚固，以称瞻仰。其太子岩及太子坡二处，各要童身真像。尔即照依长短阔狭，备细画图进来"[50]。《任志》卷八"静乐宫"云："永乐十七年，奉敕建玄帝殿、圣父母殿、左右圣旨碑亭、神库、神厨、方丈、斋堂、道房、厨室，一百九十七间，赐'静乐宫'为额。"[51]"成祖在位二十二年的岁月中，离开南京往北方或北伐的日子计共十三年有多。"[52]静乐宫修建前后，明成祖正在抽调官军、舟师，南伐安南，北征瓦剌，还大肆民运，由漕运粮食到兑运大木营建北京，加速明帝国政治权力中心北移的步伐。"明成祖篡位后，是一个开拓向外的时代开始，结束了太祖晚年休养生息的局面，把国家重新整顿，开始发展北方。"[53]永乐十八年（1420年），北京营缮大工告成，正式定为帝都。百忙之中明成祖还要操心武当山静乐宫的修建，其原因何在？

一是麋国—均州—静乐国：玄帝诞降之地。

王世贞说："规均州城而半之，则皆真武宫也。宫曰'净乐'，谓真武尝为净乐国太子也，延褒不下帝者居矣。"[54] 为什么各宫或于山、于岩、于谷而建，独此宫于市呢？玄帝是武当山道教奉祀的主神，《元始天尊说北方真武妙经》等道经都有静乐国太子于开皇元年诞降于静乐国王室的神话，是为真武出身事迹。南宋陈伀《神咒妙经》卷三引用《紫光经》"静乐国乃海外仙国，在西域月支国之西，星分奎娄二宿之下"[55]，把静乐国放在西方七宿之中（奎、娄、胃、昴、毕、觜、参），《王概志》也把静乐国归为奎娄之下海外之国。古人编撰志书往往先要星野定位，按照传统星图分野，奎娄二宿对应鲁地（鲁州、徐州一带），古称"海外仙国"。《玄帝实录》对真武——玄帝的出身论述最为详细，惜已佚失。《总真集》转引《玄帝实录》颇多，其三卷辑录于《正统道藏·洞神部·记传类》，极为重视玄帝诞降之地。其"序"开宗明义："（太和山）中古之时，天地定位，应翼、轸、角、亢分野。"[56] 翼、轸二宿属南方朱雀七宿（井、鬼、柳、星、张、翼、轸），为荆州一带楚之分野，角、亢二宿属于东方苍龙七宿（角、亢、氐、房、心、尾、箕）。《均州志》云："天分九野，地分九州，而二十八宿各有所居焉。楚居鹑尾之次，于方为己，于星为翼为轸，均州属此二宿，益有所本也。"[57] 星野对应为南方的翼、轸，而南方的武当山却呈现出北方玄武的山形态势，自然的神奇造化启示古人的哲学沉思形成一种崭新的认识，即把静乐国移到武当山脚下的均州，将玄帝诞降之地定位于中土，使武当胜迹与玄帝修真相关联，使之合理化、真实化，目的在于为武当山道教的玄帝信仰制造舆论影响，为道教服务。麋国、均州、静乐国三位一体的思维，构成了玄帝信仰体系之基础。

"龙变梵度天之下"便完成了天界与静乐国地域方位的天地对应关系。宋代张君房编撰的《云笈七签》卷二十一"天地部"认为，道教神仙所居空间有层次，谓之"道境三界"，龙变梵度天是在三界之上的"四种民天"之一无色界之上，色赤，太虚之景，灵宝之宫，下应西方娄宿，以易经思想看它下兗对应地理所属的方位是武当山五龙顶，北方五气龙君居之，水出自震宫，属木，木多则水沣，植被茂盛，水泽丰盈。当静乐国太子潜心志道，寻求幽谷，内炼元真时，"感无极紫元君授之上道。元君指太和山而告之曰：'此山自乾兑起脉，盘旋五万里，水出震宫，土应翼轸二宿，显定极风、太安皇崖二天，汝可居之，当契太和，飞升复位'"[58]。武当山的发源，按传统《易经》乾、兑、离、震、巽、坎、艮、坤八卦的观点是宇宙生命中天与水的运生。"乾"代表天，"兑"代表泽，为自然界象征物。静乐国的星野由奎娄转化为翼轸，土对应着天，而其方位在龙变梵度天，即震宫发源于武当山五龙大顶。太安皇崖天、显定极风天是静乐国太子的修道居处，武当山有以这两天命名的山峰。龙变梵度天帝、太安皇崖天帝、显定极风天帝及丰乾大天帝为武当山道教敬奉的四位天帝，是对玄帝出生地敬畏的烘托。均州与古麇地、玄帝降生地的统一，静乐治麇，抬高了静乐国的地位，以麇国的历史文化为背景来突出本土文化意识，而对于静乐国是玄帝诞降之地的追问，等于开启了刘道明及所有信仰玄帝信徒的问道之旅。

为什么是玄帝诞降而非其他的神？玄帝究竟从何而来？玄天上帝的发生是武当山道教玄帝信仰问题，是关乎本原的认识论问题而不是科学问题，它不可重复、不可检验，本质上是道教哲学的终极问题。

以下从《总真集》所勾勒的玄天上帝的发生的哲学诠释展开探讨。玄帝源于先天始炁、太极别体，变成"五灵玄老太阴天一帝君"的化身，是掌管北方的玄武。"武当并玄帝事实，有自来矣。"[59]该书卷下"宋封圣号"叙述真武真君为天一所化的过程，是从本体论上对这个"自来"的探寻。在玄帝神话系统中，玄帝最初托胎于太阳之精的本源——炁。"一炁分形，灵虚生，五劫（龙汉、赤明、上皇、延康、开皇）之宗。三清（天宝君元始天尊、灵宝君灵宝天尊、神宝君道德天尊）出，号神景，化九光之始。太初溟滓，玄极冥蒙……天光未分，清浊未判，则知三炁为天地之尊，九炁为万真之本。是故元始象先天，开明三景，造立天根。五文开廓，普植神灵。太极一判，天地始明。东分青九，南受丹三，西成白七，北归玄五，中生黄一，号为五老……五老各布始炁，化成四灵，以定四隅。周环六合，两仪运乎其中。"[60]开皇元年初劫下世三月初三日甲寅庚午时，玄帝诞降于静乐国皇宫。团团祥云瑞气盘旋飞绕，群群丽鸟飞翔啼鸣，阵阵香气弥漫。玄帝先天尊贵，生而神灵，长而勇猛，潜心念道，志契太虚，愿辅助玉帝，斩断妖魔，救护群品。武当山四十二年修行，经五龙捧掖飞升霄汉，由人变为一位天界大神。《总真集》还引述《太极隐文》："天一之精是为玄帝，分方于坎，斡旋万有；天一之气是为水星，辅佐大道，周运化育；天一之神是为五灵老君，佐天拱极；天一之象应兆虚危，司经纬于北，是为玄武。"[61] 先天始气符合气本论范畴，太极别体变成"五灵玄老太阴天一帝君"化身属于道本论范畴。在静乐宫圣旨碑上，明成祖对玄帝之"神圣"大肆赞言："行乎天地，统乎阴阳，出有入无，恍惚翕张，骖日驭月，鼓风驾霆，倏而为雨，忽而为云，御灾捍患，驱沴致祥，调运四时，橐龠万汇，陶铸群品，以成化工者"[62]，突出了道的变化。

宗教是人类纯洁幻想下的一种精神，道教的精神本原是民族生命精神长期追求与发展下的产物。"道教从古代哲学中吸收过来的本体论虽然多而又杂，但以道本论、气本论和心本论最为突出，其他各种名目的本体论皆可归结于这三种本体论。"[63] 道家黄老之学的方术化和宗教化形成了道教哲学，先秦道家鼻祖老子提出的"道"是隐匿在奥秘深浓教义中的思想基础，在本原上提出了"气"的概念，如"万物负阴而抱阳，冲气以为和"[64]。道教吸取先秦诸子的气论和汉代流行的古典元气学说，形成了特有的元气生成论，即道教的气本论。道教把先天之气、元始祖气也称为"炁"，认为是构成天地万物的始基物质，是在抽象、最一般意义上的哲学概念。"通天下一气耳"[65]，《庄子》以气为万物共通的本性，具有本体意味。汉代哲学家将这种哲学之"气"称为元气，"万物之生，皆禀元气"[66]，是无上大道所化生，混沌无形，由此产生阴阳二气和合而生万物。"气"的特性表现在它有形质，形乃气聚，如《云笈七籤》载："《服气经》曰：道者，气也。保气则得道，得道则长存"[67]；还表现在无形之物由气转化而成，如《太平经》"夫人本生混沌之气，气生精，精生神，神生明。本于阴阳之气，气转为精，精转为神，神转为明"[68]，以气言神表明"气"是构成精神的基本材料。生命的根本在于阴阳合和，物质与精神一气贯通，是道家自然主义的表征。从发生学角度看，真武降生确实非他莫属，其道本体上承老子道生万物之说，以道为万物的本原和创造者，具有超越性。道教认为神仙是大道的应化显迹，神灵的发生是道的幻化、道的周运化育；其气本体"一炁分形""天一之精"构成了天一所化的过程，具有实在性，故道本论、气本论是道教具有抽象性的理论基础，为静乐国太子由来所本。

刘道明关注玄帝降生的问题，考证了诞降的地点、时间及玄帝发生的一系列问题。他写道："上帝乃以天一余气，下降金天氏之宫，名颛顼，号高阳氏，代玄帝握符御众。谨按玄帝降生静乐国之日，即神农氏之末年，岁在阏逢敦牂（甲午）姑洗月（三月）哉生明（初三）曦驭天中（午时），符天一之阳精，托胎神化于翼、轸、娄三宿之次，龙变梵度天之下。"[69] 诞降一说属自然化育，但与芈姓季连乃至更早的颛顼联系上证明大神出身高贵、渊源有自。静乐国善胜皇后符天一之阳精而孕育，"梦吞日月"的传说可能出现于明代。从静乐国王子托胎为人到飞升成为天界大神，这是道或"道生一"的"天一之气"从潜在的自在状态向展开显露的自为状态发展的过程，展露阶段表现为太子的修道过程。武当山跨洞天之清虚，凌福地之深窅，成为玄帝归根复位之地。

然而，修炼或找寻本来就有的"道"的境界岂是一般人力所及？正如《庄子·知北游》所言："惛然若亡而存，油然不形而神，万物畜而不知，此之谓本根，可以观于天矣"[70]。刘道明从方法论上以文献入手，进而探迹索隐、搜摘考辨、询诸耆旧，期望接近麇国、静乐国、均州的内在奥秘。承中国古代的观物取象思维，以老庄的玄鉴直观，窥探静乐国太子之诞降，是渊源于宇宙间的始基元气，而由人升华为天帝的静修神话的核心是虔心修道。尽管形而上之道并不能从形式上囊括武当山道教的玄帝信仰，如天一之气化育细节、玄帝静修假设、神灵形象等，但从神学隐喻秩序的角度看，形而下的现象阐释与形而上的人文蕴涵的承载杂糅，却渗透着清气飞扬于天的玄帝精神。

只有玄帝才配太和圣境，"非玄武不足以当之"。明成祖大修武当，以尊崇玄帝为前提，认为静乐国是玄帝的诞降之地，一定意义上是对道教思想的充分理解，并用建筑语言实现道教信仰，把玄天上帝的发生具化在武当山的山山水水中，真正实现人与天、人与神、人与环境的合一。永乐十年（1412年）三月，明成祖在一个月之内连下两道圣旨，饬令对武当山"相其广狭，定其规制"，嘱咐隆平侯张信、驸马都尉沐昕根据太子托胎静乐国的传说修建紫云亭。由《风土记》中的"安静乐善"，衍生了刘道明笔下的"静乐国";由"玄帝降生于静乐之国",引出了明成祖敕建的"静乐宫"。

历史上不乏对"静乐国"的异议,如均州知州江闿曾质疑《襄阳府志》所载静乐国王之冢。现代考古也以科学方法"初步把它判为六朝早期之物"[71]。但需要思索的是:首先,科学是关于自然、社会和思维规律的知识体系,追求客观真理,是获取知识的认识与研究活动。哲学是对世界本源的认知,而宗教既不能证实,也不能证伪,它是超验的,是精神世界的产物。所以,信仰不需要真实。其次,玄帝诞降于静乐国是一个沿袭已久的传说,与中国文化传统息息相关,加之道教的神秘附会,赋予其思想性和神秘性,那庞大的神仙系统,那皇皇巨经的鼎助,那历代武当道士的坚守,那精神价值的完满对人灵魂的抚慰,在中国大地上玄帝不仅不可或缺,而且早已化为信仰,深入人心,融入历史,绝不会因为一个"双冢"的考古结论而有根本的颠覆。真武道经在宋代以后补充完善,真武神格地位不断上升,玄帝信仰得以完善已成为中国道教厚重的内容。各地大修真武庙,甚至仿造武当山进行建筑,祀典隆重繁缛,玄帝诞降于静乐国已然名正言顺,《武当嘉庆图》的"净乐仙国、金阙化身、王宫诞圣、经书默会、辞亲慕道、元君受道、天帝赐剑、涧阻群臣"八赞正是民间盛传的生动写照。

二是借静乐宫强化玄帝信仰,树立威权。

玄帝信仰的形成不是一人一时的创造。虽然宋代边患不断,宋皇室为缓解心理压力,安抚民心,选择了以真武为北方疆土的捍卫神、战神(武曲神),但玄帝也不是一次定型的,它滥觞于战国之前产生的星辰崇拜、动物崇拜,经宋元时期大量真武经典的编撰和传布向人神崇拜发展。蒙元时期,统治者为笼络人心,缓和民族矛盾,将玄帝奉为入主中原的肇基神、福国裕民的保护神和治世福神。到了明代,皇室对玄帝的崇奉有增无减,日益炽烈,贯穿整个明代社会之中,尤其是明成祖尊崇玄帝,视为护国家神。武当山作为北极真武玄天上帝修真得道显化去处,得到了明成祖特别的重视和极高的礼遇。因此,武当山道教建筑一跃而为"皇室家庙",成为全国最大的真武道场,上自天子,下及庶民,无不顶礼膜拜,玄帝信仰遍及全国,香火至今绵延不绝,故玄帝信仰实是一个历史接力式的持续创造。

作为明朝的开创者，朱元璋的宗教政策是力图控制宗教组织的规模与活动。但永乐时期，在明初张三丰所创八支宗派的基础上，武当道门又划分出至少七个新道派，如正一派、三山滴血派、榔梅派、郝祖岔派、老华山派、混元派等，说明成祖对道教徒的态度远比明初制定的法律更宽宏大量，才有了各大道派的联合与汇同传承。以武当山为祖庭，以武当山道教为纽带，尊崇同一祖师——玄帝，成为这个时期道教的时代特征。"靖难之役"后，成祖最大的宗教倾向是相信玄帝对个人命运及国家政治都有所助益，登基后对武当山道教的兴趣也未中止。他亲自赋诗《御制真武庙碑》，赞颂玄帝的神昭功德："武当毓秀何峥嵘，琳宫仙馆敞瑶琼。用报神贶表孝情，神敷嘉锡备休征"[72]。邀请道士到皇宫演示超凡能力，问询玄帝灵应祥瑞事迹；热衷于让道士荣耀其宫廷，再三遣人寻找隐世不出的张三丰；把惯例的荣誉恩赐给赏识的武当高道孙碧云；确立全国玄帝崇拜以武当山为中心，仰赖武当道士举行道教仪式，用斋与醮支持国家；以圣旨的名义下达一批道教文件，命人到武当山均州堪舆相地，敕建静乐宫并赐称号，修建紫云亭，提供其官方宫观的合法性等。通过道宫建筑增进个人威权的突出表现是主神玄帝坐镇，树起两通巨碑：一通告知天下人，一通晓喻武当道士，这种重复做法不只是重视武当道场的庄严性，更在于表现他的强健有力，不折不扣地以神威赋予皇权神圣性和合法性，加强全国秩序的维持，巨碑的高度和分量正如它的意义一样神圣，在武当山的皇家建筑群中显得格外突兀。

三是仿静乐治麇，以赢得崇敬。

均州城是玄帝圣父静乐天君明真大帝统治的静乐国所在地。武当山老君岩石壁刻有"静乐国王太子仙岩""静乐天君明真大帝"字样。《王志》"净乐宫图"描画了棂星门前东设布政司、西设千户所的景象。为控制武当道场，明成祖钦派湖广布政司右参议常驻武当山为全山总提调官，组成管理机构，直接对皇室负责。藩臣公署设于均州城，下辖均州千户所等一些机构。道官提点驻静乐宫，设置提点印信衙门，赐六品印，统领宫事，并亲授藩臣，敕令"用心巡视，遇宫观有渗漏透湿处，随即修理；沟渠道路有淤塞不通处，即便整治"[73]。对武当山宗教事务的管理使道教宫观制度形成，武当山成为明成祖御用的皇室家庙。明成祖以古麇国为楷模，通过对武当山道教的扶持和管理，祈望达成地方和泰昌顺、百姓安静乐善的局面，均州城形成了完备的国家管理机构。

明成祖宣称太祖高皇帝以一旅之力定天下，自己"靖内难"而登基皇位。他在玄帝阴助默佑下手持宝剑走向皇位时终究要经受伦理人心的拷问。士人被推入了一种尴尬的境地，义利交战于心，掀起了篡与杀的反激。一方面明成祖需要树立威权，通过废除内阁制，创立东厂，恢复锦衣卫，大搞特务统治等举措，让人人自危。另一方面他也明白对于残暴要用之有度，在展示给天下狮子般的可怖之后，不能让残暴成为天下人心中恒定的形象，而应当在掌握天下后展示出仁义仁慈的美德，他需要大手笔，竭力建功立业，做千古名君，让一切纲常在神的意志下贯彻。于是，永乐元年（1403年），他以独有的宏大气魄组织编修《永乐大典》，以示对文化的重视，赢得人心。永乐四年（1406年），指派张宇初编纂《道藏》，这是明代道教历史上国家资助的一项大工程，玄帝经典被收集保存。此时，武当山已有成熟的玄帝传奇故事，如果利用得好便可迅速收到宣传效果，这是一种政治智慧。所以，建成北京故宫后，明成祖速移二十七万军民夫匠开赴武当山修建真武道场。建成后的武当山道教建筑规划宏大，远迈前古，成为明代最耀人眼目的大事，既符合社会弘扬的正义理念，又能证明自己的伟大，让虚荣心得到一定程度的满足，提高声望，凸显强者形象，还能巩固统治，掩盖残酷屠杀的事实。"作为中国历史上最伟大的皇帝之一，朱棣创立引人注目的功业，一半是由于他豪雄阔大的天性，一半是由于显示自己能力的需要。"[74]其治下国力强盛，人民富庶，政治安定，文化繁荣，成为中国历史上为数不多的充满活力和开拓精神的时代。

永乐十六年（1418年）十二月初三日，明成祖在静乐宫东御碑亭《御制大岳太和山道宫之碑》（通高8.03米，其他测量数据同西御碑亭）的碑文里充分表达了他的感激之情，还提到武当山天降嘉祥、喜兆丰穰的"异征"之说，可理解为他大修文治的象征。碑文云："盖闻大而无迹之谓圣，充周无穷妙不可测之谓神……按道书，神本先天始气五灵玄老太阴天乙之化，生而神灵，聪以知远，明以察微，潜心念道，志契太虚。乃入武当山，修真内炼，心一志凝，遂感玉清元君，授以无极上道。功满道备，乘龙天飞，归根复位。显名亿劫，与天地悠久，日月齐并。"

在道教神仙中，太上老君拥有八十一化，据宋朝方田子编撰的《太上说玄天玄武本传神咒妙经》载，玄帝是"先天始气五灵玄老"之化，"先天始气，太极别体"，在黄帝之时太上老君第八十二化身为玄武，脱生为静乐国太子，二者仅一步之遥。"天启我国家隆盛之基，朕皇考太祖高皇帝，以一旅定天下，神阴翊显佑，灵明赫奕。肆朕起义兵，靖内难，神辅相左右，风行霆击，其迹甚著。暨即位之初，茂锡景贶，益加炫惧。至若棷梅再实，岁功屡成，嘉生骈臻，灼有异征。朕夙夜祗念，罔以报神之休。"这段碑文表明封建社会的皇帝是授命于天的真龙天子。明成祖通过"靖难之役"夺取皇位，为了给自己正名就对赑屃委以重任——专门驮御碑，以镇压神兽的气势挟神力之威，达到江山永固的目的。赑屃驮御碑在建筑中相对微小，却赋予它生动的灵魂，以寓文治武功、内圣外王之道，表达言语之外的一些东西，体现出让后人仰望的雄才大略。树立御制碑目的在于赋予皇权以神圣性，达到张扬皇权神授、天人合一的思想，是文教礼乐治平天下的重要手段。

明成祖认为"靖难"功成得真武神助，感到自己即使夙夜恭敬，都无以报答玄帝的大恩大德和先辈的劬劳恩深，只有彰显玄帝的佑助神功，藻饰真武庙宇，才能光耀祖宗，祈福臣民。于是，明成祖为玄帝选道场煞费苦心，亲自询问玄帝的升真事迹，决定在武当山这座玄帝栖迟游息之地打造焕然一新的神宫仙馆，顺理成章地在静乐国传说之地建起静乐宫，把静乐宫打造成为均州古城的精神中心，祭拜玄帝的朝圣之地，作为整个武当山道教建筑空间的"序幕"。

第二节　静乐宫变迁概略

静乐宫建成时间、建筑间数，历代山志记载不一。《任志》载："永乐十七年（1419年），奉敕建玄帝殿、圣父母殿……一百九十七间，赐'静乐宫'为额。"[75]《王志》载："为楹大小总五百二十，永乐十六年（1418年）落成，赐'静乐'为额。"[76]《方志》载："宫落成于永乐十六年（1418年），为楹大小总五百六十，赐'净乐'为额。"[77]其建成后的近六百年间，屡有续建、扩建，兴废更迭，历经沧桑。其间，"清康熙二十八年（1689年）与乾隆元年（1736年）两被回禄之灾，至今虽未恢复旧观，而丹墀玉路、农圃桑麻、四壁红墙，亭坊高标，亦稍有风景"[78]。清康熙三十六年（1697年），皇帝赐以香银将部分毁坏的静乐宫建筑修葺一新，粗还旧制。乾隆元年（1736年）再次火毁，仅存崇台遗址、长生殿、御碑亭和棂星门等少量建筑。1958—1968年丹江口水库建设终致静乐宫淹没，至2006年迁建静乐宫竣工，历时近半个世纪。那么，原建与迁建静乐宫主要有哪些变化呢？

一、堪舆选址上的变化

我国传统建筑文化有一个极为显著的特点，就是建筑在选址、规划、设计及营造上无不受堪舆理论的深刻影响。《从聚落选址看中国人的环境观》一文指出："《风水辩》中有一段精彩的：'所谓风者，取其山势之藏纳……不冲冒四面之风；所谓水者，取其地势之高燥，无使水近夫亲肤而已，若水势屈曲而又环向之，又其第二义也。'实际上注重的是如何有效地利用自然、保护自然，使城市、村落和住宅与自然相配合、相协调……风水（堪舆）也称相地，主要是对周围环境与地景进行研究，强调用直观的方法来体会、了解环境面貌，寻找具有良好生态和美感的地理环境。"[79]

原建静乐宫（即均州城静乐宫）的堪舆选址与明成祖谆谆叮嘱和钦点圈定有着直接的关系。永乐十七年（1419年）四月二十九日，明成祖下圣旨："静乐国之东，有紫云亭，乃玄帝降生之福地。敕至，即于旧址仍创紫云亭。"[80] 但要让道教宫观与风水州城关系融通和洽是离不开堪舆大师堪舆相地的。

寻龙：找到起伏连绵的大山龙脉。堪舆大师必须把握的基本思想之一是龙脉思想。如果不辨"龙"的善恶好坏，就设置一座道教大宫几乎不可想象。要宏观地评价静乐宫的堪舆选址，应与欣赏均州古城别无二致。《均州志》描述均州的山冈脉络云："汉南境地，远脉来自嶓冢山，循剑阁东下巴梁千余里，经夔州府南北分趋：南走彝陵，尽于漳水之西。北走兴安经白土关，起景山，交湖北界，东行劈干，又由青华山从北而东，行七百里至郧阳府竹山县东、房县西之香炉山，又二百里起赛武当山，始交均州南界。"[81]明代戏曲家汪道昆站在均州城远望天柱峰时，"岳莲开十丈，空翠欲霑襟"[82]。"岳莲"正是对所寻之龙的审势。天柱峰并非孤零零失却雌雄呼应的独山，出均州南门走官道二十里可达武当山脚下直接朝顶。"从宫门直到城的南门，有一条石铺的大道，整齐庄严，绝非湫隘小城中所应有的建筑，一切其他的行政机关，都只好被局促在城内的角落里了。"[83]"南门外甬道周行，悉砥以石，平坦亘延，直接太和。"[84]静乐宫选址非常注重觅龙："嵾山之麓、沧浪之浒，夫山为地骨，水为地液，其中有妙理存，况岳之者乎？"[85]

察砂：考察龙脉两旁山岗、山丘呈条带状的山脉。水口是水流的去处，被视为天然门户——地户，而水口两岸砂山尤重水口砂。砂体肥、圆、正者，为富局；尖锐秀丽者，为贵局；歪斜不正者，为残局。水口处群山密集如犬牙交错，群鹤相攒如门户之护捍，为吉地。反之，水口无砂，水势直弃，水暴倾泻，为不吉。"出大东门望江东岸，有巨石立于山麓，昂耸如马首，平如几，高数十尺。其上有亭，曰'沧浪之亭'……下阁（观音阁）复拿舟，顺流行六七里抵龙山。山横绝水口，屹然有一夫当关之势。地理家所谓华表捍门者也。"[86]"华表捍门"指水口砂，即均州城东门外汉水水口屹立着高大的山峰，横绝水口，似华表、砥柱。清代王永祉的《太和山记》描写均州城北和东北地貌："两山束水浦，屿中亘，望者疑为汉水将尽也。已循枉渚，鼓枻而济，始依山足达于中流。他如乱石、石门诸滩，嶒嵘澎湃，怪石竞立，如象如马，异夫从江心浩淼中悬絙直上，水涨怒啮人趾，不得前。篙师疾呼贾勇与水争，凡十余折险，始渡。过均州数十里，弥天放白，入水插青天，为兹山开神区，入境固异。"[87]可见经典的"水口""水口砂"位于静乐宫之东。

望气：判断气场、气色的旺衰吉凶。以形观风水先要觅龙，在此基础上望气。气虽看不见摸不着却并不虚无缥缈，气色的光明或暗淡以及气的反射色彩，均影响吉凶兴衰。中国古代城市选址非于大山之下，必于广川之上，大的龙气所结之地可为都市。山川形势看重蓄气、藏风、得水，静乐宫定址岚态无疑是力争助益元气的充溢上升。《青囊海角经》云："晨昏雨后，气升如盖。如禽主文，如畜主武，气异极贵。或如石门，或隐隐如千石仓，或如山镇，或如楼屋，在云雾中，此异气也。凡气雾浓盛者，此吉地也。"[88] 山川之气和太阳出没有很大关系，虽说其气潜伏，无可觇验，但在阳气始兴之时还是能觇验山川之气的。"华表捍门"的堪舆选址是看重其围聚生气之地，把握大自然的造化神功，制造出桃花源式的、封闭的理想之乡形象，也正是麇国安静乐善的风水境界。因此，静乐宫选址是明代堪舆大师望气的结果，是一种自觉的行为。

择水：选择自然水体的灵性与活力。"风水学说认为'山随水行，水界山庄，水随山转，山防水去'，风水里面水占一半。因此，凡入一局之中未看山，先看水，先看明水寻龙。水是龙的血脉，两水之中必有山。水融注则内气聚，水深处民多富……流来的水是屈曲环抱，流去的水要盘桓，汇聚的水要悠扬澄凝。"[89] 从地势上讲，汉水横流，分县境为南北两半。北有商山余脉，起顶有龙门、乌头等山，南有巴山尾脉。自三峡抱渚水流域之东南，北上起顶有武当山，全境以多山著称。静乐宫选址于以水为主的武当山脚下、汉江之滨的均州城北，占地 12 万平方米，约占州城面积的八分之一。城北五十里为龙门山；城东三十里为乌头山；城南一百二十里为武当山，从山麓到山顶七十里，山势一直嵯峨秀丽。城北六十里有乱石滩，险滩居多，草店附近有个石板滩，船工们有句谚俗：过了石板滩，代工把心安。民国时期游记载："汉江沿途滩多水急，在老河口以下，虽水势平阔，可通大船直达汉口，但以上则悬崖陡峭，一如长江的上游。因此江行殊多危险。"[90] 汉水从东流入均州境后水势平稳。《均州志》"序"言："次审地理大岳，雄踞雍、豫、荆三州之域，秀冠天中，为真圣显灵之区，至于汉水澎湃东流，《禹贡》记之：'又东为沧浪之水。'郦道元谓：'武当县北四十里，水中有洲，曰沧浪洲，水曰沧浪水。'"[91] 汉水上游比较浅涸，独至均州城东北渟蓄渊深，澄碧可鉴，古称沧浪水。均州地处鄂北，居秦岭（终南山）之南，大巴山之北，汉水谷地之中心地带。汉水由陕西省宁强县嶓冢山发源，上游称漾水，经沔县称沔水、褒城称汉水进入湖北省。汉水中游江段流经均州时，自西北向东南横贯而过，两岸支流甚多，如官山河（上游称九道河、小河、东河）、涧河、水磨河、后河（上游为西沙河、瓦房河）、浪河（上游有消河、殷家河以及由长滩河、洪家河会合而成的白河）、杨柳河、安乐河（上游称龙家河）等。因此，土地肥沃，适宜农桑。《孟子·离娄》

引孺子歌曰："沧浪之水清兮，可以濯我缨；沧浪之水浊兮，可以濯吾足。"[92]汉水中流绕到均州北自东临城而过，即禹贡时的沧浪水。沧浪，亦作苍浪，以其水色青苍、清洁而名。《水经注》云："（武当）县西北四十里，汉水中有洲，名沧浪洲。庾仲雍《汉水记》谓之'千龄洲'，非也，是世俗语讹音与字变矣。《地说》曰'水出荆山，东南流为沧浪之水。近楚都，故渔父歌曰：沧浪之水清兮，可以濯我缨；沧浪之水浊兮，可以濯吾足。'"[93]清代阎若璩《四书释地》云："沧浪水名，殊非，盖地名也。当云武当县西北四十里，汉水中有洲，名曰'沧浪'。汉水流经此地，遂得名沧浪之水。"[94]卢维兹唱出《沧浪亭歌》："十年曾卧沧浪石，今日复饮沧浪水。沧浪之水清且涟，沧浪之石瘦且峙。"[95]沧浪之水具有穿越时空的文化力量，它超凡脱俗，清时高雅，浊时去污。《孺子歌》是楚国民间歌谣，文辞优美，韵律协调，先被孟子记录并赋予深刻哲理，次见于屈原《渔父》。按《尚书·禹贡》的说法："嶓冢导漾，东流为汉，又东为沧浪之水，过三澨，至于大别，南入于江。"[96]漾水发源于陕西，东流之后称汉水，再东又名沧浪之水，然后吸收了发源于湖北省京山县的三澨水，继续前行到达大别山，南流入长江。春秋初期产生于汉江北岸一带的民间歌谣《孺子歌》，其地理承载体即均州汉江之浒的沧浪亭和沧浪洲，均州北、东、东南三面临水。沧浪乃《孺子歌》处，为屈原《渔父》歌之地。"系缆沧浪曲，风烟惨客魂。濯缨人不见，竞渡俗犹存。"[97]"沙鸥孺子歌边起，莲塔仙人掌上闻。"[98]明末造园家计成在《园冶》中讲："卜筑贵从水面，立基先究源头，疏源之去由，察水之来历。临溪越地，虚阁堪支。"[99]水来要玄，去要屈曲，横而弯抱，逆则遮拦，流而平缓，渚要澄清。吉水要屈曲，横向水流要有环抱之势，流去之水要盘桓欲留，汇聚之水要清净悠扬。"风水理论中对自然环境的评价原则包含'主次分明''均衡稳定''宽阔大气''屈曲灵动'等美学思想。"[100]堪舆学对水的要求很高，风水宝地要藏风聚水，风要舒缓回旋，水是环抱之势，生态融入自然，体现道法自然、和谐之道。

均州西依关门岩，南门外有冲积平原，形势险要。城墙砖石坚固，墙高壕深，防匪防水功能强大，有"纸糊的郧阳，铁打的均州"之说。均州东有上水门、大东门、下水门，很是气派。汉水从均州城北大沙洲绕至槐树关、沧浪亭向南，经城东流到龙山脚下再折东南，城外沿江水岸修筑四段 20 米高台阶式护堤，驳岸总长 2 公里，设均州汉水大码头。均州城墙高大坚固（长 3330 米，高 8.3 米），挖有深壕，城北、西、南修凿有护城河，墙外水陆遥望，气象巍峨。东边据汉江天险可守，河水顺流至龙山嘴为溾河口，山上建真武堂。北门外加修一座瓮城，即使遭遇汉江洪水，城墙也会屹立不倒。

均州城端庄古朴，素有"小北京"之称，静乐宫号称"小故宫"，建筑之雄丽、雕刻之精细不让北京皇城。规模较小的耳门前有两尊铁狮。宫内两座御碑亭珠垣碧瓦，气象雄伟。元代在城南三十余里处已建莲花城。后宫墙外横贯后营街，街北是唐中宗李显受贬所建报恩寺，俗称佛爷庙。其棂星门与南城门位于同一中轴线上，形成城内纵向主街——南大街（长 500 米，宽 10 米）；南大街东向横东街、红墙街、河街、半爿（土音 zhě）儿街；西向横西街。南北纵向主街道共计二条：南关大街和河街；出南门，城外有南关街，南城门至南栅子门青石铺就。从棂星门前算起横向贯通东西的街道城内有三条：第一条横街从东往西为大东街直达宗海门、武西街直通夕照门；第二条为小东街、黄道街；第三条为文西街、奉院街。主要街道终端出口都开设城门，共计六座，即南门（望岳门、南关、栅子门）、西门（夕照门）、北门（拱辰门）、上水门（平安门）、大东门（宗海门）、小东门（下水门）。其他街巷为城内的城隍庙街、马家道子，城外的朝武街。"朝武街是均州城最繁华地段，西接南关大街，东连河街，就在这街口处立有一座古朴简易的四柱三间高大石坊，正中石额上正书'麇镇雄关'四个大字，显示着昔年麇国文明。"[101] 城郭东南角城墙上筑有一座魁星楼，三层亭台式楼阁，高 20 米。静乐宫与城隍庙、九仙庙、学宫、八大会馆、神惠仓共存城内。红墙深宫，城楼高耸，市肆阗繁，人风淳厚。按照《周礼》制度，纵横"网格"覆盖全城，保证了州城内"气"的流通，使自然和州城由静而为动，符合风水要求。汉江汇入长江，其支流丹江流入河南境内，使均州城商贾骈集，货物辐辏，樯帆云聚。每日货船往来均州，上达陕西白河，下通湖北汉口，为汉江交通咽喉。三面江兴抱城郭，四面山势绕烟霞，水绕三方，护以金汤之固，可视为静乐宫外天然的护城河。

❖ 均州武当图（王永国整合于 2012 年）

均州城带给鉴赏者的巨大感染力来自重峦叠嶂、千岩竞秀和江天一色、烟波澹荡，山和水与人文交汇凝聚了"均州八景"：槐荫古渡、东楼望月、沧浪绿水、龙山烟雨、黄峰晚翠、雁落莲池、方山晴雪、天柱晓晴。如果没有天柱峰高高着天起，巍然一柱连天撑，哪有天柱晓晴的壮美？又哪来祥风自天来神游的自适？清代诗人徐京陛仰望大顶，追寻神圣："早起看山色，烟光荡晓瞰。霞明千嶂丽，天从一峰尊。突兀黄金殿，峥嵘黑帝阍。列风如可御，何处是昆仑。"[102] 没有汉水的光波浩渺，没有沧浪的烟雨鸥鹭，均州城不知会减色多少，而没有均州城，静乐宫便失去其存在的山水人文胜境。

中国古人早已有选择风水之地栖居的智慧，均州城的选址作为堪舆择地的典范令人赞叹。"诸峰或如碣石，或如蓬莱，巨如断鳌，幻如结蜃，细如沤鸟，修如北溟之鲲，杂出如珊瑚枝，浮如萍实，累累乎如鞭驱石，氾乎如汉使者之乘槎。远而望之，方城一抔，汉水一瓴，掩楚蜀，略周秦，即嵩华衡霍，匡庐峨嵋，悉辟易无何有之乡矣。"[103] 汪道昆登上天柱峰，回望均州城、静乐宫看到了这样的景象：连绵的秦巴山脉与汉水交汇聚结，山水缠护。游历武当山大大开阔了他的眼界，令他感慨不已："人言山赢水诎，犹若有憾焉。夫右滟滪，左沧浪，江汉交流，振以鄂渚二别，则元武之像，外户在焉。日观孤高，下临汤浴。古者海岳为匹，亦通山泽之义，与彼规规而窥一隅，是以趾臣目者也。"[104] 以武当山局部视角观风水是山多水少，然而站在大的风水上看，武当山左有汉江（沧浪），右有长江，二江交汇水口在武汉（夏口）便有大格局。武昌的黄鹄山（蛇山）与汉阳的龟山（翼际山、鲁山）夹江对峙，华表捍门亦成玄武之象贯通山泽，仿佛武当山的外在门户。在原建静乐宫堪舆选址上，孙碧云等堪舆大师们一定是先定位明成祖钦点的紫云亭地点，再考虑与均州城相依、与自然相融，直觉上对大地构造进行捕捉，再把风水力量流动的气场转换到静乐宫建筑之上。原建静乐宫堪舆格局至善至美，无懈可击，当为斟酌诸多因素之后的最佳选择。

永乐年间在静乐宫敕置正六品提点道官管理各宫观，统管二十六处庙观并仓、库、厂，包括真武观、紫云亭、真官祠、预备仓、香钱库、进贡厂、北泰山庙、泰山庙、沧浪亭、观音阁、玉皇阁、禹王庙、卧云亭、三义庙、三官庙、吕祖祠、龙王庙、公用厂、备用厂、神惠仓、莲花池、关帝庙、崇真观（顺天府正阳门外）、文昌祠、玉峰庵、分道厂、成鲜厂、梅鲜厂等。其中，真武观远在 180 公里以外的襄阳府城之北岘山，也归静乐宫管领。管运武当山琉璃诸物的船只数以万计停泊在真武观下，遥领于樊城者。

迁建静乐宫（即丹江口静乐宫）选址，承袭了原建静乐宫崇尚的前朱雀、后玄武、左青龙、右白虎"四灵式"风水格局。它坐落于丹江口市东郊，新址北靠孟家岭主峰，东西两侧为其余脉，南临金岗水库（静乐湖），依山傍水，环境清幽，西边的武当山与它遥遥相望，西南方的丹江口水库与它相映成辉。祖脉一路从西而来并向南伸出真龙结穴，故静乐宫背靠山峦，两侧各两层护龙砂，谓之左龙右虎，团抱中间一脉。从整个山形来看，迁建静乐宫选择了藏风聚气的风水宝地。来水聚成静乐湖，南岸为静乐宫朝岸，布局设计与"玄空风水"浑然一体，占尽了风水之利，深获地德之灵，总体上遵循了原建静乐宫的风水文化。

➤➤ 静乐宫新貌（陈守俊摄于 2015 年）

二、布局建制上的变化

原建静乐宫分布在均州城内北部的一片平坦阔地上，采用规整式建筑布局，坐北朝南正子午向，平面基本呈正方形，东西长 352 米，南北宽 346 米。主体宫墙规模仅次于玉虚宫，方整青石海墁铺地。建筑以中轴线对称的格局布置，有三门四殿。位于中轴线的第一重大门的石牌坊前的南大街直通望岳门，站在此处能清楚望见天柱峰。

原建静乐宫淹没水下，其建筑布局参照山志归纳如下：

第一重建筑：棂星门。即大宫门。进入均州南门后，经望岳楼、魁星楼，过南关仁和街、南大街直抵棂星门。门内东西有常平仓，清代东宫前建太和书院、试馆，西宫外建武衙门、三官殿、土地庙。

第二重建筑：山门。即正门。建于五尺崇台之上，三孔卷拱门，琉璃八字照壁，歇山顶。左右红色宫墙分出里乐城、外乐城。里乐城有红墙绿瓦的宫墙隔离，东建东宫，设东华门；西建西宫，设西华门，歇山屋顶。大院开阔，以轴线为中心，两边分布高大御碑亭和小巧琉璃焚帛炉。东有关帝庙。

>> 原建静乐宫山门（摄于 1959 年，王永国提供）

第三重建筑：龙虎殿。亦称拜殿，俗称龙坡、三门，建于 2 米崇台上。殿前御路仿北京故宫，整块长方形巨石浮雕龙戏珠，是武当山宫观庙宇中难得的御路。人行蹬道设于龙虎殿，凸出崇台两头，与北京故宫并列设在御路两侧不同。

第四重建筑：玄帝殿。亦称启圣殿，即正殿。左右配殿廊庑，覆盆柱础建于 2 米崇台上，与龙虎殿组合成紫禁城四合院。据均州老人回忆，如果在院内用石子敲击地面，石板会发出咯咯金蟾之声。

>> 原建静乐宫龙虎殿龙坡
（摄于 1959 年，王永国提供）

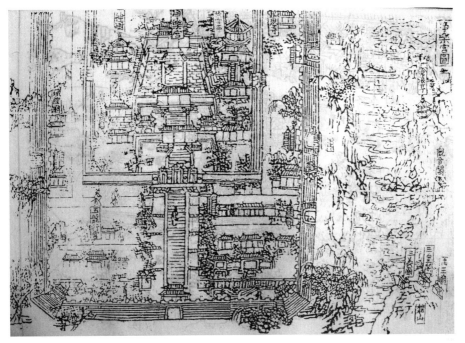

» 均州城静乐宫图（选自明方升《大岳志略》）

第五重建筑：圣父母殿。左右为配殿，宫墙围护。殿后用土堆成假山称紫禁山。殿前东侧有灵官殿、道房；殿前西侧有玉皇殿、道房、三义庙、皇经堂。殿西设御花园；殿东有紫云亭。另外还有真官祠、预备仓、进贡厂、香钱库、方丈、斋堂、浴堂、神厨、神库、道房等建筑。

迁建静乐宫坐北朝南，南北宽 425 米，南端东西宽 160 米，中端宽 240 米，平面呈"中"字形，依次布局：

一进：棂星门。门前立一对石狮，门前右侧有一口八角井，门内西侧有甘露井。

二进：山门。歇山式琉璃瓦顶，下设石雕须弥座，左右琉璃八字照壁，中饰椭圆形双凤牡丹琉璃盒子，题"元天静乐宫"额。门两侧红色宫墙分开内外形成外乐城、里乐城。里乐城东西宫墙开设东华门、西华门，形成东宫（东道院）、西宫（西道院）。院东设日池，仿琉璃焚香炉各一座。东西设御碑亭。

三进：龙虎殿。单檐歇山式大木结构，面阔 27.3 米，进深 8.2 米，高 11.36 米，与左右配殿廊庑组成四合大院。院内东有财神殿、钟楼，西有救苦殿、鼓楼。

» 迁建静乐宫玄帝殿（宋晶摄于2016年）

» 迁建静乐宫父母殿（宋晶摄于2016年）

四进：玄帝殿。"重檐歇山式，绿色五样琉璃瓦及构件，面阔五间27.22米，明间面阔8.40米，进深五间18.22米，通高19米，建筑面积682平方米。前为方整月台，面阔22.10米，进深6.50米，高1.08米，建筑在三重崇台之上，高7.64米，均饰以石栏望柱，势若天宫凌霄殿。"[105] 抬梁式砖木结构。建在覆盆柱础和饰栏高台之上，三十六根大柱支撑，为宫之正殿。东西各有小型配殿。

五进：圣父母殿。悬檐歇山顶，大木结构，面阔22.2米，进深13.2米，高14.7米。殿东为月池，东墙外有紫云亭，西墙外建三官殿，殿后自然小土山。

第三节　静乐宫建筑鉴赏

自明代建成静乐宫后，多少旅行家、鉴赏家都赞赏它的壮丽，惊叹它的卓越，描述它所带来的精神上的神奇感受。明代大学士贾咏《游净乐宫》写道："净乐宫幽远市朝，诞真福地紫云绕。南瞻大岳凌霄汉，北望神州近斗杓。"[106] 当他站在静乐宫向南仰望高耸入云的武当大顶，向北遥望熠熠闪亮的斗柄时，精神早已游离物外达至大顶玄帝面前，祈求长生之情溢于言表。王在晋的《游太和山记》更是夸饰铺陈，描绘了静乐宫建制之宏丽："宫制闳丽轩敞，朱甍碧槛，凌霄映日，俨然祈年望仙不啻也"[107]。静乐宫建筑颇值得体味一番。以下就笔者从事武当山道教建筑审美研究，对静乐宫建筑鉴赏提出三点看法。

一、建筑风格的神圣化

明成祖登基后大兴土木，营造武当山道教宫观以象征天赋人权，表明他的统治具有至高无上的权威和长治久安的实力，成为那个时代宗教建筑的最高典范。静乐宫建筑具有明代官式建筑与道教建筑相融合的特征，威仪神圣。

（一）皇家敕建，官式建筑

静乐宫是由明成祖批准并由国家出资建造的道宫，俗称"永乐行宫"，其"栋宇之盛，盖旷古之未有也"[108]。创建武当山宫观，皆天下军民辛勤劳苦，涉历寒暑而成，所费钱粮难以数计。明成祖专门叮嘱"务要弘壮坚固，以称瞻仰"[109]。明万历首辅大臣朱国桢说："惟太和山一役，则因嘿祐之功，竭两朝物力表其巅，至今奔走四海，似是天开地阔大圣人，因成之。"[110]从绿色剪边单檐歇山式山门、重檐歇山顶玄帝殿、悬檐歇山顶圣父母殿，到五开间面阔的玄帝殿，再到矗立于高大台基、须弥座之上，屋顶吞吻、五垂脊小兽，处处显示出皇室家庙的建筑规制。故该宫建筑不同于民间建筑中的官式建筑，而是属于宫殿式建筑，是规格极高的官式建筑。龙坡即台阶中间镶嵌长方形巨石，为帝王使用的丹陛石，上饰寿山、祥云、龙，石材精良，浮雕精细，龙虎殿门前有此设置，明确了武当山道教建筑作为皇室家庙的官式建筑性质。碑亭基础深两丈多，约48层城砖（每块84斤，刻"永乐十年"字样），用糯米汁拌石灰砌筑。龙虎殿里的青龙、白虎侍卫从神扬善惩恶、庄严威武，金童玉女、雷公电母、风伯雨师等道教众神神秘玄妙，都是对玄帝殿端坐高台的玄帝气势与威仪的反衬。静乐宫建筑布局琳宇遥开，宫殿宏鬐，雕文刻镂，从外观上表现出一种崇高、雄伟、超脱凡俗的气魄。

（二）稽古定制，前朝后寝

明太祖定鼎天下，要营建一座恢宏的都城真正表现帝都的堂皇气派，洪武二年（1369年）即下诏在发祥地淮河南岸的临濠（今安徽凤阳）建中都。《龙兴寺碑》载"令天下名材至斯"。作为明初第一座都城，明太祖要求殿坛建筑要雄伟宏壮，尽量华丽，画绣彩饰鲜艳夺目，石构雕饰精美奇巧。为了建筑坚固，墙体使用巨砖，砌筑时用桐油、石灰、糯米汁作浆，关键部位甚至用生铁熔灌，营建标准极高，明《中都志》称其"规制之盛，实冠天下"。

但洪武八年（1375年）"诏罢中都役作"后，明太祖要求营建南京"但求安固，不事华丽"，"吾后世子孙，守以为法"，规定凡雕饰奇巧一切不用，惟朴素坚壮。"朱元璋最初锐意兴建中都城是在他的'衣锦还乡'的农民意识支配下作此决策的；后来在大功垂成之际又毅然罢建中都，是出于抑制淮西勋贵集团的政治原因。"[111]

在《祖训》里明太祖规定了诸子王府的建造制度，仅燕王朱棣允许利用元代宫殿，故明成祖营建北京故宫时遵循"祖训"，选择了元大都的中轴线和北门（厚载门）的一些基址，整个工程仅用三年半即完工。"鼓楼，在府城内云霄街东；钟楼，在云霄街西，俱洪武八年建。"[112]宫殿修筑高墙，崇垣深渠，设置瓮城，瓮城两侧与城墙连在一起，设有箭楼、门闸、雉堞等防御设施。仿凤阳宫殿后山设置北京故宫后的万寿山。文物专家单士元指出："据《明太祖实录》载，永乐时新建北京是仿照南京布局，而弘敞过之，未称仿照临濠。盖在当日，南京早经朱元璋定为京师，临濠中都又大部分拆毁，其实南京宫殿在洪武八年扩建时，大体循临濠之制，只是地理环境不尽同于临濠……中都宫殿是北京紫禁城最早的蓝本。南京宫殿是一座不完整的中都宫殿的摹本。"[113]

古制如此，静乐宫在总体规划上深受此影响，亦严格遵循"祖训"，依循《周礼·考工记》前朝后市、左祖右社的规定，朝礼敬神的龙虎殿、玄帝殿在前，父母殿在后，符合《明太祖实录》所载规制，即庙是栖神之处故在前，寝是藏衣冠之处故在后。静乐宫以故宫为蓝本，在棂星门前设县衙门，左为提督之署、提调之署，相当于百官议政的朝堂，并设祭祖的孔庙；右为学宫书院，祭祀土地神、城隍神的社稷坛，如三义庙、马王庙、吕祖庙、城隍庙、土地庙等。采用御道"龙坡"石雕龙、海水、云朵。须弥座雕饰奇巧，宫殿门阙悉如旧制。中轴线上的每座建筑都与高高的宫墙围合成院落，重在朴素坚壮。圣父母殿后设置有堆土假山建成的御花园。均州城北门外设方形瓮城，与静乐宫仅隔一条后营街，为商贸集散地。静乐宫不仅要与全山宫观趋于标准化、定型化的风格保持统一，而且还要考虑与均州城布局协调，建筑景观互相照应，是合乎封建礼制的上乘之作。

（三）中轴对称，逐级抬升

静乐宫规划设计取法《周礼·考工记》，重视利用自然地形席地建殿，高亢向阳，蜿蜒直上。最重要的三门三殿建筑，按中轴线一字排开，纵贯南北，宫殿分列作左右对称、层层进深布局，高低错落有致且与州城轴线吻合，秩序井然，气氛庄重。棂星门、山门、龙虎殿、玄帝殿、圣父母殿均为三开门建筑，中门中心线与中轴线吻合，以对称为基本特点。其中，棂星门两侧照壁与山门琉璃八字照壁，均以中轴线为中心向两侧对称展布。三条纵向御路神道以中间的神道御路为中轴线，东西两侧对称分布东西御碑亭、东西宫、东西华门。迁建后的龙虎殿院内为四合大院，鼓楼在东，钟楼在西，亦强调对称布局。

中轴线的建筑设计是中和思想在静乐宫建筑中的具体体现。中和思想的"中"是"道"的体现，侧重于道教的思维方式，标志着事物存在和发展的最佳结构、关系；"和"是"道"的状态，标志着事物存在的最佳状态，体现了道教的价值取向，即追求天人和合、身心和合，符合道教的根本理想。仿照人间皇帝上朝起居的格式，凭借中轴线的建筑手法，静乐宫建筑强化和渲染着封建帝王至尊无上的地位，表达明皇室治理国家思想之依本，以求长治久安。《易·履卦·象辞》曰"刚中正，履帝位而不疚"[114]，居九五至尊，当位而正。玄帝殿内顶部的装饰充分表达了这一点，喻义"九五之尊"，而宫中其他建筑高低起伏，左右呼应，对称平衡，有机地组合成静乐宫这一组建筑群。静乐宫利用巨大的台基作烘托，以增加水平高度，又借助建筑群体的有机组合，以青石台阶逐级抬升而形成重重铺陈，以造成巨大体量的观感。其整体布局为中轴对称，随自然地势逐级抬升，布局安排疏密有致，颇有章法。随着观赏者脚步的缓慢移动，建筑的景移也引起了视感变化。从审美上看，站在崇台石墀上视野开阔，可与均州城内外的亭、楼等一些建筑对景互视，院内的美感来自于空间秩序，秩序中包含着理性因素，其根源是深沉的文化积淀，渗透着道教的中和思想。

二、建筑造型的艺术化

"造"意味着技术，"型"反映着艺术，品位层次高的艺术品，愈发需要精巧娴熟的技术。静乐宫建筑在考虑整体设计前提下，细部造型十分注重功力。正是这些细部精雕细刻的技术与艺术完美融合，才使静乐宫建筑有了丰富的视觉感受和深刻的宗教意义。

（一）亭的涵虚之美

亭是建筑的一种特殊类型，是一种只有立柱支撑顶盖、四周无墙体的空间通透的建筑物。历史上，武当山道教建筑中不乏亭的身影，如天柱峰大顶铜亭、太和宫朝拜亭、金殿前钟亭、磬亭，南岩宫风月双清亭（八卦亭）、南薰亭（棋亭）、御碑亭（二座），紫霄宫御碑亭（二座）、禹迹亭、池亭、玉虚宫御碑亭（四座）、仙衣亭、井亭、五龙宫御碑亭（二座）、榔梅碑亭，静乐宫御碑亭（二座）、紫云亭，均州沧浪亭等。"全山古亭，元明清三代，共计建亭26座，其中现存12座，遗址6座，已淹没8座。"[115]

紫云亭建于玄帝殿正东旧址上，亭以独立形式作为主殿，坐北朝南，中轴布局，亭前左右长生殿，最前设石门，石门两山接宫墙以隔内外，方整石海墁，自成建筑面积1198平方米的独立院落，石门外西侧设绿琉璃化帛炉一座，正对照壁。"日帝流光射后庭，紫云千古尚石亭。"[116]该亭以一方整石作崇台为基础，平面呈正八角形，单层三檐，八脊攒尖铜顶，尖为铜铸鎏金宝顶，绿琉璃瓦顶，三层檐下共有160组真昂斗栱，内外三层共24根圆木柱，木结构，亭高35.5米。亭内供奉祖师铜像、铜供器。《方志》载："亭之制八棱，其上去梁桷，重檐叠栱，而璇结于顶，如揽囊口圆起城中，状类垂盖，江行者皆见之。"[117]"亭为八角三檐，高十余丈，八脊攒尖为铜顶，重千斤。方整石崇亭台是正方形，边长37米，占地一亩七分三。"[118]紫云亭小巧玲珑，轻盈俏丽，十分灵秀，造型独特别致。迁建后的紫云亭，其外在形式为亭，反宇飞檐，顶部覆绿琉璃瓦黄剪边，檐下由斗栱和红柱（16根）撑起，梁枋施小点金，旋子彩画，灵动轻逸，引人注目。

紫云亭因纪念静乐国太子出生时瑞气升腾而造。《武当嘉庆图》赞其"亭后紫云真净乐，何须海外觅仙邦"[119]。明代工部尚书、思想家孙应鳌《紫云亭》亦赞："焚香兀兀小亭前，柴立中央象帝先。缭绕紫云常不散，依稀玄岳降生年。"[120]如此福地是静乐宫选址立亭所本，它含有一层宗教文化的审美特征：不仅具有一定的宗教文化意义，而且经过精心设计，体现出涵虚之美，产生了无可回避的审美艺术功能，形成了独具特色的建筑艺术价值。作为艺术审美对象，亭的空间开敞，内外通透，具有"虚"的空灵性格和含蓄之美。《道德经》曰："埏埴以为器，当其无，有器之用。凿户牖以为室，当其无，有室之用。"[121]以此观之，紫云亭的实体和空间都是通过建筑造型来表现建筑形象的，虚实相生。进入亭内，其空白和含蓄使人的审美由感受而感知，于是产生了"无"的妙境。因此，就虚与布实是紫云亭本身所着意追求的一种境界，具有休憩或凭眺的实用功能，尤其凭眺时，"咫尺之内，而瞻万里之遥；方寸之中，乃辨千寻之峻"[122]。紫云亭与宫内外自然环境巧妙地结合在一起，作为园林景观中的一处建筑小品而存在。"亭下石阶石栏二级，可以环而走，修竹长松，遍植栏外，类村坞。"[123]亭台楼阁、花苑、小树路径、小山，移步换景，步移景异，形成了静乐宫内官式建筑园林景观的辉映。人在亭内凭眺园内诸景或是远眺湖光山色，与均州城内和城外沧浪水北岸石壁之上的沧浪亭、凭虚亭及城西的十里亭、西南的凌霄亭、龙巢山的霖雨亭、山下的卧云亭，都能遥遥相望，构成对景。

何白游记载："斗折而上数百武为沧浪亭……后再折为玄览亭。从亭右折而南，跂级而上为玉峰庵，庵据玉冕之半……陈酒脯，饮庵后太和精舍。"[124]清代贾笃本《重修沧浪亭碑记》载："有亭巍然临江，足供登览。亭后为真武殿，殿后为文昌阁。"[125]均州城外沧浪水北岸石壁上的建筑主要由北极殿、沧浪亭和文昌阁三个建筑群组成。按明代陈诏的《新修沧浪东山记碑》记述，北极殿建筑群包括"中建正殿三楹，额曰'北极殿'。左右各翼殿三楹，前□顶二楹，山门三楹，门侧各碑亭一。又前则竖石为坊，额曰'玉冕晴云'。□□后楹，两傍亦称之额曰'沧浪精舍'"[126]。北极殿即真武殿。沧浪亭建筑群"位于汉江东岸陡崖边上的一个小山沟里，沟口海拔 131.30 米，沟脑海拔 161.90 米，最高处海拔 181.50 米。沟口为沧浪亭，亭后为三间大式硬山绿琉璃瓦屋面大殿，大殿后沟脑为凭虚亭，再后为一座小石坊，山上有玉峰庵和悟真庵相邻，今成遗址。沧浪亭南山傍为大门，有曲径小道盘山蹬达江水，来往需乘舟"[127]。除沧浪亭、玄览亭外，沧浪亭建筑群还包括金塔、银塔二座风水塔，具有镇山、镇水、镇邪、点缀山水、弥补地形的作用。何白所提及的玉峰庵、悟真庵以及文昌阁、太和精舍应属文昌阁建筑群，前二者是佛教寺庙。太和精舍远离市井，清逸玄远，是道人、僧生、文人墨客们读书、修炼、养生之雅舍，能让人情怀流露，儒、释、道相互碰撞融合以统贯这座"麇城"的文化命脉。因此，何白登沧浪亭赏景，远望武当山"大罗一柱障东南""翠壁别开千佛岭"。下瞰汉江浩淼无垠，纵观沧浪超然之景，登亭畅饮，俯仰吟啸，觞爵交错，释放精神。

除紫云亭外，静乐宫"三门外，左右复创亭二，以度圣制创修之碑"[128]。东御碑亭修建于永乐十六年（1418 年），迟于西御碑亭五年，属静乐宫配套建筑，陪衬赑屃驮御碑，故不能喧宾夺主。亭在造型上应有顶有壁，有内有外，与赑屃驮御碑之间有虚有实，虚实有度，具备透漏之特点。由于赑屃驮御碑毕竟象征着皇权，神圣至上。这对姐妹亭须醒目鲜明，美感强烈，具有崇高感。这种崇高感来自亭自身的高度（8.5米）、体积、重量，重檐歇山式屋顶，密集的斗栱，巨大的方木叠成"八卦攒顶"天棚，层层檐头、悬鱼、吞脊、抱吻、仙人神兽、拱券门、须弥座、旋子彩画等大式建筑做法，突出其所拥有的威力，博大壮美、雄伟壮观，内在充满摄人心魄的感染力量，通过纪念性加深崇高的审美含义。一般地，建筑基座有四个等级：平直的普通基座、带石栏杆的较高级基座、须弥座式带石栏杆的高级基座、三层须弥座式带石栏杆的最高级基座。后两种只有皇家宫殿等级规制高的建筑才能采用，静乐宫两座御碑亭的须弥座属第三等级基座，象征皇权。

（二）门的静穆之美

打开静乐宫建筑"序幕"的棂星门，属于石凿榫卯式仿木结构、六柱七间华表冲天柱式石牌坊，俗称"大石牌坊"，建于永乐十六年（1418年）。从建筑形式上看，棂星门青灰石质（面阔 33 米，通高 14.41 米），下设须弥座，建于方整崇台之上。六根华表冲天巨柱间隔出三道大门、四座并列影壁（高 4.87 米）。华表柱上加额枋，不再起楼，无檐顶。衬托华表的云柱为素面寿柱（高 7.67 米，直径 0.76 米），高大雄伟，通体光滑，拙朴精美。寿柱、梓框联体。门背有石雕冰盘檐、门簪孔，为当时门扇转轴的端头，原有3孔对开实榻门。中间二座影壁略小，两端影壁收头略宽大，华表柱由高崇到低矮排列，主次分明，高低错落，均齐方整。门的东西两侧展布高大绿瓦红墙分隔内外。侧门有烘托中门的效果，突出了华表的均衡中心，中国传统执两用中的思想和历代民俗传承的审美观，成为建筑师创作华表的重要思想源泉。除了纵向上的开拓，同时也兼顾横向上的铺排，牌坊单体恰好与群体布局轴线对称。

>> 迁建静乐宫棂星门正立面（宋晶摄于 2016 年）

　　棂星门装饰中的文化内涵和意境美的创造，既反映在华表柱的艺术造型上，又体现在照壁的装饰上。巨柱上部的华表柱由底座、表柱（寿柱）、云板、承露盘、蹲兽五部分组成。表柱纹饰龙形流云，祥云缠绕，静中有动，张弛有度，雕工精细，显示了浑厚、稳重的建筑形象。云从龙，流云底部横插雕饰有龙云的石制云板，与原始的谤木性质大同小异。该云板一头大，一头小，大头饰云上托日，云纹簇拥，表示与日同辉。云板两两对称，拱卫门楣上炎炎烈日"火珠"，宝珠起自流云座托，外缘以火焰做装饰。如此装饰的六柱喻意六龙飞九天则万国咸宁，符合《周易》第一卦"乾"封"象"词："大哉乾元，万物资始，乃统天。云行雨施，品物流形。大明终始，六位时成，时乘六龙以御天……首出庶物，万国咸宁。"[129] 承露盘外形呈圆形，与地面对应，象征天圆地方。其顶端雕一尊似狮非狮的蹲兽，头微上昂，身着火龙鳞，形态逼真。清代均州士人、"兰心诗社"创办者之一沈吉庵的《净乐宫》有"洞门豁三三，华表镂怪貐"[130]句。该句所言蹲兽为貐，即猰貐、窫窳，传说为天神烛龙之子，是吃人怪兽，像貙，虎爪，奔跑迅速，显然沈吉庵的说法不准确。静乐宫棂星门上的六个蹲兽与北京天安门华表上的蹲兽相同，称为望天吼（或犼），俗称冲天吼，为瑞兽，代表着皇权的至高无上，是皇室家庙的特殊标志与象征。一种说法将其列为传说中龙生九子之第九，生性忠良正直，其性好望，与中国古代一种献直言的饮酒樽盖上的樽兽相同，符合华表原有之意，献直言的饮酒樽与谤木都是早期社会纳谏风俗的反映。华表起源于汉代，渊源于早期的谤木，据说尧舜时期即有。天安门华表犼头向外、远望，神兽喻义上达民情，下达天意，表达君王纳谏的诚意；与此不同，静乐宫棂星门犼头则是相向的，两两对望，安静内敛，因修于均州府治所，承尧舜古风，具有政治清明、闻谤而喜、纳谏而乐、纠除非伪、匡正时弊之义。

» 棂星门石雕影壁双凤牡丹盒子
（宋晶摄于 2016 年）

» 原建静乐宫棂星门西侧铁狮
（摄于 1959 年，王永国提供）

从雕刻技法上看，望天犼运用了圆雕技法，全方位立体雕刻，生动传神，极富立体感，并以集中、简练、概括的手法扣住主题，体现其艺术感染力。华表柱流云为云龙纹浮雕、剔雕，正面门楣为三组几何图形回形如意纹，运用了平雕技法，额枋镂雕、透雕、圆雕火珠代表火焰和太阳，故从棂星门精雕细刻的纹样装饰上看，它是一件青石雕艺术精品。高大的寿柱中间设有照壁，下施须弥座，雕刻二连方卷草纹及两端卷草绶带边饰；上施石雕歇山式屋顶，龙吻张口吞脊，尾部上卷，四条垂脊的石作塞墙前端有石雕饰件仙人走兽，仙人侧坐套兽之上。骑凤仙人之后设走兽四，依次为龙、凤、狮、天马，与戗脊角兽、正脊鸱吻共同增强了照壁顶的艺术感染力。在中部屏风式的实墙上，双面饰立体凸雕双凤牡丹图花卉中心盒子，角岔为折枝琼花卷草，凤凰代表吉祥幸福，牡丹是富贵的象征，牡丹花盛开的有七朵，未开的有五朵，代表一年的七个大月、五个小月，寓意一年十二个月吉祥如意、和平富贵。棂星门整体造型古朴静穆、坚实挺拔，给人以强烈的、扑面而来的视觉冲击感。

棂星门中门孔的两边照壁前专门各置一尊铁铸狮子。狮子坐立式，高 8 尺。西侧为母狮，母狮爪子下有九只小狮，还有小狮子爬到了母狮的背上，活泼顽皮，生动有趣；东侧为雄狮，坐立昂首，微张大口，威武雄壮，是典型的明代风格。这对明代铁铸狮子精美绝伦，烘托神道柱的雄伟庄重，在全国都是罕见的，惜毁于 1958 年。棂星门立于静乐宫主体建筑群之前，使建筑内部流线自然通畅，起到控制全局的作用。挺拔俊美的棂星门与堂皇雄伟的静乐宫相映匹配，融为一体，既区别环境空间，又十分醒目，是静乐宫的重要标志性建筑，也是均州城街心路口的明显路标。

（三）碑的力量之美

静乐宫建筑讲究选材，青石因石纹细、质地硬、耐风化而被大量采用，如须弥座、柱顶石、阶条石、铺地石、台基、栏板等建筑构件，用石之处比比皆是。由于建筑是一种表现的艺术，石雕装饰艺术因石材的广泛应用得以展示其卓尔不群。"建筑石雕是中国古代大型建筑中必不可少的组成部分。它有时作建筑结构的一部分……也有时是纯装饰的部件，还有时在建筑群中作为独立的装饰品。"[131] 御碑亭内的赑屃驮御碑，俗称"龟驮碑"，属于建筑中独立性的装饰艺术品，是静乐宫建筑的重要组成部分。这一石雕典范庄严显赫，举世罕有，代表了我国明代能工巧匠的卓越智慧和高超技法。

赑屃驮御碑由赑屃和御碑两个部分构成，其高耸挺拔的形式给人醒目之感，整体造型稳重质朴，威严有力。赑屃造型似龟却不是龟，裸露的牙齿不具龟类特征，背甲的甲片数目和形状亦与龟有显著差异。元代民间传说"龙生九子"，赑屃列九子之首，其力大无穷，善负重，是力中霸者、水中神兽，故称"霸下"，象征长寿祥瑞。北宋李诫《营造法式》卷三"赑屃鳌坐碑"条："其首为赑屃盘龙，下施鳌坐于土衬之外"

» 迁建静乐宫永乐赑屃驮御碑
（宋晶摄于 2016 年）

"上作盘龙六条相交，其心内刻出篆额"[132]。"鼋"同"鳌"。碑首左右各三条龙，六条精美雕龙厚重有力，腾云驾雾，栩栩如生，暗示永乐时代国力的昌盛繁荣，四海归一，九州来朝；碑座作龟状，这时的赑屃称"龟趺"。赑屃驮碑在民间有多种传说：

传说一，鉴于赑屃体型巨硕无匹，嗜睡，寿命绵长，为避免它偶尔醒来翻身造成天崩地裂、乾坤颠倒，于是镇以巨碑。

传说二，上古时代，赑屃常驮三山五岳在江河湖海兴风作浪，大禹治水收服它之后，它就帮大禹疏通河道，大禹刻治水功绩碑让它驮着。

传说三，道教定位赑屃为龙兽、神兽，只有行善积德以求圆满才能化龙升天，但它生性懒惰，天道委以驮碑验其灵性。

传说四，燕王朱棣初次起兵反建文帝出兵不利，策马落荒之际，遇汹涌江水挡路而陷入绝境。突然江水翻动，涌出一只大龟成为燕王的坐骑，驮着他稳稳地过江。朱棣称帝后为感谢大龟而奖赏它专门驮圣旨碑。

不过，使用赑屃驮御碑的深层原因还在于：一是赑屃体矮背宽，承载负荷大，故用其所长；二是赑屃象征长寿，故取其生命长久之属性，寓所载事迹万古流芳之意；三是赑屃是《礼记·礼运》所言"何谓四灵？麟、凤、龟、龙，谓之四灵"[133]之一，如此法力无穷的神兽，方可匹配传达皇帝圣旨之重任，布向天下；四是龟习文，碑文本身与甲骨文的演进有关，中国周易八卦文化的根据是流传两千多年的"河图洛书龟背图"。灵龟负书而出被视为神谕，象征天下太平，也只有皇帝的圣旨才能镇得住灵龟神兽。

明代的雕刻师匠心独运，在巨型石材上运用圆雕，将头颅高昂、紧抿双唇、胡须猎猎生风的赑屃龙态毕现出来，因为中国文化中的龙象征权威和力量。浮雕的技法表达了甲壳与肌肉部分的不同质感，赋予赑屃石刻生动的灵魂。把尾部雕卷成一盘，呈蜷屈状，四只强而有力的脚，抓地猛力，如力举千钧，又稳如泰山。后脚微微外撇，两只前腿更加粗壮，后腿多以力纹雕饰，而石雕纹样则起到了装饰御碑的作用，展示了赑屃奋力支撑起圣旨御碑重量的生动形象，体现着整个建筑的形、神、气、韵，通过石材的艺术造型完成了对道教文化的承载。

赑屃给了石碑强大的支撑力，相当于石碑底座，而真正显威颂德、流芳百世的却是碑本身。《说文》王筠注："古碑有三用：宫中之碑，识日景也；庙中之碑，以丽牲也；墓所之碑，以下棺也。"[134]静乐宫的御碑显然属于第一种情况，它镌刻着玄帝的功德，体现修行静功的规矩。这种刻石形式，由碑首（碑帽、碑额）、碑身（碑版）、碑座三部分组成，状如竖石。碑首为长方体巨型条石，以浮雕手法刻瑞兽螭龙，阳面、阴面都雕有二龙戏日，侧面雕饰独龙，与御碑亭的顶饰彩绘天花藻井和盘龙上下呼应。螭龙是中国古代一种神圣的动物，可兴风布雨，神圣不可侵犯，象征皇权至高无上。比之武当山许多铜铸鎏金的雕塑作品，赑屃是极为古拙朴实的石雕作品，却表达出质朴浑厚的情感。御碑高大雄伟、雕刻精美，文字端庄工整，二者结合形成的赑屃驮御碑完整而明确、庞大而坚实的体态，经六百年时空考验保存完好，具有很高的建筑艺术欣赏特征。它浓缩了那个时代的政治、历史、宗教、建筑、艺术等，见证了朝代更迭，凸显了道教思想，是充满东方魅力的古老石雕。

三、建筑意象的意境化

"又行三十里，至均州。过净乐宫，宫宏敞环，金碧绚赫，藻缋雕镂，若鬼若神，可谓殚极人间钜丽之观矣。其宽广几割州城之半。殿左为紫云亭，构撰益精，是为祝釐之所。"[135]晚明山人群体"大多流连朝市，通过依傍官员，交通官府获得衣食，以文学词章获得名声，以旅游经验获得青睐"[136]。浙中山人何白对鄂西北武当山水多有发现之功，他的文笔启发今人感受修建者的表意和欣赏者的解意，从美学角度体会静乐宫从内到外的建筑意象。

（一）建筑意象

意象，源于《周易》的"立象以尽意"[137]，是意与象的交融契合，是含有情意的物象。"意"指意向、意趣等主体的思想感情；"象"有物象和表象两种状态。对于静乐宫而言，除具有实用功能外，还具备审美功能，通过审美意象得以体现。因为建筑本身及其内外装饰和神仙造像都是"立象"，游历者都会有自己的品评鉴赏，通过他们的想象，形成知觉感知映像。古罗马时代博学多才的建筑师维特鲁威《建筑十书》明确提出"建筑还应当造成能够保持坚固、适用、美观的原则"[138]，揭示了建筑的本质，"建筑是由物质材料砌构与空间组成并占有一定空间的有体有形的实体"[139]，在成就"器"之上，还存在着形而上之"意"。

在均州城中，静乐宫建筑属于东方式古典宗教建筑，是最为醒目的建筑文化内容和景观，具有浓厚的神秘和肃穆的色彩。静乐宫呈南北向，长方形的建筑群周边环绕城墙，城外有护城河和古城墙，东部城墙从北至南开有上水门、大东门、下水门，很是气派。"出大东门望江东岸，为巨石立于山麓……其状酷似严濑钓台，然钓台远于濑，非百丈不可及，又不如此之可以垂纶于亭也。下而左行江岸百余武，复上观音阁，阁后有小石洞……下阁复拿舟，顺流行六七里抵龙山……山上禹王庙一，玉皇阁一，卧云亭一。山下三义庙一，皆附于宫，可游者也。"[140]可见，静乐之东河岸杨柳依依，河外龙山漫延，山上亭阁林立，建在巨石上的沧浪亭，竖行向上而形成了静乐宫天际线背景，从而与宫内各建筑景点互为因借。往东沿江岸不远即可上观音阁，其后小石洞，坐船顺流行七里抵龙山。在汉水南岸，山上建三层文峰塔、禹王庙、玉皇阁、卧云亭。登上龙山，群山环抱，汉水如带，宫殿城村毕现眼前；山下建三义庙，与紫云亭等宫内的高台建筑

≫ 均州沧浪亭（王钧摄于1921年，王永国提供）

形成对景，互为因借。城外北有大沙洲，田间平绿被垄，可远眺天柱峰。

城内穿过商贾云集的南大街，青石瓷砌，广洁平直抵棂星门，映入眼帘的华表雕琢蟠龙云纹，顶有云板异兽。进入宫城，依次排列三座宫殿，各大建筑均采取了宫殿的方式，还有多座宫殿对称分布于东西两侧。大殿建于崇台之上，红墙绿瓦，屋脊顶椽，如翚飞檐。殿堂正面神龛金碧绚赫，雕镂藻绘，供奉玄帝，体现了皇室家庙的庄严、高贵和宏大。明代兵部尚书、吏部尚书、"南都四君子"之一的胡松曾描述："宫半于城中，其规模宏畅，虽谢玉虚而佳丽过之。至幡幄之垂，悉缀以玉，皆内降及藩国物也。"[141]紫云亭、棂星门在艺术特征上达到了虚实相生、表里相融的微妙状态，意中有象，象在意中。

迁建静乐宫也拥有具体可感的实境，客观存在着蕴含"意"的物象或表象，构成建筑的艺术形象。大殿内部神仙造像及道教壁画一定意义上恢复了昔日"殚极人间钜丽之观"，保持了华丽、堂皇的建筑意象。

首先，殿内供奉神灵系统以玄天上帝神系为主线。龙虎殿布设青龙神（孟章神君）、白虎神（监兵神君）；财神殿布设招财进宝、关圣帝君、武财神赵公明元帅、文财神比干和范蠡、利市仙官，侍卫从神；救苦殿布设文昌帝君、寿德星君、太乙救苦天尊、赐福天官、送子张仙，侍卫从神；玄帝殿主神玄帝，左右捧印、执册，雷部从神：左为风伯、雷公、执旗天罡神将、金轮如意执法赵元帅、朗灵馘魔上将关元帅，右为电母、水师（雨师）、捧剑太乙神将、地祇昭武上将温元帅、金睛馘魔威烈马元帅；父母殿布设主神圣母、圣父，左右神龛各三尊神：普贤菩萨、观音菩萨、文殊菩萨；三霄娘娘（云霄娘娘、琼霄娘娘、碧霄娘娘）真武、龟蛇；三官殿布设天官、地官、水官、金童、玉女。

道教神仙是道教信仰的具体象征，包括天神、地祇、仙真、圣贤、人鬼等，天上地下、六和内外无不遍及，道教宫观都设置供道教信徒奉祀的神像。道教供奉神像大约兴起于魏晋南北朝时期，此时的道教造像受佛教影响较为明显。传入中国的佛教也称像教，修行与参拜可视的佛像同时进行，认为造像能得福报。武当山作为北极真武玄天上帝的得道圣地，是玄天上帝神系主宰的世界。"玄天上帝神系是指由与玄天上帝有关的道教诸神所组成的奉祀崇拜系统……雷部神帅指由玄天上帝率领指挥的执掌五雷、扬善惩恶的部将行神之统称。"[142]弘治十四年（1501

年），皇帝派遣太监王瑞等黄船并马快船只管送圣像："镀金铜真武圣像一堂，计五尊……主神一尊，从神四尊：灵官、玉女、执旗、捧剑各一尊，水火一座"。嘉靖五年（1526年），敕正一嗣教真人张彦頨安奉圣像："真武一堂，水火一座；从神四员，执事全"[143]，说明静乐宫的真武圣像为明皇室斋送安奉。

正殿神龛正中树立崇奉的主神是玄帝，造像端坐式，高5米，重6吨，是目前武当山最大的一尊铜铸神像。神龛两侧及配殿、偏殿供奉与玄帝有关的神灵仙真，有侍卫从神（龟蛇二将、金童、玉女、执旗、捧剑）、护法从神（青龙、白虎）、雷部神帅（马元帅、赵元帅、温元帅、关元帅、邓天君、雷公电母、风伯雨师），形成了独具特色、规模庞大且秩序井然的玄天上帝神仙体系。

财神殿的主神文财神比干，纳珍富足，布纹柔和，儒雅睿智；武财神赵公明竖眉立眼，右手高举九节鞭，左手端一金元宝于胸前，盔甲戎装坐于黑虎之上，气势威武刚健。

救苦殿的主神太乙救苦天尊"头戴莲花冠，有法术者的标志。他的右手食指和中指笔直伸展，意为一把剑；左手用莲花指端一法水碗寓意法力"[144]。

总之，依靠神像服饰色彩和环境色彩渲染美化的艺术手法，增强了整体感，且各部分比例尺寸协调，形态美观。

其次，殿内道教壁画以真武修真图为母题绘制。道教最初不供奉神像，仅有神位或壁画。佛教传入前，中国人信仰的天地、鬼神、仙人等，主要基于画像上的神祇作敬奉祭祀。原建静乐宫玄帝殿、圣父母殿绘制的道教壁画即源自此传统，紫云亭内也绘有真武大帝修真图及武当山八宫图，绘画语言生动形象地讲述了玄帝修道武当的故事，营造和渲染出玄帝信仰的氛围和崇拜的心理感受。明成化二十二年（1486年），第一次专门为静乐宫神仙画像、道经等事宜正式颁布敕书。因为静乐宫修建金箓延禧福国裕民大斋醮，明宪宗朱见深敕命"谨将原奉钦降幡、顶、帐、幔、道经、圣像，开载于后，以纪国家盛典"。据《任志》记载，这次钦降"道经：拓黄绢壳面六十五百部卷：玉皇经一千部""道像：二千五百八十轴。三清、玉皇、四帝、诸天诸神、诸帅总圣"[145]。翻检武当山元明志书可以发现，皇室斋送各宫观神像居多，而唯有静乐宫得钦降画轴之殊功。

道经与画轴均有礼教功用。究其原因，一是静乐宫场地宽敞，处于武当山脚下州城平麓地带，有一定的场地优势；二是皇室更重视选取静乐宫为举行斋醮的道场；三是静乐宫是重要的物资与人口集散地，集皇室宠信、百姓崇拜、便利的物资运输于一身，借助神仙图像画轴来传播和弘扬道教，发挥社会教化的作用，对于维护社会秩序和民心稳定十分必要。迁建静乐宫沿袭传统壁画特点，色彩艳丽，构思精美，教化人心于无形，其彩绘壁画定位如下：

玄帝殿：辞别父母、乌鸦引路、祖师降生、黑虎巡山、猕猴献桃、潜心修炼、铁杵磨针、五龙捧圣、得道升天、龟蛇出世、中观听封、静心悟道。

圣父母殿：福禄寿禧、群仙祝寿、归天降日、慈航道人、三圣显像、千道会、三仙呈瑞、老君明法、魁星点斗、八十七神仙、麒麟送子。

金碧辉煌的神龛、亲和尊贵的神灵、描金彩绘的神尊、穷极华丽的装饰、施展画工的才华等意象创造，建筑物成了神尊和道教壁画的陪衬，虽然环境不同以往，但道教建筑意境的再创造有其价值。

（二）建筑意境

谈论静乐宫建筑审美必然引入意境这一美学范畴。"境"是人们对建筑情感化、心灵化的一种体验和主观深层次的感受。意境源于道家庄子的"无"、佛教禅宗及魏晋玄学中的"言""意"之辨而产生的"象外"说之影响。意境往往具有"超以象外"的特征，它不是虚无缥缈的东西，无艺术形象便无意境，无超以象外的艺术效果，意境也不深远。"意境的创造，表现为真境与神境的统一。""意境的欣赏，表现为实的形象与虚的联想的统一。"[146] 建筑的鉴赏品评是对于建筑意象的关注，而一般的建筑意象难以产生建筑意境。近代享有国际声誉的著名学者王国维说："词以境界为上，有境界方成高格。"[147] "意境的深浅有无，是不能仅仅以有无形象和能否做到情景交融、主观客观统一来衡量的。艺术意境是一种特殊的艺术形象、特殊的情景交融、特殊的主客观结合。"[148] 北京大学教授叶朗说："所谓意境，实际上就是超越具体的、有限的物象、事件、场景，进入无限的时间和空间，即所谓'胸罗宇宙，思接千古',从而对整个人生、历史、宇宙获得一种哲理性的感受和领悟。"[149] 意境与鉴赏者的思维活动和建筑外在形象、空间序列等客观的东西相关。

迁建静乐宫保存了棂星门和赑屃驮御碑,鉴赏者就要学会对留存构件"建筑意"的享受。如瞻仰东圣旨碑可以看到明成祖重视武当道士习炼静功的内容,既可感受静乐宫是静乐国安静乐善与修习静功相契合之地,又可感受巨碑的历史沧桑及所特别强调的习静之功,体会武当山道教"主静"的修习特征,悟出那种心灵向外奔驰、心猿意马、纵情恣欲、散乱浮躁的行为应从炼心、炼性的静功入手,外静形体,内静心性,从而达至精神超脱,成就武当山道教所追求的成仙成圣的崇高境界。炼心与炼静,由静而定,由定而静,进一步悟契本性,切入妙道。"意境就是特定的艺术形象和它所表现的艺术情趣,艺术气氛以及它们可能触发的丰富的艺术联想与幻想的总和。"[150] 瞻仰碑而产生的"意境"在于彰显武当山道教超世主义思想和默坐澄心、虚极静笃的静学精神,同时颖悟改变自己的人性、气质修养和创造人生价值都由心性主导,静学乃是使人格超凡入圣、超圣入神的修养心法。观门瞻碑,可让人的精神达至哲理性意蕴的高度。

当均州城和静乐宫淹没于水下已经缄默的时候,保存下来的一座棂星门和两座赑屃驮御碑还在说话,它们是记载历史、回溯历史的活字典,有入画的、废墟的美。国学大师陈寅恪说:"凡一种文化值衰落之时,为此文化所化之人,必感苦痛,其表现此文化之程量愈宏,则其所受之苦痛亦愈甚。"[151] 自秦汉以来存在了 2100 多年的均州城和近 550 年的静乐宫遗址淹没于水底,从均州搬迁出来的大石牌坊、赑屃驮御碑等留存构件,从拆卸到迁建又相隔了四十多个春秋。它们躺在芜杂的衰草中任人凭吊,阒然无声地承受着沧桑,多少人驻足在它们面前感慨万千,痛彻心扉,抒发着江山有代谢,人事成古今的幽情和"从此天下无均州"的无奈。民族的前行和道业的振兴,使这些建筑构件迎接了历史的新生。它们恢复到应有的位置,坚固地耸立起来,气魄昭然可睹。多少人感叹它的一气呵成,心灵中涌起沧海桑田、物换星移的大情感,感喟铭功景钟、流惠下民的大手笔。每位鉴赏者缘事而发、缘景而发、缘情而发的感叹,不正是迁建静乐宫建筑所带来的意境吗?!建筑大师梁思成、林徽因曾说："天然的材料经人的聪明建造，再受时间的洗礼，成美术与历史地理之和，使它不能不引起赏鉴者一种特殊的性灵的融会，神志的感触，这话或者可以算是说得通。无论哪一个巍峨的古城楼，或一角倾颓的殿基的灵魂里，无形中都在诉说，乃至于歌唱，时间上漫不可信的变迁；由温雅的儿女佳话，到流血成渠的杀戮。他们所给的'意'的确是'诗'与'画'的。"[152] 关键是我们是否懂得倾听，能否读出这些建筑构件所特有的艺术语言。所以，鉴赏者既要着眼于经过文物抢救得以再现的建筑留存构件所包含的艺术信息，欣赏其素朴的建筑本体，还要关注迁建静乐宫所展现的法式特征、工艺技术等。

从建筑法式上分析，在单体布局、台基栏杆、大木构架、屋顶式样、墙体形制、油饰彩画等诸多方面，都按明代武当山道教殿宇建筑的标准化、定型化规定施行。静乐宫仿佛琳宫仙馆，即使都使用歇山式屋顶也不简单雷同，它们艺术地表达着武当山道教神仙信仰的神秘深奥，恰切地体现出静乐国太子为天界大神和圣父圣母的双神角色，也是武当山道教崇奉主神的意境，满足了人的审美要求和道教崇神需要。玄帝殿的翼角挑出的比例系数为冲三翘四撇半椽，角梁的规格、结构、造型庄重大方，老角梁前端榫安有悬鱼，仔角梁端处有方形雕饰，托住正侧两面的金檩，墙体讲究古干摆做法。院内地面铺以旧城砖，曲径幽且深，步趋不着土，虽宏敞不及玉虚而壮丽过之。从工艺技术角度看，铺地砖石用泥土烧制，窨窑传统工艺制作。一定意义上，迁建静乐宫恢复了原来建制的历史风貌，使这一文化遗产以物质实体的形式保存了下来。

武当山道教协会多年来致力于静乐宫的恢复，投入了极大的热情和积极性，在壁画题材方面，以《启圣录》为蓝本，精心选择较完整的玄帝修仙得道故事，包括来源、出生、修道、受册、得道、成仙等情节，还有元始天尊天庭说法、道德天尊明法布道、瑞应故事等，多姿多彩，感化人心。绘画则以山西芮城永乐宫道教壁画为摹本，神仙形象栩栩如生，静中有动，动中有静。榜题文字精准凝练，通俗直观，符合玄帝经典。整体壁画展示了主神玄帝修仙得道的文化意蕴，宣传了武当山道教思想，具有神圣性与世俗性相交融的审美风貌，既讲究了艺术性，又做到了与主题统一。这些壁画虽不可完全与历代名家相提并论，但崇尚自然、壮阔豪迈的绘画风格，注重画以立意的宗旨，以形写神，以神写形来体现武当山道教文化底蕴。鉴赏者不应只固化停留在有限的画面形象上，还应超然于具体画像之外阅读画面的言外之意，让主体微妙、独特的内心得到关照，得意而忘形，因为宗教信仰是高层次精神生活，是对人生命的终极关怀。道教绘画的再次复兴，不仅是静乐宫的幸事，也是武当山道教艺术和中国传统文化的幸事。

对静乐宫建筑进行审美鉴赏，要透过迁建静乐宫认识到道教事业的振兴，回溯原建静乐宫的繁华与辉煌，力求体会我国15世纪高超的建筑技艺和美学水平，那就需要具备一定的历史文化素养和气韵情致，不漠视历史上麋国的客观存在，不忽略静乐国深厚的文化背景，使鉴赏水准和审美品位更有厚度。用审美的方式把握静乐宫的建筑，不仅使其表象具有了美的性质，而且也使其形式具有了美的价值，由此我们可以更加深入地理解武当山道教的静学精髓。

注释：

[1][84][86][107][清]王概等纂修：《大岳太和山纪略》（湖北省图书馆藏乾隆九年下荆南道署藏版），卷七第 16 页。

[2][3][22][汉]司马迁：《史记》，北京：中华书局，1959 年，卷四十第 1689 页、第 1690 页、太史公自序第七十第 3307 页。

[4]范文澜：《中国通史简编》（上），石家庄：河北教育出版社，2000 年，第 11—14 页。

[5][33]白眉初著，北京师范大学史地：《中华民国省区全志·鄂湘赣三省志》第五编第二卷湖北省志，1927 年，第 119 页、第 118 页。

[6][9]何光岳：《楚灭国考·麇国考》，上海：上海人民出版社，1990 年，第 29—30 页、第 28 页。

[7]《郧县志》（上）（同治丙寅修）"舆地卷二建制沿革考"，鄂十郧图内字 1998 第 21 号，1998 年，第 9 页。

[8][12][13][春秋]左丘明著：《春秋左传》（下）"昭公十八年"，吴兆基编译，北京：京华出版社，2001 年，第 276 页、第 257 页、第 259 页。

[10]臧励龢等编：《中国古今地名大辞典》，香港：商务印书馆香港分馆，1982 年，第 1258 页。

[11]李玉洁：《楚国史》，开封：河南大学出版社，2002 年，第 100 页。

[14]陈朝霞：《麇国历史地理与文化考补》，《江汉论坛》2011 年第 7 期，第 102 页。

[15]朱培高：《古麇子国辨考》，《云梦学刊》2011 年 7 月第 32 卷第 4 期，第 57 页。

[16][唐]李吉甫：《元和郡县志》卷二十四，道光二十七年修，石食源校影印本，第 10 页。

[17][东汉]许慎撰：《说文解字新订》，臧克和、王平校订，北京：中华书局，2002 年，第 648 页。

[18][清]阮元：《经籍籑诂》卷四"四支"，第 41 页。

[19]《辞海》，上海：上海辞书出版社，1989 年版，第 2319 页。

[20][宋]朱熹：《楚辞集注·招隐士第十五》卷八，钦定四库全书，第 15 页。

[21][73][75][76][77][103][104][108][117][120][123][128][143]陶真典、范学锋点注：《武当山明代志书集注》，北京：中国地图出版社，2006 年，第 233 页、第 23 页、第 100 页、第 291 页、第 234 页、第 483 页、第 484 页、第 424 页、第 233 页、第 534 页、第 233 页、第 291 页、第 135 页。

[23]程俊英译注：《诗经译注》，上海：上海古籍出版社，2006 年，第 31 页。

[24][25][28][34][44][50][51][56][58][59][61][62][69][80][106][109][140][145]中国武当文化全书编纂委员会：《武当山历代志书集注（一）》，武汉：湖北科学

技术出版社，2003年，第3页、第36页、第628页、第36页、第42页、第106页、第276页、第4页、第42页、第4页、第38页、第107页、第40页、第106页、第623页、第106页、第564页、第168页。

[26][114][129][137] 杨天才、张善文译注：《周易》，北京：中华书局，2011年，第628—629页、第107页、第6页、第599页。

[27][元] 李治撰：《敬斋古今黈（附拾遗）》卷五，上海：商务印书馆，1935年，第64页。

[29][35][102][125] 熊宾监修、赵夔编纂：《续修大岳太和山志》，大同石印馆影印本，1922年，卷八第31页、卷三第9页、卷八第7页、卷七第33页。

[30][81][97][清] 马应龙、汤炳堃主修，贾洪诏总纂：《续辑均州志》卷之十六，萧培新主编，武汉：长江出版社，2011年，卷十五第517页、卷十五第520页、卷二第214页。

[31][78] 王理学：《武当风景记》，湖北图书馆手钞原本，1948年，十四池、十宫。

[32] 李亚东译注：《韩非子白话今译·五蠹》，北京：中国书店，1994年，第641页。

[36][40][42][45][64][121] 陈鼓应：《老子注译及评价》，北京：中华书局，1984年，第89页、第124页、第136页、第232页、第232页、第102页。

[37][116][明] 王世贞：《弇州四部稿》，钦定四库全书，卷三十二第24页、卷五十三第9页。

[38][明] 徐宏祖：《徐霞客游记》，长春：时代文艺出版社，2001年，第27页。

[39][41][清] 王建章、刘一明：《修道五十关》，北京：宗教文化出版社，2004年，第28页、第29页。

[43][清] 李西月重编、郭旭阳校订：《张三丰全集合校》卷三"大道浅近说"，武汉：长江出版社，2010年，第112页。

[46] 席泽宗名誉主编，姜生、汤伟侠主编：《中国道教科学技术史》，北京：科学出版社，2002年，第761页。

[47][55][60][72] 张继禹主编：《中华道藏》，北京：华夏出版社，2004年，第42册第643页、第30册第551页、第30册第636页、第30册第715页。

[48] 秦德颇、郭旭阳：《古均州"静乐宫"名考辨》，吉林《地域建筑文化论坛论文集》2005年6月，第71页。

[49] 卢国龙：《易学是如何整合理性与信仰的》（上），《世界宗教研究》2016年第6期，第26页。

[52] 张奕善：《朱明王朝史论文辑——太祖、太宗篇》，台湾编译馆，1991年，第279页。

[53] 邝士元：《国史论衡》，上海：上海三联书店，2018年，第986页。

[54][明] 何镗编：《名山胜概记》卷二十八湖广二，第1页。

[57][85][91][清] 党居易编纂、萧培新主编：《均州志》卷四，武汉：长江出版社，2011年，序第13页、卷三第82页、序第4页。

[63] 吕鹏志:《道教哲学》,台北:文津出版社有限公司,2000年,第23页。

[65][70] 陈鼓应注释:《庄子今注今译》,北京:中华书局,1983年,第597页、第602页。

[66][东汉] 王充:《论衡》卷第二十三"言毒篇",上海:上海人民出版社,1974年,第349页。

[67][宋] 张君房:《云笈七籤》卷三十二《杂修摄·导引按摩》,山东:齐鲁书社,1988年,第187页。

[68] 王明编:《太平经合校》附录,北京:中华书局,1960年,第739页。

[71] 湖北省文物管理委员会:《湖北均县"双冢"清理简报》,《考古》1965年第12期,第636页。

[74] 张宏杰:《大明王朝的七张面孔》,广州:广东人民出版社,2016年,第129页。

[79] 王其亨:《从聚落选址看中国人的环境观》,引自《风水理论研究》,天津:天津大学出版社,1992年,第36页。

[82][明] 汪道昆撰:《太函集》卷一百十一,朱万曙、胡益民主编,合肥:黄山书社,2004年,第2392页。

[83][90] 纪乘之:《武当记游》,《旅行杂志》第二十一卷三月号,1947年,第21页、第22页。

[87] 迈柱监修、夏力恕等编纂:《湖广通志》,钦定四库全书卷一百十一,第2页。

[88]《青囊海角经》,引自徐志文编著:《家用风水指南》,北京:中国物资出版社,2012年,第52页。

[89] 王永成:《老均州城:武当山古建筑群选址与建筑风水》,《长江建设》2000年第5期总第33期,第44页。

[92] 杨伯峻译注:《孟子译注》,北京:中华书局,1960年,第118页。

[93][北魏] 郦道元著,[清] 王先谦校:《水经注》卷二十八"沔水",成都:巴蜀书社,1985年,第459页。

[94][清] 阎若璩:《四书释地》,钦定四库全书经部,第10页。

[95][清] 王民皞、卢维兹编纂:《大岳太和武当山志》卷十九,清康熙二十年版,第13页。

[96][春秋] 孔子编:《尚书》,呼和浩特:内蒙古人民出版社,2008年,第61页。

[98][明] 崔桐:《崔东洲集》卷之五,第9页。

[99][明] 计成原著,陈植注释,杨伯超校订,陈从周校阅:《园冶注释》第二版,北京:中国建筑工业出版社,1988年,第56页。

[100] 肖冠兰:《风水理论中的美学原则及审美取向》,《室内设计》2012年第3期,第41页。

[101] 张华鹏、张富明:《均州城概貌》,《郧阳师范高等专科学校学报》2009年第4期,第23页。

[105] 张华鹏:《丹江静乐官大殿为什么会坍塌》,《郧阳师范高等专科学校学报》

2011 年第 31 卷第 5 期，第 13 页。

[110][明] 朱国桢：《涌幢小品》卷三十二，北京：中华书局，1959 年，第 29 页。

[111][113] 王剑英：《明中都》，北京：中华书局，1992 年，第 3 页、第 2—3 页。

[112][明] 陈循：《寰宇通志》，郑振铎辑"玄览堂丛书续集"卷 9，国立中央图书馆出版，第 9 页。

[114][129][137] 杨天才、张善文译注：《周易》，北京：中华书局，2011 年，第 107 页、第 6 页、第 599 页。

[115] 武当山志编纂委员会：《武当山志》，北京：新华出版社，1994 年，第 148 页。

[118] 张华鹏、张富清：《武当早期文明》，武汉：湖北音像艺术出版社，2007 年，第 144 页。

[119][明]《武当嘉庆图》八赞诗之第二"金阙化身"，赵弼重刊，宣德七年。

[122] 谢赫、姚最撰：《古画品录·续画品录》，王伯敏标点注译，北京：人民美术出版社，1959 年，第 12 页。

[124][明] 何白撰：《何白集》，沈洪保点校，上海：上海社会科学院出版社，2006 年，第 420 页。

[126] 田运科、李垣璋：《明代温州文学家何白的均州沧浪游记考略》，《湖北工业职业技术学院学报》2017 年 3 月第 1 期，第 42 页。

[127] 张华鹏：《均州水下文明》，武汉：长江文艺出版社，2009 年，第 246 页。

[130] 十堰市政协文史资料委员会：《十堰文史》（人文景观专辑）（鄂十内字第 039 号），第 53 页。

[131] 北京市文物研究所编，吕松云、刘诗中执笔：《中国古代建筑群辞典》，北京：中国书店，1992 年，第 287 页。

[132][宋] 李诫：《营造法式》卷三，上海：商务印书馆，1954 年，第 70 页。

[133] 王文锦译解：《礼记译解》（上），北京：中华书局，2001 年，第 302 页。

[134][东汉] 许慎原著：《说文解字今译》（中册），汤可敬撰，周秉钧审订，长沙：岳麓书社，1997 年，第 1285 页。

[135][明] 何白：《汲古堂集》卷三十四，《四库禁毁书丛刊》集部，第 177 册，第 17 页。

[136] 魏向东：《晚明旅游者研究之"山人"解析》，《东南大学学报（哲学社会科学版）》2012 年 3 月第 14 卷第 2 期，第 100 页。

[138] 维特鲁威著：《建筑十书》，高履泰译，北京：中国建筑工业出版社，1986 年，第 14 页。

[139] 汪国瑜：《建筑——人类生息的环境艺术》，北京：北京大学出版社，1996 年，第 3 页。

[141][明] 何镗编：《名山胜概记》湖广二，卷之二十八，第 14 页。

[142] 宋晶：《武当山玄天上帝神系概述》，《郧阳师范高等专科学校学报》2008

年 10 月第 28 卷第 5 期，第 1 页。

[144] 王占北：《武当山净乐宫神像制作之研究》，《装饰》2010 年第 3 期，第 108 页。

[146] 蒲震元：《中国艺术意境论》，北京：北京大学出版社，1994 年，第 13 页。

[147] 王国维著：《人间词话》，徐调孚校注，北京：中华书局，1956 年，第 1 页。

[148] 张少康：《论意境的美学特征》，《北京大学学报》1983 年第 4 期，第 51 页。

[149] 叶朗主编：《现代美学体系》，北京：北京大学出版社，1988 年，第 142 页。

[150][151] 刘桂生、张步洲编：《陈寅恪学术文化随笔》，第一编：心志术业篇《王观堂先生挽词序》，北京：中国青年出版社，1996 年，第 3 页、第 3 页。

[152] 梁思成、林徽因：《平郊建筑杂录》，引自梁从诫编：《林徽因文集·建筑卷》，天津：百花文艺出版社，1999 年，第 16—17 页。

第二章

武当山"治世玄岳"牌坊建筑鉴赏

考察武当山道教建筑的历史，真正大规模的营建在明代，而明代最为重要的修建有两次：一是永乐十至二十二年（1412—1424年）明成祖朱棣（1360—1424年）的创建宫观；二是嘉靖三十一至三十二年（1552—1553年）明世宗朱厚熜（1507—1567年）的重修宫观。"治世玄岳"牌坊是明世宗重修武当山的标志性建筑。

该牌坊在均州城静乐宫南30公里，坐南朝北，四柱三间五楼歇山式牌坊，石凿榫卯仿大木结构。由于自然和历史的原因，牌坊前明代所建庙房，如冲虚庵、修真观（在北沟）、会真庵（亦称回心庵、玄都宫，1953年毁）、自在庵、瑞府庵（亦称三官庙）、福府庵、火星庙、洞云庵（亦称泰山庙）、黄州庙、紫霞观（亦称万寿庵）、紫阳观、大士阁、晋府庵、月庵（亦称龙凤观、佛爷庙）、灵官殿等十五座庙宇，建筑及庙内一些道教设施均多已毁废，牌坊两旁护坡石质屏墙仅余明代墙体（西侧）和民国时期墙体（东侧）局部，下部条石崇台、方整石海墁损毁严重，踏垛已废，次间两楼鸱吻吞脊倒伏断碎，东次间立柱、一楼额枋横披石楣镂雕花卉及穿插枋浮雕仙鹤、游云均遭损坏，两立面装饰28尊道教人物造像亦所剩无几。

以下从"治世玄岳"牌坊的建筑形制、鼎建原因、宗教价值及审美特征四方面进行认识和鉴赏，以把握其独特的道教文化价值。

» "治世玄岳" 牌坊正立面（宋晶摄于 2016 年）

第一节 "治世玄岳" 牌坊的建筑形制

在武当山道教建筑中，保存下来的石雕牌坊为数不多，静乐宫棂星门（本章简称"棂星门"）与"治世玄岳"牌坊当属典范之作。

一、结构形制

"治世玄岳"牌坊，俗称玄岳门（本章简用此称）、玄岳坊。《康熙字典》引梁朝顾野王《玉篇》曰"门"："人所出入也。在堂房曰户，在区域曰门。"[1] 作为建筑出入口，户和门是有区别的。《说文》释"门，闻也。从二户，象形"，"户，护也。半门曰户，象形"[2]。《康熙字典》引《六书精蕴》释"户"："凡室之口曰户，堂之口曰门。内曰户，外曰门。一扉曰户，两扉曰门。"[3] 可见，玄岳门与棂星门都不是户而是门，但分属门的不同系统，差异在于：前者是划分区域的门，形式上对称开户，以单体建筑形式出现，是进入武当山的第一重大门；后者作为静乐宫自身的组成部分，形式上虽对称开户，却是前导引领整座道宫的门。

中央美术学院教授王其钧《古雅门户》依据门的结构将其划分为"板门、格扇门、牌坊"[4]，其中牌坊是"中国古建筑中一种由单排或多排立柱和横向额枋等构件组成的标志性开敞式建筑"[5]。明清官署牌坊常将木柱竖立于正门两旁用以表彰孝义，称为"绰楔"，玄岳门即属此类。它由立柱、额坊、檐楼组成，可视为武当山道教建筑文化的一个典型标识，表达崇拜和信仰，是具有汉民族特色、形制十分独特的门洞式建筑。

追溯牌坊的起源，应始于先秦时代的衡门及华表柱。架横木以为门是一种原始的门制，衡门有门上起屋的特点，如《诗·陈风·衡门》有"衡门之下，可以栖迟"[6]。衡门已有屋盖，可停下憩栖。如果把衡门在纵向和横向上加大，为防雨雪侵蚀再在横木上加修檐顶，门顶出檐，檐下使用斗栱，柱头以乌头装饰，柱间安装门扇便形成乌头门，衡门、乌头门是牌坊的雏形。北宋李诚《营造法式》云："唐六典六品以上仍通用乌头大门……义训表揭、阀阅也，今呼为棂星门。"[7]"阀阅"指世家门第、官僚豪门，或指门前旌表功绩的柱子；旌表是统治者提倡封建德行的一种方式。建筑学家潘谷西解读为："《法式》所列门有外门与内门之分：外门含乌头门、板门、软门三种；内门则仅有格子门一种。"[8]由于北宋仁宗营建用于祭天地的"郊台"设置有灵星门，为区分"灵星"而写作"棂星门"。"棂星也就是天田星，也称灵星，汉高祖时始祭灵星，后来凡是祭天前都须先祭灵星。"[9]从牌坊的起源反观武当山两座牌坊，应当说玄岳门更多地保持了衡门有屋盖的特点，而棂星门的外在形式不具备屋盖，表现为两根立柱直冲上天，侧重于对古代华表的一种改制。在坊门和棂星门的基础上形成了牌坊，牌坊较牌楼简单，上面没有斗栱或楼檐。牌坊的高级形式是牌楼，"大概冲天柱式牌坊是由华表柱演变而来的，屋宇式（柱不出顶者）牌坊则是门阙演化的结果"[10]。

考察牌坊之称，与隋唐里坊制度直接有关，属西周时期间里制度的承传。"五家为比，使之相保；五比为间，使之相受。"[11]据建筑史学家刘敦桢分析，这种间门上往往书写坊名，按表间制度将表彰事迹书写于木牌悬挂在门上，既有坊名又有木牌，牌坊之名可能由此产生，其《牌楼算例》认为间门就是里坊之门，"考古代民居所聚曰里，里门曰间，士有'嘉德懿行，特旨旌表'，榜于门上者，谓之'表间'。魏晋以降或云坊，其义实一"[12]，明世宗赐额坊门的字"治世玄岳"即属此类。北宋时期，里坊门临街而立，独立的坊门模仿着木构建筑的斗栱和屋檐，逐渐演变成具有褒奖、祝祷等精神功能的独立建筑，故牌坊成为皇帝笼络臣僚百姓的一种最高荣誉奖赏。帝王神庙最高可用六柱五间十一楼，而普通百姓则不得超过四柱三间七楼，明代以后这类牌坊的数量增加很快，"两山垂尽，若辟而敞，表以石枋，署曰'治世玄岳'"[13]即在此列。"表"准确地捕捉到了玄岳门的表间功能，而棂星门没有皇帝赐额、坊名或题刻，无法与此建制规格媲美。所以，"治世玄岳"牌坊这一称谓并不十分严格，准确地讲应称之为"治世玄岳"牌楼。因为立柱是牌坊的建筑构件之一，根据立柱是否超出楼顶，以牌坊顶部结构形制将牌坊分成两大类：一是柱出头式牌坊：柱子上不加盖屋顶；二是柱不出头式牌楼：柱子上加盖屋顶。"楼"指上部屋顶，有几个屋顶就有几楼。由柱子分隔出间，牌楼规模等级最高者兼有明楼（主楼）、次楼、梢间楼、边楼、夹楼，略而次之。就牌楼形式而言，其规模大小以间数、柱数、楼数作为区分的标志。虽然在建筑构造上牌坊和牌楼没有太大差别，但建筑等级却明显不同，牌坊的等级远远低于牌楼。牌坊发展到明中期以后多为线形平面，壁式造型，有檐楼的牌坊，有数柱挺立、危楼高耸的特点。玄岳门是一座旌表性质的牌楼，是嘉靖皇帝敕建并赐额的标志性建筑。因牌楼是牌坊的一类，故从略统称牌坊。

二、建筑形制

门类建筑的形制规格，多以立柱划分，两柱之间是门洞，称作一间。中间一间称当心间，两侧为次间，再次为梢间，柱成偶数增减，间成奇数增减，分冲天式和非冲天式二大类。棂星门定位于牌坊类建筑，设置成三门洞式大石牌坊，门柱做成上带云板的冲天式华表形式，两柱之间连接横枋，而玄岳门则为"起楼式"牌坊，非冲天式，二者代表着明代不同历史时期屋顶形式在塑造方面的变化，其建筑形制主要特征如下：

（一）立面形态形制

玄岳门面阔 12.3 米，通高 12 米，平面形状呈正方形，口字坊。门的形式为四柱三间五楼式，属于非冲天式、石作榫卯仿木结构、开敞式牌楼，是规格等级较棂星门更高的道教门洞式建筑。顶部式样较复杂，正中横梁坊有额枋，上部加盖屋顶，檐顶之下为斗栱，五檐飞举。四大方形立柱间隔出三道大门，两侧穿插枋使双侧门洞略低于中间门洞。柱脚贴夹杆石。牌楼下地面铺条石，设二级台阶。

（二）立面组合形制

玄岳门牌楼上部有大小五楼。正脊为屋脊檐楼，顶下设斗栱，上部正中横枋间架设字牌，周围设柱间额枋、石梁栏柱、透雕空花横枋。下部四根石柱起于方形石柱础之上，下立柱宽 0.97 米，侧宽 1 米，用铁箍牢固夹杆石。明、次楼门各宽 4 米、2 米。左右屏墙、海墁、踏垛近4000 米。

（三）立面细部形制

玄岳门正脊透雕镂空花，三对鸥吻吞脊两两相对。庑殿顶，前后左右四面都有斜坡，四阿曲檐屋顶。滴水、瓦当齐全。顶部中心为葫芦宝顶，立于石雕莲花之上。字牌正反立面四周环绕浮雕腾龙 6 条、仙鹤 48只。石梁栏柱中间有穿插枋，斗上设置八仙、福禄寿喜四神、和合二仙等道教神仙人物立体圆雕饰件，但两立面装饰有别。坊下鳌鱼雀替两两相对，卷尾支撑。夹杆石铁箍之上饰三层石刻蝠纹。正脊鸥吻、葫芦宝顶为屋顶厌胜物；鳌鱼、八仙、福禄寿喜四神、和合二仙等为枋柱厌胜物；字牌周围的龙和仙鹤为中梁厌胜物。和合二仙传为寒山、拾得，属文官门神，寓意祈福求吉、喜神纳喜。

棂星门和玄岳门两座牌坊无论间数、柱数、楼数等规模，还是题材内容、意义装饰，都存在明显差异，但在建筑性质、石制材料、石雕工艺、石凿构件、榫卯组装等方面也有许多共同特征，特别是在趋吉辟邪上都使用了厌胜，"系用法术诅咒或祈祷以达到制胜所厌恶的人、物或魔怪的目的。辟邪文化中最具体的东西，那就是辟邪物"[14]。总体而言，玄岳门这座旌表性质的牌楼造型敦厚，沉稳有力，立面雕饰精美繁复，文化氛围浓郁，是引人注目的视觉焦点，在武当山各门类建筑中，是极具表现力的一件石雕牌楼艺术精品。

第二节 明世宗鼎建"治世玄岳"牌坊原因分析

明代皇帝建造牌坊始自洪武年间。《古今图书集成》载："洪武二十一年（1388年），廷试进士赐任亨泰等及第出身，有差上命，有司建状元坊以旌之。圣旨建坊至此始。"[15]增设玄岳门是沿袭祖制的举措。据负责该建筑的工部侍郎陆杰撰《敕修玄岳太和山宫观颠末》记载："入山初道，奉旨建石坊，命曰'治世玄岳'……壬子（1552年）季夏告始，明年孟冬讫工。"[16]《卢志》卷一"玄岳总图"载："嘉靖三十一年（1552年），特颁内帑，敕工部侍郎陆杰等重加修葺。神宫仙馆，焕然维新。仍于入山初道，鼎建石坊，赐额'治世玄岳'。"[17]《王志》卷三"敕重修宫观"记载："本年（1553年）十月，又该钦差提督工程工部右侍郎臣陆杰谨题，为恭报玄岳修理工完事。"[18]再次肯定了玄岳门的建造和竣工时间。此后玄岳门还有过几次修缮，如清乾隆二十年（1755年），修整过西次间一、二楼，并用铁箍加固四柱；民国16年（1927年），经胡大真人募资、草店东沟石匠张大福等人施工，恢复因雷击垮塌的牌坊西次间；1952年，由原均县人民政府组织人力，用铁箍加固了因石柱变形、裂纹增大的四根门柱；2004年，武当山文管所进行全面加固，修复了部分损毁的八仙等道教人物雕像。

那么，明世宗为什么要敕建这样一座牌坊呢？

一、道教信仰：虔诚崇道，尽心尚玄

明正德十六年（1521年）三月十四日，武宗朱厚照盛年崩殂，时年31岁。因无子嗣，作为托孤之臣的首辅杨廷和提议，经张太后批准，由湖北安陆兴献王朱祐杬之子朱厚熜取得皇位继承权，翌年为嘉靖元年。嘉靖在位45年，庙号世宗。

明世宗继位之初社会矛盾凸显，他力除弊政，整肃朝政，使社会矛盾有所缓和，一时天下臣民无不颂扬圣明，史称"求治锐甚"。然而好景不长，善政只是昙花一现。"随着对善政的抛弃，嘉靖皇帝的政治一天天腐败起来。他热衷于'议大礼'、改祀典，追求精神上的自我满足；迷信于方士巫术，妄想成仙长生，永享荣华富贵；对臣下则察察为明，刚愎自用，爱好虚荣，果于刑戮，从而培植了阿谀奉承的歪风，败坏了吏治，搞得朝政一团糟。"[19]1542—1566 年的二十五年间，他总共上朝见群臣四次，平均六年出席一次早朝，无视朝政而陷入修道痴迷之中。《国史旧闻》卷 570 "世宗纪赞"评价道："御极之初，力除一切弊政，晚节崇祀道教，享祀弗经。""世宗好神仙。"[20] 明世宗醉心于道教，沉迷于修玄崇道表现在：授予道士邵元节、陶仲文等以高官厚禄；在皇宫禁内兴建道宫，极其绮靡，供奉神祇，建斋设醮；崇信乩仙，迷恋丹药；醮祀青词，重用严嵩擅权国政；大建明堂式道教建筑，重塑道王形象；为父母加封号，给自己加道号等。他把自己打扮成道士模样，令后妃宫嫔着羽衣黄冠，诵法符咒，昼夜寒暑无间。身为皇帝整天不理朝政，常倡率道众时举清醮以为祈天永命之事，更有甚者，时政大事不是建醮就是青词，国家事务都依靠扶乩决定。明世宗信得虔诚，一些官员如宰相严嵩等便投其所好，终日只琢磨拜道祈祀的青词以博得赏识和重用，致使朝政荒怠，吏贪国弱，民不聊生。严嵩的小舅子欧阳必进考取进士，累官至刑、吏、工部尚书，曾被委派郧阳巡抚来抚治郧阳、武当山，不能不令人产生联想。青云直上的明朝权臣严嵩极为重视武当山，有对皇家道场进行权力布局和暗自操控之嫌。皇恩浩荡，得受赏赐，擅青词、工书法的严嵩自然迎合皇帝赋诗一二，如《赐骞林茶、黄精、笋尖，皆武当山中所产》："解箨龙孙露玉尖，分明生就指纤纤。灵山异产天家赐，肉食那知此味兼"[21]。

嘉靖三十五年（1556 年），明世宗除了为皇考、皇妣上道教尊号外，还自加道号"灵霄上清统雷元阳妙一飞玄真君"，后又加号，直至再号"太上大罗天仙紫极长生圣智昭灵统元证应玉虚总掌五雷大真人玄都境万寿帝君"[22]，俨然以道教教主自居，整个明王朝几乎变成了一个道教之国。明代诸帝之崇好道教以明世宗为最，甚至毁佛逐僧，专赖道教。自开国皇帝朱元璋起，明代皇帝多信奉道教，但弥笃崇尚到如此痴迷程度还没有超过嘉靖者。

明世宗所以热衷于道教，有研究者认为是"'大礼议'后君权空前膨胀的一种反应"[23]。无论对"大礼议"褒或贬，学界对其修玄崇道普遍持否定态度，但客观分析其成因，也不可一味地简单否定。

（一）家族信道

嘉靖时代，皇族中有着十分浓厚的崇道传统，明世宗的祖父宪宗朱见深、父亲朱祐杬和伯父孝宗朱祐樘都笃信道教，是虔诚的道教徒，崇奉武当山玄帝，家庭信仰应是明世宗崇道的发端。民间传说"他（兴献王）的道友纯一道人羽化之时恰巧朱厚熜降生，所以有世宗为高道投生的说法。这一传说虽荒诞不经，但至少从一个侧面证明了兴献王信仰道教"[24]。从小的耳濡目染，对明世宗影响很深，他对这一机缘巧合十分认可，曾发动"大礼议"促成生父祔庙，最强烈的心理基础就是从小成长的家庭关系和难以割舍的血缘情深已然形成的儒家价值观。但这在以礼法刻板著称的明朝几乎是一件不可能的事情。一个毫无根基的少年提出了一个让满朝大臣愕然的想法，以至于首席大学士杨廷和辞官离去，直到张璁提出"继统不继嗣"才解决了继承皇位的合法性问题，由此强化了明世宗对朝廷的绝对控制权。

（二）求子立嗣

明皇室传统实行嫡长子继承制。明世宗即位时位于明朝276年国祚之正中，其前任诸帝大多享年不永，在位时间极短，绝嗣、早亡的隐忧无形中威胁着王朝的长治久安。嘉靖五年（1526年）举行的罗天大醮为古代武当山道教最高级别的一次斋醮科仪，明世宗祈求玄帝赐予子嗣，传宗接代。明世宗继位时按照明朝惯例结婚，一后以二贵人陪升，致身体虚弱，嘉靖二十年（1541年），他对大臣们解释为"朕自十三年受病，重咳六十日余……百司尽怠，不知君父本心，非放恣声色。大抵生长南方多脆，非北地比"[25]。据不完全统计，此后明世宗及其皇后、嫔妃在武当山的求子大醮多达十次。在翘首期盼七年之后终于有子，而奉祀也更加狂热。他在位45年，为武当山下圣旨达140道，也许心诚则灵，他先后生育八子五女。美国人牟复礼、英国人崔瑞德的《剑桥中国明代史》认为，"皇帝对道教的兴趣最初集中于据说将导致或增强生育能力的仪式和实践"[26]，将明世宗信奉道教归因于求子立嗣。

（三）祈求长寿

明世宗醉心道教，日事斋醮，对道教神灵崇奉备至，一门心思地筑醮祈祷求长生。道教信徒、内官监太监崔文建议举行斋醮以祈福消灾，服食修炼以求长生成仙。明世宗尤信方术，酷爱长生不老的丹药、符箓秘方和祈风唤雨咒术。"上方崇尚道教，如邵元节、陶仲文皆以方士得幸，位上卿，加宫保，有致一、秉一真人之号。倡率道众，时举清醮，以为祈天永命之事。"[27]"以故因寿考而慕长生，缘长生而冀翀举。惟备福于箕畴，乃希心于方外也。"[28]"方"即道，"方外"指浮世之外或超越世俗的世界。明代进士、户部尚书、文渊阁大学士黄景昉怀疑明代国史多有不实和偏颇之处而加以补正，其《国史唯疑》分析道："世庙末，养身奉玄，多忌讳，初年殊不尔。"[29]明世宗一方面封赏妖妄的方术之士，另一方面严厉处罚反对斋醮的正直大臣。他重用求雨禳灾有功、祈祷灵验的"真人"邵元节，宠信擅长配制丹药、"身兼三孤"的扶乩者陶仲文，众词臣争上巫觋，常用除妖驱邪、念咒画符来诓骗、取媚皇帝以迎合其精神追求。清万斯同《明史》卷四百四《佞幸传》云："如仲文所荐，时建玄岳于湖广太和山。既成，遣英国公张溶往行安神礼。仲文偕顾可学建醮祈福。明年圣诞加恩荫子，锦衣百户。当是时，帝益求长生，日夜祷祠不绝，简文武大臣及词臣当意者入直西苑，供奉青词。"[30]

虽然徐阶升为宰相后执政上有短期起色，但也被明世宗信以为自己虔心修道、感化神灵之结果。"壬寅宫变""边疆动乱""庚戌之变"等历次变乱灾役，都曾危及他的性命和皇位，然而每次都化险为夷，他认定是神灵的暗中翊佑，因此笃信道教。"大礼议"尘埃落定后，他感到再无须苦苦求尊严、争地位，于是最终选择在神圣性上升华自身，将精力转入个人的道教实践和道王身份的完善上。虽然放弃朝政，迷恋修玄是他在当时和后世遭到负面评价的主因，但客观上其执政是"辍朝而不懒政"[31]。事实上，他之后的明帝国远比即位前强盛与稳定，开创了嘉靖中兴的局面。玄岳门就是明世宗崇道观念的物质载体。

二、意识形态：树立正统，钳制人心

永乐时代道教的玄帝信仰非常隆盛，建成了庞大的武当山道教建筑群，玄帝宫观规制宏丽，一派庄严神圣。朱厚熜继位是根据朱元璋"兄终弟及"的祖训，虽然都属改嫡继位，但比朱棣"靖难之役"幸运得多，笃信道教的朱厚熜自然把承继大统归于道教神灵的佑护之功，他在《御制重修大岳太和山玄殿纪成之碑》（通高1.7米，碑座宽0.9米，上厚0.17米，下厚0.24米）中强调了这一点："朕皇考封藩郢邸（今湖北钟祥），实当太和灵脉蜿蜒之胜，岁时崇祀惟谨。肆朕入承大统以来，仰荷垂佑，洊锡麻祥，祗念帝功，报称莫罄，深虑岁久"。他认为父亲兴献王封藩郢邸与武当山地域相邻，龙脉相连，能享受九五之尊、荣华富贵，与其父崇祀玄帝得到神灵护佑有关，而且明朝"定都幽燕"与"位应玄冥"的玄帝保佑息息相关，才得以二百年民安国阜。嘉靖元年（1522年）四月二十五日，明世宗派遣工部右侍郎陈雍到武当山致祭，也是感恩玄帝保佑让自己从亲王一夜间变成皇位继承人，设斋建醮成为惯例，对武当山的精神依赖也与日俱增，认为只有对玄帝宫观大规模的重修才能历久弥新，实现"锡庆邦家"的祈愿。嘉靖三十一年（1552年）二月十九日，明世宗"敕重修宫观"："朕成祖大建玄帝太和山福境，安镇华夷，厥灵赫奕。计今百数十年，必有弗堪者。朕今命官奉修便行，与湖广抚按官督同该道官，诣山勘视应合修理处所"[32]，同年九月初九遣工部右侍郎陆杰致祭北极佑圣真君。明世宗承继祖制，"烝享无度，民神同位。民渎齐盟，无有威严。神狎民则，不蠲其为"[33]，"敬则民莫敢慢，畏则民莫敢易，而事神之诚备矣"[34]，表明以道教思想为国家之正统，要虔诚地敬仰道教神灵。嘉靖三十九年（1560年）又赐进士第嘉议大夫督警院左副都御史鄢懋卿撰写记事铜碑《敕建大岳太和山天柱峰第一境北天门外苍龙岭新建三界混真雷坛神像记》（通高1.8米，碑身宽0.6米，厚0.15米，楷书阴刻，现存太和宫前），记载明世宗派遣羽士王绍瑞致祭武当山北天门外苍龙岭，设立"三界混真雷坛"神像之空前盛况。碑文末尾赋诗颂扬玄帝，表达了仪崇厥畏——对道教神灵及民众的敬畏之心。碑阳与碑阴附写京城408名官员及随从姓名，除工部外，六部的其他五部尚书、侍郎至朝野具有威望的定国公、吏部、锦衣卫镇远侯等逾三千人，华盖殿大学士严嵩及夫人欧阳氏的名字也赫然在列。参加醮事人员按等级排序，寅恭一心以符合圣意，反映出明代政治等级的森严和通过提倡信奉道教达到钳制人心的政治目的。

明世宗即位之初兴起大礼之争，反对派虽然彻底失败，但该事件对嘉靖年间（1522—1566年）的政治生活产生了深远影响。他希望父亲兴献王称宗祔庙，也清楚自己只有不超越祖宗，溯源笃本，沿袭祖辈基业，才能在思想观念和意识形态上达到钳制人心、让江山稳固的政治目的。而在超凡脱俗的武当山道教建筑群前端树起牌坊昭示天下，标举风范功业，从意识形态上看是承继传统、沿袭祖制、以道教精神治理天下的弘心。故牌坊为一种政治手段，不能将明世宗此举归结为只是爱慕虚荣。

三、政治意图：抬升武当，文饰太平

明成祖之后的几代皇帝都重视武当山道教，宫观被尊为"朝廷家庙"，而鼎建"治世玄岳"牌坊的隆重之举，是一种高级赏赐行为，对于武当山道教是至高荣誉，令静态的建筑浓缩了丰厚的文化内涵，从此武当山在道教名山圣地中地位更加稳固，八百里武当山庞大的建筑群也有了正式的大门，一幅武当山壮美的山水画卷、一场道教玄帝信仰的朝圣之旅由此徐徐拉开帷幕。

（一）"治世"为治平盛世

"治世"是相对于乱世而言的，指国家安定、有秩序，谓太平盛世。《荀子》曰："受时与治世同，而殃祸与治世异，不可以怨天，其道然也。"[35]《礼记·乐记》第十九篇云："是故治世之音，安以乐，其政和。"[36]"治世"虽只两字，却内蕴高度凝练，饱含着明世宗对自己治理天下功绩间接的肯定，标榜繁荣，颂德盛世。

明世宗不理朝政，唯一做的就是日事斋醮，是典型的道君皇帝，即使国家到了崩溃的边缘，大臣们再强烈不满，他也置若罔闻，反倒自我陶醉，认为有玄帝等神灵护佑江山社稷，社会自然太平。他喜欢谈论祥瑞，即使遇上天灾，也要掩盖灾异以为符瑞，而且"行告庙礼，厚赉银币"[37]。上有所好，下必甚焉，佞风一开，阿谀奉承之徒踵至献瑞，以鹿瑞龟祥来投其所好。玄岳门装饰仙鹤、蝙蝠等瑞兽浮雕和八仙、福禄寿喜四星神、和合二仙圆雕，除源于明世宗好祥瑞的精神需求，根本上还是显示天下太平、盛世吉祥的局面。

此外，还有一层特殊的意图与明世宗为自己选择的庙号有关。"世宗"的本意是统绪、自此开世。他选择"世"为自己的庙号，想表达承继祖制符合封建宗法制度和皇位继承制度的纲常礼教，是因应"大礼议"之争给他精神与思想上所带来的影响。当初他已追尊父亲以皇帝称号，只是尚未称宗入庙，有大臣上奏"宜于皇城内择地，别立祔庙，不与太庙并列。祭用次日，尊尊亲亲，庶为两全从之"[38]，这些建议令明世宗非常不满。如刑部员外郎邵经邦建议："俾万年之后，庙号世宗，子孙百世不迁，顾不伟欤？"[39]邵经邦直言不讳地提出了庙号问题自然拟以重罪，但"庙号世宗"却在明世宗的心里得到认可，在阅读典籍和更定祀典的实践中，他尤感自己身后如果能以"世宗"相称更为恰当。但他已将父亲的庙号定为"世庙"，自己怎好再称"世宗"？他下谕礼部尚书夏言寻问建议："前以皇考庙比世室之义，即名世庙。今分建宗庙，推太宗世祭不迁，恐皇考亦欲尊让太宗。且'世'之一字，来世或用加宗号，今加于考庙，又不得世宗之称，徒拥虚名，不如别议。"[40]夏言等人心领神会，怎敢拂逆圣意。"嘉靖皇帝觉得自己之所以能有缘入继大统，全由兴献帝功德所致，所以给父亲定庙名为'世庙'。现在既然把'世'字留给了自己，总得再想法给父亲兴献王在庙统中安排一个位置，他打定主意要给兴献帝称宗祔庙。"[41]明堂祭天是古代礼制中最重要的一种。嘉靖皇帝继位以前郊祀大礼用太祖朱元璋和太宗朱棣配祭，而明堂祭天之礼则没有定制，只有更定祀典。经过"大礼仪"之争，嘉靖十七年（1538年）九月十一日，明世宗率领群臣给太宗上尊号：成祖启天弘道高明肇运圣武神功纯仁至孝文皇帝，庙号成祖。给兴献帝上尊号：睿宗钦天守道洪德渊仁宽穆纯圣恭俭敬文献皇帝。明世宗由藩王入继大统，由个人的道教信仰发展到了尊崇典礼其生身父母。《明史·胡铎传》记载胡铎对皇考这件事的看法："以藩封虚号之帝，而夺君临治世之宗，义固不可也。"[42]胡铎猜到世宗的心思，提出"君临治世"有承继祖制、天下治平之义。宗法制里的"宗"即尊敬、尊崇。按照血统远近以区别亲疏的制度，其关键内容是严嫡庶之辨，实行嫡长子继承制，而如果兴献王因藩王虚位皇帝而称世庙，变非大宗为大宗，则不符合义礼，故兴献帝不可用"世"来命名庙号，否则有"夺宗"之嫌。其实是嘉靖皇帝钟爱起"世"这个博大精深的概念，后以称宗祔庙的举动，把"世"这个字变成自己庙号。按照封建宗法礼制的规定，只有生前在位的皇帝死后才可以有庙号，始祖称祖，继祖者称宗。生为帝统，死为庙统。太祖、高祖开国立业，世祖、太宗发扬光大，世宗则美号守成令主，于是庙号定为"世宗"，并改"世庙"而称"献皇帝庙"。"治世玄岳"作为坊门之额，不仅清楚地表明武当山之名，而且表明嘉靖皇帝将世宗一朝视为治平盛世，认为一派民安国阜、得享太平的祥瑞景象得益于他的崇道修玄，言外之意是要永世流芳，树碑立传，"益有以扩先朝之志，而壮兹山之观于万斯年，殆与天而无极云"[43]，这应该是"世"与"玄"巧妙结合起来的文化厚度。另外，从字面上也可理解"治世"就是治世福神。山有神则名，玄帝在武当山修道飞升，德配道教圣山。

（二）"玄岳"为五岳之冠

为什么在五岳之外又多出一个玄岳？武当山在元代时被敕封为"福地"，但那时地位远低于五岳，只是"嵩高之储副，五岳之流辈"。明代武当山的地位得到极大提升，玄帝成为明皇室的特殊保护神。永乐十五年（1417年），明成祖敕封武当山为"大岳太和山"。"大岳"抬高了武当山地位，尊为"天下第一仙山"。不过，武汉大学教授谢贵安研究《明实录》时提出异议："若单以'大岳'和'太岳'相比，前者共出现16处，而后者出现多达48处"[44]，认为不能简单地否认"太岳"，而硬要锁定"大岳"一词。《太宗实录》载："永乐十六年十二月丙子朔……武当山宫观成，赐名曰'太岳太和山'。"[45] 明世宗进一步加封武当尊号"玄岳"，成为"五岳之冠"。赐名"玄岳"一事在隆庆六年（1572年）成书的凌云翼编纂的《大岳太和山志》并无明确记载，只是在补遗《艺文·赋》中收录王世贞"赋"含有"玄岳"一词。《明世宗实录》中出现"玄岳"9处。嘉靖三十二年（1553年）二月壬戌，"遣工部右侍郎陆杰往太和山督造玄像，赐坊名曰'治世玄岳'"[46]。同年，"以玄岳工成，遣英国公张溶往行安神礼，恭诚伯陶仲文往建醮，尚书顾可学自请与仲文俱从之。已乃以工成颁赏效劳诸臣……提督太和山太监王佐，四十两，三表里"[47]。此后，国史中太岳太和山多称"玄岳"。直到嘉靖三十六年（1557年），明世宗还因"杰以督修玄岳"功荫其子。该书卷495最后一次记载"玄岳"，为嘉靖四十年（1561年）四月戊午，"遣锦衣卫千户任恩等六人分建。万寿醮典于玄岳、鹤鸣、龙虎、齐云、三茅、王屋六山，神

乐观道士十一人分赍香帛，即命各省
抚臣祭岳镇海渎山川之神"[48]。《湖广
通志》卷八十二载有《武宗遣祭玄岳
文》："世宗朝复尊之曰'玄岳'，而五
岳左次矣。"[49] 明显地抬升了武当山的
地位，确立其道教圣山身份，再次强
调了武当山作为皇室家庙的政治地位，
是高于五岳等名山之上的神山。

道教，亦称"玄教"，有"尚玄"
的观念。因为"玄"是对"道"的一
种形容，有绵邈幽远、神妙无比之义。
明世宗十分喜爱"玄"，以"玄"为最
高信仰。平时要"修玄"；生病时要"祷
玄"；与敌打仗前要"叩玄伐虏"；得胜

» 素三彩 "武当山玄天上帝圣牌"（现藏
武当山博物馆，宋晶摄于 2017 年）

回朝要"谢玄"；任用阁臣，要看其能否尽心"玄撰""尽诚赞玄"；新宫
落成被命名为"大高玄殿"。南岩宫石殿原存嘉靖三年（1524 年）明世
宗御赐一通"素三彩"圣牌，五色瓷雕，透雕、镂雕手法，施蓝釉底层
的素三彩布满祥云，最上层为"玄"字样五爪黄色坐龙，第二层中楷书
九字"武当山玄天上帝圣牌"，两侧饰拱卫状黄龙、青龙各二，下饰白日、
双凤展翅，暗含"五龙捧圣"之义。所以，鼎建"治世玄岳"牌坊，用"玄
岳"来命名武当山，意谓武当山不是一般的山岳，而是有着浓厚崇道尚
玄色彩的山岳。明世宗笃信和扶植道教，虔诚崇道，尽心尚玄，使道教
势力在嘉靖一朝得到了极大的发展，对当时的社会产生了深刻的影响。

王世贞《游太和山记》载："又数里，稍稍入山，然渐为驰道。山
口垂闉，棹楔跨之，榜曰：'治世玄岳'，世宗朝所建也。山初不以岳名，
按郦道元《水经注》云：'武当山，一曰太和，一曰蒼上，又曰仙室。'《荆
州图副记》，晋咸和中，历阳谢允弃罗令，隐遁兹山，曰'谢罗山'，文
皇帝为特赐名曰'太岳'，至世宗乃复尊称曰'玄岳'，以冠五岳云。谓
武当者，非真武不得当也。"[50] 明世宗特意赐额山门"玄岳"，应是坊额
中最为关键的名词，如此准确地把握住"坊眼"，说明他非常了解武当
山和玄帝信仰，揭示出牌坊主旨，升华了意境，赐额保持了为间门题名

的传统，体现了牌坊原初"表闾""旌表"的实质，借此彰显嘉靖一朝治世太平、江山安定的卓越功勋，从此武当山有了正规的大门。

然而，嘉靖后期国家陷入了严重的财政危机，财政拮据，社会矛盾尖锐激化，人民的反抗斗争此起彼伏。财政困难的主因，一是军费开支增大。"南倭北虏"交相进犯，军事形势十分紧张，军制上需要变化，而当时卫所军制衰落，募兵制兴起，所需兵饷徒增。二是官吏机构臃肿庞大。嘉靖年间通过边功升授、勋贵传请、大臣恩荫等各种途径进入官僚队伍的人数激增，支出加大，大批银米用以供应官僚的俸禄。三是皇室生活奢侈。明世宗常大兴土木营造宫殿，劳民伤财。营缮让岁费入不敷出，只能命令臣民献助，弄得民怨载道。史载嘉靖二十八年（1549 年）"边供繁费，加以土木祷祀之役月无虚日，帑藏匮竭。司农百计生财，甚至变卖寺田，收赎军罪，犹不能给。乃遣部使者括遗赋。百姓嗷嗷，海内骚动"[51]。原苏联建筑师鲍列夫曾说："人们惯于把建筑称作世界的编年史，当歌曲和传说都已沉寂，已无任何东西能使人们回想起一去不返的古代民族时，只有建筑还在说话。在'石书'的篇页上记载着人类历史的时代。"[52]嘉靖朝腐朽的政治已经千疮百孔，可是走近玄岳门，映入眼帘的四个大字仿佛武当山道教建筑群的标题和导语却是高奏凯歌，显得置于五岳之上的武当山那么吉祥美好，玄帝护佑昌盛太平的力量那么强大，当封建社会走向衰败风雨飘摇之时，武当山道教却依然隆兴。

门上匾额没有印款，御笔的可能性不大。有书家评价此四字楷书：方正古朴但有肥硕之嫌，笔画圆润平直但有失活跃之风。就其书体丰茂，模仿了颜体，字法臃肿，整体格调不高，但运用尽于精熟，规矩谙于胸襟，潇洒流落，翰逸神飞，也不失高度概括、语言凝练之特点。既点明牌坊的主题与立意，让重修武当一下子具有了自觉的意识，又增强了武当山道教建筑作为皇室家庙的威严气氛，符合皇家御制特点，具有权威性。明代台阁体风靡朝野，其代表杨士奇、杨荣都曾到过武当山，杨士奇还留有诗作，四字题额即具有明代气息。借助牌坊这一具有象征意义的符号，明世宗展示他统治时代的强盛国力、充裕财力、国泰民安、风调雨顺、繁荣盛世的场面，其政治目的就是粉饰太平。毕竟"治世玄岳"饱蘸着他的人生理想和良苦用心，浸润着道教思想和传统礼制，故为古往今来无数文人墨客所驻足、慨叹。

第三节 "治世玄岳"牌坊的宗教意义

就建筑体量而言，较之于庞大的道教宫观，玄岳门属于建筑小品。它既不能为人避风挡雨，更不能起到宫庙敬神求福的作用，而且时代的久远也使偏居一隅的它被人们的视线所掩蔽，但这不等于说牌坊存在毫无意义。真正的鉴赏者不仅不能忽略它的存在，相反，还应该认真地剖析它所涵藏的道教文化底蕴和宗教价值，小中见大，深中见广，进而体悟武当文化的博大精深、宏富瑰丽。

一、道教祈福祷寿、保躬康吉的象征

武当山是道教第九福地，玄帝修道成仙的圣地。作为司帝王及众人寿命的大神，玄帝早在宋代就受到人们的顶礼膜拜，元代皇帝把武当山作为"告天祝寿"的道教名山，明代皇帝则干脆把武当山当作"朝廷家庙"，每当皇帝"万寿圣节"和太子"千秋令节"之时，都要命令武当道士建醮祝寿。既然历代皇帝都把武当山作为祈福祝寿的道教圣地，民间信士更崇敬有加，趋之若狂。门上装饰的八仙等道教神仙，主题指向祈福祷寿、求和向善。借用"八仙过海"为西王母祝寿的神话，隐喻为皇帝祝寿之义，营造众仙祝寿的喜庆氛围，赐额周围饰有48只仙鹤，都是典型的道教元素，也表达着祈福祷寿。

鹤不是普通的禽鸟，而是胎化之仙禽、羽灵，被道教视为神仙的化身而神圣，给人携来福祉瑞气。明代流传至今开本最大的一部雕版画册《赐号太和先生相赞》"太和先生"是明世宗赐邵元节号，在"钦命召鹤"的相赞中称"鹤"可以格天地、通神明，孕天地之粹，得金火之精。鹤总是与神者形影相随，出入于仙境，道教有仙羽、仙客、仙骥之说。如道教创始人张天师学道处为鹤鸣山，他乘坐仙鹤任由往来；吕洞宾在终南山的鹤岭修道成仙为鹤的化身；蓝采和成仙驾鹤升天。道人的服装称为"鹤氅"，寓意丰富。

由于明世宗生于正德二年农历八月初十日（1507 年 9 月 16 日），按照生日祝寿为虚岁的传统计龄方式，嘉靖三十三年（1554 年）农历八月初十日正是明世宗 48 岁万寿圣节，时值嘉靖三十二年（1553 年）重修武当竣工。次年，武当山全年的斋醮活动都很丰富，据《王志》卷四《御制斋意》记载：

其一，孟春（农历正月）吉日，明世宗圣旨命武当山各宫观均"修设金箓庆圣安神奠土改忏愆斋醮"。建醮目的："伏愿玄师纳恩，真圣垂歆，保朕躬永吉永康，佑邦民常安常乐。玄风广播，帝化大行。"

其二，正月十七，舍人郭宁霈祝寿进袍悬（云鹤）幡吉祥大斋，敬奉后宫贞妃等令旨，"伏愿微诚恭庆玄岳治世之新修，大圣垂歆，丹恳迎恩而致祝圣躬万寿"。

其三，二月初三日，钦差提督大岳太和山兼分守湖广行都司等处地方内官监太监臣王佐遵照万岁爷爷圣旨，为玄岳工完安神建醮。"净乐宫建醮三日，至十五日午朝间，仰见本宫大殿东南天上，忽现五色霞光，祥云旋绕，杂彩交辉，散而复合。又见仙鹤八只隐隐自东而来。殿前，翱翔旋绕数刻，向西北而去。"

其四，八月二十二日，钦差提督大岳太和山兼分守湖广行都司等处地方内官监太监臣王佐钦降幡帐，"初十日恭遇爷爷万寿圣节"。

乃至嘉靖三十四年（1555 年）七月仍然斋醮隆重。"清微演教崇真卫道高士，兼三宫住持……陈诚应钦奉皇帝圣旨，兹今八月初十日，腾初度之辰，命官赍捧香帛，前诣'治世玄岳'坛殿……修建金箓祈天永命集庆安邦斋醮。"[53] 总之，上述斋醮均为围绕明世宗万寿圣节祝寿这一主题而举办的活动。能通灵招鹤的住持道士多为道术高明者，灵验可能与香烛、供品等有关。

到武当山朝圣的民间信士有祈福祝寿的心理预期，当仰望门上的石雕仙鹤、神仙造像之时，他们为八仙神像渲染、营造的喜庆祥和气氛所感染。美国人哈里斯认为："建筑象征着建筑，它们通过象征建筑而代表着一种建筑类型。"[54] 牌坊本身的建筑式样就代表了一种独特的建筑类型，是明代道教类装饰建筑的典范，反映的是敬神求福、祈祷长寿的理想。清代高鹤年叙述了游访玄岳门的见闻，他见到牌坊立于界山峡口处，至此野尽峰来，去坪陟险。有紫阳观道童朗声诵唱："武当仙境似瀛洲，三世为人始得游。今世福因前世积，来生功过此身修。富无仁义风中烛,贵不公廉水上沤。殷勤寄语来山者,踢破尘关速转头。"[55] 沿途香客不绝于道。如果说棂星门前的一对狮子和坊柱承露盘神犼,朴实沉稳,敦厚凝重,体现静态之美,威仪庄严地引导着一座道教大宫,那么玄岳门则华美绝伦,巍峨壮丽,枋柱雕镂的八仙、福禄寿喜等神仙造像及一些道教元素符号的使用,使其具有喜乐活泼的动态特征,它们陪衬了山景,也传达了民众笃信武当山道教,注重和善福佑、喜乐吉祥、积福修身等价值观导向,是普适性价值观、道教神灵观、圆融的生活方式和对理想化社会的憧憬,赋予这座建筑物以一定的象征意义。从建筑学角度看,以牌坊为媒介,传颂符合那个时代所需要的价值取向和伦理标准,其文化品位并不逊色于嘉靖所建御碑亭,也是重修道教建筑的象征性标识。

玄岳门有两处建筑现象颇令人疑惑:一是牌坊正立面台阶前一块铺地石中间钻有一眼,似扎彩门的支撑点;二是牌坊正门顶梁内侧一处装饰花石刻,似吊挂"龙珠"所用,或可佐证此处曾有过民众祈祷祝寿营造热烈喜庆的场面或神秘宗教活动。

二、香客抖擞精神、虔诚奉神的关口

根据牌坊的性能,牌坊多位于整个建筑组群的中轴线前端,作为序曲建筑,或在建筑群里充当空间过渡的分隔建筑,犹如音乐中的过门,起到欲扬先抑的作用,或强调、提示及丰富入口序列,艺术上营建一种庄重气氛,让人意念上有"到了"的感觉。如果说棂星门是进入武当山道教建筑群的第一道宫门,那么玄岳门就是进入武当山的第一道神门。

以均州城静乐宫为起点,出城南门行25公里官道,沿途经朝阳洞、迎恩宫、赛公桥、晋府庵、周府庵、草店街、自在庵、"福国裕民"坊(冲虚庵沟口)、玄都宫、灵官殿等建筑单元。这条官道山路崎岖,但路面采用青石板铺设后宽阔整齐且平坦。何白对此"官道"记载颇详:"初三日,出均州望岳门,石道如砥,夹道高柳阴若环堵。四十里,至迎恩宫。又十余里,四山渐入幽邃,山黛亦稍稍加抹。又里许,由山上之草店动身,行不数里即开始登山……山路全用青石修筑,非常整严,或上或下,或左或右,不下百数十里。"[56] 清代熊宾的《登祭太和山记》提到："自迎恩宫转西，两山来如峡口，中树治世玄岳坊，琢纹石为之。跨据雄杰，明嘉靖朝所建，以冠五岳也。再折而北，度会仙桥，桥之阴为遇真宫。"[57]牌坊位于武当小终南山两山夹峙的垭脖之间，原始地名"表峡口"，周围山峦四合，林木葱茏，溪流环绕，负坎抱离，地势殊胜。北临烟波浩渺的汉江；南倚巍峨山峦，距离遇真宫1里；东有草店码头；西距玉虚宫5公里，注定了玄岳门在建筑组群中的关口地位。

由于明朝尊崇道教，皇室将武当山作为皇家道场，许多朝臣及各地高官富贾为讨皇帝欢心，在武当山脚下草店附近修庵建院，各拥一方宗教之地，也为络绎于途的香客信士行旅提供便利，相当于接待朝中来往官员途中食宿、茶水、补给、换马的驿站。草店这类建筑不仅数量多，精美程度不亚于当时的道宫，虽然规制不比皇家建筑，但也不乏一些民间极品，名气较大者如周府庵、襄府庵。

周府庵，位于草店镇北2公里，背靠锦屏山，面对草店街，左临沐府庵，右近申府庵、晋府庵，占地8万平方米，分24个道院，拥有三个大院落，殿宇道房400余间，如迷宫一般。"据老道士口碑，原建殿堂、廊庑、道房、厨室、仓库、斋堂、楼阁等有一千多间。"[58]为明太祖第五子、周王家族第一代藩王周定王橚所建，是明代富藩王府在武当山所建最宏伟的庵。"这个建筑群规模不小，飞檐斗栱，古柏参天，很有气派。"[59]

襄府庵，又名茶庵，在遇真宫旁，距玄岳门内西1里，坐北朝南，占地2000平方米，有大殿、皇经楼、配房、门厅、客堂、斋堂、道院等建筑27间。大殿抬梁式砖木结构，大式硬山顶及小青瓦屋面。万历五年（1577年），武当山属襄阳所辖，时任襄王即第八任藩王襄宪王朱载尧造访武当山，见谒礼焚修的男女士庶，骈肩接踵，踆踆来归，偈铙呗诵声震林谷，前驱后拥不分寒暑昼夜。朝山者由玄岳门而上，经遇真宫入仙关登顶，一路劳悴万状，累息喘汗，艰辛异常。身为皇室后裔应倾力为国为民分忧解难，于是襄宪王发愿将府上衣食租税贡献出来，鼎力修

>> 周府庵照壁中心盒子石雕
（现藏武当山博物馆，宋晶摄于2019年）

建一座茶庵以赊济百姓，普利众生，历时五年而成，湖广按察司副使、礼部尚书、抚治郧阳的诗文家徐学谟为此还撰写了《太和山新创茶庵记》，襄阳府知府吴道迩等府县诸官立碑于庵以资纪念。因其墙壁使用黄土夯成，俗呼“黄土城”。清康熙二十五年（1686 年），均州知州江恺更名“太清观”。

“（按：迎恩宫）南行四五里，经周府庵。门前古柏十余株，枝干盘屈，广荫数十亩，为三百年前物。又里许，经晋府庵，不及周府庵之崇丽。下午二时，至草店，为均南一大市场，房屋千余，北距均城五十里，在此午尖。出草店不半里，经自在庵。又南为玄岳门。门有‘福国裕民大石坊’，坊前有吕祖庵花树碑一，高约六尺。”[60] 从牌坊所处的位置看，玄岳门设在武当山道教建筑群前端，位置显赫，屹然矗立在神道的峡口要冲之处，横跨均州城至武当山“官道”与朝山进香“神道”相接的山垭之间，相当于登几百级台阶上到牌坊，走出牌坊后再下几百级台阶，与周府庵、冲虚庵、襄府庵遥相呼应，对武当山道教建筑群起统领作用。徐霞客游武当山，往返取汉水、长江舟行，其《游太和山日记》三提草店：“又十里，过草店，襄阳来道亦至此合。路渐西向，过遇真宫，越两隘，下入坞中。从此西行数里，为趋玉虚道。”“南跻上岭，则走紫霄间道也。登岭。自草店至此，共十里，为回龙观。望岳顶青紫插天，然相去尚五十里。”“还过殿左，登榔梅台，即下山至草店。”[61] 草店是武当山脚下均县下属小镇，距均州城 20 公里，曾是韩粮古道（河南通向陕西关中的官方粮道）的重要驿站，也是通向武当山的必由之路。走过草店街，从冲虚庵前靠近官道的“福国裕民”坊前经过，北有冲虚庵，西南 200 米为玄岳门。石坊前立有十余通巨大石碑，其中唐代吕洞宾、尉迟敬德各立碑一通，是武当山在唐代受到重视的重要实物物证。

“福国裕民”坊较之玄岳门体量小，系本地产青石结构，面阔 9.3 米，高 6 米，四柱三间牌坊，中间柱高，两侧柱略低，方形柱 0.5 米，上部构件浮雕流云，柱顶石雕朝天犼，两柱间最上层横梁呈火焰形。明间石额枋楷书阳刻“敕赐福国裕民坊”，字径 0.3 米，下有沉香木梁一根。明间石柱行书阳刻对联：天地山川七十二峰环帝阙，江山环腾百千万载壮皇图。柱下前后石抱鼓为官式雕刻工艺，惜 1968 年淹没。

冲虚庵，俗称“金花树”。此名源自庵前一棵古柏，因果实白粉雨后发光似金花开放而名，传为吕洞宾所植。武当山有三个“一柏”，十分奇妙，即周府庵外一柏三间房；"福国裕民"坊前（坊对巨大照壁）一柏二凉棚；冲虚庵前一柏一口井。现仅余冲虚庵的"金花树"和舜井。它坐北朝南，背依终南山，山形似蝙蝠展翼飞翔，有"蝠山"之誉，面对汉江，地势向阳藏风，环境清幽。庵始建于元代，后毁圮。永乐十一年（1413年）兴建主殿三开间，清乾隆、嘉庆年间重建扩为五开间，全庵计有51间房楹，均为砖木结构，硬山顶，小青瓦屋面，抬梁式木构架，是武当山三十六庵堂中保存最为完整的一座。嘉靖十年（1531年），当家住持戴复琏率在庙道人全立《光前裕后》碑，嵌于主殿真武殿（亦称祖师殿）阳面庵墙，赞颂了在庙道人杨君以"刮磨齿颊，铢积寸累之所储"兴复冲虚庵的功德事迹："虽寄迹于外，而每以常住大事为兢兢……以纯俭之深心而善为常住。"主殿后有石匾额一通，隶书"冲虚庵"，悬于门楣，记有"永乐十一年重建""万历三年重修"，说明"冲虚庵"三字是在原石匾上新凿出来而累用的匾额，犹如名画题跋，十分珍贵，喻道家"致虚极，守静笃"[62]，淡泊虚静、内敛含虚的境界。"虚"乃心境空明宁静的状态，比喻不带成见地看待人和事物。道教提倡摒除杂欲，深蓄厚养，先秦的列子被封为"冲虚真人"，其《冲虚真经》主张虚无，听任自然。道人看重清虚，让虚充盈，修身养性以得道。主殿后有吕祖楼，墀头装饰为清代风格，楼左有三官阁，楼右有皇经楼，均为二层楼建筑。山门为砖石结构歇山顶。

冲虚庵沟口到玄岳门不足1公里，沿途还建有玄都宫、灵官殿，类似于前奏序曲式的建筑，把进入仙境入门的这个动作烘托得庄严而神圣。明嘉靖三十一年（1552年）敕建，在宋元时代回心庵基址上建造了玄都宫，坐北朝南，中轴对称布局有前殿、大殿、父母殿，左右配殿、道房、客房等三十余间，占地1500平方米。宫前北邻灵官殿，由此再上五十步即到玄岳门。因香客信士远路而来，风尘仆仆，需要在玄都宫沐浴堂更衣，方得进入灵官殿。灵官殿抱对：好大胆敢来看我，快回头切莫害人，横批：惩恶扬善。显示着武当山第一镇

>> 灵官殿王灵官坐像（现置元和观龙虎殿，宋晶摄于2017年）

守山门殿堂的威风。殿内供奉王灵官造像（高 2.5 米，宽 1.7 米，约 2 吨重，现存元和观），铜铸鎏金工艺，黄金镀身，包浆深厚。神像高大威武，披甲执鞭，赤面三目，虬须怒张，锯齿獠牙，凶恶狰狞，让人望而敬畏，意在专门惩治邪恶之人，劝天下人循道而行，为善去恶，省身寡过，被视为天上、人间的纠察之神，为武当山道教镇山守门大神，颇显尊贵。民间传说王灵官有三只眼，天眼有祖窍、玄关之义，是与宇宙交流的入妙通玄之门，也是开悟者的象征。

灵官殿长廊内两侧有御制铜铸鎏金六甲神将站像（各高 1.8 米，重约 2 吨），左右各排列三尊。它们威严肃穆，刚毅有力，刻画逼真，栩栩如生。一般道教所铸六丁神像都塑造成女子像，而六甲阳神被视为能行风雨、制服鬼神的真武部将，古人敬奉六甲源于他们能保佑皇帝出师顺利，元代武当山有以此命名的六甲峰、六丁峰。武当道士斋醮作法常用符箓召请其呼风唤雨、祈禳驱鬼，故六甲神将塑以东方男性的阳刚之美，是侍卫从神塑像中的精品，体现了明代高超的冶炼技术。

》》灵官殿六甲站像（现置元和观玄帝殿，宋晶摄于 2017 年）

过了灵官殿，自下仰望耸立于山隘之间的石牌坊，更显雄壮巍峨。再攀登约百米陡斜的断续石台阶方抵达玄岳门。石道盘纡，古木苍翠，别有一番景致，在如此精巧华美的牌坊前，隆重、神圣、祝祷、吉祥等心绪油然而生。由一种性质的场所进入另一种性质的场所时，要有一个"通过"感的过渡，用牌坊处理穿过的程序非常得当，增加了环境的特色，让朝爷的礼神活动更富有意义。灵官殿所制造的气氛是让文官武将、富豪商贾等朝山进香者卸轿下马，先洗心入静、心虔志诚地敬香，明白朝山进香禁忌才得进入玄岳门登顶朝谒玄帝。光化（今湖北老河口）在武当山东南麓，濒临汉水而设邑，是通向武当的重要一站，四方乞灵者登武当山多经光化水道，至今保留有历史上朝觐的痕迹，如朝佛街、朝佛码头等。香客信众认为到了老河口就算交上了神道，他们汇聚于此，置办烛火准备朝拜礼仪，然后登船走水路，经均州到草店街再步行上山，即使有钱人也不骑马坐轿。湖北谷城的石花街北行数十里，古称朝爷路。均州城东有朝武大街，汉江码头泊岸处修筑了很高的台阶，坐船可往草店、玄岳门。虔诚敬神、祈求福祉是人一生中的美好大事，可以说这座牌坊组织起所有的香路神道，它屹立于山隘峡口，分隔过渡空间，避免了武当圣境"师出无门"，象征着太平盛世，渲染出进入"玄岳"神界的宗教气氛。

"周府庵，明建，就近玄岳宫……初三日，经上街玄岳门，俗呼进山门。三里仙关，仰观金殿嵯峨，高耸太和之顶。"[63]作者高鹤年所说的"玄岳宫"就是玄都宫。没建玄岳门前，进入武当山多经"仙关"，才得入仙境、游仙府。武当山称为"仙关"的地方有二处：一处在元和观之北的山垭上，即遇真宫上元和观山坡的垭口（仙关建筑构件仍存），"才入仙关便不同，元和校府茂林中。"[64]"人呼为进山门，山口颇狭隘，似武陵初入，林木森翠也。"[65]另一处在十八盘之上。"九渡峰，一名仙关。在大顶之东。紫霄宫之正路。峭峰屹截，上摩青苍，石径湾还，白云来去，游人到此，万虑豁然。"[66]尽管这两处关隘都依山就岩，设置在地形陡峭处，但不起断塞要道、据险而守的关卡作用，而是历史上朝山香客或游览武当仙山者自然踏寻出来的进山隘口，为两山峡谷间天然形成的关隘，属于道口扼要的交通必经之路。宋代用笔"三忌"的韩纯全在《山水纯全集》一书中说："关者，在乎山峡之间，只一路可通，旁无小溪，方可用关也……画僧寺道观者，宜横抱幽谷深岩峭壁之处。"[67]两峰狭窄之间，筑关隘有一路可通，它充满想象，"一入桃园路转艰，天风吹我渡仙关"[68]，"无锁仙关昼夜开，入关疑我在蓬莱"[69]。明清至民国以后，朝山香客多经玄岳门进入武当山登顶，故此门在武当山道教建筑中独领风骚，确立了真正的武当山大门的地位，可谓仙界第一关。

玄岳门处于均州到金顶中间，由此至均州七十里，为官道；由此登金顶七十里，为神道。以此为界，宏观地归纳进香路分山外古道和山内神道，武当山陆路香道经历史上多次修建日益畅达。不同历史时期，朝山进香的组织形式和行进方式不甚一致，影响香客信士对香道的选取。元代多从蒿口出发走五龙宫一线，形成了西神道。明永乐年间多以玉虚宫棂星门为朝山起点，嘉靖年间则多以玄岳门为起点，标志武当山朝山进香的必经之地形成了东神道。清至民国年间，香客信士普遍选择走东神道，返回或走西神道，与明代基本一致。昔日武当山只有北麓的汉江通船，交通不便，故行进方式上主要走水路和陆路，以舟船、步行方式进行，多以水路为主，陆路为辅，少数水陆兼顾。长江沿岸、汉水流域的香客信士朝山进香多乘船从长江入汉水抵达均州。无论是王公大臣、江南的文士香客，还是普通百姓，都从均州登岸，先到静乐宫敬上一炷香，再出均州城南门遥望翠碧接天的武当诸峰，沿官道南行抵玄岳门，再进入神道，上达神界。

　　香客信士从远道往武当山各大宫观庙宇朝拜焚香之风自古盛行，进香是向神敬献礼拜，以表达虔诚心意的焚香行为。"朝爷"有散客和香会（朝佛会）等组织形式，无论哪种形式，香客信士都争先恐后，虔诚地奋力登顶。"南阳少妇道人妆，皂纱蒙紒白恰方。口诵弥陀数声佛，千斋玄帝一瓣香。"[70] 香客信士在通往武当山朝拜的神道上，从过玄岳门起，都会心赞无量寿佛，口诵阿弥陀佛，虔诚朝爷。在武当山道教信仰和民间禁忌的基础上，朝山进香逐渐形成了一些禁忌，以强制或潜移默化的方式，借助象征与符号建立起代代相传的一整套宗教行为规范。如衣着应素净庄重，忌凌乱污秽，忌红绿鲜，尚黑白黄。持香楮，系黄布诃子，持瓣香戴圣号，称为"头顶黄表还金瓦"。香会进香固定服饰装束和香袋，即直接捆扎裱文成香袋，或斜挎或正背，低于腰际。持守素食，严禁饮酒恣荤。香客称"斋公"，俗语"上山斋公下山贼"。言语谨慎，不得口吐秽语，高声妄语，言说不吉，欺祖骂神亵渎神明等。道场庄严，祀神事大，牌坊被视为进入道门神界重要的提示性建筑，所宜所忌皆应慎重。民谚有云："进了玄岳门，性命交给神。出了玄岳门，还是凡间人。"普通人眼中的玄岳门就是一个由尘世进入圣地的重要入口，世俗的日常意识被切断，从实用功利态度转为审美态度，香客信士以一种新奇的、兴奋的情绪注视着武当山的自然景观和人文景观，言行围绕"虔诚"二字下功夫，剥去尘世的杂欲妄念，一心虔诚地面对祖师爷。总之，玄岳门在武当山神道上既劝善，又劝凡，提醒虔诚敬神，洗心入静，香客至此精神为之一振，不敢喧哗、污言、戏闹，敬畏之心油然而生，反映了道教惩恶扬善的教化功能，同时也形成了浓郁的、富有特色的武当山朝山进香民俗文化。

三、分隔凡间仙界、渐入仙境的标志

没建玄岳门之前，登顶往往选择从仙关入山。"入遇真来境更幽，仙关此日不虚游。"[71]仙关在遇真宫西，有区分空间的功能。走出遇真宫门前悠长的松杉神道御路，经会仙桥，"越两隒，下入坞中"[72]，通往玉虚道。工部侍郎陆杰奉旨建好玄岳门后，等于取代了仙关的地位，"入门俱法界，出路即尘氛"[73]，进入此门即入"神山"。它还"代表着道教所信仰的'五城十二楼'，即这个地方是等候和相遇神仙的场所。而道家又以人的喉管为'十二重楼'穴道，故又寓意此地是阴阳交界处，为武当山第一道神门，被称为仙界第一门。"[74]明代的"图程路引"将玄岳门标记成"蓬莱门"，想象成神仙所居的东海，八仙过海之地，有跨进仙源大门即步入仙源、仙境之义。玄岳门的修建还标明武当山作为皇室家庙的特殊地位，完善了整体建筑格局，使山上山下、尘世仙境有了明显界限，既增加了气势，又强化了宗教范围。人们走完均州城至草店的官道，攀登完数百级台阶，只见一座碧色石料构筑的大牌坊赫然而立，神道途中石道盘纡，没有一点尘土，古木苍翠，摩云翳日，翁荟郁葱，翠绿满野，眉目所见怎不令人潇洒逸神而忘掉季节。自下仰望，耸立两山之间的牌坊更显雄壮巍峨，越过此门就意味着将要进入武当福地，后面将有大建筑群的存在，它引导着行人进入一种不同凡响、超凡脱俗的神仙境域。门前的"沐浴堂"供香客们沐浴净身，提醒人们朝圣前要清斋奉戒、整洁身心以示虔诚，说明牌坊有分隔凡间和仙界的功能，是沟通神人的媒介。

作为一种标志性建筑，牌坊有导向、分隔、象征的作用，仿佛是标题和导语，赐额"在地域概念上确立了'神山''仙源'，完善了武当山的整体格局，起到了标志性的作用"[75]，成为"仙界"与"凡界"的分界线。这里自成特色、自为奥区，行于仙关道中不免感叹："入山何事非寻胜，独此幽奇自不同。"[76]草店水运码头上通陕西，下至武汉，北沿均州至河南、陕西，水陆交通便利。该牌坊成为入山之前最具表现力、最有传统文化氛围的视觉焦点，它激发了人的审美期待，对行将到来的审美感兴产生出预期、憧憬或者一种朦胧的兴奋情绪。玄岳门的设计正是抓住了审美心理活动的这一特点，在道教建筑群展开前精心组织这一富于变化的时空序列起点，激发审美注意，增强游人雅兴。

四、凸显神仙可求、八仙信仰的特征

武当山道教经过长期的发展演进，形成了以玄帝信仰为首，包含其他道教神灵仙真信仰的、庞杂的神界体系。"一切宗教的崇拜可以说是人类利用宇宙神秘力来满足他们愿望的一种尝试。"[77] 民众需要道教神仙信仰的力量，他们千里迢迢不辞艰难地到武当山朝爷，祭祀膜拜，就是要在神灵面前祈愿、还愿，表达诉求和愿望，从而使自己的灵魂变得纯洁高尚、超凡脱俗。

如果神灵仙真与人的距离不太远，神的精神完全可以成为人的榜样。在武当山道教神仙谱系中，主神玄帝是最主要的崇祀对象，但由来已久的八仙信仰也不容忽视。武当山有八仙观、吕祖祠、冲虚庵、吕祖楼等道教建筑，还有建筑上装饰的明八仙与暗八仙的造像与绘画，如玄岳门上就装饰有八仙造像。

道教全真派兴起以后，将钟离权、吕洞宾定为祖师，宣传钟吕金丹道思想，其主体精神在于强调继承胎息、导引、守静等道教传统，通过修炼内丹以求长生成仙，反对用烧炼金丹、服用外丹的办法谋求长生，故称为"内丹道"。宋元时期，内丹道随全真派传入武当山，五龙宫隐仙岩曾供奉玄帝、邓天君、辛天君、钟吕二仙。明代武当山道教建筑中供奉有全真道北派五祖（王玄甫、钟离权、吕洞宾、刘操、王重阳）仙像。《任志》卷四载太上岩："岩东有岩，石刻太上、十方天尊、玄帝、圣父母、圣师、北极三圣、三茅九仙、全真南宗北派真仙、护法神将，并砖殿一座。"[78] 同书卷八载玉虚宫："宫之左，圣师殿、祖师殿、仙楼、仙衣亭、仙衣库。"原注云："太上尊像、五祖仙像，俱于仙楼供奉。全真杨道中焚修。"[79] 其中，吕洞宾是道教八仙中影响最大、传闻最广的仙真。宋代封为"妙通真人"，元代封为"纯阳演政警化孚佑帝君"，明代又封为"纯阳帝君"，武当全真龙门派奉为"吕祖"。《王志》卷四云："吕纯阳，父姓李，母姓吕。本唐宗胄，举进士，状元及第。因武后歼唐子孙，乃从母姓。先隐太华山中，道明三元，苦心救世。玉帝选为天仙状元，勅命为传教祖师。"[80] 八仙是道教神团中最受百姓喜爱的神仙群体。"明清的八仙戏剧作品十分丰富，大致分度脱剧、庆寿剧和降魔剧。"[81] 据武当山老道长回忆，太和宫戏楼 20 世纪 70 年代时还有香团带的艺人表演八仙戏剧，祝贺天上人间寿诞。

玄岳门上的石雕造像有正、背两个立面装饰之分，并有二楼、三楼两个层次之别，但因所存无多，推测其设置如下：

正立面：

（1）围绕字牌的三楼、四楼从东至西、自上而下地分布着福、禄、禧、寿四尊造像。其中，福、禄、寿三星神道教称之"上八仙"，代表着天界吉祥之星。福神（增福星），骑鹤，掌善恶之因，主增福之事；禄神（注禄星），官服官帽，手持如意，掌人间荣禄贵贱之事，旧时追求功名利禄的读书人多供奉之；寿神（南极老人星），骑鹿，掌寿命的天神。由于"上八仙"说法很杂，随意性亦很大，除福星、禄星、寿星外，张仙、东方朔、陈抟、彭祖、骊山老母[82] 也被视为"上八仙"。"禧神"则天真顽童嬉闹状，代表幸福吉祥。四尊吉神（吉星高照），代表幸福、荣禄、长寿、和合、快乐等，反映出道教文化追求平安祥和等现世幸福的理想，是道教"神性之光"的折射，是对生命郑重的审视。进香者的信仰带有情感体验色彩。信仰是"对某种理论、思想、学说的心悦诚服，并从内心以此作为自己行动的指南"[83]。朝拜道教神仙交织着幸福与喜乐、美好与愉悦，在进

➤➤ "治世玄岳"牌坊正立面饰件（宋晶摄于 2016 年）

香者心中，虔诚的火焰在澎湃，无尽的力量在燃烧，在进入"仙山琼阁"第一道仙门的那一刻，"迎仙门"福祥臻萃，让他们得到了祝福。

（2）二楼四柱从东至西成对排列"八仙"：即铁拐李和钟离权，吕洞宾和何仙姑，蓝采和和张果老，曹国舅和韩湘子。他们各具特色，铁拐李是官吏变化的乞丐，行乞济人；钟离权是将军，度人成仙，掌群仙箓；吕洞宾是儒生，醉酒行侠；何仙姑是民间妇女，预知休咎；蓝采和是优伶，踏歌讽世；张果老是长寿老人，甘居乡野；曹国舅是皇亲国戚，悔悟修道；韩湘子是富贵子弟，不恋仕途出家。八仙人物福祥臻萃，云游人间，不畏权贵，不嫌贫爱富、慕羡名利、拘束礼教，在其成仙的过程中形象随之定型，基本上涵盖了当时社会各个阶层。他们都是通过苦行修炼得道成仙的，这使民众对他们的信仰带上了平等的味道，上述八位仙真列为"中八仙"。

背立面：

（1）由正立面"上八仙"星神石雕推测，背立面围绕字牌的三楼、四楼枋上极可能是其他已佚的"上八仙"造像，应为张仙、东方朔、陈抟、彭祖、骊山老母中的四尊，因为明代"上八仙"基本定型这种组合。

（2）据明代杂剧《贺升平群仙庆寿》讲述，"下八仙"是王乔、陈戚子、徐神翁、刘伶、陈抟、毕卓、任风子、刘海蟾。而《何仙姑宝卷》则认为"下八仙"是广成子、鬼谷子、孙膑、刘海、和合二仙、李八百、麻姑。从保存的和合二仙石雕推测，"下八仙"造像应采用后者。

入门访仙境，登顶做仙游，玄岳门的造像在朝山香客或观赏者心里形成了强烈的暗示。

建筑工匠们把八仙的形象精心雕刻在众人必经的玄岳门上，让每一位关注他们的人意识到神仙可求，仙道可致，向世人宣扬了修行得道的信仰。神仙与人的距离是如此接近，如果人们能苦志修炼，就可得到神仙垂爱与赐福。以神仙可求为装饰主题也与蓬莱门协调一致，这种隐喻手法的运用，让香客受到暗示，凸显了道教神仙信仰的宗教特征，虔诚的信徒会因为神仙信仰而规范自己的行为，思想受到洗礼，这正是宗教的真正意义所在。总之，石雕造像既丰富了门的道教文化内涵，又反映了明朝中期武当山道教的八仙信仰。这些吉祥之神掌善恶之因，主管增福之事，关心民众世俗生活本身的荣禄贵贱、寿夭长短、人间婚姻、和合幸福等。柱枋完工后，除柱顶卯榫上雕镂这十六组道教神灵仙真外，还装饰了仙鹤、祥云等富于道教意味的图案，大胆运用隐喻的手法渲染神仙可求的思想，其道教特色鲜明，喜庆祥和，气氛浓烈。

第四节 "治世玄岳"牌坊的审美特征

既然玄岳门有如此重要的宗教意义，代表着修仙修道的价值取向，那么，当年的设计者和建造者肯定会尽全力把它建造得雄伟坚固，美轮美奂。刘敦桢在《牌楼算例》一书中开门见山写道："故都街衢之起点与中段，及数道交会之所，每有牌楼点缀其间，令人睹绰楔飞檐之美，忘市街平直呆板之弊。而离宫、苑囿、寺观、陵墓之前，与桥梁之两侧，亦辄以牌楼陪衬景物，论者指为中国风趣象征之一，其说审矣。"[84]玄岳门在中国现存的万千牌坊中也毫不逊色。概括而言，玄岳门的审美特征主要表现在结构美、形式美、装饰美三个方面。

一、结构美

一般来讲，牌坊的建筑构造由下至上分别为坊脚、坊身、坊顶三个部分，细分为基础、立柱、额枋、牌匾、斗栱、屋顶（牌楼才有）六个部分。玄岳门建筑结构主要由五个部分组成：

底座：无依无靠，独立存在，维持着门的稳定性，是所有构件的基础。由地上和地下两部分构成，地下部分深埋几十厘米的基脚，保证了地上部分巍然屹立，能经受住风吹雨淋。与立柱相连的、有一定体积和重量的抱柱石（砷石），将柱脚牢牢包夹在立柱条石中，在束腰上加了一道铁箍，形成柱脚贴夹杆石。

立柱：形式为方柱，重量大。额枋、字板、檐顶等各大横向支承构件穿搭在立柱上承上启下，决定着玄岳门的质量和级别。

额枋：由大额枋、小额枋、龙门枋、平板枋、垫板等构件组成，共同连接两个相邻立柱的横梁，增强抗击风雨的能力，是最重要的承重结构。中部枋身中柱大额枋花板下两底角以卷尾鳌鱼形雀替相托，次间在大额枋花板下加穿插枋，中柱上、中、下枋及边柱大额枋下有卷云栱，上刻缠枝花草、祥云连珠。明间与次间之比 5 : 3，坊柱高 6 米。柱顶架龙门枋，枋下明间浮雕大小额枋，上部出卷草花牙子雀替，承托浮雕上枋和下枋，枋间嵌夹堂花板，构成明间高敞、两侧稍低的三个门道。正楼架于龙门枋上，明间左右立枋柱，中嵌矩形横式牌匾。次间各分两层架设边楼、云板与次楼，构成宽阔高耸的正楼、边楼，是由上而下逐层外展的三滴水歇山式。

匾额："用以表达经义、感情之类的属于匾，而表达建筑物名称和性质之类的则属于额。因此合起来可以这样理解匾额的含义：悬挂于门屏上作装饰之用，反映建筑物名称和性质，表达人们义理、情感之类的文学艺术形式即为匾额。"[85] 按匾额所属建筑类型划分，武当山匾额兼具皇家建筑匾额和宗教建筑匾额的双重特点。处于玄岳门正中顶楼檐下，夹于上下两额枋间的矩形横式额枋。作为一种媒介，无形中将书法与建筑融为一体，珠联璧合，把建筑的门提升到一个更高的境界。镌刻"治世玄岳"的赐额圣旨牌由明世宗批准，属题字匾额，相当于玄岳门的眼睛，既表明建筑的名称，又说明大气与高贵，讲究意境与文采，是颇具道教内涵的文化载体。两侧牌带为蟠龙柱，上下牌带纹饰蟠龙、仙鹤、游云等纹样图案有衬托作用，精美的工艺彰显着辉煌，符合建筑庄严肃穆的整体风格，建筑意境得到升华，浓缩了蔚为大观的道教信仰内容，集中表现中国文化价值观和审美观，以雄强刚劲的风格为山川立言，语言精练，寓意深长。整体构件富于变化，建筑层数多，装配均衡严谨，增添了建筑群体的精神意韵。

檐顶：做法与庙宇屋顶完全一样，由斗栱和坊顶（含瓦面、脊、吻兽）共同构成，是制作雕刻中最复杂、最有特色的、起到挑檐并传承屋檐重量的功能构件，也是极具传统风格和最富装饰意义的构件。屋檐下的斗栱象征着权势和等级。在建筑结构上，主、次、边楼檐下皆施五辅作、重栱出三杪并偷心造斗栱，因石料不易接榫，制作难度大且重量上受限制。檐顶超出楼身房檐就能遮挡风雨，保护楼身和楼下土地不被雨水淋湿浸坏，斗栱使撑托屋顶的面积更大，下面的落点更小。坊顶楼宇之制相同，以龙吻吞镂空屋脊，正脊中央立葫芦宝顶，既照顾了中央屋顶，又与两侧低一级的屋顶取得平衡。

玄岳门的造型涉及诸多因素，如何在造型设计上创造出能够给人们带来审美愉悦的具有艺术价值的形体，是设计时理性思维的关键。它以美学为基础，灵活地运用造型的各种要素和美学形式法则，在完善地表达材料的强度与荷载之间的矛盾，在充分考虑材料、结构、工艺等条件后形成了美的外观结构，设计技术精密。从形体的塑造上看，它采用纯几何形体造型，线形平面，打破了曲线或"八"字直线构成的形体范畴，赋予神仙等装饰人物以感性意念。因此，一定意义上说它是情感建筑，造型结构设计具有条理清晰、秩序严谨、比例优美等特点。

玄岳门完全以青石雕凿，其立柱、花板、额枋、檐枋、阑、瓦脊、斗栱、屋宇等每一构件，先被一件件地精雕细琢出来，然后拼接组合成一座完整的石雕牌坊，不难看出那巧夺天工的雕刻技艺和构思巧妙的设计。"石与琉璃二类牌楼之结构，俱以木牌楼为标准，分件名目，亦惟木作是遵。"[86] 建筑结构全用卯榫拼合，体型庞大，上实下虚，结构简练，构造合理，安全稳定，显示出俊秀挺拔和坚实有力，体现了仿木结构建筑的严密性和条理性，既严密又通透，结构紧凑而舒展。至于玄岳门的安装，古人以精密的技术配合运用"土屯法"，使其准确无误、完好无损地得以完成。

二、形式美

木料结构是最自然的建筑材料，石材则缺乏自然的本原特性，但巧妙的造型设计所产生的形式美弥补了石材的不足。玄岳门砌以纹石，其形式美主要表现在：

其一，前后立面极具观赏性。玄岳门利用前后两个可供观赏的立面，建筑具有观赏性景观时采取了各有特色，但又风格一致的装饰。其下部底座装饰有线脚，为了美化这一部分，专门在束腰处雕饰了三圈福纹图案，以增强艺术性，这是门的底座唯一有雕饰之处。图案设计特点突出统一、齐整、重复、节奏、韵律等。反复出现的艺术手法，能给观赏者带来愉快福乐的美感。齐整重复、排列连串的雕法所展现的美，让人的视觉首先稳定下来，底座简单的石材有了层次性和稳重感。

» "治世玄岳"牌坊背立面（宋晶摄于 2017 年）

　　玄岳门的上部最具装饰性和观赏性，装饰题材丰富：鳌鱼相对，卷尾支撑；仙鹤展翅，势欲高飞；吻兽檐端，张口吞脊。总之，艺术造型生动逼真，充满自由和活跃的想象，相对来说更接近于生活的本原。牌坊背立面斗栱上站立的石雕神仙人物造像，装点附置在一个个朴质而高雅的拱架上，既形似又神似，极具观赏性。

　　将神仙人物加以归类置放，构图设计极端对称，石雕大小比例基本一致。八仙和四星神位于不同水平高度的楼层，由于神仙人物都立于牌坊上部，只能仰视才能观赏，无论站在门前还是门下往上望，咫尺之间的立体感都能令人心旷神怡、联想翩翩，观赏者不知不觉会跟着石雕制造出来的建筑景观神游于另一个"世界"。以歇山顶脊中心的宝葫芦为中轴，赐额上方龙为正向，两侧各有龙，龙尾回勾于额枋下部正中。中心坊门的枋额下以鸱吻装饰支撑，鸱吻呈"S"形。"S"形就是中国习惯上称作"太极图"形的构成。"太极图是反映宇宙的普遍规律，一阴一阳、一正一反、一明一暗……生生不息、永远在发展的生命力的表现。"[87] 一对鸱吻暗含"喜相逢"的主题，它们身躯灵柔矫健，对对成双，这种装饰题材包括龙、鸱吻、仙鹤等。"这种极端对称的图案性的线条的爱好，是我们民族艺术基本的特征之一……建筑是对称的，有主有次的，建筑装饰是图案化的……我们历代的艺术家，善于抓取自然现象的神态，使之图案化，而无伤于对生物的正确描写。"[88]该牌坊的形式美主要体现在对称性和韵律性上。仙鹤头部朝天，双翅高举，仿佛频频振动、高昂悠长的鸣唱。仙鹤是极为高贵的仙禽，坊梁上以仙鹤团成对称布局，翻翔飞舞于祥云之中，玉羽凌云，富有神韵，给人以飘然出尘之感。仙鹤是嘉靖皇帝非常喜爱的一种吉祥物，被视为道士的坐骑和伴侣，有仙友之喻，象征长寿和吉祥。所有饰件都以祥云为底景衬托，斗栱状似祥云，为吉祥的预兆，寓福地之真气、瑞气，符合道教对真气的重视，蝙蝠式祥云喻天自降福。檐脊均为镂空花草纹样，如同中国的剪纸和手工艺钩织的花边。边楼的横枋做法则更为复杂，其内枋为粗线条雕饰，正反面又以剪纸般的外枋夹护，这样虚中有实，形成通透感和层次感。这种手法渲染着艺术的朦胧，从视觉上给人以美的享受，更能唤起观赏者内心深处对神仙世界的向往。

作为艺术品的玄岳门极具观赏性，不但给人留下美感，还提供了广阔的想象空间，让人们感受和领悟一些深层次的东西。其材质的单纯齐一、题材的多样变化之特点，符合形式美的法则和规律。模仿自然又超越自然，模仿现实的人以及人的生命活动又自我超越，使形式美和模仿美完美统一，从单纯齐一中找寻意义，超越多样变化的有限世界而使灵魂得到终极关怀，这是作为道教建筑的牌坊的形式美所带来的价值意义。

其二，比例尺度强调和谐性。玄岳门是造型的艺术，通高12米，面阔12.4米，明间与次间之比约为5：3，牌坊整体和局部给人感觉的大小和真实的大小存在着一个比例尺度的问题，一致性或和谐性是尺度能获得美感的因素。"任何事物只要具备一定的比例关系，它便初具视觉上的美感；而且绝大多数我们觉得美的形式，都具有和谐的比例。"[89]和谐是各部分形成有序的整体。正方形是一种优美比例关系，是最平稳的、和谐的1：1。因此，牌坊建筑，需处理长短、高下、厚薄等数量的关系问题，通过牌坊的客观构图尺度使整体和局部给人感觉的大小和真实的大小基本一致，同时，使门的面阔与高度比例协调，立面外轮廓线呈正方形，中间门洞几成方形，两侧门洞呈矩形，统一和谐，比例良好。五楼相迭，造型宏大且无突兀之势。屏墙、海墁、踏垛4000米，总体呈现磅礴的气势，挺拔有力。三个门洞并列有"小—大—小"连续的韵律与节奏，既差异明显，避免单调，又和谐统一，防止混乱。

相对于大型宫殿而言，牌坊只能算建筑小品或者次要建筑。但是，这件"小品"不可小觑。因为从材料语言上看，该牌坊采用的石料坚硬经久、质感浑厚、坚固粗犷；从形体塑造上看，巍峨壮丽、造型挺拔、凝重冷峻；从意蕴表达上看，形象生动，引人入胜；从整体形象上看，突出了入口的空间，运用巨大的门洞、高耸的檐楼、偏小的筒瓦勾头等，成功地夸张了牌坊的高大宏伟，具有与众不同的建筑造型和外观形态；从建筑形式上看，显出左右均衡对称、前后呼应、比例协调的均衡之美，营造出悦目的视觉效果和整体美感。檐楼大小高低，柱枋垂直与水平，细部形状方与圆、曲与直，上部檐顶与门洞的虚与实、光影的明与暗、装饰的繁与简，对比和谐。主楼、次楼分明、对称，强调了均衡中心，各部分形成有序的整体并有生动的变化。

三、装饰美

该牌坊不需要具备门禁的功能，故可以尽情修饰，精雕细琢，让美的雕镂装点附着在一个朴质而高雅的置架上，成为道教建筑物里别开生面的极品。牌坊是雕刻的载体，精湛的装饰艺术增添了独具一格的艺术魅力和赏心悦目的审美价值。作为一件大型雕饰艺术品，精美的雕工主要体现在装饰题材和雕刻技法上。

从整体上看，牌坊上部装饰华丽，雕刻技法多样化，不只是单纯运用一种雕刻技法，如阴纹线刻、平雕、浅浮雕、深浮雕、透雕、圆雕、高深镌刻、镂空凿剔等。各种技法综合运用，深浅明暗结合，错落有致地在坊体上精工雕琢，纹饰寓意深刻，装饰表现技艺精湛，几乎包含了所有的传统石雕技法。尤其高浮雕利用三维形体的空间起伏或夸张处理，形成浓缩的空间深度感和强烈的视觉冲击力。圆雕与浮雕的处理手法成功地结合在一起，充分地表现出人物相互叠错、起伏变化的复杂层次关系，给人以强烈的、扑面而来的视觉冲击感。圆雕艺术在雕件上的整体表现，让观赏者可从不同角度看到物体的各个侧面，极富立体感、生动、逼真、传神，正看侧看皆可，从而形成艺术形象的整体感。占有三维空间的实体构成的雕塑群体或个体，无论何种视点角度均能感受其存在实感。通过自身的形象与之相谐的环境，形成统一的艺术效果，以集中、简练、概括的手法扣住主题，体现其艺术感染力。平雕基本是在石材上雕刻，是将形象刻出，画面凹进去，凸凹部分均在一个平面上，轮廓如同剪影，有边饰、底饰、回纹等几何图形。

最精彩的是字板周围的装饰。以高浮雕手法雕制成字板两侧的雕龙柱，蟠龙形象尤为突出，龙头有神，龙爪有力。字板上方比雕龙柱宽一倍，仙鹤翱翔，祥云旋绕，正中蟠龙直视，龙爪恰在字板正下方。由于两侧展布透雕如意纹，因而龙爪十分明显。隔一道大额枋下边又有与字板上方浮雕内容相仿的小额枋，不过宽度较之有所增加，只是没有了龙的形象，代之以一对鳌鱼雀替。天上飞翔仙鹤，水里鳌鱼潜渊，便有了层次感，而对于门楣上方来讲既形成了整体美感，又增强了庄严神圣感，更符合仙鹤鸣集于上的祯祥效应。

虽然青石本身成色单一，但运用多变的技法，在雀替、花板、斗栱、立柱、檐楼、榫头、额枋等处进行了细琢精雕，弥补了用料成色单调之不足，既有豪华大气之感，又有稳固磅礴之势。正如英国学者罗杰·斯克鲁顿《建筑美学》所言："人们所看到的东西不只是一个有趣的空间，而且，也是各个面相互联系的和谐组合。这种和谐之所以能被观察到，主要是由于制作精美的细部吸引我们的注意。"[90] 玄岳门的装饰技法主要有：

剔地起突：如额枋上的仙鹤祥云，给人一种上飞于天、晦隔层云之感；龙的角浪凹峭、目深鼻豁，给人一种下潜幽渊、深入无底之感。雕件表面凸起较高、层次较多、起伏较大，立体感便较强，剔空雕、突雕、高浮雕的技法产生了层次感，表面凸起较高，具有较大的空间深度和较强的可塑性，赋予其情感表达形式以庄重、沉稳、严肃、浑厚的效果和恢宏的气势，也增强了立体感。

压地隐起：如额枋上下边框的游云使用了浅浮雕的技法，凹下去的"地"大体在一个平面上，起位较低，形体压缩较大，使花纹浅浅地凸出底面，雕刻较浅，层次交叉少，平面感较强，勾线严谨，富有节奏感和韵律感，表现出充满生气的艺术形象，以行云流水般涌动的绘画性线条和多视点切入的平面性构图，传递着平和情调和抒情诗般的浪漫柔情，视觉效果良好。

减地平钑：如仙鹤的羽毛、龙的鳞，极精细有力的线条，运用了平浮雕的技法，使凸起的雕和凹下去的地都是平的，反衬出仙鹤栩栩如生、雄龙鳞角藏烟的生动。

素平：如龙的鬃鬣纹线用了阴刻线雕完成，使龙须尖鳞密上壮下杀，鬃鬣肘毛蜿蜒升降，是在主题纹样以外的空地上使用的技法，起次要或衬托纹饰作用。线型流畅圆和，格调俊秀细腻，既写实又写意，增加了整个雕刻的层次感，无论远近都十分耐看。

圆雕：如八仙等神仙造像为三维立体雕，采用整雕、圆雕的雕刻技法，集中深入地塑造富有个性的人物典型性格，以形体起伏、衣饰飘动烘托人物，从而引起丰富的联想。单体造型生动逼真，精练传神，极富立体感，可多方位、多角度地欣赏，将写实性与装饰性统一，以寓意和象征的手法渲染着武当仙山的场面，使雕塑作品产生音乐般的韵律和感染力。

透雕：如额枋边框的镂空花板、雀替重叠穿插、檐板和额枋蝠式祥云凹雕，均为双面镂空透雕，具有悬空的表现能力，有一定的深度感。既可减轻重量和沉重感，又通透空灵，减少正面风压，提高安全度。造型上疏密虚实、方圆顿挫、粗细长短的交织变奏，表现出精巧入微、玲珑剔透的艺术追求。

牌坊的装饰美带来喜乐吉祥的情感，说明道教建筑擅于运用含蓄的语言表达思想，从人物到瑞兽，从牌带到地纹的图案，均采用象征性或隐喻性手法反映道教崇尚的慈爱济世、度人向善思想，是利用民俗进行道德教化的手段，表达对朝山进香者的祝福和愿望，使人明白了神灵是集中人间美好和高尚的楷模，朝山进香是人生中的喜乐大事。

作为武当山道教建筑群中的附属建筑，"治世玄岳"牌坊处于导入门户的地位，却能通过装饰的精美，使人刚一进入建筑群就获得艺术处理上的一个高潮效果。远望，它屹然矗立，空间上隔而不断，令人产生崇高、敬畏之情；近观，它杰然精丽，视觉上多重审美感受扣人心弦，令人感到温和、亲切，从而产生自然联想，使艺术熏陶与道教教化融为一体。建筑结构上也有别于其他建筑，不仅自成一体，个性独立，而且荟萃设计、雕刻、匾额、书法等多种艺术于一身，建筑构造本身的工艺性、装饰性、观赏性创造出了庄重性、标志性、引导性的意义，传统技

》》"治世玄岳"牌坊侧影（宋晶摄于 2007 年）

术和艺术表现力如此纯熟，堪称明代石雕艺术的典范之作，具有很高的审美价值、文化价值、艺术价值。法国作家雨果曾讲："社会的一切物质力量和精神力量都汇合于一点，即建筑。""建筑艺术直至 15 世纪一直是人类的主要记载，在这段时间里，凡是世上出现的稍稍复杂的思想，无一不化作建筑物，任何人民意念以及宗教律法都有其建筑丰碑；凡是人类所思重大问题，无一不用石头写了出来。"[91]嘉靖时代留给后人的这部石头史书，是文化的载体、凝固的音乐、艺术的瑰宝，影响广泛而深远，具有经久不衰的无穷魅力。

注释:

[1][3][清]张玉书等:《康熙字典》,北京:中华书局,1958年,第35页、第414页。

[2][汉]许慎:《说文解字》,天津:天津古籍出版社,1991年,第247页。

[4]王其钧:《古雅门户》,重庆:重庆出版集团、重庆出版社,2007年,第188页。

[5]冯骥才主编:《古风——中国古代建筑艺术 老牌坊》,北京:人民美术出版社,2003年,第1页。

[6]程俊英译注:《诗经译注》,上海:上海古籍出版社,2006年,第194页。

[7][宋]李诫:《营造法式》卷二,上海:商务印书馆,1954年,第33页。

[8]潘谷西、何建中:《〈营造法式〉解读》,南京:东南大学出版社,2005年,第107页。

[9]王其钧、谢燕:《图解中国古建筑丛书 皇家建筑》,北京:中国水利水电出版社,2005年,第142页。

[10]万幼楠著,葛振纲绘画:《中国古典建筑美术丛书 桥·牌坊》,上海:上海人民美术出版社,1996年,第73页。

[11]钱玄等注释:《周礼·地官·大司徒》,长沙:岳麓书社,2001年,第96页。

[12][84][86]刘敦桢:《刘敦桢文集(一)·牌楼算例》,北京:中国建筑工业出版社,1982年,第196页、第195页、第199页。

[13][56][明]何白:《汲古堂集》卷二十四,北京大学影印本,第18、第17页。

[14]刘枫:《门当户对:中国建筑·门窗》,沈阳:辽宁人民出版社,2006年,第109页。

[15][清]陈梦雷编:《古今图书集成·经济汇编·考工典》第七十四卷坊表部,中华书局影印,第787册,第6页。

[16][17][18][32][53][66][68][69][78][79]陶真典、范学锋点注:《武当山明代志书集注》,北京:中国地图出版社,2006年,第481页、第436页、第307页、第447页、第318—320页、第73页、第400页、第74页、第409页、第97页。

[19]南炳文、汤纲:《明史》(上),上海:上海人民出版社,2003年,第357页。

[20]陈登原:《国史旧闻》卷49,北京:中华书局,1980年,第242页。

[21][明]严嵩:《钤山堂集》卷第十六"诗"南宫稿,第7页。

[22][30][37][38][42][清]张廷玉等撰:《明史》,北京:中华书局,1974年,第26册第7898页、第26册第7896页、第18册第5413页、第18册第5181页、第18册第5452页。

[23][24][31]陶金、喻晓:《明堂式道教建筑初探——明世宗"神王"思维的物质载体》,《故宫学刊》2016年12月31日总第17辑,第178页、第181页、第197页。

[25][40][46][47][48][51]中央研究院历史语言研究所校印:《明实录·世宗实录》,第44册第5067页、第43册第4059页、第46册第6932页、第46册第7079页、

第 47 册第 8218 页、第 45 册第 6339 页。

[26][美]牟复礼、[英]崔瑞德编:《剑桥中国明代史》,北京:中国社会科学出版社,1992 年,第 520 页。

[27]张瀚:《治世余闻·继世纪闻·松窗梦语》卷 5,北京:中华书局,1985 年,第 99 页。

[28][39][清]谷应泰编:《明史纪事本末》,上海:上海古籍出版社,1994 年,卷五十二第 1 页、卷五十第 32 页。

[29][明]黄景昉著:《国史唯疑》,陈士楷、熊德基点校,上海:上海古籍出版社,2002 年,第 187 页。

[33][春秋]左丘明著:《国语》卷十八"楚语(下)",李德山注评,南京:凤凰出版社,2009 年,第 217 页。

[34][春秋]孔丘著:《论语》,纪琴译注,北京:中国纺织出版社,2007 年,第 288 页。

[35]《百子全书·荀子》,扫叶山房 1919 年石印本影印,杭州:浙江人民出版社,1984 年,第 16 页。

[36]王文锦译解:《礼记译解》(上),北京:中华书局,2001 年,第 526 页。

[41][43]胡凡:《嘉靖传》,北京:人民出版社,2004 年,第 102 页、第 173 页。

[44]谢贵安:《试述〈明实录〉对武当山的记载及其价值》,《江汉论坛》2011 年第 12 期,第 109 页。

[45]中央研究院历史语言研究所校印:《明实录》第 9 册,《明太宗实录》卷 207,第 2113 页。

[49][70][明]王世贞:《弇州四部稿》,卷一第 1 页、卷二十二第 12 页。

[50][80][清]王概等纂修:《大岳太和山纪略》,湖北省图书馆藏乾隆九年下荆南道署藏版,卷七第 2 页、卷九第 14 页。

[52][苏联]鲍列夫著:《美学》,乔修业、常谢枫译,北京:中国文联出版公司,1987 年,第 415 页。

[54][美]卡斯腾·哈里斯:《建筑的伦理功能》,北京:华夏出版社,2001 年,第 97 页。

[55][63][清]高鹤年著述:《名山游访记》,吴雨香点校,北京:宗教文化出版社,2000 年,第 88 页、第 88 页。

[57][73][76]熊宾监修,赵夑总纂:《续修大岳太和山志》,大同石印馆印,1922 年,卷七第 30 页、卷八第 5 页、卷八第 17 页。

[58]武当山志编纂委员会:《武当山志》,北京:新华出版社,1994 年,第 155 页。

[59]赵家驹:《鄂北之行——从武汉,经襄樊,至均县草店抗日救亡工作的回忆》,《奔腾的草店》1988 年 5 月 15 日回忆材料汇编,第 22 页。

[60]姚祝萱辑:《新游记汇刊续编》第四册,北京:中华书局,第 9 页。

[61][72][明]徐宏祖:《徐霞客游记》,长春:时代文艺出版社,2001 年,第 27 页、

第 27 页。

[62] 陈鼓应：《老子注译及评价》，北京：中华书局，1984 年，第 124 页。

[64][71] 中国武当文化全书编纂委员会：《武当山历代志书集注（一）》，武汉：湖北科学技术出版社，2003 年，第 627 页、第 623 页。

[65][清] 马应龙、汤炳堃主修，贾洪诏总纂，萧培新主编：《续辑均州志》卷之十八，武汉：长江出版社，2011 年，第 468 页。

[67][宋] 韩拙：《山水纯全集》子部 119 艺术类第 813 册，文渊阁四库全书影印本，台湾商务印书馆，第 11 页。

[74] 李德喜：《湖北的牌坊》，《华中建筑》第 25 卷 2007 年第 1 期，第 184 页。

[75] 祝笋：《武当山古建筑群》，北京：中国水利水电出版社，2004 年版，第 31 页。

[77] 薛曼尔：《神的由来》，上海：上海文艺出版社，1990 年，第 5 页。

[81] 李艳：《明清道教与戏剧研究》，成都：四川出版集团、巴蜀书社，2006 年，第 160 页。

[82] 李洞天、杜一心编：《道教图文百科 1000 问》，西安：陕西师范大学出版社，2011 年，第 384 页。

[83] 冯契主编：《哲学大辞典》（下），上海：上海辞书出版社，2001 年，第 1691 页。

[85] 朱广宇：《中国传统建筑门窗、隔扇装饰艺术》，北京：机械工业出版社，2008 年，第 202 页。

[87] 雷圭元：《中国图案美》，长沙：湖南美术出版社，1997 年，第 21 页。

[88] 陈明达：《陈明达古建筑与雕塑史论》，北京：文物出版社，1998 年，第 247 页。

[89] 刘育东：《建筑的涵意》，天津：百花文艺出版社，2006 年，第 164 页。

[90][英] 罗杰·斯克鲁顿著：《建筑美学》，刘先觉译，北京：中国建筑工业出版社，2003 年，第 47 页。

[91][法] 雨果著：《巴黎圣母院》，管震湖译，上海：上海译文出版社，2011 年，第 184—186 页。

第三章

武当山

遇真宫建筑鉴赏

　　明代香客朝谒武当山进入玄岳门后，再西行 1.2 公里即见遇真宫。"入山诸宫，以遇真为托始。"[1] 当时这里峦表萦纡，溪涧前绕，苍松古桧，翛然数里。明代南京刑部尚书、湖广巡抚、文学家顾璘游历至此，"童冠羽人数十，提香、鸣乐、持幡旆来导，悠悠然度灌木、溪桥之间"[2]，令他产生登陟仙界般恍惚之感。沐浴在晨钟暮鼓中的遇真宫，曾是武当山张三丰真人习武修行之地，也是以奉张三丰祖师而著称的道教建筑。遇真宫不仅文化背景浓厚，风水堪舆绝佳，而且规制布局严整，建筑技术精巧，在武当山道教建筑审美上别开生面，值得仔细审视。

第一节　武当山道教建筑史上的两个遇真宫

在武当山道教建筑史上，曾有两处建筑都被称为遇真宫。一处是由武当山张三丰真人亲建的遇真宫，旧址即今"玄天玉虚宫"所在。早前这处简陋的茅屋草庵为张三丰修炼之所。另一处是现存的遇真宫，因山水环绕如护城，"故名曰'黄土城'"[3]，由明成祖敕建，其彩栋朱墙，道房幽雅，如今是采取整体顶升而加以保护的道宫。两处遇真宫都蕴含着丰厚的道教文化。

道教建筑的规制与风格，随着文化内涵的不断丰富而逐渐完善，具备了仙人两界的沟通功能，成为道教特有的文化符号。在道教庙宇各种称谓中，"庵"是一种供神的圆形小屋舍，规模小，道人修行结草为庵，自然没有宫观等级高。《释名·释宫室》云："草圆屋曰'蒲'，蒲，敷也。总其上而敷下也，又谓之'庵'。"[4]武当山道教建筑史上曾有不少的庵，如汉代马明生、戴孟等依岩结茅架屋为自然庵；为祭祀东晋华阴县令徐子平弃官修道成仙修石鼓庵；宋皇室推崇道教信奉真武，道士兴工修建过月庵（均州东楼）、白雪庵（习家店方山）、云窟庵；元代的冲虚庵、希夷庵（陈抟栖隐处）、伏虎庵（见《大元一统志》）；明代玄岳门内的襄府庵；清康熙年间磨针井附近的回心庵；均州沧浪亭附近的悟真庵、玉峰庵；"私改曰玄都宫"的会真庵、修真观左侧的自在庵、"五龙行宫前，高真白元福所修"[5]的明真庵等。清康熙二十五年（1686年），均州十一庵改为"观"，但习惯上仍称"庵"。总之，"元、明、清三代，曾在武当山建庵39处，规模较宏伟，地方集资兴建的庵则规模较小。"[6]

道教的修庵祀神延至明洪武年间，张三丰奉祀玄帝香火也建起了简陋的草庐茅庵。据《任志》卷八载："洪武年间，张三丰真仙清盼留意在此，故结庵于其上，以奉玄帝香火，名曰'遇真宫'。"[7]明成祖所以建玉虚宫又兴建遇真宫专门祀奉张三丰，与真仙张三丰相中这两处风水宝地有很大关系。为什么张三丰对自己所建的庵偏偏以"宫"称谓呢？武当山与张三丰有着怎样的缘？如果不了解遇真宫的文化背景，不了解张三丰其人，几乎无法回答这些问题，更遑论鉴赏遇真宫建筑。

一、张三丰其人及"隐仙"风范

有关张三丰其人及在武当山的活动，目前能见到的最早、最可信的史料是《任志》卷六"集仙记"中"张全一"条：

» 张三丰镀金坐像（刘志军摄于2002年）

张全一，字玄玄，号三丰。相传留侯之裔，不知何许人。丰姿魁伟，龟形鹤骨，大耳圆目，须髯如戟。顶中作一髻，手中执方尺。身披一衲，自无寒暑，或处穷山，或游闹市，嬉嬉自如，旁若无人。有请益者，终日不答一语。及至议论三教经书，则络绎不绝。但凡吐词发语，专以道德、仁义、忠孝为本，并无虚诞祸福欺诳于人。所以，心与神通，神与道一，事事皆有先见之理。或三五日一餐，或两三月一食。兴来穿山走石，倦时铺云卧雪，行无常行，住无常住。人皆异之，咸以为神仙中人也。洪武初来入武当，拜玄帝于天柱峰。遍历诸山，搜奇览胜。常与耆旧语云："吾山异日与今日大有不同矣。我且将五龙、南岩、紫霄去荆榛，拾瓦砾，但粗创焉。"命丘玄清住五龙，卢秋云住南岩，刘古泉、杨善澄住紫霄。又寻展旗峰北陲，卜地结草庐，奉高真香火，曰"遇真宫"。黄土城卜地立草庵，曰"会仙馆"。语及弟子周真德："尔可善守香火，成立自有时来，非在子也。至嘱至嘱。"洪武二十三年（1390年），拂袖长往，不知所止。[8]

《任志》对张三丰的描述不仅肯定了真实性，而且也突出了神异性。真实性在于张三丰确有在武当山活动的事迹，如登临天柱峰拜谒玄帝、奉高真香火的信仰行为，在展旗峰以北阔地占卜择地修建草庵遇真宫、会仙馆的修习行动，粗创五龙宫、南岩宫、紫霄宫的道教实践，弟子五人受张三丰传度、授以道要的法脉传承。神异性在于其样貌奇诡、谈吐举止异于众俗的真人形象，身世来历不详、所去不明的传奇背景，预言武当山异日必大兴的神秘语言。

不过，四川大学教授朱越利认为《任志》"张全一"条是实录还是伪造令人生疑，因为志书没介绍张全一在鹿邑太清宫出家一事，传主名张全一和字玄玄的张三丰可能不是同一人，宝鸡张玄玄是否就是武当山张全一，是否就是永乐皇帝寻访的对象，难以遽断。出家地点乃道士最基本的资历，怎会"不知何许人"[9]呢？

《明史·方伎》卷299《张三丰传》载："张三丰，辽宁懿州（今辽宁彰武）人。名全一，一名君宝，三丰其号也。以其不饰边幅，又号张邋遢。颀而伟，龟形鹤背，大耳圆目，须髯如戟。寒暑惟一衲一蓑。所啖升斗辄尽，或数日一食，或数月不食。书经目不忘。游处无恒，或云能一日千里。善嬉谐，旁若无人。尝游武当诸岩壑，语人曰：此山异日必大兴。时五龙、南岩、紫霄俱毁于兵，三丰与其徒去荆榛，辟瓦砾，创草庐居之，已而舍去。"[10]

《隐太和山》："洪武初，祖师入太和山，于玉虚宫畔结庵冷坐。庵前古木五株，阴连数亩，云气溘然，故常棲其下，猛兽不噬，惊鸟不搏，人咸异之，衲衣垢獘，皆号为邋遢张。有问其仙术，竟不一答，问经书则津涎不绝口。登山轻捷如飞，隆冬卧雪中，鼾齁如雷。常语太和乡人曰：兹山异日当大显。道士邱元靖叩其出处，始识为三丰祖师，请为弟子，遂传以道妙。"[11]

上述张三丰风貌特征及游历武当山事实，基本史料源于明代武当山志。张三丰来到武当山修炼，确是武当山道教史上的一件大事。

香港大学教授黄兆汉研究张三丰，他以明成祖寻访之举为据，肯定了张三丰实有其人，并考证推测了张三丰的生卒时期和活动时期，认为"三丰大约卒于永乐十五六年（1417年、1418年）左右，或至少没有任何活动了……三丰的生年当在泰定四年（1327年）之前，但确切年份则不可得知。"[12]"永乐十五年（1417年）之后，相信张三丰已经不在人世。张三丰是元明之际一个大道士，活动时期约元延祐年间（1314—1320年）到明永乐十五年（1417年）。"[13]张三丰"自称张天师后裔……居宝鸡金台观时，曾死而复活，道徒称其为'阳神出游'。入明，自称'大元遗老'。时隐时现，行踪莫测"[14]。黄兆汉阐述的观点是"既然有这么多的记载说成祖曾访张三丰，大抵我们可以说张三丰是个存在的人物。如果在成祖时根本没有人认为张三丰存在的话，成祖亦根本不会访寻他的"[15]。同时，他又从近乎自我否定的角度解释说："我们实在很难正面肯定张三丰实际上存在过的，因为他没有留下一些东西足以具体地证明他曾经存在，连一般人认为是他的作品的《张三丰全集》也不是他作的，而是后人伪造的。他的存在只能靠着一些别人的文字来推论。"[16]

民间有许多张三丰的仙踪道迹。如弘治十四年（1501年）《贵州图径新志》对张三丰和后来大修武当山"恩张"张信的平越（今贵州福泉）交往有记载："高真观，在卫城西南福泉山上，洪武二十二年（1389年）指挥张信建……张三丰仙人，不知何许人，以洪武间来寓高真观，与指挥张信……已而别信曰：武当山再会。信恳留，闭之室中，未已，寂然不知其所往。后信以功封隆平侯，监修武当宫观，果再会其人焉。"该书成于张三丰离开福泉百余年，较为可信。"万历二十四年（1596年），平越大修高真观时，由守道王恩民……共同采辑刊刻了张三丰第一部专著《张仙遗事》载：'张三丰，形骸外垢，天机内朗，于洪武末年侨寓平越卫之福泉山高真观，在观后结茅为亭，昼则闭户静坐，夜则朝礼北斗，仙成离云之事。'"[17]明末进士、官员黄宗昌撰《崂山志》记载："明永乐间有张三丰者，尝自青州云门来，于崂山下居之……又有张仙塔、邋遢石，皆其历迹。"[18]黄宗昌治学严谨，其言可信度亦高。《太清宫志》称张三丰为崂山道教十大道首之一，是崂山内家拳术的开创者。"据说张三丰青年时代便来到崂山洞居修行十余载，后云游天下，遇火龙真人得传大道。"[19]武当山金顶下豆腐沟有火龙观遗址，传为隐仙派五祖火龙先生修行处。以尹喜为宗祖的文始派，《文始真经》主张修一己真阳之炁，以接天地真阳之炁，盗天地虚无之机，以补我神炁之真机。这种合大造化于一身的丹法是炼神还虚之妙要，抽象且过程漫长，但可达到澄心遣欲，从而守一，进而虚无的境界。道学家萧天石认为："道门丹道派中，以重阳派最大，而以文始派最高。衡之曲高和寡之理，历代修文始派者自当寥若晨星，而其不盛也亦宜。"[20]清同治年间赵彬纂修《大邑县志》卷十三"金石"载录宣德二年（1427年）

蒋夔撰著的《张神仙祠堂记》云："世传张神仙，名通，字三丰，号玄玄子……仙自少膂力过人，善骑射。兄弟三人，中更丧乱。流寓多方，参师学道。初，洪武壬申，献王召至，与语，不契，遂辞入山，陟鹤鸣峰顶。"[21]张三丰即有《鹤鸣山》一首。可见，张三丰是游止无恒、行踪不定之人，他无意仕途，宁愿乌纱改作道人装。

明末清初经学家、史学家、思想家黄宗羲（1610—1695年）撰《王征南墓志铭》记载了宋代武当丹士张三峰："有所谓'内家'者，以静制动，犯者应手即仆……盖起于宋之张三峰。三峰为武当丹士。徽宗召之，道梗不得进，夜梦玄帝授之拳法。厥明，以单丁杀贼百余。"[22]这位技击家不可确知，若有此人自然不是元末明初的张三丰。那么，内家拳的创立者究竟是谁？文字记载最早、最具体详尽的莫过于黄宗羲撰写的这篇墓志铭，对创拳过程、内家拳传承、技击特点和练拳人的品行修为等记述颇详。或许，"黄氏当是有意把明代张三丰前推至宋，且将'丰'易为'峰'，并称'徽宗召之'。他这样做，既有对明朝张三丰创内家拳且丹拳俱精的暗示，又有意回避了明代道士长于内家拳术的事实，其真实目的是为武当道士避嫌，避免他们遭受清廷的迫害……'宋之张三峰'之说如果不是武术家口传之误，当是黄宗羲有意杜撰，目的是障人耳目，以防因《王征南墓志铭》而祸及武当道士。"[23]

古代的道人羽士、养生之人热衷于孤云野鹤、栖无定所、四海为家的生活，"多隐其名字，藏其时日，恨山不深、林不密，惟恐闲名落入耳中"[24]，张三丰正是这样的人。他淡泊名利，九征不仕，隐逸山林，不异其志，是一位行为怪异、洒脱不羁、谈笑自若、尊重忠孝之人，具有一种不愿成为专制皇帝附庸的特质。即使在他生活的时代，也因事迹记载颇多而生歧异。张三丰的行踪游止神秘莫测，籍贯众说纷纭，使得明代朝野上下各种关于他的传说大为流行，把他说得出神入化，不同俗流。所以，张三丰是中国道教史上一位极具传奇色彩的高道，也是颇有争议之人，是中国道教史上绕不开的人物。

四川大学教授卿希泰《中国道教史》评述张三丰："与周颠仙、张中等一起，作为'神仙'出世之范例，以为新朝圣世之祥瑞，而为明室所推崇备至者，还有亦得全真之传的元明间道士张三丰。不过张三丰的作风，与周颠、张中等之亲近帝王颇有不同，与正一天师、正一道士荣贵者之腰金衣紫更相迥异，而是以隐而名愈著、地位愈高。其'隐仙'风范，上承陈抟，而更显示出全真道风格之一面。张三丰身后，形成以他为祖师的道派，《三丰全书》称之为'隐仙派''隐派''犹龙派'，将其师承追溯于请老子作《道德经》的关令尹喜——文始先生……由于明室之推尊神化，张三丰成为自吕洞宾后最负盛名的活神仙。"[25] 张三丰因隐而著名，因著名而愈隐，具有"隐仙"风范。其"隐仙"特征表现在：

（一）师承前贤，高蹈隐逸的继承性

清道光甲辰（1844 年），道士西蜀李西月（1806—1856 年）收集了汪锡龄的家传藏书，又采诸书补辑编撰了《张三丰先生全集》。该书代表和保存了张三丰的思想，并为张三丰立派而名之"隐仙派"，具有元明时代的道教思想特质。"道派"一节写道："大道渊源，始于老子，一传尹文始……文始传麻衣，麻衣传希夷，希夷传火龙，火龙传三丰。或以为隐仙派者：文始隐关令，隐太白；麻衣隐石堂，隐黄山；希夷隐太华；火龙隐终南；先生隐武当，此隐（仙）派之说也。夫神仙无不能隐，而此派更为高隐。"[26] 这一道统将师承追溯到老子。

老子信仰是中华传统文化中十分独特的文化现象，汉代史学家、文学家、思想家司马迁的《史记》有老子"其犹龙邪"[27] 的说法。黄兆汉在《明代道士张三丰考》一书中综合李西月、藏厓居士等人的推论，列出隐仙派道统表：老子—尹喜—麻衣—陈抟—火龙—张三丰—沈万三、丘元靖、卢秋云、周得、刘古泉、杨善登、明玉、王宗道、李性之、汪锡龄、白白先生—余十舍、陵德原、刘光烛[28]，隐仙派道统上溯至道家鼻祖老子。东汉张道陵创立五斗米道时，推崇老子为道教的始祖，老子之"隐"倍受道教人士崇奉。司马迁笔下的老子很神奇，《史记·老子韩非列传》载："老子者，楚苦县（今河南鹿邑东）厉乡曲仁里人也，姓李氏，名耳，字聃，周守藏室之史也……老子修道德，其学以自隐无名为务。居周久之，见周之衰，乃遂去。至关，关令尹喜曰：'子将隐矣，强为我著书。'于是老子乃著书上下篇，言道德之意五千余言而去，莫知其所终……或曰（周太史）儋即老子，或曰非也，世莫知其然否。"[29] 以道教视角观之，老子以他的传世之作《道德经》而被神化，成为中国道教中令人信服和敬仰的太上老君，被尊为道教教主，因而数千年来受到民众的信仰和崇拜。

老子弟子关令尹喜是最早到武当山的隐居修炼者，列于《总真集》"古今明达"第一。该志"卷下"引南宋王象之的《舆地纪胜》卷八十五"京西南路·均州"载："关令尹真人，西周康王之大夫。姓尹名喜，号文始先生。当周之末，大道将隐，预占紫气西迈，有道者过之，出为函谷关令，未几太上度关，喜执弟子礼迎拜，授之道德二经。约后会蜀之青羊肆，托疾不仕，隐居谷内，后入蜀，归栖于武当山三天门石壁之下。石门石室，喜之所居。古有铜床玉案，今无之矣。以其所居，名曰尹喜岩，涧曰牛槽涧、青羊涧，皆太上神化访喜之地。"[30]

在武当山自然景观及人文景观命名过程中，许多有关老子及尹喜的神话传说广为流传。如隐仙峰、隐仙岩、尹喜岩、三清岩、青羊峰、青羊涧、磨针涧、牛槽涧等道教地名，太上观、太玄观、太常观、上善池、青羊桥、老姥祠等建筑命名，将武当山的自然景观与太上老君的神化之迹紧密结合，传播着老子徒弟尹喜修道武当，老子得知尹喜隐居武当便骑青羊到武当山访尹喜的"神化访喜"传说。魏晋时期，武当山道士已将老子和尹喜崇奉为本山神仙。南朝郭仲产的《南雍州记》载"武当石室"条："武当山，有石门石室，相传云尹喜所栖之地，有银床玉案。"[31]老子原型是一位先秦时期著名的思想家，经过精心加工增添了一定的灵性并被极度神化，从而接受人们的致祭，成为受奉祀的大神——道德天尊，又封以太上老君尊号。武当山道教不仅把历史人物老子奉为神祇，而且又采取了我国民众造神惯用的手段，即通过老子访尹喜、尹喜武当隐逸修真、太上老君幻化紫炁元君点化静乐国太子等传说故事，使太上老君与武当山道教崇奉的主神——真武神发生了全息的联系，传说成为连接老子与武当山道教的媒介，对"道"的思想进行了夸张性的延展，阐释了老子道家隐逸的思想。如果没有这些老子的传说故事，历史人物的老子作为神的根基就失去了一半。这些运思巧妙的老子传说让武当山玄帝信仰有所本，也使张三丰道派具有了正传正统。"（麻衣先生）厌世浊腐，入终南静养，遇尹文始，传以道要并相法，命往南阳湍水旁灵堂山修炼""火龙先生，希夷高弟子也。隐其身，并隐其姓名。其里居不可考，即以天地为里居也。其事迹不多著，即以潜德为事迹也……隐居终南，故称终南隐仙。或曰贾得升先生也，俟博识者考之。"[32]火龙真人诗云："三教原两家，统言皆太极。洁然塞而冲，方正千年立。"[33]

反映了张三丰三教圆融、养生太极、神化性命的思想。

张三丰的思想上承火龙真人，火龙真人的师傅是陈抟。陈抟，字图南，号扶摇子，道教尊称为希夷祖师。一说亳州真源（今安徽亳县或河南鹿邑）人，一说普州崇龛（今四川资阳）人，五代宋初著名道教学者、易学大师。陈抟继承汉代以来的象数传统，把黄老清静无为思想、道教修炼方术和儒家修养、佛教禅观会归一流，对宋代理学有较大影响，后人尊称陈抟老祖、希夷祖师、睡仙，视为神仙。据《宋史》记载，陈抟在唐朝时举进士不第，遂不求仕禄，专以山水为乐，隐居武当九室岩服气辟谷二十余年，感五炁龙君授以睡法，得画前之妙，后移居华山。在武当山南岩，他留下了"寿""福"两字巨幅书法，并留诗《题落帽峰》《隐武当山》。可见，陈抟是一位独善其身、不慕势利的方外之士，他始终不出仕，在思想与行动上有"隐"的一面。为了修仙炼真，陈抟仿效《庄子》一书中藐姑射之山的神人，不食五谷，吸风饮露，服气辟谷，其蛰龙睡功以卧姿修炼内丹，达至"乘云气，御飞龙，而游乎四海之外"[34]，物我两忘的境界和神游的程度。纵观陈抟一生，虽没出仕从政，但颇为五代宋初皇帝所重视，多次下诏赐以封号并数次征召入朝商讨国事，是轰动一时的奇士异人。后唐明宗赐"清虚处士"之号；后周世宗赐"白云先生"之号；宋太宗雍熙元年（984年）赐号"希夷先生"，此号来自《道德经》的"视而不见，名曰夷；听之不闻，名曰希；抟之不得，名曰微。此三者不可致诘，故混而为一"[35]，隐含着"道"的大智慧。

张三丰在《玄要篇》中以《渔父词·咏蛰龙法》《蛰龙吟》歌咏陈抟的睡法："五龙飞跃出深潭，天将此法传图南。图南一派俦能继，邋遢道人三丰仙。"[36]表明张三丰继承了陈抟的"蛰龙"睡功，两人有师承关系，属于"隐仙派"第五代传人，是隐显莫测的一派。陈抟把人的睡功发展成为一种极高的内丹修养术，在睡中蓄养自己的精、气、神，从而实现修道的理想，即长生久视、养生成仙。张三丰则深化了陈抟的内丹之法，成为修炼内丹的集大成者。

张三丰学说的纲要《大道论》以"道"为三教之源，认为道统天地人物，含阴阳动静之机，具造化玄微之妙，统无极，生太极，是万物的本根和主宰，其义理文辞，意境高远，简赅扼要，展示了一位道教哲学家的精深与弘博。他在《无根树道情二十四首》中创新性地提出了"真铅"

这一道教哲学概念："即真知之真情，乃真灵之发现，以其真知外阳内阴，外黑内白，故谓真铅……惟以真知，内含先天真一之始气，乃阴阳之本，五行之根，仙佛之种，圣贤之脉，为修道者之正祖宗。"[37] 反映隐仙派丹法的"铅气"，"无根树者，指人身之铅气也。丹家于虚无境内，养出根株。先天、后天，都自无中生有，故曰'说到无根却有根'也。炼后天者，须要入无求有，然后以有投无。炼先天者，又要以有入无，然后自无返有。"[38] 三丰派的丹法理论可谓清净阴阳、双修双成者，他在道教思想、诗学思想、道派传承、太极丹道内外兼修等方面的学养建树，每每都有垂世之业绩，是一位创新领域宽广而又神秘莫测的奇人。"以道教史上开山立派的宗师级人物而论，几乎再也没有其他的高道像张三丰那样，充满了神秘乃至是悖论：他在世之时即享有盛名，尤为明初帝王所仰慕，却总是隐没头角、仙踪难觅；他是以武当山为中心的多个道派所共同尊奉的祖师，却又以不修边幅的'邋遢仙'形象出现；他对武当道家武学的发展有开辟之功，但关于太极拳起源的争论又使其事迹扑朔迷离。"[39] 张三丰是对全人类有卓越贡献的一代高道，被武当山研修道家的玄裔弟子尊崇为张三丰祖师，道学成就之丰厚、影响力之大高山仰止，中国近六百年道教史上难有企及者，在中华文化史上享有崇高的地位。

（二）修身养性，与道合一的目的性

张三丰在武当山修道授徒，内丹造诣甚深，或许《大道论》《玄机直讲》等篇目就创作于武当山修行中。张三丰承继陈抟学脉，宗太极学说，由修炼而清修且兼习武当内家拳技，其学别成一格。"（内丹）就是道教徒借用烧制外丹的经验、理论、术语等来炼养自我生命。他们以人体为丹房，以心肾为炉鼎，在人体内部'烧丹'，以求长生不老，变形成仙。"[40] 修炼道士把下丹田比作炉鼎，精为水，意为火，炼精成气，炼气补神，炼神还虚，"炼精化气为初关，炼气化神为中关，炼神还虚为上关"[41]，一定程度精气神聚而成丹，以致长生久视。"内丹，简要地说是人体内精、气、神三者转化后的结合物。"[42] 中国社会科学院世界宗教研究所副研究员戈国龙认为："内丹是人体精气神修炼成果的泛称，它虽是从外丹烧炼中借用而来，但却不一定如外丹那样是有形有质之物，内丹也可以是无形无象的内修境界的代名词。"[43] 张三丰内丹修炼以陈抟《无极图》为理论根据，吸纳了两宋理学周敦颐的思想，提出"无根树"说，深化了道家的内丹理论，创立内家拳而自成一家。

陈抟的《无极图》共分五圈，自下逆行而上，开始于"得窍"，经过"炼己""和合""得药"，结束于"脱胎还虚"，对内丹修炼过程作了完整阐述。炼丹筑基，从冥心太无入手，以静生动，依次为炼精化气、炼气化神、炼神还虚、复归无极四段功夫。张三丰《大道论》主张"炼气化神，炼神还天，复其性兼复其命，而外丹就矣……还丹容易，炼己最难……面壁之时，炼精则化炁，炼神则化虚，形神俱妙，与道合真"[44]。这表明张三丰对陈抟的丹道之学十分推崇。他全面继承了陈抟的内丹思想、修炼方法，结合自己的修炼实践，概括出内丹修炼性命双修、筑基培元的理论，发展了性命双修、动静结合的道教养生功夫。《大道论》还说："气脉静而内蕴元神，则曰真性；神思静而中长元气，则曰真命。浑浑沦沦，孩子之体，正所谓'天性天命'也。人能率天性以复其天命，此即可谓之道。"[45]强调先修心性，后修命脉，甚至提倡在世俗间修心养性，做到少思寡欲才能牢固丹基。

修炼内丹的目的是什么？张三丰《太极拳歌》给予了回答："想推用意终何在，延年益寿不老春"[46]，即除疾祛病，益寿延年。张三丰认为大道是以修炼心性为首的，他说："大道以心炼性为首。性在心内，心包性外，是性为定理之主人，心为栖性之庐舍，修心者，存心也；炼性者，养性也"，"心朗朗，性安定，情欲不干，无思无虑，心与性内外坦然，不烦不恼，此修心炼性之效，即内丹也。"[47]"性"是心的本体，命功修炼即遵循老子无为之道，修心炼性，达到内外坦然、无思无虑的境界。他还论述了丹道修炼守静的途径方法，与《坐忘论》的"一曰简缘，二曰除欲，三曰静心"[48]三大戒律思想一致。由于人有真、妄二心，张三丰提出专注修炼要保守真心，不生妄念，真正做到老子的"致虚极，守静笃"[49]，与道合一。

武当武术的直接源头是道教的导引术和服气术，在其产生和发展过程中与道教门派相结合，唐宋时形成龙门、天罡、太乙、清虚四大门派，而张三丰是真正将武当武术发扬光大并泛化于俗的人。他在武当山修炼二十余年，将道教内丹术、导引术等修炼法门与技击之术相结合，创立了武当内家拳，即太极拳，把它当作修炼内丹的一种动功功法。他开宗明义把养生放在首位，提倡长生，并将内家拳传授给武当弟子。

依《张三丰全集》所载"天顺末，或隐或现，上闻之，不知所终"[50]，此时张三丰212岁。若按张三丰《无根树》丹词尾附："明洪武十七年（1384年）岁在甲子中和节，大元遗老张三丰自记于武当天柱峰之草庐"[51]统计，张三丰也有141岁。丹书称三丰祖师为老仙，若此言不虚，内丹修炼而获长生足以令人羡慕。按上清派道典《黄庭经》的说法："仙人道士非有异，积精所致为专年。人尽食谷与五味，独食阴阳太和气，故能不死天相溉。"[52]仙人道士并非先天而成，而是积勤修炼所致，重要的修炼之道是饮食太和之气拘守魂魄。李涵虚在《张三丰先生全集》叙言中指出："程子谓却病延年则有，白日飞升则无；欧阳公谓养生之术则有，神仙之事则无。余以为却病、养生，即仙道也。"[53]在道教看来，"仙道"并非神乎其神，而是修炼精气、祛病养生、得以长生的必然结果。由凡人到真人的过程是积精累气的过程，也是由量变到质变的过程，并非神秘之事。虽然清代武当山道教逐渐衰落，但武当道士练功习武不辍，徐本善正是追随张三丰思想理念者。徐本善少年时代随父朝拜武当，走到遇真宫时，为辉煌的道教建筑和精湛绝世的张三丰内家拳术所倾倒，遂起弃世出家之念，后终修炼成为武功高强兼擅医术并向世人传授张三丰内家拳的一代高道。

张三丰批判地借鉴了周敦颐的"太极本无极"的思想，以无极而太极、太极动静生阴阳五行之宇宙生成论，比附人的性命生育。他以穷理尽性于命诠释修道："性即理也，人以性而由天之理也。夫欲由其理，则外尽伦常者其理，内尽慎独者其理。忠孝恭衷乎内也，然着其光辉则在外也。喜怒哀乐见于外也，然守其未发则在内也。明朗朗天，活泼泼地，尽其性而内丹成矣。"[54]张三丰的教义近于全真道，强调三教同源于"道"，对于个人就是性命本原。隐仙家的性命之学，是从人生命之形成探究其先天之本，人在父母未生以前是无极，父母施生之始为太极，既生之后复以无极统其神，太极育其气，率天性复天命就是内丹性命双修，返本归根，复还先天无极之道，这种性命双修的理论较前人丹书中的说法深了一层。张三丰的"黍米说"提出儒家说穷理尽性以至于命，佛家说明心见性，仙家说了性了命，三教合一。他极力和会儒学，具有浓厚的理学气味，对天性天命突出三教归一论，后学奉为"三教宗师"。当明太祖问及三教之说优劣如何时，张三丰徒弟孙碧云答道："而太上训道德无为，修身治国之玄理，演清静太朴，正己正人之圣化，上古明君，成为准则，而称为善治岂不为优乎？而释迦文佛，出自西极，而教流东土，谈检身治心真实之微言，说过去未来不虚之因果，若尊守之，则超出十地，岂不为优乎？若此三教之说，途虽殊而归乃同矣也，虑虽百而致乃一也，本无优劣之辨。"[55] 等于阐述张三丰一系的三教归一思想。张三丰强调修道者无论修己或修人都是在修道，即修阴阳、性命之道，其《天口篇》云："圣人之教，以正为教，若非正教，是名邪教。"[56] "玄学以功德为体，金丹为用，而后可以成仙。"[57]

效法自然作为构建武当武术的要基突出地表现在对大自然的模仿上，修持的过程是无为与有为的辩证统一，是顺遂自然的过程，唯如此才能真正实现超凡入圣。《道德经》曰："有物混成，先天地生。寂兮寥兮，独立而不改，周行而不殆，可以为天地母。吾不知其名，强字之曰'道'。"[58] "人法地，地法天，天法道，道法自然。"[59] 道乃无有，万物生道，生灭循环，"道"是宇宙间万物之本原和本体，"道法自然"为老子思想的一个重要哲学命题。张三丰理解的"道"："夫道者，统生天、生地、生人、生物而名，含阴阳动静之机。"[60] 故其思想与老子"道"的哲学思想一脉相承，成为实践顺遂自然之道、丹成高隐、隐显度世的典型。内家拳参同"道"的圭臬，逐步建立起"太极拳道"的理论体系，由众多的道教祖师总结、印证，张三丰加以阐扬和光大。

顺其自然之理是筑建武当拳功理论和技术体系的根基，主要表现为返璞归真、太极图式、五行变化等方面。从武当武术的导引术—五禽戏—易筋经—八段锦—内功图说—太极拳的整个成长历程来看，对自然界各种生命现象特征的模仿，是发挥其健身效能的奥秘。传张三丰由"鹊蛇相斗"而悟出深刻的哲理，创造出武当内家拳，体现了道法自然的本质。张三丰的《十三势行动心解》由"彼不动，我不动，彼微动，己先动"[61] 总结出"后发制人"作为武当武术的战术原则，与道家"不敢为天下先"的思想相习，符合老子"无为"的主张。内家拳讲究守柔处雌、以静待动、以柔克刚。老子所提出的"反者道之动，弱者道之用"[62] 的观点，守雌、贵柔、崇弱、尚下的思想对内家拳的拳理拳法影响很大。关于"太极"，张三丰在《登天指迷说》中说："物物各具一太极，即道也，人人心上有先天，亦道也。"[63]《太极拳全书》的"太极者，无极而生；动静之机，阴阳之母也。动之则分，静之则合。无过不及，随曲就伸"[64]，强调了太极就是"道"的具体化。太极拳是带有道家修炼内涵的拳术派别，是武当武术的主体内容，取得内养成就作为根本，在此基础上附带产生出技击效用，即内养为本、技击为末。作为武当内家拳的集大成者和中兴者，张三丰代表了一个时代一大批武家，从主观实用经验主义中解放出来，迈向了以研究客观哲学理论，并向指导实践的武学概念升华飞跃。中华武术素有"北崇少林，南尊武当"之说，武当武术的传承以张三丰为标志性人物，并尊其为武当武术的开山祖师。

（三）不慕世荣，隐迹山林的超然性

卿希泰的《中国道教史》第三卷考察了明皇室访求张三丰史实后提出："从明初起，张三丰便受到皇帝的钦重。洪武十七年（1384年），太祖朱元璋下诏征张三丰入朝，不赴。遂下诏命张三丰弟子沈万三、丘玄清征请张三丰，未获。"[65]洪武二十三年（1390年），张三丰从武当山"拂袖长往，不知所止"[66]。同年，湘王朱柏朝谒武当山，寻找张三丰，不得。湘王朱柏是明太祖朱元璋第十二子，奉命专门到张三丰的武当故居找寻，结果未能称心如愿。《太和山寻张三丰故居》一诗抒发了他的遗憾与感喟："张玄玄，灵神仙。朝饮九渡之清泉，暮宿南岩之紫烟。好山浩劫知几度，不与景物同推迁。我来不见徒凄然。孤庐高出古松巅，第有老猿接臂相攀援。张玄玄，灵神仙。遥仰乘飙游极表，茅龙乔鹤上青天。"[67]《明史》卷299"张三丰传"载："太祖故闻其名，洪武二十四年（1391年），遣使觅之不得。""洪武二十四年，又命第四十三代天师张宇初访求张三丰，不获。"[68]张宇初为正一派天师，洪武十年（1377年）嗣教，为第四十三代天师，后总领天下道教事，受太祖朱元璋派遣，专此来武当山寻找张三丰，自言"仙姿喜有厖眉叟，月下期招鹤背风"[69]。

张三丰蒙明太祖诏请，却屡召不赴，隐迹山林，反映在张三丰与高徒丘玄清的交往中。《任志》卷七"采真游"第六"丘玄清"条云："自幼从黄冠师黄德桢出家，读书造理……洪武初年来游武当，见张三丰真仙，举为五龙宫住持。"[70]明天顺《襄阳府志》卷三明确记载了张三丰的道籍，"仙释"云："张三丰，未详何许人。洪武初云游，主于均州，附芝河里道籍。以全真修于大岳太和山，道德隆盛，众皆化之。遂礼请为兴圣五龙宫住持，大阐宗风。后于南岩宫结庵，习静一日，因登展旗峰，步至海溪，于玄天玉虚宫五树边下结庵以憩焉。"[71]张三丰是全真派道士，道德隆盛，灵化玄妙，在武当山道教界的地位高、影响大，故被道众推举为五龙宫住持，丘玄清到武当山后自然拜他为师。张三丰欣赏其才干，推举他接任五龙宫住持一职，而张三丰自己则超然物外高蹈隐逸起来，表现出不慕世荣、彻底的"隐仙"风范。丘玄清奉师傅之命，率领徒弟燕善名、蒲善渊、马善宁等在五龙宫拾瓦砾，理故墟，构筑庐室暂居。次年，"楼观鹗跱，洞户蜂缀，堂庭截然，可谓曰完"[72]。丘玄清是明代最早被选为太常寺卿的全真派道士中官职最高之人，一时成为佳话。每遇大祀天地，明太祖宿于斋宫问以晴雨之事，丘玄清都奏对应验，深得器重和尊敬。洪武二十四年（1391年）"太祖皇帝遣三山高道使于四方，清整道教，有张玄玄可请来"[73]，说明朱元璋已了解高道张三丰的情况，这与丘玄清在接近太祖之机言谈中介绍师傅张三丰的德行仪范有关。

明成祖对张三丰也景仰渴求，永乐三年（1405年）遣淮安王宗道遍访张三丰于天下名山。明陆深《玉堂漫笔》载："淮安王宗道，字景云，学仙尝与三丰往来游从。永乐三年，国子助教王达善以宗道识三丰荐，文皇召见文华殿，赐金冠鹤氅，奉书、香遍访于天下名山。越十年，足迹满天下，竟无所遇而还复命。"[74]自永乐五年（1407年）起，明成祖派遣户科都给事中胡濙，偕内侍朱祥斋玺书香币往访，遍历荒徼"十年"[75]，依然没有找到。不过，明李贤撰《礼部尚书致仕赠太保谥忠安胡公濙神道碑铭》认为："上察近侍中惟公忠实可托，遂命公巡游天下，以访异人为名，实察人心向背。"[76]

永乐六年（1408年），明成祖命龙虎山正一嗣教大真人张宇初寻访张三丰。《皇明恩命世录》卷三载有《命邀请真仙张三丰敕》："敕真人张宇初：'今发去请张真仙书一通，香一炷。真仙到山中，尔即投此，敬邀一来，以慰朕企伫之诚。故敕。'永乐六年十月初七日。"《道法会元》卷四"清微宗旨"载《再命寻访张三丰》："说与张真人：'尔可用心寻访张三丰老师。传此数日，我心神有将与相遇之意。如得见，尔可与之同来。须厚加礼遇，切勿轻忽。故敕。'永乐七年八月十三日。"[77]永乐十年（1412年）二月初十日，明成祖为张三丰特颁《御制书》："朕久仰真仙，渴思亲承仪范，尝遣使致香奉书，遍诣名山虔请。"[78]下诏正一道士孙碧云的敕书一天就达两封，可谓景仰之至，倍加推崇。还诗赐虚玄子孙碧云，表达对张三丰的仰慕重视。孙碧云接受敕命到武当山建宫，住持于遇真宫以预候张三丰。清刘一明《栖云笔记》描述金天观碧云孙真人像时提到："魁形象伟，面方色赤，目大准隆，燕颔虎须，貌类正阳子。早得金丹火符之秘，精通阴阳造化之理，常游冯翊，入太华栖居，后游京都。永乐皇帝重建武当山，重真人道德，旨诏金阶，钦命为武当山住持，总管道教事。时张三丰真人在武当混俗和光，人莫能识，惟真人深知，朝夕亲近，多得利益。"[79]据《华州志》载，世传孙碧云受张三丰仙人之道术驭鹤引凤，半截山建有孙碧云道庵。永乐十四年（1416年），敕命安车迎请张三丰，不得，成祖颇感快然。次年，又命龙虎山上清宫提点吴伯理奉玉音赍香暨御书，入蜀之鹤鸣山天谷洞结坛诵经，祈告山灵，迎请真仙张三丰。总之，永乐三至十五年（1405—1417年），明成祖多次遣人访求张三丰不遇，除敕建遇真宫外，还敕命铸造张三丰铜铸鎏金组像供奉于遇真宫，以表缅怀，足见明成祖渴求之迫切，嘱咐之慎重。以后明朝几代皇帝对张三丰都无不钦崇褒重，屡次征召、诏封。如果张三丰实存，为何又总是避而不见深隐修身呢？

第一，保持节操，留恋故主。张三丰于元仕为县令，拿过俸禄，可能会尽心于故国，实践自己"道德仁义，忠孝为本"的诺言。

第二，看透时政，高尚其事。张三丰耳闻目睹朱明王朝为巩固专制主义中央集权而诛杀功臣的黑暗，以他研究道教经典并精读史书的见识，必然作出彻底挣脱世网羁绊、坚持不出任明朝官职的价值选择。他以张氏祖先张良、张志和为楷模，"吾家有二老，至今作天仙。子房师避谷，志和隐钓船"[80]，坚持避而不仕，浪迹江湖，淡泊洒脱，高尚其事。

第三，深隐山林，悟道修仙。张三丰《题武当山》："七十二峰苍翠间，武当山色似衡山"，武当山高谷深，人迹稀少，猿攀鹤栖，风景幽奇，是高人隐士修炼的极好场所。张三丰人品灵化玄妙，自然选择深隐武当，丹拳兼修，隐而不显，避而不见。其《太和山道成口占二绝》为言志之作："太和山上白云窝，面壁功深似达摩。今日道成谈道妙，说来不及做来多。九年无事亦无诗，默默昏昏不自知。天下有人能似我，愿拈丹诀尽传之。"[81]他志在武当，静心参悟，炼心修性，"浩浩希夷，守正怀奇。不夸丹道，不露元机。不令人测，只求己知。华山高卧，吾师之师。"[82]从张三丰作《陈希夷传》来看，历经多年苦练的道教实践活动，他已造诣颇深，"朝朝锻炼精神气，结成真神上九天""采聚他家一味铅，提精炼气补先天"[83]，领悟了内丹的真谛，启迪了再创造的灵感，所以他能留给后世珍贵的丹法、拳法，更大地实现人生价值，从而造福后人。

第四，推崇道家，逍遥物外。张三丰熟读老庄，深受道家崇尚自然、全身葆真、不为物累等思想传统的影响，曾吟唱"叹出家，到也高，学了些散淡逍遥，顺逆颠倒……富贵穷通由天造，任凭他身挂紫袍，任凭他骏马金貂，转眼难免无常到"[84]。显然，道家崇尚自然、逍遥物外的思想是张三丰成为隐仙最为重要的内在驱动力。他写道："弃却功名浪荡游，常将冷眼看公侯。文官武将皆尘土，绿黛红妆尽髑髅。"[85]可见，张三丰发扬了中国布衣隐者蔑视世俗荣利的传统风尚，表现出自己独立的人格，展示了道教的真精神及独立不阿的风骨。纵观张三丰的诗词，多侧重吟咏"道"的性状与功用，或描述大丹景象与妙用，或阐释修炼丹法与行气养性。四川大学教授詹石窗认为："张三丰对'玄'可谓情有独钟，故而诗词首出'玄要'。就其内容看，张三丰的'玄要'有三：一是道玄，二是丹玄，三是法玄。道是天地根，丹是真龙虎，法是运气术。这三者构成了张三丰丹道生命学的完整体系。"[86]

总之，张三丰"因隐而著，因著名而愈显，表现出一种类似中国隐士作风的隐仙风范"[87]。他崇尚道家，散淡逍遥，寄情山水，卓然高标，在当时道教界别树一帜，发扬了中国三教中人传统的隐逸风尚，表现出独特的人格、性格，是一种了不起的道教精神。

二、张三丰命名"遇真宫"理由

（一）张三丰奉祀香火净地

张三丰对胜景福地很是看重，认为吉地有祥瑞之气。洪武年间游历至武当山展旗峰北陲一片阔地时，十分清盼留意这块殊胜景致。他驻足于这块山环水绕的风水宝地而不舍离去，修建草庵，奉祀玄帝香火。他想通过虔诚祀奉，以隆兴神恩，渴望得到玄帝点化保佑，从而修成大道，飞升成仙。张三丰遍历武当，对全山风水了然于胸后选中了两块风水宝地，卜地结草，搭茅为庐，作为供奉玄帝香火的庵庙，即他的遇真宫和会仙馆。永乐大修武当时，改建张三丰的"遇真宫"为玄天玉虚宫，大兴"会仙馆"为遇真宫。

张三丰先建会仙馆，后建遇真宫的可能性较大。明成祖修建玄天玉虚宫才将张三丰的"遇真宫"迁建扩修于八里外黄土城，即"会仙馆"旧址。馆是人能够寄寓其间的狭小客舍，馆不在大，有仙则灵，"会仙馆"属于张三丰修葺的道教建筑小房舍，但这并没影响它的名气，因为张三丰在此善守玄帝香火，修炼养形存生的仙道，以通晓大道之功，从而让"会仙馆"名留武当山道教建筑史册。"会"有明白、理解、通晓之义，"仙"是一个道教名词，这里指"养形存生"之道，通过修养身体保固生命的人即是"仙"。因为道家视生、养生、重生、乐生，在人生价值观上倡导保养自己，追求长生久视，保持精、气、神能集中，不为凡俗琐事负累，不以得与失为泯灭和气的理由，心智和气魄始终处于淡泊宁静的状态，精神就能完整，就能在虚无之间畅行无阻，与大道同在，以致长生久视，飞升成仙。张三丰深通养形存生之道，他用"会仙"比喻通晓大道之义，显示了他的卓越智慧。古代的宫本来是对房屋的通称，没有特殊含义。秦汉以后，"宫"才有了特殊尊崇的含义。道教兴起后，宫是道教庙宇较为隆盛的称谓。张三丰如此命名反映出他对奉祀玄帝香火的"庵"有着特殊的情感，是他精通三教、道行高深、狂傲洒脱、不拘俗礼的个性表现。难得的是这两座草庐茅庵与道教有着不解之缘，与一代武林宗师张三丰有关，而玉虚宫、遇真宫的兴建弥补了这一阙蒉。

（二）张三丰修炼真道之所

王世贞《游太和山记》写道："三丰姓张，当洪武时游人间，筑净室于兹地，曰'是不久当显'，俄弃去。"[88]"净室"的提法，很准确地反映了张三丰修炼真道之所是经过开坛设醮、除秽净尘、清净肃静而无妖尘喧器，以供养真仙或修真的静室。张三丰修炼于此，通过对陈抟老祖内丹思想、"蛰龙"睡法的继承，以清净阴阳、双修双成的方式，修炼先天真一之道，炼就纯阳不坏之体，希图获得真道。

（三）张三丰作出谶语之所

许慎《说文解字·言部》解释"谶"："验也。有徵验之书。河洛所出之书曰谶。"[89]《后汉书·张衡传》:"立言于前,有征于后,故智者贵焉,谓之谶书。"[90]《辞海》:"谶,预言,预兆,如符谶。"[91]谶语是一种隐秘的语言,对未来带有应验性的预言和隐语。道教的语言有文字形式和声音形式,咒语、占卜预言、忌语等都是谶语,具有非凡的魔力,有使人获福成仙、维护生命、消灾治病、启示未来的神奇功效,道门中普遍存在着语言崇拜现象。张三丰在武当山直接以语言形式表达的记载极为有限,以《任志》为例,洪武年间张三丰"常谓人曰:'他日此地必大兴也。'"这一谶语意义不可小觑,张三丰发出的自然之音是蕴含着道教基本观念以及多种修持"法门"的人工语言。道教认为,人工语言只要带了"气",也同天然语言一样功能神奇。在这种观念支配下,道士常调动各种方法行气,加上意念以引导自身精气神,使宇宙间的道气、生气、祖炁进入语言之中。

道教吸收了道家的语言思想,按老子"道可道,非常道"[92]之论,推崇反映常道而非可道的语言,认为"言之者失其常,名之者离其真""心同意会,不在象也"[93],实际反对的是虚伪浮华的言辞和表象,对能指称大道的言象并不排斥。张三丰提出了"我"的概念、表明人在天地鬼神面前完全有征服自然的信心,表现出修道者可贵的主体意识,"故道大、天大、地大、人亦大。域中有四大,而人居其一焉"[94]。《方志》强调了张三丰的神性特质:"考之图志,真仙居庵时,尝独栖大树下,猛兽不近,鸷鸟不攫"[95],符合老子含德之厚,比于赤子,猛兽不据,攫鸟不搏的思想,说明张三丰是修养深厚之人,他凭借传承之力、师力、自力三力合一,具备非凡的力量,成为具有真功法力的神性异人。他选取风水绝佳之地,通过绝虑凝神,心识洞然,摄取神力,并运用各种道教修持法门,聚集起能量和信息的真气,预测日后武当山隆兴必至,进行着他的宗教实践活动,是张三丰"遇真宫"命名的底气所在。作为预言大师一语成谶,足以令后人惊叹其神秘的真功法力,后人也乐得假借高道张三丰之口说出武当山是仙山灵境,突出这座仙山的神秘性。明成祖敕建的遇真宫规模可谓遇真宫建筑史之最,让张三丰预言得以应验。

那么,明成祖为什么会对武当山一座小小的"会仙馆"感兴趣,并且做如此大手笔的改动呢?

三、明成祖大修遇真宫缘由

事物或兴或衰，总有因缘巧合。明代遇真宫修筑的缘由，即遇真宫的大盛因缘际会在明成祖身上，本质上源于这位皇帝的精神需求。

（一）明成祖有追求长生的意愿

"靖难之役"后，燕王朱棣登基称帝，是为明成祖，1403—1424 年在位，年号永乐，后人称为永乐大帝。他文韬武略，平定九州，把控天下。中国封建社会每任皇帝都无不渴求健康长寿，永镇帝位。传说中张三丰百岁能登山如飞、日行千里，皇帝自然想得到张三丰的秘诀。所以，遇真宫大修反映了明成祖对张三丰的"养形存生"之道和道法仙药的孜孜以求，希图养生延寿，长生久视，实现皇图永固、永存万万年祯祥的愿望。

（二）明成祖有崇奉玄帝的信仰

朱棣作为明朝开国皇帝朱元璋第四子曾受封燕王，就藩北平。当建文帝朱允炆削藩渐及燕府时，朱棣起兵发动了"靖难之役"。他利用聚集将士誓师祭纛时天气骤变、乌云遮天蔽日的情势，仗剑披发佯作真武附体，制造出起兵夺嫡符合"君权神授"的舆论。《黄榜》发布："我自奉天靖难之初，神明显助，威灵感应至多，言说不尽。那时节已发诚心，要就北京建立宫观，因内难未平，未曾满得我心愿。及即位之初，思想武当正是真武显化去处，即欲兴工创造，缘军民方得休息，是以延缓到今。"[96] 视玄帝是自己成就帝业的肇基神，让天下人心归顺，使统治合法化的保护神，明确表达神授权力观。玄帝"治世福神"神性"阴翊默赞"朱棣登基称帝，为了酬报玄帝祈福禳灾的保护之功，兴工把武当道宫按皇室家庙的规制进行升格修筑在情理之中，明成祖与张三丰的宗教信仰异曲同工，兴工大修遇真宫是必然之举。

（三）明成祖有渴思真仙的夙志

明成祖对张三丰景仰渴求是其平素的志愿。永乐三年（1405 年），一道圣旨从北京发出，明成祖第一次遣人遍访张三丰于天下名山，此后十多年间曾六次遣人寻访，非常想把民间影响很大的"真仙"张三丰"延请诣朝"。如礼科给事中胡濙、詹事府主簿张朝用、岷州都指挥杨永吉等官吏将领寻找张三丰，还派天师张宇初、张宇清、道录司右正一孙碧云、龙虎山上清宫提点吴伯理等道士到各大山头寻找，但都不得一见。无数次追寻以失望告终，不能不说是这位皇帝人生中的一件憾事。明成祖听说张三丰曾在武当山建造过"会仙馆"修道授徒，为表达渴思虔诚之心并申景仰钦慕之诚，决定在黄土城"会仙馆"原址敕建遇真宫。明成祖特意以张三丰之名修建道场，赐以"遇真"宫额，意在礼敬张三丰真人龙隐鹤游之地，以彰其明。明成祖如此渴求张三丰主要原因如下：

第一，通过对张三丰的敬重渴求，明成祖想表明不越祖制的政治态度。

明代立国与宗教有密切关系，宗教对明代政治的影响不能忽视。明皇室对道教的崇信表现在广设斋醮、笃信方术、任用道士上。洪武间受礼遇的武当道士有张三丰、丘玄清等人，张三丰高徒丘玄清以武当道士身份被荐举入朝，深受明太祖重视，官至太常寺卿。明太祖从丘玄清口中得知张三丰道德崇高，神妙莫测，有长生久视之术，遂下诏征请。从明太祖起整个明代统治者都对张三丰景仰渴求之至。

中国社会科学院研究员商传认为，建文遗臣们口中说出"百年后逃不得一个'篡'字"，成为成祖心目中挥之不去的阴影，往往被篡弒之名所压迫，形成极大的心理压力。朱棣夺嫡入继大统，但篡位之名却让他惴惴不安，迫切希望有人能帮助自己稳定民心，而张三丰无疑是最合适的人选，一来可以抚慰一下他"靖难"夺嫡而推翻了合法的建文帝所带来的动荡，二来找到张三丰也是父皇未了的心愿，故明成祖就以强调自己孝心和表明关心臣民的仪式来表达他的抚慰，寻找张三丰成为继承祖制、延续传统、一脉相承的行为表现，借此表明不越祖制的政治态度，可谓一举两得。《明史》载："成祖疑惠帝亡海外，欲踪迹之，且欲耀兵异域，示中国富强。"[97]"五年遣濙颁御制诸书，并访仙人张邋遢，遍行天下州郡都邑，隐察建文帝安在。濙以故在外最久，至十四年乃还……帝分遣内臣郑和数辈浮海下西洋，至是疑始释。"[98]明成祖夺位登极22年中，竟然被建文遗踪困扰长达21年之久，他派人寻找张三丰的明确记载时间至少15年，故不排除把寻找张三丰当作幌子，借此寻访隐藏于僧道中的建文帝，以除掉政治隐患的可能。哲学家、历史学家、国家图书馆馆长任继愈在《中国道教史》一书中说："永乐大修武当山，史多云其访张三丰实访建文。其实真武大帝为朱氏政权固有之信仰，故明代历朝皆崇之特隆。"[99]

明成祖对张三丰钦崇褒重，对以后明室诸帝产生很大影响，突出表现为不断对张三丰进行加封。如清雍正元年（1723年）剑南观察使汪锡龄的《隐镜编年》记载：明英宗天顺三年（1459年），诏封张三丰为"通微显化大真人"；成化二十二年（1486年），明宪宗诰封张三丰为"韬光尚志真仙"；嘉靖四十二年（1563年），明世宗敕封张三丰为"清虚元妙真君"；天启三年（1623年），热衷于扶乩的明熹宗称张三丰"降坛显灵"，加封为"飞龙显化宏仁济世真君"。"帝王的慕求与褒封，道门的神化，使张三丰成为一个神仙偶像。"[100]

第二，借助张三丰民间之"仙名"，明成祖想达到粉饰太平、收揽民心的政治目的。

明代道士投帝王所好以邀宠幸，受到皇帝礼遇之事不在少数。张三丰是得全真之传的元明间道士，与张中、周颠、冷谦合称"明初四仙"，但唯有张三丰没有亲自接触朝廷，其行事作风不同于他人，不属于亲近帝王者之列，而是一位极有影响力的游方道士，代表着民间人士。虽然朝廷多次征召其入朝居官，但张三丰始终不趋炎附势、贪名逐利，他回辽宁懿州积翠村祭祀祖先时写下了《辽阳积翠村二首》："纷纷景象乱如麻，身世初完早出家。莫待巢危复累卵，功名势利眼前花。"[101] 写于武当山的《隐居吟武当南岩中作》："三丰隐者谁能寻，九室云岩深更深。漠漠松烟无墨画，淙淙涧水没弦琴。玄猿伴我消尘虑，白鹤依人稳道心。笑彼黄冠趋富贵，并无一个是知音。"[102] 诗文表现出来的境界高洁岂为凡俗之辈所能及，故张三丰的"隐仙风范"在其身后反倒令他身价倍增。明成祖除了在上层建筑领域宣扬"君权神授"的思想外，还在政治上通过招揽张三丰这样的高道来收服人心，显示出高超的政治谋略和卓越智慧，目的在于巩固统治的根基。张三丰每遇事情总是先知先觉在民间留有仙名，他在武当山留下的预言，皇帝当然会以实现仙人的预言为乐事，从而下定大修武当宫观的决心。成祖派遣礼部都给事中胡濙寻求"邂逅"张三丰，以实现仙人的预言，达到点缀升平、收揽民心的政治目的。永乐大修遇真宫道场，对当时的政治及社会舆论产生了重大而深远的影响，有了寻找张三丰这个理由，

» 张三丰组像（现藏武当山博物馆，宋晶摄于 2019 年）

既能掩盖劳师动众的真相，又可以欺骗百姓、稳定民心，利于巩固政权。

第三，欣赏张三丰道德崇高、灵化玄妙的人品，明成祖想表达亲承仪范的愿望。

明成祖致书遣请张三丰，永乐十年（1412 年）二月初十日的"御制书"云："皇帝敬奉书真仙张三丰先生足下：朕久仰真仙，谒思亲承仪范，尝遣使致香奉书，遍诣名山虔请。真仙道德崇高，超乎万有，体合自然，神妙莫测。朕才质疏庸，德行菲薄，而至诚愿见之心，夙夜不忘。敬再遣使，谨致香奉书虔请，拱俟云车凤驾惠然降临，以副朕拳拳仰慕之怀，敬奉书。"[103] 同年三月初六日"敕谕"中有："朕闻武当遇真，实真仙老师。然于真仙老师鹤驭所游之处，不可以不加敬。今欲创建道场，以伸景仰钦慕之诚。尔往审度其地，相其广狭，定其规制，悉以来闻，朕将卜日营建。尔宜深体朕怀，致心尽力，以成协相之功。"[104] 明成祖的"致香奉书"对张三丰都以"老师""先生""真仙"尊称，而谦称自己"才质疏庸，德行菲薄"，表达了景仰敬慕之情和至诚愿见之心，对张三丰淡泊名利、散淡逍遥却又道行高深极为推崇，迫切渴求与真仙一晤。明成祖对张三丰的重视有双重动机，其中作为政治考虑的成分更大，但对道教神仙的渴求在下达的两道圣旨字面上也是溢于言表的。"御制书"里明成祖恳请张三丰乘云车以降来辅佐翘首以盼的自己，"敕谕"里明成祖甚至决定在武当山张三丰修炼过的地方为张三丰建筑一座道宫，希望能与真人相会，在张三丰云游四海后能回到遇真宫传道授业，学习其养生之道，倾听其纵论三教，崇高道德，升华精神，应当说也是这位雄才大略天子的内在需求。明成祖个人化的动机十分强烈，就是要跟这位神秘的大师建立联系。

第二节　遇真宫堪舆格局

堪舆流传于我国数千年，其理论依据及诉求重点是认为天有天气、地有地气、万物皆有气，大地的变化即气之流行，大自然的运动为气之作用。《地理人子须知》一书是一部具体阐述堪舆理论和应用的权威名著，书云："生气之来，有水以导之；生气之止，有水以界之；生气之聚，有砂以卫之，无风以散之。"[105] 既要得水，又要藏风。从理论上讲，理想的风水宝地应是背山面水、左右围护的格局。

遇真宫基址背后高山连绵，千里来龙止息于此。大巴山脉山势挺拔雄伟，巍峨壮观，是群山之首，为太祖山；大巴山脉一路蜿蜒起伏，再起星峰，形成了展旗峰北陲之鸦鹊岭，为少祖山；鸦鹊岭尽头的凤凰山是遇真宫的靠山屏障，为父母山。遇真宫东、西部环抱着低岭岗阜，呈虎踞龙盘围护之势，而且外护砂山层层不断。其青龙山是烟霞雾霭的岗阜山丘，称望仙台；白虎山相传有巡山守卫真武神的黑虎居穴的洞穴，称黑虎洞，得名于道教的附会，又称"黑虎玄天洞"。与遇真宫隔水相望的案山，是连绵、低矮的九座山岗——九龙山，朝案对景，远山近丘呼应，这一地理环境中群山四合，溪流出入无端，负坎抱离，当是吉地。

凤凰山有三条水源，溪流潺潺出入无端，九龙山脚下的水磨河自西向东流过，负坎抱离。遇真宫地势平缓，地域广阔，水道长，水质清，地表水徐缓地婉转流动，近水形成了环抱之势。宫内井水味甘色莹，宫外溪水灌溉田畴，宫前开朗夷旷，稻田广阔，阡陌相通，杉松合抱者可达万株。"始入山，自草店行二三里，忽两山厄于洞口，口不复可辨。循山趾下穷之，始得其坎，然状从其上，却望若逆流于山，因忆桃源，小口意其中，必有佳境。"[106] 古人游记所描绘的遇真宫水源充溢、生气凝聚不散泄的形势，是让人见到第一眼，就会惊呼桃花源般的山水形胜、仙室灵境。

风水常以人身之穴作比喻，穴即是"点"，引伸为龙脉止聚、砂山缠护、川溆潆回等，穴法上的大格局是冲阳和阴。土厚水深，郁草茂林为明堂，择穴就是考虑明堂的朝向。如果后有玄武垂头、前有朱雀翔舞、左有青龙蜿蜒、右有白虎驯服，即可形成形来势止前亲后倚、宾主相登左右相称的围合格局。明堂作为祭祀之所，以洁净为德，贵乎宽平，龙虎环抱。近案当前，方圆合格。不生恶石，无流泉冲破。外明堂山势急迫，垂下结穴，龙虎与穴相登，前案较远，不可狭窄，四山围绕而无空缺，外水曲折远远朝来。在这种山水大聚结的条件下，再配合体国经野、辨方正位，就可依营造制度而进行建筑。

遇真宫选址是明初高道右正一虚玄子孙碧云的杰作，他奉明成祖圣旨堪舆相地，制定规制，主持遇真宫的建筑。孙碧云对风水格局颇为讲究，他运用中国传统的堪舆理论，择中这块占地 4 平方千米、海拔高程 171 米的盆地，这也是当年张三丰走遍千山万水看中的风水宝地。这一内聚型盆地，北靠凤凰山，南对九龙山，故遇真宫选择坐北朝南子午向，负阴抱阳，依山就势，冠峰带岗；东有望仙台，西有黑虎洞，龙腾凤翥；水磨河自西向东从九龙山脚下流过，屈曲回环，山水环绕，宛若州城。总之，遇真宫山环水抱，藏风聚气，龙脉踊跃，山峰秀丽，明堂平敞，罗成无缺，且四神护卫，地势平坦，是道家梦寐以求的生气凝聚吉地，为武当山道教建筑堪舆选址的典范之作。

第三节　遇真宫形制布局

永乐十年（1412 年），明成祖敕命孙碧云创建遇真宫预候张三丰。孙碧云精心规划布局并进行独特设计，于永乐十五年（1417 年）落成竣工。建筑面积约 2.7 万余平方米，主要包括真仙殿宇、山门、左右廊庑、东西方丈、斋堂、厨室、道房、仓库、浴室及玄天黑虎洞一处的仙官庙，共计 97 间，管领元和观和修真观。

明清之际，遇真宫不断地维修与扩建，以嘉靖十五年（1536 年）扩建规模为最，达 396 楹。清末东、西两宫坍塌。1935 年山洪，山门内仅存中宫四合院式建筑，为楹尚有 290 间。现仅存山门、龙虎殿、祖师殿基址、东西配殿及廊庑等殿宇建筑 33 间，宫墙尚完整（长 697 米，高 3.85

米，厚 1.15 米），建筑面积 1459 平方米。规格形制上看当属于宫观式建筑，但建筑规制较大宫为次，采用规整式布局，三大纵向分区为东宫、中宫、西宫三重，山门、龙虎殿为两进之门，三重两进布局，坐北朝南，院落进深规矩，平面呈长方形布局。

一、中宫建筑形制布局

中宫东西宽 61.54 米，南北深 134.8 米，以龙虎殿为核心建筑，将中宫分隔出前院（四面设门的长方形庭院）和后院（独立合院式的正方形庭院），空间格局为"一轴两院三进三重"。按南北轴线依次布局的三

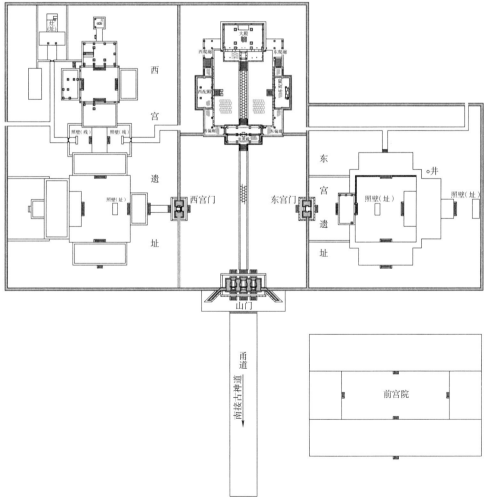

重建筑为：

第一重山门：亦称宫门。面阔三间 17.67 米，进深 6.5 米，通高 9.67 米，筑于方整石崇台之上，为三路并列的拱券门。歇山式黑筒瓦顶，砖石双重拱结构，石雕须弥座。山门两山接一封书撇山影壁，呈"八"字形。山门前 74 米入宫甬道一色青石铺就。进入山门为宽阔广场，中轴线是由方整石打造的神道御路，高出院内地面 0.25 米，通往中宫龙虎殿。广场东西对称而立小型宫门：东宫门、西宫门。

» 抬升前的山门正立面（宋晶摄于 2010 年）

» 抬升前的龙虎殿背立面、东厢房真仙殿和祖师殿月台石栏（宋晶摄于 2010 年）

» 祖师殿原貌（刘志军摄于 2002 年）

第二重龙虎殿：通面阔三间 16 米，明间面阔 6.15 米，进深二间 5.9 米，通高 8.21 米，歇山式黑筒瓦顶，砖木结构，抬梁式木构架，建于崇台之上，三开间带回廊建筑台基，前后踏跺石阶 8 级，踏跺两边设置垂带栏杆，前置抱鼓石。由外而内两山依次衔接：偏廊（厢房）、配殿、爬廊（亦称阶廊或廊道，带台阶），围以崇台。

第三重正殿：一种观点认为，正殿是真仙殿。另一种观点则认为，正殿是真武殿，或称祖师殿。面阔 20.30 米，进深 11.15 米，通高 11.23 米。面阔、进深均为三间，单檐歇山顶，抬梁式木构架（七架抬梁式排山），灰筒瓦，砖木结构，四周饰斗栱，彻上露明造。崇台透瓶栏板。东西各置配殿，与厢房、廊庑、龙虎殿相接，围合成一座庭院（东西宽 28.5 米，南北长 29.9 米），铺饰方整石墁地。

二、西宫建筑平面布局

根据湖北省文物考古研究所《湖北武当山遇真宫西宫建筑基址发掘简报》可知，西宫南北长约134米，东西宽约83米，环绕宫墙。"整体揭露面积约9600平方米，共发现各类建筑遗迹单位35处。包括院址8处、房址13座、门6处、影壁4处、灶1座、排水系统2组、青石甬路1条。"[107]主体建筑按两条中轴线对称布局，形成两组相互连贯且相互垂直的建筑院落，空格格局为"二轴三院三进"。

第一条中轴线：位于西宫南部，呈东西向。由西宫门、甬路（对称小道院）、前殿、前院（对称配殿。院内影壁前方为月台。影壁长556厘米、宽256厘米，一字影壁，须弥座，砖石结构，砌雕砖花饰如意卷云纹）、正殿（月台之上）、甬路（对称小道院）、影壁（长383厘米、宽98厘米，一字影壁，束腰雕花砖拼接组合而成，雕花纹饰为椀花结带纹和牡丹纹，四角残存玛瑙柱）在一个轴线上所形成的建筑院落。

第二条中轴线：呈南北向。由前院内的两侧配殿、廊房（连接前后院）、前殿、后院（对称配殿）、正殿、廊房、小殿在一个轴线上所形成的建筑院落。

西宫内院址八处，有两种平面布局类型：类型一为四座房屋围合形成的四合院，院落由房屋、排水沟、地墁和影壁等基础设施构成；类型二由房屋、院墙、门、排水沟、地墁、影壁等基础设施构成。影壁均为一字影壁。四隅两房交接处设抄手游廊连接成近似正方形的四合院。甬路两端及通往配殿的路均设阶条石五踩，甬路石板表面打有防滑"糙道"。地面铺设青石板地墁，根据所处位置不同进行不同的纹路设计，或直铺，或错缝顺铺，或以卵石铺设成柳叶人形纹。甬路与其他宫观最大的区别是高出地面许多，这是为了显示遇真宫的等级。房屋台明及抄手游廊下有青石凿刻的排水沟。宫内西北角有三面院墙围合起来的两个小院。

▶▶ 西宫与西宫门遗址（宋晶摄于2010年）

三、东宫建筑平面布局

» 东宫与东宫门遗址（宋晶摄于 2010 年）

东宫门外形成的东道院，称为东宫。位于中宫东南隅，平面几近正方形，东西宽 84.37 米，南北深 86.45 米，环以宫墙，一条中轴线上自西向东布置有前院、中院、后院，空间格局为"二轴三院三进"。

前院由甬道连接东宫门和前殿，甬道两侧院墙与宫墙相连并与回廊后檐墙而形成院落，占地 696 平方米，属过渡空间，进深局促。

中院：经前殿过甬道而连接后殿，甬道两侧对称设南、北配殿，回廊与前、后院相通而形成方丈、道房组成的院落，占地 959 平方米，属修行空间，对称开阔。

后院：过后殿后月台，有甬道末端连接宫墙，设砖影壁一座，修井二口，形成三面临墙的院落，占地 578 平方米，属修行空间，狭小隐蔽。

遇真宫外的建筑也是遇真宫建筑群不可分割的一部分，主要包括从玄岳门而来的东西向神道与宫门甬道垂直交汇于山门前。"至玉真宫，穿松杉中，有石桥三四处，皆如碧玉妆砌。"[108]宫前神道西行有会仙桥，石池方广数丈，潆泉澄澈，林影覆之，漾琉璃色，经此入"仙关"。宫东有泰山庙，是一组四合院式的两层砖木结构建筑，亦称"前宫院"，用于接待各方挂单道士和香客。其大殿坐北朝南，硬山式屋面，抬梁式砖木结构，面阔 4.15 米，进深 7.95 米，开间、进深各三间，屋面正脊两端翘起有南方建筑特征。

第四节　遇真宫建筑鉴赏

与武当山其他各大道宫相比，遇真宫给人的直观感觉素朴平凡，其所有建筑均采用黑筒小布瓦顶，没有重檐顶建制，也没有御碑亭、圣父母殿，规模相对较小，即使中宫轴线上也仅有二门一殿，而且遇真宫命运多舛。鉴于此，尝试从以下从四个方面品鉴与欣赏。

一、领略雕塑美：首创张三丰建筑文化

明初皇帝多次派遣大臣携带香书延请张三丰进京，张三丰都避而不见，尤其明成祖求贤若渴，敕建遇真宫，令工匠琢工塑造铜铸鎏金张三丰造像，从北京运至武当山北麓凤凰山下的遇真宫斋醮奉安，以示渴求和缅怀。

（一）张三丰的立像定位

遇真宫是明成祖为张三丰真人而建，建成后必然涉及树立崇拜偶像的问题，而绝无空缺灵魂和精神之理。张三丰样貌特征、穿戴装扮要符合《任志》中的经典描述，以塑像或画像等多样化的艺术形式，展现张三丰的隐仙风貌，再通过皇帝赏赠或赐予，自上而下地以恩赐的方式完成，显示出对张三丰的敬慕和对遇真宫的褒崇，以实现明成祖的美好初衷。

按理立像的时间应在永乐十五年（1417年）遇真宫落成之际，然而明宣德六年（1431年）编成《任志》所列"张全一"条却未提明成祖赐敕张三丰塑像一事，其时隔14年。但"遇真宫"条却明确地记载了落成时建有"真仙殿宇"，完全没按其他大宫习惯记载"玄帝大殿"，且无父母殿，由此可以推断遇真宫始建初期主祀张三丰，正殿即真仙殿。因为遇真宫"其最大功能不是为了敬拜以真武神为首的众仙，而是为张三丰修建，相当于修建'生祠'来供奉，朝拜张三丰，并尊称其为张仙人"。[109]

认为张三丰塑像最初定位的真仙殿即东配殿的理由是：

一是，遇真宫东宫考古发掘的《敕奉安真武神记》碑记载：天顺二年（1458年）"是月（按：七月）七日壬辰于遇真宫正殿奉安真武神位，仍安张神仙于东廊"[110]，这是张三丰立像的最早记载，距遇真宫落成相隔41年。明成祖之后到天顺年间的明英宗朱祁镇中间历经仁宗、宣宗两位皇帝，《任志》辑录洪熙年间二道圣旨、宣德年间十二道圣旨、景泰年间二道圣旨，均强调笃念皇考先志、克绍先志。明英宗正统年间

有二道圣旨，强调"朕今嗣承大位，一遵祖宗之心，虔奉祀事，费敢少怠"[111]；天顺四年（1460年）一道圣旨，强调了大岳太和山宫观是祖宗创建栖神之所，要虔诚祀事。天顺之初，明英宗因皇权失而复得，政治上是任用贤臣，勤政处事的。他曾对首辅李贤说他每天的起居是晨起拜天、拜祖宗，之后才去视朝理政，足见其悉承祖宗之志，祀事虔恭。况且大宫正殿祀神格局改变并非小事，毕竟国之大事，在祀与戎，既使《任志》不记，他志也会有载，故41年改变祖制的可能性相对不大。

太监颜义、黄顺等人受命往遇真宫建斋祀典，奉安真武神像，此次为中宫正殿塑造了真武神金像，左右从神供器悉饰黄金，而张神仙造像则以石为之，不侈不华，极具工巧。"仍安张神仙于东廊"可理解为张神仙造像早就如此安放，此次石像与落成时的铜铸鎏金造像并奉一殿。

二是，嘉靖三十二年（1553年）十一月二十四日，内官监太监王佐奉圣旨为正殿更换幡、顶帐，为"三丰祠"更换顶帐，说明"三丰祠"即真仙殿。中宫正殿供奉的主神玄帝，是张三丰、明成祖的共同偶像。如果高高月台须弥座的神台上不供奉玄帝，那么明成祖的"遇真"如何体现？张三丰奉高真香火又如何反映？《敕奉安真武神记》碑强调治教休明、泽被万方的大岳太和山真武神业有功于国家，通过赐敕神圣以彰显民乐雍熙泰和之治。西宫还发掘出土了玄帝及灵官塑像，也佐证了遇真宫主神是玄帝，而无仙人让度天界大神之理。

三是，《任志》真仙殿宇的记载，树立张三丰故居的理念。民国16年（1927年）《中华民国省区全志——鄂湘赣三省志》载："张三丰，号元元子，又号张邋遢。入蜀，转楚登武当山。相传山内遇真宫中有张三丰之故居在焉。"[112]这一配殿是张三丰独享殊荣的道教圣殿，在全山宫观乃至全天下的道观之中独一无二。真仙殿是与张三丰的影响力相称的响亮的名字，也表达了明成祖心愿。

嘉靖丙申（1536年）《方志》卷三"遇真宫"条的记载则更晚："行东廊下得观，所谓铜像，西向座，戴笠，内加小冠；左右侍童二，杖一、扇一。笠径一尺八寸，中外旋揽，如椒眼状，寸约二眼，平布其里，襄汉间呼为斗篷。杖刻龙头，左侍者执焉；扇镂蕉叶，右侍者执焉；皆糜铜以成形，而袭之以金。盖三物，真仙平日所御者也。宫中道士云：'故物藏之内府。'入东方丈，得观所谓遗像，身长五六尺，面方紫，平频丰颐，项腮如瓠，自额以上，隐隐中起，眉目修而锐，其末微钩，而下垂发才二寸半，纳于冠半，被两耳后。须黑而疏，在颔下者，握之不盈把；在口上者，横出磔如戟。紫木冠，蓝袍。袍制甚促，直领窄袖不缘，独裾飘飘然，有乘风上征之意。系吕公绦，芒履见踵，缚两袴胫，尽露于外。右足侧半武，睨之若短，荷笠曳杖，行于松下。"[113] 用土木石所进行的建筑雕塑艺术创作非常具有直观性，布置在东厢房带入感更强，容易让人产生神仙可求的联想。

弘治十四年（1501 年）闰七月二十五日，皇帝敕诏御用太监到遇真宫"奉安镀金铜真武一堂：计五尊，水火、供器、执色、绒锦、坐褥等件全。主神一尊；从神四尊：灵官、玉女、执旗、捧剑各一尊；水火一座。"[114] 清代孙宝瑄《忘山庐日记》载："当由均州陆行往紫霄时，行李先行，行至半途，忽见路旁一古庙，庙门距大路仅丈余，横榜三大字曰'遇真宫'，笔画雄秀，似右军书。"[115] 民国时期的《熊志》卷四载："有金神像一、金龟一、玉案十一、金钟玉磬各一、玉石龟碑一、古铜神像四、古铜海灯一、古铜钟一、古铜鼎一、铁表架铁锅各一、古铜碑一。"[116] 此后的武当山志沿袭此说，如"宫有邋遢张仙遗像，其竹笠木杖，英庙取藏宫中，范铜镀金像，其笠杖以易之"[117]。虽然遇真宫建筑面积不大，殿堂也不多，但神仙至尊依序而列，金钟玉磬等累朝所赐法器诸物一应俱全，通真降圣，气派非凡。

《方志》"遇真宫图"东、西宫处标识的是"方丈"。道教建筑使用方丈多指道观住持的居室，包括其附属设施如寝室、茶堂、衣钵寮室等。明朝中期一轴张三丰画像挂在"东方丈"，当年陆铨游历至此有幸得观这一轴"邋遢张仙遗像"。明英宗朱祁镇于天顺三年（1459 年）赐予遇真宫《贻敕仙像》铜碑一通（通高 254 厘米，宽 74.5 厘米，厚 6.5 厘米），《方志》卷一录其题为《国朝天顺四年赐真仙张三丰诰》，碑文如下：

> 奉天承运，皇帝制曰：朕惟仙风道骨，得天地之真元；秘典灵文，集阴阳之正气。顾长生久视之术，成超凡入圣之功。旷世一逢，奇踪罕见尔。真仙张三丰，芳姿颖异，雅思孤高，存想专精，炼修坚定，得仙箓之宝诀，铒金鼎之灵膏，是以名录丹台，神游玄圃，去来倏忽。岂但烟霞之栖，隐显渺茫，实同

>> "贻敕仙像"铜碑刻张三丰云游像
（刘志军提供）

造化之妙。兹特赠尔为"通微显化真人"，锡之诰命，以示褒崇。于戏！蜕形不老，永惟物外之逍遥。抱道绝伦，益动寰中之景，慕尚期指要，式惠来英。天顺三年四月十三日

碑板四周及二层底座均饰满浮雕祥云、游龙，喻张三丰莫测存亡，犹龙之变化。碑板阳面：碑首篆额"贻敕仙像"，中部为明英宗诰命全文，下部浮雕张三丰真人像。该碑塑造的张三丰形象面容饱满，丰姿魁伟，宽袍系吕公绦，身背斗笠，右手持杖，芒履见踵，缚两袴胫，尽露于外，逍遥飘逸，既细腻又充满活力，表现了浓郁的道家一代武林宗师的风貌。

（二）张三丰组像的造型艺术

永乐年间铸造的张三丰三维立体塑像，是铜铸鎏金张三丰组像，为全国现存最早的张三丰造像。这部雕塑作品包括一尊张三丰坐像（高1.47米，座宽1.5米，重约1430公斤）、两尊张三丰侍童站像（高1.28米），由内官监铸塑于永乐十五年（1417年），代表了15世纪中国高度发达的金属铸像的艺术水平和工艺技术水平。张三丰被塑造成一位正襟危坐、面容慈悦的儒雅长者，仿佛蕴蓄一股沛然真气。造像头结发髻，大耳圆目，面庞丰润，风姿飘逸，仙风道骨，加之身着道袍、头戴斗笠（可摘可戴）、脚穿草鞋，衣纹流畅，道风充溢，仙风道骨，栩栩如生。左右侍童铜像侍龙头杖和镂蕉叶扇，造型生动逼真，富有生活气息。清代王永祁的《太和山记》中记下了他第一眼看到的张三丰塑像："过遇真旁祀三丰真人，圆峤方壶，其信然也，当令钝根起悟矣。"[118]

雕塑是一种造型艺术，是雕和塑的有机结合。因此，雕塑是具有象征主义或抽象主义的装饰性建筑小品，它并不重在追求肖形象物，而是以雕塑所代表的意义为主要目的，进行雕塑艺术上的追求。在建筑艺术上，雕塑组像是具象、再现的；在创作方法上，组像与主殿建筑的共通性是占有三度空间，都是立体的器物。"某种意义上可以说，建筑是立体的雕塑，'空心'的雕塑。"[119] 在遇真宫，雕塑衬托了建筑，建筑扶持了雕塑，其建筑艺术的重要特征就体现在建筑与雕塑的高度结合上。"究竟宗教建筑是虔诚的信众，仆卧于地，谦卑修持的场所呢，还是夸耀神佛的力量，赞美神佛的荣耀的殿堂呢？"[120] 遇真宫就是为张三丰而设计的，以铜像与环境相协调，构成统一的艺术效果，应将铜铸张三丰坐像落位于建筑中加以看待。

虽然遇真宫建筑规模不大，但精髓和灵魂却非常明晰。真仙殿内盛施雕饰的主神张三丰真仙组像，称得上我国雕塑史上最早有关张三丰的惊人的、珍贵的雕塑艺术精品，在建筑文化中具有重要地位。这组雕塑还不能简单地定位在建筑的附属品或点缀性的纪念物上面，尽管它也直接表现了张三丰这位武术大师的魁伟形象，但雕塑突出的主题意蕴却是值得思考的。铜像安置的环境，安放的高低十分讲究，既增加了建筑形象的气氛，又实现了雕塑形象的美感。雕塑本身所特有的实体感、空间感、触觉感，都能被欣赏者接受和理解，产生相应的审美联想，直接影响审美功能的发挥。借助这些装饰作品的艺术语言，渲染张三丰道德高尚、养生合道、三教合一的思想性，符合道教的审美个性。总之，张三丰真人铜铸鎏金组像，被置入建筑空间环境中，成为塑造张三丰建筑文化形象的有利因素，等于延伸了建筑的精神，使遇真宫变成了中国名副其实的张三丰纪念馆。

在造型艺术上，这组塑像艺思精湛世称绝艺，突出特点在于：

直观性：即以雕、刻、镂、琢、凿、塑、铸为手段，用金属为物质材料塑造出具有三度空间的人体形象。圆雕实体雕刻刀法娴熟精致，没有背景却让形象实体直接触摸得到。观赏者可从不同角度进行审美，如健美体格的整体造型，线条的简练有力，气势的尊贵端庄，侍童的容貌服饰及渗透在人体美上的个性和精神风貌等，都通过高超的写实技巧、铸塑工艺和浑厚的传统，将审美意识渗透于雕琢刻镂中而直接呈现出来，主次分明，立体形象惟妙惟肖，极其传神，富于装饰性。

概括性：通过人物相对静止的状态，着力捕捉最富特征和最具典型意义的瞬间动作及表情，充分表现人物的性格和思想感情，使观赏者得到审美感受。生活中不必要的偶然细节全部摒弃，使有限人物的动作姿态、脸型、服饰得到完美的表现。张三丰祖师造像使人有"忽若亲"之感，可能是通过人的感情所创作的典型形象，所表现的又是必须与人区别开来的"真仙"，所以为了渲染一些道教的气氛和武林宗师的气质，雕塑家便在安静和蔼的表情、略带微笑的神态、重叠多褶的湿褶纹质感宽松的服饰、斗笠、龙头杖、蕉叶扇等方面精心创作。雕塑作品饱满圆润而富有韧性，充满生命力，以有限寓无限的概括力，细节处高度凝练，把现实生活里极为丰富的内容影缩到一个形象鲜明、生动的塑像中。明代朱国桢撰《皇明史概》云："文皇遣胡濙实是访张三丰……三丰曾到武当，故有此行。今其铁笠犹藏山中，大如伞，已略有破碎矣。"[121]万历五年（1577年），提督大岳太和山内官监太监柳朝立碑《重建玉虚宫仙楼记》云："文皇帝特遣侍郎胡持书延请，仙隐而弗见，濙奉其笠、杖而还。"[122]清代进士杨素蕴的《三丰衲》说"仙才无处觅三丰，破衲缄须老母缝。巧妇鸳鸯空费手，何如飘笠乱云封"[123]。可见，张三丰造像配饰是有实在理据的，且清代俱在。

象征性：张三丰塑像本身具有深刻的精神含义，能唤起欣赏者对于道教内丹修炼的联想和内

» 山门照壁砖雕鸳鸯卧莲盒子
（宋晶摄于2010年）

» 山门左照壁（宋晶摄于2010年）

» 山门须弥座石雕（宋晶摄于2010年）

家拳套路的审美反应，从而产生丰富的沉思与联想，寓意深藏，浑然含蓄。对于武当山道教来讲，修建宫观、专塑造像，一位道人能受到的最高礼仪也莫过于此了，这在中国道教名山中也是极为罕见的。

另外，遇真宫的雕塑作品还有许多装饰之美可圈可点，如宫门前两墩座上铁狮雕塑、主殿供奉铜铸鎏金玄帝造像、王灵官像（高 2.22 米，宽 1.90 米）、青龙白虎、陶神像等，造型生动，衬托了遇真宫的庄重。其他的艺术手法，如龙虎殿明间开莲弧拱券门，增强了门的艺术性；山门口照壁中心的海棠形盒子上饰"凤凰牡丹"、圆形盒子上"鸳鸯卧莲"砖浮雕，"莲"的图案透露出佛教的符号信息；照壁四角"岔脚"的大叶卷花装饰，富于艺术变化，恬静温暖，照壁整体装饰仿北京太和宫养心殿制；望柱栏板莲柱样式气势不凡，令人叹为观止。总之，整座道宫小巧精致，思想性突出。建筑是一种大地的雕塑，而且是一种不依人的意志而存在的客观审美对象，随时诉诸视觉器官，从而产生情绪反应——愉悦抑或厌恶、轻松抑或压抑。因此一座建筑一旦耸立而起，就不同程度地参与了人的精神塑造。

二、感受和谐美：恰当处理与环境的关系

遇真宫的建筑自成一体。山门两侧影壁，下设须弥座，规制高。影壁与大门槽口成 120° 夹角，平面呈八字形，相当于大门向里退了近 4 米，在门前形成一个小小的空间，可作为进出大门的缓冲之地。一般地，撇山影壁分为普通撇山影壁和一封书影壁（雁翅影壁）。遇真宫山门属于一封书撇山影壁，增强了宫门的气势，围合了入口处的区域，形成了空间上的迎合感。

穿过龙虎殿，正殿崇台只有一层，第一眼看上去并不显得崇高，然而，台上殿阁端庄，左右方丈楼阁列于两侧，左有方丈，右有神厨，加之四周千米宫墙环卫，构成太极浑圆之势。庭院倒也小巧，但殿不在高，有仙则灵，在凤凰山、九龙山的环护中，形成了一幅道教古典建筑山水画卷。

遇真宫选址依山就势，冠峰带岗，负阴抱阳。这里冬暖夏凉，院落宽畅，清幽静瑟，适宜修炼，风水格局自成一体，昔日有"八景"之说，

即九龙朝凤、黑虎归洞、三山九树、水绕玄关、犀牛望月、青龙入海、黑虎巡山、石桥遇仙，一景一传说，是主体建筑与周边建筑融入风水格局产生出的美感。武当山"九宫八观"中除太和宫、玉虚宫、静乐宫外，只有遇真宫有"八景"概括，充分说明宫虽小却巧妙精致富有内涵，是将人文景观与自然景观完美结合的上乘之作，可与大宫相媲美。明代官员杨鹤在《篸话》中写道："界山道上，微露髻尖，至遇真宫，天柱、香炉、蜡烛诸峰，正直九龙山缺处，如月圆当户，隐其半规。复从宫顶凤凰山遥望，如见三神山在海中，褰裳欲就之也。"[124] 作者在通往遇真宫的路上远观天柱峰，犹如美人的发髻微露。到了遇真宫，从九龙山缺口处的水磨河峡谷顺着山势找到天柱峰时，峰顶跳跃出了一片闪耀的金光，时隐时现，如美人羞花闭月，欲露还羞。登上遇真宫的父母山凤凰山遥望天柱峰，如发现了海中的三神山，作者的心情仿佛美人大胆地表露爱慕之情一般，有一种想立刻提起衣裳起步前往的憧憬，不知是作者笔下生花，还是建筑景观步移景移、移步换景之妙。

» 遇真宫抬升前基址（范学锋摄于 2011 年）

独特的建筑设计及美景，让遇真宫在古代文人的心目中留下了深刻的印象。万历二十四年（1596 年），何白饱蘸笔墨写下了《游武当山记》，他对于遇真宫写道："仰视遇真宫，朱瓦翚飞，亭亭林杪。宫后倚凤凰山鸦鹊岭。右峰岏崒而萃者，为望仙台。前峰蟠曲而俯者，为九龙山。庑下有张三丰像并铜碑小影。三丰当高皇帝时，尝结庐于此。后文皇帝屡遣使以书招之不得，因赐号真人并铜笠铜杖。今御札制诰、羽士珥匼，完好如新。予因挟羽流寻宫后小径，登望仙台。列坐松根，流览诸峰，目谋心会，形神殊适。适羽流携酒至侈，曰宫观朝谒之盛余。稍为指点品陟幽胜，皆愦愦无有领略者，殊败人意，乃立醑三卮，下宿方丈。"[125] 从宏观的建筑风水格局写到微观的建筑内部设计，还兴致勃勃地登上望仙台，将视觉由远观拉到近视，文笔跌宕多姿，体物寓意，韵味深长。何白一生历经嘉靖至崇祯六朝，前半生外出游幕，北游榆林，西穷武当，后半生隐居闲适，其游记山水得方壶笔意，用笔疏散而有法度，不愧雄视一代之概。他笔下的遇真宫，既拥有亭亭林杪的环境美，也有殿阁高崇、琼台伟岸、朱瓦翚飞的艺术美，遇真宫之美被何白之笔封存在历史中。明代诗文家、官员陈文烛《遇真宫》写道："正有真人想，其如遇妙然。人言临福地，吾意在九天。岁月山中老，乾坤此际悬。偶来仍驻殿，笙鹤下翩翩。"[126] 遇真宫前还有人文景观的铺垫，"已折而北，为会仙桥，于路勒石标题、嵩祝圣寿者以万万记。桥之阴则宫殿嵯峨，广厦千落，是为遇真宫"[127]。遇真宫在平坦的阔地中崔巍嵯峨，层次突出，西南0.5公里的"仙关"是朝谒金顶的天然大门，经其"过滤"，朝拜者成了虔诚的信士前往金殿面圣，以求玄帝保佑。"仙关"的景致也可以入画："松萝径路石拦桥，仙境沿洄不惮遥。麋鹿好游争涧壑，峰峦贪卧枕烟霞。"[128] 从松萝径路到小桥流水，静态写到动感；白云绿水，从天上写到地下；青山黄叶，从大的色彩写到小的色彩，遇真宫和谐的景致不用"仙境"又有何词可以概括呢？！

龙虎殿左右有对称的廊庑。西配殿的廊庑是一种上有棚、下有金砖（敲击有金属声，质地上乘）铺地的爬廊，有一定的坡度。建筑学家梁思成说："我国寺庙建筑，无论在平面上、布置上或殿屋的结构上，与宫殿住宅等素无显异之区别。盖均以一正两厢，前朝后寝，缀以廊屋为其基本之配置方式也，其设计以前后中轴线为主干，而对左右交轴线，则往往忽略。交轴线之于中轴线，无自身之观点立场，完全处于附属地位，为中国建筑特征之一。故宫殿寺庙，规模之大者，胥在中轴线上增加庭院进数，其平面成为前后极长而东西狭小之状。"[129] 山门前还有一座前宫，到达山门还要走一段很长的路。在总体结构布局上，一直一曲，既重神道，又重广场，廊道曲折，明朗轩敞，气势壮观。

三、关注技术美：传承本土文化

遇真宫在建筑技术方面突出表现在真仙殿内檐下施用的"重昂五踩"真昂斗栱和祖师殿采取的"包心柱"工艺。

斗栱是中国古代木构建筑中最有特点的部分，其发展由大而小，由雄伟而纤丽，由结构中的有机体逐渐削弱结构功能而成为装饰品。遇真宫正殿斗栱在明代建筑斗栱的运用上最具代表性，主要有四类：柱头科、平身科、角科、隔架科，尤其平身科是明代建筑中为数不多的真昂镏金斗栱之典例。中国古建园林高级工程师马炳坚说："唐宋时期的昂为真昂，下至斗栱外端，上至中平槫之下，有杠杆作用。至明清时期，昂已演化为纯装饰构件，唯镏金斗栱的挑杆尚有早期昂的痕迹。"[130]主殿檐下施用的"重昂五踩"真昂斗栱，没有使用天花殿宇，而是通过室内斗栱来加强梁、檩、枋之间的联系。"明代的工匠们真聪明，不采用杠杆'痕迹'，而采用真昂斗栱的杠杆作用，根根连接歇山屋架，牢牢固定这榧悬空屋架，永不坍塌，很巧妙地解决了力学问题。前后檐也用真昂斗栱只是为了达到统一目的。如果采用镏金斗栱，情况就不一样了，不仅成倍加大木材用量，造成很大浪费，且杠杆力学不能保证。"[131]华中科技大学教授张良皋肯定这一特点，他认为在武当山建筑形式上有古典的，也有创新的。梁思成曾讲："宋元及明初的昂，大多数是用一根直材，斜放在斗栱上，与屋顶成约略相同的角度，以承托内外的檩子。至于昂尾一端，最初本是极简洁的承托在梁下或檩下的，越到后来便越复杂起来，重层垒叠着，其本身竟成为一种不必要的累赘。"[132]以前仅见北京社稷坛拜殿用"真昂"一例，武当山遇真宫鎏金斗栱也用了"真昂"，足见北京"真昂"并非孤例，而是明朝定制。它自中线以外与普通斗栱完全相同，中线以内，自耍头以上，连撑头和桁椀尾部都很长，顺着举架的角度向上斜起秤杆，以承受上一架的桁或檩，是最高级的一种斗栱，反映了本土文化中土木之制的杂合之美在遇真宫建筑技术上的运用。

2003年1月19日，真武殿及其他部分道房被大火烧毁。从被烧毁的残留部分来看，祖师殿采取的是砖木结构形式，但是它并没有做砖柱，而是做成了"包心柱"。一般来讲，"包心柱"是砌砖柱时只用砖砌外面一圈，里面填充建筑垃圾，这里则严格禁止粗糙的操作。从裸露的残柱看，承受建筑物上部重量的直立杆体柱是一棵粗壮的大树干，外以铁箍紧紧包裹，使用了十分严谨的"包心柱"和铁箍的施工工艺，这是遇真宫在建筑技艺上非常严谨的地方，体现了明代独特的建筑风格与建筑方式，为全国唯一可见"包心柱"施工工艺的实物佐证，科研价值极高。

祖师殿歇山之两山构造也较有特色，它不同于清式建筑中常用的采步金梁架的做法，而是采用上桁下枋替代之。山面椽尾搭在两山金桁上，下部山面金枋正好用于承载两山斗栱之尾部，斗栱与金桁关系得当，两山同正面一致，保证了室内周边屋架处理的完整性。单体结构设计突出古朴典雅、庄严肃穆的特点，单檐飞展，彩栋朱墙，雕栏围护，巍立于崇台之上，风格有宋元时代的特色，有别于武当其他宫殿，将高超的技术与艺术融为一体，富于表现力，显示出建造者的伟大和建筑的不朽价值。

» 祖师殿残迹（宋晶摄于 2010 年）

四、体会意境美：欣赏美中不足之美

武当山早在秦汉就有道士归隐，他们引入胎息、吐纳、导引、辟谷等养生术，开始了道家对生命的认知，而后有了道教的开坛设观。到了元明之际，张三丰凭着自身的悟识来到这一处仙山灵境，他环视九龙山波澜壮阔、神采奇异的大幅画卷，眺望九龙山与鸦鹊诸岭、望仙台、黑虎洞山岭岗埠之间大片的阔地，幽幽的山谷，苍翠含黛，山体弥香；涓涓的溪流，青草萋萋，清舒静爽，浸润着张三丰感受天地的灵气，体会着地隔尘寰自不同的美景。大自然赐予的美的环境，是他决定结庐黄土修真的直接理由，张三丰的美感起于形象的直觉，而通过清静自守修炼内丹功法，在道的基础上创立内家拳，使寂寞枯燥的修道变得灵活而充满生机则是美中的人的性情。张三丰对于会仙馆的选址，实质是对遇真宫静穆而幽雅环境意境美的充分体会，是环境与性情的联系。

顾璘在《遇真宫》一诗中非常动情地写道："唐皇礼果老，汉帝延河公。金门一遗步，玄圃渺烟鸿。冥冥三侔子，轩圣慕其风。使轺穷沧海，灵岳虚瑶宫。青鸟竟不来，鼎湖恨何穷。"[133]诗人说唐皇、汉帝各有所崇，但经过玄岳门再来到武当山这一处浩渺辽远、鸿雁长空的修道之地，却发现明代皇帝仰慕和崇尚张三丰的人品风范，正派人满天下地找寻这位真人，还在此修筑遇真宫等待着真人的垂驾光临。难怪诗人反诘青鸟和鼎湖，为什么给西王母"殷勤"探路的使者竟然不来呢？岭南第一山的鼎湖山为何也会遗憾自己的终极渺小呢？那是因为武当山遇真宫是桃园灵境，鼎湖山也望尘莫及。然而，遇真宫的真正灵魂是张三丰真人，寻而不得只能引发文人的无限叹喟："缥缈珠宫映翠微，灵风长日满龙旂。函关伊昔青牛去，华表何年白鹤归。"[134]遇真宫唤起鉴赏者一种特殊的情绪，是神志上唯一可感触的、怀念张三丰的物质载体。

中国社会科学院研究员叶廷芳对于遗址的态度曾提出过建议：一、遗址就是遗址，要保存原状，不要画蛇添足，或改或造；二、废墟就是废墟的美，要学会欣赏，这也是文化素养。他的分析极有见地，对于遇真宫的鉴赏富于启迪意义。遇真宫能打动人心、唤起怀古的情感，激发思古之幽情在于：张三丰作为中国道教史上一位传奇式的人物，他崇祀玄帝，对道教发展有过重大的创树，经过道教中人的传承，以道一贯十方，皈响四海流传。明成祖为纪念武当高道、武当拳祖师张三丰创建宫观，大振玄风，让遇真宫成为张三丰等修行者的纪念丰碑，也是明成祖所要寻求的宗教建筑的象征意义。因此，要珍惜这份文化遗产，让张三丰的清修之地成为慕其至道的象征，成为令后人肃然起敬的、高贵的、民族的文化留存。张三丰铜像在世界上是独一无二的，是明代的艺术瑰宝，武术爱好者对其顶礼膜拜，几乎朝武当者都有张三丰情结，因而此铜像具有极高的历史价值、宗教价值、精神价值及审美价值，它携带着历史的、文化的、科学的信息，寄托着人们的感情，是结合建造技术、玄帝信仰、张三丰信仰、视觉美感与环境和谐的建筑文化的极致，其生命力在于其真实性、本原性、独一无二性。遇真宫山环水抱的堪舆选址与自然和谐统一，建筑布局巧于因借，善用地形且严谨有序，成为代表中国"天人合一"美学思想的一个范本。欣赏者作为审美主体的主观情志与"象外之象"的融合，浑然一体的交融，产生了真切自然、含蓄蕴藉的无穷意味。然而，随着主殿的一场大火，遇真宫灰烬残破。面对遇真宫废墟，如果还能欣赏美中不足之美，激发起怀古之情，那便也是另一种更高的认识境界，这就需要对它的价值作出理性判断，而这一点是审美鉴赏的前提。雕梁画栋、金碧辉煌的宫殿，是美，落日余晖、道音尘绝的残破中产生的历史沧桑感深沉悠远，也是美。这一光辉灿烂文明的损毁更多向人们提出了关于宇宙、世界、人生的大问题，是超出诗画之外的"意"。遇真宫遗址的残缺美给观赏者留下了想象空间，是值得怀念的历史记忆，它是我们的研究对象，是最好的警示，它的修复也将是最好的研究。

>> 回眸遇真宫（宋晶摄于 2010 年）

第三章
武当山遇真宫建筑鉴赏

注释:

[1][88][124][清] 王概等纂修:《大岳太和山纪略》卷七,湖北省图书馆藏乾隆九年下荆南道署藏板,第 17 页、第 2 页、第 26 页。

[2][127][清] 王民皞、卢维兹主编:《大岳太和山志》卷十七,第 54 页、第 28 页。

[3][55][69][114] 陶真典、范学锋点注:《武当山明代志书集注》,北京:中国地图出版社,2006 年版,第 100 页、第 13 页、第 157 页、第 313 页。

[4][汉] 刘熙:《释名》卷五"释宫室",摛藻堂四库全书荟要"经部"卷 3317,第 8 页。

[5] 王理学:《武当风景记》,湖北图书馆手钞原本,1948 年,"五庵"。

[6] 武当山志编纂委员会:《武当山志》,北京:新华出版社,1994 年,第 145 页。

[7][8][24][30][66][70][72][73][78][95][96][103][104][106][111][113][128][134] 中国武当文化全书编纂委员会:《武当山历代志书集注(一)》,武汉:湖北科学技术出版社,2003 年版,第 270 页、第 257 页、第 59 页、第 60 页、第 257 页、第 257 页、第 347—348 页、第 98 页、第 96 页、第 257 页、第 270 页、第 557 页、第 96 页、第 556 页、第 36 页、第 556 页、第 621 页、第 621 页。

[9] 朱越利:《张三丰其人的有无乃千古之谜》,引自程恭让主编:《天问:传统文化与现代社会》,南京:江苏人民出版社,2010 年 6 月,第 199 页。

[10][68][97][98][清] 张廷玉:《明史》,北京:中华书局,1974 年,第 25 册第 7641 页、第 25 册第 7641 页、卷 304 第 7766 页、卷 169 第 4534—4535 页。

[11] 张三丰:《三丰全集》卷一,台北:新文丰出版公司 EP 行,1978 年,第 14 页。

[12][15][16][28] 黄兆汉:《明代道士张三丰考》,台湾:台湾学生书局,1988 年,第 22 页、第 18 页、第 2 页、第 73 页。

[13] 黄兆汉:《张三丰与明帝》,原载《中国文化研究所学报》卷 14,1983 年。收录于《道教研究论文集》,香港中文大学出版社,1988 年。

[14] 中国大百科全书出版社编辑部编:《中国大百科全书》(宗教卷),北京:中国大百科全书出版社,1988 年版,第 516 页。

[17][21][86] 杨国英主编:《张三丰研究论文集》,武汉:长江出版社,2012 年,第 407 页、第 402 页、第 391 页。

[18][19] 高明见编著:《道教海上名山——东海崂山》,北京:宗教文化出版社,2007 年,第 60 页、第 62 页。

[20][39] 萧天石:《道家养生学概要》卷二,北京:华夏出版社,2007 年,第 117 页、第 117 页。

[22][明] 黄宗羲:《南雷文定前集》,《梨洲遗著汇刊》卷八,上海:时中书局,1910 年,第 2 页。

[23] 范学锋、张全晓:《武当武术》,《紫禁城》2010 年增刊,北京:紫禁城出版社,第 99 页。

[25][54][65][87] 卿希泰:《中国道教史》第三卷,成都:四川人民出版社,1988

年版，第 468 页、第 473 页、第 470 页、第 470 页。

[26][32][36][37][38][44][45][47][51][53][56][60][67][80][81][82][83][84][85][101]
[102][清] 李西月重编:《张三丰全集合校》，郭旭阳校订，武汉：长江出版社，2010 年，
第 22 页、第 23 页、第 364 页、第 159 页、第 163 页、第 96 页、第 91 页、第 364 页、
第 163 页、第 3 页、第 257 页、第 91 页、第 317 页、第 201 页、第 209 页、第 215 页、
第 139 页、第 178 页、第 209 页、第 208 页、第 219 页。

[27][29][汉] 司马迁:《史记》"老子韩非列传"第三，北京：中华书局，1959 年，
第 2140 页、第 2139—2142 页。

[31][南] 郭仲产:《南雍州记》，引自东晋习凿齿撰，黄惠贤校补:《校补襄阳耆
旧记（附南雍州记）》，北京：中华书局，2018 年，第 183 页。

[33] 杨澄甫:《太极拳使用法》载《杨氏老谱》，疑为贾得升之作。引自吴家新:
《〈张三丰承留〉注释》，《武当》2008 年第 2 期（总 210 期），1930 年，第 20 页。

[34] 陈鼓应:《庄子今注今译》，北京：中华书局，2004 年，第 25 页。

[35][49][58][59][62][92][94] 陈鼓应:《老子注译及评介》，北京：中华书局，1984
年，第 114 页、第 124 页、第 163 页、第 163 页、第 223 页、第 53 页、第 163 页。

[40] 郝勤:《龙虎丹道》，成都：四川人民出版社，1994 年，第 7 页。

[41] 李道纯:《中和集》，见徐兆仁编《天元丹法》，北京：中国人民大学出版社，
1990 年，第 41 页。

[42] 马济人:《道教内丹学》，见牟钟鉴等:《道教通论——兼论道家学说》，济南：
齐鲁书社，1991 年，第 622 页。

[43] 戈国龙:《道教内丹学探微》，成都：巴蜀书社，2001 年，第 9 页。

[46][61]《太极拳全书》，北京：人民体育出版社，1988 年，第 718 页、第 439 页。

[48][77][93] 张继禹主编:《中华道藏》，北京：华夏出版社，2004 年，第 26 册
第 34 页、第 36 册 27 页、第 19 册第 125 页。

[50][明] 张三丰:《张三丰全集》，广州：花城出版社，1995 年，第 19 页。

[52] 杜洁:《黄庭经》"中部经第二"，北京：中国友谊出版公司，1997 年，第 151 页。

[57]《张三丰太极炼丹秘诀》，北京：中国书店，1994 年版，第 72 页。

[63] 方春阳点校:《张三丰全集》，杭州：浙江古籍出版社，1990 年，第 17 页。

[64] 人民体育出版社编:《太极拳全书》，北京：人民体育出版社，1994 年，第 716 页。

[71][明] 沈庆修、张恒纂修:《天顺襄阳郡志》卷第三，上海：上海古籍书店，
陕西省图书馆藏天顺三年刻本 1964 年影印，第 62 页。

[74][明] 陆深:《玉堂漫笔》卷中，商务印书馆，1936 年，第 14 页。

[75][99][100] 任继愈主编:《中国道教史》下卷（增订本），北京：中国社会科学
出版社，2001 年，第 784 页、第 784 页、第 841 页。

[76][明] 焦竑辑:《焦太史编辑国朝献征录》卷之三三，第 17 页。

[79][清] 刘一明著:《栖云笔记》，孙永乐评注，北京：社会科学文献出版社，
2011 年，第 42 页。

[89][汉] 许慎著, [宋] 徐铉校注:《说文解字》, 上海: 上海教育出版社, 2003 年, 第 61 页。

[90] 许嘉璐主编:《二十四史全译》,《后汉书》, 上海: 汉语大词典出版社, 2004 年, 第 1207 页。

[91]《辞海》, 上海: 上海辞书出版社, 2000 年, 第 496 页。

[105][明] 徐善继、徐善述:《地理人子须知》(下), 余志文译注, 北京: 世界知识出版社, 2015 年, 第 880 页。

[107] 湖北省文物考古研究所, 康予虎、谢辉等:《湖北武当山遇真宫西宫建筑基址发掘简报》,《汉江考古》2012 年 6 月 15 日, 第 33 页。

[108][明] 袁中道著:《珂雪斋集》, 钱伯城点校, 上海: 上海古籍出版社, 1989 年, 第 673 页。

[109][110] 湖北省文物局, 湖北省移民局, 南水北调中线水源有限责任公司编著:《武当山遇真宫遗址》, 北京: 科学出版社, 2017 年, 第 296 页, 第 215 页。

[112] 白眉初著, 徐鸿达校对:《中华民国省区全志——鄂湘赣三省志》第五篇第二卷"湖北省志", 北京师范大学史地发行, 1927 年, 第 157 页。

[115] 孙宝瑄:《忘山庐日记》(上),《中华文史论丛》增刊, 上海: 上海古籍出版社, 1983 年, 第 297 页。

[116][123][126] 熊宾监修, 赵夔总纂:《续修太和山全志》, 卷四第 35 页、卷八第 39 页、卷八第 5 页。

[117][明] 何镗编《名山胜概记》湖广二, 第 12 页、第 1 页。

[118][清] 迈柱监修, 夏力恕等编纂:《湖广通志》钦定四库全书卷一百十一, 浙江大学影印本, 第 5 页。

[119] 罗哲文、王振复主编:《中国建筑文化大观》, 北京: 北京大学出版社, 2001 年, 第 101 页。

[120] 汉宝德:《透视建筑》, 天津: 百花文艺出版社, 2004 年, 第 180 页。

[121][明] 朱国桢:《皇明史概》卷九, 明崇祯间原刊本, 台湾: 文海出版社, 1984 年, 第 596 页。

[122] 张华鹏:《武当山金石录》, 丹江口市文化局, 1990 年, 第 86 页。

[125][明] 何白撰:《何白集》卷二十四, 沈洪保点校, 上海: 上海社会科学院出版社, 2006 年, 第 412 页。

[129] 梁思成:《梁思成文集》(第三卷), 北京: 中国建筑工业出版社, 1985 年, 第 239 页。

[130] 马炳坚:《中国古建筑木作营造技术》, 北京: 科学出版社, 2003 年, 第 223 页。

[131] 李光富、周作奎、王永成编著:《武当山道教宫观建筑群》, 武汉: 湖北科学技术出版社, 2009 年, 第 87 页。

[132] 梁思成:《中国建筑艺术图集》(上集), 天津: 百花文艺出版社, 1999 年版, 第 149 页。

[133][明] 顾璘:《顾华玉集》卷一, 钦定四库全书, 第 123 页。

武当山道教建筑中的"观"类建筑最早出现于宋代，但在确考的宋代道观中尚无元和观。虽然元代增建了不少"观"类建筑，却仍不包括元和观。《任志》在仅存故址而不称"观"制者中提及"元和观"，并记载其"旧有祠宇，弗称瞻崇".[1]。永乐十年（1412年），明成祖敕造元和观，才在圮废久矣的祠宇基址上起了"观"的规制，这是真正意义上的元和观建筑。

元和观历经多次修缮已改观不小，但建筑的文化内涵不同凡响，建筑的布局设计独一无二，建筑的装饰手法卓尔不群，依然展示着鲜明的道教建筑特色。因此，研究、品鉴元和观是一个不可回避的有意义课题。

第一节　元和观名称释义

"入仙关为元和观。西入驰道，其南为玉虚宫。"[2]元明之际，每年阳春三月三、农历九月九及朔望之期，都是大众云集的道教节日，四方朝谒武当山的徽福者莫不骈肩接踵，数百里劳顿，欢呼而至元和观。"才入仙关便不同，元和校府茂林中。此山滋味甘如蔗，尽笑馋人口易充。"[3]明代湖广提刑按察司佥事方豪这首《元和观》，抒发了行至元和观的欢喜之情。布衣诗人何白千里迢迢自浙江温州而来，他在《游武当山记》中写道："初四日，出遇真宫里许，有门翼然，榜曰'仙关'。两山陆立，石道径其中，林樾交荫，洒然非复人间世。又二里为元和观。再折而东二里许，地忽清旷，平畴芃芃，宛然社落。耕者、耰者、饷馌者、饮牛者、举桔橰者，时络绎田塍间，若从图绘中所见桃花源境。"[4]表达了元和观是南行经太子坡登金顶、西行通往玉虚宫驰道的必经之地。明代徐学谟、汪道昆、袁中道、谭元春等文坛巨匠也都寄情武当山水，对元和观一带的自然风光情有独钟。要了解文人笔下的元和观，首要的问题是理解其建筑的文化内涵及所承载的时代意义。

一、名称由来

《任志》卷八载："玄帝有'元和迁校府'之名，故曰'元和'。"[5]"元和迁校府"一词最早出自唐中后期的《神咒妙经》。该道经以紫微大帝说法的方式，从真武神的来历涉及真武神号、神职。经文曰："紫神未开化造化，先禀神灵。易号假名，度人济物。不伐其善，不矜其能。荷其玉帝，封为玄武。"[6]"可特拜太玄元帅，领元和迁校府职，判玄都右胜府公事。"[7]"太玄元帅"作为真武神号，是对玄帝功德的一次提升，元和迁校府职、玄都右胜府公事则指真武神职，配上天符诏语，显得十分神秘。宋代陈伀集疏《太上说玄天大圣真武本传神咒妙经注》（以下简称《神咒妙经注》）卷一释义："夫宫神参将，各各分守，成年合属月建内三旬日，分颁记世人善恶事，并俟三元校盆日，历转紫微令司矣。"[8]六卷又释义："众帅等每上赴中台校迁日，则先关申九天游奕使司，然后俱离人寰，玄帝统元和迁校府司，案下人间决扶化育也。"[9]可见，"元和迁校府"是玄帝在天界统领、统帅办理公务之地，与天界神职相配。北宋时期盛行的《元始天尊说北方真武妙经》《北极真武佑圣真君礼文》，分别解释了真武名号的来历及其神性职司。前者以元始天尊说法的方式，提出"此去北方，自有大神将，号曰真武……玉帝闻其勇猛，勅镇北方，统摄真武之位，以断天下妖邪"[10]，元始天尊特派真武神将去"下方"收斩妖魔；后者记载了真武神号："镇天真武，治世福神，玉虚师相，玄天上帝"[11]，显然，表述上已有变化，由最初的玄武拟人化为北方大将——玄武将军，再应化为真武，最后演变为玄帝。在玄武阶段，玄帝的神性职司已然定位，因为龟蛇玄武身有鳞甲，具备战神的特质。清文华殿大学士兼吏部尚书张玉书《佩文韵府》卷八十八做"皂纛之像，苍龟红蛇之形，俨然如元和迁校府也。攫剑葛长庚"[12]的理解，"元和迁校府"被看成道教玄武神。南宋金丹派南五祖之一、内丹理论家葛长庚（即白玉蟾），因崇尚玄武神，抱琴攫剑，复起舞于亭上。

将领职之府等同于神性职司本身包含着对真武神的人格化塑造：通过显赫的身世、高贵的血统渲染出生，塑造出静乐国太子的形象并融入真实的历史之中；强调唯一佩饰的法力可降伏邪道、收斩妖魔。玉清圣祖紫元君传授静乐国太子无极上道，太子越海东游又感受丰乾大天帝授以宝剑，该剑"长七尺二寸，应七十二候；抚三辅，应三台；重二十四斤，应二十四炁；阔四寸八分，应四时八节"[13]，太子佩剑久居武当修炼；借用部下的威猛，如乌鸦神兵报晓引路、黑虎大神巡山护卫、五百部众跟随护法反衬太子法力，以降魔洞阴、分判人鬼等事迹，加深荡妖除魔之威力；真武在武当山四十二年修行大得上道，以五龙捧圣的宏大场面抬升天界大神的地位成就玄帝，以突出道教主题。

《启圣录》卷一"凯还清都"条再次以正式诏令的形式表述真武神格提升为玄帝，神职以元始天尊命令玉皇上帝（简称"玉帝"）宣降玉册的方式表达出来："拜玄帝北极镇天真武，游奕三界大督都，判佑圣府之职"[14]。玉帝令翰林玉华院撰成玉册正式定为："可特拜镇天玄武大将军，三元都总管，九天游奕使，北极左天罡，三界大都督，神仙鬼神公事，判玄都佑圣府事，依前太玄元帅，判元和迁校府事"[15]。该典籍成于元成宗大德年间，刊行于《总真集》之后，对刘道明记载的"宋封圣号"有所继承，代表着元代道经对玄帝神职的确定。刘道明记述了玄帝在武当修道的神话故事，包含五真（即五方五帝）奉玉帝之命在天界琼台对玄帝及群仙宣读《太玄玉册》："上诏学仙圣童静乐国子（玄帝姓名），以子玄元之化，天一之尊，功满道备，升举金阙，可拜太玄元帅，判元和迁校府公事。"[16]玄帝功满道备，玉帝分辨裁定用诏书任命玄帝"元和迁校府"神职，扮演着授予神职的特殊身份。

二、内涵解读

关于元和观一直以来有一个误传，称它是武当山道教"监狱"，这是完全不符合武当山道教教理教义的谬说。从元和观源自"元和迁校府"的命名上看，体现的是玄帝凝神养性在武当山修炼得无上道的神圣叙事，与惩罚道人无关。具体而言，"元和"至少包含三个层面的含义：

一是修道层面。"元和"是道家内炼名词，修炼含气漱口生出的津液。《云笈七籤》卷十三《太清中黄真经》曰："内养形神除嗜欲，专修静定身如玉。恒服元和除五谷，必获寥天得真箓。"[17]但当用于武当山"观"名时，则要从具体的道教修炼引申到修道层面上去理解。修道是人演化为神的过程中的一条内在主线，既涵盖了内丹修炼，又扩展了概念的含义。《总真集》卷下引用《太玄经》认为玄帝乃主宰天一之神，万物皆天一之所化。又引《玄帝传记》云："混洞赤文，元物恍惚，大道杳冥，一气凝三宝于无色无欲之先……天一生水于坎宫，神化肇形于坤垒，火木金土安镇方维，赤青、白黄各司帝任，星辰、日月演玄纲……北极佑圣玄武天一天君，玄天上帝，天一之帝，水位之精。"[18]静乐国太子在修道过程中天一之气凝聚成三宝。道教以元始天王（即元始祖炁）所化玉清天宝君、上清灵宝君、太清神宝君为道教三宝，又以学道、修道、行道三要为本，学道者应皈依奉道三宝，即玉清元始天尊道宝尊（道）、上清灵宝天尊经宝尊（经）、太清道德天尊师宝尊（师）。道教主张，"道"为三教之宗，万有之祖；"经"为度世之津梁；"师"为人天眼目。修道者以人身的精、气、神为修养性命之三宝，被道家丹经典籍视为出世的不易法则。行道者以慈、俭、让为入世立身行道之三宝。可见，"元和"是个内蕴丰富的词汇，当配合玄帝神性职司进行表达时，水位之精（精）、天一之气（气）、玄天上帝（神）成就了玄帝修道。

二是地志层面。唐代政治家、地理学家李吉甫所撰《元和郡县图志》，完成于唐宪宗元和八年（813年），对古代政区地理沿革有比较系统的叙述，也许这部最早的总地志对宋代《神咒妙经》产生了一定影响，故在提到玄帝天界领命受职之府时采用了"元和"一词。

三是神班层面。元代《清微元降大法》卷十三曰："主副元帅宫分：西极真皇府主帅；法海圆明府副帅；元和迁校府副帅。总召符命。"[19]元代《法海遗珠》卷四六曰："元和迁校府三十万兵速至吾前。"[20]这说明元和迁校府属"神班"之列。明代杨尔曾的《海内奇观》卷九曰："昔玄帝有元和迁校府之名，故曰元和。"[21]可见，从元代到明代，战神真武可视为神班统帅、管兵领将，简称为"元和"。明初汇编宋元诸符箓道派法术《道法会元》一书还专辟《元和迁教府玉册》，有"右元和册，乃真武真君嗣教也。昔化元太皇帝君，治广运迁教元和宫"[22]。这说明符箓道派曾沿袭真武真君信仰，其教主传承嗣教的教派法名均记载于元和玉册之上，并将"神班"名录簿称为"元和"。元代的"太皇帝君"由真武真君所幻化，他治理广袤，其迁升检校（"教"同"校"）的府治在元和宫，受此观念影响而有元和观名。

古代对官吏的选拔及任用需经历铨选、考核、监察、举劾、奏裁等。明代监察官员的任官方式是"选人之法，每年吏部六考、六选……凡升迁，必满考"[23]。明代散曲作家赵南星曾总结："翰林升转论资，科论俸，道论差，吏部论选。"[24]迁是迁升，校是检校，升与转要论资历，如唐代官吏主要通过科举、门荫和入流的方式进行，科举考中者只是取得了做官的资格，还必须通过吏部考试才能真正成为官员。入流就是流外官经过考铨升职为流内官，对官吏功过、品行、才能等进行考核、奖惩以升降赏罚，迁升则加禄，降级则罚禄。宋代入仕主要途径是科举、制举、荫补，职事官职有阶迁。元代主要是以铨选制度和科举制度来选拔官员。"至元十四年八月，中书省奏准《循行选法体例》颁行有司，由是对内外官员铨注、迁转、升等的规定，更加详瞻、系统。"[25]明朝"迁校"制度中有"选举之法，大略有四：曰学校，曰科目，曰荐举，曰铨选"[26]。"府"在《说文解字·广部》释为"文书藏也"[27]。《孟子·告子下》曰："今之事君者曰：'我能为君辟土地，充府库。'"[28]最初国家收藏财产和文书的府到唐代则成为地方行政区划之名。既含唐太宗新开的"道"，又有唐玄宗新开的"府"。唐开元元年（713年）最早设府，"为了提高京师和陪都的地位，改其所在地为府。唐以后渐渐地有了京府和散府之分。宋全盛时有四京府，属第一级行政区划，由中央直辖；三十普通府，属第二级行政区划。元设三十三个府，属第三级行政区划，地位高于州。"[29]因此，"元和迁校府"之"府"带有类似人间行政区划的性质，说明宋代陈伉编撰的修道功成的玄帝被玉帝任命天界官职并非空穴来风，而是深受唐宋时期行政区划"府"的建置、官吏选拔及任用的政治体制、监察制度等客观实在的影响。

从天（神）、地、人三个层面，"元和迁校府"或可理解为玄帝的神性职司，是玄帝领命对众神天官考察迁升、检校功过，执行监察职务的天界神府。《总真集》卷上三处提及"校录"，如显定峰"此处即天真校录之处"[30]，七星峰"天真校善之所"[31]，九卿峰"天真校福之所"[32]。耆旧相传的"天真"特指玄帝。此三座山峰以天神命名，仿佛武当山自在自然是玄帝的"校录"之所，即校场。校场的概念产生于晋代，明代均州静乐宫南门外兴置大校场，是操练兵士及日常习武之处，与冥冥之中天界神灵受到玄帝计奏定录，只有善厚福满者经察校后才可迁升有关。

三、演教布化

武当山道教建筑是修道之所，道人在道教宫观庙宇中相互参学，思想和方术交汇融合形成道派的延续。兴起于元中期的武当清微派，以崇奉玄帝为主要信仰，重视法术，主要修习清微雷法，是武当山一支比较成熟的道派。真庆宫提点张守清师徒"绍兴香火，丕阐玄风，开化人天，恢宣道化"[33]，使武当清微道法大行并引向辉煌。据张守清所创字派法名"守道明仁德，全真复太和。志诚宣玉典，忠正演金科。冲汉通圆满，高宗居大罗。武当兴法派，福海起洪波"[34]可知，武当清微派自张守清传承了四代，但单道安、李素希之后谱系缺乏记载。不过张守清祀神、祝厘、阐教之所重在紫霄宫、南岩宫、五龙宫，尚未涉及元和观。元和观清微派修行佐证者，当是金台（今四川金堂）人李德渊。

李德渊，生卒年不详，号古岩，自幼出家于陕西重阳万寿宫，得《道德经》《南华真经》及三教经书之要旨。壮年游武当山，拜师于紫霄宫，礼高士曾仁智为师得清微雷法，后徙居元和观清修、传习清微雷法，明先天之理，知体用之源。洪武二十三年（1390年），湘王朱柏朝谒武当，见李德渊有修炼之功极为嘉奖，赐住荆州府长春观。某日，李德渊对门人以颂示之："八十余年光阴，不染不着分毫。大笑呵呵归去，一轮明月当天。"语毕，端坐羽化。这首武当山道教唯一保存完整的颂诗，抒发了清微派道士的自豪情怀，以不言之教勉励门人要有超脱生死、洋溢洒脱的气势。朱柏听说后嗟悼不已，赠云"尔本无生，何其云殁。拂袖三山，金宫银阙。咦！今日大地光明，万里秋天明月。"[35]并遣官还葬于元和观之东。作颂而逝是对道士修行到精神与肉身分离，能随意自控选择姿势的地步，来去自在、坐脱立亡境界的诠释。由道士在羽化前亲口颂出端坐安然而命终者，在中国道教发展史上少之又少。

元和观建成，钦授龙虎山法师陈复平为住持，率钦选道士焚修。陈复平是"明初正一派龙虎宗道士，龙虎山法师"[36]。明成祖请全国各大山头著名道士来武当山办道，正一派龙虎宗的道士多钦选为武当山各道观住持，元和观以正一派占主导。万历八年（1580年）岁次庚辰三月吉日，钦差提督大岳太和山内官监太监谭彦等人立碑《皇明祈嗣建醮碑记》："接奉钦差内官监太监赵升等斋到旨意，拜颁降香烛彩幡，建醮银壹千贰百两交割付产，当就公同给散与太和等八宫，复真、元和等二观，各正殿悬挂彩幡幛，建醮典，遵奉钦赐诚意。嗣汉五十代天师正一嗣教大真人，参授上清三洞经箓、清微灵宝，阐教真人玉清掌法，上宰都天大法，主斋命风雷使宜事。臣张国祥谨奏为钦奉大明慈圣宣文皇太后懿旨。"该碑立于元和观，距嘉靖鼎修武当27年，记述了嗣汉五十代天师正一嗣教大真人张国祥肩负国运使命，在元和观正殿建醮清微灵宝三昼夜的授箓仪式。万历三十九年（1611年），张国祥被赐封"正一嗣教凝诚志道门元宏教大真人"，掌天下道教事务并赐"元坛印"，编撰《万历续道藏》保存道教文化。按照授箓仪轨《上清三洞经箓》《清微灵宝》的标准，大真人在元和观开坛演法，传道度人，奉太后懿旨为皇室祈嗣。

元和观最引人注目的一通碑是立于正殿崇台下的《元和观十方丛林碑记》，实由两通碑文组成。第一部分碑文（摘录）："山从云霄，高接清虚，岩谷溪头，菇苔野鹤。恭惟玄帝修真，山势嵯峨之胜境；混元得道，苦忘立报于玄关。前朝敕建，崇祀香火。十方丛林，引四海之真空……委茅庵十方道人，重兴接待往来四方，饥者得食，渴者得饮，孤云野鹤，任意栖身。"第二部分碑文："钦差提督大岳太和山、湖广湖北布政使司、分守下荆南道按察使司副使、加一级山主大老爷题。元和观四至：东至仙关门，西至东来桥，南至苦竹凹，北至和尚岭沟。"该碑立于清康熙五十八年（1719年），距《皇明祈嗣建醮碑记》一个半世纪，虽然清微派、正一派在元和观传承不详，焚修道人及道派无载，但至少反映出以下信息：元和观辟为十方丛林，是具有十方常住属性的道观，需要接待天南海北的道友挂单；元和观在清初道观中出现过兴盛景象；清康熙年间元和观所拥有山坡田地及道观范围得到官府承认；清初各大道宫及茅庵道观的道官、道人对元和观十方丛林的地位重视和支持。

清代元和观有过多次改建。"清乾隆二十九年（1764年），将玄帝殿歇山式形制改建成硬山式；清道光年间将龙虎殿歇山式形制改建成硬山式；清光绪二十九年（1903年）山门倒塌。"[37]"咸丰六年（1856年），武当山被红巾军（高二先）战火烧毁几半"[38]，元和观应在焚毁之列。

兴复元和观，武当龙门派功莫大焉。第十三代传人杨来旺（？—1909年），陕西白河人，同治初举孝廉，后皈依玄门，成为武当山紫霄宫道衲。他道行高深，精通雷法及医术，"见山上宫殿半倾圮，慨然以兴复为己任，苦募十年卒。将紫霄、太和、南岩各宫大工程先后告竣。此外，修补者难以数计。"[39]为发展全真龙门派，杨来旺"收弟子五十余人"[40]，经十余年辛苦募化，筑路架桥，使武当山一批道教建筑面貌为之一新。元和观西道院收藏有杨来旺书法抱对：入真门秉真心渗透真玄真自在；悟妙理达妙境展开妙道妙神通。

武当山作为中国最大的道教圣地，讲究道教的清规戒律。明成祖在大修之初即对武当山道士专门下达一道圣旨，晓喻修炼道人："若道士有不务本教，生事害群，伤坏祖风者，轻则即时谴责逐出下山，重则具奏来闻，治以重罪。"推敲这段圣旨，"逐出下山"不等于逐入元和观，而"具奏来闻"的"奏"字是十分严肃的字眼，臣子对帝王陈述意见或说明事情才能用此字。所以，严重违犯道教清规戒律的道士，各宫观提点、住持必须直接上报皇帝知晓，而后由官府治罪，但不等于治罪在元和观。至今尚未发现私设监狱的器物和元和观惩罚违规道士的任何史料。相反地，除上述各道派在元和观修炼、传承的史料之外，无论是道教教理教义，还是客观史实，都佐证元和观是神圣、庄严、洁净的道场。嘉靖三十一年（1552年），元和观曾有改造和增建，龙虎殿西照壁砖雕"狮子滚绣球"不仅没有肃森之气，反而还带给人以喜悦欢快之感。据武当山道教协会统计，民国元年（1911年），全山在庙道人1014名，元和观道众24名。民国时期的烽火狼烟，军阀混战，恶匪肆虐，致使道人下山出走，道业衰败，面临绝境。在这种困局下，杨来旺的高徒徐本善（1851—?）决心清整道教，以匡复武当道业为己任，使武当山道教"曾显现复兴之势"[41]。

徐本善，号伟樵，道号乾乙真人，河南杞县人。作为武当龙门派第十五代传人，他一直跟随师爷修复武当诸宫观，振兴道教，光绪二十年（1894年）推为武当全山总道长。他提倡内治教务，以戒治教，外树功德，垦荒屯田，维修道观，刊刻道经，主持纂修《熊宾志》八卷，将四宫一庵的"教规"列于卷四，所涉惩罚措施如下：

紫霄宫道总王复渺建设庙规牌榜表式"混元宗坛清规榜"（跪香、杖革、公责、逐出、焚形），紫霄宫临时监院程合星新设庙规牌榜表式"混元宗教临时监院清规例"（焚形、杖革、迁祔），紫霄宫道总徐本善设立庙规牌榜表式"混元宗坛清规榜"（焚形、迁祔、革出、革据、杖革、杖罚、逐出），紫霄宫道总徐本善设立混元宗坛执事条教牌榜表式"混元宗坛执事条教牌榜"（公责、公罚、跪香示罚、跪香、罚香、含羞各全其职、跪香罚斋、立革重处、罚斋、同众公罚、自思自情问志问心、加倍罚斋），太和宫清规榜（跪香、杖革、公责、逐出、焚形），自在庵条规（笞责、斥革、罚灯油若干入公、逐出永不许复入、革黜、公同议罚），五龙宫规条（重责、逐出、跪香、同众斥革、同众究治），南岩宫规条（烙眉烧祔押令还俗、杖革、迁祔、跪香、照赔）[42]。

上述教规无一处提及责罚于元和观。不仅如此，元和观西道院还曾作为草店第八分校和第五战区司令部，在抗战期间为民族大业做出过重要贡献。民国5年（1916年）护国军人□沤老人记载："出草店不半里，经自在庵。又南为玄岳门。门有'福国裕民大石坊',坊前有吕祖荫花树碑一,高约六尺。过玄岳门数里,为玉真宫。又南为天关,即入山之始,越此尽为山道。逾小山,即元和观。"[43]时任《民国日报》记者李达可游记载:"由距草店八里许之元和观上山。初上为好汉坡。坡度不甚峻,窥舆人,汗已浃浃下,急下舆步行。约里许,至好汉坡头,山气清爽,竹林茅店,自具丰神。"[44]从文字上看,过元和观登上好汉坡是民国年间一条重要的登顶古道。此外,还有一条1940年修建的巴柯人行道(按:武当山南盐池河大岭坡有两处横跨鬼谷涧的石桥遗址),元和观前这条全长311公里的大道"实际改造均县元和观与老白公路相接,故又称巴元人行道",[45]沟通了鄂西北各县与川陕之间的联系,民众往来频繁,并无"监狱"一类的奇异怪象。

纵观元和观之前的武当山道教建筑,只有均州城静乐宫讲述了玄帝的发生,是直接与玄帝有关的道宫,而遇真宫因明成祖敬重张三丰而建,玄岳门因明世宗为自己祈寿而修,均与玄帝无直接联系。作为进入武当山古神道上的第一座道观,元和观以玄帝的神性职司而命名,实质上是开启朝谒武当、敬奉玄帝主旨的铺陈,再经玉虚宫晓谕天下玄帝神功圣号,在武当山下以道教建筑完成登大顶前对主神玄帝神性本质的信仰认知。

第二节　元和观建筑布局

一、布局环境

元和观东邻遇真宫0.75公里,西距玉虚宫4公里,坐落在一处崇山环抱、地势空旷、由黄土层堆积而成的平垣山岗上,海拔193米。

清初顺治年间,江苏靖江知县王永祀游历至此所见自然景观是:"过此为遇真宫,为元和观,万木扶疏,夹道而峙。从元和造岭,树尤奇,千寻百抱,郁盘摎虬,鹊渡成桥,见树而不见山。山下草木晻暧,望莫穷际。马行雾中,上下萧森,人天一气。"[46]从元和观基址的相对位置来看,它是遇真宫南行过两峰狭窄处的天然关隘——仙关,是元和观以北不足 2 里要道上的一小组道观建筑。"人呼为进山门，山口颇狭隘，似武陵初入，林木森翠也。"[47] 明末竟陵派代表人物、文学家谭元春的《游玄岳记》描述了仙关到元和观的自然景致："入遇真宫，复出行于柏，穷其柏之际，仰视枝，俯视根，无一遗者。柏穷为仙关。关厄塞，他木老秃，与细竹点两山。"[48] 明人龚黄《六岳登临志》卷六载："元和：去遇真宫南二里，仙关之里。昔玄帝有'元和迁校府'之名，其南则入山初路。"[49] 按《续修大岳太和山志》所言，"此处登山有歧路，一行山脊，由好汉坡入，达回龙观；一行山腹，自灵官殿左入，达元天玉虚宫。"[50] 观后山脊第一坡是倾斜且不平坦的陂陀山路，即好汉坡，元和观内越过基址可仰望这座更高的山峦，登山约 4 公里至回龙观山顶，有元代玉皇阁（亦称玉皇庙、玉皇顶、玉皇观）遗存，庙内曾供奉明代铜铸鎏金玉皇大帝坐像，"高 1.66 米"[51]，为武当山一尊最高玉皇大帝造像。缘于玄帝神职的任命，元和观与玉皇阁在主神信仰、文化内涵上联系紧密，应一体对待。清同治年间重修玉皇阁，扩建道房 37 间，现存 3 间，惜"1966 年将（玉皇）神像及灵官殿毁"[52]。另一山下之路往玉虚宫从元和观前经过。徐学谟游记中记载："经元和观折而东，偃次三桥，行六里。再折而北下，峰回路衍。俯瞰平畴，云曼陁委，徐徊美沃，有万宇突起，连栋骈延，烟火庵积，俨成都邑之观者，为玉虚宫。"[53] 元和观位于两条路的分岔口，是古神道沿线上的一座庙观，属于神道的一部分。

元和观为坐南朝北向，略偏东，建筑于地势较高且平坦地带，面积约 8904 平方米，向阳开阔，气流通畅，既拥接崇山，又萦带流水，是依山傍水、山水相依的佳景之地。其选址反映了堪舆与宗教观念，着力于环境设计的观念法式，取地势之燥，无使水近，以能亲肤水润，同时又凭借水势的屈曲环向，确保永无水患，其地理趋势是从口入，初极狭，才通人，至山门豁然开朗，地势平旷，殿宇俨然，完整地体现庙宇、环境与人的和谐。

二、平面布局

永乐十年（1412 年），在元代遗址上明成祖敕建山门、龙虎殿、玄帝殿、父母殿、廊庑、东西方丈、斋堂、道房、厨室、仓库等 44 间。嘉靖三十一年（1552 年）重修。清代亦多修葺，殿宇道房达 93 间。

2006 年，大殿、龙虎殿、东西配殿落架维修，恢复建筑 37 间，建筑面积 1479 平方米。

（一）中宫建筑平面布局

龙虎殿：面阔三间 13.20 米，进深二间 5.10 米，通高 6.47 米，石台基寻杖勾栏。硬山式屋顶，保留歇山结构形制墙体，山墙出墀头，屋面饰小青瓦，翼角饿脊仙人、龙、凤、狮、海马、天马顺序排列。前后檐为木板墙，隔扇门、绦环板卷草花饰。室内结构明间前后拱形门设置双扇窗，中柱分心造梁架、四周檐下一斗三升斗栱形制，次间抬梁式。殿内方砖铺地，殿前阶条石、踏步石、垂带石，甬道石墁铺，八字影壁。

❯❯ 龙虎殿正立面（宋晶摄于 2018 年）

玄帝殿：面阔五间 17.60 米，进深三间 10.91 米，通高 6.47 米，月台石制勾栏围护，青石墁地。前檐饰斗栱，明间对开格扇门，次间格扇门。原为单檐歇山式屋顶，殿内留存歇山式形制，明间、次间抬梁式木构架，金瓜柱、脊瓜柱有卷草驼峰。现为单檐硬山式屋顶，砖木结构，前檐山面出檐做墀头，背后出檐做封檐，黑筒瓦屋面。排山垂脊排列同龙虎殿。殿内山墙装饰壁画。

父母殿：有遗迹，待考。

东、西配殿：面阔、进深各三间，建于 1.12 米高石台基上。原为单檐悬山式屋顶，设前廊，梁架结构，明间、次间各五架。明间格扇门 6 扇。现为硬山式双层木楼房，前檐出墀头，廊步施挑枋垂花柱，屋面饰七样灰色筒瓦。

（二）东、西道院建筑平面布局

东、西道院是元和观附属性建筑，东道院早年已毁，遗迹不全；西道院以南、北、西道房为主体，与西配殿组成四合院，为道人静室方丈。方条石墁铺。南、北道房面阔进深均三间，抬梁式结构。歇山式砖石结构山门与太上观、关帝庙山门同款。南道房保存了明代官式建筑风格，现为小布瓦加脊的清官式作法。西道房面阔五间，进深三间，单檐硬山式布瓦屋顶。民国年间，北配房、西配房改制为双层木楼房。

第三节　元和观建筑特色

作为全山道观之首，元和观显著区别于其他"观"类建筑的方式和风格十分突出。

一、中轴对称，三院独立

元和观为明成祖所赐建的官式建筑，建筑布局规制严谨，方正有序，属于高等级皇室家庙中的"观"类建筑。其主体建筑从山门过龙虎殿，再到玄帝殿，南北轴线长 84 米，不仅层层递进，高低错落有致，一一展布于中宫轴线之上，而且殿堂筑于高台，前为廊，后封檐，前檐饰斗栱，正面对开格扇门，大小均衡。殿外平台布设石栏围护，抱鼓望柱，曲折宛转，表现出武当山道观建筑庄严肃穆、场面大气的独特风格。

距元和观 500 米处有三座桥，即元和西桥、元和中桥、元和东桥，称"一里三座桥"或"三眼赛公桥"。桥下小溪潺潺，虽无大名，但溪涧不辍。元和西桥之西还有集仙桥，是均州上武当朝山进香的必经之道。因民国时期老白公路用其桥面，三桥已成涵洞。过桥后有一组神道石阶，拾阶而上至尽头即抵山门，台阶和三桥是进入元和观的前导路径。桥东设灶火庙，敬灶王爷。山门由石台基、月台、石制栏板组成，砖石结构歇山式，距龙虎殿 40 米，遗址延至村民房址地段。

观前三桥的设计，确定了元和观纵横平面布局。从纵向上看，按三条轴线并行布局入观的道路，元和中桥正对中宫正前方的山门，具有御路桥性质；从横向上看，龙虎殿与玄帝殿、父母殿各自组成院落，方石墁地，院两侧有配房，但绝无一门可在院内互通至东、西道院，即使中宫与西道院隔墙尽头开有一处小门，也仅能通往父母殿。因此，拜谒玄帝须经龙虎殿，才能进入玄帝殿。这种无门互通的布局方式为武当山"八观"之孤例，是明代小式道教建筑的典范。东、西道院外墙间距106米，此围墙正立面设三道门：龙虎殿门、东道院门、西道院门，将元和观分成三院落，院落深重但隔断一目了然。三门与三桥平行设置对应布局，东、西道院大小完全相同，平行分布于中宫两侧最能反映中轴对称布局。

山门和龙虎殿均设八字形外影壁是武当山大宫建筑的常例，但元和观龙虎殿外设八字形外影壁却是全山"观"类建筑独有。复真观虽有八字形外影壁，但仅设置在山门。此外，西道院南配房是武当山唯一的官式小木结构建筑；观后尚存古殿遗迹，由规模推测父母殿存在的可能性很大，若此结论成立，元和观就是武当山"观"类建筑设计的特例。

二、题材多样，丹青妙笔

元和观建筑特色还体现在建筑装饰手法的高超上。据统计，明、清两代武当山道教建筑中的大小壁画共168幅，壁画内容多以道教典籍总汇《道藏》中《启圣录》真武修仙故事为主体，涉及地方风物景致如"均州八景"（槐荫古渡、东楼望月、沧浪绿水、龙山烟雨、黄峰晚翠、雁落莲池、方山晴雪、天柱晓晴）的装饰题材不多。元和观玄帝殿供奉的神仙造像已非原件，但其全部柱、梁、枋及次间山面墙壁，遍饰满绘花鸟、道教人物故事、地方风物等题材。因为柱、梁、枋彩绘花鸟、人物等风化严重，难于识读，以下仅就有题款的壁画分列于下：

东山面壁画：香山老人图、猕猴献桃、方山晴雪、梅鹿衔花、龙山烟雨；

西山面壁画：八仙接寿图、黑虎巡山、沧浪绿水、乌鸦引路、槐荫古渡。

» 玄帝殿西山面壁画《八仙接寿图》（宋晶摄于 2018 年）

» 玄帝殿东山面壁画《香山老人图》（宋晶摄于 2018 年）

从题材内容上看，有"均州八景"地方风物的小型画作 12 幅，如方山晴雪、龙山烟雨、沧浪绿水、槐荫古渡；有道教经典讲述的玄帝武当山修道故事"动八景"的中型画作，如猕猴献桃、梅鹿衔花、黑虎巡山、乌鸦引路；有以长寿、修仙为主题的道家山水人物大型壁画，如八仙接寿图、香山老人图。

"龙山烟雨"的壁画中没发现晚清所建的龙山宝塔，由此推断壁画为晚清以前的作品。梁枋上部的空间壁块绘有壁画，内容为"均州八景"、武当山"动八景"（金猴跳涧、海马吐雾、黑虎巡山、飞蚁来朝、乌鸦接食、梅鹿衔花、猕猴献桃、雀不漫顶）。壁画内容略有改编，如将"金猴跳涧"变为"猕猴献桃"，将"乌鸦接食"变为"乌鸦引路"，四位仙禽神兽组成了玄帝修道武当山故事不可或缺的情节，这些道教绘画和壁画是武当山道教文化的重要组成部分。

>> 龙虎殿照壁砖雕局部（宋晶摄于 2018 年）

从绘制手法上看，《八仙接寿图》为紫金灰画作，《香山老人图》为纸贴彩绘。采用工笔手法兼写意，画面清逸淡雅，人物脸色红润，骨法用笔，线条流畅，形神兼备而传神，似清代中期的丹青壁画。

玄帝殿利用绘画的描绘手法，制造出了抽象的艺术空间，山水之乐、林泉之心是艺术作品要表达出来的审美意境。如《八仙接寿图》中的八仙人物躺、卧、坐、立各具风姿，尤其富有想象力的是画作左上方长寿仙翁驾鹤降临的情节。一般的传统八仙题材多为八仙祝寿、八仙献寿、八仙上寿、八仙过海等，难得有八仙作品如此创意，故为武当山八仙信仰之艺术佳作。究其立意，或与道教斗醮延生科仪有关。在道教，接寿正朝法事的规模较大，要搭七彩寿桥，请行法事的信士穿长寿衣、戴长寿帽、配长生符、打长生伞、披长生绫等，场面隆重，宗旨在于续限延龄。武当山道教有用于祖师圣诞之时的祝寿科仪。《武当韵》"提纲"有祝词："一炷真香本自然，黄庭炉内起祥烟。空中结就浮云篆，上祝高真寿万年。祝寿壶中不夜天，蟠桃熟时庆长年。百千万劫朱颜在，永做蓬莱洞中仙。"[54]此画深受嘉靖重修时明世宗祈寿祈福、长生成仙思想影响，与集仙桥等命名相映成趣。再如《香山老人图》描绘了唐朝大诗人白居易与诗友聚会燕京香山吟诗作赋的场面。画面中十一位老人或游历山水、谈道论玄，或弈棋观棋、吟诗作赋、持看泼墨，每一位都表现得无拘无束，安闲自得，不因老而惑，不以老而惧。自然山水意境与老人的韵雅趣幽组合为一幅画面，带给观者自在逍遥的人生启迪。整个壁画采用工笔手法兼写意，骨法用笔，线条流畅，人物传神，形态潇洒，具有较高的艺术水平和价值。元和观壁画保持了彩绘的原真性油饰，代表着明至清中期武当山道教建筑的绘画水平，显示出元和观卓尔不群的装饰风格及艺术价值，堪称武当山道教建筑丹青壁画之精品。

三、照壁砖雕，瑞兽呈祥

龙虎殿八字形外影壁属大式建筑，由下肩、墙身、冰盘檐、墙帽组成，通高 4.18 米，厚 1.10 米，分立于龙虎殿两旁，并与观墙融为一体。墙帽仿木结构出檐，饰八样青色布筒瓦。壁面庑殿式，清水脊，正脊头正吻、垂脊上垂兽仙人、龙、凤依次排列，壁间镶嵌卷草雕花，墙身红土灰罩面吻兽小跑，符合道教"观"式建筑特征。砖雕采用"狮子滚绣球"的题材，祥瑞物狮子衔彩球缎带，互相逗引，上下跳跃，生动活泼。雄狮怒则威在齿，喜则威在尾。道教相信瑞狮有情，受德必报，狮子的震慑力猛以示心，仁而能驯，在体态的生动有力中透出神圣、尊严、神秘的气息，是古代汉族人民心目中的瑞兽，象征事事平安。雄左雌右，雄狮脚下按一只绣球象征权力，雌狮脚下按一幼狮代表子嗣，如此灵动的装饰元素并没有夸张成威武凶悍的气势以借助其威猛守护大门的固定模式，而是装饰成狮子滚绣球的民俗吉祥喜庆样式，寓意祛灾祈福，消灾驱邪，让观者自然企盼厄运消散，好运降临。

透过元和观建筑文化的演变，可以看到道观本是服务道士修道、弘道、传道的神圣场所，由于有李德渊这样的清微派道士在此修炼，而令这座道观大放异彩，道人的修习反过来也丰富了建筑的历史文化厚度，难怪湘王朱柏感叹"今日大地光明"；可以看到从建醮祈嗣、清微雷法大盛到十方丛林道教管理体制的发展，使元和观荟萃人才，虽在清初贬抑道教的形势下，却依然保持了道观的沿袭不败。元和观并非普通途经小观，而是一座科仪严谨的庄严道场，是玄岳门设置意图的延续，为武当清微派行使雷法、传度弟子的明证；可以看到玄帝殿内道家道教题材的壁画，运用隐喻的艺术手法，表达着长寿成仙的主题；可以看到元和观的建筑布局与自然环境融为一体，其设计理念是在人间圣境设置元和迁校府，以符合玄帝检录检教的神职。

注释：

[1][3][5][16][18][30][31][32][33][35] 中国武当文化全书编纂委员会：《武当山历代志书集注（一）》，武汉：湖北科学技术出版社，2003年，第277页、第627页、第277页、第43页、第37页、第7页、第8页、第12页、第258页、第266页。

[2][明] 汪道昆撰：《太函集》卷七十三，朱万曙、胡益民主编，合肥：黄山书社，2004年，第1498页。

[4][明] 何白撰：《何白集》卷二十四，沈洪保点校，上海：上海社会科学院出版社，2006年，第413页。

[6][7][8][9][10][11][13][14][15][19][20][22] 张继禹主编：《中华道藏》，北京：华夏出版社，2004年，第30册第527页、第526页、第534页、第538页、第522页、第587页、第636页、第640页、第641页，第31册卷十三第111页，第41册卷四六第650页，第38册第6页。

[12][清] 蔡升元：《佩文韵府》卷八十八，二十九"剑"，上海鸿宝斋影印本，第21页。

[17][宋] 张君房：《云笈七籤》卷十三《太清中黄真经》，山东：齐鲁书社，1988年，第82页。

[21][明] 杨尔曾撰：《新镌海内奇观》卷九，北京大学影印本，第23页。

[23][26][清] 张廷玉等撰：《明史》第6册，北京：中华书局，1974年，卷69志第45选举一第1675页、卷71志第47选举三第1716页。

[24][清] 孙承泽：《春明梦余录》卷三十四史部，摛藻堂钦定四库全书荟要"吏部"影印本，第47页。

[25] 韩儒林主编：《元朝史》，北京：人民出版社，1986年，第337页。

[27][东汉] 许慎撰：《说文解字新订》，臧克和、王平校订，北京：中华书局，2002年，第614页。

[28] 孔丘、孟轲等著：《四书五经》，北京：北京出版社，2006年，《孟子·告子下》第158页。

[29] 柏桦：《明代州县政治体制研究》，北京：中国社会科学出版社，2003年，第55页。

[34]《诸真宗派总簿》，现存北京白云观。

[36][38][40] 胡孚琛主编：《中华道教大辞典》，北京：中国社会科学出版社，1995年，第187页、第221页、第221页。

[37] 王新生：《武当山元和观文物保护工程勘察设计方案》，《华中建筑》2008年第4期，第26卷，第108页。

[39][42][50] 熊宾监修，赵夔编纂：《续修大岳太和山志》，襄阳大同石印馆印，卷四"仙真"第22页、卷四第38—60页、卷三"宫殿"第13页。

[41] 王洪军：《武当道总徐本善》，《中国道教》2007 年第 1 期，第 55 页。

[43] 白眉初著，徐鸿达校对：《中华民国省区全志——鄂湘赣三省志》第五篇第二卷 "湖北省志"，北京师范大学史地发行，1927 年，第 158 页。

[44] 李达可：《武当山游记》，陈光甫创办《旅行杂志》第十卷第十号，1936 年，第 61 页。

[45] 匡裕从等主编：《十堰通史》（中卷），北京：中国文史出版社，2003 年，第 624 页。

[46][清] 迈柱监修，夏力恕等编纂：《湖广通志》钦定四库全书卷一百十一艺文志 "记"，第 3 页。

[47][清] 马应龙、汤炳堃主修，贾洪诏总纂：《续辑均州志》卷之十五，萧培新主编，武汉：长江出版社，2011 年，第 468 页。

[48][明] 谭元春：《谭元春集》卷第二，上海：上海古籍出版社，1998 年，第 545 页。

[49][明] 龚黄：《六岳登临志》卷六（明钞本）宫十一《执虚堂·玄之神祠》。

[51] 武当山志编纂委员会：《武当山志》，北京：新华出版社，1994 年，第 211 页。

[52] 张华鹏、张富清：《武当早期文明》，武汉：湖北音像艺术出版社，2007 年，第 383 页。

[53][明] 徐学谟：《徐氏海隅集》卷十一，北京大学影印本，第 3 页。

[54] 王光德、王忠人、刘红等：《武当韵——中国武当山道教科仪音乐》，台北：新文丰出版公司，1999 年，第 354 页。

第五章

武当山

玉虚宫建筑鉴赏

元代起武当山在中国山岳中的地位逐渐上升，一举超出五岳而称"大岳"。明成祖极力推崇玄帝，认为武当山是真武修真得道显化之地，特赐名"太岳"，天下山岳格局变成了"太岳高居尺五天，寰中五岳似星躔"[1]。他还格外重视武当山道教建筑的发展，武当山因此迎来了一个前所未有的兴盛局面，超越泰岳而为"天下第一名山"。明世宗又尊称"玄岳"以冠盖五岳，武当山地位无可逾越。

明成祖兴办了一批工程，武当山玄天玉虚宫即其中之一，这座"山中甲宫"是迄今中国道教建筑规模之最。

"玄天玉虚宫"宫名囊括武当山道教文化史，涉及道教教理教义及玄帝信仰的形成与演化；运用传统堪舆理论堪舆选址，遵循建筑统一律的宇宙法则，建筑功能和建筑形式达到高度统一，实现了"天人合一"的建筑目的；建筑规制布局蕴含五行四灵的传统文化理念和前殿后寝、皇室家庙的等级形制；从整体建筑空间组合到单体造型都是建筑文化的延伸，建筑文化具有深刻的道教精神品格。因此，要得到玉虚宫建筑审美上的深刻认识，应从建筑文化和建筑艺术入手克服思维的浅层化和固化，遵循文化整体观，站在更高处俯瞰它，站在更远处统摄它。上述四方面问题是探讨武当山玉虚宫建筑鉴赏的重点。

第一节　玉虚宫宫名释义

武当山俗语：南岩的景致，紫霄的杉，到了老营不想家。南岩、紫霄、老营是武当山三座道宫，"老营宫"是对武当山"玄天玉虚宫"的俗称。明万历进士、官至南京吏部郎中、公安派领袖、文学家袁中道解释这一别称时讲："昔文皇以十余万众，凿石开道，缮治宫殿，皆屯集于此地，凡十二年而后落成，故此地亦名老营矣。"[2] "老营宫"一名源于明成祖的一个宏愿。明太祖逝后，四子朱棣以"清君侧"为名在燕京发动了"靖难之役"，兴师南下夺取了建文帝的皇位，登基而为明代第三代皇帝，是为明成祖。朱棣以藩王身份夺嫡成功，入继大统，为消除同宗相戮的舆论压力，表明皇位的合法性，便大肆宣扬君权神授、奉天承运，在全国范围内掀起了崇奉玄帝的热潮。

明成祖尊崇玄帝最大的举措就是在武当山大兴土木建设玄帝大道场，使之成为明成祖直接控制下的御用神庙，主要表现在制定的一系列管理措施上，从官员提调事务、提点教务管理、谕告榜文、建筑定位，到施工规划、调拨军民守护宫观山场、宫观立碑赐额等事宜，再到香烛灯油、真武像的备细画图、道众给赐标准、护送神像法器时船只的规格、瑞应祯祥的驰驿奏报规定等事项，事无巨细，谆谆嘱咐，详细规定，甚至直接干预宗教事务，俨然是武当山道教教主和宗教领袖。

营建武当山开工前的准备阶段。首先，永乐九年（1411年），明成祖特命"靖难"时对他有功的、号称"三公"的隆平侯张信、驸马都尉沐昕、工部侍郎郭琎协同礼部尚书金纯一道，率领二十余万军民夫匠进驻武当山，安营扎寨；其次，永乐十年（1412年）七月十一日，明成祖发布圣旨榜文，并张榜于皇榜桥（游仙桥）黄榜亭，圣谕详明，晓喻天下，进行总动员。《天真瑞应碑》碑首"黄榜荣辉"，碑文记载创建武当山宫观兴工吉日，"首以黄榜揭于玄天玉虚宫前通衢之上，覆以巍亭，护以雕栏，丹漆绚耀，照映山林"[3]，还可见明成祖首次公布修建武当山宫观谕旨时万民敬观、盛况空前的场面："州之人民扶老携幼，骇而聚观，盈街

» 黄榜亭（选自《真武灵应图册》，宋晶摄于 2007 年）

塞途，传闻四方。虽深山穷谷之民以及道僧亦皆相率争睹，其长老莫不嗟叹，以为自有生以来所未尝见。是后，亭上常有荣光烛天，祥云旋绕，霞彩交辉，珍禽仙鹤，飞鸣翔集。"[4]1998 年，北京嘉德拍卖行拍卖的《真武灵应图册》含有一幅榜题"黄榜荣辉"的彩图，生动地描绘了众多百姓与达官贵人及少数民族人物聚集在黄榜亭肃然起敬的情景。亭悬匾额"黄榜亭"，亭壁正楷镌刻着细小如蚁的黄榜，清晰可辨。榜文云："我自奉天'靖难'之初，神明显助，威灵感应至多言说不尽。那时节已发诚心，要就北京建立宫观……如今起倩些军民，去那里创建宫观，报答神惠，上资荐扬皇考皇妣，下为天下生灵祈福。"[5]虽有些口语色彩与白话文类似，却不减其严肃性，昭示天下大修武当的决心，也呈现强迫军民夫匠人等长期劳作的史实。清乾隆四年（1739 年），国史馆张廷玉定稿的《明史·张三丰传》记载："乃命工部侍郎郭琎、隆平侯张信等，督丁夫三十余万人，大营武当宫观，费以百万计。"[6]武当山七星树对面深山采石场遗址摩崖石刻为"永乐十年军夫二十七万。武昌府、武昌右、武昌前、常、岳"。刻字长、宽均为 0.1 米，古隶用笔，为永乐十年（1412 年）工程人员数量佐证。可见，修建武当山军夫人员数量有所增减，并非一成不变，工程兴建高峰阶段及后勤役用人员可能日均增至 30 余万。

《大明玄天上帝瑞应图录》载有玉虚宫开工时间："国朝敕建武当山宫观，皇帝御制祭文，遣隆平侯张信、驸马都尉沐昕，昭告于北极真武之神，其恭且严……永乐十年秋九月至武当，以是月十八日庚子吉时致

» 黄榜亭（选自《真武灵应图册》，宋晶摄于 2007 年）

告将事。夜，侯与驸马率各官斋被，宿于玄天玉虚宫，至期陈设于正殿之基，侯等虔恭肃畏。"[7] 从此，在崇山峻岭和沟壑溪流中，工匠们或搬砖运木，或树栋架梁，或凿石开道，或炼铜冶铸，拉开了长达十三年之久的营建明代皇室家庙的序幕。玉虚宫当初是"三公"行辕、把总提调官的办公地点，也是大修时运筹帷幄的大本营，又是几十万军队安营驻扎之地及各种建筑物质调度场地，故俗称"老营宫"。

实际上，"老营宫"的前身是"遇真宫"的旧址。《熊志》载："张三丰尝庵于此，语人曰'此地他日必大兴'，既而去焉。文皇遍物色之不可得，遂大其宫以为祝釐之所。"[8] 洪武年间，张三丰真人遍游诸山，搜奇览胜，从天柱峰拜谒玄帝后一路沿龙脉北行下山，途经乌鸦岭、展旗峰、梅子垭、仓房岭，最终清眄留意玉虚宫这一块风水宝地，"结庵于其上，以奉玄帝香火，名曰'遇真宫'……庵前有古木五株，师独栖其下"[9]。及至永乐年间，明成祖对张三丰渴求相见不得，转而将张三丰修炼之所大兴创建。奉祀玄帝，祈求福佑与实现真人的预言并行不悖，相得益彰。驸马都尉沐昕所撰《大岳太和山八景》之《玉虚环翠》诗云："琳宫环拱万山齐，欲滴晴岚映碧溪。玄鹤远归香雾合，青鸾高舞瑞云低。寻真羽袂迎风湿，种玉仙畦去路迷。多少道傍名利客，谁能林下问刀圭。"[10] 从全诗的表达方式来看，上片写景，下片抒情。诗人写景采取了充满寓意的描写，抒发了对张三丰真人的敬仰赞美之情，真人仙袂飘飘已随风远逝，播种了奉神福田却仙踪迷离，淡泊逍遥，不慕衣金腰紫，绽放生命的意义，留丹法福泽后人。全诗赋予景致以精妙的灵性，体现出沐昕深厚的文化功力，说明了张三丰真人与玉虚宫的渊源。明成祖则从更高的道教文化意义上赐额"玄天玉虚宫"。对于"宫"的前缀展开剖析，富有更多的道教文化意义。

一、玄天与玄天上帝

（一）"玄"蕴涵着奥秘深浓的教理教义

"玄"是形容"道""德"渺冥幽远的一个概念。在道教教理教义体系中，"玄"是宇宙的本原实体，有自然始祖之义，道家经典《道德经》多在这个意义上使用，如"玄之又玄，众妙之门"[11]"'玄德'深矣，远矣"[12]。《抱朴子内篇》云："玄者，自然之始祖，而万殊之大宗也。眇昧乎其深也，故称微焉。绵邈乎其远也，故称妙焉……故玄之所在，其乐不穷。玄之所去，器弊神逝。"葛洪论"玄"谓宇宙之本体，着重于玄道。"玄"是自然的始祖，万事万物的根本，它幽深得渺渺茫茫，故称"微"；它悠远得绵绵莽莽，故称"妙"。葛洪还描绘"玄"："其高则冠盖乎九霄，其旷则笼罩乎八隅；光乎日月，迅乎雷电；或倏烁而景逝，或飘毕而星流；或混漾于渊澄，或雾霏而云浮；因兆类而为有，托潜寂而为无；沦大幽而下沉，凌辰极而上游；金石不能比其刚，湛露不能等其柔；方而不矩，圆而不规；来焉莫见，往焉莫追。"[13]葛洪极力铺陈作为"道"之异称的"玄"，说明道体萌生诱发的审美愉悦，通过天地万物显现为"有"，又还原虚寂归于"无"，以此来描述"玄"的特性。隋唐之际的重玄学将"玄"发展到认识体悟至真大道的精神境界上，达到境智双泯、能所都忘的虚无高度。"玄"也被看作天地的同义语，如《老子想尔注》的"玄，天也。古之仙士，能守信微妙，与天相通"[14]。按照中国的五行说和天帝观念，"玄"属北方，八卦之坎位属水，尚黑。

（二）"天"象征着隐喻深邃的神仙信仰

"天"是中华文化信仰体系的一个核心概念，产生时间极早。《诗经·周颂·天作》云："天作高山。"[15]《诗经·大雅·烝民》云："天生烝民。"[16]《易·屯》云："天造草昧。"[17]说明中国先民在周代已发明"天"的概念，用以指称天地万物所同生的根本。广义的"天"指大自然、天然宇宙、道等，狭义的"天"仅指与"地"相对的概念。在《道德经》出现以前中国人主要信仰天。《老庄词典》对"天"有两种解释：一是"天体"[18]，如《道德经》的"人法地，地法天，天法道，道法自然"[19] "天长，地久。天地之所以能长且久者，以其不自生也，故能长生"[20]。老子从与"地"相对意义上提到"天"，可理解为天体是有生灭的，只是天很长久，长久到人无法感受甚至无法理解的程度。天体的运作之所以如此长久，是因万物本依赖于天地才能生长，有了永恒性的"道"之后，天就要师法道成为归属于道之下的万物，自然能长久，天不自生而依赖道生，道的永恒性赋予其长生。老子的意图是想阐明理想中的圣人治者应具备谦退的品格，表达出作为天体之"天"与道的关系。老子把道、天、地、人当成宇宙间"四大"，天与其他三者并称，这一排序说明天是体道、体自然而行的；二是"自然"，如老子的"功遂身退，天之道也"[21] "治人事天，莫若啬"[22] "天之道损有余而补不足"[23]，以自然的角度理解"天"。《洞玄灵宝自然九天生神章经解义》云："天者，以玄为义，取其自然，故以天名。"[24] 明代政治家、思想家高攀龙甚至把人与宇宙之天看作统一体，说："今人所谓天，以为苍苍在上者云尔，不知九天而上，九地而下，自吾之皮毛骨髓以及六合内外，皆天也。"[25]《道教大辞典》解释"天"为"天界"[26]，天界是天神的主要居所，这是尊重道教信仰、站在道教立场上进行的解释，凸显了"天"这一道教哲学概念的神圣性。"道教在其发展过程中，先后产生了关于天界的九天说、三十二天说、三十六天说等观点。"[27] 古人把"天界"看成是天神的乐园，并汲取佛教和中国传统的有益思想而形成。

九天说：天界被设想为神仙活动的九层空间（郁单无量天、上上禅善无量寿天等），作为"三生万物"的意象表征。

三十二天说：印度神话传入中国后使中国人产生丰富的想象力，构想出的神仙居所，包括三界二十八天（欲界六天、色界十八天、无色界四天）和四梵天。下层欲界之人有凡间形体，有欲望，通过阴阳交合而胎生；中层色界之人有凡间形体，无欲望，阴阳不交，化育而成；上层无色界之人无凡间形体，无欲望，其有形但不为凡人所见，只有真人看得见。三界之人可长寿但不能免死，属道行较浅的神仙。四梵天的人才长生不死，是真正道行高深的神仙。

三十六天说：在三十二天说的基础上，增加了三清天和大罗天。三清天亦称"三清境"（元始天尊所居之清微天玉清境、灵宝天尊所居之禹余天上清境、道德天尊所居之大赤天太清境），为道教最高神所居最高天界，其上为大罗天。三十六天之人不生不灭，无劫运之数，是真炁传生万物之根本。

天界的学说完成了由"天"而天神的建构。《说文解字》云："神，天神，引出万物者也。从示申。"[28] 神是存在于天上的一种超越人类的力量，能引出或生出万物。"仙"最初不过是一种特殊的人，上古时期写作"仚"，喻"人在山上"。[29] 又作"僊"，有长生仙去长寿之义。秦汉时期"神""仙"开始连称，彼此的界限渐趋模糊。詹石窗指出："就结构来讲，'神仙'是一个词组，既可以当作并列词组看，也可以当作偏正词组看。就并列的角度而言，'仙'是超人的升格，因为有超人的功能，所以能够与神并肩；就'偏正'的角度而言，'神'作为'仙'的修饰，而落脚点则在'仙'字上。当'神'成为'仙'的修饰语时，'仙'的属性便通过'神'的功能而显示出来。这时的'仙'是指那些具有超越凡人功能的特异者。"[30]

道教神仙信仰的形成经历了漫长的历史发展过程，可上溯到原始社会。中国先民已有万物有灵、灵魂不灭的认识，进而产生自然崇拜、图腾崇拜、灵魂崇拜、鬼神崇拜、祖先崇拜，发展出祖先与天神合一的至上神的雏形。殷商时代，史前时期的自然崇拜已发展到信仰上帝和天命，初步形成了以上帝为中心的天神系统。巫祝、巫术使周代鬼神崇拜进一步发展，形成天神、地祇、人鬼三个系统，并把崇拜祖宗神灵与祭祀天地并列，敬天尊祖，所谓"万物本乎天，人本乎祖。郊之祭也，大报本反始也，故以配上帝。天垂像，圣人则之，郊所以明天道也"[31]。战国时期，《庄子》的《齐物论》《逍遥游》、《列子》的《汤问篇》《黄帝篇》、屈原的《离骚》《天问》等篇目，亦有大量神仙记载。汉代的《淮南子》《史记》等书也记载了不少关于仙人、仙境的传说，神仙信仰已经相当广泛。西汉经学家、目录学家、文学家刘歆的《山海经》记载了我国古代神话、巫术、宗教等内容。仙境被描画得美妙而神秘，仙人被描绘成外生死、极虚静、不为物累、超脱自在、腾云飞行的神奇人物。

以《庄子》为例，真人、至人、神人、圣人的神异描述，反映了庄子的神仙意识。《庄子·大宗师》云："古之真人，不逆寡，不雄成，不谟士。若然者，过而弗悔，当而不自得也。若然者，登高不慄，入水不濡，入火不热。是知之能登假于道者也若此。古之真人，其寝不梦，其觉无忧，其食不甘，其息深深。真人之息以踵，众人之息以喉。屈服者，其嗌言若哇。其耆欲深者，其天机浅。古之真人，不知说生，不知恶死；其出不欣，其入不距；翛然而往，翛然而来而已矣。"[32]《庄子·齐物论》云："至人神矣！大泽焚而不能热，河汉沍而不能寒，疾雷破山而不能伤，飘风振海而不能惊。若然者，乘云气，骑日月，而游乎四海之外，死生无变于己，而况利害之端乎！"[33]《庄子·田子方》亦云："夫至人者，上窥青天，下潜黄泉，挥斥八极，神气不变。"[34]《庄子·逍遥游》云："藐姑射之山，有神人居焉，肌肤若冰雪，绰约若处子，不食五谷，吸风饮露，乘云气，御风龙，而游乎四海之外。"[35]《庄子·天地》："夫圣人，鹑居而鷇食，鸟行而无彰，天下有道，则与物皆昌；天下无道，则修德就闲；千岁厌世，去而上仙；乘彼白云，至于帝乡；三患莫至，身常无殃，则何辱之有！"[36] 上述关于神仙的种种神异特性的渲染，构造出神仙境界中神仙与道的一体化，与自然的原始本性相契合。庄子在思想上达到了最大的解脱和绝对的自由，体现了道家对理想人格的寄托和对精神自由的追求。

在道教形成以前，中国古代最高神是天帝。《尚书·舜典》称"在璇玑玉衡，以齐七政，肆类于上帝，禋于六宗，望于山川，遍于群神"[37]。此"上帝"可理解为"天""天帝"，是天上世界的皇帝。《十三经注疏》有："上帝，天也……上帝，太一神。在紫微宫，天之最尊者。"[38] 此"上帝"特指昊天上帝，位于万物之上的主宰，天之最尊，常以公平无私之心审视下民行为，是中国人祭祀的对象。"道教的神仙也就是那些超越生死、能够永远在天地之间逍遥遨游的人。"[39] 中国人的"上帝"不同于西方基督教的"上帝"，传教士利玛窦想要统一二者，但他没有成功。[40] 因为中国典章里的"天"是一种把世俗和宗教表现形式融为一体的观念，是神和自然、社会和宇宙秩序的表现，是一种"浑"的观念。中国人的"上帝"仅仅是天的活动特征。甲骨文中的"帝"代表着一种祭祀，是自皇权统一后皇帝的尊号，上帝与传统礼仪和多神教的背景不可分割。

道教是我国本土宗教，产生于东汉顺帝时期，晚于佛教。也有观点认为，道教始源于黄帝时期，成立于战国时期，但都承认道教最初尊老子为祖师，继承了中国古人敬天祭祖的传统，保留了宗教意义的至上神。道教把哲学家老子塑造为"太上老君"，成为由人经修炼变化而获得最

» 泰常观太上老君木雕造像
（芦华清摄于 2020 年）

高果位的"道德天尊"，道教徒悟道、修道、得道，将《道德经》奉为圭臬。佛教在东汉明帝永平十年（67 年）传入中国，或更早于汉武帝时期已陆续传入，对道教产生了一定的影响。"道教为了自身发展，为了争取更多的信众，自然要与外来的佛教相抗衡，在树立偶像、盖庙建院和编写经书典籍诸方面，都要与佛教见高低。"[41] 树立神像、建筑宫观、编写道经，三者内在统一，相互作用，促使道教前行。

在编著经书典籍方面，西汉经学家、目录学家、文学家刘向的《列仙传》最早系统论证了神仙在世，记载了自三皇五帝、赤松子至西汉成帝时的仙人玄俗，共计 71 位神仙的姓名、身世和事迹；东晋葛洪的《神仙传》收录了古代传说中的 84 位仙人事迹；齐梁间道士、道教思想家、炼丹家、医学家、文学家陶弘景的《真灵位业图》最早列出"三清"之名，将道教信奉的天神、地祇、人鬼及诸仙真共七个层次排定座次，构造出一个等级有序、统属分明、庞大完整的道教神仙谱系。道教透过神仙传记来展示天下有神仙，而且神仙成千万。四川省中国哲学史学会副会长、四川大学教授李刚说："不老不死的神仙，的的确确存在么？为了解开人们心中的疑团，树立起修炼者对于长生不死的坚定信心，道教塑造了数不胜数形形色色的神仙，以榜样的力量感染世人，以神仙不死的形象召唤修炼者，证明人能成仙不死的真实性。"[42] 经过道教的发展和道经的演化，后世道教成为多神教。

对于道教神仙进行分类，从古至今尚无统一定法。学者古存云讲："道教诸神仙是从中国古代有天神、地祇、人鬼三大系列衍变而来，再加上后世道教新造的神，就构成了道教神与仙的崇拜体系，形成了道教尊神、道教俗神、道教神仙三大系统。"[43] 还有李淑远将道教神仙分为先天真圣、后天仙真、地方神灵三个部分的观点。高大鹏《造化的钥匙：

神仙传》一书"总论"中写道："对于中国而言，从超越世界来的生命称为神，由凡人经过转化而成的超越生命则为仙。总而言之，由天而人的谓神；由人而天的谓仙。"[44]台湾紫微斗数创始人沈平山对早期道教神明的产生归纳为："一是自然灵化神明（宗教以自然宗本，道教以灵化神格，如元始天尊、灵宝天尊）；二是圣贤（宗教以人格崇拜，道教以修道上念延引，如上元天官帝尧、中元地官帝舜、下元水官帝禹）；三是神仙真人、教主（如老子、八仙）。"[45]张兴发道长的《道教神仙信仰》认为："道教神仙可分为天尊、道君、真人、天师、天君、品仙等，其中品仙分为天仙、神仙、地仙、人仙、鬼仙等。"[46]该书"诸神篇"按照道教神仙的道行进行分类：玉京尊神、上古真人、真人神仙、山岳诸神、河渎诸神、民俗诸神、地祇诸神、地区诸神、琼台女仙九个部分。原中国道教学院副院长李养正在《道教概述》中指出："仙与神有所不同，大抵天神是执政管事的，如人间帝王和下属官吏；仙则是不管事的散淡人，犹如人间的名士和富贵者。神都有帝王的'诰封'，享受祭祀。仙则大都由'得道'而成，并不一定得到祭祀。仙有天仙、地仙、散仙之分。天仙可能为天神，地仙则只在人间，散仙则天上人间飘忽不见。一般说来，神在民俗信仰中地位较高，仙则在道教信徒和士人中影响较大。"[47]道教神仙的来源具有多元性特点。在天尊这个系列的道神中，除了道德天尊老子和降魔护道张道陵是历史真实人物外，其他的天尊或为道教理论的神化，如"三十六天说"相应产生的"三十六天帝"，或出自道教神话传说，如玄帝修道武当的神话。

　　道教依据对道的信仰，将中国古代宗教中的自然崇拜、祖先崇拜、鬼神崇拜和神仙信仰等吸收进来，在多神崇拜的基础上建立起富有特色的神仙谱系，以一种生动而形象的方式来诠释无限整体之"道"，而这一切都是建立在道教对"天"有神格化、人格化的信仰与崇拜的认识基础之上。神格是神灵的力量核心，是表示神灵强大与否的标准，即神的本体及其功能。神性职司决定神力影响的领域，赐予神的位格，即神格化。如果由人间的皇帝将天帝的旒冕郑重封赠给道教大神，那么这些称帝的、新起的神就更加显赫。在道派和道经中，玄帝有许多称号以体现其神格化。"玄帝原是北方七宿的玄武，其伏魔神格的产生，在宋初，乃是由道教'北帝'之神格转化而来。"[48]人格是人类拥有自我意识后，在认识世界的深度上形成的行为模式、思维模式和认知模式，以拟人化的方式来刻画事物，使其具有人的行为、情感和认知的过程就是人格化。玄帝的人格化是由对天上星宿的认识，进而产生出龟蛇合体的图腾崇拜，从灵异动物升迁为天界大神，并为人所景仰的过程。"人们用拟人化的思维方式赋予其人格性，以使人们更易于理解。后来人们渐以人格性为神灵的标志，实际上人格性是后起的，本体性才是神灵的本质。"[49]老子的"道"继承了"帝"和"天"的本体性，而去掉了"帝"和"天"的人格性。"天"所演绎的神仙信仰内容并不都是明白昭示的，而是以隐晦的方式进行表征，以象征的法度来体现，本体的"道"具有潜藏隐匿的特性。

（三）"玄天"意味着探赜索隐的理想境界

"玄"与"天"独称的时候各有其文化意义，两字连称时则意涵明确。

其一，特指北方之天。如《淮南子·天文训》有"北方曰玄天，其星须女虚危营室……北方水也，其帝颛顼，其佐玄冥，执权而治冬，其神为辰星，其兽玄武"[50]。

其二，"泛指玄妙之天"[51]，即自然的状态。《庄子·在宥》云："乱天下之经，逆物之情，玄天弗成。"[52]道家文化学者、北京大学教授陈鼓应注释"玄天弗成"为"自然之原状不能保全""自然之化不成"[53]。《在宥》为揭示"大同涬溟"的养心妙法，特意编织出一个云将求教于鸿蒙的寓言。庄子借鸿蒙之口表达了如果扰乱自然常道，违逆万物真情，自然状态便不能保全的理念。上海交通大学教授叶舒宪认为："云将作为行而有迹的自然化身，求教于行而无迹、浑然一体的自然元气，喻示有形归于无形，有为莫若无为的道理。"[54]庄子文中使用的"玄天"是道家所倡导的人应复归于根本、返回生命本源的哲学精神，也是道教所奉行的本体的自然状态和终极之道的至上理想。

其三，指称"道"。庄子倡导的道蕴涵着宗教上的超越之旨，历史地、具体地存在于道教的理论阐释、仪轨法术、养命修性等宗教活动之中，也存在于这些宗教活动与现实世界的融合与影响之中。道既指向彼岸世界，又引领现实的人生态度与人生行为。实际上，道教从创立之初就以《道德经》为理论基点，围绕着人应当如何修身养性达至"升玄之境"，建立起了以"得道成仙"为核心的信仰体系，对超越有限存在的无限整体"道"加以体悟和把握。"道教的最高追求和核心概念是道，老子把道作为对万物本源的最高概括。道是一个衍生万物、无始无终、超言绝象、先于一切事物存在而又存在于一切事物之中，无处不在而又超越一切具体事物的存在。"[55] "'道'的这种本源性、超越性和永恒性以及'道'内涵的复杂性、模糊性，为日后道教对它的推演和发挥留下了广阔的余地，而'道'的自然性又为道教各种道术的修炼奠定了基本思路。"[56] 道经中对"道"的解释，都把它释义为创世主、宇宙主宰者、至上尊神。《太平经》云："夫道何等也？万物之元首，不可得名者。六极之中，无道不能变化。元气行道，以生万物，天地大小，无不由道而生者也。"[57] 作为道教名词的"玄天"连称时强调的就是"道"，这也是"玄""天"的共性所在。李养正说："道教的一切经典，无不宣称其根本信仰为'道'，认为'道'是宇宙的本原与主宰者，它无所不包，无所不在，无所不存，是宇宙一切的开始与万事万物的演化者。有了'道'才生成宇宙，宇宙生元气，元气演化而构成天地、阴阳、四时、五行，由此而化生万物。"[58]

在武当山道教中，使用"玄天"最重要的两处是对主神和宫名的命名，均与北方之天有关，它师法道生，玄妙无比，自然存在，为宇宙的本原、实体，即道本身。一定意义上，"玄天"是道教的哲学精神和至上理想。

（四）"玄天上帝"演绎了人道合一的天界之神

玄帝是道教中少数为官方正式封号认定的神明。然而，玄帝信仰的意涵，尤其是玄帝的发生，并不全为民俗道教信仰大众和游历者所认识，一定意义上影响了对"玄天玉虚宫"命名及其建筑文化的理解。关于玄帝信仰、玄帝如何从无到有发生，归纳代表性的观点如下：

1. 北帝之称衍生说

朱越利认为："玄天上帝之称没有什么特别之处，是北帝之称的一种必然的衍生。因为一般按照五行说和天帝观念，北即玄，即玄天，帝即上帝。北帝即玄帝，即玄天上帝。凡是称帝的北方的神，皆有称为玄天上帝的可能。最后有几位获得玄天上帝称号，只不过由于文字上的方便而已，真武是其中之一，而且在不同的派别和不同的经典中有不同的玄天上帝称号。"[59]《上清天蓬伏魔大法》的咒语有"急奉北极真武真君律令"[60]。《上清灵宝大法》称真武为"真武灵应佑圣真君"[61]，同书又称"酆都神"为"北阴酆都大帝"[62]，将真武与"酆都神"并列为玄帝。历史学家许道龄认为后来阴阳五行渐衰，颛顼退处无权，玄武逐渐代替黑帝颛顼成为北方玄帝。唐代杜光庭言及北帝也没有明确就是玄帝，他的《广成集》卷七《川主太师北帝醮词》曰："伏闻垂象表灵，位尊北极，统临万有，照烛群生，八十一变之威容，三十六兵之神武，肃清造化，临察幽明，珍恶诛邪，安人护国。"同卷《晋公北帝醮词》云："伏以元气周流，天道为生成之本；七星杓准，斗君为统制之元。罪福吉凶，咸归校录。"[63]卷六《众修北帝衙醮词》曰："伏以五气玄天，北宫太帝，司明善恶，统御死生，寿禄吉凶，咸资校录。"[64]对于道教而言，真武并没有垄断玄帝称号，而且玄帝也没有超越取代颛顼、紫微大帝等老北帝的地位，玄帝只是北帝之称的一种衍生。

2．北方七宿神格化说

玄帝这一封号并不是一开始就有的，其源头应上溯到殷代前后的玄武，出自于中国古人对天象的崇拜。殷商时代大概已有四兽的划分，如天文学家陈遵妫的《中国天文学史》认为，北宫七宿"都和军事有关，因而玄武本意，也许是指这一群的星，它们所占的位置，相当于整个宝瓶座。还有从玄武画像来说，都是用龟蛇相配，它的起源，争取南斗南方的天鳖和营室北方的腾蛇，而这些星在《天官书》中并无记载，因而玄武本意，实际上还有待于研究"[65]。

古人夜观星象，将围绕日、月、五星（太白星即金星、岁星即木星、辰星即水星、荧惑星即火星、镇星即土星）运行的星座选取了二十八组作为标志，再以东、南、西、北四个方位为界分出上述四组，七宿作为一个体系。此"四象"在道教名为"四灵"并宣称为四方的保护神。明代武当山七星树附近有七星庙、南岩宫有礼斗台、玉虚宫有观星台等建筑，武当山道教斋醮科仪有北斗礼斗科仪、全真礼斗全科等，都反映了武当山道教的星辰崇拜。

《尚书·禹贡》已有"历象日月星辰""四岳"的概念，将南方的星看作朱雀之鸟，孔颖达疏称"四方皆有七宿，可成一形。东方成龙形，西方成虎形，皆南首而北尾；南方成鸟形，北方成龟形，皆西首面东尾"[66]。表明最初玄帝的发生是以星辰崇拜开始的。春秋战国时期，四象四兽、五行五星、五方五色、二十八宿的认识广泛流行，原始的星辰崇拜、动物崇拜随之兴起。《礼记·曲礼上》曰："行，前朱鸟而后玄武，左青龙而右白虎；招摇在上，急缮其怒；进退有度，左右有局，各司其局"[67]，孔颖达注"玄武"为龟。古籍中较早出现的玄武记载是古代行军时效法天上二十八宿组成的四灵排兵布阵。《周礼》曰："司常：掌九旗之物名，各有属，以待国事。日月为常，交龙为旂，通帛为旜，杂帛为物，熊虎为旗，鸟隼为旟，龟蛇为旐，全羽为旞，析羽为旌。"[68]中国古代九旗（常、旂、旜、物、旗、旟、旐、旞、旌）中的"旐"指龟蛇玄武。台湾台中科技大学应用中文系教授萧登福认为："如以'熊虎'仅取'虎'，而'鸟隼'亦仅取'鸟'而言，则玄武似宜仅指'龟'……今以四灵中之青龙、白虎、朱雀皆各指一兽而言，疑早期的玄武应是指龟而言。玄武即'玄龟'，玄为黑色，为黑色大龟。"[69]"玄"即颜色，"武"即龟，故"旐"旗上所画图像也可能只有"龟"。

不仅如此，中国古代文化和蛇也有密切关系，先秦文献透露有先民虔诚的蛇崇拜，如《楚辞》"天问"篇："女娲有体，孰制匠之？"王逸注："传言女娲人头蛇身，一日七十化。"[70]始祖神女娲人首蛇身。《山海经·海外西经》："轩辕之国在穷山之际，其不寿者八百岁。在女子国北。人面蛇身，尾交首上。"[71]黄帝（轩辕氏）亦人首蛇身。《山海经·海外南经》："南方祝融，兽身人面，乘两龙。"[72]楚人先祖祝融的兽身是虫蛇之蛇形，蛇被神化为始祖加以崇拜。楚人自称蛮夷，《说文解字》卷十三篇云："蛮，南蛮，蛇种，从虫𤡱声。"[73]远古信念里的伏羲、女娲、祝融都是蛇身之神，蛇有先祖图腾的意象，原始人最初对蛇的崇拜视之为图腾，是人类的普遍现象。英国 M.R. 柯克士说："蛇的崇敬，为恐惧所养育着……蛇的形状一代代地传下来，被视为魔力的伴侣。蛇在世界上每一地方都有住着。这个动物时时为人所敬重。它的奇美怪丽与幽灵似的沉静，它的制克较低动物们的魔力，它的致命毒涎以及它的别的性质与作用，可说明它所以被视为超自然者的原因。对于它的自附于人居的习惯，可追溯到它的超自然保护者的观念。"[74]人对蛇图腾有敬重和恐惧两种心理。敬重，使蛇演化为美丽、为四灵之一的玄武；恐惧，使人害怕看到它的原形，认为杀蛇者死或梦蛇者有难。

上古帝喾在位时任命颛顼重孙为"火正",让重黎当掌管民事的火官。荆楚传说中的重与黎是开天大神和辟地大神,都受颛顼之命而执行大神的使命,"颛顼也就成为荆楚民族所崇奉的皇天上帝了"[75]。《史记·楚世家》云:"重黎为帝喾高辛居火正,甚有功,能光融天下,帝喾命曰祝融……(帝喾)诛重黎,而以其弟吴回为重黎后,复居火正,为祝融。"[76]祝融忠于职守,服务黎民,帝喾赐以"祝融"封号,"祝"指永远,"融"象征着光明,用火照耀大地。《左传·昭公二十九年》《国语·郑语》均记载火正是祝融,其后人世袭火正,黄帝赐姓"祝融氏"意即掌管火的天神。火正属于天文官,负责观测火星,授民以时,安排农业。尧舜时代的人已熟悉农时,认识到了火的自然伟力,认为火能"融显天地",象征光明,净化一切,开拓荒楚,刀耕火种。古人对火的崇拜源自于太阳崇拜。弗雷泽的《金枝》认为,太阳说是因为火能保证世间万物享有太阳般的光和热,净化说指火有巫术的意义。祝融的神性定位为火神,方位属南方离卦,属火。明代均州城南、武当山草店街、玉虚宫前都有火星庙,武当山南盐池河有火神庙,亦敬奉火神祝融。

当然,古人也有把祝融合为水火一神的认识,认为火之本在水。祝融的神系属炎帝裔。《山海经·海内经》载:"炎帝之妻,赤水之子,听沃生炎居,炎居生节并,节并生戏器,戏器生祝融,祝融降处于江水,生共工。"[77]这是对于人首蛇身祝融的再演绎,因为蛇的自然属性与水有关,祝融降处于江水可视为水神。传说尧时洪水滔天,浸山灭陵。尧命令鲧治水,然而九年没见成效,后来鲧知晓天上有宝物"息壤",便窃来止住了洪水。天帝派火神祝融下凡杀鲧夺回"息壤",让祝融兼任南海神监察人间的治水管水。《楚文化中的蛇崇拜》说:"蛇身的先祖:祝融(火神)——共工(水神)——后土(幽都主宰)——土伯(后土侯伯),从地上、水中到地下,从火神、水神到死神,楚人尊崇的先祖神明都和蛇有着密切的关系。"[78]总之,蛇成为楚人心目中的神,奠定了龟蛇合体的玄武崇拜的文化基础。对于屈原的"时暧暧其曭莽兮,召玄武而奔属"[79],"玄武"谓北方太阴之神,形状为龟,一说为龟蛇合称。《文选》注:"龟与蛇交曰玄武。"蒋骥注:"时方自西之南,而玄武在北,故曰召。"宋代洪兴祖补注:"玄武谓龟蛇,位在北方,故曰玄;身有鳞甲,故曰武。"[80]《后汉书·王梁传》云:"玄武水神之名。"李贤

注："玄武，北方之神，龟蛇合体。"[81] "玄武"被当成四灵来召，是玄武人格化形象的最早记录。据报道，四川芦山出土的东汉建安十年（205年）王晖石棺有一幅"龟蛇图"，又名"玄武图"，呈蛇缠龟状。汉代谶纬书《河图》有"北方黑帝，体为玄武，其人夹面兑头，身目厚耳"[82]。显然，玄武具有动物崇拜朝人神化的转变趋向。汉代之前以"龟"注疏者多，汉之后多偏向于"龟蛇"合体。

还有对玄武形象的其他认识，如中国科学院研究员陈久金提出新解，认为玄武形象最开始是神鹿，战国以后"龟蛇"才取代神鹿而成为玄武的代表性标志。[83] 学者何新提出玄武神的原型是历史上的水工鲧及其妻子修的观点，龟蛇合体是鲧修夫妇的象征。上古时代，理水官"水正"之本体是鲧，因治水无功而化三足鳖。[84] 鲧的象征是鼋，别名鼋，鲧鼋省形为玄鼋，也可写作玄冥鼋、玄冥，《左传·昭公十八年》有"禳火于玄冥回禄"[85]。"玄冥回禄"指水神和火神。在上古的神话中，玄武本名玄冥，是水神。日本史学家小柳司气太在《道教概说》中说，"中国人因天人感应之世界观，而信天象与人事有密切关系"，以为天上若人间，"其最贵者为中宫天极星，即所谓北极或北辰，其神名太一，又曰天一"。他说："因对于北极星及北斗星之想象，在道教遂起北斗星之信仰"[86]，提出玄武是北斗星的说法："玄天上帝为北极星，又北斗星，（后避宋真宗之讳，改称真武），又称北极圣神君，因占星术而信仰诸星。"[87] 他采取逆向思维，从人界而类推天界，人界有帝王百官之朝廷，天界亦有之，相信天界之帝王居于北极，故迷信北极星、北斗星而称为"太一"。《中国神话学考证》一书论证：玄武乃玄蛇、龟武之化身，玄蛇是龙首凤翅蟒身，龟武乃龙首、鳖背、麒麟尾，都是上古神兽腾蛇及赑屃的演变，也是北方民族龙图腾和龟图腾的融合，龙蛇原为一体，鳖是龟的演变，即龙之子赑屃的前身或另一种称呼。道教祀玄武，辄以龟蛇二物之像置于其旁，玄武像则披发、黑衣、仗剑、踏龟蛇，从者执黑旗。

综上所述，玄武辖管北方，五行为水，为太阴神，形貌或是龟，或是龟蛇，是北方的保护神。道教吸收了玄武信仰之后，道经不断向玄武献上新称号，朝廷也陆续向玄武敕赐封号，使玄武的地位愈来愈高，玄武被人神化，其神格化程度越来越高。根据道经提供的信息，归纳玄帝受赐封号及社会流行称号如下。

玄天上帝受赐封号与道经称号一览

庙号	年号	受赐封号及出处	道经称号及出处
	六朝		玄武将军（《太上元始天尊说北帝伏魔神咒妙经》）
唐太宗	贞观二年		封：佑圣玄武灵应真君。圣号：佑圣真武玄天上帝，终劫济苦天尊（传说）
	武则天（谥号）		赠北方神将真武：武当山传道真武灵应真君（《启圣录》）
	唐末五代		玄武北斗牛女虚危室壁七星君（《太上黄箓斋仪》）；北方大将玄武将军（《神咒妙经》）
宋太祖	建隆元年		真（玄）武神将（《元始天尊说北方真武妙经》）；避赵玄（元）朗讳，改玄武为真武（《朱子语类》）
宋真宗	大中祥符五年		避赵玄休、玄侃讳，将玄武改称真武将军（《集说诠真》《云麓漫抄》）、北方真武神将、真武大神将（《真武灵应护世消灾宝忏》）
	天禧二年	加号真武将军：真武灵应真君（《续资治通鉴长编》）；加真武号：真武灵应真君（《宋朝会要》）；加真武将军圣号，加：镇天真武灵应佑圣真君（《图书集成·山川典》《总真集》）	
宋仁宗	嘉祐二年	赠真武衔，诏书：可授"玄初鼎运上清三元都部署、九天游奕大将军、左天罡北极右员镇天真武灵应真君、奉先正化寂照圆明庄严宝净齐天护国安民长生感应福神、智德孝睿文武定乱圣功慈惠天侯"（《任志》）	
	嘉祐四年	称天侯封号（《神咒妙经（集疏）》卷4）；进封太玄元帅为：玄天上帝（《总真集》）；册封玄武加号：太上紫皇天一真君、玉虚师相、玄天上帝，封北极镇天真武：佑圣助顺灵应福德仁济正烈协运辅化真君（《任志》）	天帅真武、北极真武真君、北方三元游奕大将军、北极游奕真武将军、北极紫微大帝领佑胜院善恶副判真武灵应真君、镇天真武长生福神万物之祖；授上衔"玄初鼎运上清三元都部署、九天游奕大将军、左天罡北极右员镇天真武灵应真君、奉先正化寂照圆明庄严宝净齐天护国安民长生感应福神、智德孝睿文武定乱圣功慈惠天侯（《启圣录》卷2—8）

庙号	年号	受赐封号及出处	道经称号及出处
宋神宗	元丰年间	诏封：佑圣真武灵应真君（《铸鼎余闻》卷一）	
宋哲宗	元符二年		三元都总管、九天游奕使左天罡北极右员大将军、镇天真武灵应真君（《元始天尊说北方真武经》）
宋徽宗	大观二年	封：佑圣真武灵应真君（《神咒妙经》）；奉册增上尊号：佑圣真武灵应真君（《正统道藏》18 册《真武灵应真君增上佑圣尊号册文》）	
宋钦宗	靖康元年	加号：佑圣助顺真武灵应真君（《文献通考·郊社考二十三》）	北极佑圣真武灵应真君玄天上帝（《上清灵宝大法》）
宋孝宗	乾道前后		北极总统玄天大将（《太上说紫微神兵护国消魔经》）
宋孝宗	淳熙十一年		太玄元帅、镇天玄武大将军、三元都总管、九天游奕使、左天罡北极右员（垣）、三界大都督、领元和迁校府事，判玄都佑胜府事、太上紫皇天一真君，特拜玉虚师相玄天上帝领九天采访使（《玄帝实录》）
宋孝宗	淳熙十五年		大圣大慈大仁大孝八十二化报恩教主佑圣真武治世福神玉虚师相玄天上帝金阙化身天尊（《玄天上帝说报父母恩重经》）
宋宁宗	嘉泰二年	崇封诰词：敕北极佑圣助顺真武灵应真君（《任志》）	
宋宁宗	嘉定二年	敕：北极佑圣助顺真武灵应真君、可特封：北极佑圣助顺真武灵应福德真君（《总真集》）	
宋宁宗	嘉定十六年		佑圣玄天上帝（《无上黄箓大斋立成仪》）
宋理宗	绍定年间	北极佑圣助顺真武灵应福德衍庆真君（《总真集》）	
宋理宗	淳祐五年		北极佑圣真君玉虚师相玄天上帝（《北真水部飞火击雷大法》）
宋理宗	宝祐五年	特封：北极佑圣助顺真武福德衍庆仁济正烈真君（《总真集》）	

庙号	年号	受赐封号及出处	道经称号及出处
宋度宗	咸淳六年		玉虚师相玄天上帝金阙化身天尊、混元法主玄天上帝（《道法会元》卷154《混元六天妙道一炁如意大法》）
宋端宗	景炎前后		镇天真武治世福神玉虚师相玄天上帝（《北极真武佑圣真君礼文》），北极镇天助顺真武灵应福德真君玉虚师相玄天上帝（《北极真武普慈度世法忏》）
元成宗	大德七年	加封真武：元圣仁威玄天上帝（《续文献通考》《黟县志》《元史·成宗本纪》）	
元成宗	大德八年	特加号：玄天元圣仁威上帝（《任志》《玄天上帝启圣灵异录》《大元敕封真武诏书碑》）	
元成宗	元明之际		北极佑圣真武大元帅玄天元圣仁威上帝金阙化身证果终劫济苦天尊（《太上九天延祥涤厄四圣妙经》） 法主北极镇天真武灵应佑圣真君玄天元圣仁威上帝（《真武灵应大醮仪》）；北极镇天真武玄天上帝真君（《玄帝灯仪》）
明太祖	洪武	厘定神号：武当真武之神（《王志》）；北极玄天真武（明葛寅亮《金陵玄观志》、宋讷《北极玄天真武庙记》）	太上玄天真武无上将军（《太上玄天真武无上将军篆》）
明成祖	永乐初年	北极镇天真武元（玄）天上帝（《王志》）	
明成祖	永乐十年		黄榜：北极真武玄天上帝、真武；御祭祝文：北极玄天真武上帝（《任志》）
明成祖	永乐十一年		神像或其他敕谕称为真武（《任志》）
明成祖	永乐十三年	敕谕：北极玄天上帝真武之神（《御制真武庙碑》）	
明成祖	永乐十六年	敕谕：北极玄天上帝真武之神（《御制大岳太和山道宫之碑》）；玄天上帝百字圣号（《大明御制玄教乐章》）	
明成祖	永乐十七年	敕谕：玄帝（《任志》）	

庙号	年号	受赐封号及出处	道经称号及出处
明仁宗	洪熙元年	北极真武之神（《任志》"御制祝文"）	
明宣宗	宣德元年	北极真武之神（《任志》）	
明世宗	嘉靖三十一年		玄天上帝百字圣号（《万历续道藏》）
明宪宗	成化十七年		圣像称为北极镇天真武、真武（《任志》）
清代	（年号不详）	加封：北极镇天真武祖师、万法教主、元天元圣仁威上帝、金阙化身、荡魔天尊（《熊宾志》）	
清世祖	顺治八年前后		北极佑圣真君（《大清会典》《清会典》）

由表可知，历代赐号、称号都在彰显玄帝威名。宋真宗天禧二年（1018 年），第一次由皇帝加封"真武灵应真君"神号，是正史记载官方认可的人格化定型封号。"玄天上帝"的封号主要敕封在宋元明三代，特别是北宋嘉祐四年（1059 年），宋仁宗进封太玄元帅为"玄天上帝"，并册封玄武，加号为"太上紫皇天一真君、玉虚师相、玄天上帝"；大德八年（1304 年）元成宗加封真武为"元圣仁威玄天上帝"和大德八年加号为"玄天元圣仁威上帝"，使道教"上帝"中间新增的"玄天上帝"法力加大，成为天界大神。值得注意的是，唐代武则天赠"武当山传道真武灵应真君"和明洪武年间明太祖厘定神号"武当真武之神"，均出现"武当"山岳的名称，显然，这是皇帝为山岳神封人爵重视武当山的举动。皇帝封爵与神格化的偶像崇拜密切相关，二者在武当山得到了最好的诠释，以至皇室祭礼玄帝的国家礼仪首选武当山，"非玄武不足以当之"，因神而山川，武当山成为担当祭礼玄帝的最大道场。大岳、太岳、玄岳之威名，都是匹配玄帝的神格化。使武当山得以提升更高更神秘境界的关键正是神格化了的玄帝，也因此天下仿武当者风起云涌，趋之若鹜，如西武当、北武当、南武当、中武当等。

综上所述，北方玄武经星辰崇拜、动物崇拜到图腾崇拜，由普通升华为灵异。由于不同朝代的不同封号与称号，如将军、神将、真君、大将军、天帅、师相、上帝、祖师、教主等，北方玄武法力不断加升，就从玄武将军—真武真君—玄天上帝不断演绎，最终上升到天之高阶，神格升为"上帝"。从官职上看"玄天"与"上帝"的连称，可理解为上天嘉勉世间凡人，勤修苦练，三千功满，后天成圣，从而授予官职的升迁。但若从封诰加号上看，玄天上帝特指北极真武玄天上帝本尊，侧重于天界大神的位格。"上帝"一词并非其他宗教之专属，我国上古时期已有五方上帝，分管东、南、西、北、中五个方位的神，道教的"上帝"指至高无上的尊神，为众神之首，是道的化身。所以，尊称玄帝时使用"上帝"的称呼，意指大道的化现，玄帝主宰自然变化与本体之"道"合一。台湾黄发保在《玄天上帝信仰发展初探》一文里，专门讨论了玄天上帝的道格、神格、人格三种神性特质。道格神特质，如总枢天机、应兆虚危、太极别体、经纬于北等；自然神特质，如真武祖师、万法教主、太阴之生、水位之精等；人格神特质，如上清三元都部署、九天游奕大将军、左天罡北极右员镇天真武灵应真君、福德衍庆、仁慈正烈、感应福神、玉虚师相、玄天上帝、金阙化身、荡魔天尊等[88]。显然，如果把玄帝仅仅当作人格神来看待就大大地降了格，"玄"最高的神性特质，应当是道格神的位格，玄帝演绎的是人道合一的天界之神，是道的化身。

3. 静乐国子修道功成说

《元始天尊说北方真武妙经》讲述了元始天尊于龙汉元年在八景天宫向妙行真人说法的事。妙行真人向元始天尊提问玄帝是何神将，元始天尊便讲述了真武出身的事迹："昔有净乐国王与善胜皇后，梦吞日光，觉而有娠，怀胎十四个月。于开皇元年甲辰之岁三月建辰初三日午时，诞于王宫。生而神灵，长而勇猛。不统王位，唯务修行。辅助玉帝，誓断天下妖魔，救护群品。日夜于王宫中，发此誓愿，父王不能禁制。遂舍家，辞父母，入武当山中，修道四十二年。功成果满，白日登天。玉帝闻其勇猛，勅镇北方，统摄真武之位，以断天下妖邪。"[89]这段经文表明玄帝由人而神的一种发生方式。神话既牵扯五千年文明史，又关涉古老时期史，既有人世间的历史，又有天上的历史。不是上古洪荒、历史悠久、来历非凡的大神坐镇玄武之位，何得化育滋生，生命周期跨越劫终与劫始，无幽不察，无显不成。

4. 玄元圣祖应化说

《神咒妙经》是一部叙述龙汉元年紫微大帝在太清上境北极宫说玄天大圣真武生平来历及应化缘由的道经，对于真武道经而言这一问题不可回避。"北方大将玄武将军，巡察天人，录善罚恶。不知此将，应化何因？"紫微大帝回答道："盖乃玄元圣祖，护度天人，应化之身，神明之妙。盖无形之为道，非有象之可言。变化亿千，虚无难测。且玄元圣祖，八十一次显为老君，八十二次变为玄武。故知玄武者，老君变化之身，武曲显灵之验。本虚危之二宿，交水火之两精。"[90] 玄帝是玄元圣祖老子第八十二次变化之身，实为道本体神灵观的形象表达。詹石窗认为："从'无形之道'说起，意即'玄元圣祖'起于无形之道，后来才化为'老君'，再经过一系列变化而有了'玄武'的帝格神——'玄帝'。按照这种逻辑，玄武帝神是'混沌大道'经过许多阶段的演化才出现的，而其灵脉又是绵延不断的。如果说演化的阶段性反映了个体生命'渐进过程的中断'，那么灵脉之绵延则体现了'生命永恒'的愿望。"[91]

5. 天一之炁化说

《神咒妙经》曰："玄天，玄者一也，天者霄也。乃北方一景紫霄太玄天，泛天一之炁化，今玄帝位居之。因昔在下土黄帝五十七年，天诏飞升，府署驻在此境也。开化水所，乃九霄之首矣……玄帝十五岁时，感遇紫元君，曰：子契太和，必当升举矣。"[92] 该经文说明玄帝早在黄帝时期已位居北方紫霄太玄天，透出天一之炁的特质。为什么宋代陈伀在九景之后专门提到紫元君？九重天指天有九重、九霄，九霄之首是紫霄太玄天，是玄武位居之地，代表着八个方向，即八炁（八景）中的北方一景，谓之"天一之炁"，故道教的"炁"是分层次的。"炁"本质上是一种具有实在性的物质，是构成玄帝的材料，所谓"夫炁者，百节毛孔皆自有之"[93]。静乐国太子虽然决定修道，但尚未觉悟天一之炁。《任志》卷二《御制大岳太和山道宫之碑》载："按道书：神本先天始气（黑）五灵玄老太阴天一（乙）之化，生而神灵，聪以知远，明以察微，潜心念道，志契太虚，乃入武当山，修真内炼，心

» 玄天上帝文装坐像
（现藏武当山博物馆，宋晶摄于 2017 年）

» 玄天上帝武装站像（旧置南岩宫，现藏
武当山博物馆，宋晶摄于 2017 年）

一志凝。"[94]《正统道藏》洞神部记传类《大明玄天上帝瑞应图录》一
卷《御制大岳太和山道宫之碑》与《任志》卷二除"黑""乙"二字不
同外其他一致，不影响理解。

玉清圣祖紫元君，又称"无极上道紫炁元君"，《历代神仙通鉴》称
"玉清圣神紫虚元君"，世号"紫虚元君"。《总真集》卷下"无极上道
紫元君"条："内名未究其详，按《仙传》：受道付玄帝，示武当山之根
源，今尊曰'圣师'。"[95]有的道经称她为太上老君的化身。葛洪认为
老子是天地之精神，无世不出。《神咒妙经》云："当轩辕氏时，号广成
子，出道诫经，教以飞腾之学。游净乐国时，号紫元君，授玄帝太和玉
虚之诀，教以智慧上品大戒，乃归根之道……周文王时，世号老聃，官
佐柱下史，出道、德二经于世。"[96]由于玄帝（静乐国太子）念道专一，
"遂感无极紫元君，授以上道。因指太和山而告之曰：'此山自乾兑起
脉，盘旋五万里；水出震宫，上应翼、轸二宿，显定极风、太安皇崖二
天。汝可居之，当契太和。飞升复位，上辅大道，与天地日月齐并。'"[97]
根据《启圣录》记载：紫元君不仅为静乐国太子指引了修道圣地武当山，
而且用铁杵磨针的故事点化过静乐国太子，潜心修炼，功至自成。武当山道教徒把静乐国太子的师傅紫元君看作是老子的化身，抬高了静乐国王子在道教仙谱中的地位，从而为真武神演变为道教尊神奠定了神格基础。静乐国王子作为天神，不是靠服食金丹大药成仙的，而是通过苦行修炼，潜虚玄一，默会万真，四十二年大得上道，最终才登上天界的。玉清圣祖紫元君点化他到紫霄太玄天去修道，而武当山正是这一开化水所。静乐国太子在此念道专一，静而生慧，感应了玉清圣祖紫元君的气场，接受了她传授的无极上道。此经所云"此山自乾兑起脉"虽属道的化育之说，但从炁的层面看，玄帝的发生本原和创造者是炁。

紫霄宫藏有明万历皇帝所赐《神咒妙经集疏》（梵夹本），为南宋端平三年（1236年）方田子陈松所注，比《正统道藏》本多序、赞、跋等。《方田子跋》云："昔玄帝师学之，成于紫元君，太上传自东汉之季，丁授经籍于正一张君，乃玄帝事迹遍闻于世。"看来紫元君的提法源于东汉时期。明清时期的武当山道教建筑与紫元君磨针故事有关的庙宇有两处：一是明代所建西神道磨针涧南的老姥祠。《卢志》卷一载五龙宫北"有石横涧滨，若磨痕。传云玄帝修炼之久，有怠意，因步涧下，见神女以铁杵磨之……玄帝大悟"[98]。老姥或神女均指静乐太子恩师紫元君；二是清代在回龙观南建磨针井，又名纯阳宫。现存铁铸饰金紫元君化身像，头微偏欲语，手作磨针状。明代五龙宫的启圣殿、太和宫的圣师元君殿、南岩宫的元君殿、玉虚宫的圣师殿，清代太和宫皇经堂、五龙宫启圣殿等处均供奉玉清圣祖紫元君。

≫ 磨针涧老姥祠遗址（宋晶摄于2020年）

≫ 纯阳宫姥姆亭（宋晶摄于2011年）

有关玄帝的发生之思考，从古至今没有间断。近现代不少学者从宗教学、考据学、历史学、哲学等多方位进行考察，由于思考与观察角度的差异，研究的结论各有特点，不再赘述。

二、玉虚与玉虚师相

王世贞解释："曰玉虚者，谓真武为玉虚师相也。"[99] 那么，如何理解"玉虚师相"这一圣号呢？

（一）"玉虚"是喻义道教境界的美好词汇

《礼记·玉藻》云："古之君子必佩玉。""君子无故玉不去身，君子于玉比德焉。"[100] 中国古人对美玉万般垂爱，玉是中国文化的象征，也是中国艺术的灵魂。道教是以神仙信仰为基础的一种宗教，认为神仙所居之山为玉京山，在天的中心之上黄金铺地，宫殿饰以金玉。玉京是天阙名，在无为之天，是至高无上的天外仙境。天上的黄金阙、白玉京都是天帝的居所，《宋史·乐志十五》有"玉虚圣境绝纤尘，欢忭洽群伦"[101]。道教最高三清神所居三清境，高贵的玉清境之上又有大罗天，大罗天中央有座"玄都玉京"，这个"玉"指道教神仙的首府。

"玉"在玄帝受封之时起到了烘托装饰的作用。《总真集》描述真武神受赐册封为玄帝时场面气派非凡，处处皆金玉之色："是时，轩辕黄帝御世治民，岁在庚寅九月九日凌晨，四气朗清，鸾鹤天花相间飞舞，林峦震响，自作虚仙乐之音，地皆变金玉之色。玄帝拱手立于台上。须臾，群仙、骑从、车舆、旌节，降于台畔。"册封所在琼台之"琼"本指美玉。玄帝率众真仙论级排班，受帝号于玉晖焕耀的七宝琼台之上。当昊天至尊亲行典仪时，玄帝尊贵无比："九德偃月金晨玉冠，琼华玉簪，碧瑶宝圭，紫绡飞云金霞之帔，丹裳羽褶绛彩之裙，七宝铢衣，元光朱履，宝印、龙剑，羽盖琼轮九光九节十绝灵幡，八鸾九凤、天丁玉女亿乘万骑，复诣清都，上朝金阙，侍经司玄学士太丹真人，于玉华院裁撰玉册。"[102] 当金书锡降、玄帝朝仪元始上帝时，先"下馆于玉阁"，"三官"撰制好玉册，"册以玉板刻之，金书字悉，龙章凤篆，盛以云锦宝囊，护以琼玉之匣，金龙之锁"[103]。玄帝王者冠服率众天真受帝号于"七宝琼台"之上，"上锡玄帝，琼旌宝节，九龙玉辂，其冠通天十二旒，其服玄衮上施十二章，圭以玄玉，履以红舄……琳琅玉树，灵风自鸣……此处，即玉虚之境，无色之界也"[104]。元始天尊赐给玄帝的全副披挂皆为玉制，旗为红玉，坐驾为九龙玉车，冠冕前后悬垂十二挂玉串，祭祀所用礼器为黑玉，彰显了仪式的气派浩大，仿佛人世间帝王拜大将开国承家的仪式。"七宝琼台"乃道教认为的玉虚之境、无色之界，为玉帝居处。

"虚"是道教哲学概念，指宇宙创生前空无的太虚境界。"虚"在《道德经》里多次出现，是老子用来指称无形无象状态的概念，如"虚其心，实其腹，弱其志，强其骨"[105]。虚心实腹、致虚守静之"虚"是心灵绝对的空明宁静境界，不含任何忧虑与私欲。"虚而不屈，动而愈出"[106]，"虚"是道体的虚状，却又含藏无尽的创造因子，反映了老子守"虚"的理念。"致虚极，守静笃"[107]之"虚""静"在道教修炼中有重要意义，作为宇宙的终极状态和修炼的最高境界使用。《唱道真言》曰："炼虚者，以阳神之虚，合太虚之虚，而融洽无间。"[108]虚空灵明，不生不灭，不有不无，永存永在，真空妙有，便是虚的境界。《管子·心术》曰："虚者万物之始也。"[109]"虚"指道的本质，是无实体的空无状态。道教的本体论、形神论把"虚"看作宇宙或精神的终极状态。

道教对神仙所居天界的划分，吸收转化了佛教的一部分思想，仿佛"天"就是道教信仰中的彼岸世界，如"秀乐禁上天"是三十二天划分方法的第三无色界之一，当人心修炼至清静无为时可达此境。玄帝居住的"天一真庆宫"位于紫微之上太素秀乐、太虚无上二天之间，为自然妙气所结。那里宫殿巍峨，琳琅玉树，灵风自鸣，宫商之韵，红光紫云，故称玉虚之境、无色之界，是道教玉皇大帝、玄帝等神灵大帝居住的仙宫。明代进士章焕的《玉虚宫》描绘了这一境界："缥缈丹丘上，清虚隐玉台。霓旌云外度，鸾鹤镜中回。林籁嘘还寂，明霞扫不开。"[110]总之，"玉虚"是一个美好意义的词汇，可理解为天界的仙宫、天界的极高处、洁净超凡的仙境，实为道的境界。道教的自然创生说认为宇宙初分后的原始之气是形成一切的本源，是道的派生，蕴含着丰富的道教文化。

（二）"师相"的道教神职级别

"师相"是针对玄帝的一项特殊的道教神职而言的。其职责犹如人间的丞相一样，具有辅佐帝王、监察众神之责。玄帝辅佐的是位高权重的玉皇大帝。金童、玉女是侍卫从神，给玄帝捧册、执印，册簿里记录着神或人的功过。

在其他诸天神灵中，同样具备"师相"称号和职责的还有两位神明，一位是孚佑帝君，即八仙中的吕洞宾，被称为"玉都师相"或"玉清内相"，负责监察众"仙"的功过；另一位是诸葛亮，被称为"玉枢师相"或"天枢上相"，负责监察众"人"的功过。虽然这三位"师相"级的神明负责的层级不同，但同样都有监察其他神仙、众人功过的权责，都是神格非常崇高的神明。玄帝"玉虚师相"的宝号，代表着他具有辅佐玉帝、监察众神的道教神职，故玉虚宫的宫名直接与此相关。明代文人的记述可以印证这一命名的思想出发点与圣名有关，如王世贞《玉虚宫》一诗加注"即真武所拜玉虚师相名也"[111]，明代诗文家陈文烛《游太和山记》有"谓之玉虚者，非以真武为玉虚师相耶"[112]。

（三）"玉虚师相"是玄天上帝的天界神职

武当山道教神仙信仰的主神是玄帝。作为道教界和民间普遍崇奉的天界尊神，玄帝拥有诸多名号，这在道教的神仙世界中极为罕见。如道经称玄帝为"镇天真武灵应佑圣帝君""北极真武玄天上帝"，道教界和民间尊称玄帝为真武大帝、北方镇天真武灵应真君、北极玄天真武上帝、北极圣神君、北极大帝、真武大将军、北极佑圣真君、开天仙帝、开天大帝、开天炎帝、开天真帝、玄武帝、真武帝、玄武大帝、玄天大帝、元武帝、元武神、元帝、天元上帝、水长大帝、真如大师、妙见菩萨、报恩祖师、荡魔天尊、披发祖师、北帝、黑帝、小上帝、帝爷、帝公、祖师爷等，福建、台湾等地百姓常称上帝公、上帝爷、帝爷公，尤以"玄天上帝百字圣号"为最。圣号："混元六天、传法教主、修真悟道、济度群迷、普为众生、消除灾障、八十二化、三教祖师，大慈大悲、救苦救难、三元都总管，九天游奕使，左天罡北极、右垣大将军、镇天助顺、真武灵应、福德衍庆、仁慈正烈、协运真君、治世福神、玉虚师相、玄天上帝、金阙化身、荡魔天尊。"[113]经名《玄天上帝百字圣号》，撰人不详，明张国祥校梓，底本出自明代《万历续道藏》。而"玄天上帝百字圣号"最早收录在《正统道藏》收录的《大明御制玄教乐章》中，《道教大辞典》称该书为"明永乐皇帝朱棣御制"[114]。自宋代起，历代皇帝不断加封玄帝圣号，崇重祀奉，以明成祖崇祀为重。明成祖御制道教经韵乐章——《大明御制玄教乐章》，其第二乐章为《玄天上帝乐章》，即包括百字圣号的全部内容[115]，用以说明玄帝的职司，完整地呈现了玄帝的赫赫神威，是玄帝演化不同发展阶段的总集成。嘉靖三十一年（1552年），明世宗再次册封圣号，亦同百字圣号。

据《玄帝实录》和其他宋代道经所载，真武神得道升天成为玄帝，受玉皇大帝敕封总共有三次：

一是真武在武当苦修四十二年功成飞升，玉帝闻其勇猛，特拜"太玄元帅"，职责为"判元和迁校府公事"，敕镇北方，统摄玄武之位，"部坎离真相，苍龟巨蛇……三十万神将"，荡除秽氛，一时收断。

二是玄武以神力降妖伏魔，凯还清都，面朝金阙，元始天尊认为玄武归根复位之时已到，乃命玉帝宣降玉册，进拜"镇天玄武大将军、三元都总管、九天游奕使、佐天罡北极右垣三界大都督、神仙鬼神公事、判玄都佑胜府事、紫皇天一天君"等职。职责为"依前太玄元帅，领元和迁校府事"。

三是玄武扶持社稷，普福生灵，功劳卓著，再拜特授"玉虚师相、玄天上帝"。职责为"领九天采访使，余当上辅大道，劫劫长存，下佑兆民，绵绵永祚"[116]。上辅大道弘扬正气，下降人间察人善恶。

这是以道经为蓝本，从玄帝神话的角度演化的三次册封。"玉虚师相"是玉帝在第三次册封时出现的一个官职。玄帝的称号总体上呈现累积性特征，表征字数从少变多、由多到少，呈现多样化特征。皇帝册赐的封号中还有"玉虚师相"，也以道经的形式保存了下来，"玉虚师相"圣号嬗变轨迹如下：

其一，《玄帝实录》："于上天真化四年……进封三官四圣帝号……惟太玄元帅、镇天玄武大将军、三元都总管、九天游奕使、左天罡北极右垣三界大都督，都领元和迁校府公事、判玄都佑胜府事、太上紫皇天一真君……特拜玉虚师相、玄天上帝，领九天采访使。"[117]"上天真化四年"是神话时间,玄帝在天界官职提升的神话出现在《玄帝实录》里。此外还有"采访使"仿唐代官名"采访处置使",唐玄宗开元二十一年(733年)分全国为十五道,每道设置采访使,并设置刺使,至宋代则设立按察使,都是掌管检查刑狱和监察州县官吏的官职。宫内玄帝造像两侧的侍卫从神执印、捧册分掌威仪、书记三界善恶功过,反映了玄帝"采访使"的天界职司。玄帝神话把九天全部纳入访察范围,对天界各路神仙都要举其大纲,访察善恶,考课举劾。

其二,《神咒妙经(集疏)》和《总真集》所载圣号与《玄帝实录》同,只是将神话年代改为宋仁宗嘉祐二年(1057年)。

其三,《玄天上帝说报父母恩重经》载:"大圣大慈、大仁大孝、八十二化报恩教主、佑圣真武、治世福神、玉虚师相、玄天上帝、金阙化身天尊。"[118]该经流行于宋孝宗淳熙十五年(1188年)。

其四,《北真水部飞火击雷大法》载:"急急奉北极佑圣真君、玉虚师相、玄天上帝律令。"[119]该经流行于宋理宗淳祐五年(1245年)。

其五,《道法会元》卷154《混元六天妙道一炁如意大法》载:"虔诚拜请主法玉虚师相、玄天上帝、金阙化身天尊。"[120]该经流行于宋度宗咸淳六年(1270年)。

其六,《北极真武佑圣真君礼文》载:"恭惟镇天真武、治世福神、玉虚师相、玄天上帝,至灵赫赫,盛德巍巍。"[121]该经流行于南宋。

其七,《北极真武普慈度世法忏》载:"洪惟教主北极镇天助顺、真武灵应、福德真君、玉虚师相、玄天上帝,神灵异禀,成功夙著于巍巍;造化既分,令德已形于显显。"[122]该经流行于南宋。

"玉虚师相"圣号不迟于宋孝宗淳熙十一年(1184年)在道经中已然出现。《任志》载嘉祐四年(1059年)宋仁宗册封玄武,已加号"玉虚师相",玄帝在道教玉京神尊中的地位牢固地树立起来。

宫内玉虚殿外抱对,上联:先天地生,溯阁中万古灯传,极本无极;下联:为道法祖,仰云际五台鼎峙,玄之又玄;横匾:金箓崇虚,诠释了"玄天玉虚宫"的道教含义:"道"先于天地而生,玉虚宫殿万古弘扬的道法本根正是那虚无之状、混沌之像的"道";万法教主玉虚师相玄天上帝端坐在缥缈云端的天界玉京山,仰望圣形如见,玄虚梦亦众妙门。道法的本根在于崇尚虚玄之道,"玄天玉虚宫"仿佛就是理想国,"画里苍茫分岛屿，梦中想象见华胥"[123]。《列子·黄帝》讲述了黄帝昼寝而梦游于华胥氏之国："其国无帅长，自然而已；其民克嗜欲，自然而已；民不知乐生，不知恶死，故无夭殇；不知亲己，不知疏物，故无爱憎；不知背逆，不知向顺，故无利害。"[124]故"玄天玉虚宫"的命名是道教思想智慧的结晶。虽然几百年间不断地兴衰复建，但"群玉山头百玉除，仙家结构总凭虚"[125]，至今熠熠闪光的是道教思想。

第二节　玉虚宫堪舆选址

永乐十年（1412年），明成祖诏孙碧云到北京故宫，敕授道录司右正一职事，并于同年三月初六日两下圣旨敕谕右正一虚玄子孙碧云到武当山"审度其地，相其广狭，定其规制"。同年七月十一日，又敕谕隆平侯张信、驸马都尉沐昕益加敬谨，竭力用工，以答神贶。明成祖颇费苦心地反复叮咛嘱咐，含有钦派阴阳典术家、堪舆家法天象地、察脉观气之意。玉虚宫实质是堪舆家们运用大地经络理论、天地人系统有机循环观等堪舆理论以及宇宙统一律、建筑统一律等建筑哲学思想在武当山道宫选址及布局上的一次出色的建筑实践。

一、中国传统堪舆理论与玉虚宫环境

中国古人认为，大地是有生命的，如人体一样有经络、穴位。《周易》将天、地与人并称三才，天地一大生命，人身一小天地。清代蒋大鸿《水龙经·水法篇》进一步发挥："太始惟一气耳。究其所先，莫先于水。水中滓浊，积而成土。水土震荡，水落土出，山川以成。是以山有耸翠之观，而水遂有波浪之势。"石为山之骨，土为山之肉，水为山之血脉，草木为山之皮毛，皆血脉之贯通，"气行则水流，水流则气畜"[126]。《管子·水地篇》云："水者，地之血气。如筋脉之通流者也。"[127]"筋脉"通流"血气"，把地面上的水流比拟人体内的"血气"，地上的水要流水不腐，户枢不蠹，流通的水才有旺盛的活力，人体内"血气"也同

样需要流通。见水最佳处在明堂朱雀位，这里有河最为吉祥，即风水上的朝水。面向朝迎之水，当以九曲水为上，古云九曲入明堂，朝向前的河流有很多弯曲，形成水流回转的情形，格局上称九曲回转水，气运最旺。古人选址必登穴、看明堂。明堂是众水聚蓄之所，有内明堂、中明堂、外明堂三说。内明堂须宽窄适中，方圆合度，不卑不倚，不生恶石，无流泉滴沥；中明堂则须两边宽阔，四周围绕无空缺，又要见外水曲折远远朝来，秀砂汇聚，层层护卫，有如龟蛇狮象把守水口，水口以弯曲周密为宜。晋代郭璞深受《易传》"山泽通气"思想之影响，在《葬经》一书中提出了"大地生气论"的思想："气乘风则散，界水则止。""古人聚之使不散，行之使有止，故谓之风水。"认为大地中沿着山脉的走向有生气流动，像人体的血液、经气似的流动，且随地形的高低而变化，遇到丘陵山冈生气高起，遇到洼地深谷生气下降。"风水之法，得水为上，藏风次。"[128] 风水的关键在于寻脉、得水、乘气，风水可与大地经络相比附，是中国古代大地有机说的重要组成部分。汉董仲舒《春秋繁露》直接提出"人副天数"的主张，以自身推测宇宙。大地是一个有机体，其各部分间通过类似于人体的经络穴位相互贯通，"生气"沿经络运行，其聚集中心——风水穴，能聚气孕育，生发万物，象征着生生不息、蓬勃向上的精神力量。龙起于山，察龙脉就是要看起生之山是否巍峨挺拔，出秀群山，自发祖之山到结穴之处是否有绵延气象。对于龙虎砂的要求，清赵九峰的《地理五诀》总结为"重重龙虎，层层护卫，绕抱穴前，皆为环抱"。其护卫龙穴前的明堂，须环抱有情，不欺压龙穴。一般而言，左右高低最好相对，或左边略微高于右边。"案者，公案也。高与眉齐，低与心应。不可挨左，不可挨右，乃为真案。"[129]

北京大学教授于希贤在研究中国古代传统的堪舆地理思想后认为，天、地、生、人各大系统之间组成一个整体性的大自然循环和轮回，大自然的生命在于阴阳的结合。阴阳作为宇宙间最基本的两种力量，是深层次的物质世界结构的基本原理，这种大地有机自然观表达了"天人合一"的思想。古人建筑选址近取诸身，远取诸物，讲究天人合一，天、地、人全息同构。"道生一，一生二，二生三，三生万物。万物负阴而抱阳，冲气以为和。"[130] 从堪舆的角度可理解为道生天，天生地，天地生水，天、地、水三才俱而万物生，万物包括了人、建筑等。唐曾文㴑的《青囊序》

发挥为"一生二兮二生三，三生万物是元关，山管山兮水管水，此是阴阳不待言"[131]，是对老子风水观再认识，要求建筑与山水相符合，山主静为阴，水主动为阳，山水交会即阴阳交会，阴阳平衡。

李卫、费凯的《建筑哲学》一书，以层次性、系统性的宇宙观为基础，提出适宜性、同一性主导下的宇宙统一律，即"决定论及能动性、矛盾律、平衡律、优化律、全息律"[132]。宇宙中物质能量运动遵循五种基本规律，相应地形成了建筑统一律，多层次实物质系统，如空气、风、阳光和九大行星所释放的虚物质，对人体的作用超过地球物质系统。古人的建筑实践在思维方式上即是如此，以目的为主导，以山川、河流、土地、植物和构筑物等为基础，以感知性的形式质料为手段，遵循宇宙统一律，正确整合和利用风和空气的能量来满足人的高层次能量对称性要求，使风和空气能够在建筑环境的综合能量整合效应中发挥最合理、最适度的作用。那么，玉虚宫的选址是否遵循了上述中国传统堪舆思想呢？

≫　玉虚宫旧貌（1959拍摄，芦华清提供）

玉虚宫周围山脉的交会聚结走向，具有龙脉贯通特征。玉虚宫基址背后的山脉来龙为发源于乾兑的昆仑山。昆仑山是玉虚宫的太祖山，东接秦岭和大巴山而形成武当山；武当山主峰天柱峰是祖山，展旗峰是少祖山。龙脉流向沿梅子垭、半片岩、长方（仓房、长房）岭走山梁上的神道蜿蜒而下，经马家坡、李家湾抵达玉虚宫背后结为半圆形山丘——华麓山，俗称凤凰山，如屏风三叠枕其后，为父母山、坐山、主山。其案山为翠屏山，亦称北山，属于对景山。重冈叠阜列于前，连绵的山峦树环松桧千层碧，犹如绿色屏风一般，为武当山八景之"玉虚环翠"。玉虚宫之西是一片延绵的崇岗山坞，称西山，与宫的靠山相连，合于上砂圆阔高耸的堪舆规制；玉虚宫之东也有一片绵长的山岗，称东山，似宝椅的扶手，有白虎山之象，合于下砂垂头蹲伏的堪舆规制。东西护砂层叠，排列有序，层层护卫，符合青龙要高大、白虎要柔顺的要求。

除寻找龙脉外，堪舆家还通过望气、闻气、品水、尝土、捏土等测定风质、水质、土质。草繁树茂、水深土厚的地方可视为吉地。均郧之地出玄白丹黄诸土，武当山有"二十四涧水长鸣"的说法，主要有四大水系：浪河水系、剑河水系、东河水系、官山河水系。元代以前朝山进香以五龙宫为中心，宫以西有金鸡涧、雷涧、吕家河、袁家河汇合的两河口，再与五龙涧汇合而为西涧，形成官山河水系，属于汉江一级支流。与官山河正好相反，五龙宫以东为东河水系，位于武当山蒿口一带。涧河名目繁多，主要由万虎涧、牛槽涧、桃源涧、黑虎涧、磨针涧、阳鹤涧、金锁涧、飞云涧、瀑布涧、会仙涧、蒿谷涧、小青羊涧十二条涧水汇合形成东河，亦称大青羊涧。东河以东的剑河水系与东河水系，是玉虚宫的主要来水。剑河主要由武当涧、紫霄涧、白云涧、黑龙涧汇合而成，亦称九渡涧。九渡涧流经玉虚宫这段称为梅溪涧，其最后一段折向西而称为西流河。西流河与东河交汇后流入汉江。剑河之东还有浪河水系，由鬼谷涧、双溪涧汇合而成。吉地必须有水，得水很关键，古语有云：座下若无真气脉，前面空列万重山。从堪舆理论上讲，一条宽缓舒展的河流应从吉地前一定距离处流过，左右两边应有两条小水流，玉虚宫的水脉就非常符合真源九曲清流这一标准。具体而言，玉虚宫之西有流经西山坞的涧水——蒿谷涧，属于螃蟹夹子河（即青羊涧俗称）的一条支流。西山坞俗称"张爷庙沟"，幽奥深处有张仙洞，俗称"水帘洞"，曾是张三丰静养修炼处。东涧即九渡涧，俗称剑河，发源于祖山天柱峰之东地既幽绝处，环崖飞湍，悬若匹练。夏秋季节遇到暴雨，涧水奔突，声若响雷，疾若闪电。水的走向是自南向北回环曲折，隐约迷离，不可穷其源，流到玉虚宫东山一带，在山峦与宫观之间留下其足迹。山脚下九渡涧的水面宽阔起来，河道蜿蜒屈曲，逶迤前行。水又西折环绕玉虚宫，北绕汇入官山河，一汪碧水入烟萝。而处于河水西折的这一段按其走向俗称"西流河"，附近称之溜浠门，寓意上善若水，一路西向流淌，志在远方的门户。九渡涧与展旗峰走向正好以垂直角度来拥抱这片吉地。九渡涧、青羊涧二条涧水交汇于玉虚宫北天门内，即明堂之中，有如一条玉带穿行而过，水口约闭合于两座抱山中间，而东山与西山达到了虎砂山与龙砂山的平衡，符合古人建筑选址讲究适中对称的原则，有生气聚集结穴之征。

按照堪舆术要求，建筑四面挡风以求中间聚气为聚气局。紫霄宫选址反映了"聚气"的思想，建筑一空三闭为聚气局，而玉虚宫择址则遵循了"乘气"原则。聚气局主贵，乘气局主富。形止气蓄，能蓄养、承载、化生万物。乘气虽看不见、摸不着却实存，对人能发生一定的作用。水口是风水穴，具有雌雄相喜、天地交通的寓意。阳光和风的影响也是建筑选址的考虑要素。武当山处于北半球低纬度地区，为了采光采暖，朝向以坐北朝南为佳，境内冬季盛行寒冷干燥的偏北风，夏季盛行温暖湿润的偏南风，亦决定了坐北朝南为宜。如果再能有三面环山、南面略微开阔的条件，在抵挡寒冷的冬季风、迎纳暖湿的夏季风方面就是上佳之选。玉虚宫正是如此，它选址在展旗峰北陲的山间盆地，群山环抱，视野辽远，形势壮阔，其高山滴翠，河涧环绕，具有仙境的神韵。华麓山为玄武主山，翠屏山为朱雀案山，青龙左辅为东山，白虎右弼为西山。玉带河萦回穿插，梅溪涧屈曲环抱。整座道宫倚山临水，进退自如，近村远林，以宽旷胜，流水湾湾，苍松古桧，翛然数里，令人神闲意广。

二、玉虚宫的择向

玉虚宫在运用堪舆之术对龙脉、水脉环境的把握上水平高超。但由此产生了坐向问题，坐南朝北子午向的处理方式与传统择向原则正相反，不符合古人以帝王的座位身居北方、以北为上的传统择向原则。如何处理这一问题呢？

（一）山环水抱是首要原则

堪舆思想特别强调宫观选址的依山傍水、山环水抱原则，山体是大地的骨架，水域是万物的生机和源泉，要讲究山形水脉，聚气藏风。有外山环抱，风无所入而内气聚，否则气散。气聚者昌，气散者衰。玉虚宫三面群山环绕，奥中有旷，北面开敞，祖山、少祖山、案山、青龙山、白虎山一应俱全，地势殊胜，铸成风不易入、气场不易散的层层包围，利于藏风纳气。九渡涧自高山倾泻而下，澎湃数十里，流经此处流速减缓，玉带河、梅溪涧如飘带一般，符合堪舆理论中的"玉带揽腰""气界水则止"的说法。清代文人钟岳灵描述这里的地形："从玉虚宫入者行山之腹，洪敞逸宕，起伏险远，松杉之木一望数里，叠叠而上，回环于青暝之中，大木过十围者奇且众。忽而路无平步，径为涧逼，石壁插空，阴崖丛冷，行者虢虢然如闻虎豹气，陟高阜行宫处，乃得安踞。"[133]宏观上，"玉虚宫恰好处于天柱峰与汉水之间的位置，风水择址重要的依据是背山面水，加之玉虚宫的重要地位，南方天柱峰与北方汉水便理所当然地成为了玉虚宫的靠山与面水，这便是玉虚宫采用坐南朝北向的重要自然原因。"[134]故玉虚宫首先考虑的堪舆选址因素就是山环水抱的内聚盆地，地势广阔才有巧妙利用山水的空间。

（二）以变与补结合的思想说堪舆

道教主张物类变化观，这种观点源自中国古代哲学，并为武当山道教所尊崇。《周易·系辞上》曰："化而裁之谓之变，推而行之谓之通。"[135]将道与器加以裁制就是变。"乾道变化，各正性命。"孔颖达疏曰："变，谓后来改前，以渐移改谓之变也；化，谓一有一无，忽然而改，谓之为化。"[136]《庄子·秋水》曰："物之生也，若骤若驰，无动而不变，无时而不移。"[137]道教的物类变化观作为对各种变化现象的哲学概括，离不开对各种具体变化现象的认识。玉虚宫的方位子午向与传统风水要求相反，应从物类变化观上作考虑，以"反者道之动"的理念解决之，可使朝向反传统而又不掬常理，玉虚宫择向问题体现了"变"的思想，这是武当山道教的智慧。另一美中不足的是玉虚宫场地过于开阔宽畅，不利于形成良好的风能螺旋形态，易使气势减弱，所以要适当地采取三种"补"的办法。

一是通过重重围墙的建筑，围合出适宜组织的实与空，通过空地的适度平面弯曲度来完成"补"。在这一区域内部还应该合理组织其他实物质系统，以便所进入风能的轨迹，可以保持和形成良好的螺旋形态并控制风速。气是堪舆的精髓，不能回收含藏住气为道教宫观选址之大忌。为此，堪舆家们采用增补法，筑了一道道的宫墙以纳气藏风。如父母殿后四层方整石层台组成的围墙，笔直规整，高低因地势而逐级抬升，非常壮观。层台围墙整体高度仅占靠山三分之一，完全没有喧宾夺主，真正实现了缥缈丹丘上、清虚隐玉台的缔构理念。由于垫方很大，工艺上与其他道宫后墙截然不同，起到了护坡、保护安全的作用，也可纳气藏风，使四面绀屏岚气合，保持了树环松桧千层碧、山立芙蓉四面青的自然效果，成就了"玉虚环翠"一景。

二是运用巨石雕琢出四大石鼓，置放于玉虚宫父母殿正后方的靠山上，与四层石层台协调呼应的第一层方整石层台。"石鼓四，南山之阳，鼓大径二尺二寸，高杀其一，以象四时，或曰取其镇也。"[138]石鼓敦庄重实，代表着四神四象，深埋四个"镇山石鼓"，起到了镇压不利风水方位及空阔场地的作用。

>> 父母殿后层台围墙与镇宫石鼓（宋晶摄于 2020 年）

>> 石鼓造型
（宋晶摄于 2020 年）

三是采取坐南朝北子午向，方向略偏转成为坐西南朝东北，坐向上的微调，既避讳了与宫殿同坐向，又可迎面纳客，让来客面山而拜，还能因地制宜。反之，玉虚宫如果采纳坐北朝南子午向则不利于纳气。出门即登山十分不便，且压抑局促。

上述几点都属于"补"的思路，是重视宇宙星体对人的作用，选择采光效果更好的朝向，观天而立向的"变"的措施。

（三）考虑场地比例应与道宫使命相称

与武当山上大型道宫的苕峣高貌相比，独有玉虚宫建于平原，旷地寥廓，肇基化元，其阔大的突出特征成就了明成祖敕建武当九大道宫中的最大一宫，承担了国家醮祭大典的重要使命。出遇真宫桃源径，扬镳玉虚宫，崇台广谢、殿宇金碧，气肃仿佛天神之居。

举办国醮大典应能容纳崇典祭祀的大量各类人员，对场地要求很高。据《任志》载："成化九年十一月初一日，钦奉敕谕：差太监陈喜、廖恭、韦恽、刘斌等管送真武圣像二堂，于太和、玉虚二宫安奉。伏命宫道祇即玄天玉虚宫，修建金箓延禧福国裕民斋醮七昼夜。"[139] 这一敕谕体现出山顶太和宫与山脚玉虚宫具有高出于其他宫观的重要地位，是修建金箓延禧福国裕民斋醮的重要道宫。天柱峰金殿地位虽高，但场地狭窄限制了斋醮科仪的规模，因而无法承担大规模的道教祭祀活动。相比之下，玉虚宫地势平坦，地域宽阔，二进之内平均海拔仅 189 米，属平衍平美之地，容纳万人祭礼毫无疑义，是担当举办国醮法事的理想场所。作为大修武当的大本营，玉虚宫还实现了各种人员及材料的调度。无论地域范围还是活动规模和宫观使命，玉虚宫场地比例及功能都能与承担国醮大典的使命协调匹配，反映出选址时所掌握的适形而止的原则。

（四）注重名人居所富有的灵仙之气

洪武年间，隐仙张三丰发髻高盘，长须飞扬，从展旗峰一路向北来到玉虚宫这一片规模方阔的盆地上结茅为庵并命名"遇真宫"，奉祀玄帝香火。明巡抚都御史汪道昆的游记称这里"山水修广倍遇真……其西池亭洞阒，亦异人所栖"[140]。《方志》"玉虚宫"图记载："宫在展旗峰北遇真宫故址，为真仙张三丰之庵。真仙尝语人曰：'此地他日必大兴。'既而去之，四方声迹寂然。文皇遍访物色不可得，遂大其宫，以为祝厘之所。"[141] 这里"土厚而泉冽，竹修而松茂。幽兰馥馥，丹桂丛丛，金菌绯香，骞林腾翠"[142]，环境佳美，场地规模超出当年张三丰结茅数百倍。反过来人也能影响建筑。武当高人张三丰深藏道法、广具神通，人称"活神仙"，堪舆大师选址时绝不会忽略名人居所富有的灵仙之气，必会作为吉祥之地的重要因素而认真加以考虑，以实现张真人的预言。

通过对玉虚宫建筑风水的初步研究可知，中国传统文化中积淀的堪舆理论在选址问题上起着至关重要的作用，它以整体系统的眼光、辩证的视角分析环境的客观性及各种因素的相互关系，采取适宜自然的方式优化结构，寻求最佳组合，对选址布局作出了科学的、综合性的思维判断。

第三节　玉虚宫规制布局

武当山脉绵延伸展至此千峦收敛，块垒尽去，九渡涧水环绕，玉虚宫就坐落在这一片约 525 万平方米的盆地之上。

作家碧野 1963 年到玉虚宫，当时"园林场场部设在武当山脚的老营宫。老营宫分正宫和东西宫，还有御花园遗迹，是明朝永乐皇帝的行宫。五百多年来的水土流失，把剥落的朱砂红墙和宫门埋去了大半截。除了琉璃八字山门、残破的龟亭和殿基石台之外，什么都没有了"[143]。他看到了水土流失对玉虚宫的损毁，道宫划分为内、外罗城和紫禁城，但严格地讲，此分区并非古人的划分方式。这里地貌大势平坦，田塍菜畦辽旷，景色明朗舒展，拥有北京故宫的皇家建筑气派。作为"山中甲宫"，历史上承担过无数次金箓大醮等国家大型祭祀活动，为武当道教的发展做出过巨大贡献，见证了明清教权与皇权的关系，还是明代高度重视风水环境影响下的官式建筑和忠实地保存着清代前期建筑遗存的"博物馆"。

一、建筑沿革

永乐十一年（1413 年），明成祖"创建七宫三十六岩庙，盖神仙所居，多离宫别馆，亦以象之……役二十万众，费以亿万，十二载而始成"[144]。七宫之一的玉虚宫是在宋元庵庙残址上创建的道宫，殿宇道房计 534 间，赐道录司玄义任志垣六品印，统领宫事，并赐额"玄天玉虚宫"，规制宏丽，极具规模。据《武当山祥瑞图》（亦称《无量福寿图》，长 12.67 米，高 58.5 厘米，藏于北京白云观）"玉虚宫图"及《任志》的描述，推测其大致平面布局如下：

主体建筑由南向北以中轴对称分置：父母殿、玄帝殿、十方堂（朝拜殿、二宫门）；山门（龙虎殿）；石渠、仙源桥（玉带桥、玉河桥、中桥）；大宫门（头山门）；御道。

宫内中轴线两侧由东至西对称分置：配殿、小观殿、廊庑、东西花坛各三、东西小宫门二座、东西焚帛炉二座、东西圣旨碑亭四座、东西华门二座、五进院落宫墙围合（1036 米）；龙虎殿外东至西分置真官二祠（真官礼祠）、东岳庙（泰山庙）、祭祀坛。

宫外西置：圣师殿、祖师殿、仙楼、仙衣亭、仙衣库、钵堂、圜堂、西道院、西天门、西天门桥、西山桥。宫外东置：神厨、神库、方丈、斋堂、厨堂、仓库、道众寮室、浴堂、井亭、云堂、客堂、东道院、东天门、遇真桥、登仙桥、东莱桥、东山桥。宫外北置：游仙桥、仙都桥、北天门、北山桥。

嘉靖修葺前后武当山志所载玉虚宫建筑变化及特征

武当山志	建筑名称	建筑特征
任志垣《敕建大岳太和山志》宣德六年（1431 年）	玄帝大殿、山门、廊庑、东西圣旨碑亭、神厨、神库、方丈、斋、厨堂、仓库、道众寮室、浴堂、井亭、云堂、钵堂堂、圜堂、客堂、真官二祠、东岳庙、祭祀坛、圣师殿、祖师殿、仙楼、仙衣亭、仙衣库、西道院、东道院、东天门、西天门、北天门、遇真桥、仙都桥、游仙桥、仙源桥、登仙桥、东莱桥、西天门桥、西山桥、东山桥、北山桥	1. 距永乐创建 9 年，基本保持原貌；2. 玉虚宫列"楼观部"第一位，突出"山中甲宫"地位和"总坛"价值；3. 规模形成，格局弘敞，规制较高，五进宫墙围合呈梯状排布，配套齐全；4. 未有管领说明

武当山志	建筑名称	建筑特征
方志 《大岳志略》 嘉靖十五年 （1536 年）	大殿、元君殿、启圣殿、小观殿、<u>狭窄围墙道</u>、仙衣亭、张仙洞、圣水池（<u>沐昕读书处</u>）、左右碑亭、神厨、神泉井亭、望仙楼、雪洞雨台、石渠、斋堂、石涧、宫门、浴堂、钵堂、圜堂、云堂、<u>小圜堂</u>、东道院、西道院、遇真桥、仙都桥、游仙桥、仙源桥、登仙桥、东莱桥、东天门、西天门、北天门、<u>中桥、西桥、东桥、石鼓四</u>、<u>真灵祠二</u>、天地坛、太山庙、八仙台、仙桃观、华阳亭、莲花池、方丈、<u>书房</u>、宾所、厨、仓、库、西天门桥、西山桥、东山桥、北山桥。领庙一（关帝庙）、岩二（太上岩的太上观、玉虚岩）、观二（回龙观、八仙观）及一泓泉亭、益人泉亭	1. 玉虚宫列"宫观图述略"第五位；2. 五进院落、三进宫门的建筑格局没有变化，建筑名变化较大（见划线，以下同），建筑新增较多；3. 建筑中轴对称布局，分类齐备，有殿、亭、楼、堂、院、桥、门、渠、鼓、祠、坛、庙，鳞次栉比；4. 使用镇压风水的建筑，宫前绘出桥梁、天门、大殿和父母殿方整石墁地；5. 东西两侧与前面的围墙在宽度上取直呈长方形，宫墙的直与石渠的弯对比鲜明；6. 明确规定管领
王佐 《大岳太和山志》 嘉靖三十五年（1556 年）	大殿、元君殿、启圣殿、小观殿、仙衣亭、张仙洞、圣水池、左右碑亭、神厨、神泉井亭、望仙楼、雪洞、石渠、斋堂、石涧、浴堂、钵堂、圜堂、云堂、<u>圜堂</u>、东道院、西道院、<u>山门</u>、真官祠二、<u>真武坛（岳祀坛）</u>、泰山庙、碑亭二、二门、东天门、西天门、北天门、八仙台、仙桃观、华阳亭、莲花池、方丈、书房、宾所、厨堂、仓库、西天门桥、西山桥、东山桥、北山桥、遇真桥、仙都桥、游仙桥、仙源桥、登仙桥、东莱桥、中桥、西桥、东桥。领庙一岩二观二	1. 基本同《方志》，改动少（见划线），新增二座碑亭、建于二门（即山门，宫门指龙虎殿）外；2. 绘图线条简化，石渠东侧不贯通，二至五进院墙围合成四合院并层层递进呈长方形，东西两侧围墙全部取直；3. 最大改变是第一道宫门虽有东西两侧围墙，但并不与第二进院落衔接，其东西两侧无围墙
熊宾 《续修大岳太和山志》 民国11年（1922 年）	大殿、元君殿、启圣殿、小观殿、仙衣亭、张仙洞、圣水池、左右碑亭、神厨、神泉井、神泉亭、望仙楼、<u>灵洞石渠</u>、斋堂、<u>灵洞石涧</u>、浴堂、左右宫门、钵堂、云堂、钵堂、圜堂、东道院、西道院、真官祠二、<u>祀真武坛</u>、泰山庙、东天门、西天门、<u>北天门</u>、八仙台、仙桃观、华阳亭、莲花池、方丈、书房、宾所、厨室、仓库、碑亭二、二门、遇真桥、仙都桥、游仙桥、仙源桥、西天门桥、西山桥、东山桥、北山桥、登仙桥、东莱桥。领庙一观二	1. 绘图祀真武坛和泰山庙，以宫墙围合为玉虚宫第一进院落，全宫只有两进院落，钵堂、云堂均以宫墙围合，宫的面积有扩大；2. 第一道宫门（头山门）建成牌坊，两侧展布宫墙为栅栏式、有柱头的透格状墙体，其后紧跟单孔石拱门一座，东西无墙体；3. 东西两侧宫墙上开设的宫门仍保持原状

注：新建筑名称以下划线。

根据上述列表初步得出以下结论：

1. 永乐年间创建的玉虚宫，规制谨严，五进院落规范，总格局按道教祀神区、静修区、生活区进行分区，主次分明，思路清晰，曲直有度。明成祖命宫廷画师绘制的《武当山祥瑞图》"玉虚宫图"是最早的玉虚宫建筑布局图。当时永乐碑亭、焚帛炉、观星台等尚未修建。从彩绘中可见红色宫墙为中间主体部分的祀神区及宫西圣师殿、祖师殿。宫墙由南而北、由窄变宽呈阶梯状，大小比例适度，十分规矩，仅在第一进院落西南角依山就势采取弯曲的走势。宫前有石拱门一座，两侧围墙展布形成第一进院落。石渠呈弯弓状，此水流到玉虚宫西宫，经过宫墙下人为设置的涵洞顺畅地被引入人工过水通道——金水渠，此时河水被形象地称为玉带河，因为水缓缓流淌，金水渠形状恰似弯弓，便形成了龙虎殿前环抱状态的"眠弓水"或"冠带水"，最后从东宫宫墙设置的涵洞流出而汇入剑河。《方志》卷三载："石渠一，宫门之内……渠首起西山之麓，水泉不甚大，仰盈于骤溜滺潦，以成其停蓄之势，延袤数十百武，斗折蛇行入于东涧。"[145] 山门和祖师殿的门均设八字照壁，四座侧门与东西道院建筑衔接。建筑的顶、开间、花坛、崇台层数、廊庑的台阶等非常清晰，所有的建筑基础都是石基底座。《武当山祥瑞图》真实地再现了永乐年间初修玉虚宫的建筑面貌。

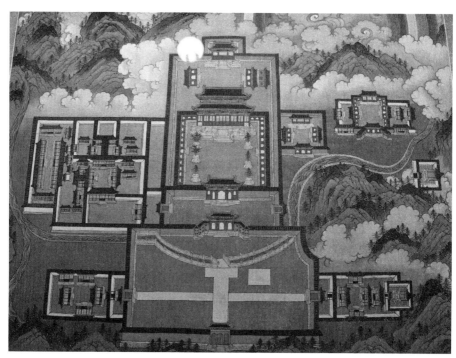

≫ 玉虚宫祥瑞图（北京白云观藏《武当祥瑞图》彩画局部，宋晶摄于 2017 年）

2. 不同历史时期，玉虚宫在建筑增毁、命名、面积上都发生了较大变化。方升的绘图略详，其他山志线条简陋。假定山志绘图为真，这当然也是编纂志书最起码的要求，那么玉虚宫东西两侧宫墙的位置如何确立？北侧第一道山门及围墙究竟是何式样？若按不同历史时期分别叙述是困难的。变化最大的是清代玉虚宫面积的扩大，祀真武坛和泰山庙围合在宫墙内，反将院落缩为两进与现状不符。熊宾志中将第一道宫门明确绘成牌坊，笔误的可能性不大。推测牌坊的位置在现在的"永乐盛世"牌坊处。绘图中院落变为二进，在嘉靖御碑亭与永乐山门之间还修了一座没有围墙、孤立的单孔拱券头山门，因此称原山门为二门，是否与清代重视黄教、贬抑道教的总环境有关，待考。

3. 云堂是设斋吃饭处，钵堂是全真道坐钵守静处，圜堂或钵堂是道人修习真功之所，虽为道观的核心但不应设置在宫内，因为这样会导致祀神区与静修区、生活区混杂。明成祖要求均州千户所正军守护玉虚宫道场，派高人羽士住持看守，在御碑上明文刻下"一应往来浮浪之人，并不许生事喧聒，扰其静功，妨其办道"的规定。永乐十五年（1417 年）三月二十一日，隆平侯张信钦奉圣旨："大岳太和山玄天玉虚宫那几处大宫观，不许无度牒的道士每混杂居住，只着他去其余小宫观里修行，差去采药。"[146] 可见，明成祖祀奉玄帝香火十分虔诚，对建筑、环境、人员等非常讲究，形成了明代的祖制规矩，也决定了玉虚宫宫墙不可能再在永乐创修时主体宫墙范围之外另立。清代的改变实质上破坏了周代五门建制传统和永乐规矩，包括清修父母殿均属降格做法。

4. 方升与王佐两志正好代表了嘉靖修葺武当山前后玉虚宫的建筑情况，除二座新增御碑亭外，其他建筑在嘉靖修葺前已存在。

玉虚宫宏观结构和整体布局依然保持着永乐时代的建筑风格，循着古人不凡的足迹，可知其建筑保护从建成时即已开始，明成祖重视建筑及环境的保护，采取措施如下：颁布圣旨，对于"生事喧聒，扰其静功，妨其办道"者治以重罪；拨佃户专一供赡道人修道；拨均州千户所旗军"分派轮流前去玄天玉虚宫等处守护山场，洒扫宫观"[147]，并且"蠲免征差"。修理山场的目的在于保护山体，最终达到建筑永固。明成祖绝不允许玉虚宫损湿、沟渠路道淤塞不通。永乐之后至隆庆朝，每位皇帝都有下诏，期望通过"修山"使庙貌森严。敕护山场的敕谕粗略统计：洪熙 2 道、宣德 7 道、正统 2 道、景泰 4 道、天顺 1 道、成化 26 道、弘治 3 道、正德 4 道、嘉靖 23 道、隆庆 2 道。这批皇家敕谕差不多统一格式，都重点提及"遇宫观有渗漏透湿之处，随即修理；沟渠路道有淤塞不通之处，即便整治……务使宫观长年完美，沟渠路道永远通利，庶不隳废前工，以虔祀事于悠久"[148]。嘉靖三十一年（1552 年）重葺并扩建，在永乐年建筑的基础上加以扩展，将原外罗城改为紫禁城，沿原有中轴线扩建一座庞大的外罗城，建御碑亭、泰山庙、云堂、琉璃八字墙大门，门前有三座石桥。次年讫工，颁赐帑银一十一万，使用九万。"撤而新者二百一十四楹，仍而葺者二千六十八楹，垣九千一百余丈，石路加垣之七。"[149] 宫内主要新增标志性建筑为两座圣旨御碑亭，至大小庙房 2200 余间。嘉靖四十五年（1566 年）、万历三年（1575 年）提督武当山太监柳朝奏请皇帝发公帑银对东西两宫进行了扩建，全部建筑达一千余间，万历二十七年（1599 年）还进行了维修和扩建，玉虚宫得到明皇室的特别保护。

» 玉虚宫中宫全貌（宋晶摄于 2003 年）

不过，玉虚宫曾命运多舛，遭遇过不少天灾人祸。清贾洪昭撰《续辑均州志》卷十三记载了明清时期武当山地区的重大天灾：明宣宗宣德元年大雨；嘉靖三至四十五年多次地震和大雨；清顺治九年、同治七年、十一年地震；乾隆十七年、道光十二年、咸丰二年、光绪八年大雨。而遭遇的人祸更是毁灭性的，如明熹宗天启七年（1627年）玉虚宫毁于火。清初复建，乾隆十年（1745年）三月木构建筑毁之一尽，存石构件及砖体，仅部分重建。民国时期，白衣道人王理学还有"甲于武当"的认识，但1930年众多建筑再遭火焚，从此一蹶不振。1935年山洪冲毁西侧围墙，遍地淤泥。1949年，玉虚宫已破败不堪，宫内改为园艺场，东西道院及其他附属庙观改作医院、工厂等。1963年建襄渝铁路，穿过外乐城而毁掉头山门、二门，宫的完整性遭受破坏。2004年大规模修缮初还旧制，但也仅为明朝中叶的3%（占地面积约15.6万平方米）。

二、建筑形制

按照历史与逻辑相结合的方法分析，可知玉虚宫曾经是三城三路五进的格局，中轴对称，规模宏大。"太和绝顶化城似，玉虚仿佛秦阿房。"[150] "宫制视汉未央，即祈年勿论已。"[151] 为什么当时的文人会给予如此高的评价呢？从建筑形制来看，玉虚宫属帝王宫城式，仍保存着永乐年间"三朝五门"的建制。作为皇室家庙，玉虚宫建筑于武当县郡城之中，城内套城，三城各有宫墙间隔连围，且对宫殿区周围修筑城垣，以形成宫城。横向设置为东、中、西三路建筑布局，即东宫建筑、中（正）宫建筑、西宫建筑。祀神区和静修区分开布局，井然有序。纵向以中路建筑为中轴线，宫内建筑从南向北依次分置：

三座宫城：内乐城（里乐城、内罗城、皇城）、紫禁城、外乐城（外罗城）；

四座殿堂：父母殿、玄帝殿、朝拜殿、龙虎殿；

五道宫门：十方堂、龙虎殿、山门、"永乐盛肆"门、北天门；

五进院落："永乐盛肆"门与北天门之间为第一进院落；"永乐盛肆"门与山门之间为第二进院落；山门与龙虎殿之间为第三进院落；龙虎殿与朝拜殿之间为第四进院落；朝拜殿与父母殿之间为第五进院落。

由于历史的演进，建筑有许多新名称，如三座宫城的提法都是现代称谓，《任志》《方志》尚未记载；玄帝殿现悬匾额"玉虚殿"，《熊志》

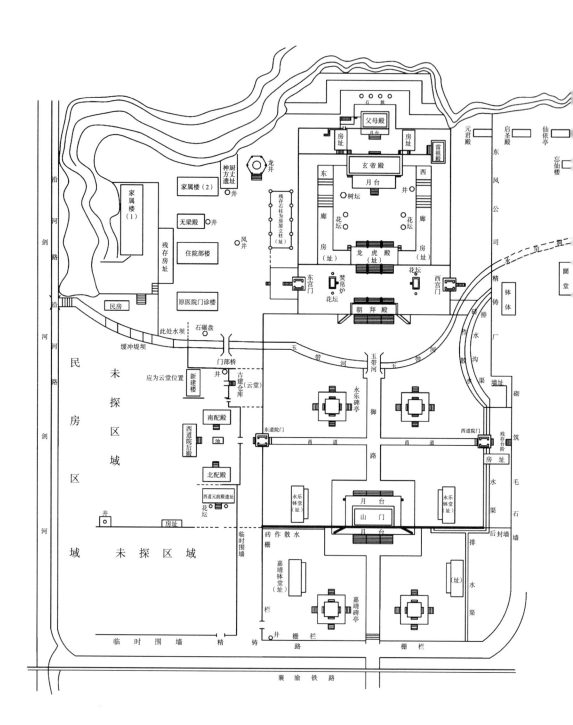

》 玉虚宫平面示意图（芦华清提供）

则称"大殿";朝拜殿有"十方堂""里宫门"的称法。宫门指通向宫城内的门。早在周代,天子的宫门有五道,在外的为皋门,经内依次是雉门、库门、应门,内朝与外朝之间的是路门。明代因袭祖制,"五门"设为大明门、天安门、端门、午门、太和门。玉虚宫的"门"依照上述明代北京故宫"五门"的规制,将龙虎殿、朝拜殿也作为门。玉虚宫门与门之间或以宫墙围护,或以配殿廊庑相连,或以耳房隔挡,在纵向开拓的同时,又注意横向铺排,横向平面展开了一定的群体空间组织方式,形成了连贯的五进院落。纵向五进院落对应五行,五类元素是古人按照自己认识世界的能力对万物所作的划分。

古代宫殿建筑的空间规划及营造都要考虑帝王的政治活动和日常起居的需要,《周礼》《礼记》等典籍均有"天子诸侯皆三朝"之说,即外朝一、内朝二(治朝、燕朝),各自承担不同功能。既然玉虚宫内的主要活动是"朝",那么三座宫城的营建就要围绕"朝"而展开。依据明代"三朝"的规制,玉虚宫设计了"三城",即玉带桥以外至山门的外乐城、龙虎殿以内至十方堂的内乐城、十方堂以内的紫禁城。"三城"各有宫墙间隔连围,城中套城,等级鲜明,形成了事实上的"三朝"宫城。玄帝殿与父母殿布局符合"前殿后寝"的严谨规制,仿佛南方"小故宫"。嘉靖重修后扩大了外乐城。清代之后将重修的父母殿及耳房等祀神区完全改造成道人清修的生活区。玉虚宫中宫(正宫)三城之外基本都由院落组成,由于时代的变迁,宫墙瓦砾,断残废墟,许多建筑之谜需要探索,目前田野调查所知东、西宫只有独立的宫墙而没有之外的宫墙,推测山门即溜稀门是玉虚宫最外门,两侧宫墙的宽度可能越过泰山庙,也可能与东宫最东墙相连,西宫道房外有单独的宫墙,但西宫外是否还另有宫墙待考。仅东宫就有七口井、娘娘澡堂等建筑,民谚"红墙对白墙,金银十八缸。要得金银线,扒了琉璃殿","七十二院落,七十二井,这院不吃那院水",足见当年宫城人烟鼎沸、规模宏大。

祀神区空间布局在宏观建筑格局上是"宫城三进""五城围护",属官式建筑风格。"宫城三进"指主体建筑所分成的里乐城、紫禁城、外乐城三城,这个"城"特指大型院落;"五城围护"指五道宫墙,具有帝宫的庄严之势,这个"城"特指城墙。以下简述五道宫墙及主要单体建筑的布局。

第一道宫墙，以山为宫墙。东、西、北各设天门一座，将山峦连接起来，形成"三路"建筑格局。这种横向三分的建筑格局，符合堪舆学理论《三元经》中三元的思想，中路为仪典空间，东、西两路是居住空间，故北天门才是玉虚宫真正意义上的第一进大门。北天门遗址位于武当山旅游经济特区杨家畈村二组山顶凹处（海拔高程194米），呈东南朝西北向，砖石结构，单券拱门，筒板瓦、屋面脊饰，东西侧建八字影壁墙，墙

>> 山门（宋晶摄于2003年）

>> 山门一封书撇山影壁细部（宋晶摄于2016年）

体与两侧山体相连。现存须弥座石雕部分虽有破损，但构件完整，台基下有近4米高的方正石基础。偏东有一桥涵拱洞，用以排放山谷流

>> 山门须弥座
（宋晶摄于2016年）

>> 山门琉璃须弥座基角
（宋晶摄于2016年）

水，俗称"小水濂洞"。南侧以东的山凹处原有三合院建筑，俗称"北天门宫"。明末贡生王沄在进入北天门之前看到："宫北向地势弘敞，规制最巨，崇阙三桥拟于皇居，进加修葺，邸舍皆具。"[152]宫门两侧矗立着可瞭望的楼宇和三座桥梁，即北山桥、仙都桥、游仙桥。门内以东建有泰山庙。

在自然山峦组成的"围墙"之内，九渡涧以西的东山坳形成东宫（东道院），东天门内有遇真桥（玉真桥），门外有东山桥，南侧还有登仙桥；西山坳以东形成西宫（西道院），西天门内有仙源桥、八仙台、仙桃观、华阳亭、西天门桥、莲花池等，门外有西山桥（西桥）。站在东、西天门均可"游眺"玉虚宫院内景观。

第二道宫墙，"永乐盛肆"街口（今武当山特区街市）建有第二道宫门，为石作结构山门，门两侧展布庞大的第二道宫墙。王在晋游记写道："周回龙观五里许，千峦收敛，眼前磈磊尽去，惟荒山旋绕，脉络未断，皆崎嵝耳。透出原田辽旷，景色渐舒。忽有层宫广宇千间，兀落平畴，如郡城都市然。玉虚广辟雄峙，甲于诸宫，与王者离宫别苑相埒。"[153]王在晋从北天门进来后来到"永乐盛肆"门口，这里视野开阔，蔚为壮观、富丽堂皇的宫殿庙宇如郡城都市一般。第二道宫门引导着后面的建筑理应展示"盛肆"的格调和风貌，但也绝非一条普通的都市长街，而是浓缩了汉民族崇道气息的文化长廊。由此开始了街口至山门长达500米神道的御路中轴线，巨石铺垫，东西两侧对称分布一座嘉靖御碑亭，西碑亭之西设岳祀坛（天地坛、祭祀坛），靠近东天门（距玉虚宫2里）、西天门不远各建真官祠一座，东天门之内有云堂，九渡涧之东还有火星庙；西天门之内有钵堂。1976年修建襄渝铁路时尽毁原有外城城墙。

第三道宫墙，现有山门及两山接八字照壁并向两侧展布的宫墙。永乐年间，视山门以内到玉带河之间为外罗城，嘉靖重修后成为实际上的内罗城。山门有一封书撇山影壁，山门前后有青石海墁月台，围设护栏，进入门内两侧护栏边各设一座卫房（教场的教头室）。门前有钟楼（遗址）、鼓楼（无存）。东宫墙开有东华门，西宫墙开有西华门，分别通往东西宫。宫门外，东侧为云堂、六部（步）桥。西坞建有斋堂、浴堂。由月台拾级而下沿神道南行，御路两侧对称耸立着永乐御碑亭各一座，前建金水渠，架设其上的中桥为玉带桥。此处场地海墁铺地，两侧建旗杆台各一座，上端嵌琉璃琼花图案，下部是琉璃琼花和石雕须弥座。

第四道宫墙，龙虎殿高崇月台之上建"八"字琉璃琼花照壁，与大殿有回廊配殿相通，形成两山所接宫墙。大院方整石海墁遍地，两侧对称建琉璃棱帛炉各一座。两侧宫墙分设东、西小宫门。玉带河以内为紫禁城，属祀神区，内城砖石结构宫墙尚存。

第五道宫墙，朝拜殿两侧围合成宫墙隔断内外所成围墙。左右建配殿、厢房及廊庑连接玄帝殿。东庑（有张三丰道人像及明成祖敕其真人诰）方整石海墁铺地，东西两侧各两座石雕须弥座花坛，玄帝殿下东侧建有一座坛，或为树坛，或为礼斗坛，其对面有龙井一口。

现存大殿后，为民国年间重建父母殿，墙用城砖砌筑，无梁架，檩条架于山墙。殿西有小观殿（雷殿、雷祖殿）、元君殿、启圣殿，共计三栋，西边二座、东边一座分布。左右配殿（残存台基）。父母殿后建三层方整石挡土墙，第一层平台上深置四大石鼓，直径 0.73 米。平台后面的山梁上有宫墙和门，宫墙东下方有日池和放生池。

▶▶ 朝拜殿遗存（宋晶摄于 2010 年）

▶▶ 朝拜殿一封书撇山琉璃影壁凤凰牡丹盒子（宋晶摄于 2016 年）

▶▶ 复建朝拜殿背立面（宋晶摄于 2016 年）

>> 父母殿（宋晶摄于 2016 年）

　　东道院有三座神台、神泉亭、风井、古井（4 座遗址、1 座已掩埋）、龙井、神厨、浴堂、砖室（现存道房 2 间）、方丈、宫墙、13 个马槽、3 个太极形状的磨盘和一个武当山最美磨。1958 年，仙关、灶王庙毁废。

>> 六步桥
（宋晶摄于 2020 年）

>> 东道院井亭残存构件
（宋晶摄于 2020 年）

>> 东道院遗构
（宋晶摄于 2018 年）

　　西坞北山下有台阶通向西道院。据何白描述："又行二里，遥见峰峦外抱，地形中廓，栋宇鳞次，云蔚霞兴，俨若千家之聚者，为玉虚宫……玉虚之制，为宫为殿为廊庑为亭台为丹城为形墀，规画视遇真净乐，无所损益，其大可兼净乐之二，遇真之三。殿两序悬以铜鼓石鱼，击之訇然中节……殿之左为望仙楼，八窗空洞，环以栏楯。循栏回绕四望，山岚缭碧，面面可揽结也。楼下为雪洞，洞前有圣水池。折西而入，为三丰洞。"[154] 西道院建有望仙楼（望仙亭、仙楼，供奉纯阳祖师像），楼下有灵雪洞、圣水池、望仙亭，下楼可入后庑（殿有铜鼓，开山时物）。石渠之北建有斋堂，石渠之西建有浴堂、钵堂、圜堂、仙衣亭、井二（已掩埋）、水帘洞及仙衣亭后砖石结构"张仙洞室"（室外有铜碑，亦称无梁殿、三丰祠，俗称张爷庙），为张三丰"遇真宫"的结庵处，永乐年间为纪念张三丰仙人而建。

综上，玉虚宫按照明代"三朝五门""前殿后寝"形制布局，整体宫城建筑布局效果可媲美北京故宫皇城建筑而有"南方故宫"之誉。

第四节　玉虚宫艺术鉴赏

"人类是按照美的规律来创造艺术的。"[155] 玉虚宫是道教建筑的经典之作，作为祀神、弘道、静修的建筑纵然具有核心功能，但也要以美的形象来面世，设计者把它作为一部具有审美深度和永久影响力的建筑艺术作品而进行设计。香客信士朝山进香的同时欣赏了它的艺术美，心灵受到震撼，灵魂得到净化，赋予人以精神价值。努力接受玉虚宫建筑所传递出来的美的信息，尽力达到与创造者知音会意，心灵共鸣，是欣赏者的审美任务，也是文明的人、精神的独立个体的属人世界之需。玉虚宫既是实用对象，也是审美对象，而美具有复杂性，这里仅从艺术美的角度加以审视，择其精要而约略言之。

» 复建玉虚宫鸟瞰（资汝松摄于 2018 年）

一、整体建筑空间组合的艺术

（一）融合环境之美

任何建筑都必然地处在一定的环境之中，环境对于建筑影响甚大。明代造园家计成《园冶》开始就强调"相地"的重要性，主张通过堪舆择地布局。"玄天玉虚宫，在天柱峰、紫霄展旗峰之北。层峦叠嶂，万仞千寻，迤逦直下山趾。其山环绕，规模广阔，形势雄伟，左引崇岗，右浚曲水，前列翠屏，后枕华麓，土厚而泉冽，竹修而松茂。幽兰馥馥，丹桂丛丛，金菌绯香，骞林腾翠，如此殊胜则有游仙而居之。"[156] 显然，《任志》所载玉虚宫选址环境条件优胜。明代文人游记还有许多描写，如"俯瞰平畴，云曼陂委，徐徊美沃，有万宇突起，连栋骈延，烟火庵积，俨成都邑之观者，为玉虚宫。"[157] "次日过玉虚，厥地宽平，规制壮丽。虽丹台紫府、金阙玉京，殆不是过。"[158] "已而泉田旷达，如大村落……而云树幽芬，池流莹澈，岂非仙真所栖耶？"[159] 游历者最初都有见到郡城都市，甚至皇家离宫别苑之感。环顾九渡涧，河水荡漾，河岸高树茂林，云蒸霞蔚，"殿头日暖花明岫，槛外风轻柳覆沟"[160]，把流经玉虚宫这一段河水美称"梅溪涧"，"九渡溪头一径通，海棠花落水流红"[161]。可以想象当时水质清澈，光滑的鹅卵石清晰可见，春天宫里的海棠花氤氲着芬芳，轻盈曼妙的花瓣染红了水流，又平缓优雅地流出宫中的美妙画面。透过这和谐的光影，还有凝聚于其中的一种意境，既是诗意的，又是画意的。杏山的《玉虚望仙楼》描写了宫西的美好景致："堤柳春风吹面上，虹桥松影荫溪头。日烘梅芷红将绽，雪化山崖翠欲流"[162]，环境美的烘托为玉虚宫增色不少。

玉虚宫建筑充分利用了盆地的山形地势、九渡涧环绕的来水等自然条件，将东、西、北三座天门建在山上，以山体为宫墙，建筑与环境巧妙地融合，增加了建筑的表现力，达到"天人合一"的境界。从更大的范围来看，建筑空间"五城围护""宫城三进"虽属人为创意，按照人的意图从统一延续的空间中切割出这一部分，但在这些建筑之外还有一个包围它的统一延续的更大空间即环境，又何尝不是一个领域呢？人为创意实质上就是因循环境的一种自然形态。玉虚宫宫墙并没有全部设计成直线或几何形式的线条，而是随着山峦地形的走势作适度的弯曲转折，如外乐城部分西部宫墙就建成自然曲线，曲直的对比使建筑与环境达到统一。

➤➤ 远眺玄帝殿（宋晶摄于 2016 年）

玉虚宫建筑种类及规格十分完备，规模宏大，气势磅礴，为明代殿宇道房间数之最，"山中甲宫"并非徒有虚名。群体建筑在体量和规模上与自然环境高度和谐，隐喻道家崇尚自然、顺应自然的玄妙思想。

（二）视距控制之美

玉虚宫整体布局风格突出地表现在端庄对称和御路深远上。台湾亚洲大学教授刘育东的《建筑的涵义》说："所有美的事物之所以能感动人，必须先透过我们的视觉系统对物体作一番打量，我们才能有下一阶段心灵上的感觉。因此这些美感的要素就是为了满足大部分人的视觉系统。"[163] 端庄对称是追求一种稳定的趋势，反映在建筑美感上就是视觉平衡。玉虚宫仿北京故宫中庭式格局，遵循对称的平衡，展示了端庄对称之美。以宫门的中门为中分作为整体建筑空间的起始，在环境设计中是引领建筑的先导，向两侧展布的琉璃照壁呈对称八字，沿中轴线以左右对称平衡的手法营建了嘉靖御碑亭、真官祠、卫房、山门、永乐御碑亭、东西华门、旗杆台、龙虎殿、焚帛炉、东西小宫门、朝拜殿、东西配殿、花台，经过对称展布，层层递进，最终把玄帝殿推向高潮，以父母殿作精悍的结尾。道道宫墙、重重城郭、层层石栏，三重护道踏步台阶，庄重雄伟的气氛，盛大堂皇的气派，充分显示了为国家举行斋醮法事、迎接高级官员的道场规格。旗杆台用于道教斋醮科仪时扬幡升旗，使玄帝精神得以强调。对称的平衡既显示出皇室家庙的尊严，体现形制绳墨合度、凝重严谨的风格，又形成了高低错落有致、院落蔓延相通的建筑格局。四大圣旨碑亭规制相同，位于中轴线两侧，沉稳端庄。

虽然追求视觉上的平衡大部分以对称的形式而达成，但向心或放射状的平衡也十分明显，如御路笔直深远，正因这样刻意布置的长路而联结了神圣。中轴线利用青石崇台叠砌、递进，呈放射状，通往每一个特殊的殿堂都有御路通达，联通的是供奉玄帝的神的世界。神道路径空间还包括宫门殿堂的台阶以及金水渠上架设的石桥，终端是神圣的殿堂，整个神道就是为了支撑、烘托这一富有特殊意义的场所空间，成就了平衡关系的中央视阈焦点。玉虚宫范围很大，三座天门之内有山、有水、有溪、有桥、有建筑空间，长长的御路贯穿着大小变幻的开合和虚实变化的空间，组织着主殿玉虚殿，形成高低起伏、紧缓疾徐的节奏变化，如同音乐在主旋律下流淌着一首抑扬顿挫、丝竹共鸣的奏鸣乐曲。

（三）开敞封闭之美

开敞与封闭是玉虚宫建筑创作设计的核心问题之一。《道德经》曰："有之以为利，无之以为用。"[164] 老子用辩证思想阐述了道是"有"和"无"的辩证统一，"无"是放在第一位的。建筑学家彭一刚《建筑空间组合论》认为："空间的封闭程度首先取决于对它的界定情况。一般地，四面围合的空间其封闭性最强，三面的次之，两面的更次之。当只剩下一幢孤立的建筑时，空间的封闭性就完全消失了。这时将发生一种转化——由建筑围合空间而转化为空间包围建筑。"[165] 玉虚宫经过精心设计，开敞与封闭形成了一定的空间部分，成为建筑实用的依托所在。三大山门就属于开敞式状态的建筑，从更大的空间上看，不设围墙依山就势建山门也一样意到神至。仙衣亭、望仙亭、御碑亭四面通透，自这一空间去观赏另一空间的景物，通过借景吸引人的注意力而引人入胜。景物恰好被御碑亭的拱门框住，似一幅画嵌于框中，透过亭柱的空间望出去，与没有遮挡的直白或封闭太强而不透景的状态相比，隔着一重层次看景则更加含蓄深远。神道一路穿过龙虎殿、十方堂和紫禁城院落组成的东西配殿，其廊庑的前檐空廊都是开敞的空间，由此凝视玄帝殿，空间的分隔和联系作了一定的处理，空间已不限定在内外两个层次，更多的空间层次都能相互渗透，从而造成空间无限深远的感觉。四周朱墙高耸，环卫玄宫，浑厚凝重，壮如月阙绕仙阙。宫墙注意了围合，新的空间的方阔或横宽纵长，以厢房、廊庑衔接而分割出来，组成了富于变化又内在有统一感的空间序列，使得道教建筑的空间具有了艺术品位，达到了道教"无为"的思想境界。

（四）阔大崇高之美

明代诗文家韩文以一种清新的笔触描写了他朝谒金殿后返回玉虚宫所见胜景："金殿朝回到玉虚，个中仙境自然殊。烟霞气爽精神健，沧海尘生梦寐苏。琳馆倚云飞画栋。碧桃和露满云都。"[166] 这里高远明朗，和气宜人，雕梁画栋如人间仙府，天下名山的祭祀礼仪以此为最，从一个侧面反映大型道场的壮观规模。"凡诵经礼忏，建醮行道之场所，称为道场。"[167] 道场要由高功经师诵经、掐诀、踏罡、存神，把信众的美好心愿传达给神灵，祈求神灵保佑实现美好愿望。武当山道教举办三日以上的大型道场，须行开坊、取水、荡秽、祀灶、清圣、扬幡、宣榜、回向、道圣、上大表计道、礼斗等大礼，而大型的宗教仪式必然选择高规格的宫观才能举办，其场地一定是宏大壮观，庄严肃穆。玉虚宫经过大修和扩建之后，从占地面积到殿宇道房，称得上武当山道教设斋建醮的最大道场，如第三道宫墙东西宽 190 米，南北长 231 米，现存宫墙围出占地面积 4.40 万平方米的大院，仅为原建规模的十二分之一。"老营为开山之地，故多道院丹房。万木参差，到处绿阴团盖；千峰攒簇，满前空翠流芬。石鼎丹炉，烟迷白昼。疎钟清磬，响协钧天。"[168] 它城内套城，三城各有宫墙间隔连围，放眼望去，了无边际。玄帝殿、朝拜殿、龙虎殿三大殿，均设宽广月台，饰栏台阶，朱碧交辉，壮美富丽，高高的崇台拱举大殿，庄严肃穆，创造出道教敬神、建醮的清虚世界。在一望无垠的外乐城、里乐城的阔大场院里，运用更多的是石材，青砖铺地，打磨规整、精细方正，开阔素雅，形成了兼有政治性与宗教性的神圣空间。四座碑亭巍然屹立，亭内置巨大的赑屃驮御碑。设想经过漫长的御路行进后，登上

4米高的崇台而望见高台上端立的玄帝殿时顿生敬畏之情，在建筑构思上着意创设出庄严神圣的景象。宫城内殿宇、台院、楼阁、亭桥鳞次栉比，后宫地势与前宫殿脊齐平，其规制与北京太和门、太和殿的宏伟气派相似，大殿明七暗九，规模宏丽，铺以配殿、道院、楼阁，其间以小巧精致的亭、台、池、坛穿插衬托，旷奥幽深，疏密有致，着力塑造出群体建筑烘托主体建筑的高大雄伟，主体建筑映衬群体建筑的井然有序，可谓独具匠心。

二、单体建筑造型设计的艺术

建筑是由大量物质堆砌、雕琢、组合而成的形体，是一种造型艺术。玉虚宫无论整体组合还是单体设计，虽以明代官式艺术风格而著称，但其单体建筑的造型艺术也可圈可点，仅以御碑亭、焚帛炉、金水渠试析之。

（一）庄严沉稳御碑亭

玉虚宫矗立着四座巍峨壮观的御碑亭，十分引人注目。它们位于中轴线东西两侧，巍然对峙，规制相同。亭内安放巨型石雕赑屃驮御碑，约120多吨，分别为外乐城的嘉靖皇帝圣旨碑和内乐城的永乐皇帝圣旨碑。武当山现存赑屃驮御碑体量较大者有十二座，分布于静乐宫、玉虚宫、南岩宫、紫霄宫、五龙宫，唯有玉虚宫独拥四座，在中国可谓数量上绝无仅有，体量上极为罕见，堪称明代石雕艺术杰作。

>> 四座御碑亭对望（宋晶摄于2010年）

>> 御碑亭须弥座椀花结带石雕（宋晶摄于 2003 年）

御碑亭的造型设计为重檐歇山琉璃瓦顶，上下檐尽施重彩，七踩镏金斗栱富丽堂皇。墙体上部明显收分，顶饰色调阴面阳面有所变化，十分醒目，与赭红色的外墙、明黄色的内墙色彩装饰对比鲜明。四面墙壁开设高大的拱券门，砖券结构，是绝佳的艺术性取景画框。

御碑亭的石基底座平面呈正方形，建筑在双重石雕须弥座之上，由圭角、下枋、下枭、束腰、上枭、上枋组成。圭角雕卷云纹，束腰部分雕刻交错缠绕的花草和两端飘带组成的椀花结带纹样，束腰转角处的柱子处理成三段竹节，花纹优美大方，线条柔顺，风格飘逸，装饰性极强，显示出道教建筑的高等级和皇室家庙的非凡气势。

1. 碑文内容不同

明成祖的《御制大岳太和山道宫之碑》（外乐城西碑亭）和《禁令圣旨碑》（外乐城东碑亭）见第一章，此不赘述。明世宗圣谕碑（外乐城 西碑亭）和御制碑（外乐城东碑亭），即嘉靖三十一年二月十九日立"命修武当圣谕碑"，碑文云："朕成祖大建玄帝太和山福境，安镇华夷，厥灵赫奕，计今百数十年，必有弗堪者，朕今命官奉修，便行与湖广抚按官督同该道官，诣山勘视应合修理处所，估计工费，限四十日以里回奏工部知道。"嘉靖三十二年十月二十五日立《御制重修大岳太和山玄殿纪成之碑》，碑文云："朕惟大岳太和山，乃北极玄天上帝修真显化成道之所。帝以天一之精降灵人世，感召天神授无极上道。丹成上升，归司玄冥之位，琼台受册，功德巍巍，莫可殚述……朕仰法祖宗，祗若明祀，神之佑之，庶其益加隆盛，薰蒸和气，覆育群生，宗社灵长，山河巩固，则神其永永无疆，惟朕躬亦荷无疆，惟庆矣。"

2. 雕刻风格不同

从雕刻工艺上看，"明代早期作品多仿古和摹刻自然界实物，纹饰简练，浑厚圆润；晚期则追求玲珑别透，华贵繁复"[169]，这些认识明显地反映在玉虚宫四大石雕赑屃碑座上。由于"永乐盛世"的经济发展，大修武当山国力不绌，体现在明成祖圣旨碑雕刻的风格上就是大气、洗练、流畅，石雕赑屃属于明代初期流行的闭嘴龙形象，昂首奋力，似拥有统治四海之力，代表着皇权的神圣性，其外观造型古拙威武，具有明代初期石雕艺术特点。碑额浮雕二龙戏球，矫健腾舞，造型稳重遒劲，阴刻隶书"圣旨"。"永乐禁令圣旨碑"通高 8.95 米，比南京洪武赑屃驮碑高出 0.15 米，为中国石雕圣旨碑之最。

» 嘉靖御碑赑屃底座（宋晶摄于 2003 年）　» 永乐御碑赑屃底座（宋晶摄于 2010 年）

明世宗圣旨碑则注重雕刻的繁复精致，这一点在御碑亭束腰结带的手法上已有表现。碑座石雕赑屃属于明代中期的嚼龙形象，其牙齿、胡须、甲壳背部覆盖的流云雕刻技法十分细腻，富有动感，突出了神话传说中嚼龙这种神异动物的雄猛威武，只是尺寸略微小巧了一些，但艺术感染力很强，也是巨型石雕艺术的杰作，代表明中后期石雕技艺水平。碑首六条盘龙，头部均处碑侧，龙头朝下，龙身向上拱起，立体感很强，不落丝毫造作痕迹，有如天成，使欣赏者游移在真实与虚无之间。

首先，《命修武当圣谕碑》，"通高 7.72 米。碑额高 1.60 米，宽 2.18 米，碑身高 4.24 米，宽 1.99 米，厚 0.52 米；赑屃身高 1.68 米，长 4.70 米，宽 2.50 米，座高 0.2 米"，是明世宗为重修武当而作的部署。他派工部侍郎陆杰携湖广地方官、道官到武当山各处勘定巡视，制定重修规划。碑文篆书文字不多，但明世宗对玄帝的笃信、对武当皇室家庙的牵挂、重修的急迫之心显露无异。其次，《御制重修大岳太和山玄殿纪成之碑》，"通高 7.64 米。碑额高 1.50 米，宽 2.18 米，碑身高 4.29 米，宽 1.98 米，厚 0.55 米；赑屃身高 1.65 米，长 4.60 米，宽 2.24 米，座高 0.2 米"[170]，主要阐述重修武当的起因、过程和意义。对于明世宗而言，玄帝阴翊其登基为帝，宫变中保全其性命，平定边患减其忧患，凡此种种，只有尽力效法祖先，

>> 嘉靖圣旨碑（宋晶摄于 2003 年）

竭力推崇道教，实实在在地拨出皇室内帑之银，让武当宫宇焕然，即使国力衰弱，重修决心亦不改变，这样祭祀典礼才有秩序地延续，奉祀神灵才有洁净的庙宇，玉虚宫道场才有传承和发展。

碑碣本是一种小品建筑，但专门勒文于碑，为皇帝圣谕立碑建亭，树碑立传，用垂永久，可就不只是记事这种小问题了。当我们宏观反思阔大的玉虚宫时，其实最醒目的莫过于四座御碑。如果从艺术性上审美，其石雕艺术固然珍贵，如修复后的碑亭檐顶大量采用金、青绿、五彩、伍雅墨色，使用皇家建筑和玺彩画、旋子彩画等级很高的绘画形式，美轮美奂，还采用了高浮雕、中浮雕、浅浮雕、素平等石刻方法，使碑亭整体造型完整，华丽端庄。它衬托着宫内其他殿堂，达到互相辉映的效果，同时也显示出自身的伟大——树立皇威，象征皇权至高无上，以教权的神圣性维护皇权的至上性。通过神兽的祥瑞威武，碑文的庄严显赫，彻底诠释了道宫的真正意义。

值得注意的是西御碑亭内《祈恩大斋醮意》碑，立于成化九年（1473年）十一月，是记录玄天玉虚宫增崇法像，罗列供器以永保弘敞琳宫瞻崇而修建金箓大斋醮的一通记事碑。碑阴载有近260人名单，其中官舍人首列第一人为蒯祥（1398—1481年），别名"蒯鲁班"，是一位了不起的建筑匠师。其父蒯富技艺高超，为总管建筑皇宫的"木工首"。永乐四年（1406年）兴建北京故宫，蒯祥还是一位 9 岁少年，他跟随父亲学艺，直至永乐十八年（1420年）故宫建成，蒯祥才 23 岁，多作为参与者而不可能担负重大主体工程的总设计。但是，明代官职实行嫡子应袭舍人制，蒯祥世袭工匠之职，也可能出任"木工首"主持过北京故宫建设，后升任工部侍郎。据《吴县志》记载："蒯祥，（苏州）吴县香山木工也。能主营缮。永乐十五年（1417年），建北京宫殿……至宪宗时，年八十余，仍执技供奉。"成化九年蒯祥 74 岁，在明成祖如此重视的武当山皇室家庙营建过程中，正值青少年时期的蒯祥精于其艺，不可能完全置身其外，作为工部侍郎极可能在永乐之后来到过武当山主持玉虚宫的大修总工，相当于武当山道教宫观维修工程的技术顾问，参与武当山道教建筑的设计及建设之中，所以才会以官舍人第一的身份以74岁资历参加玉虚宫这场金箓大醮。该碑至少证明北建故宫与南修武当的设计者一脉相承，采用的是全国真正的高手。然而这样的官舍人如壮儿、居四、宋阿金、沈阿多等，连正经的姓名都没有，相反总是重视职官，从把总官到千户百户，从提督内臣到提督藩臣。另外，《祈恩大斋醮意》记载了阴阳典术王淳、仓大使、尹浩，阴阳训术韩淳。明代风水术已是正式学科，设有"阴阳学官"，其官名分为正术（府）、典术（州）、训术（县），专司阴阳术。《任志》录金石卷十三《敕建宫观把总提调官员碑》最早记载了阴阳典术首席技术官员王敏、阴阳人陈羽鹏，还记载有十五种工匠人员姓名，足以说明永乐营建之初，需要负责全山建筑的定位选线之人，既要着眼全局，又要能细处入手，即使后期的修缮也同样需要这类国工高手。

（二）精巧别致——焚帛炉

紫禁城玄帝殿、父母殿高高矗立在巍峨的崇台之上，而这是走过石砌铺地的神道御路，领略对称分布的一座座御碑亭、旗杆台，跨过玉带桥上一道道的望柱石栏，登上高崇悬壮的石阶，再穿过朝拜殿后才能抵达玉虚宫的核心建筑空间。从龙虎殿穿过朝拜殿的空间并不大，仅仅是由龙虎殿、朝拜殿、东西小宫门四座门式建筑组成的一个四合院落，但是，因为院落内东西两侧各分布有相互对望的焚帛炉而引人驻足，因而成就了虔诚祭礼、仪式庄严的神圣空间。

焚帛炉，亦称化帛炉、燎炉、化钱炉、香炉，也被朝山香客直呼"烧纸炉"，是在祭祀天神、地祇、人鬼时用于焚烧祝版、神帛、彩纸、金银纸锞等祭品的炉子建筑。它的出现源于中国古人敬天法祖，对天地神灵、祖宗先贤进行祭拜的传统习俗。《左传》曰："牺牲玉帛，弗敢加也，必以信。"[171]祭祀制度、祭祀礼仪产生于中国的远古时代，主要是燔烧柴木、烧燎祭品。在举行祭祀仪式时，总有一项程序是烧香焚纸。烧香要在香炉里进行，而焚纸则需要在焚帛炉里进行，特别是道观多分开祭祀神器而进行。唐代以后，正规的祭祀场地在焚烧纸钱等祭品时，要"至敬不坛，扫地而祭"[172]。因为祭祀是最隆重、最诚敬的大祭，一定要庄严，通过燔祭告天降神，之后才在坛下扫地而行正祭，故专辟空旷场地建造焚帛炉即是出于上述考量。明代皇家祭祀多焚烧纸钱、金银元宝、绢帛祝板、祭文等物品，民间则焚烧纸钱、金银箔、符箓、祭文等，焚帛炉作为焚化的器物便有了实用价值。道教祭祀神灵是通过信物传达的，香表就是通神的信物，焚帛炉是专门用来焚烧香表的熔炉，它强化了宗教仪式感，产生了通神达意的宗教功能。在道教宫观中，"经常可以看到焚帛炉和香炉共同列在大殿的前面，供信徒焚烧金银箔和纸钱，寄希望于神灵保佑自己及亲友的未来幸福安康、益寿延年"[173]。化帛炉承载着精神寄托，蕴含着文化内涵，对我国传统社会的价值观、风俗习惯等产生了深刻的影响。玉虚宫拥有两座独立式焚帛炉，虽然炉体占地面积不大，却是十分珍贵的建筑小品，代表着明代官式建筑的一种高规格，是武当山道教不可或缺的建筑类型。焚帛炉不单与整体规格有关，更是适应大规模斋醮大典的需要。

除供插香火的小型香炉不属于建筑外，武当山宫观建有

>> 焚帛炉（宋晶摄于 2012 年）

>> 焚帛炉三交六椀毬纹菱花格心细部
（宋晶摄于 2017 年）

>> 焚帛炉须弥座（宋晶摄于 2010 年）

式样不同的香炉，目前尚存明代焚帛炉10座[174]。从颜色材质上划分出三种类型：

黄绿琉璃四抹格门：玉虚宫2座、紫霄宫1座、南岩宫1座、五龙宫1座、清微宫1座；

黑色琉璃四抹格门：太和宫转运殿1座；

灰色砖石四抹格门：太子坡1座、上元滴水岩1座、太和宫皇经堂1座。

除太和宫转展殿为毯纹格眼，其他均为三交六椀毯纹菱花的格心花式；涤环板均为如意云头卷草，太和宫转展殿使用的是莲花卷草；裙板式样都用了如意纹卷草、西番莲，太子坡焚帛炉为牡丹卷草纹，太和宫转展殿为如意纹。在上槛、下槛、抱框、隔扇边梃方面，尺寸各有差异，但平均差别不大。按明代皇家道场的规制，颜色以黄为最，其次绿，最次黑，以体现焚帛炉的地位等级。

在色彩运用上，玉虚宫焚帛炉通体为绿琉璃构件砌筑而成，绿色为主色调，大量使用偏明亮的黄色，不同于关内东西陵焚帛炉的深土黄色，四抹隔门中的隔扇花使用了明黄色，这一色彩与草茎花枝的绿色交错，形成了强烈的色彩反差对比，恰似绿中点金，十分强调生动、活泼、醒目，富于美感。明黄色的出现，既非任意而为，亦非出于装饰，因为黄色是皇家宫殿或皇室家庙的专用色，其使用内在本质是体现地位的高等级。

从结构上看，玉虚宫焚帛炉形制为琉璃仿木砖石结构建筑，面阔4.06米，进深2.84米，通高5.23米，上槛60厘米、下槛75厘米、抱框60厘米、隔扇边梃50厘米。由基座、炉身、炉顶三部分组成，一层四面。歇山琉璃瓦顶，正脊上有吻兽，垂脊上有垂兽，戗脊上有戗兽和仙人走兽，装饰结构一点都不含糊。两歇山处有焚烧通气孔、瓦垄、房脊、椽望，通体为琉璃构件砌筑，顶的色彩运用因敕建为黑瓦顶，故垂脊、瓦垄、山尖、勾头、椽望、斗栱、梁柱等仿木建筑构件，象征着玄武之相，修建同时用黑，绿琉璃剪边也显示了高等级。

焚帛炉的檐额、梁袱、枋，仿旋子彩画格调，四周风格统一。檐下为冰盘檐、方椽、圆椽，斗栱为绿琉璃，炉身四个立面墙体贴琉璃砖雕，俗称"玉壁墙"。两侧墙体上部饰椀花结带、卷草纹，岔角饰卷草纹，四面墙转角饰竹节绿琉璃柱，仿佛一座微缩殿堂。炉身正立面开有拱券烧化填入口，隔扇门宽高比为1：2.3，门额饰卷草纹，内部使用耐火砖砌筑。一般地，明代官式建筑的隔扇数量由开间的大小而决定，裙板与格心的高度比遵循《营造法式》3：6的规定。格心多以华丽复杂的菱花为主而不同于民用建筑的棂条，裙板和绦环板的雕饰也随隔心的繁简和精细程度进行处理，非常讲究等级。下槛四周均为绿琉璃须弥座，把百花草、花梗、丝带等组织得生动活泼，角饰双莲相抱。炉基为束腰琉璃须弥座，壶门刻精美花纹，束腰上下有三层叠涩依次收缩。整座炉下承石制须弥座，石制须弥座为满雕装饰，十分精美。其上下枋采用减地平钑雕法，形成了剪影式凸雕边饰，凸起的雕刻面和凹下去的"地"都是平的。上下枭采用压地隐起雕法，饰"宝装莲花"，取莲以寓道教的清净无染，超脱凡俗，这是借鉴佛教的装饰手法，托物寄兴，升华莲的生态以达到哲理高度，并且还在莲瓣上增加了一些小装饰，优美高雅，浅浅的莲花纹样连绵不断，喻示造化不息、变化不止的道教思想。束腰则采取了高浮雕，运用"剔地起突"的雕法，卷草纹中的花卉连同枝叶圆润突出，高出低面许多，阴影变得很强，装饰效果华丽醒目却又不失敦实厚重之感。远视时花纹都融合在须弥座整体形象当中，而近观时则花纹精致细腻，淋漓尽致地展现了石质材料的艺术美。石制须弥座四周有21套石栏围护，专设单人磴道，扶手栏杆。

玉虚宫焚帛炉的窗值得一提。《说文》云："窗，通孔也，从穴。"[175] 窗式主要有槛窗（形制高级的隔扇窗）、支摘窗、直棂窗、空窗、漏窗等。从其门窗隔扇细部来看，正立面门的两侧仿照木结构雕刻有精美的隔扇窗，高度写实，仿照生活中门的样式设计成四抹隔扇，十分精致。裙板与格心的高度比定为5.4：6，没有完全拘泥于规制。因琉璃不太适合做得过细，边梃、抹头的线脚为撺尖破瓣，它们将隔扇分成三部分：裙板、绦环板、格心。纹样母题是：裙板饰如意云头、西番莲和卷草卷叶纹；绦环板饰对称的如意纹、卷草；槅心（花心）为三交六椀菱纹镂空菱花样式构图，而六角菱花美化为当时最高等级形式，外框为绿色弧状六边形，形象圆润优美，空灵通透，构图手法与台基、屋面、墙身形成了鲜明的虚实、线面对比，成为整个隔扇雕饰最富于变化、最精美的部位。

玉虚宫焚帛炉在武当山道教史上承担过道教斋醮科仪的国家祭典使命。作为重要的物质载体，一种连接天地、沟通阴阳的介质——烟火从小巧玲珑的炉体中袅袅升天，承载着人的精神寄托，企望神灵护佑的心愿，体现了中国传统社会的价值观、宗教信仰、风俗习惯，所蕴藏的文化内涵早已超出了烧香化帛的实用价值。由于整体设计上注重了虚实结合，花纹式样富于变化，既突出重点又讲究对称，保护和美化了环境。一丝不苟，做工精湛，反映出明代工艺技术所达到的相当精细纯熟的水平且上升到艺术美层面，而又上升到了艺术美的层面。所以，玉虚宫焚帛炉在富丽堂皇的建筑中成为美丽的点缀，与周围建筑相协调，增添了庄重高雅的环境氛围。

（三）韵律节奏——金水渠

玉虚宫最活泼、最生动的景观莫过于它的水体景观，其重要的地表特征是自然界的山体与水体所构成的环境。清代笪重光在《画筌》中讲："山脉之通，按其水径。水道之达，理其山形。"[176] 水本无形，但明代的规划设计者却因地制宜，通过对玉虚宫自然山水景观的提炼和概括，精心地进行了人为理水，创作出与玉虚宫整体规整式布局相称的规整式水体设计——金水渠，体现了风水形势说的千尺为势、百尺为形的尺度原则，取得了非同凡响的效果。《园冶》"相地"有云："园基不拘方向，地势自有高低；涉门成趣，得景随形，或傍山林，欲通河沼……低凹可开池沼，卜筑贵从水面，立基先穷源头，疏源之去由，察水之来历……

➤➤ 玉带桥（宋晶摄于 2017 年）

临溪越地，虚阁堪支。"[177]明代袁中道描写这里："山峦平衍，田畴龟坼，近玉虚宫松杉茂密，有大溪汇众流，界道石桥壮丽，即九溪涧及诸涧下流也。""其外金字银书之亭、真官选客之宇，皆可为他山宫殿。其左右道宇玄观，绮错棋布，幽宫阒室，千门万户。流水周于阶砌，泉声喧于几席，姹花异草，古树苍藤，骈罗列植，分开蔽日。海上三山，忉利五院，依稀似之。"[178]西山坳的水自乾方入宫从巽方出宫，以渠道贯穿里乐城，溪流潺潺，源源不断，自然条件优越。西山作为屏障，巧妙地引用丰沛的山涧之水，疏凿水道，让玉带河在宫内萦回，环绕紫禁城，幽曲弯转，在龙虎殿前凸成"金城环抱"的冠带之势，既兼顾了玉虚宫的整体风水，让紫禁城的建筑有了面水之势，又运用水体分割和连通宫内外，组成了一井又一井、一桥复一桥变化丰富的景观，创造出水景。于是，明代文人章焕在《玉虚桥上步月》诗中想象："偶向池边问月明，不知身在月宫行。玉虚元是清虚府，永夜今开不夜城。姑射仙人真绰约，水晶宫殿自轻盈。冰姿皓魄婵娟净，弄影相看浸碧泓。"[179]明月的冰清皓洁借助桥这个媒介才可弄影相看，月下的玉虚宫水景美轮美奂。建筑学家童寯在《江南园林志》"造园"中讲："庭园以深远不尽为极品，切忌一览无余。此在中国园林，尤为一定不易之律。"[180]空间层次和景深是玉虚宫整体设计时必须考虑的重要因素，因为"层次可增加景观空间的深远感，避免单调、空旷无物，因而也关系到视觉空间的丰富性。层次和景深既涉及到静态观赏时景观空间的层次感和立体感，也包括动态过程中空间的重重切换变化"[181]。以玉虚宫的空间组合而论，从山门开始，御碑亭和御路神道就是水景的空间序列、前奏建筑，行进之中，而对紫禁城壮丽无比的宫殿群不由得不慨叹神往，平坦笔直的御路神道终结在金水渠的玉带桥前。对于玉虚宫布局结构而言，金水渠限定和划分了空间，构成了一种结构脉络，加强了水面空间的围蔽感；越过水渠可左右前后眺望，保持了视线的连续性、透视性，让景物显得格外深远，使人在有限空间中感受到无限景深。这种建筑手法使景观立刻有了层次感。如果从里乐城空阔的场地一路走来，猛然面对陡立的崇台石阶会有突兀之感，但渠桥令景物参差错落，丰富了空间立面，让御路神道的平直与两座旗杆台的竖直、御路神道平面与龙虎殿崇台立面、桥前与桥后的景物都有了鲜明的对比，也因此更加优美和谐。

》 玉虚宫内金水渠（宋晶摄于 2016 年）

从静态上看，有玉带桥作为金水渠水体建筑纵横轴线的交汇点，其起止点都是重要的观赏点位，起到了控制观赏视距、分割空间、联系景物、沟通两岸的作用，也有暗示要敬神祭礼的宗教意义。

从动态上看，金水渠在形象的审美时空意识上有着音乐般的节奏和韵律，产生了协调之美，虽静犹动，造成了审美上的冲击和震撼，具有一种和观赏者活跃的生命力和飞动的心灵相互契合的形象特征。韵律的美在于物体呈现的规格统一性，在重复之中有规律的变化，从而引起美感。玉带河曲水清流，静中有动，溪涧奔流不息，水声喧哗跃动，使人产生水流不尽、水源深远的感觉。听水、观水效果颇具匠心，赋予空间以个性。水流宁静柔和，水面有天光云影，水中有黛绿草萍，水的空间富有生气，仿佛成了托浮景物的基底，使道教宫观有了活力和生趣。

玉带河源于西山坳张三丰祠所在的山洞，因西方属金，故将导引玉带河的水渠称为金水渠。渠长 600 米，上口宽 7.70 米，下宽 6.90 米，深 2.83 米。渠身为方整石筑成，两岸装饰一色青石栏杆。梁思成把石栏杆划分为三种：使用望柱及栏板；用长条石而不用栏板；只用栏板而不用望柱。栏杆使用望柱和栏板为最高等级。栏杆，即阑杆、勾阑，形制厚重，是桥梁和建筑上的安全设施，有分隔、导向之功能，设计好的栏杆还有装饰意义。在栏杆的各个构件中最为突出的一个构件是栏板，栏板之间的立柱为望柱，由柱身、柱头两部分组成。武当山道教建筑群无处不留下栏杆的俊俏身影，其形制多采用青石石材，仿北京故宫北朝房，多雕刻为二十四节气望柱，透瓶栏板与垂带栏板只是雕刻手法各宫观略有差异。栏杆的装置方法是贴地面设地栿，上立望柱，柱脚做榫，与地栿连接，望柱上端有望柱头，每两根望柱之间安一块石栏板，相互连接成栏杆。金水渠东西端口即宫墙下设有水洞。景贵乎深，不曲不深，金水渠造型上特别注意了这个"曲"，设计呈"卧弓"状并有明显的弯曲弧度，使水流曲折幽深，水景空间层次丰富，犹如一条飘逸的青石玉带飞扬在龙虎殿前。"弓背"向北拱出，正对宫内的中轴线上建筑有中桥——仙源桥横跨渠上，两侧石栏望柱与水渠风格一致，桥基装抱鼓石。金水渠望柱石雕的柱身截面为四方形，如意纹装饰，上部浑圆，串珠（宝珠）以上是柱头，复曲线轮廓的顶约占全高的三分之一，柱头形式为莲瓣石榴头，串珠以下为仰覆莲花座而无上顶，上下相衬托，足见永乐器物的雄浑与奢华。也有一种说法，认为望柱的柱头为二十四节气望柱，即火焰望柱，喻火焰长明而生生不息，代表二十四节气，以反映天气物候的变化，体现了"天人合一"的思想。不过，玉虚宫望柱柱头二十四条阴刻线有所改变，不是标准的二十四节气望柱，但不影响隔景与连景作用。在流畅中藏着委婉，庄严中透着灵动，古朴中化成均衡，连接着两岸的繁花柳荫。清一色的石板护栏因弯曲变得更为悠长流畅，不仅加强了场院的阔大，而且人为刻意地创造出了皇家的标志。

在以山水取胜的玉虚宫中，飞梁越涧的桥是不可缺少的构筑物，明代之前筑有白玉桥，亦称玉带桥或玉河桥，桥长 10.60 米，两头宽 8.20 米，中间宽 7.82 米。它是交通路线上的必备设施、过渡之舟，能集万目于水上观景。其造型为单孔石拱桥，桥体不大，桥面海墁方整石，构造精巧，坚固大方，清雅可爱，给人一种凝重稳固之感。桥身弯曲如虹，桥面有坡阶，曲线自如，在水中倒影成趣，曲桥营造了"咫尺山林"，避免了呆板，让附属小品增添了强烈的艺术效果，给人一种画意，是引人入深处。桥本身就是宫中景的艺术点缀，锦上添花，画龙点睛，给人一种美的享受。作为水口桥，它锁住了宫内气流，震慑住宫内的福泽之气，使之聚而不散、行之有止，取得聚气得水的效果。它还被赋予了特别重要的宗教意义，因为跨过仙都桥意味着进入神仙都府的天界，也可为宫貌增添庄严气氛，引起欣赏者对武当山道教主神玄帝的虔敬，可谓玉虚宫关键处。桥的饰栏丹墀、石栏望柱、金水渠身、桥基抱鼓石等都是石雕的艺术品。当然，一座桥应有陪衬景物，否则孤零零地缺少欣赏价值，也没了诗情画意。桥前的御碑亭，桥后的须弥座旗杆台、龙虎殿都是点缀陪衬的景物，从而避免了单调，使桥具有了魅力。水让玉虚宫活起来，桥让玉虚宫美起来，也产生了金水渠、玉带桥一件件石雕艺术精品。金水渠作为护城河横穿里乐城，宫墙上的涵洞依地形开凿，整个水渠设计成玉带腰围、屈曲有情的吉祥格局，充满对自然的地理位置、地形地势和水的感受与理解，更好地面对大自然，忠实于自然而不是背离自然，把建筑与自然沟通起来，通过调和达到建筑与环境的统一。

总之，玉虚宫无论整体组合还是单体设计，都彰显出明代官式建筑的艺术风格，不能把它只作为实用艺术来看待，因为它建筑在美观的基础之上，创造出了有武当山道教意味的形式，渲染出相当强度的道家情趣，极富感染力，亲切或神秘、优雅或堂皇、清虚或厚重，喻示出武当山道教哲学思想的倾向性，从而陶冶和震撼人的心灵，悦目又赏心，其精神文化的意义也更深刻。

注释：

[1][3][4][5][9][10][123][125][144][147][148][149][156][160][179] 陶真典、范学锋点注：《武当山明代志书集注》，北京：中国地图出版社，2006 年，第 403 页、第 129 页、第 17 页、第 97 页、第 158 页、第 405 页、第 19 页、第 23 页、第 481 页、第 97 页、第 401 页、第 405 页、第 409 页、第 405 页、第 515 页。

[2][明] 袁中道：《珂雪斋近集》，上海：上海书店，1982 年，第 137 页。

[6][清] 张廷玉等撰：《明史》，第 25 册传卷 299 列传 187 方伎《张三丰传》，北京：中华书局，1974 年，第 7641 页。

[7][14][24][60][61][62][89][90][92][93][96][115][117][118][119][120][121][122] 张继禹主编：《中华道藏》，北京：华夏出版社，2004 年，第 30 册第 708 页、第 9 册第 173 页、第 3 册第 133 页、第 37 册第 502 页、第 34 册第 272 页、第 34 册第 276 页、第 30 册第 522 页、第 30 册第 529 页、第 30 册第 525 页、第 30 册第 544 页、第 5 册第 527 页、第 30 册第 614 页、同前、第 30 册第 634 页、第 37 册第 230 页、第 37 册第 389 页、第 30 册第 587 页、第 44 册第 310 页。

[8][161][168] 熊宾监修，赵夔编纂：《续修大岳太和山志》，大同石印馆影印本，1922 年，卷三第 13 页、卷八第 17 页、卷七第 36 页。

[11][12][19][20][21][22][23][105][106][107][130][164] 陈鼓应：《老子注译及评介》，北京：中华书局，1984 年，第 53 页、第 312 页、第 163 页、第 87 页、第 93 页、第 295 页、第 246 页、第 71 页、第 78 页、第 124 页、第 232 页、第 102 页。

[13][127] 汤一介主编：《道学精华（上）》，北京：北京出版社，1996 年，卷四第 676 页、卷十四第 162 页、卷三第 455 页。

[15][16][17][清] 阮元：《十三经注疏》，北京：中华书局影印本，1980 年，第 585 页、第 568 页、第 19 页。

[18] 董治安主编，王世舜、韩慕君编著：《老庄词典》，济南：山东教育出版社，1993 年，第 65 页。

[25][明]《高子遗书》卷 3 "知天说"，第 16 页。

[26][51][167] 中国道教协会、苏州道教协会：《道教大辞典》，北京：华夏出版社，1994 年，第 179 页、第 409 页、第 929 页。

[27] 张梦逍编著：《图解道教》，西安：陕西师范大学出版社，2007 年，第 202 页。

[28][29][73][东汉] 许慎撰：《说文解字新订》，臧克和、王平校订，北京：中华书局，2002 年，第 5 页、第 536 页、第 889 页。

[30] 詹石窗：《道教文化十五讲》，北京：北京大学出版社，2003 年，第 83 页。

[31][三国] 王肃编著：《孔子家语》"郊问"第二十九，据 1933 年上海新文化书社本影印，郑州：中州古籍出版社，1991 年，第 20 页。

[32][33][34][35][36][52][53][137] 陈鼓应注释：《庄子今注今译》，北京：中华书局，

1983 年，第 186 页、第 90 页、第 589 页、第 25 页、第 332 页、第 309 页、第 311 页、第 425 页。

[37][66][春秋] 孔子编：《尚书》，呼和浩特：内蒙古人民出版社，2008 年，第 11 页、第 2 页。

[38][清] 钟谦钧：《十三经注疏·尚书注疏》卷二"舜典"，同治十年重刊广东书局刊本，第五页。

[39] 熊铁基、刘固盛主编：《道教文化十二讲》，合肥：安徽教育出版社，2004 年，第 337 页。

[40][法] 谢和耐：《中国和基督教》，上海：上海古籍出版社，1991 年，第 284 页；

[41] 马书田：《中国道神》，北京：团结出版社，2006 年，第 1 页。

[42] 李刚：《何以"中国根柢全在道教"》，成都：四川出版集团、巴蜀书社，2008 年版，第 24 页。

[43] 林舟主编：《道教与神仙信仰》，北京：人民日报出版社，2004 年，第 300 页。

[44] 高大鹏：《造化的钥匙：神仙传》，石家庄：河北人民出版社，1988 年，第 196 页。

[45] 沈平山：《中国神明概论》，台湾新文丰出版，1987 年，第 21 页。

[46] 张兴发编著：《道教神仙信仰》，北京：中国社会科学出版社、北京中软电子出版社，2001 年，第 63 页。

[47] 石衍丰、曾召南：《道教基础知识》，引自李养正：《道教概述》，成都：四川大学出版社，1988 年，第 233 页。

[48] 萧登福：《试论玄天上帝的起源——天象的玄武与守护地界的玄武》，引自《武当道教与传统文化学术研讨会论文集》，武汉大学、十堰市人民政府，2008 年，第 430 页。

[49] 吕志鹏：《道教哲学》，北京：文津出版，2000 年，第 40 页。

[50][汉] 刘安著，[汉] 许慎注：《淮南子》，陈广忠校点，上海：上海古籍出版社，2016 年，第 57—58 页

[54] 叶舒宪：《庄子的文化解析——前古典与后现代的视界融合》，武汉：湖北人民出版社，1997 年，第 154 页。

[55] 孙亦平：《道教文化》，南京：南京大学出版社，2009 年，第 45 页。

[56] 洪修平：《老子、老子之道与道教的发展——兼论"老子化胡说"的文化意义》，《南京大学学报》1997 年 10 月 25 日第 4 期，第 13 页。

[57] 王明编：《太平经合校》，北京：中华书局，1960 年，第 16 页。

[58] 李养正：《道教概说》，北京：中华书局，1989 年，第 215 页。

[59] 李光富主编：《玄帝信仰与社会和谐——"玄天上帝信仰与和谐社会建设"学术研讨会论文集》，武汉：湖北长江出版集团、湖北人民出版社，2009 年，第 36 页。

[63][64][前蜀] 杜光庭：《广成集》，上海：上海商务印书馆，卷七第 6 页、卷六第 1 页。

[65] 陈遵妫著，崔振华校订：《中国天文学史》（第二册），上海：上海人民出版社，1982 年，第 278 页。

[67][西周] 姬昌等著：《彩绘全注全译全解五经》，思履主编，北京：北京联合出版公司，2014 年，第 338 页。

[68] 钱玄等注释：《周礼·春官·司常》，长沙：岳麓书社，2001 年，第 248 页。

[69] 武汉大学、十堰市人民政府：《武当道教与传统文化学术研讨会会议论文集》，2008 年 11 月，第 431 页。

[70][80][战国] 屈原原注，马茂远主编：《楚辞注释》，武汉：湖北人民出版社，1999 年，第 202 页、第 369 页。

[71][72][77] 马昌仪：《古本山海经图说》，济南：山东画报出版社，2001 年，第七卷第 447 页、第十卷第 426 页、第十八卷第 426 页。

[74][英]M.R. 柯克士：《民俗学浅说》，郑振铎译，北京：商务印书馆，1934 年，第 177 页。

[75] 丁山：《中国古代宗教与神话考》，上海：龙门联合书局，1961 年，第 311 页。

[76][汉] 司马迁：《史记》卷四十，北京：中华书局，1959 年，第 1689 页。

[78] 黄莹：《楚文化中的蛇崇拜》，《湖北职业技术学院学报》2014 年 3 月第 17 卷第 1 期，第 78 页。

[79][战国] 屈原原注，崔富章、李大明主编：《楚辞集校集释下》，武汉：湖北教育出版社，2003 年，第 1958 页。

[81][宋] 范晔撰，[唐] 李贤等注：《后汉书》第三册卷二十二，北京：中华书局，1965 年，第 774 页。

[82]《重修纬书集成》卷六，日本明德出版社，昭和 53 年，第 138 页。

[83] 陈久金：《从北方神鹿到北方龟蛇观念的演变——关于图腾崇拜与四象观念形成的补充研究》，《自然科学史研究》1999 年第 2 期。

[84] 何新：《诸神的起源》第十五章，北京：三联书店，1985 年，第 199 页。

[85][春秋] 左丘明著：《春秋左传》（下）"昭公十八年"，吴兆基编译，北京：京华出版社，2001 年，第 748 页。

[86][87][日] 小柳司气太著：《道教概说》，陈彬龢译，上海：商务印书馆，1926 年，第 7 页、第 92 页。

[88] 参见中华道教玄天上帝弘道协会、屏东教育大学视觉艺术学系编印，《玄天上帝信仰文化艺术国际学术研讨会论文集》，第 304 页。

[91] 詹石窗：《玄武信仰与古代科技思想》，屏东教育大学编印《2008 宗教艺术国际学术研讨会论文集》，第 113 页。

[94][95][97][98][102][103][104][116][138][139][141][142][145][146][162] 中国武当文化全书编纂委员会，《武当山历代志书集注（一）》，武汉：湖北科学技术出版社，2003 年，第 108 页、第 57 页、第 42 页、第 432 页、第 43 页、第 48 页、第 50 页、第 50 页、第 550 页、第 143 页、第 548 页、第 270 页、第 549 页、第 104 页、第 625 页。

[99][111][明] 王世贞：《弇州四部稿》，卷七十三第 15 页、卷三十二第 23 页。

[100] 王文锦译解：《礼记译解》（上），北京：中华书局，2001 年，第 423 页。

[101][元] 脱脱等撰：《宋史》卷 140 第 10 册，北京：中华书局，1977 年，第 3312 页。

[108] 胡道静、陈耀庭等主编：《藏外道书》第十册，《唱道真言》斗集五，成都：巴蜀书社，1992 年，第 14 页。

[109] 黎翔凤撰，梁运华整理：《管子校注》（中）卷十三，北京：中华书局，2004 年，第 776 页。

[110][166] 宋晶编：《大岳流韵——武当山诗歌辑录》，北京：中国社会科学出版社，2019 年，第 248 页、第 157 页。

[112][明] 陈文烛：《游太和山记》，《二酉园集》卷之九，北京大学影印本，第 7 页。

[113]《道藏》第 18 册，文物出版社、上海书店、天津古籍出版社，1988 年，第 337 页。

[114] 闵智亭、李养正主编《道教大辞典》，北京：华夏出版社，1994 年，第 121 页。

[124][明] 顾春：《六子全书之列子》，长春：吉林出版集团有限责任公司，2010 年，第 56 页。

[126][明] 阙名撰、蒋平阶辑：《秘传水龙经》，借月山房汇钞影印本，第 688 页。

[128] 泰慎安：《郭璞葬经、水龙经合册》，北京：中华书局，1926 年，第 7—8 页。

[129][清] 赵九峰著：《绘图地理五诀》，陈明、李非白话释意，北京：华龄出版社，2006 年，第 125 页。

[131][唐] 曾文辿：《青囊序》第 808 册，影印文渊阁四库全书，上海：商务印书馆，第 85 页。

[132] 李卫、费凯：《建筑哲学》，上海：学林出版社，2006 年，第 170 页。

[133][清] 马应龙、汤炳堃主修，贾洪诏总纂，萧培新主编：《续辑均州志》卷之十五，武汉：长江出版社，2011 年，第 468 页。

[134] 于洋：《浅析武当玉虚宫坐南朝北的原因》，《中外建筑》2009 年第 12 期，第 23 页。

[135] 杨天才、张善文译注：《周易》，北京：中华书局，2011 年，第 604 页。

[136][唐] 孔颖达：《周易正义》卷二，2011 年，第 6 页。

[140][151][157][清] 王民皡、卢维兹编纂：《大岳太和武当山志》，清康熙二十年版，卷十七第 17 页、卷十七第 17 页、卷十八第 15 页。

[143]《碧野文集》（卷三），武汉：长江文艺出版社，1994 年，第 202 页。

[150][清] 党居易编纂：《均州志》，萧培新主编，武汉：长江出版社，2011 年，卷四第 112 页。

[152][明] 王沄：《楚游纪略》，《小方壶斋舆地丛钞》（上海著易堂刊本）第 6 轶，第 182 页。

[153][清] 王概等纂修:《大岳太和山纪略》,湖北省图书馆藏乾隆九年下荆南道署藏板,卷七第 23 页。

[154] 四库禁毁书丛刊编纂委员会:《四库禁毁书丛刊》,何白撰《汲古堂集》卷二十四,北京:北京出版社,1997 年,第 312 页。

[155] 马克思著:《1844 年经济学——哲学手稿》,刘丕坤译,北京:人民出版社,1979 年,第 51 页。

[158][159] 湖北省人民政府文史研究馆,湖北省博物馆整理:《湖北文征》,武汉:湖北人民出版社、长江出版传媒,2014 年,第 1 卷第 447 页、第 8 卷第 155 页。

[163] 刘育东:《建筑的涵义》,天津:天津大学出版社,1999 年,第 88 页。

[165] 彭一刚:《建筑空间组合论》,北京:中国建筑工业出版社,2003 年,第 79 页。

[169] 李龙生:《中国工艺美术史》,合肥:安徽美术出版社,2000 年,第 62 页。

[170] 姚天国主编:《武当山碑刻鉴赏》,北京:北京出版社出版集团、北京美术摄影出版社,2007 年,第 28—33 页。

[171] 李炳海、宋小克注评:《左传》,南京:凤凰出版社,2009 年,第 17 页。

[172] 王文锦译解:《礼记译解》(上),北京:中华书局,2001 年,第 315 页。

[173] 邵磊等:《焚帛炉初步研究》,引自黎小龙主编:《长江文明》第 19 辑,2015 年12 月,第 60 页。

[174] 张磊:《从焚帛炉看明代官式建筑格门》,《建筑史》2008 年 7 月 31 日辑刊,第 58—64 页。

[175][东汉] 许慎原著:《说文解字今译》(中册),汤可敬撰、周秉钧审订,长沙,岳麓书社,1997 年,第 1006 页。

[176][清] 笪重光:《画筌》,桐华馆订正本,第 2 页。

[177][明] 计成原著,陈植注释,杨伯超校订,陈从周校阅:《园冶注释》第二版,北京:中国建筑工业出版社,1988 年,第 56 页。

[178][明] 袁中道著:《珂雪斋集》卷之十六,钱伯城点校,上海:上海古籍出版社,1989 年,第 678 页。

[180] 童寯:《江南园林志》,北京:中国建筑工业出版社,1984 年,第 6 页。

[181] 刘晓惠:《文心画境——中国古典园林景观构成要素分析》,北京:中国建筑工业出版社,2002 年,第 21 页。

第六章

武当山

复真观建筑鉴赏

元末，武当山道教建筑罹兵燹灾患，宫观殿宇多为废墟，西神道朝山进香路冷人稀。明清之际，历经不同规模的兴建、扩建及重修，武当山朝山进香神路驰道的重心从西神道转移到了东神道。毁了仁威观，建了复真观；毁了老姥祠，建了磨针井，加之回心庵、回龙观、关王庙、太玄观、太上观、八仙观等建筑布设，玄帝神话叙事系统以其独有的建筑语言在东神道一线充分铺开，完整地阐释出来。复真观是介于玉虚宫与紫霄宫中间的一组建筑群，其规模形制堪当武当山道教"观"类建筑之最，是朝山进香东神道上的一处非凡之地。

第一节　复真观名称释义

一、名称由来

复真观，又名太子坡，其名称源自武当山道教玄帝信仰。《启圣录》卷一载，玄帝生而神灵，聪慧而能知远，明晰而能察微。托生为静乐国太子，七岁便经书默会，仰观俯视。无不通达，志在修道得道，辅助天帝普济苍生，兆福百姓，父王苦苦相劝不能抑其志，"年十五岁，辞父母后而寻幽谷，内炼元真"[1]。

内炼，即内丹。元俞琰《易外别传》云："内炼之道，以神气为本……内炼之道，至简至易，唯欲降心火入于丹田耳……内炼之道，贵乎心虚，心虚则神凝，神凝则气聚，气聚则兴云为雨，与山泽相似。"[2]道教炼养术最早源自黄帝之学，继承道家仙学方仙道而集成仙学精华——道教内丹学。"内丹学源于远古氏族社会先民的原始宗教，由巫觋在祭神、疗病时的轻歌曼舞、针砭、行气、房中、吐纳、导引等活动演化发展而来。"[3]先秦时期的老庄奠定了内丹学理论和功法的基础。内丹功法包括内炼要素和炼养阶次。陈虚白在《规中指南》中谈到内炼要素："内丹之要有三，曰玄牝（鼎炉）、药物（精、气、神）、火候"[4]。根据修炼程度的高低，火候又分小周天火候与大周天火候。小周天运转河车，循行任督，用三田反复；大周天则一意规中，注重温养，氤氲二田之间。清净丹法论炼养，分筑基（炼神、调气、养精）、初关（炼精化气，包括采药、封固、炼药、止火四个阶段，称为小周天工夫）、中关（炼气化神，包括六根震动、七日生大药、抽铅添汞等，称为大周天工夫）、上关（炼神还虚，包括乳哺、温养、出神、还虚等）几个阶次。

张三丰《玄要篇》云："元始祖气，朴朴昏昏。元含无朕，始浑无名。"[5]"元"是道教教义名词，是善之长、万化之祖宗，"最初的一元体，什么也没发生，无朕无兆"[6]。宇宙自然中能生演造化一切万物的本源被道家称为"元始祖气"，因其存在最原始、最单纯、最广大无边，为"朴朴"之状；因为它的存在充满宇宙，无形象可拟，无概念可言，无始无终，无明无暗，无上无下，就像人沉醉未醒的"昏昏"之状。

"真"更是一个意义丰富的道家道教专有名词。从哲学上看，"真"是具体事物的组成部分。道家思想的"真"指万物自然而然的本性，如《庄子·齐物论》的"益损乎其真"[7]。庄子的"真"有多种理解角度，或指固有的、精、实在等，如《庄子·天下》"不离于宗，谓之天人。不离于精，谓之神人。不离于真，谓之至人。以天为宗，以德为本，以道为门，兆于变化，谓之圣人。以仁为恩，以义为理，以礼为行，以乐为和，薰然慈仁，谓之君子"[8]。也可当"身"[9]来解，如《庄子·山木》"见利而忘其真"[10]。还特指洞悉宇宙和人生本原的真正觉悟之人，如《庄子·大宗师》云："古之真人，其寝不梦，其觉无忧，其食不甘，其息深深……古之真人，不知说生，不知恶死，其出不欣，其入不距，翛然而往、翛然而来而已矣。"[11]在老庄倡导的人的境界中，至人、真人都是内丹家遵循的行为模式和理想目标。真人体道的境界是"不逆寡，不雄成，不谟士"；"其寝不梦，其觉无忧，其食不甘，其息深深"；"不知说生，不知恶死；其出不欣，其入不距；翛然而往，翛然而来而已矣。不忘其所始，不求其所终；受而喜之，忘而复之，是之谓不以心捐道，不以人助天。"[12]台湾哲学家、散文学家叶海烟在《庄子的生命哲学》中说："《大宗师》所言，乃是明道学道之历程，侧重在认知之超越，其精神专一与回归之路向十分明显。"[13]宇宙是生生不息的大生命，其整体即道。反之，道是宇宙大生命所散发的万物之生命，天人合一。宗大道为师，存养本性，修真得道的真人代表着修道人的最高境界。《云笈七籤》卷四十四《镇神养生内思飞仙上法》有"修真之道，开通六府五官，受灵咽气思真，芝芳自生，胃管结络，神澄体清，玉辇立至，白日登晨"[14]。真人不是自封标榜的，要修有真人之位业，修持者胸怀大志，高瞻远瞩，终生勤奋，刻苦修持，德功并进，才能达到真人的上乘境界，谓之"修真""修道"。"钟磬音随香篆杳，修真人与道心通。"[15]作为一个内炼名词，"修真"囊括了动以化精、炼精化炁、炼炁化神、炼神还虚、还虚合道、位证真仙的全部修持过程。道教中，学道修行，求得真我，去伪存真，为修真。修习丹道的人建立起对道的信仰，遵奉道学，要修神、修气、修性、修体，行为上就会有动而修，或静而修，或动静兼修的一些变化，穷理、尽性、了命惟修真正路。

但是，修炼内丹极其不易，心意不诚，畏艰怕苦，难有所成。自黄帝问道于广成子开修道之先驱，数千年来，或潜岩下，或入洞穴，或居茅屋庐舍，或住宫观庵庙，恪守精研，苦志修炼者不可胜数，武当山修真道仙灿若星辰，如汉阴长生、唐吕纯阳、五代陈抟、元张守清、元末明初张三丰等。张三丰《大丹诗八首书武当道室示诸弟子》阐释了修真在内丹炼养上的真谛："学道修真出尘世，遨游云水乐天真。身中灵药非金石，腹内神砂岂水银？采炼功夫依日月，烹煎火候配庚辛。黄婆媒娉三家合，饮酒观花遍地春。"[16] "修真大道乾坤祖，采取阴阳造化功。要制天魂生白虎，须擒地魄产青龙。运回至宝归中舍，变化阳神入上宫。一炁凝成丹一粒，人得吞服貌如童。"[17] 而真正在武当山修成丹道、达到神人境界者，非玄帝莫属。玄帝由人而神，修道成功，乘龙白日飞升达到修真的最高境界，为世人树立了典范。永乐十三年（1415年）八月十三日，明成祖作《御制真武庙碑》赞颂玄帝："先天始气五灵君，玄老太阴实化成。察微知远生神灵，修真内炼心志宁。潜契太虚感玉清，功满道备乘龙行。归根复位以显名，天地悠久日月并。"[18]

太子"内炼元真"的内涵极为丰富。静乐国太子是玄帝显化于人间的身份，不过太子到武当山修真的首栖之地究竟是太子岩，还是朝阳洞，抑或是太子坡复真观，说法不一。《启圣录》卷一"童真内炼"条有"玄帝登山，首于太子岩栖隐"[19]。《总真集》记载太子岩"事见展旗峰"[20]，展旗峰"中有玉清、太清、太子三岩，皆玄帝游息之地"[21]。依太子岩所建太子庙，亦称太子洞、太子坡。清咸丰年间襄阳知府周凯作《太子坡》云："我思太子名，乃自春秋始。今登太子坡，太子知谁是。偶然询乡人，云似明成祖。借问所似在何许，伏犀日角状如虎。坡前古庙同寥落，犹说燕王当日容。"附注："坡在玉清岩。展旗峰下有太子庙。"《赠郭道士》也附注"太子坡：在卷旗峰下，山中稍平坦处"[22]，明确指出太子坡在展旗峰下太子洞（石额"太子岩"），该注解对《总真集》是个支持。不过，《任志》记载了永乐十年（1412年）在太子坡敕建复真观，并"（玄帝）殿后复有小殿一座，设太子像"[23]，而展旗峰太子洞却无此类小巧砖石殿并特设太子像的记载。另外，南岩偏殿的太子卧龙床也是以太子而得名者。

复真观的由来则充满着玄天上帝的传奇故事。太子武当山修真并非一帆风顺，难成正果煎熬他的意志，修炼一段时间后便意欲下山返还世俗。《启圣录》卷一"悟杵成针"条叙述了这段神话："玄帝修炼，未契玄元。一日，欲出山，行至一涧，忽见一老媪，操铁杵磨石上。帝揖媪曰：'磨杵何为？'媪曰：'为针耳。'帝曰：'不亦难乎？'媪曰：'功至自成。'帝悟其言，即返岩而精修至道。老媪者，乃圣师紫元君，感而化焉。涧曰'磨针'，因斯而名。"[24]静乐国太子所以出山，该条用"未契玄元"四字作了诠释。"玄元"是道家所称天地万物本源的道，《晋书》云："涉至虚以诞驾，乘有舆于本无。禀玄元而陶衍，承景灵之冥符。"[25]"道"是道家思想的最高哲学范畴，更是道教最高教理，一切道经无不宣称"道"为根本信仰。

《道德经》阐述了"道"的基本特性。如根本性："道"先天地生，自本自根，为万物之源，是天地万物统一共存的基础，所谓"道生一，一生二，二生三，三生万物"[26]；自发性：道自然无为而无不为，生养万物而不私有，成就万物而不恃功，不过是自然化生而已，"道法自然"；超形象性：道无形无象，不可感知，以潜藏的方式存在，玄妙无比，"道可道，非常'道'"[27]；实存性：道是实有的，无所不在，人不能须臾离开，违背了道会失常，故有"'道'之为物，惟恍惟惚。惚兮恍兮，其中有象；恍兮惚兮，其中有物。窈兮冥兮，其中有精；其精甚真，其中有信"[28]；逆动性：如"反者道之动。"[29]在推动万物变化发展时，"道"表现出相反相成的矛盾运动和返本复初的循环运动的规律性。真正的"道"囊括了人类社会在内的大宇宙的整体性、统一性和它自身固有的生命力与创造力，是万物之上恒常不变的本源与真理，它博大精深又高度灵活，超越了人的思维，故古人把"道"当作认识和实践的总目标、核心目标，为修炼的至高境界。

太子下山的根本症结在于没有得道。当他下山途经一处涧水边时，幸遇紫宸元君幻化的老媪用铁杵磨针、功到自成点化他，太子灵性之高领悟了这一不言之教。回心庵（磨针井和回龙观之间的三间房）被认为是太子有所悔悟之处，此庵起初名"悔心庵"。太子犹豫不决地又下行一段山路，直到回龙观才彻悟。他决心折头而返，再次入山持之以恒地修炼大道。那么，太子返回栖隐修道的这片山坡地便名之"太子坡"，而建筑在太子坡以开山祖师静乐国太子返山修道命名的道观，称之为复真观，二者是自然山地与人文建筑之间的关系。"坡屼崒当道，复真观院坡上行者，必经其中。"[30] 在明代游者的眼中，太子坡耸立在下行通往九渡涧龙泉观的山路上，复真观作为必经通道而阻塞在这条路上。"坡上建庙，以祀明祖。"[31] 再次返回修真定位于复真观，是由建筑和玄帝神话的完善、道人的造势最终完成的。太子坡被作为一座山坡的名字来看，所建的复真观才是真正的观名。永乐十七年（1419 年）四月二十九日，明成祖敕隆平侯张信、驸马都尉沐昕圣旨："其太子岩及太子坡二处，各要童身真像"[32]，真正将二处地点分开。沐昕为复真观北山门正书横额"太子坡"（高 1.60 米，宽 3.70 米，双勾影雕线刻）[33]，标明复真观作为太子再次返山修真地的性质，显示出皇帝隆恩和圣旨的神圣性。"铁杵磨针"的故事融入世俗，但它内在包含的理性思维的哲学境界和灵性思维、回归自然的艺术境界，以及清静无为、与道合一的功夫境界，却是隐而不露的高超之处。中国道教学院周高德道长说："作为一名道士，修真养性即行性命双修功夫，在道门中被认为是一门必修的最重要的'功课'。道士不修真养性、苦志参玄，其所信仰的教不足以称为（神仙）道教。"[34] "得悟道者，是修道善人，积功累德，感动天心，明师相遇，低心求教，时常参悟，勤修苦炼，不可半途而废。只待功果圆满，羽化飞升，方为了当，这才是访道、求道、得道、悟道、修道、守道、成道、了道。"[35] 因此，太子再一次返山"内炼元真"，达到"精修至道"的境界，才是复真观命名所蕴含的全部意义。观内一副对联：复见天心虚危应宿峰峰碧，真成神武旗剑扬烟处处玄，正好点明了这一主题。

《风景记》对太子来武当山修真处的记载与《启圣录》有出入，将均州石板滩北打儿窝旁边的朝阳洞设为"真武初步入山第一修真处"[36]；复真观是"真武第二步入山修真处"[37]；"太子洞，在紫霄宫后，为真武第三步入山炼入地"[38]。上述记载颇为细腻，虽属武当山道人在玄帝信仰上所作的附会，但这是利于信仰完善的一种造势，与复真观字面的解读一致，"复"的本义就是"又"和"再"。总之，复真观是宣扬玄帝信仰的再一次成功铺垫的建筑文化，充分反映了凡人与神圣之间没有不可逾越的鸿沟，由静乐国太子到武当山道教主神玄帝，从渐悟到顿悟、从弃山还俗到精修至道、从人性化到神圣化的过程，是启迪世人的榜样。

复真观附近的关王庙之关天君、八仙观之仙人是由人而仙的明证，太玄观、太上观则强化了对于道家道教之"道"的体悟，复真观与其他观庙文化融为一体，增强了东神道一线人文景观的丰富性。

复真观太子殿后墙外不平坦的山坡嗌咽处，有俗称"老太子洞"的一个小岩壁，清代流传着太子初入山时住在毗邻的洞室里修炼的故事，以区别于紫霄宫太子洞，实为后人用以附会太子最初修真处。本来元代五龙宫附近磨针洞上有磨针石真迹，而清代修建的磨针井也设置了杵和井，相当于神路上真迹之代表，神龛上的观音大士犹如当年持杵人，小小的铁杵仿佛韦驮法力降伏人性之魔。朝真游旅由此悟透"我心匪石坚于石，小器成时大道成"[39]，知晓坚毅品格，洗心涤虑，持之以恒乃人生修行功课，道教予力量于无形，师教化于无声。复真观结合了附近的磨针井、回心庵、回龙观等建筑，将铁杵磨针的道教神话进行了一体化的延续。

二、建筑沿革

复真观居"观"类建筑之冠有一定的历史渊源。《任志》载："旧有祠宇弗存"[40]，说明永乐年间的复真观是在元代或更早时期太子坡残基上进行的扩建。《王概志》卷三载："太子坡复真庵当郧襄要冲登顶孔道，旧为接待所，残废久矣。"[41]永乐十年（1412 年），明成祖敕建复真观"玄帝殿宇、山门、廊庑及方丈、斋堂、道房、厨室、仓库，二十九间"[42]，并钦授龙虎山法师郑道颙率钦选道士焚修，由正一派龙虎宗担任住持。《方志》的"复真观"图，太子殿后山绘有一处岩洞，洞前有一座小型殿宇，现仅存清代"太子千秋，仙山留名"功德碑一通。永乐敕建之后的重修情况，后续山志多照搬《任志》说法，其延续与变迁情况只能从观内现存相当数量的碑刻中究其端倪。

（一）龙虎殿外矗立的大碑记叙了重修史实

其一，康熙二十九年拾月吉日立碑《重修复真观暨神路碑记》（通高 501 厘米，碑高 286 厘米，宽 128 厘米，厚 32 厘米），即龙虎殿门外左侧赑屃驮御碑。碑文云：

闻铉玄岳玉宇琳宫，自先朝永乐间捐赋经营，诚大观也。至嘉靖时又重修之，而复真观遂与诸宫观焕然复新。夫复真观者，八宫二观之一也。基于太子坡，自玉虚至天柱适当其中。帝为太子时，入山修炼始居于此。自明末遭乱，而观亦倾颓。主上龙飞元年，治抚王公谒圣过此，访有全真道人白玄福隐于七真洞，延出，会同道府重修，工越六年告竣。虽非旧观，于以绵圣迹、栖香侣大有赖也。十三年，吴逆变起，贼众往来践蹦，道侣尽外。时有玄福徒张静明苦守，而飘摇倾圮，几成剥落。二十三年，余奉简命，自京江移镇襄州，每思圣恩隆重……是岁三月圣诞，躬修祀事，见圣地庄严，十废八九，目击心伤。且石路之崩颓，往来谒圣者跬步维艰……全真张真源暨徒侄王常安辈，勤苦募捐，同善共擎，重修楼房堂庑，经始于二十五年春，至今岁落成。

龙虎殿（宋晶摄于 2003 年）

其二，康熙二十九年拾月日谷旦立《重修复真观开十方丛林碑记》（通高 420 厘米，碑高 282 厘米，宽 129 厘米，厚 32 厘米），龙虎殿门外右侧麒麟祥云底座碑。碑文云：

若太子坡，乃玄帝修炼始居之地，名曰"复真观"，其美尤为最著。且大岳形胜，周延八百余里，北通均城，南达房邑。而此观适当冲衢之中，往来者叹跋涉，饥渴者若莫济，惜无活人之士以赈之。若是乎，丛林之不可不开也，明甚第经……幸治抚王公朝谒过此，访知全真道人白玄福，凤有美行，延之使居复真观中，辄会道府重修，微独古迹可延，而香士亦可栖矣。越数年，吴逆变起，贼众往来，盘踞其间，道侣悉逃，独有玄福徒张静明苦守此观，饥食野蔬，渴饮洞水。又有齐守山相与同志，及徒侄道众辈，赤足蓬头，朝夕募化。节一己之食，济万人之饥，勿论为道、为僧者，推食与食，即远近之商旅，与夫在官在民者，亦无不恭敬而礼貌之。虽怀修造之志，若无余力以及于此。所最幸者，圣天子简命蔡公威镇襄州，回躬修圮事，见圣迹渐陨，神路崩废，遂虔兴挚念，捐俸首事，委官修葺。时有静明徒张真源与徒侄王常安辈，随缘募化。而楼殿堂庑暨道路坍塌者，经始于乙丑岁，越五年落成。

两碑立于同日，均楷书阴刻，青石质地，透露信息如下：

修复原因：一是战乱破坏。明末兵乱，复真观倾颓坍塌；清康熙十三年（1674 年）吴三桂叛乱，复真观再次飘摇倾圮。两度重创，建筑几近毁废。二是怀柔策略。虽然清朝满族统治者信奉小乘佛教，但为巩固政权依然重视武当山道教，崇奉武当山北极玄天上帝，这是清皇室的一种怀柔之策，以拉拢汉族人心，故对待明代传统的道教祭祀不敢怠慢。三是斋醮需要。复真观作为斋醮道场已十废八九，只有修复才有庄严道场，保存古风。四是冲衢之地。建筑的倾颓让往来游旅叹息跋涉之危艰，饥渴无济，修复亦当务之急。

修复时间：嘉靖三十一年（1552 年）重修，复真观焕然复新；康熙元年（1662 年）又重修，历时六年完工；康熙二十五年（1686 年）再度重修正殿及神道，历时七年完工，清代两次复修力度很大。

修复道人：《王概志》卷三概括为"康熙元年，治抚王公倡修，以道人白元福主之，焚修苦行者也。十三年，复坏于兵，元福与徒张静明誓死守之。至二十三年总镇蔡公始倡捐成之"[43]。考察复真观的修复道人，白玄福是关键人物。万历年间，他重修过金沙坪（遇仙坪），吸露庵（明河南唐府建），福府庵（天启时建于柳坪堰，崇祯间毁），五龙宫自然庵、接待庵，太上崖延寿庵，琼台上、中、下观，月庵，白雪庵，云窟庵，桧林庵，另有十二祠。

《长春道教源流考》载："白玄福，号柱峰，系西秦金明延川人。"[44]《道教大辞典》载："白铉福，明代道士。"[45]因避康熙帝玄烨讳，或作"白元福"。世居阀阅，系唐白居易二十八代孙。四十多岁才以明经擢职

» 天仙岩建筑近景（朱江摄于 2018 年）

» 健人峰道者岩有木构建筑痕迹
（资汝松摄于 2018 年）

官，不久便挂冠不仕。他最初入武当山修炼地点在七真洞。七真洞在大顶东北三公岩之右的健人峰，上控云霄，仰冲牛斗，堂堂如天丁拱立之状，其山高路险，岩窟隐于大林，元明已有道人在此修炼，云头一品列崇风，气象尊严坐庙堂，经邦论道理阴阳。武当山有不少偏远的天然峭壁岩洞隐修群，奥秘无穷，如天仙岩、三公岩、七星洞为主的十几个岩洞隐修群（天仙岩因白铉福在此修道超升法界而名白元洞，又称天仙洞，内有武当山岩洞最高大的七层木楼；三公岩由天仙岩、七星岩、卧龙台组成，为"岩上岩"，是武当山最高大的岩，其险可与华山天险媲美，为天下奇观；其上岩有两层 14 间道房，已倒塌，仅存绝壁摩崖石刻"如月之静，常无点尘"八个红字），太玄洞、背阴岩、月牙洞为主的十几个岩洞隐修群，以及七真洞为主的十几个岩洞隐修群（七真洞，元代亦称道者岩）。据笔者实地考察得知，从梯子岩太玄洞越过月牙洞，翻过金童峰，方可抵达海拔 1200 多米的绝壁岩洞——七真洞。洞的规模不小，内存石制神台，小型泥塑涂彩神像头若干，饰红蓝矿物颜料牌位若干，一块木牌上书墨字"本洞传奏上清法师之位"。邻近岩壁立碑三通：

《重修七真洞碑》：

从来欲广福田，须凭心地，故一念真诚尚可感裕……苍穹眤培植胜境，福德岂浅鲜哉！兹者太和金顶面东十里之远……前代，复建于明朝，杨公培修洞阁，辉煌不意，年远日久，殿宇□坏……由川至广，察访养性之地，于前清宣皇元年五月来洞棲居……屋三间。东北吕祖楼三间功成告竣，勒石表扬，是以为序。□德□捐，朱□永兴连各朱玉章各□、华□各王……（姓名及捐款若干，略）民国六年岁次丁巳□月十五日。

《□□七真洞碑》：

天一……五羽七真洞……也未详考。明造……大明万历……乾隆十一年立七真洞……

《重修五祖七真洞碑记》：

太和山天下之胜境……于此岩□玖故□而金顶东十里□□□有五祖七真之……也未详考□建祠□□闻……十七年仲夏月□焚修道人万□□跋。

碑文字迹漫化，已难识读，从仅能识别的字句来看，明万历年间七真洞有过木构复建；清代新建吕祖楼；乾隆十一年（1746年）、民国6年（1917年）重修，可见其建筑年代久远。通往七真洞的古神道稀疏零落，洞的附近有一些人工开凿的小型闭关洞，说明当年一些道士、信士追随或供养白玄福，他们不向外界公开身份，修行以长时间躲在洞里闭关打坐为主。金顶东侧直到天仙岩约有40个隐秘的闭关修道岩洞，有木构建筑遗存。康熙元年（1662年），治抚王公朝山谒拜玄帝经过这里，拜访了全真道人白玄福。当他了解到白玄福素来道行高深后，就诚意延请他"出山"，居住复真观修道，后者便与官府会同道府重修武当山道教建筑。《王概志》卷四"仙真"载："白元福入武当山修真，顺治十三年，嗣作明真庵，为聚徒讲道之所。康熙

>> 健人峰七真洞之闭关洞（宋晶摄于2018年）

元年，抚治王公倡行修复太子坡复真观，白元福主其事。"[46]明真庵距五龙行宫西三里，培养了许多道教人才。"径入太和七真洞。后为诸当事强起岩穴，修复武当宫、庵、桥梁，嗣修明真庵，为聚徒讲肆之所，嘱徒云：慢理蒲团修太岳，愿成志士阐全真。"[47]吴三桂"三藩之乱"时，有贼众不断蹂躏，道侣纷纷逃难，惟白玄福高徒张静明苦撑复真观香火。清代中期，复真观在武当山道教乃至全国道教中有相当大的影响力。

复真观的兴盛与太子坡全真龙门派渊源很深，与明末清初高道王常月也有千丝万缕的联系。王常月（1522—1680年），俗名平，号昆阳，山西潞安府长治县人，全真道龙门支派律宗第七代律师。顺治十三年（1656年）在北京白云观三次登坛说戒，后与白玄福同时在武当山传道修真。康熙十九年（1680年）传衣钵给弟子谭守成而后飞升，康熙帝赐号"抱一高士"。明末清初道教衰落之际，王常月阐扬道教，端正道风，振兴道业，除继承传统道家思想之外，还将科仪、戒律、符箓、丹药等道家文化瑰宝重新整理，阐扬内丹学成绩斐然，为道教发展奠定了根基，全真龙门派在清康雍乾时期出现中兴盛世，而其他道教派别则多衰落不振，王常月因此被誉为全真龙门派中兴之祖。李养正编著的《新编白云观志》有王常月弟子邵守善、詹守椿作跋的《龙门心法》，载"第七代律师西晋昆阳子王常月传，弘道阐教法孙维阳子詹太林校、弘道阐教元孙初阳子唐清善演"[48]。全真龙门派第九代传人詹太林（1625—1712年）颇有文墨，对王常月学说苦心钻研，精思勤习，若有神授。虽然康熙十一年（1672年）王常月率徒在武当山玉虚宫传戒，而没有如白玄福一样在复真观立坛，但上述碑文所涉弟子张静明、张真源、齐守山、王常安、王常文等人，都是王常月徒弟詹太林、陈清觉的徒弟，都是武当山道教培养的优秀道人。而四川青城山天师道的传承、成都青羊宫的复兴、西南地区碧洞宗的形成，都源于武当山太子坡龙门派。如陈清觉（1606—1705年），道号赛松，又号烟霞，湖北武昌人。少年为进士入庶常，后辞官入道，隐居武当山太子坡，拜龙门道士詹太林为师，为龙门派第十代弟子。康熙四十一年（1702年），皇帝赐其封号"碧洞真人"，钦赐"碧洞丹台"匾额，成为复兴西南道教的重要人物。此外，该派还对西北全真龙门派的开山传宗有重要影响。闵自亭《华山道教》载："华山西峰白一贯，在清乾隆年间由武当山太子坡到此任主持……南峰在明末为胡真海，由武当山太子坡到此任主持。"[49]康熙二十九年（1690年），复真观在全真派道长蔡太知的倡导和白元福的全力支持下，开办了十方丛林以结缘天下有道之士。不过复真观的管理体制并没有按"丛林规范"而设，仍称主持老爷。直至道光末年，管理性质才发生变化。据太和宫"名留仙境"碑载：咸丰元年（1851年）正一嗣教大真人、选授复真观提点司张一琴，顶充提点司辛阳昕当家，率道友王来枫、杨复鉴、苏复常等捐银二百两，复真观十方丛林受辖于第六十代嗣汉天师张培源（？—1859年），天师道、全真道、正一道在清代有了相互融合。

复真观的今天，离不开镇守湖广襄阳等处地方总兵官、右都督加二级大功德主蔡元、曾任湖广襄阳府均州知州的王民暐、江闾、佟国弼等地方官员的虔兴挚念，捐俸乐施，委官修葺，使正殿及观道坍塌处尽为修举；也离不开全真龙门派王常月的武当开山传宗、白玄福的延出及徒弟张静明的苦守；还离不开全真羽士及徒侄道众的赤足蓬头，随缘募化，勤苦募捐，同善共擎，使复真观楼房堂庑得以重修；更离不开全真龙门派广延羽士，与食饥（闭谷）者艰苦卓绝、相守不失的修真精神。

全真龙门派第四代传人白玄福某日书偈："性返灵明炁返空，太虚似我不相同。只因会得些儿意，撒手撑开混沌中。"[50]偈毕，端坐而逝，寿七十。

武当山全真龙门派字派宗谱有"道德通玄静，真常守太清。一阳来复本，合教永圆明。至理宗诚信，崇高嗣法兴"[51]之句，结合碑文及相关资料，归纳白玄福之后武当山全真龙门派在复真观的传承谱系如下：

白玄福——张静明——张真源、王真禄、胡真海——王常文、王常安、张常义、唐常荣、文常顺、马常宁——齐守山、甄守巳、赵守一、田守存、曾守云——詹太林、蔡太智——陈清觉、苗清杨、姚清立——闵一得、张一琴、白一贯——辛阳昕、何阳春——杨来旺、王来枫——王复渺、杨复鉴、苏复常——徐本善、黄本善——李合林

（二）复真观内散布的小碑细化了重修线索

复真观是保存碑刻较为集中的一座道观，包括明代碑4通，清代碑29通，民国碑2通。其中，与修建相关的碑刻共计29通。如乾隆二十

年《万古留名·重修太子坡复真观功德碑记》内嵌于龙虎殿后檐左墙，碑文全部为信士姓名；又如乾隆二十五、二十六年《名题仙府·重修太子坡碑》内嵌于大殿左山墙，碑文几乎提及湖北各州，不一而足。这些碑刻记载了清乾隆年间的奉道信士、善人或道社首人、会人等对武当仙山的盛赞，对玉虚师相玄天上帝的崇奉以及许愿的表达，颂扬了他们的无量功德，是前人为武当山留下的宝贵文化遗产和不可再生的精神财富。碑刻材质分为石碑和瓷碑两类，多由复真观当家或化主仝立，涉及修建的内容六项，即重修太子坡、重建大殿、妆塑斗姆阁救苦楼圣像、彩画油漆斗姆阁、重建复真观、补修复真观。碑的"敕建"应指从整体上进行的规模较大的修建而非皇家敕建。据勒石镌刻和梁坊记载，复真观兴衰脉络形成于以下主要的修建活动中。

一是明代四次修建活动：永乐十年（1412 年）敕建；嘉靖三十二年（1552 年）扩建殿堂道房；万历三年（1573 年）提调武当山太监柳朝奏请皇帝，发公帑银十余万两，维修殿宇、山门等建筑；崇祯元年（1628 年）修缮宫殿、道院。

二是清代七次修建活动：康熙元年至六年（1662—1667 年）白玄福主持焚修；康熙二十五年至二十九年（1686—1690 年）复修；乾隆二十年至二十六年（1755—1761 年）全面维护、重修。其中，乾隆二十二年（1757 年）重建复真殿，乾隆三十二年（1767 年）重修；乾隆三十六年（1771 年）塑斗姆阁救苦楼神像，乾隆四十八年至五十年（1783—1785年）油漆斗姆阁彩画，道光三十年（1851 年）维护主体建筑。

三是民国时期三次修建活动：民国 8 年（1919 年）修建南北耳房 6间；民国 15 年（1926 年）小规模修复；民国 38 年（1949 年）补充性修建。

据《王概志》记载，太子坡旧有复真庵，属郧襄要隘、登顶孔道，被辟为"接待所"。"现存太子坡的主体建筑（不含山门、宫墙、焚帛炉及地基）主要为清代第二次重建时期（康熙二十五年到二十九年间）的遗构；清乾隆时期，对太子坡庙观维护有力，进行了持续的、全面的修建活动；清乾隆以后，太子坡则没有进行过大规模的营建或维修活动，太子坡的建筑总体上日渐损毁荒废。"[52]康熙中期，太子坡辟为十方丛林，但修缮动作不大。大修大改主要在清乾隆二十五至二十九年之间，大殿由单檐歇山大木结构改作大式硬山，以大改小，以长改短，以繁就简，以高等级降为低等级，反映了清代道教地位式微，维修缺乏财力，虽然其平面和墙体是明代的，清代在建筑装饰性上更为注重，但清代的重修重建对明代复真观原貌却是一场浩劫，故复真观年代总体定性为明清建筑。1982—2003 年，国家陆续投资对复真观进行全面修缮。现存建筑占地面积约 1.6 万平方米，建筑面积 2000 多平方米，道观殿宇庙房 20 栋 105 间。

第二节　复真观堪舆选址

复真观在紫霄宫北 15 里，为紫霄宫所领三观之一。作为明代东神道一线率先建成的庙观，无论选址还是规模比其他观类建筑都略高一筹。

武当山东神道自元和观分两条路，均会于回龙观：一条是由元和观直登好汉坡，翻山五里，抵回龙观；另一条是绕玉虚宫九里，至回龙观。在回龙观见天柱诸峰若刻若镂，再行八里过磨针井，又五里至太子坡。好汉坡到磨针井的坡度极为陡峻，中间没有休息的地方。而磨针井到太子坡的山坡陡度达 60°，行于突兀悬岩陡崖之上十分困难。再下十八盘，才算进入武当奥区。民国李达可游记描写"十八盘"："峰回路转，路旁悬岩，上疑接天，下临无地。舆行至此，触目惊心，下舆步行。方坐于舆也，上坡需牢握轿杆，全力随之向上攀援；下坡需力蹬踏板，竭力支持体重，脑不暇旁思，目不便旁视，过峡抹岩，轿夫脚踏实地，而轿悬空，俯见绝壑，目眩神摇。"[53] 显然，按照自然条件，嗌和坡是太子坡山形地貌的突出特点，但一番"盘险经行塘嵝崛崿，迂纡而过太子坡"[54]，终于在嗌和坡的山上寻到一处略为宽舒之地，作为复真观定址应是不二选择。明代地理学家王士性的游记就有"坡扼陂陁之嗌，为复真观"[55]的概括。登陇坂行山半，葱葱行旅间而逐渐见到复真观，只见"阊阖氤氲排积翠，楼台窈窕枕山阿"[56]。这座大山因状似伏卧的狮子，又称"狮子山"，因山就势，陡坡建观，扼往来天柱峰孔道，"观迫太子坡，前为曲道，面面皆翠微也。出观度复真桥，过太玄观，山始舒，路始平。"[57]明代官员王在晋在《游太和山记》中描述太子坡的山形地貌："已过一

» 俯瞰复真观（何银平摄于 2017 年）

岭，层峦增嶝，山势回复，凭高而盼，岭崛辏拥，如六军排列，未得暇隙可攻。峭石崚峋，增嶄重皋，初无平田旷野，为寥天域外之观，布势列图，亦大奇已。由是辟山为路，一面悬岩隄埌，一面逼侧万仞之渊。小木扶苏，大木虬结，杂以莎萝滕葛，临渊不知其深，第闻响流潺湲，鸧鸳狎人，或自上下下，或自下上上。云来空谷，沾衣拂袖。睁目视之，阳乌西坠，而高峰已衔其半矣。"[58] 太子坡的确需要一组建筑，而复真观就建在太子坡半山腰的嗌口处，这不仅是武当山道教建筑群在布局时应考虑的疏密程度、通衢捷径的问题，而且也是完成反映太子"内炼元真"的事迹，为道人提供修道场所，让朝谒者体力得以缓冲，还能将元代已存的滴泪池联系到善圣皇后的爱子慈心，在建筑伦理中唤起一种玄帝信仰等文化现象的总需要。

在以山为主的堪舆选择中，千丈幽壑，万仞莫测，奇险异常的自然条件下绝不可忽视水的因素。此道观背依陡崖，面临深谷，巍峨的红门、龙虎殿、大殿、后殿等，沿山势逐级升高，尤其是紧贴山壁的五层殿阁更是美妙绝伦，将太子坡的景观推向极致，陡崖顶部建有一座神秘的小阁楼。一方面，太子坡下行七里可达山底剑河，凭空下眺，俯临深谷，群山偃伏。古人形容这条古道"石堮不受一尘，树影尤浓。闻流水声厉甚，即龙泉观前桥也"[59]。密树森萝之间，清澈的溪涧从复真观前方谷底湾流过，汇聚于观的左前方天津桥一带形成开阔水域，符合于希贤给出的阳基理想模式，即"枕山环水面屏"[60]。另一方面，古人在狮子山右侧山凹挖掘了一处水池誉为"天池"。此蓄水之池可荫地脉、养真气。太子坡前顺局宽旷，取池水以聚气，又因水不大而通过复真桥潺潺流下汇入剑河以取吉气。自然之水与人工之水相得益彰，对复真观修道环境十分有益。

复真观坐东朝西向，微调呈坐东偏北，朝西偏南。大殿朝正西，大门朝正北，天柱峰金殿是坐西朝东，两者基本相对。

总之，复真观横抱狮子山山腰，下瞰九渡涧，山势巍峨，林木翁郁，关门山如屏风美不胜言。仰观天柱诸峰隐隐插霄汉之间，远眺"如一片青芙蓉，涌出绿波，瓣萼可数。峰回路转，忽复灭没"[61]。剑河前绕聚其左，磴下十八盘，皆行巉岩间，栈道如带飘逸；天池镶嵌临其右，雨时飞瀑千丈，乃"云密山谷敛，香消夜漏残。猿啼悲暮雨，鹤唳漱空湍。绝巘惊秋早，飞泉入梦寒"[62]。灌木溪桥之间峰峦四合，白云隐隐宛如仙境。狮子山这组道教建筑遵循了道法自然、天人合一的思想，利用自然造化的山形地貌进行了个性化的选址，是利用陡坡开展建筑的经典之作。

第三节　复真观建筑特色

一、朱垣观深，曲致幽妙

由复真桥（桥长 16 米，宽 6.8 米，高 5.2 米，单孔石拱桥，饰望柱栏板）拾级而上，掩映在云海绿荫之间数百级层层向上的石磴神道，引领而至一座琉璃八字墙红门，悬于拱形门楣之上有永乐年间敕建复真观时驸马都尉沐昕所题"太子坡"砖雕横额。门前石墁平台，周护石栏，一览奇峭幽壑，半天蓝翠，千山青黛，古树碧蔚。

步入山门，弯曲高大的红墙扑面而来。"红墙屈曲绕岩阿，行路争传太子坡"[63]，此复真观一景——"九曲黄河墙"。清高鹤年记载："十里太子坡，有九曲城复真观。"[64]1952 发表于《旅行杂志》的万峰游记《武当山》里也提及复真观："筑在突出的悬岩上，外围筑以墙，名曰'九曲城'。"[65] 因此，复真观除太子坡之名外，还应有"九曲城"一说。

» 复真桥（宋晶摄于 2009 年）

» "太子坡"山门（宋晶摄于 2019 年）

许慎《说文解字》解说"九"："阳之变也。象其屈曲究尽之形。"[66]涂元济、涂石《从神话看"九"字的原始意义》一文谈到随着图腾观念的淡薄，后世人们不理解动物何以有九头，于是画九头龙时不画九头而用角成为常见龙的形象，故"九曲"可理解为"龙"。高大的朱红夹墙复道（墙体厚 1.5 米，高 2.5 米，长 71 米），墙头覆以绿色琉璃瓦顶，曲回弯转起伏，犹如两条巨龙盘旋飞腾于山峦绿荫之间，气势非凡，而且与墙壁的表象十分贴切，立体感强烈。"蹑级而上，回旋九曲，夹以朱垣。垣尽为复真观，亦幽绝。观门侧开，匝山势建夹墙复道，状如游龙。"[67]实际上，从山门到庙殿这段路的直线距离仅有 71 米，蹬道很短，但"周垣跨道，逶迤高下因之"[68]，配以墙体浑圆平整，弧线流畅悦目，巨石铺砌甬道，人行其间便会产生深邃、悠长之感。"庙内甬道特长，铺石为径，凿石为门，工程颇巨；庙前悬岩，高数百尺……由此下坡，石阶转折，绿树阴浓，是为下十八盘。俯际剑河，随山曲屈，向下犇流，怪石冲波，鸣声似吼。"[69]甬道真正起到了通道的作用，为形成复真观第二景——"一里四道门"作足了铺垫。

"九曲城"甚至还有更多的蕴义。《楚辞》"九辩"篇有"君之门以九重"，"九"是道之纲、阳数之极。宋洪兴祖引《月令》云："'九门磔攘'，天子有九门，谓关门、远郊门、近郊门、城门、皋门、库门、雉门、应门、路门也。"[70]《周易·乾卦》云："《乾》元'用九'，乃是于则。"[71]元是乾德之首，元气代表春天万物之始，复真观可视为天道伊始、"观"类建筑之最。《道枢·修真指玄篇》云："人有九宫何也？丹元宫者，肾也；朱陵宫者，小肠也；兰台宫者，肝也；天霊宫者，胆也；黄庭宫者，脾也；玄灵宫者，大肠也；尚书宫者，肺也；玉房宫者，膀胱也；绛霄宫者，心也。"[72] 对于道教而言，"九宫"是内丹术的一个代名词，"九曲城"蕴含着内丹修炼元真之义。在复真观不大的面积中，要造就出"幽"和"深"的效果只能发挥建筑语言来表达。以夹墙复道的高、门的多强化其深；以墙壁的弯曲弧度和甬道的放射斜度拉长视觉，曲径通幽，避免一览无余造就其幽。该"九曲黄河墙"在武当山道教建筑群中并非孤例，五龙宫也有这种建筑方式，但保存下来的仅有复真观一处。二者相似之处在于建筑前方均为大沟深涧，所不同的是复真观"九曲"墙在建筑风水上还象征水，人行其间仿佛游鱼，伴随着波浪起伏自由遨游。从复真桥到第一道山门的层层悠长的台阶完成了前奏和铺垫，这是一个绝妙设计，因为复真观"扼陂陁之嗌""楼台窈窕枕山阿"，实际需要这一悠长台阶。进入山门后，红墙翠瓦夹着蜿蜒石阶琦玮肃穆，置身九曲复道，道观遥远深邃，修行之路曲折修远，会生发出穿越历史的厚重感。墙壁声波折射的回音效果，与北京天坛的回音壁异曲同工。朱红色的观墙更是帝苑豪华、皇家气派。明代进士许宗鲁《太子坡》云："太子何年去，名坡万古传。羊肠云外险，蜃市海中鲜。委巷通群帝，飞岩接九天。羽人栖碧落，清磬下泠然。"[73] 民国王理学《复真观》云："化城四壁尽红墙，海市蜃楼殊可当。羽士宵深音乐起，洞箫吹动咏霓裳。"[74]

古代文人将九曲复道美化为海市蜃楼，而且复真观整体构思布局及设计用意都十分神妙，文物专家、清史专家、戏曲研究家朱家溍在武当山考察时评价复真观：建造在一个突起的高坡上，数十层的台阶上一座八字墙的山门，四周方正的垣墙，门内平正的两重院落之外穿插着随地势高下自然

>> "九曲黄河墙"与五云楼（宋晶摄于2018年）

曲折的夹墙复道，正殿后一座高阁。进入武当山的风景区必须经复真观穿过，左侧一条永巷到了尽头可从一座随墙门出去，转弯下坡可至天津桥。而自下回头再看复真观，高高在上似无门可入，给这座建筑赋予一种神秘的性格。

二、轴线纵横，院落套叠

复真观犹如一座神秘的"迷宫"，它的门从二道山门开始，垣墙以内三轴、八院，充分利用陡险岩上一片狭窄坡地依山就势进行纵横序列布局，大院套小院，院落之间或以墙相隔，或以门相连，展开了完全不同的修道场景，高低错落有致，富有韵律感。

（一）院落的东西轴线设置

院落对称的中轴并不是全观的中轴。以大小不同的三重殿堂组成建筑主体，中轴线上的建筑有"一字"照壁、龙虎殿、祖师殿、太子殿（太子读书殿）。中轴线东西两侧建筑为拜坛（祭台、祈福台）与焚帛炉、二道山门与三道山门、北耳房（财神殿）与南耳房、北配房与南配房，均对称布局，形成了三重院落，具体细分为：

第一重小型院落位于龙虎殿前。二道山门与三道山门、拜坛与焚帛炉，两两对称。院内方石墁地，中心一块青石处于中轴线上，是最佳观视点，可透过龙虎殿拱券门与大殿对望，该石被称为"龙眼石"。"龙眼石"一石点睛，一眼穿三匮，仿佛一篇美文的题眼，驻足审视，引发端详者深沉的哲思，有对静乐国太子体道、悟道聪慧灵性的敬佩，又有对太子返回太子坡"内炼元真"修真苦行的敬仰，还有对太子长于修炼万物之端、养生之首修真的敬慕，升华了欣赏者拜谒礼敬的宗教情绪。该院建筑一改曲径通幽，而是直截了当地与端坐在神龛之上的玄帝对视。因此，古时到此，文官下轿，武官下马（龙虎殿平台前有专门的拴马柱），即行祭拜之礼，焚香上裱，无不虔诚。拱券门像一个艺术画框，将直白的对视转化为欣赏大殿建筑外观的美感。在月台、崇台之上，大殿单檐歇山顶，绿琉璃瓦屋面配以朱红殿墙，砖木结构，巍然屹立。抬梁式木构架，全开式格扇门，走廊上下雕梁画栋，遍饰彩画，单翘重昂斗拱，颇为壮观。

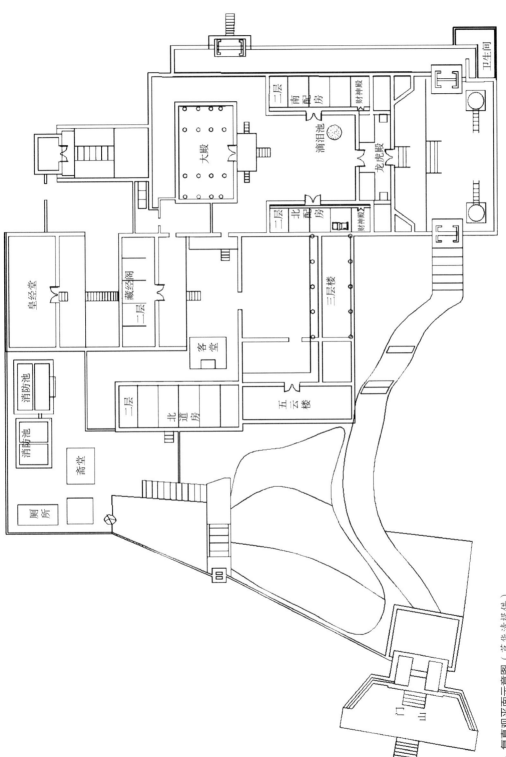

复真观平面示意图（卢华清提供）

清代重修时降为大式硬山式建筑，变换了梁架和瓦顶。通过悬挂香客信士敬献的匾额，明显产生层次性的美感。

其一，龙虎殿正门悬匾："复真观"（高 1.35 米，宽 2.70 米，厚 0.07 米），清乾隆三十二年（1767 年）由武昌黄州府人氏住均州城南浪河泰山庙信士敬献；

其二，龙虎殿门亭内一层花卉小鸟装饰的门簪，点缀其后一层门亭内悬挂匾额："体慧长春"（高 1.13 米，宽 2.52 米，厚 0.04 米），清嘉庆二十四年（1819 年）由福建汀洲（今长丁县）信士敬献；

其三，祖师殿正门悬挂匾额："云岩初步"（高 1.30 米，宽 3.87 米，厚 0.09 米），清乾隆二十四年（1759 年）由湖北宜昌府东湖县众信士敬献。

第二重主体院落由祖师殿与龙虎殿及中轴线对称道房组合而成，是相对封闭的院落。院内舒朗开阔，幽静雅适。北有北耳房（财神殿，供文财神一尊）、北配殿，南有南耳房（供奉灵官一尊）、南配殿。南配殿为三间二层木楼房，硬山式出前墀头，黑筒瓦屋面，明间抬梁式，山面呈穿斗式木结构，设有前廊。

第三重单独院落是由太子殿及围墙、台阶所组成的单独套院。从大

殿北侧"太子殿"（匾高 0.38 米，宽 1.05 米，厚 0.13 米。康熙四十一年汉阳府循礼坊、由义坊、建中坊信士敬献）门连转三道依墙开凿的门，攀登 21 级台阶到小平台，再转登 27 级台阶沿夹墙复道上行至尽头为太子殿。这是复真观的至高点，曲径通幽变成了曲径通高。俯视深壑，曲涧流碧，水光潋滟，朱楼碧瓦，依山就势。"万丈丹梯倚帝宫，纷纷求福往来通"。纵览群山，千峰竞秀，山色空蒙，苍松翠柏，尽收眼底。远眺天柱峰耸立峰间，展旗峰遥相峰外，"回首千岩红日丽，举头一柱白云笼"[75]，访道奇妙山峰，令人百虑皆空。

>> 祖师殿（宋晶摄于 2018 年）

（二）整体的纵横轴线布局

此布局无对称轴线，由东西轴线与南北轴线纵横垂直交叉构成。东西轴线布局有皇经堂、藏经阁（斗姆阁）、茶楼；南北轴线布局有北道房、方丈（客房）、官厅（客堂）、小照壁，并细分出四重院落，依前延续为：

第四重核心院落：东西轴线，藏经阁前的院落。由藏经阁、官厅、"福"字小照壁、五云楼月门、太子殿小门所组成。藏经阁建筑在有月台的崇台之上，五间二层砖木结构，硬山式，黑筒瓦屋面，抬梁式木构架，前设有廊，清代为斗姆阁救苦楼，供奉有金妆圣像。清贾笃本《过太子坡》

» 祖师殿门廊"火德真君"壁画
（宋晶摄于 2018 年）

记载此楼："殿宇已教归一炬，五云楼阁尚巍峨。高阁处供斗姥灵，绕栏山色扑人青。异他老衲须眉古，解诵黄庭一卷经。"[76] 阁内曾收藏道经，能容纳大量道众。在武当山道教建筑中，即使太和宫也没有皇经堂和藏经阁同设，历史演化仅此一处特例。

第五重纵深院落：东西轴线，出藏经阁后门，27 级台阶陡立门外，上可达皇经堂院落。堂前置四百多年树龄金桂一株，花开时节桂香四溢，飒飒清风，形成了太子坡一景——"十里桂花香"。回首藏经阁已深隐于皇经堂护栏崇台之下，武当山朝阳洞住持洪南阶道长书题门额"白云深处"（高 0.80 米，宽 2.00 米）颇为点题，蓝天白云深处，紫霭青烟，乃奇丽真仙之境，令人想起杨守礼的《山行寄兴》中"未入真仙境，先登太子坡。白云笼殿宇，清磬出烟萝。涧远万松响，山空一鸟过。悠然清兴极，击节坐萝莎"[77] 的意境。

第六重纵深套院：南北轴线，沿藏经阁穿行五云楼月门，漫步五云楼套院，由三层茶楼的过渡性院落和五云楼院落共同组成，小楼重叠，幽静雅适。

» 官厅"福"字小照壁（宋晶摄于 2009 年）

第七重横向套院：南北轴线，建筑呈不规则排布在横向轴线上，有"福"字小照壁、官厅、北道房、方丈。

（三）南北向无轴线设计

属于笔直细长的一条夹墙复道，化解了穿堂之患，藏风纳气。

第八重简约院落：由三道山门和南天门所构成的狭长院落，为全部复真观之旅结束下十八盘进入龙泉观天津桥的出口。

武当山道观最为凭据山势者乃复真观，其地势狭窄，虽不符合皇权中轴形制，但起承转合之间别有韵味，险境峻极之中得尽幽复。穿越相互套叠的层层院落，复真观建筑脉络清晰起来。无论从什么角度欣赏，前有依岩而建的五云楼，中有皇经堂、藏经阁，后有高台之上的太子殿，整体布局左右参差，高低错落，协调完美。

三、孤悬空际，高敞考究

太子坡因其地势奇险，建筑别有特征，许多单体建筑以高见长，成为武当山道观建筑的标志。

» 拜斗台（宋晶摄于 2009 年）

（一）拜斗台

亦称祀坛，坐南朝北，正八边形（边长 1.32 米）石质圣坛。结构上分为方形石台底座（高 0.56 米，边长 5.46 米）、九层须弥座、八级望柱护栏石磴道，望柱栏杆围起正八边形坛场。立于高坛之上视野立刻开阔，方才可以面对大顶烧香，面向北方拜斗。拜斗台不比五龙宫诵经台宽敞开阔，也与南岩宫礼斗台的突兀绝壑相去甚远，但它小巧玲珑，石栏望柱，却高高托起了崇高神圣。

（二）焚帛炉

该炉坐北朝南，为正六边形（长 1.23 米，通高 6.63 米）六脊攒尖顶砖炉。黑筒瓦屋面，方、圆橼下为重昂五踩斗栱，炉门砖雕莲弧花饰边，其他五面为仿木砖雕隔扇，炉身石栏望柱，造型精致。该炉在武当山"炉"类建筑中独一无二，其与众不同之处在于它营造出来的孤悬于苍穹空际的气势，不仅炉体起造于石台（高 0.56 米，底座边长 5.46 米）上，还增加了下碱九层石作须弥座崇台，而且炉身还有砖雕须弥座（座高 1.40 米），六脊顶部再进一步使用攒尖顶，可谓精华在顶端，咫尺匠心难，将"悬"发挥到了极处。登上八级石磴道，烧香敬裱，既庄重又圣洁。

>> 攒尖顶焚帛炉（宋晶摄于 2018 年）

（三）太子殿

太子殿是正殿之后点缀的一处供观赏山景、鸟瞰全貌之高阁。其规模相对整体格局来讲似有不符，它过分小巧，略偏离神灵区中轴线，但独立于地势更高的陡崖顶部却是别具一格的设计。明代以来有无数的文人墨客、达官显贵、香客信士到此参谒。相传

>> 太子殿太子读书铜铸鎏金坐像
（现藏武当山博物馆，宋晶摄于 2018 年）

宋代宰相张士逊，幼入武当曾在此向太子求学，十年寒窗，一举名就。因此，太子殿成了玄帝信仰文化的象征。殿内香火缭绕，经久不衰，供奉着静乐国太子童年读书铜铸鎏金坐像（通高49.5厘米）成为信徒们修真求道顶礼膜拜的偶像，层层石阶步步高升，寓意美好。

（四）五云楼

复真观主体建筑龙虎殿、祖师殿、太子殿，沿山势在层层高起中现出纵深，与巍峨壮观的附属性建筑，如红门、红墙等交相辉映，蔚为大观。但真正美妙绝伦的大手笔还要数紧贴山壁而建的五云楼，因其杰出的创造力，将太子坡的建筑景观水准推向了极致。

五云楼，俗称五层楼，清末至民国年间加建，具体时间不详，同时加建的还有北道房，历经数百年至今保存完好，堪称人类建筑史上的奇迹。五云楼之"奇"在于构思巧妙、构造奇特：一是严格遵循"其山本身分毫不要修动"的圣意，完全依山势、就凸岩而起造。二是各层内部平面布局因地制宜，其面阔进深及间数各具特色。三是独木支撑，结构奇特，精密计算，科学分力荷载。即从第二层楼起树立一根高12.99米的巨大"金柱"（木柱）直达第五层楼，顶楼四个方向有序地排列着十二条梁枋，裂架用"穿针式"，交叉叠搁，一丝不乱。同时，梁立童柱，柱上架檩，通过转换屋面、高低错落，逐级将楼顶屋面的荷载均匀地传递到"金柱"上，形成抬梁式木屋架的翼角，从而创造出15.80米高、544平方米的建筑面积，既节约了用材，又增大了空间，实现了工艺性与实用性相得益彰，力学与美学相互兼顾的完美统一，从而形成复真观第四大景观——"一柱十二梁"。对于这一古建筑木作中独具匠心的"减柱造"设计，张良皋认为："这种柱式在土家族吊脚楼转角处为常规，称'将军楼'或'伞把柱'。武当山建筑汲取了

≫ 五云楼"一柱十二梁"（宋晶摄于2006年）

土家文化。"[78] 他在专著《武陵土家》中专门强调："武当山复真观道院的'一柱十二梁'是一景，那不过是一根伞把柱。"[79] 四是具有井院式干栏风格。从形制上看，五云楼虽仅存一堵拱背封火墙，但其南边原有五间楼房，天井院内排水沟渠通畅，武当山一些现存民居亦有此特征，甚至连其墙体、隔间、门窗均为木构，门窗格子的样貌，都与土家族干栏式建筑无异，故五云楼是集西南少数民族地区干栏建筑和华夏建筑完美结合的典范，绝对称得上是井院式干栏建筑的上品。作为武当山现存最高的木构道教建筑，五云楼为硬山式五层转角木构高楼，正脊一条，两端龙吻（鸱吻），垂脊二条，各有十个栩栩如生的仙人走兽，依次为骑鸡仙人和龙、凤、狮子、天马、海马、狻猊、押鱼、獬豸、斗牛九种形态各异的走兽，象征吉祥雄伟。小青瓦屋面，通体朱红色，前为转角廊，后挑檐，南山和东梢间为穿斗式木层架，每层架木梯相连，正如五楼对联所言："一柱支楼不朽，五云护阁交辉"，重楼飞阁，四壁红墙，拟化人之居。

曾随李宗仁部在武当山草店第五战区干部训练班参训的武当山人蒲光宇，在《武当山峻秀绝尘寰》一文中回忆道："由老君堂出发迤逦南走，顺着斜坡平行前进，走五里就到了太子坡，有太子庙（就是明惠帝），庙内有三五百道众，此庙为太子入山后在此修炼的地方。庙的构造甚为考究，顺坡度陡狭而建筑起来的，老远望去犹如孤悬空际，庙内有太子的寝宫、雕玉龙床、更衣室、沐浴室、御餐室，庙内还保存着太子平常所用盥洗用具、衣物等，供香客们参谒。出了太子坡一路下坡到谷底，这是武当最有名的'十八盘'，朝武当必走此路，否则无路可通金顶。"[80] 复真观建筑要达到穿庙而过就得缭以周垣，键以重关，由北天门进，经过二、三道门后出南天门，步出古神道，行于宛转石阶下十八盘至剑河。嘉靖年间，这里人声鼎沸，如入朝市。徜徉于复真观形态各异的门之间，如歇山顶式山门、龙虎殿殿式门、北道房砖洞门、祖师殿落地明罩垂花门、太子殿随墙门、五云楼月门、皇经堂隔扇门等；流连于形式繁多的各类墙体之前，如琉璃八字墙须弥座上的狮子滚绣球、太子殿硬山式山墙的墀头、软心包框照壁墙上的白色素面"福"字、祖师殿绘有火德星君造像壁画的廊墙、五云楼上的风火墙、"九曲黄河墙"等。观赏丰富多彩的装饰，如龙虎殿门楣木雕的龙和鳄鱼的拱撑、祖师殿正面檐下十一组单翘重昂五踩斗栱、斗姆阁《玄帝修真图》壁画、各殿阁梁枋施以南方苏式彩画，涉及龙凤海天、人物故事、荷莲鱼藻、松鹿云鹤、黑虎虫鸟、花蝶花草、山水亭阁等题材。拜谒祖师殿主神——武当山最大、历史最悠久的金丝楠木玄帝彩绘造像。神像位居正中，端庄稳重，娴静慈祥，璀璨如新。复真观下临深沟大壑，背靠斧削陡崖，垣墙错落，楼阁齐整，金柱叠梁，炉坛对称，整个建筑兼高敞幽静的美观性和功能分区的实用性，营造出"一里四道门，九曲黄河墙，一柱十二梁，十里桂花香"四大奇景。

尽管祖师殿神龛供奉有武当山最高一尊明代木雕彩绘玄帝坐像（高2.32米），但围绕静乐国太子返山修道这一主题，仍是复真观进行整体设计不变的关键。复真观没有按常规通例在祖师殿后设置父母殿，而是直接设计为太子殿，产生出复真观建筑的至高点以烘托主题。太子殿内塑太子读书站像，真正的意蕴不在于太子读书的形式，而是表现太子向道的意志，但最能衬托太子向道坚心的建筑是祖师殿前一座圣母滴泪池。"相传帝为太子时，弃家居此，其母追泣，故云，不可考。"[81]虽不可考，却一向为文人墨客所关注而抒情于笔端。方豪的《复真观》慨叹母亲对爱子的不舍恸哭欲绝而滴泪成池："高木清泉太子坡，当年习道被松萝。至今泪滴池中水，左肋深恩奈尔何。"[82]王理学的《滴泪池》更加抒情："昔时人去水犹寒，寻子情殷一面难。眼为心酸哭作雨，池因泪血滴成丹。"[83]可见，滴泪池并不是一座寻常的井池，在祖师殿下石栏围着一泓清澈如明镜般的池水，伴着圣母善胜皇后哀婉的绝唱令人动容。劝诫世人的太子像、滴泪池，这些外在的建筑元素触及的是宏阔的、精深的"道"，它高高地悬浮于思想领域，必然引发思想深处的探密。武当山道教通过静乐国太子开悟知返，返修精进，割恩舍爱，难不改志，坚守信念，修炼大道，终至功成，给予人类精神力量上一种信仰和求真的勇气。把太子坡看作是太子真正修道"云岩初步"之地，从此"内炼元真"，挣脱精神上的凡俗而追求更高洁的神圣——道，才是复真观应该体现的主题。因此，复真观的总体平面建筑仿佛暗含一个"道"字，这是古代建筑大师对于复真观最具匠心的设计。

≫ 滴泪池（宋晶摄于 2009 年）

注释:

[1][18][19][24][72] 张继禹主编:《中华道藏》,北京:华夏出版社,2004 年,第 30 册第 636 页、第 30 册第 715 页、第 30 册第 637 页、第 30 册第 637 页、第 23 册第 462 页。

[2][宋] 俞琰:《易外别传》,钦定四库全书子部十四,第 27—29 页。

[3] 胡孚琛:《丹道仙术入门》,北京:社会科学文献出版社,2009 年,第 144 页。

[4][元] 陈冲素撰:《规中指南》,马济人主编,[元] 陈致虚撰:《金丹大要》,上海:上海古籍出版社,1989 年,第 8 页。

[5][16][17][清] 李西月重编:《张三丰全集合校》卷四,郭旭阳校订,武汉:长江出版社,2010 年,第 121 页、第 138 页、第 139 页。

[6] 孔德:《张三丰太极丹经注释》,湖北省武当文化研究会,2004 年,第 314 页。

[7][8][10][11] 陈鼓应:《庄子今注今译》,北京:中华书局,1983 年,第 53 页、第 908 页、第 560 页、第 186 页。

[9] 王世舜、韩慕君编著:《老庄词典》,济南:山东教育出版社,1993 年,第 724 页。

[12] 陈鼓应:《庄子今注今译》,北京:中华书局,2004 年,第 168—170 页。

[13] 叶海烟:《庄子的生命哲学》,台湾:东大图书股份有限公司,1990 年,第 216 页。

[14][宋] 张君房:《云笈七籤》卷十三《太清中黄真经》卷四十四,济南:齐鲁书社,1988 年,第 250 页。

[15][23][32][68][75] 陶真典、范学锋点注:《武当山明代志书集注》,北京:中国地图出版社,2006 年,第 389 页、第 101 页、第 20 页、第 482 页、第 512 页。

[20][21][40][42][73][77][82] 中国武当文化全书编纂委员会:《武当山历代志书集注(一)》,武汉:湖北科学技术出版社,2003 年,第 19 页、第 15 页、第 277 页、第 277 页、第 643 页、第 638 页、第 627 页。

[22] 浙江省富阳市政协文史委编:《周凯及其武当纪游二十四图》,杭州:浙江人民美术出版社,1994 年,第 36—37 页。

[25][唐] 房乔等:《晋书》卷八十七列传第五十七"凉武昭王李玄盛",上海:商务印书馆,第 6 页。

[26][27][28][29] 陈鼓应:《老子注译及评价》,北京:中华书局,1984 年,第 232 页、第 53 页、第 148 页、第 402 页。

[30][明] 张元忭撰:《张阳和先生不二斋文选》卷四,第 50 页。

[31][53][69] 李达可:《武当山游记》,中华文化事业股份有限公司印行,1946 年,第 6 页、第 6 页、第 6 页。

[33] 赵本新:《武当一绝》,北京:文物出版社,2003 年,第 116 页。

[34] 周高德：《道教文化与生活》，北京：宗教文化出版社，1999 年，第 128 页。

[35] 任法融、樊光春主编：《道衍全真》，陕西旅游出版社，2004 年，第 232 页。

[36][37][38][74][83] 王理学：《武当风景记》，湖北图书馆手钞原本，1948 年，"十二洞"、"十四观"、"十二洞"、"十四观"、"十四池"。

[39] 罗霆震：《武当纪胜集》，《道藏》19 册，文物出版社、上海书店、天津古籍出版社，1988 年，第 669 页。

[41][43][46][58][清] 王概等纂修：《大岳太和山纪略》（湖北省图书馆藏乾隆九年下荆南道署藏板），卷三第 27 页、卷三第 27 页、卷四第 19 页、卷七第 18 页。

[44][47][50] 陈教友：《长春道教源流》卷七，清华大学古籍影印本，第 29 页、第 29 页、第 29 页。

[45] 中国道教协会、苏州道教协会：《道教大辞典》，北京：华夏出版社，1994 年，第 400 页。

[48] 李养正编著：《新编北京白云观志》，北京：宗教文化出版社，2003 年，第 22 页。

[49] 闵自亭：《华山道教》，引自梅莉《清初武当山全真龙门派中兴初探》，《湖北大学学报》2009 年 11 月第 36 卷第 6 期，第 44 页。

[51] 武当山志编纂委员会：《武当山志》，北京：新华出版社，1994 年，第 92 页。

[52] 薛明：《由太子坡现存碑刻看清代太子坡庙观修建情况》，《武当道教》2018 年第二期总第 60 期，第 51 页。

[54][57][清] 王民皞、卢维兹主编：《大岳太和山志》卷之十七，第 36 页、第 52 页。

[55][明] 王士性著：《五岳游草・广志绎》卷六，周振鹤点校，北京：中华书局，2006 年，第 101 页。

[56][清] 张廷枢撰：《崇素堂诗稿》卷一 "嵾游集"，北京大学古籍影印本，第 23 页。

[59] 张成德等主编：《中国游记散文大系》（湖北卷）（贵州卷），2003 年，第 85 页。

[60] 于希贤：《法天象地——中国古代人居环境与风水》，北京：中国电影出版社，2006 年，第 299 页。

[61][81][明] 何镗：《名山胜概记》卷之二十八，第 2 页、第 7 页。

[62][清] 丁宿章辑：《湖北诗征传略》卷三十七（明钞本），第 34 页。

[63][76][民国] 熊宾监修，赵夔总纂：《续修大岳太和山志》卷八，大同石印馆印，第 39 页、第 39 页。

[64][清] 高鹤年著述：《名山游访记》，吴雨香点校，北京：宗教文化出版社，2000 年，第 89 页。

[65] 万峰：《武当山》，《旅行杂志》第二十六卷第二期，1952 年，第 25 页。

[66][东汉] 许慎撰：《说文解字新订》，臧克和、王平校订，北京：中华书局，2002 年，第 966 页。

[67][明] 何白撰：《何白集》（《温州文献丛书》）卷二十四，沈洪保点校，上海：

上海社会科学院出版社，2006年，第412页。

[70][战国]马茂远主编:《楚辞注释》，武汉:湖北人民出版社，1999年，第483页。

[71]杨天才、张善文译注:《周易》，北京:中华书局，2011年，第19页。

[78]张良皋主编:《武当山古建筑》，北京:中国地图出版社，2006年，第92页。

[79]张良皋:《武陵土家》，北京:三联书店，2001年，第76页。

[80]蒲光宇:《武当山峻秀绝尘寰》，台湾战地政务班湖北同学联谊会创刊，《湖北文献》五期，1966年，第60页。

第七章

武当山

天津桥建筑鉴赏

武当山九渡涧一带山高谷深，草木葱郁，溪水争流，怪石万种，呈奇献巧。明末地理学家、旅行家徐霞客徜徉其中曾慨叹"地既幽绝，景复殊异"[1]。明永乐年间武当山道教发展的鼎盛阶段，在这飞云荡雾的崇山幽壑之中，因高就深，借景而设，大兴土木，构筑了气势非凡的龙泉观、大影壁、天津桥等建筑，它们庄严肃穆，神秘玄妙，是微观上富于精巧构思的杰出典范。它们令人心旷神怡，流连忘返，武当之旅绝对不应辜负这组微观建筑精品。

天津桥，又名剑河桥，位于十八盘下 2 公里处，距紫霄宫 10 里，横贯九渡涧之上，海拔 357 米，东连下十八盘，西接上十八盘，始建于元泰定甲子年（1324 年），由高道张守清命其徒弟吴仲和、彭明德募资构造，"于斯涧之阳架岩筑室，截流飞梁，以便朝谒者深揭之忧"[2]，是武当山东神道上重要的通道。天津桥具有丰富的历史文化内涵，也为武当山瑰丽的自然风光增添了一道靓丽的风景线，是构成武当山道教建筑群之大美不可或缺的重要部分。

>> 天津桥与大影壁（宋晶摄于 2005 年）

第一节　越涧渡河，畅通神路

"桥，架在水上连接两岸的建筑物。"[3] 汉代许慎《说文解字》释"桥"："水梁也。从木乔声。"[4] 建桥的主要目的是解决跨水或越谷的交通问题，便于车走人行，畅通无阻，桥在各具特色的建筑之间发挥着重要作用，是架空的道路，是路的延伸。武当山神道连山遍野，桥梁或架设于河流溪涧之上，或衔接于两岸建筑物之间，虽然四周环境差别较大，但它们样式基本相同，青石铺砌，桥孔半圆，桥两侧石雕栏杆尺寸均采用统一标准构件，属于典型的明代官式作法。

一、武当山古代桥梁的名称和方位

据明代《任志》《方志》《卢志》三部志书记载，武当山古代桥梁共计 46 座，但实际古桥并不止此数，如《方志》"修真观图"左绘石拱桥一座，未记其名；玉虚宫石桥共 6 座，"石渠一，宫门之内，广八尺，深四尺，夹以石栏而桥焉，中为中桥，左为西桥，右为东桥。""而石渠之

» 石板滩赛宫桥（摄于1959年，张汉城提供）

所建不与焉。"[5] 玉虚宫玉带河现存永乐年间修建的东桥、中桥和西桥，东桥之东还有明代所修石板桥一座，已残破。明《万历襄阳府志》卷十八记载："黄沙桥，州南十里。隆庆五年分守王公、太监柳公重修，更名惠政桥，有碑记。""分道桥，在州南四十五里，元和观前。""大圣桥，在州南八十里，紫霄宫前。"[6]《丹江口市志》记载永乐年间所建桥梁还有：金水桥，在紫霄宫外金水渠上；回龙桥，在回龙观山门内阴阳池上，是一座风水桥；自然庵桥，在五龙宫自然庵前石池上；赛宫桥，在石板滩，为方整石筑单孔拱桥；漫水桥，在石板滩，暗孔达十处；太和桥，在太和宫皇经堂前；父母桥，在武当山后豆腐沟；上斜桥，在朝天宫下；下斜桥，在黄龙亭下；遇真西桥，在遇真宫西山下；崇福桥，在南岩宫崇福岩下；天乙北桥，在南岩宫天乙桥北；尹仙桥，在尹仙岩南，平拱木筑，上建房屋三间；财神庙桥，在六里坪黑虎庙东。[7] 凝虚观前的金沙坪桥，清代桥碑赞其嘉名"通仙长久之桥"，始建于明万历年间，横跨青羊涧（亦称东河，下游称蒿谷涧）。此29座桥梁，三部明代志书并未正式记载。现将已知武当山古桥归纳如下：

武当山古代桥梁一览

序号	桥名	时间	所在位置	规格（米）			备注
				长	宽	高	
1	七里桥	明前	去均州南七里黄沙河	10	10	5	已淹
2	莲花桥	明前	均州城南三里土门外莲花池	13	10	5	同上
3	望梅桥	明前	石板滩南五里梅溪土地岭下				同上
4	春和桥	明前	蛐蟮峪峪口				同上
5	冲和西桥	明前	望梅桥东				同上
6	冲和东桥	明前	蛐蟮峪里				同上
7	冲和中桥	明前	蛐蟮峪中				同上

序号	桥名	时间	所在位置	规格（米）			备注
				长	宽	高	
8	一里陂桥	明前	白渚庙南，水出一里陂塘				同上
9	土桥	明前	古称竹溪桥。均州城南炮山北	15	10	12	方整石桥礅，木桩为基，已淹
10	会仙桥	明前	遇真宫前古道，水出北山沟	9	15	3	存中拱券桥基，桥面已毁
11	会仙东桥	明前	遇真宫前古道	9	15	3	会仙桥东二百米
12	会仙西桥	明前	遇真宫前古道	9	15	3	会仙桥西二百米
13	集仙桥	明代	元和观西或观前				国道占用
14	元和西桥	明代	元和观西或观前	10	5	3	同上
15	元和中桥	明代	元和观前	10	5	3	同上
16	元和东桥	明代	元和观东观前	10	5	3	同上
17	迎恩桥	明代	石板滩或迎恩宫北券门外	62	12	10	三孔拱券石板桥，曾水淹之
18	寻真桥	明前	石板滩西南				已淹
19	绞口桥	元代	石板滩南一里	12	3.2	3.6	同上
20	中桥	明前	石板滩北五里大炮山南	8	12	10	方整石桥墩平木桥，已淹
21	遇真桥	不详	亦称玉真桥。玉虚宫前东天门里九渡涧				1935年山洪冲毁（以下凡注"山洪冲毁"均同此年）
22	仙都桥	明代	又称进宫桥。玉虚宫北天门里	34.3	9.7	5.5	1990年重修，完整
23	游仙桥	明代	俗名皇榜桥。玉虚宫左				国道占用
24	西天门桥	明代	玉虚宫西，上华阳亭下莲花池	35	10	6.3	同上
25	仙源桥	明代	玉虚宫西天门里	10.6	7.8		同上
26	东山桥	不详	玉虚宫东天门外				同上
27	西山桥	不详	玉虚宫西天门外				同上
28	东莱桥	明代	东山桥东				同上
29	登仙桥	明代	玉虚宫东天门外南				山洪冲毁
30	北山桥	不详	玉虚宫北天门外				同上
31	丰和桥	明代	蒿口石碑东				同上
32	蒿口桥	明代	五龙行宫前	34.2	9		同上
33	普福桥	明代	仁威观前	10.2	5.5		桥基存，石栏望柱残
34	隐仙桥	明代	仁威观上				
35	聚仙桥	明代	黑虎涧	15	3	5	木桥面三间房已毁，石桥墩尚存

序号	桥名	时间	所在位置	规格（米）			备注
				长	宽	高	
36	磨针涧桥	明代	老姥殿前	8	3	5.2	山洪冲毁，半边拱券
37	青羊桥	明代	五龙宫前山下	28.8	8	5	1935年青羊涧冲毁
38	天津桥	元代	九渡涧	52.1	9.4	8.5	完整
39	黑龙桥	不详	紫极坛北				1982年修公路被毁
40	黑虎桥	不详	紫霄宫前，黑虎庙南	9.4	4.4	3.1	石栏望柱残
41	通会桥	明代	亦称龙会桥。紫霄宫威烈观间	19.2	4	8.5	同上
42	禹迹桥	元前	紫霄宫前	11.2	5.2	3.4	完整
43	复真桥	明代	太子坡北	16	6.8	5.2	1987年维修，完整
44	天乙桥	明代	亦称天一桥。南岩北天门外	14	2.3	5.2	石栏望柱残
45	梯云桥	明代	朝天宫下，榔梅祠上	2.15	2.1	1.7	同上
46	崇福桥	明代	南岩宫崇福岩前				同上
47	父母桥	明代	豆腐沟	6.4	3.2	6.9	同上
48	白云桥	明代	白云岩南				山洪冲毁，石基尚存
49	步云桥	明代	南岩宫飞升台				
50	摘星桥	明代	亦称会仙桥。一、二天门间	13.5	4.7	6.3	1983年修葺，完整
51	上斜桥	不详	紫霄宫黄龙洞前	8.8	3.2	2.9	同上
52	下斜桥	明代	紫霄宫黄龙洞下	8.4	3.1	4.5	同上
53	仙关桥	明代	遇真宫仙关东				
54	驸马桥	明代	亦称竹芭桥。南岩至五龙宫之间三元的磨针涧上	13.4	5	4.6	桥中心残破
55	水帘洞桥	元代	玉虚宫三丰祠前	14	34.7	6.3	砖拱券，尚存
56	太和桥	明代	太和宫皇经堂前		6.4	8.9	石拱桥，完整
57	金水桥	明代	紫霄宫大门前金水渠上	12.7	5.2	3.1	1986年修复，石栏望柱69套
58	六步桥	清代	玉虚宫东玉带河上				现存马公堰碑、修堰记事碑
59	金锁桥	明代	紫霄宫宝珠峰南				清道光十二年毁
60	天桥	明代	乌鸦岭南				
61	黄榜桥	明代	玉虚宫西天门内				国道覆盖，桥洞尚存
62	范家桥	明前	枣园一带	12	10	4	桥西有四柱三间节孝坊一座
63	板桥	明代	方山下	18	7.5	3.2	1626年李真建，存上下台

序号	桥名	时间	所在位置	规格（米）			备注
				长	宽	高	
64	临江桥	汉代	均州城东南三王城下	10	8	6	三王城与均州城犄角、扼咽
65	黄沙桥	明前	后更名惠政桥，均州城南八里	12	10	2	桥南有2米高铁牛，已淹
66	响水河桥	明代	方山下响河店街南	15	5	10	两孔平石板桥。山洪冲毁
67	赛宫桥	明前	石板滩迎恩桥北曾水上	28	12	10	与迎恩桥、漫水桥连接渡过曾水，石板桥总长527米，已淹
68	吊桥	明代	均州城南望岳门外护城河上				木制，后改为石板桥
69	谢公桥	明前	晋府庵北	12	10	3	桥西有柳坪堰石渠
70	漫水桥	明前	均州七里屯黄沙河	430	12	2	导孔十多个，桥南官道东侧铸有2米高铁牛，山洪冲毁
71	三官桥	明前	瑞府庵前院三官庙东	3	10	3	石板平板桥面
72	大桥	明代	方山下	19	3.4	3	
73	严家桥	明代	方山下	10.2	3.4	2.5	1958年改建
74	石鼓桥	明前	石古镇石古村	19	6	3.6	完整
75	丁家营桥	明代	丁家营镇				石墩木桥建草房，国道废
76	财神庙桥	明代	六里坪财神庙东				洪水冲毁，国道占用
77	白浪桥	明代	白浪区白浪墦东				同上
78	金沙坪桥	明代	金沙坪凝虚观前				洪水冲毁
79	尹仙桥	明前	五龙宫尹仙岩北黑虎涧				桥建平拱木筑房三间，洪水冲毁
80	天乙北桥	明前	紫霄宫天乙桥北				洪水冲毁
81	马公桥	明前	周府庵南，申府庵北	8	10	4	桥西有柳坪堰石渠
82	铁瓦殿桥	明前	亦称小河桥，紫阳庵北	8	10	2	均草公路废
83	王公桥	清代	石板滩北王公堰上	12	2	2	石拱桥
84	阅兵营桥	明前	阅兵营北	2	12	2	石板平桥面
85	兴隆观桥	明前	大炮山北	8	10	9	方整石桥墩平木桥，已淹
86	大土湾桥	清代	小炮山南	6	10	3	同上
87	元佑观桥	明前	小炮山北	9	10	10	同上
88	小桥	明前	土桥南	4	10	3	方整石桥墩平拱石板，已淹
89	三里桥	明前	土桥北三里	4	10	2	石板平桥面
90	高家桥	明前	土桥北五里	12	10	3	同上

序号	桥名	时间	所在位置	规格（米）			备注
				长	宽	高	
91	牌坊桥	明前	土桥北	12	10	4	桥西有四柱三间石坊一座
92	黄沙桥	明前	后称惠政桥。均州城南十里	12	10	2	漫水桥
93	三皇庙桥	民国	均州城南六里	4	10	3	方整石桥墩平拱桥面，均草公路
94	分道桥	不详	均州南四十五里，元和观前				
95	大圣桥	不详	均州南八十里，紫霄宫前				
96	回龙桥	明代	回龙观山门内阴阳池上				风水桥
97	自然庵桥	不详	五龙宫自然庵前石池上				
98	遇真西桥	不详	遇真宫西山下				
99	管桥	不详	均州城内				
100	石板滩桥	明代	打儿窝山至桥南街，紧连漫水桥和迎恩桥	527			街桥全青石板海墁得名
101	南门吊桥	明代	均州城南门口	15	8	10	护城河上，方整石桥墩木桥面，已淹
102	西门吊桥	明代	均州城西门口	15	5	10	同上
103	北门吊桥	明代	均州城北门口	15	5	10	同上
104	城壕桥	明代	均州城沿江道	10	5	10	城南护城河出口

注：该表基于笔者田野调查并结合《任志》《方志》《卢志》及1994年版《武当山志》、张良皋主编《武当山古建筑》、张华鹏著《均州水下文明》等文献而制。

元明之际，武当山古神道已通达四周邻省。《方志》卷三"大岳总图"云："山当均房之交，周回八百里。由蜀而来者自房入；由汴而来者自邓入；由陕而来者自郧入；由江南诸郡而来者自襄入。"[8] 若在进香旺季，每日到武当山进香的香客多达数万人，沿途络绎不绝。来自华北、中原的香客多走陆路，从开封、邓州至均州城；来自华东、中南及华南各省的香客多走水路，经汉口、襄阳至均州城，从均州城再到草店镇，神道青石铺就，宽阔平坦；来自华东、中南及华南各省走陆路的香客，经襄阳、谷城至草店镇，与来自均州城的香客聚合于玄岳门前，然后再经元和观、回龙观、太玄观、复真观、龙泉观、天津桥、仙关、黑虎庙、紫霄宫、榔梅祠、朝天宫、三天门，最后到达太和宫，天津桥是东神道的必经之路。徐霞客天启三年（1623年）入山便首选这条古道，其《游太和山日记》载："从此沿山行，下而复上，共二十里，过太子坡。又下入坞中，有石梁跨溪，是为九渡涧下流。上为平台十八盘，即走紫霄、登太和大道；左入溪，即溯九渡涧，向琼台观及八仙罗公院诸路也。峻登十里，则紫霄宫在焉。"[9] 在游览武当山途中，行至九渡涧下游天津桥路口，徐霞客仔细打探了线路，发现往左可溯九渡涧入溪上行，可达琼台观或八仙观，但他选择了右行的山路，攀援险峻的十八盘，通往紫霄宫，于是他错过了九渡涧的美景，令人扼腕。

二、武当山古代桥梁的创建与维修

　　明成祖派往武当山的工程指挥班子由他最宠信、最贴身的人组成，隆平侯张信是被他称为"恩张"的靖难功臣，驸马都尉沐昕是他小女儿常宁公主的丈夫，工部侍郎郭琎是他亲手提拔起来的年轻大臣，后期派往武当山的礼部尚书金纯也是明成祖信任的人。由他们督修武当山道教宫观，自然会完全体现皇帝意志和思想。许多武当山桥梁由明成祖敕建，成为武当山道教建筑群的重要组成部分。为了让天下信士更方便到武当山朝圣，明成祖还下令对全山桥梁道路作了全面的规划维修。由于山高谷深，施工条件极为艰苦，明成祖对兴建宫观的官员军民夫匠说："这件事不是因人说了才兴工，也不因人说便住了。若自己从来无诚心，虽有人劝着片瓦功夫也不去做；若从来有诚心要做呵，一年竖一根栋，起一条梁，逐些儿积累也务要做了。"[10] 表明了修理武当山桥梁的决心和强迫军民夫匠为他劳作的态度。不过，永乐年间武当山桥梁的修建略晚于宫观的修建，如永乐十年（1412年）敕建磨针涧老姥殿，二年后才造磨针涧桥。修桥所用大块青石料并非本山所产，而是由襄阳府谷城等地开采运来，工程量极大。虽然每座桥梁的具体设计者和施工者是谁不详，但明代《敕建宫观把总提调官员碑》记载有石匠作头的名字，如陈友孙、毛长、张琬、王歪儿、陆原吉、顾来付、祝阿英等[11]，相信这些石匠作头就是创建石桥的设计师和工程师，他们是来自全国各地的著名工匠，其设计建造的石拱桥代表着15世纪中国桥梁建筑的技术水平。

　　明成祖大修武当山道教宫观之后，历代帝王官吏又不断修缮和增建，使宫观、桥梁、道路等常年如新，其维修由皇帝派驻武当山的提督太监和提调藩参负责督促，由均州千户所军余工匠负责施工，故督工修缮宫观、桥梁等是提督太和山太监和提调太和山藩参的主要职责。宣德十年（1435年），明英宗在给左监丞陈野的敕谕中提到："兹特命尔前去，与原差礼部员外郎吴礼一同提督，凡有未修殿宇房屋及冲塌桥梁路道，就行修理。"[12]此后朝廷派往武当山的三十多位提督太监都有维修桥梁的使命，如成化年间提督太和山宦官韦贵奏称："臣自成化元年，钦奉上命，提督修理大岳太和山宫观及桥梁道路，除钦遵外，照得石板滩迎恩桥，自成化二年因山水发涨，汹涌异常，将本桥北岸神路冲颓贰拾丈，阻人经行。随即督并军夫修筑，动经五六年，迭被水患，修帮不辍。"[13]韦贵对迎恩桥的维修付出了大量心血。天顺四年（1460年）明英宗《敕大岳太和山提调官右参议李孟芳》云："朕念大岳太和山宫观，是祖宗创建栖神之所，今命尔同内官奉御唐广提督均州千户所官军，

» 老姥祠磨针涧桥（宋晶摄于2020年）

» 威烈观龙会桥（宋晶摄于2007年）

» 清微铺绞口桥（宋晶摄于2019年）

专一照管洒扫。凡遇宫观渗漏损坏者，随即修治如新，及桥梁坍塌，沟渠淤塞，道路毁阻，随即疏通，整理坚完。"[14]此后，皇帝给太和山提调参议、参政的敕谕中都强调了及时维修坍塌的桥梁。隆庆年间，均州城外黄沙桥被水冲毁，提督太和山内官监右监丞柳朝"遂即日出香钱募士，檄千户李向阳董之。复榜于道曰：人日给钱三十文，愿输力者听。以故枵腹之民，争先就役，大约匝月而余，赖之全活者几以千计，而桥亦遂告成事焉。"[15]隆庆四年（1570年），柳朝将黄沙桥更名为"惠政桥"，桥南铸镇水铁牛，高2米。明代吴道迩纂修《襄阳府志》卷四十八《新建惠政桥记》有记载。黄沙桥被水冲毁后，提调参议王应显与宦官柳朝商议兴工修建，说明提调参议对桥梁维修十分重视。明代维修桥梁的工匠主要来自均州千户所，"其均州千户所正军，多系先前习学木石等匠，要乞优免征差，兼同余丁专一修理等因。今特准其所奏。命同尔提督本所官军并余丁，将前项损坏宫观房屋桥梁道路，陆续用工修理，合用砖灰木料，预令官军余丁设法烧采，措置应用"[16]。《新建惠政桥记》对于明代修一座桥的材料费和人工费的比例记载为："其费以木、石、灰、铁计者三之一，以夫匠计者三之二，通用钱八十二万九千四百有奇。"[17]正是这种经年累月的维修，才使武当山桥梁得以保存。

三、武当山天津桥的兴建及现状

在武当山的二十四涧中，以九渡涧最为悠长，最富神韵。九渡涧上承武当涧、紫霄涧、黑龙涧、白云涧之水，出龙潭沟而为梅溪涧，汇入淄河。涧水深约0.5米，宽10米左右，若遇山洪暴发河水陡涨，深达2米，宽数十米。平时步涉溪涧，踏着自然石磴完全可以通达彼岸，河谷陡涨时的石木简支梁桥便难以胜任。朝山礼神香客经九渡涧，面对湍急的涧水，难免有"深厉浅揭"之忧。《诗·邶风·匏有苦叶》有"深则厉，浅则揭"[18]。遇到深水连衣而涉，称为"厉"；遇到浅水提衣而过，称为"揭"。涉浅水，撩起衣服容易过去，而涉深水，即使撩起衣裳也没有用处，只得连衣下水，可谓艰难异常。因此，没有桥梁十分不便。直到元泰定甲子年间，才在体玄妙应太和真人、敕赐大天一真庆万寿宫住持张守清的倡议下，建起一座石桥。

张守清任武当山天乙真庆宫提点，以清微道法为主，博采各派之长创立新武当派，编《启圣录》《启圣嘉庆图》等书。旧志称其"绍兴香火，丕阐玄风，开化人天，恢复道化……以道一贯，十方皈响，四海流传，独冠武当"[19]。《九渡涧天津桥记碑》载其大兴香火之缘，苦心经营，开辟神道修桥的事迹。从此，朝山香客摆脱了渡河"深则厉，浅则揭"的原始状态。

现存天津桥修建于明永乐十年（1412 年），伴随着明成祖敕建武当山道教建筑群而复扩建了天津桥。《郧阳公路史》记载"该桥三孔（孔径 6.7 米 +9.6 米 +6.7 米）全长 45 米，宽 9 米，高 6.5 米，主拱圈厚 0.8米"[20]；《湖北古代建筑》记载"桥长 52m，宽 9.4m，高约 9m，中孔跨距 9.6m，边孔跨距 6.7m"[21]。笔者 2003 年正月实地勘测，测得数据如下：桥长 45.35 米，桥面通宽 9.25 米，桥拱底宽 9.43 米，桥基底宽10.35 米，中孔跨径 9.60 米，矢高 5.00 米，通高 6.45 米。两边孔跨径 6.74米，矢高 3.45 米。视其桥梁跨空属典型的三孔石拱桥。后历经洪水之灾，很快为"修山军余"及道士修缮。1984 年，武当山风景管理局维修并新装望柱石栏 19 套，增建石阶，补添桥面墁石，维修规模较大，至今完好。

第二节　借景宣道，沟通神人

德国哲学家黑格尔在《美学》中写道："象征一般是直接呈现于感性观照的一种现存的外在事物，对这种外在事物并不直接就它本身来看，而是就它所暗示的一种较广泛、较普遍的意义来看。"[22] 中国民俗学家刘锡诚认为黑格尔的这一定义相当模糊，他定义"象征"说："是以外在的感性事物的形象，暗示一种抽象的、普遍的意义。"[23] 对武当山石拱桥象征意义的考察，将根据这一定义展开。

一、明代武当山主要桥梁的景观作用

武当山古代桥梁具有独特而又不可替代的景观作用。

迎恩桥，俗称"石板滩大桥"，位于迎恩宫前，为方整料石砌筑的三孔拱桥。全长62米，宽12米，高10米，为武当山古桥中最长、最宽者。武当山北二十余涧之水汇聚于淄河，流经桥下达520米宽，迎恩桥、赛宫桥、漫水桥三桥"一"字排开，合称"石板桥"，势若长龙，横跨碧水，组成了武当山最长的桥。迎恩宫因迎恩桥得名，为桥之镇宫。迎恩宫飞檐斗栱，金碧辉煌，迎恩桥水流湍急，清泠可听，飞沫四溅，云蒸霞蔚。"遇天风弗作，烟霾消歇，则天柱、紫霄诸峰划见面目，遂为胜地。"[24]明代诗人叶杲《迎恩宫》诗云："侧影绿山径，迎恩借羽栖。风轻花气淑，雨足麦苗齐。惭与人寰远，还堪景象迷。一尘浑不染，人在石桥西。"[25]宫与桥相互映衬，美不胜收。桥的四周地势开阔，南可仰望天柱峰。选择此地建桥，利用金顶这个明显的地标做视觉控制，反映出武当山道教建筑群追求局面宏伟、气象阔大，但一定兼顾彼此照应的景观特色。

在道教"圣域""福地"所修宫观、桥梁，自然有丰富的道教神话存在。"道教神话，指以道教神灵仙真为主人公，以道教超自然事迹为内容，并伴随道教信仰而传承的神圣叙事"[26]，是道教信仰的有机组成部分。古桥星罗棋布在八百里武当山的溪流之上，将七十二峰联结成整体，布局奇巧，工艺精美，命名更凝聚着中国文化的智慧和区域历史发展的轨迹，成为武当山道教建筑鉴赏不可忽视的一项重要的人文资源。

仙都桥，俗称"进宫桥"，位于玉虚宫北天门外，因玉虚宫在武当山道教中号称"神仙都会"而得名。始建于永乐十年（1412年），1935年7月特大山洪冲毁了部分桥面，故又俗称"断断桥"。该桥为单孔实腹式半圆形石拱桥，采用皇室标准法式，巨型方整青石砌筑，用料讲究，接缝用糯米汁混合石灰浆胶结，结构严谨，工艺精湛，历六百余年仍耸立于剑河（该段称"梅溪涧"）之上。跨径8米，全长34.30米，宽9.70米，高5.52米，远远望去如长虹卧波，古人常誉之"虹桥"，明代诗人杏山《玉虚望仙楼》有"堤柳春风吹面上，虹桥松影荫溪头"[27]句。此桥不但是视线的焦点所在，也是最佳的观景场所。每当春生夏至，梅溪两岸烟柳葱青，露草芊绵，清风送爽，山花飘香，犹如仙境。

摘星桥，又名会仙桥，位于一天门内文昌祠旁，过桥沿石蹬道直上，二天门即在眼前。全长13.50米，宽4.70米，高6.30米，单孔拱券，饰以石雕望柱石栏。桥的命名或依凭临绝顶手可摘星辰，或据采撷星星缕缕轻云作屏障，慢移星星连成桥，含有暗渡之义。桥立两山缺处，上瞰天柱诸峰，下临深壑绝谷，谷中仰见人行如在天上，尤为奇绝，建筑艺术巧夺天工、宛若天成。旦夕轻云笼罩，昼夜星辰辉映，不是银河胜似银河。只要走过这座"星桥"，仿佛穿越银河而步入天庭，凡间与天庭便获得沟通。"武当摘星桥的兴建不是随意的一种点缀，而是有着特定含意的。"[28]武当山主神是坐镇北方的玄武，为龟蛇相缠之象。如果把连星成桥与牛郎、织女、鹊桥等中国文化元素结合，或可理解所"摘"之星为北方七宿之一的牛宿，将北方星区纳入武当山古桥建筑体系，再现神驭步上星桥的艺术意境，乃是提升玄武地位的一种艺术匠心。从建筑艺术风格看，摘星桥展露出雄放与粗豪互为表里、混沌一体的美学色彩。虽说没有宫观的规整，却有屈曲自然、随峦谷折弯之趣；桥身虽无原始的朴拙和宫观建筑的庄重，但也表现了特有的厚重，把云彩、星星、人物、鸟等纳入桥的整体意象，虚实相生，既拙、大、雄，又兼具巧、小、婉。"夜半桥上星，如萤拂衣袖。为摘岁精来，欲验偷桃事。"[29]诗人游览此桥联想到神仙西王母，桥景引发了超凡脱俗的感想，山水溪桥造成的出世意、修仙意跃然笔端，从而显示出摘星桥隐含的通往仙境的象征意义。

» 一天门上摘星桥（宋晶摄于 2004 年）

凡此种种，以"仙"字命名的石桥，毫无疑问地表露出造桥者所具有的"桥可通仙"的观念和信仰。这些桥都修建在道教仙境——宫观的附近，在现世与仙境之间，形成界隔与联系。过桥者乘空步虚，上朝玄真，可以进入神仙居住的境域。"平桥通九渡，仙迹想群贤。"[30] "隐隐天门钟磬发，会仙桥上宿仙家。"[31] 由桥所造成的仙境氛围，通过桥所形成或表现出的通仙出世的立意，在诗人笔下得以显示。仙都桥、会仙桥在古人看来是通往仙界的象征，它沟通现世与仙界，是"直跻圣域"的必经之路。传统的中国人生活在文意与物象互通的象征世界中，今人如果不了解这一特点，即使进入传统建筑环境中也是无法了解它的。

>> 南岩宫北天门外竹芭桥（宋晶摄于 2004 年）

青羊桥，位于五龙宫前峡谷之中，因横跨青羊涧而得名。桥长28.80 米，宽 8 米，高 5 米，主体为方形砖石砌筑的三孔拱桥，另有二小孔辅助，现仅余桥墩。青羊涧汇聚诸涧之水，奔流撞击岩石，声势浩大，涧上置桥，高壁成城，相围如一瓮。徐学谟《游太岳记》形容桥下之水："水声益峻，荡石涧中，如断如腭、如蚪如鼍、如牛马首者，不可胜计。"[32] 其景观价值在于点景和观景：在山高林密、清幽恬淡的自然山水氛围中，一座规整的青石桥映入眼帘，让人感到大石桥边必有道观的画意，其点景作用十分明显。游人站在青羊桥上，可以观山景，谭元春就看到了"树色彻上下，波声为石所迫，人不得细语。桃花方自千仞落，亦作水响"[33]；可以观水景，徐学谟与友人"箕袒列籍，偃而歌，揭而漱，云浮鸟飞，四顾岑阒，宛然濠濮间也"[34]。徐学谟《青羊桥燕坐观泉》诗云："平泉托纤涧，相激成元爽。大易涣至文，风行在水上。吾行兹山屡，眩径如象罔……偶因嚚浑隔，遂惬清冷赏。沿流不可穷，临川共偃仰。兹境邈游踪，欣余今独往。"[35] 青羊桥处于

» 青羊桥石礅遗存（宋晶摄于 2004 年）

深山大壑之中，山高林密、清幽寂静，从这种清幽恬淡的环境中联想到庄子所讲的濠梁观鱼、濮水钓鱼的故事，把逍遥闲居、清淡无为、忘却世俗烦恼当作人间乐趣，赋予青羊桥以超越尘世的意境美。

青羊桥的命名与道教信仰有关。位于华中腹地的武当山，山势奇特，林木茂密，涧水甘洌，云出雾归，早在先秦两汉时期就是修仙学道者向往的大林丘山。《总真集》"卷下"记尹喜"以其所居，名曰尹喜岩，涧曰牛槽涧、青羊涧，皆太上神化访喜之地"[36]。老子的弟子关令尹喜是武当山最早的隐居修炼者，归栖于武当山一说引自南宋王象之的《舆地纪胜》卷八十五"京西南路·均州"。后人想象老君到过的山叫青羊峰，老君跨过的涧叫青羊涧。《总真集》载："青羊峰，在金锁峰之北。高耸突兀，林木蔚畅。传云：太上驾青牛常游于此。"[37] 宋代官员、文学家李昉的《太平御览》引《玄中记》曰："千岁树精为青羊，万岁树精为青牛，多出游人间。"[38] 武当山道教视青羊为神羊，是太上老君的坐骑。隐仙岩，"古神仙尹喜、尹轨所居"。尹喜岩，一名仙岩，"昔有文始真人隐此。下有一涧，名曰'牛漕'。太上隐化访喜，青牛卧此，因以名焉"[39]。魏晋时期，武当山道士已将老子和尹喜奉为本山神仙。宋代李廌《武当山赋》云："关令求道，终从藏史之游，而幼安、希夷之徒，各以其居而名其岩也。"[40] 武当山道教以玄帝信仰为主要特征，但老子作为道教信仰的鼻祖，被尊奉为武当山道教教主。太常观有一副抱对：立教开宗，紫气东来三万里；著书传道，函关初度五千言。所以，老子信仰也是武当山道教中一种十分独特的文化现象。

汉司马迁《史记》载："老子修道德，其学以自隐无名为务。"[41] 由于老子生存年代久远，上述记载带有神秘色彩。五龙宫以北磨针涧得名与太上老君变化之身——紫炁元君的传说有关。《启圣录》记载了静乐国太子在紫炁元君指导下修炼成神的故事，老媪"功至自成"让太子彻悟而返岩精修至道。《任志》卷四载："（磨针石）有灵石横于洞滨，若磨礲痕迹。古今相传云：玄帝炼真之时，久未契玄，似有怠意，因步洞下，见一神女以铁杵磨之，即紫元君神化也。"[42]《卢志》卷一载五龙宫北一里"有石横涧滨，若磨痕"[43]。紫霄宫藏有明万历皇帝御赐梵夹本《神咒妙经注》，为南宋端平三年（1236年）方田子陈松所注，比《正统道藏》本多了序、赞、跋等。"跋"云："昔玄帝师学之，成于紫元君。"紫元君原注"老君别号"。武当山志及道经描述更加神化了老子，原本一位先秦时期著名的思想家，经过精心加工被赋予了一定的灵性而被极度神化，严以祀报，接受致祭，成为受奉祀的道德天尊，封以太上老君的尊号。太上老君幻化为紫炁元君点化真武等传说故事，使太上老君与武当山道教崇奉的主神——真武神，发生了全息的联系，传说则成为连接老子与武当山道教的媒介，所阐释出的道家隐逸思想，是对"道"的思想进行了夸张性的延展。如果没有这些老子的传说故事，历史人物的老子作为武当山道教大神的根基也就失去了一半，这些运思巧妙的老子传说，使真武神信仰有所本，表现出武当山道教中老子信仰的基本轨迹。

二、天津桥景观的神话色彩

天津桥，俗称剑河桥。论长度，它比不上迎恩桥；论神仙理念的营造，它比不上仙都桥、摘星桥、青羊桥，但天津桥的独特之处在于发生在这里的神话故事一波三折、最为生动。

在九渡峰四面环山、水天融合的美景中，蕴含着静乐国太子修真的神话故事。玄帝是太上老君第八十二次变化之身，得到玉清圣祖紫炁元君的点化，决心折回深山继续修炼。母亲善胜皇后不舍爱儿，上山来寻。太子不想跟母亲回去，就向大山深处跑去，母亲追赶十八步，呼唤十八声，又连上了十八步。皇后继续追赶，终于抓住了太子的衣角，苦苦劝其下山。太子虽然深爱母亲，可是修炼事大，他不愿改变志向，于是，毅然拔剑割断衣角，跑出更远。眼看又要失去爱儿，皇后心有不甘，继续追赶。万不得已，太子举起七星宝剑照着身后的大山猛然劈划，一声巨响，高山分成两半，剑过之处，河水波涛汹涌，母子顿时分立两岸。皇后见此情景，伤心欲绝，泪如涌泉。明代史学家兼小说家，雪航道人

» 涧阻群臣（选自《真武灵应图册》）

» 玉虚岩木雕五百灵官造像
（武当山博物馆收藏，宋晶摄于2018年）

赵弼的《武当嘉庆图》，绘制了"涧阻群臣"的故事："父王思慕太子，不能弃舍，令大臣领兵五百众，根寻太子回朝。探逐所往，度涧入山，遇涧忽涨不能前进者八次，渡遇水泛，第九次方得渡。至紫霄岩面见太子，启传王命。自是部众足忽僵仆不能举，相谓曰：'太子愿力所至如是。'回国且达口同声告曰：'愿从太子学道。'语毕，跬步如故，于是俱隐山中。帝升真之后，皆证仙道，今武当有五百灵官者是也。涧名九度，祖其意焉。赞曰：修真太岳隐云岭，圣父怀思意莫禁。天性至情非易舍，宰臣奉命杳难寻。千章古树烟萝密，九渡风涛雪涧深。五百仙官知愿力，一时开悟尽倾心。"[44] 这段神话讲述了父亲静乐国王也不愿舍弃爱子，派遣五百校尉来武当山探望，行至九渡涧正值涧水涨发，不得涉涧。五百官兵前后九次试险，方才渡过涧水诞登彼岸，与太子相见。五百官兵"僵仆不能举"，他们叩头哀告表示愿意俱隐山中，以奉太子在武当山修行。太子怜悯五百名御林军诚恳真切，同意留在山中一起修道，即刻跬步如故。静乐国太子历四十二年终于功成圆满，白日飞升，复位玄天，修成天界大神。官兵俱证神通，修成五百灵官，做了玄帝侍卫从神，呵护武当山。

这些故事包含着九渡涧的由来，令人遐思，洗涤心灵。透过涧水的命名，演绎着太子修道的经历，既有天性慈爱的亲情难舍，也有太子坚定的向道之心、不移的修真之志，散发着水的情韵，成了道教水神信仰的有机组成部分。明代驸马都尉沐昕有感于此而作《九渡鸣泉》："越壑穿岩势转分，长年流碧净沄沄。三千环佩联翩下，一派箫韶远近闻。鸥鹭浴时飞急雪，虬龙蟠处漱寒云。好教直上青冥去，偏作甘霖翊圣君。"[45] 该诗将九渡涧淙淙流淌的林泉之声与飘缈优雅的道教雅韵联系起来，有声有形更有寓意，反映出作者对九渡涧、天津桥神圣境域的认同。

"天津桥下水声声，九渡曾难净乐兵。地是人非流水在，波涛不洗古今情。"[46] 但龙泉观有不同的解说。一是，太子上山修炼时，母亲善胜皇后紧追不舍，不让他上山修炼，太子用"龙泉"宝剑劈山成河，把母亲隔在河的对岸，断绝了母子恩情，故建龙泉观；二是，太子母亲善胜皇后追不上太子，悲恸痛哭，泪如泉涌，而建龙泉观。据传观内曾尊奉善胜皇后和太子像，置龙泉宝剑。

>> 九渡涧的水（宋晶摄于 2006 年）

武当山道教中的彼岸世界是信徒们心仪的仙境，有关九渡涧、静乐国太子和五百灵官的道教神话传说富于想象力，是先民们形象思维的表达，使武当山道教显示出浓厚的神话色彩，是武当山道教文化中一笔丰厚的精神资源。伴随武当山玄帝信仰的兴盛，道教神话早以道经等媒介广布于百姓之中，流传在工匠艺师之间。天津桥的境界空间，始终活跃着超自然的存在，桥是一个人神交流最容易展开和实现的所在。作为人和神之间的纽带或中介，无论在抽象的"圣"与社会"俗"之间，还是在具体的圣域与尘俗之间，天津桥都同样具有将它们加以联系和分隔，进而形成中介与过渡的象征性的意义。

第三节　天一生水，洗心净俗

静乐国太子锲而不舍的求道精神令人感奋，武当山天津桥的命名意义更值得追寻。据《茅以升桥话》的统计，在中国以天津桥命名的桥梁共有6座，为河南洛阳的天津桥、江苏徐州丰县的天津桥、江西南昌奉新县的天津桥、袁州分宜县的天津桥、云南大理赵州的天津桥、湖北均州武当山的天津桥。虽然同名，却各有所指，如洛阳的天津桥"意比洛水为天河"[47]。那么，武当山天津桥有什么含义呢？

一、武当山天津桥名称释义

古代多会在桥成之后立碑记载建桥经历。元代所立九渡涧入口处的《九渡涧天津桥记碑》，是武当山桥梁史上的重要文献。碑文云：

> 在昔上皇之初，玄帝分降嗣于静乐国宫。几龆年而割恩忍爱，告辞父王，入乎太和山中，修真炼道。既而父王忍念无已，遣臣卒五百众访求，来至兹山，欲涉此涧，涧水忽涌，众进九涉，竟莫能渡。众遂稽首哀告，愿俱隐山中，以事太子。帝闵其诚切，令其得渡。帝修炼四十二年，功成道备，复位玄天，五百众俱证神通，呵护此山……寻而洞渊师驰驿赴召，祷祈灵异，如声若响，上特加授"体玄妙应太和真人"，敕赐"大天一真庆万寿宫"，栋宇恢弘，凌云跨雾，士庶朝谒，莫不倾心仰止。于是洞渊师大兴香火之缘，乃命其徒吴仲和，于斯涧之阳，架岩筑室，截流飞梁，以免朝谒者架危浅揭之忧。事未既，仲和已仙逝矣。其徒彭明德以能继志述事，慕四方士庶之资帑，构此溪桥，未逾年而落成之。洞渊师匾之曰："天津"，以配天一生水之妙……

大岳品鉴——武当山道教建筑鉴赏

泰定甲子（1324 年）上巳节记。洞渊嗣孙王明常书丹。凝真冲素洞妙法师太和宫住持管领玉虚岩开山提点彭明德鼎建。[48]

碑文叙述了玄帝修真炼道、涧阻群臣的神话故事，揭示了九渡涧之名的来历，准确地记载了天津桥是天乙真庆宫高道张守清动议，由徒弟吴仲和酝酿兴建、彭明德募资完成造桥的史实。"洞渊师匾之曰'天津'，以配天一生水之妙"[49]，一语道破该桥的真正含义，可谓点睛之笔。

理解张守清的命名应从中国文化源头上进行考察。甘石申《星经》卷下"天津"载："天津九星，在虚北河中，主津渎、津梁，知穷危通济度之官。"[50] "天一"指天一星，是道教名词。源于中国文化的"天一生水"，富于独特的个性和丰厚的人文意蕴。"在紫微宫门外右星南，为天帝之神，主战斗，知吉凶。星明，吉；暗，凶。"[51]《易经·系辞上》曰："天数五，地数五，五位相得而各有合……此所以成变化而行鬼神也。"[52] 古人认为天一、天三、天五、天七、天九，与地二、地四、地六、地八、地十，五对奇偶相合，是万物变化的根本。将天地之数和五行配合，最早见于西汉前期的《尚书大传·五行传》："天一生水，地二生火，天三生木，地四生金，前四畴乃王极之体，所以建故，配其生数；地六成水，天七成火，地八成木，天九成金，后四畴乃王极之用，所以行故，配其成数；天五生土，故配之以王极。"[53] 东汉郑玄注《易经》："天一生水，地六成之。"直白地译为：天是万物的本原，创造了水，在地上得以实现。天数五、地数五，五位相得而各有合。郑玄所注《周易·系辞传》里概括："天一生水于北，地二生火于南，天三生木于东，地四生金于西，天五生土于中。阳无耦，阴无配，未得相成。地六成水于北，与天一并。天七成火于南，与地二并。地八成木于东，与天三并。天九成金于西，与地四并。地十成土于中，与天五并也。"[54] 生指创造、分化；成指实现、完成。天数一和地数六，同在北方，北方五行属水。天数，即生数，是事物的开始，似乾卦诱发生机；地数，即成数，是事物的完成，似坤卦将生机完成。天生地成，说明了河图数列与五行的关系。"天本一而立，一为数源，地配生六，成天地之数，合而成（水）性，天三地八（木），天七地二（火），天五地十（土），天九地四（金）。运五行，先水次木，次土及金。"[55] "天地之数各五，五数相配，以合成金、木、水、火、土。"[56]

"若天一与地六相得，合为水；地二与天七相得，合为火。"[57] 在一至十这十个数中，一和二、三和四、五和六、七和八、九和十，两者之间就是"相得"。之所以相得，因为凡是奇数是阳，凡是偶数是阴。阴与阳表面是对立的，但在对立中，其实就是彼此最容易相合为一，故"相得"是阴阳属性所致，于是再进一步"阴阳对待"即"相得"。

《总真集》卷下"天封玄帝圣号"中有一种表达："紫皇天一天君"。据《紫皇炼度玄科》称，"紫皇"是"紫皇玄天上帝"。该志"宋封圣号"引用了当时的几部权威典籍，对"天一"的应用进行了全面的总结：

> 《太玄经》云：天一生水，地二生火。玄帝主宰天一之神，故咒曰水位之精；宫曰天一之宫。《仙传》云：天一之象，应兆虚危，是为玄武。其名则一，其形则二，见象玄龟、赤蛇，其精气所变曰雨露，曰江湖河海……天一生水于坎宫，神化肇形于坤垒……北极佑圣玄武天一天君、玄天上帝，天一之帝，水位之精。《太极隐文》云：天一之精，是为玄帝，分方于坎，斡旋万有，天一之气，是为水星，辅佐大道，周运化育。天一之神，是为五灵老君，佐天拱极，天一之象，应兆虚危，司经纬于北，是为玄武。其名则一，其形则二，是有玄龟赤蛇之象，其精气所变，曰雨露，曰江湖河海，应感变化，物之能飞能声，皆天一之所化也。龟蛇合形，天地定位。惟玄帝天一之帝，故能摄制。[58]

上述典籍论述的核心问题就是"天一"所化：天一生水（坎宫）；天一之精（玄帝主宰天一之神、天一之帝、水位之精、北极佑圣玄武天一天君）；天一之气（水星，辅佐大道，周运化育；五灵老君，佐天拱极）；天一之象（应兆虚危，司经纬于北，玄武，龟蛇合形）。总之，始终围绕天一、玄帝、北方这些元素建构玄帝信仰。

元代武当山道教建筑已开始遵循玄帝修仙神话进行布设，到了明代大修武当宫观时，总体设计更是注意突出玄帝信仰的基本特征，用宫观等建筑语言来宣扬玄帝在武当山修真得道的神话，天津桥即为典型。不过，元代的天津桥已不复存在，现存天津桥建于明永乐十一年（1413 年）。元代武当山高道太和真人张守清出自下层，深知民间疾苦，他考虑到九渡涧对行人的阻隔，为了免除朝谒者"深厉浅揭之忧"，派徒弟吴仲和、彭明德等化缘，在九渡涧的向阳处架岩筑室，截流飞梁。桥成后以"大天一真庆万寿宫"之"天一"来命名天津桥，取天一生水之妙的吉象，符合风水堪舆的形法和理法。

二、武当山天津桥的宗教意义

九渡涧最阔大处建成的天津桥独具利民涉渡、免以厉揭、直跻圣域的作用，也使得建筑本身的多重宗教意义凸显，主要体现在：

（一）构建神系，隆兴香火

从龙泉观建筑到九渡涧玉虚岩，建筑内部都需装塑神灵造像，让人们可以向神灵参拜，达成心愿，通过神来相信人自身的力量。

元泰定甲子年（1324年）彭明德曾立石《玉虚岩功缘记碑》，反映了德安府安陆县（今湖北安陆）的居士、斋香信士、大檀信士们捐资赞助，塑造玄帝圣像及左右侍从的史实。"高真像设，尚赖捐金者。德安府安陆县樱桃渡南居刘友文，斋香信远是山，道经岩上，见岩之创始，遂欣然发欢喜心，各施资财，佥议命匠塑装圣像一堂，诚意笃志，竭力圆成。""乐施统褚七百五十缗，命匠塑装高真圣像，并左右侍从，以为四方朝谒者之瞻仰。其奉真之至，辨心之荐，良可尚矣。"[59]"越三年（1333年），德安府安陆县大檀信士褚荣祖、张宗富、周文明、黄道荣、彭仕俊道经斯岩，见有其殿而未有其像，遂众豁然。"神灵布局"岩有龙虎丈其左，雷丈中奉帝君，右奉雷部"[60]。天津桥可视为搭建了人与神之间的信仰载体。从某种角度看，民众赞助修桥的积极性很高，因为他们虔诚奉真，诚意笃志，修桥济众，惠及子孙。即便不能参与建桥，但为桥捐建一分同样也是信仰者的一种努力，都利于道教发展。《九渡涧天津桥记碑》强调了隆兴："至于皇元抚运，尊道贵德，玄教大振，兹山香火亦复隆兴。"[61]信士发欢喜心，各施资财，以垂不朽，广义上讲筑桥本身就是一种宗教行为。

（二）洗心净俗，凝神静虚

顺九渡涧而上为玉虚岩，一名俞公岩，武当山三十六岩之一。古记俞公岩西的法华岩有"隋僧慧哲往（俞公）岩中诵《莲花经》，有白衣老人，自谓曰：'我东溟之子，谪居此地，限满得还。斯我所居，愿奉仁者。'"[62] 说明这里很早便有修道者。陈抟题《隐武当山诗》："万事若在手，百年聊称情。他时南岳去，记得此岩名。"[63] 南宋王象之编纂的《舆地纪胜》题之"俞公岩"，《总真集》题作"题武当俞公岩"，证明陈抟曾登上过壁立半空的玉虚岩，他发现这里岩之高以千仞，涧声雷震于其下，树影摇金锁，钟声带碧浔，是个让人忘俗的地方，于是有了万事了然于心、穿越时空之志。

>> 九渡涧玉虚岩庙（宋晶摄于 2004 年）

在陡崖的半腰上附壁悬空而建造的玉虚岩庙，其壮观景象与北岳恒山悬空寺可以媲美，凭栏俯视，涧水倾泻，声震如雷；举目仰望，峭壁夹岸，林木幽深，宛如天开一线。九渡涧临流濯缨，洁我尘俗，玉虚岩庙玄帝、木雕五百灵官等神灵威仪煊赫，岿然绚烂，朝拜的善男信女仰视时如金光耀目，叩拜时如玄帝在旁，沉浸在庄严神圣的气氛里，身心得到洗礼。明末布衣诗人何白曾描写道："初五日，出观行三四里。道旁桿楔曰'玉虚岩'。别穿一径，甚微，似若久无行迹者，舆夫难之，第谬言无它奇，溪谷寥穷不足辱眉睫也。揆余兴不可已，且复怖以多虎。余乃舍舆徒步，贾勇而前，两奴踉跄尾余后，舆夫顷亦至径。缘清溪两旁峭壁，摩霄径石，屡断屡续，信猿狖窟宅也。溪流渐渐，文石凿凿，绿蒲珍草，蒙茸涧底。秀色可餐。仰瞰青天如一线，初旭荡射两厓，树阴浓翠淡绿，变幻万态。"[64] 如果以天津桥为组织景观和驻足赏景的立点，

那么它距复真观 1.4 公里，距玉虚岩 1.7 公里，此三者同属一个文化空间。

清乾隆二十一年（1756年）时玉虚岩悬有一副诚心胜会香客信士敬献的云纹泥金抱对：五百羽林仪仗分列铁骑鸣处震威远；三千世界名山独峙炉烟霭时流祚多，盛赞了五百灵官的壮举。四方朝谒者经过天津桥走向琼台中观，中间必经玉虚岩，在此酝酿和提升了虔诚之心。

（三）玄勋广被，普度众生

在传统社会，道教是人们认识世界、解释世界的一种手段。明代社会由龟蛇图腾崇拜到政治色彩浓郁的君权神授论，玄天上帝信仰都影响约束着人的观念和行为，具有不可替代的价值，那是一个玄帝被极度神圣化的时代。道教承担着整合社会价值观的重任，印证了道教为自然界的一切现象，如日月星辰的运转、吉凶祸福的价值判断等，提供维系社会的意义秩序及体系。从宗教社会学的角度看，玄天上帝信仰具有提供世界观和凝聚力等价值。一言以蔽之，道教的玄天上帝信仰在明代社会的意识形态方面具有重要地位，论证了皇权的合理性。

人是一种精神动物，他不只是寻求生存的手段，也关注生存的意义，而且是在最深层次上寻求生存的意义。从张守清及其徒众的视角来看，天津桥被出家人视为济世渡人的功德善举，因为他们倡导建桥，化缘募银，是普化功缘的善行与德举，这时，道人的修行便是对生存意义的寻求，有助于扩大武当山道教在民众中的影响。

第四节　道法自然，大美天成

天津桥是武当山道教建筑中最美的石拱桥，突出表现在：

一、端庄和谐的形式美

形式美是指事物外在的形、色及内在组合结构的美，它存在于天津桥之中。桥梁建筑艺术属于造型艺术，其形式美的法则统一了形式因素之间的匀称、稳定、韵律、节奏、比例、主从等，基本规律是和谐。

（一）坚实稳定的匀称美

从美的规律看，桥跨奇数孔视觉美胜于偶数孔，同时桥孔的布设应显示主从关系。武当山古神道上多单孔石拱桥，而天津桥是一座三孔大石桥，中孔为主，边孔为从，在对称中显示出一主二从的关系，体现出层次性和匀称美。其桥面横向铺就九块青石板，中间一块较为宽大，两边依次递减，这种糙面石板只作简单加工，并没有精细打磨，却既防滑又能保存原始自然风貌。由棱角分明的青石材质垒砌，造桥所用石灰胶泥由糯米汁、白灰、明矾等搅拌而成，具有强黏合度、抗潮湿等功能，给人承受力坚实无比的沉稳感。它坚固持久，不仅免去了当地道士、百姓褰裳涉水、运物渡河之苦，而且也满足了各地香客跨越溪涧以顺利朝圣敬神的实际需要。由于桥孔净高 2 米，与跨径 3 米的比例大致相吻合，符合"黄金分割"比（0.618∶1）。因此，天津桥尺度得当，看上去体态稳定匀称，比例协调美观。

（二）节奏韵律的协调美

从设计艺术上看，天津桥发拱三孔，中心孔跨度最大，两侧递减，构造空灵，既适于桥面迅速排除积水，又使桥身曲线柔和，韵律协调，给人以贯彻始终的节奏暗示，使人联想到音乐中主旋律的若有若无、时隐时现，显示出跳跃行进、连续起伏的韵律美，在朝山者的心中更是沟通现世与仙界的路径。桥侧 21 块仰天石和 20 套二十四望柱栏板，栏板中空镌刻宝瓶状花纹瘿项，柱头雕成莲花含苞形状，完全为皇家法式。望柱做法与北京北海公园东门石桥相同，多样性的构件在变化中保持着统一性，直到栏杆两端云形抱鼓石收尾。其造型艺术充分体现了多样统一与和谐的美学规律，而这种有秩序的变化既满足了人类渡河的实际需要，也给人以赏心悦目美的感受。桥面高高隆起，呈现了曲线之美，桥孔坚实稳定，倒映水中如圆月，美不胜收。桥身曲线柔和、韵律协调，以美丽的弧形飞跨溪流，如雨后彩虹一般，似长虹饮渚，圆月丽旻。明代官员艾杞诗云："笙箫隐隐出高林，使节乘春兴易寻。曲槛飞虹悬壑稳，层崖积雪上方阴。"[65] 天津桥融入周围景色，充满了浓郁的诗情画意。

（三）虚实变化的光影美

天津桥两厢石雕望柱栏杆由于光影的作用，造成了桥本身的明暗交替和虚实变化，使桥整个造型典雅、优美、立体感强。无论是桥身、拱圈的轻盈柔和的曲线，还是栏杆望柱的刚劲坚实的直线，均给人造成视觉的连续或间断、闪动或跳跃，强化桥身的凝重与明快，产生流盼的光影美。

（四）清逸淡雅的色彩美

天津桥是万绿丛中一座古色古香的桥，桥下绿波荡漾，清流奔放。桥身装饰简洁明快，既稳重又轻盈，寓庄重于秀逸，形态优美，如新月垂空，如长虹卧波。桥身全部以青石和青砖砌筑，两边拱圈石按纵向并列方法砌置——固然受武当山多雨水、石材不易朽坏且分布极广又最为经济可就近取材等因素的影响，桥本身青灰色的石材与两岸青灰色的岩石也能连成一体，在历经岁月之后，长出青苔的青石与两岸色彩变成一致，并与全山神道上的桥梁保持统一的风格。步上天津桥，刹那间桥西影壁腾绿惊红，映入眼帘，这面独立的墙如此装饰在全国道教建筑中极为少见。其硬山式壁顶，砖石结构，正脊两端装饰正吻吞脊，顶盖筒板瓦，四角用砖岔角，朱红壁心，两侧雕制琼花，壁基以青色砖为底，庄重质朴。增设该影壁渲染了这组建筑的气势，衬托了桥的青石自然本色，融入青山绿水，自然天成。

>> 天津桥与龙泉观（宋晶摄于 2006 年）

二、清幽恬淡的意境美

意境指抒情表意在诗、画、歌、舞以至园林艺术中的审美境界，是心与物、情与景、意与境的交融结合。境是基础，意为主导，意境创造或偏"意胜"，或偏"境胜"，但均是情意物化、景物人化、具体景物融进艺术家感情和意图而构成的一种新颖独特的景象。北京大学哲学教授叶朗说："所谓意境，实际上就是超越具体的、有限的物象、事件、场景，进入无限的时间和空间，即所谓'胸罗宇宙，思接千古'，从而对整个人生、历史、宇宙获得一种哲理性的感受和领悟……'意境'的特点是突破有限的象，从而引发一种带有哲理性的人生感、历史感和宇宙感。"[66]意境美是一种对美的欣赏和了悟。如果说形式美作为一个客观的具体的存在，需要欣赏者一双敏锐的眼睛去发现它，还处于一个较低的审美层次，那么，意境美的发现是一个物我双方的交流，一个再创造的过程，需要欣赏者更积极主动的创造性和一个可以与对象共鸣的心灵，从而达到一个更高的审美状态。

（一）简约朴实的自然美

天津桥作为明代武当山官修石拱桥建筑的杰作，以它高超的设计、独特的布局张扬着武当文化的魅力。被称为"美学之父"的鲍姆嘉通认为："艺术最忌有多余的东西，只要不妨碍美，应当把不必要的东西尽量去掉。"[67]建筑设计大师熊明说："简约意味着表现力更丰富，格调更高。"[68]这是一个否定之否定的建筑美学原则，以此来审视天津桥可以发现它即简约、朴实、浑然天成等审美特征。我国早在东汉时期建造石拱桥的技术就已达到相当成熟的程度，但天津桥却通过其简约的结构表达着美、简约的空间显示着美、简约的元素体现着美，这是一种含蓄的美。把桥作为自然的一部分来处理手法高超，它没有一丝多余的修饰的空间形态，使自然与人工的衔接和谐顺畅，形成表里一致的优美韵律，突出了仙桥清逸素雅的色彩美，与道法自然思想完全吻合。

（二）定位选址的高妙美

天津桥选址非常巧妙，它位于上、下十八盘之间，上游有九渡峰、

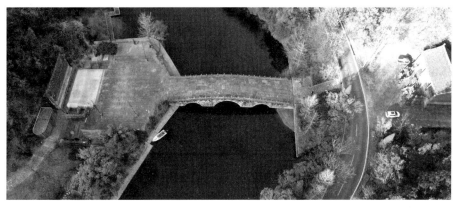

» 俯瞰天津桥（资汝松摄于 2019 年）

香炉峰、蜡烛峰、玉虚岩，下游是飞流直下、波浪翻滚的九渡涧峡谷，四周峰峦峻秀，林木苍翠，古树参天。九渡涧怪石累累，流水潺潺。明永乐年间，朝廷又命官匠重修、扩建该桥，并在桥东修龙泉观，桥西建大影壁，三者辉映，使渡桥过河成为朝山行程中的重要事件，并预示着前方有更精彩的视觉满足，其独到的匠心令人叹为观止。明代湖广按察司佥事方豪《龙泉观》诗云："九渡涧中龙喷泉，琼宫青倚石桥边。玉栏金水神工巧，恍讶朝回尺五天。"[69] 明代学士廖道南诗云："大岳盘千嶂，仙关隔五云。虹桥通涧远，石径入林分。飞阁悬丹极，虚堂寻紫氛。悠然起遐想，天乐坐中闻。"[70] 诗人们在桥上顿开尘外想，仿佛画中行，浓郁的诗情画意和超越世俗的林泉之心，跃然而出，在这里或行或望或坐或游，与环境建立起审美关系。对天津桥周围的景色，王世贞写道："折而龙泉观，其阳为大壑绾口，相距三丈许为桥，桥下水流潺湲不绝，怪石坟起若斩，四辟无所不造天，杉松衣之，吾向所记洞庭资庆包山之胜，蔑如也。度桥，径已绝，前旌类破壁而出。自是皆行巉岩间，而雨益甚，异者强自力前，所指问道人掌故，气勃窣不暇答。山之胜亦若驰而舍我，独峰顶苍，白云冒之，倏忽数十百变。"[71] 这一段文字写出了桥和观相结合利用地形所出现的效果。与他同时代的文人汪道昆"出垣下行，乘天津桥，济九渡涧，涧道幽绝，其阳则渊默亭"[72]。文人们都注意到桥四周千峦环翠、万壑流青的清幽景色，感受到一种行到水穷处、坐看云起时的自在之境，一种水流心不竞、云在意俱迟的幽静淡泊之美。桥与水环境也有着特殊的意义，拱桥泮月，连通了人为的环境与大自然的美。明计成《园冶》论"江湖地"，陈植注释："在江边，湖边，深柳，疏芦的地方，粗疏地做成规模不大的园舍，也足以表现洋洋大观。"[73]
天津桥一带"两面皆崇山，中通一涧，略有市集。石桥一，跨涧两面"[74]，
这儿有许多朝谒者盘桓，一派升平景象。"山谷里流着一溪山水，水面
上的石堆嶙峋，峰回路转，有曲折的栏杆和石路穿了过去，人行其间，
如山阴道。是山谷里的鸟声，清越可闻。过了剑河桥，山峰才清秀苍翠，
妩媚多姿，和山麓间的广漫山坡，已经迥乎不同了。"[75]山之上常有云
气浮空，氤氲五彩，郁郁纷纷，变化翕急。这里风景秀丽，古木参天，
苍翠欲滴，怪石嵯峨，崖洞深邃，景色幽静。天津桥与周围的山石花木
景物相配合，与自然融为一体，成为武当山整体建筑景观的一个重要组
成部分。明代高尃《游太岳太和山记》描述道："逾太子坡，即复贞观，
阶下有圣母滴泪池，龙泉观对天津桥，九渡涧流于下，诸洞之水，会此
入梅溪洞，出为淄河。"[76]这里融山、水、观、桥、壁、林为一体，芳草
连天，繁花流云，蝶飞鸟唱，杨柳婆娑，庙观掩映，水天一色，两岸景
物曲折多变，格外幽奇美妙，不正是人们向往的那种空灵澄清的境界吗？

（三）附属建筑的装饰美

天津桥的形式和北京八景之一的"琼岛春阴"三孔大桥类似。九渡
涧山中流泉汇集于此，从桥下流过，在峰回路转的地带建这座大桥，除
了为跨过山涧提供交通之便外，也成为不可或缺的风景点缀。龙泉观、
天津桥、影壁两两呼应，对称和谐，三点一线成"工"字形，流畅自然，
一气呵成。殿宇不多却跨桥而建，是很妙的组合手法，起到了重要的点
睛作用。

在桥东山坡上矗立着龙泉观，正殿、配殿、山门、台基、石栏板构
件一应俱全。龙泉观丹墙翠瓦，雕梁画栋，观内像设端应，香火缭绕，
步虚声声，韵腔悠长，犹步云端。"摩天群峭石骨，护壁万泉松籁。过
桥泉声忽怒，破窦风意时尖。"[77]

在桥南山崖前设置了影壁。因为九渡峰直下涧中，群山尖锐杂错，
来龙排列紊乱，作为案山或朝山，断崖顽石会造成龙泉观视觉逼仄，只
有用影壁作屏障化解之，还可在空间布置上起到轴线转折的作用，使过
河成为行程中的重要事件，并预示前方有更精彩的视觉满足。由空间不
明确的散乱形式，组成一个有序的空间序列，成为空间序列中的认知标

志，向理性空间过渡，形成建筑序列中的起始、过渡和高潮。它遮挡住游人的视线，使之不能对庙观内一览无余，藏风纳气之时迎合信仰者的心理，给下一步审美以期待。尽管影壁只是武当山道教建筑群中的小品，但它在堪舆中所起的作用却不可小觑。

龙泉观、大影壁作为天津桥的附属性建筑物，如此配置可谓匠心独运。文静而悠邈的涧水，动荡而安逸的云山，道观送层阴暗隐，影壁迎华月光临，营造出如此安闲的水岸美景。沿溪涧登攀，九渡崖有渊默亭，涧道幽绝，寂无人声，向前便为黑虎殿，由"上十八盘"而上有仙关。南宋绍兴三十年（1160年）岩壁较隐蔽处有摩崖刻字"仙关"，后有行书十行："绍兴庚辰仲春十有一日，吴兴陶定安世来游，下视俞公岩，四揖群峰，不知身在人世，刻名于此用纪岁时，寺僧元照、祖祥从行。"[78] 这是全山现存较早的摩岩之一，风格潇洒，骨力洞达，由元照、祖祥两僧相伴的陶定到此一游。"一入桃园路转艰，天风吹我渡仙关"[79]，如果"仙关"被看作仙境与尘世交界处所设之门，那么天津桥便是沟通凡间与仙界的重要媒介。明代诗人礼部郎中李宗木赞"仙关"："鸟向日边度，人从天上回。清宁属胜境，终古仰崔嵬。"[80] 出玉虚岩下行，九渡峰峰势奇丽，上摩青苍，石径环曲，九渡涧百步九渡，隔断仙凡。由静乐国王、善胜皇后恋子情愫的凡，升华到静乐国太子修真志坚的圣，天津桥建筑小品诠释了武当山道教文化的魅力。

注释:

[1][9][明]徐弘祖:《徐霞客游记》(上),上海:上海古籍出版社,1982年,第28页、第27页。

[2][5][8][10][11][14][19][24][25][27][36][37][39][42][43][45][49][58][59][61][69] 中国武当文化全书编纂委员会:《武当山历代志书集注(一)》,武汉:湖北科学技术出版社,2003年,第324页、第549页、第495页、第100页、第345页、第137页、第258页、第559页、第639页、第625页、第60页、第15页、第18页、第227页、第433页、第391页、第324页、第35—39页、第322—323页、第324页、第628页。

[3]《辞源》第二册,北京:商务印书馆,1980年,第1627页。

[4][东汉]许慎撰:《说文解字新订》,臧克和、王平校订,北京:中华书局,2002年,第391页。

[6][15][17][明]吴道迩纂修:《万历襄阳府志》,北京大学影印本,卷十八第3页、卷四十八第66页、卷四十八第67页。

[7]湖北省丹江口市地方志编纂委员会编纂:《丹江口市志》卷十,新华出版社,1993年,第249—252页。

[12][13][16][30][31][48][65][70][79]陶真典、范学锋点注:《武当山历代志书集注》,北京:中国地图出版社,2006年,第34页、第305页、第36页、第394页、第403页、第126页、第532页、第509页、第400页。

[18]程俊英:《诗经译注:图文本》(上),上海:上海古籍出版社,2006年,第47页。

[20]周大川:《郧阳公路史》,武汉:湖北辞书出版社,1994年,第36页。

[21]吴晓:《湖北古代建筑》,北京:中国建筑工业出版社,2005年,第212页。

[22]黑格尔著:《美学》第二卷,朱光潜译,北京:商务印书馆,1981年,第10页。

[23]刘锡诚:《象征——对一种民间文化模式的考察》,北京:学苑出版社,2002年,第8页。

[26]陈建宪:《道教对中国神话的继承与发展》,引自熊铁基、刘固盛:《道教文化十二讲》,合肥:安徽教育出版社,2004年,第131页。

[28]饶春球:《"星桥"史影——武当山"摘星桥"名的汉水文化资源赏析》,《郧阳师范高等专科学校学报》2007年10月第27卷第5期,第6页。

[29][71][77][明]王世贞撰:《弇州四部稿》,卷四十六诗部第4页、卷七十三部第15页、卷四十六诗部第22页。

[32][34][35]徐学谟:《徐氏海隅集》,卷十一第7页、卷十一第7页、卷三第3页。

[33][清]王民皞、卢维兹编纂:《大岳太和武当山志》(清康熙二十年版,国内孤本),卷十八第45页。

[38][宋]李昉等官修:《太平御览》卷八百八十六,嘉庆十二年歙鲍氏校宋板刻,第4页。

[40][清]马应龙、汤炳堃主修，贾洪诏总纂：《续辑均州志》卷之十六，萧培新主编，武汉：长江出版社，2011年，第497页。

[41][汉]司马迁著：《史记·老子韩非列传第三》卷六十三，第388页。

[44][明]赵弼：《武当嘉庆图》，第26页。

[46][60]王理学：《武当风景记》，湖北图书馆手钞原本，1948年，"二十四涧""四十四岩"。

[47]茅以升科技教育基金会选编：《茅以升桥话》，成都：西南交通大学出版社，1997年，第138页。

[50][汉]甘石申著：《星经》卷下，艺海珠尘影印本，上海：商务印书馆，中华民国25年，第77页。

[51][唐]魏征：《隋书》（一）卷十九"志"第十四"天文上"，中华书局，1999年，第357页。

[52]杨天才、张善文译注：《周易》，北京：中华书局，2011年，第583页。

[53][西汉]《尚书大传·洪范五行传》经部二"书类"卷二，第16页。

[54][东汉]郑玄注：《易经》增补郑氏周易卷下，第5页。

[55][汉]郑康成：《易纬乾坤凿度》，钦定四库全书荟要，乾隆御览本经部，卷上，第14页。

[56]上海古籍出版社编：《十三经注疏》，晋韩康伯《周易正义》卷七"系辞上"，上海：上海古籍出版社，2014年，第80页。

[57][宋]魏了翁撰：《周易要义》（二）卷七下，四部丛刊续编经部，上海：商务印书馆，第4页。

[62][宋]祝穆撰：《方舆胜览》（中）卷三十三，北京：中华书局，2003年，第954页。

[63]王心湛校勘：《五代诗话》卷十，广益书局刊行，1936年，第110页。

[64][明]何白撰：《何白集》（温州文献丛书）卷二十四，沈洪保点校，上海：上海社会科学院出版社，2006年，第414页。

[66]叶朗：《现代美学体系》第二版，北京：北京大学出版社，1999年，第132—135页。

[67][68]熊明：《建筑美学纲要》，北京：清华大学出版社，2004年，第60页、第60页。

[72][76][明]何镗编：《古今游名山记》卷九，第65页、第63页。

[73][明]计成原著，陈植注释，杨伯超校订，陈从周校阅：《园冶注释》第二版，北京：中国建筑工业出版社，1988年，第69页。

[74][清]高鹤年著述：《名山游访记》，吴雨香点校，北京：宗教文化出版社，2000年，第88页。

[75]纪乘之：《武当记游》，《旅行杂志》第二十一卷三月号，1947年，第22页。

[78]张华鹏等辑：《武当山金石录》第一册，第4页。

[80][清]王概撰：《大岳太和山纪略》卷八"诗"，湖北省图书馆藏清乾隆九年下荆南道署刻本，史242—666，第4页。

第八章

武当山

紫霄宫建筑鉴赏

　　武当山道教建筑群中保存最为完好的道宫当数紫霄宫。古建筑学家罗哲文题词："文物精华，古建瑰宝"，对其大加赞赏。他评价紫霄殿"是武当山现存最大的木结构建筑，也是全国保存最好、文物真实性很高的官式宫殿建筑。它是中国古代木结构建筑这段历史时期承上启下的标本，具有重大的历史、艺术、科学价值"[1]。瑞气峰峦、祥光缥缈的玄虚仙境，钟鼓瑶坛、仙阙殿阁的高居圣容，是文人墨客笔下紫霄宫不可或缺的仙源盛景。"雪树生香满佩巾，紫霄最上集仙真。苔荒鹤迹浑无路，花暗笙声不见人。瑶圃月寒通白晓，丹台云暖驻长春"[2]，元代诗人、翰林学士张翥着笔于仙真、鹤迹、瑶圃、丹台，桃源仙境跃然而现。明代进士许宗鲁夜榻紫霄神通玄境，"窗虚云气湿，天静斗星摇。前山王子晋，清唱坐相邀"[3]，用云气、斗星反衬虚静，以道教早期仙人王乔姬晋引领步虚烘托寂静，唤起隐逸遁世之情。明代进士王格更是纵情吟咏："山上清宫切紫霄，我来仙气捧云轺。""真仙昔向此中依，百尺瑶阶启玉扉。福地树头曾挂剑，古岩石上尚藏衣。行人暂借天阍住，羽客疑于世界违。"[4]紫霄宫是山上清宫、天阍仙阙，百尺瑶阶、福地树头、古岩石上尚存修道仙迹，引发诗人超然出世之志。文人的情怀无不因紫霄宫的匠心设计受到启示，围绕着清景名山、人间仙境而刻意渲染其福地色彩。

第一节　紫霄宫宫名释义

　　紫霄宫龙虎殿正门横额"紫霄宫"（高 0.80 米，宽 2.40 米，厚 0.04 米）为当代盛举，由台湾嘉义番路乡江西村受皇宫罗银章敬献。而沐昕题匾"紫霄福地"开示蕴奥，才是紫霄宫敞开全部义理和意义的一条路径。

一、紫霄福地意蕴深邃

　　紫霄宫宫名的由来并非游谈无根，道教洞天福地理论对于紫霄宫一名的思考与建构起了重要作用。这一极具思想独创性的理论产生于东晋时期，唐末五代日臻成熟。北京大学教授张广保指出："所谓洞天福地主要是指大天之内的道教神圣空间。它所涵括的地域有洞天、福地、靖治、水府、神山、海岛等，具体说来就是十大洞天、三十六小洞天、七十二福地、十八水府、二十四治、三十六靖庐以及十洲三岛。"[5]洞天福地有的在天上，如三清境等三十六天；有的在海中，如十洲三岛；有的在名山洞府，如洞天福地等，体现了道教对于宇宙的把握和对于空

»紫霄宫福地门与金水渠（宋晶摄于 2018 年）

间概念的认知。洞天福地与我们所处的世界极其相似，也具有天地、日月、山川、草木等自然因素。通过这些划分，让山水自然、岳渎名山抹上了清都仙境的浓厚色彩，其自身独特的时空构造超越了纯粹的自然性而具有道教的仙性、隐秘性乃至神圣性，反映出道教对天、地、人的一种静观。道教将宇宙整体分成"大天世界"及内在包含的小天世界，认为物质互相包含构成世界结构。道教气本论认为，天地、有无、形神之间具有连贯性和统一性，有形之物由气凝聚而成，精神、神灵以元气形式存在而并非绝对虚无。因此，在可见可触的由粗鄙之气凝结而成的有形世界之外，还存在着不可为人感知的、精微的无形世界，即道教推崇的神仙世界。洞天福地理论是道教宇宙论的重要组成部分。

道教神仙世界离不开洞天福地理论这一文化底蕴，因为神仙信仰是道教的核心所在，而神仙云游的居所需要道教思想的建树。道教既致力于天宫仙境的建构，又致力于以洞天福地为中心的人间仙境的营造，使之构成道教地上仙境的主体部分。从道教的独特视角来看，洞天福地一定是经过选择并营造的天地间最灵秀的地方，反映道意，融入自然，成为沟通天地、仙凡两界的空间世界，为修道者最适宜的修行、游息之地。洞天福地包括洞天、福地二部分，"洞"喻通，"洞"和"地"与道教神仙信仰、道教修炼达到极致羽化登仙有关。具体而言，"洞天"指名山之中通天的山洞，为神仙主宰、众仙所居之处。道士居于山中洞室，通过合抱中虚，兼采阴阳二气修炼大道，通达上天并贯通诸山；"福地"指受福胜地，多为地仙、真人主宰，居此修炼可受福度世、修成地仙。"仙"指迁入山中之人，而这个"山"必然是美如仙境的名山洞府，洞天福地是道教修仙必不可少的条件。

自古及今，修道之士选取紫霄宫周围悬崖绝壁的自然岩阿进行修炼，证据确凿。笔者曾参与武当山自然景观调研小组对紫霄宫周边岩阿进行实地调查，发现主要修炼的岩阿在三清岩、炼丹岩、太子岩、宝珠岩、虎耳岩等处展开，保守估计有二十多个岩阿。"栖岩人共鸟鼠穴，行空马逐鹓鸿行"[6]是一种普遍的修行现象，所谓"早岁学道栖岩洞，葆和修真久乃成"[7]。仅在展旗峰的旗杆峰一带就有闭关岩、太子洞后大岩洞、打坐岩、修道者岩洞、雷神洞附近的岩洞等，洞群中道房、山寨、灶台、开凿的小路等痕迹依稀尚存。传说太子岩为静乐国太子初入

» 展旗峰的旗杆峰岩庙群（宋晶摄于 2018 年）

武当山居岩修炼之地。五龙宫长生岩存碑一通："嘉靖（十八年）己亥（1539 年）春三月吉，赐进士、监察御史、前翰林院庶吉士、大理榆泽李元阳仁父拜手书。"该碑记载有李元阳《扪月庵记》一诗，十分珍贵。文曰："扪月庵，在大岳太子岩前，紫霄宫后，曹炼师居之。师，山西阳城人。初去家，住渔阳之盘山，寻住京口金山，移住□，移三茅山，皆远喧。惟茅山住颇久，晚乃入太和山，岩峦幽胜，甲于五岳，遂不能去。山之羽人天目子识之，因永托焉，作一庵题曰：扪月。一瓢一榻，偃仰其中，割然长啸，山鸣谷应。客有叩关而问者，师不之答。但歌曰：庵之中何所有，月一轮身畔走。云来不畏□，取得不用剖。闲时捧出碧峰头，海底蛟龙尽朝斗。"[8] 李元阳是明代云南著名山水诗人和游记作家，堪称"史上白族第一文人"，他修炼的"扪月庵"位于太子岩，说明李元阳曾在紫霄福地隐居修炼过。

道教的天仙、地仙等神仙系统是根据神仙"位业"的不同而做出的划分。《天地宫府图·序》云："至于天洞区畛，高卑乃异；真灵班级，上下不同。"[9] 差别性在于地仙中真灵仙班的等级性。修道之士久慕道风，往往认定仙灵栖息并主宰的洞天福地就是他们求仙修道、乐于隐居的仙境。《云笈七籖》卷之二十七云："十大洞天者，处大地名山之间，是上天遣群仙统治之所。"又称七十二福地"在大地名山之间。上帝命真人治之，其间多得道之所"[10]。从思维方式上看，洞天福地是修道之士受到了神灵超自然力量的召唤，关注了人类自身经验以外世界的启示，故在此修道成为他们精神生活的全部。"道门中人为修行的需要，对洞天福地有着崇尚心理，把宫观建成洞天福地，表达一种追求境界超脱、羽化成仙的美好愿望。因此，洞天不仅指山洞，也扩展为道门宫观。"[11] "如果说洞天福地是一种较大的修行空间，那么宫观则是较小的修行空间。"[12] 道教在峰峦奇峭、洞壑幽奥的名山洞府建宫立观，创设人间仙境，融意丰境远的人文与清景名山的自然为一体，使道教宫观延伸到福地。

洞天福地的具体名目，载于唐代道士司马承祯的《天地官府图》及杜光庭的《洞天福地岳渎名山记》和宋朝张君房的《云笈七籤》之中，但它们各有差异。武当山作为七十二福地之第九福地，该提法最早见于杜光庭《洞天福地岳渎名山记》："武当山，在均州，七十一洞"[13]，并且列为第九福地。后人对第九福地的理解意蕴深邃，且有广狭之分。

（一）广义的福地：武当福地

武当山历史悠久，远古时尧战于丹水之浦以服南蛮，舜却苗民更易其俗。大禹治理过武当山东北汉水，即丹水、沧浪之水。秦代有了武当冠名的县。《总真集》卷下"古今明达"引用《图经》载："'武当神仙窟宅，自黄老设教，神仙至人，栖之者众。'又曰：'学道者不百数，心有懈替，则为百兽所逐。'夫养生之人，多隐其名字，藏其时日，恨山不深，林不密，惟恐闲名落入耳中。"[14] 该志列有七位东汉以前武当山"证道升真者"，即关令尹真人、周代康王大夫尹喜、尹喜弟子尹轨、汉武帝时将军戴孟、得太阳神丹之秘的马明生、汉光武时马明生弟子阴长生、汉明帝时燕济，均被视为神仙。武当山道教悄然兴起于东汉末年至南北朝时期，清静不仕、隐遁修炼者纷至沓来，络绎不绝，有郭子华、张季连、赵叔达、"太和真人"山世远等"仙人"。所以，"福地"有因人而重的特征。武当山最早的山志即以"福地"名之，总称《武当福地总真集》。书末吕师顺的"跋"专门谈及"福地"："自有宇宙，则有山川。然洞天福地，表表于宇宙间，则未有不因人而重者……七十二峰擅其奇，三十六岩专其秀，洞溪潭洞之清幽，草木禽兽之珍异，殊庭仙迹粲然。"[15]

武当山道教对于福地理论的建构始于宋代，真武神封号的提升，如南宋宝祐五年（1257年）理宗赵昀对真武神的崇封诰词有封号"北极佑圣助顺真武灵应福德衍庆真君"[16]，新增"福德衍庆"四字说明宋代有崇尚福德、绵延吉庆的社会风气。宋代真武经典的流行，涉及真武福神的神职特征，如《元始天尊说北方真武妙经》经首"仰启咒"录有"消灾降福不思议，归命一心今奉礼"，元始天尊夸赞真武"化育黎兆，协赞中兴"[17]，赞颂了真武降伏邪道，誓断天下妖魔、救护群品的降福本领。《神咒妙经》讲述真武因"周环六合，普福兆民。道参天地，万神所推"，神格得以提升太玄元帅的事迹，并强调奉祀真武则"福逐云生，灾聚在电散"，真武"度人济物，不伐其善，不矜其能"而封"玄武"[18]，《神咒妙经注》解为："真武，真者正也，武者神也。本号玄武，避宋朝庙讳，改赐曰真武，况临讨果行不杀之严也。玉帝遣镇北方，及至降纣世六魔之日，敕慰披发跣足，赐建皂蠹玄旗，躬披铠甲，功成而摄，踏龟蛇回天，而天称元帅，世号福神。"[19]此外，神职还列举了录善罚恶、辅正除邪、济拔天人、祛妖摄毒等方面的本领。注中引用了《九丘经纬天地历》："禹平水土之后，分治九州，拜立五岳，定封四渎范围，坤厚名山大川，悉以神灵主之。乃考翼轸之下，有山名曰太和……观是山也，雄丽当阳，九宫皆备……建宫曰'紫霄宫'。专为崇奉玄帝香火之所，自后神仙卜栖者众矣。"[20]《启圣录》称该书"摭诸实也""校成实录"。孔子后裔第12代子孙西汉孔安国（前156—前74年）撰《尚书序》云："九州之志，谓之《九丘》，聚也。言九州所有，土地所生，风气所宜，皆聚此书也。""先君孔子，生于周末，睹史籍之烦文，惧览之者不一，遂乃定礼乐、明旧章，删《诗》为三百篇，约史记而修《春秋》，赞《易》道以黜《八索》，述职方以除《九丘》。"[21]《九丘》一书是夏代实物地理志书，言武当福地所处名山大川是玄武得道飞升之地，有神灵之主玄帝及众神居之。山中修道之人与山之灵气相互感通，独与天地精神往来，结成仙缘，融入自然，回归本然，天人合一，达至"天地与我并生，而万物与我为一"[22]的宁神境界。《神咒妙经》卷五《度人经》列出了七十二福地真人，其中就有武当山福地真人、太和山福地真人，经文提到"应诸福地真人，各听玉帝轮排，差除职任也。考绩治政，行事得失，仍听升退者也"[23]。直至《北极真武佑圣真君礼文》终于将真武"治世福神"的神性职司突出出来。其"举法事如式"礼赞云："恭惟镇天真武，治世福神，玉虚师相，玄天上帝，至灵赫赫，盛德巍巍。称大将于上穹，为福神于下土。"该经在"志心归命礼赞"中有一些祈福语句，如"家国安宁功莫大，存亡依赖福无穷""禀命除邪恩莫极，为民植福利无穷"[24]，对"福"相当重视。

《总真集》卷下《天封玄帝圣号》之"宋封圣号"记载："凡遇甲子、庚申，每月三、七日下降人间，察人善恶，修学功过，普福生灵，操扶社稷。玄帝奉诏后，千变万化，为教主，济度人世，无量无边，洞天福地，灵显感应，简册难穷。润泽溥博，智德恢洪，无一时不念众生，无一刻不怜下土，大慈普救，无上法王也。"[25]汉文的"无量"在梵文里是阿弥陀，阿弥陀佛译有三名：无量寿、无量光、甘露王。《无量寿经》有"无量寿佛威神光明，最尊第一，十方诸佛所不能及"[26]。口诵"无量寿福"的佛门弟子能千里迢迢来到武当仙山福地问道探玄，是武当山道教祖庭的盛事。台湾蒲光宇记述了民国武当山香客朝爷的场面："（香客们）晓行夜宿，虔心敬意地来朝圣地，每到一个市镇，必须撑起旗罗伞盖，打起铙钹鼓吹，引得市镇上的男公妇孺伫立门口观看。在香客中有还大愿心的都是头顶香炉，十步一跪，五步一揖，口中喊着'无量寿佛'四字。"[27]据笔者田野调查，河南南阳诚心社朝顶保持有这种表达方式，其队伍顺序是根据脚程，规定正式出发时辰，同乡之人列成两队夹道相送。走在最前头的开山锣（头锣）一敲，后面尾锣（小锣）应声，表示队伍跟紧，敲一声锣，社首就高叫一声"南无"（nāmó），其他人接腔，按画出的四道符而应声，即"南无，一路平安，无量爷受福；南无，为父母行孝，无量爷受福；南无，吉星高照，无量爷受福；南无，一心盼望您老人家，无量爷受福"。锣后紧跟开山旗，即社旗，为蓝色长方形缎面大旗，上以朱砂、银珠、白芷等调和书写黄色大字"天下太平"，下侧落款"诚心社"。在中国民间，玄帝不仅称为"教主"，是武当山道教的主神，而且还有大慈普救、无上法王的法号。清代，佛教居士、佛学专家高鹤年在游记《由陕西至武当游访略记》中特别注意到这一法号："所谓大慈大悲普救无上法王，拜玉虚师相、玄天上帝之号，坐镇武当山。山为五龙捧圣之势，威武能当，故曰五当。"[28]

武当山"泉甘土肥，风物秀美，地灵人杰，神仙攸居"[29]，是当之无愧的受福之地。北宋仁宗赵桢《赞真武》碑刻诗赞："镇天真武，长生福神。万物之祖，盛德可委。精贯玄天，灵光有炜。兴益之宗，保合大同。香火瞻敬，五福攸从。嘉祐二年二月旦日。"[30] 从"镇天真武灵应佑圣帝君"的称谓，到司命之神、治世福神等神性职司，再到信仰真武，诗文句式四字一顿，韵律整齐，节奏明快，五句独立成章，语言艺术魅力浓烈，颇具变化之美。该赞格外强调了香火瞻敬可带来长寿、富贵、康宁、好德、善终五福，这是武当山道教孜孜以求的一种理想和主神真武带给天下人的护佑。武当山是玄帝启圣之地，其雄伟杰特足以担当"福地"而表于宇宙。元大德八年（1304年）三月□日，皇室诏诰敕封"武当福地"并记载"久属职方"[31]。《周礼·夏官·大司马》篇章之一《职方》表明，武当山作为一个整体早在战国时代就被视为得福之地，是乐善祥和、免除灾难的仙源之所，它祥瑞多福，浸透灵气，祈慕神仙之人纷纷聚此修炼，受福度世，修证成仙，具有因福神而重的"福地"特征，是玄天上帝真武之神的洞天福地。

元代香客信士对玄帝竭心诚意致祷，用敬献玄帝殿、让香火兴隆的方式以求福禄盛行。天柱峰大顶铜殿便是奉道信士敬献的神殿，许多构件所铸铭文表达着香客信士对"福"的渴求。如泊风板刻有"□□府应城县财丰乡玉龙河市居奉道信士……合家喜舍铜瓦一片，于武当山大顶上玄帝升天处，铜殿供养，祈保各家福寿康宁者"；后檐瓦："武昌路河街居奉道信士施福，喜舍铜瓦一片，于武当山大顶上安顿福神玄天上帝升天之所，永充铜殿供养，恭愿家门清吉，人眷增延福。"

明成祖派遣阴阳典术家在全国范围内堪舆、遴选并最终确认武当山为名山福地，为敬仰玄帝而修建宫观，也是一种求福方式。永乐十年（1412年）二月，明成祖在《礼部为道教事》的一份圣旨中提到，道录司右正一虚玄子孙碧云"要去天下名山福地修行云游，都随他往来自在，不要阻当"。孙碧云历经探寻，最终舍弃了全国其他丘林大壑、名山大川而选定武当山。永乐十年（1412年）七月十一日的《黄榜》开宗明义："武当天下名山，是北极真武玄天上帝修真得道显化去处"[32]，为明皇室立意大修武当山定调。《黄榜》是总纲，重视福佑，玄帝阴佑国家，福庇生民。为此，永乐十三年（1415年）七月二十五日明成祖圣旨宣敕："武当山天下第一名山"[33]。万历年间，信士李柏龄在武当山刻碑宋代书法家米芾的草书"第一山"[34]。

投放金龙玉简是另一种富有仪式感的求福方式，以祈求玄帝神灵护佑福祉。武当山已发现建文年间祭祀用的投龙宝物：金龙（紫霄宫赐剑台。长 12.5 厘米，宽 5.5 厘米，身宽 1.2 厘米，为中空纯金闭嘴龙，重 15 千克）一条、玉简（长 29 厘米，宽 7.5 厘米，厚 1 厘米，白里暗绿色石质）一枚、玉璧（紫霄宫禹迹桥。直径 8.3 厘米，内圆径 1.4 厘米，厚 0.3 厘米，白玉呈灰色质地）一件，为武当镇山之宝，也是全国唯一一组完整的"投龙"法器。在道教重要仪式上，求愿者先在简上给神灵写信，再指派一枚小金龙送信，以通报神灵，乞求保佑，达致祈福之目的。投放选名山大川、洞天福地，以沉埋的方式举行，祭水用"沉"，祭山用"埋"。简分三种：山简、土简、水简，武当福地所用山简正反刻楷书简文，正面为篆书咒语，背面竖刻六行文字，上书：

> 今谨有上清大洞玄都、三景弟子湘王，以今上元令节，开建三景灵坛，启修太晖，无上洞玄灵宝，山东真、演教，福国裕民，济生度死，普天下斋计一千二百，分通五书，宵今则行道事，竟投简灵山，愿神愿仙，长生度世，飞行上清，五岳真人，至圣至灵，乞削罪录，上名九天，请指灵山，金龙驿传。建文元年岁次乙卯正月壬申朔十五日丙戌。上清大洞经篆法师，臣周思礼于武当山福地告闻。

该简文记述了明建文元年（1399 年）上元节湘王朱柏（朱元璋第十二子）为启修荆州太晖观，亲自到紫霄宫福地殿设立罗天大醮的事迹。致祭投放的通神之物称为"金龙负山简玉璧飞天通天通神"。但削藩的高压即使"投龙"排遣，也难逃自焚一劫。

总之，武当山会万古之精华，拥有"九宫八观"以及庵、庙、堂、亭、台、楼、阁、桥、井、神道等建筑，以洞天福地为建筑选址的理想模式，用道教教义和玄帝神话调整建筑布局，诠释玄帝修道处，建筑形式和建筑风格呈现出丰富性、多样性的特征，从而形成中国最庞大的道教建筑群，体现出殊庭仙迹的福地特色。

（二）狭义的福地：紫霄福地

最早记载紫霄宫修建的文献是《总真集》，其卷中"宫观本末"之"紫霄宫"条载："宋宣和中创建。其敕额文据，甲午劫火，主者挈之南游。庚申之前，迁州于此，人民皆卜居焉。继后，宣慰孙嗣举众内附，十五六年，宵无人迹。至元乙亥，山门重开，正殿仅存，犹可瞻仰。岁在丁丑，道士李守冲辟荆于前。戊寅岁中，契丹女官萧守通，建殿于后，行缘受供，一如五龙。"[35]该记载并未详述宫名，但宫的始建时间为北宋宣和年间（1119—1125年），宋徽宗给敕匾额及敕额文据的事实是清楚的。宋徽宗崇道，北宋政和六年（1116年）下令在洞天福地修建道教宫观，塑造圣像，当时全国各地增建和扩建了不少道教宫观，包括武当山这座道宫。由于南宋淳熙元年（1174年）燃起兵火，住持宫主携带"敕额文据"前往南方游走躲避战乱，以致丢失了镇宫之宝。南宋理宗庚申年（1260年）以前，虽有均州建置，宣慰使率众归附了元朝，紫霄宫宵无人迹。

北宋真武道经《元始天尊说北方真武妙经》和《神咒妙经》偏重于阐述真武神性职司，塑造福神法力，直至南宋《神咒妙经注》才在真武灵验事迹中提及"紫霄"一词。道经是玄帝信仰形成的重要理论基础，如卷一云"玄天"，即玄帝之位"乃北方一景紫霄太玄天"[36]。卷三注解真武入武当山修道故事，引用了南宋流行的《玄帝实录》部分内容，如"子可入是山，择众峰之中，冲高紫霄者居之……有七十二峰，一岑耸翠，上凌紫霄，下有一岩，当阳虚寂，于是采师之诚目，山曰太和山，峰曰紫霄峰，岩曰紫霄岩，因卜居焉"[37]。

玄帝灵验事迹中涉及"紫霄"的内容在元代道经《启圣录》卷一中已有所体现，如元君授道："元君告玄帝曰：子可越海东游历……子可入是山，择众峰之中，冲高紫霄者居之"；涧阻群臣："八次渡遇水泛，第九次，方得渡。至紫霄岩面，见太子，启傅王命"；紫霄圆道："玄帝在山，往来观览，见七十二峰之中，有一峰上耸紫霄，下有一岩，当阳虚寂。于是采师之诚目，山曰太和山，峰曰紫霄峰，岩曰紫霄岩"；五龙捧圣："是时，帝庙长九尺……跣足拱手，立于紫霄峰上"[38]；紫霄禹迹："乃考翼翰之下，有山名曰太和，七十二峰，凌耸九霄，气吞太华，应七十二候"[39]。

有关"紫霄"的使用限于三个层面：一是紫霄岩，又名南岩或独阳岩。之所以把"紫霄圆道"处设在南岩，或与该经作者张守清本人的修道经历有关。也许他在编撰该书时糅合了自身的修道经历而完成玄帝的修道事迹。二是紫霄峰,在大顶东北。"翼轸摩肩石笔楼,俯观平地五云浮。烟霞窟宅如开凿,荡荡玄天在里头。"[40]"烟霞窟宅"指碧天洞。三是紫霄宫,在大顶之东展旗峰下,为"人间紫府"[41]。紫霄峰、紫霄岩含"紫霄"二字,但不属紫霄福地范畴,只有"元君授道""紫霄禹迹"两则事迹才真正与紫霄福地直接相关。不过,"紫霄"的反复出现却与宫名的最后确准结下不解之缘,最终以建筑的形式加以体现。

元至元十二年(1275年)重开山门,该宫历经南宋战乱,此时除一座正殿外几乎夷为废墟。丁丑年(1337年),道士李守冲开辟荆棘,着手紫霄宫的复兴;次年,契丹族女道士萧守通建筑了父母殿及若干小配殿,行缘受供,重启香火。因此,紫霄宫在道士们长期耕耘下,由人迹罕至的荒山野岭业已变成修仙通真、令人感怀仰慕的人间仙境,从而为明代大修奠定了信仰基础和选址及规模上的基本格局。王理学《禹迹池》诗赞:"导定山川感禹迹,功高万古震乾坤。休云福地王难到,迹遗池中尚有痕。"[42]前述夏代志书《九丘经纬天地历》载夏禹"更太和之名曰武当",谓之"上古"之事。王理学意在抬高紫霄宫之渊源,但以此推断大禹创立九州、四渎时即厚爱此地,以夏朝开国帝王禹在紫霄宫留下禹迹亭、禹迹池等形迹来证实历史的真实性,从而得出紫霄宫创建于夏朝开国的禹王时代,证据尚显不足。

紫霄福地具体指称紫霄宫所在地,被当成七十二福地之一的第九福地是永乐大修之后的事。《任志》卷二载明成祖敕书右正一虚玄子孙碧云:"朕闻武当紫霄宫、五龙宫、南岩宫道场,皆真武显圣之灵境。今欲重建,以伸报本祈福之诚。"[43]永乐十六年(1418年),《御制大岳太和山道宫之碑》特别提出:"境之最胜曰紫霄、南岩,上出游氛,下临绝壑,跨洞天之清虚,凌福地之深窅……俱为祀神祝厘之所。"[44]中国古代道家理想中神仙多居住在幽奥深邃、清洁虚空的环境,因而魏晋时期武当山称为"仙室山"。但《任志》稽古迹第四篇卷五专列"福地"条,明确了天下七十二福地之一的具体位置:"当紫霄宫之前,上近三公、五老峰,下瞰禹迹桥、池,前拥狮子、宝珠峰,后依展旗、七星岩。松桧萧森,芝草芬苾,真高仙宴息之所,祝禧之福壤也。"[45]显然,这一福地圈定在以紫霄宫为主的一定区域,洞天福地仙境不在彼

>> 太子洞岩庙（朱江摄于 2019 年）

岸，也并非遥不可及、无边无际、无所依托，恰恰相反，它是具体可感而又引人入胜的幽谷深山、名岩绝壑，是修仙觅长生、凭虚任逍遥的仙境，是玄帝及众神坐镇的祈福道场。正如葛洪所言："此皆是正神在其山中，其中或有地仙之人。上皆生芝草，可以避大兵大难，不但于中以合药也。若有道者登之，则此山神必助之为福。"[46] 只是在观念上用宫观作为祈福道场的象征，在感知上以神仙造像表现武当山道教信仰抽象意义的标志。元代已将紫霄宫看成"神仙炼性修心之所，国家祈福之庭"[47]。明洪武二十四年（1391 年），清微派高道简中阳来到武当山"居紫霄之巅，避谷坐忌，葆和养素"[48]，永乐四年（1406 年）受到明成祖召见，他一一奏陈武当山玄帝升真事迹，为大修武当山道教建筑作了宣传铺垫，明成祖赐以祠部护身符牒还山。史载简中阳羽化后印剑藏于紫极宫之西。一批修道高士来到紫霄福地凝神静守，"于福地峰之上杜门守静，凝神太漠"[49]。展旗峰太子岩的石室洞窟（洞高 10 米，宽 15 米，深 12 米）是典型的避世型洞天，元代曾建小石殿，殿旁立元代碑碣"太子崖"，是修道之士隐居紫霄福地，达致终极解脱目标的修炼场所。《方志》卷五"瑞应类"记载，永乐十一年（1413 年）六月二十一日"紫霄宫修理福地。是日，宫前五色圆光现，见天真坐于其中，左一将执皂旗，右一将捧剑，下有白云拥护，云中复见龟蛇，盘旋久之"[50]。故紫霄福地蕴藏着玄帝游息的神化色彩，奇岩妙洞弥漫着神仙灵气，是当然的祝禧福壤、受福之地。

二、紫霄宫玄奥丰富

《说文解字》注"紫"为帛黑赤色，青当作黑。因火畏水，以赤入于黑，故北闲色紫。山列"九宫八观"，紫霄宫是其中之一，其名称表述复杂，《任志》卷八"太玄紫霄宫"条谓"旧之'紫霄元圣宫'"。"元圣"是元成宗大德八年（1304年）真武神封号的简称，全称"玄天元圣仁威上帝"，故"紫霄元圣宫"是志书对元代该宫宫名的一种简称。致和元年（1328年），由冲正守真明素法师大万寿紫霄元圣宫提点陈道明、真元纯素凝和法师大万寿紫霄元圣宫提点谢道清全立《上善池记》碑，反复提及此宫全称"大万寿紫霄元圣宫"[51]。两位提点在立碑记事时，无论官位（提点自称），还是碑文首言宫名，一定会严谨慎重。以"大万寿紫霄元圣宫"风格而言，应为元皇室所赐。罗霆震赋诗《紫霄仁圣宫》："圣师指引宅穹高，四合云峰涌翠涛。乾位当阳端黼座，方瀛海上跨金鳌。"[52]说明元代该宫还可简称"紫霄仁圣宫"。

永乐十一年（1413年），明成祖在"展旗峰下，故宫（按：大万寿紫霄元圣宫，明代改称此元遗大殿为'香火殿'）之侧"[53]，即展旗峰之阳修建了紫霄宫，赐名"太玄紫霄宫"[54]，精选道士廪食者五十人，提点二员，阶正六品，给印一颗，兴隆道教，重视紫霄宫。那么，如何理解"太玄紫霄宫"的内涵呢？

"玄者，自然之始祖，而万殊之大宗也。眇昧乎其深也，故称微焉；绵邈乎其远也，故称妙焉。"葛洪在《抱朴子内篇》里开宗明义，把"玄"看成一种本体性的东西，比之天地万物更根本的"道"。他还铺陈了"玄"之美："其高则冠盖乎九霄，其旷则笼罩乎八隅；光乎日月，迅乎雷电；故玄之所在，其乐不穷；玄之所去，器弊神逝"[55]，说它是更为意象化的"道"之美。

"太玄"指构成世间万象正阳之气，即玄、道。古人解"玄"为黑中有赤，"天以不见为玄，地以不形为玄，人以心腹为玄"，释之为天下玄奥之事。中国古代有一种宇宙观称为浑天说。西汉扬雄所撰《太玄经》极大地发挥了这一学说，他将源于老子之道的"玄"作为最高哲学范畴，在构筑宇宙生成图式和探索事物发展规律时，以"玄"为中心思想，提出以"玄"作为宇宙根源的学说，强调"玄者，天玄也、地玄也、人玄也。天浑行无穹不可见也，地不可形也，人心不可测也。故玄，深广远在矣"[56]。扬雄以浑天说为基础，对天地结构加以认识，对后世影响很大。南北朝时期的《老君传授经戒仪注诀》太玄部第八曰："太玄者，大宗极主之所都见也。小宗未极之主，相导归乎此都。此都无际，包罗毕周，最大无比，故谓为太。有而难见，故谓为玄"[57]，这一认识受到了浑天说的影响。另外，在武当山道教中，当玄帝归根复位时，"可拜太玄元帅，判元和迁校府公事"[58]，在表述神职时使用"太玄"一词，形容玄帝兼具战争之神、雷部统帅的多重身份，其能量如玄、道一样深远广大。《总真集》载："惟玄帝天一之精，丁甲风雨水火之神，俱隶主治，能荡除氛秽。右侍玉童，持符往召玄帝，被旨上朝天颜，恭领帝命，部坎离真相，苍龟巨蛇，丁甲五雷神兵三十万。神将、巨虬、师子、毒龙、猛兽，齐到下方，恭行天讨。"[59]元代武当山清微派盛行，玄帝纳为其道法体系中重要的主法之神。在紫霄宫前冠以"太玄"，正是在明了"太玄"如此复杂神秘的用意后而加的前缀，标志宫的性质是由武当山主神玄帝主宰的道教大宫。

紫霄，从道教意义上理解更是有多重含义。

首先，"紫霄"是想象的高空，至高极大。《抱朴子》曰："夫得仙者，或升太清，或翔紫霄，或造玄洲，或栖板桐；听钧天之乐，享九芝之馔；出携松美于倒景之表，入宴常阳于瑶房之中……夫道也者，逍遥虹霓，翱翔丹霄，鸿崖六虚，唯意所造。"[60]"紫霄者，玄天之别名也。"[61]《道书》把天分为九重（九霄：赤霄、碧霄、青霄、玄霄、绛霄、黔霄、紫霄、练霄、缙霄），"谓之紫霄者，非以凌霄汉腾紫气耶"[62]。葛洪对于紫霄的描述说明至高极大的空间是富于艺术想象力的高度。

《总真集》载："紫霄者，玄天之别名也。""神仙练性修心之所，国家祈福之庭。"[63]《神咒妙经注》卷一解释"玄天"："玄者一也，天者霄。乃北方一景紫霄太玄天，泛天一之炁化，今玄帝位居之。"[64]所以，紫霄，顾名思义是在九天之上的至高极大处，即北方紫霄太玄天，为天一之炁所化的玄帝之位。紫霄宫可理解为九天之上玄帝主治、神仙会聚之地。紫霄宫以道经"紫"为中央，高于九霄得名。王理学释为"紫霄宫取冲举紫霄之义"[65]。作者许宗鲁明确指出"福地"是紫霄宫，青霄指青天、高空。"福地青霄近，诸天紫气开"[66]。王嗣美的《紫霄宫》也从这一角度进行描写："千峰壁立插青霄，绝顶烟霞迥自超。遂有神明趋黯淡，岂无人物护岩峣。垂檐北斗真堪摘，俯槛东皇乍可招。旧识仙人王子晋，天边鸾鹤坐相邀。"[67]诗人对于青霄充满想象。

其次，"紫霄"喻天上星座。中国古代的星辰崇拜，将北辰看成永久不动的星，位于天之最中紫微垣，是天上帝王的居所，即众星之主。北极紫微大帝位列道教尊神三清四御中"四御"第二位，玄帝则受北极紫微大帝之命，荡妖除魔，成为赫赫有名的北方战神。因此，"紫霄"象征着紫微星座，是天地中央之紫坛，为玄帝所居，反映了道教思维任意驰骋、无拘无束的一种特征。

再次，"紫霄"谓氤氲美景。展旗峰一派烟霭岚横、人间紫府的景致，雨后天空出现弧形红色、紫色的彩带虹霓便称为"霄"。清晨曙光初照，紫气腾覆，千树万花挂满晶莹剔透的水珠，碧空清净无尘之时，诗人才会生发出"行尽青山入紫霄，函关紫气郁岩峣。乍看云雾生巾舄，转觉檐栊隔降绡"[68]之感喟。紫气是描写美景的用词，诗句以"紫霄"为人间仙境涂上美的色彩。阳光下的紫霄，"阁道通霄汉，千山紫翠重"；而月光下的紫霄，则"千尺峰头明月辉，松盘石磴紫烟飞"[69]，描写紫霄宫的诗句常用"紫"："云横三楚紫，烟接五龙青。翡翠依丹府，芙蓉削彩屏。祥光时缥缈，大道总玄冥。"[70]王嗣美的《紫霄宫》就重在描写"紫"："高岩晴色隐危栏，曾说垂天八百盘。紫气半从峰顶出，红云低傍殿头看。振衣人境摩黄鹄，岸帻天门跨紫鸾。欲按霓裳歌一曲，恐惊星斗落栏杆。"[71]不能忽视"紫"这种色彩，因为道教崇尚紫色，"紫气东来"象征着道家道教的鼻祖老子。武当山道教主神玄帝的神话系统也没离开这种祥瑞尊贵之色，如静乐国太子出生时瑞应异香，紫气满室；太子七岁潜心至道，感无极紫元君授之上道；五龙捧圣在紫霄峰飞升霄汉；受帝号于七宝琼台时在紫微之上，一派红光紫云覆盖其上。武当山的许多命名也没离开紫色，如紫霄峰、紫盖峰、紫炁峰、紫霄洞、紫霄岩、紫虚宫、紫极宫、紫霞观等。元代文学家袁桷诗咏："昆仑挟潢汉，紫霄嘘青萍。玄鹤渟以凄，百谷奔零零。浮侈不足慕，趣使归岩扃。天地古橐籥，炼一清且庭。诡幻岁已暮，愿言养修龄。"[72]相信诗中的张道士回山之地就是紫霄宫。"峭壁中天翠展旗，琼台叠叠紫虹霓。金光殿阁明霞灿，瑞气峰峦远汉移。"[73]对紫霄福地诗意般的写照，不仅仅在于自然风景，还渗透着丰富的人文精神，既能满足人们所向往理想的美好憧憬，又是如此真实的人间紫府仙境。

紫霄福地是一种道教文化，道门中人为追求逍遥超脱、羽化成仙，而舍喧嚣取幽谷，舍平原而取崇山，选定了这一处福地仙境，开辟荆棘营造紫霄宫，供奉道教神灵、讲经布道、炼丹修道。而紫霄宫则以其宫殿、神龛、雕塑、碑刻以及道经、志书、历代文人墨客的大量游记、诗歌等，承载着丰厚的道教文化，触动人的心灵，令行人羽客向慕瞻礼。因此，"太玄紫霄宫"的命名，是道教文化及审美活动的综合产物。

第二节　紫霄宫堪舆选址

古人相信山水环抱生气旺盛，强调建筑与自然因素相契合。紫霄宫四周山峦环护，水量丰沛，地势北高南低，负阴抱阳，是藏风聚气、有利于生态的内敛型台地，其建筑选址和择位选取都注重最佳风水格局。本节按照传统堪舆模式试析紫霄宫的堪舆选址。

一、紫霄宫自然生态格局

祖山、少祖山、主山：昆仑山在中国的风水大势上被普遍地认作天地的支柱，而与之相连的山脉是龙脉。龙脉向东南流行是大巴山脉。武当山背依大巴山，地中生气充溢永驻，属于风水宝地。所以，昆仑山、大巴山、武当山是紫霄宫的祖山、少祖山、主山。

父母山：紫霄宫基址落脉于展旗峰下，展旗峰是紫霄宫所倚重的靠山——父母山。展旗峰位于大顶天柱峰之东，"一柱擎天，千仞如削，东铺翠嶂，如帜飞空，宛然皂纛之形"[74]。"皂"是黑色，"纛"是大黑旗。真武大帝出战六天妖魔时，手中挥动指挥千军万马的大旗正是充满神奇性的黑旗，而展旗峰峰岩平行的垂幅式褶皱恰似一面猎猎飘动的皂纛大旗，气势雄伟，为衬托道教神宫威武的建筑性格，而增添了几分神秘与威严。古人形容其"铁色横上，千仞若屏"[75]；"卷云切铁，有起止之势"[76]；"峰铁

» 紫霄宫、南岩宫建筑与环境（资汝松提供）

稣色，崖岩累峗，不翅百丈，如中军旗纛，陨然落半空中。紫霄背负旗峰，崔嵬岸峄"[77]。展旗峰是武当山最雄奇的山峰，山势跃动欲奔，石色如铁，如中军皂纛展起，半空中帜旒扬自宫前，如墨云堕屋，垂垂欲雨。

展旗峰上有玉清岩、太清岩、太子岩，合称三清岩，绝险难至。岩上杉桧桐梓，阴翳甚郁，皆玄帝游息之地。玉清岩、太清岩上接紫霄，下瞰碧涧，合称"太上岩"。西道院以西有七星岩，东道院以北有炼丹岩、炊火岩等。"从殿后右转，陟山椒，有岩曰'太子岩'。岩名以帝故，盖帝为净乐国王子也。上有三大字，甚深可辨。"[78]陡立的山道松杉参天，修竹丛丛，云腾雾绕，飘飘似仙幻之气。

朝山：三公峰（太师峰、太傅峰、太保峰）、五老峰（始老峰、真老峰、皇老峰、玄老峰、元老峰）福地诸峰，蠹蠹霄汉之表，千态万状应接不暇。五老峰下有升真岩，传为五老奉诏接真武升天之处。还有灶门峰、福地峰、蜡烛峰、落帽峰、照壁峰、香炉峰、紫霄峰诸峰，都可视为紫霄宫的朝山。因岚烟瘴雾，清晨的云气常如炊烟而名之灶门峰。古人常用"仰逼"来形容它们群峭摩天，趾连巅岐，迎面而立的壮观之势。由于诸峰连接，如宝剑，似朝笏；如城堡，似蜡炬；如覆钟，似峙鼎；蜿蜒绵亘，自然流畅，四季苍翠，终年如黛，此起彼伏的山峦曲线，仿佛真武憩于云雾飞龙之上，站在紫霄福地前眺望山势若"太子卧龙床"。

砂山：太子岩左侧有蓬莱峰，号称"蓬莱第一峰"，山势蜿蜒曲折，四季常新，好似一条若隐若现的青龙，在云雾缥缈时又宛若海上仙山，为紫霄宫左侧青龙背；福地峰、叠字峰、蜡烛峰奇壑异峦，壁立万仞，峰顶如笋似锥，常有云雾缭绕，山势耸然而起，仿佛威风凛凛欲跃腾空的猛虎在巡视八百里武当山，为紫霄宫右侧白虎垭。叠字峰，三山叠字，峰含雷神洞，上窥空谾，松林扶疏，峭壁间有石穴灵岩。元代书法家危伯明八十高龄须发飘萧，曾仙履翩然来到紫霄宫，望见左右砂山感慨地写下了："东观云深鸿宝秘，西清月转步虚遥。尚凝龙虎蟠金鼎，谁驾鸾凰按玉箫"[79]之句。砂山遥相呼应，负阴抱阳，藏风纳气，向阳采光，是一阳复来，三阳开泰，修炼内丹"吞纳太阳法"的风水宝地。远处的玉虚岩、紫霄岩与左右砂山冈峦天然形成了更大的格局，是第二层左膀右臂的护山。

案山：紫霄宫"前对灶门，背倚展旗，层台杰殿，高敞特异，左右翼山拱而出，衔两圆阜为大、小宝珠，金水渠窦小宝珠汇焉，名'禹迹池'"[80]，宫前拥大、小宝珠二峰，峰负焱岩，左右屹若华表，又呈宝珠贯联星。"宝珠烂结琅玕树，金锁重扃翡翠屏。"[81]两座玲珑小独峰，状如翡翠宝珠，左右环列，屏峙围合。元代有隐者作《宝珠峰》："沧海神珠照夜明，仙人佩向紫霄行。归时遗落桥东道，化作春山一点青。"[82]大、小宝珠峰相对独立，并不与紫霄宫左右砂山相连，砂山延伸至宫的两侧时便中断了，奇妙的是山峰自身生成浑圆状态，双顶圆突似小儿擎拳状，如华表摄门恰在其位，为紫霄宫案山。

水：紫霄宫基址周围溪涧多集中在宫西或西北部，雨季时泉声益怒，飞流缥碧。"蓬莱第一峰"在福地峰，"有泉一泓，风吹余沥四散。其溅如沫如珠，可挹出"[83]。相邻的叠字峰、蜡烛峰等诸峰都水源丰沛，传说叠字峰是雷帅欻火律令邓天君炼真处，风雷从此起。另有出自雷神洞的云钟涧、出自三公峰的紫霄涧、出自香炉峰的黑龙涧与五老峰下有升真岩下的白云涧等汇聚。其中，紫霄涧转自紫霄宫南迤，北会诸涧，入九渡涧；黑龙涧汇入武当涧、紫霄涧，水的自然状态流向分散，呈散泄之状，需人工造渠，引得诸涧溪水自西潺潺流出，汇合于金水渠内，于是松杉挺特，秀木繁荫。

通过以上分析可知，紫霄宫在选址方面是匠心独运的。中国传统堪與理念，在这规模宏伟的道教建筑群落选址中得到淋漓尽致的体现。明万历三十二年（1604年）进士杨鹤《参话》写道："紫霄背负展旗峰，前有禹迹池、大宝珠、小宝珠、赐剑台、万松亭，后有太子岩、太子亭。四山拱揖，自为奥区。"[84] 宫之周围冈峦仿佛天然形成的一把二龙戏珠的宝椅，前玉案，后黄盖，背山面水，负阴抱阳，藏风聚气，自为奥区，是地气所聚、龙穴所在。基址处于山环水抱的中央，地势平坦且具有一定的坡度，海拔804米。因之气候宜人，宫内外花草茂盛，松杉挺拔，环境清幽，是典型的环抱天成"紫霄福地"的堪舆格局。故方位选择为坐西北朝东南向。张良皋高度评价紫霄宫选址："既自成局面，又绾毂全山。中国风水术所要求的主山、青龙、白虎、案山、朝山、明堂、水口……在这里一应俱全，可说是一块无可挑剔的风水宝地，是风水术全面成功展现的范例。"[85]

» 俯瞰紫霄宫（何银平摄于2018年）

二、紫霄福地蕴藏神秘玄机

如此风水上乘之福地是否还蕴藏着更神秘的玄机呢？这是见仁见智的问题。武当山道教徐玉勤道长提出紫霄福地"恰似一幅逼真的人体修真图"[86]，此观点颇为独到。他认为，紫霄宫建筑群与其周围山势地形酷似真武大帝"紫霄坐像"，隐藏着人体养生关窍，其与道教内功修炼要法的内在联系表现在：

展旗峰顶部：人体最高部位的百会穴；

展旗峰上部太子岩：上丹田（太子洞静守之态，意在守神。洞前滴泉如口中汁液。上下太子岩有十二层台阶，似人脖子上的喉管，修道者称此处为"十二重楼"或"十二节"，为天突穴）；

展旗峰胸部日池：中丹田（心之所在，藏神之所。水面如镜，照人心性，可返观自照。修道者恪守此处，平心静气，内视存神，定性炼命，增长慧力）；

展旗峰腹部禹迹池：下丹田（坎水之地，藏精之所。宝珠峰似炼精化气后结丹之状。修道者在练功打坐时，意守此处，体内八卦运转，鼎炉炼药，炼精化气，炼气化神，神炉结丹，证得大道）；

展旗峰趾部山门：百日筑基（天龙与地虎、乾阳与坤阴相合之地。内丹"龙虎交媾"之像。乾系纯阳而为天，故居南上；坤系纯阴而为地，故居北下）。

道教称人体有三丹田。丹田是道家内丹术修炼的丹成呈现处，也是炼丹时意守之处，为道教修炼内丹时精、气、神的术语，位置处于人体的黄金分割线上。上丹田，又称明堂、天目、祖窍、上玄关、泥丸宫，众穴交汇，为督脉印堂处，在眉心，修道者意守之，可广开智慧、洞悟大道；中丹田，又称绛宫、土府、规中、祖气穴，为宗气之所聚，胸部膻中穴，在心窝区域；下丹田为藏精之所，任脉之关元穴，脐下小腹部，包括关元、气海、神阙、命门等穴位。另外，还有头顶百会穴等。"紫霄福地"状若龙椅，隐含着玄妙的道家内功图。历代高真大德在此修真悟道，参悟心法，教传世人，度化众生。武当山收藏有《武当山炼性修真全图》《武当山玄机心法图》《内景图》等丹经文献，即历代丹炼大师栖居隐修秘法。

何白曾对紫霄宫自然山水与建筑的关系做过一个总括，极有见地。他写道："紫霄势若建瓴，后殿特耸，渐至步廊辇道，亭台以次而降，益觉雄峙。两旁羽客丹房，远近高下，星分棋布，殿负石障曰展旗峰。左右屹若华表，曰大小宝珠。前有日月池、七星池，外有陂，潴水渊澈，其源自金水，渠下注，广可二亩而赢，曰禹迹池。复从殿后拾级而上，数十折至厓半，曰太子岩。下有洞甚狭，相传真武修真处。中有平石如座，承膝处光若修漆可鉴。厓折而升，有小山隆起者，为道书福地七十二峰之一也。稍降为赐剑台，台前五老、蜡烛诸峰，亭亭若在杂壁间物。载折而降为万松亭，亭外松杉偃寒如盖。回望展旗若建牙。"[87]《方志》一番远景近观，其"紫霄宫五图述"予以宏观评价："左龙右虎，前雀后武，虽当廉贞、贪狼二宿之下，而环抱天成，楩石所栖，各有次第，则非太和、南岩之所得而有也"[88]，环抱天成的"紫霄福地"才是紫霄宫堪舆的真正奥义。中国道教建筑处于山地的道宫数量占绝对多数，地形复杂多变，而紫霄宫的具体择地布局，则运用阴阳典数，遵循传统堪舆理论，充分发挥了紫霄宫的地势之利，在长期的历史继承中不断融合静观、玄览中的直觉领悟，创造性地解决了紫霄宫堪舆选址的问题并做到极致，使之成为名副其实的洞天福地。

第三节　紫霄宫规制布局

紫霄宫大规模的兴建在明永乐十年（1412 年），明成祖敕建"玄帝大殿（现匾"紫霄殿"）、山门、廊庑、左右圣旨碑亭、神库、神厨、祖师殿、圣父母殿、方丈、斋堂、钵堂、云堂、圜堂、厨室、仓库、池亭，一百六十间"[89]。嘉靖三十一年（1552 年），明世宗又进行了大规模的维修扩建，增加了殿、堂、廊庑等为楩大小总八百六十。《王志》较全面地反映了维修扩建宫内外主要建筑的情况，借助该志图文罗列相关建筑名称如下：香火殿、日池、七星池、月池、真一泉、上善池、太子亭（明建，太子洞天然石龛前，已废）、小圜亭（"蓬莱第一峰"岩下，已废）、道院、福地殿、丹井、万松亭、赐剑台、临清亭（大宝珠峰下，已废）、金水

>> 紫霄宫旧貌（李俊提供）

渠、金水桥（亦称金锁桥，桥长 12.7 米，宽 5.2 米，高 3.1 米，石栏望柱 69 套）、禹迹池、禹迹亭、禹迹桥。自嘉靖以后，紫霄宫管领福地殿、威烈观、龙泉观、复真观，还涉及附近的观外建筑紫极坛、黑龙桥、通会桥、黑虎桥、渊然亭（九渡崖下）、天津桥、复真桥等。

清代历经两次大型维修：

首次维修：紫霄殿东次间后三桁垫（下金）枋留有墨书题记："大清嘉庆六年（1801 年）兴工，二十五完工，木匠陈明万，子裔仁"[90]。正门抱对：金殿重辉，看鸟革翚飞，势化山河维社稷；帝容复整，仰龙章凤姿，光同日月炳乾坤。上联署：皆大清道光七年仲春中浣吉旦敬献；下联落款：众信士首人仝住持沐手谨立。抱对在维修工程竣工之后敬献，推测紫霄宫这次大修始于嘉庆六年（1801 年），而完结于嘉庆二十五年（1820 年），是针对紫霄殿梁架等大型木构的维修。殿外斗栱、殿内神像、壁画的装容彩绘及梁架斗栱的彩绘，则一直持续到道光六年（1826 年）才完工，历时二十五年之久；

二次维修：清咸丰六年（1856 年），因官军与红巾军在武当山作战，使紫霄宫、南岩宫、朝天宫、太和宫受创严重，紫霄宫几无道人。直至同治初年，才有道士杨来旺的到来。杨来旺拜师武当山全真龙门派何阳春成为紫霄道衲。因给陕西抚台治病灵验，抚台病愈后亲自坐镇紫霄宫三年，调运钱粮修复了紫霄宫部分残损宫观，其余工程由杨来旺率领弟子门徒通过十余年募化而相继修复，前后工程达十三年之久。

1949 年至今的修复，主要有 1953 年紫霄殿及东西配房历时五年的维修及 1979 年修缮和 1994—1995 年的大修。

总之，经过六百多年不同程度的保护修葺，现存建筑 182 间，建筑面积 8553 平方米，使紫霄宫成为武当山现存最完善的道宫之一。

一、天人合一的玄妙设计

以系统思维观察紫霄宫建筑群，其建筑规划和布局设计深受堪舆观念的影响，与自然环境天人合一，也与内丹要法有关，宫内外各建筑框架结构有类似人体修真图的特点，值得注意。

丹道修炼属于气功，有吐纳、导引、行气、服气、炼丹、修道、坐禅等修炼形式,《庄子》一书还涉及坐忘、心斋、缘督等修养方法。它们都源于养生思想,其哲学本质是人的自我意识的觉悟和对自我生命把持的一种修持方式,道教的长生久视成为修道之人的终极追求。内丹是以天人合一思想为指导,以人体为鼎炉,精、气、神为药物,主张内炼成丹(内丹)、外用成法(雷法),在体内凝练结丹的修行方式。多数门派的修炼步骤是炼精化炁、炼炁化神、炼神还虚、炼虚合道,这个过程伴随筑基炼己。掌握阴阳规律、宇宙旋律、人体节律、修炼气功及金丹大道的诀窍,为金丹大道的理论基础。老子"谷神不死,是谓玄牝,玄牝之门,是谓天地根"[91]"玄之又玄,众妙之门"[92]等精辟论述,是古典道生术理论的高度概括,为修炼金丹大道提供了坚实的理论依据。司马迁总结为"无为自化,清静自正"[93],主张无为而听任自然的变化,清静而自得事理之正。

武当山早期炼丹家晋代人山世远,因得道被称为"太和真人"。《真诰》卷九"协昌期第一"载:"山世远受孟先生法,暮卧,先读《黄庭内景经》一过乃眠,使人魂魄自制炼。恒行此二十一年,亦仙矣。"[94]秦汉时期成书的《黄庭内景经》是上清派早期经典,阐述存思身中诸神、三丹田的部位等气功功法,指出玄丹、子丹在真炁运行中的作用。《总真集》卷下"古今明达"记载姚太守在成功祈雨后,"挈家隐居武当,志慕虚玄,成真证道。玄帝命为本州守土镇山之神。宋初却蝗救旱,灵显昭著,进封'忠智威烈',宣敕建祠于紫霄宫之

» 紫霄宫东天门正立面(宋晶摄于 2018 年)

» 紫霄宫东天门须弥座雕饰(宋晶摄于 2018 年)

东"[95]。姚太守志在修道，有鲜明的丹道修炼的特点，他祈雨而建五龙祠有功，从而得到百姓的祭祀。紫霄宫东天门毗邻威烈观，入门后的威烈观始建于宋代，内奉威烈王姚简，现已坍圮。均州城北有威烈庙，始建于元代，亦祀唐武当军节度使姚简。唐末五代时期，陈抟（871—989年）曾隐居武当山九室岩，服气辟谷历二十余年。襄阳人魏泰《东轩笔录》卷一载："陈抟，字图南，有经世之才。生唐末，厌五代之乱，入武当山，学神仙导养之术，能辟谷，或一睡三年。"[96]陈抟的《睡功图》配诗："调和真气五朝元，心息相依念不偏。二物长居于戊已，虎龙盘结大丹圆。"（《左睡功图》）"肺气长居于坎位，肝气却向到离宫。脾气呼来中位合，五气朝元入太空。"（《右睡功图》）[97]其"五龙睡法"即蛰龙法，涵盖了道与器、体与用等哲学范畴和道教内丹学、易学的光辉思想，对宋明理学产生了广泛而深刻的影响，浓缩了"蛰龙法"之精要。《武当山十方丛林炼性修真全图》配诗"阴阳女儿车"（"阴阳玄牝车"），注解了"河车"这一经络部位。《历世真仙体道通鉴》卷四七录陈抟《赠金励》一诗："至人本无梦，其梦本游仙。真人亦无梦，其梦浮云烟。"[98]陈抟专擅蛰龙睡法，在睡眠中修炼丹道，达到其寝无梦、其觉无忧的理想状态，"游仙"的睡梦里有人间第一玄、空灵神秘的境界，这首游仙诗即以"梦"来描绘想象的世界。

从中华道家宗祖轩辕黄帝求道于广成子起，远古时期的先民已开始修炼气功内丹术，形成了气功丹道修炼术的理论。大道渊源于黄帝，而集大成于老子，道派发展出少阳派、文始派。文始派在武当山得以传承沿袭：关尹子——麻衣道人——陈希夷——火龙真人，直修虚无大道，以无为法而兼学有为，顿超直入了性而自了命，分为南、北两派，三丰派是其中之一。北宋隐仙派宗师火龙真人贾得升，上承五代宋初陈抟，下传元明之际张三丰。《张三丰承留》一诗内含武当山道教内丹修炼的传承谱系，诗云："天地既乾坤，伏羲为人祖。画卦道有名，尧舜十六母。微危允厥中，精一级孔孟。神化性命功，七二乃文武。授之至予来，字著宣平许。延年药在身，元善从复始。虚灵能德明，理令气形具"[99]，表达了对内丹修炼本质的再认识，指出三教合一最终统一于太极。

张三丰是明代武当山道教发展史上最有影响力的高道，是承上启下的关键人物。他曾在紫霄宫结庵授徒，传说太子洞前平缓处两座八卦形石台为其练功所用。翰林进士、台湾兵备道、襄阳府知府周凯记载："紫霄宫，张三丰栖隐处，宫已荒落，有古松一株，凌霄花缠之斑斓可爱，云是三丰手植，回视来往已半没白云中矣。"[100]

"张三丰对'玄'可谓情有独钟，故而诗词首出'玄要'，这就是道玄、丹玄、法玄。"[101]紫霄宫十方堂供奉张三丰祖师造像是其丹道思想的文化表征。

首先，道乃天地之根。张三丰《金丹诗三十六首》处处涉及"道"这一统摄宇宙的最高本体。"信道形神堪入妙，方知性命要全修。"[102]"养道皈真"阐明其形神观，属于道教哲学本体论在人身上的进一步展开，形、神要素天然地与"道"的范畴关联。《大道论》"保生章"认为："勿驰骋于六尘，勿奔波于三世，既耳目无所闻见，心绝思虑，气通和畅，神不离形，形不离神，神形相守，长生仙行成矣，保生之道遂矣。"[103]故道教强调性命双修，使形神合一，在自身中找到能够与"道"沟通并得到彻底解脱的途径。《离尘旧隐》诗云："一片闲心绝世尘，寰中寂静养元神"；《扫境修心》诗云："六根清净无些障，五蕴虚空绝点暇。"[104]意在把佛教关于人体身心的构成要素（识神）转化为道教修炼的最高境界（元神），融合两教悟"道"。"了道度人"的"曾将物外无为事，付在毫端不尽传"[105]，写出了高道应有的人生境界，通过炼精化气、炼气化神、炼神还虚的内丹修炼，将对"道"的思辨用诗文的方式传达出去，济度群生。这种修养功夫不是寻找神或人，而是寻找神性的终极概念"道"，逐步提升对"道"即无为、虚等概念的理解，从而超越对生老病死、贫富穷通的恐慌，实现人自身生命内部的和谐，超越人与自然的对立，实现二者的和谐。

其次，丹乃真性真情。张三丰继承陈抟老祖的内丹思想和"蛰龙"睡法，提出"真铅"概念，这是修炼真道的结晶。他说："真铅即真知之真情，乃真灵之发现，以其真知外阳内阴，外黑内白，故谓真铅……惟以真知，内含先天真一之始气，乃阴阳之本，五行之根，仙佛之种，圣贤之脉，为修道者之正祖宗。"[106]真铅是先天一气，来自虚无。认取真铅真知，修道者还需炼己，否则真知来亦不留，故"欲向西方擒白虎，先往东家伏了龙"[107]。真情即白虎，属西方金；真性即青龙，属东方木，二者本来一家，因其交于后天，真中杂假，性情不和，如龙西虎东。若欲复真，必先去假。真功内炼，才能返本归根，复还先天无极之道。牵回白虎与青龙配合，既生动形象，又反映大丹性状，在许多诗中都有表达，如《打坐歌》："龙又叫，虎又欢，仙乐齐鸣非等闲"；《炼己下手》："拿住龙头收紫雾，凿开虎尾露金光。真铅一点吞归腹，万物生辉寿命长"[108]；《颠倒妙用》："青龙锁住离交坎，白虎牵回兑入乾"；《无根树道情二十四首》："无根树，花正双，龙虎登坛战一场。铅投汞，阴配阳，法象玄珠无价偿。此是家园真种子，返老还童寿命长"[109]，真种子就是真铅、大丹，它深藏道性，是修道之根基。

再次，法乃内丹功法。张三丰描写内丹功法、行气养性的诗颇多，也沿袭着前人使用的内丹功法术语，如玄窍、火候、真胎元、玄关、铅汞、先天、姹女等，大量使用隐喻暗示内丹修炼法诀。主要功法，一是清修，如"闭目观心守本命，清静无为是根源"（《打坐歌》）[110]；"一片闲心绝世尘，寰中寂静养元神"（《离尘旧隐》）[111]。二是补亏，如"无根树，花正微，树老将新接嫩枝。桃寄柳，桑接梨，传与修真作样儿。自古神仙栽接法，人老原来有药医。访明师，问方儿，下手速修犹太迟"（《无根树道情二十四首》）。张三丰认为，只有先将精气神补足，才可以进行内丹修炼。三是双修，如"雌里怀雄成至宝，黑中取白见灵芽。金多水少方为贵，阴盛阳衰未足夸"（《直指真铅》）[112]；"兑虎震龙才混合，坎男离女更和同"（《九转大还》）[113]。四是睡功，如"学就了真卧禅，养成了真胎元，卧龙一起便升天"（《蛰龙吟》），这种睡功是陈抟传承的"蛰龙法"。张三丰《金丹诗三十六首》则创造性地提出"力敌睡魔"之法，云："气昏嗜卧害非轻，才到初更困倦生。必有事焉常恐恐，只教心要强惺惺。纵当意思形如醉，打起精神坐到明。"[114]对"蛰龙法"的独到见解在于坐功不必高卧而眠，只要盘腿打坐，凝神静气，"静观龙虎战场战，暗把阴阳颠倒颠。人言我是朦胧汉，我却眠兮眠未眠"[115]，同样能达到真正的睡功。总之，武当山高道张三丰的诗将道、丹、法三者融会贯通，自如使用各种功法术语，以凝练诗句、艺术表征加上内丹理论表明丹道思想影响之深远。

在"四象"崇拜中，唯有玄武是龟蛇合体，盘纠相扶，象征雌雄交合、阴阳相配。玄武把自体当作炉鼎，以体内精气为药物，运用神去烹炼，使精、气、神凝聚互结产生真种，结成金丹。东汉道教气功内丹学奠基之作魏伯阳的《周易参同契》开创了丹道修炼体系。从远古之际到秦汉魏晋时期，隐遁在武当山的炼丹家们的丹道思想以及实践对武当山道教神灵观基本立论的形成具有铺垫意义。在紫霄宫建筑的平面设计上，武当山道教神仙信仰和隐居者的丹道修炼影响了紫霄宫的设计理念，以修道者的视角进行暗含人体修真图的大胆构思来反映真武修真的显化去处。因此，审视紫霄宫的建筑布局，不妨联想修道者贯穿上下三丹田，打通三玄关，炼通大小周天的丹道修炼，采用建筑与人体修真穴位结合的方式，以紫霄宫中轴线护栏台阶为大椎骨，一柱擎天，仿佛人体督脉，由上至下可窥见紫霄宫设计中的丹道之妙。

无建筑（百会穴）——太子洞、太子殿（元代建筑）、石级台阶（上丹田）——父母殿（络却穴，即强阳穴）——紫霄殿（玉枕关，阳宫，人体关键大脑）——日池（中丹田）——东西道院（左肝右肺，阴阳合和。东道院地势略高，属青龙甲乙木主肝；西方地势略低，似太阳远去金生，属白虎庚辛金主肺）——百步梯、两座龟碑亭（左右肾，肾能生水，先天之本，修真保精固本，长生久视）——朝拜殿（夹脊关）——龙虎殿（尾闾关，百日筑基）——金水渠及地下暗道、金锁桥、银锁桥（人体任脉，两桥似禁穴石门穴、气海穴，练功打坐神不外驰，精不外泄，锁住心猿意马）——禹迹池（下丹田）。

如此把握紫霄宫中轴对称的总体布局，宫内外各个建筑的巧妙设置，以线带面，以面布点，举一纲而万目张。

二、层台杰殿的规制布局

明正德十六年（1521年），翰林院编修、进士廖道南作《紫霄之歌》："縈紫霄兮九玄，覆玄极兮八埏。载旗峰兮炭業，漱丹井兮沦涟。宝珠贯兮联星，香炉峙兮含烟。列三公兮右左，森五老兮后先。春将莫兮玉林，月欲上兮瑶天。涉九渡兮独往，攀万松兮孤搴。"歌前有一段题跋："是日，入仙关，过回龙观、关王庙、老君殿、太玄观、八仙观、太子坡、复真观、龙泉观，涉九渡涧、玉虚岩、威烈观，乃宿紫霄宫。其后为太子岩、为七星岩、为三清岩、为歊火岩、为炼丹岩，其前为禹迹池、为临清亭、为万松亭、为赐剑台、为福地岩，其山为紫霄峰、为展旗峰、为三公峰、为五老峰、为香炉峰、为蜡烛峰、为福地峰、为宝珠峰、为灶门峰，其水为上善泉、为真一泉、为七星池、为月池、为丹井，幽踪奇事，日夕周极，乃撰紫霄之歌。"[116] 作者按行程路线，从宫前到宫后再到山水之中隐含的建筑，为歌作了很好的铺垫和引导，对认识紫霄宫永乐大修的规制布局有一定启发意义。

（一）中宫建筑

由轴线上的四重殿堂与轴线两侧对称布局的建筑所组成。四重殿堂将中宫分成三重院落。

第一重殿：龙虎殿，亦称山门，为紫霄宫前殿，悬匾"紫霄宫"。面阔三间 15.5 米，进深二间 7.26 米，通高 9.64 米，建于高大台基之上。悬山顶砖木结构，绿琉璃瓦屋面。门式梁架，中柱沿面阔方向纵向布列，木构架均分前后梁架和空间，比他柱略高，前后檐装饰斗栱作为梁架结构的有机整体。殿前后木质券门，券脸木雕连环形花纹，兽面铜质铺首，门面绘"太极"图案。石作门枕。殿侧八字琉璃影壁。殿内左右泥塑青龙、白虎神像，中置神龛供奉王灵官，两侧设格扇门，棂条拼成上部格心，下部裙板雕如意头，明间穿厅，可通第一进院落。宫墙改建出两道门。

》 紫霄宫山门（宋晶摄于 2018 年）

出龙虎殿入第一重院落，最早两侧建有廊庑，现为海墁大院。中轴线前方陡坡三层崇台（台阶计 109 级，分别为 13 级、51 级、45 级，垂

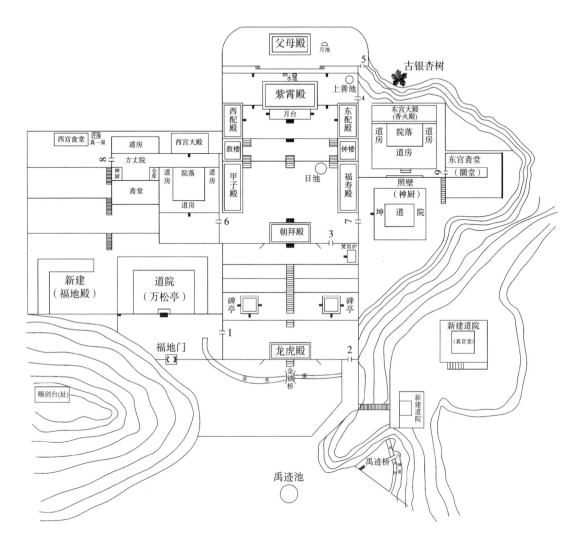

父母殿　月池

古银杏树

紫霄殿

上善池

东宫大殿
（香火殿）

西配殿

东配殿

月台

道房　院落　道房

道房

钟楼

鼓楼

西宫食堂　真一泉

道房

西宫大殿

方丈院

甲子殿

福寿殿

东宫斋堂
（圜堂）

照壁

仓库

道房

院落

道房

神厨

斋堂

日池

坤　道　院

道房

神厨

5

4

照壁
（神厨）

9

6

7

朝拜殿

3

焚帛炉

新建
（福地殿）

道院
（万松亭）

碑亭

碑亭

新建道院
（真宫堂）

1

赐剑台（址）

福地门

龙虎殿

2

金　水　金锁桥　墨

新建
道院

禹迹桥

禹迹池

>> 紫霄宫平面示意图（芦华清提供）

带栏杆、抱鼓石）。第一层崇台之上两侧各设一座御碑亭，筑三层松杉种植平台，磴道起步石阶两侧的树坛基座饰"太极"纹。石阶最上端为朝拜殿平台，海墁遍地，殿门前两侧各设一座旗杆台，殿东设琉璃焚帛炉一座（按：全山现存皇家琉璃焚帛炉共有5座，即玉虚宫2座、紫霄宫1座、南岩宫1座、五龙宫1座）。

第二重殿：朝拜殿，清代改称"十方堂"，接纳十方善信。面阔三间，进深二间。悬山顶砖木结构，抬梁式木架构。明间为穿厅，前后设廊，两侧琉璃八字影壁，墙后有门可通东宫、西宫。殿墙前后对称开小型一马三箭直棂圆窗，四组隔扇门，两边配耳房。殿内须弥座上神龛三座：中间神龛供奉真武祖师，黑脸，铜铸鎏金；东神龛供奉吕洞宾祖师；西神龛供奉张三丰祖师。

出朝拜殿后门进入第二重最大院落，方整石海墁。正前方紫霄殿，

》龙虎殿青龙神坐像
（宋晶摄于2018年）

》龙虎殿正龛：王灵官坐像
（宋晶摄于2017年）

》龙虎殿白虎神坐像
（宋晶摄于2018年）

》十方堂西龛：张三丰祖师坐像
（宋晶摄于2018年）

》十方堂中龛：玄天上帝坐像
（宋晶摄于2007年）

》十方堂东龛像：吕洞宾祖师
坐像（宋晶摄于2018年）

》 朝拜殿正立面（宋晶摄于 2020 年）

》 朝拜殿前三崇石阶（李玄辛摄于 2019 年）　　》 十方堂背立面（宋晶摄于 2020 年）

东有东配房（亦称官厅，单檐硬山式配房），西有西配房（亦称云水堂，宋代为紫霄宫当家理事的中堂，清末武当山道总徐本善改为宣道堂）。院内两厢崇台下从南至北依次分设配殿，东侧：福寿殿（供奉寿星南极仙翁、财神赵公明元帅、药王孙思邈）、钟楼，殿前钟楼下设日池；西侧：甲子殿（六十元辰殿，供奉斗姆元君）、鼓楼。钟楼、鼓楼建于 20 世纪末，鼓楼下原有七星池，现无存。钟楼、鼓楼为两层阁楼，与配房楼以引桥相通。

第三重殿：紫霄殿，亦称玄帝大殿，为正殿、主殿。面阔五间 26.31 米，进深五间 18.39 米，通高 18.69 米，坐落于三层饰栏丹墀崇台之上，左、中、右三列互通台阶。中阶设三组踏跺台阶（分别为 24 级、17 级、6 级石阶）。第一层月台两侧钟楼、鼓楼，建于护栏及抱鼓石与石阶之间的通气处；第二层月台两边建有东、西殿房，配房门正对第三层月台石阶，二组踏跺台阶（分别为 20 级、14 级石阶）；只有中阶设第三层月台。正殿大式九脊重檐歇山顶砖木结构，孔雀蓝琉璃瓦顶。外五踩重昂斗栱撑托檐廊，正面为全开式三交六椀格扇回廊。殿内中神龛供奉：玄帝坐像（后），真武大帝坐像（前），侍卫从神为手持经卷的金童和手捧玉印的玉女（两侧）。东、西神龛高大须弥座上又各设神龛供奉玄帝。次间两侧矗立神台，布局八大天君彩色神像，西侧从左至右供奉：关天君、赵天君，捧剑太乙神

将、端宝玉女；东侧从右至左供奉：捧册金童、执旗天罡神将，金睛鯱魔威烈马元帅、地祇昭武上将温元帅。殿后设四组隔扇门直面高墙崇台，左有护栏，设置假出口，中间围栏"真一泉"，石雕龟脖吐水造型，泉西有金银砂坑。殿东台基下有龙庙、龙池（亦称上善池、龙王井、丹井）。

第四重殿：父母殿，俗称荷叶殿。面阔五间 22.22 米，进深 11.95 米。元代始建，明永乐时重建重檐歇山式父母殿，清咸丰年间毁废，现为民国早期道人水合一重修改建

» 朝拜殿东侧琉璃焚帛炉（宋晶摄于 2018 年）

的牌楼式殿宇，由玉皇楼、斗姆阁、三清楼三层楼组成，殿内正间神龛：一楼供奉圣父静乐国王明真大帝、圣母善胜皇后琼真上仙，西间神龛供奉慈航道人（观音老母），东间神龛供奉送子三霄娘娘：紫霄娘娘、琼霄娘娘、云霄娘娘；二楼供奉玉皇大帝、斗姆、王母娘娘；三楼供奉三清：玉清元始天尊、上清灵宝天尊、太清道德天尊。1997 年武当山道教协会

» 关天君、赵天君站像
（宋晶摄于 2020 年）

» 捧剑太乙神将、端宝玉女站像
（宋晶摄于 2020 年）

» 捧册金童、执旗天罡神将站像
（宋晶摄于 2020 年）

» 金睛䶣魔威烈马元帅、地祇昭武上将温元帅
站像（宋晶摄于 2020 年）

修饰完成的硬山砖木结构，复合式顶杂式木构架，小青瓦屋面。前为廊，后封檐，山花、墀头立体别致，通廊设木栅栏，木楼梯。紫霄殿两侧台基可登月台（露台），勾阑望柱，方砖墁地。殿东建月池，殿后挡土墙。

（二）东宫建筑

中宫经东华门可通东道院建筑。东宫主殿为香火殿，又称故宫，即宋代的"元圣紫霄宫"，元代的"紫霄元圣宫"。面阔五间 19.92 米，明间面阔 4.55 米，进深四间 8.15 米，通高 7.60 米，方整石墁地，崇台高 1.80 米。前为廊后封檐，硬山小青瓦顶，一层大殿。殿前二层砖结构楼宇组成四合院，整体梁柱檩枋。院门外正对"福"字照壁，传用五代陈抟狂草。坤道院四合院二座，还有东道院、炼丹房、斋堂、神厨等。其中，圜堂新建为斋堂；神厨新建为坤道院；真官堂新建为道院，改建、加建两道门。

» 东宫主殿香火殿"福"字照壁
（宋晶摄于 2018 年）

（三）西宫建筑

中宫经西华门可通西道院建筑。西宫为两座相通四合院，历史上的西宫道院在大殿西配殿后，清咸丰元年（1851 年）火毁，同治三年（1864 年）重建，建筑结构法式同东宫，配殿二层楼。西设西道院，可通福地殿、福地门、赐剑台。宫墙外为棚梅园遗址，正德年间宦官吕宪移植数棵棚梅于西道院外园。西道院外原有众多道房，清末废。现万松亭、福地殿新建为西道院。

（四）宫外建筑

宫前：禹迹池，池旁设禹迹桥（长 11.2 米，宽 5.15 米，高 3.35 米），

» 太子岩山门
（宋晶摄于 2018 年）

» 太子岩山门须弥座石雕图案
（宋晶摄于 2018 年）

» 禹迹池
（宋晶摄于 2011 年）

» 禹迹桥
（宋晶摄于 2011 年）

元代前已建，明代重建。1982—2015 年间三移其位建成一座八卦池。明建东天门、威烈观。观前两山夹溪设通会桥（长 19.2 米，宽 4 米，高 8.53 米），护栏围板无存。

宫后：主要有七星岩、三清岩、欻火岩、炼丹岩，它们既有修道的神话传说，也留有修炼者简易建筑的痕迹，如三清岩之一的太清岩因元代黄太清在此得道，又称修道岩；欻火岩，亦称雷洞，近有灵池，传为欻火邓天君炼真处；太子岩传说紫炁元君度化太子武当修道，乌鸦引导太子首栖太子岩太子洞（高 10 米，宽 15 米，深 12 米）。元至元二十八年（1291 年）洞中建起一座石殿，六角束腰泥石神龛，供奉泥塑金饰青年真武坐像；岩外有"洪武""崇祯"石刻；永乐十年（1412 年）在此建砖殿一座和"太子岩"山门，都说明太子洞作为入山炼丹处的修道历史悠久。

宫外：紫霄宫领殿一观三，即福地殿、复真观、龙泉观、威烈观。威烈观前尚存砖石结构东山门一座，供奉武当山神姚简的大殿，面阔三间 12.15 米，进深三间 7.85 米，通高 5.1 米。单檐硬山小青瓦顶，砖木结构，抬梁式构架以及东西配殿穿斗式构架已成遗址。

　　紫霄宫凭借山势，采取欲扬先抑、先疏后密、首尾相顾的建筑手法营建而成，其巧妙从容的铺垫，欲扬先抑的九层崇台、四重殿堂、三进院落，充分反映中国古代的能工巧匠重视中国传统文化和武当山道教玄帝信仰，遵循传统风水理念，规制法义合理，布局设计巧妙，体现出武当山道教建筑的堂皇达观、紫霄福地的精神气派。

第四节　紫霄宫审美鉴赏

　　审美活动离不开一定水准的鉴赏力，寻找和发现建筑的艺术价值和由建筑引申出来的人文价值尤其如此，需要鉴赏者将自己的生气和心力灌注于这座道教殿堂，与它展开一场情感交流，运用审美感性直觉的敏锐性，分析、综合、判断、理解等理智活动的深邃性，联想、想象、情感活动的能动性，使感性与理性统一、认识与创造统一，认识建筑的美，获得精神满足和情感愉悦，完整深刻地把握建筑最值得称道的审美特性和审美意象。对紫霄宫进行审美鉴赏是一种独有的心灵能力，因而是见仁见智的。

一、皇家风范

（一）高耸宏大的崇高之美

　　武当山道教建筑作为皇室家庙，建筑规格应该做到气魄宏大、庄严崇高，具有高殿临碧渚、飞檐迥架空的建筑气势。为了达到这些要求，紫霄宫在整体规制、空间组合、单体造型方面下足了功夫。

　　1. 依山就势，神宫高峙，气势恢宏

　　"峭壁中天翠展旗，琼台叠叠紫虹霓"[117]，是古人对紫霄宫建筑背景宏大壮伟的赞叹。紫霄宫凭借山势的壮丽，采取逐级抬升的手法，营

≫ **紫霄殿**（宋晶摄于2018年）

造出神宫高峙、气势恢弘的气派。驻足金水渠畔，仰望紫霄层峦，"紫盖重重列上台，根盘百里势萦回。丹崖翠壑参差见，琳馆珠宫次第开"[118]。驸马都尉沐昕大岳太和山八景的题咏《紫霄层峦》十分贴合紫霄宫场景。金水渠、禹迹池聚集生气，周围山岩之水合而东流汇于宫前，御碑亭的孔雀蓝琉璃瓦重檐顶突出于龙虎殿之上显赫醒目，又掩映于展旗峰下杉树的绿意之中。最为威武高大的紫霄殿在展旗峰的衬托下依山耸立，重檐歇山顶式大木结构，规格等级高贵，场面阔大震撼，是理想的斋醮祭祀道场，能够体现封建帝王的绝对权威和神圣使命，这种有意创造的后高前低、逐级上升的态势构造出宏大的空间，其碧瓦红墙、雕梁画栋显示出气势雄伟、庄严肃穆的宗教氛围。父母殿的特色在于崇台高举，秀雅俏丽，其砖木结构三层复合式顶，大有千层楼阁空中起、万迭云山足下环的意境。总之，整个殿宇庄严肃穆、飞金流碧、富丽堂皇，徐霞客概括为"层台杰殿，高敞特异。入殿瞻谒，由殿右上跻，直造展旗峰之西，峰畔有太子洞、七星岩，大殿建在三层高大的石台上"[119]。配殿错落有致，高度次第降低。殿外三层崇台。石磴宠青蔼，丹梯逼紫霄。轻抚月台勾阑，可俯瞰紫霄宫最大的院落，层层崇台垂带望柱雕栏玉砌，构筑流畅；日池中云影青霄看鹤鸟飞还，霞蔼晴光万壑紫气，与云烟约订餐霞，入玄关绕池登福地；主体院落规整对称，朝拜殿琉璃大屋顶尽收眼底，"存心荷福"匾额透出的一份虔诚，感染了凝视者仡问诠释紫霄福地其意如何。

2.金柱斗栱，凌空飞檐，庄严华丽

建筑结构的本质是支撑和覆盖。柱是竖向支撑的主要构件，紫霄殿属于梁柱式结构。紫霄殿檐柱、金柱 36 根，明代奉红色为至尊至贵，殿内木柱均饰以红色，底部是一个突出地面的石礩，是没有雕花的古镜式柱础，体现了明代艺术较高的简洁、洗练、自然、大气的审美品位。梁架结构高宽比为 5 : 2.5，保持了宋辽以来的用材比例，按明代

» 紫霄殿后檐飞凤装饰（宋晶摄于 2018 年）

» 紫霄殿后飞檐（宋晶摄于 2018 年）

匠法排列有序，比例适度，外观协调。如果以紫霄象征天上紫微星座，居中央为帝星，那么紫霄宫意味着天地中央的紫坛，犹如皇帝理政的金銮殿。《诗·小雅》"斯干"篇有"如鸟斯革，如翚斯飞"[120]，比喻宫室殿宇的飞举之势，"革"即鸟的翅膀，紫霄殿五彩羽毛的飞凤色泽奇丽，拖曳着缤纷的长尾飞檐，凌空展翅。将视线聚焦在这凌空的飞檐，鸟革翚飞可以囊括殿宇外观的精彩绝伦，展现巍峨壮观、气象万千的磅礴气势。势前为景，势后为情，由景及情，维护江山社稷、祈祝国泰民安、实现皇图永固之旨隐秘不宣，却又显而易见。而鸱吻吞脊，重檐层层上收，上檐翼角的飞龙、下檐翼角的飞凤作展翅欲飞状，翘角飞檐剔刻玲珑，透雕琉璃砖上绚丽的花草纹饰，设计手法细腻高妙，体现出道教的玄妙深邃、皇家的威严宏伟，所形成的皇家建筑风格在中国古代建筑史上是一个伟大创举。

（二）中轴布局的对称之美

一定意义上，紫霄宫是一个独立的道教建筑单元，在基本形制上不仅讲究堪舆选址上的佳山妙水，而且强调严谨对称的院落格局、御路踏

趺，通过数重进深达到群体组合，建筑的整体性处理得和谐统一。中宫整体上严格按照轴线对称布局，中轴线由宽阔的石磴神道和垂带栏杆组成，构件包括寻杖、望柱、华板、地栿，以展布四重殿宇。具体来讲，先过禹迹桥，步入殿堂之首山门——龙虎殿，殿外东西两侧琉璃八字照壁，须弥座，饰琉璃琼花孔雀图案，延伸了宫墙。阴阳对称极具装饰性，富于道家色彩。金水渠呈"S"形太极曲度，与殿门所绘"太极图"相互照应。过龙虎殿，即面对高大平台，平台两侧对称设16幅栏板为东、西御碑亭流线型月台护栏，亭内赑屃驮圣旨碑：东碑刻《御制大岳太和山道宫之碑》，西碑刻《武当山道士圣旨碑》。朝拜殿特别有穿越的仪式感，因为路的韵律之美呈现在眼前，重复的石阶轻倩素雅，排列整齐有序，透过石阶这个中轴线上望层层崇台，殿堂楼阁依山叠砌，鳞次栉比。"崇其堂，峨其阶，豁其绮疏，文其璇题，阶墀门庑皆石平。"[121]朝拜殿前东侧还设置了琉璃化帛炉烧纸、烧香、祭拜，庄重神圣。穿过朝拜殿，再沿中轴线石阶推进，逐渐提升到建筑的最精彩处——紫霄殿主殿，就赫立眼前。它建在三层崇台之上，崇台分东、中、西三路，层层殿堂，形制庄严，代表明代皇权的最高等级，其他建筑皆在中轴线两侧，设有东华门、西华门，福寿殿、甲子殿，钟楼、鼓楼，东配殿、西配殿，均

» 鼓楼（宋晶摄于2017年）

» 钟楼（宋晶摄于2018年）

衡对称，布局巧妙，丹墙碧瓦，雕梁画栋，富丽堂皇。通过东、西华门设左右跨院，故东宫、西宫对于中宫亦属对称分布。最后沿中轴线依次抬升至父母殿，殿左月池与大院中的日池，也是表象概念的对称。总之，穿过道道宫门，登上重重崇台，绕过座座殿堂，主线十分鲜明。武当山"九宫八观"多重复这种规范化布局，建筑格调等级森严，道教规矩十分严格，尽展皇室家庙的气势。

宫后再上三里往太子岩石殿，如通天云梯，过"太子岩"山门后直入云蒸雾锁的洞天乐府。棚梅园东南设福地殿，殿下两口炼丹井，而殿西赐剑台则讲述着丰乾大天帝在此将七星宝剑赐给真武神的故事。

二、瑰宝遗珍

（一）玄帝尊身的神圣之美

中国古人讲究仰观俯察，苍穹既遥远又接近，难以捉摸，一股不可测知的力量似乎主宰着宇宙的森罗万象、井然秩序，神秘的星辰几乎成了生活的凭借。当古人遥望不可测知的苍穹时，仰望星移斗转，寻找因果联系，认为一股不可知的力量主宰着宇宙间森罗万象、井然秩序。古人将天上的恒星分成"三垣""四象"七大星区。"四象"将二十八星宿按每一方七宿想象为四种灵兽形象，用来表示方位、季节、颜色及风水变化。道教创立后，非常重视天上星象变化对人生活的指导意义，"四象"就被奉为具有守护意义的四方之神，表达了重视自然秩序和人的生命成长之间相互感应的思维方式。青龙、白虎被作为镇邪神灵列于门神之位，朱雀被美化为端庄美丽的九天玄女，威风凛凛的玄武则成为镇守北方天界的守护神。

由中国原始宗教的星辰崇拜——北宫玄武逐渐演化为玄帝。以龟蛇合体为参照，位在北方，五行属水，尚黑曰玄，身有鳞甲曰武，具有统摄万灵的威力。伴随着演化，玄帝形象被定格为披发仗剑，脚不着履，驾驭北方七宿奔走于天上人间，总领六丁六甲、二十八宿、三十六天罡等各路天帅，千军万马组成庞大的天上兵团，除妖斩邪。"天冠黑帻，著皂衣，身长二十五丈，手持钟鼓，兵士四十万人，羽服赫然"[122]，《神咒妙经》将北帝人格化为领兵将军。

　　玄帝在诸神中的地位是逐渐提高的。北宋真宗天禧二年（1018年）为避"玄"之讳，用"真"来代替"玄"，封其为"真武灵应真君"；宋徽宗大观二年（1108年）又增上尊号曰"佑圣真武灵应真君"；宋钦宗再封之为"佑圣助顺真武灵运将军"。经过历代皇帝的加封，真武成为继翊圣保德真君、九天司命保生天尊之后又一尊宋朝保护神。由唐末五代道士杜光庭删定、三洞经箓弟子仲励修的《道门科范大全集》卷六十三《真武灵应大醮仪》，描绘了真武作为太上老君应化之身在天以龟蛇为神像，带领神将神兵下降人间时所具有披发跣足、仗剑斩妖的武士形象："北方真武灵应佑圣真君，乃太上老君应化之身，属北斗第六武曲纪星君。北方以虚、危二宿为蛇，营室、东壁二星为龟。龟有甲而扞卫一身，蛇如阵而首尾俱至，故有武之象。龟蛇合而为真武，有神主之，是为真君在天。降于人间，则披发跣足，仗剑以斩妖邪，部领六丁玉女、八杀将军、六甲直符……神兵五千万人，雷电风雨之神，常随左右。"[123] 因为宋代一直面临着北方少数民族的南下侵扰，道教神灵中一批武神——天蓬元帅、天猷元帅、黑煞将军、玄武将军被塑造成辅佐天子、保家卫国的守护神，合称"北极四圣"，或"四圣真君"，或"北方四元帅"。宋代官方、民间编制刊行的真武道书约有十余部保存在《道藏》中，都宣扬真武降于人间，扬善罚恶，辅正除邪，济世救人，劝人行善积德，孝顺父母以获得福报的伦理思想。如《玄门日诵早晚功课》颂赞玄帝的经文曰："混元六天，传法教主，修真悟道，济度群迷，普为众生，消除灾障，八十二化，三教祖师，大慈大悲，救苦救难，三元都总管，九天游奕使，左天罡，右北斗，北极右垣大将军，镇天助顺，真武灵应，福德衍庆，仁慈正烈，协运真君，治世福神，玉虚师相，玄天上帝，金阙化身，荡魔天尊。"[124]《元始天尊说北方真武妙经》对玄武进行了新诠释，玄武是太上老君第八十二次变化之身，托生于大罗境无欲天宫之静乐国。入武当山修道四十二年，功成果满，白日升天。玉帝闻其勇猛，执镇北方，统摄玄武之位，以断天下妖邪，其披发、黑衣、仗剑和蹑踏龟蛇（侍从和护法的水、火二将）的形象成为威镇北方的道教四方神灵之一，真武神将带领天兵下降人间，七日之内天下邪鬼皆清荡，从此人生安泰，国土清平，元始天尊敕命位镇北方。作为统理北方之神，经过不断加封，通称"北极玄天上帝"。如果说道书是以一种文本方式来展示宗教信仰的话，那么，宋代开始在官方与民间的共同努力下，大大小小的玄帝宫观在大江南北相继出现，就是以实体化的方式整合信仰的因素。每年三月三日玄帝圣诞日逐渐发展为一种富有道教文化色彩的江南民俗活动一直持续下来，展现出信仰的文化功能。

从道教史上看，明代是真武信仰的高峰期。成祖发动"靖难之役"以武力夺取建文皇权。为了巩固政治统治，努力清除与建文帝有关的一切历史记忆，又打着寻找张三丰的旗号，大力兴建武当山，暗中找寻建文帝。在这个政治背景下，以玄帝为主神的武当山道教得以崛起，围绕玄帝信仰，提倡三教合一，内丹修炼，修行武当内家拳成为明代道教的一个亮点。武当山作为真武修真得道飞升之处，对广大民众产生了很大的吸引力，来自八方的朝山进香信众汇集，进而成为持续不断的朝圣民俗，扩大了玄帝信仰在社会中的影响力。

那么，到紫霄宫的参拜者、游历者是否都清楚地了解这座道宫的诸神呢？客观地讲存在一些问题。如对参拜主神并不清晰，缺乏思想上的自我检视或完全随众；信仰行为仅停留在烧香参拜的表层，形式上具有一定的盲目性；信仰态度上则表现为有所求或心灵不安才顶礼膜拜，信仰期待、功利之心过重，虔诚性不足，难以归之为信仰等，本质上与对玄帝神性的认识模糊有关，而这是直接关涉道宫的灵魂和核心的问题。道宫是道教文化诸要素得以整合的时空大背景，是道教艺术生发的载体，神仙造像是道宫文化的重心。玄帝信仰是武当山道教建筑文化架构中的关键，代表着武当山道教建筑的伟大精神。因此，只有认识玄帝的神性特质，真正了解玄帝究竟是一尊什么神，才能在紫霄福地充分享受这场精神圣宴，升华对神圣道宫的虔敬情怀。

在道教众多的神灵中，玄帝表现出多重神性，如荡魔除邪的护卫神、以玄武为名的北方神、促进繁衍的生殖神、掌管人命寿夭的司命神、劝人为善的正义神等，因而赢得社会各阶层的追捧，从四方之神中脱颖而出演变为道教大神，各具特色的神性相互交织，消灾佑福的文化功能突显出来。元代紫霄宫突出殿宇崇高，堂庑拱接，帝容尊肃，神灵威严的总体特征。明代武当山"道教造像就达 2000 余尊"[125]，高大坚实的石雕神台、金碧辉煌的木雕神龛、形神兼备的神仙造像，也是武当山道宫建筑结构中必不可少的组成部分。紫霄宫为玄帝而建，玄帝信仰是核心和灵魂，这一文化的生成过程有继承性和创造性，不了解这些无异于徘徊于神殿之外。

1. 玄天上帝造型

（1）正神龛供奉二尊玄天上帝圣像

前为铜铸饰金玄帝坐像，披发跣足，仗剑神锋、着袍衬铠，右手握剑，左手置腿，蹑踏龟蛇。玄帝面如满月，丰姿魁伟，威严端坐，意在体现金阙化身、荡魔天尊、披发祖师、三元都总管、九天游奕使、左天罡北极、右垣大将军、镇天助顺、仁慈正烈的威严神性。该圣像于明成化十四年（1478年）六月二十九日，由宪宗敕御用监太监陈喜等管送，同时斋送的还有真武一尊，从神四尊，灵官一尊、玉女一尊、执旗一尊、捧剑一尊，水火一座。

后为贴金泥塑帝装玄帝坐像，高4.8米，为正神龛玄帝造像之最，北方黑帝形象。《晋书》卷三"天文中宫"云："北方黑帝，叶光纪之神也"[126]，为五天帝之一，出于《广雅·释天》卷四："黑曰：'叶光纪'……黑帝，北方叶光纪之神"[127]。该造像还兼具"玉虚师相"形象，表现在身着帝王龙袍，冕而前旒，拱手执圭，红舄玄履，容貌慈祥。因玉皇大帝头戴冕旒十三根，玄帝位于道教神灵体系中三清四御之下，奉玉帝命令而辅佐之，故以浩浩天幕为通天十二旒冠而称"亚帝"，显示"协

» 紫霄殿正神龛供奉主神玄天上帝（宋晶摄于2017年）

运真君"的帝王气概。

神龛两侧列立侍卫从神金童、玉女站像，捧册端宝，神仙造像均采用金线大点金彩绘，反衬玄帝高大威严，以壮威仪。

（2）西神龛供奉终劫济苦荡魔玄天上帝七尊圣像

前中为铜铸饰金仗剑玄帝坐像，披发跣足，内穿龙牌大袍，外披对襟长袍，双脚间有龟蛇；后中为纸质彩色阔袍双手扶膝玄帝坐像（高 0.89 米，宽 0.26 米）；左前为泥质对襟长袍盘膝坐像；其余四尊为铜铸鎏金玄帝坐像，披发跣足，脚踏龟蛇，服饰上或穿铠甲，或穿龙袍，或穿宽襟大袍，姿态上或右手握宝剑置于膝上，或左手置腰间，掐玄天诀。

（3）东神龛供奉端坐终劫济苦荡魔玄天上帝九尊圣像

中前为身穿铠甲，右手持剑，铜铸鎏金端坐真武黑脸造像；中后为穿彩袍泥塑少年真武坐龙椅造像，面部饱满，反映静乐国王子在武当山修行时的形象。左前为铜铸彩绘饰金真武坐像，着袍衬铠，披发跣足，左手掐玄天诀，右手举起握宝剑（剑已失）；其余均为铜铸鎏金玄帝成年坐像，披发跣足，脚间有龟蛇。面容上或面如满月，龙眉凤目；或天庭饱满，地阁方圆；或五官端正，些微胡须。服饰上或著官袍文臣像，或穿铠甲武身像。手势上或手置膝，手扶腰间官带；或手握宝剑置于腿，手置腰间；或手置胸前，掐玄天诀。

殿内的圣像身着饰有龙形图纹的帝王礼服，衣纹佩饰，高雅华贵，风姿

▶▶ 紫霄殿西神龛（宋晶摄于 2017 年）

▶▶ 紫霄殿东神龛（宋晶摄于 2018 年）

绰约，仪态端庄，龙章凤姿，光彩照人，具有神采非凡的气派。当人们怀着敬仰之情仰观神像时，凝聚的神光好像具有驱走邪恶昏暗、佑护黎民苍生的功效，像日月之光一样永远照耀天地，慕道之心油然而生。《元始天尊说北方真武妙经》记载玄帝形象："披发跣足，踏胜蛇八卦神龟。"[128]《神咒妙经》："或挂甲而衣袍，或穿靴而跣足，常披绀发，每仗神锋。"[129]五龙捧圣前的玄帝尚为凡人："帝身长九尺，面如满月，龙眉凤目，绀发美髯，颜如冰清。头顶九炁玉冠，身披松萝之服。"[130]台湾道教史研究社杨上民的《玄天上帝与道佛关系考证》一文，根据《太上助国救民总真秘诀》卷八第十四至十八道教常用手诀——太极诀、玉清诀、上清诀、太清诀、北帝诀等，研究了玄帝手诀固定化的形象，主要有：紫微诀（打法是小指从四指背过，中指勾定，大指掐四指第三节，中指掐掌心横纹）、变神诀（打法是小指从四指背入，中指掐中指中节，直二指。从胸前来，停置面前），用雷公诀发符（仰左手合右手，然后左手第四指勾右手第三指，右手第二指压左手第四指，左手第三指勾右手第四指，左手第五指背压右手第四指背中节，右手第五指勾左手第五指，左手大指掐左手第二指中，右手大指掐子文）。[131]紫霄殿的玄帝圣像多有意守神态和掐诀手势，表现各种层次的内功修炼之法。各宫观的建筑法式、整体布局也遵从了道教的宗教意图，蕴藏着丹道修炼的玄秘奥妙。紫霄宫东宫丹房是道人上丹静炼重地。太子岩明代泥塑彩绘饰金静乐国太子修道坐像，为身穿布袍坐在山岩上的文身坐像，手持宝剑，披发跣足，右手持剑，左手置膝，手心向上作掐指状，内着甲衣，外披道袍腰束带，两肩系挂飘带。

综上所述，玄帝人格化的形象表征：或为身材魁伟，容貌慈祥，身着大袍；或为身着铠甲，披发跣足，仗剑踏魔，着袍衬铠，威严端庄，丰姿魁伟，具有帝王气概。右手持剑，左手打紫微诀转为神诀，或为头戴冕冠，身着十二章纹帝服，威严端坐，龟蛇置其旁，外貌造型十分独特。玄帝圣像的风范仪姿，既有端坐、侧卧、站立姿态上的区别，又有读书思考、端坐修炼、掐诀作法、视察三界情状上的分别，也有少年、青年、中年不同年龄阶段形象上的差别，还有帝王、文身、武将身份上的差异，更有铜铸、铜铸饰金、铜铸鎏金重彩及木制、泥塑彩绘的不同，造型神态各异。

2．玄天上帝神性

在道教的神灵世界里，玄帝具有非常独特的地位。他既受到众多帝王的顶礼膜拜，又得到亿万民众的虔诚信奉，其神性不断被张扬。在谕旨公文、正史、山志、碑文、文人著述、故事传说、道教经典中留下了许多有关玄帝的文字，构成了极为丰富的文本资料，有助于深化对玄帝信仰的认识。

（1）北方之神：人类的宗教观念大约旧石器时代晚期产生，至新石器时代已渐趋成熟。原始人类的生产力和思维力十分低下，人与自然是对立的，人把自然力作为一种异己的力量就自发产生了宗教，这是人类自身异化的产物。人类早期的动物崇拜、星辰崇拜、山岳崇拜、图腾崇拜，都是原始宗教的不同形式。动物崇拜是古人把幻想和希望寄托在动物身上，最后被化成精神寄托和神仙信仰而产生崇拜。如动物崇拜的重要对象有龟蛇，玄武是龟蛇合体，北方神名，最早见于《楚辞·远游》："时暧曃其曚莽兮，召玄武而奔属。"玄武为北方太阴之神，形状为龟，一说为龟蛇合称。宋洪兴祖注："说者曰：'玄武，谓龟蛇。位在北方，故曰玄，身有鳞甲，故曰武。'玄武，北方神名。"[132]龟蛇被视为灵物、神物并成为图腾。殷代四方星辰已被想象成动物形象，随着天文学二十八宿体系的形成，每七宿组成一种动物形象四神，北宫七宿称为"玄武"。四神中的北方玄武已逐渐为人们所重视和崇尚，并影响到世俗生活的许多方面，星辰崇拜对玄武神格加以抬高。春秋战国时期，阴阳五行、五方配五色等五行之说十分盛行，作为护卫之神，四神的镇四方、辟不祥的守护神职能，被纳入了五行系统。根据阴阳五行理论，北方属水，故北方神即水神。王逸《九怀章句》："玄武，步兮水母"，释义"天龟，水神，侍送余也"[133]。《淮南子·天文训》："北方，水也。其帝颛顼，其佐玄冥，执权而治冬。其神为辰星，其兽玄武。"[134]《史记·天官书》："北宫玄武，虚、危。"[135]《重修纬书集成》卷六《河图》："北方七神之宿，实始于斗，镇北方，主风雨。"[136]雨水为万物生长所需且水能灭火，故玄武的水神属性颇为民间重视和信仰。东汉后期道教兴起之后常以四神壮威仪，成为道教护法神。唐末宋初的道经中有北帝率四圣降妖伏魔的故事，四圣崇拜在隋唐应较盛行。至迟在北宋以前，北宫玄武已经人形化，成为道教信奉的中天北极紫微大帝，简称"北帝"，属下天蓬、天猷、翊圣、玄武四员大将之一，号称玄武将军。北帝作为四御之一，是万星之首，地位尊贵，执掌天地经纬，掌管人间的福祸善恶。玄帝奉祀提升，众星之主，万象宗师。将军的神格不高，但脱离了兽形星辰神而人格化，已经由四神系统上升为四圣系统，为后来演变为道教大神奠定了基础。由北宫玄武到玄武将军，据《宋朝事实》载宋真宗为避圣祖讳，改玄武为真武，突出了真武战神、武将的色彩，增加了神秘性，利于其神格地位的提高。"天禧二年（1018年）六月己未。加号真武将军曰'真武灵应真君'。"[137] 大德七年（1303年）"加封真武为'元圣仁威玄天上帝'"[138]，加封诏书直接把武当福地视为玄帝"仙源"之所，并以圣旨的名义确定真武的神格地位由真君上升为天帝，由真武升为玄帝，完成漫长而复杂的形象塑造：玄帝是受玉帝敕封，总镇北方、巡察善恶、神力无穷、威慑万灵的威猛大神。

（2）天一水神：《总真集》卷下"宋封圣号"云："仙胄《太玄经》云：'天一生水，地二生火。'玄帝主宰天一之神，故咒曰水位之精，宫曰天一之宫。《仙传》云：天一之精是为玄帝，天一之气是为水星，天一之气是为五灵老君，天一之象应兆虚危，是为玄武。其名则一，其形则二，见相玄龟、赤蛇，其精气所变，曰雨露，曰江河湖海，应感变化，物之能飞能声者，皆天一之所化也。水火升降，龟蛇合形，品物是生，玄帝即其主宰，天一之帝也。"先天大道，乾的中爻落于坤宫（坎卦），坤的中爻上于乾殿（离卦）。先天生后天，坎离定乾坤，天地乾坤生水火，天地退位，后天世界大成。"玄帝纪按《混洞赤文》：元物恍惚，大道杳冥，一气凝三宝于无色无欲之先，五劫混洪造于乍迩乍遐之际。太由是极，文自此彰，重浊轻清，分判上下，皇天后土，主镇范围。天一生水于坎宫，神化肇形于坤垒。火、木、金、土安镇方维，赤、青、白、黄各司席任，星辰日月，演玄纲而原象育形；高厚神只，体好生而随时设教，巍巍荡荡，赫赫煌煌。妙矣难言，渊乎莫测。北极佑圣玄武天一天君、玄天上帝，天一之帝，水位之精。《大极隐文》云：天一之精，是为玄帝，分方于坎，斡旋万有；天一之气，是为水星，辅佐大道，周运化育；天一之神，是为五灵老君，佐天拱极；天一之象，应兆虚危，司经纬于北，是为玄帝。其名则一，其形则二，是有玄龟赤蛇之象，其精气所变，曰雨露，曰江湖河海，应感变化物能飞能声，皆天一之所化也。龟蛇合形，天地定位，惟玄帝天一之帝，故能摄制。地二生火，分方位于离，是为赤帝，象应朱雀；天三生木，分方于东，是为青帝，象应青龙；

地四生金，分方于西，是为白帝，像应白虎。"[139]

（3）灵签之神：《玄天上帝百字圣号》撰人及成书年代不详，陈垣先生编《道家金石略》录有明嘉靖三十五年（1556年）刻石的玄帝圣号。该书前列玄天上帝百字圣号，宋仁宗御制及祈签仪式，后载"玄天上帝感应灵签"，共四十九签。每签分圣意、谋望、婚姻、失物、官事、行人、占病八项，每项有七言四句签诗，后附"解曰"。每签下注大吉、上、中、下字样，以卜吉凶。下系四字签名，以喻签旨。

（4）太极之神：《周易》曰："《易》有太极，是生两仪。两仪生四象。四象生八卦……是故天生神物，圣人则之。"[140]神物指蓍龟，圣人取法于蓍，以确立筮法，取法于龟，以造就卜法。龟蛇是玄武的化身和象征，东汉魏伯阳《周易参同契》用龟蛇纠缪说明阴阳必须配合："雄不独处，雌不孤居。玄武龟蛇，纠盘相扶。以明牝牡，毕竟相胥。"[141]"汉代之前，玄武还只是神龟的形象。汉代以后的瓦当、壁画、砖雕、墓葬石刻中的玄武，在神龟的基础上还增加了蛇的形象，这是由于人们发现龟中的摄龟（又叫陵龟、夹蛇龟）生性喜欢吃蛇，常常负蛇而行。于是，就把单纯的龟改为龟蛇缠绕、两头相斗的图像，以突出玄武食蛇除恶的勇猛精神。同时，龟蛇纠缠，龟寿蛇灵，展示出中国文化神秘分今的另一番天地。玄武之祖，或推黄帝，或推伏羲，或推姜子牙，则又是一类图腾。"[142]玄武最终定格在龟蛇相交上，龟为阴、蛇为阳，雌雄一体的生殖崇拜、星辰崇拜等意象是对玄武的最初认识。"武当道教对玄武的崇拜，是一种综合阴阳宇宙、泛神、泛灵、符箓签法等而成的复合体。"[143]据宋代道经《降笔实录》云："玄武秉先天始气，五灵玄老之化，乃元始化身，太极别体。"[144]《词源》解释别体即变体，指玄武是太极的另一种形体。玄武分为龟蛇，合而为玄武的一物两体，能调和阴阳，含有阴中有阳、阳中有阴的哲学思想。《总真集·序》云："太极肇分，二仪始判。水火化生于一画。"[145]《启圣录》混洞赤文所载，玄帝乃先天始气，太极别体。

（5）武曲之神：《神咒妙经》在叙述真武身世之前，又称真武为太上老君之化身，云："玄元圣祖八十一次显为老君，八十二次变为玄武，故知玄武者，老君变化之身，武曲显灵之验。"真武将军"拥之者皂纛玄雾，蹑之者苍龟巨蛇。神兵神将，从之者皆五千万众。玉童玉女，侍之者各二十四行。授北帝之灵符，佩乾元之宝印。驱之有雷公电母，御之有风伯雨师。卫前后则八煞将军，随左右则六甲神将。天罡太一，率于驱使之前。社令城隍，悉处指挥之下。有妖皆剪，无善不扶"。据《重增搜神记》记载：殷纣王时代，魔王魔鬼伤害众生，元始天尊通过玉皇大帝命真武讨伐，他受命指挥六丁六甲神兵在洞阴之野大战魔王，为三元都总管、九天游奕使，即游弋巡逻的战争之神。

（6）司命之神：北宫玄武七宿之第一宿斗宿，又称南斗。《星经》"斗宿"云："南斗六星，主天子寿命，亦云宰相爵禄之位。"[146]晋代干宝（316年前后）《搜神记》引管辂的话说"南斗注生，北斗注死"[147]，拜南斗可以增寿。龟蛇合体是象征人类生育的神圣图像。把象征阴阳相交、人类生育的神圣图像"龟蛇合体"作为玄武七宿的形象，正说明人类早期信仰中的玄武具有主宰生育、寿夭的职司。《文选》卷15张衡《思玄赋》云："玄武缩于壳中兮，腾蛇蜿而自纠。"李善注曰："龟与蛇交，曰'玄武'……蔡邕《月令章》句曰'北方玄武，介虫之长'。尔雅曰：'腾蛇龙类，能兴云雾而游其中'"[148]，是说玄武为龟蛇合体。民间信仰认为，龟为雌，属阴；蛇为雄，属阳，两物相交，不可分离。因为玄武龟蛇蟠虬相扶，远古神话中女娲与伏羲下体相缠的图案就是雌雄相交观念的反映。民俗学家、历史学家孙作云认为，玄武源于北方神禺强，后演变为夏禹的父亲鲧。鲧是鳖氏族酋长，古代传说他死后化为三足鳖，氏族图腾为鳖（龟）。《左传》记载昭公七年"昔尧殛鲧于羽山，其神化为黄熊，以入于羽渊"[149]。鲧妻修已的氏族图腾为蛇。古代的"已"和"蛇"同字，修已即修蛇，故汉以后的龟蛇合体说乃上古奉龟与奉蛇氏族间通婚遗俗所致。当代学者何新《诸神的起源》一书中从文字训诂学的角度，论述了玄武龟蛇合体的样貌就是鲧修夫妇的象征。

（7）三教祖师：《玄门日诵早晚课》言玄帝"三教祖师"，兼管佛教，具有"游三界，踏破真空"的无边法力，因而武当山道教称玄帝佛号为"西方无量寿佛"，或出于抑佛扬道的动机，或与无量寿佛"往生北国"有直接关系，因为佛教净土宗经典《无量寿经》言无量寿佛（即阿弥陀佛）之因地修行，果满成佛，往生北国等事，结合真武大帝威镇北方的传说，巧妙地将无量寿佛说成是真武大帝的化身。他身为万法教主、荡魔天尊，在巡游三界之时进入了上乘佛法中的真空境界。《玄帝纪》载，无色界"下应静乐国"，色界"下应武当山"，玄帝济度群生、消除灾障，其道业日隆，太上命他任"三教祖师"。

（8）雷部之祖：玄帝高位独显，部属从神阵容庞大，威严肃穆。当他跃升为道教大神时，原来的龟蛇之形就衍变为他降伏的两位神将。《神仙通鉴》记述商周之际，玉皇大帝命玄帝统率天界神将，下凡助周武王伐纣除魔。助纣为虐的水、火二魔王战败逃遁变成苍龟、巨蛇。玄帝施展神威将其降伏于足下，收为部属。玉帝封苍龟为太玄水精、黑灵尊神，巨蛇为太玄火精、赤灵尊神。二神将戴盔贯甲，威武庄严。玄帝尊像脚下或案下有龟蛇二将，即玄帝部下神将。

（9）治世福神：玄武七宿之第一南斗诸星有司命、司禄等神职，侍神周公擅长占卜，桃花女擅长禳解，故玄武主寿夭、司福禄、知吉凶、破灾厄，是解厄赐福、救苦救难、仁慈正烈的慈神。

（二）额枋楹联的高雅之美

门庭悬联，额枋题字，这一中华传统文化习俗也是紫霄宫建筑的独特设置，匾额、楹联（抱对）合称"匾联"，匾取其横，联妙在直，本身就是艺术精品，既庄严肃穆、品位高雅，又蕴涵着丰富的道教思想、玄帝信仰，还强化着清规戒律，有一种令人惊叹的气势，对紫霄宫建筑作着最好的诠释。

1. 匾额类

明永乐十年（1412年）大殿竣工之时立匾"紫霄殿"，高悬于玄帝殿重檐中际，殿牌榜额木质，高2.75米，宽1.55米，厚0.05米，竖额斗匾，行体墨书，蓝底白字，中正饱满，边框彩绘五条行龙若隐若现于浮云之间，显示了皇室家庙的堂皇大度。

紫霄殿额枋横匾三幅："始判六天"，清道光三年（1823年）刻制，源于道教"六重天"之说；"云外清都"，指紫霄宫仿佛云外之上三清天，是玄帝安居之地；"协赞中天"，制于民国28年（1939年），道众们同心同德赞颂天地中央的道教洞天福地。字体浑然，刚劲有力。

紫霄殿内墙壁横匾：东壁，金阙化身、盛灵显赫、荡魔济苦天尊、泽被群生；西壁，映瑞群仙殿、万法归宗、旋转乾坤、天恩永慈；正神龛，治世福神、元惠永存。匾文金字醒目，边框华丽，述其神职，赞其法力。

2. 楹联类

紫霄殿正门楹联：三世有缘人，涉水登山朝圣境；一声无量佛，惊天动地振玄都。落款"大清道光七年仲春谷旦敬献"。《启圣录》卷一第七条"紫霄圆道"引《圣训》："三世为人方到吾山，五世为人方住吾地，七世为人方葬吾境"[150]，告诫朝山的信士香客，入武当"圣境"参拜玄帝，必须具备"三世为人"的功德，方可与"道"结缘；树立"五世为人""七世为人"的宏伟大志，坚心修持，广结善缘，才能功德圆满，身"葬吾境"而永享仙界之乐，虔诚的道教徒以身葬武当仙境为修道的毕生追求。武当山乃"玄帝冲举于此，乘辇上朝天阙"之地，旧时凡有"朝谒之士，欲登大顶，南岩取路，先须紫霄宫殿内焚香，祝玫圣许，则上大顶无虞"[151]。落款"武昌府武昌县刘可擎偕男继（庠、廛、广、度）等沐手谨叩"。登天柱峰朝拜玄帝，紫霄宫是重要一关，须征求神明的许可。明代诗人李燧诗云："览胜来登天柱峰，探玄先过紫霄宫。"[152]楹联将"玄都""圣境"这些静的景观赋予了鲜活的动态情感，将武当山山水形貌、天地玄机、人间仙境的洞天福地特征暗寓其中。

紫霄殿正联楹柱：金殿重辉，看鸟革翚飞，势化山河维社稷；帝容复整，仰龙章凤姿，光同日月炳乾坤。内抱柱楹联：去皇宫而岩穴，木石居，鹿豕游，因作这超前轶后事业；屏红尘以悟道，机神静，元真觉，才成此极天蟠地文章。清乾隆、道光年间信士仝立。楹联以真武修真入圣为主线贯穿始终，上联写静乐国太子初入武当山修道的艰难历程，下联从细节上具体阐述了真武在修炼过程中所涉及的功、理、法，因从事丹道修炼要摒弃人世间的红尘俗念，节制最耗生机的情欲，使情归性，性摄命，性命与道合，方可从外界摄来无穷生机，故能超脱生死，隐形住世，成就金仙大道。丹道修炼中，通过调息，使心神入静，参悟日久，人体肾阴内自有真阳生发，是内丹仙学筑基功法。元真指人先天元气中的真阳，觉即觉察、生发。从修炼功法上讲，只有从筑基阶段的"机神静"开始，循序渐进，才能有"元真觉"的体验，长此下去可修成金刚不坏之体，达到久视长生的目的，这也是道家千百年崇尚的终极修炼方式。因真武修炼之初有久未契玄、始生怠意的经历，所以从古至今修道者众而得道者寡。遵从古人所讲的炼性、筑基、得药、温养、沐浴、脱胎、神化等丹功修证实验，才是人类长生之正途。武当道人素重内丹修炼，道众在诵经礼忏之余，随时随地以真武的修真经历为镜鉴，坚心潜悟，志在玄虚。另一紫霄殿内抱柱楹联：跣足云为履，游三界，踏破真空，佛号西方无量；披发天作冠，荫九州，覆冒实境，道称北极至尊。落款"菲律宾中国道教总会九八灵霄定殿捐资重修"。无量寿佛即玄帝，此联宣扬道教教义，引导信徒尊道贵德，敬天法祖。

道教最重视伦理道德修养，蕴含道规的大量匾联以艺术的手法、新颖的体例、舒展的运笔映入朝山者的眼帘，潜移默化地起到了强化清规戒律、熏陶和教化民众的作用。楹联使宫观不再是一个个孤立的建筑物，它增添了宫观的文化厚重感和伦理思想的力度，利于信士对神灵敬畏服从，建立起崇高的信仰。这些匾联在具体设置时注意与建筑环境、意境相协调，赋予道宫以灵性，是高水平的道士和文人对道教教义和伦理思想的发掘和阐释，是对道教建筑景物文化内涵的点睛和升华，起到画龙点睛、渲染烘托的作用，匾联本身也是一道美丽的风景，成为建筑极好的装饰。殿额、横匾和楹联与紫霄殿金碧辉煌的建筑风格相融，殿内匾额错落有致，交相辉映，神龛、抱柱的楹联饰以黑底金字，字体端肃笃重，玄奥的道教文辞与书法的完美结合，使大殿显得高朗广阔，金光荡漾。黑格尔曾说："美是理念的感性显现。"[153] 伫立在紫霄殿的层层崇台上，赏其景，窥其妙，那些意义深刻的匾联呈现的玄秘凝重的宗教气氛，彰显的道教宫观建筑的文化韵味与艺术气息，潜移默化，影响深远，给人以美的享受、智的启迪，令人愉悦而回味无穷。

（三）功德碑刻的肃穆之美

"紫霄福地"是修道成仙者向往的清净道场，香火不辍。近三十年来，台湾各地信仰玄帝的宫庙进香团及香客信众千里迢迢，络绎来山，谒祖进香，非常炽烈，成为当代敬奉玄帝香火的突出力量。他们以功德之心，慷慨助捐，与福地结善缘，与圣地行善举，功德无量。武当山道教协会为了使朝山进香的民俗得以延续，非常重视台湾民众的进香活动，十分爱护他们虔诚的信仰，在紫霄宫有限的空间范围内，为台湾各玄帝宫庙和香客信众勒石刻碑，记载颂扬他们的功德。

紫霄宫台湾功德碑多取材于武当山本地天然青石，以花岗石为主，联体镶嵌崇台石壁延展形成幽深通达的碑廊、气势恢弘的碑墙。主要分为四种模式碑:功德千秋、功德长存、万古流芳、圣地善缘,都赞颂了武当天下名山,真武祖师炼养栖居福地,三教祖师道场,信士大德施舍捐修紫霄宫情况,令游人驻足、惊叹。

其一,碑刻数量庞大,香资类型多样

据华中师范大学教授梅莉2004年调研:"(全山)总共有300多通,其中,紫霄宫有254块……大部分是台湾地区谒祖团所留。"[154]统计数字仍在不断变化,2016年,到武当山朝山进香的台湾玄帝宫庙功德碑有357座,台湾功德碑占比之大,相对集中程度之高,藏量之大全山罕有。1988年10月27日,由高雄市大树乡九曲堂北极殿主任委员陈玉柱率领38位信徒朝山进香,这是台湾香团最早到武当山朝山进香。台湾香客信众到武当山祖庙谒祖进香,主要通过敬奉香资善款、供献仪物等方式,表达他们对武当山玄帝的敬意和认同。如紫霄宫十方堂"朝拜殿"门匾、山门内两尊石狮,由中华无极道脉玄门道脉圣事联谊会执行总会长玄志方金财2005年赠予,它们也是无声的丰碑。

其二,香客分布广泛,组织形式多元

从台湾功德碑看,其数量可能与实际朝山进香次数差距还很大,基本上除台东、澎湖、连江、基隆等少数县市外,其他台湾现行行政区域内的市县均有武当朝山进香功德碑的记载,以南投、新北、台北、彰化、高雄、台南、嘉义、台中居多,几乎遍布全岛,香客分布十分广泛。台湾信众回武当山祖庙谒祖进香的组织类型复杂,主要分宫庙进香和个体进香两类。

其三,福地泐石志碑,保留文化遗产

武当山道教协会为弘扬道教文化,彰显台湾香客信众功德,泐石志碑,为世人留下了这笔宝贵的文化遗产和不可再生的精神财富。这类碑碣的价值在于:一是延续了朝山进香的民俗。武当山是玄帝修炼飞升处、崇奉中心。《台湾县志》载:"郑氏踞台,因多建真武庙,以为此邦之镇。"[155]自明末清初郑成功入台,玄帝作为最重要的神祇带到台湾西部,成为当地人民渡海拓荒史中重要的精神力量之一。台湾地区的真武信仰由福建移入,如台湾屏东县枋寮乡东海村北玄宫是郑成功到台湾时带去的士兵建立的道观。在台湾,从闹市、集镇到村庄、街道,都有殿宇、法(坛)堂,甚至民众家中,都设置供案尊奉玄帝,除妈祖宫庙外,玄帝宫庙最多，如北极殿、北极宫、真武殿等，都是台湾信奉北极玄天上帝的庙观。因此，明代以来的台湾是玄帝信仰的重镇，保存着纯熟的敬奉玄帝香火的传统，而民俗正是信仰得以传承的坚实基础。玄帝信仰得以复苏、延续的直接原因在于1987年10月台湾地区领导人蒋经国对大陆政策作了一定的调整，取消了敌对状态，允许老兵返乡探亲，使信仰玄帝的台湾信众谒祖巡根之旅得以成行。台湾的香客信众不忘祖地，保存了玄帝信仰的文化传统。同时，他们也深深地感受着武当山道教的博大精深和空灵神奇，反过来他们又丰富了武当山道教建筑的内涵，促进了武当山道教在新时代的发展。二是倡导了世道人心的向善。台湾前来朝圣谒祖的香客信众普遍有一种情结，即广种福田、向善积功。他们认为人的福报就像土壤，收获由播种而来。因此，要在人生中拥有福报，就要在深信因果的前提下广种福田，播下善种。种福田就是种恩田（感恩）、种悲田（助人）、种敬田（敬神）。朝拜殿的"福荷心存"匾，由台湾彰化县大村乡镇北宫敬献，表达了存善心、积善福的心愿。谒宫观、拜神灵的原因是多方面的，主要是因为玄帝信仰的宫庙及香客信众要接续香火回台供奉、分灵、谒祖朝圣、加持神灵法力和净化人心，达至向善的目的，这是福报的真谛，其从善思维源自道教教义："欲求天仙者，当立一千三百善。欲求地仙者，当立三百善。"[156]三是增进了两岸宗教的认同。海峡两岸同道，一致认同武当山是玄帝诞生、修炼、得道、成仙的圣地，其法力高强、擅长除妖、去邪、治命，是治世福神，能普度众生、泽被天下，把福祉祥瑞带给积德行善者、造福人类者，这些遍布台岛各地不同县市的玄帝宫庙是一股强大的民间力量，净化社会，凝聚人心。台湾朝圣团前来祖庭进香分灵，朝山谒祖，在紫霄宫举办庆祝玄帝圣寿法会，焚香秉烛礼拜，在精神上依赖这位心中至高无上的大神，玄帝神格定位成为认同的基点，玄帝大旗是两岸共同信仰的象征，也是两岸团结的精神纽带。

三、理水艺术

　　古圣先贤运用中国建筑文化中充满神秘色彩的堪舆文化及术数学中的智慧，对紫霄宫进行了风水福地的选址。一方面，峦头派察地相形，

» 《武当紫霄宫霁雪》(明代谢时臣作于1541年，现藏上海博物馆，朱江提供)

观察龙脉行止，发现紫霄宫龙脉绵长势雄，定穴藏风聚气，峦砂四灵端正，水流曲回环抱，向合天地之道。龙、穴、砂、水、向，要素完整，四象环山，一应俱全；另一方面，理气派把握方位、时空等因素，观察地势来水，认为紫霄宫地势前低后高，自然涧水往下流淌，暴雨时山间来水更是湍急而下，汇聚龙虎殿山门前。展旗峰腰太子洞前崖隙中的滴泉终年不辍。左右砂山各有一水，接纳山间众涓迤逦而出，傍绕宫前龙虎殿而过，停潴于紫霄宫建筑群的最低处。堪舆师在察看地形地貌时，认为从紫霄宫三层崇台下来，再下百步梯穿过龙虎殿，储纳流水的最低处在禹迹池，仿佛天造地设一般，龙合向，向合水，趋吉避凶，获吉纳福。按照阴阳五行思想，辩证生克，五行相生的次序是：金生水，水生木，木生火，火生土，土生金。中国古人的初始认知是西方在阴阳五行中属金，金生丽水，金生水旺，悠水长流，水生嘉木，万木长青，紫霄宫道场自然兴旺。同时，堪舆过程中也一定发现了紫霄宫风水之玄奥，即泉池气足而地貌清秀，从理气的清浊，砂山的荣枯上判断，这一带并不存在气有不足、富盛残缺的现象，反而是生气可乘、福泽绵长、福荫万代的气场，是难得一求的长生福泽之地。

紫霄福地在宋代人眼中被视为神话中的藐姑射之山，其容仪粲冰雪，环佩响琼瑶，它的面貌正如《庄子·逍遥游》所描述的"藐姑射之山，有神人居焉，肌肤若冰雪，淖约若处子"[157]。道教因循中国传统的环境观念，背山面水，负阴抱阳，形成了一种理想的建筑风水模式，即使紫霄宫的自然地理环境满足不了这种要求，也要人为地创造出这种模式。因此，利用借补方法，能工巧匠在宫前将西北山间来水进行了人工开凿，创造出一条人工水渠，运用智慧的设计使地势本来的不足变成合局风水。

金水渠的命名，取其金贵之义。"渠广八九尺，北折过宫前，抵小宝珠不得出。凿其项以行，为后渠。既出，复东趋大宝珠，溢于其趾，为禹迹池。池大仅一亩，湛湛阶户间，尤为高山胜概。"渠呈眠弓状，蜿蜒东流，以示源远流长、绵延不尽之义。金水渠上有两座桥，其一为金水桥，亦称金锁桥，是通往宫内的桥；其二为金水桥左侧的银锁桥，亦称禹迹桥。两桥象征两把大锁，牢牢锁住紫霄福地的风水，留住鼎盛的香火。金水渠北折从宫前流过，抵小宝珠不得出，凿其项以行，为后渠。既出复东趋大宝珠，溢于其趾，为禹迹池，凿开渠洞疏通"金水"聚于禹迹池，水渠呈"太极"状。金水渠汇聚众多涧水从福地门侧流出，绕过大宝珠峰，又贯穿小宝珠峰后，注入禹迹池。传说大禹治水曾到此小憩，故名。这样，金水渠之水经过一番巧妙的设计便若隐若现，宛如金线、银线穿碧珠，终于由暗道与门前的一片水域——禹迹池相通起来，从而收到"门前水口锁万金"的良好风水功效。水流向大宝珠峰，峰的阳面岩壁陡峭，落差高达30米，飞星涧一泓飞瀑顺流飞落最终流向九渡涧，天河银汉一般，十分壮观。既防止了暴雨时的山间来水急流而下，汇集宫前不能及时排出而危害建筑，又凝聚了生气围绕着紫霄宫而不散泄，形成背山面水的效果。在处理建筑坐度和山峰、河流水口位置关系上，古圣先贤还"消砂纳水"，以夺天机，真正实现了风水宝地的完美建构。

宫内的水也很充沛。《方志》"大岳记"中"紫霄宫图述"载："日池一，宫前左；月池一，宫后左；七星池一，宫前右；真一泉一，宫后右；上善泉一，东方丈堂北。大如盆中石钧塞者半，水从旁窍出，日可数千斗，宫中皆属厌焉。旧为池，名弗称，今更曰泉。"[158]明代兵部尚书、吏部尚书、"南都四君子"之一的胡松在《游武当山记》中记载："宫负展旗峰下，峰迤

» 紫霄宫日池（宋晶摄于2017年）

逦竦蠢，千仞壁削，宛犹皂纛形。其左右有泉池四，并清澈可汲，栏凳礴琢甚工。前左曰日池，右曰月池。前右曰大善泉，后右曰上善泉。"[159] 入宫登百级之阶便有三池：日池、月池、七星池（紫霄殿前西，与日池相对，无存）；泉三：真一泉（紫霄殿后中偏西）、大善泉（紫霄殿前西）、上善泉（紫霄殿后西，东方丈堂北，原名上善池，或为金沙坑、银沙坑，待考。现上善池位于紫霄殿东，称龙井、龙池）。紫霄宫内利用北高南低的地势，形成了宫内的泉、池、井等排水系统，将水排入地下暗沟，汇入金水渠。紫霄殿后建真乙泉，虽然不大，但为后面父母殿的楼梯造成如临深渊的情景作了铺垫，为悬在它上方的楼梯制造了险和难，易令人产生空灵的、临深履薄的感觉，表现了紫霄宫水的动态美。

造池讲究细节，如宫前的朱雀池呈八卦形，池中间雕塑龟蛇玄武的造型，点缀水面，可使紫霄宫具有生气凝聚而不散泄的风水池的意境，与正殿后的龟蛇石雕前后呼应；大殿崇台下的日池，池呈圆形，石栏围护，做了日池观鱼的考量；父母殿东的月池，呈半月形，使日月池符合道家的阴阳学说，日月为"易"字，是天造"太极"的基本概念，既有平衡阴阳、和合天地的象征意义，也能起到消防水池的防火功能。七星池、上善池（亦称圣水池，元代道人革道谨修建）、龙池，看似普通的池子却蕴含了道家的最高理想，"上善若水，水善利万物而不争"[160]，暗合水神的玄帝信仰。池上观七星峰、五老峰，有池如镜，水用另一种形式装扮了紫霄宫，表现了紫霄宫的静态美。水体设计表现比较直观，天然涧水与人工雕凿、动与静的结合，制造出亭台楼阁、小桥流水的意境，给人一种心旷神怡的感觉，使紫霄宫更富有艺术品位，符合道教追求的"天人合一"境界。

总之，在自然环境符合上乘风水要求的基础上，紫霄宫在建筑实践上以池、渠、桥、井等建筑小品，将天然的水与人工雕凿结合，营造了龟脖吐水、日池观鱼、双瀑悬空、银线穿珠等胜景，理水方式颇具匠心，其理水艺术在整个武当山道教建筑群中属于典范之作。

四、装饰精美

紫霄宫建筑装饰考究，在整个武当山道教建筑群中极为突出。其台基、间架、斗栱、屋顶的做法，内外檐装修、屋顶瓦兽、梁枋彩绘、室内陈设等的制作，附属建筑的设计，无不令人惊叹。下面以紫霄殿为例，从顶饰、彩绘两个方面分别加以讨论。

（一）顶饰的繁复

北宋喻皓《木经》将屋宇分为三部分，即梁以上为上分，地以上为中分，阶为下分。推之紫霄殿自下而上分别由台基、屋身、屋顶三部分组成。建筑学家林徽因指出："我国所有建筑，由民舍至宫殿，均由若干单个独立的建筑物集合而成，而这个建筑物，由最古代简陋有胎形到最近代穷奢极巧的殿宇，均始终保留着三个基本要素：台基部分，柱梁或木造部分及屋顶部分。"[161]

紫霄殿建筑在 8.8 米的三层饰栏丹墀崇台上，十字缝方石铺地，四周砌寻杖栏杆（石雕寻杖、望柱、华板、地栿齐全），三面分设踏跺，利用巨大的崇台作烘托以增加殿的高度。其台基建筑在这一前低后高坡地的地基之上，长 29.93 米，宽 22.04 米，高 0.34 米，呈长方形，不同于北宋的正方形。殿内大青方砖铺地，磨砖光亮如镜，金砖墁地，高档脱俗。从正中线置分心石来看，紫霄殿在性质上属于举行斋醮科仪的大型建筑物。"台基的重要技术功能和审美功能，使得它很早就被选择作为建筑上的重要等级标志。历代对台基的高度都有明确的规定，台基的高低自然地关联到台阶踏跺的级数，即'阶级'的多少，'阶级'一词后衍生为表明人们的阶级身份的专用名词，可见台基的等级标示作用是极为显著的。"[162] 所以，台基有抬高墙体，甚至承托整个建筑重量，防止地下水和雨水对土木构件侵蚀，防潮防腐的实用功能，又确定了它与前殿、配殿、朵殿等建筑之间的主从关系。九重规制标志着皇家道宫中正殿的等级，弥补了紫霄殿单体建筑本身不够高大雄伟的欠缺，为人们提供视觉和心灵上的美感和崇高宏大感，从而具有一种精神上的审美功能。

立于台基之上的部分是屋身，由墙体、柱子、梁枋、斗栱构成了殿宇的骨架，包括屋身立面和内里空间，形成建筑的主体部分。《周易·系辞下》曰："上栋下宇，以待风雨，盖取诸大壮。"[163]点明了中国最早有关建筑概念的基本理论。"栋"是屋顶部分的主要木构件，

"宇"为屋顶下的部分，叠梁式构架既遮风挡雨，又使空间扩大、结构坚固，故称"取诸大壮"。

紫霄殿前后檐墙正面全开式四扇三交六椀花格扇、檐柱间使用雕花窗格，可开可合；两侧青砖砌筑山墙，下碱水磨砖墙，细腻光润，呈灰色，平整无花饰，磨砖对缝，干摆做法，坚固美观，是一种最讲究的墙体；下碱以上抹灰面。琉璃瓦色是衡量建筑等级的因素之一，琉璃砖釉的光泽是一个小的创作空间，表现出很多神奇的景象。北京故宫采用红墙黄瓦，而武当山紫霄宫普遍使用红墙绿瓦，明亮的琉璃色彩更好地展现了辉煌。紫霄殿则是丹墙翠瓦，孔雀蓝琉璃瓦在清静自然的群山中别有一番韵味，壮观殊胜，其顶装饰的琉璃砖为长着翅膀的天人、天马、威武的狮子、温顺的大象、花树等神兽，栩栩如生，色彩丰富，精美绝伦，形成了皇室家庙特色。次要建筑覆盖黑瓦，主次分明。整个墙体能阻严寒酷热，挡风雨霜雪，降嘈杂噪音，还能分隔、通行、透光，但高墙厚壁的垒砌并不承重，真正负担支承建筑上部一切荷载的部分在于它的"大屋顶"及木构架体系，其屋架的特点为"墙倒屋不塌"。

» 紫霄殿龙凤呈祥重檐歇山顶（宋晶摄于 2017 年）

紫霄殿有 36 根立柱排列顶立，宫室华丽。就其位置而言，有檐柱、金柱、中柱、山柱、廊柱、角柱、金瓜柱之别，将大殿分出面阔五间（2.56 米、

» 紫霄殿飞檐一角（宋晶摄于 2018 年）

6.39 米、8.37 米、6.39 米、2.56 米），进深五间（2.56 米、3.36 米、5.94 米、3.36 米、2.56 米）的规制格局。金柱硕大，柱径达 76 厘米，柱础 1.25 米。老檐柱柱径 64 厘米，檐柱柱径 54 厘米，鼓镜式柱础 1.1 米。清末增建的 8 根擎檐柱翼角上下檐各 4 根以支撑挑出较长的角梁，向上翘起，飞檐舒展像鸟的翅膀一样轻盈。"从排架侧样看，柱列整齐，前后檐柱、老檐柱、金柱各两排。檐柱属廊檐柱结构形式，老檐柱以内，进深三间。老檐柱、金柱托十一架梁，金瓜柱托五架梁。檐柱与老檐柱之间以单步梁相连。立柱上置平板枋，周施斗栱。柱间贯以跨空枋、檩垫板、檩枋、额枋，形成一个完整的框架，以增加梁架的强度和稳定。"作为高等级建筑，紫霄殿除高墙厚壁、柱列整齐外，还巧妙地上施梁枋，有三架梁、五架梁、下金瓜柱梁架、十一架梁、顺扒梁、角梁、挑尖梁、单步梁之别，属于抬梁式木构架。"梁架中设计最巧妙的是十一架梁，由两根大木拼合组成，交接处用燕尾榫咬合……更重要的是这种水平应力秤式设计，对于梁架的自身稳定起着十分科学的调节作用。"

紫霄殿最有特点的部分是斗栱。木结构屋顶和梁柱之间过渡的数层重檐叠砌的梁架，用数百个斗栱卯榫连接，十分坚固。外檐柳筋斗栱的种类和形式充满变化，重重铺陈，复杂繁华，造成巨大的体量。

外檐斗栱形制特点对照

檐部	斗栱种类	斗栱形式	斗栱特点
下檐	平身科	双昂五踩花台鎏金斗栱	昂尾挑在老檐柱花台枋，华丽
	柱头科	双昂五踩斗栱	承托挑尖梁头，坐斗扩大，美观、结实
	角科	三昂五踩斗栱	最外一跳作由昂，上托宝瓶，牢固
上檐	平身科	单翘双昂七踩斗栱	耍头处做半个蚂蚱头，撑头木做麻叶头
	柱头科	属于过渡型斗栱	梁头架在斗栱层上，并割出椀槽放置檐檩
	角科	单翘三昂七踩斗栱	最外一跳而为昂头

殿内的内檐斗栱使用七踩重翘斗栱及转角隔架科斗栱，打破了明代不使用内檐斗栱的惯例，突出了建筑的高贵。"大殿共有斗栱一百九十六攒。其中，外檐斗栱一百二十八攒、内檐斗栱二十四攒、隔架科斗栱四十四攒。"[164] 这种大木建筑的独特作法，不仅可将屋面梁架的荷载传递到立柱，起到加大屋檐挑出长度、减小梁枋跨度、吸收地质能量等结构作用，而且可以衬托对檐部的雄伟壮观。

大岳品鉴——武当山道教建筑鉴赏

紫霄殿屋顶孔雀蓝琉璃瓦绿剪边与艳丽琉璃件
（宋晶摄于 2017 年）

紫霄宫重檐歇山顶，为皇家特有的建筑规格。屋脊装饰九条镂空琉璃脊，孔雀蓝琉璃瓦顶，正脊中间立宝瓶，两端饰大吻吞脊，龙头怒目张口衔住正脊，背上插一把宝剑，尾部完全后卷，正脊身上有小龙盘曲，奇姿妙态。垂脊、角脊饰以各种琉璃飞禽走兽：仙人、天马、狮子、凤、龙、斗牛、獬豸、狻猊、海马、麒麟、鸱吻等饰像，共61件艺术构件，造型栩栩如生，庄严神奇。正脊两头垂有五尺长的铁链，即吻索，四位铁铸力士手持吻索，以固定宝刹。因为宝刹较高，山上风大，有铁链拉着较为稳固，既科学又美观。屋面檩枋、椽望、檐头、博脊、戗脊等也讲究规矩，如檐椽搭接三档，每根翼角椽子整体固定，连檐瓦口上边缘随底瓦锯出凹弧，垫托檐头瓦件的通长木板不留空隙，望板搭接做柳叶边。屋面盖绿色布筒瓦件，滴水坐中分钉瓦口，线条平滑饱满。展翅欲飞的琉璃凤凰翼角之下有神仙人物，造型优美，线条流畅，不失皇家高贵气度。博脊两端山面博风板下，垂于正脊平置悬鱼。戗脊鸱吻前饰铁铸力士坐像，琉璃黄鱼头套兽是水文化象征。紫霄殿外总体建筑法式：丹墙碧瓦，琉璃瓦屋面，外五踩重昂斗栱撑托檐廊。

殿内建筑艺术处理的重点和高潮在顶。当通达许多序列空间后，必然来到殿顶空间之下，受到吸引的是一种建造于神龛上方的装饰性强的木结构顶棚，自天花平顶向上凹进，似穹隆之状，形成天花藻井。它按内槽、外槽进行营造，明间内槽由斗八藻井和若干方形、圆形的小斗组成，藻井顶心的明镜范围扩大，井口施天花，层层叠落，几种图形叠加成更复杂的空间构图，中心为浮雕双龙戏珠图，龙井表达了道教的龙文化和皇权独有的神化与升华；外槽为中心绘围绕八卦的太极图，外围绘神仙人物图案和彩绘旋子流云的天花，蕴涵着深厚的中国传统思想。整座大殿的天花藻井，工艺繁杂，典雅华丽，技术细致，雕梁画栋，利用榫卯、斗栱堆叠而成，显示建筑隆重、高贵的特征，是官式建筑的定型做法。屋顶的等级品位，是中国木造道教建筑区分等级的最显著标志，是从人间通向天庭的象征性建筑装饰，为建筑增添了无穷意味。

紫霄宫可谓一部木头的诗篇。台座基础之上全部是木头拼搭而成：柱、梁、斗栱、檐

▶ 紫霄殿龙井局部（宋晶摄于 2017 年）

椽、椽桷、枋、檩、门窗、隔扇、顶棚、藻井、神龛等，屋架都是线的组合，由线组成构件，由构件组成个体，由局部到整体，最后呈现在我们的视野中。建筑艺术元素有日月星云、山水岩石，寓意光明普照，坚固永生；有扇、鱼、水仙、蝙蝠和鹿，代表善、富、仙、福、禄之意；有松柏、灵芝、龟、鹤、竹、狮、麒麟、龙凤，象征友情、长生、君子、辟邪、祥瑞；而把福、禄、寿、喜、吉、天、丰、乐等字的变体用在窗棂、门扇、裙板及檐头、蜀柱、斜撑、梁枋等建筑构件上，表达的生活愿望是追求吉祥如意、延年益寿情结的物化。

（二）彩绘的堂皇

建筑艺术是线条、形体、色彩、质感、光影以及绘画装饰等基本因素的组合。除了给人层层叠叠的力学支撑，还有极富特色、精美绝伦的视觉装饰，按照人的审美意识和审美理想构成建筑，这是一个充满色彩、美轮美奂的武当山道教福地境界。

以下从彩绘题材和用色选择两方面，重点归纳十方堂、紫霄殿的布局情况。

1. 彩绘题材

（1）十方堂神龛壁画

十方堂彩绘是殿内装饰的一大亮点，以神龛壁画《二十四孝图》和宫墙壁画《八仙过海》《三丰创太极》为主要内容，在对中国传统文化保护的基础上，在殿堂内部设计出当代艺术作品。具体布局如下：

中神龛：《二十四孝图》水墨工笔兼写意，幅幅生动传神，给人以

孝道的熏陶。背立面：董永卖身、王祥卧冰、乳姑不怠、郭巨埋儿、鹿乳奉亲、孟宗哭竹；东立面：啮指心疼、扇枕温衾、鞭打芦衣、百里负米；西立面：闻雷泣坟、恣蚊饱血、亲涤溺器、行佣供母。

东神龛西立面：打虎救父、刻木事亲、陆绩怀桔、拾葚供亲。

西神龛东立面：尝粪忧心、弃官寻母、老莱班衣、亲尝汤药。

百善孝为先。《尔雅》云："善事父母为孝。"[165]孝乃儒家伦理思想核心，是千百年来中国社会维系家庭关系的道德准则，是源远流长的中华民族传统文化之精髓。孝是德之本，教之所由生。孝道也是中国道教教理的必有之义，是武当山道教建筑设置父母殿的原因，成为十方堂神龛大幅度彩绘的内容。"不修人道，不成仙道。"[166]道教是中华教门，教门中人无论何门派都注重遵循天理国法做好人道，守好教门规矩，以戒为师，尊师重道，敬仰圣贤，以三教合一为修行人的核心思想，自我修持，普度众生，以弘扬"道"为使命。《二十四孝》源自元代郭居敬辑录的古代24个孝子故事，后期印本配以图画通称《二十四孝图》。该图值得继承和弘扬的内容是对父母的敬爱和关心，发自内心侍奉父母的精神具有永恒价值。

（2）十方堂内宫墙壁画

绘画题材与道教人物、道教故事有关，内容主要以八仙过海为主。殿内东西各有神龛，供奉吕洞宾、张三丰，壁画题材与供奉祖师相关，布局如下：

东墙：一是八仙过海（大幅）。八仙流传最脍炙人口的中国民间故事是杂剧《争玉板八仙过海》，白云仙长有一回于蓬莱仙岛牡丹盛开时，邀请八仙共襄盛举，回程时都不乘船而是八仙过海、各显神通。二是吕洞宾度化何仙姑（中幅）。吕洞宾度化是让何仙姑为民除害，最终得到上仙认可而位列仙班。这一故事家喻户晓，何仙姑是八仙中唯一女性，吕洞宾风姿绰约，两位仙人在八仙中非常讨喜。三是哪吒闹海（小幅）。取自明代神魔小说《封神演义》第十二回"陈塘关哪吒出世"的神话故事。

西墙：一是张三丰创武当太极拳（大幅）。武当派开山祖师张三丰以中国传统儒道哲学中的太极、阴阳辩证理念为核心思想，集颐养性情、强身健体、技击对抗等多种功能于一体，结合易学的阴阳五行之说和中医经络学、导引术、吐纳术等，形成了一种内外兼修、刚柔相济的太极拳。传说张三丰真人在武当山修道时，常静坐练功，在沉思冥想中体会心静如水、物我合一的超脱境界，了悟人生万物，在登山临水四处游览中仰望浮云、俯视山川，领会自然真谛。张三丰从蛇鹊相争中忽然悟到太极阴阳之道，蛇和喜鹊相比是柔弱的，但它运用技法和战术却反败为胜，以柔克刚、以静制动、借力打力，体现了道家阴阳相生相克、柔弱胜于刚强的理论主张。张三丰创立的这套太极拳，招式简单洒脱，飘逸自然，深合大自然与人体自身的规律，动静相间，形神兼备。二是张三丰悟道（中幅），已漫化不清。三是福禄寿三星（小幅）。

总之，十方堂绘画内容十分丰富，有明八仙、暗八仙、龙、花卉等的图案绘饰，神龛雕梁画栋，简直是艺术的殿堂、神仙的世界。

（3）紫霄殿内壁画

分布于东西两侧墙壁上，由中间大幅主画和两侧窄幅配画组成，漫化严重，绘制时间不详。内容记录如下：

西墙壁画："万法归宗"匾下，由左至右排列铁拐李与蓝采和（窄幅配画，漫剥），侍卫从神（执旗、捧剑身着铠甲，气势威武。窄幅配画，一侧漫剥），漫剥□□□□（仅见左上角一兵士，打着三角旗，上饰"太极"图。主画，漫剥），铁杵磨针（窄幅配画，漫剥），何仙姑与张果老（人物高大夸张，窄幅配画，漫剥）。

东墙壁画："威灵显赫"匾下，由左至右排列汉钟离与曹国舅（窄幅），玄帝坐镇天宫（前边分列护法从神若干，两侧画有建筑，山墙上分别写着"福""禄"，画面左侧幻化中有战神真武不同的降妖伏魔片段。主画），吕洞宾与韩湘子（窄幅）。

看来壁画的题材主要围绕真武神话展开，值得注意的是主画中含有许多建筑。主画两侧上半部分为八仙神话，人物夸张，栩栩如生。八仙与道教许多神仙不同，他们来自社会的不同阶层，多是平民，贴近生活，分别代表了男女老幼、富贵贫贱，深受民众喜爱，在民俗中寄托着吉祥如意的美好愿望。

（4）紫霄殿内外彩画

彩画是紫霄殿最具特色的装饰手段，主要分布在正门及殿堂内槽，色彩配置丰富而不杂乱，构图有序。彩画设色上交替使用青、绿、黄、朱等冷暖色，以蓝、白、金色为分界线，创作出基调统一、对比鲜明、雕梁画栋、金碧辉煌的彩色图案。梁枋、额枋、柱子之间的檐枋、檐枋下的斗栱、昂、斗栱前后中线等构件上，通体采用了明代皇家建筑的和玺彩画，形式级别为最，其他地方多为旋子彩画，包括等级不算太高的雅伍墨旋子彩画，道教故事等有南方苏式彩画的风格。

殿内顶饰彩画：檐下斗栱均用旋子彩绘，又有仙人、荷花木雕艺术陪衬，建筑等级仅次于金殿，显得绚丽多彩而华丽，是建筑的华美符号。有充满地域特色的、表现传统文化的题材，如紫霄宫内图案中涉及二十四孝、八仙过海等。总之，各种题材装饰梁、斗栱、枋，道教神仙人物和山水景观、龙凤神兽、日月流云、山水花鸟、阴阳太极等绘画58幅以及道教故事和民间生活传说等图案，格调秀丽淡雅，与武当山道教的历史文化和自然融为一体。如"琴高乘鲤图"，选自汉刘向《列仙传》。赵国琴高擅长搏鼓操琴且拥有长生之术，自称入涿水取龙子，令弟子惊愕。临行之日，他嘱咐众弟子在河旁设祠堂斋醮静候他的复出。果然琴高如期乘鲤而出，以至万人空巷争相观之以为神仙。画面表现琴高再次辞别众弟子再次入涿乘鲤而去跨骑鲤背的情景，人物情态生动，线描劲拔舒畅，笔墨精纯熟练，设色简淡，格调爽朗明快，所绘波涛汹涌，烟雾缥缈，渲染了仙人隐去时的神秘氛围，中间留白营造出水天苍茫之壮阔。再如"广成子说道"，选自《庄子·在宥篇》。广成子讲述：至道之精，杳杳冥冥。至道之极，昏昏默默；无视无听，抱神以静。形将自正，必静必清，传授黄帝《自然经》一卷。上古黄帝时代的广成子修行于崆峒山，黄帝请教"至道之要"，后广成子在黄帝之时成为太上老君化身，"黄帝之时，老君下为师，号曰广成子。消息阴阳，作《道戒经》道经"[167]。该画展现了道家对道的特殊认知方式和道家以治身为本、治国为末的思想，并将求道方法落实为具体的修炼之术，对道家向道教的演变和道教修炼之术的产生有深远影响。殿内彩画图案有些是根据文化历史、地域民俗、地域宗教等背景进行的开创性艺术创作，有的是根据传统图案内容进行艺术表现上的细致改良，其中图案纹样创作风格延续传统中国工笔写意，笔墨具有神韵，为明代彩绘的艺术形式，体现着整个建筑的形、神、气、韵。

殿外额枋装饰的彩画：按殿外东、西、后、前各三幅彩画，分别为越海东渡、真武诞降、少年真武志在修真，铁杵磨针、真武修真（画面中有黑虎巡山、乌鸦报喜、梅鹿衔枝、猕猴献桃）、真武点化五百灵官，舍身飞崖与五龙捧圣、琼台受册、天宫巡察。正立面额枋也有彩画，因三通大匾遮挡不详。

2．用色选择

大千世界无论自然天地还是人为天地，都是颜色的天地，而颜色对自然、对人工的表达都借思维而再现。中国传统的五行理论主张白色对应金，青色对应木，黑色对应水，红色对应火，黄色对应土，紫霄宫便是将传统五行思想运用得十分成熟的道宫。明代的红、黄灰作法全国保存下来极少，唯独武当山遗存最多也完整。正门楣为镂空木雕双龙戏珠装饰，陶瓷借釉色、纹饰充盈脊和瓦顶，实用、坚固与美观相结合。

匠师在这座道教建筑装饰中敢于和善于运用鲜明色彩的对比与调和手法。阳光明显的部分使用了暖色——朱红色，以装饰墙面、门窗、柱子等处。红色为火，寓意教门昌盛，道业长存，这也是明代皇室家庙的统一规格。檐下的阴影部分则用冷色——蓝绿色相配，形成一种悦目的对比，使得五色杂陈的彩画图案更加活泼，增强了装饰效果。大殿别具一格的孔雀蓝琉璃瓦，掩映在满山流烟点翠中的琉璃光辉，构成了云外清都典雅高贵的建筑语言。脊采用明皇室专用色——黄色，而与其他配殿的黑脊、黑瓦形成了对比。绝对虚无的黑色为水，可制火，从而实现阴阳平衡。旋子彩绘纹样变化形式不多，趋于程式化，但色彩运用却极其浓郁丰富，显得光彩夺目，给人以富丽奢华、威严神圣的心理感受。壁画精巧玲珑，幽静雅致，涂彩饰金，雕梁画栋，极为壮观。最大的特色在于宗教色彩的转化与艺术色彩的结合，笔墨工雅，设色清丽，非同寻常，同时描金绘彩，装饰尊贵，体现了纯正的皇家建筑风范，使宗教色彩成为此件作品在艺术创作上最大的思考，同时又兼具宗教哲理，更成为作品深沉的创作理论根据。领会、鉴赏紫霄宫的色彩美，能让心灵轨迹自由盘绕于天地寰宇之间。

五、构景意趣

紫霄宫建筑应用多种构景手法，设计者匠心独妙，倾注极大的创造力构思。

（一）抑景

道教讲究含蓄，紫霄宫造景先藏后漏，欲扬先抑，既不让通衢大路一贯到底，也不让走进门口就一览无余。古时文人游紫霄宫，常一人一骑行于不宽的山间神道，"自入仙关驰道，广斥升降咸宜，层峦列岫，左右萦回，山无童阜，林无寒柯，云日所发，景出象外，私疑稍啬于泉。及至龙泉观喜得泉矣。踰桥沿涧悬崖峭蒨，溪壑瑰异，纡折久之，巍然雄峙者紫霄宫也。宫南向临池，地势特尊。殿后绝壑为展旗峰，前列三公、五老诸峰，势若朝拱，袭以乔杉森然冠佩矣。"[168]通往紫霄宫的路纡折曲回，沿涧道上行，上至东天门，经威烈观，再下坡过通会桥，越过小宝珠峰后，则遥遥苍茫路，汇至禹迹前，这时"白云常在户，紫气欲凌霄。鸟语沉芳树，虹飞锁断桥"[169]。远望巍然雄峙的紫霄宫层台杰殿，高敞特异的御碑亭，翠瓦飞檐，尤为醒目。跨过金锁桥，迎门挡山，山门和对开的琉璃照壁遮蔽了视线，内院景观无一入眼，审美上产生先抑后扬的效果。不过，经艺术处理的门其美可羡，令人愉悦，谓之"门抑"。在山门、影壁的狭小空间里，反生一种企盼一睹内院景观的期待心理，这样就构成一种曲径通幽的美感。朝拜殿的十方堂过厅，就充分表达了这座殿堂的遮挡意义，也是"门抑"的另一种形式。崇台之上第二重琉璃八字影壁置于朝拜殿两旁，壁身的中央及四角皆用琉璃花卉做装饰，朱色殿墙衬托着台基，相对局促的月台左侧建有一座绿色琉璃焚帛炉，让朝拜殿颇具皇家大门气势而引起新的注意和观赏兴趣。

过龙虎殿进入第一重院落，迎面见山，谓之"山抑"。石阶磴道、垂带栏杆一如高崇入云的天梯，御碑亭隐现于高大的松杉密树之中，则为"树抑"。"宫前古松数百株，皆参天倚云，枝叶扶疏，上笋可数。譬如大驾郊行，巨人力士高执云幢星盖以从。"[170]

最高大的主神玄帝，端坐于主殿紫霄殿。殿前对灶门峰，背倚展旗峰，两翼砂山拱卫，宫前衔接两座圆圆阜丘大、小宝珠峰，金水渠窈窕流出的水汇聚于小宝珠。紫霄殿坐落在第二重院落的三层崇台之上，台下日池一览无余，"山拥诸峰朝上阙，水分玄液泽生民。乾坤自有真蓬岛，汉帝何须祭海滨"。父母殿后是自然天成的山梁土丘，"四面青峦攒画戟"[171]。建筑形象由空间安排、比例尺度、造型式样、色彩质地、装饰花样等外在形式反映出来，采取抑景的方法，紫霄宫这些要素显得更有艺术魅力，成为建筑引人入胜的具体内容。在构景上，紫霄宫建筑能抑扬顿挫，张弛有致，在节奏和韵律上既协调又富于变化。而美的感受源于建筑的序列组合，由最初的视觉感受反映出一些直觉情绪，再进入初步主观感受的审美阶段，最后产生出抽象的情绪和感觉，充分体会道教崇尚自然的思想。

（二）框景

紫霄宫处处是景，利用门框、窗框、廊桥、亭门、香炉、石栏望柱或树枝围合成的景框等，使不尽可观的空间景物立刻在平淡间有了可取之景，景色清楚，有选择地摄取空间的优美景色，似一幅嵌入镜框中立体画面的造景方式，给了欣赏者一个新的优美视角。所以，框景是紫霄宫建筑艺术构景的常用方法之一。如东天门可作为观察威烈观的入口框景；龙虎殿山门能"框"的空间尺度很大，三公峰、五老峰、灶门峰、福地峰，高矗霄汉之表，"或竖如笏，或倚如剑，或列如樯，或错如碁，锐者毫攒，斜者圭葵，止者鹄跱，奋者鹃突，千态万状，左右盼而目不敢瞬焉"[172]。如果重点放在金水桥的弧度和垂带栏杆的流线型上，那么，溪山平远、林木清森之景则淘汰于画面之外，桥梁周围的景观便会得到一定的处理和美化，景与框相得益彰。所以，龙虎殿为圆形莲花如意门，十方堂后门也如此处理，成为又一个美妙的取景框，可观紫霄殿前大院的开阔，殿倚嵯峨之势，展旗峰迤逦竦矗，千仞壁削，宛如皂纛旗形。视线通过景框高度集中在画面的主景上，既突出了主景，又增加了层次与景深，同时加强了艺术感染力，形成一幅天然的图画。如果舍弃门框而走入大院内，则很难将左右对称、逐级抬升的配殿取入景框，不仅庄严肃穆之感难以产生，而且主殿显得突兀，视角便缺少美感。又如透过西华门"阆苑元

» 紫霄宫西御碑亭（宋晶摄于2011年）

圃"的小门端景框景，可见朱墙上绿色、黑色的瓦顶及装饰构件盘互交错，有曲径通幽之感，不免联想道人的修行，洞门长日人来少。"竹雾通檐敞，松声落洞虚。解衣眠碧篆，隐几读丹书。尘土浮生梦，移时已破除。"[173] 再如登太子洞，"太子岩"山门成为一种流动框景，陡立的山石阶梯和盘旋于石阶之上虔诚信士的脚步，也成为难得的景观。太子岩山门雕塑的别致须弥座束腰位置用瓜柱代替，上饰一种特殊的图案。"万"字图案在武当山有两处建筑使用，即南岩道人塔、财神庙。而此图案比"万"字图案还少见，武当山仅此一例，在两幅缩花结带图案的中间显示出神圣，雕纹抽象含蓄。象征道教的元素比较多，上下凸起的叠涩是写意的莲瓣纹石雕、砖雕，体现了武当山古建筑群独特精妙且卓尔不群的装饰艺术特点，足见紫霄宫是一框景一世界。

（三）对景

张良皋认为："中国古建筑，存在着一种追求局面宏伟、气象阔大的设计手法，不仅令人感觉到、体会到，而且常常通过轴线、穿透、对景、借景，而直接诉诸视觉。"[174] 对景是紫霄宫建筑重要构景方法。如父母殿二楼卷棚悬山式屋顶，线条柔顺，走廊内廊柱间为富于装饰性的硬木隔断，使用了飞罩，上饰二龙戏珠，流云满布于天蓝色背景中。飞罩立面形象大体呈倒凹形，两端略下垂，但不落地，呈凌空状态，状如拱门。廊下空间局促，观赏角度受限，无景可借，无景可寻，但飞罩增添了建筑景观。再如东宫香火殿院门，正对"福"字照壁，属于软心包框墙，石雕须弥座建于基座之上，壁心抹灰做成白色素面，朱红色边框做成素压条，中间"福"字符合紫霄福地的美好吉祥喻义，是对景的典范。又如朝拜殿后门与紫霄殿大门相互对视，建筑景物是在轴线正中的对景，中间隔着三列台基三重崇台，运用于大院落的场景中，可谓一仰一俯，景贵自然，足见设计者之匠心。此外，还有横轴上的对景，如东、西御碑亭、钟楼和鼓楼、元辰殿和甲子殿。碑亭坐落在方形台上，台高4.5米，宽20米，亭高10.15米，上有两层饰栏崇台，四方各开拱门一孔，中隔台基望柱石栏，可两两对望。钟楼、鼓楼之间隔着崇台台基及抱鼓石，元辰殿和甲子殿之间隔着日池，总要使对景时隐时现含蓄地表达出来。紫霄宫有不少对景关系的建筑，景景不同却妙趣无穷。

（四）透景

中国古代的墙体都不承重，却为门窗的设置提供了很大的灵活性，可随意大小而不受限。紫霄宫的许多殿堂门窗都很大，不仅利于采光，也让外观富于艺术感。如朝拜殿前后墙对称开小型一马三箭直棂圆窗，朝拜殿设有 8 扇隔扇门，上部正三交六椀菱花格心，下部裙板雕如意头，绦环板、抹头一应俱全。紫霄殿前设有 16 扇、后设有 8 扇，门分上下两段，上半部用棂条拼成格子状的隔心，糊精纸的菱花隔扇门。香火殿、西宫套院内的建筑正立面全开棂条隔扇门，因为是次殿，裙板只由木板拼成绦环板，没作雕花处理。"道院清秋暮，推窗望碧空。长松迎落照，桂露染琳宫。"[175]景窗花格增加的景深引人入胜。龙虎殿登朝拜殿 96 级石阶是第一重院落开辟的赏景透视线，两侧高大的松杉是透景自然配置的夹景，中间没有障碍物，形成了一个松杉夹道窄幕的透景效果。

（五）漏景

殿堂空间高大，以正面自然顺光照射为主，室内景物朝门窗面较明亮，闪烁着神秘的光，造成种种幻觉和虚渺的气氛，而越靠里光线越暗淡，加上殿堂内一排排垂吊着的绶带，不能一眼望穿，增加了环境的神秘性和视觉的压迫感，反衬神像的高大伟岸。

（六）借景

"落日危楼上，孤清怅自留。雪明巴蜀迥，天净汉江流。榻外通云雾，樽前落斗牛。紫霄成福地，信作采真游。"[176]诗人的《紫霄道院》"采真游"远借落日、巴蜀、汉江为景，近借明式木榻、礼斗金樽，得景无拘远近。还有意识地把虚景云雾、北斗也"借"到视景范围，在夕阳西下、落日余晖中赏景，景象曼妙，收无限于有限之中。父母殿

» 父母殿（宋晶摄于 2017 年）

是中宫最后一重建筑，它既不能飞檐翼角宽于正殿，也不允许屋顶高过正殿，要符合父母靠山沉稳的特征。那么，在距正殿有限的间距里，设计者做了四个重要的处理：其一，叠檐悬山顶，前部六柱五间五重牌楼，绿琉璃瓦顶，后部硬山布瓦顶，使屋顶繁琐起来，从而目不暇接。其二，砖木结构四层楼，抬梁与穿斗混合屋架，有夹墙暗室，有全开式隔扇门，格局复杂，神秘莫测。因提升了视景点的高度，眺望视角落在了紫霄殿重檐大屋顶的华丽上，也才有了突破宫墙界限的想象。其三，正面前檐设轩顶，明、次间设阑罩，方砖桐油占生墁地，仰借、俯借巧妙构景。其四，从正殿后隔扇门出来，有金银沙坑、真一泉，真一泉石雕龟蛇玄武，紧接着是父母殿月台的一堵高墙，而将石阶坡道分于正殿两侧，一方面父母殿月台更从容，可凭栏正视、俯视、仰视，扩大了可观空间，丰富了景观效果，另一方面也符合父母双神的身份特征。设计者重视设计前的相地，将人行路线组织得收放得体，既做到了父母殿背山面水，又借景有因，处理好山和水、建筑与神的关系，创造出不同凡响的艺术意境。

明王嗣美《紫霄宫》一诗颇受选家重视，诗曰："天作旗峰映翠微，丹岩空壑尚依依。树临紫气乘牛过，路入青霄看鸟飞。仙乐忽从天外传，岭云尽向洞中归。羡门久订餐霞约，直入玄关与世违。"[177]诗人借助紫霄宫美景，咏出紫霄宫背依展旗峰，峰峦青翠缥缈，从宫后的太子岩，再到宫前的空谷幽壑，令人不忍离去。紫气、青霄、仙乐、雷洞，组成了仙境。羡门高仙人餐霞饮露隐居久矣，引发诗人置身紫霄福地之想。"紫霄宫附展旗峰，石嶂崇广，皆数十百丈，三公、五老前侍，亦一奥区。宫制高倍玉虚，修当其半奉祠者。无虑数千指，其庐率高下居。宫前为禹迹池，筑小亭，出池上。池右福地，其阳为赐剑台，其阴则万松亭，出木末太子岩。"[178]紫霄宫借展旗峰为背景，衬托宫殿的威武雄壮，是道教"上帝命北极玄武建皂纛玄旗镇北方"的绝妙象征。紫霄宫的建筑格局借用提高视点来开阔景域，面阔进深各五间，大肆渲染玄帝威仪，而把周围的景组织到观赏视线中，使建筑空间扩大，院落、台基将主轴线高高衬起，参差错落，产生出层次感，既避免一览无余，又使朝山进香者涌出端拱仰视、顶礼膜拜的情绪，从而托起紫霄殿至高无上的尊贵地位。

紫霄宫借景的建筑设计，手法高明，因从东天门到洞天福地门是该宫营地范围。而背倚展旗峰，面对照壁峰，还有三公、五老、蜡烛诸峰，是宫的借景范围。进东天门，经禹迹桥，绕过宝珠峰，下临禹迹池和金锁桥，好像舞台启幕的感觉，豁然而开地看见万松深处一座朱甍碧瓦的紫霄宫，这个效果是上述道路的布局给造成的。禹迹桥建在一道狭涧上，跨度并不大，桥洞窄高，给这条小涧增加了幽深的意境，该桥好比紫霄宫主曲之先的一个前奏曲，过桥之后还有宝珠峰挡在眼前，有这步的一合，才有下步的一开，显出章法开合之妙。

（七）分景

以山水、植物、建筑及小品等在某种程度上隔断视线或通道，造成了宫中有宫的境界，增加了景色的质和量，这种分景按其划分空间的作用和艺术效果分为障景和隔景。如御碑亭与松杉疏林虚实相隔；实心壁宫墙让视线不能空间透入而受到抑制，也分割形成宫内外和祀神区、静修区、生活区的实隔；西宫"福"字照壁，"福"字在风水上是避免直冲，是典型的屏障景物；朝拜殿东设琉璃焚帛炉一座，歇山顶，石雕须弥座，形制与玉虚宫焚帛炉相同，把游人的注意力缩小到一定空间范围内作细致观赏，有引导空间、转换方向的障景作用；从金锁桥和水面倒影望福地门，视线有断有续地从一个空间透入另一个空间，含蓄有致。中国人的审美观是建立在传统的文化心态与文化熏陶基础上的，带有东方文化的特色及审美意识。中国人的传统审美讲究含蓄、朦胧、模糊，虚、空、静、深，激发审美者的好奇心和想象力，引发拨开景观的层层面纱一探究竟的冲动。

建立在传统文化心态与文化熏陶基础上的审美观，讲究含蓄、朦胧、模糊，其虚、空、静、深的景观设计带有东方特色的审美意识，反能激发审美者的好奇心和想象力，引发拨开景观的层层面纱一探究竟的冲动。紫霄宫选址布局以疏密严谨，形制恢弘，借景造景而不败景，灵活多变，鬼斧神工，营造出的皇家道场、紫霄福地，是充分彰显道家道教理念的经典之作。

注释：

[1][164] 湖北省文物局编著，祝笋、祝建华主编：《武当山紫霄大殿维修工程与科研报告》，北京：文物出版社，2009 年，第 9 页、第 15—17 页。

[2][元] 张翥：《蜕庵集》卷三，浙江大学影印本，第 19 页。

[3][7][14][15][16][25][29][31][32][33][35][41][43][44][45][47][48][49][50][51][53][54][58][59][61][63][66][74][79][82][88][89][95][137][139][145][158][172][173][176] 中国武当文化丛书编纂委员会编：《武当山历代志书集注（一）》，武汉：湖北科学技术出版社，2003 年，第 644 页、第 121 页、第 59 页、第 68 页、第 54 页、第 47 页、第 4 页、第 84 页、第 100 页、第 103 页、第 28 页、第 15 页、第 98 页、第 108 页、第 234 页、第 28 页、第 269 页、第 659 页、第 274 页、第 326 页、第 522 页、第 28 页、第 274 页、第 43 页、第 46 页、第 28 页、第 644 页、第 356 页、第 358 页、第 523 页、第 274 页、第 62 页、第 3—4 页、第 28 页、第 150 页、第 522 页、第 644 页、第 642 页、第 638 页。

[4][68][73][117][118][121][151][152][171] 陶真典、范学锋点注：《武当山明代志书集注》，北京：中国地图出版社，2006 年，第 409 页、第 405 页、第 402 页、第 402 页、第 159 页、第 233 页、第 68 页、第 407 页、第 529 页。

[5] 张广保：《唐以前道教洞天福地思想研究》，载《道教教义与现代社会国际学术研讨会论文集》，上海：上海古籍出版社，2003 年，第 290 页。

[6][明] 顾璘：《顾华玉集》卷一凭几集卷五，钦定四库全书集部六，第 123 页。

[8][168] 宋晶编：《大岳清游——武当山游记辑录》，北京：中国社会科学出版社，2019 年，第 434 页。

[9][宋] 张君房辑：《云笈七籤》卷二十七，济南：齐鲁书社，1988 年，第 158 页。

[10][17][18][19][20][23][24][30][36][37][38][39][57][64][94][98][103][106][122][123][124][128][129][130][144][150][166][167] 张继禹主编：《中华道藏》，北京：华夏出版社，2004 年，第 29 册第 237—239 页、第 522—523 页、第 526—527 页、第 530 页、第 642 页、第 567 页、第 587—589 页、第 617 页、第 529 页、第 552 页、第 636—638 页、第 642 页，第 8 册第 301 页、第 529 页，第 2 册第 169 页，第 47 册第 529 页，第 26 册第 86 页、第 523 页、第 364 页、第 177 页，第 42 册第 416 页，第 26 册第 617 页、第 525 页、第 638 页、第 544 页、第 638 页，第 8 册第 161 页，第 27 册第 724 页。

[11] 李育富：《道教洞天福地之新探》，《乐山师范学院学报》2010 年第 25 卷第 10 期，第 115 页。

[12] 詹石窗：《道教文化十五讲》，北京：北京大学出版社，2003 年，第 368 页。

[13] 杜光庭著：《洞天福地岳渎名山记全译》，王纯五译注，贵阳：贵州人民出版社，1999 年，第 68 页。

[21][148][梁] 萧统：《文选（附考异）》，国学出版社，1935 年，卷 45 第 637 页、卷 15 第 220 页。

[22][157] 陈鼓应注释：《庄子今注今译》上册，北京：中华书局，1983 年，第 80 页、第 25 页。

[26] 文军译注：《白话无量寿经》光明遍照第十二，西安：三秦出版社，1998 年，第 13 页。

[27] 蒲光宇：《武当山峻秀绝尘寰》，《湖北文献》第五期，1966 年，第 60 页。

[28] 高鹤年著：《名山游访记》卷二，吴雨香点校，北京：宗教文化出版社，2000 年，第 91 页。

[34] 碑原立均州石板滩北打儿窝旁朝阳洞，现存武当山泰山庙。

[40][52] 罗霆震：《武当纪胜集》，《道藏》19 册，文物出版社、上海书店、天津古籍出版社，1988 年，第 676 页、第 676 页。

[42][65] 王理学：《武当风景记》，湖北图书馆手钞原本，1948 年，"十四池"禹迹池、"十官"紫霄宫。

[46][55][60] 王明：《抱朴子内篇校释》，北京：中华书局，1980 年，卷四第 76 页、卷一第 1 页、卷十第 172 页。

[56] 扬雄撰：《太玄经》，范望注，上海：上海古籍出版社，1990 年，第 106 页。

[62][169][明] 陈文烛：《二酉园集》，北京大学影印本，卷九第 7 页、卷六第 3 页。

[67][71][75][77][177][178][清] 王民皡、卢维兹主编：《大岳太和山志》，卷二十第 61 页、卷二十第 61 页、卷十八第 46 页、卷十七卷第 29 页、卷二十第 61 页、卷十七第 18 页。

[69][明] 龚黄：《六岳登临志》卷六，执虚堂，宋海翁诗。

[70][175] 武当山志编纂委员会：《武当山志》，北京：新华出版社，1994 年版，第 362 页、第 371 页。

[72][元] 袁桷：《清容居士集（附杂记）》卷五，上海：商务印书馆，宜稼堂丛书本，第 81 页。

[76][清] 王概等纂修：《大岳太和山纪略》，湖北省图书馆藏乾隆九年下荆南道署藏板，卷七第 3 页。

[78][83][明] 何镗辑：《古今游名山记》卷九，第 20 页、第 21 页。

[80][清] 王锡祺辑：《武当山记》，《小方壶斋舆地丛钞》第 4 秩，上海著易堂刊本，第 399 页。

[81][明] 平显：《松雨轩集八卷》卷五，《丛书集成续编》第 111 册集部别集类，上海：上海书店，第 358 页。

[84] 熊宾监修，赵夔编纂：《续修大岳太和山志》卷七，大同石印馆印，第 27 页。

[85][174] 张良皋：《中国建筑宏观设计的顶峰——武当山道教建筑群》，《中国道教》1994 年增刊，第 189 页、第 188 页。

[86] 徐玉勤：《一幅逼真的人体修真图——试论紫霄宫福地的建筑格局》，《武当》2005 年第 10 期，第 10 页。

[87][明] 何白撰：《何白集》卷二十四，沈洪保点校，上海：上海社会科学院出

版社，2006年，第415页。

[90] 张华鹏：《武当山金石录》，丹江口市文化局，1990年，第150页。

[91][92][160] 陈鼓应：《老子注译及评价》，北京：中华书局，1984年，第85页、第53页、第89页。

[93][135][汉] 司马迁：《史记》卷六十三，北京：线装书局，2008年，第113页、第113页。

[96][宋] 魏泰：《东轩笔录》卷一，北京：中华书局，1983年，第2页。

[97] 修功军编著：《陈抟老祖——老子、庄子之后的道教至尊》，引自[明] 高濂：《遵生八笺》陈抟"睡功图"，北京：东方出版社，2007年，第95—96页。

[99] 杨澄甫：《太极拳使用法》，引用《杨氏老谱》，1930年，疑为贾得升之作。

[100] 浙江省富阳市政协文史委编：《周凯及其武当纪游二十四图》，杭州：浙江人民美术出版社，1994年，第41页。

[101] 杨国英主编：《张三丰研究论文集》，武汉：长江出版社，2012年，第391页。

[102][104][105][107][108][109][110][111][112][113][114][115][清] 李西月重编：《张三丰全集合校》，郭旭阳校订，武汉：长江出版社，2010年，第130页、第130页、第135页、第124页、第132—133页、第166页、第124页、第130页、第133—134页、第163页、第130页、159页。

[116][明] 廖道南编撰：《楚纪》卷五十六，第95页。

[119][明] 徐宏祖：《徐霞客游记》，长春：时代文艺出版社，2001年，第27页。

[120] 金启华译注：《诗经全译》，南京：江苏古籍出版社，1984年，第433页。

[125] 武当博物馆编著：《神韵——武当道教造像艺术》，北京：文物出版社，2009年，第1页。

[126][165] 许嘉璐主编：《二十四史全译》，上海：汉语大词典出版社，2004年，第211页、第2591页。

[127][清] 钱大昭：《广雅疏义》卷十七，北京大学影印本，第22页。

[131] 台湾道教史研究社、比较宗教学研究社，杨上民：《玄天上帝与道佛关系考证》，引自中国台湾网——海峡两岸武当文化论坛，2005年5月18日。

[132][战国] 屈原原注，马茂远主编：《楚辞注释》，武汉：湖北人民出版社，1999年，第369页。

[133][汉] 王逸：《九怀章句》第十五，《楚辞章句》卷十五，钦定四库全书集部，第7页。

[134] 汤一介主编：《道学精华（上）·淮南子》卷三天文训，北京：北京出版社，1996年，第456页。

[136][日] 安居香山、中村璋八辑：《纬书集成》（下）《河图编》"河图帝览嬉"，石家庄：河北人民出版社，1994年，第1134页。

[138][明] 宋濂等撰：《元史》本纪卷二十一，百衲本二十四史四部丛刊史部，上海涵芬楼景印北平图书馆及自藏明洪武刻本，上海：商务印书馆，第12页。

[140][163] 杨天才、张善文译注：《周易》，北京：中华书局，2011 年，第 595 页、第 610 页。

[141] 玉昆子：《阴阳五行里的奥秘》，北京：华夏出版社，2012 年，第 253 页。

[142] 侯云龙：《二十八宿面面观》，《松辽学刊（社会科学版）》，1999 第 1 期，第 41—43 页。

[143] 甘毅臻：《有关武当武术的争议及其定义》，《湖北体育科技》2010 年第 3 期，第 260 页。

[146][汉] 甘石申：《星经》卷下，上海：商务印书馆，1936 年，第 63 页。

[147][晋] 干宝、陶潜：《搜神记》，扫叶山房书局，1928 年，第 27 页。

[149] 左丘明著：《春秋左传》"桓公五年"，朱墨青整理，沈阳：北方联合出版传媒（集团）股份有限公司，2009 年，第 314 页。

[153] 黑格尔著：《美学》第三卷上册，朱光潜译，北京：商务印书馆，1997 年，第 28 页。

[154] 梅莉：《台湾及东南亚地区的玄天上帝信仰——以武当山现存碑石、匾额为中心的考察》，《中国道教》2006 年第 3 期，第 38 页。

[155] 陈理胜：《漫谈台湾同胞的"武当"情缘》，《武当道教》2006 年第 2 期，第 12 页。

[156][宋] 李昌龄：《太上感应篇（图说）》，上海：学林出版社，2004 年，上册第 319 页。

[159][170][明] 何镗编：《名山胜概记》卷二十八，湖广二，第 6 页、第 7 页。

[161] 林徽因：《林徽因讲建筑》，西安：陕西师范大学出版社，2004 年，第 17 页。

[162] 沈福煦：《中国古代建筑文化史》，上海：上海古籍出版社，2001 年，第 24 页。

第九章

武当山

南岩宫建筑鉴赏

　　武当山三十六岩若按地势险要和山川壮美来衡量，冠首非南岩莫属。而在绝壁倚空的南岩垦山凿谷、荒陬杰构建造的奇绝悬宫—南岩宫，则更加造化神奇，巧夺天工。南岩宫不仅是供奉三清四御、玄天上帝、圣父圣母、五百灵官等神尊的圣殿，而且是承制为帝王祈寿"万岁御九寰，兴圣怡愉长朱颜"的肃穆醮坛，更是为士女会者祈福"永永哀民艰，汛扫秽浊无恫瘝"[1]的神圣道场。宫殿建筑古朴粗犷，石雕琢工精巧高超，将道教信仰、道教建筑与自然环境融为一体，体现出武当山道教丰厚的文化积淀，被我国古建专家罗哲文、文物专家单士元盛赞为"石雕艺术的殿堂""国之瑰宝"。

第一节　南岩宫宫名释义

元明时期，南岩宫宫名冗杂，考证如下：

一、真庆宫

元代曾流行过"天乙真庆宫""天乙真庆万寿宫""大天乙真庆万寿宫""天一真庆万寿宫""大天一真庆万寿宫"等名称。元辛巳岁（1281年）仝立的《真庆宫创修记碑》解释其命名由来："武当真庆宫，创修云路一道，自宫前'郁秀楼'至山神祠……真庆处山之三十六岩之第一岩，为玄武应化静乐太子，在世修真冲举之地也……睹威严于咫尺之天矣。视履孝祥，大有庆也"[2]。"真庆宫"是简化宫名，"视履孝祥"源自《易·履》"上九，视履孝祥，其旋元吉"[3]，上九处《履》之极，能审视履之行孝逆祯祥，修真有庆，此即"真庆"本义，而"真庆宫"是重新整合后的认知。《总真集》卷中"三十六岩"之第一岩为紫霄岩，释为"一名南岩，一名独阳岩……品称殿宇，安奉佑圣铜像，绘塑真容。至元甲申（1284年），住岩张守清大兴修造，叠石为路，积水为池，以太和紫霄名之"[4]。张守清主持兴修了郁秀楼、山神祠、神道云路、谢天地岩石室、飞升台、更衣台等，殿庭庙宇集中分列在紫霄岩，1284—1310年期间，"天乙真庆宫"石殿（以下简称"石殿"）陆续完工，历经二十六个春秋，此时张守清57岁。《总真集》卷中"宫观本末"所以未记"南岩宫"，概与撰写志书时该宫殿尚未成型有关。朱思本《登武当大顶记》载："延佑丁巳（1317年）四月壬寅，蚤作自武当山真庆宫登大顶……盘恒久之，乃逶巡而返，至真庆。"[5]直至明代所立《御制大岳太和山道宫之碑》刻"又四十里抵山趾有真庆宫，俱为祀神祝釐之所"仍惯用简称，只是碑文提及的地点与实际不符，按其里程应为玉虚宫。清代陈铭珪《长春道教源流》卷七载："守清躬执耕爨，垦山凿谷，种粟为食。继帅其徒翦荟翳，驱鸟兽，通道南岩，即岩构虚夷宫，历二十

/411/

余载乃成。"[6] "虚夷宫"当是张守清在南岩构造建筑的最初用名。《说文解字》有"虚，大丘也。昆仑丘谓之昆仑虚"[7]，"虚"即"墟"，指大而空旷的山丘；"夷"语出《道德经》："视之不见名曰夷，听之不闻名曰希，搏之不得名曰微。此三者，不可致诘，故混而为一。"[8] 取其恬淡寡欲、虚寂玄妙、形神俱忘、空虚无我之义。

元武宗海山的生母弘吉刺氏答己信奉道教，诏请张守清入京建醮为皇帝祈寿。至大三年（1310年），翰林学士程矩夫撰写的《大元敕赐武当山大天一真庆万寿宫碑》记载："今上皇帝，仪天兴圣慈仁昭懿寿元皇太后，闻师道行，遣使命建金箓醮。征至阙，及祷雨辄应。赐宫额曰：'天一真庆万寿宫'。"[9] 答己另一儿子孛儿只斤·爱育黎拔力八达即为元仁宗，时值京师干旱，皇帝两次下诏张守清设坛祷雨，结果"既霑既渥，仍大有秋"[10]，太后和皇帝对祷雨的结果非常满意。于是，皇帝制加神父、神母圣号，置提点甲乙住持，赐师号"体玄妙应太和真人"。延祐元年（1314年），宫立三道诏书，并碑刻记载上述事实。次年二月，张守清奉皇太后答己旨意，乘驿奉香，还山致祭，为仁宗建醮。三月，集贤大学士陈颢请元仁宗加赐宫额"大天一真庆万寿宫"[11]，仁宗又命词臣撰《大元敕赐武当大天一真庆万寿宫碑》。因此，"天一真庆万寿宫""大天一真庆万寿宫"二宫名是皇帝加封、敕谕的新宫名，为元代南岩建筑两大正式命名，建筑等级因而升格，没有皇帝的诏令，在营造及管理上不得越规为宫制。

"天一真庆宫"的提法，最早见北宋道经《神咒妙经》卷二："玄帝所居之阙，号曰'天一真庆宫'，处紫微北上，在太素秀乐、太虚无上两天之间，宫殿巍峨，皆自然妙炁所结，琳琅玉树，灵风自鸣，声合宫商之韵，红光紫雾常覆其上，此处则玉虚无色界也。"[12] 罗霆震《天乙真庆宫》诗云："帝居坎上紫微垣，四海分灵万派源。一脉太初生气水，万年雨露溥天恩。"[13] 为什么"天一"通用成"天乙"呢？

首先，"天一"的星辰卦相与"天乙"一致。从星辰崇拜的角度讲，"天一"是星名，属坎卦，卦形"☵"，为紫微垣三十九星官之一。罗霆震诗文揭示了"天乙真庆宫"属八卦之"坎"，代表北方、水位，象征天宫中的紫微垣。紫微垣，别称"紫微宫"，三垣之中垣，以北极为中枢，位于北天中央位置，《宋史·天文志》记载在北斗之北，左右环列，翊卫之象。《星经》云"天一星在紫微宫门外右星南"[14]，为中国民间所尊奉。作为北方天帝所居之紫微宫，在真武功成飞升后即称"天一真庆宫"。"天一"亦作"天乙"，符合"天一生水"的易学思想，因而《太极隐文》载"天一之精是为玄帝，分方于坎，斡旋万有，天一之气是为水星，畏佐大道，周运化育"[15]，诠释了罗霆震"一脉太初生气水"的内涵。《总真集》曰："玄帝拜帝号之后，上帝追赠崇封玄帝圣父曰'静乐天君明真大帝'，圣母曰'善胜太后琼真上仙'，下荫天关曰'太玄火精含阴将军赤灵尊神'，地轴曰'太玄水精育阳将军黑灵尊神'，并居'天一真庆宫'。"[16]真武修炼事迹中"天一"反复出现，融合了玄天上帝发生及从无形的"道"派生而来的混沌之气，如"（玄武）皆天一之所化也"；"玄帝禀天一之精，惟务静"；五真（即五方五帝）奉玉帝之命手捧《太玄玉册》，宣召玄帝上升："静乐国子，以子玄元之化，天一之尊，功满道备，升举金阙……容当归根复位，返本还元……可进拜：……紫皇天一天君"[17]，是反映武当山道教信仰的概念。

其次，"天乙"侧重于古代命理"神煞"，与玄帝相关。《三命通会》记载天乙贵人是四柱神煞之一。天乙为天上之神，最尊贵之神，在紫微垣闾阖门外，事天皇大帝，下游三辰，所至之处一切凶煞隐然而避。传说太乙、天乙、地乙三神中的天乙贵人神通广大，法力无边，逢而为喜，富加且贵，是八字命理当中的吉祥贵神，是玄帝为治世福神的渊源之一，使天上宫阙与地上神殿统一。

再次，"天乙"作为一种特定的天干地支的组合方式与元皇室建醮诉求相融合。

程建军《风水与建筑》一书认为，推论吉凶方位要根据宅卦的方位和卦爻本身的爻变，再经五行生克的关系，才可定论建筑风水的主位。《易经》第五十一震卦的卦辞有震来虩虩，笑言哑哑，即通达，谓之亨。震为雷，震上震下。如果以天柱峰大顶玄帝殿为鼎卦，那么南岩石殿则相对符合东向方位，为震卦，卦形"☳"，代表东方、太子，为生气吉位。古人将乙排行在干支的第二，属天乙，恰值皇庆二年，故改"一"为"乙"也顺理成章。皇太后建醮祷雨自然使用排列在干支中"甲（皇帝）"之后的"乙"。雷神洞在南岩，供奉邓天君，敬祀雷神，以震雷鸣鼓为上天示警，并不视为自然现象，玄帝是雷神之主、雷部统帅。

宫额中"真庆"之"真"指真武炼真修道，"庆"指功成飞升，寓意真武修真功德圆满，飞升成为天帝以游逍遥之墟，故南岩有圆光殿、飞升台等建筑语言的表达。而增加"万寿"两字涵义丰富，既让玄帝司命神性与皇室祈寿延年、长生永命、绍开中兴、皇权永固的诉求结合，又暗合元仁宗天寿节与玄帝诞降日巧合（均为农历三月三日）的现事。高道张守清多次受诏赴阙祷雨、却疾灵验后，皇太后命他乘骑，奉香持币还山致祭，设醮祈寿，祭礼还愿，从而赋予此宫以"万寿"之义。《大元敕赐武当大天一真庆万寿宫碑》载："仁宗天寿节适与神所降辰同，岁遣使建金醮，祝以其山之五龙。""大天一真庆万寿宫"就是元仁宗为真庆宫加赐隆恩以夸饰其绝奇而进行的命名。此例为仁宗以后元朝皇帝所效法，"自是累朝岁遇比复，一如天寿节故事"，都照例遣使到武当山致祭，"三月三日，相传神始降之辰，士女会者数万，金帛之施，云委川赴"，武当山道教影响远达偏僻省份。武当山道士利用这些时机加深与元皇室的关系，促使武当山受到重视成为元代帝王告天祝寿的洞天福地，南岩也因张守清获得真人名号而声名远播，武当山道教地位如日中天。

张守清所撰《启圣录》卷一之"玉陛朝参""真庆仙都"条，同用"天一真庆宫"，为"天一真庆万寿宫"铺垫，演绎一直进行到明代"大圣南岩宫"的出现。元代石殿现存宫额"天乙真庆宫"，行书，黑地金字，木质横匾，"约制成于元皇庆二年（1313年）前，元初为此名，后改为'天乙真庆万寿宫'，自皇庆至泰定（至元丙子八月十五）止，均为该额。至元九年（1349年）四月十七日忠翊校慰均州同知恭诣新敕赐宫额为'大天乙真庆万寿宫'等……惜书者不详。"[18] 罗霆震《南岩改天乙真庆万寿宫》一诗可佐证"天乙真庆万寿宫"在元至大三年（1310年）之后不久使用，诗人应是元代中期到武当山进行清修的道人。但匾额既无印款，又多变动，皇帝御书可能性不大，皇太后最初赠额"天乙真庆万寿宫"则极有可能，或可在上述分析中找到答案。罗霆震另有《南岩三殿》云："圣帝西班圣友东，圣尊父母位居中。左盘右绕香云蓊，天乙紫微真庆宫。"[19]"天乙紫微真庆宫"的提法也值得注意。总之，有关"真庆宫"的这些称呼，流行于元代并一直延用到明永乐大修之前。惜其建筑多毁于元末兵燹，荆榛瓦砾，废而不举，仅剩石殿等少数建筑。

二、南岩宫

南岩宫全称"大圣南岩宫"，是明代流行的官方称呼，沿用至今。永乐十年（1412年）明成祖敕建并"赐'大圣南岩宫'为额"[20]。现有"敕建大圣南岩宫"碑一通，立于"乌鸦岭至南岩宫南天门和拦马道交界处，楷书阴刻，青石质地，通高194厘米，宽80.5厘米，厚11厘米"[21]，为南岩唯一保存明皇室敕建宫名的碑刻。

《启圣录》卷一"紫霄圆道"条云："玄帝在山，往来观览，见七十二峰之中，有一峰，上耸紫霄，下有一岩，当阳虚寂。于是采师之诚，目山曰太和山，峰曰紫霄峰，岩曰紫霄岩。据此居焉，即成道之所，今天乙真庆宫是也。"[22]紫霄峰在大顶东北，介于太和宫和朝天宫之间，紫霄岩也使用了"紫霄"，但它在紫霄峰之北。南岩、独阳岩、紫霄岩三名均指同一岩，即张守清所修石殿的岩洞及岩洞外玄帝殿建筑组群及北道院所在地域范围。《总真集》卷中"三十六岩"注释"紫霄岩"："在大顶之北，更衣台之东，欻火岩之西，仙侣岩之南。当阳虚寂，上倚云霄，下临虎涧，高明豁敞，石精玉莹，皆自然作鸾凤之形。"[23]三个岩名均以此地为真武修真成道之地而定，只是视角各自有所侧重而已。具体而言，南岩是因岩面南而命名，是从飞升台上行至南岩所见朝谒向阳的方位特征，古人游记载："出台，迤逦东行，举首南岩，朱垣碧殿，如空悬虚，缀于翠微之表。又里许至启圣殿，亦据一冈正拱天柱峰，若朝谒者。"[24]南岩宫因岩而名。紫霄岩侧重于对紫色的崇尚和云霄高空、逍遥境界的向往。"朝元来扣紫云扉，百叠丹青绕四围。"[25]道教把老子骑青牛入关称为紫气东来，静乐国太子受到紫炁元君点化来到紫霄峰、紫霄岩修真。"信步南岩下，翛翛物外情。瑶坛青鸟落，玉洞紫芝明。"[26]明代文人对南岩宫进行描述时喜用"紫"这一道教之色。《风景记》把紫霄岩作为四十四岩之首，刻意区分了紫霄岩与独阳岩的具体地点，认为紫霄岩"即南岩宫南，岩之西部，今之石殿地点。元至元中住岩张守清，兴修之叠石为路，名曰紫霄。为真武面壁故址"；独阳岩"即南岩之东部，取向阳之义，因名，即今龙床地点，本一岩也"[27]。独阳岩特指紫霄岩阿的尽头处，侧重于对阳面朝南、朝大顶、高耸直冲天穹的描述，取纯阳、当阳虚寂之义，故元代已界定清楚三个岩名，现常以南岩称之。

"大圣"是形容道炁祥和、德行完善、形胜奇绝的境界，不仅仅指自然的景致，也是指这一境界的形成所需要的殊胜机缘。缘分需要高道大德的隐居修道、积功累德方能结之。因此，"大圣南岩宫"的命名突出了真武成道之所的旨趣，也涵盖了南岩的双岩性质和成就大德之人、振兴道业的内蕴。

第二节　南岩宫堪舆选址

南岩宫选址是涉及道教信仰及风水堪舆等诸要素相互作用的一个综合判断。

一、选取危峻，完善飞升

武当山道教建筑群按照道经《元始天尊说真武本传妙经》中真武诞生、修炼、飞升、册封、成仙过程而修建。"三十六岩何势雄，南岩高出摩苍穹。天低蓬岛星辰近，水接仙源道路通。琼馆云深鸿宝秘，药炉丹服碧坛空。"[28] 南岩海拔 964.7 米，虽然在武当峰岩中并不算最高处，但从南岩的悬崖峭壁到飞升台的绝壁却有气吞银汉之势，绝壁"修十数丈，高数丈，岩下峭壁数十丈，蓁西修数百丈，如高墉"[29]。南岩由一东西向断层形成，断层面倾向北约 70° 倾角，这一千丈之壑、奇峭之地具有强烈的飞升感。明代文人形容其"南岩削壁"，并纷纷以此为题赋诗，誉为大岳太和山八景之一，如史谨的"岩前流水带龙腥，石上灵芝到处生。绝壁倚空非禹凿，高萝悬幄自天成"[30]，平显的"青峨峻削几千仞，万古白云天地根……神仙熟视丹方刻，画史偷传斧凿痕"[31]。南岩与天柱峰大顶相对，山形地势符合仙人居其上、白日能飞升的要求，万壑松风，千崖浩气，高摩苍穹势雄峻，孤峰刺天地势险。这里"俯窥幽谷深无极，赤松王乔皆辟易。回瞻绝顶凌杳渺，金殿晴晖腾木杪。龙头孤瞰势若崩，帝敏悬岩迹如倒"[32]，具有适合飞升的地理态势。总体

» 仙台阶梯（宋晶摄于 2018 年）

上看，经人为选址，武当山大宫的寻址格局变得更加玄妙，完全不同于"玉虚环翠开烟霞，五龙捧出云中花。紫霄福地层峦耸"[33]，或平缓或高耸，然而不险、不奇、不绝、不悬，不成南岩削壁的局势。

　　南岩悬崖峭壁前有乌鸦岭西坡伸出一岩，崛起灌莽，盘旋曲折，径绝罕至。岩上建有礼斗台，或称拜斗台。从地貌上推测，古代乌鸦岭没什么大树，也没护栏石板路，完全是一片自然峦岭，为介于落叶阔叶林和针叶林之间的针阔混合林地带。但这一处峦岭却"乌鸦万树犹朝暮，黑虎千年自往还"[34]"黑虎当崖驱猛瘴，乌鸦绕树散晨钟"[35]，形成了"乌鸦接食"的奇观，一直延续至民国时期。步下乌鸦岭方见南岩，仿佛"黑虎啸崖飞雪液，乌鸦控御入瑶京"[36]的仙境。乌鸦岭一带山径、山坡有两座建筑：一是乌鸦台。清代进士、湖北襄阳知府周凯（1779—1837年）的《武当纪游二十四图》中有一幅"饭鸦台"图，题记："台高百尺，层楼巅乱，鸦争食鸦台前。鸦饱鸣噪自飞去"，"在皇经堂侧，乌鸦千百飞翔，台前施之食，能翻空攫取云，见有红味者，吉。暮则归栖南岩以下，树上避天风也。"[37]二是乌鸦观，砖石结构的小型建筑，已佚。明代诗人崔桐作为湖广布政司右参议提调武当山时曾见"鸦观丹崖覆，梅祠碧气飘"[38]的自然景致。乌鸦观通往榔梅仙翁祠有幽谷小径。明代进士廖道南的《太和之歌》"序"将乌鸦观称为"乌鸦庙"，庙内供奉乌

» 南岩宫建筑与环境（资汝松提供）

鸦神，王世贞还专门写了《乌鸦庙》云："试问丛祠受赛，何如江畔迎船"[39]，表达了自在逍遥的胸怀。

舍身崖，层台孤悬，高峰四眺，"坦然履道虚岩小，万丈高深不足危""层岩抛却尘躯体，六合周行宰万天"[40]。突出特征就是险。"西望舍身崖，空悬若垂天之翼，状甚可怖。其上为飞升台，玄帝改服于此。台下为试心石，又下为谢天地岩。"[41]舍身崖有许多别称，如飞升岩、飞升崖、飞身岩、舍身岩。上建二台：飞升台，从南岩西行小径，首遇之台，亦称舍身台、飞身台；更衣台，再上行至路终结处，俗称梳妆台。由此望飞升台，呈现天然真武像。明后期曾在梳妆台里侧加建一座小石庙，现无存。飞身台下绝壁间伸出一大块平整石台为试心石，又称志心石，突出于绝壁万仞之上，令人毛骨悚然，望而生畏。台上可看天边白云，望脚下深谷，观开阔美景，听神秘传说，让人心绪飞扬，具有升腾跃跃欲飞的力量。飞升台下谢天地岩"惭感穹只不脱声，悬崖根底达天庭。稳藏蜕骨方轻举，自在神游侍玉清"[42]。民间给予建筑形象化的说法，形容礼斗台为"洗头盆"，谢天地岩殿为"大锅大灶"。

北道院一带地形开阔，建筑面积很大，几乎环绕南岩玄帝殿外的整个西北部岩壁，由北向南至少呈四大阶梯式山崖建筑，亦险峻孤绝。南天门西侧有一天然岩洞。入洞小径险绝、难以立足。洞口面积狭迫，临

» 悬空石室——武当绝境谢天地岩庙（朱江摄于 2018 年）

崖绝壑，遗留须弥座神台一座。总之，南岩倚悬空，峭如壁，自然造化，鬼斧神工，是令人惊诧的奇绝之地。

二、堪舆选址，择其形胜

南岩宫选址十分强调堪舆之术，观大势看小形，选择形胜之地造宫，其形胜要素有三：汭位选址、巽位排水和坐北朝南。

汭位指河流弯曲的凸岸。由于南岩岩石主要成分是绢云石英钠长片岩、绿色泥钠长片岩，易于风化。因此，选择其凸岸建宫可确保基址无虞，还能延展面积。凸岸"当阳虚寂，上倚云霄，下临虎涧，高明豁敞"[43]，万虎涧风雷震怒如群虎咆哮，会于青羊涧，是道人修炼不可或缺的条件；凹岸受水流冲刷易变形使基址不牢，则不可取。

巽位排水一般讲究巽位应有山，但不可独山，水则隐藏。从山川大势上校察，南岩南望大顶东北的健人峰，西北远眺叠字峰，西见金鼎峰，三峰形成犄角护卫之势。从相对位置看，南岩宫距紫霄宫 2.5 公里，距金顶 5 公里，距五龙宫 15 公里，形成了"五里一庵十里宫，林岫回环画镜中"[44]的格局。从小形上审视，南岩在大顶之北，更衣台之东，欻火岩（雷神洞）之西，滴水岩、仙侣岩之南。石精玉莹，呈鸾凤之状，山川壮美，地势融结。南岩之水，大的河流有东边的剑河、水磨河，西边有螃蟹夹子河，土名小寨子河，古代还有一个美丽的别名"青羊河"，也称东河。水随山行，方圆平正。此外，还有黑虎洞和云气升腾的白龙潭。

俗语泉言形，露言色。"自大顶东走二十里，有丘焉可屋，有泉焉可瀹，莫如南岩。其旁多重崦曲阜，呀呷之壑，嵌空之洞。"南岩泉有两眼，即甘泉、甘露泉。泠泠甘露泉溪涧盈溢，泉甘水洌。由于山泉质地好，甘露井吉水可煮茶、可祭祀。东山门外有真一泉，或称一泓泉、真乙泉、真一泉。"池二：曰太一、曰天一。太一水生气，天一水生数也。"[45] "天一"即为真乙泉所建圆池，护栏围板九套。北道院的太一池、沧水库池也是醴泉美池，南岩洞瀑众多，必然架梁造桥沟通神路，著名者有北天门外天一桥、飞升台步云桥及通往榔梅仙翁祠的梯云桥。

方位上，考虑整体的地理、气候因素及阳光这一自然界生命的能量来源。一般地，选择坐向在中国以坐北朝南向为佳，具有四季朝阳、夏季通风、冬季御寒等优点。不过，南岩宫坐向却不是单一的，而是矛盾的对立统一。

南岩洞内坐北朝南向。直悬绝岩，面对金顶，若朝拜之状。因为南向可朝阳，冬天不冷，且能对景，石殿有仰视金阙的朝拜感，金光射目，缥缈灿烂，相对飞升台、梳妆台又完成了成就大神的一瞬，能充分表达玄帝圆光飞升的创意主题。

南岩洞外坐南朝北向。这种大胆的定位有充分的理由：其一，正好以主峰天柱峰为靠山，靠山是主山为吉，兴旺。其二，道教庙宇的朝向，与所奉祀的主神也有关。当有地位较高的神祇时，道教最高神所居殿堂应四正方向朝南，而供奉三清四御等道教大神的殿堂正按此方位布局，这就形成了玄帝殿后有两仪殿——圣父母殿的格局。道教三清四御、紫炁元君等神仙造像均供于南岩洞内，使得玄帝信仰能承上启下，有所依本。玄帝殿背北，通过增大其建筑体量来突出主神信奉。其三，"明代堪舆大师使用罗盘定位，牵星术校正已将武当山九宫八观33处建筑群给出具体方位和坐标体系，然后根据这些坐标体系再绘制出总体规划图和详细规划图。"[46] "罗盘是风水对人类的第一奉献……罗盘集阴阳二气、八卦五行之理，河图洛书之数，天星卦象之形的大成。"[47]古人早在战国时代开始利用司南，元明时期罗盘是风水师堪舆相地的法宝，明代使用罗盘定位遂成就南岩宫大风水格局。

古人云："语形胜，则首南岩。"[48]南岩的形胜在于神奇、惊险、诡瑰、高耸，不具备如此形胜何以有"大圣南岩宫"之名？这也符合天人合一的真谛。

三、道充德盛，能量聚集

一般地，把握风水常会从山川、水流、天干、地支、五行、八卦、二元八运等层面判断吉凶旺衰。从大的范围来看，选择理想的风水宝地，上述玄学因素的确是决定选址的重要参考指标。然而，满足随山川行走的气脉，寻找灵气聚集之地，利于修真和延续道脉的空寂玄妙之地，更要随能量流动的集合点加以应变。明代金渊在《步虚词》中描写："南岩峨峨紫霄上，观阁矗起星辰边。金芝朱草偏庭苑，日有羽客来云輧。我师宿昔禀灵骨，颜童貌古婴姹全。"[49]道人羽客络绎不绝，问道武当，云游南岩，隐遁合药，南岩一带的灵芝等奇草灵木是修炼者眼中的福地瑞草。葛洪《抱朴子内篇》强调"山林之中非有道也，而为道者必入山林，诚欲远彼腥膻，而即此清净也"[50]，又说"是以古之道士，合作神药，必入名山，不止凡山之中，正为此也"[51]。归隐山林是一件庄重、神秘的事情，只有远离腥膻才能真正达至"无念方能静，静中气自平；气平息乃住，息住自归根；归根见本性，见性始为真"[52]。人之所以不能静者，因为妄念，才会万虑纷纭。得道实无所得，得无所得，始为真得。所以，修静之人先从止念入门，心清净气才会平和，定极而慧光自生。

道教提倡天人合一，天即是人，人即是天，堪舆不是僵死的教条，龙脉的核心枢纽是注重天人感应，南岩在关键能量节点上的聚焦之处即为龙脉。"南岩削出神仙家"，所谓神仙窟宅正是道人远离俗人腥臊之气进行养生、合药、调息之所，是缥缈绝迹、幽隐山林的炼丹佳地。《抱朴子内篇·论仙》云："按《仙经》云：'上士举形升虚，谓之天仙；中士游于名山，谓之地仙；下士先死后蜕，谓之尸解仙。'"[53]道教钟吕内丹修行中提出五仙（天仙、神仙、地仙、人仙、鬼仙）概念，玄帝从南岩得道飞升成就的是天仙。在武当山历史上，高道大德多有在此清静孤修静坐法门的经历。仙家名士慕其钟灵毓秀，感其天地造化而隐居于此，唯道是从，潜心修行，如吕洞宾、陈抟、张三丰、张守清、孙碧云等高道大德，都与南岩有着千丝万缕的联系。因此，南岩是历史上修真延伸的必然结果，道教修炼名岩，南岩是不二选择。

吕纯阳（798—? 年），名岩，字洞宾，道号纯阳子，自称回道人，唐末道士，河东蒲州河中府（今山西芮城）人。《金莲正宗仙像传》载，吕洞宾少以才称，却举士不第。游于长安酒肆巧遇钟离权，一枕黄粱点破千秋大梦而悟道，归隐山林潜心修炼，终成正果。宋封为"妙通真人"；元封为"纯阳演政警化孚佑帝君"；明封为"纯阳帝君"。作为道教全真派祖师，武当全真龙门派尊奉其"吕祖""纯阳祖师"，为武当山道教神仙信仰的"八仙"人物。

但吕洞宾是否来过武当山却是一个谜。旧志称"八仙过化于此"[54]。清同治版《竹溪县志》记载"竹溪八景"之一的"云岩剑迹"，似与吕洞宾有关。湖北竹溪摩崖石刻唐仙人吕岩的诗，疑为吕洞宾之作，涉及南岩有"时人到此如中悟，何必南岩海上寻"[55]之句。独阳岩"亭外有石杆，从衡十八道，类今俗所弹者。相传为洞宾故物"[56]。《王概志》卷四云"尝游武当，居紫霄峰"[57]。《风景记》载："紫霄峰，在五龙宫西南，尖峰独耸，位值南离，亦因紫霄神君而名之也。唐吕洞宾憩此，有歌。歌碑现在南岩宫两仪殿外。"[58]此言"歌碑"为署名吕纯阳一首《题太和山》诗碑，立碑时间不详。碑刻装饰花纹采用纯卷草饰边，而明代碑刻多以如意卷草饰边。诗云：

> 混沌初分有此岩，此岩高耸太和山。面朝大顶峰千丈，背涌甘泉水一湾。石缕状咸飞凤势，龛纹绐就碧螺鬟。灵源仙涧三方绕，古桧苍松四面环。雨滴琼珠敲石栈，风吹玉笛响松关。角鸡报晓东方曙，晚鹤归来月半湾。谷口仙禽常唤语，山巅神兽任跻攀。个中自是乾坤别，就里原来日月闲。此是高真成道处，故留踪迹在人间。古今多少神仙侣，为爱名山去复还。

全诗以传神的笔力，描绘了玄帝修真之地、高真成道之处南岩清净幽丽的景致。诗人抓住了最可表征景物的清幽之美，先间接地写生成极早，再直接写岩体高耸、超尘拔俗。接着以天柱峰的壮美反衬南岩的奇绝，用想象、比喻等手法，生动形象地表现南岩灵动与清秀的自然之美。然后，以山泉与松桧突出三面环水、郁郁苍苍的景致，以声衬静突出景色的清幽，再以角鸡、丹鹤的自由和鸣，仙禽神兽的呼朋唤友，烘托景致的幽邃清奇。最后表达出对武当山心驰神往，沉醉其中的情感。吕洞宾这首描写南岩的诗作非常珍贵，不知立于何时，惜《全唐诗》并未辑录。

武当山道教与吕洞宾相关的自然景观与庵庙建筑不少，如六里坪天鹤楼有吕祖造像；紫霄宫东天门外有洞宾岩；八仙观、吕祖祠等建筑中吕祖受到道俗共同敬奉；磨针井供奉明代木雕陈抟坐像，头戴太山冠，身着道袍，端庄挺坐；冲虚庵内有两层吕祖楼，原奉吕洞宾祖师神像，庵前一株古柏，金花璀燃，树干高耸，虬枝蟠屈，传为唐代吕洞宾亲植。《王概志》卷四载："凤阳推官龙起潜记云：万历间，遣内宦致祭设斋，道众云集。一疯道士求索无已，向内宦呼曰：'能舍富贵从我游乎？'众摈斥之。遂口吐前食，变金花二枝，一插髻，一插冲虚庵前松树腰。乃唱曰：'冲虚庵，火中莲，龙脉兴腾仙客言。终不肯为凡俗地，他年必有上仙传。'又曰：'如有□□先生见于今日，谁能信之？'化清风而去。"[59]"□□先生"或为吕洞宾。明万历七年（1579年）立石的《太玄洞记》载："敕建大岳太和山蜡烛涧太玄洞，焚修全真弟子范教宽。有山西太原府阳曲县在城各街居住……铸造玄帝全像、吕祖、二童。"虽历经岁月磨蚀有些祠庙的塑像已荡然无存，但全山保存至今的明清时期吕祖造像仍有四尊。其一，1983年，村民在武当山孙家湾河滩挖沙时发掘出一尊明代铜铸鎏金饰彩吕洞宾造像，饰有重彩，高1.3米，头戴道冠，身着道袍，神定气闲。其二，太和宫皇经堂供奉清代木雕重彩吕洞宾造像，高1.47米，戴冠着袍，右手掐诀，左手置膝，翠眉层绫，凤眼朝鬓，面色白黄，留有三髭须，造型逼真。前侍柳树精、桃花精，各高0.85米。其三，五龙宫大殿供奉的泥塑重彩吕洞宾造像，头戴蓝色道冠，身着彩色道袍，双手置膝上，长眉凤目，鼻若悬胆，面色白细，蓄有短须。其四，紫霄宫十方堂左神龛供奉的泥塑重彩吕洞宾造像。与真武大帝和张三丰同处一室，意即道教开创南宗北派之祖。吕祖造像的艺术价值很高，宋元时期金丹道伴随着全真派传入武当山，成为宋元武当山道教内丹学说的主流思想。《任志》卷四云隐仙岩："永乐十年，敕建砖殿三座，以奉玄帝，邓、辛天君，钟、吕二仙。又置道房三间，钦选道士焚修。"[60] 武当山道教的神仙谱系中的主神玄帝是最主要的崇祀对象，但明清武当山道教也形成了八仙信仰、吕祖信仰及内丹炼养体系。内丹道不用烧炼金丹、服用外丹的办法谋求长生，而是继承胎息、导引、守静等道教传统，通过修炼内丹以求长生成仙。明代武当山道教建筑中供奉全真道北派五祖（王玄甫、钟离权、吕洞宾、刘操、王重阳）的仙像有几例，如《任志》卷四云："太上岩……岩东有岩，石刻太上、十方天尊、玄帝、圣父母、圣师、北极三圣、三茅九仙、全真南宗北派真仙、护法神将，并砖殿一座。"[61] 同书卷八云："宫之左，圣师殿、祖师殿、仙楼、仙衣亭、仙衣库。"原注云："太上尊像、五祖仙像，俱于仙楼供奉。"[62] 罗霆震《南岩改天乙真庆万寿宫》"开启天藏拓圣疆，纯阳仙占地纯阳"[63] 句，大概可以为南岩吕祖信仰注脚。

五代末至宋初，高道陈抟居武当山修炼并演成隐仙派。北宋宗师火龙真人贾得升，上承五代宋初陈抟，下传元明之际张三丰，保存了武当山道教内丹修炼的传承谱系。陈抟为五代宋初道士、道教学者、易学大师，宋太宗赐号"希夷先生"，道教尊为陈抟老祖、希夷祖师、睡仙。亳州真源（今河南鹿邑）或普州崇龛（今四川资阳）人。当炼丹术中以服食为目的的外丹术渐次衰弱，很少有人问津的内丹日益兴起之际，陈抟在南岩留下足迹。据《宋史·陈抟传》载："自言尝遇孙君仿、麞皮居士二人者，高尚之人也，语抟曰：'武当山九室岩可以隐居'。"[64] 古帝王以坐北朝南为尊，所谓"人君南面术"。陈抟为表达王天下的抱负，自树字号"图南"，遗憾的是他没有图南之机，于是义无反顾地选择修仙之道以避尘嚣，伏居五龙宫自然庵诵读《易经》，感五炁龙君，得睡法之妙，并撰《蛰龙法诀》《喜睡歌》《睡功图》等篇，其"五龙睡法"，即蛰龙法，涵盖了道与器、体与用等哲学范畴和道教内丹学、易学的光辉思想，对宋明理学产生了广泛而深刻的影响。他提出"睡"是"人间第一玄"，在武当山修习内丹睡功法、服气辟谷二十余年，享年118岁。南岩皇经堂西侧墙壁刻有"福""寿"两个大字，传为陈抟行书卧字，喻示在武当山创立的养生"睡法"。

隐士谢天地，宋代奇人，居飞升岩下石室中修炼，居处石壁万仞，下临深涧，即使猿鹤都难以企及。虽绝粒不食，却能步履如飞，镇定自若。如果有人向他启问，只答"谢天地"再无他语，后不知所终，其名其居以谢天地传之。永乐大修时，许多工匠在此岩搭锅砌灶。岩存正房二层木楼一栋、偏耍一栋、清虚洞石庙一座，残存部分有红色围墙、山门及岩外水池，已修复该岩通往棚梅仙翁祠的神道铺地、石栏望柱。

武当山敕建道教宫观滥觞于唐，北宋时期的皇帝笃信道教，在全国兴起玄帝热，南宋理宗下诏武当山道士刘真人居住南岩，承担了因岩定址、兴议规划的使命，但他没能完成对南岩的治理。据《续文献通考》称，邠阳人吉志通（？—1264年）在襄阳未陷落时来武当山修道，十几年不火食，只饵黄精、苍术却精神清澈，行步如飞。他幼年颖悟，博学洽闻，后师承乔潜道、潘清客。

汉东异人鲁大宥，号洞云子，随州应山人，家世宦族，自幼学道，通道医道术，能预知祸福。他西绝汧陇，北踰阴山，从丘处机的演教之地而移居武当山，师从吉志通，听闻全真之学，成为在山传播全真教第一人。元代武当山道教有了新的发展，全真派兴起，但信徒们依旧居住洞穴岩阿，面壁作观，问法立雪，对南岩产生的划时代变化起到了铺垫作用。在南岩结庐为庵期间，创立了武当本山派。有些徒弟请缨修建南岩宫殿，他说能够修建的人还没到来，于是继续积聚能量，"至元乙亥年（1275年），偕汪贞常开复武当，住紫霄岩，年八十余，以道着远，点墨纸片可疗疾，度徒众百余人"[65]。

汪真常为宋丞相汪伯彦之后，全真派开山传宗高道，卓有威望。其主要功绩是改五龙观为五龙宫，度徒众百余人。在鲁大宥和汪真常带领下，武当山众道士草创了五龙宫、紫霄宫。

张守清（1254—1346年），名洞困，号月峡叟，峡州宜都（今湖北宜昌宜都）人。少读经史子集，修习儒业，科举失利后放弃儒业得县官正职曹掾。三十一岁时张守清自问：人生寿命不过几十年，为何不早点做出规划呢？！他听闻武当山道士鲁大宥信誉超群，不干名利，道行高深，便于至元二十一年（1284年）九月辞官慕名入武当山出家求道，访师投礼鲁大宥。鲁大宥一见他便说等待已很久，似乎师徒有约，前生注定。鲁大宥传之以金丹大道，尽授其清微道要，并把修建南岩宫的构想和盘托出，弟子张守清欣然接受师傅的托付，而这一承诺几乎耗尽了他毕生精力。次年，鲁大宥羽化登仙。张守清的胆识和功法吸引了另一些高道的目光，如清微派的张道贵、叶云莱、刘道明等人，他们擅长清微雷法，能呼风唤雨，祛病免灾，乐于尽传张守清。刘道明应元世祖忽必烈征召入皇宫任御前乘应法师，为张守清引见京师官员，促成作法求雨的道术为皇室知晓而积极周旋。《长春道教源流》卷五云："张守清得先天之道，为元武宗、仁宗所尊宠，故武当全真一派，以正一著者尤多，特仍守本宗修性之旨耳。学术之歧，必有其渐，因究其迁变如此。"[66]此后二十多年，张守清一方面修炼金丹大道，研习清微雷法，创立以清微派道法为主体的新武当派，另一方面跟随师父、率领道友开凿南岩，大兴修造。他们叠石为路，开辟下山神道，垦荒种田数百顷，植树兴山，积水为池，用募化来的钱和香客捐献的功德钱构筑南岩殿宇，奉侍香火，度众数千，弘扬玄帝信仰。为此，他编撰《启圣录》，编绘刊印《启圣嘉庆图》三卷。虞集称赞他"洞囷居武当，攻苦食力，廿有余年。梯危架险，经营缔构，作宫室以奉香火。夫以穷山幽谷比壮丽于通都大邑，则洞囷规画运量其可以浅浅窥哉"[67]。在张守清的影响下，徒弟也各树功德。如《欻火雷君沧水圣洞记碑》载："如有王道清者，竭力成就，愈臻其极，自王之有秦明德者，亦有至焉。"[68]《重修飞升台石路记碑》载："本宫有法属，亦太和真人门下受业者，体道崇玄，明德法师、大顶天柱峰、玉虚圣境，焚修香火住持文道可。"[69]《玉虚岩功缘记》载："劝缘褚荣祖、本岩徒弟于仁普、上座欧阳仁真、杜仁德、张仁福、陈仁贵、本岩知岩彭仁可，赐紫凝真冲素通妙法师太和宫提点、玉虚岩开山住持彭明德。"《九渡涧天津桥记碑》载："（张守清）乃命其徒吴仲和于斯涧之阳架岩筑室……事未既，仲和已仙逝矣。其徒彭明德以能继志述事。"[70]以张守清为代表的一批高道，勤于道业，延续师承，躬执不辍，不遗余力地开凿南岩，完成了南岩宫的首创。

张守清尊师重道，他认为师父鲁大宥确定道场格局是龙脉建构高人，决心不负所望，率徒"剪荟翳，驱鸟兽……乃构虚夷峻，挺木穹谷，刊石穷崖，即岩为宫"[71]。元代诗人范德机描述了他的茹苦含辛："诛茅立万柱，空中现金碧。辛苦三十年，夜卧不侧席。"[72]据《真庆宫创修记碑》载，策划南岩宫之初便大得收获，"承荆南宫邑大擅长者曾君显叔，施中统宝钞二百锭，用命匠者，依岩傍险，凿高錾低，不计岁工，犹磨杵为针，遂成坦道也……洞渊极深研几措之事业。其间乃举未备，

» 化作鹏鸟——独阳岩建筑（朱江摄于 2019 年）

属其徒中常高君道明者继之，予闻中常凤钟道气，自髫龀时，早慕武当，
岁及志学，果有所愿，勤心奉教，继志述事孜孜不倦"[73]。可见，南岩
宫建筑最初的策划曾得到信士的慷慨赞助，修筑又得到张守清高徒高道
明的坚定支持，师徒情谊一如鲁大宥与张守清，为最终完成南岩宫奠定
基础。所以，南岩宫不仅是一部大书，它更像一座历史丰碑，铭刻着张
守清依靠"道"规划人心、展望"道"实践意义、构建"道"建筑语言
的史实，记录着张守清身具能量，承负道教发展使命，上遵从师父嘱托，
下凝聚各方力量，在修宫、编书、绘图、创派等关键方面表现的超常能
力。张守清广结善缘，播种福田，取得三界相助，人品进入"功"的境
界。因此，天下慕名者趋附受拜为弟子，道人聚集，成为元代全国道教
派别核心之主流、能量流动的集合点，武当山成为元代道教信仰者的关
切所在，成为有信仰又令人敬畏的圣境。

就具体营建而言，据《真庆宫创修记碑》"依岩傍险，凿高堑低"
所载，至元二十一年到至大三年（1284—1310 年），二十六年间，在恩
师结茅隐居之地，张守清始成石殿等洞内建筑及北道院一定规模的建
筑。元至大三年（1310 年）和皇庆年间（1312—1313 年），张守清多次
奉诏入京祈雨雪。皇太后答己听说他道行高深三次遣使征召入宫建金箓
大醮。元仁宗皇庆元年、二年，京师连续干旱，皇室诏张守清到京城祷

雨，屡祈屡应，因而得到皇太后丰厚的赏赐。他将赏赐尽散于众，不以一钱私己。归山之际，朝廷御赐"天乙真庆宫"匾额。延祐元年（1314年），仁宗给圣父圣母加封号时特别给张守清赐诏。诏书曰：

> 凝真灵妙保和法师武当山天一真庆万寿宫住持宫事张守清，为老子学，奉玄帝祠，登万仞之层巅，构千间之大厦。功用虽成于使鬼，行能自足以服人。鬼蛇常交媾以现形，虎狼随奔突而敛迹。素心既固，玄化弥彰。争稽首于讲筵数十辈，不及胁于卧席三十年，近臣有称赞之言，太后有征求之命，屡逢亢旱，方虞率土之灾，申祷上玄，并获甘霖之喜。功已沾于庶物，身宜佩于殊荣。嘉贲冠簪，增辉岩壑……可赐"体玄妙应太和真人"，宜令张守清准此。[74]

在道教中，修真即修道，是学道修行，求得真我，去伪存真，囊括动以化精、炼精化炁、炼炁化神、炼神还虚、还虚合道、位证真仙的全部修持过程。修神、修气、修性、修体是修真参道四要诀。"修"是根本大法，"真"乃真人位业，真仙非自封标榜，实为上界所封，即上乘境界修持所获。法无定法，万法归宗于炼，了心归元，修德明道。无论是欲求天仙还是地仙，都要以立善为基业。仅靠烧炼金丹、服食丹药达到长生的外丹术没落之后，金丹大道的内丹学成为主流，只有内外兼修，双功并进，性命双修，内炼金丹，外积善德，才能感格天地、动鬼神直趋修真之门庭，继而登堂入室，完成修真大业。张守清胸怀大志，高瞻远瞩，德厚功高，通达神修真人的上乘境界，故时人赞颂，后人敬仰。南岩斋堂后山存有元延祐元年（1314年）石碑一通，碑首篆文"上天眷命"，碑文记载张守清被赐封"通化玄妙灵应太和真人"的事宜。

至元二十二年（1285年）始，以张守清为代表的一代道人积二十余年努力首创南岩宫，使武当山成为元代帝王告天祝寿的洞天福地，武当山道教的地位从此不可撼摇。回眸大的时代背景，宋朝灭亡，在元统治者入主中原不到百年时间里，除忙于军事外，还重视和支持道教宫观建造。此时武当山道教宫观已遍及全山的峰岭岩洞，形成了壮丽严峻、洞达高广的气势。究其原因，与稳定汉族情绪、缓和民族矛盾等国家政治对道教的需要不无关系。元皇室和武当山道教发生密切关系从尊崇玄武神开始。忽必烈奉祀玄武神的缘起和用意是"圣人有天下，莫不以神道设教。皇帝隆飞，尊礼百神，咸秩无文"[75]，道出了元皇室尊崇玄武神的真正目的。元朝皇帝发布给武当山道教的诏诰、圣谕，如"谓元者善之长，圣德合于一元；圣则化而神，元功同于三圣""帝室眷命受于天，万年永安乎宗社"[76]，折射出道教在国家政治和社会生活中的地位。玄武神飞升之地的南岩，被元皇室视为"告天祝寿"的重要场所，"其宫室之崇，享祀之严，应国家之运，为生民之依者，固有在矣"，佐证了上述目的。在一代高道丘处机等人的影响下，大江南北推行道教，张守清等人尽力游说，元皇室耗费亿万金钱在人间构造出了"天乙真庆万寿宫"这一洞天奇迹。此时正值高道张守清盛年之际，谋者、施者等社会力量广泛支持，元皇室加赐宫额，故《任志》誉称之"独冠武当"[77]。

元末明初高道张三丰来去无常，蜀惠王朱申鉴在《题三丰仙像赞》中评介其"奇骨森立，美髯朝张。距重阳兮未远，步虚靖之遗芳。飘飘乎神仙之气，皎皎乎冰雪之肠"[78]。《诸真宗派总簿》记载了以张三丰为开山祖师的道派多达十几个，如三丰派、三丰清微派、三丰自然派、三丰祖师自然派、三丰祖师日新派等。张三丰《隐居吟武当南岩中作》诗云："三丰隐者谁能寻，九室云岩深更深。"[79]其丹经诗文极为丰富，如《大道论》《道言浅近说》《武当道室示诸弟子书》等。在拂袖他往之前，以丹经诗的形式告知弟子们修炼方法。在自我修炼参悟大道的同时不断随缘度化、吸收众多门人弟子，如"太和四仙"卢秋云、周真德、杨善澄、刘古泉，另有丘玄清、孙碧云及武林侠士宋远桥、俞连舟、俞岱岩、张松溪、张翠山、莫声谷、殷利享等人，张三丰命武当山弟子丘玄清住五龙，刘古泉、杨善澄住紫霄，卢秋云住南岩。

湖北光化人卢秋云，曾师从终南山大重阳万寿宫高士游历，悟全真之理。后游历名山，入龙虎山拜谒天师于上清宫，佩领教符，复归武当山五龙宫住持多年。张三丰命他隐居南岩之巅修道，从此他杜门不出，以道自任，直至终生。明永乐八年（1410年）冬，无疾而化。

张三丰弟子孙碧云（1345—1417年），号虚玄子，关西冯翊（今陕西大荔）人。少年慕道，愿欲学仙，遂入西岳华山，穴居岩处，食松咽柏，服气养神，探析黄老经旨、三教诸子数年，得其心传，罔不熟诵，研精覃思，暗修大道，常来往于天柱山、太华山、少华山之间。明代道教成为国教，玄风大振。洪武年间（1368—1398 年），明太祖征请他到京师，因见其仙风道骨、真玉清客，大加赞誉，赐衲衣斋供，宿于朝天宫圜堵。永乐十年（1412 年）明成祖召至宫阙，敕赐道录司右正一职事，又敕武当山南岩宫住持，并赐御诗赞赏孙道长："炼就还丹握化权，三关透切玄中玄。高奔日月呼紫烟，绛宫瑶阙长周旋。五华灵芽植丹田，明珠一点方寸圆"，嘱咐他"福地洞天游欲遍，逍遥下上骖虬螭。若遇真仙张有道，为言伫俟长相思"[80]。明成祖先后两次给他下圣旨都尊称"碧云祖师"，任命他为钦差营建武当山工程主要负责人，相当于武当山道教建筑群总设计师。孙碧云在武当山开创了棚梅派，亦称本山派，为正一支派，奉祀玄帝，并亲制派谱："碧山传日月，守道众自然。性理通玄德，清微古太元。真静长悠久，宗教福寿长。庆云冲霄汉，永达大吉昌"，[81] 还撰有《周易参同》《诸真宗派总簿》《修身正印》等著作传世。《修身正印》是一部渡世之书、丹经之作，文曰"太极动静、原始反终、天人合一、未生身处、元关一窍、后天性命、先天性命、三品药物、下手工夫、日用采取、离宫炼己、水府筑基、炼精气神、采后天药、采先天药、日月合璧、天地潮候、生门死户、元牝立基、玉液七还、金液九还、内外二药、文武二火"[82]，对金丹火符之秘、阴阳造化之理作了全面阐述。明初，肃藩王敦请孙碧云拜礼于金城（今甘肃兰州）西郊金天观，该雷坛古刹为孙碧云传道开教之场，因近市井过于喧嚣，后移居武当。孙碧云上接五祖七真之派，明道、修真、炼性无一不备。永乐十五年（1417 年）某日对门人说："教门已兴，吾将往矣。"[83] 翌日，更衣沐浴，在南岩宫焚香遥空礼谢，端坐仙逝，葬于桧林庵。

邓青阳，生于元季，字羽，南海人。明初任青阳县令，后出家武当山为道，栖居南岩，忘情消白日，高卧看青山。师从高士修习黄老、文始、庄列、龙虎大丹，熟读精思，深得其奥。造化玄妙，他运用功力以道度人。永乐年间不知所往，人以为仙去。著《观物吟》一卷。

王一中、林子良是永乐十一年（1413 年）经四十四代天师张守清真人荐举，敕赐为大圣南岩宫提点。他们从龙虎山上清宫出家，师从高士游，历事教门，得清微致道，符水济人，御灾捍患，事多灵验。

总而概之，张守清领风气之先，使南岩成为能量输入和输出的枢纽，这里嵯峨突兀，盘旋曲折，琳宫琼馆，由真人仙官住持。元末明初的兵火，摧残至断壁残垣，明代玄帝信仰再次隆兴，百废俱举，才成为中国道教信仰的巅峰、道的神脉。为表示神权与皇权的威严，为道士们修炼追求清静高远的净地，在南岩悬崖峭壁之上重新建起道宫。

第三节　南岩宫规制布局

南岩峰岭奇峭，林木苍翠，上接碧霄，下临绝涧，是气吞泰华、势压岷峨的道教胜境，为武当山三十六岩景致最美的一岩。其道教建筑历史悠久，上承宋、元、明、清各朝，开创于元朝张守清一代，经明永乐年间大修，南岩宫建成了皇家宫殿式建筑，即使原始岩洞的深处也有开凿，整体布局趋于完善。清至民国增建一些小品建筑，形成了北瞰五龙顶、南向天柱峰、东连展旗峰、西临青羊涧的建筑范围。本节对南岩宫建筑兴废盛衰的演变脉络作系统梳理，考察其规制布局。

一、建筑沿革

南岩宫因兴修复建而留下的字迹极少，最早的石刻在石殿后壁岩穴脊上，有"永乐十四年（1416年）四川石匠高手吴天林、顾仲信"字样，是目前唯一记载古代工匠在南岩建筑的史迹。藏经楼三楼正脊题记："□□□□，光绪乙巳年（1905年）荷月（6月）吉日各府县善士仝建（按：此处绘'太极图'）本殿监院黄至纯暨十方执事道众人募化重斋，皇图巩固。"各代山志、碑刻等保存了一些南岩宫的建筑信息，但略显琐碎零乱。经梳理考证，南岩宫建筑演变基本脉络如下：

《大元敕赐武当山大天一真庆万寿宫碑》记载："至唐贞观益显，天下尊祀。宋理宗时，诏道士刘真人住宫南岩，不克。汉东异人鲁大宥隐居是山，草衣菲食，四十余年，救灾捍患，预知祸福，时人神之。天兵破襄汉，去渡河访道全真，西绝开陇，北逾阴山。至元十二年（1275年）归，与道士汪真常等，修复五龙、紫霄坛宇，独结茅南岩。或请作宫庭。"[84] 南岩最初显名于唐代，是否建有宫殿尚不详。南宋，受宋理宗诏令，刘真人住在南岩办道，可能对南岩有兴议，或进行过因岩建宫的选址工作。元代，异人鲁大宥与道人汪真常等人结茅于南岩，募化修庙仍不果。

至元二十一年（1284年），张守清出家南岩，他凿岩平谷，即岩为宫，于至大三年（1310年）竣工，元武宗尊重母后心意，赐宫额"天一真庆万寿宫"。延祐元年（1314年），元仁宗赐加宫额"大天一真庆万寿宫"。元末罹患兵火，多焚为废墟。《纪胜集》载其建筑含天乙真庆万寿宫、洞渊丈室、天桥、南岩真官祠、飞升台。《真庆宫创修记碑》载："武当真庆宫，创修云路一道，自宫前郁秀楼至山神祠。"[85] 至元丙子（1336年）八月十五日，高道明撰《重修飞升台石路记碑》云："本宫有法属，亦太和真人门下受业者，体道崇玄明德法师，大顶天柱峰玉虚圣境焚修香火住持年举文道可，乐抽己囊中统宝钞若干缗，货匠石砌飞升台仙径一道，自步云桥至山神祠。"[86]

永乐十年（1412年），明成祖赐建南岩宫。道录司右正一虚玄子孙碧云受命勘测设计，在元代遗址上重建"玄帝大殿、山门、廊庑；岩前有祖师石殿、圣父圣母殿、左右亭馆；宫前建左右圣旨碑亭、五师殿、真宫祠、圆光殿、神库、神厨、方丈、斋堂、厨堂、云堂、钵堂、圊堂、客堂；复有南天门、北天门、道众寮室、仓库，计一百五十五

＞＞ 悬崖上的宫殿（资汝松摄于2018年）

间"[87]，并赐额"大圣南岩宫"；永乐十一年（1413 年），建谢天地岩殿；永乐十四年（1416 年），重建玄帝殿、斋堂、道房，庙房计十二间，建筑沿中轴线对称布局。嘉靖三十二年（1553 年）扩其规制，"殿并山为楮室一，神厨一，碑亭二；泉二曰甘泉、甘露；池二曰太一、天一。殿之前偏右为方丈。从方丈左折行堂后，其上分为二道，左为五师殿，右穿道院，中为圜堂、浴堂、沧水库池，池上有小间道，可通钵堂"[88]，为楹大小总六百四十。至此，南岩遗存的木结构建筑有龙虎殿、东西道房、东西配殿、斋堂、玄帝大殿、南薰古棋二亭、皇经堂。明代二百多年间一直由皇家保护维修。《方志》相关建筑有元君殿、南薰亭、龙头石、礼斗台、风月双清亭、碑亭、方丈、蓬莱之署、五师殿、圜堂、浴堂、沧水库池、乌鸦庙、棚梅祠、雷神洞、滴水岩小池、飞升台、志心台、圆光殿、真官堂、北天门、甘露井、梯云桥、步云桥、天一桥、天一池、太一池。《又至南岩西轩》有"石室天琢成，启扃有灵迹"[89]，从朱节的诗句看，石殿即"石室""西轩"，可能是介于石殿和洞渊丈室之间有窗的廊子。

清乾隆至光绪年间（1761—1885 年）增补八卦亭、龙床房、藏经楼、石殿外木廊房。估计明代风月双清亭建筑简易，清代改易重建成八卦亭。同治初年，道士杨来旺对南岩宫建筑进行了历时十余年的大规模修缮，包括皇经堂、藏经楼、南薰亭、古棋亭、天合楼、道房等 490 余间，原始建筑保存较完整。清末，道业衰败，光绪二十七年（1901 年）南岩开办十方丛林，广纳皈依信徒，道士曾理干、徐本善，徒弟任定帮等信士栖足宫观二十余年，以每年数千串文银募化重修万圣楼、功德祠、灵官殿、天合院、道院、仓库、东西廊房、大殿神帐等，计二十余间。清后期，修建通往南天门的神道路边建起道塔。

民国元年（1912 年），南岩宫开十方丛林并立规条；民国 15 年（1926 年）九月，玄帝殿、龙虎殿、东西廊房等二百余间建筑焚为灰烬；次年，道士募化功德千万余文银，在明代遗址上建造龙虎殿、西配殿、西道房，对玄帝殿落架维修，修补泥塑像三尊，饰以贴金、彩绘、复原。在很长的时间里玄帝殿未能建成，但借助须弥座遗址先简陋地建造了三间小庙，供奉玉皇大帝，误称"玉皇殿"。"两仪殿"这一名词首次出现于《风景记》。民国虽有修葺，亦遭火灾，龙虎殿、玄帝大殿等

200 余间化为灰烬。民国 21 年（1932 年）在焚帛炉前立碑"十方丛林"，记述了南岩宫专门为挂单道友提供道教生活场所一事。1949 年，道院再次遭受火灾。

1951—1972 年，南岩宫由武当山文管所指定道人王金道、吴理银管理，将西配殿、龙虎殿、西配房分给农民居住；1954 年，均县草店区政府对南岩宫内木结构进行小型维修；1986—1989 年，由丹江口市维修办公室对南岩遗存的木结构进行了全面维修，包括龙虎殿、藏经楼、两仪殿、廊房、龙床房、南天门、皇经堂、八卦亭、古棋亭、南薰亭；修复东西配殿、东西配房、斋堂；整修道路、院落、北段宫墙及礼斗台、梳妆台、飞升台、北天门前后台明。1990 年修复御碑亭、望柱石栏、地墁及南天门。2003 年至今尚存 21 间，有南天门、石殿、两仪殿、龙虎殿、皇经堂、太子殿、八卦亭、玄帝殿等。北道院遗址有石崇台、大殿台基、月台、石雕须弥座等。

二、规制布局

南岩宫建于紫霄岩山腰间，丽宇胜台，与紫霄宫相颉颃。虽大部分建筑历经兵火或自然坍塌，但仍留下了为数众多的建筑，总面积 61187 平方米，现存建筑面积 3539 平方米。其规制布局包括平面布局和规模形制两个方面。其平面布局主要根据各个不同职能区的比例大小、占地多少以及地形地势条件，对平面铺开进行规划并考虑单体建筑之间的关系做出整体安排。因此，南岩宫的规模形制独有特色。

（一）平面布局——井然有序与不拘成规

在平面布局上，南岩宫建筑创造性地采用了规整式、自由式两种主要的布局方式。

1. 规整式布局

指以"砖室"为主的玄帝殿组群。坐南朝北，中轴对称。主要抵达路线：从紫霄宫南行至南天门，转云雾岩，过焚帛炉、御碑亭，抵东山门；从天柱峰金顶而下，经朝天宫、黄龙洞、榔梅祠、飞升岩，抵东山门；循山折行由五龙宫经三元至北天门，过太一池、北道院，

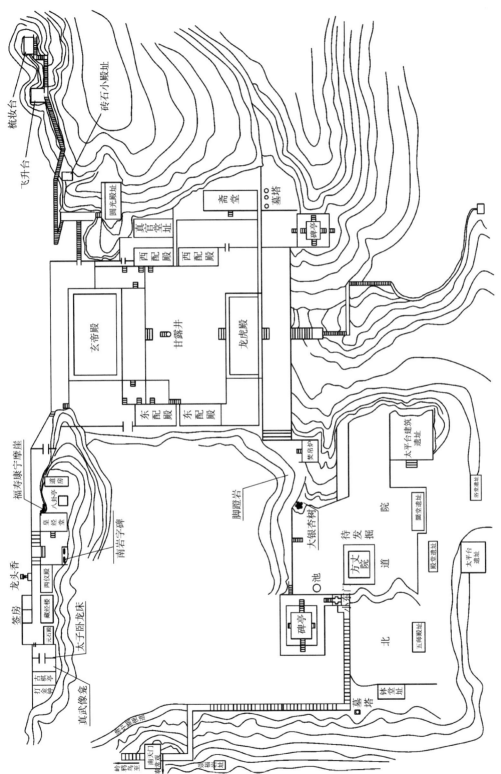

≫ 南岩宫平面示意图（卢华清提供）

抵东山门。

历史上，此类建筑变化很大。元代初建玄帝大殿、东西廊庑、甘露井、山门，宫前建真官祠、郁秀楼；明代重建玄帝大殿、廊庑、山门，增建斋堂、道房，宫左增建神厨、真官堂院落及院外的圆光殿等，宫前右小东门一带增建五师殿、圜堂、方丈、钵堂、太平台、浴堂及通往北道院神道，达到"十里不沾衣"；清代重修东西廊庑，改称东西廊房；民国时期重建玄帝殿、龙虎殿，增修两仪殿外廊；1949年后没有新增建筑，均为复修复建。

该建筑组群以主殿——玄帝殿为核心形成一座院落，中轴对称布局。整体规制布局运用了烘云托月的手法，反衬主殿的庄重严谨，主次分明，满足了敬神祈福的需要。在110米中轴线上依序排列龙虎殿（其"金鸡凤凰门"的福音为南岩宫一景）、甘露井、玄帝殿。玄帝殿亦称祖师殿、大殿，饰栏崇台，两级丹墀，层层叠砌，院落进深规矩，方石铺地。轴线两侧对称分布：东西配殿（原称蓬莱方丈、蓬真殿）、东西配房（亦称道房），改变了廊庑的风格，变成相对高度依次递减的两层单体楼，从檐高推测看，没有神像设置。两侧配殿复建后分别为：（东）无名殿、周易文化展馆，（西）福寿堂、甘露茶艺馆，为道人开展抽签解签、道医道药、道茶养生等道教实践活动的场所。西配房后设斋堂。玄帝殿外西侧临岩绝壑之上有台基遗址或为圆光殿，坐北朝南，基座石砌高耸并高于东西配殿。

2．自由式布局

主要指以"石室"为主的延展布局的建筑组群，坐北朝南，曲折变化，还包括其他一些建筑组群。具体如下：

（1）紫霄岩内建筑组群：元代建"天乙真庆万寿宫"石殿、洞渊丈室，其他名称不详；明代由西向东修建南薰亭、风月双清亭、圣父圣母殿（包括龙头石）、西轩、□馆、护栏望柱，修缮了祖师石殿；清代改建风月双清亭为八卦亭、洞渊丈室为藏经楼，增建祖师石殿木廊房、龙床房、古棋亭；民国时期改称圣父圣母殿为两仪殿，修缮藏经楼、两仪殿、龙床房、皇经堂、八卦亭、古棋亭、南薰亭、祖师石殿。该建筑群须从玄帝殿后门东行，下石台阶，过通往岩内小门，抵摩崖石刻"福寿康宁"处，这处小平台实为依山就势而建的路，然后拾阶而上，西侧青石护栏望柱有路通往南薰亭、八卦亭、皇经堂，皇经堂外护木墙壁，下"南岩"碑刻小月台，转入两仪殿木门后依序品列殿宇：两仪殿、藏经楼（亦称藏经阁，对面巨岩封于内侧阁间，形成内侧阁间三层楼而外侧阁间二层楼，木棂窗可眺天柱峰）、石殿（别称五百灵官阁、五百灵官祠）、古棋亭（亦称下棋亭、石枰，传原为拜台，内含"龙床房"和"打钟亭"，设置太子卧龙床木雕和金钱金钟）。

» "南岩"碑刻（宋晶摄于 2013 年）　　　» 太一池（宋晶摄于 2018 年）

（2）御碑亭建筑组群：由东西御碑亭、琉璃焚帛炉、东山门、太一池、护栏望柱石台阶、神道、元君殿等组成。明代增建。

（3）北道院遗址建筑组群：位于东山门北，建筑面积很大，依山就势，层台砌筑，每层平台石筑挡土墙都非常高大宽展，遗留有多处须弥座神台，建筑的突出特征是依山就势，鳞次栉比，高悬规整。明代建有北天门、圜堂、浴堂（俗称"娘娘殿"为无梁殿建筑）、沧水库池、钵堂、神库、神厨、厨堂、斋堂、云堂、客堂、道众寮室、仓库；清代增建万圣楼、灵官殿、功德祠、天合楼（又称天合院）、道房、天一池、太子殿、五师殿、太平台遗址等，多定址不详。

（4）飞升岩建筑组群：玄帝殿西行 6000 米，崛起有飞升岩，元代建有飞升台、天桥，修建了步云桥至山神祠仙径和郁秀楼至山神祠云路；明代建有梳妆台、谢天地岩殿，紫霄岩通往飞升岩的路上有一座小殿，可能是启圣殿；清代香客信士捐献慈航道人石庙一座，并在梳妆台里侧搭建过简易小道房，五龙捧圣亭可能设于飞升岩尽头；民国时期建有鸿钧洞石庙和石香炉。现存建筑三桥二台，即天一桥、步云桥、梯云桥、飞升台、梳妆台石栏望柱，台阶高置。

（5）礼斗岩建筑：仅建礼斗台一座，护栏望柱。此类建筑全山还有多处，如复真观的祭坛，五龙宫凌虚岩前完整的拜斗台，老君堂、回龙观、玉虚宫泰山庙的拜斗台，体现对北斗七星、北方玄武的敬奉。

（6）南岩外围建筑：有南天门、雷神洞、乌鸦庙、榔梅仙翁祠；通往南天门路上建有道塔，突破对称原则，灵活多样地形成功能分区。

（二）规模形制——"太极"格局与"化"的构图

南岩宫建筑的规模形制，除遵循井然有序、中轴对称的规整形制之外，还利用山头、垭脖、峭壁、岩洞等险境，做了自由式的布局安排，使宫室、亭台等建筑与环境融为一体。然而，更宏观的设计则是"太极"格局，暗藏玄机，极为巧妙地将正反两组"太极"在空间进行了合理排列，神奇地形成了一个大大的"化"字完美地展示出"太极"图式，把道教教义中至于极限、无有相匹的"太极"思想和道教的物类变化观，淋漓尽致地用建筑表现了出来。

» "太极"格局（资汝松摄于2017年）

"太极"是道的性质和状态，由道衍化而来，非实体概念。"太极"一词最早出现在解释《易经》的书《易传》之中。《系辞》上第十一章云："是故，易有太极，是生两仪，两仪生四象，四象生八卦，八卦定吉凶，吉凶生大业。"[90] "太极"这一概念对道教影响很大，五代宋初道士陈抟易学和道家思想的造诣颇深，为宋代以降道学家解易之先驱，他曾将《后天太极图》《八卦图》等传于弟子，传至周敦颐时以《太极图说》加以解释，开篇即言"无极而太极"[91]。作为至高无上的宇宙本原，"太极"

产生天地、阴阳、四时，从而产生八卦，它们分立八方象征八种事物与自然现象，即乾代表天，坤代表地，巽代表风，震代表雷，坎代表水，离代表火，艮代表山，兑代表泽，成为深奥的形而上哲学符号。太极图中间部分的形状像阴阳两鱼互纠在一起，称为"阴阳鱼太极图"。"万物负阴而抱阳，冲气以为和"[92]，是对太极图精髓的诠释。先天太极图下为黑鱼，是未修炼之坤体；上为白鱼，乃经修炼去芜存菁之乾体。双鱼以乾坤为线，顶天立地之象，对应正南正北。双鱼分为左右，黑鱼眼为白色，位于正东，对应"坎"之形象；白鱼眼为黑色，位于正西，对应"离"之形象，暗含生命的初始条件。道教把人体视为小宇宙、小太极，若画出太极子午线，可见到五个交点，由下向上分别是精、气、神、

» 御碑亭对望（宋晶摄于 2011 年）

» 八卦亭深隐独阳岩（朱江摄于 2018 年）

虚、道。点到点中间套用到无极图的修炼过程，即炼精化气、炼气化神、炼神还虚、炼虚合道，终至复归无极。身中阴阳之气经不断的炼化，五气朝元，取坎填离，直至圣胎脱体，虚空粉碎，转化为视之不见，听之不闻，搏之不得，无状之状，无物之象的无极。孙碧云的老师张三丰深受这一思想影响，提出过"夫道者，统生天、生地、生人、生物而名。含阴阳动静之机，具造化玄微之理。统无极，生太极"[93]。道教与太极图关系体现在内丹、阴阳、阴阳互生（阳极生阴，阴极生阳）等思想观念上，成为南岩宫建筑布局的设计理念。

具体而言，南岩宫祭神区的建筑，是由两组"太极"格局的设计所

» 甘露井（宋晶摄于 2018 年）

组成：一是两座御碑亭并没有简单地重复其他道宫在同一平行线上的布局，它们就像阴阳鱼中的鱼目，分设在"S"形神道两侧，神道串联起两座御碑亭，组成了一个简明清晰的"太极"格局；二是坐落于紫霄岩外的建筑，围绕誉为"北方枢庭"的玄帝殿组成一个大型院落，采用规整式相对封闭的布局，坐南朝北，中轴对称。东西配殿设计风格差异不大，"太极"阴极坎位之水是甘露泉。位在院落中央的甘露井建有六角饰栏井台，代表阴鱼鱼目。大殿正前方为井的设计，在九宫中独此一处；而坐落于紫霄岩内的建筑，则采用自由式布局，坐北朝南，背山面水，是一块颐养道气的风水宝地。两仪殿侧面石壁上横刻明代御史褒善题刻书法"独对丹峰"（高 80 厘米，宽 225 厘米），朝阳面南，仿佛迎奉天柱峰的"火焰柱"，属"太极"阳极离位之火，故有"独阳岩"之称、阳鱼的鱼目是六角八卦亭，重檐六角二层阁楼式顶，纯木结构，"核桃仁"式圆形透窗，各角饰有木雕雀替，装饰神物青狮、白象等，色彩丰富，立体感强。狮子把门用以镇住一切恶魔妖孽；象身有香气，象牙可生花，行欢喜天地之礼。狮与象是中国佛教寺庙常用装饰元素，而武当山道教建筑吸取百家精华为我所用，也普遍运用了这类建筑饰物。最关键的是，八卦亭六角顶与甘露井六边形分别对应"太极"两个鱼目。八卦亭命名直接与"太极"相关，亭内顶板绘制有旋转变化的抽象八卦太极图。古人在如此狭促的空间中增设这座六角亭，完全是为了营造"太极"的宏观布局。"太极"布局完善起来，暗示这一设计理念早已蓝图在胸，从这个意义上讲南岩宫是中国道教建筑的奇绝之作，一点也不为过。

作为真武修道功成乘龙飞天之地，南岩有不少神话。如南岩"前有洞天二，曰太安皇崖天，曰显定极风之天，上出浮云，下临绝涧，猿啼鸟噪，豹虎所家，人可投足者，仅寻丈许"[94]。又如俗称"脚蹬岩""老虎岩"的云雾崖，状如石虎，龇牙咧嘴，威风凛凛。罗霆震《云雾岩》一诗形容其隐豹藏龙，瑞气蒸腾，但常被误认为崇福岩。其实崇福岩早在《任志》中就注明在南岩南天门里，永乐十年（1412 年）建有殿宇，现仅存柱础、椀花结带神龛底座及殿前陡崖崇台、石栏遗迹，从柱础大小判断原殿宇规模不小。《方志》以后的明代山志均绘制《南岩宫图》，标注崇福岩在南天门与雷神洞之间，距"老虎岩"尚远。真武修真得道飞升之地与神奇的"巨人迹"令香客信士痴迷，他们带着求福的心愿远道而来，敬神献礼于主神前，祈求福备，恳求保佑，于是被演绎为崇福岩。清《熊志》记载颇详，云雾崖在崇福岩左，穹窿如屋，仰视石上有痕似"巨人迹"，被想象成真武在山修炼忽遇岩壁崩坠而以足抵之所遗，将天生自然解读成真武神功，而且对于焚帛炉、御碑亭产生了框景的作用，山重水复，柳暗花明。《说文解字》释"福"，"（神明）降福保佑"[95]，等于神明给予的帮助。《左传·桓公五年》曰："小信未孚，神弗福也。"[96]到南岩宫祭祀就是祈求玄帝或道教诸神的福佑。紫霄岩摩崖石刻"福寿康宁"反映了《尚书·洪范》五福齐备的主旨。"五福：一曰寿，二曰富，三曰康宁，四曰攸好德，五曰考终命。"[97] 元至元丙子（1276 年）立《焚火雷君沧水圣洞记碑》有"敦匠夷危，构虚崇埠，茂对衷情，庶得和顺，积中昭格神贶，自求多福"[98]，其竭诚尽力者有同门道人，也有贤德豪士、香客信士等为使沧水圣洞碧瓦翠飞，蕲水弭灾，响答灵应，积极捐款，自求多福。这类求福求寿、建醮祈福的功德碑在南岩很多。南岩宫这部大书由崇福岩、云雾岩徐徐打开直到唐崖石刻处，意义在于引导人的关注点，引导手法如"老虎口"侧壁嘉靖年间詹良虞刻"圣迹"摩崖题记，万历乙酉十三年（1585 年）武当道士崔应科题字"维石巖巖"，让人关注巨石巅崖独垒、峭拔绝俗

>> 云雾岩框景（宋晶摄于 2018 年）

的同时，使人进入神殿前先行融入玄帝信仰之中，利用自然天成的"S"形神道弯转，形成两座御碑亭分列对应"太极"鱼目位置的效果。

"太极"随处可感，隐于紫霄岩两仪殿，其实"两仪"就源自"太极"。岩内空间虽然狭小，建筑却鳞次栉比，倚岩而立。远观南岩凌霄绝壁，龙头石是岩内建筑的点睛之笔，明代开凿出这条长约七尺的石龙，龙首置香炉，伸悬于陡岩之外，状极险峻。绝壑下阴风阵阵，毛骨悚然，扶栏俯瞰山高云深不知几千尺，令人怵惕目眩，神悚股栗，冷汗潺潺。但历史上也有敢于在此敬香祈祷者，焚瓣香于鼻，然后冒险登上仅数寸宽石龙脊背，迈出三大步来到香炉前，遥对金殿叩首，焚上三炷香，再自行退回，以内心极度的虔诚敬龙头香，感动神明，祈求神佑得福。个别香客为孝敬父母甚至会从龙头香跳下，舍掉自己身子而将寿限尽数折给父母。苦行方式进香最惊心动魄的就是"烧龙头香"，坠岩殒命者不计其数，在南岩宫建筑以后六百年间实施这种宏愿从没间断，往往香客信士家里遇到大灾大难无助之时就会烧大香。清康熙十二年（1673 年），湖广总督蔡毓荣设栏加锁，书以《南岩禁龙头香碑文》告诫："此世俗庸，妄人所为，非上帝慈惠群生之意也。今徙炉殿内，以便焚香者，使知孝子不登高、不临深之义，立石檐前，永杜小人行险侥幸之路。"香客通常设坛烧香许愿，将祈求文告呈交道士，道士专门设立道场，焚香上表、念经，虔心祝祷，通过道教科仪替香客转达玄帝祈求帮助的心愿。

独阳岩，山势既有飞凤之态势又有迭生之险象，建筑陡然让人产生一种空灵缥缈、跃势飞翔的感觉，这一自然奇观启发了道教遨游永恒精神世界的畅想，化作鹏鸟。"北冥有鱼，其名为鲲。鲲之大，不知其几千里也。化而为鸟，其名为鹏。鹏之背，不知其几千里也；怒而飞，其翼若垂天之云。是鸟也，海运则将徙于南冥。南冥者，天池也。"[99]《庄子·逍遥游》的"化"字非常不

▶▶ 两仪殿龙头香（宋晶摄于 2018 年）

简单，它以太极阴阳鱼的外在形式体现出来。北方属水，黑鱼象北溟，其中有鱼，其名为鲲；白鱼象南溟，鲲化为鹏，鹏向南溟而飞升。中外神话中，鸟皆作为一种精神超脱的象征，故鲲化为鹏的过程也是无极图所示炼精化气、炼气化神、炼神还虚的内丹修炼过程。辟谷食气，结成金丹，渡劫飞升，真灵真性元神与物质肉体分离，形神脱离真我进入另一时空的神仙境界，只有修道到至高境界才会形神俱妙，身体化成轻灵之气而白日飞升。飞升虹化是道家功夫，也是古今道教徒追求的最高理想境界和终极目标。

南岩的走势非常切合中国道家的八卦文化。独阳岩偏东南，紫霄岩偏西北，岩内外建筑背靠背。而紫霄岩之西，巡岭西行百余步还有谢天地岩，下有万虎洞，属于兑位有泽；南岩之东应属震位，生雷，正好有欻火岩雷神洞（南岩古采石场有摩崖：欻火雷君，仓水仙洞），按照大自然的阴阳变化进行的巧妙组合，符合上南下北、左东右西的方位。如果说一对御碑亭及神道形成的是"正阴阳鱼太极图"，那么紫霄岩内外建筑单元相通则成阴阳两鱼互纠之状，鱼眼非常清晰，是典型的一组"反阴阳鱼太极图"，用建筑在紫霄岩上抽象出一个"化"字。"化"的甲骨文原义即由正反二人组成的太极。从更大的空间考察，南岩宫祀神区"太极"图式的绝妙布局，用建筑渲染出"化"的道教理念，充分说明古人高超宏大的建构水平，是以深奥的内丹炼养智慧和道教神秘的物类变化观为思想基础的。

第四节　南岩宫审美鉴赏

南岩宫道教建筑群历经七百多年的沧桑变化，多少生命早已泯没，多少垣墉早已湮灭，但它依然镶嵌在南岩悬崖峭壁之上，缭绕着青烟香火，在漫不可信的变迁中斑驳而不失从容，深沉而不失庄重，粗犷而不失精巧，淡然而不失魅力，宁静致远。这种美的存在即使山偏地远、丘林大壑也不能遮蔽。赏析和鉴别它的美就是从现象界提升到精神界，释放建筑的文化意义，使心灵豁然开朗，悟入存心修性的过程。

一、师法自然，融合天人

南岩宫建筑本质上是接近自然、师法自然的。

（一）材质自然

南岩宫的主体建筑群，留存了一定的石结构、砖结构、木结构、混合结构的建筑，其建筑用材与建筑结构相结合，产生了各具材质特征的建筑单体。

石结构：如"天乙真庆宫"石殿、礼斗台、梳妆台、飞升台。

砖结构：如南天门、北天门、小东门（东山门）、御碑亭、焚帛炉、谢天地岩殿。

木结构：如玄帝殿、皇经堂、两仪殿、南薰亭、风月双清亭、古棋亭、藏经楼、龙虎殿、东西配殿、东西道房、神厨。

但南岩宫建筑大多为混合结构。无论建筑单体以何种材质综合，都忠实于自然材料，并适应使用目的，其初衷是要让建筑"隐却"而让步于自然。殿宇构筑都以"自在自然"为终极理念，从而统帅了功能、空间、结构、形式等建筑要素，使建筑作为历史与文化重塑的人与自然之间的一种相互关照、相互对应的关系物，成为人化自然的经典。

（二）因地布局

中南民族大学教授胡家祥的《审美学》揭示美的本质："美是人从中直观到自身的东西；美是人的本质丰富性的对象化。"[100]道教修炼是修习者从自然中找到人的自我力量，反过来又作用于自然把握修真之美，升华神圣。

▶▶ 南岩宫明代木刻门扇工艺（宋晶摄于 2020 年）

故修炼对静穴福洞的要求颇高，要居于半山腰、洞口南向、水源洁净丰沛等，还要考虑修炼者自身的根基、层次及修炼后的水平，根据深奥隐秘的修炼功法选择适宜的修炼洞穴来求得真传。

不过，武当山水审美的重心，宋代道人从事道教活动隐居修行的绝佳之处已移至展旗峰，至元代又上移南岩。发现自然，体认道教，因地布局方面是选址的要义。选址南岩宫，与张守清师徒倡导"天人合一"的修持理念，追求清静自然的生活方式相关，他们立足本山文化和南岩一带的自然风光，注意选择深山密林人迹罕至之地，藏风聚气、山泉流淌之所，从神话传说中汲取灵感，依山就势，幽深迂回，"深溪千仞落，飞阁一巢悬"[101]"仙宫悬石壁，道室插云巅"[102]，发展出极具特色的悬崖峭壁上的"故宫"。其丰富的建筑类型，结构的多变，形制等级的高奇，是文化的载体，深层次植根于文化之上，它突出得道飞升的信仰，由人文传统思考天上宫殿的建筑，将建筑与风景、道教与神话反映最集中的地方用建筑本位去定义信仰、环境、修道，从而影响人的行为。

在布局手法上，南岩宫建筑打破了传统的完全对称的布局模式，采用高下曲折的石台连贯起来布局，使建筑定位与环境风貌达到和谐统一。如"脚蹬岩"不仅没有破坏山体，反而保护岩体，巧借地势，依山傍岩，设计出曲径通幽的路。从山岩框景望去，焚帛炉和东御碑亭框在"虎口"中，色彩的变幻、前后的层次、林木的掩映，与御碑亭拱券门通气对景，都达到了"天人合一"。反观框景，则是银杏参天、高耸入云的唯美色调、令人陶醉的画面。利用自然岩壁，通过摩崖石刻实现天人合一，如玄帝殿后从悬崖峭壁通往独阳岩的 50 米古栈道，穿行其间，经过弧型门，门内两侧墙壁嵌入了朝山进香碑，门内皇经堂、两仪殿内侧岩畔平台上立碑雕刻"南岩"两个大字，正书，阴刻，舒展大方、遒劲有力、方正圆润、气象端雅，受台阁体影响，为明代开国皇帝朱元璋义子平西侯沐英五子沐昕（1386—1453 年）书法。沐昕志乐书诗，文才武略，深受明成祖欣赏器重，成为五女儿常宁公主的驸马。他的"岩"字由"品""山"组成，即品山之义，对深入紫霄岩洞观览作了导引和铺垫。沐昕品味南岩之作《南岩削壁》："秀拔中天载巨鳌，瀑声直下鬼神号。气吞泰华银河近，势压岷峨玉垒高。日上群峰明琐闼，风回万壑涌秋涛。"[103]对奇绝峻峭的山川地貌造化神妙大加褒美。另有摩崖石刻

"福、寿、康宁"（字高 1.5 米，宽 1 米）。礼部尚书、上柱国夏言上书"分祀天地""天子万年""福、康宁"，派亲信弟子王颙来南岩宫立碑刻字，王颙补写了"寿"字，符合道教普度众生、祝愿美好的立意。

　　拾阶而上至两仪殿门，相对来讲廊道内的门全部都变成旁门而非正

》 两仪殿门（宋晶摄于 2012 年）

》 两仪殿门廊（宋晶摄于 2018 年）

》 远观两仪殿龙头香（朱江摄于 2018 年）

门，其设计用意简化以形成玄帝殿后面有父母殿的布局，意蕴幽长。实际上元明最初的修建是清一色望柱栏板通道，石雕由上至下为荷瓶（谐音"和平"），由下至上为瓶荷（谐音"平和"）。虽然石阶与栏杆不堪岁月的重负已经残损，但当年精工细雕的光泽与质感尚在，脚踏的和手触的都是七百年前的时光因子，栏杆突出了南岩的险峻甚至危峻。清代增修了紫霄岩洞内所有建筑的外围，在望柱石栏外加罗汉板、罗汉条与藏经楼同时代，是对明代龙虎殿罗汉板、如意拱券门的仿造，户牖制作彻底改变了岩右侧的栈道而形成廊道，用来隔绝险要，这时只能凭窗俯视深渊，"撑起小窗纳万岭"[104]，在此琼楼玉宇仙府中诵读南华。紫霄岩洞内建筑以亭、舍、楼建筑形式为主，而台、坛多出现于明代并建筑于空旷敞亮的凸岩之上。

建筑之美是自然美的社会侧影，其源泉在于融入自然之中。离开了自然，建筑便失去其独立的美的品格。中国古典园林重在写意，尤其追求把自然美与人工美融为一体的意境设计，将建筑、山水、岩壑等因素结合，共同创造出天人合一的艺术境界。独阳岩的建筑布局正是如此，它没有拘泥于皇家建筑的传统与规整，而是服从山形地势，大胆地做出紫霄岩内外朝向相背的设计安排。采取了自由式布局，依山傍岩，空间上时宽时窄，错落变幻，若游龙一般展布趋向太和，建筑布局与周围群山呼应，建筑组合上加强了进深方向的空间层次，衬托了主体建筑，符合师法自然、自然即美的创作理念。站在独阳岩可以迎着阳光感觉置身于神的世界，又本真地回归到自然，建筑美与自然美融合是纯粹的、形式的建筑和追求精神力量的完美结合。皇经堂自然元素的运用十分有个性，立体廊道体系，廊道支柱由粗糙的石料砌筑，武当山依山就势，原地取材，略作加工，整体似乎从山体之中生长出来一样。

飞升岩直接利用了试心石这块天然巨岩的险，酷似一幅天然的、惟妙惟肖的"真武大帝梳妆像"，再进一步在更高的邻近天然岩石上修建梳妆台，"其奇险诡卓，无论道流鼓掌玄帝事，若觌也"[105]，利用自然颂扬道教玄帝事迹，也是南岩宫自然与神话绝妙的一场配合。两座"台"式建筑物，纯色青石打造，形状高且平，望柱石栏用于祭祀礼斗和观景。在此远观紫霄岩，宫殿环列，亭阁点缀，丹墙碧瓦，咸极幽绝，大有路入南岩景更幽的创意。礼斗台的台式建筑特点是利用山岩的制高点，放弃对屋宇的打造，用望柱石栏围出朝拜北斗、观天象、观景致的狭小场地，实现了老子所说的"有之以为利，无之以为用"[106]。"有"使万物产生效果，"无"使"有"发挥出更大的作用，让天穹开阔。嘉靖年间兵部侍郎、湖广巡抚、戏曲家汪道昆写道："宫后即南岩，修十数丈，高数丈，岩下峭壁数十丈，东西修数百丈，如高墉。岩中列祠事三，亭二，即神山多傝诡，此为坛场。其下有礼斗台，径绝罕至。西出如乘墉，右上蹑飞升台，其旁露台，台当志心石，台端有蛇径通一室，当其杪以居。宫东北欻火岩，亭附岩畔，距展旗峰近。"[107]万历年间人文地理学家王士性记载："复由棚梅仙祠抵南岩，岩孽崖之半为宫，从殿后左折，大石延衰百丈如飞窦，其下前绝大壑，荟蔽蒙茸，正黑无底，天阴籁发，噫气灑渐，满山谷间。中为紫霄岩，岩前一龙首石出栏外，瞰之胆落，礼神者往往焚瓣香于鼻，从颈上望天柱，拜以为虔。"[108]明末竟陵派代表人物谭元春记载："旁有一树，下穷壑，上出亭（按：五龙捧圣亭），挟千章万株之气，而叶未能自发，作枯木状。台后石上老松，有一株散作数枝，衔石而披，大风摇之，宜可折，偏以助此台灵奇。"[109]

　　明代南岩宫建筑布局也深受复杂地形的影响，如《方志》对进入南天门的曲折神道描述道："升自南天门，循山左支行数十步，折行右支百步。复折而左，入小天门，并崖斗折而行，过大岩下，山将穷，而崖见壁。崖之半为大殿，毕诸楹。山复起突为小阜，复即其上为圆光殿，殿下则黑虎岩也。"[110]对北道院记载道："殿并山为楮室一，为神厨一，为碑亭二，殿之前偏右为方丈，其堂曰'蓬莱之署'。""由钵堂陟翠微折行山之后，则寻邓真君所谓欻火岩者。又转而前平行山上，北折而观于崇福岩，西下而复于南天门。"[111]徐霞客也由南天门造访南岩宫，"趋谒正殿。右转入殿后，崇崖嵌空，如悬廊复道，蜿蜒山半，下临无际，是名南岩，亦名紫霄岩，为三十六岩之最，天柱峰正当其面"[112]；还有把游南岩观景看作画境漫步，如任维贤的"画图原自天分设，诗料何须客构思。风雨龙吟千丈壑，烟霞鹤寄万年枝"[113]；洪钟的"阁顶云从岩上渡，石根泉向竹边流。岗岚叠叠群峰小，紫翠重重万水稠。独倚栏干时远望，无边光景入吟眸"；崔桐的"古木悬孤嶂，虚崖缀百灵。""壑敞松如铁，山奇岩欲颏。练云栏下起，锦障涧南开。烛影摇双玉，炉烟散满台。"[114]由上述描述可以发现，南岩宫设计既符合画理，又契合建理。南岩峭壁千仞，猿猴临之而胆战，飞鸟越之必目眩，却在绝壁悬崖上梯危架险，经营缔构，形成了武当山险绝峻峭，孤拔遗世，集幽、奇、险于一身的胜景，成为武当山道教建筑在峰、岩、洞三种自然环境下建筑的象征。由观、洞、台、岩、祠等组成高低错落的建筑景观，变幻无穷，步移景异，具自然天成之妙，巧夺天工之美。南岩宫建筑主要采取以山势高低、曲折迂回进行总体营造和掩映兼用的组织借景，朴实优美，富于变化，规模宏丽，古昔未有，在构思、布局、设计上都是匠心独运的，创造了雄奇、峭拔、幽深和迂回不尽的意境，完美地体现出道家"天人合一"的思想。

在建筑单体设计上，屋顶、墙壁、铺地、门窗等显示了复杂多变、灵活巧妙的特点。

玄帝殿，重檐歇山顶，抬梁式砖木结构，前廊后檐，面阔五间，进深 7 米，高 7.2 米。殿门口采用两块巨石：一块横向达 8 米的长条石；另一块纵向长 5 米，宽 3 米，厚 40 厘米的巨面铺地石。规整大气，颇具皇室家庙风格。殿内天花藻井饰龙，神台基座束腰石刻六凤朝牡丹，祈福吉祥。

>> 南岩宫玄帝殿（宋晶摄于 2018 年）

御碑亭，重檐歇山顶，砖石结构，四方各筑券拱门，面阔 11.2 米，高 10.4 米，石栏、石地墁。

焚帛炉，全琉璃构件。

龙虎殿，硬山前后出墀头抬梁式筒瓦顶，面阔五间，进深三间，双层楼阁，东西配殿面阔、进深各三间，双层楼阁。

➤➤ **玄帝殿神龛后须弥座石雕**（宋晶摄于 2020 年）

神厨（斋堂），硬山出墀头挑檐式布瓦顶，面阔、进深各三间。

南薰亭、古棋亭，悬山卷棚抬梁式布瓦顶，古棋亭整板雕门。

风月双清亭（八卦亭），重檐攒尖式双层六角亭。

龙床房，单坡水抬梁式布瓦顶，面阔、进深各一间。

皇经堂，歇山琉璃瓦顶，砖石结构。山墙与砖室形成夹墙复道，外建单檐歇山顶。隔扇门三交六椀雕饰隔心规格高，雕工精致到如此细小的棂条，为全山道教建筑古法装饰中仅存的唯一一扇。

两仪殿，单檐歇山顶，抬梁式结构，绿琉璃瓦屋面，面阔、进深各三间，平面呈正方形，外置龙首石，伸出栏外 2.8 米，宽 0.29 米。廊道门为如意拱券木结构门，沿用明代风格。山墙排山沟头滴水无花纹，其山花琉璃为全山砖木结构殿堂中未经修动的唯一一处。

藏经楼，悬山穿斗抬梁混合式布瓦顶，铁杆杉三层楼，面阔、进深各三间。

"天乙真庆宫"石殿，单檐歇山抬梁式仿大木结构，面阔三间，进深二间，饰以红墙，八攒如意石斗栱、石板顶、石大脊吻、石大柱为元代建筑元素。左壁石雕"天下奇观"对石殿的质朴大气做了最好诠释。

谢天地岩殿，砖券歇山顶。

元君殿，四个角柱石，柱顶石存于须弥座之上，干摆砖，方形门。设置于通往飞升岩路边，虽为含有须弥座的小殿，规格却并不低，在武当山道教建筑群中仅此一例。

》》"天乙真庆宫"石殿（宋晶摄于 2020 年）

总之，南岩宫建筑结构造型设计没有简单重复、整齐划一，而是错落有致，富于变化，把建筑的自由度发挥得淋漓尽致，服从于环境条件，依山势岩势形貌让建筑在山水之间自然存在，形意契合，既定位分明，又灵活变通，彰显道法自然的道教精神。因此，当我们谈论元代建筑时不应只是言必北京元大都、山西永乐宫，武当山大胆地回归自然，代表元代自然主义风格的石殿建筑，其难度之高、定址之险、艺术与技术融合之完美，不仅在中国道教建筑设计中属于上乘，而且比之其他世界建筑文化遗产也毫不逊色。尤其永乐大修运用了多种设计元素，创造出"太极"图式的格局，达到了建筑宏大设计的顶峰，既弘扬了中国文化的精神，又守护了中国人的信仰，在中国古代建筑史上留下了不朽的建筑杰作。

二、坛场佹诡，神秘道神

南岩是武当山三十六岩之第一岩，南岩宫神圣的道场、神秘的道神令人敬畏，在如此形胜之地用建筑诠释信仰，用信仰支撑建筑，通贯天人，风格独特。

圣父圣母殿，清代称为"两仪殿"，除增建改装殿的外沿，还在外墙肩上加设圆木栅栏，然后从左侧进入隔扇门。室内在前后金柱之间与山墙平行设置隔断墙，板壁式墙体，隔墙上有圆形彩色雕花，几重进深，将室内分成三间：西次间的娘娘殿供奉三霄（云霄、琼霄、碧霄）娘娘造像；正间供奉圣父、圣母和真武太子泥塑彩绘神像；东次间增设"三清"（灵宝天尊、元始天尊、道德天尊）造像。殿内东西墙壁绘制壁画，题材涉及重檐歇山顶的玄帝殿，并以此建筑为中心铺开玄帝神话故事，元明清不断修建，是殿宇宏敞的神仙殿堂，惜年代太久，难以识辨。

>> 两仪殿神龛圣父圣母坐像（宋晶摄于 2020 年）

　　台式建筑在武当山有十几处，如琼台、梳妆台、起圣台、礼斗台、赐剑台、拜天台等。南岩的台是一种特殊的建筑，都建在径绝罕至、悬崖万仞、直刺中天的山岩绝壁，上有飞云流雾，下临万丈深渊，如飞升台耸立于万虎涧之幽谷，峰岩清秀，景色绝佳，元代罗霆震描述该岩"宝山绝顶有天宫，炉影层成小华嵩；四十二载梯级到，唱弯啸风彩云中"[115]，指出武当山与华山、嵩山形成的三足鼎立之势，讲述真武在武当山得道飞升、舍身成仙的事迹。

　　南岩高峻惊险，层林叠翠，云雾缭绕，在这里登台看天空白云，望脚下深谷，观周围美景，听修道传说，令人心绪飞扬，易产生神秘上升之感。明万历年间宦官诗人张维夏季雨后登临南岩欣赏景致，在《瑶台霁望》里描写了南岩西侧峰巅上的飞升台，当雨水把石台冲刷一净，林木掩映，云飘雾荡，遥望大顶、巡视朝阳映照的群峰就像芙蓉吐蕊，早坛功课的钟声预示着南岩宫门扉的开启，山脚岩石深处的云雾散去，仙鹤翩翩飞立古松之上，南岩似天界瑶台，令诗人不忍乘轿离去，有依依不舍的情怀，也有对真武战胜心魔、功成飞升情境的浮想。虽然飞升台没有供奉神像，却仿佛有神在周围。张维受明神宗信任，于万历十三年（1585 年）奉使玄岳，在南岩宫建醮三日，竭虔请祷，祈宫眷皇嗣康强繁盛。梳妆台独起一峰，空悬若垂天之翼，恐怖孤危，是一睹为快的胜景。岩顶围护栏杆形成一个小四方形的平台，是独立山峰和人工建筑结合而形成的特殊景观台，各类神话传说带有丰厚的人文景观，两台毗邻完善了飞升成天帝的神话。所以，明代进士沈钟《舍身崖》云："宫殿巍巍福上台，伫闻仙乐九重来。舍身崖畔祥云起，疑是当年捧圣回。"[116]

与飞升台对景的是圆光洞。胡濙（1375—1463 年）是明代重臣，文学家、医学家，明成祖即位后提拔他为户科都给事中，自永乐五年（1407 年）起连续 18 年受命暗访建文帝朱允炆的踪迹。当寻到武当山南岩时，他发现沿南天门西行，经突兀曲折的绝壁有一处幽隐洞穴遂以为是圆光洞。他从洞里遥望悬崖峭壁之中崇台层层，殿阁重重，感慨"圆光洞里胜蓬莱，面对飞升元始台。自是真仙幽隐处，等闲那有世人来"[117]。玄帝本天界大神托生为静乐国太子寄迹人间，只身来到圆光洞潜虚玄一，默会万真，净地炼心，使圆光洞隐藏了强大的自然力，而操纵这一神秘自然力的人，凝真养性终成无上道，修炼成闪耀着圆轮金光的玄帝。所以，圆光殿富有浓重的道教修真色彩，是圆光洞神秘性扩展的表现。甚至南岩宫境域中的奇峰、老树和超凡脱俗的殿庭，都对应着天界琳琅玉树、灵风自鸣的天宫，似人间蓬莱仙岛，这一思维为圆光殿添加了不可思议的神秘力量。南天门、北天门是进入南岩宫的第一重大门，意味进入神灵区，是非常重要的一类建筑。明代呈送帝王的祥瑞图就显示大修南岩时出现的真武云中显圣的神秘祥光和五色祥云。南天门到东山门、元君殿、圆光殿、御碑亭、龙虎殿、配房、配殿、大殿、方丈、斋堂等建筑，组成了"圆光胜景"，营造出道教崇尚天阙仙宫的意境。

石殿正面神龛石雕须弥座供奉玄帝泥塑金身神像，左右侍卫从神金童、玉女。玄帝前供奉"四御"，即昊天金阙玉皇大帝、中极紫微北极太皇大帝、勾陈上宫南极天皇大帝、承天效法后土皇帝。"四御"是辅佐"三清"的四位天帝，两侧分别供奉玄帝文身坐像和武身坐像。玄帝是"金阙化身""玄元圣祖八十二化"。金阙即三清祖师，玄元圣祖即太上老君。因此，供奉北极真武玄天上帝包括了对"三清"的信仰和对道教鼻祖老子的崇拜。明宣德年间，在石殿左右墙壁神龛供奉了五百铁铸饰金灵官塑像，层层排列，造型庄严肃穆；殿内两侧石梁上，供奉着石制灵官若干，立体圆雕，宽袍大衣，拱手垂立，神灵区场面令人震惊。不仅如此，石殿外岩壁上还用片石制成圆石板，浅浮雕刻成高约六寸的灵官像，人物各俱特点没有雷同，乱置山崖小窍之中，称之灵官石。"宝石生光个个圆，固成八阵列仙巅。分明碧落团圆月，护定灵官下了天。"[118] 这种灵感创意，场面震撼，营造了玄帝神兵巨大阵仗。因此，南岩宫不只是道教艺术品的殿堂，更是圣殿。"岩中列祠事三，亭二，即神山多倬诡，此为坛场"，[119] 定位了石殿的性质。罗霆震《五百灵官祠》描写了这一气势磅礴的场面："神人万亿戴玄天，列职分司者半千。两序抠抠风夹动，皋夔稷契舜群贤"[120]。张守清筚路蓝缕，感应天象，采录灵异，开启天关，主张在信仰和苦修中获得与神灵合一、与玄帝修真合一的神秘体验，使武当山道教获得了更高的精神或心灵之力："跂余望之杳莫攀，真人学道镌坚顽。飞上千仞诛榛菅，斡旋天枢

» 南岩石殿四御坐像（朱江摄于 2018 年）

» 藏经楼三清坐像（宋晶摄于 2020 年）

» 元代"天乙真庆宫"石殿四壁神龛铁铸饰金五百灵官造像局部（宋晶摄于 2019 年）

启天关。琼楼珠宫翠回环，霞披雾映黄金镮。湛恩大兮帝所颁，神来居之珊珊"[121]。弥漫着步虚之声的南岩宫，月亮伸出殿阁诸峰之上，如流萤穿林木之杪，时隐时见，再杂以笙笛，更令人且信且疑，惝惘如梦，如仙如幻。《玄天上帝启圣灵异录》肯定它"侯服真庆，为南纪之灵祠。辅翼我家，玄武主北方之王气"[122]。

南岩宫建筑细部点缀有匾额，如太子卧龙床门楣横额"神光普照"，颂扬了神明的保佑和恩赐像阳光普照大地，抚育众生万物；两仪殿外廊横匾"德配乾坤"，赞颂了父母造化万物生灵；石殿内横匾"保赤功深""位尊无极""神恩有永""诚心不畏""众神有感""护国佑民""昭格惟诚""共沐神休""诚求保赤"，都由香客信士进献，表达了对玄帝的一片赤诚之心。再如碑刻"大元加封灵跃将军"，即天关火之精，元泰定二年（1325年）立于两仪殿正间左侧真武塑像神座背后。北宋仁宗嘉祐二年（1242年），封赠天关火之精"同德佐理至诚重感慈明普济阳辨武圣右正侍云骑护国保静辅肃守玄太一大将军"，并注明"真相赤蛇，变相青面、三目、金甲、兜鍪"[123]。嘉祐四年（1059年），嘉封圣蛇"同德佐理至惠诚重感慈普济阳辨武圣右正侍云骑护国保静辅肃守玄太一天大右将军"[124]。

南岩宫外围建筑也可圈可点。如云霞观，即太常观，位于宫北。永乐十四年（1416年）重建玄帝殿、斋堂、道房等，现存庙房12间，中轴对称布局。玄帝殿，硬山顶，抬梁式砖木结构，前廊后檐，面阔三间，进深7米，高7.2米，供奉太上老君、斗姆、观音、侍卫等神像。斗姆三目四首四臂，手持日、月等器械，通高1.96米，通体纸胎丝编贴金彩绘。再如雷神洞，位于南岩北百米欻火岩，"路疑鞭石就，室似凿空悬"[125]，是武当山唯一一处单独供奉雷神的地方。雷神洞石如焰火，树如龙爪，中有灵池，水能疗疾，传为邓天君修炼处。武当八景之一的"雷洞发春"与此相关，驸马都尉沐昕以此为题，诗云："岩偏寂寂草芊芊，谁识中藏造化权；百里震声初出地，三阳气象已无边。"[126]实际上，该洞开凿于元顺帝元统年间，是高道张守清修炼清微雷法和祈雨的场所。洞内修建石殿一座，长方束腰石雕神案上有三座神龛：中龛为雷神造像，造型生动而古怪，坐像，猴脸尖嘴，额具三目，背插鹰翅，着袍系带；两侧为负风猛吏，银牙日辛汉臣刘天君、谢天君造像，皆为掌雷

» 雷神——九天应元雷祖普化天尊
（宋晶摄于 2011 年）

» 雷神洞（朱江摄于 2019 年）

之神。神龛后有一泉池，涌泉滚滚，长年不息，其声轰轰隆隆如雷在天边鸣响，洞古雷神秘，潭深龙气腥，酿就了雷洞的古老、庄威、森严而幽深莫测的神秘气氛，构成一派树暗虎岩人语静、花香雷洞鸣鸟喧的苍古杳然之景。道教认为邓天君即雷神，为中天焰火律令大神，炎帝邓伯温天君可代天言，主天之灾福，持物之权衡，掌物掌人，司生司杀。《无上九霄玉清大梵紫微玄部雷霆玉经》《九天应元雷声普化末尊玉枢宝经》认为，雷神由浮黎元始天尊第九子玉清真王化生为雷声普化天尊，专制九霄三十六天，掌握雷霆之政。雷神信仰源于古人对雷鸣闪电的自然崇拜。在武当山道教信仰中，玄帝是雷部总管，他巡行之时驱之有雷公电母，御之有风伯雨师，场面宏大。明代顾璘的《南岩雷神洞》描述这一灵境："雷神栖何所，岩洞深杳冥。幽林蔽日影，寒涧余龙腥。经年尚流雪，当午仍见星。石奇出变相，境胜通神灵。

谲怪山海事，流传信前经。"[127] 又如榔梅仙翁祠，位于南岩宫东南乌鸦岭下，永乐十年（1412 年）敕建，是武当山十六祠中最大、保存最好的一座。它坐东朝西，中轴对称布局，原有前殿、后殿及配殿，仅存后殿为石殿建筑，檐头、翼角有三个仙人骑兽，面阔一间 7.4 米，进深一间 6.5 米，单檐歇山琉璃瓦顶，砖石结构，下肩石雕须弥座，四壁砖墙封砌，通高 6.74 米。前壁开六莲弧券门，占地面积 900 平方米。修复山门、配房、厢房、宫墙等，建筑面积 257.5 平方米。传说玄帝因铁杵磨针受到感悟摘梅花插于榔木之上，仰天发誓："予若道成，花开果结。"[128] 明成祖在树下建庙，名之"榔梅仙翁"，赐武当山高道李素希"榔梅真人"称号。

>> 榔梅仙祠（宋晶摄于 2012 年）

南岩宫位于乌鸦庙东，因为真武在南岩修真，传说"乌鸦报晓""乌鸦引路""乌鸦接食"。乌鸦秉承北方黑色，为武当之灵禽，预报吉凶灵应，验其慈厉，明代为乌鸦封神立庙。还崇拜梅鹿，因为"梅鹿衔芝"献给真武食用。黑虎属于神灵之物，为北方天一之所化，被视为护山之灵神，变化不一，武当山有"黑虎巡山"

>> 飞升岩鸿钧洞（宋晶摄于 2017 年）

的传说，黑虎为真武坐骑，故武当山称为黑虎庙的建筑不少。距南岩飞升岩西北下 100 米、再下绝崖 200 米处有个鸿钧洞，坐东朝西，俗称"岩上岩"，天然形成相通的两重岩洞。其上层为主洞，有小石殿（高 1.60 米，面阔 0.98 米，进深 0.88 米）一座，悬山石板顶，纯石板榫卯组装，供奉石雕鸿钧老祖坐像，头顶为髻，面带笑容，有胡须，身着圆领广袖对开襟帝服，抄手于膝，脚穿云靴。神龛（面阔 0.65 米，进深 0.42 米，高 0.70 米）前有全山最大、最精美石作化帛炉（通高 2 米，面阔 0.67 米，进深 0.61 米），重檐歇山顶，须弥座，石作卯榫结构。石殿建筑年代不详。鸿钧老祖出自明小说《封神演义》。《太上老君历世应化图说》视之为太上老君第二所化："老君者，元炁之根，造化真宗，体任自然……八表穷寤，渐渐始分。下成微妙，以为世界，而有鸿元，挺于空洞，浮游幽虚。"[129]"鸿元"即"混元"，指天地未开、虚空未分之际的宇宙本始状态。

鄂西北地区流行的古老文献《黑暗传》讲述有鸿钧造人的神话。下层为敞口洞，内高外低，岩外有道房。

总之，南岩宫及周围各种形制的观、庙、祠、洞等建筑虽各有独特的诠释，对自然元素的独特运用，但强调的主题仍不离玄帝信仰，神灵世界的渲染，使建筑具有不朽的魅力和神秘玄妙的艺术色彩。

三、古典工艺，独钟于石

元朝是漠北游牧部族——蒙古族建立的一个王朝，1206 年元太祖成吉思即位大汗，1234 年太宗窝阔台灭金，1271 年世祖忽必烈建立元朝，1279 年灭南宋，统一中国。在意识形态上，除保持本族原有的一些风尚之外，统治者也利用和提倡道教，从而使道教宫观的兴建具有了一定的规模，如至元元年（1264 年）元大都的建设规划中就设计了 52 座道宫、70 座道观，规模巨大。刘敦桢在《中国古代建筑史》中讲："山西永济县永乐宫是元朝道教建筑的典型，也是当时道教中全真派的一个重要据点"，其主殿三清殿"仍遵守宋朝结构的传统，规整有序，可能是元代官式大木结构的一种典型"[130]。永乐宫的修建几乎贯穿了整个元代。张守清至元二十一年到至大三年（1284—1310 年）修建南岩宫，较之永乐宫兴修时间短，但由道士兴建，又得到皇帝赐额，从民间建筑提升为官式建筑的一座道宫，也颇为典型。

元代，高踞崖端、巍峨宏敞的石构建筑屈指可数，南岩宫在元代道教建筑中独树一帜，在中国有 5 世纪建成的北岳恒山悬空寺能与之相媲美。位于山西浑源县的悬空寺受到北魏天师道寇谦之的关照，修建了完全悬挂于岩壁之外的建筑，形成上延霄客、下绝嚣浮的壮观气象，是中国仅存的佛、道、儒三教合一的独特寺庙。而南岩石殿则是纯粹的道教建筑，遵循道教不闻鸡鸣犬吠之声的要求，选择在距地面高约 70 多米的岩窟之内进行建筑。张守清扩大洞外面积，明初又进一步拓宽道路、加大平台，以至发展成为皇室家庙式的道教建筑。石殿和两仪殿龙首石是南岩宫石构建筑的典范，充分体现了高峻壮美、粗犷浑厚、气势磅礴的建筑风格。石殿的正脊脊兽和正吻吻兽与整体石作不符，属于明代风格，是永乐年间改造重修的结果。

中国古建筑偏爱木构榫卯结构，因为中国属季风气候区，雨水丰沛，植物茂盛，木材量大，加工方便。同时，木构技术先进，宋代营造法式业已成熟。山高雾重，木结构建筑容易潮朽，而石材相对耐潮、耐火、坚固耐用，分布广泛，宜于因地制宜，就地取材。武当山古代几处采石场遗址已被陆续发现，其中南岩采石场有摩崖石刻"武昌□城、武昌卫、荆州卫"。南岩深受道教影响，在玄帝信仰中处于神圣地位，宗教因素附着在石构建筑上。元代石构技术已能自如运用，从而增加建筑的质朴美感，使其地位远高于其他木构建筑而成为留存于世的纪念式建筑的丰碑和元代武当山道教发展的象征。用石材建立永恒的建筑不仅仅只是技术和环境条件决定的，也会受到文化思维的影响。汉宝德说："中国人并不是不会使用石材建屋，而是有意地选择了木材。由于中国的木材是大型建材，所以需要山上的大树，故每有建屋，就要耗费国家的财力……这些事实说明中国人选择木材不是为了省钱，也不是技术上的落后，只是代表了一种价值观。"他还从文化上论证五行以木为贵、金克木："我们认为石材只是地面下或脚下的建材，因此墓室是用石材砌成，它暗示着死亡。而木材是向上生长的树木，代表着生命。在汉代以后盛行的五行说中，木象征生气，以青龙为标识，方位为东。古建筑技术中，即使不砌墙也不用石或砖，而用夯土，所以古代称建筑为土木。在五行中，土也是吉象，踞中央，主方正。它与木相配合，是相辅相成的。而石材，其质地近金，有肃杀之气。事实上，木材的建筑是亲近人的，手触之有温暖的感觉，而室内的柱子也暗示了树木之象。"[131]

在中国建筑史上，东汉石室代表武梁祠后一千年没有地面石殿。宋代在天柱峰大顶砌石为殿安奉玄帝圣容，武当山开始有了石坛、石庙、石殿，属广义的石建筑。张良皋认为，石殿可能脱胎于石棚或石坛，他认定石殿为"高禖坛"形式，原型是石棚，但棚顶与梁架、斗栱的工艺有所不同，棚没有这些复杂的结构。石殿有宋代法式遗风，属于纯正的石殿，代表着元代石殿建筑发展的重要阶段。琼台中观石殿与南岩石殿一小一大，是元代石作技艺的佐证。武当山大多为砖石结构建筑，而纯粹的石建筑极少，而"天乙真庆宫"石殿是中国规模最大、历史最早的道教建筑。该殿建于独阳岩，岩门向西，以南为正，坐向上没有拘泥常规；在装饰风格上，工匠们大胆运用青石，雕琢了梁柱、梁枋、檐椽、斗栱、门窗、瓦面、吻饰等构件，榫卯拼砌，整体石雕仿木结构，青石板瓦铺面，坡度平缓，粗犷古朴。门楣、窗洞采用小连拱，与两座天门相同。拱的形象来自火焰券，宋代也有壶门门券，外起雕两条夔龙，中为火珠，二龙戏珠状，明代官式也常运用这类券脸，说明伊斯兰教的装饰风格对元明时期的砖石结构的用券法式有所影响。如意斗栱出挑短，纹样多呈拙朴的重复几何形，外形给人以敦实稳重之感。室内神龛青石雕琢，技艺精致。石殿相对于独阳岩内其他建筑显得宽敞高大，粗梁大柱，但绝不等于简陋粗鄙，因为石殿是敬神的道场，大额承担梁架，从而扩大了空间。外接廊式建筑六柱，是武当山建筑中古典工艺的样本。这里汇集了全国各地高明的工匠设计和雕琢手艺，在猿鸟难至的石窟中创制出了中国现存最大的仿木结构石殿（面阔三间 11 米，通高 6.8 米，进深 6.6 米，建筑面积 74 平方米）。香火传承，道教发展，由自在自然到人化自然，再到人化社会，以道人之力完成了超乎想象的高难度工程，为后人留下了这座独冠武当的天下奇观。其选址、供神、形制汲取了武当山遥远历史中的神话，并始终围绕道教经籍中的玄帝事迹而极力推崇玄帝信仰。这座大型石雕艺术珍品，既带有元代草原民族粗犷之风格，又不乏庄重、典雅之风韵，设计精确，结构精巧，刻工精湛，还留存有武当一绝"龙头香"，是值得浓墨重彩的一处建筑。

在两仪殿栏楣外，从岩畔悬空伸出一座青石打造的雕龙——"龙头香"——号称天下第一香，长 3 米，宽 0.33 米，龙头香由两条蟠龙凿刻，合并一体形成凌空悬出的"龙首石"，突兀崛绝，气韵灵动，下临深壑，状极峻险。龙头朝向金顶，顶端置放一尊精巧雕琢的石香炉，探身俯瞰，毛骨悚然。若空中氤氲荡貌，仙雾香烟交织，神龙矫首于白云之间，"虽有荣观，燕处超然"[132]，意境高远。龙身运用浮雕、圆雕、镂雕、影雕等多种技法，通体雕琢蟠龙盘绕祥云仰视吞噬火球造型，跃跃欲飞，直刺中天，线条流畅，浑然一体，令人叹为观止。

走向"龙头香"须先过一座棂星门，由青石雕刻而成，体量不大，与起步前的方形石台宽窄一致，棂星门华表形制，门柱上部呈现祥云柱，柱顶立石榴形柱头，两柱间横枋相连，上带云板三个石榴柱头，中间高拱仿佛三炷香。石台为一组石雕透瓶栏板，净瓶雕饰荷叶和云纹。

为什么要在这一处修建龙首石、棂星门、石台三位一体的建筑呢？

一是象征意义。两仪殿前悬崖空壑，用别致的棂星门将虚空转换，象征以龙飞腾承托父母因儿子成为天帝而荣登天界，成为天神。

二是祭坛性质。嘉靖进士沈应龙信步南岩下，体会这组建筑是"瑶坛青鸟落"，"瑶坛"即祭坛。棂星门是明代建筑传统，祭天、祭北方星神玄武，面对天柱峰这一玄武所在，将龙首石前端隆起的香炉当作坛的祭炉。

三是规避风水。两仪殿与玄帝殿坐向相反，依靠游弋天际的"神龙"可修正方向，从而使武当山道宫规范化设计布局在此实现。该岩洞尽头岩壁置放四个雕饰祥云的石柱，是代表四象的镇石，与玉虚宫四大石鼓规避风水、避邪镇宫的意义一致。

» 龙首石、棂星门、石台三位一体（宋晶摄于 2010 年）

» 独阳岩镇山石鼓（宋晶摄于 2018 年）

四是完成神话。紫霄岩增设龙床房，让太子卧于龙身，既对应龙首石，又表征玄帝出身高贵。借助龙生九子之一的蟠龙，让这位中国民间传说中蛰伏在地而未升天之龙作盘曲环绕状，成为玄帝巡视御骑，最终完成捧圣的使命。"玉龙非佛亦非仙，头炷香炉万古悬。最是令人惊心处，摇摇欲上九重天。"[133]

可见，该组建筑最初立意十分讲究布局规制的整体观。龙首石经宗教文化的长期演化产生了一个更重要的意义，形成了民俗文化现象——朝山进香。

　　朝山进香，亦称朝武当、朝圣、朝爷，是香客信士从远道亲诣香火旺盛的道教圣地武当山，拜谒玄帝，进行焚香献贡、祈福许愿等道教信仰活动的统称。以朝拜玄帝为首要特征的武当山朝山进香民俗，历史悠久，已传承千年。北宋初年，真武道经已经刊布，有关真武神在武当山修行得道的神话传说、灵应故事在民间广泛流传，真武的神性职司对民众具有强烈的吸引力。北宋真宗时，文人高本宗游览天柱峰吟道："敬将一瓣香，上诉神君听。"[134] 皇室极力加号真武神，并在全国各地敕建真武庙、北极殿、武当行宫等真武观堂。至北宋末年已是"方州小邑，间设祠宇"了。宋仁宗《赞真武》："香火瞻敬，五福攸同。"宋哲宗元符庚辰年（1100 年），文学家李方叔的《武当山赋并序》写道："事虽既往，其迹已陈，利及方来，其泽日新。民俎豆之，其情则亲。"[135] 供奉真武而闻名的武当山道观，不仅有心意虔诚的民众朝礼焚香，更有皇帝遣使斋送真武金像，专门给度牒命道士焚修香火。因此，早在北宋初年，武当山地区真武信仰已然兴起，开始了自发祭祀真武神的活动，武当山朝山进香民俗方兴未艾；南宋时，武当山真武神在民间的影响日益增加，紫霄宫等处都供上了真武金身，鄙野人家绘制真武圣像以供，地方官员及民众纷纷到武当山烧香虔礼。宋代多天灾人祸，朝武当、拜真武使百姓有了精神层面的皈依，武当山地区朝山进香的习俗至南宋年间规模更为扩大。随着武当山道教的发展，元代祭祀真武神活动日盛，如程钜夫的《大元敕赐武当山大天一真庆万寿宫碑》记："三月三日，相传神始降之辰，士女会者数万，金帛之施，云委川赴。"文学家罗霆震描述当时玄帝圣诞日的朝贺场面："一万诚心万圣真，祝香何地不亲身。年年春月如朝市，海角天涯也有人。"[136] 历代元朝皇室皆奉祀玄帝，扶持武当山道教，或为真武帝君加封神号，或修宫赐额，或召高道祷雨却疾，或遣使奉香建醮，对于武当山朝山进香民俗起到了极大的推动作用。从元代进香信士施舍碑记可知，香客信士有来自湖北均州城内及所属乡村的，也有湖北襄阳路南漳县、德安府安陆县的，还有临近省份如江西安成、浙西道平江路昆山州、松江府上海县等地的市民、农民、船居等。元大德十一年（1307 年），经武当山道士米道兴、王道一长期奔走化缘，辛勤劝募，在大顶建起玄帝铜殿。殿前设置铜香炉，一置殿内，一置坛前，为上香所用。朝山进香的大檀信士日益增加，所捐香钱成为宫观营建费用的主要来源，至元代已经发展为全国范围内的大型道教信仰民俗活动。

香客信士到武当山朝山进香，对天神、地祇、人鬼进行祭祀，是一件重大而神圣的事情，有一定的仪式。进香仪式之要在于心诚。《敕修玄岳太和山

>> 南岩"寿福康宁"摩崖石刻及香碑（宋晶摄于 2020 年）

宫观颠末》描述了香客的心诚之态："太和振古名山，海内无远无近，罔不虔诚朝礼，揭揭乎若日月之行天，虽昧者知其不诬也。杰见道路十步五步拜而呼号，声振山谷，亦既登绝顶，瞻玄像则涕泣不已，谓夙昔倾戴。"[137]进香仪式有个体进香仪式、香会进香仪式及特殊的焚香仪式——苦行进香。信徒对武当山祖师爷无比崇信和恭敬，其强烈诉求以苦行等特殊行为表达出来，常见的苦行方式有叩首进香、自残进香、舍身飞岩、敬龙头香、赤足进香、供米进香、宫庙进香，民国以前常见苦行进香。其中，舍身飞岩、敬龙头香都要在南岩宫完成。玄帝在武当山修炼四十二年，在飞升台舍身跳岩，由"五龙捧圣"拥升到天界。宗教的感召力使一些香客表现出了极强的自制力，拒绝物质和感官上的享受，忍受恶劣的环境，他们通过苦修和自我磨砺，以求得神的怜悯和保佑；许多香客幻想自己有朝一日也成仙飞升，或为父母添寿，故效仿真武在此跳岩舍身。"龙头香"是武当山的一种大香，可上达天庭，通晓神灵。香客信士遇到灾难无助之时多会烧大香，他们认为龙头大香烧成，一定会感动神佑而得福。敬香祈祷者为表达对玄帝的虔诚，冒死步入龙脊背，烧大香颂圣，焚香祷告福寿康宁，然后再慢慢退回，即使坠崖身亡也全然不悔；稍有不慎，就会粉身碎骨、堕岩丧命，而摔下去又被人们认为不诚心。有的香客深信从飞升台跳下可得神灵护佑，他们到此冒险敬香，效仿真武跳岩舍身，坠岩殒命者不计其数。"舍身飞岩"来自玄帝向日飞升、五龙捧圣的道教典故。"龙头香"以其特有的神秘和地

位，彰显神圣，使人敬仰虔诚，成为信仰文化的重要内容。

石头有其顽性，"在艺术品中的顽石，正因其'顽'而'通灵'"[138]，龙首石建筑之"顽"，使人看见了没看见的东西，使有限超越为无限，开启了一个景象，所显现的世界之生动具体性让人进入澄明之境，"顽"性进入到了艺术品之中。无论石殿、龙首石还是五百灵官，都是国内罕见的石雕艺术精品，代表着元明时期中国石雕技艺水平，创意独特，以至于仿造者为数不少，但只有南岩宫富于美感的石雕艺术作品与玄帝信仰及万仞峭壁的自然条件结合，才能产生如此摄人心魄的震撼力。

经过汉、唐、宋，中国建筑多材并用已经相当成熟与完善，金、木、土、石、革、草等都属"百工"用材，建筑大量使用了砖石、木头、琉璃乃至坚硬的金属。不过，南岩宫却大胆地运用石材，六材并用，独钟于石。除石殿和龙首石之外，还有玄帝殿院内的甘露井，它用青石砌成高台护栏、台基，御碑亭石雕赑屃造型古拙，体态雄浑有力。摩崖石刻更是风格亲切、明朗，成为建筑群中不可分割的重要组成部分，石保持着天然的本性、本色、本形，如大殿后神道左 50 米有一座小山门内摩崖石刻"寿、福、康宁"四字。道教的真谛不仅在于修行，还在于普度众生、传道教化，给人间以美好的祝愿。该石刻是那个时代创造精神的完美体现，用简单的手法取得了宏伟的效果，成为南岩宫一大景观。它既是自然的一部分，能够和山川草木共呼吸，也是率真自由、不死守严格的类型化程式的艺术品，随着需要、环境、条件而变化组合，处处显示出创造性，石刻没有过多的色彩装饰，石料枯燥无味，与岩石融为一体，但石刻赋予其生命的主题，象征崇高与永恒的虔诚，凝结着升华的欲望，描绘着神灵到众生的灵魂，让文化在建筑中蔓延，流露出对山的崇拜。

在自然空间里，独阳岩虽然狭促，施工难度很大，但玄帝修炼的思想主旨却会不折不扣无条件贯彻。这里殿庭分列、晨钟夕灯、山鸣谷震，让人有如置身于神的世界，也能本真地回归自然，给人以象外之境之感。舍身崖利用试心石的险和梳妆台（天然岩石显示真武梳妆像）的奇险诡卓，礼斗台利用舍身崖的制高点放弃对屋宇的打造，用望柱石栏围出拜北斗、观天象的狭小场地而体会天穹的开阔，因为除了广阔的大地，还有高远的苍穹，苍穹可作无形的屋顶，这种大建筑观让观赏者领略了石材的高妙运用。在建筑单体上，御碑亭打破了左右对称的格局，利用了入宫神道上对云雾岩石体的景框设计，在不破坏岩体的情况下，通过一个小"太极"的布局，调整了宫前两座御碑的设置。远眺南岩楼阁嵌岩，栈道浮空，阳光充溢时，它那么透彻熠耀；阴晦雾霭时，它又那么玄妙迷蒙。虽然南岩宫建筑有大量的焚毁，但神山不老，文化魅力留存。

四、构筑意境，象征表达

"建筑是构成文化的一个重要的部分……建筑不仅是人类全部文化的一个组成部分，而且还是全部文化的高度集中。"[139] 武当山道教遵循老庄道家思想，提倡道人避世远俗、修习静定的功夫，故除静乐宫建于州城闹市、玉虚宫建于山麓阔地之外，其他大宫虽因山水地形而富于变化，但多选择隐于幽林，追求"蝉噪林愈静，鸟鸣山更幽"[140] 的意境。而南岩宫却卓尔不群，在"险"和"显"的选择上突出"南岩真庆为南祀之灵祠，辅翼我家，玄武主北方之王气。惟竭心思而致祷，庶几福禄之来崇"[141] 的建筑地位。同时，南岩宫在建筑意象和建筑意境上的创造，遵循意匠先行、匠心独运之法，具有鲜明的艺术特色。

（一）建筑意象之美

南岩宫的美是通过它的"形"表达出来，而"搜求于象，心入于境，神会于物，因心而得"[142]。如通往玄帝殿的主轴神路没有一览无余，而是先循山势盘折而行，经崇福岩后眼前景色忽然一亮，"见南岩腾红惊绿，大似小李将军一幅横披"[143]。隐在岩后大林之中的神殿令人惊奇，建筑的诗意、画意便跃然而出。南岩宫艺术形象的显现及审美意蕴，都在"象"内，如东山门利用地形巧妙布局，小巧别致，其须弥座上运用了"卍"的元素符号。该符号"源于佛教，曾在古印度流传的吉祥图案——'卍'（万）字，《法华经》曰：'如来佛胸前有万字，表现吉祥万德之意也'"。[144] 是借古喻今的一种表意，解意为"寿"。门两侧有照壁，前后为很长很陡的台阶，并且门口左右分设一对石雕大香炉，石雕须弥座，都体现了皇家建制规格。

» 东山门（宋晶摄于2007年）

石殿左侧竖碑镌刻篆字"天子万年"，落款为"嘉靖十六年丁酉秋七月之吉，光禄大夫上柱国少傅兼太子师、武英殿大学士夏言，门人王颙刻石"，碑背有延祐元年"大元制诏圣母尊号"："慈仁允洽帝祚，益期于昌炽福禄来。仍圣母善胜天后琼真上仙，可加封'慈宁玉德天后琼真上仙'"，表明石殿的意境既担当祀神修真神圣的功能，也承应为皇室祈福祝寿的目的。"意"在美学中地位显赫，比"美"更谦，比"境"更深，比"情"更博。王昌龄《诗格》提出"诗有三境：一曰物境，二曰情境，三曰意境"，意境"亦张之于意，而思之于心，则得其真矣"，[145] 把"意"放到了近乎至尊的地位，用于南岩宫建筑又何尝不是如此！

"所谓'象'，有两种状态，一种是物象；一种是表象。物象是客观存在的物态化的形象；表象是知觉感知事物所形成的映像。对建筑而言，物象是建筑师的造像，表象是欣赏者的想象。"[146] 开复香火的道人为什么选在独阳岩显处而非涵谷之底隐处建宫呢？原因是只有依山就势才符合自然，规范化中轴对称可以摈弃，用建筑表达道法自然的思想信仰。选择当阳虚寂的岩阿定址绝对是一场艰巨的选择，但却能突出奇、险、峻的特点。建筑空间架构从宫的整体中剥离出来，也才可以与金顶形成对景，还能与主轴和主殿在回身的景致里形成一连串的结点。明代文学家陆铨《武当游记》描写南岩奇险："南岩与天柱峰，远视仅一山，比至南岩，断崖两分，洞壑深墨。""壁岩千仞，中有一洞，洞中架木牵竹，隐隐有户牖，若蜂房燕巢然，以铁绳双重于地，贯以横木，相间以度。"[147] 他让道士登攀而上，那种"险"是令人肝胆俱裂的恐怖。罗霆震描写独阳岩："分晓先天已画图，山山艮象易规模。畜之火者其天大，骨力纯阳别个无"[148]。作为欣赏者，他想象了八卦之一的"艮象"（卦形"☶"，代表山）。应当说张守清修建真庆宫时，对整个南岩的险已了如指掌，胸有成竹。独阳岩建筑背阴面阳，亭式建筑居多，岩侧、岩后建筑背阳面阴，以规整院落为主再配以井池等小品建筑，阴中有阳，阳中有阴。

然而，竭尽张守清师徒努力的广殿大庭，高堂飞阁，庖库寮次，却多毁于兵火。明代再次让南岩宫建筑达到了新高，极盛期的宫殿设计更加完备，规模更加显赫。明成祖圣旨《敕右正一虚玄子孙碧云》，派他去武当山南岩办道修行。在不到一个月的时间里，明成祖再次颁旨决定在武当山建筑道场。孙碧云擅长养生，博览群籍，是道教史上继承陈抟、张三丰一派薪火的高道。在南岩宫未动工前，孙碧云必然进行建筑规划并奏闻明成祖。在元代基址上，举国家之力，完善了独阳岩和紫霄岩这组"大太极"的建筑设计，而且通过增设两座御碑亭"小太极"的建筑，成就了一个"化"的道教图式，这是孙碧云对武当山道教的卓越贡献。

汉语词汇的"化"，甲骨文为两个人形，一个正立，一个倒立，一正一反，以示变化，是道家重要的哲学思想，如"太极肇分，二仪始判，水火化生于一画。"[149]"（玄武）其名则一，其形为二，是有玄龟赤蛇之象，其精气所变，曰雨露，曰江湖河海，应感变化物之能飞能声，皆天一之所化也。"[150]"静乐国子，以子玄元之化，天一之尊，功满道备，升举金阙。"[151]《黄帝内经》云："物生谓之化，物极谓之变。"[152]万物的生长是由五行阴阳变化而成的，称为"化"，万物生长发展到极端，称为"变"。道教阐发物之生从化而来，物之极由变而来，变是量变，化是质变。《玉篇》解释："化，易也。"[153]"化"即变化。不过，变与化在中国古代是有区分的。修炼内丹，入门功夫就是筑基，即先要从修复身体开始，这是补充三宝的道术阶段；再进入仙术阶段，通过采药、封固、炼药、止火，达到炼精化气、炼气化神，具体功法是大药过关服食、守中，由有为到无为的阶段；然后才能进入内丹上关的最高境界即炼神还虚，这时超越语言思虑，与道合一，与宇宙同体，入于虚空，最终把虚空粉碎，连"虚"本身也彻底否定，此即为变。改行易貌、分形、沦隐等则是化。变是渐改，化是突改，都指事物的改变，故合而言之"变化"。五代道士、道教学者谭峭的《化书》道化卷第一"死生"有"虚化神，神化气，气化血，血化形，形化婴，婴化童，童化少，少化壮，壮化老，老化死，死复化为虚，虚复化为神，神复化为气，气复化为物。"

化化不间，由环之无穷"[154]，充分反映了道教的变化观，是道教信仰的理论基础，其思想源自老庄哲学，被用来解释人羽化成仙的神仙信仰、炼铅汞为仙丹的可能以及各种变化法术、神仙的各种神通与变化自在等。"物变者，鲲化鹏，雉化蜃，罔象化石，微细之物化者未数。在水者，升飞于风；在风者，伏入于水。一炁所移，一象所变。神变者，隐显虚幻，变化无拘也。可以化形为飞鸟，质为云炁，法虚炁为火光，变土石为宝贝，化宝贝为土石。"[155]顺变、逆变如谭峭的"道之委也，虚化神，神化气，气化形，形生而万物所以塞也。道之用也，形化气，气化神，神化虚，虚明万物所以通也"[156]，说明道教的核心思想教义——神仙信仰来自宇宙的最高范畴"道"的演化或归根返元。在这种思想指导下，道教徒修炼特别重视逆修，宋以后的内丹术就是模拟逆变的一种宗教实践。因此，道教是具有伟大思维水平的宗教。否则，内丹术就不可能提炼出炼精化气、炼气化神、炼神还虚（道）的逆向修炼模式。

道教认为，世界的本原是虚无之道，万物都是由虚无之道化生而来，但不能直接化生而须借助中介"气"来完成"化"。《周易阐真》阐述了气为造化之源泉，天地之始的"太极"是"虚无太极，不是死的，乃是活的，其中有一点生机藏焉。此机名曰'先天真一之气'，为人性命之根，造化之源，生死之本"[157]。道法以炁为感通，外物变化必须以己身之气的变化为前提，即内道（气）外法（术），这也是张守清清微派重视雷法，主张"天人合一"，注重内气修炼的主因。孙碧云在南岩开创的榔梅派是张三丰拳功的一个重要分支，功法法理源自太极阴阳鱼。永乐十五年（1417年）武当山宫观告成之时，孙碧云沐浴更衣，在南岩宫龙首石处遥对金顶焚香礼谢，端坐而逝。

《周易》云："刚柔相推而生变化。"[158]中国古代阴阳术语为道教所吸收，并使其向养生修仙的宗教实践活动方向发展。《太平经》云："天下凡事，皆一阴一阳，乃能相生，乃能相养。"[159]"夫阳极者能生阴，阴极者能生阳，此两者相传，比若寒尽反热，热尽反寒，自然之术也。"[160]《化书》云："动静相磨，所以化火也。燥湿相蒸，所以化水也。"[161]道教的修仙实践，炼丹求长生，应掌握阴阳消长、火候升降、卦爻变化之理，与天地间的阴阳转化同途。道是万物的根，既是起点又是终点，是化生万物的本源。天地之道，一阴一阳，同力和合，生发万物，宇宙意义上的循环是更高的演化模式。道教的神仙对事物的"化"须通过气、阴阳的运动促成。总之，道教的变化观为论证道教的宗教信仰服务，是南岩宫整体布局为"太极"的道教图式的哲学支撑。

连接两组建筑的路，出玄帝殿后门，沿着一条石板窄路屈曲东行数米，便可拾级而上，先经砖结构"两仪殿"前的小门，这一布局符合武当山道宫"前殿后寝"皇家建制格局。门内建筑错迭，依壁凿岩，借助岩势成半弧形。"俯视栏外数千尺，目穷处正黑不得底。投之以石，无敲落声。"[162]右侧廊栏延伸，依序排列建筑大小七处，廊道止于山崖尽头。明朝中溪李元阳（1497—1580年）游南岩曾感慨"方士屙若外，游人秉简吟""岭回台殿露，磴转槛阑深"[163]，登大岳南岩所描绘的"自然之网"蕴含着以路分隔、以路贯穿的物象妙意。

"卧龙床"的提法最早出现在清代高鹤年的游记里。他详细记载了游览所见南岩的建筑："又上南岩宫，亦道院，清规颇严，住百余人。正殿有古金灯一盏，前有玉露井，后有圣父母殿，岩前龙头香。太和山之奇，以南岩为最胜。左有石室，内供五百灵官像，旁有下棋亭，再下黑虎岩，西转为元君殿、南薰亭，其东风月亭。岩上则飞升台、五龙捧圣亭、礼斗台、试心石、插剑石、卧龙床、金钱金钟。"[164]"卧龙床"是清代增设的室内装饰木雕，现在一般称为"太子睡龙床"，也称"君子万年堂"。殿内床式神龛内为丈余的木雕盘曲龙头，一位粉面星眼、圆庞朱唇的少年头枕神龙和衣而卧，神态自若，喻真龙天子。殿内还有青年真武的坐像，太子睡式造型，则采用的是道教修炼养生睡法中的一种卧式，与两仪殿前极目远眺、蜿蜒逶迤的照壁峰脊与流畅的峰峦线条等相映成趣，包含着欣赏者大胆的想象。

许多文人墨客对南岩自然景观和人文景观喜用"蓬莱"加以形容。瞿度《云谷诗》："紫霄峰下好闲云，满谷雨散犹氤氲……飞入蓬莱宫阙里，朝朝春彩拥明君。"[165]中国先秦神话传说中的海外仙山常被拟为"蓬莱"，在玄帝的圣传中则幻化成为人神化的蓬莱仙侣前来试测真武修真的功力。《启圣录》中"蓬莱仙侣"条云："玄帝归岩修炼之时，曾有九美人，相貌端严，仪矩殊异，往来帝所，惑试帝心。帝默识之，必圣人也，故加敬礼。女仙乃谓帝曰：'予辈蓬莱仙侣，特来试之。功行著已，宜加精进，克日冲举。'语毕，跨鹤而升。今称蓬莱九师，是也。"以此青羊涧之上，白云岩之左一座爽朗虚明山岩才有仙侣岩一名，"玄帝道成，有蓬莱仙侣来贺，因名仙侣"[166]。永乐十年（1412年）敕建仙侣岩殿宇，奉高真香火，在建造之前曾有蓬莱仙侣造像的设置。

（二）建筑意境之美

从千步梁远望峭壁上的亭台楼阁，利用峰岭侧起的地势与峭壁下崛起一峰的飞身台、梳妆台等建筑相互呼应，造成了楼阁飞空的意境。南天门容易让人联想起天宫仙境，营造的是道教追崇的天阙仙宫的意境。朱家溍认为南岩峰岭奇峭，树木森翠，上接云霄，下临绝涧，是三十六崖中风景最美的一处。

舍身崖下临深渊，前为悬崖，"阴风生于谷中，若生骑数百，弛枚而驰，迅突不可当。寒蝉冥禽，鸣声悲切，令人毛发洒淅，战掉不能休"[167]，面对层峦叠嶂的千峰万壑更具神秘和深幽的色彩。峰间幽谷，谷中翠荫遮天，霞雾环绕，花色浮空，映山绚丽。梁思成、林徽因曾提出"建筑意"："顽石会不会点头，我们不敢有所争辩。那问题怕要牵涉到物理学家，但经过大匠之手艺，年代之磋磨，有一些石头的确是会蕴含生气的。天然的材料经人的聪明建造，再受时间的洗礼，成美术与历史地理之和，使它不能不引起赏鉴者一种特殊的性灵的融合，神志的感触。"[168] 梳妆台、飞身台山顶围起石栏板形成一个小四方形的平台（传真武在山修炼四十二年后，由梳妆台梳妆更衣乘龙飞身），是由独立山峰和人工建筑结合而形成的特殊景观台，玄帝神话故事形成丰厚的人文景观，使这里成为世人必须一睹为快的胜景。飞身岩悬崖万仞，孤峰刺天，高耸险峻的地势完全符合真武功成飞升的要求。飞升台仿佛真武四十二载修真的梯级，在啸风、彩云中由此上升大顶天宫，其峰顶清秀，景色绝佳。

从南岩的外在形象上看，"大顶当前耸具瞻，溪山怀翠面峰尖。武当奇绝中奇绝，起服天真在屋檐。"[169] "南岩境界世称奇，真庆宫遗旧日基。怪石自然成半洞，甘泉常是满圆池。蓬莱端合神仙住，风月元非俗子知。"[170] 真官祠、甘露井融入画中，反映了南岩的外在形象之"奇"；"白玉龟台境最幽，欲观胜景此中游。风光入晓真堪赏，云海当头天际流"[171]，观赏的是飞升台奇景透出南岩的外在形象之"幽"。

从南岩建筑的空间序列来看，其营造范围自南天门开始，从门外石阶下遥望，高高的红门里空空而已，唯见青天白云，制造了一种"天门"的幻觉，这是物象之外所存在的虚境的认识从南边而来，登南天门，"方未入时，坐棚梅祠望北壁下，悬崖置屋，如栈道剑阁，殊奇绝可爱。由祠右行南崖百余步，度北崖，崖深峭不可测，中通一道如横堵。行者侧足其上既度升。自南天门循山左支行数十步，折行右支百步"[172]。由北边而来，如冯时可游记所描绘的"过滴水岩，即瞰见南岩宫殿然。山径曲折，陟降萦纡，数相背、数相朝也。迤逦数里，然后至天一桥。自天一桥入北天门，山势若莲花拔起，又数十武至小天门，有岩有垂下，疑欲堕者，上有巨人迹，可异。从小天门入大殿，礼帝。由殿后左折大石延衮百丈，如欲跃者其上朱桂、苍松黝儵婀娜岩中，曰'紫霄岩'阁其下。阁前一龙首石出栏外五六尺，下临万仞之壑，旁瞰者股慄，而道人顾坦步其上无所畏，其为伯昏瞀人哉。岩东

» 南天门（宋晶摄于2019年）

» 南天门前石阶（宋晶摄于2020年）

有五百灵官阁，旁有逍然亭。西为元君殿，旁有南熏亭，皆屋于岩下，规制精巧如王公家山园也。出亭，又从殿后右行陟降数十折，有舍身岩。自舍身岩级而上可二三百步，有亭其颠者，即祖师升真处是为飞升台。

» 北天门（瞿万江摄于 2018 年）

» 北天门须弥座石雕（宋晶摄于 2018 年）

» 北天门香炉（宋晶摄于 2007 年）

亭亭独竦，下有试心石。"[173] 沿大殿东行，经过曲折的石道，绝壁突兀，悬崖峭壁之中，玄帝殿建筑组群崇台层层，殿阁重重，雕梁画栋，飞彩流霞，壮丽无比。这里遵循中轴对称的常则，玄帝殿建在两层高台之上，两边有登大殿御路台阶。五开间，中间三间大，悬横匾，正中横匾"曲成万物"，左右为"道通天地""北极枢庭"。特殊的屋顶造型舒展而优雅，彰显了自然主义的气息，建筑细节融入了传统元素，黛瓦融入青山之中，青石与空窗虚实对比，红墙与石栏交辉呼应。殿顶的绿色殿脊、琉璃瓦、弯檐翘角工艺精湛。正殿中神龛供奉"北极镇天真武玄天上帝"，金身坐像威武异常，玄帝殿成为南岩宫的标志性建筑。殿两侧配殿是两层楼。

南岩自由式建筑布局，依山傍岩，空间上时宽时窄，错落变幻，若游龙展布趋向太和，同时建筑组合上加强了进深方向的空间层次衬托主体建筑。独阳岩西望飞升岩形成对景意境，意境创造自觉，通过对景方式强调了整体和谐，而站在梳妆台上眺望南岩美丽的风光也是一种难得的享受。岩东有风月双清亭，亭值岩穷处，两面皆倚石壁，壁下可坐数人，可卧可眺，可以觞咏。

为了让修行者在更美好、沉静的环境中直达心性、寻找长生成仙的智慧，外在的物境不能遮蔽道教的本意。武当山道教崇奉圣父圣母，忠孝伦理观融入了教义之中。皇经阁是道教藏书之地，相传宋代隐士陈抟在此修炼时博览群书，终于悟道有门，炼就了"五龙睡法"。此功法为道门奇功，避谷时或一月或半载不食，入睡时专气致柔，呼吸如婴儿。草书"福""寿"字道清晰，运笔自如，如行云流水，体现了陈抟修炼达到的致虚极境界。

南岩宫艺术氛围浓厚，色彩赋予了建筑生命力，具有很强的装饰感，通过装饰将建筑的形式、空间、材料、色彩完美地结合在一起。一方面，道教诠释玄帝飞升，以建筑为隐喻象征手法，如龙首石、五百石灵官、石殿、石刻等，都没有过多使用色彩装饰，建筑与岩石融为一体，流露出对山的崇拜。但在自然环境中又探索了建筑艺术的妙谛，如设计了步入石殿的宫廊，利用了狭窄空间的曲径幽深，增加了探索的神秘性，红色的墙壁开有一门两窗，均取椭圆形，门楣悬挂巨匾上书"天乙真庆宫"，与庄严石殿前留出的朝阳明亮望台保持了一致，但总体上又与石料的枯燥无味形成一种强烈对比，使岩洞建筑达到最大的功效，其高超的建筑技艺和不朽的艺术价值，充分体现了能工巧匠的智慧和力量。可见，不是建筑主宰自然，而是建筑寓于自然之中，神圣的建筑成为虔诚信仰的直接体现，师法自然的文化在建筑中蔓延。另外，原木搭成的空灵的梁架和出檐很深的屋顶显得轻盈生动，多数建筑是外向的、开放的，虽朴实无华，却有着精敏的艺术处理。高低大小的体形组合、权衡比例，石、木、白灰各种材料质地、色泽、外形的搭配，都经过细致的审美推敲。木结构采用侧脚、生起、卷杀等古老的造型加工，轻快的月梁，柔和流畅，飘逸生动的屋顶，微微翘曲。工匠很华丽精致的细工，如藻井、神橱都很辉煌，浮雕云龙纹，云舒龙游，非常生动有力量，匠心独运，相材度木。

>> 梳妆台（宋晶摄于 2011 年）

（三）建筑象征之美

南岩宫建筑的象征意义普遍存在，如御碑亭中的龟碑，其内容不仅仅是规范在庙道人和朝山进香的信士，还要晓谕天下皇权至上，象征着权由天赋的意旨。再如两仪殿内供奉圣父圣母造像，"两仪"象征天地或阴阳，由太极而生。《易经》中的卦辞有阳为天、为乾、为父，阴为地、为坤、为母的认识。这种艺术创作，从相反相成的辩证思维中产生美感，产生深邃的哲学沉思，这就是"建筑意"，"即中国建筑文化的抽象性的象征意蕴，属于精神性功能"[174]。石殿正脊两端阴刻隶书"风调雨顺""国泰民安"，中央用道教九叠云篆四个蒙语的吉祥文字，阴刻在一弦纹圈内，象征祈福之庭、神仙窟宅，吉祥文字是审美的象征符号。玄帝殿也是一座正统、规范和富于象征之美的建筑，它在南岩宫勾画出武当山道教的真精神，准确无误地贯穿了玄帝崇拜和祈福求寿的核心理念。但三元岩庙的设计是更宏大的象征主义建筑大手笔。

三元岩庙位于从南岩宫至五龙宫的一条古代神道上，按照天柱峰为中心的方位定准，该神道是一条名副其实的北神道，但"西神道"的概念却通行既久，已然约定俗成，盖因行旅多由玉虚宫起步，西行经五龙行宫、仁威观，抵达五龙宫，再到达南岩宫的神道所致，本书以北神道称之。这条神道与官道交织，倾注了元代高道张守清毕生心血，给众生带来便利，是启发大道灵感的通神之路。在莽莽丛林中曲折蜿蜒，三座天然岩洞——滴水岩、黑虎岩、仙侣岩散落在神道之上。三元岩庙建筑历史或可上溯到唐代。宋元时的朝山香客多行此神道，已是日以千计，月无虚日，香火兴隆。因此，永乐十年（1412年）敕建的三座岩庙是在旧有故道上所作的大修文章。

伴随武当山道教的发展，三座岩建起的道教神庙被分别冠以上元、中元、下元之称，也有民众以其分置之地势称上院、中院、下院，总称之三元岩庙，以下概述其建筑的主要特色。

1. 三元之说与道教文化融为一炉

三元节，对于中国人是耳熟能详的传统节日，其实是道教的上元节（俗称"元宵节"，农历正月十五日）、中元节（俗称"七月半""鬼节"，农历七月十五日）、下元节（农历十月十五日），即三元大帝生日。三元大帝（三官大帝）是道教神话中掌管天、地、水三界之神的天官、地官、水官。"三元"一词运用广泛，虽有命理学、古术数家的解释，但道教有自己的解释。

早期道教太平道有"三统"神学思想，如元气有太阳、太阴、中和三名，形体有天、地、人三名，但尚无"三元"之说。即使五斗米道的三官手书亦与"三元"无关。"三元"一词真正见于著录是在北周武帝宇文邕敕纂的《无上秘要》卷二十七《上清神符品》

» 北神道幽径（宋晶摄于2004年）

中，该经引《洞真三元玉检布经》称受佩"三元玄坛玉检紫文"九年方可"乘三元之軿，上升三元之宫"[175]，"三元"指天、仙、地。《无上秘要》卷五十二《三元斋品》认为，从道之人"凡以几劫，逮及今日，罪结天地，在何簿目，为三官执举，拘逮地役"[176]。南北朝时期已将"三官"与"三元"联系起来，收入《道藏》洞玄部《太上洞玄灵宝三元玉京玄都大献经》，有注释"三元者，元，本也。但以上三官为万物之行本，故曰'三元'"。在道教教义中，"本"即宇宙生成的本原，题解称："一切众生，生死命籍，善恶簿录，普皆系在三元九府，天地水三官，考校功过，毫分无失。所言三元者，正月十五日为上元，即天官检勾；七月十五日为中元，即地官检勾；十月十五日为下元，即水官检勾。一切众生，皆是天地水三官之所统摄。"[177]隋唐以后，"三元"衍化为道家修真之法，如北宋藏书家、道藏目录学家张君房编撰的《云笈七籤》卷五十六《元气论》云："混沌分后，有天、地、水三元之气，生成人伦，长养万物。人亦法之，号为三焦、三丹田，以养身形，以生神气"[178]，"三元"终于有了符合道教的解释。人体三丹田的解释属于道教内丹术。道家修真之法不外三元丹法：天元、地元、人元，丹经中以修清静者为天元丹法，修服食者为地元丹法，修阴阳者为人元丹法。北宋道教内丹派南宗开山祖师张伯端的《悟真篇》卷上云："四象五行全籍土，三元八卦岂离壬。"董德宁注称："三元者，三才也，其在天为日月星之三光，在地为水火土之三要，在人为精气神之三物也"[179]，将内丹修炼同道教教义中的宇宙生成理论融合在一起。《云笈七籖》卷三《道教三洞宗元》云："其三元者，第一混洞太无元，第二赤混太无元，第三冥寂玄通元。"[180] 从三元分别化生出三君：天宝君（居于玉清境清微天，为洞真教主）、灵宝君（居于上清境禹余天，为洞玄教主）、神宝君（居于太清境大赤天，为洞神教主），各为道教教主，即三洞之尊神，衍生出道教三洞系统。《清微帝师宫分品》称："上元天宫紫微大帝，居真都元阳宫，又名上元赐福府；中元地宫清虚大帝，居太阴洞曜宫，又名中元覃宥府；下元水宫洞阴大帝，居金阙洞阴宫，又名下元通济宫。"[181] 三元指道教中的三宫：上元天宫、中元地宫、下元水宫。武当山宫观常行科仪有与三元相关的内容，如三元朝科；斋醮道场科仪有三元午朝科仪等，都是重要的斋醮科仪。据闵智亭道长著《道教仪范》知，三元朝科为道教三官大帝圣诞时举行的重大科仪，步骤隆重，内容丰富，在渺渺大罗天上，晃晃金阙宫中的三元神或三官大帝，主要指天地水三官，即上元九气，赐福天官；中元七气，赦罪地官；下元五气，解厄水官，请求他们赐福赦罪解厄。在通往太和宫的路上有一座三官台，曾供奉过天官、地官、水官，此建筑与古人对天、地、水的自然崇拜有关。

北神道上的三座岩庙何以称为"三元"，只能从道教文化中的三元之说找到根据。三元的解释十分繁杂，可以是天地人，也可以是天地水，还可以是道经师等，但道教三元朝科为道教在三官大帝圣诞的寓意更为符合实际。可见，道教对于三元不仅有符合自己教理教义的解释，而且有多种解释。

2. 岩庙建筑与自然园林浑然一体

从南岩宫北天门出发，北行至五龙宫诵经台，距离约 10 公里。其间跨越磨针涧、青羊涧、桃源涧，穿行天乙桥、白云桥、驸马桥（亦称竹芭桥）、磨针桥、青羊桥，历经独阳岩、滴水岩、黑虎岩、仙侣岩、仙龟岩、白云岩（近有五龙堂），峡谷里的宁静、清幽和白龙潭瀑布的轰鸣、煊赫，青石漫道与山野的羊肠小道时断时续，官道与神道交织延伸，建筑与官道相连，相得益彰。

武当山志将三元岩庙归属南岩宫，由此起步往南往北排列：上元—滴水岩；中元—黑虎岩；下元—仙侣岩。滴水岩相距黑虎岩 200 多米；黑虎岩相距仙侣岩 100 多米。滴水岩距南岩西北 5 里；仙侣岩距南岩西北 6 里，但黑虎岩没明确距离，《方志》只载"在黑虎洞上，大林巨石之中，黑虎所栖之地"，初步判断三元岩庙中的黑虎岩可能是武当山道教建筑后期完善的结果。不过，元代朝山香客走三元岩庙这条神道多是反过来走的，即由五龙宫经三元到南岩宫，再由乌鸦岭乌鸦庙、棚梅祠，经黄龙洞画亭，登万丈峰抵朝天宫，过会仙桥，再攀三座天门数千级石阶至朝天门，最终抵达天柱峰金殿。

（1）滴水岩

"北下天门松径幽，岩头滴水响琳璆"[182]的滴水岩，是一座半封闭状自然岩洞，高 4.32 米，宽 16.49 米，深 11.8 米。洞口朝西，洞顶赭岩呈大拱弧形，仿佛一个大盖从天而降，岩如大厦，裂石出泉，因洞内两侧岩石裂隙常年泉水涓滴不辍，四时不绝，飞珠滚玉而得名。王世贞游记描述其"出北天门，稍折而上，曰滴水岩，若肺覆时时一滴下，小池承之，即不以雨旱缓速"[183]。谭元春记载"自仙龟岩过百花泉，东至滴水岩，观其水所滴如刻漏。"[184]"滴水岩，中广如厦，其纵丈有奇，横不啻倍，可避风雨。下凿石为池，承泉注于外。"[185]沐昕奉命营建武当山宫观历时 9 年，将滴水岩一滴一露珠的泉池建成"山中玉乳泉，细泻玉龙口"[186]，岩上藤幔垂曳，岩前敞阔，向阳平坦，"密敲金锁溜星河，好在垂银一线多"[187]，大有幽深孤峭的审美意趣。明代诗文家陈文烛暮过滴水岩，只见"傍有大树皆千年物，其水中龙蟒欲作云雨状"[188]，

» 上元滴水岩（范学锋摄于 2018 年）

秋日满地黄叶窸窸窣窣，大树枯藤稀稀疏疏。张良皋考察洞内深处崇台上的建筑遗址似唐朝香火，提出该岩"始建于唐朝，明朝亦有敕建"[189]。现存永乐十年（1412 年）敕建砖石殿一座、左右道房残基、螭首泉池二组、焚帛炉一座。《方志》"滴水岩图"载洞外南侧建有方丈院落。

（2）黑虎岩

黑虎岩，为三元中最小的一座自然岩洞，洞高 5.80 米，面阔 7.05 米，深 4.20 米，洞口朝西，濒临峡谷，林木繁茂。元代建筑已毁。现存永乐十年（1412 年）敕建的砖石殿一座，是三元中规模最小的岩庙。殿内供奉石质、泥质彩画神像五尊，主祀黑虎大神。立有方形石幢一件，阴刻"巡山黑虎大元帅"。崇台边原存《黑虎岩记》碑，岩左石作磴道即张守清组织修建的南岩宫通往五龙宫神道。汪道昆游记载："舍南岩西历黑虎岩……分二道，其右下行涉涧，遵宿莽，容单车峡中，转入西南出峡为清风垭，盖故韩粮道也。"[190]

令人惊奇的是武当山黑虎岩庙特别多，初步统计如下：元代系马峰下有"黑虎大神之祠"，亦称财神庙；十八盘上的黑虎庙，永乐十年敕建，内设黑虎神像；一天门与朝天宫之间的黑虎庙，设铁铸黑虎神；紫霄宫东下的黑虎庙；遇真宫的黑虎庙；南岩宫下的中元黑虎庙，内设人格化的黑虎神像；琼台后垭口的黑虎庙；下观与琼台之间的黑虎庙；六里坪财神庙村旧称黑虎庙村，供奉黑虎财神。黑虎洞、磨针洞起自龙顶，会于白龙潭。白龙潭瀑布落差 20 多米，犹如雷劈山崩，黑虎咆哮。黑虎洞与金华洞沟（经仁威观汇于青羊涧）相隔隐仙峰，从实际河流走向推断，该岩是五龙宫黑虎洞附近隐仙岩山谷较大的岩洞。

武当山为什么会有这么多黑虎庙呢？

一是神话盛行。武当山道教建筑群以道教神话进行布设，静乐国太子始入山修道，黑虎开山、黑虎护山寸

» 中元黑虎岩（宋晶摄于 2018 年）

步不离，忠心耿耿地保护太子不受猛兽侵害。当太子得道飞升成为玄帝后，封黑虎为元帅，成为玄天上帝神系里的一员神将。"黑虎巡山"是神话中一个十分精彩的故事：真武入山，黑虎巡山；真武小憩，黑虎守山；真武修道，黑虎护山；真武得道，黑虎镇山。黑虎在武当山历代志书里被记载为神兽"巡山黑虎元帅"，北方天一之所化，护教镇山之灵神，正直威显，变化不一，"或托相为人，金甲皂袍，若将军之状；或显真相，玄紫黑色，如狮子之形。或大如麞，或小如豹。或雪里而现其迹，或泥中而显其踪。见之者不祥，梦之者获庆。夜巡廊庑，灵迹昭垂。不善之人，立为屏斥"[191]。

二是因功受崇。武当山道教建筑最初起自唐代，以五龙宫为始，经宋元明延伸至清嘉庆渐止。元代黑虎岩庙的修建，以嵩口—五龙宫—南岩—朝天宫—三天门沿线为主，伴随宫观主神玄帝，镇以黑虎庙护持。永乐大修以道教玄武为主体，凡为真武服务者概因有功而崇祀之。永乐至万历年间武当山道教大兴，多条神道通达太和宫，遇真宫、元和观、乌鸦岭、南岩沿途均营建有黑虎庙。

三是客观实存。武当山动八景之一的"黑虎巡山"并非杜撰，高鹤年亲眼所见："往金殿度夜。更深见有黑虎，眼如金铃，经殿前一匝而去"[192]，故黑虎在武当山曾经真实存在。

四是重复建置。正如乌鸦神鸟为太子上山引路，因而建有乌鸦庙、乌鸦台，岩崖圆光式真武画像太阳地、月亮地等，这种重复性的建筑与装饰在武当山并不鲜见。现存太常观《黑虎岩碑记》为太和真人张守清所立，碑云："武当山黑虎者，乃北方天一之精所化。夜巡廊庑，变现不测。曩者常居斯岩，灵异昭著。厥后路绝，道断人迹弗通。"碑文反映碑记年代为元统年间（1334年），比至元年间（1291年）成书的《总真集》略晚。南岩宫至五龙宫神道仙径有黑虎岩，但难以判断在五龙宫还是在中元。民间将中元黑虎庙称为"下黑虎岩"，可能武当山有两个黑虎岩。待考。或许碑原存五龙宫黑虎洞，后被挪到中元，因而到了《方志》绘"南岩宫图"时，便将黑虎岩画在中元也未可知。移碑在武当山并非孤例，紫霄宫李元阳的《扪月庵碑记》就曾搬到五龙宫附近。

（3）仙侣岩

自然岩洞呈半圆形（高5.70米，面阔17.80米，深21.05米），其地山畲平坦，洞口朝西，向阳深邃，泉水充盈，背后有武当山北神道通过。主殿为中间一座砖石殿，两侧对称道房红砖残墙，三者建于台高 0.9 米之上，殿前置一张石供案，螭首龙池二组。台右砖雕焚帛炉一座，坐北朝南。岩外为明代敕建道房遗址。"在大顶之北。面朝天门，山畲平坦。一泉自岩而出，有鸣金漱玉之声，神仙多栖之。游人至此，无一点尘埃气。其泉名百花，昔陶幼安得道于此。"[193]《熊宾志》载："杨仙，号华阳先生，又沈仙，又陶幼安，俱得道于武当山。一住杨仙岩，一住沈仙崖，一住仙侣岩白花泉。"[194]唐、宋、元时期这里曾有建筑，是武当山道教历史上高道栖居之地，明代认为这里就是真武与蓬莱仙侣相聚之地。"'仙侣岩'，云帝道成，群仙簇集宾迓。"[195]岩洞口南侧崖上曾有摩崖，为明代管三省八郡的武当山提督太监韦贵到此朝谒的题刻。

» 下元仙侣岩（宋晶摄于 2018 年）

三元岩庙布局严谨、层叠错落、独具一格，既有北方建筑雄奇的气度，又有南方建筑俊秀的质韵，园林点染，竹木掩映，曲径通幽，其原始、清幽、寥落正是古人向往的风景，它承载着建筑的精髓与精神气度。这里充分利用地形地貌，依山坐岩，自然园林与岩庙建筑浑然一体，相互衬托。杨鹤行于此北神道上感受到："两宫台殿相望，金碧陆离，若日射火珠，当不减蜃楼海市矣。昔年游青羊涧一带，爱其幽倩，此番殊无意绪，物候未是。秋冬之交，意风霜高洁，草木刻露为佳耳。仙龟岩不甚似，然磊砢如夏云欲坠，两傍瀑流泻之，直漱其根，如有活势。自仙侣岩至滴水岩，步步可望天柱，松杉茂密，石路阴森，可谓到来生隐心也。"[196] 黄辉的《滴水岩》描写了雨中探岩的情形："细雨不妨游，轻云散若流。马蹄时带水，虫语似争秋。续骑方萦树，前尊已入丘。"[197] 在这清静幽深的神道上，沿着古代圣贤大哲的足迹，感受三官大帝所生万物，感悟无所不在、无所不有的"道"。

3．个性设计与精工匠作不拘一格

明代敕建的三元岩庙，以砖石殿为其正殿，而它们各自的造型，又是富于个性化的设计。

滴水岩砖石殿：面阔3.47米，进深2.53米，通高4.34米，单檐歇山黑筒瓦顶。九脊歇山式，其屋顶正脊大吻，垂脊垂兽，戗脊戗兽，垂脊和戗脊造型一致，但戗兽略大，翼角。戗脊下为角梁（上套螭首），下置宝瓶、转角斗栱。檐下单翘重昂斗栱，斗栱彩画，正面及背面平身斗栱各8朵，两侧面平身科斗栱各6朵，四角转角斗栱各1朵。撩檐枋、圆形檐椽、方形飞椽、上连檐、下连檐、勾滴，一应俱全，均为砖作，施以绿彩。斗栱耍头形状为螭首，侧面有涡形线刻，以象征眼睛，形象栩栩如生。斗栱层下的额枋及平板枋分别出头，额枋出头"霸王拳"状。平板枋宽于额枋，高度小于额枋，剖成"T"形。殿身四柱石作支撑，正立面设矩形门洞，上下均装槛枋，两侧各设一扇石雕五抹头三交六椀菱花槅扇门，二门之间施以抱框，槅扇门裙板施有雕花图案。殿的侧面及背面为干摆金砖。殿基由崇台和须弥座组成。洞口设置的三级方整石崇台，岩外为第一级崇台，砖石殿则坐落于第三级崇台正中的石雕须弥座之上，座高0.85米。殿后岩下有石砌弧形排水，引泉水进入龙池。

黑虎岩砖石殿：面阔2.7米，进深2.55米，高3.61米，单檐歇山黑筒瓦顶。殿前为依岩砌筑的方整石崇台，殿后紧贴岩壁砌筑，实际上是在山崖凹处建了一座砖石小殿，保存完整。整殿坐落在石雕须弥座上，须弥座束腰正中雕刻盆栽牡丹图案，十分绚烂，两侧对称棱形卷草花纹，三层荷花金刚柱，精美典雅。其屋顶歇山九脊，施正吻、垂兽、戗兽。瓦作、三层冰盘檐、平板枋均为砖作，石槛枋出头为"霸王拳"形状，与平板枋相互出头。石作四柱，侧面为砖砌墙体，正中门洞的四周为石作门槛，两侧分设一扇砖雕五抹头三交六椀菱花槅扇门，裙板雕单枝牡丹图案。

仙侣岩砖石殿：岩洞从外到内设置了宽敞的四层方整石崇台。其中，第一层崇台在岩外，外三层崇台施石栏望柱、踏跺石阶，第四层崇台高 1.50 米，无蹬道，青石海墁遍地，规制完整。崇台按磨砖对缝砌法，砖的平整度很高，棱角整齐，表面呈灰色无花饰。这种水磨砖墙的"干摆"做法，规格水准较高，是最为讲究的一种墙体。第四层崇台上边并列三座殿宇，正中一座为正殿，两侧配殿低于正殿尺余。从现存八个覆盆式石柱础测量可知，正殿面阔三间 11.26 米，进深一间 3.14 米，是三元岩庙中规模最大的一座岩庙。第四层崇台两端各置螭首和泉池一组，泉水充溢，史称"百花泉"。泉池为长方形，长 1.58 米，宽 1.25 米，深 1.05 米，方整石砌筑，壁上饰石雕螭首，造型生动传神，与滴水岩内螭首相同。

4. 精工匠作举隅

（1）焚帛炉

在三元岩庙中，焚帛炉只有滴水岩一座，位于滴水岩洞外北侧 5 米处。坐北朝南，面阔 1.74 米，进深 1.23 米，通高 2.77 米，歇山黑筒瓦顶，砖雕仿木结构。檐下单翘单昂五踩斗栱，正立面及背面平身斗栱 4 朵，侧立面平身斗栱 3 朵，四角转角斗栱各 1 朵。殿身正中设一如意拱券门洞，两侧各安一扇四抹头三交六椀菱花槅扇窗，裙板各饰 1 朵牡丹。立于砖雕须弥座之上，须弥座束腰居中砖雕盆栽牡丹。

这么小体量的砖雕焚帛炉，武当山还存另一座在隐仙岩。隐仙岩焚帛炉，坐南朝北，面阔 1.74 米，进深 1.23 米，通高 3.52 米，硬山黑筒瓦顶。其造型由三个部分所组成。

屋顶：因瓦面残损，无法辨认正脊、垂兽，但额枋、平板枋、斗栱层清晰。四角额枋出头成"霸王拳"形状，平板枋也出头。斗栱为五踩单翘单昂斗栱，正面

» 上元滴水岩砖雕焚帛炉（宋晶摄于 2018 年）

及背面各施6朵平身斗栱，侧面各施3朵平身斗栱，转角各施1朵转角斗栱。两檐面斗栱层由下至上依次为檩枋、圆形檐椽、下连檐、方形飞椽、上连檐、勾滴，而两侧面则为上枋、山花砖作层、二层拔檐、瓦层。从侧面斗栱上立砖作墙面的做法，可见后世修复时曾将歇山改为硬山。

殿身：设置四柱，正中为门洞，顶部施有卷草图案的火焰拱券，左右对称设一扇砖雕四抹头三交六椀菱花槅扇窗，裙板雕饰一朵树叶围合花卉的图案，北有八片花瓣中心花蕊，南有两片花瓣。殿侧及背面为槅扇式实心砖墙。

基座：砖雕须弥座，由上至下九层，为上枋、上枭、上混、束腰、下混、下枭、下混、下枋、圭角。其中，圭角为如意装饰，束腰部分三层金刚柱，居中砖雕盆栽牡丹，两侧卷草图案。

比较三元岩庙焚帛炉与隐仙岩焚帛炉，发现两者均为砖雕仿木结构，但在造型及雕饰手法上存在差异。包括尺寸大小、斗栱数量不同，绦环板式样不同等。不难看出滴水岩焚帛炉的装饰图案更为突出牡丹的华丽，如须弥座3朵，裙板各1朵，以显示三元建筑作为北神道一线道教岩庙的磅礴大气。

（2）供案

供案，亦称神案、供桌、香案、神台、供台。滴水岩和仙侣岩砖石殿前各设置一张石雕镂空供案，现仅存滴水岩一张。通高1.5米，桌高1.01米，长2.8米，宽1米，体量庞大。其造型如下：

正立面：案面两端装有翘起的飞角，翘头外卷波纹状。案身正面是类似于联户橱的长方格，垂直刻线富有层次，格内浮雕螭龙纹装饰，充填方块，蜷转圆弧，自由灵动，尽显盛世。案裙为透雕卷草图案。案腿作"S"状，圆雕卷草图案，流线舒展。腿脚下面带有粗大的须弥座状拖泥，以承托神

>> 上元滴水岩石供案（宋晶摄于2018年）

案，腿足底部握一踏珠落在托泥之上。

侧立面：总体为梯形，弧形翘头下台枋浮雕卷花草，裙挡板用料厚实，饰浅浮雕，类似于联户橱的实体方格。即便是下部的如意拱挡板，雕工也一丝不苟。

与隐仙岩的石供案相比，形制风格都属于翘头案，长方形案面，下有足承托，四足拖泥，但雕刻存在差异。滴水岩供案运用透雕技法，兼顾虚与实、透与露，装饰图案以螭龙纹为主，方格长宽比例匀称，雕琢手法精巧美观，沉稳大气，是明代石制道教供案之精品。神案设在幽静的自然山林之中的岩庙内，与元代朝香神道融会贯通，证明历史上的三元建筑曾是道教修斋设醮的道场、信众供养祖师的道场，是香火隆重之地。

（3）螭首

"螭"，古同"魑"，即魑魅，是中国古代传说中的一种动物。《广雅》记述："无角曰螭龙。"[198] 螭虽然面目邪恶凶猛，却是祥瑞之物，具有超常的神秘力量。滴水岩和仙侣岩建有石雕螭首龙池各两组，尺寸相同（长 0.79 米，宽 0.47 米，高 0.48 米），造型一致。螭首造型都是龇牙翘颚，圆睛卷鼻，粗眉叶耳、龙角贴颈，形象敦实浑厚、神武有力。既有别于汉代马首形，又有别于宋代楔形翘嘴龙，有元代遗风，雕刻精湛。北宋李诚《营造法式》规范："造殿阶螭首，施之于殿阶对柱及四角随阶斜出。"[199] "造螭子石之制，施之于阶棱、勾阑、蜀柱卯之下。"[200] 武当山三元螭首下设方形蓄水池，一汪清洌的泉水源自岩洞滴水，螭首吐水，场面壮观，成为建筑装饰构件的主角，具有排水、对称平衡崇台的功用，也有驱鬼辟邪、孕育吉祥的作用，是实用与装饰完美结合的建筑小品。作为龙文化的一种象征，螭首是专属皇家建筑使用的艺术符号。

三元岩庙一线神秘、悠长，缺少对三元岩庙建筑的体验，那么对南岩宫建筑鉴赏是不够完整的。

≫ 下元仙侣岩南螭首龙池（宋晶摄于 2018 年）

注释:

[1][2][4][9][10][11][15][16][17][20][23][33][41][43][45][54][56][60][61][62][67][68][69][70][71][72][73][74][76][77][80][83][84][85][86][87][98][110][111][114][116][117][121][123][124][126][149][150][151][162][167][170][172][182][191][193]《武当山历代志书集注（一）》，中国武当文化丛书编纂委员会编，武汉：湖北科学技术出版社，2003 年，第 305 页、第 310 页、第 17 页、第 304 页、第 302 页、第 304 页、第 37—38 页、第 51 页、第 37 页、第 274—275 页、第 216 页、第 380 页、第 515 页、第 17 页、第 514—515 页、第 278 页、第 514 页、第 217 页、第 397 页、第 219 页、第 397 页、第 308 页、第 315 页、第 322—324 页、第 303 页、第 352 页、第 310—312 页、第 87—88 页、第 84 页、第 258 页、第 99 页、第 267 页、第 302 页、第 310 页、第 315 页、第 274 页、第 308 页、第 514—515 页、第 622 页、第 639 页、第 621 页、第 315 页、第 370 页、第 305 页、第 56 页、第 83 页、第 97 页、第 3 页、第 39 页、第 43 页、第 514—516 页、第 514 页、第 635 页、第 514 页、第 31 页、第 18 页。

[3][158] 杨天才、张善文译注：《周易》，北京：中华书局，2011 年，第 114 页，第 565 页。

[5][元] 朱思本：《贞一斋诗文稿》卷一，第 4—6 页。

[6][66][清] 陈铭珪：《长春道教源流》卷七，第 161 页、第 16 页。

[7][东汉] 许慎撰：《说文解字新订》，臧克和、王平校订，北京：中华书局，2002 年，第 541 页。

[8][92][106][132] 陈鼓应：《老子注译及评介》，北京：中华书局，1984 年，第 114 页、第 232 页、第 102 页、第 171 页。

[12][22][75][94][122][128][154][155][156][161][166][175][176][177][181] 张继禹主编：《中华道藏》，北京：华夏出版社，2004 年，第 30 册第 549 页、第 638 页、第 700 页、第 701 页、第 703 页、第 637 页，第 26 册第 101 页、第 98 页、第 103 页、第 103 页、第 30 册第 638 页、第 1 册第 350 页、第 28 册第 195 页、第 4 册第 168 页、第 36 册第 27 页。

[13][19][40][42][63][115][120][136][148][169][187] 罗霆震：《武当纪胜集》，《道藏》，文物出版社、上海书店、天津古籍出版社，1988 年，第 19 册第 676 页、第 677 页、第 675 页、第 675 页、第 676 页、第 671 页、第 675 页、第 694 页、第 670 页、第 675 页、第 674 页。

[14][汉] 甘石申：《星经》卷下，上海：商务印书馆，1936 年，卷上第 23 页。

[18] 赵本新：《武当一绝》，北京：文物出版社，2003 年，第 97 页。

[21] 姚天国主编：《武当山碑刻鉴赏》，北京：北京出版社出版集团、北京美术摄影出版社，2007 年，第 64 页。

[24][29][44][48][107][109][173][183][184][188][190][清] 王民皞、卢维兹主编：《大

岳太和山志》，卷十七第 49 页、卷十七第 20 页、卷二十第 59 页、卷十七第 21 页、卷十八第 48 页、卷十七第 20 页、卷十七第 50 页、卷十七第 8 页、卷十八第 46 页、卷十七第 13 页、卷十七第 18 页。

[25][26][28][34][35][49][88][101][102][103][113][119][137][165] 陶真典、范学锋点注：《武当山明代志书集注》，北京：中国地图出版社，2006 年，第 410 页、第 394 页、第 506 页、第 531 页、第 526 页、第 156 页、第 428 页、第 404 页、第 387 页、第 397 页、第 396 页、第 387 页、第 385 页、第 363 页。

[27][58][118][133][171] 王理学：《武当风景记》，湖北图书馆手钞原本，1948 年，"四十四岩"、"七十九峰"、"七石"、"七石"、"十宫"。

[30][明] 史谨：《独醉亭集》卷下，上海：商务印书馆，第 21 页。

[31][明] 平显：《松雨轩集八卷》卷五，上海：上海书店，第 358 页。

[32][明] 张邦奇：《张文定公四友亭集》卷十九，北京大学影印本，第 2 页。

[36][明] 董裕：《董司寇文集》卷十八，北京大学影印本，第 11 页。

[37] 浙江省富阳市政协文史委编：《周凯及其武当纪游二十四图》，杭州：浙江人民美术出版社，1994 年，第 8—9 页。

[38][明] 崔桐：《崔东洲集》卷四，北京大学影印本，第 2 页。

[39][125][明] 王世贞：《弇州四部稿》，卷四十六第 22 页、卷三十第 4 页。

[46] 李光富、周作奎、王永成编著：《武当山道教宫观建筑群》，武汉：湖北科学技术出版社，2009 年，第 104 页。

[47] 于希贤：《法天象地——中国古代人居环境与风水》，北京：中国电影出版社，2006 年，第 164—167 页。

[50][51][53] 汤一介主编：《道学精华（上）·抱朴子内篇》，北京：北京出版社，1996 年，卷十第 705 页、卷四第 689 页、卷二第 680 页。

[52][清] 傅金铨注：《吕祖五篇注》卷五"百句章"，《藏外道书》卷十一，第 1 页。

[55][清] 竹溪县史志办公室编：《竹溪县志》同治版卷十三，2009 年，第 400 页。

[57][59][134][清] 王概等纂修：《大岳太和山纪略》湖北省图书馆藏乾隆九年下荆南道署藏板，卷四第 4 页、卷四第 35 页、卷八第 20 页。

[64][元] 脱脱等撰：《宋史》第 38 册"传"，"陈抟传"，北京：中华书局，1977 年，第 13420 页。

[65] 修功军编著：《陈抟老祖——老子、庄子之后的道教至尊》，北京：东方出版社，2007 年，引自赵道一《历世真仙体道通鉴》第 94 页。

[78][79][93][清] 李西月重编：《张三丰全集合校》卷三"大道浅近说"，郭旭阳校订，武汉：长江出版社，2010 年，第 317 页、第 219 页、第 91 页。

[81]《诸真宗派总簿》北京白云观保存本。

[82] 金城道人陈松风保存孙碧云《修身正印》，清嘉庆八年镝金天观藏板。

[89][明] 吴道迩纂修：《万历襄阳府志》卷四十五，第 74 页。

[90] 金景芳：《〈周易·系辞传〉新编详解》第十一章，沈阳：辽海出版社，

1998 年，第 84—85 页。

[91] 周敦颐：《周濂溪集》卷之一，北京：中华书局，1985 年，第 2 页。

[95][东汉] 许慎原著：《说文解字今译》（中册），汤可敬撰、周秉钧审订，长沙：岳麓书社，1997 年，第 8 页。

[96] 左丘明著：《春秋左传》"桓公五年"，朱墨青整理，沈阳：北方联合出版传媒（集团）股份有限公司，2009 年，第 34 页。

[97][春秋] 孔子编：《尚书》，呼和浩特：内蒙古人民出版社，2008 年，第 61 页。

[99] 陈鼓应：《庄子今注今译》，北京：中华书局，1983 年，第 3 页。

[100] 胡家祥：《审美学》，北京：北京大学出版社，2000 年，第 35 页。

[104][194] 熊宾监修，赵夔编纂：《续修大岳太和山志》，大同石印馆印本，1922 年，卷八第 46 页、卷四第 5 页。

[105][147][196][明] 何镗辑：《名山胜概记》湖广二，明嘉靖四十四年庐陵吴炳刻本，卷二十八第 7 页、卷二十八第 3—4 页、卷二十八第 11—12 页。

[108][明] 王士性著：《五岳游草·广志绎》卷六，周振鹤点校，北京：中华书局，2006 年，第 102 页。

[112][明] 徐宏祖：《徐霞客游记》，长春：时代文艺出版社，2001 年，第 28 页。

[127][明] 顾璘：《顾华玉集》卷一，凭几集卷五，凭几集续编卷一，第 124 页。

[129] 易心莹：原版木刻线装《老君历世应化图说》，丙子春二仙庵重刊。

[130] 刘敦桢主编：《中国古代建筑史》（第二册），北京：中国建筑工业出版社，1984 年，第 270 页。

[131] 汉宝德：《中国建筑文化讲座》，北京：三联书店，2006 年，第 27—28 页。

[135][宋] 李廌：《武当山赋并序》，《济南集》卷五，第 15 页。

[138] 张世英：《进入澄明之境》，北京：商务印书馆，1999 年，第 198 页。

[139] 李允鉌：《华夏意匠——中国古典建筑设计原理分析》，天津：天津大学出版社，2005 年，第 17 页。

[140] 许嘉璐主编：《二十四史全译》南史第一册卷二十一列传第十一王籍，上海：汉语大词典出版社，2004 年，第 484 页。

[141] 张华鹏等：《武当山金石录》第一册，第 17 页。

[142][145][唐] 王昌龄著：《王昌龄集编年校注》卷六诗评"诗格"，胡问涛、罗琴校注，成都：巴蜀书社，2000 年，第 319 页、第 317 页。

[143][明] 袁中道：《珂雪斋近集》卷之六，北京大学影印本，第 19 页。

[144] 张驭寰：《中国古建筑装饰讲座》，合肥：安徽教育出版社，2005 年，第 64 页。

[146] 罗迅、郭鹏、丁鸣扬：《建筑意象与建筑意境辨析》，《沈阳建筑工程学院学报》（自然科学版）2003 年 4 月第 19 卷第 2 期，第 114 页。

[152] 姚春鹏译注：《黄帝内经》，北京：中华书局，2009 年，第 204 页。

[153][南朝梁] 顾野：《玉篇》下，道光三十年新化邓氏摹雕邵州东山精舍，第 445 部，第 67 页。

[157][清] 素朴散人著:《周易阐真》, 张玉良点校, 西安: 三秦出版社, 1990 年, 第 15 页。

[159][160] 王明编:《太平经合校》附录, 北京: 中华书局, 1960 年, 第 221 页、第 44 页。

[163] 碑刻存武当山五龙宫长生岩对面岩庙。

[164][192][清] 高鹤年著述:《名山游访记》, 吴雨香点校, 北京: 宗教文化出版社, 2000 年, 第 90 页、第 90 页。

[168][174] 罗哲文、王振复主编:《中国建筑文化大观》, 北京: 北京大学出版社, 2001 年, 第 65 页、第 64 页。

[178][180][宋] 张君房:《云笈七籖》, 山东: 齐鲁书社, 1988 年, 卷五十六第 447 页、卷三第 10 页。

[179][宋] 张伯端原著, 张振国著:《〈悟真篇〉导读》卷上, 北京: 宗教文化出版社, 2001 年, 第 22 页。

[185][195][明] 慎蒙辑《游名山岩洞泉石古迹》卷九下, 第 23 页、第 23 页。

[186][明] 吴国伦:《甗甀洞稿》卷三十, 北京大学影印本, 第 17 页。

[189] 张良皋主编:《武当山古建筑》, 北京: 中国地图出版社, 2006 年, 第 139 页。

[197][清] 钱谦益编选:《列朝诗集》, 北京大学藏绛云楼版丁集卷十五, 第 24 页。

[198] 张揖:《广雅》经部卷十上海: 商务印书馆, 1936 年, 第 134 页。

[199][200][宋] 李诚:《营造法式》卷三, 上海: 商务印书馆, 1954 年, 第 60 页、第 64 页。

第十章

武当山

五龙宫建筑鉴赏

五龙宫坐落于武当山天柱峰之北偏西的灵应峰麓，这里山环水抱，地势清幽，"玄帝升真之时，五龙披驾上升"[1]，史有"灵应之地""神龙洞府""神仙窟宅"之誉。元至元廿三年（1286年），元世祖忽必烈"诏改其观为'五龙灵应宫'"[2]，成为武当山皇家敕建的第一座道宫。"五炁龙君"灵应无比，与国家命运共休戚，故为国家所重。至元二年（1265年），玄教大宗师特进上御，总摄江淮、荆襄等处道教吴全节曾在集贤院宣讲："山多神宫仙馆，其大者有三，曰五龙、紫霄、真庆，而五龙居其首。"[3]五龙宫之所以拔得头筹，乃玄帝信仰使然。因为明代以前全山香火最为旺盛的积累在此，其"四岩一宫"的气势与格局，"规模广阔，崔嵬雄伟，山环水抱而朝大顶，其清胜无除于右也"[4]。《敕安兴圣五龙宫真武神像记》碑云："五龙在天柱西北，五峰分列，上有龙湫。灵应岩中有日月池、五龙井，启圣台居其前，磨针涧绕其后。殿宇崔峨，规制宏丽。自唐宋以来未有盛于此者。"[5]作为"五炁龙君"守护的真武道场，当其全盛之时，宫殿重重，飞碧流金，宫墙环护，富丽堂皇。元代《敕赐武当山大五龙灵应万寿宫碑》（以下简称《万寿宫碑》）讴歌"其屋壮丽严峻，洞达高广，盖与兹山相雄"[6]。明代《御制大岳太和山道宫之碑》嘉赞其"神宫仙馆，焕然维新……祥光烛霄，山峰腾辉，草木增色。灵氛聚散，变化万状"[7]。尤其是大匠运斤把道宫的园林建构当成艺术追求，既利用自然又超越自然，使五龙宫建筑群更加大气磅礴，幽奥深邃，自成高格。

第一节　五龙宫宫名释义

追溯五龙宫名称的演变，就是探寻五龙宫道教建筑的地位和规格由"祠——观——宫"逐步提升的变化发展历程。以下以唐、宋、元、明为历史文化背景，略作钩沉。

一、宫名演变

（一）唐代降旨为祠

五龙宫前身是唐代的五龙祠，为武当山道宫之肇始。《总真集》卷下"姚太守"条记载了五龙显圣而普降甘霖一事：唐贞观年间（627—649年），天下大旱，飞蝗遍起，朝廷下诏有司祷于天下名山大川，却无灵验感应，而姚简"被命诣武当肃醮"[8]，却祷雨灵验。姚简曾辅佐唐太宗南征北战。贞观八年（634年），太宗废淅州而复设均州，姚简被任命为武当军节度使、均州刺史，并命其到武当祷神求雨。明洪武二十年（1387年）十一月，奉议大夫翰林学士兼左春坊左赞善刘三吾撰写《武当五龙灵应宫碑》，进一步佐证了《总真集》的记载。碑文云："唐贞观中，岁苦暵旱，诏有司祷名山，武当军节度使姚简身诣是山斋祷。其夕，有五儒其衣冠者见谒，自谓五炁龙君。顷之，玄云四兴，甘澍如注，在田之稿，获遂有秋。简具以闻太宗，敕于中山别创五龙观，以旌灵异。缘此，名闻天下。"[9]也有史料记载姚简祈雨地点在紫霄宫，如宋初"在紫霄宫通会桥之东……旧有祠宇，以奉威烈火王香火"[10]。威烈观前的紫极坛立有南宋淳熙十一年（1184年）撰文的《姚简武当山紫霄宫祷雨碑》载："是时，武当军节度使姚简，奉命躬诣武当紫霄宫，斋醮致祷。"[11]元代道经《启圣录》卷一"甘霖应祷"条印证了该记述："大唐贞观间，岁值苦旱。朝廷下诏有司，祷于天下名山大川。是时，武当军节度使姚简奉命躬诣武当紫霄宫，斋醮致祷。建坛之夕，有五儒士，丰貌殊异，敬来谒简。延坐久之，从容语简曰：'予五君，非凡之儒，乃五气龙君也。准玄帝敕命，守护此山，非一日矣。为子正直寡欲，祈祷精严，故来相访。'少顷，云气迷目，甘霖沛然，逐失五君所在矣。"[12] "气"同"炁"，五气龙君暗暗相助，降下甘霖。无论在武当山何处，姚简奉旨祈雨都庄重肃穆。他举行了斋醮仪式，祈望用诚心感动上苍。果然奇妙，天上雷电霖雨，遍布天下，地下草木禾稼各具荣茂。该碑"五龙唐兴"条记述："是时，枯槁复苏，歉回为稔，人皆享生平之乐，免沟壑之患。姚简具兹灵异奏闻太宗，降旨就武当山建五龙观，以表其圣迹。"[13] 与元代道经《启圣录》卷一"五龙唐兴"条同。《任志》录金石"五龙旧观记碑"亦载"就武当建观"。上述史料中的"五龙观"即沿用宋代习惯性称呼使然，实指五龙祠。姚简将这一灵应事迹上奏朝廷，唐太宗了解"灵绩"后下令在姚简遇到五气龙君之地修建五龙祠并恩赐姚简"解印"，批准了他的弃官隐居请求。于是，姚简"挈家隐居武当，志慕虚玄，成真证道"，成为玄帝任命的"本州守土镇山之神"，封"忠智威烈"[14]。

早在汉代已有神仙马明生夫妇和弟子殷长生居自然庵，炼太阳神丹。唐太宗降旨敕建的五龙祠，是武当山皇家敕建的第一座神祠，供奉龙神，后为玄帝神祠。

（二）宋代升祠为观

北宋初期，由于真武经典的广泛传播，真武在武当山修行的事迹开始流传。宋真宗天禧二年（1018 年）诏诰，在治理京畿肥沃的土地上凡有"龟蛇之见象，允升地宝，瑟涌神泉，自然清冷，饮之甘美"之处，就是真武神资助国家恩泽、惠润群生、功绩卓著之地，应"就其胜壤，建以珍祠。既修奉于咸容合登，隆于称赞。爰稽懿实，永耀鸿祯"[15]，故加封真武将军：北宋天禧年为"镇天真武灵应佑圣真君"，嘉祐年为"太上紫皇天一真君、玉虚师相、玄天上帝""佑圣助顺灵主德仁济正烈协运辅化真君"；南宋嘉泰年为"北极佑圣助顺真武灵应真君""北极佑圣助顺真武灵应福德真君"，宝祐年为"北极佑圣助顺真武灵应福德衍庆真君""北极佑圣助顺真武福德衍庆仁济正烈真君"，乃至登峰造极的"百字圣号"，足见宋皇室对真武神的崇奉。"宋真宗时，升祠五龙观，赐额曰'五龙灵应之观'。"[16] 这一赐额强调了灵应、灵验的色彩，提升了建制规格，五龙祠正式成为武当山历史上敕建的第一座道观。

五代末宋初，高道陈抟进入武当山隐居，诵《易》于五龙观侧，感五龙睡法。靖康元年（1126年），五龙观废于"靖康之祸"。南宋高宗时，神仙房长须隐居五龙观，日以栽杉为事，光宗淳熙年（1174年）"跨鹤"隐去。隐士田蓑衣居隐仙岩石室炼丹，南宋理宗端平年（1234年）隐去，元代尚存丹室炉灶。南宋高宗绍兴辛酉（1141年），五龙派道士孙寂然"首登武当，兴复五龙，开辟基绪……数年之间，殿宇悉备。高宗诏赴阙庭，以符水称旨，敕度道士十人"[17]。其弟子邓真官自幼随师开复武当，继奏敕住五龙兴建正殿。南宋孝宗淳熙九年（1182年），"均州知州王德显，奏降敕牒，赐'灵应观'为额，有碑存焉"[18]。《舆地纪胜》卷第八十五"武当山"条记："《图经》引道书载：真武生于开皇元年，居武当山四十一年，功成飞升。今五龙观即其隐处。"[19]《方舆胜览》记载"五龙观即其隐处"[20]。两部南宋地理类书籍所提及的五龙观已是宋代武当山奉祀真武神的专祠。孙寂然继嗣者曹观妙居武当，领住山之职，在会仙峰建祠奉三茅真君，此时的五龙观已废于金术之兵。南宋理宗淳熙壬子年（1252年），唐风仙开辟五龙香火，制檄道士王礼常到五龙观。追根溯源，宋皇室对真武神的崇奉是"升祠为观"的主因。

（三）元代改升宫号

元代皇室更加尊崇真武神，把皇权看作天帝的垂爱，因而对真武神封诰，从大德年加号"玄天元圣仁威上帝"，到延祐年为圣父母加封，赐张守清"体玄妙应太和真人"。泰定年延续祖制，遵从道教之说，认为水神表明了"地轴之名"，是国家守土之臣，伤农闵雨使年谷顺成，灵应赫然。于是，特封水神"灵济将军"，武当山主神玄帝信仰完全树立起来。

至元乙亥（1275年），全真派道士汪真常，名思真，"领徒众六人，开复五龙，荆榛塞途，黑虎为之引导，兴建殿宇，改观为宫"[21]。此修改尚属道人更改名称行为。元代道教宫观升格、给额是玄教宗师负责管理的道教事务，由玄教宗师提名大宫的敕额，再报皇帝批准下诏方可生效。至元十六年（1279年），玄教大宗师、江淮总摄张留孙（1248—

1321 年）特别注重提携武当山道士。至元二十二年（1285 年），他提名委派武当山清微派道士叶云莱（1251—? 年）朝觐皇帝。叶云莱应诏到京都施展法术，"止风息霆，祷雨却疾，悉皆称旨"[22]，获得元世祖赏识。借此时机，叶云莱向朝廷奏报了武当山道教的情况，引起皇帝重视。次年，元世祖诏开其观为宫始，"改升宫号"[23]，遂有五龙宫之名。《万寿宫碑》记载："至元二十三年（1286 年），诏改其观为'五龙灵应宫'。"[24] 元世祖数次降香，命武当山道士为皇帝祈福祝寿，叶云莱"钦受圣旨，领都提点，任武当护持"[25] 达八年。继之者刘道明，号洞阳，居五龙宫撰写《总真集》；张道贵同叶云莱、刘道明参觐雷渊黄真人得先天之道，归五龙宫；侯道戁、续道诚陆续居之二十年。总之，从叶云莱开始，武当山开始尊享赍捧御香的皇家威仪，凡设炉燃香，进行斋醮科仪，都要武当高道捧持龙香为皇室祈祷。元仁宗天寿节与玄帝诞降日农历三月三相同，故延祐元年（1314 年）仁宗"遂加赐其额曰'大五龙灵应万寿宫'"。[26] 这一宫号的改升是元代皇室不断加赐的结果。

元皇室的重视鼓舞了武当山道士建筑宫殿、创办道场的积极性。唐凤仙、汪真常、叶云莱、刘道明、张道贵、张三丰等高道居五龙宫，不断地开辟香火，尤以至元乙亥（1275 年）汪真常的开复最为显著，因而被任命为五龙宫提点。据元末至正四年（1344 年）立石的《白浪双峪黑龙洞记碑》载"山列九宫八观，而五龙居先"[27]，可知全山九宫八观的建筑规模已然形成，神宫仙馆最具格局、香火最旺者首推五龙宫。惜元末屡次兵火夷为废墟。

（四）明代改写宫额

洪武初年，明皇室认为祭祀神灵是国家一项重大的仪式，不仅要求"虔恭寅畏"，还特设专职，以典章制度加以管理，坛场"净妆牢洁"不得懈怠，预备好大小神仙以供伺奉。与汉唐以来设立的太常一职及从事的典仪相同，居位太常官职有达人智士夙夜在公周旋上下神祇，使神悦而福及国家未来，所谓"以其大祀无如国之祀，至尊者，惟天地是也"[28]。自洪武十八年（1385 年）始，武当山全真派高道丘玄清率领弟子们开始了兴复五龙宫的工程。

丘玄清（1327—1393 年），号云谷，西安富平（今陕西富平县）人。

还有另外三种籍贯的记载，如明代雷礼撰《国朝列卿记》卷一百三十一记："丘玄清，湖广均州人，幼为武当山道士，洪武十五年任（太常寺卿）。宗全真之学，往来汉沔河洛间。"[29]《任志》卷十二录《武当五龙灵应宫碑》："会陕西咸宁丘公玄清，偕其徒蒲善渊，道汉中，抵四川，至金川、商山求胜地栖息，不可得。洪武四年（1371年），复自襄阳历均之武当，顾瞻徘徊，闵兹福地，雁尔厄会，首筑拾瓦砾，理其故墟。积精存神，修真导和，服行清净，承学大来。"次年，因战乱毁为废墟的五龙宫恢复起来。"稽材陶瓦，覆城貌坚，远近乐施，不期岁间，宫殿廊庑，栖止庐舍，次第一新。殿塑圣像其中，神将前列，钟鼓在愚，考击以时，郡神百灵，有位于庑，是使游者入山如行画图。楼观鹗跱，洞户蜂缀，堂庭截然，可谓曰完。""自开辟以来，武当有山，圣真出世，其八十二化，宜与天地同久。毁而复隆，有吾玄清。龙宫是复，玄宰是奉。胝胝拮据，劳勘万端，其道缘所致，将不与是山同垂名不朽也哉？洪武辛酉春，玄清以行能被荐拜监察御史，赐之室，辞。明年壬戌，超擢太常司卿，其徒浦善渊则选为均州道正。"[30]明代张恒编集《天顺襄阳府志》卷三"科举"云："丘玄清，本州芝河里人，道籍。洪武十三年，以聪明正直举保，除江西道监察御史。洪武十五年升太常寺卿，终于官。"[31]《明史·职官志》载："太常寺卿一人，正三品……太常掌祭祀礼乐之事，总其官属，籍其政令，以听于礼部。凡天神、地祇、人鬼，岁祭有常。"[32]丘玄清体貌详静，持重有守，戒行端严，平昔公余《黄庭》《道德》不辍于口，闲则凝神坐忘，具有较高道学素养。每遇大祀天地、谙以雨旸之事，他都奏对应验，深得明太祖敬重。张三丰仿佛菩提达摩，在武当山"白云窝"面壁修真，丹诀道成，广传弟子。丘玄清拜张三丰为师，被推举接任五龙宫住持一职，对五龙宫兴复有助力之功。洪武初年，李孤云、李幽岩、李素希等在五龙顶、五龙宫一带修道，玄理造诣颇深，直至丘玄清巧妙布局，进行依山就势、叠砌崇台的道教实践。为了兴复五龙宫，自洪武四年（1371年）始，丘玄清偕徒蒲善渊等拾瓦砾，理故墟，次年完工，延续了玄帝香火，成为明代修筑五龙宫第一人。丘玄清为人宽襟大度，撑拓教门十年，被有司以贤才荐于朝：洪武十四年（1381年），有司荐其治才，钦除试御史；洪武十六年（1383年）超升太常寺卿；洪武十八年（1385年）敕授嘉议大夫太常寺卿，诰封二代，宗祖蒙庥。太常寺卿负责祭祀礼乐，位列九卿。

洪武二十六年（1393年）某日，丘玄清对门徒说："我当谢天恩，弃尘世去也。"[33] 翌日，沐浴更衣，端坐瞑目，溘然长逝，寿六十七。朝廷遣礼部侍郎张智行御祭礼，葬还五龙宫黑虎涧之上。

洪武二十年（1387年）刘三吾撰《武当五龙灵应宫碑》云："玄天之神，则以黑蛇裹角之剑，断魔刊邪，为国为民，兴利出害，所祷桧者，往往于是龙宫获灵贶焉。"[34] 明代重视五龙宫赐福灵应的地位和声誉，使之在全山建筑中保持殿宇巍峨、仪像森列的道宫建制，即使开辟了东神道各大宫观，五龙宫的恢弘程度仍不逊色。

洪武二十七年（1394年），明太祖召见武当道士孙碧云坐朝问道，孙碧云悉心以对三教优劣，言"教虽三分，道乃一也"[35] 之理。太祖以轩辕问道广成子自诩，厚赐孙碧云还山，为武当山的发展埋下了伏笔。

永乐三年（1405年），高道李素希连续两年派遣道士易本中、吕正中将罕得一见的榔梅呈贡京城，献给明成祖。成书于元张守清《启圣录》的玄帝"折梅寄榔"修真武当的神话，也因神奇的榔梅花实而熟、果实丰硕一度成为验证永乐盛景、丰收祥瑞之据。明成祖自然高兴，赞赏李素希等武当道士"精诚所格，祝禧国家，故能感动高真，降此嘉祥，以兆丰穰也"，还特派道士万道远、陈永富斋香诣谒武当道场，焚香炳烛，以答神贶。六年之后，明成祖授道士孙碧云道录司右正一"听从于名山大岳、洞天福地任便修行"[36]。因仰慕武当高道张三丰真仙，又下三道圣旨敕孙碧云叮嘱其"真仙老师鹤驭所游之处，相其广狭，定其规制，悉以来闻，朕将卜日营建"[37]。从此，孙碧云开始了寻找佳景胜地、筹划武当山道教宫观选址的准备工作。

继丘玄清兴复五龙宫四十年后，明成祖于永乐十年（1412年）七月十一日张贴《黄榜》，敕建武当山道教宫观，使玄风大振、道教盛行，而第一批赐名的四大道宫就包括五龙宫。《御制大岳太和山道宫之碑》提及五龙宫为祀神祝厘之所，明成祖要在这一神仙攸栖之地敕建神宫仙馆，并赐额"兴圣五龙宫"。"兴圣"蕴涵大兴武当，崇奉玄帝，隆兴道教，祈保国家五谷丰登、太平昌盛之义。明成祖圣旨："钦选道士五十人，以道录司右正一李时中、本宫全真高道李素希及龙虎山法师吴继祖、苏州玄妙观法师施渊净为提点。赐六品印，统领宫事。御制赐二通，五龙

» 祀神祝厘之所——五龙宫（何银平摄于 2017 年）

宫常住閟藏于琅函玉笥。"[38] 功成之日建金箓大醮，就兴圣五龙宫等各宫观"讽诵经诠，积崇善果，少伸诚恳，以答天心"[39]。

嘉靖三十一年（1552 年），工部右侍郎陆杰提督五龙宫，进一步扩建，兴工修理，建筑新增"为楹大小总八百五十……道士廪食者五十人。提点二员，阶正六品，给印一颗。领宫一、观一、祠一、庵一、岩三"[40]，明确五龙宫管领五龙行宫、仁威观、老姥祠、自然庵和隐仙岩、灵应岩、凌虚岩。

总之，经洪武初年丘玄清等道人的兴复，到永乐年间军民夫匠的大修，形成五龙宫官式建筑规制，再经嘉靖一朝的兴复扩建，终达五龙宫建筑历史新高。

二、兴修原因

历史上，五龙宫的兴建和修缮都是渊源有自的。究其思想源流，与龙神崇拜和玄帝信仰有千丝万缕的联系。

（一）起源：根本原因在于道教神灵观下的笃信神异

五龙宫前身是唐代五龙祠，但兴起原因在宋、元、明时期的道教典籍中却说法不一。

其一，神异说。"神异"包括五龙神、玄帝，至少元代已认可此说。依据《总真集》卷中"宫观本末"之"五龙灵应宫传记"条："玄帝升真之时，五龙披驾上升，以其旧隐为奉真之祠。"[41] 有研究者认为"唐太宗敕建五龙祠是没有依据的。五龙宫最初的建筑是出现在唐朝或唐朝以前的龙王庙"[42]。

其二，敕建说。依据明洪武二十年（1387年）所立《武当五龙灵应宫碑》记载："唐贞观中，岁苦暵旱，诏有司祷名山，武当军节度使姚简身诣是山斋祷……简具以闻太宗，敕于中山别创五龙观。"[43]《任志》卷十二"五龙旧观碑记"载："姚简具兹灵异奏闻，太宗降旨，就武当建观，以表其圣迹。"[44] 此说多载于明初碑文或山志，与历史人物姚简幻想神异的"五岳龙君"有关，没有离开制造神异的范畴。

其三，祈雨说。依据《总真集》卷下"古今明达"之"姚太守"条记载："传记：名简，字易夫，隋人也。佐唐太宗，出为武当节度。贞观中，天下大旱，飞蝗遍起，敕祷名山，俱未感应。姚君被命诣武当肃醮。有五儒士，风貌殊异，奇之，从容语简曰：'予等俱非凡士，五龙君也。准帝命，守护此山。为子正直，祈祷精严，故来谒尔。予已奏允帝命，公宜速归。三登可庆矣。'"[45]《任志》卷十二"录金石第十篇·元碑"之《万寿宫碑》云："唐贞观中，均州姚简祷雨是山，五龙见，即其地建五龙祠。"[46] 虽只字未提"敕建"，却以祈雨为媒介将姚简慕道与辅佐唐太宗、任命武当庄肃斋醮联系起来。

上述解说具有一定代表性，但解释五龙祠的出现也并不是非彼即此的，而是融合三种解说基础上的神异说。《总真集》卷下"宋封圣号"记载玄帝"降生静乐国之日，即神农氏之末年，岁在阏逢敦牂（甲午）姑洗月（三月）哉生明（初三）曒驭天中（午时），符天一之阳精，托胎神化于翼、轸、娄三宿之次，龙变梵度天之下，静乐国善胜天人之腹，孕秀一十四月，产母左胁而生"[47]，亦属神异说范畴。也许姚简也是虚构人物，因为唐贞观年间并无"节度使"这一官职。元代高道刘道明曾考证玄天上帝的发生，清代《续辑均州志》甚至考证了姚简是晚于唐太宗贞观八十多年之后的人物，唐睿宗景云二年（711）的"秩官""名宦"注明了"以从俗云"。该志载武则天之后近二百年的乾宁三年（896年）有"武当山福威武公新庙记碑"。光绪十一年的《襄阳府志》引《州志》

称太宗时均州旱蝗，简祷之，雨立降，蝗翦灭，后解组隐居武当山。宋元之际，玄帝信仰已经建立，姚简祈雨也被神仙化，被玄帝任命为守土镇山之神，这是道教神灵观使然。从宋元之前的唐代选取一位成真证道的姚简来佐证武当山"五炁龙君"灵应和玄帝神性，既是严谨冷峻的理性问题，又是对超自然、超理性的神性加以接受，甚至超越五龙祠这一具体层面的信仰问题。理性与信仰的矛盾交织在这座灵山圣地之上，道教信仰无法消解，但在道教神灵观之下可有皇权敕建、祈雨价值、五龙祠建筑等问题。理性和神性是两个不同的确立信念渠道，它们不互相冲突，一定意义上还可以融合，并不影响玄帝信仰的牢固性。

（二）兴起：直接原因在于先民祀龙祈雨的崇拜习俗

龙是古代传说中的神异动物，身体长，有鳞、角、脚，能走、飞、游，还能兴云降雨，是中国古人的一种神话意象或类似图腾的表记，作为人格化的神灵而被敬畏和崇拜。根据历史文献记载和我国民间风俗传统，归纳龙神的主要神性特征是上可腾云驾雾，下可遁地入海；生命力无限，潜隐深渊蛰伏千百万年；避邪呈祥，护佑人类；掌管雨水，兴云布雨；沟通天人，保合太和。

祈雨是古代劳动人民信仰的重要内容之一，是一种植根于传统农业社会中的礼制文化。早在刀耕火种的远古时代，先民们就幻想着掌握呼风唤雨的本领，跪在赤热的阳光下祈求雨水。巫师们戴上面具手舞足蹈，向冥冥中的神灵祭献牛羊牲灵，为了求雨使尽招数。据古文字学家、复旦大学教授裘锡圭研究，早在商朝就有用泥土制作龙的形状，利用土龙招来雨水的习惯风俗，春秋时期已有祀龙祈雨的记载。《左传·桓公五年》云："凡祀，启蛰而郊，龙见而雩，始杀而尝，闭蛰而烝。过则书。"[48]"雩"指求雨的祭礼，将苍龙七宿（角、亢、氐、房、心、尾、箕七星）作为龙神来崇拜，以祈求雨水，从而得到护佑和降福。此外，人们还在春、夏、季夏、秋、冬五季发生旱灾时，制作不同色彩的土龙祈雨。西汉有制作五龙求雨水的习俗，董仲舒的《春秋繁露·祈雨》有五龙祈雨的记载。五龙指青龙、赤龙、黄龙、白龙和黑龙。古人认为，东方色尚青，南方色尚赤，西方色尚白，北方色尚黑，中央色尚黄。若发生旱灾，则在这五个相应的方位制作土龙求雨，这些行为本质上与中国古代阴阳五行思想的流行密切相关。按照阴阳五行的观点，五行配五方、五时、五气、五色等不同事物，排列起来构成世界的五行关系图式。

武当山"五炁龙君"访姚简的神秘事件发生在唐代。这是中国古代农耕自然经济发展的重要时期，也是礼制发展的高峰，礼制在更深、更广的层面发挥着影响，形成了具有实际意义的礼治格局，无论是官方还是民间，成云致雨仪式的盛行即是表现。龙兴云作雨以人格神的形象在人间显灵，反映了中国龙神崇拜中五龙祈雨的习俗，把祭祀五龙神与皇权统治、年谷丰歉牵连起来。保存于五龙宫的石刻神牌位（高40.5厘米，宽14.5厘米，厚3厘米），上书"本山祀典土壥龙神"，落款"夷陵所立"。"壥"字是武则天时代所创文字，代表地，神牌位当刻于唐武周时期，是武当山唯一唐代祀龙习俗的物证。

先有姚简祈雨灵验，后有唐太宗敕建五龙祠。然而，五龙祠建于武当山何处呢？《总真集》载其"旧隐"为奉真之祠，意即原本有建筑为"五炁龙君"隐居之地。卷上"五龙峰"条又有："上应龙变梵度天。五峰分列，中有灵池，大旱不竭，石庙一区，名曰'真源之殿'，即五气龙君神寓之所。东有一岩，以奉五气龙君，历代祈祷，应如响答。"[49]五龙宫背依五龙峰，即大五龙灵应万寿峰，峰中有五龙岩，五峰排列似群龙升天，峰顶俗称五龙顶，有灵池或称上龙池，传为"五炁龙君"寓所，龙神深藏其中，但石庙"真源之殿"已无存。罗霆震描写《五龙顶》"宝盖擎空节节抛，飞楼涌殿碧云坳。分明烟雾中头角，一派星峰乾一爻"，"飞楼涌殿"具有建筑特征。《上龙池》也被他关注："第一泉高际碧穹，中藏神物养威雄。时来帝命苏霖雨，先下天边海若宫。"[50]他对龙神兴云霖雨的想象，是基于五行思想统领认识的一种思维范式。

五龙峰东有一岩因祈雨灵验，史称"灵应岩"，首次出现在明宣德六年（1431年）成书的《任志》，元《总真集》仅记载在五龙峰上，"其东即灵应峰五龙宫也"[51]。灵应峰为道人房长须植杉处，蔬果园、茨池、莲沼分置上下并建有宫门。从相对位置看，由西向东为五龙峰、灵应岩、灵应峰、五龙宫。武当山最早皇家敕建的神祠——五龙祠建在灵应峰一带的可能性较大。

明代孙应鳌形容五龙峰："岸容初得雨，山势欲飞天。王母乘云至，斑龙九色鲜。"[52]诗文将五龙顶神龙飞天的山势与龙神崇拜融汇，彰显了

» 明代铜铸小金殿模型上的"五炁龙君"
（现藏武当山博物馆，宋晶摄于 2008 年）

自然之山的神秘玄妙。五龙宫的制名作景无不阐扬龙神崇拜，如灵应峰、伏龙峰、五龙岩、灵应岩、上龙池、五龙峰、五龙顶、五龙洞、龙池、白龙潭、白龙岩、黑龙潭、黑龙岩、五龙阁、五龙井、五龙行宫、五炁龙君等。

传统的祈雨习俗还在五龙宫延续，山民常在天旱时到灵应岩举行祈雨仪式。他们认为灵应岩所以灵应是因为岩里居住着"五炁龙君"，岩上的五龙峰被视为五龙宫龙脉所在。祈雨方式使用文祈和武祈两种，十分神秘。文祈是用祷告许愿的方式求雨，敲锣打鼓，焚香烧表，给玄帝递报告，玄帝知晓就会降雨，从而达成神人相通。依靠这种方式所求之雨常常是霏霏细雨，比较温和。武祈则是朝灵应岩洞内放枪、泼洒或敲锣、放炮仗，山下云雾升腾会引来雨水。依靠这种方式所求之雨常常是倾盆大雨，异常暴烈。黎民百姓设坛祭龙祈雨，表达对自然的敬畏和崇拜，已然形成富有浓厚道教色彩的习俗。方圆百里，灵应岩一直名不虚传，在山民的心目中灵验而神奇。虔诚的信众源源不断地从四面八方来到五龙宫，登临五龙顶灵应岩。虽然没有高庙华观，他们也不一定祈雨，但烧香、许愿十分虔诚，因为这里被他们视为消灾祈福、沉淀灵魂的圣洁之地，却是姚简祀龙祈雨斋醮成功的象征地，也是灵应昭然的"龙神"隐居的神秘寓所。

（三）兴盛：根本动力在于玄天上帝信仰的炽烈香火

"信仰是对某种理论、思想、学说的心悦诚服，并从内心以此作为自己行动的指南。"[53] 宋代产生的大量真武经典，记述了真武的身世来历、出生时间、形象特征、武当修道、功成飞升、神性职司、显灵兆瑞等事迹，对原有神话传说加以补充，使真武—玄帝神话系统化，包含丰富的道教思想，完善了信仰。

"五炁龙君"捧拥玄帝驾云而升，功满道备，升举金阙，是玄帝升为天帝过程中一个重要环节。《启圣录》卷一"五龙捧圣"条叙述详细："玄帝在岩，潜虚玄一，默会万真，四十二年矣，大得上道。于黄帝五十七年岁次，庚子九月丙戌初九日丙寅清晨，忽有祥云，天花自空而下，弥满山谷，四方各三百里。林峦震响，自作步虚仙乐之音。是时，帝身长九尺，面如满月，龙眉凤目，绀发美髯，颜如冰清。头顶九炁玉冠，身披松萝之服，跣足拱手，立于紫霄峰上。须臾五炁龙君捧拥，驾云而升，至大顶天柱峰乃止。"[54]玄帝武当修行成无上道："于时（庚寅年九月九日凌晨）五炁龙君披之上升，至紫霄峰之上，解松萝之服，衣所赐冠帔，飞空步虚于大顶之上，乘丹舆绿辇，五龙披之飞升霄汉，躬朝上帝，领职阙下。"[55]"五炁龙君"再次出现，它们不再是姚简梦中的非凡儒士了，而是演变为人格化的道教神灵，成为玄帝的护卫从神、捧圣之神。

英国大英博物馆珍藏的一尊铜铸鎏金"五龙捧圣"塑像（高1.5米、宽70厘米），表现了玄帝升为天帝过程中"五龙捧圣"的情景，是"五龙捧圣"的物化表现形式。雕塑顶部设置了一座金殿；下部塑有形态各异的五位人格化龙神，即"五炁龙君"，昂首仰视上方玄帝；中部塑玄帝盔甲裹身，脚驾祥云，冉冉上升。

"五炁龙君"对高人羽士修习道法也有助力之功。陈抟是五代宋初道教内丹学、易学的重要代表，唐长兴年间隐居五龙宫，受"五炁龙君"启发，习练神仙导养之术，服气辟谷，憩然自处。"五龙宫附近的华阳岩，相传是'五雷掌'的创始人宋名道士陈抟修炼的地方。"[56]《总真集》卷中"炼丹池、自然庵"条："庵池相倅，在五龙宫西五十里……水中巨石下一

》"南方龙"神造像（现藏于武当山博物馆，资汝松摄于2018年）

» 铜铸"五龙捧圣"雕塑上的"五炁龙君"
（现藏大英博物馆，宋木摄于 2006 年）

穴，有龙居焉，人常见之……陈希夷次居之此处，感五气龙君授以睡法，得画前之妙。"[57]世俗之人贪求名利声色、衣食享受睡而不宁，而陈抟在五龙宫诵经台修炼"五龙睡法"，读《黄庭内景经》，一过乃眠。其《蛰龙法睡功诀》曰："龙归元海，阳潜于阴。人曰蛰龙，我却蛰心，默藏其用，息息深深。白云高卧，世无知音。"[58]"心中元炁谓之龙，身中精谓之虎。"[59]"蛰龙"即"蛰心"。陈抟厌倦五代之乱，"入武当山，学神仙导养之术，能辟谷"，"五炁龙君"启发了他的睡功丹法，时常能一眠数日，"或一睡三年"[60]，世称"睡仙"。五代之末，陈抟四方鼎沸，名声大噪，"传曰五龙飞空送之"[61]，移居华山。

明代兴建的五龙宫几乎到处都能让人感受到龙神的存在，从池到井，或明或暗，龙之繁复大为夺目，空前绝后，使之变成了龙的世界，营造成龙神崇拜的宗教中心。如果说唐五代时期武当山这一崇拜还只是隆重的话，那么到了宋元时期，随着真武道经的广泛刊布流行，皇室的崇奉加封，真武神在道教神仙谱系中神格地位不断提升，"五炁龙君"则扮演了真武修真成神的从神角色。伴随玄帝信仰进一步上升，元代把龙神崇拜与玄帝信仰融为一体，完善了武当山道教玄帝信仰的宗教理论，丰富了宗教思维的想象力，使五龙宫"祠—观—宫"的建制规格得以提升。明成化年间碑刻《敕安兴圣五龙宫真武神像记》载："成化癸卯，皇上念神，素有功于家国。乃命工范金为像，暨左右从神像。"[62]玄帝是五龙宫终极信仰的一尊大神，该塑像只是明代人膜拜偶像的一个缩影。《王志》"五龙宫图"载："（玄帝）殿之左为玉像殿，殿内藏玉像五，沉香像一。"[63] 整个明代一直都是举国家之力进行登峰造极的大修，使五龙宫建筑更加辉煌兴盛，用建筑语言生动地展示玄帝信仰的力量，赋予信仰以升华的美感和神奇的魅力，揭示出皇权至上、君权神授的思想深义。

元揭傒斯的《万寿宫碑》云："名山大川，能出云雨，以泽万物产财，用以利万民，毓英贤以辅万世，必宅天地之奥，当阴阳之会，磅礴融液，与大化终始。故中必有神出幽入冥，此感彼应。如风之在谷，所触皆通，水之在地，无往不达。况此葆乎中和，统乎阴阳，应变合行，与神俱藏，群仙四朝而特起乎中央，非玄武焉足当之。则其宫室之崇，享祀之严，应国家之运，为生民之依者，固有在矣。"[64] 武当山最早出现的道教祠庙与能出云入雨的山川有关，本质就是自然之力，其葆颐中和，统摄阴阳，在应变合行的大化之中蕴藏着无形的神力。这自然之力乃是玄武神力，国运之祚福，生民之依本，正是元代兴建宫殿、香火兴旺的原因。

张守清组织筹划并亲自率徒修通了五龙宫抵山址蒿口的西神道，来自陕西安康、汉中，四川达县，河南南阳、平顶山，鄂西北地区等地香客信士以此为朝山进香的主神道。"闻说春风三月三，紫山士女争喧阗。祈福获福寿益寿，求子生子钱得钱。羽流经声彻霄汉，旃檀香气喷云烟。"[65] 这首《武当歌》唱出了历史上五龙宫朝山进香的空前盛况。王士性《太和山游记》载："谓此天下名山，非玄武不足以当之，然乎哉。山既以擅宇内之胜，而帝又以其神显，四方士女，持瓣香，戴圣号，不远千里号拜而至者，盖肩踵相属也。"[66] 即使民国兵荒马乱的年代，朝山进香也没有中断。纪乘之《武当记游》载："每年来拜山的香客颇多，大约在二三月间来者为河南人民，四五月间为四川人，九十月间者本省人，尤其是汉阳府一带的香客，络绎不绝于途。"[67] 峒星《武当山巡礼》载："武当山的香火原很鼎盛，尤其在每年废历年初，从各方面集中而来的善男信女，至少以十万计。这次行程中即断续看到一些背红绿包袱的朝山者，他们似乎另有一种虔诚的毅力和信念，虽然有的是伶仃小脚，却仍能不断地埋首前进。"[68] 作为武当深山中的一座道宫，五龙宫受到历代皇室持久的关注，被视为灵应之地，民众千里迢迢到此就为给玄帝奉献一瓣心香，历代高道大德在此静修仙道，为天下苍生祭祀，祈求玄帝保佑民安物阜，五龙宫建筑本质上延续了玄帝信仰。

第二节　五龙宫堪舆选址

　　谈及五龙宫的建筑意匠，不能不提到建筑选址。中国古人对于建筑环境选择是非常讲究的，在建筑之前一定以自然观为基础，将天文、大地、水文、生态环境等条件引进基址选择、建筑布局的决策全过程。至少从唐代以来的堪舆选址已经渗透和融入了五龙宫建筑的创作之中，成为五龙宫建筑审美不能忽视的文化内容。

　　"风水三要素（按：山、水、方位）决定某地的吉凶性质，而山一直被认为是其中最重要的因素。"[69]清人赵九峰的《绘图地理五诀》归纳风水学精髓，即遵循龙、穴、砂、水、向五大要素，即觅龙、点穴、察砂、观水、取向，统称"地理五诀"。要求龙要真、砂要秀、穴要气、水要抱、向要吉，再综合地理形态权衡风水达到至善境界。清华大学教授楼庆西肯定了"风水学的选择环境可以归纳为四个方面，即觅龙、察砂、观水和点穴"[70]。那么，五龙宫是否符合理想的建筑风水呢？综合上述理论，拟运用"地理五诀"堪舆，辨方正位，判断峦头，再辅之以四方四象，对五龙宫选址作较为全面的考察。

一、觅龙

　　山脉为龙脉，觅龙就是寻山。昆仑山是五龙宫的祖山，也是整个武当山脉的出处，其支脉大巴山脉是五龙宫的少祖山。南望 6000 米外的大顶天柱峰，"高出平地万丈，居七十二峰之中。上应三天，当翼轸之次"[71]，为五龙宫主山。相度风水还须观山形，"五龙峰，一名五龙顶，上应龙变梵度天。五峰分列历代祈祷，应如响答，常建殿宇，为风雷所移，石栈崎岖，延蔓而上，白蛇异蝮，草木混处"。[72]五龙峰山似马鞍枕山状，群峰起伏，山势奔驰，由远及近，一路来龙为五龙宫父母山。五龙峰之东有五龙顶，其上有灵应岩，五龙宫的坐山是灵应峰，属五龙峰的从峰，距南岩三十里，松杪接翠，上凌星斗，一山突出，有若地轴之形。众峰相接，岩壁相连，挨近五龙峰的岩是五龙

岩，峰腰有长生岩，崖下绝壑。挨近灵应峰有灵应岩、叠字峰、金鼎峰、藏云岩、雷岩、眉棱峰、伏龙峰、复朝峰等峰峦叠嶂。

二、察砂

　　砂是主山脉四周的小山。五龙宫东有云母岩，东北有华阳岩，北有隐仙峰的隐仙岩，还有阳鹤峰、七星峰、系马峰、会仙峰，为青龙砂；东南有白云岩，南有白龙岩、仙龟岩、仙侣岩，西南有桃源峰、凌虚岩、卧龙岩、紫盖峰、松萝峰，为白虎垭。砂山的外护山很多，均是与主龙相伴的山，山体层层环绕，起伏顿错，拱卫辅弼，合乎"白虎岭头香雾散，青龙山外紫云开"[73]的堪舆之术。《撼龙经》云："寻龙千万看缠山，一重缠是一重关。关门若有千重锁，定有王侯居此间。"[74]五龙宫龙砂完美，周围护山层峰叠嶂，呈环抱缠绕之态，其深林穹谷，嶙岩玲珑，万古洞壑，深藏清幽，具备虎龙盘踞、林峦环拱砂山特征。

　　迎砂有金锁峰、白云峰，宫前的金锁峰为案山，青羊峰为朝山。金锁峰在展旗峰北，地形如台阁，上依苍穹，下临清涧，岩封峡束，有玉门金锁之象；青羊峰在金锁峰北，高耸突兀，林木蔚茂，岚色迷蒙，"遥窥缥缈峰，渐蹑冥濛境"[75]。青羊峰相当一座水口山，峰下的金锁涧、青羊涧流水激湍，曲涧烟波，令人临渊羡鱼，符合内明堂藏风纳气、外明堂空间开阔的风水学峦头理想布局，对形成"金阙巍煌逼紫微，纯阳气数发光辉。三峰示现真头角，护驾冲升夹日飞"[76]的总体定址格局至关重要。

棚梅、桧、松、杉森森列于宫之左右如同屏障，一定程度上遮挡了北方寒流，利于小范围特有的气候状况，五龙宫"山环水抱而朝大顶，其清胜无除于右也"[77]。

三、观水

有龙的地方自然有水，五龙宫就是因水而生的。《博山篇》言观水之法："得水处，便藏风。水之来，风之去。地户闭，天门开。"[78]观水应以水源、水势、水质三者优先。

风水学峦头要求有山、有水，水主要是山脉中流动的水，砂交水会，阴阳交合。从水源上讲，环绕五龙宫的水，有起自五龙顶的磨针涧、黑虎涧，汇流于青羊涧父母桥之下的白龙潭；有会仙涧、万虎涧起自大顶之北，前者汇诸峰之水北出嵩口，流入嵩谷涧，后者汇入青羊涧；有牛漕涧起自尹喜岩，西入大青羊涧（亦称青羊河）；有桃源涧起自紫盖峰，由龙潭东入青羊涧；有金锁涧、飞云涧、瀑布涧（俗称"水帘"）三涧起于金锁、青羊二峰，汇入青羊涧；有小青羊涧、阳鹤涧，起自阳鹤峰（在五龙峰西北，连峰叠嶂，高朗冲虚，古杉数株，常巢飞鹤），穿林麓后东入青羊涧；有雷涧起自叠字峰雷涧，汇于五龙涧；有五龙涧起自伏龙诸峰之水，由雷涧出西涧，自嵩口会青羊涧、梅溪涧，合为淄河。青羊涧、磨针涧二涧交汇的水口形成白龙潭，潭黑而深，云气上升。瀑布诸涧"树密林先暗，泉鸣溪乱喧"[79]，最后多汇入汉水。"水融注，内气聚。五龙落，四水聚。真血脉，真生气。"[80]

相度风水，亦须观水势。磨针涧溪涧潺潺，清泉汩汩，湾环曲折；万虎涧风雷震怒，猛虎咆哮；金锁涧、飞云涧、瀑布涧"急淙瀑布千丈，飞云冒絮百重"[81]；大青羊涧"会诸涧而出澧河，蛟室龙宫，分列上下。春夏水泛，喷雪轰雷。久现霓虹，朝腾烟雾。石鱼金鲤，神兽幽禽，仿佛在桃源之境也"[82]；牛漕涧飞湍而下，溅玉飞珠，澄净如练，瀑流飞逝，老藤参差，乱石叠错。诸溪涧弯曲绵长，自然石岸，山水相依。

涧水流经宫内，水流变得平缓，声音不再喧嚣。"寻龙认气，认气尝水。"[83]从水质上讲，五龙井之水"泉甘而美，色清而莹，饮之者曰：'可以蠲疾'。本山诸宫、观、庵、岩居者，为瘴所厄，到宫住之，其瘴自消。道友汲水和药，能疗众疾。信龙井之灵如是"[84]。日月池"大旱不干，久雨不溢。其水五色，时时变更"[85]。五龙井寒冽可食，日池碧色微绿，月池深缁色，各数十头鱼，井水甘美，池水盈溢，水极寒澈，有吉水之象。五龙宫建筑在磨针涧之右，"焚香别殿依山稳，滴水寒岩到处清"[86]，也符合河右为吉的风水要求。

四、点穴

五龙宫水质之佳，直接影响到了聚气，而气是风水的灵魂。明代驸马都尉沐昕描绘这里"玉立峻嶒翠欲流，五龙潜处景偏幽。烟消远峤猿声断，日射灵湫蜃气收"[87]。五龙宫坐落在灵应峰山势弯曲的隐蔽处，可谓真龙居中，两旁砂山有护有缠，自然环境屏卫得体，曲则有情。结穴于山环水抱之处，必然藏风聚气，具有一定的稳定性和安全感。按照《博山篇》的风水术，"有形与穴克的，穴小水大的，穿破堂局的，穴前割脚的，过穴反背的，尖射穴的，皆从凶论"[88]，五龙宫前部台地戛然而止，沟壑坡和案山之间有开缺，这是选址时的最大缺陷，也是需要通过建筑的巧妙设计进行规避的一处险景。

五、择向

中国古代建筑讲究辨方正位。《管氏地理指蒙》有"卜兆、营室二事，一论山，一论向，为堪舆家第一关键"[89]。风水术"论各命坐向"认为不宜坐西向东。五龙宫如此定位是否违反理想方位的选择呢？

首先，确定建筑朝向是受很多因素影响的，并非唯朝向终极固守而不顾全局。风水不需要雕饰，只需要选择。法天象地需要对山川形态与方位选择统筹兼顾，如果坐西朝东方位能显示帝王之尊，令神气凝聚，还能向阳取暖，有利排水，也不失为一种相对尚佳的选择。

其次，在提倡"道法自然"思想的前提下，以因地制宜的环境调适意识，再运用建筑手段弥补择向上的缺憾。南宋道士房长须在五龙宫周围手植杉木，培植灌溉三十余年靡有暇刻。"一日，忽遇玄帝化形道相，问以栽杉之因。慰谕之曰：'神则清矣，惜乎无须。'以手领之，亦以为常。经宿，但觉有物如丝萦于胸臆。视之，须已长尺余矣。"[90]神仙所植杉林便是风水林，枝叶扶疏，紫翠氤氲，就是规避、弥补风水不足的做法，人为规避不利风水可达"天人合一"境界。东端照壁、"九曲黄河墙"等建筑小品也是弥补择向不足的建筑手法。

古人为了让气聚集不分散，选择了藏风聚气、拥卫趋揖的朝拱之地，使气有运行、水有停蓄必得止聚渊澄，"欲进而却，欲止而深"，"来积止聚，冲阳和阴"，"来山凝结，其气积而不散。水土融会，其情聚而不流。斯乃阴阳交济。山水冲和，故开井而多征验也"[91]。堪舆最重"生气"而忌风喜水、忌砂飞水、地气不聚。五龙宫通过相土尝水择地、辨方正位定向，具有了空间感和方向感，其择地、方位、布局与天道自然、信仰协调，从而确立中宫正殿，风水方位上划分南北道院，令神灵威仪崇高，让御碑庄严神圣，成就堪舆与建筑美学巧妙结合的典范。

对于丘岭山体而非龙脉，习地理者通过观天星以四方四象的峦头学来解释脉穴。四方四正的四象是中国古代神话中的天之四灵，源于远古星宿崇拜，分别代表四方群星，形成四神的概念，象征四象中的少阳、少阴、老阳、老阴。五龙宫东华阳岩、西灵应岩、西南凌虚岩、北隐仙岩，符合中国早期文化《易传》中的四方四象。

宫东：符合少阳之象。"昔尝闻诸先觉曰：'仙者，阳也。纯阳而无阴者也，纯阳之气，充塞无间，则神仙之理得矣。'"[92]《华阳岩记》解释了宫东有岩且称华阳岩的原因。

宫南：南为老阳之象。凌虚岩的"凌"指升高，"虚"同"墟"，庄子以游逍遥之虚，应当有凌空飞翔之感，诵经台建于高谷大丘之上，符合老阳之义。

宫西：灵应岩在西方，应少阴之象。五峰分列，中有灵池，大旱不竭背负山峰，峭然豪立，上龙池、真源殿等建筑因水而起。

宫北：隐仙岩在北。黑虎涧、磨针涧等山涧，"山深时作雨，溪响不闻钟"，水源充溢，具备老阴之象。老姥祠建在磨针涧水边，包括老姥殿等三间道房，直接诠释了真武悟道的神话。清代转到东神道磨针井才改称姥姆祠。

总之，五龙宫坐西朝东，背依灵应峰，前列金锁峰，环绕磨针、飞云诸涧，虎踞龙盘，林峦环拱，地势清幽，自然峰峦像一朵盛开的仙子芙蓉，"诸峰罗列处，一一绣芙蓉"[93]，是藏风纳气之地。

第三节　五龙宫规制布局

五龙宫是独立布局在南岩以北的一系列道教建筑组群。其建筑历史虽然漫长，但先秦至宋遗存的建筑及史料却是空白，建筑范围和规制布局的史料，历代武当山志所载也未详尽其貌。鉴于此，以五龙宫主体建筑遗址及周围岩庙实地踏勘为第一手资料，参阅相关文献，将元明五龙宫建筑的规制布局略作梳理。

一、规模形制

（一）元代五龙宫建筑的规模形制

《总真集》卷中"宫观本末"记载五龙宫建筑范围："其宫在大顶之北，五龙顶之东，隐仙岩之南，青羊涧之西。"[94]

1. 宫内建筑

正殿：玄帝殿（罗霆震记为"玄帝正殿"），奉玄帝（木质彩塑造像）；朝服拱侍金童、玉女（擎剑、捧印）；扈从环卫四大天丁（执蠹秉旗）。四壁绘制玄帝降生成道事迹。殿前建五龙井。

后殿：三殿品立。明真殿（中），奉圣父母元君；桂籍殿（南），奉元皇帝君（文昌帝君）；蓬莱殿（北）（罗霆震记为"蓬真殿"），设真师十圣（罗霆震记为"三天十四圣联班""金阙化身关帝座"）。

前殿：拜殿，内有一井（为投简之所）。

偏殿：天宝坛南庑，山顶有七星庙，后有日月池，池南还有藏殿。

2. 宫外建筑

东：福地门之东有望仙台、望仙亭；云母岩、杨仙岩在宫东二百步。二岩对立，桃花夹径，云龛月席，面对群峦，松竹交青，四时如一。隐士花杨先生服术于此，一百余岁时有人来访问他竟飞步而走。

南：沈仙岩有石室偃仰；桃源峰东南有孙思邈的炼丹处和陈抟的诵经台；叠字峰有雷岩石穴；紫盖峰有隐者刘道人茅庵。

西：五龙峰有灵池上龙池、石庙一区"真源之殿"等殿宇；灵应峰有西宫门、灵应步云楼、蔬果园、茨池、莲沼。宫西五十步有炼丹池、自然庵。

北：隐仙岩有山神堂、"宫之第二门""竹关"，尚存汉代尹喜、尹轨所建丹室炉灶；磨针涧白龙潭有岩庙。

除上述《总真集》记载外，涉及五龙宫建筑的其他资料或可补漏。至元己卯（1339年）中元日，由大五龙灵应万寿宫住持提点李明良、宫事兼领本路诸宫观事邵明庚立碑的"华阳岩碑阴"载，至元三年（1337年），道士李明良修整华阳岩，"撤其弊而虚其中，架重屋于其傍，匾曰'浩然斋'，将崔往居之。后我二室，以栖方士之有道术者。其余亭轩或寄于情，或寓以景，缉续而经营者，不可具述"[95]。亭为"浩然亭"。华阳岩之名一直不为山志"宫观图述"所载，因其建筑简陋，比之五龙宫殿宇不足道之。与杨仙岩对峙的是云母岩，状如云母屏。沈仙岩在飞升台之西，桃源洞之对。石室偃仰，泉溜清幽，昔有沈仙成道于此。唐代道士陶幼安住仙侣岩白花泉，修炼服术，行走如飞，得享高寿一百余岁。此外，罗霆震诗中还提到瘗剑堄，可能是桃源峰、桃源涧一带桃溪道域的土堡式建筑，五龙宫道人羽化藏剑于此，诵经台附近原有三处墓塔群。七皇阁列于蓬真殿与桂籍殿之间，奉上古贤明君主尧舜、商朝开国君主商汤、灭商建周的武王姬发、文王姬昌、盘古元始天尊、北方之天玄武神，所谓"一一胚浑太极先，玉清而次至玄天。在天尧舜汤文武，作者均如古圣贤"。元皇殿奉三清四御，"三清宰辅判玄元，义重金兰两圣贤。七曲分灵同阐化，摩夷天亦太和天"。罗霆震其他以建筑为名的诗作保存五龙宫建筑的历史信息，如五龙阁、雷堂、雷司赵帅堂、雷司孟帅堂、钟楼、海山堂、功德司、真官堂、斋堂、祖堂、宣慰祠堂、尊宿堂、官厅、清心堂、龙庙。《五龙阁》诗云："夹日迎将帝驾升，赏功知得便飞腾。彰施彩色金鳞甲，同上凌烟最上层。"[96] 说明五龙顶曾建的五龙阁是金碧辉煌。《戒臣下碑》是一道圣旨碑刻，碑文显示元代五龙宫经济田产等所享有的特权涉及蒿口。

总之，元代五龙宫规模可概括为"二岩一宫"，即隐仙岩、华阳岩建筑及宫内主体建筑，主体建筑采取中轴对称布局，按功能分区，前朝后寝，主次分明，是介于官式建筑和民间建筑二者之间的道教建筑，宫外广泛分布有庵、庙、堂、祠、台、池等多种道教建筑类型。

（二）明代五龙宫建筑的规模形制

永乐大修后的五龙宫建筑范围达到"大顶西北，上有五龙顶，前列金锁峰，左有磨针涧，右有启圣台（按：起圣台）、华阳岩、灵虚岩（按：凌虚岩）、自然庵、炼丹池"。驸马都尉沐昕奉圣旨在华阳岩修建庙宇一座，其下金锁峰传说玄帝收摄妖魔，戮其渠魁，奇形异状，如猕如猴，悉锁于此。因上倚苍穹，下临清涧，牛漕涧石壁如门，收纳了灵湫蛊气。五龙行宫虽敕建于永乐十年（1412 年），但直到嘉靖中期《方志》才出现在五龙宫所辖区域"领宫一，观一，祠一，庵一，岩三"之中。这样，五龙行宫至五龙宫沿线的会仙峰三茅真君殿（道士曹观妙奉三茅真君的"聚圣殿"，即三茅观），阳鹤峰阳鹤庵、姚灵官祠、药圃、莲池、七星峰五龙接待庵，系马峰天马台，茅阜峰元代视为"福地之初门"的守土地的灵官祠，均归属五龙宫建筑范围。

1. 宫内建筑

永乐大修后的宫内建筑："永乐十年，敕建玄帝大殿、山门、廊庑、玉像殿、圣父母殿、启圣殿、祖师殿、神库、神厨、左右圣旨碑亭、棚梅碑亭、方丈、斋堂、云堂、钵堂、圊堂、客堂、道众寮堂、仓库，计二百一十五间。赐'兴圣五龙宫'为额。"[97]

嘉靖中期，工部右侍郎陆杰提督五龙宫，修缮前宫内建筑的变化："宫东向，逆折，其门北向，就涧道也。宫门内为道，九曲十八折，蔽以崇垣，行者前后不相见。玄帝、启圣二殿，阶合九重。前五重为级八十一，后四重为级七十二，望之如在天上，真所谓上帝居也。殿前天地池二，陷石龙土中，而垂其首于池，水从石龙口出注焉。龙井五，左三井，右二

>> **俯瞰五龙宫**（资汝松摄于 2017 年）

井……碑亭二……右廊之阴，日月池二……殿之左，为玉像殿（按：六尊玄帝玉像，从神二，龟蛇二）……殿之右出，山坎大林下，六石碑在焉，皆元物也……宫门左，从曲道北折陟左山，为棚梅台……下而折左出大门外，尽门下阶为真官堂，为云堂。""九曲黄河墙"中有一座开口门，台阶向北通棚梅台、李素希碑亭、李素希墓塔。宫内建筑群进深五间，三纵中轴左右各置，由玄帝殿建筑组群、北道院、南道院组成，主体建筑自东向西依次为拜殿、龙虎殿、玄帝殿和启圣殿。其建筑形制略述如下：

后殿：圣父母殿。左右有玉像殿、启圣殿。

正殿：玄帝大殿，简称玄帝殿，现悬匾"真武殿"。面阔五间 26.30 米，明间面阔 8.40 米，进深五间 18.40 米，明间宽阔，梢间狭窄。重檐歇山顶，砖木结构，抬梁式木构架。后墙设三开间门。三重崇台，台基岿然，青石雕花栏杆，方砖墁地。供奉铜范镀金像：真武一尊、水火一座；铜范贴金像灵官、玉女、执旗、捧剑、马元帅、赵元帅、温元帅、关元帅各一尊。供奉泥塑重彩吕洞宾造像，头戴蓝色道冠，着彩色道袍，双手置膝，长眉凤目，鼻若悬胆，面白蓄须。殿前有天地池、五龙井。

前殿：一是龙虎殿，单檐歇山顶，绿琉璃瓦，清代重修改为硬山小青瓦顶，抬梁式砖木结构，硬山灰瓦顶。通面阔三间 17 米，明间面阔 6.92 米，进深二间 9.10 米，通高 10.05 米。明间为过厅，两次间前后各七级台阶。供奉泥塑青龙神、白虎神坐像。两山接撇山影壁和宫墙，金砖铺地。仅存山墙、台明,其他为民国癸未年(1943年)改建。二是拜殿,亦称十方堂、祖师殿。七级台阶,三开间二进深。拜殿中有一井,其他不详。

御制碑亭:位于龙虎殿前南北两侧,重檐歇山顶,墙体粉饰外红内黄,建于高大崇台之上,"台高二丈,有奇亭,倍台之半"[98],台基立面由27层明砖砌筑而成。碑亭平面呈正方形,通高7.72米,下碱为青石须弥座,砖石结构,四壁各开拱券门洞,内置赑屃驮御碑,重达90吨,体量巨大。北御碑亭置明成祖《御制大岳太和山道宫之碑》(立于永乐十六年十二月初三,草书);南御碑亭置明成祖《禁令圣旨碑》(即《下大岳太和山道士碑》,立于永乐十一年十月八日,楷书)。两座御

» 龙虎殿正立面(宋晶摄于2007年)

» 南御碑亭与宫墙格局(宋晶摄于2011年)

» 双亭对望(宋晶摄于2010年)

碑亭入口均开在东侧,登临18级台阶上至平台。平台西侧正中9级台阶可上第一层崇台,崇台边长21.20米,石栏望柱闭合围护;平台东侧为两层砖雕须弥座影壁。两层崇台之间有一个狭长的小平台,四周可通,小平台正中均设8级台阶可登第二层崇台,崇台边长14.60米,石作须弥座,设台明,上建御碑亭。

影壁：位于五龙宫最东端，北与小天门连接。歇山黑筒瓦顶，纯砖结构，雕花石基，砖心红墙，中间为素，无琼花，壁框砖雕岔角。

琉璃焚帛炉：位于照壁南侧，与小北门正对。单檐歇山顶。仿中国传统单层三开间房屋而制，置于石质须弥座上，绿色琉璃砖瓦外壁，檐下饰装饰型斗栱，檐部与墙壁雕刻精细繁缛，拱门形式炉口上置香炉。

宋代喻浩的《木经》将建筑单体分为屋顶、屋身、台基三部分，屋顶最为重要，决定了建筑形制。从五龙宫上述建筑的屋顶、面阔进深间数、石砌台基、须弥座等因素综合分析，五龙宫宫内建筑是极为尊贵的皇家道场，建筑规制属帝王宫城式。

2. 宫外建筑

《任志》在峰、岩、洞的记载上与《总真集》相比略有变化，新增了灵应岩、灵虚岩、霁云岩（由藏云岩演变）三岩，单列了磨针涧、阳鹤涧，将大青羊涧改为青羊涧、牛槽涧改成牛漕涧。对宫外建筑记载不同之处：一是叠字峰由雷岩石穴变成了灵岩石穴；二是永乐十年（1412年）新敕建了一批殿宇。按方位看宫外建筑形制如下：

东：宫东百步有福地门、真官堂、云堂、望仙台、望仙亭、华阳岩小殿一座、青羊桥（亦称父母桥，在青羊涧上）、驸马桥（俗称竹芭桥，牛漕涧上二天门下）。距青羊桥4里，神道下方20米有岩洞（高9米，宽21米，深5米），岩石悬空，势极险峻，岩旁有石穴星牖可俯视青羊涧，是五龙宫到南岩、紫霄宫分道口。驸马桥、白云桥之间有白云岩中的白龙潭小庙。

南：五龙宫西南二里桃源峰下凌虚岩，众峰环绕，面朝天柱，岩畔筑墙如城。岩下方有岩洞，居高临下，路右侧过竹林20米有墙。启圣台建有墙肩。路侧山崖有诵经台，孤立虚玄。

西：宫西五十步有炼丹池、自然庵。成化十二年（1476年）敕谕官员军民诸色人等，规定自然庵"其地东至青羊涧，西至西行宫，南至桃源涧，北至明真庵，为庵中永业……本庵道士张愊心所居之处，赐名'长生岩'。"[99] "自云堂并山西行，下小谷，洞水出焉，即磨针涧也，涧上有老姥祠。宫门右，从碑亭下南折，陟右山为启圣台。折而南下，则陈希夷诵经处。直下为凌虚岩。复从故道折而西上，为自然庵……庵前石作小池，池上为桥，其顶为灵应岩，其外则为长生岩。"[100] 玉像殿下而折左出大门外，沿山西行，下小谷过磨针涧，涧边建有老姥祠（现存老姥殿崇台石阶及神台遗址）磨针涧桥、隐仙桥，供奉紫气元君仙像。五龙峰以东建有上龙池、真源殿、五龙池。其西北小东沟温家洞（俗称水帘洞）内建二层楼，为善士所居。灵应岩（高约 7 米，面阔 10 米，进深 8 米）

➤➤ 老姥殿遗址（宋晶摄于 2020 年）

建有砖石结构庙宇一座，坐西朝东，歇山黑筒瓦顶，青石作柱、梁、枋、天棚，檐下单翘昂，斗栱为砖雕仿木，正面为砖雕隔扇和门洞，三面干摆金砖墙，石作须弥座，岩前有方整石崇台、道房遗址。

北：元君殿，亦称木楼、步云楼，在北道院。明永乐十年（1412 年），隐仙岩敕建砖殿三座，正殿两侧有偏殿，对称布局，壁内彩绘，皆砖雕斗栱飞檐，外护青石矮墙，供奉玄帝、邓天君、辛天君、钟吕二仙，道房三间。东北建有五龙行宫、仁威观、普福桥、蒿口桥、丰和桥、黑虎大神之祠、聚仙桥、明真庵、桧林庵。五龙行宫是五龙宫别馆，洪武十五年（1382 年），明朝在此设道教衙门，以此宫为道正司，管理均州道教。距五龙宫 800 米建有金土地庙，砖石结构，歇山黑筒瓦顶，如意门，磨砖对缝墙体，青条石基座，五层石质冰盘檐，建筑规制疑似清代早期官式建筑。金华岩下金华洞面向东北，位于仁威观到隐仙岩之间的沟谷、五龙顶到孙家湾的大路边，明清建有二层楼道观，供奉真武大帝、玉皇大帝圣像。金华洞沟经仁威观汇于青羊涧。

清雍正十二年（1734 年），五龙宫道总宗太祈在北道院立碑《五龙宫所管四至》（高 151 厘米，宽 69 厘米，厚 13 厘米。楷书阴刻），规范了清代五龙宫所辖："东至土门口、蒿口桥、明真庵、青羊涧河；西至香炉石、铙钹峰、朱常坡、古木沟、平沟大岭；南至梯儿岩、赵家垭、□□□、五老峰、大青羊涧、飞身涧河；北至孙家湾蒲冷□洞子沟、铁锁寨、豹儿岩、石门垭、长岭。"此时，武当山道教已经弱化，立碑指明界址主要防止盗骗钱粮，以利官府管查册籍。历经四个朝代努力营建的五龙宫，终因清末及民国 19 年（1930 年）火灾和 1935 年 7 月特大山洪而萧瑟破败。民国时期，正殿曾改修硬山式顶，黑琉璃绿剪边屋面脊饰。"现存庙房42间，建筑面积2975平方米，占地面积25万平方米；现存残余宫墙251米。"[101]2008年恢复玄帝殿明代建制。

» 修复前的五龙宫玄帝殿（宋晶摄于2007年）

综上所述，明代五龙宫整体建筑形制为官式建筑，宫外以华阳岩、隐仙岩、灵应岩、凌虚岩为主的园林式建筑组群，规模庞大，概括为"四岩一宫"。其峰岩涧壑融入玄帝修真事迹，巧妙布设，类型丰富，各具特点。与元代相比，在建筑数量、建筑式样等方面都改变较大。但是，中轴对称的基本格局没有改变，只是在元代和明初大修基础上不断地充实改变。建筑按功能划分的特征十分明显，分为祀神区（如玄帝殿、父母殿、玉像殿、蓬莱殿、桂籍殿、五龙井、天地池、龙虎殿、朝拜殿等）、静修区（如方丈、圜堂、真官堂、自然庵、启圣殿、诵经台、朝圣台、望仙台、棚梅台）、生活区（如神厨、斋堂、道房），有主有从，主从分明，以突出主体建筑、渲染正殿的皇室家庙形制。五龙井东西向布局，玄帝殿前五井北三南二。北三井按西二、东一分设；南二井平均分设。天地池一圆一方造型，石栏望柱，喻天圆地方。南道院内东西向排列日、月池，均为长方形水池。

二、平面布局

按照洪武朝祖制规划宫城，高墙围绕宫殿，遵循规整式原则，中轴对称布局，从拜殿到玄帝殿，居中而立，南北御碑亭、天地池、南北道院完全对称布局，形成了"起点—过渡—高潮"的空间序列。重要殿堂均建于长 185 米的石铺神道中轴线上，依地形起伏沿纵深方向由东向西依次展布：照壁—朝拜殿—龙虎殿—四重崇台—玄帝殿—父母殿，形成了五龙宫严谨缜密的五进院落。其平面布局如下：

» 五龙宫祥瑞图（北京白云观藏《武当祥瑞图》局部，宋晶摄于 2017 年）

第一进院落：在照壁到朝拜殿之间，有小宫门、照壁、琉璃焚帛炉、朝拜殿（亦称十方堂，三间）。方石墁地。

第二进院落：在朝拜殿到龙虎殿之间，有南北御碑亭、龙虎殿、撒山照壁。石作甬道，方石墁地。

第三进院落：在龙虎殿到大殿崇台之间，有五龙井、天池、地池、北道院、南道院。石作甬道，方石墁地。龙虎殿后看五龙崇台显示了不同时代的石作。

南道院：东西向五开间。方丈有崇台二层可通谷底。上台基有 3 米高围墙组成的院落，院内正中有月池、日池，院往外正南上台阶可通南道院，东西向三开间，院西有启圣殿。

北道院：东西向五开间（现正中台阶、门楼属 1943 年搭建）。从龙虎殿后檐北山墙上台阶，经门洞，西转夹墙穿过清代门楼文昌楼，通玄帝殿北山墙；东转可上平台。平台西由东、西、南配房和大殿（坐北朝

五龙宫平面示意图

至自然庵

西南至瑶

南坛岩

宗圣殿(址)

未探

房址

房址

房址

区域

未探

未探

蓬莱殿(址)

南道院

殿址区

月池

日池

御碑亭

龙吊炉

朝拜殿遗址

小山门

照壁

龙虎殿

御碑亭

道房(址)

南道房

龙井

南配殿

地池

天池

北配殿

父母殿

桂籍殿(址)

神厨

玉像殿(址)

道房

北道房

房(址)

北道院

民国

天井

清建筑

民国

民国

道房(民国)

经堂楼(三间)

道房七间(址)

未探区

未探区

道房五间(址)

道房五间(北门)

勘碑(民国)

鼓楼(址)

曲北门朝南岩

福地门(址)

由此门朝南岩

石亭碑

李素希墓

御碑亭(址)

檫楠台

石亭碑

九曲黄河墙

南，崇台两层）组成一座天井院，并与经堂楼平行，形成夹墙复道，还有文藏阁、库房楼、东西斋堂楼、照壁、神厨等，院门正对正殿北山墙。

第四进院落：在崇台到玄帝殿之间，有崇台、玄帝殿、南北配殿（东西向，五开间，地面金砖）、玄帝殿南北小宫门（位于殿山墙前檐南北两侧，砖石结构，单檐歇山式、绿琉璃檐飞椽、屋面脊）。地墁金砖。

第五进院落：在玄帝殿与父母殿之间，有父母殿、月台、玉像殿（父母殿北30米，正殿左，元代奉玄帝玉像，高数寸，苍玉、菜玉、碧玉各一）、玄帝殿后檐有南北相向的桂籍殿、蓬莱殿，均三开间，东向设门及台阶。地墁金砖。

» 复建后的父母殿（宋晶摄于 2019 年）

» 琉璃焚帛炉正立面（宋晶摄于 2016 年）

» 北道院遗构（宋晶摄于 2011 年）

» 北道院影壁（宋晶摄于 2011 年）

　　玄帝殿和父母殿与两侧桂籍殿、蓬莱殿形成了正反两个"品"字布局。宫外一系列建筑依山水之美将自然生态艺术化构建为园林建筑，成为五龙宫建筑群不可分割的组成部分，故五龙宫建筑不能狭义地理解为宫内单体建筑所形成的点或面。宫外建筑平面布局不一一赘述。

第四节　五龙宫审美鉴赏

一、龙嵷崔巍，庄严肃穆

　　《总真集》云："帝御五龙玄袍，龙眉凤目，日彩月华，披发跣足，皆以异香纯漆塑而成之。玉女金童，擎剑捧印，二卿朝服拱侍庭下；四大天丁，执纛秉旌，扈从环卫。四壁绘降生成道事迹，后列苍龟巨蛇，

》武当全山最高玄天上帝铜铸镏金坐像
（宋晶摄于 2004 年）

水炎升降之势。"[102] 这是对元代五龙宫正殿玄帝圣容、神系组群及绘饰的描述。明代玄帝殿明间正中建汉白玉石雕须弥座神台一座，神龛金碧交粲，供奉着全山最高一尊铜铸鎏金玄天上帝坐像，高 1.95 米。那么，什么规格的殿宇才能匹配这尊圣像呢？

　　这座殿宇在明代不同的人的思维里有着不同的想象和描述。如嗣天师西壁张宇清以为"殿竦层霄丹碧焕，山盘大地古今雄"[103]；画家唐玙想象仙宫"凤飔飐帘摇翡翠，云开绝壁灿芙蓉"[104]；

文学家、"后七子"之一的吴国伦觉得"紫盖垂纷纶，丹梯郁藩屏……连蜷上帝宫，天蟜神人鼎"[105]。就正殿而言，应通过地势的自然抬升、崇台石阶的逐步增级、屋顶重檐飞翼的制式，以及与周围建筑的映衬等方式，营造出巍巍宝阙的玄帝殿。

从南岩远眺五龙宫，殿宇高出灌莽似与五龙神遇。王世贞行于此，"自是舍涧旁道，颇行谷间，迷阳第篱不可以捷。可数里，乃复攀援而上。其岗岭故已皆土，忽复石，石遂多奇，而怪松杉柏之属。忽尽蔚伟整丽，余谓是且得五龙宫乎？而道转上，转不可尽，舆人喘而嘘，数息数奋，乃抵焉。入门为九曲道，丹垣夹之，若羊肠蟠屈，其垣之外，则皆神祠道士庐也。美木覆之，阴森综错，笼以微日，犹之步水藻中"[106]。但是，费尽周折后还有复道九曲需要穿行，它丹垣缭之，旁依山峦，青松掩映，完全遮挡了遥望玄帝殿的视线。进入小山门后，第一重院落的朝拜殿和第二重院落的龙虎殿仍重重阻隔视线不得一睹为快。明隆庆进士、吏部尚书裴应章刻碑《宿五龙宫》："洞门曲径入盘旋，山隐神宫郁宵然。古木图阴青嶂合，摇峰带暄翠云联。"站在高大的御制碑亭崇台上仰视高昂的赑屃威严肃起，俯视置于石质须弥座台基之上的御碑亭、四周石质雕花栏杆相护、四面巨型拱门，透过莲弧拱券门洞，方才寻到一处绝佳取景框眺览玄帝殿风貌。穿过龙虎殿，进入第三重院落，玄帝殿趾耸峻，赫然而立，所依巉削千仞的五龙峰一山突起，山势独自峻峭如出云表之上，俨若地轴之形。借助苍翠的自然辉映、地势的高崇突兀，基址起于四重崇台的高大壮丽，"台殿因山独峻出，宫表紫盖、金锁诸峰，仿佛栏槛间物矣"[107]，反衬殿宇巍峨，仪像森列，气势威严，这时，玄帝殿才真正尽收眼底。殿阁高下，磊砢相扶，与山争雄，观者内心不免窃叹"非般倕何以构此！"[108]

五龙宫道教建筑群在建筑空间序列的营造上颇具匠心，其典型空间序列概括为：

（一）水平序列

经福地门，两墙夹道的九曲十八折作为整个五龙宫建筑群的入口前导狭隘空间，通过巧妙设置弯曲的墙面，挡住行人的视线，基于视觉变化而导致狭窄局促的心理感受，以求为未来的开阔视野作铺垫。过渡到

» 小北门正立面（宋晶摄于 2011 年）

进入第一进院落时，先要穿过"九曲黄河墙"尽端的拱门（小山门）之后，于照壁西侧视野豁然开朗，行人所面对的是一座大型庭院，龙虎殿左右两侧的御碑亭耸入天际，顿生庄严肃穆之感，其开阔的视野加之宏伟的碑亭，与之前"九曲十八折"的狭隘形成了强烈反差，在鲜明的对比中强化了视觉冲击力。玄帝殿正对龙虎殿，坐落于四层台基之上，与之前龙虎殿等建筑形成了更加明显的高差。行人的视角越来越广阔，所接触到的景象越来越宏大，突出了正殿在整个五龙宫建筑群中最为核心的地位，致使行人在位于其下的庭院之中仰视只可睹其大致，若想近观则需再向前登七十二级台阶，而玄帝殿登场之时达到了渴望心理的极致。

（二）垂直序列

通过空间高差的变化，加深玄帝殿在观赏者心中所形成的高耸感。观赏者通过仰望与登高两个具体的客体行为，已经于心理上确定玄帝殿威严庄重、凌驾于其他殿堂之上的主体地位。

五层崇台阶合九重，需登 81 级台阶方可抵近殿前。启圣殿在玄帝殿之后，位于四层崇台之上，需登 72 级台阶才能到达殿前。台要有阶，方可登临，上殿礼拜玄帝必须登临高崇入云的台阶。然而，通往崇台的甬道，仿佛"门外绕九曲，崇墉盘绕如乘率然"[109]的继续，"山缠九曲垣，泉沸五龙井"[110]。一座一座行过五龙井直到庭前，左右分置的天地池让"乘物以游心"[111]的率然"游弋"戛然而止，而真正的、精神的自由还需要在虔诚的膜拜中释放出来。大院海墁遍地，行于两侧廊庑雕梁画栋之间，五大龙井进一步增加了神路的幽长，祀神的心也随之庄重起来，拜谒的渴望和期盼油然而生。四重崇台最开始的二重只在正中位置设阶梯形踏道，虔诚者拾阶而上，抬头仰望，满目松杉，苍翠接天，大殿只露出了重檐琉璃屋顶的最上一层，龙脊吞吻，飞檐走翘，翼角华丽飞举。醒目的宫额，沉稳庄重，昭示神圣所在。匍匐拜谒之间，殿前香炉映入眼帘，成为一个仰视点，玄帝殿给人一种高高在上的神秘，只能举目仰望。

　　第一重崇台（19级台阶，3组石栏望柱）与第二重崇台（16级台阶，4组石栏望柱）之间有个半米宽的小型平台，能让眩晕一时镇定。第二重崇台与第三重崇台（18级台阶，5组石栏望柱）之间有个中型平台，置香炉一座，可供虔诚恭敬，焚香祝礼。此时玄帝殿正门匾额"金阙玉京"映入眼帘，崇台立刻开阔起来。除正中的第三、第四重崇台（19级台阶，4组石栏望柱）外，两侧又各筑月台，台阶40级通往玄帝殿，这是主体建筑之前延伸出的一个平台，起到扩大活动空间、壮大建筑体量和气势的作用。如果再筑以须弥座和勾栏就是高等级台明，可承托尊贵的大殿，而玄帝殿正是如此构建。勾栏既防护安全，又分隔空间，也装饰台基。因此，台阶、月台、台明、勾栏四部分组成了五龙宫官式建筑的台基，垂直高度超过7米。台基和玄帝殿使平面形状发生了很大的变化，面积比殿堂的面积大出六倍，加之台阶、勾栏两个附属元素的装饰，整体建筑顿时呈现丰富的美感而波澜壮阔起来。徐学谟拾基而上时，注意到了阶合九重、前后百五十三级的台阶："前后阶九层，前三为层

❯❯ 复建后的五龙宫玄帝殿（宋晶摄于2019年）

五，差其级八十有一；四三级如前三数，而贬其十有一焉。"越过高高的台阶，他看到"帝居"的神圣，也参悟到层层台阶背后所隐藏的那份庄严，进而精辟地概括："（玄帝殿）以故栋宇尤巃嵷峭拔，几摩霄汉"。他还站在崇台上辽望远方，"前列紫盖、金锁诸峰，旦暮出云气以护储胥……寻宿对榻，奥如丹穴，山鬼屏匿，夜籁寂然。拥綼偃仰，岚寒凄内，疑非人世"[112]，这样才整理衣冠登殿，淡定从容地款礼玄帝，完成了觐见心中神圣的宗教仪式。明正德进士、湖广布政司右参议、诗人崔桐经历了一番缘萝披竹终于站到了大殿崇台之上，居高明，处台榭，还不忘回望这座"仙城"，只见殿前五井如卧伏蛟龙，于是联想"俯看颓日泛沧瀛"[113]。除中路崇台、月台外，副阶及边门也是层层台阶向上，最后过山墙门通桂籍殿、蓬莱殿。嘉靖进士、都御使章焕在五龙宫赏月，"独宿仙坛夜未映，层闉深锁郁苍苍。五龙忽捧明珠出，百谷旋回向日光。露下河庭沾贝阙，水中鲛室杂鳞堂。空言海上三山远，一夕随风到上方"[114]。不过，五龙宫意境离不开龙井对玄帝殿的反衬。两座御制碑亭庄重肃穆，高大巍峨，也起到了衬托玄帝殿高峻雄伟的作用。五龙宫的古碑为数不少，但都没有两座御制碑亭内的赑屃驮御碑醒目。古人立碑以高为贵、以石砌为贵、以须弥座式为贵。御制碑亭坐落在高大的台基之上，两重崇台勾栏围护，须弥座之上用厚重的大城砖修筑，通高 7.72 米。北御碑亭："碑额高 1.54 米，宽 2.24 米，厚 0.71 米；碑板高 4.22 米，宽 2.14 米，厚 0.67 米；赑屃头高 2.27 米，身高 1.6 米，宽 2.75 米，长 5.15 米"；南御碑亭："碑额高 1.56 米，宽 2.29 米，厚 0.78 米；碑板高 4.21 米，宽 2.165 米，厚 0.675 米；赑屃头高 2.3 米，身高 1.58 米，宽 2.60 米，长 5.57 米。"[115] 高大庄重的御制碑亭和赑屃驮御碑显示了皇权的赫赫威仪，通过严谨的

➤➤ **赑屃驮御碑**（宋晶摄于 2016 年）

布局和严格的等级，创造出道教敬神、建醮的清虚世界。

《卢志》记载："殿二日玄帝、日启圣，二殿阶合九重，前五重为级八十一，后四重为级七十二，望之如在天上，真所谓上帝居也。"[116] 四重崇台，每重石阶18级，四重石阶合为72级。崇台经过了精心设计，非常讲究，并非任意而为。"'七十二'之类的神秘数字正是所以与天地合德的一种重要媒介物。"[117] 72是阳数9与阴数8的乘积，五重配九九，道教视为神秘数字，象征着天地交泰从而产生化育万物的神秘化生力量，正好与天九、地八二池相配，通过祭祀礼仪达到天地交泰、神人相通的目的。道教承袭了中国古代宗教的许多观念，暗合天地之数，取法天地之道，如"天地感而万物化生"[118]"天地氤氲，万物化醇"[119]"天地相合，以降甘露"[120]。"中国建筑艺术中常用的数的象征，更是在古代文化传统中约定俗成的、当时人都明白所指的象征。只是由于历史变迁，今人已难以理解古代建筑中数字的暗示作用，这就需要我们深入地分析和解释其中的象征涵义。"[121] 72级石阶承袭了天地感生、与天地合德等思想，暗合天地之数，取法天地之道，形成了武当山道教独特的建筑语言。古人营造崇台不惜人力、物力、智力，极尽奢华壮美，非壮丽无以重威，就是要利用其外在形式把朝拜者带入祭祀天神的神圣玄妙、庄严肃穆之中，石阶在视觉上完全统治了整个建筑物，极大地丰富了玄帝殿的立体美感，使其更具表现力和感染力，从而赋予建筑以生命的魅力。

二、理水艺术，显藏巧妙

堪舆强调理气，而理气就要做好理水，因为界定好水才会凝聚起气。在五龙宫建筑设计中，理水是迫切需要解决的大问题，但也恰恰是匠心独运、技法高妙之处。从建筑设计上加以审度，宫内第三重院落通过五座龙井、四大龙池的排列，极为巧妙地解决了理水问题，构建出五龙宫建筑独一无二的特色。由此产生的理水工艺与理水技艺，一明一暗，一显一藏，堪称五龙宫一绝。

（一）五龙井——北三南二疏阴阳

"五井"代表金、木、水、火、土，是古代先哲关于五行的一种崇拜。

关于五井的布局，按《总真集》记载："五龙井，在五龙宫之四维。中一井，在拜殿内，即历代投简之所。"[122] 此"四维"指东南、西南、东北、西北四方，说明元代所建五龙井，其中的四井并没有设置在玄帝殿前的场院之中，因为五龙灵应宫四方安五井，中列二池。二池"中列"讲的十分明确，但并没涉及中安五井，仅仅提到朝拜殿内"中一井"，可解读为进入朝拜殿的院落中间设有一井，或就在殿内设置一井。果如此，便是武当山殿内建井之孤例。经永乐大修后，五龙井才独特而醒目地全部设置在玄帝殿前的场院中。

明代五龙井的布局形式采取北三南二的设计，一定是古人经过冥想玄思，推演架构，才变成了充满哲学意味，又加以神秘主义浸染，既窥视天地奥秘，又富于神性特征的一种建筑处理手法。奇巧之处在于运用奇数为阳、为天数，偶数为阴、为地数，将易学转化为数字，又变成哲学、玄学的建筑语言，是用以表达五行思想的范例。由于五龙神为玄帝坐骑，故井数、井位的安排应站在玄帝殿面对殿前大院来安排，以北为大，北方代表玄帝水神。本来按照阴阳五行之说，北方属水，南方属火，井数按北阴南阳排列是北二南三的。但是，一方面，北斗七星，七是"火之成数"，南斗六星，六是"水之成数"，阴阳精神交感，于是井数排列就变成了北三南二；另一方面，朱元璋称吴王时，承元制，保持着以右为尊的习惯，如权力制衡上以李善长为右丞相，徐达为左丞相，李善长

≫ 五龙井（宋晶摄于 2016 年）

的官位便高于徐达。朱元璋称帝之后一改元制而以左为贵，此举出自以宋为正统进行继承的一种心理，而非习惯问题。这些对于五龙井布局设计或有直接影响。

龙井的造型不同于民居普通水井，而是以青石雕砌并通过一定造型赋予龙井以艺术美感：井口为圆形；井身整石雕三层弧形束腰，在八层式束腰处压地隐起椀花结带；井基高 1 米，呈正六边形须弥座崇台。"水与阶平，而阶从岭筑满不至汎溢"[123]，五井造型完全一致，场面异常壮观。

» 龙井造型（宋晶摄于 2019 年）

有人居住的地方总离不开水。古代工匠们左右疏龙井五座，修筑了完整的排水系统，淳膏泪泪，歉烝常盈，既解决了道人们六百多年来的取水食用问题，又可防备火患：五井环顾左右廊庑，必要时可汲水扑火。而五龙井最关键的是它别有一番独特的宗教意义。

首先，五龙井象征着水，代表着对水的崇拜。水穿越了时间、空间，从四面八方汇聚到井里，在低的地方谦逊地驻足。"水善利万物而不争，处众人之所恶，故几于道"[124]，营造了"道"的深邃意境。

其次，五龙宫借助五龙井来渲染武当山道教玄帝信仰。它们讲述着对水神的崇拜。静乐国太子修道四十二年，五龙捧圣，功成飞升，威镇北方，成为玄帝。五龙井远远超越了隐仙岩等岩阿中的丹井炉灶，虽然丹井反映了修道之人对神仙的向往，连接着成丹飞升的美好结局，但玄帝飞升天界却是极为隆重的成道过程，是隐士所不能企及的，因此五龙宫瑶台清霭，丹井白云，地僻林深，猿栖虎卧，使"丹井"与"道侣"有了不解之缘，道士就是丹井客，武当山的磨针井、五龙井等井类建筑的烘托，让井文化与道教文化有了融合点。

再次，五龙井作为举办道教仪式的重要建筑，承担"投简"的神圣职责。五龙井不是普通的井，它们被赋予了重大的使命，是历代投简之所，为武当山道教建醮祭神，投放金龙、玉简，举行道教仪式的场所，是武当山所有宫观根源之所在。"投简"是一种祀神方法，投简者将自己的祝愿和对神乞求的事项书于竹、木、石、玉简之上，送往名山，将法器或埋于山，或投于水，武当山道教统称为"投龙"。武当山金龙、玉简等道教法器，用金龙驿骑，传诚达悃；玉简灵文，告盟三官，感通十极，载简文上达天府，用龙向天神地祇进简，以谒五龙君求得吉祥。这里山缠九曲垣，泉沸五龙井，正是"兴汉元年聚处星，涌泉成坎匝祠庭"[125]之地。

帮助姚简祈雨的"五炁神君"神游于五龙峰、灵应岩，"泉深五井龙犹伏，人上三天鹤未还"[126]。这里的水被百姓视为"神水"，千里迢迢而来的香客总会打一点井水蠲疾祛厄，而这时他们惊叹一井汲水、五井水动的奇观，更加膜拜"五炁神君"的神助之力。实际上，这一现象与暗藏在地下的理水技术有关，古代匠师用智慧营造了排水设施，用看不见的地下建筑工程表达了对水的虔诚和对水神的崇拜。

古人在观察五龙宫基址山曲后，发现了山上流水汇聚后易积洼的现象，排水便成为修筑五龙宫的首要问题，既不能简单地将汇聚的水以一条干渠直接排出宫外，也不能徒有虚表没有寓意地只重其"形"。那么，解决的方法就是利用方整青石砌成纵横交错的暗渠，使地下形成系统的排水网络，最后将汇集起来的水沿主干渠从东端照壁下的水帘洞排出悬壁。遇暴雨季节，流出的水会如瀑布一般，自然山泉就可成为有利用价值的水源，如果再能让地上五井联动就更加神奇，制造出"五炁龙君"寓居于此、旦暮出云气以护储胥藩篱的景象，渲染神奇色彩，也传达了武当山龙神崇拜的习俗，体现出中国传统的五行思想和道教的尚水精神。张良皋高度评价："在元代以前，这样耗费大量的人力、物力、财力的排水工程，竟出自民间宗教人士，这在我国道教宫观建筑中是绝无仅有的，武当山也只此一处，而且也可能是举世无双的孤例：其目的在于人工打造一处绝对避风藏气的地形。"[127]中国人使用井的历史十分悠久，"井的发明，应该早于虞舜、夏禹及伯益的时代"[128]。南朝《殷芸小说》曾记述襄邑县南（今河南睢县）八十里的濑乡有老子庙，庙中有九井，第汲一井则八井水俱动，故井水互动的建筑技术早有应用，五龙宫采用明井暗渠是永利后世的大功德。从外在形式到内在技巧，五龙宫都做到了精巧高明，使明暗、显藏都相得益彰，把本属建筑小品的井演绎到了极致，内藏如此玄机，可谓众妙之门、天下奇井，扩而大之就是将形、神、气兼顾起来。所以，井的构思设计讲究理水大格局，以此观点体认之才不易失其正鹄。

（二）天地池——两仪吐纳辨方圆

五龙宫理水建筑在五龙井纵向开拓的同时，也注意横向铺排。"一水中分涵日月，二仪吐纳辨员方"[129]，前半句是写日月池建筑设计为二池之水内在相通，或环属相套的造型；后半句是写天地池一圆一方的造型。当脚步深探御路、目光抚摸龙井后，横向铺排在玄帝殿崇台之前的天地二池展现在眼前，它们也是理水建筑设计的典范。"若殿宇为浮梁，水阔天池浸其下而此特开七窍者。"[130] 五龙井加天地二池，即所开"七窍"。二池采取后山为屏、前水为镜的布局，深受中国传统风水思想的影响。天池呈圆形，地池呈方形，代表天圆地方，天阳地阴。"天德辉华炯帝前，地无两曜地非天。山中光景天为一，昼夜雷鸣两洞泉。"[131] 从功用上讲，除消防池的作用，满足大木结构宫殿防火的需要，还可作放生池，群鱼戏水，微风拂来，悠然乐趣。池水的色泽是天池浑浊，地池清澈，被形容为"天昏地暗"。据张开东游记载："抵五龙宫，左为天池，水色屡变；右为地池，水清泚，多五色金鱼"[132]，可谓"池分清浊流天地，岩改阴晴屡晦明"[133]。

» 天池（宋晶摄于 2019 年）

» 地池（宋晶摄于 2019 年）

天地池的布局与五龙井相同，也是以左为尊，故北为天池。从外观造型上看，天池呈圆形、地池呈方形，暗合天圆地方，阴阳和谐。对称是自然美的形象表征，呈左右相对。池西内壁的石罅里伸出石雕螭首，

"以穿泉乳，昼夜渗漓入池，作跳珠声"[134]，池水取于地下暗渠，"西背阳水结东，近阳水泮以龙嚏出水"[135]，山涧涌出的泉水流经大殿台基下的暗渠，再从两池侧壁的螭首之口注入池中，从不干涸。《说文·虫部》云："螭，若龙而黄……或云：无角曰螭"[136]，为传说中龙生九子之一。用螭首卷鼻、大嘴露齿、怒目圆睁、肚子能容纳很多水作建筑排水口的装饰，造型浑厚古朴，雕工精巧。池水从螭首口（俗称石龙口）中吐出，"螭首散水"，龙头吐水，美妙奇特。石栏望柱闭合围护，池材质地与崇台石栏望柱相同，朴实无华中有精敏的艺术处理，整个线条中富于勾栏曲线的柔美创造。历代帝王倡导天大、地大、君大，登基必设天地祭坛，如设计天宝坛、天地池等。五龙峰巅有一通古碑，上刻"天地君"（三字高70厘米、宽43厘米、厚10.5厘米），佐证了天地池的祀天地的传统。藏风可聚气，引水能乘气。总之，五龙宫地下暗渠蜿蜒的流水引入的是吉祥富贵之气、神仙灵应之气。

（三）日月池——一水中分涵日月

"圣井曲周占蛰气，灵源活泼吐龙涎。池临二耀分乌兔，色映三光混紫玄。"[137]诗中的"乌兔"写的就是五龙宫南道院的日池和月池。它们平行列于天宝坛南庑后，池南建有藏室、厨堂等，也是理水系统的一个重要部分。殿宇倒影在池中，台榭虹霓，成庑内一景。池名日月可能暗示明朝的"明"字。由于地势比正殿低洼，故水源充溢。"二池相并。月池时草延蔓，日池周维约二十余丈……西南皆连山之石，每遇霜降清晓之际，间有白气如云上升，移时方散。至此者，毛骨凛然。"[138]

明代几位文人游记都记载过日月池一个奇特的现象，即二池之水也有色泽差异。袁中道《元岳记》载："墀下五井，各一色，又有日月二池，一黛一赭。昔陈希夷习静琼台峰，见二老人数数来，讯之，则曰：'我五龙峰下日月池中龙也。'"[139]徐学谟《游太岳记》载："自右庑（天宝坛南庑）逶而西，有日月二池。下上还属，日池如黛，月池漾赭玉色。天降时雨，其水变现不常。"[140]王在晋《重登太和游五龙宫记》载："自右庑逶而西，有日月池二，水色黛赭，变换不常志。"[141]冯时可《太和山游记》载："自右庑出，有日月二池，其一碧色，其一黛色，内各畜金鱼万头，浮水瀺灂，同林守立玩久之。"[142]王士性《太和山游记》载：

"右廊阴日月二池如连环，然日池黛，月池缁，可异也。"[143]明代兵部尚书、吏部尚书、"南部四君子"之一的胡松《游武当山记》载："殿前龙井五，左三右二，水极寒澈，其栏槛皆极精良。右廊之阴，有日月池二，二池相距才数尺，日池色绿，月池色缁，绝不类名字。金鱼可数百头，出游甚适。"[144]再如"传此处下临洞府，群仙龙神居焉。有甲士以剑气触之，龙惊突，天地震晦，言虽近诞或亦有据"[145]"其西为日月池，其南为五龙井，汲一井则四井俱摇动，盖龙湫也。自唐刺史姚简祷雨兹山，有五龙君化为五儒士出现，雨立至，奏于朝，封其神，元明至今赖之。道官朱玉廷饮以酒，赏阶下牡丹，已四月朔矣，赠以诗，榜其殿曰'龙宫仙府'，又作长联，题咏颇多"[146]，等等。

日月池也和五龙井一样，用作道教祭神之池，被冠以"群仙龙神居""龙湫""龙宫仙府"。《总真集》告诫人们这儿接天庭、连神府，上应三天（龙变梵度天、太安皇崖天、显定极风天），下临洞府。其卷中记载："端平（1234—1236年）之前，山门全盛。管辖曹侍德建宝藏于池之南。鸠工，梦神仙语之曰：'此处上应三天，下即洞府，群仙、神龙居焉。若法轮运转，神灵弗安，君将若何？'觉而语诸同僚，梦悉符合。于是，设藏殿而不运，池滨常榜之曰：'洞天在近，过往低声。'中统庚申（1260年），宣慰孙嗣举众内附，时当七月，兵士诣池洗剑，神龙拥脊而现鳞鬣，天地昏暗，雷雨大震。近年朝山之士，引至犬马误饮之者立毙。其显应之迹若是。"[147]因此，过往要静肃低声以免惊扰神灵。明代中后期的五龙宫观图显示，五龙宫的星野分布上应龙变梵度天，而建筑与这一理念配合，准确地完成了灵应之地的理水构建。

三、小品建筑，以小见大

小品建筑是相对大建筑而言的，"建筑上借用文体'小品'之名，凡属于小建筑一类的称为小品建筑，它的含义是就其小而言的"[148]。五龙宫的"九曲黄河墙"、影壁、棚梅台、李素希道塔等都属于小品建筑，因为相对于五龙宫建筑群来讲，它们不是建筑的主要部分，也没有依附主体建筑，而是独立存在的建筑，有各自的特殊形态和特定的文化内涵，在物质功能和环境艺术等方面起着重要作用。

（一）"九曲黄河墙"

五龙宫真正的起点在宫外，其入门的福地门是座需要数息数奋才能抵达的宫外天门。古代朝山香客多由老姥祠走到小天门，中间经过一座廊桥（在今隐仙岩隧道下神道上，民间有第一道山门的说法），石作桥墩，木板桥，然后开始攀登1.6米宽的"Z"字形神道以缓解坡高。登上三道弯的神道有一处小平台，一是经数级台阶右转到平台上所建的灵官殿、客堂三间房，坐南朝北向，须弥座，有围墙护坡；二是直行过一座类似客堂式的福地门建筑，位于山势高处的一个小平台，充分利用陡险岩上一片狭窄坡地进行台基式序列布局，撇山影壁列于门之左右，三开间，一步台阶，前后有门相通，门前排列二株紫柏，为住持行礼、挂单迎宾处。进门后开始衔接"九曲黄河墙"（总长180米，墙高3.50米，墙厚1.5米）。这条琉璃瓦山墙抵达小山门，直通五龙宫建筑群第一进院落。小山门为红色双重砖石拱门，青色砖石台基，门拱依稀可见古时彩绘装饰图案，彰显着皇家官式建筑的高等级。所以，蜿蜒伸展于山坡之上的这段路是一处四道门。称"九曲黄河墙"，以其弯曲度呈九曲萦回状而言。明隆庆五年（1571年）状元张元忭在游记中写道："于此祠逼五龙，石磴九曲，纡折而上为福地门。门之内夹以册垣，亦九曲。"[149]胡松记载："门内为道九曲十八折，折旋萦转，蔽以崇垣，行者前后不相睹。盖诸宫所无，其余亦不甚异。"[150]"九曲黄河墙"夹墙复道设计构思的奇特之处在于：

其一，从建筑整体上看，五龙宫明堂开阔，建

» "九曲黄河墙"遗迹（宋晶摄于2004年）

筑气势宏大，它负灵应峰，东向，故进宫只能逆折而入。但刚一入宫就面临宫门出路窘迫的问题，于是宫门采取北向开设，以就涧道来路，内设的一字影壁衔接着北向侧开的宫门，影壁外设"水帘洞"与宫内各路出水贯通一气。"九曲黄河墙"的夹墙复道，丹墙翠瓦，甬路平坦，流畅的弧形墙体犹如两条巨龙盘旋，又似"羊肠蟠屈"曲折蜿蜒，顺着坡势把五龙宫的中轴线移位并作了转折处理，建筑富于变化，既弯曲幽长又高大壮美，既错落有致又顺应自然，这样的墙凸显了皇家建筑的非凡与豪华，无论从哪个角度欣赏都是富于美感的。站在福地门举眼环望，红色宫墙依循山势的高低，隐隐约约地蜿蜒于绿色密林深处，建筑与环境的结合如此巧妙！小天门十分低调，却可以通幽、化解、弥补朝北开门的缺陷，离开高超的设计手法，建筑气势又从何而来？

其二，从堪舆理论上看，水属阴，为阳气赖以生化之母；水又属财，为富庶之征。水直横出则水破天心，而只有曲缓弯转才能聚水，才能使正气财寿不散。墙的弯曲与宫内纵向展开笔直规整的空间格局形成鲜明对比，藏风纳气，徐徐地调节出曲直有道、动静结合、刚柔并济的空间韵律，与北京回音壁有异曲同工之妙。

其三，从道家思想上看，道教尚"九"。"九"是阳数之最，代表天数。这一思想表现为道教重视人与天地合其德，与日月合其明，与四时合其序的天人合一观念。五龙宫依山而建，即使九曲九折也没有破坏原山体，符合道家崇尚自然的思想。"九"也代表水，因堪舆理论强调建筑选址后要有靠，前不望空，"九曲黄河墙"喻宫前之水。

其四，从宗教意义上看，走进福地门，"九曲黄河墙"扑面而来，流畅的弧形墙体，似波浪起伏，弯曲高大的红墙对于初来乍到的虔诚香客无疑是一次心灵的考验。由于内院景观无法一览无余，反倒生出企盼之心，给人一种曲径通幽、含而不露的感觉，仿佛由尘世进入仙境，让行走在里面的人心无杂念，反而修道潜心更为坚定，审美上产生了先抑后扬的美感效果。夹墙复道之南是险谷沟壑，古杉万株，参天蔽日，弯弯曲曲的夹墙复道被绿树掩映着没有尽头，人行其中，一如游鱼，逍遥自适，油然而生。

武当山道教宫观中仅有五龙宫、复真观修建了这种类型的夹墙复道。其墙面为红色黏土砖墙，青石板铺地。北京故宫采用的是红墙黄瓦，武当山为皇室家庙，封建礼制上不逾越皇权，选择了仅次于黄色的绿色，为红墙绿瓦，红代表火，绿代表水。古代游历五龙宫是非常辛苦的，无论从南岩北向就涧道而来，还是从五龙行宫过仁威观翻山越谷而至，都是迷阳弟篱不可以捷。当攀援最后的大岗岭（俗称"混帐坡"），早已气喘吁吁，累至极点。

夹墙复道内外有不少神祠庵庙，如外有廊桥、小天门、灵官殿，西建榔梅台、榔梅亭、李素希墓塔，中间则建福地门及附属建筑，南向行至尽头还有小天门。这些设计使高大漫长的夹墙复道显得灵活多变，让整体建筑达到了琳宫仙馆的诱人效果。

（二）影壁

"影壁是设立在一组建筑院落大门的里面或者外面的墙壁，它面对大门，起到屏障的作用。不论是在门内或者门外的影壁，都是和进出大门的人打照面的，所以影壁又称为照壁或照墙。"[151]五龙宫影壁是借景与造景的典范，按影壁形制分为两类：

1. 一字影壁

进入小山门，映入眼帘的是宫最东端的一字影壁。壁长22.13米，通高6.30米。因设在大门内，又是单独不连的墙体，称为照壁或外影壁。从堪舆选址上看，虽然宫内明堂开阔，建筑气势宏大，但留给这座影壁的空间却十分狭小，而且宫前还有"水帘洞"，俗称"花老洞"，为拱券洞。其下临深谷，山势陡峭，故洞下有一层层方整条石，阶梯式排列，引导水流一直延伸很远至青羊涧，为防水土流失工程。因为在没有开阔地的位置硬要正式设置宫门是不现实的，只会让出路窄迫。与大宫相称的宫门本就讲究堂皇，门前开阔，有水有桥，有场地有通途，门侧也应配有一定的建筑设施，如灵官殿、沐浴堂、馆堂等，但五龙宫与案山之间的距离太远，人工建筑已经无法弥补幽深的悬崖涧谷。为改变风水择向上的不利，只有在门的选址及造型设计上作如下变通处理：一是在宫东主轴线的下端建一座影壁，以遮蔽前方陡险的不良视线，规避化解不利风水；二是北向设小天门连接影壁，外接"九曲黄河墙"，来缓解不良视角；三是对影壁本身作技术与艺术的处理。五龙宫这座影壁平面成单一的细长条（由座、身、顶三部分组成）。为防止影壁太长而显

» 一字影壁（宋晶摄于 2019 年）

单调，精筑砖雕须弥基座，造型比宫内其他影壁多了一套花草条层而达到三层，增大了壁基体量，也更显厚重稳固。间饰花草图案为两侧各三组卷草纹、一组绶带状花草纹，均与中心牡丹花纹对应，具有对称性的艺术美感。壁身用砖拼嵌于砖墙表面，以竹节为框，岔角饰折枝琼花，下饰大卷草纹，以曲线勾勒收边。砖砌红墙的影壁心没有使用盆子，清雅别致。壁顶绿琉璃瓦冠顶，东西两面藻头和箍头饰石雕云气纹，简洁醒目。整座影壁经过这样处理，变得其美可羡，营造了和谐、安谧、幽静的环境，可引起人的观赏兴致。但是，不能把影壁只当作独立的建筑艺术来欣赏，因为它是一种屏障，完整地围合起东端空间的缺口，在遮挡视线的同时也寓意辟邪。它在局促的空间里提升了建筑的整体性和观感的简洁性，加强了小天门、焚帛炉、朝拜殿的建筑气势，整个院落也因此不显幽长空旷，第一重院落也因此显得十分紧凑。

2. 撇山影壁

福地门琉璃影壁：坐落在福地门的两侧，与"九曲黄河墙"墙体相连，亦称内影壁。相对小天门和西宫门来讲，其建筑体量略大。壁基为两层条石，往上又砌出 1 米多高共计 10 层的琉璃壁座，间饰两层花草条层，饰以忍冬卷草纹和宝相花纹，三组花草图案向中心对称，主色调为深绿色，土黄色花朵，以黄琉璃砖为线条点缀出层次，色彩搭配沉稳。内嵌牡丹花纹条层，以防雨水冲蚀。壁身用琉璃砖拼嵌在砖墙表面，突出于壁基，岔角饰小卷草纹，花纹流畅。壁顶斑驳褐迹已毁。大门两侧加设的撇山影壁与大门槽口成120°夹角，大门向里退了近4米，门前形成了一个小空间，增加了缓冲之地，也起到增强美感的作用，显示出道宫地位的高贵。

龙虎殿琉璃影壁：内接龙虎殿两侧山墙，外接御碑亭崇台，影壁内折，成120°夹角围合状，共同组成前殿而形成五龙宫建筑中一个重要单元。因位于大门之内，亦称内影壁。造型与武当山其他大宫基本一致。五龙宫第二重院落的平面设计考虑较为全面，既突出两座御碑亭建筑的宏伟高大，又统筹兼顾龙虎殿平面与立面，强调龙虎殿体块穿插过渡时的空间感和立体感，使立面线条反映受力特点，故影壁材质为石筑台基，砖砌山墙，木板立面，石雕门鼓石。为了使殿体立面竖排线条有所变化，在门窗的建筑结构上采用了曲线拱券，不仅丰富了建筑造型，而且也与御碑亭的拱券门洞风格一致。琉璃岔角和盆子采用绿色琉璃，与背景影壁墙的朱红色形成了鲜明的对比，鲜艳的色彩、活泼的花纹陪衬了龙虎殿，盆子题材为"鸳鸯戏莲""凤戏牡丹"，图样符合传统文化，烘托气氛，最后一道视线的遮挡使大院宽广深邃，造成了殿两侧的对景效果，有一定的审美价值，具有美化圣旨碑空间的作用。御制碑亭因有了影壁，可以规避山岭地形的狭促，改造不利的风水，而御制碑亭登临的方位和月台护栏结构也相应地发生改变。同时，照壁与碑亭南面宫墙联成一体，保持了第三重院落内部的隐蔽与安静，造型简单朴素。在全山十二座御碑亭中，亭门前设影壁的仅此一处。

总之，运用影壁这一建筑手段来弥补自然的不足和强化风水优势的做法，体现了"道法自然"的道教思想。

» 龙虎殿琉璃影壁（宋晶摄于2011年）

» 福地门撇山影壁遗址（宋晶摄于2016年）

（三）棚梅台

《方志》载：“宫门左，从曲道北折陟左山，为棚梅台。台上棚梅一株，方盛发。台后有小石碑，载赏李素希衣物敕二道，其阴则尚书胡滢述上前面领论素希语也。”[152] 棚梅台距五龙宫福地门50米，坐北朝南，依山而建，面阔12.5米，进深12米，北侧台高不足1米，南侧台高4米，雕栏刻石，俨如碧玉，全为方整石条砌筑平台，青石海墁。台侧曾建棚梅亭，已毁。它与李素希墓塔相对。该组建筑因与武当山特有的一种奇树——棚梅有不解之缘，因而得名。

棚梅树已绝迹。清代均州儒学训导贾笃本《棚梅》诗写道：“我今访居人，此种已寥落。桃核杏实间，杳焉不可索。惆怅倚荒崖，斜阳下林薄。”[153] 徐霞客游记载：“（按：棚仙）祠与南岩对峙，前有棚树特大，无寸肤，赤干耸立，纤芽未发。旁多棚梅树，亦高耸，花色深浅如桃杏，蒂垂丝作海棠状。梅与棚，本山中两种，相传玄帝插梅寄棚，成此异种云……（按：琼台观）其旁棚梅数株，大皆合抱，花色浮空映山，绚烂岩际……（按：竹笆桥）始有流泉声，然不随涧行。乃依山越岭，一路多突石危岩，间错于乱蒨丛翠中，时时放棚梅花，映耀远近。”[154] 从通篇贯之以棚梅的美文中可以看到，在徐霞客所处的明代，突石危岩间、乱蒨丛翠中，却是随处可见怒放的棚梅花，灿若云霞，映耀远近。

紫霄宫的棚梅园，与南岩宫对峙的棚梅仙翁祠，五龙宫的棚梅台、棚梅亭，都有构成武当山道教建筑不可或缺的元素——棚梅。棚梅是一种奇树，也是武当山道教的法树，缘于一个充满神秘色彩的“折梅寄棚”的神话。最早刊载这一神话的道教经典是元代的《启圣录》，其卷一云：“玄帝自悟磨针之语，复还所隐。于途折梅枝，寄于棚树上，仰天誓曰：‘予若道成，花开果结。’后如其言，今树尚存，名曰棚梅者，乃棚木梅实，桃核杏形，味酸而甜，能愈诸疾，然亦罕得之。以验丰歉，丰年结实，荒岁则无。下有仙翁司之，敬礼可得。玉溪真人诗曰：‘高真学道隐山时，亲折梅枝寄棚枝。行满功成应冲举，花开子结识先知。仙翁护境百邪远，圣果标名万古垂。服饵延龄除痼疾，志诚拜受福相随。’”[155] 玉溪真人可能是元代文人傅若金（1303—1342年），明代刘恒编纂的《襄阳郡志》卷四收录其诗，题“玉溪真人题折梅寄棚”。谢林、徐大平、杨居让主编的《陕西省图书馆藏稀见方志丛刊》天顺《重刊襄阳郡志四卷》也有收录。如此，撰写《启圣录》的张守清写作该书直至他生命的最后，以如此神秘的奇树去完善宋代以来真武经典关于真武入武当山修道四十二年功成果满、白日升天的经文。而更早的《总真集》关于榔梅已有详细记载："榔梅树，在五龙宫北，磨针石南。上有枯木一二，边有一木参天，呼之曰'榔梅'。榔木、梅实、桃核、杏形。耆旧相传：'此木一枯，不出丈寻，一株复荣，真仙果也。'"[156]明代医药学家李时珍的《本草纲目》肯定地记下："榔梅出均州太和山。相传真武折梅枝插于榔树，誓曰：'吾道若成，开花结果。'后果如其言，今树尚在五龙宫北。榔木梅实，杏形桃核。道士每岁采而蜜渍，以充贡献焉。榔乃榆树也。"[157]凡大宫东御碑亭碑文上均写有："至若榔梅再实，岁功屡成，嘉生骈臻，灼有异征。"

折一段梅枝寄予榔树，榔梅不负所望开花结果，献一个仙果显扬瑞兆，五龙宫因仙果得以兴修，得一台、一亭、一真人。明代榔梅仙翁祠就是为了赞颂全真高道李素希而建，建筑中蕴涵着"折榔寄梅"的神话传说，祠内壁画描绘了这一内容，供奉的榔梅仙翁就是李素希道长，后世誉为"榔梅真人"。五龙宫提点李素希是最早的榔梅敬献者。"李素希贡献榔梅果，正是明成祖大修武当山宫观的直接动因……我们不能断定若李素希不进贡榔梅果则朱棣就不会修建武当宫观，但榔梅果的进献无疑促使朱棣下定了营建的决心。经历了元末战乱，遭受严重破坏的武当道教也借此良机迅速得到恢复发展，出现了前所未有的鼎盛局面，社会影响也空前扩大。因此，李素希对武当道教的发展功不可没。"[158]榔梅花实罕得一见，被赋予了预知年景、永不泯灭的特异功能。明成祖以为自己登基以来，灵根仙迹的榔梅结实旺盛，这说明自己至诚感格，天才会降下嘉祥让榔梅仙果显瑞呈祥。隆平侯张信、驸马都尉沐昕在李素希之后继续采取仙果进贡皇宫，用以彰显灵异，以兆丰穰。据《任志》卷二所载诰敕文献可知，敕建太和山道宫圣旨下达的时间是永乐十年（1412年）七月十一日。明成祖还煞费苦心地为张信、沐昕选择了良辰吉日，派他们前往武当山宣旨动工。诏书云："今早命尔等启行。俄有风云雷电，自西南而至，其势不徐不疾，显是神明感应之嘉兆。然神明之所感者，一诚而已。尔等宜体朕诚心，益加敬谨，竭力用工，以答神贶。不可有丝毫怠忽。"次年，明成祖赐道士张宇清百颗榔梅仙果，并把贡品"恭以荐先，颁赐廷臣"。同年七月四日，明成祖为《太和山灵应圆光图》给张宇清下达了两道敕命:《命择好道之士遣用敕》《颁赐太和圆光图并榔梅敕》。"敕正一嗣教真人张宇清:武当天下名山，真武成道灵应感化之地。元末宫观悉毁于兵，遂使羽人逸士修炼学道者无所依仰。朕积诚于中，命创建宫观。上以资荐皇考、皇妣在天之灵，下为天下生灵祈福。天真感格，灵应屡臻。圆光烛霄，榔梅垂实。臣下绘图并以榔梅来进恭，以荐先，须赐廷臣用昭神贶。"[159]明成祖把圆光烛霄与榔梅垂实结合起来，从光辅玄门、裨益道宗的宗教立场阐发自己的政治主张，为自己篡位夺权蒙上一层神圣的光环，武当山榔梅便一步步走上了神坛，名满天下。

有明以来，道教徒将榔梅树、榔梅果视作不可侵犯的神圣灵物而加以膜拜，榔梅被推上道教神秘至尊的地位，作为占卜世事兴衰的标志，榔梅被仙化、神化。"凡武当派道教传播之地，兴建道教宫殿等都要栽榔梅、供榔仙、祀榔圣，以示道脉永续。"永乐年间，高道孙碧云还开创了武当山道教榔梅派，对榔梅可谓偏爱有加，而榔梅也扮演了法树、教树的角色，在《玄天上帝瑞应图录》的"榔梅呈瑞"画面里，人们或跪于榔梅树下或俯首敬拜，俨若对神灵的祀礼。榔梅经历了"异果—圣果—仙果—贡果—匿迹的演替过程"[160]，"折梅寄榔"的神话便成为真武修炼成仙的重要证据。小小榔梅引发了武当山道教建筑的大修，武当山道教玄帝主神的信仰，都在湮灭的榔梅台沉淀为厚重的武当山道教文化，进而发出摄人心魄的永恒魅力。

（四）李素希道塔

道塔是武当山一类独特的道教建筑。在我们一般的认识中，塔是佛教寺院的建筑。古建筑专家、建筑史学家张驭寰在《中国塔》一书中指出:"塔原称窣屠婆，是随佛教传入我国的。又由于我国佛教的发展，佛塔也随之在各地建造。建塔的主要目的是为纪念释迦牟尼，后来成了历代高僧圆寂后埋藏舍利子的建筑。"[161]佛教自汉代传来我国，结合中国特色创立的佛教寺院和中国塔有了很大发展，佛陀出生、涅槃以及佛教盛行的地方多会修塔。

➤ **李素希墓塔正立面**（宋晶摄于 2011 年）

　　武当山儒释道并存。《武当山志》对武当山古建筑遗址的统计显示，佛教的寺达十五处，纪念性佛塔应当是常见的建筑，但因均州城淹没或其他原因，佛塔建筑毁废严重，至今所知屈指可数。

　　一是武当山下的莲塔。嘉靖六年（1527 年），湖广布政司右参议、诗人崔桐来到武当山，在登临沧浪亭的途中遇到"莲塔"，吟诗"沙鸥孺子歌边起，莲塔仙人掌上闻"[162]。诗句中的"仙人"在梵语里称为"哩始"，可指外道之高德者，但与"仙塔"结合则指"仙佛"。"莲塔"是根据佛教经律学说所建之塔，属于纪念仙佛的一座仙塔。即使在中国，仙塔建造的数量也是极少的，因而珍贵。惜无存。

　　二是武当山上的不二塔。位于展旗峰西坡，距太常观约有 2.5 公里山路，与相距 1.5 公里的不二岩相对，因明代传奇大师不二和尚于此端居修行而得名，又因远眺岩阿酷似老虎耳朵而名"虎耳岩"。

　　不二和尚，名孙圆信，法号信翁，自号孙不二。他是明代中晚期闻名天下的高僧，武当山大修炼家。"师名圆信，京兆之房山人（北京房山区）。剃发白云山，礼大僧德敬为师。往来上方、红螺之间。二十余年，行脚所至，为武林、淮安、六安、终南，每住辄数载。以嘉靖庚申至太岳，驻锡虎耳岩，穴而哮者争避匿去。师倚石为屋，稍稍剪夷其积，围瓢数十余，踞石沿涧，出入幽花美箭之中者，纍纍如笠。岩上莲池二，阔可二丈，旱岁不竭。蓬室三，方广当身。所得一缕一粲，尽以供十方游衲，行之数年，遂成丛林。""金钱涌而至，拒不纳，有赠糈者，付常住作供。

» 不二塔（宋晶摄于2018年）

四十餘年，影不出山，趺坐一龛中，如朽株。"[163] 圆信正德七年（1512年）到北京城内施食，受到明武宗朱厚照褒奖。嘉靖三十九年（1560年）来到武当山虎耳岩修炼。岩上高险陡峭，有莲池旱而不竭；岩下草木清幽，溪涧清流；岩内敞阔，现存黄土墙、石池、碑刻残迹。虎耳岩净处成为武当朝山的必趋之地，不二和尚在此金声独振，成为信徒顶礼膜拜的圣僧。明代文学史上"后七子"主将王世贞，趁都察院副都御史抚治郧阳提督军务任上，万历三年（1575年）三月登览武当山，期间特地前往虎耳岩参拜不二大师，作有《由南岩寻北岩谒不二和尚》："清梵如流泉，曾闻海潮音。忽者西岫景，圆规已半侵。"[164] 明代文坛"公安派"领袖人物袁宏道，提出了"独抒性灵，不拘格套，非从自己胸臆流出，不肯下笔"[165] 的"性灵说"，他仰慕不二和尚，常忧其耄耋之年，恐不及待，认为不至虎耳岩犹未跻岳。当他陪侍老父同游武当山，终得拜师于崖间，完成了这场精神超拔的问道之旅后，为武当山留下了《虎耳岩不二和尚碑记》和《虎耳岩逢不二和尚》两文。他感慨道："师言少日住西山，南内风光眼曾见。武皇七年四月时，搭衣曾上戒坛殿。"[166] 吴国伦也曾访不二和尚，作诗云"顶佛开云窦，诠经闭石函"[167]。不二大师入武当山虎耳岩修炼凡四十二年，空有双遣，托寓甚隐之法门，法声远振。明代武当山道教鼎盛时期，武当山佛教与道教共生共存，相容相合，交参传道，这是武当山宗教史上的奇迹。

万历三十年（1602年），大师圆寂，寿120岁。明神宗朱翊钧母后慈圣李太后出藏金为其治塔，不二塔建成后，还委派钦差前往祭奠。

墓塔是佛教和尚的坟墓，属于纪念性建筑，如果经济条件允许，有一定地位的和尚也会修建式样各异的墓塔。不二塔的建筑形制为藏传佛塔式建筑，是匠师与佛门弟子创造的喇嘛塔式建筑。九层八角形密檐塔，通高 8.16 米，砖石结构，由塔基、塔身、塔刹三部分构成。

塔基为石砌墓室，拱券墓门，花环浮雕屋檐和饰有"卍"字的石滴水。墓室内，砖砌墙壁，呈拱弧状，二层砖砌牙子藻井；墓室外，上方四角各雕石罗汉力士护法一尊，平面方形，边长 3.7 米。须弥座 17 层，须弥雕饰在第 3 层，1 层下枋、2 层下枭、玛瑙柱束腰、2 层上枭、8 层上枋，简洁粗重，显示了佛的神圣伟大。

塔身共 49 层。下部由四大层次（由下至上各 3 层、4 层、5 层、3 层）的平面八角形垂直石砌区段组成，其正立面最上端开设一小型墓窗，说明八角形这个区段为空心内室，花环浮雕屋檐和雕饰"卍"石滴水同下。此上为塔身上部，为实心砖塔 34 层，平面圆形，逐层向上内收。

塔刹由圆形石盘基座和石质宝瓶珠顶组成，攒尖收尾。

塔前二石崇台，置雕刻精美的石香炉、须弥座香案。墓前墓志铭："明圆寂师祖不二纬信翁和尚之墓"，居碑正中一列。另有石碑二通：《虎耳岩众信建碑记》、万历三十年（1602 年）七月初明廷所遣钦差祭奠不二和尚的祭文《遣官致祭碑文》。塔前两侧建有房屋，墓塔四周用毛石砌筑方形罗围，前设随墙门，形成和尚打坐的格局。塔院占地 627 平方米。自塔院由下而上石阶多级，皆设石栏。从墓塔规模看，不二塔是武当山现存佛教墓塔规模最大者。明代不二和尚之后，佛教逐渐隐退。

武当山也存在一些与佛教无关的塔，如沧浪亭建筑群的金塔、银塔；清徽铺草店街对面山上清代建草店塔，龙巢山有龙山塔，均为风水塔，现仅存的龙山塔位于均州城外龙巢山禹王庙前，山下元代建有三义庙，清光绪二十五年至三十二年（1900—1907 年）创修，因镇"龙颈"避水患而名。龙山塔与均州魁星楼对望，取"塔振文门"象征意义而又名之"文笔塔"。"塔高 11.5 米，直径 6.5 米，外 3 层，内 5 层，6 面砖木结构。塔顶圆尖，4 层、5 层各有圆窗。"[168]"龙山烟雨"是均州八大景之一。

《中国塔》没有给道塔一席之地，而道塔的确又是武当山数量最大的、别具一格的塔式建筑，应当说武当山的道塔丰富了中国塔式建筑的类型。道塔在武当山分布较为广泛，如均州城上水门北边的道塔林；南岩福地门下的道人塔及附近一些清道光年间的道塔；清后期修建通往南天门的神道路边建的一座道塔，镶嵌琉璃菊花砖、砖雕隔扇和雕刻阴阳鱼图式；老君堂、太子坡的明清道人墓塔；金沙坪凝虚观道人墓塔；展旗峰后阴坡的墓塔群；紫霄宫下斜桥的五座清代墓塔；回龙观三座清代墓塔；七星树五座道人墓塔；清微宫豆腐庄大耙一座道人墓塔；五龙宫福地门外混帐坡的五座道光年间道塔；不二塔不远处的一座道塔；蒿口桧林庵墓群中的孙碧云墓塔；琼台中观、下观的墓塔群等，尤以五龙宫榔梅台对面的李素希墓塔最为著名。

李素希（1328—1421 年），字幽岩，号明始韬光太师，河南洛阳人。元末弃家入武当，先住五龙顶，好读《周易》《道德经》。洪武初年度为道士后住持五龙宫。永乐十一年（1413 年）九月十一日敕任五龙宫提点，退隐于自然庵。平常含光守默，不与人接，但永乐三年、四年（1415年、1416 年），因为榔梅结实，他派遣五龙宫道士易本中、万道远两度上贡榔梅仙果。此时正值燕王朱棣因"靖难之役"入继大统，对玄帝有特殊情感，而李素希进献朝廷以告天下吉祥之举，迎合了明成祖祈求皇图巩固万岁、天下太平祥和的心愿，使他在政治舆论不利的形势下，从理论上寻找到了有力的根据。因为榔梅成实能兆岁丰，是玄帝修真道成的标志，花实而繁也是年岁丰顺祥瑞之兆，是明成祖大治天下合乎天意的明证，故而武当山高道李素希深得明成祖尊宠。明成祖用李素希进贡的"榔梅仙果"赏赐有功大臣，得此奖赏而为荣光。明成祖于永乐三年（1405 年）六月十九日下圣旨《敕五龙宫全真道士李素希》云："尔素希以实数百，遣人来进，诚为罕得。莫非以尔精诚所格，祝禧国家，故能感动高真，降此嘉祥，以兆丰穰也。兹特遣道士万道远斋香，诣高真道场焚炳，以答神贶。并以彩缎一表里，纻丝衣一袭，钞四十锭赐尔。尔其恪尽乃心，以祈茂祉。"[169]永乐四年（1406 年）七月初五日，再下圣旨《敕五龙宫全真道士李素希》，通过数次赐李素希厚重礼物，请他进宫面圣，赐予"榔梅真人"封号，又加"明始韬光大师"封号，以表彰其精勤至道。李素希诣朝谢恩，明成祖"赐坐便殿，谕以理国治身之道。上悦礼待甚厚，赐还本山"[170]。据胡松《游武当山记》载："（自然）庵前右作小池而桥其上，金鱼十数头，闻人咳唾声从桥下群起向客。

庵藏成祖赐道士李希素玺书及故绉衲各数事，绉衲皆杂五色，绮彩成之，云出宫人手制。"[171]胡松目睹明成祖赐给五龙宫道士李素希玺书敕件，这两道御敕关涉五龙宫在明代的再一次兴隆。明成祖还召见武当道士简中阳询问玄帝升真事迹，孙碧云奉命前往武当询访古迹旧规。

永乐十九年（1421年）六月初五日，李素希嘱门徒："各宜精修香火，学道专勤，令教门大兴，吾去无憾矣。"[172]语毕，端坐仙逝，寿九十三。明成祖敕京官吊唁，命礼部左侍郎胡滢建筑李素希墓塔以示恩宠。冠剑藏黑虎涧上。

与不二塔相比，李素希墓塔不算高，塔的通高仅为3米，但庄严程度毫不逊色。

一是佛道融合，创新形制。古时道士羽化，按照规矩应举行葬礼仪式，影响较大的道官和高道葬仪尤其隆重，或可享国葬规格，其墓葬规模较大，有冠剑及其他贵重陪葬品，主要采取"坐缸"和棺葬两种葬法。均州城南七里屯北发掘的新石器时代朱家台古墓中即有瓮棺墓，或为武当山道教"坐缸"的起源。元明之际，在五龙宫桃源道域，有许多为修炼高道羽化后所建的衣冠冢或冠剑冢，而融合佛教高僧塔式建筑特点，又保持道教传统棺葬方式的墓塔建筑，却始于明代李素希墓塔，故李素希墓塔开武当山道塔建筑之先河。

二是塔体型小，墓规格高。墓塔为五层六边形楼阁式石塔，墓上起塔，虽然楼阁式塔造型小，但墓塔的正立面更加具有装饰性和象征性。

石墓冢长方形券顶，呈一桥形，砖室进深3.48米，面阔2.11米，高2.11米。墓室砖筑，封土。立有文官、武将二尊石翁仲，像高0.80米。设宝顶、栏望等构件，四根石柱。方整石墓门，石坊楷书墓联："龙居坎位千载盛，虎卧离宫万代兴"，遒劲端严。墓门上石额"方壶圆桥"，下

》 李素希道塔外部结构（资汝松摄于2019年）

为"陛（或为'真'）仙堂"。

道教史上，老子、张三丰等人身后没有墓和碑，史书记为不知所终。李素希是对武当山做出巨大贡献的一位道士，他不仅有墓塔，还有碑亭。亭内曾矗立过永乐二十二年（1424年）配赑屃驮大理石圣旨碑一通，碑阳为明成祖敕李素希圣旨，碑阴记述李素希生平事迹。明代武当山除两位皇帝的圣旨碑用赑屃承托外，唯有李素希碑有如此规格，对于武当山道教也是莫大荣誉。但历史上窃墓者盗走了包括墓门口石翁仲的头等文物，碑亭及塔上勾栏亦损毁垮塌，不能不说是莫大憾事。李素希普度众生，救世人间，进献榔梅，为国为民祈福的威望，对整个武当山道教宫观影响力之深远，超乎凡俗之人的想象。虽然榔梅树早已消失，但榔梅真人的事迹却留存在李素希墓塔这座富于纪念性的建筑之中。

四、装饰艺术，别具风格

（一）明龙暗龙

玄帝神系总少不了"五炁龙君"的身影，"五龙捧圣"是玄帝升为天帝的重要环节。《总真集》卷下"四天天帝及诸神"中的"武当山感应五炁龙君"条："即天一之化，龙变梵度天余炁下镇武当，披玄帝上升，访姚太守降雨于唐，授陈希夷睡法于宋，雨旸祈叩，其感应不可枚举。武当五龙顶即是寓处。"[173] 龙神崇拜融入玄帝信仰之中，也成为武当山道教崇拜的神灵。武当山道教用自己独特的信仰方式来解释世界。

龙作为中华民族的标志性图腾，是我们民族历史文化的伟大象征。龙有许多种类，如蛟龙、夔龙、虬龙、虹龙、螭龙等。"龙生九子"一说来自明李东阳的《一麓堂后稿》卷十二，分别为囚牛、睚眦、嘲风、蒲牢、狻猊、赑屃、狴犴、负屃、螭吻。五龙宫不仅命名富于诗意的想象，显示了人的智慧的伟力，而且使用龙做建筑装饰主题时，涉及了龙的种类、"龙生九子"等文化。以玄帝信仰为核心思想，对五龙宫建筑景观进行精心的设计和改造，以龙为主题的装饰设计最具特色，或明或暗，仿佛"五炁龙君"凝聚在此，在建筑构件的装饰纹样上取得了较好的艺术效果。

明龙：玄帝殿、香炉装饰螭吻吞脊；玄帝殿神龛木雕上的金色蟠龙、藻井上的蟠龙，活灵活现，把殿内打扮成神灵的空间；天地池出水口装饰螭首，即汉族神话传说中龙生九子之第九无角螭龙；龙虎殿前门门鼓石，鼓形立面以多种雕刻技法雕饰蒲牢钮、蟠龙、神鹿衔灵芝、仙人等神人神兽，以增添门饰效果；御碑亭内硕大碑额高浮雕二龙戏珠和浮雕蟠龙，立体感强，赑屃是龙生九子之第六，力大善负重。以龙象征帝王权力之重，体现了皇权的九五之尊。

暗龙：不以龙的造型出现，却反映龙的内涵。如五龙井的设置符合"五龙捧圣"的神话传说，具有不对称的装饰美；铸成于明成化十九年（1483年）九月初八日，由北京运抵，"派太监陈喜，管送真武圣像一堂，敕湖广、河南三司，委官整理合用石床等件，送达兴圣五龙宫奉安，就修斋醮"[174]。享祀极严的御制铜铸鎏金玄帝坐像，内穿铠甲，外罩战袍，披发跣足，美髯长须，双目内视，神态和祥，做修炼五龙大法状，是道教内修姿态的生动写照。"帝御五龙玄袍，龙眉凤目，日彩月华，披发跣足，皆以异香纯漆，塑而成之。"[175]玄帝服饰衣纹通身蟠龙纹、云龙纹，质感很强，惟妙惟肖，雕镌有神秘肃穆之感；龙虎殿内的青龙、白虎泥塑彩绘造像，青龙神怒目圆睁，身着盔甲，手持戈戟，以夸张的尺度感表现了水神玄帝侍卫从神的赫赫神威。总体上，五龙宫以龙为装饰主题，将信仰融入建筑工艺的杰构之中，具有极高的审美意味。

（二）青龙白虎

作为明代皇家道场，武当山敕建道宫时形成了比较统一的建筑规制，在道宫山门设置护法。护法神像形貌有一些特殊定势，有王灵官龇牙怒目，额上长着一只眼，手持钢鞭，相貌凶恶。在中轴线的前殿设青龙、白虎，侍立两侧。原本"二十八宿"中东方七宿和西方七宿，汉晋以后被神格化为护法神将青龙孟章神君、白虎监兵神君。青龙扬善，白虎惩恶，职司是守卫宫观山门。武当山以紫霄宫龙虎殿东北、西南侧（青龙3.21米，白虎3.28米）和五龙宫龙虎殿北南二侧（青龙4.1米，白虎4.1米）保存的青龙、白虎泥塑彩绘坐像相对完整。对比可知，五龙宫龙虎殿侍立的是武当山最高的青龙、白虎泥质彩塑坐像。造型主要特征：体型高大魁伟，顶天立地之态势；身姿与动态舒展自如，比例协调；头戴凤翅盔，为明军御前大汉将军的汉式兜鍪盔型，护颊较浅，形状圆润，凤翅较小，盔体除抹额外无其余装饰，为金银之色。身着武士戎服铠甲，即"山文甲"，腹甲"圆护"，腹下吊甲，足穿铁网靴。手持戈戟，端坐于神台之上，威严肃穆，怒目圆睁，使人望而生畏。头盔、铠甲等大起造、细雕饰，无繁缛之感，虽有恐狞之态，但面容威严而孔武，猛力外张之中内含一股清润敛息之气，显得亲切可人，并且在手持长械的外伸弯肘之下加塑了一只伸臂吊悬的猕猴，连于腿后座面，起到支撑托举作用，可谓用尽匠心，平添生趣，塑工精美，形神兼备，当属上乘之作。

» 龙虎殿白虎神坐像（宋晶摄于 2011 年）

» 龙虎殿青龙神坐像（宋晶摄于 2011 年）

综上所述，五龙宫青龙白虎造像具有明代鲜明的铠甲形制，与元蒙军人甲胄样式截然有别。重庆大学教授杨嵩林主编的《中国建筑艺术全集·道教建筑》"图版说明"称五龙宫"殿内的青龙、白虎神像为元代雕塑"[176]，一般认为五龙宫青龙、白虎塑像的制作为元代刘元一派传世作品。《武当山五龙宫青龙白虎塑像及其制作年代》一文提出质疑："以五龙宫所存为典型的武当山青龙、白虎塑像，当为明代所塑造，既非'元代泥塑'，也和'刘元一派'没有关系。"[177] 元代雕塑家刘元师从元朝内府"人匠总管"阿尼哥学习绝艺，他秉承"西天梵相"之主流，为元大都（今北京）宫廷以及中原地区的佛教、道观创作造像艺术作品，"梵式"痕迹很重，过度夸张，营造出令人敬畏状的凌厉、炫丽、繁缛、艳俗、身形扭曲等装饰，与明代武当山匠师艺术风格截然不同。合理推测，《御制大岳太和山道宫之碑》所述重建道宫的动议，是基于元末悉毁于兵燹、荆榛瓦砾、废而不举的状况。一般而言，宫殿不存，泥塑作品恐难自保。现存龙虎殿窗子下部属明代罗汉条做法，而平板枋上部属民国做法。《敕建宫观把总提调官员碑》中"湖广都司布政司并各府卫所州县管工官员"条目下，列出参与营建武当山道教宫观的管工官员和木、石、土、瓦、画、雕、铸等各作匠头名单。明初是明代官式匠作制度形成的重要时期，修建南京宫殿和武当山的主要官员和工匠来自江浙。虽然元代五龙宫是全山"莫此为最"的行缘受供之地，但青龙、白虎造像所散发的浑朴生拙之气已全无蒙元时代特征，反倒呈现传统汉式风格，具有写实趣味的生活化和气息浓郁的世俗化特色，当属明代雕塑上乘之作。

建筑装饰艺术在五龙宫无处不在，如门簪，在殿内被加工美化成"山"形、弯月形或菱形等各种形状，完全变成了门的装饰。在屋外，木栓头呈六边形或花朵形等形状，刻上吉祥汉字。如龙虎殿的门簪刻"锁嵾"两字，"嵾"指武当山，因武当山有嵾上山、参岭等别称。《续辑均州志》卷十五所录《嵾山赋》即写武当山。"锁嵾"意指五龙宫把武当山的胜美清幽都定格在此。"谁遣藤萝迷曲径，独留烟霭锁深山。阶前涧水流逾静，洞口松风听自闲。"[178]诗人在九曲九折后进入五龙宫，阶前观水、洞口听风，宁静悠然，观赏之余对"锁嵾"含蓄蕴藉的诗意与哲思有所顿悟，原来灵山的峰壑长林之间，惟有流云飘烟永驻，不正是清幽淡远、虚无缥缈"道"的意境吗？！

五、地远清幽，气象万千

五龙宫内的审美活动一如王夫之所言"景者情之景，情者景之情"，建筑意象与宗教信仰交融形成审美意象，构景方式主要有组景式、点景式。然而，这不代表对五龙宫景观全貌的审美鉴赏，宫外的自然山水和人文景观交相辉映，构成了另一番情致的观景式意境。不看谷，不戏涉，不探迹索隐，不为五龙客。谛听自然，让"奥如"之幽妙会于心，品题园林建筑，从山水意象化的建筑意境中体会道家基因，是五龙宫之游最具诱惑力之处。

（一）幽奥之美

中唐"游记之祖"柳宗元在《永州龙兴寺东丘记》中说："游之适，大率有二：旷如也，奥如也，如斯而已。其地之凌阻峭，出幽郁，廖廓悠长，则于旷宜；抵近垤，伏灌莽，迥邃回合，则于奥宜。"[179]他以漱涤万物、牢笼百态的文笔，颇为自信地指出游山玩水最适意观赏的景观莫过于空阔辽远和深邃幽静二种。"'旷如'景域是一种廖廓悠长，虚旷高远，开敞疏朗，散发外向的景物空间"；"'奥如'景域是一种凝聚内向，狭仄幽静，屈曲隐蔽，深邃清冷的景物空间。"[180]许多具有审美价值的自然景观，往往是被人们忽视的或奥幽，或旷远，或兼而有之的奇异的自然山水。五龙宫的自然景观便具有旷奥交替，以奥为主的特征，以五龙宫为核心，周围的（东北）华阳岩、（西南）凌虚岩、（西）灵应岩、（北）隐仙岩等自然岩洞建筑展布，形成了探寻观赏园林建筑的佳境。

园林建筑融合了旷远和幽奥，如隐仙岩高耸云烟，俯视汉水，石如玉璧，呈瑰纳奇。"炉鼎消磨日月多，山中衮绣一青蓑。白云也不知仙迹，今在何天鸣玉坷。"[181]进入岩内，须经隐仙桥。山崖深凹处，与桥的高低反差，反衬隐仙岩的高耸之美。该岩建有五间小庙，包括主殿、配殿，另有焚帛炉一座；华阳岩凝秀半空，敞阔通透，洞前花木丛生，桃花夹径，藤萝飘垂，俨然锦屏翠帘，参差掩映。其朝阳岩面曾建小圆亭、浩然亭，用来观赏林树绿涛的浩渺气象。这一静憩养性的佳境，小亭、幽深、静憩是密不可分的构景条件；诵经台孤瞰壑中，堪比飞升台之悬，却仅用台兀的小品建筑完成了探向空谷、领略万丈深渊的园林意境，可谓选自然之神丽，尽高栖之意得。诵经台四面奇峰，奇绝兀立，千丈险壑，浓绿披扫，清幽无比，达到了旷奥交替的艺术境界。

幽，是以丛山深谷中的谷地、小盆地或山麓山坳等地形环境为基础，辅之参天乔木构顾的围合、半围合空间。幽的景观视域比较窄小，但景深而层次多，没有一览无余的直观，反有深不可测的灵秘。为突出幽奥特征，五龙宫园林建筑不露痕迹却极具精致构思和巧妙布局。如仁威观设于香炉峰山凹谷底，洼然深黑，林木荫郁，地幽峦结，迫厄哀敛；跨过磨针涧桥，一条通幽小径可抵老姥祠。祠前花叶委地，翠蔓蒙络，苍蔼弥漫，白日如晦，鸩鸳狎人，翔鸣应答，是道教的"桃花源"，建筑装饰上只轻轻地在祠

» 隐仙岩建筑全景（宋晶摄于 2004 年）

» 隐仙岩正殿（宋晶摄于 2017 年）

» 隐仙岩焚帛炉（宋晶摄于 2010 年）

前用了一枚铁杵置于涧中点景，便再无其他夸饰，但却有了"倚栏探旧迹，何处步虚声"[182]的道教意境。站在这里眺望天柱峰、独阳岩，"岚光照人，层浪自接者，为一重，而其下松柏翼岭，青枝衬目，稍近而低者，又为一重。两重山接魂弄色于暄霁之中"[183]，景深则有了层次。当风声如瀑，荡于山谷时，水岸山祠愈显幽静；五龙峰东边的灵应岩，石径崎岖，林峦环拱，泉泠可听，云雾弥漫，景致幽邃。岩上的玄帝殿宇有一种含蓄神秘、高深奥妙的意蕴；仙龟岩石如神龟，含烟吐雾，人难接近。谭元春来到这里探索幽僻，十分惊奇，他在游记写道："如龟负苔藓而坐，泉从山中喷出溅客，此而上石多怪，向外者，如捉人裾；向下者，如欲自坠；突起者，树如为之支扶；中断者，树如为之因缘。其为杉松柏尤奇。在山者，依山蹲石，根露狞狞，必千寻数抱而后已；其在深壑者，方森森以达于山，千寻数抱，才及山根，而望其顶，又亭亭然，与高树同为一。盖此殆不可晓，觉山壑升降中，数千万条，皆有厝置条理，参天拔地，因高就缺，若随人意想现者。"[184] 苔藓、怪石、泉水、老树，景观的幽奥奇特流于笔端；自然庵盘屈的松杉如龙如虬，虽然三伏蕴隆，却无暑气，穿崖桧杉，文杏千章，婆娑蔽荫，幽丽可念，幽静可居。由自然庵下行一里，可探得奇绝深凹处的凌虚岩，为陈抟习静处。徐霞客游记描述其："岩依重峦，临绝壑，面对桃源洞诸山，嘉木尤深密，紫翠之色互映如图画。"[185] 狭长的悬岩曲径，周砌石栏，岩祠入口处有冰盘檐墙门，小石门内正是幽景的美意所在，岩内清丽幽深与世隔绝，是悟道修行一佳处。"扃牖玲珑日月双，谁笼沓霭下洪庞。人心方寸神明含，天上玉堂云雾窗。"[186] 牛槽涧潺潺流淌，蓬絮飘

» 灵应岩砖石殿远景（宋晶摄于 2007 年）

落，宛若濠濮，有庄周临渊羡鱼之乐；逆水而上则为青羊涧，"梯石穿岗上竹树，俯看深壑，茫若坠烟。身在堑底，五龙忽在天际。下级几不可止，细流时在耳边，与蒙茸争路。又行四五里，水自北来南，响始奔"。虽然青羊涧"树色彻上下，波声为石所迫，人不得细语。桃花方自千仞落，亦作水响"[187]，这儿的水一改牛槽涧的潺湲，而变得奔流激湍，轰鸣奔突，让听涧人徒增震撼，王世贞曾盛赞"流沙西去失青牛，却坐青羊向益州。我效初平仍一叱，可能分作钓鱼裘"[188]。老子或许没有如王世贞一般忍不住断喝一声，但湍急的涧水也许让这位文学家时空穿越，引发想象。"老子乃著书上下篇，言道德之意五千言而去，莫知其所终。"[189]老子西游流沙（今河西走廊）的坐骑"青牛"，成为武当山文化里老子的代名词青牛翁。《庄

» 凌虚岩过桥与山门（宋晶摄于 2004 年）

子·刻意》所言"就薮泽，处闲旷，钓鱼闲处，无为而已矣"[190]，正是此刻王世贞心灵的写照，因为他多么渴望能在这青羊涧上与老子相会，多么希冀过上悠闲的隐居生活。所以王世贞想象中的青羊涧变成了羊裘老子钓鱼处，成为道教文化中的一个意象。这里除了一座青羊桥外，其他"留白"，让自然保持自身的纯粹，而这恰恰是五龙宫园林建筑设计的用心之处。

　　青羊桥，是武当深山幽静神道上最大的一座石拱桥，三孔拱券，桥长 50 米，尚存桥墩宽 8 米。桥下青羊涧"水脉应连洛洞中，满溪怪石是癯龙"[191]。人立桥上，环顾四山，壁立如城墙，人仿佛困于瓮城之中，从而形成五龙宫一处非常有特色的幽景，因为游青羊涧一带，爱的就是它的幽倩。北京大学世界遗产研究中心主任谢凝高说："幽景，是超脱之境，逸世之境。四面环山，如世外桃源，给人以安全感，一种超脱、隐逸情感油然而生。幽，使人产生聚精会情，修身养性，怡然自乐之感应。"[192]明代很多文人在游记中都关注到了这一处奥景，如袁中道写道："青羊、桃花诸涧之水，四面奔流，如草中蛇，如绕中线，疾趋而过，不知其所之，故游人不见水色，但闻水声。风林雨沲，互答相和，荒荒泠泠，殆非人世"[193]；胡松写道："涧蹈大麓下，如行檐底。道旁怪石侵径，弱萝缀衣，朱实离离，碧树苒苒。天风下吹灌丛，声隐如霆，万木交互成帏。诸山诸宫回望，具失所在"[194]，涧流滚滚穿碧树，令人迷醉；王在晋写道："涧上有石桥，平坦可踞。而东壁两山耸峙，剑门中劈，恍窔中开，牖阴邃不可窥测。桥之下乳石砰磕如马、牛、狮、象，雌雄昂伏，肖貌匪一。过桥有峻岭摩天，白日蒸云，岃嵛万寻非复人间墙壁矣。"[195]从这个角度上看，奥景比幽景在空间上更封闭，是壑深如渊，似洞非洞，见天如孔、如线之境。"奥景，为神秘之境，使人联想神仙怪异的传说，激发人们浪漫主义的遐想，启迪人们探险揭秘的心灵……奥景之美，是探察的好奇的心的最大满足，是奥美的魅力"[196]。

五龙峰上应"龙变梵度天"，若要抵至峰顶尚需一番攀登。峰顶灵应岩，有上龙池、自然庵、炼丹池、"真源之殿"石庙等建筑，"第一高泉际碧穹，中藏神物养威雄"，高深莫测。从人的审美心理而言，登顶会伴有探究的欲望和心理期待，峰壑烟云中仿佛"五炁龙君"腾云驾雾增加了一定的游兴。

五龙宫的主要景致向来以清幽取胜。"听雨过青羊涧，披云出紫盖峰。曲曲蜿蜒复道，层层历落怪松。"宫内"拥殿千朵芙蓉"[197]，宫外峰峦高耸，密树森罗，绿叶浮碧，翠波欲流。清幽的自然山水，令人怀想起插梅寄榻的真武修神飞升，时光荏苒，似水流年，让人祈望"五炁龙君"捧圣而归，仍隐遁于这片寂寂之山。大概厌倦喧嚣的游赏者面对处处幽深、处处清静的奇瑰景观，会油然深思陈抟老祖五龙睡法，而乐于驻足于林壑蔽翳之间，小憩片刻。

（二）自然之美

五龙宫自然山水式园林，涵盖的建筑除华阳岩、凌虚岩、灵应岩、隐仙岩等岩内单檐歇山砖石结构岩庙外，还包括岩外的一观（仁威观）、三庵（接待庵、自然庵、明真庵）、四庙（娘娘庙、将军庙、"真源之殿"石庙、乌鸦庙）、六祠（黑虎大神之祠、守山土地灵官祠、宣慰祠、会仙都土地祠、老姥祠、棚梅祠）、一行宫（五龙行宫。属五龙宫别馆。洪武十五年设道教衙门管理均州道教。永乐十年敕建道教建筑共六十三间）、十一桥（丰和桥、蒿口桥、隐仙桥、普福桥、磨针涧桥、步云桥、青羊桥、驸马桥、天乙桥、会仙桥）、三亭（浩然亭、小圆亭、画亭）、四池（莲池、上龙池、炼丹池、滴水池）、二台（诵经台、望仙台）。五龙宫外殿宇严整，园林萧散，周山碧翠，环宫泉流，规划选址与自然环境圆满结合，不同类型的建筑与奇异的山水风光完美融合，绝无喧宾夺主之感，这个"主"即自然山水本身。所以，五龙宫是皇室家庙与自然园林结合的典范，映衬了中国古代园林的特点：虽为人作，宛如天成。

"关于构成'园'的要素，有所谓山、水、树、石、屋、路'六法'之说。"[198]乐嘉藻的《中国建筑史》第一编"庭园"认为，构成"园"的要素为花木、水泉、奇石、建筑物、山岩、道路六类。但古人在五龙宫造园，绝非一般地利用或简单地模仿这些构景要素的原始状态，而是视自然为师为友，有意识地加以改造和加工，以艺术化的处理手段进行再创造，从而表现一个精炼概括的自然、典型化的自然——本于自然又高于自然，既创造自然，又回复自然。利用峰峦岩涧、奇峭幽壑、长林远树，将建筑嵌于峰、峦、坡、涧之间，规格的大小、间距的疏密，恰如其分。既不拘泥于"人工仿效"的原则而去叠石造山，又不束缚在规矩准绳中而难以创新，道法自然是其艺术创作的最高原则和审美标准，故天成造化的景观才最有价值。五龙宫自然山水式园林真正做到了少用雕饰之嫌，多循山水之乐，似中国画一样的自由流畅，融山、水、树、石于一体的和谐，充满着诗情画意。以幽静为主，通过艺术设计来理解自然，是其典型的特征。此外，建筑为追求与景观的对应，采用了多变的建筑形式，又与整体和谐，防止了单调呆板，又不冲淡园林主题，其园林特征是整体、和谐、恬淡、清远的中国山水画式的情趣，浓荫遮蔽，好鸟相鸣，踏石阶梯，自由灵动，石阶达水边，桥梁通两岸串联了园林建筑，脱离了尘世凡俗，融入悠远漫长的时间和广袤无限的空间之中，放射出自然美、艺术美、情趣美高度融合的光彩，体现出"旷如"与"奥如"的独特风貌。神道两旁野树修竹自生，杂花老藤纵横，沿途点缀山门、亭台、石桥等建筑景点，连贯宫、观、庵、庙、祠等建筑景观，漫行其中与自然亲和，与心灵沟通，在草木的芬芳中体悟生命的乐趣，在淙淙溪流旁品味"道"的妙谛，它不只是游览朝拜武当山道教宫观庵庙的主要交通路线，还是增强游兴雅意，激发审美期待的匠心之作。

古人把山水审美分为应目、会心、畅神三个精神层次。当观赏者徜徉于西神道自然山水时，以视觉观赏作为山水审美的基础，登诵经台观险与幽，涉青羊涧过驸马桥观清流激湍映带左右，坐磨针涧清泉碧潭边观铁杵磨针石，皆因景而感，移步换景，山水的形象、色彩、声音等形式美给感官以美感和愉悦。精美处小坐片刻，看乔林瑶草，享松风爽气，听松涛鸟语，纵览全貌，穷其微奥，人融入了自然，与山水情景交融、物我相亲。实际上，观赏者同时也进入了高层的审美活动之中，因为要领略五龙宫神道上园林建筑的艺术精微，需要具有相当高的文化素养和志趣，通过全息多感的审美活动在物我相亲上逐步升华，进而跃入游心太虚、物我两忘，做到俯仰自得，在生命的本原上求得与自然的融合与超越，达到山水审美的最高境界，这种山水情怀要用道教的文化心态来洞识其山水表里，秉持道法自然的文化精神把握山水审美的本质，在静静的自然山水中觅取自然之美。

（三）意境之美

意境，按字面来理解，意是意象，属于主观的范畴；境是景物，属于客观的范畴。近代享有国际声誉的著名学者王国维在《人间词话》中谈到："境非独景物也，喜怒哀乐亦人心中之一境界，故能写真景物，真感情者，谓之有境界，否则谓之无境界。"[199] 园林建筑作品应当以有无意境或意境的深邃程度来确定其格调高低。景无情不发，情无景不生，孤不自成，两不相背。反观五龙宫自然式园林，它不是徒有自然山水的形式美，它还升华到艺术意念上追求并创造美的世界。从其建筑艺术鉴赏角度体会其意境之美，经过唐宋元时期的发展，特别是经过明永乐大修，五龙宫各神道岩庙已经完成了它的全部园林建筑作品。

寄情山水，收奇探胜，欣赏五龙宫的意境之美脚步绝不应只驻足五龙宫内，眼光也不能停留在形式之美上，而应当接受一定的"鉴赏指引"，提升鉴赏品味。德国教授姚斯很早就提出"接受美学"的概念，核心是强调从受众出发，从接受出发。接受美学把艺术鉴赏看成是一种认识活动。哈尔滨工业大学教授侯幼彬说："中国传统建筑在意境创造上，有一点极为可贵的独到之处，就是它不仅仅停留于意境客体召唤结构的创造，而且进一步介入了主体的接受环节，在'鉴赏指引'方面大做文章，大大拓宽了意境蕴涵的深广度和意境接受的深广度。"[200] 如果以天柱峰为中心定神道方位，那么蒿口通往五龙宫的神道、五龙宫通往周围各岩庙的神道，都在太和宫正北。以此为题的诗文相当丰富，它们构成了北神道园林建筑这一意境客体的文化环境，成为烘托建筑景物的文学性氛围，就是鉴赏方面的诗文指引。

从蒿口桥出发，经系马峰的黑虎大神祠，茅阜峰的守山土地灵官祠、五龙行宫，会仙峰的会仙都土地祠、丰和桥、莲池、明真庵、宣慰祠，香炉峰的隐仙桥、娘娘庙、福地门、普福桥、仁威观，隐仙岩的砖殿、将军庙，磨针涧的磨针涧桥、老姥祠，抵五龙宫，其间还有谷底牛漕涧的步云桥，青羊涧的青羊桥、驸马桥、接待庵，建筑林林总总却杂而不

» 蒿口戏楼（宋晶摄于2007年）

乱，恰到好处。

徐学谟记述了下"钻天五里"的情形："已复南行，过宫门，复从九曲道纡而出，伛历梯石数十折，舆者支肩下，蹒壁数里，若坠千寻之堑。引领五龙，已在天上。山岼藏大麓中，灌莽蒙茸，谽呀缺圮，不可步武。沿溪虹踆行，若有伏流在偃石下，以草木茂翳，无所睹；静听之，隐隐作溁鬻声。"[201] 从五龙宫往东南方下行到牛漕涧走石阶神道，起先在山岗上俯看深壑茫茫如坠烟，十分陡险；穿行于山岗的竹树之间，鸟啼声声，虫鸣切切，茂树瑛石，翁若林麓，一掠而过，几乎停不下脚步，就像列子驭风而行；下到深堑谷底再透过五龙宫仰视凌虚岩，却发现它们都如立天际。在石阶神道上做一番逍遥游，一路上绿荫蔽日，偶露天幕有钻天五里之神蕴。"攀几层崖上翠翘，只消半堨可逍遥。抬头穿透虚岩窍，一饷时间到碧霄。"[202] 攀登凌虚岩钻天五里，峰峦叠嶂，嵌岩窦穴，崇山峻岭，茂林修竹。

王世贞《隐仙岩》诗云："真仙不住山，那有山中迹。同是谪仙人，相逢不相识。"[203] 他出身于官宦之家，从小博涉群书，才思敏锐，嘉靖二十六年（1547年）考中进士成为翘楚人物，提倡文必西汉、诗必盛唐。父亲王忬因滦河失事为严嵩所构，与弟王世懋驰骑营救。王世贞曾任右副都御史抚治郧阳，因忤权相张居正罢官。晚年的他恬淡自然，当来到隐仙岩时，岩敞如轩可布数席，岩前垂柏大二十围，传为尹喜"仙植"，关令尹喜修道的"尹喜岩"让他颇为触动，对古代神仙尹喜、尹轨远避世俗喧嚣隐遁岩阿修炼大丹，因修神仙而留名青史顿生钦羡，但他自比被贬凡尘的神仙，寥寥几笔升华了精神，推入了有景、有情、有哲思的完美艺术境界，有了深刻的鉴赏启迪，而不仅仅只是停留在寄情山水、寻求荒野古朴之幽趣的隅角。虽然隐仙岩三座砖殿建筑体量不大，但依岩而建，天之自成，表达出道教崇尚自然的精神，也有效地表达了特定的纪念意蕴。

徐学谟因在湖广地区任官三度游历武当,《游太岳记》是他聚友畅游西神道记述游踪最有代表性的一篇。作者以全息多感的审美活动对青羊涧水的特胜作了一番撮奇搜胜:"沿溪虬蜒行,若有伏流在偃石下,以草木茂翳,无所睹;静听之,隐隐作溶漇声。又折而东南行五六里,旁睨两崖,崩石离列。水自北来,砯激而南,潏湢散走,其声渐沸。又折而东行,数百步,有桥横涧上,是曰青羊桥。桥之下,水声益峻,荡石卧涧中,如断如腭、如蚪如黿、如牛马首者,不可胜计……水自五龙顶股分磨针、万虎、牛漕、桃源、黑虎、阳鹤、金锁、飞云,瀑布诸涧,悉会于青羊一涧以入汉。源邃而委迁,故青羊桥之水特胜。"作者在草木茂翳无法一睹水流时,颇有雅兴地小憩片刻,静静地听水流溪谷之声,顺着水声往上游行来到青羊桥,一下子为水的奔撞击汰奇观所震撼,于是和同游兴奋地"偃而歌,揭而漱,云浮鸟飞,四顾岑閴,宛然濠濮间也"。[204] 在这阒寂的大山深处,顿生庄周之乐,不正是山水自然和园林建筑带来的悠然心态、除烦涤垢的精神抒发吗?对青羊涧之水的描写如此淋漓尽致无出其右者,其绝妙的文笔揭示了西神道清幽深邃的水景之美。对高水准大家"接受者"的品赏,使景物的意蕴获得了进一步的拓宽和升华,这些意境感受和敏锐发现传达给后人是很好的鉴赏指引。

为园林建筑的命名和恰切的点题,也能在园林建筑及自然山水的鉴赏方面起到题名指引的作用。五龙宫附近的隐仙岩、华阳岩、灵虚岩、灵应岩、长生岩五大岩庙,每一处都是修炼的绝佳之地,具有厚重的历史和文化。修炼者慕名而来,留下了他们修道的故事,他们的修道实践又为后来者提供了借鉴。如华阳岩位于五龙宫之东,背负高崖,面临深谷,磨针涧前绕,凝秀半空。洞内敞阔,洞口高 3.5 米,宽 7.4 米,深 5.1 米,朝南向。洞前草木繁茂,飘垂的藤蔓犹如锦屏翠帘参差掩映,是修身养性的好地方。相传唐代杨华阳曾在此修行,享年百余岁,故称华阳岩,或杨仙岩。只要有人离他近一些,他感到"腥气触我"便趋避之。唐、宋、元建筑已毁,现存明代砖石殿一座,单檐歇山顶,五踩斗栱,青石铺地,供奉玉雕真武神像一尊,面部丰润,气宇轩昂,有元代风格。岩内现存元代记事碑"华阳岩记"碑、"浩然子愚斋记"碑二通,另有"浩然子画像"碑。

李明良(1286—? 年)道号浩然子,元代中晚期武当山全真派道士,安城(今河南原武阳溪)人。家门望族,幼有奇才,尚烟霞之志。

大德年间入武当修行，拜全真派龙岩子林道富为师，为五龙宫全真道派汪贞常正传嗣孙，后被任命为五龙宫提点，募建五龙宫大殿、玉像阁及华阳岩庙宇亭轩，对五龙宫修建做出重大贡献。晚年好《易》，居易处俭，架屋建栋，令华阳岩亭轩清雅，终使无名小岩扬名于世。他认为"非真积力久，其孰能兴于斯"，而"凡宫家土木之功用，道缘世法之和顺，已然之迹，章章在人"[205]。作为修道之人，李明良以老庄思想领悟生命的了无来去，反映了元代五龙宫道人入道、修道、了道的人生理想。他在华阳岩立碑建亭，亭即"浩然斋"，目的在于表征仙境，寄意隐逸，比拟高洁。仙境是道家理想中神仙居住的环境，魏晋时期武当山被称为"仙室山"，唐代道经列为七十二福地中的第九福地。华阳岩是道教仙境，旧有小圆亭，再建浩然亭，产生了"仙山琼阁"的意境美。他在"华阳岩记"碑中说："以地阳明高爽，乃前修游息之所，思所以新之，乃撤其弊而虚其中，架重屋于其傍，匾曰'浩然斋'"[206]，以修习清净玄默之道。他还在斋内书"愚"字匾，"取于颜子终日不违之义"。颜回是孔子门徒中对孔子"仁"的思想最忠实的持守者和践履者，其好学、入世与隐逸的品格成为后世楷模。李明良用"愚"明修仙之志，境界之高非砥砺心志、修养心性而不能至。岩内黑石画像碑《浩然子自赞画像诗》，是武当山迄今发现的唯一道人自画像石刻。"该碑为元至正五年（1345年）本宫王明高刊，黑色大理石质地，圆首。碑通高202厘米、宽100厘米、厚6.5厘米，顶呈半圆形，正面为斜削式，是武当山早期典型的'元首碑'。"[207]碑上刻《自赞》七言绝句："假合身躯用墨图，性天朗朗笔难模。上天之载无声臭，此个清光何处无。"大意是借用暂时的聚合来画一幅自画像，但是天性的光明爽洁却难以用区区笔力来描摹。宇

≫ 玉雕玄天上帝坐像
（现藏武当山博物馆，宋晶摄于2019年）

宙万物的变化玄妙高明，了无声息，我这清美逍遥的风采也终将与自然默化，融于宇宙的万千变化里。"自赞"变成赞"道"，从而提升了该诗的境界。以一首七言绝句的自赞配自画像泛发着勃勃生趣，展示了一位以大智若愚心态投迹山水的修行者的道

» 华阳岩庙（宋晶摄于 2004 年）

教品格，表达了一名全真派道士卓然高标的精神追求，"浩乎沛然"是蕴涵着雄浑正气华阳岩的写照。

　　五龙宫南一里有桃源峰，地势阔远，杳与尘绝，其南紫盖峰。山口如峡，入而逶迤，中则宽平，峰峦拔翠。其西桃源洞，桃源洞流水落花，临之忘俗。桃源洞引来不少大家赋诗，如罗霆震《桃源洞》的"天香泛作武陵春，山自多仙岂为秦"[209]。文学家碧霄道人何仲徽刻诗《题桃花洞》于碑："闻说桃源可避秦，乾坤别是一般春。桃花洞水依然在，哪得当年问世人"，化用陶渊明《桃花源记》典故，从宋代谢枋得"寻得桃源好避秦"的诗句中，抒发对道教理想境界的向往。涵洞边缘有整齐的青石墙，弧形拱圈，花纹图案华丽，明代以前是道院。其东诵经台。峰下山崖，跨土桥，过石门坊，可至崖下巨岩，即凌虚岩（高 5.3 米，宽 10.5 米，深 5.25 米）这里清丽幽深，洞口朝南，左崖壁阴刻文"天圣□□年□□凌虚岩祀□昌阮"。元代以前这儿的建筑称为"道域"，当时凌虚岩内有一座仿木石殿，供奉元始天尊（或为张天师）、真武大帝、药王孙思邈三尊石像。明永乐十年（1412 年）敕建砖石殿三座（面阔 3.5 米，进深 2.24 米，通高 3.8 米），单檐歇山黑筒瓦顶、石质单翘重昂斗栱、梁、枋、垫枋、柱、砖雕椽、三交六椀毬纹菱花槅扇、正五踩斗栱如意头、天花石板藻井、石雕须弥座。内壁彩绘白鹿、仙鹤等祥瑞之物、供奉孙思邈、陈抟、文昌帝君、真武塑像。岩内还曾有木构岩庙一座，亦奉祀玄帝、文昌帝君、祖天师、孙思邈、陈希夷二仙，已毁。其外道房三处、神厨一处，为三合院形制。钦选道士焚修香火。

» 凌虚岩砖石殿
（宋晶摄于 2007 年）

» 凌虚岩砖石殿供奉泥塑彩绘神像
（宋晶摄于 2007 年）

» 凌虚岩（资汝松摄于 2017 年）

距凌虚岩左 300 米处，诵经台双柱回廊六角亭（已毁）、石作栏板望柱、青石地覆石等，附近还有坍塌的巨石崇台、廊庑残条。唐孙思邈、宋陈希夷二位仙真曾在此进行过修习。武当山传说孙思邈少时日诵千言，成年后则好谈老庄，曾遍游名山，编写《千金方》。五代宋初著名道士陈抟在此修习诵《易》，他少读经史百家之言，诗礼书数至方药之书莫不通究，后尽弃家业，散以遣人，唯携带一石铛进行游方生活，武当山是其入道本山。《总真集》载："入武当山隐居，诵《易》于五龙观。侧感五气龙君授之睡法。声誉远著，谒者颇众，寻迁诵经台，研究画前之妙……传曰：五龙飞空送之（按：华山）。"[208] 他隐居五龙宫，深入地阐释了道教睡的真谛。陈抟精于易学，所作《易龙图》多有发明，是五代宋初道教内丹学、易学的重要代表，提出的"道"与"器"、"体"与"用"等范畴，对宋明理学产生了广泛而深刻的影响。随着声名远播，陈抟倦于迎侍，寻诵经台以避喧嚣。明代在凌虚岩前台兀上建诵经台，通过调动这些著名高道的典故弥补了建筑语言的不足，启示游赏者陈抟老祖"得画前之妙"处，亲身体味希夷祖师诵《易》一过乃眠的情景，感受静宓幽寂的意境。

» 凌虚岩诵经台面对空谷大壑（宋晶摄于 2017 年）

五龙宫东北 100 多米，福地门之东的望仙台，一台岿然，数松森立，亭高地敞，仰眺嶂峦。正德八年（1513 年），提督大岳太和山宫观内官监太监兼分守湖广行都司吕宪登临于此，只见"四面奇峰乱戟排。白虎岭头香雾散，青龙山外紫云开。琳宫桂放三秋影，浴室池无半点埃"[210]。"浴室池"供道士沐浴斋戒之用。

在仁威观到隐仙岩之间有金华岩，岩下金华洞（高 6.7 米，宽 12.3 米，深 12.2 米），面向东北经金华洞沟过赵家垭 500 米到右侧山沟处旧有二层楼，供奉真武大帝、玉皇大帝石雕神像，已残。遗址建筑基底 66 间，为明清时代宫殿格局的道观。

总之，五龙宫园林建筑并非随心所欲的无意经营，而是将可遇不可求的自然天成凝聚起中国文化传统进行造园的大手笔。明代园林大师计成的《园冶》说："园地惟山林最胜，有高有凹，有曲有深，有峻有悬，有平有坦，自成天然之趣，不烦人事之工。"[211] 整个五龙宫就是大方无隅的绝构、大音希声的天籁，是第一境界的伟大作品。

注释：

[1][2][3][4][6][7][8][10][15][16][17][18][21][22][23][24][25][26][27][28][33][34][35][36][37][38][39][41][43][44][45][46][47][49][51][55][57][61][64][71][72][77][82][84][85][87][90][92][94][95][97][98][100][102][122][138][147][152][156][159][169][170][172][173][174][175][184][205][206][208] 中国武当文化全书编纂委员会：《武当山历代志书集注（一）》，武汉：湖北科学技术出版社，2003 年，第 27 页、第 296 页、第 295 页、第 273 页、第 295 页、第 110 页、第 62 页、第 278 页、第 62 页、第 296 页、第 252 页、第 27 页、第 254 页、第 67 页、第 27 页、第 296 页、第 67 页、第 27 页、第 325 页、第 90 页、第 264 页、第 347 页、第 91 页、第 94—95 页、第 97 页、第 273 页、第 114 页、第 27 页、第 347 页、第 306 页、第 62 页、第 295 页、第 42 页、第 10 页、第 10 页、第 44 页、第 24 页、第 250 页、第 296—297 页、第 6 页、第 10 页、第 273 页、第 223 页、第 26 页、第 24 页、第 391 页、第 251 页、第 321 页、第 27 页、第 320 页、第 273 页、第 534 页、第 536 页、第 27 页、第 26 页、第 24 页、第 24 页、第 535 页、第 30 页、第 101 页、第 94 页、第 263 页、第 263 页、第 57 页、第 159 页、第 27 页、第 539 页、第 319 页、第 320 页、第 63 页。

[5][11][13][62] 张华鹏等编著：《武当山金石录》第一册第二卷，第 49 页、第 100 页、第 100 页、第 50 页。

[9][14][30][40][52][63][73][103][114][116][129][210] 陶真典、范学锋点注：《武当山明代志书集注》，北京：中国地图出版社，2006 年，第 380 页、第 116 页、第 137—138 页、第 285 页、第 533 页、第 285 页、第 391 页、第 152 页、第 431 页、第 401 页、第 404 页、第 391 页。

[12][54][155] 张继禹主编：《中华道藏》，北京：华夏出版社，2004 年，第 30 册第 642 页、第 638 页、第 637—638 页。

[19]《舆地纪胜》卷第八十五，瞿盈斋文选楼影宋钞本，第 5 页。

[20][宋] 祝穆撰：《方舆胜览》（中）卷三十三，北京：中华书局，2003 年，第 954 页。

[29][明] 雷礼：《国朝列卿记》（十一）卷 131，明万历间刊本，文海出版社，第 6948 页。

[31] 张恒编集：《天顺襄阳府志》卷三，上海：上海古籍书店，1964 年影印本。

[32] 张廷玉主编：《明史》卷五十，《职官》三，北京：中华书局，1974 年，第 1795—1797 页。

[42] 张华、郑勇华：《武当山五龙宫起源杂谈》，《郧阳师范高等专科学校学报》2014 年第 34 卷第 2 期，第 1 页。

[48] 左丘明著：《春秋左传》，朱墨青整理，沈阳：北方联合出版传媒（集团）股份有限公司，2009 年，第 21 页。

[50][76][96][125][181][186][191][202][209] 罗霆震：《武当纪胜集》，《道藏》19 册，

文物出版社、上海书店、天津古籍出版社，1988 年，第 672 页、第 670 页、第 670 页、第 675 页、第 669 页、第 677 页、第 674 页、第 676 页、第 673 页。

[53]《哲学大辞典》（修订本）编辑委员会，冯契主编：《哲学大辞典》（下），上海：上海辞书出版社，2001 年，第 1691 页。

[56] 李峻、陈毅刚：《陈抟和张三丰在武当练功的华阳洞与黑虎岩》，《武当》第 1 期，第 24 页。

[58]《蛰龙法睡功诀》，引自胡孚琛主编：《中华道教大辞典》，北京：中国社会科学出版社，1995 年版，第 1067 页。

[59][明] 周履靖：《元明善本丛书·夷门广牍·尊生·赤凤髓》卷三，上海：商务印书馆，第 9 页。

[60][宋] 魏泰：《东轩笔录》卷一，北京：中华书局，1983 年，第 2 页。

[65][清] 张应昌编：《清诗铎》（上册），卷二十四，北京：中华书局，1960 年，第 897 页。

[66][109][143][明] 王士性著：《五岳游草·广志绎》卷六，周振鹤点校，北京：中华书局，2006 年，第 101 页、第 103 页、第 103 页。

[67] 纪乘之：《武当记游》，《旅行杂志》第二十一卷第三期，1947 年，第 23 页。

[68] 峒星：《武当山巡礼》，《旅行杂志》第十八卷第十二期，第 18 页。

[69] 全实、程建军主编：《风水与建筑（上册）》，北京：中国建材工业出版社，1999 年，第 31 页。

[70][83][148] 楼庆西：《中国古建筑二十讲》，上海：三联书店，2001 年，第 300 页、第 300 页、第 1 页。

[74][唐] 杨筠松撰：《撼龙经》，影印文渊阁四库全书子部第 808 册，台湾商务印书馆，第 16 页。

[75][105][110][明] 吴国伦：《甔甀洞稿》，卷之七第 16 页、第 16 页、第 16 页。

[78][80][88][宋] 黄妙应：《博山篇》，引自王玉德编著：《古代风水术注评》，北京师范大学出版社、广西师范大学出版社，1993 年，第 116 页、第 111 页、第 111 页。

[79][明] 区大相：《区太史诗集》卷之十六，诗学轩校刊本，第 6 页。

[81][106][107][188][197][203][明] 王世贞：《弇州四部稿》，钦定四库全书集部，卷四十六第 23 页、卷七十三第 22 页、卷七十三第 22 页、卷五十三第 9 页、卷三十二第 25 页、卷四十六第 2 页。

[86][明] 吴道迩纂修：《襄阳府志》卷四十六，万历十二年刻本，第 68 页。

[89][三国] 管辂撰：《管氏地理指蒙》，一苇校点，济南：齐鲁书社，2015 年，第 6 页。

[91] 秦慎安校勘：《郭璞葬经、水龙经合册》，北京：中华书局，1926 年，第 14 页。

[93][明] 陈文烛：《二酉园诗集》卷之六，引自四库全书存目丛书编纂委员会编《四库全书存目丛书》集部第 139 册，济南：齐鲁书社，1997 年，第 4 页。

[99] 朱江：《探秘武当长生岩》，《武当》2015 年 1 期，第 63 页。

[101][168] 武当山志编纂委员会:《武当山志》,北京:新华出版社,第 139 页、第 152 页。

[104][清] 沈季友:《檇李诗系》卷八,唐玙"武当五龙宫"。

[108][112][123][131][134][135][137][140][141][142][145][195][201][204][清] 王民皞、卢维兹编纂:《大岳太和武当山志》(清康熙二十年版,国内孤本),卷十七第 48 页、卷十八第 18 页、卷十七第 41 页、卷十七第 41 页、卷十七第 41 页、卷十八第 18 页、卷二十第 59 页、卷十八第 18 页、卷十七第 41 页、卷十七第 48 页、卷十七第 41 页、卷十七第 40 页、卷十八第 19 页、卷十八第 19 页。

[111][190] 陈鼓应:《庄子今注今译》,北京:中华书局,1983 年,第 123 页、第 423 页。

[113][133][162][明] 崔桐:《崔东洲集》卷之五,北京大学影印本,第 6 页、第 6 页、第 9 页。

[115] 李光富、周作奎、王永成编著:《武当山道教宫观建筑群》,武汉:湖北科学技术出版社,2009 年,第 118—119 页。

[117] 杨希枚:《神秘数字七十二》(先秦文化史论丛),北京:中国社会科学出版社,1995 年,第 680 页。

[118][119] 杨天才、张善文译注:《周易》,北京:中华书局,2011 年,"咸卦象辞"第 282 页、"系辞下"第 625 页。

[120][124] 陈鼓应:《老子注译及评价》,北京:中华书局,1984 年,第 194 页、第 78 页。

[121][美] 卡斯腾·哈里斯:《建筑的伦理功能》,北京:华夏出版社,2001 年,第 105—106 页。

[126] 裴应章:《宿五龙宫》,碑刻现存五龙宫。

[127] 张良皋主编:《武当山古建筑》,北京:中国地图出版社,2006 年,第 64 页。

[128] 吴裕成:《中国的井文化》天津:天津人民出版社,2002 年,第 13 页。

[130][132][146] 宋晶编:《大岳清游——武当山游记辑录》,北京:中国社会科学出版社,2019 年,第 88 页、第 144 页、第 144 页。

[136][东汉] 许慎原著:《说文解字今译》(中册),汤可敬撰、周秉钧审订,长沙:岳麓书社,1997 年,第 1919 页。

[139][明] 袁中道著:《珂雪斋集》(全三册) 卷之十六,钱伯城点校,上海:上海古籍出版社,1989 年,第 677 页。

[144][150][171][194][明] 何镗编:《古今游名山记》卷之九下,第 27 页、第 27 页、第 27 页、第 206 页。

[149][明] 张元忭:《张阳和先生不二斋文选》卷之四,第 45 页。

[151] 楼庆西:《中国小品建筑十讲》,北京:三联书店,2004 年,第 116 页。

[153][163][178][民国] 熊宾监修,赵夔总纂:《续修大岳太和山志》(大同石印馆印),

卷七第 51 页、卷七第 24 页、卷八第 23 页。

[154][185][明] 徐宏祖：《徐霞客游记》，长春：时代文艺出版社，2001 年，第 27 页、第 28 页。

[157][明] 李时珍：《本草纲目》第五册卷二十九果部"榔梅"，上海：商务印书馆，1954 年，第 45 页。

[158] 王洪军：《榔梅真人李素希论略》，《中国道教》2010 年第 5 期，第 58 页。

[160] 赵波、胡一民：《论榔梅、梅花与道教文化的渊源关系》，《旅游学研究》第三辑，2007 年，第 174—175 页。

[161] 张驭寰：《中国塔》，太原：山西人民出版社，2000 年，第 1 页。

[164][清] 马应龙、汤炳塈主修，贾洪诏总纂：《续辑均州志》卷之十五，萧培新主编，武汉：长江出版社，2011 年，第 508 页。

[165][166][明] 袁宏道著：《袁中郎全集》卷上，上海：上海广益书局，1936 年，第 6 页、第 143 页。

[167][明] 吴国伦：《甔甀洞续稿》卷四，第 20 页。

[176] 中国建筑艺术全集编辑委员会编、杨嵩林主编：《中国建筑艺术全集》第 15 卷"道教建筑"，北京：中国建筑工业出版社，2002 年，第 59 页。

[177] 沈伟：《武当山五龙宫青龙白虎塑像及其制作年代》，《美术史研究》2008 年 2 月，第 50 页。

[179][唐] 柳宗元：《柳河东集》，上海：商务印书馆，《河东先生集》四"记祠庙"，《永州龙兴寺东丘记》，第 67 页。

[180] 周慧玲、杨年丰：《试论柳宗元山水游记的"旷如"与"奥如"》，《湖南科技学院学报》2009 年 1 月第 30 卷第 1 期，第 21 页。

[182][清] 朱彝尊辑录：《明诗综》卷八十七，朱竹垞太史选本六峰阁藏版，第 31 页。

[183][187] 田秉锷选注：《谭友夏小品》，北京：文化艺术出版社，1996 年，第 60 页、第 60 页。

[189][汉] 司马迁：《史记》卷六十三"老子韩非列传第三"，北京：线装书局，2008 年，第 284 页。

[192][196] 谢凝高：《山水审美——人与自然的交响曲》，北京：北京大学出版社，1991 年，第 70 页、第 72 页。

[193][明] 袁中道：《珂雪斋近集》，上海：上海书店，1982 年，第 138 页。

[198] 李允鉌：《华夏意匠——中国古典建筑设计原理分析》，天津：天津大学出版社，2005 年，第 322 页。

[199] 王国维著：《人间词话校注》卷上，徐调孚校注，北京：中华书局，1956 年，第 3 页。

[200] 侯幼彬：《中国建筑美学》，哈尔滨：黑龙江科学技术出版社，1997 年，第 289 页。

[207] 姚天国主编:《武当山碑刻鉴赏》,北京:北京出版社出版集团、北京美术摄影出版社,2007年,第116页。

[211][明] 计成原著,陈植注释,杨伯超校订,陈从周校阅:《园冶注释》第二版,北京:中国建筑工业出版社,1988年,第58页。

第十一章

武当山

在明代永乐年间还没有修建复真观时，仁威观为武当山西神道上规模最大的一座道观，是通往五龙宫的中枢，其建筑跨河谷两岸而独具特色。

仁威观建筑鉴赏

第一节　仁威观名称释义

仁威观之名源自"玄天元圣仁威上帝"的封号。《任志》卷一"诰副墨"之"元诏诰"记载："上天眷命皇帝圣旨：武当福地，久属职方。灵应玄天，宜崇封典。眷言真武，昔护先朝，定都人马之宫，尝现龟蛇之瑞。虽昭应修于明祀，而仙源未表于徽称。爰命奉常，议行褒礼。谓元者善之长，圣德合于一元；圣则化而神，元功同于三圣。拯济民生而仁周宇宙，廓清世运而威畅风霆。订鸿名而既嘉，宣宠光而何忝。于戏，天道主宰谓之帝，四字庸镇于山川。帝室眷命受于天，万年永安乎宗社。思皇多祉，佑我无疆。特别号曰'玄天元圣仁威上帝'。主者施行。大德八年（1304年）三月　日。"[1]明万历十四年（1586年）成书的王圻《续文献通考·群祀考三》载："元大德七年（1303年）十二月，加封真武为'元圣仁威玄天上帝'。"[2]元成宗对真武之神的册封，时间记载虽有差异，但由宋代真武真君直接升格为玄帝，表明元代统治者对真武神崇奉的加强。

宋亡元兴之前，金、辽二朝已在中原北方进行过统治，但少数民族统治汉族时受到了中华文化的渗透，为巩固政权，对道教反而采取了怀柔态度。金末元初，全真道及早投效蒙古统治者，后来居上，获得了比太一教、大道教及佛教、儒学等远为优越的地位，在近四十年的时间里维持了北方"设教者独全真家"[3]的格局。元统一后，活动于南方的符箓派流布江南，而北方传播的仍是全真教、真大教。蒙哥至忽必烈时期，从北方焚毁道藏到南方禁止醮祠，道教势力受到严重打击。正一道人张留孙通过太子真金向忽必烈恳请，保存了大量道经。[4]直到元成宗即位，才将忽必烈撤销对醮、祈、禁、祝等仪注禁令的诏旨颁行天下。发现宗教政策失衡，元成宗铁穆耳即升格真武神为玄帝，表现出对这尊大神的特殊感情及对道教的重视。

事实上，"世祖皇帝初营燕都，岁十有二月，龟蛇见于高梁河之上。上召问儒臣。翰林学士承旨臣卿等对曰：'国家受命朔方，上直虚危，其神玄武，其应龟蛇，其德惟水。夫水胜火，国家其尽有宋乎。此水德之征应也。'"忽必烈欣然接受了儒臣的解释受全真道影响，元至元八年（1271年）诏建"大昭应宫，祠玄武"[5]，时值国号"大蒙古国"改为"大元"，定都大都（今北京），正式建立元朝。元皇室诏诰加封真武神圣号，推崇玄帝较之宋代更有甚者，其目的在于笼络汉族人心，安抚道教，赋予蒙古人的统治政权受命于天的合法性。"他们推崇北帝玄武，既有强调其朝廷'元圣'仁威的法统意义，又有强调元朝受神道护国之意。这无可否认。而真武的披甲带剑的战神形象，也较符合元人强调以武建国的心态，较易产生代入感。"[6]元代学者、青城山樵诗人虞集撰写《玄帝画像赞》云："梦天人，被发跣足，玄衣宝剑，坐临厓谷……上帝临女，介尔景福"[7]，对玄帝的形象加以描绘，赞中记载玄帝像的画者乃吴兴赵公子昂，即元代书画家、文学家赵孟頫（1254—1322年）。因元世祖搜访遗逸，经程钜夫荐举，赵孟頫北上大都出仕。某日，他神明气清，静处贞独，梦见玄帝，而梦见玄帝被解析为洪福，"以享以祀，以介景福"[8]。于是，他绘出画像，使其形象具备"仁威"之威，诏诰中的"元者善之长，圣德合于一元；圣则化而神，元功同于三圣。拯济民生而仁周宇宙，廓清世运而威畅风霆"之句，是对玄帝仁慈博大、福德充溢"元圣"特质的嘉贶。1994年版《武当山志》记载："玉雕真武像1尊，元代雕制，原置华阳岩，1987年迁至老营，像高0.67米，披发盘坐，身着道服，作凝神修炼状。是全山尚存唯一玉石像。"[9]神像文神造型，身着广衲衣，衣纹简练，造型精美，配以玉石光洁质感，生动传神，体现"仁威"之仁。

真武圣贤形象的出现，与宋元以来真武地位的不断提升有关。广东省博物馆馆长肖海明博士《宋元明时期的真武图像变迁及其造像基本类型》一文，研究了这尊玉雕真武像"这种既似佛教的观音，又像古代圣贤的形象，当与以内丹修炼、符箓斋醮等为主的南方教派有较大的关系"。他还认为"元代的真武图像承继宋代真武图像的传统，在宋代多种玄武图像并存的基础上已明显地形成了武神和文神两个传统。武神以北方地区全真派传统为代表，文神则以南方地区道派传统为代表"[10]。始建于元代山西芮城永乐宫的三清殿壁画，西壁所绘"佑圣真武"披发飘逸，胡须外撇，表情严肃威武，身披皂袍，内穿金甲，右手握一把宝剑横在胸前，给人一种不怒而威的感觉，则体现了"仁威"之威。

武当山是中国南北交界之地，至明代，文神、武神、战神玄帝造像，青年、中年玄帝造像，数万尊玄帝造像遍布于武当山各大道观，起到了全面强化玄帝"仁威"的作用。

《任志》卷八"仁威观"条载："旧有故址。永乐十年（1412年），敕建玄帝大殿、山门、廊庑、东西方丈、斋室、道房、厨堂、仓库四十四间。钦授龙虎山法师吴宗玄为主持，率钦选道士焚修。"其"旧有故址"说明元代已然存在，只是尚无敕额。其命名既突出了战神的形象，也包含着福神的特质，更加符合时代需要和人心所向。

第二节　仁威观堪舆选址

大而建宫立殿，次而设观建庙，小而造桥铺路，凡是动土的建筑活动，无不和堪舆有关。风水堪舆是仁威观建筑的主要构成因子。

《任志》卷八"仁威观"条载："在五龙宫直北，香炉峰下。前带流水，后拥山峰，林木荫郁，清幽奇绝。"[11]其山水结构形局如下：

坐山——香炉峰：明人龚黄《六岳登临志》卷六明钞本宫十一"玄岳武当山"有"仁威，去五龙宫东北二十里，香炉峰下"[12]。此"香炉峰"取其山浑圆之状，貌似香炉而名，仅为小地名，与位于大顶东北、仙关之南香炉峰（推测为相子峰）巉岩磊落、浮岚晻霭的状态相比，并非同一座山峰。观南有"虎山垭子"与观西南的黑虎岩相连，亦与隐仙岩、灵应岩相邻。

砂山——照丈、马鞍山：为左右砂山。观西照丈为青龙山，观东马鞍山为白虎山，观西北的七里峰、阳鹤峰和东南的青羊峰，是青龙、白虎外侧护山。七里峰在隐仙岩北，竹关之下，距五龙接待庵一径七里，百步九折，越山度岭，有"钻天五里"之缘。

朝山——系马峰："在接待庵西，北当登山正路。一峰特起，即天马台。传云：昔玄帝现真容，乘白天马立于其上。下有一殿，曰：'黑虎大神之祠'。"[13]系马峰呈马鞍形，山垭宽阔。在武当山道教历史上，系马峰因玄帝乘白天马立于峰上而显应。许多名人纷至沓来，探奇访古，以此为题铸诗留文，故而名气大增，如罗霆震《系马峰》："待诏金门陟翠微，玉骢停驻踏朝晖。划然云路牵骐骥，得意朝天去似飞"[14]。诗人想象玄帝骑乘千里马驰骋飞腾。王世贞途经此地作《系马峰》："天马走长空，兹峰偶一系。万象欲现时，神将系吾意"[15]，把系马峰视为玄帝修行之地、圣神乘玉骢巡山停驻系马之处。系马喻"系吾意"，将栓马引申为系意、挂怀。孙应鳌的《系马峰》："怀仙空望远，系马不知年。石断疑天地，岩穷忽有天"[16]，诗人站在隐仙岩向东望，目光停留在真武神伫立系马的山峰上，只见石断岩尽处竟别有一番天地。从系马峰南行下山，五里长的青石阶神道香草野花，藤蔓缠绕，步行盘旋下到谷底，仁威观赫然而立。汪道昆的《太和山记》载："出五龙，渡磨针涧，过隐仙岩，岩虚明，视北道诸岩为胜。次系马峰，为仁威观，缭垣方广数十丈，石渠衡之，就中为石梁，当门以度。"[17]张开东《太岳行记》载其里程："出仁威观谷口八仙树，二十里皆荒陂。迨系马峰，凉飔悠扬，汗始收。山路石砌平旷，憩灵官殿，下五龙行宫。"[18]从蒿口桥琪桐河畔大青檀树起步，沿会仙涧，经茅阜峰、会仙峰、鲁家寨一直走马道，7.5公里后到系马峰，起伏蜿蜒的山梁断断续续有青石阶山路，路铺得比较规则，石板路近3米宽，中间并排铺三块大石板，两边各有两块小石板。到了系马峰必须下马，因为石板路变得不太明显，坡度太陡。再行五六里可抵达仁威观，前方隐仙岩，仅能徒步走明代以前形成的神道。

水——阳鹤涧：风水之法，得水为上，藏风次之。仁威观建于山间溪水阳鹤涧的中游，涧水从观西流来，再经观前流过，流出后的涧水称为东河，最终流向东南汇入青羊涧。这里山势巍峨，周围峭壁造天，林木翁郁，浓荫遮蔽，清幽无比。

仁威观的问水之法，属于自然水法中的曲水、支水与顺水的结合。首先，阳鹤涧流经正殿前呈环抱状，曲水单缠，回环缠绕，美不可言；其次，如果把青羊涧水系看作干水的话，那么，瀑布涧、阳鹤涧、飞云涧、小青羊涧、金锁涧、磨针涧、黑虎涧、牛槽涧、大青羊涧等，左右重重交锁都是它的支水；再次，仁威观四周龙虎砂山、坐山及案山护卫周密，可为吉穴。明代军事家、政治家、文学家刘基《堪舆漫兴》主张顺水之龙穴要低，有砂交锁始堪为。凡是直流而去无法交界回抱者无法结穴，但有了人工修建的桃花洞在观前西北处，水流顺势而来成为界抱形式的顺水，到观东南止息处有一个环抱的趋势，加之砂山

» 仁威观遗址（宋晶摄于 2007 年）

直接起阻隔作用，阳鹤涧便具有将地气同化而产生界气的功能聚集生气，再顺人工堤坝往东南方流去。

方位：鉴于以上四种因素影响，受地势的限制，仁威观只能选择坐东北朝西南向。

总之，仁威观堪舆选址颇为讲究，先看气象，后辨清浊，定宾主之朝揖，列群峰之威仪，在深谷巨壑的山腰间约十几亩平地处定址安观，地势虽有一定的坡度，但三峰聚首、二水激流，完全处于山环水抱、背山面水、深谷幽涧的自然环境之中，与复真观处在山腰高悬处完全不同。在五龙宫山水文化的整体营造下，赋予这片土地以玄帝信仰和灵异事物神奇的传说，使这里成为一块吉祥福地。

第三节　仁威观建筑布局

仁威观建于明永乐年间，占地面积约 1.1 万平方米，庙房 44 间，但主体建筑早年已毁。"1935 年 7 月，特大山洪冲毁大部分古建筑。后因均县知事收交庙产，无道士看管，自然塌圮成遗址。"[19] 建筑废墟残存山门两道（前山门、后山门）、普福桥、暗石桥各一座和宽丈二方整石石渠百余米。东河将仁威观一分为二，即北神区、南神区。

北神区：由五龙行宫至前山门再下二级台阶可达。建筑已毁，遗址深埋，残垣断壁，片砖碎瓦比比皆是，院内荆棘丛生，遗址布局不详。

南神区：主体建筑所在，由正殿祖师殿及两侧平行设置的东、西方丈套院组成。方丈内部套院相连，东西内侧山墙各开一座小院门与龙虎殿平行，正殿与偏殿连通，方丈套院由过渡性院落和方丈院落组成。差异之处在于：东方丈过渡性院落比西方丈略显狭窄，但幅度上完整、宽阔；西方丈过渡性院落由弯转台阶组成，幅度受地形水流影响，因而较窄，但西方丈院落西侧建筑，包括西侧山墙、一座道房及偏殿左上角处的一小间道房，均建于桃花洞石渠垫起的伸展出来的平台上，故东、西方丈院落内的宽度相同。东方丈院落由偏殿和三座道房组成，其中一座道房设置在偏殿斜对面东侧，另二座道房对称于偏殿两侧。龙虎殿墙基高大，三重方整石崇台，上行台基岿然高崇。中轴线分别排列照壁、普福桥、龙虎殿、月台、祖师殿。月台有护栏围板，两侧配殿对称布局，正殿大院宽敞。正殿及方丈套院的建筑单体正门，均设置台基，祖师殿现存须弥座雕花神台，故南神区整体按中轴对称布局，各建筑格调相同。

进入南区，先走过石桥拜谒玄帝等道教神灵，再由后门而出，前后两座山门均设置在观东一侧，东部墙壁下有似如意卷花样设计的排水口。后门设在龙虎殿崇台高墙尽头，出此后门即沿山坡登上清冷险峻的羊肠小道，通往五龙宫。

第四节　仁威观建筑鉴赏

仁威观遗址已不能彻上彻下欣赏它的建筑标峻了，但其神韵苍雅，清空淡远，独绝之处犹存。

至王龙台

318.8

堤坝

前门

至王龙台

后门

道房院

道房

道房

门

门

偏殿

配殿

遗址

河

东

祖师殿

月台

龙虎殿

门

照壁

普福桥

配殿

道房院

门

道房

偏殿

327

桃花洞

河

1间

道房

328.8

395.8

326.8

330.8

一、定址的绝妙

仁威观建在香炉峰山坡，依山就势，选取吉地之山水，建筑与地理环境和谐，这样的堪舆风水应是武当山观类建筑定址的精华范本。此外，还有镇水、纠偏、制造灵异方面的一些原因，对选址也起了关键作用。

（一）担负镇水之重任

仁威观是一座跨河谷修建起来的庙宇，而洞水取名阳鹤涧便有玄妙。《任志》卷四"括神区"第三篇卷四"涧"首次出现阳鹤涧之名："自阳鹤峰下穿林麓，东入于青羊涧。"[20]阳鹤峰"在龙顶之西北。连峰叠嶂，修竹茂林，寿杉数株，昔有瑞鹤巢宿于上"[21]，曾建有阳鹤庵、姚灵官祠等建筑，隐修者居此开挖药圃、莲池。《诗经·小雅·鹤鸣》云："鹤鸣于九皋，声闻于野。""鹤鸣于九皋，声闻于天。"[22]意即瑞鹤鸣于湖泽深处，巢宿于峰林，鸣声传闻于郊野九霄，隐喻有道之人即使身处山泽，修道之名亦可传之后世，与《周易·系辞上》"鸣鹤在阴，其子和之"[23]呼应。因此，山峰取名"阳鹤峰"，涧顺延名之"阳鹤涧"。

元代五龙宫赐名"大五龙灵应万寿宫"，寄托着统治者对五龙宫灵应道场祈子嗣、祈长寿的期许。在中国传统文化中，龟与鹤两种元素常联系在一起，龟代表阴，鹤代表阳，取其吉祥，寓意龟鹤延年、龟鹤齐龄，故只有用水神玄武这一龟蛇合体的形象，才能与阳鹤达到以阴克阳、阴阳和谐。因为玄帝是治水之神，对阳鹤涧能起到镇水的作用。从这个意义上讲，仁威观是一座玄帝庙宇。

（二）纠偏正位之意义

广州有以"仁威"命名的一座道庙，最初称为北帝庙，始建于北宋仁宗皇祐四年（1052年），因元代北帝素有"仁威"的封号而改名易称仁威庙，供奉真武大帝。"玄帝，天之大圣，世之福神。"[24]该庙地处广东泮塘水乡珠江口，受台风、洪涝影响严重，百姓集资为保护神北帝兴建，以求镇水，祈祷风调雨顺，因为北帝是最能代表北方的正朔之神。武当山仁威观以玄帝为供奉主神，自然有镇水、保佑一方平安的用意。但坐向不是坐北朝南正向位，因而采取了坐东南朝西北之向，借助神灵的威名纠偏，从建筑哲学的建构上对坐向的不佳给予调整，从而强调了玄帝主神法统意义上的端正，在抵达五龙宫之前埋下意义的伏笔。

（三）融入灵异之神话

仁威观周围峰岩溪涧按方位分为：观东的马鞍山，观东南的青羊峰，观南的虎山垭子，观西的金华洞和汇于青羊涧的小青羊涧（即金华洞沟），观西南的五龙顶、隐仙岩、黑虎岩，观西北的阳鹤峰，观北的系马峰。这些命名具有以下特点：一是，自然山水往往与一些灵异动物产生关联，如阳鹤峰仿佛是"仙骑"，王世贞《阳鹤峰》有"老鹤巢杉株顶圆，欲充仙骑上青天"[25]。二是，把自然山水融入玄帝神话之中，如吴国伦的《黑虎岩》："黑帝驱黑虎，山行辟妖魔。至今岩谷里，时有猛风过"[26]。三是，让玄帝与老子产生内在联系，如罗霆震《尹喜岩》对隐仙岩进行了大胆的想象："道之所隐即仙灵，心印函关道德经。不待邛州乘鹤去，此山仙已是天庭"[27]。作者把隐仙岩视为天庭仙境，"梦中鉴中天地，有用无用辐轮。远矣元帝老子，翛然文始真人"[28]，以老子弟子尹喜间接地联系到玄帝，以示道统之正出。青羊涧是仁威观之东一条大涧，故在阳鹤涧水弯折处断岸坂堤，小桥横跨。王世贞在《由武当之紫霄，历青羊桥，憩五龙，出仁威观有述》一诗中有"安得乘蹻道，遥青庶可摘"[29]。"乘蹻道"的典故来源于东晋葛洪的《抱朴子·杂应》："若能乘蹻者，可以周流天下，不拘山河。凡乘蹻道有三法：一曰龙蹻，二曰虎蹻，三曰鹿卢蹻。"[30]王世贞所乘蹻道乃受"龙蹻"所感，"龙蹻"属于道教的飞行术。

综上所述，关于仁威观定址不得不用"惊人"来形容，它不仅仅是风水的权衡术——风水只是定址的充分条件，而且山水以人文景观命名为装饰，人文使自然生色，合乎中国画的画理，山峰不得重样，洞水不得一般，附加在这片土地上的无形的文化才是定址能够传扬的充要条件。

二、巧构的奥秘

武当山道教建筑"五里一庵十里宫"，间隔排列，井然有序，散而不乱。一般来讲，"祖师殿是道教建筑，是供奉道教祖师的地方。因道教各宗派不同，祖师也不同，所供奉的神像也不同"[31]。仁威观和武当山其他道教宫观庵庙一样，也是一座"普及性"的玄帝庙宇，其正殿称为祖师殿。《玄天上帝百字圣号》中有"三教祖师"[32]这一圣号，先秦时期"三教"指儒、墨、道三家。自东汉佛教传入我国后，墨教消亡，三教逐渐改称儒、释、道。《北周·周纪》云："帝升高座，辨释三教先后，以儒教为先，道教次之，佛教为后。"[33]"内丹修习之外，道士持续其古老传统，在存想中朝觐天庭。这时保护神——法主自然成为朝觐的对象。以真武为例，以真武为保护神的道士，称真武为祖师，每日打坐，朝觐祖师真武。"[34]因为仁威观主体建筑按轴线对称布局，山门、龙虎殿、东西方丈等均符合明代皇家建筑规制，所以，仁威观是明代一座正规性道观。崇台及望柱栏板、须弥座雕花神台等，极大地烘托了仁威观的庄严气氛。在仁威观与隐仙岩之间有一些建筑，"在明代前为（五龙）接待庵"[35]，后被利用作为民房，在朝山活动中承担着接待过往香客行旅的功能。

徐学谟由五龙行宫进山，途经仁威观，"迤宫（按：五龙行宫）后斗折而上，众峰攒蹙，腾突撑拒，声岈逼侧，莫省向诣。转瞩凹处，役者缒舆而上，纵纵作蛇行。崩石临隧，乍异乍合，乍起乍蹶，惝恍万状。忽有介丘，直前行，谲而登，有仁威观在焉。观前石梁宛转，曰'普福桥'。桥之下洼然深黑，漩濑退贮，潜潜喷震可听。其上四山黔然，类殊瓮，剖其中而隆其外，一隙射天，光怪晃烁。丹碧之华叶，隐隐森动。以其地幽而峦结，迫厄衰敛。回眸顿趾，若乘塞障不得下"[36]。王在晋则反之，他在积冻吹寒雪色天光之时从五龙宫出山，"东行十余里为仁威观。观前为普福桥，局面宽广，山隤峰缺境，如遐荒，人静鸟闻"[37]。明代文人对仁威观并没有飞甍映日、杰阁联云、气势不凡的描述，而是从普福桥的形、水流的样貌声色、环境的幽深蔽闇来刻画。

仁威观建筑有三绝：入观朝神先过桥；"旁门左道"石渠绕；须弥山底如意造。

普福桥：是横跨于阳鹤涧东河之上的一座古朴的单孔石拱桥，桥长10.20米，宽3.2米，孔跨5.9米，高53米。之所以称为普福桥，是说不管什么人，只要从此桥走过，就可以见到祖师殿内神台上供奉着的玄帝，得到这位治世福神赐予的满满福气。这座桥相当于转化桥，是玄帝信仰的一个符号。汪道昆描述石桥："缭垣方广数十丈，石渠衡之，就中为石梁，当门以度。"[38]为什么说"当门以度"呢？因为在仁威观中

» 普福桥（宋晶摄于 2004 年）

轴线上，祖师殿前只有龙虎殿，过桥相当于一道进门，因此，该桥属桥门式建筑。再登上高高的龙虎殿，潜意识中强化了多道门的存在，使过河成为朝山行程中的重要事件。唐代诗人、画家王维说："山腰掩抱，寺舍可安；断岸坡堤，小桥可置。"[39] 对于一座道观而言，虽然进入前山门，但不度此桥依然无法进入神区。有了此桥，便有了一波三折的局面，林木山石之间，殿宇、拱桥、山门等藏而不露。阳鹤涧毕竟不是一条小沟壑，普福桥与环境亲和是一种强调法则，体现以普福桥为主体，桥区有照壁及其他建筑，创造了以桥梁为标志或象征的桥梁景观。

普福桥将仁威观一分为二，类似的布局在有些大型道宫中有使用，如紫霄宫前的禹迹桥、金锁桥，玉虚宫前的玉带桥，都是通过修建人工水渠，使宫内流水呈眠弓状，形成风水的最佳格局。然而，仁威观一桥跨两岸，把道观分成两部分，保持了建筑背山面水的风水格局，在全山观类建筑中仅此一例。同样是观前建桥，龙泉观在天津桥南面设置照壁的风水学意义，在于化解九渡涧直冲而下湍急水流的邪气，规避观前案山尖锐杂错、来龙排列紊乱的煞气。从建筑审美上看，这座照壁有障景的作用，产生了大顶朝香的审美预期，三位一体的龙泉观小品建筑，也因桥在中间得以平衡视觉，但与普福桥横跨观沟峡谷、拜神求福、当门以度相比是截然不同的性质。

步下石桥，登临龙虎殿崇台，进入正殿祖师殿，方可虔诚拜谒。从仅存的须弥座神台可以看出，整个神台分为三层，满雕，装饰内容为一对火凤凰向着太阳式的牡丹飞翔，栩栩如生，配有缎带纹，雕艺精美度在全山少见，仁威观正殿必定是朱门玉殿、台阁连云、巍峨壮观的。

桥面修建了五组望柱栏板，因逢单不逢双。现桥身保存完好，但桥头抱鼓石、地栿不存，桥面石部分破损。在桥的上游还建有引水涵洞，站在桥上，溪水在脚下潺潺流过，观赏蝴蝶飞舞，聆听百鸟鸣涧，别有一番雅趣。

山门：两道山门建于明代，均矗立于观的东侧，坐东朝西，形制相同。面阔三间11.08米，进深一间4.2米，通高5.6米。分为上、中、下三部分。上为悬山式屋顶（单檐歇山灰瓦顶），一条正脊、四条垂脊，屋顶伸出山墙之外，桁檩承托，前后出檐，挑于山墙外的石桁很长，四角飞翘；中为拱券门屋身，砖石垒砌的弧形门洞，其拱形曲线是门洞立面构图的重要元素。拱圈是拱券门承重部分，为半圆弧形式门洞边缘券脸石，雕刻成"如意"装饰，形状十分优美，在实用性之外平添艺术性和观赏性；下为石雕须弥座，内外侧立面都由两块大石板砌筑，正立面须弥座由一块大石板砌筑，每块石板中部均刻如意卷云纹浮雕，外框条石镶嵌，格调与旷野幽谷和谐，属于特制的一种下肩须弥座。拱券门的整体形制在武当山山门建筑中是独一无二的，没有雷同，虽建于明代，

➤ 龙虎殿崇台（宋晶摄于2004年）

➤ 祖师殿神台须弥座（宋晶摄于2004年）

➤ 后山门背立面（宋晶摄于2007年）

却具有元代山门粗犷质朴的风格，构思独特，全山罕见。现存两座山门屋面损毁严重，墙体酥碱，须弥座遭风化。

三、营造的意境

徐学谟在《茅阜道中有述，晚登五龙宫，止宿方丈》一诗中描写仁威观："迂迤腾绣隥，寋步钦仁威。旁扃启修径，嘉卉蒙葳蕤。清阴结道周，驰曜朗隙垂。昼晦灵鸟集，林端驯兽窥。"[40] 作者经过了一番曲折后，突然见到锦绣缤纷的仁威观石渠曲岸，虽长途跋涉已跛足艰难，仍恭敬拜谒了仁威玄天上帝。一南一北隔涧相望的山门已然开启，修径可通幽隐，嘉树、美卉、垂萝，一派茂盛。出山门外的神道为清凉的树阴所笼罩，阳光透过树隙照射下来，百鸟欢唱，野兽窥视，庙观一带既清幽又神秘。山门尤为突出，这一建筑具有"一夫当关，万夫莫开"的气势，处于通向五龙宫的必经之路上。宋代韩拙论画时说："关者，在乎山峡之间，只一路可通，傍无小溪，方可用关也。画僧寺道观者，宜横抱幽谷，深岩峭壁之处……山居隐遁之士，放逸之徒也，务要幽僻。"[41] 如此符合画理的"旁扃"山门，将仁威观的建筑意境之美点缀得淋漓尽致。若非识得幽奥之理，焉能精通妙用？！五龙宫的幽是道人居岩修炼，建筑深隐岩阿之幽，而仁威观的幽则是建筑横抱山坡，但又隐藏于幽谷山壑之幽。

置身于仁威观风光旖旎、特异清越的山光水色之中，嘉卉茂林、葳蕤香锁、野溪清冽、游鱼灵动，特立的山、水、风、石使人有赏不尽的乐趣。这里景色丰富，境地清幽。自然界清幽深邃的境界，都是仁威观景观的表现形态，而其草木泉石一旦经过学养深厚的诗文大家品题之后，莫不为后世所慕。

顾璘在《入山》一诗中写道："万山西来高武当，灵区物物非寻常。溪边石黛转争碧，霜后草花犹自黄。栖岩人共鸟鼠穴，行空马逐鹓鸿行。不知王烈在何许，明朝可逢石髓尝。"作者注意了"石髓"："仁威观前有白石，特奇，余题曰：'玉鳞'。"[42] 说明自然界奇石被恰当地利用或布置在观前，它们可能体量有限，却能触发人的想象并以此作为媒介而令观赏者突破眼前的景观局限，引领审美意象升华到一个更高的、更广大的境界。北宋文学家、书法家、唐宋八大家之一的苏轼在《次丹元姚先生韵》中问道："王烈亦何人，叔夜未可量。独见神山开，遮飨石髓香。"[43] 传说王烈常服黄精和铅，年三百三十八岁犹有少容。他登山历险行步如飞，见山破石裂有青泥流出如髓，搓成丸，随手合凝气，如粳米嚼之。因此，作者见到观前白石，自然联想到传说中的神仙王烈，表达了成为神仙的愿望，而观前这一构景的艺术手法却是不露痕迹的。

王世贞万历二年（1574年）以都察院右副都御史抚治郧阳提督军务，他在游记中对仁威观记叙道："观前石梁，曰'普福桥'。桥之胜，下靓深伏泉窦焉。上顾四山，若瓶口而微缺，从缺之所而得日，草木皆媚。自是复蛇行下数里，至五龙行宫，踞其前门小憩。山已忽左右辟，多为平畴，青碧布垅，除道益广，而所留羽仪亦至。"[44] 作者观赏仁威观时，特别注意到了普福桥的绝妙之处，即桥下装饰了一个很深的暗泉眼，一股股水从泉眼里往外冒，喷珠吐玉，在婆娑点点的阳光下吐纳着天真地秀。而环视四面山峦仿佛身处瓶内，从瓶口的小缺口才得见太阳。清澈闪耀的泉眼对应瓶口耀目的光辉，俯瞰与仰视之间，自然赐予的泉水涌流，泉水孕育的山间青翠，清虚宁静的幽深意境跃然眼前。

袁中道游记载："至此，易夷为险，山路颇多怪石，浓阴遮蔽，好鸟和鸣。近仁威观，流水轰然，沿途溪水四至，真与九渡涧争雄，时有瀑布。"[45] 为什么他说"易夷为险"呢？因为从蒿口起步南行，先登武当山七十二峰最北一峰茅阜峰，谓之"山上之一岭，福地之初门"[46]。神道就在山岭之上，宽约二至三米，全为方整青石板铺地，岭坦易行，也可一直骑马而行。上岭约2公里，当道而建"守土地灵官祠"，"灵显异众，人有茹荤亵侮登山者，微则蛇虎斥逐，否则摄于树下，如束缚之状。由此观之，神物护山。如是居登者，其灵应又当何如"[47]。该神祠已圮。而后再南行约3公里，登山大道之间有一座会仙峰，仙术铺地，橡木映天，曾建有"会仙都土地祠"。宋端平中，武当山主山住持曹观妙迎"三茅真君"于此，现神祠已圮。最后南行登山2.5公里即为系马峰。历史上的系马峰有神道，为马道，但到此陡坡必须下马，传玄帝曾系白天马于此。神道旁一峰特起，即天马台，曾建有"黑虎大神之祠"。仁威观北建有接待庵，系马峰在庵西。从系马峰盘山道下2里许，有南北宽80米、东西长百米的坡地即仁威观所在。山中磨蚀出一缕山路，深林菁茂，白昼似宵，骄阳疑月，继续盘山道南行约4里到竹关。古代有将军镇守，道西建有将军庙，已圮。竹关西北紧邻隐仙岩，《南雍州记》记此岩为尹喜、尹轨修炼之地。袁中道描写通往仁威观的神道易夷为险，进而记述观前的轰然流水及瀑布，水势甚至可以跟九渡涧一争高低，让仁威观充满了生命的气韵而默契自然。山路颇多怪石、浓阴遮蔽，点缀中的一石一木一禽，像沉落遗忘于宇宙悠渺之外，意境旷邈幽深，都是作者的一种充满自然生机与"水流心不竞，云在意俱迟"[48]的审美方式。审美者的心境与自然山水浑融交汇，正是仁威观构景的妙处。所以，仁威观所表现出来的精神是一种静默地与这无限的自然、无限的宇宙浑然融化、体合为一的空灵，是心灵深处对现实世界一种更高层次的审美观照。

明代谭元春强调性灵之说，认为文章应该抒写个人性情。他的《游玄岳记》细腻地描写了来到仁威观的发现："有落叶数十片，背正红，点桥前小池，若朱鱼乘空。过观十余里，桃李与映山红盛开，如春；接叶浓阴，行人渴而憩，如夏；虫切切作促织吟，红叶委地，如秋；老槐古木，铁干虬蜷，叶不能即发，如冬。深山密径，真莫定其四时"[49]。他采用数十片"背正红"的落叶来点缀景观，"点桥前小池，若朱鱼乘空"句让静态的落叶立刻灵动起来，极富幽情仙意。过了仁威观景致更加奇异：桃李与映山红盛开如春；接叶浓阴，行人渴而憩如夏；虫切切作促织吟，红叶委地如秋；老槐古木，铁干虬蜷，叶不能发如冬。这是运用一种新颖别致的形象思维来观赏景致。澄心凝思，现象的"有"与季节的"无"相互融通，从现象中来但又超脱于现象之外，给读者以深山密径真莫定其四时的感叹。谭元春对明初空疏的文风十分厌倦，认为不应在形式上盲目拟古，而应深入学习古人的精神。当他纵情山水时，让自己的性情自由飞扬，登山则情满于山，观水则意溢于水，如庄子所言"澡雪而精神"[50]。谭元春的《将至仁威观复过观十余里作》诗有"群阴覆绝壁，身心绿离离。太古猿鸟声，白云何所为"[51]之句，在思维上把握动静、有无的统一，情景结合，神与物游，"寂然凝虑，思接千载；情焉动容，视通万里"[52]。因此，他才能独创出个性化的武当山游记和诗歌，讴歌武当山、仁威观。在西神道的深山密径中，独特观察让仁威观一天之中能欣赏四季美景，也难怪陶醉其中。虽然仁威观已毁弃，但因谭元春的文笔增添的人文景观价值却没有湮埋，反而历久弥新，永不磨灭。

晚明文学"中兴五子"之一的冯时可在《太和山游记》中写道："又十里下陂，林木渐巨，山峰四辏中为仁威观，观前有普福桥。从右折而上冈，山益淡，树益老，翠蔓蒙络，霾天晦日。如此又约十余里，人声、鸟声并寂其径，如太古、如遐荒景象，已从间道入。"[53] 作者描写了进出仁威观前后十里大尺度的空间，通过"下陂"和"上冈"揭示仁威观建筑选址深邃幽奥的特征。它聚集在山峰四辏的谷底，普福桥点缀其间渲染着典雅的境界。通过"林木渐巨"的苍劲与"山益淡，树益老"的沧桑，到"翠蔓蒙络"的藤萝漠漠，雾霾深晦，体现了仁威观蕴含的素朴自然的建筑意境之美，这样的道观大尺度的园林空间造型、建筑位置的布设绝不会是率意而为，而是经过仔细权衡的结果。隆庆状元、授翰林院修撰的张元忭在《游武当山记》中描述："行十余里，历连三坡复折而下，渐下渐幽，树益密，石益奇……观当四山之奥，炎喧渺隔，别是一天。"[54] 与冯时可的记载相互印证。仁威观香火鼎盛，香客络绎，但在"上冈"通往五龙宫十余里森萝密布的山径中，人声、鸟声渐渐地静寂下来，游者逸思入微茫，如太古、如遐荒，在心性上超越了具体的时空局限，人与自然和谐互动，而现实的群山环绕、翠峰如簇的景象深化为终极性的哲学认知，使作者享受了仁威观带来的宁静淡泊的美好意境。

注释：

[1][5][7][11][13][20][21][24][46][47] 中国武当文化全书编纂委员会：《武当山历代志书集注（一）》，武汉：湖北科学技术出版社，2003 年，第 84 页、第 299 页、第 350 页、第 278 页、第 15 页、第 223 页、第 11 页、第 56 页、第 16 页、第 215 页。

[2][清] 高宗敕：《十通第八种续文献通考》第一册，群祀考三卷七十九，北京：商务印书馆，第 3495 页。

[3][元] 王恽：《秋涧集》，"真常观记"卷四十，钦定四库全书荟要，第 515 页。

[4][元] 虞集：《道园学古录》卷五十，摛藻堂四库全书荟要集部，"张宗师墓志铭"，第 22 页。

[6] 王琛发：《从历史和经典看玄天上帝神演变》，马来西亚槟州玄武山中灵宫，2009 年，第 27 页。

[8][22] 程俊英：《诗经译注（图文本）》，上海：上海古籍出版社，2006 年，第 474 页、第 277 页。

[9] 武当山志编纂委员会：《武当山志》，北京：新华出版社，1994 年，第 193 页。

[10] 肖海明：《试论宋、元、明真武图像变迁的"一线多元"格局》，《思想战线》2005 年第 6 期。

[12][明] 龚黄：《六岳登临志》卷六（明钞本）宫十一执虚堂，"玄之神祠"。

[14][27] 罗霆震：《武当纪胜集》，《道藏》，文物出版社、上海书店、天津古籍出版社，1988 年，19 册第 676 页、第 674 页。

[15][25][29][明] 王世贞：《弇州四部稿》，钦定四库全书集部，卷四十六第 22 页、卷五十三第 7 页、卷五十二第 15 页。

[16][28][明] 孙应鳌：《学孔精舍诗钞》卷五，北京大学影印本，第 6 页、第 16 页。

[17][38][明] 汪道昆撰：《太函集》卷七十三，朱万曙、胡益民主编，合肥：黄山书社，2004 年，第 1501 页、第 1501 页。

[18] 宋晶编：《大岳清游——武当山游记辑录》，北京：中国社会科学出版社，2019 年，第 144 页。

[19][35] 张良皋主编：《武当山古建筑》，北京：中国地图出版社，2006 年，第 104 页、第 104 页。

[23] 杨天才、张善文译注：《周易》，北京：中华书局，2011 年，第 577 页。

[26][明] 吴国伦：《甔甀洞稿》卷之三十，北京大学影印本，第 16 页。

[30] 汤一介主编：《道学精华（上）·抱朴子内篇·杂应》，北京：北京出版社，1996 年，第 724 页。

[31] 中国道教协会、苏州道教协会：《道教大辞典》，北京：华夏出版社，1994 年，第 767 页。

[32] 张继禹主编：《中华道藏》第 30 册，北京：华夏出版社，2004 年，第 617 页。

[33][唐] 杨延寿:《北周·周本纪》下第十,百衲本二十四史四部丛刊史部,上海涵芬楼影印元大德刻本,上海:商务印书馆,第 11 页。

[34] 赵昕毅:《以祖师之名:雷法,内丹,与真武》,《国立屏东教育大学 2008 宗教艺术国际学术研讨会》论文集,第 41 页。

[36][40][明] 徐学谟:《徐氏海隅集》,北京大学影印本,卷十一第 4 页、卷三第 2 页。

[37][53][清] 王民皡、卢维兹主编:《大岳太和山志》卷十七,第 42 页、第 47 页。

[39][唐] 王维撰:《山水诀、山水论》,王森然标点注释,北京:人民美术出版社,1959 年,第 1 页。

[41][宋] 韩拙:《山水纯全集》,影印文渊阁四库全书子部 119 艺术类 813 册,台湾商务印书馆,总 813—321,第 11 页。

[42][明] 顾璘:《顾华玉集》凭几集续编卷一,钦定四库全书,第 123 页。

[43][清] 王文诰辑注:《苏轼诗集》第 9 册卷 36,孔凡礼点校,北京:中华书局,1982 年,第 1950 页。

[44] 倪志云、郑训佐、张圣洁主编:《中国历代游记精华全编》,石家庄:河北教育出版社,1996 年,第 1019 页。

[45][明] 袁中道:《珂雪斋近集》,上海:上海书店,1982 年,第 138 页。

[48] 王新龙编著:《杜甫文集》,北京:中国戏剧出版社,2009 年,第 139 页。

[49][51][明] 谭元春:《谭元春集》卷二,上海:上海古籍出版社,1998 年,第 546 页、第 80 页。

[50] 陈鼓应:《庄子今注今译》,北京:中华书局,2004 年,第 607 页。

[52] 周振甫:《文心雕龙今译》,北京:中华书局,1986 年,第 248 页。

[54] 张元忭撰:《张扬和先生不二斋文选》卷四,第 45 页。

第十二章

武当山

太和宫建筑鉴赏

武当山"顶镇乾坤举世无双胜境，峰凌霄汉天下第一仙山"[1]，是中国道教圣地。其道教建筑群以"九宫八观"为代表，自由灵动，气势恢弘，仿佛一部大型交响曲。从传奇习静的静乐宫开启序幕，一阵快板的奏鸣曲，道教得道成仙、永享逍遥的快乐主义基调定格在"治世玄岳"牌坊。经遇仙妙化的遇真宫、璇室甲宫的玉虚宫徐缓的慢板，再用一段稍快的乐章，让福地仙境的紫霄宫、绝壁形胜的南岩宫尽展其美。这时，可用一阵行板，陶醉于北神道高山流水、郁木繁花之间，在宫、观、庵、庙、台、祠、桥等点缀的音符里，神仙窟宅的五龙宫让"拥殿千朵芙蓉"的美妙乐章尽响；也可用一阵急速的快板，经朝天宫、一天门、二天门、三天门、朝天门的奏鸣曲，穿过南天门高大城墙，伴随"九连登"的回旋曲，最终达到华美乐章的高潮——撼世奇绝的太和宫。

在美学上，中国古人有一种经久不衰的艺术嗜好，即遵从"道法自然"的道教教义。永乐十七年（1419年），明成祖敕隆平侯张信、驸马都尉沐昕建武当山太和宫，并特此下达圣旨强调："今大岳太和山大顶，砌造四周墙垣，其山本身分毫不要修动，其墙务在随地势，高则不论丈尺，但人过不去即止。务要坚固壮实，万万年与天地同其久远"[2]，体现出创建太和宫所遵循的"道法自然"建筑理念。"居然鳌极载蓬莱，金阙凌空次第开。云拥龟蛇浮帝座，月明鸾鹤度瑶台。"[3]太和宫选址充分利用了天柱峰高耸霄汉的气势，巧妙布局，达到自然天成的艺术意境。

第一节 太和宫宫名释义

太和宫的宫名，由于历史演变而颇具考证价值。

一、"大岳太和宫"之名的文化渊源

"太和宫"一名的最早出现并不在《总真集》，而是元泰定元年（1324年）全立《九渡涧天津桥记碑》所载"太和宫住持"[4]。《任志》"楼观部"首次记载"大岳太和宫"："永乐十年（1412年）敕建宫宇……为武当之第一境也，赐'大岳太和宫'为额。"[5]"大明诏诰"又载："永乐十五年（1417年）二月初六日，隆平侯张信同翰林院学士兼右春坊右庶子杨荣等，早于奉天门奏。奉圣旨：大顶金殿，名'大岳太和宫'，钦此。"[6]可见，"大岳太和宫"建筑为期五年，定址天柱峰大顶且特指金殿一处。宫成，驸马都尉沐昕书丹"大岳太和宫"石质横额（外辅边框 0.10 米、高 0.60 米、宽 2.50 米。正书，双色线刻影雕），悬嵌于朝圣殿门楣。

明嘉靖十四年（1535年）陆铨的《武当游记》是记载太和宫最早的游记名篇："入太和宫。中堂三间，翼以两厢，檐滴垂珠，阶砌凝润，盖山高云重故耳……凡周折数回，孤峰特出，四山如壁……已而仰视，遥见女墙森耸，神门高敞，予以此即绝顶矣。从人曰：'未也，此紫金城也。'入城螺旋而上，行如转轮。将百步许，见东天门，又数十步见北天门，又数十步见西天门。城如蓑衣，以次斜高，倚岩附峰，

>> 太和宫朝圣殿石额（刘小魁摄于 2020 年）

下临无际。已而仰见炉烟杂云，龛灯耀林，予以此即绝顶矣。"[7]此时，"太和宫"仅指朝圣殿区域，太和宫、绝顶、紫金城三者历史上应各有所指。

（一）"大岳太和宫"因山而名

"大岳"之名始见于宋代《图经》"武当山……一名大岳"[8]。北宋文学家李鷹作《武当山赋并序》，该骈体文使用了"大岳"概念："予观此山，去天咫尺，名曰'大岳'。"[9]《总真集》开篇引用"传记云：武当山，一名太和，一名大岳，一名仙室"[10]。"大岳太和山"是永乐十五年（1417年）二月初六日明成祖敕名，载于《任志》："武当山，古名'太和山'，又名'大岳'，今名为'大岳太和山'"[11]。大岳、太和山均为武当山之别称，故"大岳太和宫"因山而名。

大岳，相对于"五岳"而言。"五岳"起源于中国古人的山川崇拜和对山神的祭祀。《周礼》记载："以血祭祭社稷、五祀、五岳。"[12]唐尧虞舜的时代，武当山已是"柴望遍祀之地"[13]。柴谓烧柴祭天，望谓祭国中山川，柴望泛指祭礼。不过，唐司马承祯编撰的《天地宫府图》所列道教十大洞天、三十六小洞天、七十二福地里尚无"武当山"一名。直至唐末，杜光庭编辑的《洞天福地岳渎名山记》才有"武当山，在均州，七十一洞"[14]，并卓有见地地将十七处道教名山补入七十二福地，武当山列为第九福地。其"中国五岳"条云："中岳嵩高，岳神中天王……东京武当山为佐命。太和山、陆浑山同佐理。"[15]《总真集》亦记武当山为"中岳佐命之山……嵩高之储副，五岳之流辈"[16]，意即辅佐中岳嵩山的一座山，相当于"太子"位而未改变"国之副君"的地位。至明洪武年间，武当山的山岳地位仍然无法与五岳相比，尚未列入朝廷正式祀典。

然而，历史赋予武当山一次绝佳机遇。伴随明成祖"靖难之役"的成功，尽管封建社会由盛转衰，但明皇室却高度重视起武当山来。一方面，明成祖于永乐十年（1412年）派遣勋臣贵戚大修武当山玄帝宫观。《任志》卷四载："永乐十年，太宗文皇帝惟玄天上帝有阴翊皇度、福国裕民之功，特敕大臣隆平侯张信、驸马都尉沐昕等，率领官员军夫人匠二十余万，敕建宫观三十三处。天柱峰冶铜为殿，黄金饰之。范玄帝金像，精严置设，旷古未所有也。盖谓昭答神贶，上以报荐祖宗在天之灵，下为天下苍生祈迓福社祇。宫殿落成，特敕武当总名为'大岳太和山'。"[17]武当山以皇室家庙的规格进行创建，营造玄帝修真得道的圣地和香客信众景仰的祖庭，使武当山道教建筑达致历史鼎盛。另一方面尊礼抬升武当山为"岳"，以报答神恩。明成祖敕封武当山，将"大岳"冠于太和山前，强调其地位在"五岳"诸山之上，享有"四大名山皆拱揖，五方仙岳共朝宗"[18]的崇高地位。一时间，天下之大，群山之雄，唯武当山至尊，虽五岳而不能及其名，是超越龙虎山、茅山、齐云山、青城山四大道教名山之上的宗祖之山。明代许多风雅大家对其"大岳"地位都赞颂不已，如礼部尚书兼翰林学士、工部侍郎陆杰肯定了"表为'大岳'，礼视郊丘，百神莫之或先"[19]。官至云南兵备副使的王镕评价"大岳"："镇雄五岳而祀超百代，天下莫加焉。"[20]公安派文学家雷思霈云："文皇帝起北平，袭斗极，阴行姚少师之言，办道设教超五岳而登封之。"[21]徐霞客游历湖北唯一写下游记的《游太和山日记》，有"余髫年蓄五岳志，而玄岳出五岳之上，慕尤切"[22]，这位伟大的地理学家认定的天下第一山是武当山，故有急欲一窥其貌之情。嘉靖年间，明世宗进一步加封"玄岳"。王世贞《玄岳大和山赋》有"世宗朝复尊之曰'玄岳'，而五岳左次之矣"[23]。"大岳""玄岳"祀典超越了对五岳的祭礼，其政治地位也高于域内其他名山仙境。

清康熙帝《泰山龙脉论》称泰山实发龙于长白山，后代皇帝便对雄镇五岳的东岳泰山趋之若鹜，清修《明史·礼志》也淡化明代皇帝尊崇武当山的史实，遂使武当山二百多年"天下第一名山"的鼎盛历史逐渐湮没。

（二）"太和山"命名缘由

"太和山"语出南北朝时期北魏郦道元的《水经注》："武当山，一曰太和山，亦曰嵾上山，山形特秀，又曰仙室。《荆州图副记》曰：山形特秀，异于众岳。峰首状博山香炉，亭亭远出，药食延年者萃焉。"[24]元代揭傒斯撰书的《万寿宫碑》解释山名："天垂地接，阳嘘阴噲，不可名状，名曰'太和山'。"[25]大山连接天地，阴阳交感、吐故纳新的状态为何不可名状？按老子所言"绳绳不可名，复归于无物，是谓无状之状，无物之象"[26]，无法用言辞形容，是"道"的状态。然而，揭傒斯还是用"天垂地接，阳嘘阴噏"来启示天下，晓畅后人"太和山"命名中的法理，故太和山缘何得名便是理解"大岳太和宫"宫名的关键所在。

1. 山势奇特的启示

从大的风水格局看，天柱峰是武当山最高峰，古人形容"高万丈，居七十二峰之中"[27]，山形奇特，嵯峨高壮，故得名"崇岭"。其下蟠地轴，上贯天枢，几于"天柱"，山的气势仿佛天垂地接。武当山背依大巴山脉，西北连接昆仑山。一路来龙的昆仑山让天柱峰蒙受沿龙脉流行于地中的"生气"而招致吉祥，成为生气充溢永驻之地。武当来山之正脉，古人认为是武当山西侧距大顶百里的天马峰，又名马嘶山、西望峰（今十房高速附近的清凉寺山）。《图记》云："山自乾兑发原，历关、陇、金、房之地，盘亘万里而至于斯。"[28]《总真集》进一步描述其"乾兑发原，盘亘万里，回旋若地轴天关之象，地势雄伟"。"乾兑"方位上属西偏北。以自然山峰、整体山貌暗喻天地高度和谐，延伸出天地交泰而为"太和山"。清道光皇帝御赐该宫并书丹"生天立地"金匾颇含此义。"太和山"一名，揭示出道生阴阳，阴阳对立统一转化，是化育万物生成运行之本质。天柱峰处于"七十二峰朝大顶"拱揖之状的核心，万山朝拜，势如熊熊燃烧的火焰直上碧空，符合"水火化生于一画"。"水火"即太极阴阳，"一"指"道"，而"道"是解释这种天下奇观的本原。

2. 龟蛇造型的认知

古人从许多角度观察武当山，发现了它天地自然造化的玄机。天柱峰（大顶主峰）与三天门附近的一座山峰（副峰，或为大莲峰，俗称燕子峰）组合形成的山峰造型，恰似一只昂首巨龟傲视苍穹，昂立云端，其下仿佛熊熊燃烧的火焰中心，七十二峰朝大顶。古人把这种凝固在大地上火焰状的自然造化，凝练表达为"圣神火蛇"。可以肯定，明代及更早时代的人已经认识到了武当山玄武的自然造化，故有"非玄武不足以当之"[29]的说法。

玄武的重大发现，离不开古人丰富的联想思维，更基于中国传统文化的影响。甲乙属木，丙丁属火，戊己属土，庚辛属金，壬癸属水，是对天干与五行关系的认知。按照先天八卦的排列，水代表四时的冬天，

>> 天造玄武（资汝松摄于 2018 年）

寓意蕴藏，对应壬癸。命理书也记载了壬癸属水，壬水是阳水，癸水是阴水。五方中北方属水，代表神兽为玄武，本意玄冥，是龟和蛇组合成的一种灵物。然而，最早的玄武形象却是乌龟。武、冥古音相通，玄武即玄冥，武有黑、冥有阴之义。如殷商的甲骨占卜，龟卜采取北向。后来，玄冥的含义扩大到江河湖海的龟、壬癸水神，直至星宿对应所形成龟蛇合体的北方之神。

　　自秦代始，历代王朝为标榜正统，取代前朝是天命所归，都会说自己是五行的代表，邹衍的五行衍生说十分盛行，解释秦代表"水德"，周代表"火德"，取水克火之义。宋代自认代表"火德"，有"炎宋"一说。天禧二年（1018 年）七月七日，因宋真宗避圣祖赵玄朗讳，改玄武为真武，加号"镇天真武灵应佑圣真君"[30]，靖康初又加号"佑圣助顺灵应真君"[31]。明代也以"火德"王天下，却始终没有以"火德"治天下。在王朝建立模式中，燕王朱棣"靖难之役"得到水神玄帝神灵诩助，因而仿效其形象披发仗剑率兵相机而动，旗开得胜，成就了一场政治神话，这与传统中原王朝崇尚的"德运"相悖，成为明史上意义重大的一个标志点。

　　武当山在秦巴以南，本为南方火行之地，又山势如焰，"火德"过盛，需镇之以北方水帝才能水火相济，转为福地洞天济物利民。武当山大自然赋予它得天独厚的条件，古人无数次攀爬之旅综合出一种大智慧，即将天柱峰一带山形视为神龟与整体山势视为火焰的认知，概括大自然天造地设的山岳整体造型为"玄武"，即"玄龟"与"圣蛇"的抽象组合。神龟镇压于圣蛇之上是真正有文化底蕴的大胆想象，不仅符合水火既济、五行衍生说，而且也契合四方四神及道教玄帝崇拜。若不是大自然鬼斧神工、造化玄妙，"非玄武不足以当之"，又有什么其他更好的解释呢？

作为明代国家礼仪中的祭祀对象，武当山被列为皇家道场，山岳本身成为具有神格的自然神，其神格地位历经岁月的演化而人格化为玄帝受世人醮祀。"玄武"本是中国远古神话中的四方四神之一，这种吉祥物反映了最早的星辰崇拜和动物崇拜。道教诞生后，四方四神颇受重视，认为玄武主水是镇守北方之神，形象为龟蛇合体，蕴涵着浓厚的水神文化。其神格演变为：北宫玄武——玄武将军——真武真君——玄帝，成为道教神灵系统中赫赫有名的天界尊神。在武当山宫观中，从规格最高的金殿，到西神道上的五龙宫、仁威观及东神道上的紫霄宫、南岩宫等，可以说全山绝大多数宫、观、庵、庙、堂、祠供奉的主神都是玄帝，信仰主神非常明确。南宋中后期，"玄帝"一词在道教界普遍使用。成书于南宋孝宗淳熙二十年（1181年）的《玄帝实录》载玄帝神话已相对成熟规范，受此影响，元代承务郎襄阳路均州达鲁花赤息剌忽撰文《武当事迹序》称："玄帝，北方玄武之神也，尊居天一，位镇坎宫，威慑万灵，周行六合。武当山，玄武之所寓。玄武非此山不足以显其灵，此山非玄武不足以彰其名，此先天而天弗违之理也。大元、玄帝皆北方之圣人，是以与天地为一，圣作物睹，天道之常。"[32]

» 金殿铜铸鎏金玄武造像（刘小魁摄于2019年）

3．太和之炁的神化

《万寿宫碑》言及太和山"阳嘘阴噏"的特征，是以气本论为哲学前提而进行的一种表述，为道教养生术所重。《庄子·刻意》曰："吐故纳新，经鸟申，为寿而已。紫导引之士、养形之人，彭祖寿考者所好也。"[33] 作为动物的龟和蛇需要肺呼吸，离不开嘘噏吐纳，而龟蛇合体则用以象征阴阳和合。《启圣录》所载，"玄帝念道专一，遂感玉清圣祖紫元君传授无极上道"的"无极上道"，有道家练气术、导引术所讲究的通过后天吐纳之"气"，接通先天太和之"炁"，达至养生延年之义。

《启圣录》卷一之首篇"金阙化身"引《三宝大有金书》云："金阙化身：一炁分形，灵虚生，五劫之宗。三清出，号神景，化九光之始……以此考源，明玄帝果先天始炁，五灵玄老，太阴天一之化。按混洞赤文所载，玄帝乃先天始炁，太极别体。"[34] 该文阐释了玄帝的自本无极，其所源所宗之"炁"是具有超越太极之上的"无极上道"。太极一判分出天地前，这种先天元始之象既是道教所言"老子一炁化三清"[35]的神景状态，也是九炁、九光化生之初、天光未分"冥"的混沌状态。从本体论高度对玄帝大神考源，推及本根，统摄玄天上帝神迹体系，因而具有纲领性质。

《云笈七籤》阐明"三清"的产生："原夫道家由肇，起自无先，垂迹应感，生乎妙一，从乎妙一，分为三元，又从三元变生三气。"[36] 既然三元变生三气，又化生三位天神，那么天神自然为三气所化或为三气之体现，三位天神即后世所称三清尊神。描述道的延续、演化、形成，后世的"一气化三清"之说，表明"气"是构造道教最高神的基本要素。同样，最高神之下的众神仙也由"气"所构成。"溟滓"是天体未形成前的浑然元气，虚、冥、炁、太始、玄极等均指称"无极上道"。《王民暐志》云："夏殷秦汉之代，武当隐矣。知惟帝之藏诸用也，则山亦爱从而藏。由唐逮宋，锡名荐祉，符瑞聿臻。迄明代永嘉间，大岳、玄岳，玺封褒美，视五岳加隆焉，武当显矣。知惟帝之显诸仁也，则山亦爱从而显其隐也，不可思议其显也，宁有纪极哉，谓显；为山之富有日新也，而山灵恬乎其不惊，谓显；为帝之盛德大业也，而帝灵荡乎其难名，谓显；为帝与山之阴阳不测也，而帝灵、山灵，浑乎造化之玄冥。"[37] 中国古代神话传说中的神名——玄冥，即北方之神、水神、冬神，是玄帝至本至初"道"的代名词,形容太始溟涬、玄极冥受、清浊未判。

《周易·系辞上》云:"《易》有太极。"[38]北宋儒家理学思想鼻祖、哲学家周敦颐依据陈抟的《无极图》撰写《太极图说》,把道家"无极"的概念引入易学中加以改造,提出了"无极而太极"[39]的命题,以"无极"为先天地而存在的实体,构筑了一个宇宙发生演变的过程:无极—太极—阴阳二气—五行之气—人类和万物。周氏用无极观念作为万物之本源,选取其虚、静的性质。揭傒斯认为:"惟静为能统天下之至动,惟虚为能容天下之至大。至动,天也;至大,地也。非至动无以见静之用,非至大无以见虚之载。惟静虚众理出焉,万物生焉……故惟圣人为能合静虚之体,致静虚之用,故可以参天地,赞化育。"[40]太极的运动源于无极的静止,亦归于无极的静止,太极的运动是暂时的、相对的,而无极是永恒的。南宋儒学集大成者、理学家朱熹认为无极是太极的界说语。明清之际的思想家王夫之在《思同录·内篇》中写道:"无极,无有一极也,无有不及也。有一极,则有不极矣。无极而太极也,无有不极,乃谓太极。"[41]

道家"无极"语出《道德经》二十八章"为天下式,常德不忒,复归于无极"[42],是关于"道"的终极性的概念,指无形、无象的宇宙原始状态。"'无',名天地之始"[43],天地之前是一种什么都没有的"无"的状态。古圣先贤把这种抽象理解的混沌状态:无味、无臭、无声、无色、无始、无终,既无中心,又无边界,无可指谓之"无极"。庄子的《逍遥游》有"无极之外,复无极也"[44]。在天地开辟之前无极已经存在了无限的时间,而且会永恒地存在下去,空间上也是无限的,不局限于某个区域。因此,"道"是无限的,即无极,无极是比太极更加原始、终极的状态。汉代隐士河上公的《老子章句》认为,复归无极是长生久视,修道者都追求与道合一、与道合真,在具体机制上便是返回到原初的终极状态,归根复位,复归于无极。

"炁"源自古字"气",有呼吸、气息或云气之义。唐以后,二者意义才有所区别。在中国哲学和道教思想中,"炁"是一种形而上的神秘能量,"先天之炁"代表无极,是一切生命与事物的来源,不同于后天之"气"。"万物负阴而抱阳,冲气以为和。"[45]天、地、人统一集中体现于阴阳冲和之气上。"一阴一阳为之道,继之者善也,成之者性也。"[46]

老子所言之"气"并非介于阴阳之间的物质，而是阴阳未开时原始的混沌状态，是宇宙最原始的能量。道教认为，人通过呼吸受炁而生而存，人的呼吸之气及水合精微之气，即后天之气，贯通太和之炁。因为人在受生之初、胞胎之内只能以脐带随生母呼吸受炁，胎儿之炁通生母之炁，生母之炁通冲和之炁，冲和之炁又通太和之炁，故先天气即元始祖炁（气）是由神而人或者说人先天具有神性的原因。

玄帝诞降于静乐国而为太子源于太和之炁，即玄元始气、元始祖炁。玄帝下游人间正值结绳治政的时代，"玄元始气，历劫下降，出书度人"。神农氏末年，"继而下降玄帝，降生于静乐之国"[47]。宇宙历经时间而有生灭，玄帝历经玄元始气的生灭而后下降人间，托胎神化是阴阳和合而生发的变化，是"符天一之阳精""太阴化生，水位之精，虚危上应，龟蛇合形"[48]的过程。虽说太和山的命名包含着阴阳转化、嘘嗡吐纳的因素，但根本上源自太和之炁。《总真集》载："玄帝禀天一之精，惟务静，应不乐南面，志复本根。上帝乃以天一余气，下降金天氏之宫，名颛顼，号高阳氏，代玄帝握符御众。"[49]该志序提出了一些新看法，如关于玄武的来源，解释为"天一之精是为玄武……天一之象应兆虚危，是为武。其名则一，其形则二，见相玄龟、赤蛇"[50]，较为认同战国以来的玄武观念。玉皇大帝以托胎颛顼为代表，"少昊帝，金天氏"排列在"上上圣人"[51]一栏，"上中仁人"是"昌意妃，生颛顼"，而颛顼帝与高阳氏的后代中才有重黎、吴回、后土、玄冥等，从而玄帝下降人间，降生于静乐国。玄帝既代表了由人而神，四十二年人间的嘘嗡吐纳，大修无极上道，功到自成，又意味着玄帝先天本就充满着太和之炁、天一之精、玄天之气的神性光芒。太子并不秉执"君人南面"热衷于静乐王位，而是对志复本根的"道"情有独钟，孜孜以求，锲而不舍地修炼无极上道，终以"五龙捧圣"完成飞升成为天界大神，归根复位，由神而神。所以，太和之炁无声、无色、无始、无终不属于人类，而是永恒的无极、大道的载体，但它贯穿于天地，融入人的生命之中，成为蕴藏的伟大、启示人类的力量。历史的流变将古代人类的思维萌发带回到了遥远的混沌年代。所以，到武当山求法问道，解答心中谜团，就是要以虚静之心拜谒于玄帝神像之前，在凝视的静默中觉悟宇宙大道。

太和山的命名，包含着正反对立面在一定条件下向相反的方向转化的伟大辩证法,《道德经》所言"正言若反"[52]"反者'道'之动"[53],其哲学理路都不离阴与阳、呼与吸相反相成的太极变化,太和之氤的"道"是自然法则。道教认为,顺阴阳而生人,逆阴阳而得道成仙,修道就是逆法阴阳,炼化冲和之气而得道,得道是成仙之本,神仙与冲和之气相为表里。道教晚坛功课经《元始天尊说升天得道真经》云:"既引太和真氤注润身田,五脏六腑,心目内观,真氤所有,清静光明,虚白朗耀,杳杳冥冥,内外无事,昏昏默默,正达无为。"[54]武当山修道就是修人的冲和之气,使它融结、升华为太和真气得道成真,自然升度。前者属于天地自然,能滋养天地万物,后者则通过人的修炼,把天地中的冲和之气转化为自身独有的、用来滋养自身的"道氤"。

二、"太和山"之名的文化内蕴

"太和山"之名内蕴深厚,如何理解宫名也是值得探讨的问题。

(一) 太和之气与虚冥之见

明张一中《尺牍争奇》卷六云:"武当山名在襄阳均州,初名'太岳',真武奉元君游览至此,更名'太和'。人谓'非玄武不足以当',又更名'武当山'。"[55]这种对"太和"的理解随意性很大。事实上,"太和"一词出自群经之首、大道之源的《周易·乾卦》:"乾道变化,各正性命,保合大和,乃利贞。首出庶物,万国咸宁。"[56]"大和"即太和,"大"通"太"。孔颖达注疏为纯阳刚暴,若无和顺则物不得利又失其正,若能保安合会太和之道,乃能利贞万物。朱熹本义"太和"阴阳会合冲和之气,是元始祖气。秉承太和元气,使阴阳二气既相互矛盾又相互转化而统一于气,能生天立地,普福神灵。"自有太极,便生是山",玄武修无极上道"当契太和,升举之后五百岁,当上天"[57]。

道家吸收并发扬了"太和"的哲学思想,如老子的"'道'生一,一生二,二生三,三生万物"[58]。西汉严遵的《老子指归》强调一以贯之"一者,道之子,神明之母,太和之宗,天地之祖。于神为大,于道为小。故其为物也,虚而实,无而有,圆而不规,方而不矩,绳绳忽忽,无端无绪,不浮不沉,不行不止,为于不为,施于不与,合囊变化,负包分

>> 太和道境（朱江摄于 2019 年）

明。无无之无，始始之始，无外无内，混混沌沌，茫茫泛泛，可左可右。虚无为常，清静为主……天地生于太和，太和生于虚冥。"[59]

历史上关于"虚"有各家之言，如气的本然状态，阴阳之气的自然特性，道本身的虚无等。"虚"本义空无，引伸到道教哲学里涵义得以扩展，但也无外乎"道"的境界，以"虚"为宇宙本原，如"致虚极，守静笃"[60]"虚而不屈，动而愈出"[61]"唯道集虚，虚者，心斋也"[62]，用"虚"体现人的内心达到无情无欲的虚寂状态。

玄帝"金阙化身"从本体论层面提出了"一炁分形，灵虚生，五劫之宗"的思想。清道教理论家刘一明《神室八法》以"虚"为纲，"虚之一法，乃神宝之堂中。堂中之为物，主乎空阔洁净，尘埃扫尽，杂物不留"，阐明"虚"是神室的核心。"何为虚？却除杂念，变化气质，挖去历劫轮回种子，看破一切恩爱牵缠，一切假事不留，一概外物不受，万法归空，四大放下，无眼耳鼻舌身意，无声色香味触法，无恐怖烦恼，无好恶爱憎，无谄无骄，无矜无诈，无狂无妄，毋意毋必，毋固毋我，不爱一物，不纳微尘，有无不立，身心无累。"[63]刘一明不仅回答了"虚"的玄妙本质，即道门的无为之道，同时也揭示了虚无之法，让人懂得如何炼虚。蓄养超越自我的能力，善于自我解脱，视有若无，破除人对实有的执着，体会虚之功用、"无之以为用"[64]。丹法的最高境界就是炼神还虚，如张三丰的"寻真要识虚无窍，功夫只在意所到。往来顺逆炼阴阳，升降坎离在颠倒"[65]"道在玄关一窍，窍包元气元精。元精元气养元神，神满自然动静。动静三回九转，周流变化乾坤"[66]。将物外无为事付在毫端不尽传，这是高道应有的人生境界，通过内丹修炼，对"道"的思辨用诗文等方式传达出来以济度群生，这种修养功夫不是寻找神或者人，而是寻找神性的终极概念——"道"，是逐步提升对"道"即无为、虚的理解，从而超越对生老病死、贫富穷通的恐慌，实现人自身生命内部的和谐，超越人与自然的对立，实现人与自然的和谐。

"太和"是"道"的演化和表现形式，即虚无、虚冥，是道家道教思想启迪世人智慧的地方。《文昌大洞仙经》云："晨中黄景气，其文丙午成天七之火为太和"[67]，凸显道化的道教色彩。《化书》卷四提出"无亲无疏，无爱无恶，是谓太和"[68]，反映出道家太和思想在社会理想中的运用，社会若能太平安乐，无贪财、无竞名、无奸蠹、无欺罔、无矫佞，则礼义自生。不过，《庄子·天运》所言"夫至乐者，先应之以人事，顺之以天理，行之以五德，应之以自然。然后调理四时，太和万物"[69]，没有高谈六极之外玄之又玄的"道"，而是将天地万物的变化归结为天理五德，使"太和"成为缺乏高度的同和而流于凡俗。

（二）太上之和与和谐之境

从和谐的内涵上解读"冲气以为和"。许慎《说文解字》认为"和"从"龠"。大道犹如这非凡的乐器，可奏响宇宙生命之歌，无比和谐。汉代以来，道教对和谐的思想论述很重，如晚唐道士杜光庭的《道德真经广圣义》卷三十三论及老子"冲气"云："物之生也，既因阴阳和气而得成全，当须自荷阴气，怀抱阳气，爱咽冲气，以为柔和。"[70] 守其一以抱其和，修身千岁形未衰，即是元气冲和的结果。"物"泛指宇宙间所有的生物，其个体从发生到成熟都是阴阳和气的作用，体现了人的自觉和谐意识而成为中国传统文化的核心理念。

"王夫之说'太和'是'和之至'。"[71] 太和哲学思想是建构我们民族特色的自然观、社会历史观、审美观的理论基础。明代多从皇室家族利益出发讲求天命，如北京故宫的规划布局中奉天殿等建筑设置奠定了紫禁城的"太和"思想。清顺治二年（1645 年）改称太和殿，直接表达永远保持天地万物间的和谐，以达江山永固之愿望。为了消弭入关伊始剧烈的满汉矛盾，用"太和"预示和谐的最高境界，以恢复安定的社会秩序。进入"康乾盛世"之后，"太和"的内涵悄然发生变化，有了顺应时代潮流与自然规律，追求使富者得以保其富，贫者能全其身之义，让社会各个阶层和谐安乐，达至天（规律）、地（自然）、人之间和谐互动、相互协调、融为一体的境界，在武当山道教宫殿命名上得以正式表达。作为中国传统文化的结晶，"太和"思想更早地浸润到了武当山，熏陶出博大的太和文化。古人所以冠名"太和山"，是彰显"和"的智慧，渲染"太和"的思想魅力，即天地人只有涵养冲和之气相互和谐地运行，才能万物生发，天下安乐。明成祖重审"大岳太和山"是认识了"山川冲和之气融结于斯，与神相为表里"[72]。玄帝阴翊显佑才能以一旅定天下，玄帝修道飞升设在太和山是国家隆盛兆基之地。因此，明成祖晓喻天下太和山拥有高于五岳的尊贵地位，为天下"第一山"。

　　天地感生，与天地合德的观念，自战国初年至两汉时代已然流行。元代武当山道教建筑已有"九宫八观"之说，这种用自然数中的阳数和阴数的表述，符合阴阳交合、天地交泰的"太和"思想。明成祖也认为应取法天地之道，与天地合德，达到行鬼神通幽明、风调雨顺、国泰民安、物阜政平、与天地同参同化的境界。那么，在这座由太和之炁、阴阳冲和之气所形成的太和山上，隆重地奉祀玄帝，法古建成"九宫八观"的规模，尊称武当山为"大岳太和山"，等于暗示遵循天地阴阳的太和思想，追求最高的审美境界的理想。

　　元泰定元年（1324年）立石的《九渡涧天津桥碑记》刻有"太和宫住持"，至正元年（1344年）立石的《白浪双峪黑龙洞记碑》称"山列九宫八观"。元代虽有太和宫，但以五龙宫地位为最，明代建成"大岳太和宫"后，道宫规格地位发生巨变，似一种向天下人夸饰的价值，让玄帝的天宫居所规格地位提到至高无上，变成全国道教活动中心，为天下定立了赍诚朝礼玄帝的规矩，令民众从精神上敬服玄帝。永乐圣旨对修建道宫多有"虔奉祀事，实欲福佑我国家及天下苍生于无穷"的表述，虽然冠冕堂皇，但毕竟使皇权与神权接合起来，让皇位合法化，这一政治谋略对明成祖帝位的稳固及明代江山社稷的巩固具有重大而现实的意义。

第二节　太和宫堪舆格局

太和宫的堪舆相地是其建筑文化中一项重要内容。因堪舆术对景观的要求蕴含着一定的美学原理，建筑在规划设计上又特别强调以堪舆理论为依据。英国近代生物化学家、科学技术史专家李约瑟博士在《中国的科学与文明》里写道："在许多方面，风水对中国人民来说是恩物……就整个而言，我相信风水包含显著的美学成分。"[73] 根据山水地貌特征，在传统的堪舆理论和相地看风水的实践基础上，剖析太和宫形成的独特的山水文化。

一、"天人合一"：山水选择的思想根基

道教是注重人与自然完美和谐的宗教，以"道法自然"为最高法则，是堪舆学的精髓，也是太和宫风水观念的思想根基。道教徒崇拜的"道"包含人要遵循自然界普遍规律的朴素认识。而风水的思维方式是藏风聚气，讲究生气，热衷于追求天时、地利、人和相互融合，引发建筑活动对于人与自然环境相互关系的重视。因此，道教与风水的共性是崇尚"天人合一"境界。武当山主峰的山形似一只昂头前行的神龟，依山建造的宫殿楼宇又营造成一条游动的金蛇，两者相得益彰，形成了龟蛇合体的图腾象征，玄武的化身正是道教追求的天人合一的表征。

明代以前早已形成建筑群落与自然环境交融的理性传统，重视环境、顺应自然的风水观念已十分牢固。从山体所处的位置看，山顶、山腰到山麓都因地势而相应布置建筑。从周围山峰及其他景物的组合关系看，建筑也有适应地形的特点，按地段分为三种类型：

一是大顶开旷型，没有视野障碍，可形成观景点，具有开放感，易与山顶气脉相承；

二是山腰封围型，紫金城成围合之势，弧线状态，具有隔离特征；

三是山麓平缓地带半开敞型，呈现着水平的趋向，视觉上呈曲线、折线状态，三重天门渐次抬升，朝圣殿与金殿保持在一条轴线上，协调了各种动势景物。

自然环境是影响太和宫建筑组群布局的关键因素。太和宫汇聚了全国堪舆相地高手的共同智慧，如武当高道张三丰、张守清、丘玄清、孙碧云等，孙碧云还是明成祖特派的堪舆大师，他们注重考虑人与自然的关系问题，以致依山就势的道教宫观设计比比皆是，太和宫建筑无疑是堪舆实践的杰作，也是人工与自然融合的典范之作。

二、堪舆相地：校察地理的理论来源

　　太和宫的定位不同于武当山其他道教宫观的选址，既要考虑突出它的最高地位，推为武当第一境、宫观之翘楚，又要总体思考与其他宫观的内在联系，做到高屋建瓴、统领全局。明代皇室家庙的风水大格局这一问题，实际上转化为回答武当山为什么是山水绝佳之地这一问题。

　　从宏观上看，武当山位于中国腹地的二级阶梯，在山川分布大格局、大视野上是山环水抱、藏风聚气的神奇的风水宝地，无出其右者。《熊宾志》云："太和居荆与梁、豫之交，下蟠地轴，上贯天枢。左夹岷山，长江南绕；右分嶓冢，汉水北回。其层峰叠巘，标奇孕秀，作镇西南，礼诚尊矣。"[74]武当山乃天地枢纽、天地运作根基，以历史古都洛阳为中心，武当山虽相对位于中国西南方却有着祭祀礼仪上特殊且尊崇的地位。

　　从微观上看，武当山在今湖北省西北部十堰市丹江口市境内，东至南河，西到堵河，南为军店河、马南河，北有汉水。中国现存最早的古代总地志是唐李吉甫（758—814年）撰《元和郡县图志》，其卷第二十一云："武当山，一名参山，一名太和山，在县南八十里。高二千五百丈，周回五百余里。"[75]《总真集》卷上"武当事实"记载："中岳佐命之山应翼、轸、角、亢分野。在均州之南，周回六百里，环列七十二峰、三十六岩、二十四涧。"[76]明刘三吾《武当五龙灵应宫碑》云："武当山在襄阳均州南三舍许，盘亘八百余里，上有七十二峰，中有三十六岩，二十四涧。"[77]可见，时代的发展让武当山所辖范围逐渐扩大。均州城汉江以南，上至汉江上游郧县界，下至汉江下游青山港，南至汉十公路一带的地域，属于浅山地带，所有主脉南北走向清晰。北端两侧多个山体与主脉相连，形成凤尾；南端各主脉山势渐高，各自为独立山头，无山体相连，形成凤首，其地域内仿佛凤凰的有机组合。汉十公路以南，西至十堰伏龙山，东至谷城，南至均房交界山区地带，整个地域内山势峭峻，层峰叠嶂，盘回曲折，谷幽林茂。主峰天柱峰海拔1612.1米，居中而立，俯瞰群峰，七十二峰峰势倾向主峰，山峰余脉走向由高到低，曲展迂回，最后突起向上。其低处起点为龙尾；高出峰顶为龙头；中途偶有支脉相连为龙爪。如此走向的山势围绕在主峰四周，仿佛巨龙的有机组合，以致宋元时期的高本宗《天柱峰歌》唱出"压穿鲸鳌背，幻出龙凤形"[78]。如果说七十二峰朝大顶是武当山独有景观，那么龙凤呈祥的自然地貌就是山水形胜的龙凤宝地而如此绝佳仙境在华夏大地上冠绝超伦，即使湘西十万大山也难觅其二。因此，武当山道教建筑群的选址遵循了仙山圣水，藏风纳气，前不望空，后有依靠的选址观念，还运用了大手笔、大风水的选址理念，选址天柱峰是上述理念的应用，充分表现君临天下的威仪，"大岳太和宫"当然是核心道宫的不二之选。

堪舆有形势宗和理气宗两大系统。形势宗风水术讲求"形"（近观的、局部性的）与"势"（远观的、总体性的）的空间构成及其视觉感受。郭璞《葬书》认为："千尺为势，百尺为形……势来行止，是谓全气。"[79]要有动势、顺势，追求山环水抱、藏风聚气的风水格局，提倡"地理五诀"即龙、砂、水、穴、向关系链的相配协调。地理之道，山水而

➤ 俯瞰太和宫（2019年拍摄，芦华清提供）

已。理气宗讲究方位星卦理论，通过北斗、二十八宿、五行等学说来体现"天人合一"的思想。武当山道教建筑群的设计者和堪舆大师们煞费苦心，殚精竭虑，通过实际风水勘察，在觅龙（勘察大环境）、察砂（勘察小环境）、观水（勘察水源）、点穴、择向以及相土、星峰五行等方面做出了极大的努力。

古人对天柱峰别有青睐，南北朝时期就有修仙学道者数百人隐遁于此。太玄洞梯子岩清代碑刻云："武当圣境数洞天，自有月牙好炼丹；百年修身功成满，也去蓬莱会名仙。""月牙洞在朝阳、天仙、七真、性真、霞光、卧龙、黄庭、碧仙、姑□，尽在包括"，这些养性炼丹、隐身修真数十年的天然洞穴，岩壁内留有搭房梁的孔洞，足以证明历史上走梯子岩、过蜡烛涧修炼的人不少。"（天柱峰）下即紫霄涧，循涧即登山道路。"[80]《水经注》说武当山"药食延年者萃焉"[81]。袁中道行至南岩父母殿回首仰望天柱发现气宇如王。于是，他认为"盖后人易香炉为天柱，而以其副峰为香炉峰云"[82]，推测南北朝时期称为香炉峰的山峰应是天柱峰。明沈炳巽撰《水经注集释订讹》云："又东曾水注之水导源县南武当山，一曰太和山，亦曰参上山，山形特秀，又曰仙室。""其中一峰最高者旧为'天柱峰'，亦曰'紫霄峰'。因栖止修炼，后人谓'非玄武不足以当之'，又更名'武当山'。"[83]狮子峰在大顶之北，万仞耸云，而香炉峰在大顶东北，仙关之南，巉岩磊落，浮岚晻霭，千态万状，紫霄峰在大顶东北。历史上对武当山、天柱峰的命名虽存在误读，但总体而言古人非常重视山形山势及宗教观念、信仰风俗。古人对天柱峰周围的环境进行反复考察，以直观的方法来体悟环境的面貌，寻找良好的生态和富有美感的地理环境，成为太和宫建筑对基址选择的要件，即相地择宜。"人之居处，宜以大地山河为主。"[84]北宋画家郭熙认为，山水精神即人之精神："以山水为血脉，以草木为毛发，以烟云为神彩。"[85]在光照、气温、水源、朝向等要件上也加以考虑。总之，基址格局附和风水，使建筑与自然环境协调、相通、融合，建筑人文美和环境自然美达到有机的统一，易形成天人合一的臻善境界。中国古代建筑理论深受堪舆学所提倡的"地理五诀"的启发，在太和宫择地定位上突出体现在五个方面：

其一觅龙。以太祖山—少祖山—主山—基址—案山—朝山为纵轴，左右砂山拱护的选址，符合堪舆的中轴对称原则，蒙受沿龙脉流行于地的"生气"可至兴旺。昆仑山是中国山脉的发源，是武当山太祖山。祁连山连接祖山，逶迤而来，由远及近脉络相连，山系呈近东西方向展布，长约260公里，为武当山的少祖山。"千峰并让一峰尊，鸟道垂萝手费扪。壁立半空鹤缥缈，根盘万里自昆仑。"[86]武当山西面天马峰为正峰，龙脉延展出的支脉来龙之山——大巴山脉，为武当山背依的靠山、主山。案山近有蜡烛峰，与天柱峰对峙而似几案，天柱峰前，东西壁立二山名蜡烛峰。中壁立一山似香炉，是天柱峰前最高的香炉峰，犹如床榻前的物件；远有大别山脉与朝山——武夷山脉及更远处隔水相望的台湾山脉，它们端正秀丽，跪伏迎主。

其二察砂。砂山护卫主山可致吉祥。从武当山大的格局来看，左砂青龙山是高大巍峨的秦岭山脉，右砂白虎山是重峦叠嶂的大巴山余脉，可谓青龙蜿蜒，白虎驯伏。左砂外侧的护山有六盘山、贺兰山、阴山；右砂外侧的护山有巫山、武陵山、横断山脉，龙砂的空间围合格局是藏风聚气的。天柱峰好似莲花一般，临身近天日，极目远地皇，巍巍金顶峻极于天，白云倏忽，虚谷苍秀。"正位东向高出七十二峰，如群弟子侍先师，莫不斋立。近则金童、玉女峰二，当膝承之。左三公，右九卿，带七星，揖五老，仙人隐士顺风而翔，白云出没众壑间，如观六海。诸峰或如碣石，或如蓬莱；钜如断鳌，幻如结蜃，细如沤鸟，修如北溟之鲲，杂出如珊瑚枝，浮如萍实，累累乎如鞭驱石，氾乎如汉使者之乘槎"[87]，描述了太和宫的砂山格局。明正德进士廖道南的《太和之歌》诗序佐证："更衣上天柱峰，谒玄真于绝顶。其山为显定峰、为皇崖峰、为中筊峰、为明峰、为大夷峰、为仙人峰、为隐士峰、为丹灶峰、为白云峰、为聚云峰、为竹篠峰、为槎牙峰、为手扒峰、为中鼻峰、为伏魔峰、为鸡鸣峰、为大莲、小莲、为大笔、小笔峰。其水为金鸡涧、为鬼谷涧，绝壁危壑，不可悉穷，乃撰太和之歌。大笔峰、中笔峰，二峰相峙于莲峰之间。千仞石笋，倒倚枯松。"[88]真是七十二峰旋旋出，八百里山隐隐埋，群阁点缀，云烟婆娑。

其三观水。堪舆认为，气是万物的本源，水是龙的血脉，水融注则生气聚。明人蒋平阶《水龙经》"气机妙运论"云："太始唯一气，莫先于水。水中积浊，遂成山川。""经云：气者，水之母。水者，气之止。气行则水随，水止则气蓄。"[89]水处北方必达，为吉水，强调了顺乘生气的原则，这一原则的关键在于观水。武当山有四大水系：浪河水系、剑河水系、东河水系、官山河水系。二十四涧碧流淙淙，山高谷深，溪涧纵横。武当山泉甘土肥，风物秀美，是隐居修道者的圣山圣地。距离武当山北边最近的大河是汉江，亦称汉水，自西向东环绕武当山北麓。武当山南有南河（南源于神农架阳日湾的粉清河，北源于武当山的马拦河），环绕武当山南麓，由湖北谷城县境内的格垒嘴流入汉江，这形成了第一个大的河口。但是以大风水的视野寻觅武当山的水口就会发现秦岭和大巴山之间的汉水谷地由西向东延伸，武当山位于中国腹地的汉水上游南岸，横亘于鄂陕两省交界处，正好耸立于其出口处。东北为南阳盆地，东为汉江平原，北为碧波荡漾的汉江，南为浩浩荡荡的长江。因此，汉江流入长江的水口——汉口，即是整个武当山的水口，也就是大岳太和宫的水口。水口山是武汉的蛇山、龟山，一山缭绕如伏蛇，一山灵龟降水怪，两山夹江对峙，前临大江，北带汉水，威武盘踞，水汇而龙止。武当山居于山环水抱之间，水道迂回曲行，环抱有情，一步三顾，不逼不压，恰到好处，至善至美，符合堪舆选址的适中原则。

其四点穴。天柱峰周围或远或近一系列山峰罗列四起，若趋谒，若侍卫。

天柱峰之东：大笔峰、小笔峰相望并秀，直插云天，颖秀可爱，对峙大小莲峰之间，状如卓笔；又东有健人峰、三公峰（太师峰、太傅峰、太保峰）。东北有五老峰（始老峰、真老峰、皇老峰、玄老峰、元老峰）。

天柱峰之南：仙人峰、隐士峰下有隐士岩；又南有灶门峰，岚烟瘴雾，昕旦如炊；再南有玉笋峰，诸峰迸地而出，宛然新篁未箨也，因其类人而称"石人山"；更南有柱笏峰、大夷峰，前者状如搢笏，后者平坦如掌，下有万虎涧。东南有九卿峰、五峰（中鼻峰、聚云峰、手扒峰、竹篠峰、槎牙峰）。五峰外诸峰"或天丁拱立，或如百官侍卫，或倚如剑，或列如墙，或突如鹊，或卓如矛，炫目怵心，悦情畅意"[90]。

天柱峰之西：大莲峰、小莲峰，俗称大莲花、小莲花，二峰相望并秀，亭亭玉立，隐映清波；又西有大明峰、千丈峰，群山之下超然独出。天柱峰之西正脉之山天马峰，又名马嘶山、西望峰，其北不远处有鸡鸣峰、鸡笼峰，反映了阴阳的矛盾认识，也是动物崇拜与山岳崇拜相结合的命名，喻吉祥如意。云南昆明北枕蛇山，南临滇池，金马山、碧鸡山东西夹峙，鸡马隔水相对就是模仿武当山天柱峰西边的山峰来命名的。

天柱峰之北：显定峰翠巘薄天，人迹稀及；又北有狮子峰、皇崖峰，皇崖峰下有皇后岩；再北有七峰（贪狼峰、巨门峰、禄存峰、文曲峰、廉贞峰、武曲峰、破军峰），"若北斗拱极之象，昂霄耸汉，左参右立，云开雾幕，绰约璇枢"[91]。显定峰、狮子峰再加上北七峰总称"北十岩"。西北还有万丈峰，更北有中笏峰，宛如朝士执圭鞠躬，与天柱峰之间表达的是主臣关系，蕴涵着五行思想。

当年徐霞客来到天柱峰，见"山顶众峰，皆如覆钟峙鼎，离离攒立，天柱中悬，独出众峰之表，四旁崭绝……天宇澄朗，下瞰诸峰，近者鹄峙，远者罗列"，不由得感叹"诚天真奥区也"[92]。远观得势，近观得形。"寻到山脉还要看山之形势。有龙无水则阴盛阳枯而无以资；有水无龙则阳盛阴衰而气无以生。砂山过高则压，过低则逼。"[93]登高俯瞰来龙奔腾深远，伟峰争奇，千壑幽深，水发源逆其深长，属于聚气藏风之地。寻到山脉还要看"龙"在行走中起的"势"方可定穴。天柱峰大顶上邻霄汉，刚风浩气，下叠群峰，有如丘垤。

在堪舆风水上，点穴需仰观星象，参阅五行之术。"大顶天柱峰，一名参岭，高万丈，居七十二峰之中，上应三天，当翼轸之次。"[94]天柱峰对应的"三天"指道教的三位至高神"三清天"，武当山玉清岩、太上岩、太清岩其实就是"三天"思想在自然景观命名上的反映。显定峰、皇崖峰代表了对显定极风天帝、太安皇崖天帝的崇拜，"二天下应武当山"[95]。玄学认为，上天是人为假定的，但天地定位后就确定了上下，太极生两仪，两仪生四象，四象生八卦。《周易·说卦》云："天地定位，山泽通气，雷风相薄，水火不相射。"[96]先定位，后立象，是宇宙自然形成的规律，如《总真集》卷上首列"武当事实"引传记云："应翼、轸、角、亢分野，在均州之南。周回六百里，环列七十二峰、三十六岩、

» 老君洞石窟营造三清境（宋晶摄于 2006 年）

二十四涧。七十二福地之一。"[97] 因为古人习惯以天上的星宿跟地上的山川作方位对应，武当山与翼轸之星方位遥相对应。天有二十八宿，其中南方朱雀七宿的觜翼、明轸，即翼宿和轸宿属南方七宿，丙为翼，巳为轸，古楚分野。"星临翼轸南垂阔，神降虚危北极遥"[98]，说明古人对星象说、阴阳五行的精通，风水术常运用"星峰"之说来判断千态万状的峰峦形象。

其五择向。古代风水大师当然会使用罗盘定向，但也会考虑以下因素：

一是太和宫金殿坐西朝东合紫气东来。故南岩以东的宫殿称为紫霄宫，因为它们都相对位于天柱峰东北方。

二是天柱峰上建金殿以应金，为西。"天柱峰，一曰'金顶'，又俗云'大顶'，因金殿名之也。居七十二峰之中，高可万丈。上东西长七丈，南北阔九丈，员平如香炉。顶体质皆石作金银色，拔空削立，旁无依附。"五行定五方（木为东，火为南，金为西，水为北，土为中），峰顶四维皆石，山脊、土质具金银佳色而兼鲜明之美，这类裸岩除强化山体奇、险、雄等审美特征外，也为处理建筑与地势起伏变化的形态关系和方位选择提供依据。择向以阴为背，阳为向；窄高为坐，宽广为向。

三是天柱峰水口定位在北。按洛书九宫图中的八卦（离为南，坎为北，震为东，兑为西），配以天干地支（天干的甲乙为东，丙丁为南，庚辛为西，壬癸为北；地支的子为北，午为南）、四方四象（东方为苍龙，西方为白虎，南方为朱雀，北方为玄武），这些推演空间的工具对于水口的辨方正位均指向北。而事实正是武当山全部的水，甚至神农架北部、秦岭南部的水都汇入均州汉江。清《王概志》纂修者曾眺望天柱峰外，见北方汉江流淌如带，认为武当山称"大岳"乃山之尊者，肯定了武当山是汉江的镇山，水口就在天柱峰北："太和居荆与梁、豫之交，下蟠地轴，上贯天枢。左夹岷山，长江南绕；右分嶓冢，汉水北回……（按：天柱峰）独出云表，如万丈诸峰及腰而止，余俱低在膝下……顶之弦稜作紫金城，金殿央中，金城之崖下为太和宫。"[99]

堪舆考虑的是人与自然的完美统一，"龙"能迎气生气，"砂"能聚气藏气，"水"能载气纳气，围绕的核心就是藏风聚气。所以，太和宫的定址及紫金城的设计，符合内气萌生、穴暖而生万物、外气成形、山川融结而成形象的要求，内外相乘，风水自成。

太和宫建筑与环境（资汝松提供）

三、修真神话：影响选址的基本因子

武当山道教建筑群的主体建筑分布在 70 公里的建筑主线上，多围绕真武成为玄帝的修行过程而布设，用建筑诠释神话故事，这样建筑有法有据，故事有始有终，也不乏中途艰难坎坷的情节，跌宕起伏，相互穿插连贯。如真武诞降之地建静乐宫；真武最初修行之地建太子坡；中途折返受到老姥点化之地建老姥祠；途中醒悟之地建回心庵、棚梅祠；重回太子坡修行建复真观；受圣母苦劝不回，转移修行展旗峰山腰建太子岩；长期修行之地建南岩宫；助力飞升的五龙潜渊之地建五龙宫；得道飞升之地建梳妆台、飞升崖；受封之地建琼台三观；受玉帝册封飞空步虚大顶上，乘丹舆绿辇，五龙掖升霄汉，躬朝上帝，领旨阙下，属于修道冲举之地又仿佛坐镇天宫之地建太和宫。另外，拔剑断母追子之路的河谷称为剑河，建天津桥、龙泉观，巡山开道的乌鸦、黑虎也建有专庙，等等。总之，武当山的自然景观与建筑布设，都与真武在武当山修行无极上道、得道修成天帝相互关联。玄帝的神话故事贯穿了方圆八百里武当的山山水水，韧筑在星罗棋布、体系庞大的宫观殿宇之中。

在真武道场的武当山，太和宫选址是全山选址的最高水平，而这令天下观止的大手笔却细在局部风水的对待上。天柱峰一带的山形地势似巨型神龟镇住火方的水神，局部风水天造地设，举世无双，将玄帝修真神话与太和宫自然环境关联起来，进一步保证了真武道场建筑设计思想的完整性。其相关度列表如下：

太和宫自然景观与玄帝修真神话匹配表

自然景观	武当山志书记载的玄帝隐显事迹	《中华道藏》记载玄帝修真神话
皇崖峰	昔圣母善胜太后，寻真憩息于此	辞亲慕道
大明峰	相传：圣母善胜太后，尝寻访玄帝于此	辞亲慕道
试剑石	一石中分，玄帝试剑处	天帝赐剑
把针峰	传云：玄帝顿悟之后，元君飞铁杵于此	悟杵成针
天柱峰	传云：玄帝冲举于此	三天诏命、白日上升、玉陛朝参
北斗七星峰	传云：天真校善之所	玉京较功
九卿峰	传云：天真校善之所	玉京较功
琼台	琼台玄帝受册于此	琼台受册

由表可知，隶属太和宫的自然景观与玄帝修真神话的相关度很高。据《启圣录》记述，静乐国太子十五岁辞亲慕道，有了圣母善胜太后探儿寻真之切、动人心魄的故事；丰乾大天帝的赐剑，太子入山渡涧隐居内修，有了降伏邪道、收斩妖魔的利器，有了玄帝武像的唯一配器；玄帝未契玄元也曾懈怠，紫气元君用"铁杵磨针"来启示他"淬砺功多漉者精""小器成时大道成"[100]，有了玄帝的功满道备。于是，五真奉三清、玉帝诏命拜请玄帝为太玄元帅，领元和迁校府公事。此时，丹舆绿辇，羽盖琼轮，天丁玉女，亿乘万骑，玄帝受诏启途，浮空上升至金阙，朝参玉陛，受命往镇北方，统摄玄武之位。因玄帝普福乾坤，累积圣德，在上天各路大神云集天宫圣殿推考圣功，"按遵简录，当亚帝真"。[101]玄帝于七宝琼台受帝号，场面十分隆重。天柱峰通过《仙传》或着旧相传的附会，赋予了冲举飞升、玉陛朝参、成为天界大神的神秘色彩。"一柱擎天"既符合道教关于山巅与天庭接近的理念，天与地交汇处最凸点也最利于升仙，与大风水落位于天柱峰中心的定位保持一致。纵观武当山这些有形的、具象的道教建筑与无形的、意象的神话传说，从自然景观到人文景观所有的渲染，都在不断地强化着大岳之"灵"。

明代《拟泰岳庙碑》载："雄山盘郁，灵气攸萃。实往昔玄真修道冲举之地，唐宋代有崇奉，亦屡显灵。符以故崇重之者，益严肆我成祖文皇帝，继天御极，神尤阐扬灵化，时加显助。文皇帝感其翊运之功，乃即武当故域更赐今名，敕建祠宇。凡为宫若观，总三十有三，皆撤前代之旧廓而新之。"碑文阐述了武当山为玄帝修道冲举之地，无异也是明成祖功业肇启神的圣地，明成祖对武当山崇祀最重，撤掉前代旧城廓，特为玄帝重新起造高规格宫殿，以感恩神对他继天御极的翊运之功。冲举是玄帝修真显化的表现，太和宫金殿象征冲举之地。明成祖为武当山宫观告成举办金箓大醮，立碑载其祭祀，目的明确，碑文云："惟大岳太和山，实北极玄天上帝修真显化之所，肃命臣工，创建宫观，及于峰顶冶铜为殿，范神之像，以虔祀事。上以资荐皇考、皇妣在天之灵，下为四海苍生祈福。俾雨旸时顺，百谷丰登，家给人足，灾沴不生。"[102]太和宫的选址演绎着玄帝修炼的神话，想象力丰富，让人游历时驰想神仙世界，体会皇权与道教所需要的那份庄严、玄妙、神奇的氛围。

第三节　太和宫规制布局

　　讨论建筑的规制布局问题，首要的是界定建筑范围，明确建筑所指，这一问题对于太和宫尤为突出，因为不同时代的武当山志对太和宫的记载存在差异。查阅发现，天柱峰大顶金殿被视为正殿是明代武当山志的共识，如《任志》载："武当山，古名'太和山'，今名'大岳太和山'，大顶金殿名'大岳太和宫'"[103]，即太和宫在天柱峰之上。《方志》配"太和宫图"，将"太和宫"三字写在金殿处，其下紫金城南天门外为"朝殿"。《王志》载："'太和宫'在天柱峰之极顶，则是宫之正殿也。"[104]清《王概志》云："大岳太和宫在天柱峰南天门外，宫之正殿曰朝圣殿。"[105]比之明代，清代的界定改变很大，直接影响对太和宫规格及所属范围的认定，这是鉴赏太和宫时需要特别注意的地方。

一、规格形制

　　明代创建的"大岳太和宫"在建筑规格上采用了"三朝五门"（即转运殿、朝圣殿、金殿；宏观的五门：一、二、三天门、朝圣门、南天门；

微观的五门：东、西、南、北天门，太和宫门，即朝圣殿）、"前朝后寝"（即金殿与父母殿）的规格形制。以明成祖敕建的道教建筑——金殿为正殿，仿北京紫禁城太和殿（时称承天殿），使用了建筑的最高规格形制：重檐庑殿式鎏金黄瓦顶。殿宇造型仿人间帝王的宫城，用精铜、黄金和精致的构件支撑了它的光彩，依此衡量其规格，总投资相当可观。中国文物专家、清史专家、戏曲研究家朱家溍考察太和宫后指出："金顶上的金殿，殿外的文石台，台下的紫金城，整个金顶上的建筑手法，是以小中见大的格局和黄金白玉的色调，利用一峰特立的地势设计的。"

在建筑规模上，紫金城的修建使太和宫带有高山型庭院式特征。紫金城墙垣总体仿龟背造型，依山就势，坚固壮实，围合完整。作为动物的龟，外貌体样呈长椭圆形，背甲较圆，稍有隆起，三条纵棱，脊棱明显。古人有："龟一千年生毛，寿五千岁谓之神龟，寿一万年曰灵龟。"[106] "灵龟者，玄文五色，神灵之精也。上隆法天，下平法地，能见存亡，明于吉凶。"[107] 成于明永乐十七年（1419 年）的紫金城，高墙围绕，"城垣系用大条石（每石重约 500 公斤）叠砌，底厚 2.4 米，有收分，顶厚 1.26 米，因地势而别。垣高 5.2—11.7 米，周长 344.43 米"[108]，全部以巨石雕凿砌筑，有石墙帽，下宽上窄，总体形成梯形。城墙条石为扣槽榫或凿眼使金属棒相互贯穿，再灌硅酸钙黏合材料，即生灰块加江米或白矾，隔层而作，工序繁琐，但墙体稳固。墙壁上的孔洞双面梯形力学收分是如意式排水孔，还是修建脚手架插孔，或是暗合星相，仍是一个待解之谜。站在城墙下，视其城墙高度均衡，城垣峻整，线条流畅，结构严谨，大气磅礴。远观或从太和宫小道场往上眺望，这时所见城墙向里倾斜，呈圆弧状。因为墙体特别模仿了龟的缘盾、肋盾，逶迤起

» 紫金城墙（宋晶摄于 2017 年）

» 俯瞰太和宫（拍摄于 2019 年，芦华清提供）

伏，给人以建筑徘徊连属的丰富想象，加之"九连登"对龟的椎盾的模仿，充分反映了玄武文化的观念。太和宫精彩之处更在于紫金城是基于中国古代宇宙空间观念中天圆地方的认识，天为乾，阳性刚健，舒展博大，地为坤，山岳河渎，万物资生，而大地的主宰是天。除了广阔的山川大地，还有高远的苍穹，天下意识便隐含于这厚厚的城墙里，而在建筑美学上综合二者，就是既要矗立于山川之巅，又要用城墙这种建筑表征天穹，建筑在伸展的过程中一定顺山势之自然，围合成一种弧状的、天穹的"圆"，达致天地相合。其奇险宛如天生石壁悬空危然不坠，疑是神造，非人工所能为。紫金城是写在大地山峰之上的伟大符号，将苍穹看作无形的屋顶，天地相合，是太和宫紫金城遵循的一种大建筑观。

紫金城设东、南、西、北四座天门，临崖负险。其中，东、西、北门楼石作相同（面阔 3.6 米，进深 2.4 米，高 4.8 米），整体屋面设单檐歇山顶仿木结构，城楼下设须弥座，周绕望柱勾栏，四隅立柱，正背立面六（四抹）槅扇（上槛上置由额，叠平板枋，枋上施斗栱以承托屋宇），山面为四。仅有南天门可以通行，其余三门仅具其形却不可开启。南天门下又开拱形城门三孔：（东）人门、（西）鬼门、（中）神门。《任志》卷八载紫金城"缭以石垣，绕以石栏，四辟天门，以像天阙，磅礴云霄，辉映日月，俨若上界之五城十二楼也"[109]。

在紫金城的烘托下，天柱峰大顶"冶铜为殿，饰以黄金，范神之像"。这座金殿，外观表现高度有限，面积狭小，殿前平台甚至容纳不足千人的祭祀典礼，因而限制了观赏者对建筑形制的最初认知。但是，金殿通过间架结构上的屋盖层数、坡数、屋面形态等的制造，显示出建筑形制的高贵等级，又依凭殿内装饰铜铸鎏金的神像五尊、龟蛇二将及各类法器，体现出建筑规格的尊贵程度，大大弥补了面阔与进深的不足。整座金殿就相当于一座神龛，立于天地间，统摄人心，玄帝信仰是它的灵魂。于是，父母殿及签房、印房围绕之，殿外匾额、148根铜铸栏杆及铜狮、铜象装饰之。鉴于此，紫金城及四天门已远远超出清净道场、防御野兽等一般道宫宫墙的功能，而是用以拱卫金殿，营造天界仙宫金阙的建筑意境，达到家国认同，象征国家意志。由于太和宫规模巨大，整个建筑组群分布在天柱峰上下约2公里建筑沿线上，故太和宫的总体形制为帝王宫城式建筑。

» 紫金城东天门（宋晶摄于2017年）

» 紫金城西天门（宋晶摄于2007年）

二、平面布局

决定建筑形制的主要因素是建筑布局。《任志》以紫金城为界线对永乐大修的"大岳太和宫"以"顶上"和"顶下"加以划分。

"顶上"（紫金城内）：包括金殿、紫金城墙、四座天门（东、南、西、北天门)、雕栏望柱石梯（古称"九连登"）。

"顶下"（紫金城外）：复建朝圣拜殿，并以此为中心轴线设置钟楼（东）、鼓楼（西）；西向延展的建筑：圣师元君殿、圣父母殿、诵经堂、神库、神厨、斋堂、真官堂；通往朝天宫一线的建筑：朝圣门、方丈、廊庑、寮室及其下三座天门（一、二、三天门）、道房、斋室、灵官祠、雕栏望柱石梯神道及天柱峰南侧削崖下的天池（亦称白龙池、凤凰池）。

对比《任志》，后来的志书关于太和宫建筑布局则有不同的表述，如《方志》载："右折而下，于额规山之曲，为朝圣殿，为元君殿，为圣父母殿，为讲经堂，为真官堂，为龙池、龙庙，为钟鼓之楼、厨库之室，地又穷。又左折而逾小崦，出右胁之下获山曲四倍之复规，为方丈，为廊庑，为寮室，地又穷。"其划分方法是"（按：金）殿之外为台，台外为槛，槛外为城"，说明嘉靖时代的太和宫以"槛"为分界线。

"槛内"：包括金殿、更衣二小室。"其大顶为殿，顶南北缩五之四，东西揍者，复十之一，益以飞栈为更衣二小室，地既穷。"[110]清《古今图书集成》仍保持"槛"的分界线："顶之东西约九丈，南北约二丈，建殿其上，坐酉面卯，左右益以飞栈为更衣二小室，殿外为台，台外为槛，槛外为紫金城，立东西南北天门以象天阙。"[111]

"槛外"：金殿月台外一道青石围槛以外的全部建筑，包括九连登、四天门、朝圣殿、元君殿、圣父母殿、讲经堂、真官堂、天池、龙庙、钟楼、鼓楼、厨库、方丈、廊庑、寮室、朝圣门、下三天门、连磴神道、道房、斋室、灵官祠、祖师殿、会星桥、摘星桥、白云桥、琼台，管领清微宫、朝天宫和十五公里外的黑虎庙，等于扩大了紫金城建筑的属辖范围，所谓"上真台殿金银结，下界烟霞紫翠屯"[112]。祖师殿为新增配殿。朝圣殿、讲经堂、下三天门、连磴神道、灵官祠是原有建筑名称的改变，凡五百二十余槛，管领宫二、庙一。

据《古今图书集成》："金顶在天柱峰之极顶，因上有金殿故又以金顶名。元时铜殿一座，明成祖以规制弗称，撤置小莲峰。冶铜为殿，饰以黄金，范元帝金像于内。凡侍从供器悉饰以金，后增置铜柱数十株为栏周围护之。顶之东西约九丈，南北约二丈，建殿其上，坐酉面卯，左右益以飞栈为更衣二小室，殿外为台，台外为槛，槛外为紫金城，立东西南北天门以象天阙。"[113]

现存太和宫平面布局主要有三种方式，以紫金城为分界划分建筑布局如下：

（一）紫金城内的建筑布局

1．规整式布局

是天柱峰顶端坐西朝东向中轴对称的一组建筑布局，即以金殿（清张开东《太岳行记》称"元帝殿"，俗称真武殿）为正殿，后置父母殿，左右辅殿（亦称配房）：签房、印房（亦称香房）。金殿前左金钟、右玉磬，均有铜质小亭悬置于须弥座石台，钟亭之北设日晷石台。大顶三位一体建筑结构符合中国古人建筑观念中的理想结构布局。

2．自由式布局

是灵官殿至金殿前陡坡蹬道的一组建筑布局。过紫金城南天门，经灵官殿长廊，攀登"九连登"神道，至金殿。1985年紫金城父母殿后新修一条青石神道与原神道贯通。

（二）紫金城外的建筑布局

1．混合式布局

是围绕小莲峰所形成的院落组合式建筑布局。

（1）转展殿一进院落：东西设围墙，正对朝拜亭的轴线上开一座砖石拱形结构小山门，单檐歇山式绿琉璃瓦屋面脊饰，形成"口"字形一进院落。院东开一偏门，通向明永乐年间开辟的小道场，现置焚帛炉二座。

（2）朝圣殿二进院落：即天柱峰与小莲峰之间南北向轴线上

» 小莲峰建筑旧貌（芦华清提供）

» 小莲峰建筑新颜（范学锋摄于 2007 年）

太和宫平面示意图（卢华清提供）

至南岩宫

南神道

天池楼

明代古神道

朝圣门

天云楼

云楼

乌鸦台

道房

天乙楼

三官台

道房1987年建

斋堂

道房

天池

天昌楼

三官阁

集藏炉

暗桥

戏楼

皇经堂

接待室

鬼门

道房2

敷楼

朝拜殿

太和殿

元代铜殿

道房

钟楼

万圣阁

南天门

灵官殿

父母殿

焚帛炉

小铜殿

小道场

九连蹬

厨房

金殿

印房

平台

焚帛炉

至清微宫

西天门

二、三、天门

北天门

金

城

紫

东天门

平台

民国时期建后山神道

2011年增修道路

的一组对称式建筑布局。出紫金城南天门，顺级而下朝圣殿（《任志》称"朝圣拜殿"、《方志》称"朝圣殿"、清张开东《太岳行记》称"拜殿"[114]，俗称朝拜殿、太和殿），东西对称设置道房，殿前设朝拜亭，东西对称设置钟、鼓楼，形成朝圣殿院落；朝拜亭与小山门形成朝拜亭小院，院西外通皇经堂，院东紧连万圣阁（原为通小道场山门，明中期改为殿堂）。因此，转展殿至朝圣殿一线就形成了"日"字形二进院落，朝拜亭一脊"翻"两院，相当于二进院落的过厅。各门均可外通使院落不具有闭合性，与民居三合院有别。

2. 自由式布局

由朝拜亭小院西门折下（33级石磴道）经"暗桥"（系古摘星桥，石砌甬路后称"太和桥"，高8.85米，宽6.38米）至皇经堂，及附近四大天楼（即天云楼、天池楼、天乙楼、太和高楼）东西展布的若干殿宇楼堂组成。

>> 狮子峰护小道场（刘小魁摄于2019年）

"暗桥"是石拱桥，明代为扩大皇经堂前建筑面积，依凭悬岩以方整石砌筑。清代，桥北改建皇经堂，桥东道光二十三年（1843年）道人捐资重造一座铜质金旗杆，辅助天柱镇狂澜，桥西横设三官阁。民国4年（1915年）在桥上建桥楼殿——戏楼。"太和真境有琼瑶，栈道明修路一条。暗踏星辰缘不晓，人人偷过古天桥。"[115]依戏楼西山墙建砖雕焚帛炉一座并开设小西门，门外一字小影壁书丹"道炁长存"属于门内隐、门外避，屏风墙不能移动，故桥南戏楼与皇经

>> 走桥不见桥（宋晶摄于2017年）

堂形成狭长夹道的深景院落，桥殿凌空，宛如彩虹，使皇经堂为核心的建筑布局在人与自然和谐关系的处理上更为巧妙。

穿小西门，下台阶为三官台平场，西行进入天楼区，有天乙楼、天合楼、天云楼及其他道房、斋堂等建筑。再穿过道房、斋堂为乌鸦台，石台平正，下临绝壑，石栏围护，曾有万鸦飞集，空中接食，百不失一之景。乌鸦台下为太和高楼（亦称天云楼、高楼）、道院等半围合院场。天云楼东北为天合楼（北靠紫金城墙下绝壁处有微型天池），此路走楼外石阶（65 级）北上朝圣门。大莲峰和平街北的天池楼，建有方丈、廊庑、寮室等七十八间，再下数百级明代神道石阶，经三天门下至一天门、朝天宫；另一条路是皇经堂西行二峰雄峙间如斧劈之石门，内有天然岩石吊钟台，一口饰龙纽明铸巨大铜钟竖起台上，台下天池楼遗址。

总之，太和宫建筑群的宏观布局，是以紫金城为界，由紫金城内的金殿中轴对称布局，演进到紫金城外的朝圣殿中轴对称布局，再以金殿为垂直交叉点形成严谨的平面布局，中轴线是所有自由灵活、混合式布局的逻辑依据，重要的建筑都不越雷池，又适形而止。

在金殿和朝圣殿采取了中轴对称的严谨构图方式展开平面布局，充分利用了天柱峰雄奇、险峻的自然地势，在建筑形体组合中形成整体观念。同时，结合地形起伏，还采取了自由或混合的布置方式，巧妙地处理建筑与自然的关系，合理地利用有限空间，有主有从，主从分明，在统一中求变化，变化中求统一，达到了"云外神宫"的布局效果。

第四节　太和宫审美鉴赏

天柱峰顶的建筑随着历史的流迁几经更迭，建筑形制也由简单走向宏壮。宋元时期，"峰顶东西长七丈，南北阔九尺，四维皆石……砌石为殿，安奉玄帝圣容"[116]，大顶最初的建筑是这座石殿，后改为铜亭，"亭内香炉一座，玄帝一尊"。元成宗大德十一年（1307 年），铸造铜殿替代了铜亭。"永乐十年（1412 年），奉敕冶铜为殿，重檐叠拱，翠飞瓦立，饰以黄金"[117]，永乐十四年（1416 年）金殿安放大顶取代铜殿。虽然太和宫香火始终未断，可是对太和宫的理解和尊重却仍然不足，而懂得鉴赏太和宫建筑之美有助于走近武当山道教。

一、审美视角：视域阔大，用虚处理

太和宫矗立于天柱峰大顶，通过审美视角的选择，会感受到建筑不同的美，也会发现景观不同的美，而发现的惊喜不断地增强着人的审美愿望。

元代道士、地理学家朱思本的《登武当大顶记》，是迄今所知第一篇关于武当山的游记，记载了他从天柱峰大顶俯瞰下方："四望谿然，汉水环均若衣带，其余数百里间山川城郭仿佛可辨。俯视群山，尽鳞比在山足，千态万状，如赴如揖，如听命侍役焉者。"[118]朱思本在花蛇土蝮遍地的条件下，于仁宗延祐四年（1317年）四月徒步登金顶。他侧足石磴间，援竹而上，从开始的"惧而颤"，到攀援中"勇而奋"，及至大顶"恬而嬉"，经过一番艰难的攀登，才得以站上天柱峰大顶，他俯瞰下方，视野辽阔。明末文学家、布衣诗人何白登临金顶，眺望四周，慢慢凝积起高远开阔之感。他面对大壑，视野是全景，百岫森叠，翠微骈映，正当眼前的金殿缥缈金光，灿烂夺目。礼毕玄帝，自然凭栏下望，"香炉、蜡烛、三公、五老、玉笋、天马、鸡笼诸峰，若贡若献，若拱若立，目力稍远则万山从伏，或如仪仗卤簿，或如翠葆珠幢，或如鸾鹤围绕，或如百兽率舞，或如万方辑瑞，逐影肖形，不可殚纪。纵目远穷，则南自汝邓，西自荆楚，连嶂奔腾，累累总总，如丘冢之封殖北邙，波涛之瀺灂巨壑也。汉江绕其下，仅如衣带……云雾四合，下视台外弥漫一气，则向所见陵阜丘垤，皆茫忽不可辨。唯三公五老香炉诸峰顶，时露云气中，乍隐乍见"[119]，可谓是万山来朝，气势非凡，风止云尽，山色岚霭依然，这种大场景的审美观察很奇妙。"山顶众峰皆如覆钟峙鼎，离离攒立，天柱中悬，独立众峰之表。金殿峙其上，元武正位，四神配列，承以瑶台，拥以石栏，倚以丹梯，系以铁緪，护以紫金城，辟四门，以象天阙。羊肠鸟道，飞蹬千尺，香炉蜡烛，三峰恍惚，当席前山斗绝无寻丈夷旷，道流倚崖架木，重楼叠阁层累以居，循城下，为元君殿、圣夫圣母殿，绕天柱峰，后为尹喜岩（老君洞）。"[120]峰峰朝顶的奇特景观，是高瞻远瞩视野更为广阔之后的感受。清云贵总督蔡毓荣云："初自下望之，天柱与群峰若肩随；然至是乃踞群峰上，远者环墙，

» 仰望大顶（宋晶摄于 2009 年）

近者列几，或趋或揖，如立如伏，一山外朝，翼如负扆，盖天地之大观止矣。"[121] 当一览众山后，明代文学家雷思霈品评了大顶景观的高下："绝顶劣于诸峰；近望之，诸峰劣于绝顶。盖诸峰参差前拥，绝顶独后，目力所及，近者反高；足力所到，前者自下，无足怪"[122]"峰顶四顾，海云遍野，如万朵白莲，拥浮碧空。武当妙境，摄归一念矣。"[123] 徐霞客站在天柱峰大顶俯视，方圆数百里的山川城郭清晰可辨，汉水像衣带环绕着武当山，感受这大自然的神奇，犹如国画山水长轴般的精美，建筑对自然如此专注。如果不登大顶，又怎能有"气吞泰华银河近，势压岷峨玉叠高"[124] 这么阔大的情怀？！

　　如果连峰接岫，积岭重岗，山重水复，峰峦巧避，就更需要独具慧眼。最绝妙的对于天柱峰大顶建筑的审美方式是遥瞻远望的欣赏，因为距离产生美。如宋初名相、文学家李昉《太平御览》载："《山记》曰：武当山区域周回四五百里，中央有一峰，名曰参岭，高二十余里，望之秀绝，出于云表。清朗之日，然后见峰，一月之间不见四五。轻霄盖于上，白云带其前。旦必西行，夕而东返，常谓之'朝山'，盖以众山朝揖之主也。"[125] 登高望远，无垠辽阔，抬高视点扩大视域，自然山峰丰富多彩的形象让人享受不尽。袁中道比喻"武当山为一尊天造地设的巨人坐像，他说天柱为颅，紫霄为腹，太子坡为股，平台为趾，南岩、琼台为左、右臂"[126]，则是仰望之后的想象，他创造了具有神秘感的景观。"金殿嵯峨，高耸太和之顶；玉阶缥缈，徘徊云汉之间……七宝光中，仙仗拥九华之盖；三天门里，真官萃五伯之灵。俨若临轩，昭如在上。执香捧币，悬铁索以跻攀；沥恫摅丹，叩帝阍而号泣"[127]，清代郧阳同知马如麟仰视大顶后发出了慨叹。金殿的"高"是紫金城内没有任何建筑能够超过的，这本身就是一种空间隐喻，仰望唤起了人们的敬仰感和神圣感。

游山者只要留心，总会找到一些远观仰望天柱峰金顶的最佳观景点。自然山水的美是丰富多样的，欣赏的角度、方位不同，就可能看到截然不同的景象。"'望'是游山的基本手段。"[128]奇妙的是武当山任何一处宫观，都能找到合适的角度遥望金顶，古均州乃至襄阳等地，遇到雨过天晴，空气通透，都能看到金殿闪闪发光。明代文学家谭元春曾提出一种游岳主张："善游岳者先望，善望岳者，逐步所移而望之。"[129]通过移动审美视角，感受建筑不同的美。面对武当山水，谭元春兴味盎然，前望、回望、仰望、俯望、眺望，不一而足。明代文人杨鹤游历武当山旅途中多次驻足仰望金顶，在遇真宫前望天柱峰"正值九龙山缺处，如月圆当户，隐其半规"；登上回龙观南望天柱峰"天半堆蓝襞翠，翠色横空"；至太子坡望天柱峰"如一片青芙蓉，涌出绿波，瓣萼可数"；在榔梅台前望天柱峰"端丽秀削，绿峭摩天，真奇绝矣"；从仙侣岩至滴水岩"步步可望天柱，松杉茂密，石路阴森"；返南岩"望天柱黄金银宫阙"。显然，从不同的视角远望天柱峰，视觉感受竟然是奇妙变幻的。于是，他循着晒谷岭，经榔梅祠，过斜桥，仰视山腰峡口，箭括通天，攀岩度索，得观文昌祠、会仙桥、三座天门。傲然耸立的天柱峰是"内隐隐紫翠千重，外以屏风九叠障之"的神仙世界。它层峦亏蔽，隐而不见，又元气空蒙，混沌太朴，十分不寻常，仿佛"绝代佳人，倾城一顾，百媚横生，然自非流波将澜，欲一启其嫣然笑齿，杳不可得"[130]。能探微大地画卷，品第参山胜景，杨鹤慨叹是他平生最快乐的一次畅游。

站在天柱峰大顶平台，平视环顾又会是什么样的景致呢？天气晴明，能一睹东方扶桑吐丸、跃然三竿的壮美。嘉靖抚治郧阳襄阳的章焕写出了这一奇景的意境："天门晓辟气曈昽，万叠金波射碧空。海窟瑶光腾宝藏，苍龙含景吐珠宫。连山倒挂扶桑影，削壁晴摇五彩虹。"[131]明代诗文家徐学谟以游记的方式描写了金顶平台上的观日："霏微飔拂，沆瀣沾衣。东望紫云如盖，泱郁绮结。顷之，昒昕渐爽，朱光迸彻，景风澄廓，踆乌翔空，荡射万山，金碧晃映。炉烛三峰，近联几阁，而皇崖、三公、五老、玉笋、天马、鸡笼诸峰，若动若发，属峰而来。奔走不暇。埃壒屏翳，宛虹芒砀，游目八极，眇忽万象。"[132]语句典雅，用词古朴，笔触细腻，生动形象地再现了金顶日出的壮丽景观。他还看到道人屋舍"其趾半附崖，则重累而度之，多者至七层，若蜂蛎之为房。罡风蓬蓬，势欲堕不堕，甚危之，而竟无恙也"[133]。谭元春坐观天柱峰："草木童稀，石骨寒瘠，孽而上石稍开，因筑城衔开处。城而上石复结，稍欹之以护顶，至于顶乃平焉，高削安隐，天人俱绝"，感慨"因想山初生时，与人初上此峰时，皆荒荒不可致思"[134]。把远景、中景、近景收在一个距离上，形成一种以意境为主的景观，如日出、云海、雾霭、冰雪等有瑶台仙阙的意境，"天开仙岳透虚空""碧纱笼罩万堆烟"，也有浮云的心意，优哉游哉地潇洒于天地之间的畅然。雷思霈从房陵官道上看太和宫："俄而，白云起封中，往来衣袂间，如大海水，四望皆白气，如万龟烟蒸之浮浮漏大地，出琉璃色，奇矣。俄而，日光下射，冉冉上升，如轻縠幂。诸峰咯可名状，如波、如列戟、如旗旐、如食前豆。下视清微诸宫殿，如海旁蜃气，乍远乍近，象生其中；上视白云，如百匹布著天，其疾如驶，其相织如天孙杼，益奇。"[135]

俯视时建筑形象平缓，仰视时建筑显出高峻。由于视野远大，平旷视域得以总览江山，目击大千，挥斥八极，绝顶遥看万里空。这样的全景空间、"旷如"景域，是一种寥廓悠长，虚旷高远，开敞疏朗，散发外向的景物空间，只有登顶才可一览高旷之景。品大顶景物、格法气韵，应重壮阔旷远，荡胸生层云，俯仰宇宙，游心太玄。成功的观景可增添兴致，渲染气氛，优化建筑观景体系。总之，领悟旷远之美，最大限度地拓展视域，虚化边界，从自然的无尽无涯中感受无限的审美时空，飘逸、壮阔、虚灵的境界。

然而，建筑与文学不同。太和宫建筑要在自然景观基础上将文学描述之景创造出来，营造景外之景，就要考虑太和宫建筑控制地带、整体格局、建筑形制、单体规格、使用功能、铸造技术、黄金实力等诸多因素，所以难度相当大。为了把握景物空间，营造最佳视觉，太和宫巧妙地进行了一系列"虚"的处理，做出了符合道教的宏观设计。

（一）虚旷处理

首先，选择至高点天柱峰，通过整体月台的搭建，抬高金殿，显示雄壮。太和宫高悬于峭壁云濤间，金殿依山傍岩，精工巧构，雄中汉表，气浑太初，颇有天人化合、景自天开的境界。值得推崇的是这组建筑的群体处理，它依山就势，前呼后应，将装饰最华丽、风格最庄严的金殿置于山的最高位置，以其气势统率全局，使欣赏者沿路登山都以金殿作为最终目标而形成统一整体。实境与虚境互相包容、渗透，构成诗画交融的深远意境，金殿为背景，天光树影，袅袅香烟，与远处青山遥相呼应，虚虚实实，使狭小的庭院获得了空间意念的延伸，构成了耐人寻味的高山庭院意境，把景色化为缥缈的虚空，有限的尺度反而扩大了无限的意境，以对立统一原则完成的观景效果十分完美，这正是永乐年间大修原本"金顶天宫"的设计理念。

其次，将建筑单体设置数量降到最低，形成既开敞疏朗、高大富丽，又不形单影只、孤立存在的建筑空间。事实上，明永乐年间大顶上的建筑举动是移元代铜殿至小莲峰，仅建筑一座金殿，以象征天阙，原本是"金顶天宫"的设计理念，"俨若上界之五城十二楼"的仙境也只能缥缈在大顶之下的香雾之间。

再次，金殿月台与青石望柱栏板距离很短，却让建筑最大限度地散发外向。经过虚旷处理，突出了景物的"旷"的特征，取得景物的深远空间感，最大限度地拓展时域，虚化建筑边界，形成景域的寥廓悠长。临高远望，视野开阔，奇峰异景映入眼帘。金殿利用其内部有限的空间，配神塑造烘托主神，全力凸显玄帝。在险峭的攀爬之后，却能以最短的时间聚集起人的注意力，达到虔敬谒神的最佳效果。砖石结构的签房、印房建筑在月台之下两侧，主次清晰，使人的注意力更能集中于金殿。

（二）虚涵处理

金殿的月台分三级崇台，如果不手抚二层崇台的栏板望柱，无法望及台下的化帛炉、"小道场"，"九连磴"与每层崇台相接入口处实为一种隔的手法。建筑及空间的这种隔蔽，取得景域之间疏密有度、敞闭对比得当的艺术效果，突出了景观的深邃感。四座天门及紫金城围墙，与金殿观景平台的落差，创造出"奥如"的境界。"旷如"之开阔与"奥如"之幽深，即使如此狭促的空间也能做到包罗万象、虚涵无量，依然能用建筑完美地阐释出来。

（三）虚灵处理

虚灵处理就是建筑与景观作缥缈、苍茫的处理，既有藏露，也有隐显，隔而不断，似有弦外之音。"九连登"通过弯度降低了陡度，紫金城墙在东、南、北三个方向所砌出的弧度使各建筑浑然一体，波浪形的围墙修山围锁，一气呵成，将建筑在景观中"曲"化，避免了景物的浅、直、露，寻求曲中有奥义、不曲不深的境界。灵官殿、朝圣殿、朝天门及三重天门、朝天宫等，对于大顶金殿而言，都属于将建筑在景观中"隐"化，方见趣深之手法。

不过，在天柱峰阔大的景观视域里进行太和宫的设计布局，尚需丰富的联想能力。由于天柱峰大顶为最高处，绝顶遥看万里空，大地如奇特的火蛇尽收眼底，七十二峰朝大顶，俯眺视野无极限。令世人惊叹的是在这片山岳大地上，古人运用建筑大手笔以"神龟"镇压峰顶，创造性地营建了水神玄武造型的智慧。明代大修武当山，敕建太和宫，紫金城的营造取法龟蛇纠缠、天造玄武，建筑的城墙如龟的缘盾，依山而建的金殿仿佛一条游动的金蛇升起，建筑与玄武图腾相得益彰。

总之，太和宫的选址及总体布局都达到了武当山建筑的最高水平，水与火、虚与实、主与次、斗栱的直与飞翼之曲、皇室家庙的正统性与朝山进香信仰的民俗性，融进了自然深沉的、谦恭的情怀与崇高的诗意组合中，形成了武当山道教文化的神秘图案——龟与蛇的合体，最终成为民族认同的符号。玄武化身的造型离不开俯瞰所获取的山岳印象，它完美诠释了天人合一的道教境界，称得上人类建筑史上的杰思巨制。

二、审美意象：情景交融，形神兼备

侯幼彬《中国建筑美学》认为，审美意象这一概念在中国古典美学理论体系中称得上是关键的、基本的核心概念。从美学角度来看，建筑同样存在着审美意象。意象是意与象的统一。"所谓'意',指的是意向、意念、意愿、意趣等主体感受的'情意';所谓'象',有两种状态:一是物象,是客体的物(自然物或人为物)所展现的形象,是客观存在于主体头脑中的理念性的东西;二是表象,是知觉感知事物所形成的映象,是存在于主体头脑中的观念性的东西。"[136] 金殿的色彩选择和择中定位、紫金城对北京紫禁城的模仿,都是景中有情、情中有景、形与神、实与虚的辩证统一,具有审美品格的意象,从而产生审美意象,这是微观上对太和宫最为重要的单体建筑的把握。

(一)崇尚金色

历史上,天柱峰大顶有过石质的殿、铜质的亭、铜质的殿、铜锡合金的殿,直至铜铸鎏金的金殿。粗估这座铜铸鎏金的金殿总重达 90 吨,耗金量达 360 公斤、精铜量 80 吨,由 1200 多个构件组装而成,可谓富甲天下的"黄金世界"。古人为何要用那么多黄金装饰金殿呢?

一是金光闪耀的殿体,象征光明,能使信仰者的心灵从物质世界上升到精神世界,由俗念升华出崇拜之情。

英国学者贡布里希的文选《艺术与人文科学》讲:"作为象征的金

» 金殿(刘小魁摄于 2019 年)

>> 金殿重檐庑殿顶（宋晶摄于 2017 年）

>> "金殿"门匾（宋晶摄于 2006 年）

子，显然，对光明的热爱深深植根于我们的生物本性，我们对灿烂光辉的喜爱也同样置根我们的生物本性。因此，爱光明这种原始反应为人类提供了基本的价值象征，便不足为奇了。金子只不过因为它是闪光的、像太阳一样的金属，永不老化，永不褪色……引起一种宗教上的恍惚。"[137] 在道教建筑艺术中使用贵重闪光的黄金，与建筑的体量、形制等因素构成动态关系，金光闪耀的殿体象征着光明，有着神性的隐喻。金殿坐落在高高的天柱峰顶，无论是旭日东升还是落日余晖，总是显得崇高、明亮、辉煌、神圣。特别是每年夏季雷雨季节，雷电划破长空，一声声天崩地裂的巨响震耳欲聋，但经历"雷火炼殿"以后的金殿却更加灿然如新、金光夺目，堪称中国道教最美的艺术品，成为武当胜景中一大惊险奇观，金光万道直射云霄是天宫金阙的标志。

二是金殿的重檐庑殿顶有力而肯定，其金碧辉煌、气宇轩昂的气质，象征着权力和理性精神。

古代建筑对色彩的使用是有限定的。沈福煦说："建筑表述的是隐含在建筑设计者深层的观念形态，或者说是一种社会的哲学和美学观念、文化的系统意义。中国古代建筑形式语言，表述出丰富而深刻的中国古代观念形态，这种形式或语言很有价值，因为它直观地表述出抽象的语义和深刻的哲理。"[138] 按五色配五行之说，黄色对应"土"，属"中央"之位，等级最尊。黄色是五色之首，自古被视为居中的正统之色，属中和之色，也是最美之色。因此，为显示金殿的正殿地位，就用大量金来装饰，而用金多少也是区分等级高低的标准。金为贵重金属，有光泽，色近似黄色，象征权力，成为帝王专用色。如金殿重檐中际悬挂的铜铸鎏金华带牌门匾，斗匾下部鱼跃龙门，匾背后有铭文，嘉靖七年（1528 年）正月十五上元节寅旦悬挂由太监捐资铸造，工艺不同于金殿铸造，铜底金字，铸"金殿"两个大字，门斗匾"金"字中的竖笔有意出头表明只有皇家才能赤金饰屋，说明是最高等级的建筑。"殿"右的"几"改写成夕、文，通过添减笔画，以求运势美，因而珍贵，用金比例与金殿纯色恰到好处。牌带饰五龙体现了严格的权力制度，是表达皇室家庙的一种建筑语言。金殿门匾既是标示，又是艺术品，在阳光下熠熠闪光，十分耀目。

当信仰者满目金碧灿烂时，自然体悟到神灵居所的美，联想到天上瑶台金阙，因而无限神往，金殿也就出色地完成了从王权到神权至高无上的建筑主题。普天之下，莫非王土，天子是黄色的特权者。建筑用色取决于人对色彩所具有的心理感觉和识别力，金色以其神性的隐喻特性，征服了信仰者的心灵情感，具有含蓄性、间接性和感染力。达·芬奇论绘画时提到，不同颜色的美，由不同的途径增加，其中黄、红色在亮光里最美，金色在反光中最美。因此，色彩与光影融入金殿建筑之中，没有采取红色屋身、黄色屋顶，而是通体金色，有意识地构建明显的彩色之光的空间，寄寓了道教"静"的审美意味，引导观赏者作审美探寻，品悟其审美意象。

中国许多地方都有太和宫，如辽宁千山、陕西延安、甘肃平凉、云南昆明、安徽安庆等，但同时拥有金殿的却不多，只有云南昆明鸣凤山、安徽安庆天柱峰有金殿，然而这些金殿顶的重檐歇山式规制，难以企及武当山太和宫金殿的重檐庑殿式顶的规制。受武当山金殿影响的铜殿如泰山碧霞祠天仙金阙铜殿、峨眉山铜殿、山西霞山铜殿等，也没有武当山金殿顶的等级高。屋顶形制根据等级由高到低分为重檐庑殿顶、重檐歇山顶、单檐庑殿顶、单檐歇山顶、悬山顶、硬山顶、攒尖顶、盝顶。

武当山道教建筑群按照明代规制，等级都相当高。如静乐宫、紫霄宫、南岩宫、玉虚宫、五龙宫大殿及全山十二座碑亭，均为重檐歇山式，众多的配殿、山门、宫门、观门、庙门为单檐歇山式，与皇宫同类地位的建筑等级相同。就连岩庙、焚帛炉、牌坊类辅助建筑及遍布全山的众多岩庙群、小石庙，凡明代建筑其最低规格都是单檐歇山式。金殿选择了最高等级的重檐庑殿顶，四坡五脊，八个屋面是与皇宫等级相同的黄色，南朝梁刘勰《文心雕龙·风骨篇》云："用以怊怅述情，必始乎风，沉吟铺辞，莫先于骨。故辞之待骨，如体之树骸，情之含风，犹形之包气。结言端直，则文骨成焉；意气骏爽，则文风清焉。"[139] 文学作品的"风骨"指情感与思想，建筑作品亦同理，一切艺术品皆有风骨。金殿的顶象征着权力，也象征着理性精神，反映着一种逻辑力量，突出"理"的说服力，这些情理内涵合起来的"意"正是金殿的风骨。

三是强烈夺目的色调与周围环境形成对比，造成了高强度的色彩效果，易视易观，规避了平庸、平淡。

山西五台山佛教也有金殿，而武当山金殿的黄色不同于五台山金殿通体的亮金色，其铜锌合金的黄铜色彩更强调对和谐的追求及色调与环境一致的"章法"，具有沉稳之特征。

一般地，色彩与建筑的体量、形制等因素有动态关系，施以同一种色彩而摒弃杂色，其体量越大形制越高，色彩效果便越强。天柱峰插空万仞，虽猿鹤莫能跻攀。若神殿涂以杂色，烈风雷雨、雾锁云横中极易斑驳，铜铸鎏金工艺则永不褪色。建筑视觉形态的基本要素是形、光、色和谐搭配，能得到理想的表意效果，产生视觉感染力，具有先声夺人的力量。实际上，大自然的景与色都被黑、白两种"极色"所包围，昼夜的明暗作为光度的极致，控制着天柱峰大顶的所有颜色，无论水墨还是重彩都应以追求无色之美为上策，从而形成大顶金殿的苍穹大背景。考虑到充足的阳光普照，太和宫金殿选取强烈炫目又沉稳、庄重的金色才能夺人心魄，建筑形象细腻而传神，构建出的神的世界才能常住人心。殿内神像及法器设施，如神案、金炉瓶、金烛台等多为皇室钦降，都是富丽无比的铜铸鎏金杰作。当建筑为帝王专用时，才会在建造中不惜工本，以最优良的材料、最先进的技术、最好的能工巧匠，铸造这座代表那个时代建筑技术和艺术最高水平的宫殿。

（二）模仿故宫

北京故宫紫禁城是明清两朝的皇城，紫禁城是天宿对应文化观念的体现。古人认为天上的星相分三垣（太微垣、紫微垣、天市垣）、二十八宿等。其中，紫微垣位于天之正中。天上的紫微星垣是天帝的宫殿，称为紫宫。《后汉书》载："天有紫微宫，是上帝之所居也。王者立宫，象而为之。"[140] 紫微、紫垣、紫宫都是帝王宫殿的代称。人间帝王自诩为受命于天的"天子"，所居住的宫殿应与之对应称"紫城"。

» 紫金城南天门（刘小魁摄于2020年）

因皇宫地位极尊，属于禁地，寻常百姓无缘入内而有"禁城"一说，二者合称"紫禁城"。"明初营建南京、中都、北京宫阙的时候，都是专称宫城为'皇城'，但宫城的外墙即禁垣包括在'皇城'的范围之内。这样一直沿用到明朝后期万历时候，才把它区别开来，并且颠倒了过来，把原来称作'皇城'的里城改叫作'宫城'或'紫禁城'，而专称原来皇城外的禁垣为'皇城'。清代沿袭了明代后期的制度，这样的叫法一直沿用到现在。"[141] 紫禁是紫微和禁的合成。与紫禁城只一字之差的武当山紫金城，二者都是同一时代的伟大工程。"在中国疆域的中心和首都北京的中心位置，武当山、北京分别作为大明王朝精神世界与现实世界的经典代表，如同一幅巨大无形太极图的两极；紫金城与紫禁城分别作为明代神权和皇权的至高象征，就像其中的阴阳鱼眼，遥相呼应，乾坤互动，演绎了大气磅礴的大国工程史诗。"[142]

武当山太和宫紫金城，又名皇城、红城、太和城、石头城，敕建于永乐十七至二十一年（1419—1423年），瑶台金阙，俨若禁御，悉如紫禁城壮丽，备祖宗一代之制。紫禁城墙从里向外看墙体向外斜，从外朝里望墙体却向里倒，沉稳凝重，高危壮美，逶迤起伏，大气磅礴，如彩虹环绕天柱峰顶端的金殿，是太和宫精彩奇妙形象的重要组成部分。正如清高鹤年描绘："殿外铜柱，柱外为槛，槛外即山，山腰是城。城开四门，以向天阙，临绝云空，极力宣扬着天庭仙界的威严。东西北三门，逼临绝巘，惟南天门通路。全石造城，群峰捧托，帝阙高居，洵为黄金世界，白玉乾坤。"[143]

《周易·系辞下》有"仰则观象于天，俯则观法于地，观鸟兽之文，与地之宜"[144]，观物取象，中国古人这一哲学、美学观点对太和宫建筑设计极有影响。按照中国古代宇宙空间观念来讲，紫金城象征天穹天阙，"山棱周匝，以巨石欹斜相倚为城，是曰紫禁（按：金）城"[145]，筑城形状似圆，墙体厚实坚固，城墙东、南、西、北四个方位各建一座仿木结构的石天门体现天地相合，大地的主宰是天，是将国家、天下意识含蓄地写在大地山峰上的一种符号，就是对于宇宙万物再现的"象"。"审美欣赏活动本质上是感性与理性统一的复杂心理活动，欣赏者根据自己的生活经验、文化素养对细部观赏，构成审美意象。"[146]穿行于岁月斑驳的城墙之下，高高低低、错落有致的屋顶群琉璃彩瓦、飞檐吉祥物几乎伸手就可以抚摸。"圣出殿门泛阆野望，群峰万壑偃伏蹲息，如尊帝高居。上罗三阙，下列九门，冠盖云合，四海八荒，献珍贡琛，俯伏辇下，不敢仰视。童山四绕，如惊涛汹浪，奔赴雷门，排空震荡。其青紫分行，黛绿成队，则又似翡翠画屏，芙蓉绸褥，倩秀艳冶，美丽闲都，光彩眩目。"[147]武当山太和宫紫金城模仿北京紫禁城的皇城建制，明、清北京皇宫大门前两边筑有专供瞭望的楼阙，内城设置九座城门，名之"内九城"。武当山太和宫紫金城模仿北京"内九城"的九座城门是：一天门、二天门、三天门、朝天门、太和宫门（即朝圣殿，永乐创建太和宫时改为殿堂）、紫金城四座天门，营造宫阙。南天门的门楼下开设的三座城门谓之"上罗三阙"，即神门：高敞威严，两扇大铁门紧闭，为皇家专用；鬼门：实为虚设，相对矮小，意寓祭祀神灵之地不许鬼怪出没；人门：唯一常年开启之门，供朝谒者通行。"城如蓑衣，以次斜高，倚岩附峰，下临无际。"[148]城门楼与城墙相连形成巨大屏壁，提示往入之人保持庄重的仪表和肃然的心境，是太和宫有别于其他大宫的突出之处。

　　紫金城是玄帝之城、神之灵境、礼神之所，通过具体生动的建筑形象单纯地模仿北京紫禁城，实现道教崇拜与审美意象的完美结合，因而得"天上故宫""云外清都"之美誉。

（三）择中立宫

在建筑布局中，组织空间的基本要素莫过于轴线，它隐而不显却又强烈地存在于人的感觉之中，使视觉产生纵深感和方向感。北京故宫的中轴线非常分明，把严谨、规整都融入了平地铺开的建筑里。而武当山太和宫建筑在山形自然起伏之中，依山就势，借其险峻而添其隆重，产生出肃穆庄严、大气磅礴的艺术震撼力，建筑平面与空间中贯穿着看不见却又客观存在的轴线，围绕轴线布置的建筑空间既有规则又无规则，杂而不乱，将道教"天人合一"的思想真正体现在悬崖峭壁之上。作为武当山庞大道教建筑群的核心建筑，太和宫主要在天柱峰大顶与小莲峰两个不同海拔形成的轴线上进行平面布局：

第一轴线建筑：紫金城内以金殿为中心的轴线，坐西朝东，建筑有西天门—圣父母殿—金殿—东天门；

第二轴线建筑：紫金城外以转展殿为中心的轴线，坐南朝北，建筑有转展殿—朝拜亭—朝圣殿—南天门—金殿。

看上去朝圣殿应是第二轴线建筑的重心，但"日"字形建筑组合高点终结在转展殿，这一事实显示转展殿才是该院落建筑的至高点。

元代铜殿坐西朝东，金殿坐向与其保持一致，准确地说是元代铜殿原本坐西朝东，是金殿的坐向与它保持一致。复壁式殿中之殿，其建筑技艺并不张扬，还烘托了朝圣殿，但它的建筑构思非常显示功力，那步步高升已然表明转展殿的重要地位。

» 南天门与转展殿轴线（宋晶摄于 2009 年）

然而，真正高明的设计在于宏观的空间布局上两条轴线垂直交汇于金殿这座灵魂性的建筑，使之成为八百里武当山道教建筑群中等级规制最高者。金殿是明代太和宫正殿，也注重建筑组群的性格要求，与地形起伏协调而气贯如虹，因为紫金城内外建筑组群的集合构成太和宫。

金殿居于天柱峰大顶正中一座花岗石整体平台之上，这儿正是皇城横轴与宫城纵轴的交点。平台东西长 16.5 米，南北宽 10.2 米，二者比值为 1∶0.618，是古典主义建筑美学所强调的一个神圣的、和谐的"黄金分割"比例，让金殿建筑形式更具美感，也反映明代对理性的追求，渗融在建筑上的这种审美意识满足了理智和视觉的需要。

从元代石殿到明代金殿，建筑外在形式虽然巨变，但不变的是中国人对同一信仰的尊重和关注，失掉旧式建筑取而代之新式建筑，又何尝不是一次次的否极泰来，大顶道场在那一次次的开光中得到能量的加持，金殿作为信仰背后强大的物质力量，也在佑护一方生灵民众中发挥作用。

宋代金殿"为'负酉面卯'，也称'卯酉向'，即坐西朝东，这似乎与北京故宫的'子午向（即面南背北）'截然不同……在风水流派中，理气派地师常用后天八卦或先天八卦为人相地选址，金殿在后天八卦中虽然为坐西朝东，但在先天八卦中却是坐北朝南……古代用罗盘定向有磁极子午、臬影子午与北极子午三种方法，根据金殿的分金坐度，其朝向定位采用的应是磁极子午法。在明初'北建故宫，南修武当'的国家工程中，先、后天八卦的交替使用，暗合了帝苑宫阙与皇室家庙的微妙关系。"[149] 金殿处于"中"的位置，坐向偏度极小，"朝向东偏南 8°"[150]，城垣至顶曲径回廊，殿阁勾连，石梯步步登高之势趋人前行，使人对神敬仰之心酝酿起来，直达紫金城的至高点——金殿，体现了"择国之中而立宫"的"择中"意识。清代，正殿下移朝圣殿，是伦理性与务实性交融的结果。朝圣殿古为城门式独立建筑，明中期堵住北门洞改建成殿堂，目的是提升太和宫"居中为尊"的定位，往"日"字形院落组合"择中"格局上发展。似乎时代的变迁让正殿发生了更迭，真实的建筑理念被自然地形交相呼应的外表隐藏起来，但两条轴线主次分明，格局自见。"任何建筑，只有当它和环境融合在一起，并和周围的建筑共同组合成为一个有机整体时，才能充分地显示出它的价值和表现力。"[151] 建筑作为文化的积淀，诸如符合礼的规范、遵循典章古制、表现皇权至上、以美的比例烘托神的殿堂等，在带给观赏者审美快感的同时留下了更多的思考。

三、审美意境：景观建构，遐思无限

现代哲学家、美学家宗白华说："艺术意境的诞生，归根结底，在于人的性灵中。""建筑意象是意与象的统一。意境是'情'与'景'（意象）的结晶。"[152]意境与意象有着紧密的内在联系，"是超越具体的、有限的物象、事件、场景，进入无限的时间和空间，即所谓'胸罗宇宙，思接千古'，从而对整个人生、历史、宇宙获得一种哲理性的感受和领悟……因此，'意境'可以说是'意象'中最富有形而上意味的一种类型，而'意境'给人的感兴则是一种形而上的慰藉。"[153]情景交融的审美意象升华到哲理性意蕴的高度就会产生审美意境。因为一切意境都是生成的，客体的意境结构通过审美鉴赏生成主体的意境感受，因为意境是建筑艺术的灵魂，是建筑精粹部分的集中，再加上人的思想感情的陶铸，经高度艺术加工达到情景交融。存在于一定的自然环境中的武当山太和宫建筑，能引起人的美感和遐想，从而形成审美意境。

根据太和宫建筑在景观建构上的作用，以组景式构成、点景式构成、观景式构成三种构景方式，考察其建筑的审美意境。

（一）紫金城内的构景方式

世界上最大的皇城是中国北京的明清紫禁城。紫禁城的"城"字指皇宫，即城中之城。由此推之，武当山太和宫紫金城就是宫城之城。它环天柱峰逶迤而立，四座天门营造出"天上故宫"，影响着城内、城外景观的构成。王在晋体会到了紫金城这一结构层次，他说："宫如帝寝，环以金城，重云拥护，以象天阙。宫之左，盘旋而上，傍列历朝御制碑。石梯经几转，重累而度之，足摇摇不胜战栗，而始陟天柱之巅。四维石脊如金银色。"[154]紫金城内鲜明的空间层次感在渐进的空间变化中体现出来。

1. 灵官殿组景式构成

沿着南天门进入的紫金城相当于皇城，南天门是与城墙连接的门楼，武当山大型宫殿门楼建筑独此无二。经一段狭窄的"灵官道"石阶登上面积不大的一处小平台，即灵官殿小建筑组群，包括平台左侧灵官殿二层木结构建筑、锡制小灵官殿、灵官殿长廊及平台的一些建筑装饰。灵官殿清代增建，依山就势，东单层，西双层，东高西低，南搭紫金城墙，北就岩体修筑了砖混结构的墙体，整体屋面木结构，脊饰筒瓦，民国时期属于紫金城内的天合楼分院。殿门横梁悬挂匾额两通："无极通枢"，寓意灵官殿是通往"道"的枢纽，过往者要经得起灵官的查问和检验；"圣恩普沛"，寓意玄帝的盛厚神恩普照泽及万世。均为清代香会信士敬匾。殿门左侧壁画以白色墙面为背景，浓墨绘制巨幅王灵官武像壁画一幅。王灵官三目赤面，凶神恶煞，披甲执鞭，占据了画面大半。他一手举着钢鞭，另一手仿佛有种魔力，画面侧下方一对不孝夫妇正被钢鞭击杀，而侧上方一对夫妻由于孝敬父母而被他点化成仙，画面环绕五只蝙蝠喻五福临门，充满对神灵世界的想象，凝重沉稳、神采外耀，取得了殿内环境与建筑风格和谐统一的艺术效果。作为护法神将始终坚守道观山门的护法，其绘画图案乃民间艺术经过抽象提炼作为扬善除恶的符号，恰当的壁画位置、装饰图案，是营造冷峻环境的重要手段。殿内供奉王灵官文身像，这在太和宫的神仙造像中是个特例。因为王灵官多为怒目圆睁，大张着嘴，额头上长着一只眼，相貌比较凶，总体给人扬眉怒目、气宇轩昂之概。灵官殿长廊入口道旁设置一排木栅，内矗四条重百余斤的神鞭，是继朝天宫之后的又一次慎肃气氛的制造。神鞭对面伫立着六通圣旨碑，均为明代皇帝在登基元年下达圣旨举行斋醮活动的记事碑，昭告玄帝，显示君权神授，表明武当山在明代崇高的政治地位。

这一小平台前不起眼处还有一座小型神台，是明代依岩

>> 小锡殿（宋晶摄于2017年）

而建的小石殿，前置石雕供案，殿内置锡制小灵官殿一座，为全山仅存锡制建筑，奉锡制王灵官一尊。门侧楹联"天知地知未有不知，善报恶报迟早要报"，门楣悬木制横匾"善恶分明"，突出了王灵官主题的主视点，是对灵官殿组景式意境空间的最好诠释。道教认为"为恶者畏人识，必有识者；为善者欲人知，必有不知者。是故人不识者谓之太恶，人不知者谓之至善"[155]。王灵官镇守此处，辅助玄帝司天上人间纠察之职，以火眼金睛识别善恶，铁面无私。传说作恶之人登顶难过灵官殿，因为看到钢鞭吓得魂飞魄散，附会了神灵显应。从建筑效果来讲，这一处幽暗阴森、石冷袭人的环境，却营造了一番意韵丰富的组景型境界。

2."九连登"点景式构成

由灵官殿上至金顶的石蹬道，丹梯九转，出天柱峰绝顶，俗呼"九转梯"。出灵官殿长廊是一面碰鼻陡坡，永乐十四年（1416年）在此修建长达64米的212级石梯，折旋石作蹬道杳扪空际，迂回九曲，镶嵌在大顶悬崖峭壁上最后一段神道，如卧龙蜿蜒的奇途异径，其弯转阶合九重，望之如在天上，天帝居所的认识渐渐在陡攀中形成。"转得丹梯入帝乡，九弯曲似九回肠。"[156]早在元代，登顶用辫竹系在山巅，"缒而下，约可六丈，人侧足石蹬间，援竹而上……或惫，则引布推鞥，凡数十憩乃跻其巅"[157]。明代布衣诗人何白至此受到了震撼："又数折，入紫金城。城依峭壁，累危架险，缮构精固，非驱石神鞭不能办，可谓力侔鬼工矣。"[158]

《园冶》关于路径有"不妨偏径，顿置婉转""蹊径盘而长"[159]的论述。"九连登"设计体现了《园冶》的巧妙手法，随山势九折螺旋而上的石梯行如转轮，使景物轮廓不断调整，万山千壑隐隐下伏，波浪万顷一偃一起，苍苍茫茫已不再像山形。既减缓了险峭探出云端山崖的

>> 紫金城"九连登"（宋晶摄于2017年）

陡度，又弥补了单纯石阶景物的缺陷，还避免了一览无余的直白。"逼近绝顶，地促径耸，行者伛偻，举膝齐胸……已而石梯直竖，危磴高悬。"[160] 从下往上只见山势陡峭异常，石蹬陡若天梯，有一种人与神对话之前精神上的落差，每一步攀登都是信仰者敬谒的晋级。

"九连登"为层叠式石结构建筑，石阶用铁钉固定，两侧饰石栏望柱采用本山所产青白石。望柱造型为莲花头，宝瓶莲叶寻杖花板，素面地栿。栏杆起头有抱鼓石，上下两边素线云头，突出了道教建筑的祥瑞特征。"一宿琳宫最上峰，折旋石蹬杳扪空。六鳌洲渚浮金粟，万马峰峦带玉虹。玄武旌旗黄道北，紫微台阁绿华中。"[161] 一折折的神梯铁索相连仿佛排比句，又如长歌慢调，给人徘徊连属的丰富想象，形成了建筑空间序列层层重叠的纵向发展，最后突然一个自然转折以高潮作结，使主题开拓深化，这种递进式的建筑形式蕴涵的哲理与审美情趣耐人寻味。

为什么用"九"来表述这组建筑呢？道经常用"九"这个神秘数字，如《文昌大洞经》"九统之法、传九光之符，皆以九为用"[162]，认为上有九天，人头有九宫，地有九州，人身有九窍等。道教认为"九"是"纯阳之数"，玄帝圣号中有"九天游奕使"，用"九连登"强调"九"数的意义，还象征圜宇之"九重"，建筑设计以九折构造，用人工点染自然，起到了点睛、点缀的作用，既增强了景物之间的呼应关联，扩大了景观的辐射面，扩展了建筑意象的界域，又明确了景观的主旨，强化了景观的主旋律，即玄帝居于九天之上而统辖天下，以象征手法对建筑意象起到暗示作用。明代文学家顾璘说："惟我文皇大圣，首物垂训作事为天下法，非真君有大功于国，大惠于民，报典奉祠，乌能臻是哉？"[163] 这一观念代表着那个时代的一种共识，祭祀玄帝应以人间帝王为尊，道教思想和君权神授观念通过建筑糅合起来，得以渲染。

置身于"九连登"，遥见辉煌的金殿近在咫尺，伟岸的东天门云端耸举，足下的紫金城魏然屹立，云雾飘旋伸手可触。"直上天门景更幽，金城台殿甲中州。丹梯万丈云霞香，白浪千层雪雾收。"[164] 金顶神宫天阙意象勾起的好奇、期待、虔诚、寻胜的心理，自然导引对天柱峰的仰视，"因笑烧香士女，奋勇而上，惟恐不前，以为有神相予"[165]。

3. 金殿观景式构成

"由南天门入紫金城，丹梯九转，出天柱峰绝顶。范金为黄屋，承以瑶台，帝位中央，群神列侍，精美夺目，俨若化人之居"[166]，金殿观景式构成正如清人王民皞所言。神道在峭壁如削的悬崖上缭绕展转，奋力登上金殿，则"耸然孤立，四壁无倚，但觉灏气凝空，去天尺五"[167]，金殿巍然屹立，具有唯我独尊、君临天下的威严，成为视觉焦点。它在阳光照耀下熠熠闪光，山岚之气飘动，大有补秦皇汉武之遗，张金阙琳宫之胜。它吸纳百川精华，接受万众朝圣，"千层楼阁空中起，万叠云山足下环"[168]，明工部尚书孙应鳌描绘其景"天柱开金阙，虹梁缀玉墀。势雄中汉表，气浑太初时。日月抵双壁，神灵肃万仪。名山游历遍，谁似此山奇"[169]。党居易以"虚皇正位"赞其九宫之冠首。

明代广西按察使、广东布政使陆铨《武当游记》描述金殿："南北长七丈许，东西阔五丈许，中立元帝殿。殿凡三间，每间阔五尺，高可一丈七八尺，楹栋拱枊，制度精巧，皆铸铜为质，镀以黄金。殿前有台，阔二丈许，皆徐州花石，悉甃砌。"[170]时有"元帝殿"之称的金殿由须弥座台基及两侧栏板望柱组成了一座十分精致的小院落，其东、南、北各设台阶踏步石，与象眼石、垂带石一样由整块石料雕凿而成，透瓶栏板上净瓶瓶口雕饰云朵，球状望柱雕刻祥云，垂带栏杆最前端为抱鼓石，极富装饰美感。这种徐州花岗石结构致密，抗压强度高，具有耐热稳定性、抗冻性、抗腐蚀性、耐磨性等特性，是大顶天柱峰烈风雷雨，骨凛毛寒的上邻霄汉，罡风浩气之地优质建筑选材。花岗石自然清晰的纹理似雕饰祥云，所呈现的红色与金殿环境极为相配，恰好符合宫殿前丹陛石的作用，象征帝王权力。虽然院落空间轮廓极小，却处处透露出建筑个性上的细腻处理，突出了人与自然互动的建筑主题。

花岗石台基与青石望柱栏杆之间形成一个小型平台，左右各建一座须弥座小石台安放钟亭和磬亭。平台两侧各设一座砖木结构的红墙绿瓦房，从最初的"更衣二小室"到"殿旁两厢房"管理香火（香钱），建筑功能随时代变化。清康熙四十二年（1703年）下荆南道王度昭创建配房。民国7年（1918年）增设父母殿。清代进士王沄《楚游纪略》记载："殿旁二小室，左以憩客，右有司香税者。"[171]民国初年重建为签房、印房。武当山道教有占筮、推易、演卦的文化传统，签房抽中的是"玄帝灵签"。"一张铁咀道破人间吉和凶，两只慧眼能识万物兴与衰。"印房有都天玉玺龟蛇形纽印一枚，专为朝山进香者的旗帜盖上红色"都天大法宝印"以鼓舞其道教信仰。"朝爷会"浩浩荡荡地到达金顶，香客信士跪在玄帝面前磕头祷告，然后签房抽签、印房盖印，有用盖过印的布料给小孩儿做衣帽避邪压灾，给成人做衣服延年益寿的民俗，武当山隆重的朝顶仪式在金殿前达到高潮。

父母殿与金殿同一轴线，砖木结构，表达着道教的孝道观。殿内中龛楹联：功垂造物大乾坤，德育玄天圣父母；两侧楹联：芝检荷神庥，前当惠佑椿庭，龙钟幸预恩荣宴；箕畴完老福，从此声灭艺苑，鳌戴弥深叩感忱。横额：恩光普照，都寓意圣父母恩德普照九州，洒向人间，施惠民众，启示观赏者玄帝是孝的楷模，玄帝修成大神使父母荣受褒封，是更高层次上的行孝。父母恩重，子女应好好报答父母的养育之恩，孝行即修行。建筑装饰性与审美性、哲理性完美结合，形成一定的景观意象，起烘托金殿作用。金殿则有机地组合了空间，巧妙地贯通前后左右建筑，使这一中轴对称院落浑然一体。

除上述建筑所构成的景观意象外，自然景观也构成了一定的景观意象。金殿作为观览环境景观的重要观赏点，是一座观景建筑，起着组织景观空间环境的作用。"相传山有八景，曰老猿献果，曰仙鹿奉花，曰海莲遍野，曰飞蚁来朝，曰金殿倒影，曰海马吐烟，曰乌鸦引路，曰黑虎巡山。"[172] 民国纪乘之游记载有两组金顶八景："乌鸦引路、雀不落顶、雁鸿来朝、燕绕八阵、飞蚁来朝、仙猴献桃、梅鹿献花、黑虎巡山"；"金鸡长鸣、海马扬声、雷神洗殿、祖师圆光、金殿倒影、海水来潮、平地闻雷、天柱晓晴。"[173] 当代有"动静八景"之说，静八景指雷火炼殿、月敲山门、空中悬松、祖师映光、陆海奔潮、金殿倒影、天柱晓晴、平地惊雷；动八景指金猴跳涧、黑虎巡山、乌鸦接食、梅鹿衔芝、飞蚁朝顶、猕猴献桃、雀不漫顶、海马吐雾。其中，雷火炼殿、金殿倒影、飞蚁朝顶、雀不漫顶、海马吐雾都与金殿有关。历史上，金殿五色"祖师圆光"的天造祥

>> 金殿石台须弥座祥云望柱（宋晶摄于 2007 年）

瑞现象有不少记录，并笃定为圣寿征兆、神灵感应。北京白云观呈送永乐皇帝的《武当祥瑞灵应图》就是供奉内廷的画师制作的一部含有武当山道教建筑的绘画。据《太宗实录》卷262记载，永乐二十一年八月甲子，礼部左侍郎胡濙进献瑞光图即此图，具奏："今岁万寿圣节，大岳太和山顶金殿现五色圆光，紫云周匝，逾时不散。山石产灵芝、楷梅，结实特盛。往年于礼部尚书吕震率百官进贺，曰此'圣寿之征也'。"[174]大自然恩赐这方水土的旷古奇景，闪耀着先人与自然和谐相处的智慧。

金顶视野所及，鬼斧神工、天造地设的自然奇景映入眼帘，成为无限的审美意境，使人遐思万千。"点点秦山横地出，悠悠汉水接天流"[175]，感慨的是武当山就是蓬莱仙岛，何必远涉海上相求。"遥瞻秦、晋、楚、豫，可以指画分野；而天边群岫，宛邱垤之偃伏；即足下诸峰，若儿孙之环列。苍茫破处，白牵一线者，汉江也；隐约相参，点若浮沤者，郡邑也。观日月之出没，光影不类于人寰；俯雷雨之奔腾，声响只存于涧壑。云光铺满，浑若潮海汪洋；雪色凌虚，远过峨眉天半"[176]，文字所蕴含的浑融情景生发出一种美感效应。"万丈奇峰展翠屏，千寻飞阁府明庭。金容日映扶桑赤，仙掌云开太华青"[177]，抒发了武当观日喷薄而出时虚实相生的意境。

上述审美意境的构成是由营造和欣赏两个方面结合得以实现的。营造将无限表现为有限，百里之势浓缩于咫尺之间，而欣赏则是从有限窥视无限，遐思无限的精神世界。况且不同的欣赏者看到的世界的大小各有所异，因而更有意境的神奇与美妙。

（二）紫金城外的构景方式

紫金城外的构景方式指太和宫五大功能区的建筑，在各自的建筑意境结构中，对组织景观空间环境起到不同作用的组构方式，其景观意象产生于建筑组合、点景神道。

1. 朝圣殿组景式构成

《总真集》云："如上大顶，山中见一关，名显定关，次关皇崖关。"[178]没修太和宫以前的元代或更早的时间里，天柱峰下山坳上有一座城门式的独立建筑，张良皋怀疑"所称'皇崖关'，疑即此殿"[179]。此殿原四方设门，明中期堵了东、西、北侧门洞而改作殿堂——朝圣殿，成为太和宫正殿、主殿，故朝圣殿具有山门性质。殿前有座四角朝拜亭，前置阶条石、望柱栏板，上悬"慈云广覆""黎庶沾恩"匾额，启示民众感恩玄帝，继续朝顶进香拜谒。

朝圣殿院落对称分布钟楼与鼓楼、通皇经堂山门与万圣阁门，两两对称，形成与"金殿—南天门—朝圣殿山门—朝拜亭—小山门—转展殿"垂直轴线，完成了太和宫"日"字形院落的景观布局。朝拜亭是为增加天井的气势而设置的一个建筑元素，富于堂皇之美。朝圣殿景观由动态观赏视线所构成，具有观赏路线上的导向作用，也隐喻武当山道教传承文脉绵延相传，匠心独运。由于门多，观赏方向频频发生变换，不断地增强着观赏者的好奇心和环境的神秘感。

» 万圣阁（刘小魁摄于 2020 年）

» 朝拜亭（刘小魁摄于 2020 年）

钟楼悬挂永乐十三年（1415年）铸造的巨制铜钟，钟响如雷波及百里，与方圆百里的宫观遥相呼应，道人在晨钟暮鼓中以钟板为号令进行有序的修炼生活。朝圣殿青石须弥座，半圆形双重拱门，显示着建筑的高大穹隆，殿内东西两面凹处改为神台，供奉玄帝、金童、玉女和七尊灵官造像。传说紫金城内只有七品以上官员才能通过，朝山信士只能在此礼拜即止，封建等级森严。

2. 转展殿组景式构成

出朝圣殿南端小山门有一座套叠的闭合小院落，曲径通幽，主要是由元代铜殿组成的转展殿组景式建筑。

元代铜殿于元大德十一年（1307 年）建在天柱峰巅，坐西朝东，面阔三间 2.7 米，进深 2.6 米，高 2.9 米，单檐歇山顶。明代大修武当山因其规制太低，于永乐十四年（1416 年）由原址移至低于大顶 100 多米的小莲峰（因岩形如宝莲而名，海拔 1556.5 米），外建单檐歇山式琉璃瓦顶砖殿（面阔 7.5 米，进深 5.8 米）加以保护。该殿坐南朝北，北山墙东端设门出入，门洞很窄。两殿之间宽仅 50 厘米，夹墙复道，三面逼仄，形成了对香客有一定心理暗示的建筑景观——复壁式殿中之殿。

"转展"的意义体现在铜殿的朝向上。殿内元代铜殿坐西朝东，与它原处大顶时的朝向保持一致，也与金殿坐向保持了一致，还与朝圣殿处于同一轴线，这种空间分级格局，对小场域的局部空间关系处理手法非常睿智。所以，转展殿组景式构成是通过元、明两代不同建筑的套叠、院内崇台和弯转台阶的斗折展转和空间分级格局的时空变换所组成，以"转展殿"命名，一语双关，为太和宫画龙点睛之笔。转展殿，亦称元代铜殿、小金殿、古铜殿、转运殿，据清代旅行家张开东《太岳行记》所载，殿外有二铜碑：嘉靖二十九年（1550 年）敕建苍龙岭雷坛设金像之御碑；嘉靖三十一年（1552 年）遣工部左侍郎陆杰等人致祭碑，现移朝圣殿门前。转展殿为驸马都尉沐昕题写石质门匾，高 0.5 米，宽 1.1 米，隶书。

3. 皇经堂组景式构成

出朝拜殿往西有一座景框式的小门可将皇经堂组景一览无余。下 33 级蹬道，经太和桥，即到皇经堂。这一景观暗藏的巧妙在于狭长的石拱桥不被人所感知，是一处"走桥不看桥"的造景。

以桥北的皇经堂作为观赏点，可见桥南正对三间两层砖木结构戏楼（1998 年改为砖混结构）。因清代在道教重大节庆时，有上演福、禄、寿三星捧福、献寿、添禄一类的神仙戏和歌舞升平的吉祥戏的习俗。在戏楼上表演可视性强，看戏的人们坐在皇经堂里

>> 俯视皇经堂（宋晶摄于 2017 年）

看戏，场景十分欢悦。桥西横设一栋三间两层木楼的三官阁，上述三座建筑形成了一个开敞式小院落。这样三向围合但留有通道口的空间，在太和宫咫尺之地极为可贵。由于有高低、敞闭、直曲的对比，院落在格局上突破了窄狭空间天井般的局促感，产生了弹丸胜境，创造出道教设醮、早晚开坛功课的神圣场所。

紧临戏楼西侧墙壁设砖结构焚帛炉一座，属于利用建筑的边角组合，它把空间中的视线焦点若隐若现地加以布置，创造出一种隐藏焦点式的空间，使人们在连续的空间中不时地发现新的视觉焦点，空间也因而产生了富于变化的情趣。穿过三官阁、三官台南面一扇门楣，门南侧临岩建有小型照壁。

除奉祀系统的建筑为服从主神信仰需要显得正统外，皇经堂一组建筑利用奇异的地形地貌巧妙地进行构建，造成以人文景观为主的一个建筑系统，再配置壁画、雕刻、雕塑等大大增强了建筑的观赏性。

4. 四大天楼组景式构成

"太和宫建筑选址、布点同时具有三种功能：静修、祀神、弘道。"[180]由金殿起越过紫金城南天门，经朝圣殿至展转殿，再跨太和桥进入皇经堂，兼有祀神区与弘道区的特征，但穿过皇经堂以西斋堂一线建筑的四大天楼则具有静修区的特征。清高鹤年《由陕西至武当游访略记》一文载："天柱峰下共有六房，曰黄经堂，曰高楼，曰天一楼，曰天池楼，曰凤凰石，曰天合楼，亦傍吊钟台。"[181]四大天楼是天一楼、天合楼、高楼、天池楼，高楼联翩，直跻天柱。民国王理学《风景记》载："四楼同管金殿，虽在太和宫范围，而太和宫正殿世归后经堂道院所理。四楼为四派，俨成独立性质也。"[182]这一记载十分重要，说明四大天楼分属四个道派（或称道院），这是建筑对于静修方式、祀神系统、道派管理等产生的影响，是太和宫建筑非常奇特的价值。

关于四大天楼原址，笔者调研情况如下：

天云楼：即天云道院、太和高楼，俗称"高楼"。在平台西南岩壁依山修建，为五层木楼，干栏式建筑，下层为凌空立柱的吊脚楼式。屋顶为高低错落的仰俯布瓦悬山顶，凌空立柱之上的四层楼墙采用装板壁结构，整座建筑规模宏大，楼内可容纳数百至上千人居住。明建后屡次重修，1949年彻底损毁，现仅存"太和高楼"匾一通。"羽士架屋崖颠，如累棋，或至五六层，下俯千仞。上盈下缩，状若壁灯。风蓬蓬起涧壑中，樽栌轳轳轧轧有声。"[183] 明代布衣诗人何白记述的崖巅架屋当指此楼。

» 凌空立柱吊脚楼——天云楼
（1911 年拍摄，朱江提供）

天合楼：即天合道院，俗称"新楼"，常与天鹤楼混称，灵官殿属其分院。原址在朝圣门下的天云楼附近，依傍大莲峰以东的狭长地带，现为遗址。

天池楼：即天池道院。在大莲峰以北，山岭上长约百米的和平街曾经商贾云集，街北天池楼规模很大。

天乙楼：即天乙道院。在和平街东。楼下古神道行千米至清风垭，即松萝垭，南北向韩粮道与和平街交叉于此，为登金顶的"中神路"。楼前吊钟台有形大体重的一口钟用于祭祀礼仪置于台上，钟身铭文"大明永乐十四年龙集丙申三月吉日铸造"，上饰铜蒲牢，钟声纯厚绵长，圆润洪亮，回声在幽静的山谷里回旋飘荡。用钟来陪衬建筑，划分天楼区域，创造了环境景观中一种特殊的美。与韩粮道平行，还有一条天云

» 太和宫天楼局部（20 世纪初外国传教士拍摄，王永国提供）

楼北上的 65 级石阶可达朝圣门，再依次展布三天门、二天门、一天门。

另外，距太和宫三十里的紫霄宫东七里处有一座黑虎庙，俗称财神庙，设黑虎神像，为太和宫管领。民国有重建，惜遭火毁。

由于四大天楼陆续于清末民初坍塌，目前从三官台下 55 级蹬道到一个大平台上，1987—1989 年期间武当山道教协会复兴修建了四座砖木结构的建筑，作为四大天楼的象征。按其方位布局如下：（东）新建一座四层楼客房，现称"天乙楼"；（南）新建一座二层楼道房；（西）在原天乙楼旧址上再建斋堂一座；（北）新建一栋道房，现称"天合楼"。

四座建筑中间曾建斋堂一座，毁于火。香厨后建有凤凰池，凤凰非醴泉不饮，其味甘美，旱潦不涸溢，故誉为"灵池"。天合楼北建有天池，传"进封大顶广润龙王"之地。如此错综排列的道房楼舍组成了一个相对开敞的院落。绕过原天乙楼（斋堂）是乌鸦台，此小平台具有枢纽性质，展布有台南的太和楼遗址，台西的吊钟台，台北的朝圣门、韩粮古道、天池楼遗址。

5. 三重天门点景式构成

元朱思本《武当山赋》曰："约飞仙以游遨，历天门之九重，乃平平而荡荡，谅无阶而不升，砥瑶坛之寻丈，俯烟峦之万叠。"[184]《任志》载："（大岳太和宫）其下复有一天门、二天门、三天门、道房、斋室、灵官祠，其路萦回盘绕，砌以石栏横槛，若云梯之状，此为武当之第一境也。"[185] 三重天门是太和宫的前导，是太和宫建筑组群不能忽略的重要组成部分。三重天门缘何而设呢？

其一，象征进入天宫的大门。朝天宫寓意天庭与人间的分界，是天地之界。在建筑布设上，石阶迂回曲折，三重天门首尾相随，前呼后应，犹如登攀天梯。每座天门相隔几座山峰，立于各段陡峭的神道顶端。仰望天门，云雾缭绕中时隐时现，仿佛天上宫阙。三重天门融入了道教"三清天"之说，即玉清境之清微天、上清境之禹余天、太清境之大赤天的道教神话传说，建筑与神话浑然一体，使三重天门成为道教神话中天界的大门，赋予太和宫天上宫阙的建筑理念。据《天皇至道太清玉册》载：道宫之外"凡有天丁龙虎君者为天关，无者为天门。以其祀上帝三清之所，乃大罗、玉清之境，故称之为天门"[186]。玄帝是"元始化身""太极别体"，太和宫入口前神道上设置三重天门，表示进入天界的路径，是完成玄帝神灵观的建筑。天宫是人间帝王殿的映照，太和宫紫金城仿照皇城的规制从朝天宫始设三天门，到了城墙外再设朝圣门。三重天门及其神道的形制，繁简悬殊，宫前开道，建天门以为坐标或天际线，并不等同于市井中普通的门坊，而是直接表现出建筑等级的高贵，所折射的礼制制度、门第观念，反映的等级制度及其他文化内涵是武当山建筑文化中重要的组成部分。

其二，喻示超越心窍的大门。三重天门是世俗进入道教玄门的象征。天门或为星名，谓东方角亢二星，列宿之长即"寿"，二星之间则为天门；或为内丹名词，是道家元神出处，喻指心。它们依山而建，曲折垂立，每向上一步天空就越接近，视野就越开阔。攀缘至三天门已喘着大气，王在晋登金顶时见"四方朝礼者蚁度鱼贯，扳援而上，到处狂呼，荷荷声闻，健夫喘息。即轩冕贵人，与村媪俗子肩相摩也。如是者数里，而始达一天门"[187]。在每一座天门烧完一道香精神就为之一畅，再仰视大顶巍峨的紫金城墙，想象着玄帝正注视芸芸众生，就会奋力攀登，尽早登上金顶礼拜神灵，诉说心愿。杨鹤在《参话》里写道："因笑烧香士女，奋勇而上，惟恐不前，以为有神相予。然黑汗交流，喘息欲死，良可嗤也。盘数折，始陟三天门。"[188]

» 一天门（宋晶摄于2004年）

» 二天门（宋晶摄于2004年）

» 三天门（宋晶摄于2004年）

门的系列营造，让庄严礼神的气氛逐渐形成，层层台阶，座座天门，仿佛横亘于"心"的尘世过渡到天界的桥梁，在不停的攀登、仰望中涤荡俗念，百虑皆空。当他们端正衣冠拜伏在金殿玄帝神尊前，其实扣人心弦的重重天门、步步神道，早已做好铺垫而完成了信徒对道教的皈依，实现了拜谒大神祈福求福的目的。中国人讲究天人合一，在山林之中漫长的神道上建筑三重天门，也体现了身心与大自然息息相关又超尘出世的意境，让众生心灵体会祥和、宁静，启示他们人间与天宫虽然有界，但只要勇于登攀一定能达到天界。因此，三重天门对香客来说，是酝酿宗教情绪的过渡性建筑。

其三，演绎建筑文化的大门。明政治家、科学家欧阳必进以文学形式描述太和宫的前奏大门："三门遥入太和宫，霄汉谁知有路通。柱岭天连真作极，烛峰云起欲然空。阶栏白玉红尘断，殿阁黄金紫雾笼……万丈丹梯倚帝宫，纷纷求福往来通。"[189] 该诗是他任郧阳巡抚时的作品。三重天门，深宏而精微，厚重而绚烂，平凡而精深，虽不在同一条轴线上无法通视，却能诉诸感觉，引起心理情绪的节奏性变化：紧张—松弛—紧张—松弛—紧张—松弛—虔诚。"成功的建筑布局有一极大的窍门，那就是使每一个自然序列的结尾有一个充分的高潮。"[190]

在功能上，天门是太和宫的引道、出入口和空间序列交互的连接点，满足了建筑体系的时空连续性，起到连缀作用，层层天门才会带来庄重礼神的仪式感；在视觉上，天门营建于深山高峰陡峭之处，必须缘石磴、挽铁絙面壁而上，转折处尤险，具有视觉上的引导作用，而三座天门韵律浓郁，朱墙翠瓦，飞檐彩壁，基座精雕，掩映在翠流彩云之中，屹立于天险之上，奇玮壮丽，蔚为壮观；在艺术上，天门是道教文化的载体，融建筑、雕塑、书法、景观设计于一身，汇聚了多种文化符号、文化意识，超越了一般的建筑范畴，糅合了伦理上的象征意义，是建筑艺术重要的表现手段。作为一项大型点景工程，必定要使用一定的建筑技巧，如有的陡坡砌筑规矩长方形条石的"丹陛式"台磴，有的设台基雕石栏板，转弯处用折线，从榫孔痕迹判断石阶两旁为"庭院式"石磴。路虽陡峻但石级既整，栏索勾连，似乎华山悬空飞度的状态，山林的浓郁气息，深谷幽涧的野趣，令人惬意。

在长达 1.5 公里的登山路途中，奇峰突兀，远岫参差，绿树成荫，长萝卷舒，每座天门按统一标准，建筑砖石结构双拱券门，单檐歇山顶、石雕冰盘檐、须弥座，青石墁地，周设石雕望柱栏板，拱门琉璃屋面、檐头附件。冰盘檐下镶嵌石匾门额（楷书，字径 0.67 米，通高 6.9 米），建筑面积 36 平方米。它们各有特点，如二天门旁建小石庙一座，门前分置大型石质香炉，落位六角形石雕桌上；三天门崇台高大，旁建一座小石庙，六角形须弥座，大殿、配殿各一栋，皆悬铁索，登石栏才可攀跻。漫漫神道作了长、陡、险的艺术处理，隐喻神圣之境的奇绝美妙。三重天门始建于元代，那时只是利用自然岩石的门洞。永乐十年（1412年）在元代遗址上，敕建了三重天门和朝圣门。"门裂双岩容马度，天开一径许人通。"[191] 运用夹景的艺术手法营造出道教天界神秘、神圣的意境，而点缀在山上、山下的一系列建筑与神道、天门、摩崖等人文景观一起，烘托了自然景观。这段神道实际只有 1 公里，但难度系数大。进行美的整体构思必然要有所附丽，三重天门即为点景构造中的杰出作品。三重天门设计所展示的天才的创造力，成为中国传统文化"天人合一"完美实践的典范。

建筑规模要一气呵成，那么，建筑点景手法又是如何实现的呢？

朝天宫的起始设计：过朝天宫就正式进入太和宫范围，相当于进入天界。宫坐南朝北，建于欢喜坡。上拱天柱，下瞰南岩，东达琼台中观，南接荆襄神道，山峰地势陡峭，人迹罕至，附近有黑虎洞、潘神洞、黄龙洞等清幽岩洞。旧有祠宇，已废。永乐十年（1412年）敕建玄帝殿、廊庑配殿、山门、道房，计十七间。中轴线对称，抬梁式构架。嘉靖年间扩修，清代、民国修补，20 世纪 90 年代修复。玄帝殿供奉玉皇大帝、真武大帝，明天启五年（1625年），唐王朱柽敬送铁灵官坐像一尊，通高 1.13 米。宫前布设两条登金顶的神道：一是宫左明代修建的神道，经一、二、三

>> 朝天宫（宋晶摄于 2004 年）

天门至金顶，陡险难行，约十里；二是宫右民国修建的神道，经百步梯，过分金岭至金顶，平缓易行，约八里。

一天门、二天门的承接设计：过朝天宫，便开始了漫长而陡峭的神道。神道宽约1米，青石围栏，栏杆顶饰莲瓣柱头。一天门建于显定峰，名字模拟显定关。"显定峰，在大顶之北，一名副顶，上应显定极风天，翠巘倚空，人迹不及。祥云瑞气，弥覆其间。"[192]这里空气甜美，瑶草琪花，青霭徘徊，松杉葱郁。过此峰可见文昌祠。汪道昆撰《大岳文昌祠碑记》云："今依北极祠文昌，且尊君赐礼也。于是相与经始得隙地于三公峰之阳，东距天门可当斗口，赘石高若千尺。"[193]这一建筑布局意味着得天下文运科考成名，也只不过人生成就的初始。祠旁建摘星桥，望柱石栏，衬托景致，站在石拱桥上观景如立长虹。传说太子得道升天时，玉皇大帝派紫微元君在此等候，故又称"会仙桥"。进入二天门后，岩如剑削，壑深无底，白云飘飘，伸手可揽。神道上设有360步饰栏石蹬，悬级直上，直插天阙。

三天门的转折设计：二天门到三天门距离虽短，磴道却十分陡险，奇峭嵯峨，但山水有情自成美景，仿佛神醉烟岚、万山苍翠、幽谷清静的神仙境界。《总真集》载："皇崖峰，在大顶之北，上应太安皇崖天，金璧障空，瑞光交映，夕阳回景，辉射九霄，雨霁之间，飞虹绚彩，可仰而不可及。下有一岩，名曰皇后岩，绝壁凌空，若体未洞真，焉能寝息。昔圣母善胜太后，寻真憩息于此，故有是名。"[194]《熊宾志》载："皇崖峰，在天柱峰北，道藏云：上应太安皇崖天，近接金顶，紫气浮空，白云在下，每夕阳回景，雨霁虹垂，与金顶霞光交映，人望之而不可及。下有岩曰皇后岩。"[195]作为天界最后一道门，三天门彩霞拂面，香风爽心，天低地深，欲唱一曲歌，恐惊星斗落，金殿凌空，似乎进入了清虚仙境。

朝圣门的收合设计：三天门的石阶设计十分巧妙，不仅陡峭艰险，

» 百步梯（宋晶摄于2004年）

而且阴森悚然。进门后，地势比下天门低而略微平坦且面积大增，在大开大合的张弛节奏中，营造出威严震撼的道场心理。

元代以前金顶背后没什么建筑，完全利用自然形成的岩石门洞作为天

» 朝圣门（芦华清摄于 2018 年）

门。由于山峰高峻，峭壁如削，朝山者必须扯拽着六丈长的竹索，脚踩石磴，方可攀上天门。朱思本游记载："又七里所，至下天门。峭壁如削，辫竹系其颠，绝而下经可六丈。余则侧足石磴间，援竹而上。始则惧而颤，中也勇而奋，既至也则恬而嬉。天门砥平可寻丈，两石对立，上合而中通，谓之门亦宜。至此，山蛭、蛇虺皆无所见矣。""是为太安皇崖、显定极风二天，帝所治。复上五里所，为三天门。其势视下天门，差平夷，而从广倍之。"[196] 下天门由两块大石头拼成，中间可以通过，即三天门。这里峭壁像刀削一样，太安皇崖天、显定极风天定位于此，朱思本侧着身子在石头间拉着竹子往上走。到了这里蛇蛭消失。往上的山腰部分沟谷起伏多悬崖峭壁，古代道士利用天然岩石稍加人工砌筑象征由凡界经仙境升入天庭的三道天门。"西上，拾级八百五十有五，当天门三。天门皆窦，石峡中有巨灵斧迹。初入门，降数等，稍平衍。依三公岩为文昌祠。过祠，则摘星桥，桥下洞水如神潀。缘絙出天梯上，梯如竿揭云端，距跃五百，达重门，足力竭矣，倚试剑石箕坐。更百步，达三天门。"[197] 山体雄壮挺拔、威严崇高；山势雄旷幽奥，奇特险峻；山貌重峦叠嶂，曲径山林，衬托出神的博大雄姿，给人以震撼之感。

过了朝圣门，就进入了超脱凡尘的天宫——大岳太和宫。古人将"至金殿向分二路，一为后山，从朝圣门入，一为前山，从正门入"[198]。

上述四种手法使神道建筑有始有终、有变化、有高潮，完整的空间环境使建筑各个局部之间矛盾对立，最终获得了整体形态的和谐完善，从而组成首尾相顾、连贯有序、富于变化的有机整体。其布局设计恰当地利用了地形，在地宜、在得体、在精工巧作上相得益彰。当登上南天

门后，奇峰异石、琼花瑶草、宫观隐约、云雾缭绕，仿佛天阙仙境，武当山的雄奇之美已经入神入景。

古代建筑家们充分利用奇特的山势，把壑、谷、山、洞勾画得绘声绘色，构成人们想象的人间仙境，如银线穿珠般地将朝天宫、一天门、二天门、三天门、朝圣门串联连缀起来，由七星树经黄龙洞，十里过下斜桥、上斜桥至朝天宫。然后辟山为路，四面悬岩，经一天门、二天门、会仙桥、三天门、朝圣门的艰苦跋涉，金顶紫金城高大城墙终于展现眼前，这条神道是以前人们上山朝圣的古道通往乌鸦岭，于弘宇之中囊括了武当山的幽、深、奇、秀。

亲近这座大山，观赏神奇景色，体悟三重天门的意境，不知引起了多少文人的游赏叹兴而留下脍炙人口的诗文。高本宗的《天柱峰歌》有"初望一天门，碧涧水落冰冷冷。再登二天门，瑶草葳蕤杂敷容。三登三天门，云雾翁焰飘金茎，须臾望绝顶，身在空中行"[199]，诗人视觉有云雾，触觉有涧水，嗅觉有瑶草，十分惬意。游目骋怀的武当山行，步移景异，北宋画家郭熙的山有"三远"（引起了空间的转换，高远、深远、平远），武当山三重天门符合其画理。

也有反其道而行的香客游人"绕出天柱峰后为三天门，降之，易屦于陟，而用陡绝，故数躃踔，腰膂不相摄，累息股战，赖道士时时奉酒脯，纾其困。顾视中笏、七星、三公、千丈、万丈诸峰，差池颉颃，色若可餐，数步一回首，不忍失之。下二天门，为摘星桥，有文昌祠，读汪司马伯玉所为文，甚丽。"[200] "陟自故道右折而度朝圣门，绕出天柱峰后，下三天门，门下昔传有尹喜岩，绝壁不可寻。三门皆连磴千尺，从高山直落，或侧道钩出于石芒间，下临不测之壑，阶累数十百级，强直如弦。投以小石子，从栏间一跃，便翛然下，不及趾，不止行者。攀危栏，缘长絙，仰胁息者数四，然后得望一二。其旁负土而争出者为巇，累石而欲坠者为崖，山曲无复可规者，地又益穷。遂刊蹔岩夷断矗以益之，为道房。"[201] 可见，古人游山从不直奔主题，他们总是一步三叹，享受那份走路观景之趣，山中的古木珍禽养眼护心，峰回路转可以体验人生。经历了无尽的跋涉和攀援，穿越了无边的山峰和幽涧，三重天门也许令找寻大道真谛的芸芸众生豁然开朗，启发众生苦苦寻觅的天界原来可以达至，一旦"道"进入了思想至妙的境界，就如同进入了一种人生大彻大悟的天地，那不只是大智慧和创造力，更是敞开涌动了无数个不息探寻的道教文化大情怀。

四、审美意匠：精心营造，风格独特

如果说意境是建筑景观的灵魂，那么为了创造意境，就要千方百计地营造意匠，再加工传达设计者因道家、道教思想的影响而对建筑形貌、色彩等加以自觉领悟，赋予建筑以独特的气韵和生命，以表现观察自然的最诚挚的愿望。用独特的方式理解自然，意境、意匠是对太和宫进行鉴赏的两个关键。

意匠即构思设计，加工手段。艺术上的"匠"是个很高的誉词，意匠需要苦心经营才能达到扣人心弦。所以，意匠很大程度上是作为建筑的设计意念来使用的，技术手段的高低也关系建筑艺术的造诣。没有意匠就没有太和宫道教建筑艺术。太和宫是武当山道教建筑的核心部分，也是历代建筑成就的集中表现场所，太和宫浓缩武当山道教文化的精华，优秀的建筑师更是全力将才能奉献给它。从这个意义上讲，应回到建筑本身加以鉴赏。

（一）创意设计：从太和思想到玄武造型

太和宫由紫金城、铜殿、金殿等建筑组成，城辟四天门，以象天阙。徐学谟的《游太岳记》概括太和宫"如世所绘五城十二楼者，是为天柱峰绝顶"[202]，仿佛绘画图本一般。王士性的《太和山游记》将天柱峰雾锁云笼，岚雾沉浮，仿佛飘向九重云霄之外的感触记叙为"俄有白云一片西来，起足下，笼金屋之上而止，茫然四顾，身影缥缈，颢气淋漓而俱，夫非天上五城十二楼耶？"[203]"五城十二楼"典出《汉书·郊祀志下》："方士有言：'黄帝时为五城十二楼，以候神人于执期，名曰'迎年'"，应邵注"昆仑玄圃五城十二楼，仙人之所常居。"[204]天上宫阙，白玉京城，有十二楼阁、五座城池，有意造出一种恍惚语境。"五城十二楼"的观念深入人心，常被明代文人墨客形容道家仙人所居之玉京仙境。

北有紫禁城，南有紫金城。虽然北京故宫紫禁城与武当山太和宫紫金城仅一字之差，却使建筑性质有了区别，前者是中国明清两代的皇家宫殿，后者则是神的灵境，是皇室家庙和百姓朝山礼神的道场。因此，同出明成祖的大手笔，建筑性质却有了皇家宫殿与皇室神殿的差别。明代的习态是皇帝不出紫禁城。"紫禁城占地宽展，每一处宫殿，丹墀月台上都有一大块空地，丹陛之下，场坝更大，方砖墁地，花草绝迹，古代建筑追求自然的风格尽被扫除。"[205] 而武当山紫金城则"天城不坠拥天宫，系在蓬莱第一峰。紫府瑶京真个到，黄金阙内礼金容"[206]。

元代文学家柳贯在《送道士祝丹阳祠武当山》中写道："山形赑屃知巫负，剑气峥嵘应噏嘘"[207]，对于天柱峰赑屃山形的认知早就十分牢固。此外，古人对武当山较有代表性的认知还有以下几个方面：

其一，武当山为龙凤之地。如"天空碧玉版，群山各写形。高空无障翳，龙凤互骞腾"[208]"天柱居然龙凤姿，群峰屏息似追随"[209]"压穿鲸鳌背，幻出龙凤形"[210]"石缕状成飞凤势"[211]。这种岩石状貌全山普遍，但古人却把形象思维发挥到极致，充满想象力，赋予大山以文化意义。

其二，天柱峰山形一柱擎天。由山势本身的挺拔有力、周边山势高耸、天池水从天降，构想出自然崇拜，符合太和乃阴阳冲和之元气的理念。万物生生不息，事事和合天成，即太和大吉。孙碧云等设计大师们不为小术所惑，他们思考的大前提是一座大山必须具备道教大气派，既然天柱峰从连绵群山中脱颖而出，其来龙气势是武当山七十二峰最为引人注目的山峰，就不能将缩毂全山的这座"崟岭"流于一般，而是极具眼力挖掘其道教信仰。所以，要把金殿放在天柱峰大顶，利用山体的雄伟高大，奇峭挺拔，突出"高"本身的空间隐喻的崇高，展示"美"的超凡入圣之大美、至美，以神话传说中的玄帝冲举，乘辇上朝天阙之地，赋予其宗教的神秘色彩。

其三，武当山天关地轴之象。堪舆认为，水来处称为天门，生山石为天关；水去处为地户，生山石为地轴。暗石生于门户水中而成形象就是天关地轴。小山生于水口，山形圆静，为罗星；大山生于水口，形如楼台殿阁、天马狮象，为北辰。武当山具有天关地轴尊贵之象，非玄武不足以当，那么玄武神应是设计立意所在，捕捉这一题眼的关键便转化为寻求龟蛇锁江的山形格局。众多的风水师慕名而来，络绎不绝地寻察、踏勘武当山，希望找到真龙大穴。

一方面，天关地轴即玄武神龟蛇的认识由来已久。北宋蔡絛《铁围山丛谈》卷二载："宣和四年（1122年），童贯、蔡攸征辽，至雄州，出现于厅事上，龟大如钱，蛇犹朱漆，相逐而行。二帅再拜，纳于银盒，置于城北楼真武祠中。次日视之，天关地轴俱亡。"南宋洪迈《夷坚志》卷三"卞山佑圣宫"载："绍兴初，湖州卞山之西，有沈崇真道人者。得真武灵应圣像，因结庵于彼奉事之。后增建一堂，忽有红光四道，起于堂后。试于光处掘地，获有青石，长三丈，阔尺许。上刻天关地轴相交纠，两日光彩浮动。"[212] 另一方面，宋元之际，天柱峰大顶陆续有玄帝香火建筑。元代铜殿的一栋一梁、一柱一瓦铭文，都抒发着香客信士的心愿，如"铸造铜瓦一片，于玄天上帝升天处武当山铜殿大顶上供养。今生之善果，为后世之津梁。恭愿家眷等，常居吉庆者"，建筑的小部件能这么扣人心弦，虽然仍不离朴素的、自发的民间崇拜的认知范畴，规制上也缺少皇家建筑的高贵堂皇和大气磅礴，却能成为建筑杰作而与一般的建筑作品有所差别。

固然太和宫的设计要考虑领略名山的独特风格、自然风光，感受名山的摄魄神韵、道家灵性，但都不是撑起建筑绝品称誉的充要条件。武当山神韵实在难以描摹，风格不可名状。既有层峦叠嶂之势，雄浑而磅礴，又有仪态万方之势，灵秀而透脱。徐霞客是品评专家，有着特殊的鉴赏力，当他徜徉于武当山时给出了"地既幽绝，景复殊异"[213]八字评语，叹其超迈出尘之气象，表其卓尔不群之风姿。

秦岭大巴山余脉的武当山，周回八百里，拥72峰，抱36岩，挟24涧。主峰天柱峰独引群峦，携带涧壑，大有逍遥一世之上的气概。其灵龟之脉，东西走向，丘冈连绵，为武当山"龙头"，是风水重地。周围三公峰、九卿峰、七星峰、五老峰连绵有力地缠护，仿佛高大星辰，但其力量仍无法与龟蛇相会的天关地轴相匹，故在天柱峰形态上，究其本，为龙；论其形，如龟。蜿蜒灵动的龟居于汉水边，有水则吉；龟尤喜蛇应，可名之"龟蛇相会"。武当山对面有大别山腾挪之山应之形成龟蛇锁江的格局。在水法上，这种至贵形态名为天关地轴，应玄武之穴，龙穴贵耀。无论是长寿或承万钧之耐力负重，还是元武的象征性，龟最终还是显示出了高于其他对手的功力。

设计师通过什么途径来表达"太和"思想？这无疑是值得研究的问题。早在六朝之前，武当山命名"太和山"就是一个表达思想的方式。"太和"一词出自《周易·乾卦》的"保合大和"。"大和"即"太和，阴阳化合之气，即太和之气"[214]。大自然的运行变化，万物各自静定精神，保持完满的和谐，万物就能顺利发展。此山禀太和精气，即阴阳交会冲元气，天地赖之以生，自有太极，便生是山。"每到峰岩拥翠处，洞壑孕秀时，又总见一派元气淋漓，若氤氲，若野马尘埃，涵藉着无穷生机，所以此山又名'太和'。太和乃天地化育景象，是万物发生的秘密，是其神韵所在。"[215]魏晋南北朝时期，社会动荡，武当山成为文人士大夫精神避难所，学道之人在此修炼。灵龟火蛇的形神兼备被历史赋予了传奇故事。"在中国，当宗教由多神崇拜发展到至上神崇拜，由部落宗教发展到民族宗教的时期，又大致与中国封建社会发展同步。封建社会的早期和中期，中国的政治中心在华北平原沿黄河中下游一线的长安、洛阳和开封。武当山的位置恰好位于华北平原与长江中下游平原交割地带。"[216]明成祖敕令武当山的设计师和建设者们，按照真武出家、修炼得道、琼台册封、坐镇天下的神话，演绎所有玄帝修道的故事细节，从均州城静乐宫一直编排到大顶，合理地安排到每一座宫观庙宇，实现了真武道场思想文化建构上的完整性。神话故事的情节，给人为的环境景观设计提供了表现条件，观赏的神话世界充满了探索的联想和幻想的气氛。根据玄帝修仙神话，按照"君权神授"的意图营建，体现皇权和道教所需要的庄严、威武、玄妙、神奇的氛围。

汪志伊的《登武当天柱峰谒真武之神有序》中提到："武当度分在翼，为翼火也。且孤峰炎起，群峭攒空，象亦火也。惟奉北宫元武之水精以镇之，乃有水火既济之功焉。然则元武殆亦借离南之火，炼坎北之水而后神耶？历代祷雨辄应山力欤？神功欤？其合同而化者欤？"[217]经千万年地壳运动形成的山峰，其顽强程度难以想象，太和宫依山而建，保留着山体原来的形态和坡度，使象形之山为我所用。未曾斫伤的大山，其自然神韵要在天柱峰的玄武造型中完成。太和宫栖危颠，凭太虚，如白玉京中，其独具匠心的龟蛇合体的创意彰显了灵山建筑大格局。在审美上，太和宫的基本建筑形制深受中国传统建筑模式的影响，体现为宗教崇拜与自然审美的二重奏。俯瞰太和宫，金殿在武当山群峰之巅一柱擎天，万山来朝，恰似天上瑶台金阙远离人间，代表着近千年中国艺术和建筑的最高水平，是中国道教建筑的巅峰性艺术作品，空前绝后。

（二）结构处理：从空间限定到博大气韵

太和宫的结构处理，从组成建筑整体的各部分在搭配和安排上的空间界定，到建筑格局在艺术风格上的气势宏大，都大有讲究。

建筑与造园学理论家张家骥的《中国造园论》指出："中国古典美学对审美客体，认为不应该是'拘以体物'的孤立有限的'象'，要'取之象外'，从有限达于无限，只有这样的艺术才能'妙'"[218]，才能追求时空的无限性和永恒性，创造出富于生意和生命活力的审美对象——景。空间是建筑的主角，摆脱有限空间的桎梏，突破"象"的限定，使空间得以延伸，回到自然的无限"景"中，则需要一定的建筑结构处理技巧。"任何空间都是从其限定要素中获得其存在和特点的，每一限定元素的品质也必然影响其所定空间的性质。"[219]这一点在金殿为核心区域的建筑空间限定中反映得淋漓尽致。

金殿前后的限定：视域"空"的限定，能突出宝座的高贵，达到神灵至尊高大的审美效果；处理手法限定，如踏步石级数量及雕栏云朵式样，才凸显皇室家庙富丽堂皇的气派，体现帝王权威；装饰性建筑小品的限定，如铜亭、磬亭在建筑空间结构组合上的变化，体量虽小，围透却别具一格，可界定裁剪取景，视觉上将"邻景"移入有限空间，以移远就近的手法扩大空间境界，创造出介于封闭空间与开敞空间之间的一种领域感，借景构境，以小景传大景，沟通有限空间与外在自然的联系，与自然融合而构成银汉金阙入望遥的天然画面，目之所及，身之所容，意之所寄，延伸了空间。金殿后苍劲的枝干伸展如臂单独对空间形成限定，对金殿空间前后分区起到限定和点缀作用。

金殿自身的限定：金殿仿木构斗拱以"材"量之，收山50厘米以符合大型建筑收山要求，规格铸造严格遵守《营造法式》规定；金殿因高借远、依高踞胜是选址限定，对空间有了拓展；装饰系统极具功力的分隔空间限定，参与意境构成元素的无所附丽，都体现建筑结构处理手法的缜密与高超，如"金殿"匾联空间主题的限定，隔扇门对神殿空间内外的限定，铜栏杆顶饰铜质青狮、白象的限定，"黄金分割"数的限定，赋予建筑符号以等级语义的和谐美感。金殿作为人造物质环境，其组群规模、殿堂数量、门阙数量、庭院尺度、台基高度、面阔间数、进深架数、斗栱数、铺席层数、走兽个数等，都存在数量的多与少，尺度的大与小，标高的高与低的量的限定；材质的优劣贵贱和工艺做法的繁简精粗，台基、墙体、屋顶、梁柱、内外檐斗栱、屋面瓦的色彩构成，艺术配件、装饰母体、花格样式、雕饰品类、彩画形制的质的限定。

屋顶的形态类型、屋面用瓦形制规定更加程式化，很直观地标志着建筑物的等级，形成一整套严密的等级系列和严格的等级品位最醒目的部分。中国古代顶的九种形制（重檐庑殿、重檐歇山、单檐庑殿、单檐夹山式歇山、单檐卷棚式歇山、尖山式悬山、卷棚式悬山、尖山式硬山、卷棚式硬山）中，金殿限定为等级最高者，通体铜铸鎏金，屋面瓦至尊黄色，是武当山道教建筑中唯一特例。殿内神像五尊则神清，主题绝对清晰是限定的结果，而六尊则神杂。总之，金殿在结构处理上运用了多种空间限定手法，是综合限定的结果。

欣赏建筑总是从局部到整体，从而建立对建筑作品的整体印象。太和宫将建筑结构与建筑装饰有机结合，从殿外形貌到殿内塑造，既着力于建筑细部的精致缜密，又注重造型的生动变化，力图表现出人们的审美理想。毋庸讳言，太和宫建筑整体布局充分利用天柱峰高耸霄汉的气势，以明代皇家建筑法式，巧妙进行序列布局，突出神权至上的思想，达到美如天宫的意境。然而，其更深层的、更宏大的精髓仍需要再讨论。

太和宫的建筑精髓大致可以概括为组织精髓和圜道精髓两大方面。

太和宫的组织精髓集中表现在三个方面：

其一，中心突出于点。在建筑的空间组织上，没有差异的秩序导致单调，没有秩序的差异则导致混乱。太和宫是武当山道教建筑群的核心建筑，非常讲究秩序原则，在建立秩序所需的一系列涉及视觉的处理手法上，轴线、对称、等级、对比、重复等处理手法，应用具体而广泛，如金殿的等级为全山之最，可通过高度对比的方法来实现与太和宫其他殿堂视觉上的差异，表现其相应的等级秩序，也可从视觉上提升其色彩的象征意义，所以才有元代铜殿撤置于小莲峰而代之以铜铸鎏金的金殿之举，毕竟铜殿规制太低。再围以紫金城，经过一番攀高蹐涉，用重复的方法提升金殿的规制。天津大学教授彭一刚在《建筑空间组合论》

提出："重复地运用同一种空间形式，但不是以此形成一个统一的大空间，而是与其他形式的空间互相交替、穿插的组合成为整体，人们只有在行进的过程中，通过回忆才能感受到由于某一形式空间的重复出现，或重复与变化的交替出现而产生一种节奏感，这种现象称之为空间的再现。"[220]

其二，方向明确于线。继序列的承接之后，还要有一别开生面的转折与之契合，方能淋漓尽致地展现道宫建筑的主题，预示高潮的到来。如三天门的转折对于一、二天门而言是突然的，在似乎长歌慢调的三重天门神道上是一种强烈的跌宕节奏，烘托出金殿的雄伟神圣。这种点状的突变空间，无论山峰如何奇峭，都被统一在和谐的过渡韵律之中，明显的高差，转折处以石蹬道、望柱栏杆层叠交替，绿色天幕下的空间顿觉紧迫，也正适宜宗教情绪的蓄发。神道仿佛无声的诗，明代顾璘用细腻的笔触描述了攀登天柱峰谒玄帝的所闻所感："攀援跻陟，愈莫为力矣。一重一峰，路不可穷；一峰一天，上乃穹窿。勾云结雾，构接联通，容足之外，悉为虚空……非陟天门沉沉千盘万级，铁锁仰攀，布绊前拽，望之愈遥，足重气结，载奋载憩乃至其极。"[221] 以技术的奇迹渲染与神沟通的迫切心情，积聚着宗教情绪，一旦登上朝天门，广阔的空间使人一下子豁然开朗，雄壮的主殿就矗立在高高的大顶。这一转使人情感随之激荡，心灵得以飞升，起到了化平淡为神奇的作用。转入皇经堂则不板不穷，使人应接不暇耳目大快。上望太和宫建筑，鳞次栉比，别有一种洞天。一折一折挺拔的神梯仿佛排比句，使其形象气势磅礴，扶摇直上，风光无限。在"九连登"审美空间里，层叠式建筑勾起天梯通达神仙居住天宫的联想。在空间序列上层层重叠纵向发展，直达代表武当山道教建筑艺术最高成就的金殿，巨大的玉石托起一座金殿，高高在上，探出云端。这时，倚栏频眺，烟景可人。

其三，组合有序于群。紫金城在金顶之弦棱，其穴星形状如一把半月的弓箭，而气止于弦的位置。寻龙点穴的窍门尤其强调弦棱分明。值得注意的是，直到民国的《风景记》才对紫金城的认识接近到"龟"图案。墙依山就势状似龟甲裙边，天柱峰大顶似背甲脊棱的隆起，而天柱峰前的山峰更像神龟昂起的头，东天门与墙外的山峰像龟尾，组成了中国图案"龟"的形象特征。细致到天柱峰与狮子峰交接处，则对紫金城围墙做取直处理，而在北侧与南侧的紫金城墙体明显砌出了弧度，最后在东天门处有所收窄。从东天门外秃岩嶙峋，植被稀疏处可见貌似龟尾。龟状图案在人为建筑方面集中于龟背，为永乐年间敕建"大岳太和宫"紫金城部分。因此，整合玄武造型独一无二，其他任何方向组合出来的神龟图案将没有理由成立。

由太极凝结于无极，才是太和宫真正的大气韵，由此概括太和宫的建筑精髓就是圜道精髓。

《吕氏春秋·圜道》曰："天道圜，地道方……日夜一周，圜道也；月躔二十八宿，轸与角属，圜道也。"[222] 天道是宇宙自然运行的常道。太极图圆的结构是对周易圜道理论的形象阐释。从思维方式上认识圜道，即循环之道，如一种无形的"场"。太和宫有着严格的布局规范，实际上存在着各种"圜道"现象，使"道"之"圆境"的意义得以全幅呈现。太和宫配置了三组典型的太极：

其一，紫金城内沿中轴线设置的父母殿、金殿，经紫金城外的朝圣殿、朝拜亭至转展殿，由"九连登"划出一个S形太极，转展殿、金殿是"阴阳鱼"的"鱼眼"。

其二，皇经堂至吊钟台一线，新楼与高楼、三官阁、皇经堂等分置路道两侧，皇经堂、新楼是"阴阳鱼"的"鱼眼"。

其三，朝天宫、三座天门至朝圣门、朝圣殿一线，朝天宫、朝圣殿是"阴阳鱼"的"鱼眼"。

这些巨大的太极图客观存在，太和宫建筑就布设在无形的"魔道"之间，游山者身在此山中，从黑鱼游向白鱼，或者反之，也会驻足于"阴阳鱼"的"鱼眼"鉴赏品评一番，一定意义上人本身也是穿行其间的"游鱼"，只有跳脱具象而着重于抽象才能体会古人在建筑中所赋予的太极思维。武汉大学教授陈望衡《玄妙的太和之道——中国古代哲人的境界观》一书阐述了圜道思维："太极思维是整合式的圜道思维。说是'圜道'，是一目了然的，它表现为一种回环往复的过程。但值得指出的是，这种回环往复不是简单地重复，而是在螺旋式上升，在否定之否定中发展……S型曲线是由两个相反的半圆弧形联缀而成的图形，恰到好处地传达了相反相成、螺旋式上升、否定之否定的意味。"[223] 太和宫景观神路出人意外，入人意中，这种设计程序上的反复、循环，富有独特的"太极"美学意蕴，从更大的意义上符合太和思想的创意理念。明嘉靖进士施笃臣来到武当山闻见"时时笙磬天门杳，历历楼台烟树深"，便兴发了"自是张骞仙骨异，乘槎天上出尘迷"[224]的感触。他西行经三重天门朝谒太和宫，这一行进路线突然有一个自然转折，以高潮作结，使主题开拓深化，是递进式建筑布局。向心力（柔）与垂直力（刚），以柔克刚，刚柔相济。轴是一种客观存在，也是一种心理存在的虚轴，"对于辐射轴体系，它的中心是整个结构场域中合力最强的地方，中心成为高度内聚力和场所感的节点"[225]。形成一个竖轴体系起到了提纲挈领的作用，造成了一个合力美，心理上也有了均衡感。山地地形建筑组群布局，点、线、面以路隔开，按照"S"形太极沿线式建筑组合方式修建，这种神路本身包含着最单纯的多样统一。登涉陡险的山，行走曲线相对省力，但隐藏于建筑的阴阳太极等中国文化里融入简练形式中的对立统一，则更加意蕴独特。

天柱峰四周本来悬空，没有一条神道，永乐大修时做了宏观布局，经不断扩大建筑规模，逐渐形成了"S"形太极图意象的含蓄布局。清乾隆末年至嘉庆五年（1800年），精通雷法的潘金墀真人到四川募化，修建了太和宫的朝天宫、皇经堂、天云楼、天合楼等。四大天楼和路径自由灵活布置，宗教的气氛在狭长的弯曲山路和升起的高台上步步烘托，若干建筑群散点式布局。在地形复杂、地势起伏大的山地，局部突破建筑的基本序列和格局，因地制宜，景到形随，体现了构图无格，贵在不羁的特色。这样既适应地形，也充分利用风景，发挥了建筑的构景作用。

路径给人意外发现，尽管山体不大，但地形的凹凸变化被巧妙利用，使山房、殿宇露隐有别，增进了登山路径上的趣味性。用建筑图像的方法，以人为的客体符号来代表一个特定的客体，如"S"形神梯游动上升至大顶，即属垂直的流线方向。神道依山而建，宏观上形成了许多"S"形"太极图"意象的含蓄布局。那么，"无极"藏在何处？如果在天柱峰上，那么玄武就是无极。玄帝为天一所化，再志复本根修炼无上道，终志在还初，实质就是变相地讲着"无极"。所以，玄帝神话昭示了一种内在联系的圜道精髓：太极（太极别体）—玄武（无极上道）—无极（循环之道）。

"九连登"的神道阶梯到崇台上金殿重檐庑殿大顶的一系列建筑，让游动的金蛇盘旋在长椭圆形龟体的上方伸起头来，生动逼真。"建筑学的想象力能够恰当地把握风土人情、自然地理，深入其境、领会其神，做到'精于体宜'，从而协调人与地的关系、人与景的关系、人与人的关系、肉体与心灵的关系等，去评价、洞察富有创造性的建造形式，并对这种创造性葆有持续的敏感度，因此提升建筑的品质，丰富建筑的内涵。"[226] 金殿是有生命力的，它的征服、解放、净化的力量无与伦比。古人取法龟蛇纠缠的图腾形象造就的"玄武"，实践了计成《园冶》的"虽由人作，宛自天开"[227]。龟蛇已化为由图像所能代表的特定符号将玄武的形象固定下来。工艺美术大师、书画家雷圭元说："中国图案之美，美在具象，但归根结蒂又归结到抽象的表现手法，因为不把各殊的形象，抽出其共同之点，使其在精神上与宇宙万物引起共鸣，就谈不上图案之美。"[228] 古人运用形象思维提炼出水火、龟蛇图案"母题"，通过大胆的神话思维又赋予了自然山水以象征性和隐喻性，保证了真武道场思想的完整性，以超越想象极限的大手笔打造了俯瞰苍生的精神至高点，根本目的在于弘扬"道"，完善玄武之太和，明成祖临朝垂政、统摄华夏的魄力也就不宣自明了。

（三）技术运用：从材质多元到制作工致

太和宫从建筑材料的使用到建筑技术的运用，一直是备受重视的科研课题。

1．武当山道教建筑的材质分类

以全山道教建筑为考察视角进行归纳梳理，为把握太和宫建筑材质提供总体概貌上的参照。

（1）石结构建筑：全山元明清时代遗留的小石庙、石庙群约一百多座。如元代南岩石殿，单檐歇山式，进深、面阔均为三间，石作仿木榫卯结构，立柱笔直粗大，梁枋比例适度，墙体厚重，斗栱稳实，脊饰流畅，四坡屋面平滑，纹饰雕刻精美，是中国保存最早、最大、最完整的石结构建筑；中观石殿，单檐歇山式，进深、面阔均为一间，体量不大，无梁无柱，条石墙体，拱穹顶，石板屋面脊饰较为典型。明代仅残存玉虚宫龙井井亭石柱及井西殿房石柱、五龙宫李素希墓碑亭残件。

（2）砖结构建筑：武当山最大的砖结构建筑是玉虚宫东宫的无梁殿，面阔三间，进深不详，拱穹顶，惜毁于20世纪80年代初期；太子坡山门八字墙及龙虎殿外照壁、焚帛炉；天津桥龙泉观照壁；太和宫皇经堂焚帛炉；隐仙岩焚帛炉；五龙宫照壁长墙，其造型别致，风格各异，线条流畅。太子坡焚帛炉雕刻最为精美，六角造型，三交六椀纹饰窗花，五踩斗栱，须弥座束腰凸雕花纹，圭角雕如意云纹样。

（3）砖石结构建筑：凡武当山各宫观大门、山门、天门、岩庙均为砖石结构，具体分两类：门类建筑，为石雕须弥座，圭角以如意云纹为准，束腰以卷草纹饰居多，须弥座以上为砖结构，檐口再用条石做多层冰盘檐逐层外挑；岩庙建筑，须弥座同前，檐口用砖雕斗栱衬托檐口。

（4）琉璃结构建筑：通体采用琉璃结构的建筑主要为焚帛炉，全山保存完整和基本完整的除玉虚宫两座外，紫霄宫、南岩宫、五龙宫均各一座。该类建筑从底层须弥座、墙体、斗栱、屋面脊饰、内外墙面、屋顶、梁、柱、枋，均为琉璃烧制构件，外观窗扇整体结构以仿木形制为主，给人一种华丽富贵、精美绝伦之感。

（5）木结构建筑：武当山道教除亭类建筑外，山墙、后檐铺以砖作的木结构建筑十分普遍，占整个建筑的百分之九十以上。全木结构的建筑当数太子坡五云楼，它是一座大体量五层高楼，上下楼梯互不干扰，通行方便，通道与房间分合有序，层高适中，牢固稳定，顶层采用减柱法节约材料，以一柱十二梁结构拉结各方位立柱使之稳固牢靠，大量节约材料，也扩大了利用空间，堪称中国木结构建筑经典大成之作。

（6）金属结构建筑：太和宫灵官殿的锡殿，单檐歇山式，体量很小，整体纯锡浇铸，工艺精美；元代铜殿，单檐悬山式，分件铸造、榫卯结构，组装拼接；金殿，重檐庑殿式，铜铸鎏金，分件铸造，榫卯拼装，再铜液灌缝，使之密不透风，坚硬无比。以上均属此类建筑。

综上所述，武当山道教建筑材料从金属、砖、石、木到砖石、琉璃，各类材质应用广泛。据《明史·列传》卷一百八十七记载："永乐中，成祖遣给事中胡濙偕内侍朱祥，赍玺书香币往访，遍历荒徼，积数年，乃命工部侍郎郭琎、隆平侯张信等，督丁夫三十余万人，大营武当宫观。"[229]郭琎永乐五年（1407年）任进工部右侍郎，受命督修武当山宫观。他为人沉稳干练，以勤敏著称，为最先派往武当山负责征集军民夫匠，调运砖瓦木石的工程总指挥。《任志》卷十二《敕建宫观把总提调官员碑》记载了为修建武当山道教宫观征调的各类工匠作头姓名，包括木匠、石匠、土工匠、瓦匠、五墨匠、油漆匠、画匠、铁匠、妆銮匠、雕銮匠、铸匠、捏塑匠、铜匠、锡匠、搭材匠，共计十五个工种的匠人作头，还抽调有阴阳人、医士等。由此可见，武当山道教建筑材质种类多元化应用于一座圣山的建筑群之中，在中国古代建筑史上还是首屈一指的。

2. 金殿铜铸鎏金技术运用

武当山道教建筑的精华是太和宫金殿。"永乐金殿之作虽比元代铜殿晚了109年，但其制较宏，品位亦至高，后世的昆明金顶铜殿、北京颐和园的铜亭皆未可及。"[230] 何白游记载："中为金殿。开牖东向，檐桷栱桁，柱础窗棂，制作工精。中像玄帝拥护诸将，森列左右，以至几案炉瓶，悉皆涂以金液。焜煌燏赫，逼眦不定。"[231]"涂以金液"意指铜铸鎏金的制作方式。《集韵·尤韵》云美金谓之鎏，同"镏"，是成色好的黄金。火镀金器物，即把金汞齐涂在器物表面，经烘烤，使汞蒸发除去而金则滞留在铜器物上谓之"鎏金"。金是所有元素中最具惰性的，常以自然金形态存在，在任何温度下都不被氧化，抗腐蚀性好，用于建筑金属光泽耀眼，显得富丽堂皇。所以，鎏金术所用的金汞合金是我国古代成熟的精密工艺技术，其五道工序为清理、杀金、抹金、开金、压光。"如鎏金层较厚，则要反复压磨，一般要鎏三四遍，多则十几遍，而且每鎏金一遍，就得压光一次。由此也足见当时鎏金工匠们所付出的汗水与艰辛。"[232] 创建武当山道教宫观最直接的手段是技术，通体鎏金的技术成就了中国这座最早的规制宏壮、品位至高的道教建筑。明代在铜的冶炼、铸造、焊接、鎏金等技术发展上已比较成熟。殿内宝座、香案、蜡台、磬、钵等都为铜质金饰，图案、纹理、雕工优美精细，柔和流畅，神像、几案及坛下金蛇合体玄武一尊与金殿焊成一个整体；殿外正脊大吻、戗脊走兽（仙人及五蹲兽），檐头云龙纹圆瓦当、滴水、瓦楞、檩椽、檐牙、立柱、梁枋、窗棂、门楣、门槛、大门、隔扇、大小额枋等铜铸构件，一律用铜合金铸造，金光夺目，构件精致。总之，从外到内，从上到下，工艺精湛，浑然天成。民国李达可的游记描述道："在九转梯上之极顶，明永乐就元小铜殿故址为敕建，基琢文石，冶铜成殿，沃以黄金，负酉面卯，高丈五尺，横丈二尺，直九尺，式如暖阁。外体精光，一片毫无铸錾之痕，内则刻划瓦鳞及椽桷、檐牙、栋柱、门隔、窗棂、壁隅、门限，诸形毕具，皆刿铜为之。"[233]

>> 金殿戗脊饰件（宋晶摄于2018年）

铜在石器时代晚期被发现，是人类进入金属时代的标志。铜和黄金是一种合成金属材料"紫金"（或铜合金，或铜锌合金的黄铜）的主要成分，硬度高，抗氧化性强。明、清两代的铜器和建筑的铜铸构件种类浩繁，道教建筑中无论用纯铜制成或铜铸鎏金的殿堂都称为"金殿"，象征天帝所居金阙，金殿所在称为"紫金城"。

>> 金殿戗脊饰件——乘凤仙人（宋晶摄于2006年）

其金属处理方法采用"吹焊法"，用很细的吹管吹出一条温度很高的火，某些关结点吹焊而出，构件牢固。"长明灯，从来就没有熄灭过，据说是金殿内还悬挂着一颗'避风仙珠'。殿中并置'避风珠一粒'，山风狂吹，烛焰弗摇。"[234]藻井上这颗避风珠附会、传说很多，而真正长明不熄的原因在于吹焊技术运用得出神入化，其精密的铸造工艺在当时极其先进，殿制精巧浑成，疑为鬼工。永乐十至十一年（1412—1413年）八月十九日金殿完工，距今六百多年依然光灿如初，金碧辉煌，数十里外都可望见。若雨过天晴的正午，艳阳复出时可见一道直径一两丈的金色光柱冲天而起，从金顶上方射向天空，甚是壮观，《任志》卷十二所载"大顶殿宇完成。是日，有五色圆光，内现天真圣像。下有黑云拥护"[235]并非无中生有，因为建筑产生了与神灵的亲和度。

除铜殿的一些大构件采用我国传统的陶范（泥型）铸造外，像斗栱、铜瓦、脊饰珍禽异兽等屋顶和四周结构及殿内横匾、神像等，均采用熔模铸造失蜡法精铸而成，整体铜锡合金精工铸造，构件尺寸准确，轮廓分明，再遍体鎏金保证其严密性。中国农业科学院研究员黄双修在《失蜡法铸造技术——我国古代冶铸史上的伟大创造》一文中详细介绍了失蜡法的铸造工艺：

> 用易熔化材料黄蜡（蜂蜡）、松香、油脂（牛油、植物油）等按一定配比混合，制成欲铸器物的蜡模，将蜡料碾压至与铸件壁相同的厚度贴于预制成的泥质内范上，再用预先雕刻好下凹纹饰的模板在蜡料上压印，获得有凸起浮雕纹饰的蜡片（称贴蜡法）；也可将蜡料通过压、捏、塑、雕等手法，形成纹饰和附件粘焊于蜡模上（称拨蜡法）。蜡模成型后，表面用细泥浆多次浇淋成一泥壳，再涂上耐火材料使之硬化成外范，烘烤铸型，蜡油熔化形成型腔，内浇铸金属熔液，冷却即成。[236]

该铸造技术是冶铸史上的一项重大发明，它简化了传统陶范铸造法的程序，使铸件无分范痕、光洁度大、精密度高，可铸造形状复杂、纹饰精致的三维立体、形制巨大的艺术品。明代失蜡法铸造技术达到高峰的代表作品是武当山太和宫金殿，失蜡铸造构件之精巧突出体现在殿内神灵造像上。正位供奉玄帝铜铸鎏金坐像，神态威严，丰姿魁伟，容仪俊伟。鎏金层完整致密，金层厚度约3—10微米，重达10吨；两侧分列站立侍卫从神：金童文臣拘谨恭顺，玉女女装婉雅俊逸；太乙、天罡武将装束，勇猛威武，威风凛凛。典雅的道教神像，造型精美，极为逼真传神，质感强烈，纹饰清晰分明，装饰华丽，线条流畅，光亮可鉴，耀眼生辉，表现了失蜡铸造在塑造人体方面的高超水平。物理的美的造作需要道教信仰的思想，而铸造技巧为艺术的再造服务。

据有关专家测算，金殿使用金属铸件153样（约3000个）、精铜约20吨、黄金约360公斤。在材料、铸造和施工等方面完全仿照标准的土木工程结构建造，没用一钉一木，通过铜铸鎏金构件，经插榫、安装、焊接而成，精密配合，天衣无缝。

金殿的构件在北京铸造好后，经新疏通的运河，沿长江和汉水运抵武当山天柱峰，用榫卯结构组装而成。当时运载和吊装技术尚不发达，把构件搬运上山组装施工难度已经很大，再经铆接焊缝，连接精密毫无铸凿之痕，浑然一体，宏丽如初，工程更是艰巨，但明初铸造匠师对金属铸件尺寸精度的控制、对建筑变形规律的把握、对胀缩幅度恰当的预留、天柱峰温湿度的影响等，都精准控制，毫无偏差，没有巧夺天工的工艺灵感，没有神奇精妙的计算，没有长久而辛苦的意匠经营，怎能如此高超、如此自如！"金殿的建造，充分展示了明初工匠们对金属铸件尺寸精度、变形规律、收缩率等冶炼技术了如指掌，冶铸工艺和建筑技术都达到了较高的水平。"[237] 所以，金殿开创了铜铸鎏金的金属建筑先河，体现了 15 世纪我国铸造工艺和金属建筑的辉煌成就，反映出我国古代劳动人民的高度智慧和工匠精神，为五千年灿烂的华夏文明史铸就了瑰丽的篇章。

（四）装饰构造：从殿内装修到殿外修饰

由于装饰构造涉及建筑单体的内外装饰，因而以太和宫具有代表性的元代铜殿、皇经堂、金殿为例，分别加以讨论。

1. 元代铜殿

在天柱峰大顶，曾出现过锡殿、铜殿、金殿三类不同金属材质的殿堂，元代铜殿即是元代武当山最有特色的金属建筑。中国元明清三朝还有另外四座道教铜殿遗构：（1）太和宫铜殿：陈用宾等集资创制，明万历三十年（1602 年）始建于云南昆明鸣凤山，明崇祯十年（1637年）移至云南大理；（2）岱庙铜亭：原名金阙，万历皇帝敕建，明万历四十三年（1615 年）始建于山东泰山岱顶碧霞祠，1972 年移置岱庙；（3）朝北玄帝铜殿：明代建于苏州玄妙观；（4）太和宫铜殿：又名铜瓦寺，吴三桂集资，清康熙十年（1671 年）重建于云南昆明鸣凤山太和宫。通过道教铜殿建筑对比，可知武当山元代铜殿是中国现存最早的供奉玄帝的铜铸殿堂。

（1）内饰

据朱思本《登武当大顶记》载："至绝顶，砌石为方坛，东西三十有尺，南北半之。中冶铜为殿，凡栋梁窗户靡不备，方广七尺五寸，高亦如之。内奉铜像九，中为元武，左右为神父母，又左右为二天帝，侍卫四。前设铜缸一，铜炉二。缸可盛油一斛，燃灯长明。炉一置殿内，一置坛前。"[238] 朱思本先后三次上武当山，时间分别是元成宗大德七年（1303 年）、元武宗至大二年（1309 年）和元仁宗延祐四年（1317 年）。

当他第二次上武当山时，铜殿已安放在大顶之上，他所见殿内神像及布局应当是准确的。根据朱思本记载，对铜殿内神灵略加考证。

　　玄天上帝：即"元武"。玄帝之名始见于南宋时期出现的道经《玄帝实录》（即《降笔实录》，转引自《神咒妙经注》），记载宋仁宗嘉祐二年（1057年），上应大罗天真化三年五月五日，三清上帝并升玉宸殿，敕九天司马开历考万天功过，校正三官四圣。昊天玉尊亲行典仪，册封至玄武加号"太上紫皇天一真人、玉虚师相、玄天上帝，领九天采访使职"[239]，标志玄帝册封时间。南宋绍定二年（1229年），雷部判吏白玉蟾书、清逸子蒋晖题写的湖南永州祁阳山《紫霞观镇蛟符》石刻："玉虚师相、元天上帝、受天明命、剪伐魔精"。南宋陈松集疏的《神咒妙经注》有"玄帝师学""玄帝宝录"等语，表明南宋中后期道教界已普遍地应用"玄帝"一词，真武的神格地位由"真君"提高为天帝，其名号随着《玄帝实录》一书传播四方。

　　元成宗铁穆耳崇奉武当山玄帝，直接把"武当福地"视为玄帝"仙源"，并特加封尊号，以圣旨的名义确定将真武的神格地位由"真君"升为"天帝"，这是元代崇奉玄帝历史中值得注意的一件大事。《元史》载：大德七年十二月"加封真武为元圣仁威玄天上帝"。《玄天上帝启圣灵异录》校补：特加号曰"玄天元圣仁威上帝"[240]。铜殿铭文皆称"玄天上帝"，或简称"玄帝"，只有一条称"高真"，无一条称真武，表明当时道教界和民间对元成宗加封玄帝尊号是积极拥护的，元皇室这一举动顺应了民意。玄天上帝铜铸鎏金造像，光射殿中，焜耀夺目，威容赫赫若生，有扫荡八极、凌厉九霄之概。

圣父圣母：又称"神父母""神父神母"，即玄帝为静乐国王子时的父母——静乐国王和王后。元仁宗皇庆二年（1313 年）制加神父号"启元隆庆天君明真大帝"，神母号"慈宁毓德天后琼真上仙"[241]。南岩宫原有二道诏书碑刻，为延祐元年（1314 年）所立。其一，《大元制诏圣父尊号》云："上天眷命，皇帝圣旨：朕闻越有贵神，是为玄帝，发祥大国，学道名山。位镇北方，开皇家之景运；威加海内，殄庶域之妖氛。既昭报于纯釐，宜推尊于圣父。元包有极，所以融一气之胚胎；庆衍真元，所以绥万年之祉禄。庸加美号，用答殊休，圣父静乐天君明真大帝可加封'启元隆庆天君明真大帝'。主者施行。"其二，《大元制诏圣母尊号》云："上天眷命，皇帝圣旨：昔有上仙，降生玄帝，一炁难名其妙用，万方咸仰其英威。晬宇天临，顾洋洋而如在；祥光日耀，信赫赫以长存。昌期既协于剖符，大号宜加于镂牒。著母仪之特盛，配父道之常尊，圣躬有赖于拥全。慈仁允洽帝祚，益期于昌炽福禄来仍。圣母善胜天后琼真上仙，可加封'慈宁毓德天后琼真上仙'。主者施行。"[242]玄帝信仰的盛行大致与儒家程朱理学的流布同一时代，故道经强调玄帝不忘父母生身养育之恩，功成飞升后父母证仙。

二天帝：即太安皇崖天、显定极风天二天帝。《总真集》卷下云："太安皇崖天帝，内名晖奠何魂。在色界，其色白，又曰极乐天。其宫曰开明宫。显定极风天帝，内名回翘威。在色界，其色黄，又曰广乐天。其宫曰大赤宫。二天下应武当山。"[243]道教天神中有三十二天帝之说，四方各有八位天帝。西方八天帝中有太安皇崖天帝、显定极风天帝二天帝。宁全真《上清灵宝大法》卷十云："太安皇崖天帝，号婆娄阿贪，讳宛，主开度善人，居开明宫，治在南方巳之西，系轸宿，炁名太阳白色。""显定极风天帝，号招真童，讳流，主度有善功之魂，居太赫宫，治在南方丙之东，系翼宿，炁名浩阳黄色。"[244]

侍卫者四：即金童、玉女、执旗、捧剑，在玄帝身边侍卫的四位天

» 元代铜殿供奉神像（熊占山摄于 2020 年）

神。金童、玉女，也称玉童、玉女，民间常称周公、桃花。元代五龙宫正殿曾置此两神，明代金殿玄帝身旁亦置此从神。道教中凡是天上的神仙，身边都有得道的童男童女伺服，且一律称金童、玉女，其位阶不高，但职司重要，因而受到道教界及民间的重视。执旗、捧剑是经常在玄帝身边侍卫的神将。

捧剑神将所捧之剑，当为丰乾大天帝送给静乐王子的宝剑，名曰"黑馳虬角断魔雄剑"；执旗神将执皂纛大旗。

不知何故，现在殿内供奉的神像已非当年布局，而变为中奉玄帝神像，左右为执旗、捧剑，两旁为马、赵、温、关四大天君，皆明代铜铸鎏金神像，鬓发冠带清晰可辨。

（2）外饰

从建筑规制上看，铜殿为单檐悬山式顶，仿木结构，穿斗式构架，脊高 2.44 米，重约 8.2 吨，置于高 1.3 米的青石雕须弥座上，平面呈方形。屋顶伸出山墙之外，前后和两侧山墙均有出檐，由下面伸出的桁架承托，不同于硬山式屋顶；仿木结构的墙体，各部构件以榫卯相接，梁、柱、额、枋循木工绳墨；隔扇上置一横枋承托瓦顶，上面的瓦葺和沟头滴水按泥作规制。

从图案纹样的装饰性看，正面角柱间开四抹头镂空球纹隔眼门十字花 4 扇，材质颜色为黑色铜制五抹格门。隔扇门两旁立边梃，边梃间横安抹头，将隔扇分为上（隔心）、中（绦环板）、下（裙板）三部分。隔心占二分之一多，四直毬纹格眼，满花式棂子，透明通气；绦环板铸成镂空花纹图案，叠菱线条，饰卷草、卷云等纹饰，内有梵文，中为"卍"字符图案，应用于道教建筑装饰意味无限循环宇宙观；裙板中间为铭文，四周如意纹，有抽象的花蒂流线点缀，四角圆形铜立柱，柱础饰鼓形凸雕莲花瓣，三面墙为焊接在柱枋上的 24 块铜隔板，瓦鳞、椽角、檐牙、栋柱、门楣、窗棂、壁隅、门限等诸形毕具，造型古朴而凝重。绦环板上下疏密有致，与裙板线条图案虚实有度，装饰性强，其建筑形式有浓厚的元代建筑特色和宋代建筑遗风。

从建筑构件的文化意蕴来看，整个建筑几乎每个构件都有铭文，记录捐资人籍贯、姓名、祈求心愿、捐献构件名目（或捐款数额等）及铸造时间等。结构朴实合理，可拆可合，易于安装。铭文是铜殿的最突出特色。据初步统计，铜殿共有 19 个品种规格约 85 个构件，分件铸造，经榫、铆、焊拼装而成。主要涉及铭文的构件有隔扇门、隔扇、门槛、枋、瓦、泊风板等。特别是作为建筑构件的瓦，几乎都刻有铭文。元代铜殿因纯铜冶铸及遍体饰铭文而成为武当山道教建筑的奇观，即使在中国建筑中也极为罕有。

此外，屋脊雕绘有星宿图案，也丰富了元代铜殿的文化意蕴。屋脊由七块部件组成，两端正脊脊饰鸱尾各一，形象非鱼非龙，布满祥云；其他五块浅浮雕，布局为：中央一块阳刻三星，曲线相连；北边二块阳刻七星，直线相连；南边二块阳刻六星，直线相连。这一表现手法是古代汉族神话、天文学和道教结合的产物。其中，中央的阳刻三星，可视为中斗星君，又称"大魁"，主管保命，指赫灵度古星君、翰化上圣星君、中和玉德星君三宫；或可视为道教三清的象征。北边七星可视为北斗七星，但是，"小铜殿表现的北斗图像，其特殊之处在于专门用阳刻手法表现了两颗隐藏的隐星，即'北斗九星'中的'辅弼二星'。"[245]《黄帝内经》云"九星悬朗，七曜周旋"[246]，加左辅右弼，称为九皇，是天道造化运行的枢纽。竺可桢认为："距今三千六百年以迄六千年前包括左右枢为北极星时代在内，在黄河流域之纬度，此北斗九星，可以常见不隐，终年照耀地平线上。"[247]北方玄武七宿中的斗宿与玄帝关系紧密，北斗有主掌众甫寿命，统领天下学道之士的权力，故在贵生、追求飞升成仙的法门中有朝斗一科。南边六星，可视为南斗六星，指天府星、天梁星、天机星、天同星、天相星、七杀星，在南天排列成斗勺形状，这一斗宿与北斗隔紫微垣对称相望。所以，屋脊上的星斗图像充分表现了道教的星斗崇拜，反映出武当山作为玄帝道场建筑的突出特征。

考察元代铜殿铭文，还保存有更丰富的信息。

铸造时间：铭文中有铸造时间记载的三处，分别是"大德十一年三月吉日""大德十一年中元吉日""岁次丁巳延祐四年三月吉日"。这说明铜殿的铸造用了大约五个月的时间。而延祐四年（1317年）三月的铭文云："襄阳府大北门内坐北面南居住修真女冠徐志坚，上侍母亲林氏妙宁，同兄徐文经、文旺、文郁、文信、文彬家眷等，喜舍中统钞壹拾锭，结砌大顶地面石，祈保合家眷清吉者。"这段文字记述了结砌大顶地面石的捐助情况，是后来雕刻到铜殿槅扇上去的，浑成简朴。

设计师和募缘人：即武当山天乙真庆宫道士米道兴、王道一。二位道士长期出山募缘众信，元成宗元贞元年（1295年）于庐陵（今江西吉安）铸成佑圣真君（即玄帝）铜像运回武当山紫霄岩供奉。《总真集》卷中《三十六岩》云："紫霄岩，一名南岩，一名独阳岩，在大顶之北，更衣台之东……品列殿宇，安奉佑圣铜像。"[248]原文在"佑圣铜像"后有小字注云："元真乙未，方士王道一、米道兴，募缘众信，于庐陵铸成。""元真乙未"，应为元成宗元贞元年（1295年）。十二年后即大德十一年（1307年），米道兴、王道一再次出游，曾在江南湖北道武昌路、汉阳府、德安府应城县、荆门州、常德府武陵县、沅州路庐阳县、潭州路澧陵路、汴梁路、江西路、杭州路等地募资化缘，劝请奉道信士各捐资财，购买可铸造一根柱子、一条横枋、一个隔扇、一个门槛、一片泊风板、一片瓦板等构件的铜原料，在武昌找铜匠铸造好铜殿构件后，运回武当山，安装于大顶天柱峰之上。米道兴、王道一长期在外奔走化缘，辛勤劝募，成效显著，先后铸造铜像、铜殿，请回本山供奉，他们在中国道教建筑史上是作出杰出贡献的武当山道士。从其道派传承看，他们当是元代武当高道张守清的徒弟。张守清是武当道教史上承上启下的关键人物，承上表现在他是武当派传人鲁洞云的嫡传弟子，又吸收元初传入武当山地区的全真派、清微派及正一派的长处，形成内炼金丹大道、外行清微雷法的"武当清微派"。从张守清这一道派传承的"守、道、明、仁、德"谱系看，与现代仍在传承的"天师张真人正一派""萨真君西河派""龙虎山正乙门下天师清微派"宗谱基本相同。现代龙虎山正一派道士授箓后按法派辈分取名仍用前谱，只是个别字句不同，如"三山扬妙法"为"武当与兴振"等。米道兴、王道一则是张守清门下的武当清微派道士，铜殿建造为启下之功。

铸造工匠：铜殿二扇隔门和隔门两旁二块隔板上有铭文云："武昌路梅亭山炉主万王大用造"。可见，该铜殿的铸造工匠是一位名叫万王大的民间冶铜铸造作坊的作坊主。武昌在大德五年已是湖北行省和武昌路的治所。梅亭山，在今湖北省武汉市武昌区南。《方舆纪要》卷七六江夏县"黄鹄山"条云："城南五里有梅亭山，太祖征楚尝驻节其上。"[249] 据《江夏县志》记载："梅亭山，在高观山南三里中和门子城上。山顶有明太祖分封御制碑文，详封建亭"[250]，即今武昌区起义门东侧楚望（王）台一带。

» 元代铜殿隔扇门铭文（刘小魁摄于 2020 年）

» 元代铜殿前檐瓦（宋晶摄于 2017 年）

捐资信士地域分布：元代铜殿铭文标注的信士籍贯、姓名、祈求心愿、捐献构件名目、捐款数额及铸造时间和化缘人等情况，提供了元代崇奉玄帝信士的地域分布及祈求心愿重要的第一手资料。根据采集到的 64 条捐造铭文统计，捐资信士的籍贯分别属四个行省：属于湖广行省的有湖北道武昌路 32 条、兴国路 2 条、常德路 2 条、潭州路 1 条、沅州路 1 条、汴州路 1 条、汉阳府 7 条；属于河南江北行省的有德安府 1 条、荆门州 1 条、襄阳路 1 条；属于江西行省的有江西路 1 条；属于浙江行省的有杭州路 1 条；江河（或称长河）往来船居人氏 4 条；另有中书省真定路、江西建昌路、浙江秀州路等地人氏寓居武昌者 6 条；无籍贯者 2 条；无名氏 1 条。也说明发起和组织这次捐献活动的武当山道士米道兴、王道一行踪遍及这些地方。

祈求心愿：捐资者普遍的愿望是希望通过这次捐献，"作今生之善果，为后世之津梁"。细分还有：祝愿风调雨顺，国泰民安；祈保父母及全家身躬康泰，长命百岁；祈保家眷福寿康宁，常居吉庆、合家清吉；祈求已故父母早生仙界；祈求修真有庆，道法具行。捐资人很多是道教信徒，他们希望修真有所成就，道法能够盛行。"转运"的民俗，给持虔秉诚的香客心理一个暗示，建筑无形中起到了弘道的作用，被赋予一定的象征内涵，演绎出期冀和祝福，仪式感不断强化，最终被长期地保存下来，成为一种有特定意义的建筑符号。

总之，元代铜殿造型朴实，通体榫卯，结构简单，不尚华丽。殿内装饰集中体现了该建筑为神灵信仰服务的真正意义。其构件铭文，对于了解元代民间道教的发展及玄帝信仰的实态是重要的参照，作为我国现存最早的铜铸殿堂，独具匠心的设计为明代建造金殿提供了重要借鉴，具有重要的历史和科研价值。

2. 皇经堂

皇经堂，又名诵经堂，是道人诵经习课的场所。"皇经"泛指道经。"堂"是道教用以祀神、修道、传教等祝祷祈禳、举办斋醮仪式的建筑物。每天晨钟暮鼓时分，道人都会诵唱一小时，面对神尊叩拜行礼，目的在于虔诚其心，陶淑性情，一心向道。课诵经目有《玄门日诵早晚坛功课经》《高上玉皇本行集经》《北斗经》《神咒妙经》等。《高上玉皇本行集经》，简称《皇经集注》，由明代全真派道士周玄贞撰。"此经是明正统年间 1436—1449 年由翰林院学士手书的。纸为瓷青笺，字画皆用泥金描写。据故宫博物院朱家溍教授说，当时宫廷只制作了 3 套，其余 2 套已失。"[251]说明道士诵读的经书系皇帝御批恩准，谓殿堂为"皇经堂"不无道理。武当山道人视之为诵颂经文真诰自我修持日常功课，升仙阶梯。1980 年武当山文物普查发现该经书的上、中、下三卷。

皇经堂始建于明永乐年间，道光二十九年（1849 年）改建，民国 4 年（1915 年）再次修葺。殿堂面阔三间 10.13 米，进深 9.2 米，通高 9.9

米，硬山顶砖木结构抬梁式
木构架。整个建筑处于孤峰
峻岭之上，依山傍岩，结构
精巧，布局巧妙。四周峰
峦叠嶂，起伏连绵，烟树云
海，气象万千。它荟萃了武
当山最为完好的清代木雕
作品。按照王其钧对建筑细
部的划分："总的来说分为
屋顶、外部立面与建筑内部

》皇经堂神龛（刘小魁摄于 2020 年）

三大部分"[252]。皇经堂将建筑装饰与建筑结构有机结合，无论外饰还
是内饰，一梁一柱都着力建筑细部的处理，故欣赏皇经堂要特别注重建
筑细部的装饰。

（1）内饰

主要特色有三：

一是设神龛，供奉道教诸神。上神龛：玉皇大帝；中神龛：玄帝；左
神龛：三清尊神；右神龛——慈航道人（观世音）。侍卫从神、金童玉女、
灵官和吕洞宾等道教神像，铸塑精美，造型传神。其中，清代木雕重彩
吕洞宾造像，高 1.47 米，戴冠着袍，右手掐诀，左手置膝上，翠眉层绫、
凤眼朝鬓，面色白黄，留有三髭须，造型逼真。前侍柳树精、桃花精，
各高 0.85 米。整体布设是道教全真教派三教合一的结果。

二是置宝器，铜塑道教供器。殿内背墙悬有香客信士敬献的照妖镜
古鉴一面，刊字"玄天上帝大明正德岁次戊寅吉日同河南开封祥符"。
最初悬于紫金城南天门外，后移至皇经堂殿内，是道教信徒追求无遮无
碍、万象超然难隐的表达。《悟真外篇》云："我有一轮明镜，从来只为
蒙昏。今朝磨莹照乾坤，万象昭然难隐。"[253] 殿内神龛前是神光极显之
处，设有金炉、香炉，立柱分置悬挂铜塑八仙灯，全称"八仙庆寿灯"。
即使在明代，这组装饰灯具也是稀世珍宝。

皇经堂内神龛，供奉着紫炁元君、玉皇大帝、真武、吕祖、观音。
道教把玉皇大帝奉为男仙之宗，自然也推崇玉皇大帝的夫人西王母为
女仙之宗，为吉祥赐寿的天国第一女仙。作为一种供器，八仙灯悬挂

>> 皇经堂柳树精木雕（宋晶摄于 2007 年）

于清代皇经堂内，带有为皇帝祈福祝寿之义。八仙造型有大有小，有庄有谐，极具艺术价值，反映了中国古人追求长生幸福、自由祥和的人生理想，传达给世人美的内涵、仙的境界，体现了明清时期武当山道教八仙信仰的盛行。无论是镜还是灯都是科学技术与造型艺术相结合的产物，是道士讽诵道经的殿堂的标配装饰。

三是悬匾联，装点雅意经香。皇经堂内悬挂的匾额抱对，显示着皇室家庙的堂皇大度和真武道场的尊荣鼎盛。正中内楣横匾"法开元武"；内侧横匾"慈航普渡""锡福无疆"；右神龛上横匾"黄粱梦觉"。楹联：东土圣人曾向吾门求至道，西方佛子还于我国悟真空，钟灵推佛天但观结雾飞云甲光滚滚森金顶，艰嗣祷仙山不籍动心履迹子舍亭亭托玉虚。左右门楹刻方块汉字，骈文偶句格式，其书法艺术增色添彩，具有无限的情调与韵味。正中悬金匾书"生天立地"，为清道光十一年（1831 年）道光皇帝御赐；乾隆四十三年（1778 年）赐额"天柱枢光"。匾额楹联，工整文雅、诗意隽永，是表达心迹、抒发情怀的寄托，在建筑里有教义与哲理道意之命题，富有劝谕、认知、教化之功，能起到点题和增色的效果。大凡美的建筑，必然激发人们美的情思，皇经堂用土木之物写就的"道"，是道家美学思想流露的一个印证，因为至高无上的"道"是美的源泉，要领会其美学思想，欣赏者必须摒除杂念，静观默察，透过匾联的外在形式，凭借直觉的精神活动，来感应其蕴藏的玄机神韵和文化内涵。

（2）外饰

皇经堂为雕塑本身提供了框架和背景，尤为殿外装点所表现。

其一，屋顶屋脊。皇经堂的屋顶形式为硬山式，前后两面坡，屋顶的山墙头与山墙齐平，山面裸露，等级较低。按理说在皇室家庙中这么重要

》》 皇经堂正立面（宋晶摄于 2011 年）

的庙堂不应使用这种形式的屋顶，但清代重建后的反复修葺形成了这种局面。木雕工艺多，为防风火而做此选，故硬山式屋顶，外接出卷棚式的单檐歇山屋顶，是皇经堂屋顶一大特点。屋脊砖雕一条正脊和四条垂脊，构图生动。正脊立面浮雕龙、凤凰朱雀纹样，后者属传说四神之一，是独具艺术特色与图腾崇拜的构件。"在五行中为火之象，楚人因害怕火事而崇拜火的图腾即凤凰朱雀，立于屋脊之上以克火事。"[254] 两端鸥吻形象似龙形，中为葫芦宝顶，大气沉稳、简洁有力。垂脊饰饿兽，位于最前端的是骑兽仙人，后跟三个小兽，等级较低。鳌鱼脊饰，增加了仙人走兽的数量，为仙人骑兽、龙、凤、狮子、天马、海马，繁缛富丽。屋顶翠绿玉琉璃瓦屋面脊饰，顶瓦排布顺序：绿琉璃瓦、青瓦、碧蓝琉璃瓦、勾头、滴水、瓦当，简单朴素，但色彩层次感较为复杂，并不全然符合屋面使用青瓦且必用板瓦的硬山要求。道教这一审美风格，形成了前廊后檐的抬梁式构架，前檐翼角伸出六尺，并吊挂铎铃以自鸣，预报风雨。

其二，外部立面。在皇经堂建筑装饰中，木雕装饰运用最为广泛，纹样柔和流畅，细腻繁复，且木雕形式多样，手法娴熟，其外部立面的木雕艺术，可谓视觉的饕餮大餐。既有装饰美化建筑的作用，又有

» 皇经堂屋顶脊饰（宋晶摄于 2007 年）

» 皇经堂木雕 1（宋晶摄于 2017 年）

» 皇经堂木雕 2（宋晶摄于 2017 年）

» 皇经堂木雕 3（宋晶摄于 2017 年）

连接支撑的作用，还有寓意、象征和祈愿的意味，充满生活情趣。"武当建筑木雕风格聚南北木雕之长：精致古雅、构思巧妙、简洁质朴、刻工精细。"[255]

从装饰题材上看，使用龙、凤、狮、牡丹、自然山水、草木花卉等通用题材，木雕布局错落有致，构图疏密得当，刚健有力，与平和柔美形成对比，深得传统美术构图之精髓。门窗构件雕刻的题材有六类：

一是吉祥纹样，文化内涵丰富，具有象征性和寓意性，如荷叶凤凰图案，象征美丽与爱，表达吉祥如意的精神诉求。

二是富有情节的戏曲人物，如元代戏曲杂剧及明传奇。

三是历史人物和传说人物，如明八仙、暗八仙。暗八仙为韩湘子的吹笛、国舅持的高歌玉板、李铁拐祝寿的葫芦、吕洞宾的宝剑、何仙姑的莲花、骑驴张果老的渔鼓、蓝采和的花篮、汉钟离的扇子。

四是几何图形，有三角形、方形、多边形、圆形，字形图案有十字、人字、万字、斜万。

五是组合形图案，如龟在古代是长寿的象征，有希冀健康长寿之寓意。

六是博古杂宝类，运用于建筑时得到了概括、提炼、简化。如果人物山水、翎毛花卉、走兽虫鱼等集中于一个画面时，采用二层以上的镂通雕，层次性、立体性结合在细致雕工中，以散点透视法，让画面如同舞台，内容跨越时空，人物景物呼应，反映了题材的广泛性。

从雕刻手法上看，因材施艺，因质施法，几乎用尽所有雕刻手法，并且灵活运用交叉、拼合等多种技巧。如浅浮雕施于整块面板上，表现的山水、四君子、暗八仙等图案，纹样清净素雅；深浮雕多施于柱状建筑构件上，特色纹样题材为有连续性情节的八仙人物故事、真武升仙传说等，以长横幅或多篇幅的形式装饰在檐廊、梁枋等有实际功用的区域。深浮雕与圆雕结合构成丰满的多层次的艺术画面，加强了深度空间感；高浮雕，装饰门窗、檐廊和梁枋，表现道教故事的具体情节，形体简明、线条粗壮；镂空雕，用剪纸般的影像效果产生精致美感；透通雕，层层雕刻形成构图的层次性。

从材料质感和加工工艺看，皇经堂装饰比重最大的是木构架。清代匠人对木头的质理有传统的深刻认识，给人以温软、亲切的质感，天然木材可饰、可雕、可粗、可细，具有天然表现力，可进行丰富多彩的美的创造。材料使用上，讲究柔美的中国古典式的审美倾向，往往以木材"熟软"的质地构成柔美的观赏效果。木雕是一种柔性造型艺术，其基本要素是多用流畅的曲线和曲面，它的图案构成讲究线面结合和节奏旋律。如梁枋使用自然的花草纹样，以整体形象的花样为主，衬以枝叶，造型立体化，形象逼真。刚性的直线框边与柔性的曲线相结合，组成变化丰富和精巧的图案，表现出雕饰的明快和木质的柔美，增加了建筑艺术的表现力和感染力。

皇经堂外部立面，指台基望柱护栏

》皇经堂木雕雀替（宋晶摄于 2017 年）

以上，梁枋以下，左右至柱间，在外走廊范围内的一切门窗隔扇，全彩绘木雕装饰，丰富绚烂，令人眼花缭乱，精彩异常。按照装饰部位，划分为外檐装饰和内檐装饰两个层次。

其三，外檐装饰。正门悬挂竖额匾"皇经堂"，俗称"五龙斗匾"，在行龙与盘龙之间"三字线刻，雕影填金，裙阳体，红地，边框五龙彩绘，镂雕，饰云。高 1.50 米，宽 0.70 米，其中边框 0.10 米，保存完好。为清代创建经堂时所制"[256]。外廊两侧硬山山墙突出于檐下的装饰部位，有一对墀头砖雕狮子滚绣球，对望嬉闹。它们身躯粗短，突胸张嘴，头顶卷毛，雕工细腻优美，给人以生动的气势，整个立面变得美观而具观赏性。狮子本为兽中之王，性格凶猛，常用于大门前面做守护神，以壮威势。但大顶天柱峰之左有狮子峰，朝天宫下还有小狮子峰。李达可游记写成"最近二峰，一舞蹈如狮，一伸鼻如象，道士见告曰：'此祖师爷之青狮、白象也'"[257]。狮子峰的海拔高于皇经堂，比金顶海拔低 40 米左右，苍峦突出，雄杰狰狞，俨如狮猊之象，蹲踞天门。狮子两两对望，表示事事如意，旁边加饰花瓶，则表示事事平安。同时，外廊柱两侧木质栏杆，角饰小狮子蹲伏对望，变化丰富，形式多样，更显情趣无限。皇经堂大小狮子使观赏者产生的眼前迷离、幻影无数的情形，与他处石狮站立门口的艺术设计完全不同，皇经堂的一对狮子高耸高立，达到了与狮子峰遥相呼应的艺术效果。雕塑作为一种补充成分与建筑艺术融为一体，使人们行走在建筑物中便可以体会到艺术整体的美感。

外檐开间左右四个立柱之间均安装落地罩，飞罩下垂。正中为垂花门，是步入皇经堂的标志性的门。五朵横向、一朵纵向的深浮雕蝙蝠状花卉，喻五福临门、福自天降。凌空状形如拱门，色彩主要取蓝色、绿色冷调，剔彩，与外墙的丹赤之色对比互衬，色彩斑斓，轻巧而富有装饰美感。在门上使用漆雕工艺始于清代，其工艺大体以木雕刻为底，逐层堆积色彩漆，再施以刀法，雕刻出层次分明、有强弱虚实变化的装饰图案。油漆既有防腐、防蛀的作用，也有美观的效果。中间两柱悬挂弧形抱对：金阙绕红云现十七光而道观仙佛，玉京凝紫气历三千劫而位极人天。装点殿柱的抱对，亦称楹联、抱柱，是文化品位的体现。垂花门具有框景作用，把皇经堂作为美的背景，镶嵌出一幅幅优美画面，纳入画框的槅扇门、匾联皆因景框而增色，使诵习皇经接近"道"的意境更雅而获得升华。

　　四廊柱上部，均饰木雕宝瓶和圆雕人物，由左至右为小儿嬉闹、韩湘子吹笛、窈恐灵官、小儿戏莲。他们迎立廊柱之上，微风吹来，衣袖飘动，自然舒展，栩栩如生，斗趣活泼，整体设计动感极强，顿使道教庄重的气氛淡化，让人觉得这是一处轻松自在且充满欢喜的道教场所，写实技艺与浓郁色彩相结合，体现出雕刻者丰富的想象力和创造力。梁枋上用圆雕装饰，题材内容：中间为"上八

» 皇经堂木雕狮兽
（宋晶摄于 2017 年）

» 皇经堂砖雕狮兽
（宋晶摄于 2017 年）

» 皇经堂垂花门（宋晶摄于 2017 年）

仙"福、禄、寿三星，两侧为八仙、九世同居仙人、仙鹤游云，还在人物上方点缀动植物等，具有层次感。在屋檐下，木结构有一束束斗栱，逐层向外挑出，形成上大下小的托座，成为气度不凡、井然有序的装饰品。

　　其四，内檐装饰。皇经堂面阔三间，"柱中至柱中 10.68 米，通进（含外廊）3 间 8.98 米"[258]。穿斗式木结构，穿枋弧形驼磴，面雕祥云、卷草花纹，如意斗栱。四对正门为全开式槅扇门，做工极为考究，装饰华美，题材丰富。门楣正额"白玉京中"横匾，刚劲有力，金碧辉煌，为民国 23 年（1934 年）太平香会弟子所立。李白在《经乱离后天恩流夜郎忆旧游书怀赠江夏韦太守良宰》一诗中提到"天上白玉京，十二楼五城"。道家称天上的宫阙为白玉京，是天帝的居处。该匾意指诸神在皇经堂如同天上白玉京中。玄帝"功高五十万劫，德并三十二天"[259]，

修道持之以恒，方才"飞空步虚于大顶之上，乘丹舆绿辇，五龙掖之飞升霄汉，躬朝上帝，领职阙下"[260]。两侧次间门楣"道济群生""孚佑下民"横匾。门柱悬挂匾联抱对：龙章三卷讽诵皇经天现瑞，凤篆五品敬谈玉典地呈祥。"五品，一为神仙阶品名词……二说为贤者有五种品阶。"[261]谓武当山出家道人视讽诵道经为升仙者的阶梯，通过自我修持可获五品（天仙、神仙、真仙、飞仙、保仙）仙阶。凤篆难得，仙人至尊，凡俗之人应从贤士做起累积善德之本，以接近于"道"。匾联之上，装饰立体圆雕八仙迎宾，云头云脚站立"明八仙"，"云"是从自然形变而成又超于自然的吉祥图案意匠，构成的美学法则是自然的，但又不照搬自然，它托起八仙分置两侧，是从精神上起到美的作用的一种艺术语言，渲染了喜乐场面。

格扇门的形状是用木料做成边梃后，由五条横向的抹头分隔出四个部分：绦环板、裙板、绦环板、格心。具体而言，最下绦环板饰浅浮雕花卉，清净素雅；裙板饰浮雕道教神仙人物和奇珍异兽，造型生动变化，人物栩栩如生，刀功娴熟，在空间塑造上力图表现出人们的审美理想；中间绦环板饰浮雕博古杂宝题材；格心棂条花格，饰珍禽异兽棂子，兼顾美观、采光、坚固，这类格心已成稀罕之物；最上绦环板饰浅浮雕花草。通体索性朱色彩绘，用色复杂的是裙板，绚丽堂皇，都是匠人们在千凿万磨中创造的美的形象。门是建筑物自身的一个构件，仿佛建筑的眼睛，从装饰到色彩其实都反映了等级及内容，具有丰富的美学意义。

五抹头格扇长窗是双面镂雕，与门的形制相同，只是裙板更为简洁，透雕格心的造型特征为漏窗样式。这里没有再用浮雕、圆雕，而是换上了细细薄薄的浅浮雕，却开拓了通透细腻、美观合理、吉祥如意、别致娴雅的空间。题材体现道教思想与风骨，营造了室内的装饰情调和气氛。在窗格、飞罩上能表现出古朴、玲珑、清静、雅洁的艺术效果，视线不受障碍，玲珑剔透而有强烈的雕刻艺术风格。花格景窗透进殿内的光影是美的，给人以和谐愉悦之感。阑额、格扇雕刻大量道教神仙故事，图案内容丰富，门上附加装饰门神、祈福物、辟邪物如照妖镜、吞口、铁叉、八卦图等装饰，技艺精湛，形象逼真。木雕风格质朴却不呆板、简洁却不单调，极为自在而和谐，可看出设计的思想寄托与文化内涵。

皇经堂坐北朝南建于崇台之上。外走廊立面由台基、栏杆、檐廊、梁枋、槅扇门窗等组成。台基五级，较陡，带御路式踏跺。利用这一控制视线，使终端区域在一定距离内含而不露，使人产生期待情绪，增进视景序列的趣味性。御路下端石雕"双鹿逐林"，暗合路路

» 皇经堂前石雕台瓶
（宋晶摄于 2017 年）

» 皇经堂御路石雕
（宋晶摄于 2017 年）

顺利之意，图案上有祥云盘绕，下见木石环抱，海上仙山，一派悠然景象，充分展示出道教是美的宗教；上端石雕"鹤立仙山"覆盆子。"千丈雾深银作海，九霄云净玉为关。"[262] 成双成对的图案格式符合美的原则。抱鼓石立起与石栏望柱连接围合前廊。台基两侧各有一座石雕台瓶的装饰，中间圆瓶刻"带"组成的"结"纹样，象征吉祥、"结同心"，形式美观，别有神工意匠。

对面的戏楼低于皇经堂。在传统的祭祀中，除了向神灵供奉各种食物器皿之外，还把令人赏心悦目的戏曲奉献出来，用以迎接神灵的降临。因此，戏台与道宫不可分割，而是其重要组成部分。采用了与山体融为一体的布局方式，外看气势大，里看端庄高雅，空间紧凑，造型美观，意匠独特。楼上槅扇窗悬挂八幅壁画，为《真武修真图》，依次排列内容为：辞母进山；黑虎巡山；潜心修炼；诚心投岩；五龙捧圣；得道升天；仙台受旨；巡视三界，按照中轴对称、阴阳和谐的方式排列。比起皇经堂的艺术感染力，戏楼、三官阁显得逊色，如果把皇经堂看作一个完整的艺术品，那么艺术载体的不同使装饰纹样有了不同的风格，木雕柔和流畅，细腻繁复，形式多样，寓意吉祥，用雕梁画栋、精致堂皇来形容一点不为过，它是全山至今保存清代木雕最完好的一部建筑作品，木雕、石雕、砖雕与彩绘艺术精妙结合十分珍贵。

为什么深处偏僻大山中的皇经堂要给予如此繁复的装饰呢？

主要是因为各式各样的雕刻是不可或缺的重要建筑语言，除了装饰

皇经堂本身以供人观赏外，还有丰富的喻义。它的美具有时代性，反映了清代社会生产技术水平、思想文化水平、社会生活、宗教信仰、审美情趣等综合情况。木雕装饰图案精美，加上通体彩绘，使得整个建筑富丽堂皇、高雅脱俗，装饰图案多半为八仙等喜庆题材，增加了愉悦之美，创造出人为的愉悦小天地。不用石材，代之以质地熟软的木材，没有再用高浮雕、圆雕而是换上了细细薄薄的浅浮雕，使室内形象仿佛失去了重量感。在这里弘壮有力的风格被放逐出去，空间环境尽可能地显得既堂皇、喜庆，又宁静、优雅，无论怎样，细腻、别致、娴雅的空间开拓富于人情味。格扇门做工考究，装饰华美，木雕工艺相当精彩。繁缛的风格即其美学性格，抓住"皇经"是人与神的对话，完成了杰出的美学梦想。其良好的空间位置与道人的修习方式决定了它和周围的景色的和谐，出家人"心远地自偏"却诗意地栖居在武当山上，这是他们存在的本质。总之，精美的木雕装饰，使每位游赏者有幸欣赏到精美绝伦、玲珑剔透、异彩纷呈的木雕艺术。

塑像的色彩、神像前的供桌、钟鼓摆设、梁枋上悬挂的幡帐、吊灯色彩，组成了一个五彩缤纷的室内环境，象征着神仙世界的繁荣富华，与殿外的清幽环境形成强烈对比。阑额、木制隔扇上装饰众多的道教人物、神仙故事的浮雕，也许他们面对虔诚向道的众生会有默默的嘉许。道士要远离尘世，修身养性消除俗念，他们守护皇经堂，在不断的思想净化中达到超凡入神的理想境地。

太原理工大学教授王金平认为："要提出任何作为精致完美的和终极的东西是不可能的，建筑的生命力和美存在于其外貌的不确定性之中，存在于这样的事实之中，即不断生成的生命力和美总是以新的图画展现在观众面前。"[263] 这座建筑树立着玄帝及其他的道教神灵的形象，通过敞开的门廊而进入神圣的境域，使本身作为神圣之域的"天阙"境域得到伸展与定界。德国哲学家、评论家黑格尔在《美学》中写道："住房和神庙必须假定有住户，人和神像之类，原先建造起来，就是为他们居住的。所以建筑首先要适应一种需求，而且是一种与艺术无关的需求，美的艺术不是为满足这种需求的。"[264] 太和宫最先将玄武造型与无极思想协调统一在自己的周围，神与人、神与权、神与道等都获得了形式。这种神圣的境域非常博大，它是历史性、民族性、神性的世界。"由空间而时间，由静态的三度实体而动态的四度感觉，时空交汇在了一起，也只有在这个时空交汇中，人们获得了不同的审美感受，建筑发挥了审美价值。"[265] 建筑是人本质力量的对象化，这是一种有意识的道教实践，人体现了自己的存在。"道教建筑被赋予神秘的与天地鬼神相通的功能；它是一种宗教建筑，具有其特定的宗教功能。被道教认为可资以达到或者有助于达到其神仙理想以及与其相应的在其宗教信仰支配下的社会理想的建筑。"[266] 作为武当山道宫建筑之上乘，太和宫为道士与玄帝对话，实现祀神、静修、弘道的道教理想提供了最佳场所。在对它关照和判断的那一刻，观赏者也与神宫合二而一，以渺小的心灵感受它的伟力，在玄帝神功圣德的普照中提升精神境界，实现审美的真正价值。在这座象征着玄帝的圣殿里，宗教与王权的文治武功结合，凝聚了对于明代社会的所有政治的、宗教的、文化的诠释，而蕴含着一种人类赋予的文化能量，贮存、凝固在建筑之中。

3. 金殿

金殿是明代铜铸艺术的最高境界。"殿之面阔与进深均为三间，阔4.4米，深3.15米，高5.54米。"[267] 建筑平面呈长方形，面积168.3平方米，台基高贵、典雅。这种黄金琼玉的世界在天上只有天帝居住，在人间只有帝王享用。金殿的色调、气势同北京故宫相伯仲。比起其他道宫正殿，金殿面积实在太小。然而，为什么体量并不巨硕的金殿却蕴藏了如此经久不衰的、巨大的美感力量呢？

首先，殿内神坛及陈设被道教与艺术所贯穿。

建筑的艺术气氛表现在建筑内部空间。如金殿玄帝铜铸鎏金坐像（高186厘米），是武当山道教主神造像最为精美者。这尊铜像比普通男性身高略大，庄严沉静的面容中透出威武雄壮、显赫八方的气概。金殿不是无限高大的建筑，若造像过高，完全顶天立地，就会产生视觉上的威迫感，令人望而生畏，使崇敬之心泯灭，故雕塑匠师非常智慧。《元始天尊说北方真武妙经》记载玄帝形象是"披发跣足，踏胜蛇八卦神龟"[268]，《神咒妙经》是"或挂甲而衣袍，或穿靴而跣足，常披绀发，每仗神锋"[269]，《启圣录》是"玄武为凡人时，身长九尺，面如满月，龙眉凤目，绀发美髯，颜如冰清，头顶九气玉冠，身披松萝之服"[270]。金殿玄帝固定化形象为披发跣足，蹑踏龟蛇，着袍衬铠，威严端庄，丰

» 金殿铜铸鎏金玄天上帝坐像（宋晶摄于 1996 年）

姿魁伟，具有帝王气概。《中国艺术全鉴——中国建筑经典》一书评价这尊玄帝形貌："该作品呈端坐姿，含胸拔背，双手置于两膝之上，跣足平踏，英姿魁伟。真武大帝，无冠披发，天庭饱满，面近满月，五官端正，修眉凤眼，隆鼻方嘴，颌下长髯，面色沉着庄重，显得表情肃穆，其不怒而自威。该像身着战袍，外罩短衫，腰扎玉带，玉带上有几组玄武形象浮雕，长袍垂至足跌，认饰简洁符合人物身份。该作品的身材、姿势等几乎完全对称，从而使人物显得更加敦厚庄重。"[271] 神像衣装垂至脚面，衣饰细腻，衣褶流畅，层层叠落，随形体呈现曲线美，让形体产生动态感，体现了明代服饰特点和雕塑风格。法相庄严，自然神韵，内蕴力量，金身施放灵光，端坐群山之巅，微笑俯瞰天下，护佑芸芸众生。天下颙颙，万虑屏息，瞻叩玄帝圣容，颂声洋洋满耳。作为道教美的文化源泉，玄帝集水神、战神、福神、慈神等神性于一身。曾任故宫博物院副院长的杨伯达评价玄帝坐像"不仅在武当山造像中属于上乘，即使在全国现存的明代铜像中也未见出其右者"，"代表了当时高度发达的铸铜工艺与蕴籍含蓄的造像艺术"[272]。

据《神咒妙经》载，当玄帝禀玉皇圣命勅令之时，统领神兵，遍为巡察，济拔天人、祛妖慑毒的威势庞大壮观。金殿内的侍卫从神特指龟、蛇二将、金童、玉女、执旗、捧剑。玄帝高位独显，部属从神阵容庞大，威严肃穆。左侍金童捧册，右侍玉女端宝，水火二将执旗、捧剑拱卫两厢，神案下置龟蛇二将，被玄帝以神力躐于足下成为脚力。辅神按照明代品官的朝服和官装进行塑造，比例真实，仪态涵融。仪式中，册、宝的摆放方位均有明确定制，册置左，宝置右，灵官捧册、玉女捧宝造像可能是皇家"册宝"制度在明代道教最高级建筑中的表现。金童、玉女职司在于分掌威仪、书记三界中善恶功过。金童站像儒雅庄肃，神情安闲，仪貌和悦，恭谨安详，作捧册状；玉女站像娴雅俊逸，头戴花冠，冠缨系颌，身披长裙，衣褶线条流畅细致，身材匀称而形容姣和，胸佩珠宝璎珞，裾带飘举，面相丰腴，美而不媚，娴静温婉，为端宝样。造像富于世俗生活的美感，体现了世俗的审美情调。

执旗、捧剑，是明代皇帝斋送给武当山各宫观神像中侍卫在玄帝身边的神将。《太上说玄天大圣真武本传神咒妙经集疏》解释"天罡、太一，率于驱使之前"时说："率也者，宾伏也。于也者，幸侍也。天罡、太乙，亦系五德神君。乃宾伏幸侍，充太玄从官，常备准威用。按本经：部署拥之者皂纛玄雾；蹑之者，苍龟巨蛇也。"[273]

» 玉女端宝站像
（刘小魁摄于 2019 年）

» 金童捧册站像
（刘小魁摄于 2019 年）

» 捧剑站像
（刘小魁摄于 2019 年）

» 执旗站像
（刘小魁摄于 2019 年）

金殿内的执旗、捧剑二将，旌旗招摇，森然列星，按照明代武官的甲胄式样，均头戴武冠，身着甲胄，衣带飘荡，勇猛威严。其雄健之风与凛然之势，呼之欲出，精神风貌表现得惟妙惟肖。

龟、蛇二将，或称水、火二将，又称天关、地轴。龟蛇本来是四方四灵中北方玄武的形象，北宋时随玄武衍变成为披发、仗剑、黑衣的真武将军，形象被人格化甚至神格化。真武施展神威，降伏了龟蛇并收为部属。水、火二将的称呼，源于他们本来是水火之精的认识。《启圣录》"天宫家庆"条云真武被拜为玄帝后，"下荫天关曰'太玄火精含阴将军赤灵尊神'。地轴曰'太玄水精育阳将军黑灵尊神'"。[274] 元泰定帝泰定二年（1325 年）封天关火神为"灵耀将军"，地轴水神为"灵济将军"。若出现龟蛇多被当成玄帝显灵，崇敬龟蛇油然而生。龟、蛇二将的形象特征：火精真相赤蛇，变相青面、三目、鼓鬣、金甲、兜鍪；水精真相玄龟，变相黑体、金甲、兜鍪、效灵。武当山各宫玄帝殿内均有水火二将，明皇室奉送到武当山的神像中常有铜铸鎏金的龟蛇交缠造像"火水一座"，或具有人形特征的水火二将站像"水一尊、火一尊"。

金殿内这组雕塑杰构折射出明代文官、武将的服饰和仪容，表情虽各具特点，但互相呼应，目光集中，庄严有致，神韵生动，是一组极高水准的艺术品，展示了道教意义上的装饰之美。在全山大量玄帝不同风格的造像中，特别地刻画出玄帝外威武、内恬静的神采，修无极上道的神韵，经研思妙理，巧拟造化，具有浓郁的道教特色，达到表现主题的目的。若射入的光线正好照射在神像上，这时光线也不会刺眼，能让人仰视，清晰看到神的面部表情。雕塑利用自然光的投影，造成主神玄帝造像的清晰视觉。神像组群统一和谐的效果，加深了信徒对神灵神秘性的敬畏。

以上布设统属明代在殿内设置的神坛，合理地考虑到分隔与组合、色彩与采光、竖柜与供案、饰物的陈列与人的活动之间的统一和谐。神坛上方高悬康熙帝御笔匾额"金光妙相"（高 0.87 米，宽 1.76 米，厚 0.03 米，边框 0.19 米，行楷），工整挺健，妙笔风骨。铜铸鎏金质地，边框压地隐起、剔地起突等手法饰以龙、草，正心半混雕，平板加框，四边饰九龙（上框三龙、左右各二龙、下框四龙），龙驾祥云，芝纹缠绕，俗称"九龙匾"。正中二方康熙篆刻御印，下端云龙盘绕"万"字寓江山万万年，表达出康熙帝对道教玄帝的敬仰、对盛世的愿望。殿内铜铸鎏金供案（高0.87米，长1.437米，宽0.516米），两首卷拱作波纹状，案裙透雕如意卷草图案，案角卷起，透雕流云龙象马牙形图案，案腿脚呈"S"形。梁枋饰流云、旋子纹样图案，额枋施线刻错金旋子图案，殿内顶部做平棊天花，铸线雕刻龙纹流云，线条柔和流畅。

康熙四年（1665年），康熙帝命钦差大臣上武当山绘图。《续辑均州志》记载巡抚蔡毓荣："皇上诞膺景命之详也，毓荣持节入楚，礼得祀其封内名山大川。窃寐参上，四载于兹矣。癸丑春，皇上特遣近臣驰视，绘图以进。"[275] 康熙帝还御笔赐额四通："默赞皇猷"（静乐宫）；"清虚至德"（玉虚宫）；"曲成万物"（南岩宫）；"仙篆崇虚"（周府庵）。

其次，殿外装饰及点缀被华贵与信仰所熔铸。

重檐庑殿式屋顶是殿外最有表现力的部分，重檐叠脊，翼角飞举，层层出檐的中国式大屋顶是金殿建筑的重要特征。

一是屋脊。有一条正脊、四条垂脊，双重屋顶则形成了九条屋脊、八个屋面的格局。古人认为天九、地八分别是天地的至极之数。正脊两端装饰大吻垂兽，张口吞脊，龙吻尾后卷，鳞飞爪舞，上插扇形雕饰剑把，华丽而有气势。龙吻起固定作用，蕴涵着丰富的水文化，象征避除火灾，镇妖驱邪。上层四条垂脊，下层自博风到套兽间四条戗脊，两者在平面上成45°角。戗脊装饰戗兽，短尾兽头，尾部翘卷，鳞爪强壮，生动有力。戗兽将戗脊分为

» 金殿龙吻（宋晶摄于2006年）

» 康熙御笔"金光妙相"匾额（宋晶摄于2003年）

兽前、兽后，兽头前方单行纵列安放走兽，即天马、海马、狮、龙、凤，为五蹲兽，栩栩如生，作为祥瑞、和谐、长寿、高贵的象征。狮为镇山之王，天马、海马象征皇家威德通天入海。由于饯兽数目与等级成正比，且数目都为奇数，表示"阳"，九件等级最高，走七、走五略次之，最低走三，等级、大小、奇偶、数目、次序制度极严，不可超越规制。北京故宫太和殿角脊排列十个琉璃坐姿小兽，武当山太和宫金殿属第二等级饰件。走兽前为仙人。佛教寺院建筑的角脊多使用人首鸟身的傧伽，有男像，也有女像。女傧伽袒胸露臂，羽毛绚丽，或束发，或戴如意宝冠，背部两翼舒张，项挂璎珞，臂束钏镯，手持各色供品，骑在凤上。武当山其他宫殿的仙人也都是骑凤仙人的形象，但与寺院的傧伽有一定区别。唯独金殿的起首仙人，侧立凤凰边，手持笏板，则是完全有别于明清建筑流行的正面骑凤的造型，表明了道家的含蓄之美，使观赏走向高潮，别致有趣。

屋顶飞檐享有尊贵等级的皇家建筑，一应俱全。上下檐以斗栱承托上下屋宇，上檐斗栱为三杪双下昂六铺作，下檐平身科斗栱为四杪双下昂七铺（单翘双昂七踩），均以阑额、平盘枋承托斗栱，九踩柱头科斗栱和角科斗栱，层层叠叠的力学支撑和精美绝伦的视觉装饰，更加体现出纯正的皇家建筑风范。屋顶金瓦是在铜片上包以赤金的瓦件，作鱼鳞状，钉于屋顶望板，照耀山谷。覆盖在垄缝上的筒瓦，最下一块圆形的瓦当及瓦沟下特制的如意形滴水，均雕饰向阳花，是一种高贵典雅的建筑语言。顶的直线、斜线看上去感觉到一种音乐的旋律，前后左右四面都有斜坡，这是建筑等级最高的屋顶形式。它不同于西方哥特式教堂的尖顶，其显著特点是不以伸向空中顶尖的高度、占据地面的阔度来表达它的雄伟，而是以顶的规格等次兼有相当的地势高度来体现它的气魄。造型艺术到了最完美时便成为音乐，以直观感性的生动性来感动我们。金殿建筑正是这样一门造型艺术，其音乐节奏通过种种形式的美表现出来，如比例、对称、协调、重复、变换、齐一、循环、连缀、展延等，这些音乐形式美的节律，也凝固在建筑之中，它们是无声的序列，却有助于建筑整体性的和谐统一。

二是殿身。黄金分割比例打造出金殿最完美的几何形，赋予建筑这样精准的造型，显出至尊风范，才配称绝世珍品、道教最美艺术品。殿身立面由十二根圆立柱和梁枋、隔扇组成，铜铸鎏金构件精美生动。铜铸殿本为金，因为铜即为赤金。圆立柱装莲花柱础，柱间嵌以四抹槅扇，明间槅扇可启闭，余扇皆固定。四角青铜护柱装饰有大象、狮子，下檐的生灵既是表现雕饰艺术的装饰物，符合人类审美的天性，也是追求超功利的镇兽。隔扇上方铸出大小额枋，枋上铸出排列整齐的斗栱，承托第一层檐椽与尺椽。其上又铸大、小额枋，枋上铸斗栱，承托第二层檐椽与飞椽，多铸合玺图案，有一整一破短枋心，或一整两破长枋心，视构件长短大小，铸雕自如，花纹精细，用以代替木构建筑上的彩画。斗栱檐椽，结构精巧，表现了工匠技巧和民族文化的一些特征。整个殿宇瓦鳞、榱桷、檐牙、栋柱、梁枋、槅扇、窗棂、门限、天花藻井等诸形毕备。

>> 金殿铜栏杆饰兽白象（宋晶摄于 2017 年）

>> 金殿铜栏杆饰兽青狮（宋晶摄于 2017 年）

金殿重檐中际悬挂一方"金殿"斗匾（高 0.57 米，宽 0.43 米，厚 0.015 米，正书，阳刻），铜铸鎏金底金字，竖匾，竖式如斗行，斗缘如意形，四边牌带斜出牌面的华带牌门匾，俗称"五龙斗匾"，书者不详。上斗板阳饰双龙戏珠，左右各饰五爪行龙，龙头朝向匾心，下饰鲸鱼戏水，喻鱼跃龙门等图案，整体铜铸鎏金，俗称"五龙斗"。匾背铭文"嘉靖七年（1528 年）正月十五日上元节寅旦竖，钦差提督大岳太和山前司礼监太监李瓒造施"，与永乐相隔百年。

三是台基。殿基文石台为方整花岗石砌筑的平台，石铺墁地，四周

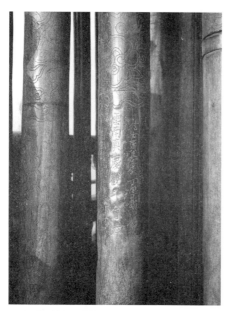 

》金殿铜栏杆云龙纹及铭文（宋晶摄于 2006 年） 》金殿柱础（刘晓魁摄于 2019 年）

镂雕望柱石栏杆。平台中央须弥座台基，上立金殿。殿前砌有月台，台前中设五级台阶并设龙坡，两侧设三级台阶。台基作为金殿结构的一部分，有规范百官行礼的作用，还兼有装饰作用。

四是外饰。清高鹤年记载："峰顶有金殿、金像、金童、金案、金炉瓶、金烛台、金龟蛇二将……殿外铜柱，柱外为槛，槛外即山，山腰是城……全石造城，群峰捧托，帝阙高居，泂为黄金世界，白玉乾坤。"[276]"外绕铜栏，真武像及几案皆范金为之。"[277] 这里的"铜柱""铜栏"即指环绕金殿的 148 根铜铸护栏。除四角各树一根方柱形铜栏杆外，其他均为圆柱形铜栏杆。每柱由底部、柱颈、柱高、柱身形成了柱式形象。通体雕刻龙纹，腾云驾雾之间刻有铭文，记载捐献者籍贯、姓名及祈求愿望、捐献时间等，尤以云南昆明官绅士庶居多，还有江西、陕西等省信士。他们以家庭为单位，以一家一户捐资或两家人共同捐资及个人捐资的方式进行捐造，捐献者身份主要为中下层官吏，还包括生员、商人、道观（如真庆观）的信士、信女。到了万历十九年辛卯岁（1591年），捐献者朝山进香时奉道信士募集资金，在云南组织铸造，然后翻越云贵高原，千里迢迢朝圣武当山，敬献于金殿玄帝面前，仅有一根后补栏杆为"大清乾隆三十二年孟春河南直隶汝州宝丰县"。祈求心愿有买卖亨通、吉祥如意，有家庭清吉、人眷平安、嗣息衍庆，有求谋遂意、合宅均安，有长命富贵。这批木心铜皮柱设在隔扇与台基石望柱之间，形成一圈铜栅栏，正面加装两扇门（曾为木制浮雕如意门，现为铜制镂空浮雕龙纹门）作为入口，以保护金殿主体建筑。金殿的大门曾使

>> 金殿背立面（宋晶摄于 2007 年）

用一把龙形铜锁（只有皇家门窗才可用龙装饰），在门的装饰中创造出龙的造型、图案和题材，寄托着祝福、美好、吉祥的寓意，丰富而洗练，朴实而高雅。总之，诚心铸造一柱"玄帝老爷金殿栅栏"，勒之永久，伏祈庇护。玄帝信仰已经深入民心，明代士庶的宗教意识与国家意识在宗教活动中互相交织、完美融合在这座辉煌的建筑之中。

哲学家李泽厚教授说："建筑物比一件工艺品是远为复杂多样的整体。立面体型、平面布置、内外部空间结构的处理、门窗式样、色调装饰以及园林布置，各以其特色构成一个丰富复杂的如乐曲似的错综组合。它虽静，却如动，当你在中徘徊，在里瞻望，你好像走进一支乐曲中，建筑物的各因素各方面可以给你一种曲调或旋律似的审美感受，领会到一种巨大、深邃的情感内容。"[278] 柱式之美，同一尺度，显示了流畅的、和谐的美、雕塑的美。这种柱式文化，神韵灵妙，重复感强，附丽其上的龙纹，字的雕塑艺术都是雕塑的成就。浸润开去，把建筑物大体作为雕塑品处理，推敲其外形、轮廓、虚实、起伏、比例、尺度等，赋予建筑物鲜明的性格和气度，着意美化厚重的雕筑实体，为其加上线脚、雕塑，琢磨其凸凹、明暗、分划、走向，表现其表质、重量、体积，使之服从塑造建筑物总体的艺术形象。其开敞明丽，与金殿一样灿烂，神性的人与人性的神在这一处达到了完美的统一，在金色的基色上，闪烁着交错的变彩效应，成为信仰玄帝民众心中的神圣丰碑。

五是殿前点缀。明代金殿前有几类铜制点缀陪衬法物，如铜钟亭、铜磬亭各一座。铜亭制作四面通透，铸于嘉靖四十二年（1563 年）六月前后，由钦差提督大岳太和山前司礼监李瓒，钦差提督大岳太和山兼分

» 石日晷
（刘小魁摄于 2020 年）

» 金磬亭
（宋晶摄于 2017 年）

» 金钟亭
（宋晶摄于 2017 年）

» 香炉
（宋晶摄于 2017 年）

守湖广行都司并荆襄郧阳三府的官员、内官监太监吕祥及武当山道姑、信士等捐资人捐献。再如铜香炉一座，铸于嘉靖二十五年（1546 年）孟春正月十八日吉旦承天府，本因敕建紫霄宫而起造，后搬至金殿前。其募化人武当山道士张合銮及同门师傅陈高岩、赵全用。捐钱者上至钦差大人，下至江西龙虎山、杜江观等处道士，安徽、湖北等地信士，同心众志，祈求玄帝佑护，祈愿天下太平、风调雨顺、国泰民安，这证明中国民众在玄帝的感召下充满着凝聚力。法物是召集众神的灵物，可趋吉避灾，而且保存了一定的师承信息。它们均置于石制须弥座之上，底座刻文："公元贰零零零年仲夏吉日。台北信义路张荣珍施主捐金钟、玉磬须弥座一对。武当山道教协会。"

铜钟亭。殿前左侧四角亭，内置"金钟"一口，满布铭文。亭柱对联"天柱峰头撞一声，万声拱听阐威灵""愿施福泽沾民物，海宇若案仰大明"，并刻"星帝万岁"，可见明代玄帝还有"星帝"的别称。

铜磬亭。殿前右侧四角亭，内悬"L"形"玉磬"一面，亭柱对联"大岳垂千古，帝泽被无边"、"金声宏宇宙，元音激九天"，上刻"计开造完"，但开列的铜楼二座已不知去向。磬面雕刻星象图，朝东正立面刻"南斗六星图"（天府星、天梁星、天机星、天同星、天相星、七杀星），呈斗杓状，二十八宿之斗宿，"北斗落死"，"南斗上生"[279]。道教的南斗六星君司命主寿，是管理世间一切人、妖、灵、神、仙等生灵的天官，隶属南极长生大帝玉清真王管辖，是古代中国神话和天文学结合的产物。

铜香炉。殿前右侧六角化钱炉，盘龙立柱对联"帝星达官铸造神炉升福地，兴都善士陶熔大鼎进仙关"，横批"无量寿福"；"郧地施炉起四海，同心快睹；承天建鼎劝十方，合志观瞻。"

石日晷。是一种利用太阳投射影子来测定时刻的石盘装置，有天干字样的刻度，中央原装一根与盘垂直的杆儿。

铜鹤。相当于蛇山之巅用鹤来监视，意在祝愿天下太平，也象征长寿，在皇室家庙有等级标志之义。它讲究对称，是仁禽瑞鸟。

上述五种装饰法物的增设，反衬了金殿的富丽堂皇，气宇轩昂，出色地体现神权与王权至高无上的建筑主题。如此盛大的点缀，只有规制很高的殿堂前方可使用。金声玉震，感天应地，法器鸣响，铿锵悦耳，震荡于自然苍穹，激发出向往神圣的虔诚之情。

金殿主要是用来装饰雕塑神像的。神融合于建筑物，你中有我，我中有你，构图和风格和谐无间，平行发展，互相补充烘托，统一在一个完整的艺术构思里。金殿雕塑被能工巧匠制作出来，但是，受崇拜的并不是雕塑艺术本身，而是它代表的内容。天地崇拜所体现的自然崇拜，天地具有宏大、壮美、永恒的品格，又是万物创生与回归之处，它无比崇高，至善至美，由此而引起的对自然造物的崇拜，就是对天地自然之美的追求，对太极、无极的崇拜，对"道"的感受，因为世界就是精神性的整体，美就是理念"道"的感性显现。鉴赏实质就是问道。而金殿作为武当山建筑的精华，也是武当山道教在皇室扶持下走向鼎盛高峰的标志。金殿是整个太和宫的终结底景，是集中全部景观的焦点，也是引人入胜的终点，是武当山的象征。

注释：

[1] 该联存于明初古版《大岳太和山全图》，作者不详。

[2][4][5][6][8][10][11][13][16][17][25][27][28][29][30][32][47][48][49][50][72][76][77][86][91][94][95][97][100][102][103][109][110][112][116][117][124][161][178][185][192][194][201][235][241][242][243][248][259][260] 中国武当文化全书编纂委员会：《武当山历代志书集注（一）》，武汉：湖北科学技术出版社，2003 年，第 106 页、第 272 页、第 104 页、第 324 页、第 201 页、第 5 页、第 104 页、第 5 页、第 5 页、第 202 页、第 295 页、第 6 页、第 14 页、第 3—5 页、第 77 页、第 394 页、第 40—41 页、第 46 页、第 42 页、第 37 页、第 111 页、第 5 页、第 346 页、第 621 页、第 8 页、第 6 页、第 57 页、第 5 页、第 49 页、第 113 页、第 104 页、第 272 页、第 501—500 页、第 621 页、第 6 页、第 204—205 页、第 607 页、第 388 页、第 6 页、第 272 页、第 7 页、第 7 页、第 501 页、第 334 页、第 85—86 页、第 57 页、第 57 页、第 17 页、第 49 页、第 44 页。

[3][37][132][163][166][191][202][清] 王民皞、卢维兹编纂：《大岳太和武当山志》，清康熙二十年版，卷二十第 51 页、卷三第 6 页、卷十八第 25 页、卷十七第 55 页、卷十七第 19 页、卷十九第 63 页、卷十八第 23—24 页。

[7][120] 劳亦安辑：《古今游记丛钞》第六册，上海：上海中华书局，1924 年，卷二十五第 7 页、卷二十六第 5 页。

[9][167][176][275][清] 马应龙、汤炳堃主修，贾洪诏总纂：《续辑均州志》，萧培新主编，武汉：长江出版社，2011 年，卷十六第 497 页、卷十五第 470 页、卷十六第 472 页。

[12] 钱玄等注释：《周礼·春官·大宗伯》，长沙：岳麓书社，2001 年，第 178 页。

[14][15] 王纯五译注：《洞天福地岳渎名山记全译》，贵阳：贵州人民出版社，1999 年，第 68 页、第 19 页。

[18] 明代居士乐醒撰书匾，悬于南岩宫。

[19][20][104][131][164][168][169][175][189][224] 陶真典、范学锋点注：《武当山明代志书集注》，北京：中国地图出版社，2006 年，第 385 页、第 425 页、第 279 页、第 403 页、第 534 页、第 400 页、第 533 页、第 534 页、第 512 页、第 532—533 页。

[21][122][135][清] 迈柱等监修，夏力恕等编纂：《湖广通志》卷一百十，钦定四库全书史部，第 12 页、第 12 页、第 11 页。

[22][92][213][明] 徐宏祖：《徐霞客游记》，长春：时代文艺出版社，2001 年，第 21 页、第 28 页、第 28 页。

[23][133][200][262][明] 王世贞：《弇州四部稿》，钦定四库全书集部，卷一第 1 页、卷七十三第 17 页、卷七十三第 19 页、卷四十三第 5 页。

[24][81][北魏] 郦道元著，[清] 王先谦校：《水经注》，成都：巴蜀书社，1985 年，

第 458 页、第 459 页。

[26][42][43][45][52][53][58][60][61][64] 陈鼓应：《老子注译及评介》，北京：中华书局，1984 年，第 114 页、第 178 页、第 53 页、第 232 页、第 350 页、第 223 页、第 232 页、第 124 页、第 78 页、第 102 页。

[31][清] 张廷玉等撰：《明史》卷 5 志卷五十，北京：中华书局，1974 年，第 1308 页。

[33][44][62][69] 陈鼓应：《庄子今注今译》，北京：中华书局，1983 年，第 423 页、第 15 页、第 129 页、第 397 页。

[34][54][57][68][155][186][239][240][244][268][269][270][273][274][279] 张 继 禹主编：《中华道藏》，北京：华夏出版社，2004 年，第 30 册第 636 页、第 6 册第 108 页、第 30 册 636 页、第 26 册第 107 页、第 26 册第 109 页、第 28 册第 716 页、第 30 册第 641 页、第 30 册第 701 页、第 34 册第 57 页、第 30 册第 523 页、第 30 册第 525 页、第 30 册第 638 页、第 30 册第 547 页、第 30 册第 642 页、第 3 册卷二第 449 页。

[35] 万籁声：《武术汇宗》下篇内功第七章"道术研究"，北京：中国书店，1984 年，第 295 页。

[36][宋] 张君房：《云笈七籖》卷十三《太清中黄真经》，山东：齐鲁书社，1988 年，第 82 页。

[38][46][56][96][144][214] 杨天才、张善文译注：《周易》，北京：中华书局，2011 年，第 595 页、第 571 页、第 6 页、第 648 页、第 607 页、第 6—7 页。

[39][明] 蔡清：《太极图说》，北京大学影印本，第 3 页。

[40][元] 揭傒斯：《揭文安公全集》卷之十四，四部丛刊集部《静虚解》，上海：商务印书馆，第 3—4 页。

[41][清] 王夫之著：《思同录·俟解》，王伯祥校点，北京：古籍出版社，1956 年，第 2 页。

[51][204][汉] 班固撰，[唐] 颜师古注：《汉书》，北京：中华书局，1962 年，第三册卷二十第 869 页、第四册二十五第 1246 页。

[55][明] 张一中辑：《尺牍争奇》卷六，北京大学影印本，第 12 页。

[59][汉] 严遵著：《老子指归译注》，王德有译注，北京：商务印书馆，2004 年，第 24 页。

[63][67][162] 胡道静等主编：《藏外道书》，成都：巴蜀书社，1992 年，第 8 册第 11—12 页、第 4 册第 320 页、同前第 321 页。

[65][66][清] 李西月重编：《张三丰全集合校》，郭旭阳校订，武汉：长江出版社，2010 年，第 138 页、第 162 页。

[70][222] 汤一介主编：《道学精华（上）》卷三十三，北京：北京出版社，1996 年，第 462 页、第 462 页。

[71] 汤一介：《关于儒学复兴的思考》，《儒学的当代使命——纪念孔子诞辰 2560 周年国际学术研讨会论文集》（第一册），2009 年，第 8 页。

[73] 李约瑟:《中国的科学与文明》,引自陈志华:《北窗杂记三集》,北京:清华大学出版社,2013年,第300页。

[74][127][195] 熊宾监修,赵夔编纂:《续修大岳太和山志》,大同石印馆印,卷二第1页、卷七第35页。

[75][唐]李吉甫:《元和郡县图志》卷第二十一,北京:中华书局,1983年,第544页。

[78][105][147][154][187][199][210][清]王概等纂修:《大岳太和山纪略》,湖北省图书馆藏乾隆九年下荆南道署藏板,卷七第35页、卷三第21页、卷七第20页、卷七第19页、卷七第21页、卷七第35页、卷七第35页。

[79][89] 泰慎安:《郭璞葬经、水龙经合册》,北京:中华书局,1926年版,第12页、《水龙经》(蒋大鸿辑订)卷一总论第2页。

[80][111][170][清]陈梦雷编:《古今图书集成》,《方舆汇编·山川典》第195册"武当山部",中华书局影印,第一百五十五卷第43页、第一百五十六卷第47页、同前。

[82][126][209][明]袁中道著:《珂雪斋近集》,上海:上海书店,1982年,第136页、第139页、第191页。

[83][明]沈炳巽:《水经注集释订讹》卷二十八,钦定四库全书史部,第5—6页。

[84] 出自《阳宅十书》,引自业祖润:《传统聚落环境空间结构探析》,《建筑学报》2001年第12期,第21页。

[85][宋]郭熙撰,郭思编:《林泉高致集》,台湾商务印书馆,影印文渊阁四库全书子部第812册,第10页,总812—578页。

[87][193][197][明]汪道昆撰:《太函集》,胡益民、余国庆点校,合肥:黄山书社,2004年,卷六十八第404页、卷七十三第1500页、卷七十三第1500页。

[88][明]廖道南:《楚纪》卷五十六"穆风外纪后篇",北京大学影印本,第97页。

[90][130][134][148][160][165][188][明]何镗编:《名山胜概记》卷之二十八"湖广二",第12页、第1—3页、第7页、第5页、第4页、第3页、第3页。

[93] 亢亮、亢羽编著:《建筑与风水》,天津:百花文艺出版社,1999年,第351页。

[98][元]揭傒斯:《揭曼硕诗集》卷二,上海:商务印书馆,第35页。

[99] 罗霆震:《武当纪胜集》,《道藏》,文物出版社、上海书店、天津古籍出版社,1988年,19册第669页。

[101][明]张天复:《鸣玉堂稿》卷四。

[106][梁]任昉:《述异记》卷上,摛藻堂四库全书荟要子部,第7页。

[107] 安居香山、中村璋八辑:《纬书集成》(下)《洛书》,石家庄:河北人民出版社,1994年,第71页。

[108][230] 杨永生主编:《中外名建筑鉴赏》,上海:同济大学出版社,1997年,第336页、第337页。

[113][清]陈梦雷《古今图书集成》方舆汇编山川典卷155,上海图书集成铅版印书局重印,1884年。

[114][145][277]湖北省人民政府文史研究馆整理:《湖北文征》(第六卷)第八卷,武汉:长江出版社,第155页、第155页、第155页。

[115][156][182][206]王理学:《武当风景记》,湖北省图书馆,民国37年,"三十六古"、"三十六古"、"十三院"、"三十六古"。

[118][157][184][196][238][元]朱思本:《贞一斋诗稿》,《续修四库全书》集类,别集类,卷一第6页、卷一第5页、卷三第592页、第5页、第5页。

[119][158][183][231][明]何白撰:《何白集》(温州文献丛书)卷十三,沈洪保点校,上海:上海社会科学院出版社,2006年,第240页、第415页、第416页、第416页。

[121][清]党居易编纂:《均州志》卷三,萧培新主编,武汉:长江出版社,2011年,第81页。

[123][143][172][181][276][清]高鹤年著述:《名山游访记》,吴雨香点校,北京:宗教文化出版社,2000年,第92页、第91页、第90页、第91页。

[125][宋]李昉:《太平御览》卷第四十三地部八,四部丛刊三编,上海:商务印书馆,第2页。

[128]郭顺玉:《从〈游玄岳记〉看谭元春的山水欣赏理论》,《郧阳师范高等专科学校学报》2000年8月第20卷第4期,第10页。

[129]田秉锷选注:《谭友夏小品》,北京:文化艺术出版社,1996年,第69页。

[136]侯幼彬:《中国建筑美学》,哈尔滨:黑龙江科学技术出版社,1997年,第259页。

[137]范景中编选:《艺术与人文科学贡布里希的文选》,杭州:浙江摄影出版社,1989年,第64页。

[138]沈福煦:《中国古代建筑文化史》,上海:上海古籍出版社,2001年,第3页。

[139]周振甫:《文心雕龙今译》,北京:中华书局,1986年,第264页。

[140][宋]范晔撰,[唐]李贤等注:《后汉书》第六册卷四十八,北京:中华书局,1965年,第1617页。

[141]王剑英:《明中都》,北京:中华书局,1992年,第46页。

[142]李发平主编:《云中紫禁城——武当山》,北京:中国旅游出版社,2010年,第2页。

[146]荆其敏:《建筑环境观赏》,天津:天津大学出版社,1993年,第230页。

[149]彭一刚:《建筑空间组合论》,北京:中国建筑工业出版社,1983年,第69页。

[150]郭旭阳:《武当山明铸金殿散论》,《郧阳师范高等专科学校学报》2006年第4期,第10页。

[151]祝笋:《武当山古建筑群》,北京:中国水利水电出版社,2004年,第95页。

[152] 宗白华：《宗白华全集》第二卷，合肥：安徽教育出版社，1996年，第333页。

[153] 叶朗主编：《现代美学体系》，北京：北京大学出版社，1988年，第142页。

[159][227][明]计成原著，陈植注释，杨伯超校订，陈从周校阅：《园冶注释》第二版，北京：中国建筑工业出版社，1988年，第206页、第51页。

[171] 张成德等主编：《中国游记散文大系》湖北卷，太原：书海出版社，2003年，第141页。

[173] 纪乘之：《武当记游》，《旅行杂志》第二十一卷三月号，中华民国36年，第23页。

[174] 台湾中央研究院历史语言研究所校勘：《明实录·太宗实录》卷262，上海：上海书店，1982年，第2页，总2396页。

[177][清]陆心源辑：《潜园总集》节录此诗，第111页。

[179] 张良皋主编：《武当山古建筑》，北京：中国地图出版社，2006年，第29页。

[180][251][258] 李光富、周作奎、王永成编著：《武当山道教宫观建筑群》，武汉：湖北科学技术出版社，2009年，第120页、第142页、第126页。

[190][美]托伯特·汉姆林：《二十世纪建筑的形式与功能》第二卷"构图原理"，引自王路《起承转合——试论山林佛寺的结构章法》，《建筑师》1988年第29期，第137页。

[198] 贾士毅：《武当山之游》，陈光甫创办《旅行杂志》第十卷第一号，第61页。

[203][明] 王士性著：《五岳游草·广志绎》卷六，周振鹤点校，北京：中华书局，2006年，第102页。

[205]《紫禁城》2009年8月，总175期，第46页。

[207][元] 柳贯：《待制集》卷五，摛藻堂四库全书荟要集部，第5页。

[208][221][明] 顾璘：《顾华玉集》凭几集续编，卷一"杂诗"第123页、卷二第125页。

[211] 署名吕洞宾诗碑，现存南岩宫正殿后。

[212] 引自栾保群编著：《中国神怪大辞典》，北京：人民出版社，2009年，第497页。

[215] 卢国龙《序》，引自李发平主编：《武当山》，武汉：湖北人民出版社，2004年，第1页。

[216] 祝建华：《唐宋时期武当山佛道之争》，《武当》2004年第12期，第15页。

[217][清] 汪志伊：《稼门诗钞》卷八，北京大学影印本，第4页。

[218] 张家骥：《中国造园论》，太原：山西人民出版社，2003年，第112页。

[219] 王路：《限定与突破——论山林佛寺的空间塑造》，《建筑师》第41期，1991年，第105页。

[220] 彭一刚：《建筑空间组合论》，北京，中国建筑工业出版社，1983年，第51页。

[223] 陈望衡:《玄妙的太和之道——中国古代哲人的境界观》,天津:天津教育出版社,2002年,第316页。

[225][226] 全峰梅:《模糊的拱——建筑性的现象学考察》,北京:知识产权出版社,2006年,第108页、第28页。

[228] 雷圭元:《中国图案美》,长沙:湖南美术出版社,1997年,第42页。

[229][清] 张廷玉等撰:《明史》,北京:中华书局,1974年,第25册第187方伎卷299第7641页。

[232] 周长松:《说古道今话鎏金》,《中国物资再生》1998年第11期,第42页。

[233] 陈光甫创办《旅行杂志》第十卷第十号,李达可《武当山游记》,第23页。

[234] 白眉初著:《中华民国省区全志——鄂湘赣三省志》第五篇第二卷"湖北省志",徐鸿达校对,北京师范大学史地发行,1927年,第119页。

[236] 黄双修:《失蜡法铸造技术——我国古代冶铸史上的伟大创造》,《中国养蜂》2002年第53卷第4期,第31页。

[237] 董秋敏、孙凰耀:《仙山金阙,武当山"金殿"的道教建筑艺术》,《中国道教》2017年第4期,第47页。

[245] 张正荣:《武当山元代铜殿研究》,《郧阳师范高等专科学校学报》2012年2月第32卷第1期,第8页。

[246] 姚春鹏译注:《黄帝内经》,北京:中华书局,2009年,第205页。

[247] 竺可桢:《二十八宿起源之时代与地点》,《竺可桢文集》,北京:科学出版社,1979年。

[249][清] 顾祖禹:《读史方舆纪要》卷七六,光绪二十七年二林斋藏板,第14页。

[250]《中国地方志集成·湖北府县志辑·同治江夏志·同治蒲圻县志》卷二,江苏古籍出版社、上海书店、巴蜀书社,2001年,第18页。

[252] 王其钧:《中国古典建筑语言》,北京:机械工业出版社,2007年,第250页。

[253][宋] 张伯端撰,[清] 傅金铨汇注:《悟真篇三注·附外集一卷》,清道光间善成堂刊本,第9页。

[254] 刘原平、康健:《古建脊饰浅谈》,《山西建筑》2008年第8期,第13页。

[255] 祁丽:《武当山古建筑木雕的美学价值初探》,《郧阳师范高等专科学校学报》2009年10月第29卷第5期,第9页。

[256][261] 赵本新:《武当一绝》,北京:文物出版社,2003年,第50页、第174页。

[257] 李达可:《武当山游记》,中华文化事业股份有限公司印行,1946年,第13页。

[263] 王金平:《山右匠作辑录——山西传统建筑文化散论》,北京:中国建筑工业出版社,2005年,第260页。

[264] 黑格尔著:《美学》第三卷上册,朱光潜译,北京:商务印书馆,1997年,

第 29 页。

[265] 王世仁:《环境艺术与建筑美学》,北京:中国建筑工业出版社,2001 年,第 244 页。

[266] 姜生、汤伟侠主编:《中国道教科学技术史》,北京:科学出版社,2002 年,第 766 页。

[267] 武当山志编纂委员会:《武当山志》,北京:新华出版社,1994 年,第 126 页。

[271] 邹文等主编:《中国艺术全鉴——中国雕塑经典》,北京:人民美术出版社,2000 年,第 91 页。

[272] 金维诺、刑振龄:《中国美术全集》"雕塑编 6·元明清雕塑",2010 年,合肥:黄山书社,第 11—12 页。

[278] 李泽厚编著:《美学论集》,上海:上海文艺出版社,1980 年,第 396 页。

第 十 三 章

武当山

朝天祝圣太和宫后还有一座道宫——清微宫，岩饬巍巍，幽雅殊胜，境界非凡，也是游览武当山必去的一处。"紫金城外有金钟，久下瑶台作散翁。今欲送他还故国，西风不到清微宫。"[1]诗中所言"金钟"是太和宫天乙道院门外吊钟台的那口铜钟。从太和宫西行1.5公里，经吊钟台可直抵清微宫。

《任志》记载清微宫："旧有祠宇，香火俱无"，或许这里早于宋代为某位神灵设有祠宇，至元代建筑已具规模，但终至香火断绝。永乐十年（1412年）明成祖敕建清微宫，在元代旧址上创修了玄帝殿等建筑，并于"西偏重修清微妙化岩"[2]，使之成为武当山九宫中独立建制的一座道宫。嘉靖年间，清微宫再次扩建，与朝天宫共同隶属太和宫管领。清至民国时期清微宫仍列于九宫，但党居易的《清微宫有引》却透露出该宫在明末清初时被遗忘、被冷落的地位，他写道："余望太岳绝顶，躬睹太和宫为第一，而清微宫次之，盖合南岩、紫霄、五龙、玉虚、遇真、迎恩、净乐而为九宫也。按道经，天上有九宫，昔人肇造帝宫以象天，其知道乎。今人但知有八宫而清微缺焉。殊失昔人法天之指，故特表而出之。"[3]实际上，清微宫的地位仅次于太和宫，这一定位原因并非二者相距最近，亦非所处环境清幽，而是鉴于该宫诠释了法天之象、雷部神团、清微法派等意义而言的。参谒清微宫，武当之游才算不留大的缺憾，方可画上圆满句号。

第一节　清微宫名称释义

清微宫前身即其元代旧址"清微妙化岩",永乐敕建后称"清微宫",虽无专门赐额,但"清微妙化岩"建筑仍存。明李孚佑云:"遇真迎恩谢神福,朝天祝圣太和场。行宫有路玉虚转,始识清微妙化堂"[4],诗中提及的"清微妙化堂"并非"清微妙化岩",后世的"妙华岩""妙花岩"等提法也不准确,易生歧义。清微宫设有别馆——清微行宫,使用过程中也出现清微邮舍、清微观、清微馆等混杂用法,如明末文学家、布衣诗人何白的《清微邮舍》:"暮山青满屋,邻树翳颓垣。烛暗飞虫乱,庭空龁马喧"[5];福建按察使、诗文家陈文烛的《游太和山记》:"由紫霄经乌鸦岭、黑虎庙、棚梅祠,其地益高峻,令人心骨俱寒。又入清微观,皆悬铁索攀石栏以跻者"[6];翰林院修撰、隆庆状元张元忭的《游武当山记》:"望天柱诸峰,历历可指数亭。午饭清微馆,造沐浴堂已登山,循玄岳坊入遇真宫"[7];嘉靖进士、礼部尚书徐学谟的《清微馆旧榻听泉六韵》:"响杂春梁急,情随捣练并"[8];《秋夜宿清微馆》:"此是邯郸肆,卢生知不知"[9];《雨宿清微馆作》:"故馆清秋暮,闲阶赤叶平。惊心一夜雨,侧耳十年声"[10]。作者所以垂爱小小清微行宫是"颓垣""闲阶"撩拂了沧桑感喟的结果,也透露了清微行宫店铺鳞次栉比的状况,像邯郸市肆一样喧闹。

清微行宫是用以接待游方道士和朝山香客的驿站,位于武当山北麓绞口东南(今草店附近),宫前清微铺地势平坦,前临绞口河,北有绞口桥(距行宫 50 米),建有大殿、前殿、门楼、围墙、配房等,东西向中轴布局,门前驿站称为清微铺驿,据明万历年间编纂的《襄阳府志》卷一七"铺递"载:"清

>> "清微天宫"门斗匾(宋晶摄于 2015 年)

微铺，又二十五里"[11]，东可通双栗铺驿至襄阳府谷城县王家铺，西可达遇真宫，北接均州城南关总铺，西南至玉虚宫，南抵紫霄宫、清微宫。

现存清微宫宫额木刻于重建大殿门簪，圆形簪头，字径0.15米。"悬嵌于清微宫正门之上，横额，正书，为'门斗式'，一字一斗，木质，每字用圆木雕凿，减地起阳，金字蓝地，行如钱纹，外缘与字同高，为武当山惟一一处'门斗匾'。"[12]道宫与行宫、馆驿都因"清微"而名，说明"清微"认同感强，具有相当的恒久性、稳定性，像名山大川一样不易消失和更改，最终融合成一份珍贵的文化遗产。

一、清微宫之名源自道教信仰

追问清微宫的涵义，要从词义本身入手，还要理解道教信仰和道教派别由来的根本。

(一)词义：道思玄理

"清微"一词出自《诗·大雅·烝民》"穆如清风"[13]。"穆"有"和"之义，严粲注为"清微之风，可以化养万物"[14]。作为最早的《诗经》注本的《毛诗故训传》注为"清微之风，化养万物者也"[15]。"清微"犹清和、清淡微妙、清微通澈。

"妙"是个极为复杂的字眼。《周易·说卦》曰："神也者，妙万物而为言者也。"[16]意即万物有迹可见，而神在其中无迹可寻，然而神不离乎万物。"妙"与"神"相关联，能让万物变成"妙"的存在，归结为"神"。或者"神"是主观，能体悟万物的奥秘而正确地描述万物，"妙万物"是客观。"妙"也是道家、道教原典常用字。如《道德经》第一章使用了二个"妙"："常无欲以观其妙，常有欲以观其徼。""玄之又玄，众妙之门。"第一个"妙"指精微，王弼注为"妙者，微之极也"[17]，"妙"是体察万物精微奥妙的言说。陈鼓应释为："所以常从'无'中，去观照'道'的奥妙；常从'有'中，去观照'道'的端倪。""妙"是"天地之始"的整体运动现象与规律，它如影随形但没有达到"无我之境"而难以察觉。虽然"妙"（内）与"徼"（外、边界）都不是道本体，却为求"道"提供了路径。所以，"道"并非无迹可寻，只要随处静心观其"妙",找到宇宙万物自然的运转规律,便能发现它是出于"道"的。第二个"妙"指变化、变幻,即大道玄妙、玄奥的境界,陈鼓应解释为"幽深又幽深,是一切变化的总门"[18]。

"化"相对于"变(渐改)"而言,是突改。《易》曰:"变,谓后来改前,以渐移改,谓之变也;化,谓一有一无,忽然而改,谓之为化。"[19]二者没有太严格的界限,故而合之"变化"。《道德经》曰:"我无为,而民自化。"[20]"化"指化育。"道教的变化观源出于中国古代的哲学学说,比如《周易》和老子的变化思想。但道教并不专注于变化观的抽象哲理,而是热衷于将其应用于形形色色的法术。"[21]道教用"化"的眼光认识世界,更多地关注将"化"应用于法术,隐显莫测,变化无常。有以变化自身为主的道教法术,如改行易貌、分形、沦隐等,也有变化外物的法术,如发籙(呼风:跣足披发仗剑,左手掐印,叩齿行持,瞑目作势,以符召风为主)对武当山清微派雷法的形成有重大作用,也影响武当山主神的形象塑造。五代道士、道教学者谭峭的化化不间,环之无穷的思想出于老庄,认为世界起源于虚,经变化而万物环环相扣,无丝毫间断而产生天地万物,最终又复归于虚无。万物的生灭无非虚实转化。《抱朴子内篇·黄白》云:"变化者,乃天地之自然",他扩大了"化"的范围,把变化看作自然法则:"变化之术,何所不为……人之为物,贵性最灵,而男女易形,为鹤为石,为虎为猿,为沙为龟,又不少焉。至于高山为渊,深谷为陵,此亦大物之变化。"[22]谭峭《化书》还看到了不同类型的转化,如"老枫化为羽人,朽麦化为蝴蝶,自无情而之有情也。贤女化为贞石,山蚯化为百合,自有情而之无情也"[23],"化"无极限。唐末正一派道书《玄圃山灵匣秘录》记载了一些书符念咒及召请神灵所用道法,对道教的变化进行了分类,"紫极宫碑"载:"变者,物之互化也……天变者,风云作动山川互易。物变者,鲲化鹏、鸡化蜃、罔象化石,微细之物化者未数。"[24]在道教的变化中,忽有忽无,手掐玄印,存想念咒,变之有法。谭峭还指出万物存在顺、逆对立形态的"化","虚实相通,是谓大同"[25],但虚无之道不能直接化生,必须借助中介之"气"来完成"化",如《周易阐真》"先天真一之气,为人性命之根,造化之源,生死之本"[26]。袁桷《送汤道士降香武当山》有"水流东南天转北,橐钥妙化谁为图。沈沈玄帝道渊默,手握神机合无极"[27]，其"妙化"在于"橐钥"，仿佛风箱，光有炉火还不够，鼓动炉火燃烧需要风的动力。道教所化的动力引起矛盾双方相推相荡，"刚柔相推而生变化"[28]。道教吸收了这一朴素的哲学思想并使其向养生修仙的宗教实践活动发展，从而产生引起事物改变的动力。《太上洞玄灵宝业报因缘经》卷之八"生神品第十九"认为气和阴阳是万物变化的真正原因，元始天尊"以道炁开张天地，剖判阴阳，运化因缘，生成万物"[42]。变化之机完全由人来操纵，"宇宙在乎手，万化生乎身"[43]，道士修炼时要与天地造化同途，遵循、利用宇宙间的变化规律。如果没有变化的无所不可的信念，就不可能提炼出内丹术的炼精化气、炼气化神、炼神还虚（道）的逆向修炼模式，这是道教伟大的思维水平和坚定的信仰力量的体现。

（二）法象：道教天界

清微，是道教天界名，即神仙仙境清微天。高道张守清编刊的《清微神气秘法》阐述："夫清微者，以象言之，乃大罗天上都罗萧台玉山上京上极，无上大罗玉清诸天中之尊也。肇自混沌溟滓鸿蒙，未判之先，大梵大初之境，即元始至尊之所治也。乃一气开明祖劫，是谓天根也。"[29]道教将"清微"当作时光凝结、境极清幽的清微天使用。道教最高神三清天尊所居之最高天界为清微天、禹余天、大赤天，元始天尊居于清微天玉清境，灵宝天尊居于禹余天上清境，道德天尊居于大赤天太清境，"三清境（三清天）"理论与老子"道生一"[30]的道论和汉代王充"元气未分，浑沌为一"[31]的元气说有一定渊源。

明建清微宫有仿造清微天九宫之义。《皇经集注·玉帝清微天界考》卷一引王重阳思想："清微，天之最上玄微处，即道家所种民天；儒家所谓冲漠之表，苍苍不毁；释教所谓不退转之地……三个异名，是道经无上元君分出，即弥罗玄真境玉帝所居清微天也。"[32]《清微宫有引》

》 明代泥塑元始天尊坐像（宋晶摄于2018年）

» 明代泥塑玄帝坐像
（宋晶摄于 2006 年）

» 明代泥塑天君坐像
（宋晶摄于 2006 年）

描绘这座道宫"人间天上紫宫开，元气氤蕴翠作堆。此日清微昭法象，玉枢长拥九宫台"[33]，诗文表达出一种道教情怀。天上有清微天宫，人间相应的有清微宫，元气凝氤氲，蕴蒸结翠微，在云雾缥缈之间，清微宫昭示着清微天的法象。

道经《九天应元雷声普化天尊说玉枢宝经》描述天尊率领雷部官众在清微天庆贺的浩大场面："天尊宴坐朗诵洞章，诸天帝君长吟步虚。彩女仙妹散花旋绕，复相引领，游戏翠宫。群仙导前，先节后钺，龙旗鸾辂，飘飘太空，并集于玉梵七宝层台……十方诸天帝君，咸称善哉。天龙鬼神，雷部官众，三界万灵，皆大欢喜，信受奉行"[34]。天尊与十方诸天帝君会于玉虚九光之殿，那是玉清境的郁萧弥罗之馆、紫极曲密之房。九天应元雷声普化天尊是南极长生大帝的化身，亦称雷祖、玉清真王。作为阴阳枢机的雷部最高天神，上照天心大道，下济幽冥群苦，号令万物，司掌生杀枯荣、善恶赏罚、行云布雨、斩妖伏魔，掌管雷神组织、九天雷公将军、雷部总兵使者等，显示出主宰之神——雷部总管的身份、为众生之父、万灵之师。在中国古代神话中，司雷之神由兽形被不断人格化，塑造成半人半兽形，称之雷神，亦称雷公、雷师，《山海经·海外东经》载有"雷泽中有雷神，龙身而人头，鼓其腹则雷"[35]。雷神可替天"代言"，主天之灾福，持物之权衡，掌物掌人，司生司杀，能鉴别善恶，区分良莠，主持正义，击杀有罪之人。明代正式形成了较为固定的雷部神系，有"雷部统三十六元帅""雷部二十四员催云助雨护法天君"之说，以邓、辛、张、陶、庞、刘、苟、华八位天君著名，这些雷尊都能代天打雷，在民间的影响很大，为中国百姓虔诚奉祀。清微天，也是玄帝被任命为雷部统帅的玉清境。

在武当山道教中，雷部诸神是玄帝的部将行神，听从玄帝调遣，武当山道教在作道场祈禳时，就要请来驱魔降妖的雷部神帅。宋代道经有真武部将称为"五雷神兵"等雷部神将的提法，如宋洪迈《夷坚志补》卷十二记载均州武当山王道士行五雷法救呼雷部神将。南宋流传的《玄帝实录》记载的玄帝神话与清微天相关。当玄武归根复位时间一到，元始天尊即命玉帝宣降玉册，特拜（任命）玄武为镇天玄武大将军、三元都总管、玉虚师相、玄天上帝等职，玄武位镇坎宫，天称元帅，世号福神，并命令凡遇每月三、七日即下降人间，扶持社稷，普福生灵，受人醮祭，察人善恶，断灭不祥。明以前玄帝已有"雷祖"之称，被视为雷部统帅，指挥执掌五雷、惩恶扬善的部将行神，统称雷部神帅或雷部天君。武当山道教将雷神信仰与玄帝信仰相融合。

明皇室奉安于武当各大宫观的铜铸鎏金神像中常有雷部神帅造像，如成化九年（1473年），宪宗命太监陈喜等管送真武圣像二堂于太和、玉虚二宫安奉，安奉太和宫金殿一堂圣像中有"神帅十尊"，即六天君（邓、辛、张、陶、苟、毕），四元帅（马、赵、温、关）。弘治七年（1494年），明孝宗命太监扶安等奉安南岩宫正殿一堂圣像中有神帅十二尊，即十二元帅（邓、辛、张、陶、庞、刘、苟、毕、马、赵、温、关）。此后所送神帅造像都依此真武十二帅行神规格，此后的皇帝还钦降殷、孟元帅造像供奉到武当山宫观，形成了明代以来武当山道教供奉雷部神帅的基本格局。2006年笔者田野调查发现，清微宫供奉泥塑彩绘神像若干，主要有元始天尊坐像、玄天上帝坐像（通高40厘米）、天君坐像（高64厘米）等，虽然工艺略显粗糙，但为明代作品，还有清代泥塑彩绘金童站像（高190厘米）、玉女站像（高190厘米）、坤道坐相（通高35厘米）等民俗神泥塑造像。由此推测，武当山清微宫曾供祀的神仙当为雷部神帅和清微派祖师及传承高道，武当山不少的雷岩、雷洞、雷堂、雷坛等雷神建筑也充分说明清微派的影响力。

按照天上有九宫，古人肇造帝宫以象天，以九天对应九宫，必然不能缺少清微宫。"紫霄鳌下清微关，更向仙都朝绛节。"[36] 游赏清微宫被视为武当山"九宫八观"的"收关"一游，何尝不是一种道教天界法象认识的深化，而拜谒"清微妙化岩"神龛供奉的雷部神帅，又何尝不是一场仰望之神实底的找寻。

（三）教祖：元始天尊

道教的至上神是元始天尊，为"三清"之第一尊神，道场位于昆仑玉清境。因生于混沌之前，太无之先，元气之始，故名"元始"。《历世真仙体道通鉴》卷一称："元者，本也；始者，初也，先天之气也。此气化为开辟世界之人，即为盘古；化为主持天界之祖，即为元始。"[37] 元始是宇宙生发最初的本源，为一切神仙之上，故称"天尊"。《太玄真一本际经》卷一释为："无宗无上，而独能为万物之始，故名元始；运道一切为极尊，而常处三清，出诸天上，故称天尊。"[38] "元始天王秉天自然之胤，结成未混之霞，讬体虚生之胎，生乎空洞之际。时玄景未分，天光冥远，浩漫太虚。积七千余劫，天朗气清，二晖缠络，玄云紫盖映其首，六气之电翼其真。"[39]《云笈七籤》"元始天王纪"云天界最高神元始天尊是道教最高信仰"道"的神格化，其前身是盘古，生于虚无自然，太易之世的无极界，先化为无形天尊（天宝尊），再化为无始天尊（灵宝君），又化为梵行天尊（神宝君）。阴阳判分、天地肇定的太极界，由太素而成太极，元始天王则以气化道，以道成身，为无上之高，掌道之祖而始有天地人黄，生成万物，还下降人间，向世人传授奥秘之道，开劫度人，开度了太上老君、天真皇人、五方天帝等神仙为天仙上品。元始天尊居三十六天最上大罗天，仙府称"玄都玉京"。

明代官员皮成游到清微宫诗赞："清微化育昭坤德，玄妙灵微瑞上邦。莫问天成肇何古，从来神应古明皇。"[40] 清和化育的吉祥昭示神功盛德，玄妙灵微的瑞意灵验江山社稷，"神"与孙碧云祖师开创的棚梅派宗谱"性理通玄德，清微古太元"同解，均指道教至上神元始天尊。

二、清微宫之名取自道派道法

第四十三代天师张宇初文集《岘泉集·玄问》云："清微始于元始，

而宗主真元阐之。"[41] 产生于唐末的清微派，自称其符箓道法出于清微天元始天尊，以清微名其宗。武当清微派是张守清继承内丹符箓派、武当派、清微派、全真派、正一派、上清派等各派之长，创立的以武当山为本山，以崇奉玄帝为主要信仰，传习清微雷法的道派。清微宫宫名离不开该派法脉、雷法和雷部。

（一）武当清微派的法脉

宋元时期（960—1368 年），清微派是武当山影响较大的一个符箓派别，主要由上清派衍化而来。唐代姚简的"灵绩"是祈雨后能达到雷电霖雨的效果；南宋孙寂然、邓真官尽得其师上清五雷诸法之妙，登临武当，兴复五龙，默施神用，雷雨破石开辟基绪；元王当阳"初遇异人，能幻化之术，后游武当山归于郡南平顶山"；明张古山"颖州人。生而端重……入迎祥观为道士，久之召为武当山提点，能言未形事。后入山采撷不知所终。相传张三丰游颖古山师事之遂得其术"[44]；明段云阳"西安人。住净乐宫五十年，禳灾祷雨，无不立应"[45]。卿希泰《武当清微派与武当全真道的问题》一文指出："清微派虽属符箓派别之一，但已明显受有内丹学说及雷法的影响，并与儒家思想相融合，颇重自身精炁神的修炼。"[46]

元黄舜申传、陈采编《清微仙谱》有"始于元始，二之为玉晨与老君。又再一传衍，而为真元、太华、关令、正一之四派，十传而至昭凝祖元君，又复合为一"[47]。署名"嗣派原阳子赵宜真书"的《道法会元》卷五细述清微派谱系："清微正宗自元始上帝授之玉晨道君、玄元老君，由是道君、老君各传二派，乃分清微、灵宝、道德、正一，师师相承，元元荷泽，至唐祖元君愿重慈深，博学约取，总四派而为一，会万法以归元"[48]，说明元始天尊传法后衍为四派（真元、太华、关令、正一），传至祖舒汇四派为一，始立清微派。该书卷一至五十五清微道法有融合诸派的特性。元末明初高道赵宜真融儒、释、道于一身，集全真、清微、净明诸派之传，尤被清微、净明两派尊为嗣师。盖建民认为，赵宜真丹道思想"综取全真北派、金丹南宗之所长，既肯定内丹，又不否定外丹，主张性命双修，以性为本、命为辅"[49]。《岘泉集》卷四"赵原阳传"载："壬辰兵兴，挟弟子西游吴蜀，暨还游武当，谒龙虎，访汉天师遗迹。"[50] 日本学者秋月观暎论述"至正十二年（1352年）当红巾之乱时，游湘蜀之地，于武当山谒龙虎冲虚天师，受到礼遇，上清派学者多仰其为师"[51]。元代道士赵道一编《历世真仙体道通鉴续编》卷五载："元君姓祖，讳舒，又名遂道，字舫仲，唐广西零陵永州祁阳人……会四派而一之，职位清微元上侍宸，复化身为清微察令昭化元君，又号通化一辉元君，统辖雷霆，变相不一……功成冲举，居金阙昭凝宫，主清微洞照府。"[52]祖舒的神话与清微有关，统辖雷霆，为清微派祖师、创始人。《清微仙谱》记载祖舒之后"继是八传至混隐真人南公。南公役鬼神，致风雨。晚见雷困黄先生，悉以其书传焉"[53]。任继愈认为："清微派称其符法出于清微天元始天尊，故以'清微'名宗……清微派创始于唐末广西零陵人祖舒，经郭玉隆（宋京师人）、傅央焆（鄞州人）、姚庄（西京人）、高奭（燕人）、华英（凤翔府人）、朱洞元（成都府人）、李少微（房州人），传至第九代南毕道（1196年生，眉山人），时当南宋理宗朝……南毕道原官广西宪司，其幕僚黄某（福建建宁人）之子舜申得疾，南毕道治愈，并悉以其雷法授之，遂为清微派第十代宗师。"[54]真正阐明道法的是南宋理宗时的南毕道。黄舜申（1224—？年）集南毕道之大成，为清微派第十代宗师。理宗召见黄舜申并赐号"雷困真人。"至元二十三年（1286年）又承诏赴阙奏对明敏，元世祖制授"雷渊广福普化真人"。张宇初《道门十规》称："清微自魏（华存）、祖（舒）二师而下，则有朱（洞元）、李（少微）、南（毕道）、黄（舜申）诸师，传衍尤盛。凡符章经道斋法雷法之文，率多黄舜申所衍。"[55]黄舜申覃思著述，阐扬清微道法宗旨，正式成立清微教派组织，成为元初清微派传授中心所在。

黄舜申门下得法弟子百人，皆有立石题名。《历世真仙体道通鉴续编》卷五《黄雷渊传》称："立石之前者三十人，立石之后者五人而已。前者各得一法，后者尽得其传。如武当洞渊张真人（张道贵），化行四海，独露孤峰，其道则多行于北；西山真息熊真人（熊道辉），独在诸立石题名之后，道阐四方，则尤多行乎南土。"[56]立石五人分作两支向南北传播：熊道辉、彭汝励、赵宜真等人，以福建建宁为中心传行，为南支；张道贵、叶云莱、刘道明、张守清等人，以武当山为传播中心，为北支。清微派南支在此不作赘述，仅述北传一系。

叶云莱（1251—？年）：名希真，号云莱子，处州括苍（今浙江丽水）人，生于建宁（今福建三明），唐天师叶法善后裔。因与黄舜申同籍得清微道法绝技妙术真传，避兵迁古襄入武当。至元乙酉（1285 年）应诏赴阙，止风息霆，祷雨却疾。元世祖忽必烈欣赏其才能赐为道都提点，任武当护持。他心传妙法，手传道法，授徒数百，对武当清微派的形成、清微宫此后数百年发展为高道云集之地作了铺垫。

刘道明：号洞阳，湖北荆州人。"与叶云莱同师雷渊黄真人，受以清微上道。"[57] 元兵南下时避入武当，居五龙观。他精神内守，存心摄气，搜索群籍，询诸耆旧，编纂《总真集》而有功于玄教。

张道贵：名云岩，号雷翁，湖南长沙人。至元年间（1264—1294 年）入武当，拜嗣五龙宫全真派道士汪贞常为师。汪贞常，名思真，号寂然子，"至元乙亥，领徒众六人开复五龙……兴建殿宇，改观为宫，四方礼之，度徒众百余人，任本宫提点"，"同云莱叶君、洞阳刘君，参覬雷渊黄真人，得先天之道。归五龙宫，潜行利济，乃清微之正脉也。门下嗣法者二百余人。"[58] 故张道贵兼传全真和清微道法，是武当清微派创始人。其《观物吟》一诗"忘情消白日，高卧看青山。动落花流水之机，适闲云幽鸟之趣，遂成意外，不期然而然"[59]，表现出闲淡逍遥，师法自然的个性特征。

叶云莱、刘道明、张道贵一起拜见黄舜申，同行弟子礼。《任志》载张守清对于"清微正一，先后后天，靡不精通……其云莱、洞阳、云岩三师之道，尽得秘传。"同书又谓张道贵"门下嗣法者二百余人……惟张洞困得奥旨，于是玄风大阐，宗教自此振矣"[60]。清人陈教友《长春道教源流》记载："鲁大宥、汪贞常俱全真弟子。张道贵师贞常，而学于雷困，盖全真而兼正一派者。逮张洞困而所可大行，于是武当遂为全真别派。"[61] 全真道由汪贞常、鲁大宥传入武当山，张道贵、张守清在武当将清微与全真融合为一而创立了武当清微派，二张倡导的全真道已渗入清微派义理并传行雷法，行其奥旨者唯张洞渊。

张守清：生平前已有述，此略。元统一中国后，北方全真派传到武当山，鲁大宥、汪贞常等全真派道士入山宣传全真道教义，逐渐形成主流派系。全真派主张道、释、佛三教合一。在这样的时代背景下，张守清三十一岁来到武当山，首先拜全真道士鲁洞云为师，得授修炼金丹大道的道要功法，从这个意义上说他属于全真别派。鲁大宥之后，又得三师之道，尽得秘传。《任志》卷六"张三丰"条记载："惟张洞渊得其奥旨。于是玄风大阐，宗教自此振矣。宜授'玄莹凝妙法师'，管领宫事。终于自然庵，修炼大丹而去。"[62] 该内容在《方志》改置于"张道贵"条，对《任志》内容安排突兀之处加以调整。概括张守清主要功绩如下：

其一，创建宫观，修路架桥。从至元二十二年（1285 年）开始，张守清从民间集资，苦心经营二十余年，偕全真道友汪贞常等开复武当，在悬崖峭壁上建造了南岩宫，栋宇恢弘，凌云跨雾，士庶朝谒，令世人倾心仰止。五龙宫、紫霄宫、佑圣观、王母宫、云霞观、榔梅仙翁祠、自然庵、延长宫、紫虚宫、太常府、元和迁校府、冲虚庵、威烈火王庙、黑虎祠、诵经堂、三清殿等建筑都离不开张守清的呕心沥血，元仁宗赞其"登万仞之层巅，构千间之大厦"，赐额"天乙真庆万寿宫"加以表彰。他率徒"翦荟翳，驱鸟兽，通道东至山趾绞口，七十里至紫霄宫，五里至南岩。南岩北下三十里至五龙宫，又四十里抵山趾蒿口"[63]，这些神道对武当山朝山进香风俗起到重要作用。张守清经三位高道指点，悟得清微雷法精要、催云降雨气功术，程钜夫赞其开山辟路、修建宫殿的事迹："真人学道镌坚顽，飞上千仞诛榛菅，干旋天枢启天阙，琼楼珠宫翠回环"[64]。弟子们受其影响修桥建庙积功累德，其嗣孙太和宫提点、凝真冲素洞妙法师彭明德结香火缘，披荆斩棘，因岩架屋，构造玉虚岩殿宇。张守清发扬道教救济众生、惠及子孙的济世精神，命令徒弟吴仲和、徒孙彭明德募集资金修桥。桥成之际，张守清欣然题匾"天津桥"以配"天一生水"之妙。

其二，都城祈雨，灵应响答。元至大三年至皇庆二年（1310—1313 年），擅长清微雷法的高道张守清多次应元仁宗、元武宗的征诏入京祈祷雨雪驱邪，皇太后答已遣使命他至阙修建金箓醮，祈祷灵异，如声如响。两京大悦，皇帝于延祐元年（1314 年）加封赐号"体玄妙应太和真人"，命他管领教门公事。元朝名臣、文学家程钜夫（1249—1318 年）诗赞张守清"圣主忧凶岁，真人下碧岭。云辞武当黑，雨入蓟门深。独抱回天力，常存济物心。两宫宣赐罢，归鹤杳沉沉"[65]，突出了张守清道法精湛、不贪名利的高道形象。元光禄大夫、同知枢密院事赵世延也赞誉张守清"天子有诏承相宣，诏君祷雨纾烦煎……将吏驱蛟龙，雷电相后先"[66]。张守清到京师施行雷法祈雨，得到当时朝廷重臣和文人的诗赠或赞碑，成为元代道教史上的一段佳话。

其三，创立道派，阐扬道法。张守清梳理清微派北支一系的演化传承，拟定元代武当清微派的法名字派："武当兴法派，福海起洪波"[67]，以派谱诗的形式表达清微派世代延承，表现了武当山道教一定的弘法思想、复杂的分派标准、清晰的法字门派位阶、严格的道教秩序、郑重的师承关系、各宗派之间互相尊重配合，共同弘扬武当山道教等特征。其派谱既可核查前来游方挂单的道士，考核其宗派源流、信仰、子孙辈分顺序，又可严格师徒传承，以其宗旨和思想启迪后继者，成为道教各个宗派相互建立联系的纽带和桥梁。与北京白云观《诸真宗派总簿》第三七"天师张真人正一派"系谱中的"元代武当山新武当派系谱"和张洪任授正一派萨祖师"三山滴血法派派谱"大体相同。张守清博采各派之长创立武当清微派，兴盛清微道法，是元代武当山道教中最著名的道士之一。《元赐武当山大天一真庆万寿宫碑》称他"养众万指"，所度数千人，以张悌、黄明佑、彭通微、单道安等徒弟为最。

张悌，字信甫，号无为子，浙江象山人。奉亲能，备孝养，早从方士学，壮年出游南粤北燕，后留武当拜师为张守清器重，启以道要，署为首众习炼清微雷法，"谓武当神明之奥，炼形服气"[68]。

黄明佑，字太霞，潭州（今湖南长沙）人，"早岁抗志烟霞，历诸名岳，礼武当太和张真人，嗣清微法派，凡有祈祷，无不感应。"[69]

彭通微（1307—1394年），名宏大，号素云，法名彭通微，河南汝阳人。"至正四年（1344年）游武当山，时太和张真人主紫霄宫，素云服劳执役三年，得真人授炼气栖神之旨。"[70]"年十二事刘月渊为师。稍长，游武当山，时太和张真人主紫霄宫，素云执役三年，始授以炼气棲神之旨。"[71]明太祖尊崇他，洪武二十七年（1394年）宣诏入京，时已羽化，赐号"明真子"。

单道安，均州人。洪武初，游方名山，道化盛行，济人为大。"从南岩张真人，学精究道法，执弟子礼，勤恳弗怠。"[72]后隐于叠字峰服气养神，为李素希关门弟子。

在武当山碑刻及史料中，张守清的其他门人仝立《欻火雷君沧水圣洞记碑》载："第自继师门人，甲以受乙，严修精祀。如有王道清者，竭力成就，愈臻其极。自王之有秦明德者，亦有至焉"[73]；《真庆宫创修记碑》

言张洞渊"乃举未备属其徒中常高君道明者继之"[74]。可见，高道明还兼有"中常"这一法派名号，与张守清徒辈中的唐中一、刘中和、吴仲和同辈；《重修飞升台石路记碑》载："本宫有法属，亦太和真人门下受业者，体道崇玄，明德法师、大顶天柱峰、玉虚圣境，焚修香火住持文道可"[75]；《玉虚岩功缘记》载："劝缘褚荣祖、本岩徒弟于仁普、上座欧阳仁真、杜仁德、张仁福、陈仁贵、本岩知岩彭仁可，赐紫凝真冲素通妙法师太和宫提点、玉虚岩开山住持彭明德立石"[76]；《九渡涧天津桥记碑》载张守清"乃命其徒吴仲和于斯涧之阳架岩筑室，截流飞梁……事未既，仲和已仙逝矣。其徒彭明德以能继志述事，募四方士庶之资帑，构此溪桥，未逾年而落成之。洞渊嗣孙王明常书丹"[77]；明张柏亭，"西安人，为元妙观都记。永乐初，奉敕建武当山宫观，应诏住元天玉虚宫，时遇异人授以葫芦挂杖，各一常施药并五雷正法，救济祈祷辄应"[78]；李德渊续传弟子，居武当山元和观修行有素，礼拜紫霄宫曾仁智为师得清微雷法。上述传道弟子在当时颇有名望，他们各有所传，故张守清被后世清微派北支一系道士尊奉为一代祖师。元至元二年（1336年），83岁的张守清出游龙虎山，收汪道一为徒，授以金丹雷霆秘诀。

　　稽考张守清生平履迹可知，他是元代道教清微派北支的中心人物。清微宫西妙化岩外悬嵌元代加封张守清诏书《词头宣命》高度评价张守清的功绩。作为武当清微派第二代传人，他在武当山道教大兴后急流勇退，隐修于清微妙化岩，精修无极上道。清微派为符箓三宗分衍支派之一，始于南宋，流传于元至明初，清初亦有传承，主张内丹与符箓相结合，以行雷法为事，主天人合一，以内练为基础，辅以外法，强调诚于中，方能感于天；修于内，方能发于外，融合儒家思想，重自身精、气、神的修炼，这些特点表明它与过去传统的符箓派有所区别。其道法编著出于黄舜申及其门人之手，凡符章经道斋法雷法之文多由黄舜申所衍。该派以行雷法为事，反映在《清微元降大法》《清微神烈秘法》等道经中。"元代中期，道教曾刊行诸多经书，其中一部是在武当山诞生的《玄天上帝启圣录》。该书的出现，使道教教义中玄帝崇奉的理念趋于完善，为元代新武当道教本山派的诞生与成熟奠定了基础，同时又为明代永乐年间武当宫观的大兴埋下了伏笔。"[79]

　　综合以上谱系及相关史料，归纳清微派北支一系传承脉络如下：

元始上帝（符法始祖）

↓

玉晨道君、玄元老君

↓

清微、灵宝、道德、正一（真元、太华、关令、正一）

↓

……（十传）

↓

祖舒（祖元君，清微派祖师）

↓

……（八传）

↓

郭玉隆、傅央焴、姚庄、高爽、华英、朱洞元、李少微

南毕道（混隐真人）

↓

雷困真人（黄舜申）

↓

（以福建建宁为中心）南支⇔北支（以湖北武当山为中心）

↓

（全真派汪贞常）⇨张道贵（清微冲和使）、叶云莱（清微冲道使）、刘洞阳

↓

（全真派鲁大宥）⇨张守清（冲元雷使）、张守一（萦玄散使）、李守通（紫霄宫）、
萧守通（契丹女官）、赵守节（佑圣观）、黎守中（真庆宫）

⇩

张悌、黄明佑、彭通微、唐中一、高道明（高中常）、米道兴、王道一、单道安、
文道可、刘中和、吴仲和、刘道常、王道清、陈道明、谢道清、汪道一

↓ ↓ ↓

彭明德、王明常　　　　　秦明德　　　　　李素希

↓

于仁普、欧阳仁真、杜仁德、张仁福、陈仁贵、彭仁可、曾仁智

↓

李德渊

武当清微派托之古远，肇始于元中期达至发展鼎盛期，元末明初走向衰微，师法弟子师出名门，法脉正统，成为元明时期对道教发展产生较大影响、至今传承不辍的道教派别。该派高道大德不一定都在清微宫修炼，这里曾是武当山最著名的真人张三丰、张守清等隐士道人愿意潜心修行的地方。张守清弟子吴仲和（吴文刚）在此贡献了先师传授的派谱和师派仙像，钦差礼部左侍郎胡濙亦在此贡献了《卫生易简方》。因此，元代清微妙化岩名道辈出，在武当山道教历史上占有重要地位。

（二）武当清微派的雷法

宋元之际，清微派走向兴盛。它以上清派理论和神霄派符箓为主，将雷法与内丹相结合，对清微雷法、斋法理论加以整理、阐扬，保存在清微派道经中。如《无上九霄玉清大梵紫微立都雷霆玉经》讲述了"神霄真王"化生雷声普化天尊，专制九霄三十六天，执掌雷霆之政。雷神执掌五雷，即天雷、水雷、地雷、神雷、社（或妖）雷，是众生之父，万灵之师，掌握生杀大权，专门惩处恶人。相传宋朝道士林灵素擅长五雷天心正法之术，能兴云致雨，役使鬼神，驱邪治病。又如《清微丹法》专言内丹修炼之道，突出炼精成气、炼气成神、炼神合道的三段功法。再如《清微斋法》指施行雷法时所劾召的鬼神，而能劾召鬼神，全在于心诚意正和深厚的内炼工夫。尤其是清微道法等书，把玄帝列为"祖师"之一，称为"万法教主"。

张守清祈祷雨雪，立有灵应，时人皆以为神仙，道经称张守清为"冲元雷使"。明人胡古厓被仁宗"命祷旱，应时而雷雨作。当建醮群鹤绕坛，上异之欲受其术，乃以清虚非王者事对。后北迎嗣统，欲与俱行，恳乞归命，主武当山，赐袍笏，兼赐诗"[80]。

嘉靖三十五年（1556年）明世宗自封圣号"统雷元阳""总掌五雷"，暗示对雷法的认同与归属。"雷"字是明世宗命名道教建筑的主题之一，如雷霆洪应殿、轰雷轩等，他以"凝道雷轩"作为自己的别号。陶仲文是明世宗实践雷法修炼的导师。

武当山建有雷坛。《敕建大岳太和山天柱峰第一境北天门外苍龙岭新建三界混真雷坛神像记》（通高179厘米，碑身宽62厘米，厚14.5厘米，楷书阴刻）是嘉靖三十九年（1560年）进士第嘉议大夫督警院左副都御史鄢懋卿撰书的记事碑，碑云："天地之道，始于一分而为二，行而为五，散而为万。而其体则谓之天，其主宰则谓之帝，其变化不测则谓之神。视之不见，竭居以祠，听之无声，竭象以像。盖神之所以无微而弗显者，诚之不可掩也……翊我皇祚，庇我生灵。雨旸时若，万物阜成。"从嘉靖时期开始，自上而下，教内教外，许多人注重修习雷法。在道教法术的修炼上，"道"以融合内丹修炼与符法外用为特征，主张内炼为本，道法为用，重视保养自身的真一之炁，达到通变之神妙。"法"雷法、玄枢奏告法；在道派主神的定位上，其神仙体系有主神系统（元始天尊、玄天上帝、雷神）和嗣神系统（张道贵、张守清、李素希）。《总真集》记载七峰分列、北斗岩多雷电威奋其间，都被记上"传云：天真校善之所"[81]，视为天神校核人间善事之所。

第二节　清微宫堪舆选址

一、背山面水的山水形局

明代文人吴国伦的《妙化岩二首》云："岩路险巇，我行徐徐。冰雪未解，万树如珠。上盘清宫，下结玄庐。宛彼姑射，至人所居……即清微宫。故二张仙人修炼处。"[82]作者严冬时节游历清微宫，因为海拔高度，清微宫与西偏重筑的妙化岩庙略有高度落差，所以有"上盘清宫"与"下结玄庐"之别。"二张仙人"——"体玄妙应太和真人"张守清和"通微显化真人"张三丰修炼于清微妙化岩，逍遥遐举，八龙来迎。"藐姑射之山，有神人居焉。"[83]隐含在如此逍遥境界中的山形地貌主要构成因子值得注意。

（一）背山踏实，砂山合法

前有明堂开阔，后有靠山稳当，通常被认为是最佳风水。

首先，靠山是逍遥峰。《风景记》记载的此峰是此前武当山志书从未记载过的一峰。逍遥是一种无拘无束的身心状态，是身体的不受羁绊束缚，心灵的自由放逸，道家哲学形容其不为物累而自为存在。清微宫

» 清微宫图（选自明方升《大岳志略》）

建于此峰之下，迤西为妙华岩。逍遥峰青崖壁立，雄伟嵯峨，崖顶平缓，崖下黄壤肥沃，植被丰茂，气场柔和。清微宫基址选在此山腰，仰观峰崖，有独拂鹤氅、遐举云鹄的雅地高洁之叹。

其次，砂山有远近之别。从近处的砂山来看，清微宫砂山像椅子扶手一样立于基址两侧，山峰浑圆，与靠山连为一体。《方升》的"清微宫图"标明宫东青龙砂为"靐（雷）石峰"。《任志》记载砂山环境："在大顶之西北，山南路经于此，上有石土地踞虎而坐。地多山蛭，往来苦之。叠石架空，献瑰纳奇，蜷伏拱立，如虎如神，杂以烟云林木，可敬可爱。"[84]《风景记》解释其峰"在天柱西北，荒僻如太古，多藏蛇虎。石之叠叠而起者，负岩架空似猛兽欲搏人状。有石土地踞石虎而坐，甚可惊怪"[85]。

远观砂山，东方青龙砂为小笔峰、五老峰。于希贤在研究了砂的作用后指出："由于砂山在风水格局中的群体意义，风水认砂，有很多讲究，统谓之'砂法'。除若论龙之'龙法'讲究形象美观，生气发越等等而外，区别于龙山称谓，砂山'喝形'，即寓象称名。"[86]从"喝形"的层面上看，小笔峰孤岑卓立，山形如羊毫柔软，笔端肥厚滋润，抑天造地设。元代罗霆震站在清微宫远望小笔峰感慨："谁制纤毫顿碧云，

»» 清微宫遗址（资汝松摄于 2018 年）

王家无用草书人。仙翁拟写笺天表，翰染浮香达紫宸。"[87] 五老峰属于外砂山，大顶东南的始老峰、真老峰、皇老峰、玄老峰、元老峰，五峰列居，宛然笔架，是小笔峰意义的进一步延伸，都与文笔、笔架等"喝形"有关。"昔玄帝上升，五老奉诏，启途驻辇于此，地神踊现"[88]，恰巧对应"石土地踞石虎而坐"，将玄帝上升的神话铺垫得更为完善。西方白虎垭为隐士峰、仙人峰、隐士岩，属于外砂山，因山形高大耸拔，《风景记》记为"岭断山崎，孤峭而清高，象仙人隐士顺风翔舞，白云堆众壑间，如观陆海波涛，蓬莱方丈浮游波涛之上，可望而不可即"[89]，以"神仙体"名之。如明孙应鳌《太和杂咏》写隐士峰："褰林霞彩泛山光，仙子峰前隐士房。欲访岩扉问册诀，莫将不语答云将"[90]；康熙二十年（1681 年），顺治年间，贡生卢维兹曾作《仙人峰》："谁人卜得五城居，怪石山头曝素书。烟火隔林看不见，世间遥望白云庐"[91]。诗文描写了二峰白云堆众壑、隐士翔风舞的良好生态环境，是人化风水的反映。二峰在大顶之南，大岭高山只能企仰，还提到有"本山神仙出没"[92]，并详述神仙特征，其实依然还在"喝形"择址范畴，只是更为神化的一种呈现形式。王世贞对"瑶花琪草遍仙山，山色长依天地间"的仙人峰极尽誉美之词，诗文最后写道："莫道丘通无一验，也能云雨向人间。"[93] 丘通是全真七子之一的丘处机，字通密，典故源自马钰的元曲《长思仙寄长春子丘通密》，主张清心寡欲为修道之本，重视内丹修炼，但王世贞认为即使不能修成武当山仙人，至少能受到仙山氤氲之气的滋养。

再次，案山是大夷峰，朝山是伏魔峰。受《青囊海角经》《葬经翼》影响，于希贤认为砂山居于主山之前，互成对景的格局："要求'近案贵于有情''但以端正圆巧，秀媚光彩，平正整齐，回抱有情为吉'；而'远朝宜高''贵于秀丽'，有呈'远峰列笋天涯青'之势。"[94] 大夷峰的"夷"谓之平坦，极为符合案山（迎砂）条件。"在大顶之西南，望天柱，嵩副之□，岗岭平夷。""一峰坦然，如掌托天，皆猛兽所栖之域。"伏魔峰作为朝山符合朝山的基本要件，"接来龙之脉，山势威雄，林木挺特"，传说是"玄帝收魔诘问、闻奏、俟命之地"[95]。一种观点认为案山是皇后岩，王理学的《皇后岩》记叙了发生在该岩的真武神话传说："世间最大母恩深，踏遍名山到处寻。想子未逢空吊泪，岩通天性亦伤心。"[96] 或许皇后岩是黄龙洞，作为朝山的可能性不大，待查。宫西沿逍遥峰山腰行约五百米为妙化岩，亦称"油罐洞"，俗称王母。相距约 6 米处还有盐罐洞，明代建筑遗址尚存。

（二）面水有情，生气之象

宫前之水是九道河，因有九条大的支流与主干河流水道交汇形成九个水口而名，抑或"九"喻多。由于清微宫海拔较高，天柱峰旁一些山谷间的洞水流下汇集于清微宫以南的豆腐沟（高楼庄），为九道河源头。但山洞并不是常年有水流淌，只有在雨后或雨季较凸显，小溪汇入九道河。自然之水巧妙在于让宫前山谷中的水域形成弯转呈环抱态势的"眠弓水"。九道河远离清微宫基址风水穴，如果按照水道距风水穴的远近来划分，则属于外水，其水道方为东北至西南向，形态上虽不算直冲而下，但水流斜度不小。水口多防止水气的散泻，有利于凝聚生气。

由豆腐沟一带溪洞汇集而成的九道河，经田畈、新楼庄、吕家河，进入官山河（曾河）境内，气势磅礴，最后注入碧波浩渺的汉江。沿途有黑龙潭的凄神寒骨，悄怆幽邃，还有双庙垭瀑布、高家岩瀑布的水拍击石，奔腾咆哮，形成全长 20 公里的黑金沟大峡谷。水道两侧有古代川陕等地香客从武当后山经房县、官山朝圣大顶的南神道，清微宫至太和宫吊钟台的神道即清微宫神道，全长 1500 米，神路依山就势，崎岖蜿蜒，有平坦、有陡峻，与自然和谐。陆杰《敕修玄岳太和山宫观颠末》记载：垣九千一百余丈、石路加垣之七；嘉靖三十一年（1552年）修补神道。清康熙至乾隆年间砌石设栏，台阶、石栏板、垂带石、望柱雕刻精细，刻线流畅自如。泰山庙、孤魂庙遗址、山神土地庙、明代修山军余的水土保护工程及一些碑刻等遗迹，都增加了九道河的文化厚度。

综上，清微宫方位为坐南朝北向，地势向阳，群峰环列，冬暖夏凉，清虚幽静，其选址符合负阴抱阳、藏风纳气的堪舆之术。

二、玄武壬癸水位的选址依据

中华传统文化中，北极星有着非比寻常的意义，由于它位于北方空中固定不动，被众星拥护，先民就把北极星神格化，奉为群星之主。《尔雅·释天》记载："北极谓之北辰。"[97] 在武当山著名的七十二峰中，如果说玄武为这一恒星的化身，那么，最为尊贵的天柱峰可用来象征"北极星"，它崔嵬高峻，其他山峰拱揖其下，正所谓"星斗光寒欲曙天，官僚鹄立拱群仙"[98]。

然而，天柱峰以北的七座山峰，即贪狼峰、巨门峰、禄存峰、文曲峰、廉贞峰、武曲峰、破军峰，"昂霄冲汉，左参右立，云开雾幕，绰约璇枢"。《任志》形容其"若北斗拱极之象"，并没有从众星拱卫、拜谒稽首北极星上去认识，而是将视角转换到北斗七星的认知方式上了。七峰呈长柄杓的斗形本身具有北斗拱极之象，贪狼、巨门、禄存、文曲、廉贞、武曲、破军为北斗七星的古名，其对应的星名是天枢、天璇、天玑、天权、玉衡、开阳、瑶光，而且还命名七峰中北部一岩为北斗岩，取自北斗七星之义，都属于强化玄武也是北斗七星的化身的认识。

清微宫选址于太和宫西，逍遥峰前，妙华岩旁，讲究的是玄武之位，七峰"上极太虚，皆非中下士修炼之地"[99]，岂是普通凡人可以镇得住的地方？二位张真人德高望重隐修于此才适合。陈进成引用福山堂

» 清微宫磴道遗址（宋晶摄于 2018 年）

所载："'玄武'即北方的七星，也就是北斗星；而中国古来总称北方的斗、牛、女、虚、危、实、壁七宿为玄武，即《汉书·天文志》记载的'北宫玄武'，可知玄武应指斗、牛、女、虚、危、实、壁七宿，而非北斗七星。"[100] 北极星、北斗七星、北宫七宿三者均可视为玄武的化身，作为北方的代名词。

七峰"上拟璇衡，乃北极星象，真武之本宫也。真武禀水之精，太和上应斗极，七星名峰，义取诸此"[101]，对玄武的认识还应融合远古时代对天象观测所形成的天干地支的思维方式与阴阳五行思想。天地定位，干支不仅用于定时空、定宇宙，承载预测法门，以契合人事之运，而且还隐藏着更大的秘密，干象天，支象地，万物虽长于地上，但是其荣盛兴衰却离不开天。在甲、乙、丙、丁、戊、己、庚、辛、壬、癸十大天干中，壬为江河之水，癸为雨露之水。因此，壬癸为北方水，是源自天象的启示。天象对应着地上的风、寒、湿、燥、火五行之气，人通过感觉感知万物的运行盛衰状态，对壬癸携带着寒气有感性认识，也就认识了壬癸处于北方玄武主水之位，这是理解王理学的"真武之本宫""真武禀水之精"的哲学基础。北极、北斗、北宫皆有北方之意，与玄武化身为一体，其意义再扩增至龟蛇、北方黑驰裘角断魔雄剑等元素，最后提升为位镇北方的统帅——玄帝，敬奉玄帝是中国文化综合表达出来的人道。

武当山的山峰命名不是偶然的，七峰与北斗岩的命名很可能出现在元代甚至更早的时期，足以说明先民活动的目的性，他们围绕玄帝信仰而进行着观念建构，使"真武之本宫""真武禀水之精"的理念渗透在清微宫选址定位之中，对树立武当山道教主神、完成九宫的法天建置有重大的意义，是了不起的中华大智慧。

第三节　清微宫建筑布局

　　清微宫建筑布局，由宫内的正宫、西道院和宫外的妙化岩庙两组建筑所组成，但历史上清微宫建筑改变很大。据《任志》记载："永乐十年（1412 年），敕建玄帝大殿、山门、廊庑、方丈、道房、斋堂、圜堂、厨室、仓库，计三十一间。西偏重修清微妙化岩。"[102] 以探方形式及实地踏勘遗留残存建筑作为依据，重点参阅《方志》的"清微宫图"，对明永乐年间敕建的清微宫建筑布局加以讨论。

一、正宫：宫墙围合，对称布局

　　南北向中轴线上依次布局：青石蹬道、龙虎殿、玄帝大殿，轴线东西两侧对称布局廊庑。但《方志》"清微宫图"显示廊庑不长，南北衔接宫墙，各在东、西两侧开设殿门，使正宫内外相通。上述明代正宫建筑现已无存。青石蹬道由下 40 余级、上 21 级二组踏跺石阶构成，两侧设有护栏，坡度较陡。第一组台阶上边东西平台对称分建：西为焚帛炉，砖雕结构，屋顶已毁，墙身尚完整；东为礼斗坛，仅残存石基座。第二组台

》 清微妙化岩庙外景（宋晶摄于 2006 年）

》 清微妙化岩崇台（宋晶摄于 2007 年）

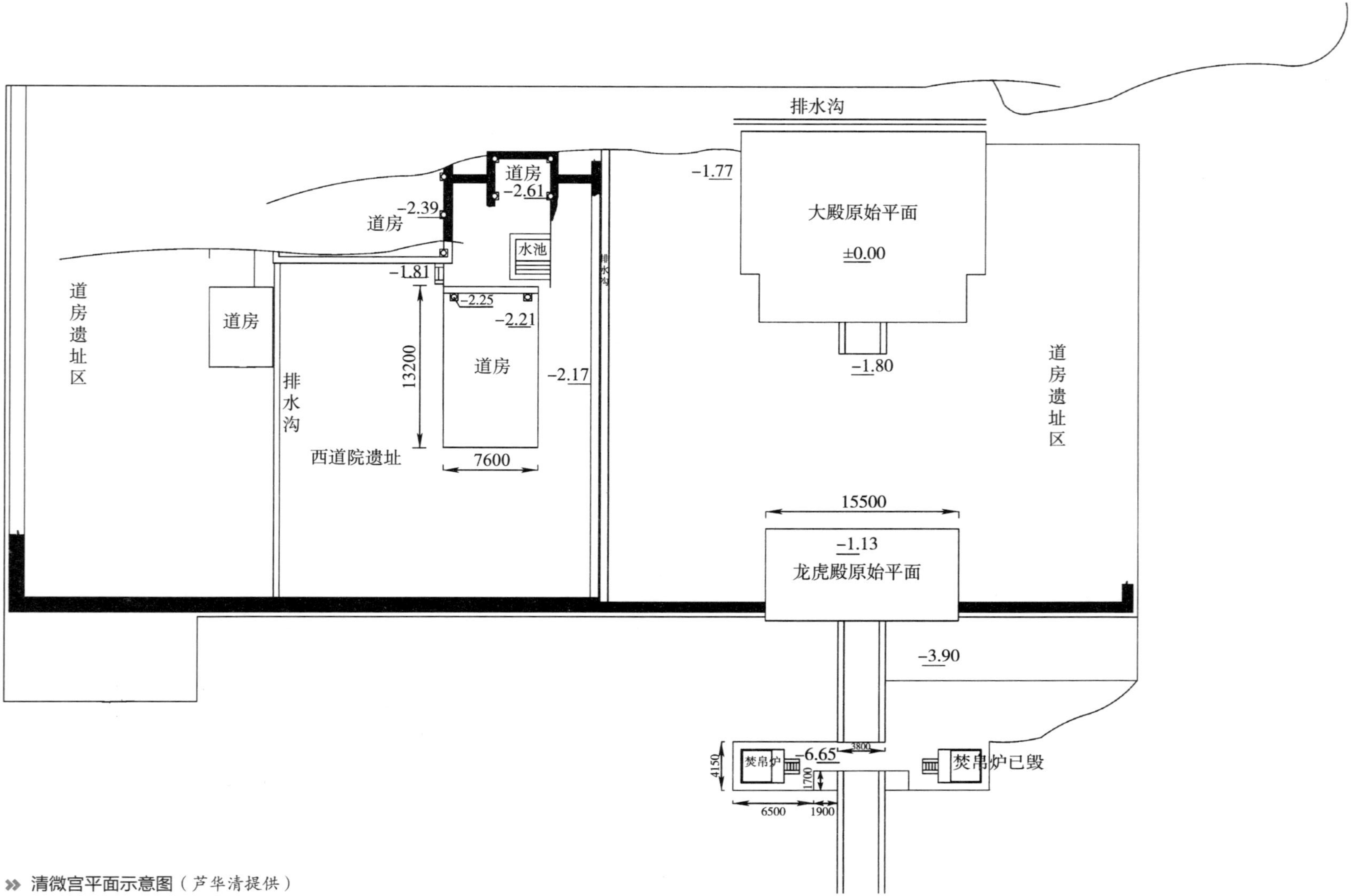

清微宫平面示意图（户华清提供）

道房遗址区

道房

排水沟

西道院遗址

道房

13200

7600

−1.81

−2.25

−2.21

−2.17

道房

−2.39

水池

道房 −2.61

排水沟

−1.77

排水沟

大殿原始平面
±0.00

−1.80

龙虎殿原始平面
−1.13

15500

−3.90

焚帛炉 −6.65

焚帛炉已毁

4150

6500

1700

1900

3800

道房遗址区

阶最上为崇台，遗址尚存，海拔高程 1263 米，设置山门龙虎殿。宫墙沿龙虎殿东西两侧展布，西抵西宫的宽度范围，未全部围合，《王志》《卢志》"太和宫图"省略了西道院建筑，却显示正宫了东西廊庑围合成一座四合院。

二、西道院：功能划区，自成院落

《方志》"清微宫图"未描绘清微宫东宫，但依据方丈、神厨的不同功能将西宫划分出两个小型四合院区域。其中，方丈由道房、水池等组成，与正宫西廊庑所开殿门相互贯通；神厨则由斋堂、圜堂、厨室、仓库等组成，从西廊庑南侧所设小门相通。道院遗址及墙基、柱础、排水沟仍完整。

三、宫外：岩阿建殿，崇台狭促

妙化岩建筑是清微宫建筑的有机组成部分。出宫逶迤西行约五百米，有人工修凿的岩洞，海拔高程 1186 米，面积约 120 平方米，岩阿内部阴暗潮湿，建有一口方形丹池，水质清爽可口，长年不涸。依妙化岩建有无梁砖石殿一座，西侧为偏殿，与主殿、偏殿相垂直方位还建有一座道房，东侧建

» 砖雕西焚帛炉（宋晶摄于 2007 年）

» 焚帛炉砖雕细部（宋晶摄于 2007 年）

有方形平台一座。岩前是大深壑，依岩壑筑有高大的崇台围墙高约 12 米。

《方志》"清微宫图"可发现清微宫前有与宫内中轴线垂直的襄陵古道，神道东侧垒石峰下建有东山门（传为倒开门）可达金顶，神道附近还有一些小型建筑，已发掘石庙遗址一座。距宫 2 公里豆腐沟山路上建有该宫霸王桥，石拱桥望柱石栏，为明清时期朝山进香南神道。

该宫清代有增修，现存玄帝大殿、东西廊庑、宫门等 21 间，呈三合院式，位于中轴线后端，为民国时期在原址所建，具体建筑时间不详，建筑面积 605 平方米。"大殿，通高 6.73 米，面阔五间 18.24 米，两梢间为后来接建，有山墙断开，进深 5.34 米，硬山干窕小青瓦，前为檐，后封护……配房是民国年间在大殿台基上重建的，面阔 11.97 米，进深 6.12 米。靠南头一间在崇台下，为两层。"[103] 其规模、规制与原建筑全然不符，大为降格。1935 年 7 月，山洪冲毁大部分庙房。

第四节　清微宫建筑鉴赏

面对清微宫，明代的宫阙庙宇早已成残垣断壁，观赏其建筑的独特风格，应从建筑环境的曲僻幽胜、建筑单体的无梁技法、建筑意境的玄微化育上由实入虚，化意为象，体会其建筑与艺术的美感，理解其在道教历史上的重要地位。

一、曲僻——西偏别筑妙化岩

明万历进士、翰林院检讨、文学家雷思霈《太和山记》："又一日，至清微馆，从此入治道，相与舍骑而步，道旁之观目不及盼，趾不及举。下视清微诸宫殿，如海旁蜃气，乍远乍近，象生其中；上视白云，如百匹布著天，其疾如驶，其相织如天孙杼，益奇。即太和孤高、南岩奇绝、清微曲僻、玉虚平衍，皆离宫之属也。"[104] 作为文学家，雷思霈惜字如金，概括了武当山四座道宫特征。对清微宫用的是"曲僻"两字，精准地把握住清微宫建筑环境及布局既弯曲不直，又僻处一隅的突出特征。细分之，"曲"是偏重于建筑组成，"僻"则偏重于建筑环境。雷思霈这次武当山东神道的游历路线是自清微行宫起步，经太子岩、紫霄宫、南岩宫至太和宫。他没有亲抵清微宫，而是站在太和宫俯瞰清微诸宫殿，感受到了海市蜃楼的奇景，而如果不在一定高度，山里很难出现蜃景。比较作者所行四大道宫，夜宿南岩宫"楼居出树杪，风斯在下耳"[105]，清微宫的高度次于太和宫而高于南岩宫，其曲僻是建立在"高居"基础上的，宫额"清微天宫"即比拟元始天尊所居清微天的宫殿。《任志》卷八云："清微宫。在大顶西南，即旧之清微妙化岩。其地向阳，诸峰环列，虽出云烟之外，冬且燠，夏且凉。"[106]云烟之外是一种孑然世外的幽隐，这是清微宫的选址态度。

清微宫总体规模不大，但很有特色，特色之一在于"曲"。清微宫旧名"清微妙化岩"，永乐十年建为宫，于西偏别筑妙化岩，这与武当山大型道宫的一般规制形成了鲜明的对比，清微宫宫内建筑只设计正宫和西宫，入门崇台石阶陡立。"清微隐隐，独对龙楼"[107]，主殿前只有龙虎殿一座山门，既无东宫，又无父母殿，更无拜殿。但西宫之西转弯山岩处，建造了以妙化岩为核心的一组宫外岩庙，共同形成清微宫建筑的整体。在通往妙化岩路上，一些倒伏的望柱石栏，富于韵律变化的曲径，山石乔木灌木点缀其侧，是依山就势的登山石栏道，连接了宫内、宫外两组建筑空间，山景、建筑、植物、曲径等一些中国园林的基本要素合理配置，反而产生了应接不暇的艺术感。

特色之二是"僻"。朝山进香的男女士庶，踊跃向道，宋元之际主要以北神道的五龙宫为中心，张守清率徒开辟了南岩宫至五龙宫神道，明代大修以山下静乐宫、遇真宫、玉虚宫为主，山上则新辟了神道，朝山进香的中心转移到了以紫霄宫为中心的东神道，宫观庵庙按真武修炼的神话故事沿途布设，登上太和宫在心理上已成暗示高点、极致，这时往往忽略清微宫，常常是闻清微宫之胜，但却因在道侧而难以达至。戏曲家汪道昆乘磴西下来到清微宫，宫僻居深谷之中，规制不大，却十分幽胜，尤以妙华岩最为显著。"僻居"本有隐居、避世之义，是高道寻取幽胜、隐居修炼的好地方。

王格过清微宫时动情地吟诵："鸾骖凌晓度清微，遥望灵山紫雾霏。百里松杉漾上路，八宫台殿锁仙扉。"[108]诗人晓行于松杉漾涧的武当山神道,透过清微宫晓雾遥望灵山大顶,只见太和宫紫雾霏雪,而清微宫雾锁仙扉,妙化清和,境极清幽。妙化岩的幽胜在于高标出尘,林野丘壑。举头,林木荫密;凝神,鸟语花香,让诗人仰慕"道"有了皈依。明代诗人崔桐提调武当山时亦题《清微宫》:"传闻天柱下,幽胜更清微。峰合天长隔,溪寒云不飞。花岩悬乳石,竹鸡对琼扉。"[109]

二、特例——妙化岩筑无梁殿

妙化岩庙是清微宫一座重要的建筑单体,它依托妙化岩天然洞穴,不用木头与钉子,也没有大梁与柱子,完全用砖石直接堆砌垒成这座建筑物,可防火、防震,冬暖夏凉。券洞歇山样式,没有传统的房梁,下碱石雕须弥座,墙体砌筑城砖,内墙墙面黄灰、白灰粉刷,外墙红灰粉刷。拱券窗洞。庙内存有造型似丹床式样石雕须弥座神龛三座、供桌一台,体量硕大,雕刻别致。殿外东侧与岩壁间隔出一个秘道,有水池一方,直通殿内正龛后门洞,可从殿门绕出,十分神秘。张守清即坐化于此。

》 妙化岩无梁殿内石雕神龛布局(资汝松摄于 2018 年)

除此之外,武当山还有一些无梁殿建筑,如玉虚宫靠近东宫东南角曾有武当山最大的无梁殿、南岩北道院娘娘殿、凌虚岩等岩庙殿宇均为无梁殿,山门也是发拱结构的无梁殿,保存尚好的有:

琼台石殿(面阔 4.50 米,进深 4.20 米,通高 4.17 米)为元代仿木结构纯石建筑。歇山式石作顶,墙壁、抱吻、脊兽纯石打

》 清微妙化岩庙正龛(宋晶摄于 2018 年)

造。石雕拱券门券脸雕刻于石板，如意卷纹形成半圆形拱券，门两侧对称石砌弧形拱券门（已堵石碑，其一书"元朝古迹琼台石殿"，另一风化）。建筑整体简洁隐秘，沉稳庄严。

棚梅仙翁祠（面阔 6.48 米，进深 5.50 米，通高 6.74 米），永乐十年（1412 年）

» 琼台中观元代石殿（宋晶摄于 2013 年）

敕建。民国年间的"棚梅祠图"显示它是祠的正殿，两侧并行建有小形配殿。砖石双拱结构，下碱为石雕须弥座，墙体为城砖双向拱，墙的檐部为五层砖冰盘檐，由直檐、半混、卢口、枭砖、盖板组成，歇山绿琉璃瓦顶，莲弧状拱券大门洞。建于一层石栏望柱崇台之上，供奉棚梅仙翁（五龙宫高道李素希），建筑整体作法讲究，精致美观。

无梁殿兴起于明代，多以佛教寺庙著称，如南京灵谷寺无梁殿、山西五台山显通寺、北京天坛斋宫、苏州开元寺、太原永祚寺、永济万固寺等，都没有使用一根木制柱子，而是完全运用力学原理建成。武当山清晰的无梁殿建造序列极为罕见，它们规模难比大宫正殿，但也庄严高贵，弥补了中国道教建筑无梁殿运用的空缺。妙化岩无梁殿不仅与著名高道有关，而且须弥座神龛也曾供奉过道教神灵，这些建筑功能使它具备道教神庙的特征，十分难得。

三、意境——玄妙灵微化育境

道教历史上，清微妙化岩作为高隐之士习练道法、清微派授徒传承的文化重地，对道教发展产生了深刻影响。对于清微宫建筑而言，它要营造出清淡微妙、化育苍生的风格，于是"草异花琪山竞秀，岚深霞重路苍茫。清微化育昭坤德，玄妙灵微瑞上邦。莫问天成肇何古，从来神应古明皇"[110]，道教的美好境域成为营造清微宫清幽深蔚意境的构想。

（一）高道隐居，体现潜修之所

《任志》卷八云清微宫"飞仙尝游于此。昔张守清真人潜修之所，张三丰神仙亦修炼于此"[111]。明龚黄《六岳登临志》卷六宫十一云："清微，去太和宫七里，即清微妙化岩也。张守清、张三丰修炼之所。"[112]此两则史料绝不会空穴来风，问题是武当山道教历史上最著名的两位高道是有深刻影响力的人物，但怎么会同时青睐清微宫呢？武当山以天柱峰为中枢无可争辩，其他建筑方位由此界定，清微宫在太和宫之西不远，虽说是仅次于太和宫高度的一座道宫，但无论如何这里都是一隅之地，显然，与张守清、张三丰修道风格相关。

张守清真人三十一岁来到武当，努力开拓，宫观、道路、桥梁等建筑的营造，不遑枚举，使道教建筑颇具规模。其影响力更在于开创了武当清微派，为武当清微之正脉，使黄舜申之后的清微派由福建建宁为中心转移到以武当山为中心，门徒络绎不绝。他撰写刊行清微道法等经典书籍，完善玄帝信仰，讲学传道，对道教及宗派发展做出重大贡献，让武当山一度成为中国道学中心、世人关注的圣山。年事已高，便将所管道宫之事交付弟子高道明等人，退隐清微妙华岩精修上道，素行蜕去。

张三丰仙人不同于张守清，他或处穷山，或游闹市，兴来穿山走石，倦时铺云卧雪，行无常行，住无常住，俨然奇异游仙。洪武初，张三丰来入武当，拜玄帝于天柱峰，遍历诸山，搜奇览胜，在这一过程中他选择了清微妙化岩。明代蓝田的《张三丰仙人传》记载："三丰真人，张氏，名全一，字玄玄，其号曰三丰，或又号曰落鬼，或曰留文成侯之苗裔云……洪武初入武当山，遍历诸峰，披奇览胜，修炼于天柱峰西南清微妙代（按：化）岩。"[113]他见山中五龙宫、南岩宫、紫霄宫毁于兵火，与弟子去荆榛，拾瓦砾，粗略创建一新，玄风大振。根据北京关享九家藏《三丰祖师传记》（即《武当太乙神剑门关享九之修真密笈》）"太和拳与字拳"部分记载："复以太和修真之道，翻而为太和二十四法，称为武当太和拳，即二十四诀之字拳也。"该密笈并载三丰祖师修道真言："心存武当山，山峰在眼前。不入玄岳门，难学武当拳。"张三丰果真在太和修真的话，一方面内丹修炼需要化境，另一方面他连皇帝召见都不睬，天机不肯轻泄，收藏名姓，逍遥隐遁是他的风范。"太和山上白云窝，面壁功深似达摩"[114]，似乎流露了清微妙化岩的影子。清代李西月的《张三丰先生全集》突出其"隐"的特征，说"丰仙书仙"僾闲寻诗，曾隐元岳太和山，自号"太和子"。党居易的《均州志》记载张三丰："手持一尺，一笠一衲，人以为张邋遢。日行千里，静则瞑目旬日，所啖斗升辄尽，或辟谷数月，自若也……张三丰是道教半神半仙神秘人物，时隐时现，行踪莫测。"[115] 武当内家养生功法、武当太极拳为张三丰所创，清微宫对于张三丰来说可能曾是创立武当拳术之地，因为两位高道个性上都轻视外物，不会选择人烟稠密的北神道和东神道。明袁中道太和谒帝后就"以其余力及清微、朝圣诸处，而胜可穷也"[116]，因为他觉得到了清微宫才算是深深地体会太和山道场的游历，达至幽胜，穷尽景致，不虚此行。清微宫门前的襄陵古道勾勒出一幅山野图，那里没有苍凉萧瑟、羁旅天涯、茫然无依的孤独与彷徨，有的只是神道清静幽胜的意境。所以，永乐十年（1412年）修建清微宫有体现张守清真人心怀恬淡、功成身退的境界，也要反映张三丰隐逸遁世、任性逍遥的情怀之目的，宫外妙化岩建筑因此成为不可或缺的主题：仰慕古代隐士高道的品质，营构适宜修炼无极上道的佳境，达到"返朴还淳皆至理，遗形忘性尽真铨"[117]的境界。明正统进士、刑部左侍郎、嘉议大夫张锦云"玄极即今凝圣道，清微从古仰真铨"[118]，"真铨"涉及了关于内丹修炼的独到认识。《真诠》是一本关于道教内丹炼养的洁净精微之书，它认为内丹炼养既是修虚无之道，虚极静至，精自然化气，气自然化神，神自然还虚，也是以神驭气，经过虚静以为体，火符以为用，炼精成气，练气成神，从而炼神还虚。两者相辅相成，达到长生成仙。明隆庆进士、南京太常寺少卿郑汝璧亦有此想法，他送葛道人游太岳武当山时以诗相赠："好去寻真窥秘籍，重来炼药入清微。临岐不作多情别，一片闲云伴鹤飞。"[119]

（二）师法天象，营造离宫之属

清微宫有"离宫之属"的说法，个中原因分析如下：

其一，由建筑规制所决定。"北建故宫，南修武当"，故宫是明代北京国都，而武当山道教宫观规制是按皇室家庙的标准来建筑的，如神龛、神庙、焚帛炉等建筑的须弥座、玄帝主神定位为明成祖时代的社稷保护神、两层崇台、望柱石栏等，仿故宫建筑格局。清微宫相当于在国都之外，选择风水环境好的武当山，为皇帝修建一处永久性居住的宫殿，以待皇帝出游离宫，而不同于行宫。

其二，奇特的建造序列。与其说建筑主题是打造道学中心，突出张守清、张三丰两位真人的意态闲适、隐居幽胜之地，还不如说建造一处神秘的玄帝道场。因为玄帝是清微雷法的主法之神，是武当清微派的灵魂。玄帝神灵之宅营造成离宫的意境，这种开阔的意境和不凡的气势要法天象而设。"昔人肇造帝宫以象天。"[120] 离宫在中国古代星官系统中，属于二十八宿中的北方玄武七宿的室宿离宫，是星座中飞马座的双星系统。中国古代神话中最令妖邪胆战且法力无边的四象是玄武，亦称玄冥。按古意细分玄武有三种解释：一是，玄武乃龟蛇。如《经稗》"北宫玄武为玄枵之次，斗、牛、女、虚、危、室、壁，七宿有龟蛇体，故曰玄武"[121]。龟蛇合体，为水神，居北海，龟长寿，玄冥成了长生不老的象征，冥间亦在北方，故为北方之神。而玄武又可通冥问卜。因此玄武有别于其他三灵，被称为玄天上帝、真武大帝。二是，"玄武"即天龟。天龟称为灵属，其色玄，即玄武。三是，玄武为龟与蛇。《左传·襄公二十八年》对于"蛇"这一星名云："蛇乘龙"，晋氏注为："蛇，玄武之宿，虚危之星也。龙岁星岁，星木也。木为青龙，失次出虚危，下为蛇所乘"，孔颖达疏："玄武在北方也。龟、蛇二虫共为玄武，故蛇是玄武之宿，虚危之星也。"[122]。室宿，属火，为猪，北方七宿之第六宿，源于对远古星辰的自然崇拜，是古代中国神话和天文学结合的产物。其星群组合像一所覆盖龟蛇之上的房子，故而得名"室"。室和壁是相连的两宿，古有营室。营室原为四星，成四方形，有东壁、西壁各两星，武当山清微宫有宫室之象。《周官》："龟蛇四斿，以象营室也。""王引之校'蛇'为'蔟'。旗上画龟蛇。"意即"龟斿有四根飘带，取法于室宿与壁宿。"[123] 其后东壁从营室中分出，成为室、壁两宿。东壁、西壁四星就是飞马座四边形。明代按天上九宫之义于武当建筑九宫，正是这种高远意境的表达，这也是清微宫宫内为什么只设计了正宫与西宫的原因，其实正宫就相当于东宫，两宫仿星宿中的室与壁。从这个意义上看，清微宫主神当然为玄帝，在宫内设置仿天上的室、壁星宿的同时，也是对二位张真人在此修习无极上道的道教发展史的纪念，弘扬了武当清微派及其道教精神。

从建筑景观的营造技法上看，清微宫整体建筑布局是通过留白的艺术处理来完成的。如不建东宫，不中规中矩地中轴对称、前朝后寝；两组建筑衔接处只用游步道，而不做游廊，因为前者是顺遂自然，后者是刻意营造园林景观；正宫中轴线上不添加任何过渡建筑，不故作深奥，绕山绕水，只设计为大殿直对龙虎殿，有一下子被置于美的意境之中的感觉，使院落阳光充裕、开阔通畅。留白是对审美者的尊重。而更高的化育境界是龙虎殿前的两层崇台，台阶陡峻，一对化帛炉就是一个停顿，既制造了对称的印象，也分流了朝山香客，一举两得。

清微宫处于四野绿色的怀抱，这是一种最令人惬意放松的色彩，而悄悄地印入欣赏者心窝的正是质朴的自然本身，而自然、质朴的修道环境所拥有的艺术感染力和说服力，是人为雕琢造作所不能比拟的。

武当山是中国人心灵的圣地，它弥漫着浓厚的道教气氛，演绎着真武修道的玄奥踪迹，蕴藏着中华文化精华、道教文化智慧，叠合着建筑兴废盛衰的印记，更凝聚着道人对于玄帝信仰的坚守和正行修德的定力。

注 释

[1][85][89][96][101] 王理学撰：《武当风景记》，"三十六古"、"七十九峰"、"七十九峰"、"四十四岩"、"七十九峰"。

[2][35][57][58][59][60][62][63][66][69][72][73][74][75][77][81][84][88][92][95][102][106][109][111] 中国武当文化全书编纂委员会：《武当山历代志书集注（一）》，武汉：湖北科学技术出版社，2003 年，第 276 页、第 347 页、第 255 页、第 66 页、第 256 页、第 256—258 页、第 257 页、第 296 页、第 351 页、第 258 页、第 259 页、第 308 页、第 311 页、第 315 页、第 324 页、第 8 页、第 8 页、第 11 页、第 12 页、第 13 页、第 276 页、第 276 页、第 640 页、第 276 页。

[3][115][120][清] 党居易编纂：《均州志》卷四，萧培新主编，武汉：长江出版社，2011 年，第 151 页、卷二第 68 页、卷四第 154 页。

[4][42][98][99][108][110][118] 陶真典、范学锋点注：《武当山明代志书集注》，北京：中国地图出版社，2006 年，第 403 页、第 403 页、第 410 页、第 70 页、第 409 页、第 403 页、第 410 页。

[5][38][明] 何白撰：《何白集》（温州文献丛书），沈洪保点校，上海：上海社会科学院出版社，2006 年，卷十三第 240 页、卷九第 167 页。

[6][明] 陈文烛：《二酉园集》卷九，北京大学影印本，第 8 页。

[7][明] 张元忭：《张阳和先生不二斋文选》卷四，第 44 页。

[8][9][10][明] 徐学谟：《徐氏海隅集》，第十八卷第 8 页、第二十卷第 4 页、第九卷第 5 页。

[11][清] 陈锷，乾隆《襄阳府志》整理工作委员会编：《襄阳府志》第一册，卷之十四"驿铺"，武汉：湖北长江出版集团、湖北人民出版社，2009 年，第 15 页，总 437 页。

[12] 赵本新：《武当一绝》，北京：文物出版社，2003 年，第 49 页。

[13] 程俊英译注：《诗经》（下），上海：上海古籍出版社，2006 年，第 439 页。

[14] 金启华译注：《诗经全译》，南京：江苏古籍出版社，1984 年，第 766 页。

[15][汉] 毛亨：《毛诗故训传》"毛诗大雅"荡之什，五云堂，第 19 页。

[16][28] 杨天才、张善文译注：《周易》，北京：中华书局，2011 年，第 653 页、第 565 页。

[17][18][20][32] 陈鼓应：《老子注译及评介》，北京：中华书局，1984 年，第 53 页、第 62 页、第 284 页、第 232 页。

[19][40][唐] 孔颖达撰：《周易正义》卷第二，北京大学影印本。

[21] 吕志鹏：《道教哲学》，台北：文津出版，2000 年，第 93 页。

[22] 汤一介主编：《道学精华（上）·黄白卷十六》，北京：北京出版社，1996 年，第 725 页。

[23][24][25][29][30][31][34][36][39][43][47][48][50][52][53][55][56][87] 张继禹主编：《中华道藏》，北京：华夏出版社，2004 年，第 26 册卷一第 99 页、第 32 册第 544 页、第 26 册卷一第 98 页、第 5 册第 192 页、第 32 册第 695 页、第 31 册第 39 页、第 6 册第 331 页、第 31 册第 300 页、第 47 册第 225 页、第 26 册第 164 页、第 31 册第 1 页、第 36 册第 40 页、第 33 册第 232 页、第 47 册第 613 页、第 31 册第 1 页、第 4 册第 642 页、第 47 册第 614 页、第 48 册第 584 页。

[26] 刘一明述解：《周易阐真》卷首 "先天横图"，上海翼化堂藏版，《藏外道书》第 8 册，成都：巴蜀书社，1994 年，第 23 页。

[27][元] 袁桷：《清容居士集》卷七，上海：商务印书馆，第 11 页。

[33][东汉] 王充：《论衡》卷十一，上海：上海人民出版社，1974 年，第 166 页。

[37] 马昌仪：《古本山海经图说》，济南：山东画报出版社，2001 年，第七卷第538 页。

[41][宋] 张君房：《云笈七籖》卷十三，山东：齐鲁书社，1988 年，第 551 页。

[44][45][68][71][78][80] 苏晋仁、萧炼子选辑：《历代释道人物志》，成都：巴蜀书社，1998 年，第 277 页、第 745 页、第 442 页、第 59 页、第 387 页、第 548 页。

[46] 卿希泰：《武当清微派与武当全真道的问题》，《中国社会科学研究》1995 年第 6 期，第 34 页。

[49] 盖建民、陈龙：《赵宜真道履、著述及其丹道思想特色新论》，引自赵卫东主编：《问道昆仑山——齐鲁文化与昆仑山道教国际学术研讨会论文集》2008 年，济南：齐鲁书社，2009 年，第 157 页。

[51] 秋月观暎著：《中国近世道教的形成——净明道的基础研究》，丁培仁译，北京：中国社会科学出版社，2005 年，第 156 页。

[54] 任继愈主编：《中国道教史》下卷（增订本），北京：中国社会科学出版社，2001 年，第 751 页。

[61] 陈伯陶辑：《长春道教源流》卷七，东莞陈氏版聚德堂丛书，第 2 页。

[64] 碑存武当山南岩宫。

[65][元] 程文海：《雪楼集》卷二十九，钦定四库全书集部，第 27 页。

[67] 北京白云观藏《道教诸真宗派总簿》。

[70] 中国道教协会、苏州道教协会编：《道教大辞典》，北京：华夏出版社，1994 年，第 903 页。

[76] 张华鹏等辑：《武当山金石录（一）》，第 104 页。

[79] 杨世泉：《元代道教经典——〈玄天上帝启圣录〉》，《中国道教》2004 年第 6 期，第 32 页。

[82][明] 吴国伦：《甀甀洞稿》卷三，第 16 页。

[83] 陈鼓应注释：《庄子今注今译》，北京：中华书局，1983 年，第 25 页。

[86][94] 于希贤：《法天象地：中国古代人居环境与风水》，北京：中国电影出版社，2006 年，第 130 页、第 131 页。

[90][明]吴道迩纂修:《万历襄阳府志》卷四十六,第49页。

[91][清]王民皞、卢维兹编纂:《大岳太和武当山志》卷二十第81页。

[93][明]王世贞:《弇州四部稿》卷五十三,第4页。

[97][东晋]郭璞注:《尔雅·释天》卷下,叶自本纠讹,重校者陈赵造鹄,商务印书馆,1937年,第75页。

[100]中华道教玄天上帝弘道协会、执行主编黄发保:《玄天上帝信仰文化艺术国际学术研讨会论文集》,台湾宜兰冬山乡,2009年,第4页。

[103]张良皋主编:《武当山古建筑》,北京:中国地图出版社,2006年,第32页。

[104][105]迈柱等监修,夏力恕等编纂:《湖广通志》,卷一百十,钦定四库全书史部,第11页、第14页。

[107]熊宾监修,赵夔编纂:《续修大岳太和山志》,大同石印馆印,卷七第35页。

[112][明]龚黄:《六岳登临志》卷六宫十一,执虚堂明钞本,宫十一"清微"。

[113][明]蓝田:《蓝侍卿集》卷之五,"张三丰仙人传",第8页。

[114][清]李西月重编:《张三丰全集合校》,郭旭阳校订,武汉:长江出版社,2010年,第209页。

[116][明]袁中道:《珂雪斋近集》,上海:上海书店,1982年,第140页。

[117][清]彭定求等编:《全唐诗》第八卷,郑州:中州古籍出版社,第4315页。

[119][明]郑汝璧:《由庚堂集》卷之九,北京大学影印本,第1页。

[121][清]郑方坤:《经稗》卷三,钦定四库全书经部,第19页。

[122][周]左丘明传,晋杜氏注,孔颖达疏:《春秋左传注疏》卷三十八,钦定四库全书经部,浙江大学影印本,第28页。

[123]钱玄等注释:《周礼》,长沙:岳麓书社,2001年,第402页。

后记

自笔者在《道学研究》2007 年第 2 期发表《"治世玄岳"牌坊的文化解读》一文算起，至今已有十二年。随着"武当山古桥研究""武当道教建筑鉴赏"的科研、教研项目相继成型，一个根本性的问题在心中始终萦绕：武当山道教建筑究竟美在哪里？

道教作为中国本土宗教，以"道"为最高哲学范畴，具有崇尚自然、生道合一、崇神敬仙、性命双修等特点，对修道的建筑及周围环境十分讲究。武当山道教是中国道教的一个重要组成，以武当山为祖庭，信仰玄天上帝为主要特征，尊《道德经》为圣典，奉道垂教，是教理教义甚丰，道派世代延承，历代高道辈出，追求重生贵生、成仙得道的宗教。早在先秦两汉时期，武当山已是修仙学道之士向往的大林丘山。这里流传着老子徒弟尹喜"归栖于此"奉《道德经》隐逸修真、老子"神化访喜"、太上老君变幻紫炁元君点化真武、真武潜虚玄一默会万真大得上道而登天界等神话，道教文化博大精深。武当山是真武修仙得道之所，道教建筑在长期的历史进程中得到发展而独具特色，尤以明皇室崇信道教，把武当山御定为重点祭祀的皇室家庙为最。自明成祖以下屡次遣使赴武当山，大兴土木修筑皇家道场，全山保存至今的金碧辉煌、丹墙碧瓦的宏大建筑群，代表着中国道教建筑艺术近千年间的最高水平。

如果以美学的眼光审视武当山道教建筑群，则不由得惊叹于它奇迹般的、变化万千的美。古人在武当山修建道教建筑群是一种带有审美意味的创造活动，这种"天才"的创造美的活动与对武当山做判断的活动即"鉴赏力"高度统一，笔者写作此书即审美的再创造，是努力理解和接近古人的审美智慧与创建的活动。目前，涉及武当山道教建筑内容的书籍不少，但多侧重于建筑的风景摄影、品类描述、史料研究、构造技术等方面，尚无建筑美学的专门研究。武当山道教建筑博大庞杂而又神秘玄奥，仅凭建筑学或美学等少数学科的知识实难得到完满的解答。

随着教学科研的不断积累，相关论文陆续成篇，笔者反而愈发忐忑，深深地感悟到如果不打破固化的思维模式，不突破已有的知识局限，对武当山道教建筑审美的创新就难以实现。这就需要对以往的知识储备和研究方法进行认真的审视和严肃的反思，展开道教教理教义、道教哲学、建筑学、美学、文学、史学及古代堪舆等学科知识的学习，努力让所有玄天上帝经典、历代武当山志烂熟于心，还要提高艺术感受能力、想象能力、思辨能力等审美能力，并进行大规模深入细致的田野调查，这已经不仅仅是一场浩大的研究工程，而是真正的人生历练。

自 2012 年起的七年时间里，笔者收集整理了武当山历代游记和诗歌佳品，以掌握历史上羽士仙客、名流贤达朝真访道时对武当山道教建筑的记载与品评；广泛收集相关的文献资料，做基础性的筛选与甄别；虚心求教武当高道、各方专家、能工巧匠、攀岩高手，探讨教学科研所遇到的种种困惑。每每徜徉于幽谷密林，跋涉于香道神路，攀爬于悬崖峭壁，都会静观建筑格局，谛听圣山心跳，体悟神灵启示，在艰辛的步履中坚定，在惊险的探秘中愉悦。终于在 2018 年，凭借着一定的资料积累和切身体悟树起了信心和勇气，在亲人同道的不断鼓励下重新拾笔。

武当山道教建筑鉴赏的对象是八百里武当崇山峻岭间星罗棋布的 33 处道教建筑群，它们沿途点缀在一条约一百四十华里的神道上，按照真武修真的道教神话设计布局，或耸于高山险峰之巅，或藏于深山丛林之中，或显于悬崖绝壁之间，或隐于水滨城邑之内，完全符合道教审美观念中的福地圣境。明永乐年间道教鼎盛之时，五里一庵，十里一宫，朱墙隐见，翠瓦玲珑，自然与人工映衬相和，神采互发，成就了世界上规模最大、等级最高的道教建筑群。本书即选取其中最具典型意义的宫、观、门、桥，分列十三章，暗含武当山官道（静乐宫——"治世玄岳"牌坊）和神道（东神道：遇真宫——玉虚宫——元和观——复真观——

天津桥——紫霄宫——南岩宫；北神道：南岩宫——五龙宫；西神道：五龙宫——仁威观——玉虚宫；南神道：清微宫）的经典游程。游一处奇景，寻一番绝妙，悟一片心得。至道在微，经过推衍增益，对武当山道教建筑形成了整体性的认知。

不仅如此，武当山道教建筑作为一种符号语言，表述着隐含在建筑设计者文化心理深层的观念形态，反映了哲学观念、宗教态度、建筑美学、艺术品位以及传统文化的意义系统。透过武当山厚重的建筑文化载体，找寻信仰的根源，将道教建筑与玄天上帝信仰结合起来，把鉴赏升华为内心的修为。天人合一占据视野和思想不仅可唤起对武当山的敬畏，而且可赋予美景以人文，还自然以生命，从而获得了比自然景观更深刻的人文景观的领悟。

在理论研究与田野调查的基础上，以历史文献和道教典籍为依据，对武当山道教建筑认真审视，讨论其历史沿革，思考由此引起的关于玄天上帝的发生、玄天上帝的神性职司、建筑设置与玄天上帝信仰的内在联系等问题，澄清一些宏观建制上的混乱认识，用建筑所表达的哲学思想、道教修炼等语言把握宫观布局设计之高妙与不同凡响。无论宏观还是微观，都力求有独到见解和探索发现，以不同的视角及古人观赏建筑时的审美感受，做出富于理论性和创造性的研究。审视武当山道教建筑的美的意义，剖析建筑景观的审美视角，避免外在表象式的描述，更注重于体悟道教的内在信仰与外在修炼对建筑的影响，关注隐蔽在悬崖峭壁的神秘岩洞适宜闭关修行的建筑痕迹，如天仙岩、太玄洞、七真洞、展旗峰四处岩庙群，其规模及岩洞密集度很高，这也是武当山极有魅力的地方。笔者参与了武当山自然景观调查小组对展旗峰、健人峰等岩庙群的探险，完全颠覆了以往"九宫八观"的狭隘认知，发现了不寻常的武当山道教建筑。历史上隐遁岩庙的修仙之人从未间断，上溯尹子，下至当代，道家人才辈出，事迹彰显，他们修习丹法，选择不同凡俗，并且坚守千年，从而成就了今天的武当山道教，真正是"我心匪石坚于石，小器成时大道成"。只有深入探索大到宫殿、小到岩庙的建筑形态制式及所含藏的神道文化内涵，才能真正找到武当山道教建筑大美之真谛。积累的理论功底越厚实，鉴赏视野就越博大；越多见识宫观庵庙、神道、岩庙，审美感知力和理解力就越强大，这也是笔者对未来的政望。

本书试图使读者转换视角，重新审视世界上最大的武当山道教建筑群，理解隐藏在青山绿水的自然风光和古朴淳厚的宫观建筑背后的信仰密码。笔者以武当山道教建筑为典范，进行探索性的审美活动，努力读懂巍巍八百里武当山的深层文化内蕴，从这笔珍贵的世界文化遗产中找到真正的文化自信。

古人穷年皓首，呕心沥血，发愤著书，不仅是为了保存先人留下的信仰力量，更是为了使思想能够在世间获得永恒。笔者沉浸在道教建筑文化的精华之中，不为稻粱谋，覃心研思，把为武当山道教文化的发展做贡献作为实现自我人生价值的目标。同时，在大学里开设相关课程，培育莘莘学子，提升其审美鉴赏能力和文化素养，培养其对民族文化的认同感和民族自豪感，今后作为文化传播的使者散枝开花，笔者亦颇有自得其乐之感。

在本书的写作过程中，承蒙武当山道教协会、武当山特区的长期关照，在进行宫观调研时给予了极大的方便。汉江师范学院一直鼓励和支持地方文化的科研教学工作，在课程设置、文献查阅等方面提供了有力的帮助。四川大学宗教研究所所长盖建民教授的启发指点，对于本书最初立意有重要影响。武当山文物管理所项目办主任芦华清先生、武当山徒步探寻高手资汝松先生常年深入武当山，辛苦绘制出本书所有的建筑平面示意图和建筑分布图，并无私地奉献出来。还有为本书付梓友情提供孤本文献、资料照片及多次田野调查中给予笔者帮助和启发的诸位同仁，在此一并表达衷心的感谢！

鉴赏武当山美景是笔者此生之大幸！感恩生命中邂逅了武当山这片玄妙幽微的灵山圣境！

宋 晶

2019 年 9 月 13 日于十堰